EUROPA-FACHBUCHREIHE
für metalltechnische Berufe

Horst Herr

Tabellenbuch
Wärme • Kälte • Klima

Grundlagen

Mathematik

Technische Physik

Technische Mechanik

Technische Kommunikation

Stoffkunde

Fertigungstechnik

Anlagentechnik

Europa-Nr.: 1731X

VERLAG EUROPA-LEHRMITTEL · Nourney, Vollmer GmbH & Co.
Düsselberger Straße 23 · 42781 Haan-Gruiten

Autor:
Horst Herr — Dipl.-Ing., Fachoberlehrer VDI, DKV
unter Mitwirkung von Dipl.-Ing. Walter Bierwerth, Oberstudienrat

Umschlaggestaltung:
Petra Gladis-Toribio

Bildbearbeitung:
Petra Gladis-Toribio
Michael M. Kappenstein
Martina Schantz

Das vorliegende Buch wurde auf der **Grundlage der neuen amtlichen Rechtschreibregeln** erstellt.

Diesem Tabellenbuch wurden die neuesten Ausgaben der DIN-Normen und der sonstigen Regelwerke zugrunde gelegt. Es wird jedoch darauf hingewiesen, dass nur die DIN-Normen selbst verbindlich sind. Diese können in den öffentlichen DIN-Normen-Auslegestellen eingesehen oder durch die Beuth Verlag GmbH, Burggrafenstraße 6, 10787 Berlin, bezogen werden.

Obwohl die DIN-Normen mit großer Sorgfalt recherchiert wurden, können Autor und Verlag keinerlei Gewährleistung übernehmen.

Bei den anderen in diesem Tabellenbuch genutzten technischen Regelwerken gilt dies sinngemäß. Bitte beachten Sie die Angaben der Bezugsquellen auf den Seiten 435 und 436!

1. Auflage 2000

Druck 5 4 3 2 1

Alle Drucke derselben Auflage sind parallel einsetzbar, da sie bis auf die Behebung von Druckfehlern untereinander unverändert sind.

ISBN 3-8085-1731-X

Satz und Druck: Tutte Druckerei GmbH, Salzweg

Vorwort

Die Summe unserer Erkenntnis besteht aus dem, was wir gelernt, und dem, was wir vergessen haben.
Marie von Ebner-Eschenbach

Die Zusammenhänge zwischen den berechenbaren und messbaren Größen in Naturwissenschaft und Technik werden fast immer in ihrer kürzesten Ausdrucksweise, durch **Formeln**, repräsentiert. Somit liegt es auf der Hand, diese in Formelsammlungen zusammenzustellen, denn wegen der großen Anzahl der notwendigen Informationen ist es unmöglich, jede in einem bestimmten Fachgebiet benötigte Formel abrufbereit im Kopf zu haben. Das diesem Vorwort vorangestellte Motto von Marie von Ebner-Eschenbach unterstreicht dies sehr deutlich. Aus diesem Motto ist auch herauszulesen, dass die Benutzung von Formelsammlungen immer voraussetzt, dass man irgendwann einmal die naturwissenschaftlichen und technologischen Gesetze und Regeln in ihrem Zusammenhang verstanden hat.

Neben den vielfältigen Formeln werden in jedem technischen Fachgebiet auch umfangreiche **Tabellen**, oft auch in der Form von **DIN-Blättern** und sonstigen technischen Regeln, benötigt. In allen technischen Hauptrichtungen – wie etwa im Maschinenbau, der Elektrotechnik oder der Bautechnik – gehört es seit langem zur guten Tradition, die benötigten Formeln und Tabellen in einem **Tabellenbuch** zusammenzufassen. Hauptorientierungsmerkmale sind dabei die entsprechenden **Verordnungen über die Berufsausbildung** sowie die **Lehrpläne für die Meister- und Technikerausbildung**. Sowohl vom Autor als auch vom Verlag wurde diesbezüglich in den Bereichen allgemeine **Wärmetechnik** sowie der **Kälte- und Klimatechnik** ein sehr deutliches Defizit empfunden. Dies führte zu dem vorliegenden

Tabellenbuch Wärme • Kälte • Klima

Orientierungsgrundlagen waren dabei vor allem die oben bereits erwähnten Verordnungen über die Berufsausbildung, und zwar für **Kälteanlagenbauer, Gas- und Wasserinstallateure** sowie **Zentralheizungs- und Lüftungsbauer**. Die Lerninhalte der **beruflichen Erstausbildung** wurden durch solche der **Meister- und Technikerausbildung** ergänzt. Von vornherein war also beabsichtigt, ganze Berufsfelder und nicht nur deren Kernbereich zu erfassen. Des Weiteren wurde versucht – dem Buchtitel gemäß – mehrere Berufsfelder zu verbinden. Damit wurde auch dem Trend in Richtung Universalität der Berufsausübung bzw. Berufsausbildung Rechnung getragen.

Bei der Festlegung der Buchinhalte wurde also strikt darauf geachtet, dass auch das *„was man sonst noch braucht"* seinen Platz gefunden hat. Exemplarisch sind hier die *Mathematik*, die *Technische Kommunikation*, die *Stoffkunde* und die *Fertigungstechnik* zu nennen. Im Bereich der *Technischen Physik* sind bereits viele Lehrinhalte aus der *Anlagentechnik* enthalten bzw. solche Lehrinhalte, die in der Anlagentechnik vorausgesetzt werden. Mit den **acht Hauptabschnitten** (s. Seite 4) wird zwar eine grobe Gliederung der Lehrinhalte erreicht, manche Themenbereiche sind jedoch dort eingegliedert, wo man sie bei der praktischen Anwendung sucht.

Die große Stofffülle bringt es mit sich, dass die Erforderlichkeit einiger Themenbereiche sicherlich umstritten bleibt. Vielleicht werden aber auch andere Themenbereiche vermisst oder als unterrepräsentiert empfunden. Wie sich dieses Buch in seinen späteren Auflagen entwickelt, wird ganz wesentlich durch die Reaktionen der Leser und Fachkollegen – worum ich ausdrücklich bitte – beeinflusst.

Das vorliegende Tabellenbuch wendet sich an alle in den Bereichen Wärme • Kälte • Klima in der Berufsausbildung stehenden Personen, d. h. an

Auszubildende und Meisterschüler,
Studenten an Technikerschulen, Fachhochschulen und Hochschulen.

Auch bereits im Beruf stehende **Gesellen, Meister, Techniker** und **Ingenieure** werden dieses Buch als eine wertvolle Hilfe empfinden.

Mein besonderer **Dank** gilt meinem bereits im Impressum genannten Kollegen, **Herrn Oberstudienrat Dipl.-Ing. Walter Bierwerth**. Er ist der Verfasser des *Tabellenbuches Chemietechnik* (Europa-Nr.: 70717) und ich durfte auf seine Erfahrungen und seine Mitwirkung durch die Übernahme von über einhundert Seiten seines Buches zurückgreifen. Insbesondere geschah dies in den Bereichen Mathematik, Technische Kommunikation, Anlagentechnik und Stoffkunde.

Dank gebührt auch Frau Petra Gladis-Toribio. Mit viel Kreativität hat sie den größten Teil der Zeichenarbeiten ausgeführt und die Titelseite gestaltet. Danke auch an die Mitarbeiter des Zeichenbüros des Verlages Europa-Lehrmittel, insbesondere an Frau Nühs und an Herrn Maier. Sie haben stets mit Rat und Tat zur Seite gestanden. Herrn Oberstudienrat Dr. Ulrich Maier, Heilbronn danke ich für den „Beistand" im Bereich Elektrizitätslehre.

Schließlich möchte ich noch erwähnen, dass mir meine Frau Gundel auch bei diesem Buch wieder viel Geduld entgegengebracht und mich durch ihre Mithilfe sehr unterstützt hat. Danke!

Kelkheim im Taunus, Sommer 2000 — Horst Herr

Hinweise zur Arbeit mit diesem Tabellenbuch

Das Tabellenbuch ist in **acht Hauptabschnitte** eingeteilt, und zwar

1	Grundlagen	**GR**	5	Technische Kommunikation	**TK**
2	Mathematik	**MA**	6	Stoffkunde	**SK**
3	Technische Physik	**TP**	7	Fertigungstechnik	**FT**
4	Technische Mechanik	**TM**	8	Anlagentechnik	**AT**

Das **Inhaltsverzeichnis** ist in nebenstehender Reihenfolge geordnet.

Die Hauptabschnitte werden dort nochmals in **Unterabschnitte** unterteilt.

Aus den Unterabschnitten sind die **Themenüberschriften** mit den entsprechenden Seitenzahlen zu ersehen.

Der Wert eines Fachbuches hängt auch sehr stark vom Umfang des **Sachwortverzeichnisses** ab. Hierauf wurde sehr geachtet. Das Sachwortverzeichnis dieses Tabellenbuches enthält *weit über 2200 Begriffe*.

Orientieren Sie sich in diesem Tabellenbuch vor allem mit Hilfe des Sachwortverzeichnisses.

Es ist ganz normal, dass in einem Fachbuch zum gleichen Begriff an mehreren Stellen Aussagen gemacht werden. Dies geht auch aus den Seitenzahlen im Sachwortverzeichnis hervor.

Eine **Besonderheit dieses Tabellenbuches** besteht jedoch darin, dass durch rote **Hinweispfeile** (→) die Sachverhalte miteinander verkettet wurden. Diese Hinweispfeile zeigen Ihnen also, wo Sie noch weitere Informationen zu der von Ihnen gewünschten Formel, Tabelle oder einem bestimmten Begriff finden können.

Ein roter Pfeil bedeutet:
→ → → → → → → →
dort finden Sie noch weitere Informationen!

Inhaltsverzeichnis

Vorwort . . . 3
Hinweise zur Arbeit mit diesem Tabellenbuch . . . 4
Inhaltsverzeichnis . . . 4

GR GRUNDLAGEN

Allgemeine Grundlagen

Griechisches Alphabet . . . 9
Römische Ziffern . . . 9
Basisgrößen und Basiseinheiten . . . 9
Vorsätze vor Einheiten . . . 10
Formelzeichen und Einheiten . . . 10
Formelzeichen und Einheiten außerhalb des SI . . . 18
Einheiten außerhalb des SI mit beschränktem Anwendungsbereich . . . 18
Umrechnung von britischen und US-Einheiten in SI-Einheiten . . . 19

Umwelt-Grundlagen

Sonnenstrahlung . . . 23
Atmosphäre . . . 24
Boden und Wasser . . . 29

Hygienische Grundlagen

Wärmehaushalt des Menschen . . . 30
Behaglichkeit . . . 31

MA MATHEMATIK

Allgemeine Mathematik

Mathematische Zeichen . . . 36
Zeichen der Logik und Mengenlehre . . . 39
Grundrechenarten . . . 40
Klammerrechnung (Rechnen mit Summen) . . . 42
Bruchrechnung . . . 43
Prozentrechnung . . . 43
Potenzrechnung . . . 44
Radizieren . . . 45
Logarithmieren . . . 45
Gleichungen . . . 46
Schlussrechnung (Dreisatz) . . . 48
Runden von Zahlen . . . 49
Interpolieren . . . 49
Statistische Auswertung . . . 50
Flächenberechnung . . . 52
Körperberechnung . . . 53
Geometrische Grundkenntnisse . . . 55
Grundkonstruktionen . . . 56
Sätze der Geometrie . . . 58
Trigonometrie . . . 59

Technische Mathematik

Teilung von Längen (Gitterteilung) . . . 61
Teilung auf dem Lochkreis . . . 61

Inhaltsverzeichnis

Rohlängen von Pressteilen (Schmiedelänge) 61
Gestreckte Längen (kreisförmig gebogen) 62
Zusammengesetzte Längen und zusammengesetzte Flächen 62
Berechnung der Masse bei Halbzeugen 62
Volumeninhalt und äußere Oberfläche wichtiger Behälterböden 63
Inhalt unregelmäßiger Flächen 63
Diagramme und Nomogramme 64
Zusammensetzung von Mischphasen . . 68
Mischungsgleichung für Lösungen und andere Mischphasen 71
Massenanteile der Elemente in einer Verbindung 72
Berechnungsformeln zur Dichteermittlung 72

TP TECHNISCHE PHYSIK

Mechanik der festen Körper

Grundlegende mechanische Größen . . 73
Dichte technisch wichtiger Stoffe 73
Gleichförmige geradlinige Bewegung . . 75
Ungleichförmige geradlinige Bewegung 75
Gleichmäßig beschleunigte geradlinige Bewegung 76
Gleichmäßig verzögerte geradlinige Bewegung 76
Freier Fall und senkrechter Wurf nach oben 77
Dynamisches Grundgesetz (zweites Newton'sches Axiom) und Krafteinheit . 77
Kurzzeitig wirkende Kräfte (Impuls und Stoß) 78
Arbeit und Energie 78
Mechanische Leistung 80
Mechanischer Wirkungsgrad 80
Drehleistung 81
Gleichmäßig beschleunigte oder verzögerte Drehbewegung 82
Übersetzungen beim Riemenantrieb . . . 83
Fliehkraft 84
Kinetische Energie rotierender Körper . . 84
Dynamisches Grundgesetz der Drehbewegung und Dreharbeit 86
Drehimpuls und Drehstoß 86

Mechanik der Flüssigkeiten und Gase

Wirkungen der Molekularkräfte 87
Hydrostatischer Druck 88
Aerostatischer Druck 89
Druckkraft 89
Verbundene Gefäße (Kommunizierende Gefäße) 91
Statischer Auftrieb in Flüssigkeiten und Gasen 91
Oberflächenausbildung von Flüssigkeiten 91
Kontinuitätsgleichung (Durchflussgleichung) 92
Energiegleichung (Bernoulli'sche Gleichung) ohne Reibungsverluste . . . 92
Ausfluss aus Gefäßen 94
Viskosität (Zähigkeit) 96

Wärmelehre

Temperatur und Temperaturmessung . . 99
Wärmeausdehnung fester und flüssiger Stoffe 99
Wärmeausdehnung von Gasen und Dämpfen 102
Molare (stoffmengenbezogene) Zustände und Größen 104
Mischung idealer Gase (trockene Gasmischungen) 105
Diffusion 105
Wärmekapazität fester und flüssiger Stoffe 106
Schmelzen und Erstarren 109
Verdampfen, Kondensieren, Sublimieren 110
Feuchte Luft 114
Erster Hauptsatz der Thermodynamik . . 116
Die spezifische Wärme von Gasen 117
Thermodynamische Zustandsänderungen 119
Kreisprozesse im *p*, *V*-Diagramm und im *T*, *s*-Diagramm 122
Peltier-Effekt 127
Wärmetransport 128

Schwingungen und Wellen

Periodische Bewegungen und Schwingungen 134
Schwingungsdämpfung 135
Schwingungsanregung und kritische Drehzahl 136
Schwingungsüberlagerung 137
Wellen und Wellenausbreitung 137

Optik

Geometrische Optik bzw. Strahlenoptik 139
Wellenoptik und Photometrie 142

Akustik

Schall und Schallfeldgrößen 146
Schallbewertung und Schallausbreitung 147
Schalldämpfung und Schalldämmung . 153

Elektrizitätslehre

Elektrophysikalische Grundlagen 157
Allgemeine Gesetzmäßigkeiten im elektrischen Stromkreis 158
Gesetzmäßigkeiten bei Widerstandsschaltungen 160
Das elektrische Feld 163
Das magnetische Feld 166
Elektromagnetische Induktion 168
Der Wechselstromkreis 169
Dreiphasenwechselspannung, Drehstrom 175
Transformatoren 177
Elektrische Maschinen 177
Schutzmaßnahmen 178
Elektromagnetische Schwingungen . . . 180
Grundlagen der Halbleitertechnik 182

Inhaltsverzeichnis

TM TECHNISCHE MECHANIK

Statik

Grundgesetze 183
Zentrales Kräftesystem 183
Allgemeines Kräftesystem 184
Drehung von Körpern 185
Ermittlung von Schwerpunkten 185
Reibungsgesetze 187
Reibungszahlen bei 20 °C 188

Festigkeitslehre

Zug- und Druckspannung 188
Wichtige Gewindenormen 189
Flächenpressung und Lochleibung . . . 190
Scherspannung (Schubspannung) . . . 191
Dehnung und Verlängerung 191
Elastizitätsmodul von Werkstoffen 191
Belastungsgrenzen und Sicherheit 192
Wärmespannung und Formänderungsarbeit 193
Verformung bei Scherung und Flächenpressung 193
G-Module bei 20 °C 193
Biegung 194
Flächenmomente 2. Grades und Widerstandsmomente 194
DIN-Nummern häufiger Formstahl-Biegeprofile 196
Wichtige Aluminiumprofile 196
Profilstahltabellen 197
Durchbiegung und Neigungswinkel . . . 201
Torsion 201
Knickung 202
Zusammengesetzte Beanspruchungen . 204
Dynamische Beanspruchungen 205

TK TECHNISCHE KOMMUNIKATION

Allgemeine Grundlagen des technischen Zeichnens

Papier-Endformate (Blattgrößen) 207
Maßstäbe 207
Linien in technischen Zeichnungen . . . 207
Senkrechte Normschrift 208
Darstellung von Körpern 208
Maßeintragungen 209

Fließbilder verfahrenstechnischer Anlagen

Kennbuchstaben für Maschinen, Apparate, Geräte und Armaturen 212
Darstellung von Apparaten und Maschinen ohne genormtes graphisches Symbol 212

Fließbilder für Kälteanlagen und Wärmepumpen

Fließbildarten und ihre Ausführung . . . 213
Auswahl des graphischen Symboles . . 214
Symbole für Messen, Steuern und Regeln 221
Rohrschemen in isometrischer Darstellung 223

Elektrische Schaltpläne

Auswahl von graphischen Symbolen . . 226
Kennbuchstaben für die Art des Betriebsmittels 232
Kennbuchstaben für die Funktionen . . . 232
Darstellungsarten für Schaltpläne 233

Sinnbilder für Schweißen und Löten

Stoßarten 237
Grundsymbole 237
Zusammengesetzte Symbole 238
Zusatzsymbole 238
Lage der Symbole in Zeichnungen . . . 239
Bemaßung der Nähte 240
Kennzeichen für Schweiß- und Lötverfahren an Metallen 240

Bauzeichnungen

Zeichnungsart und Zeichnungsinhalt . . 241
Linienarten und Bemaßung 241
Ansichten und Schnitte, Maßeinheiten . 243
Kennzeichnung der Schnittflächen . . . 244
Tragrichtung von Platten 244
Aussparungen 244

SK STOFFKUNDE

Chemische Elemente

Eigenschaften der chemischen Elemente 245

Gas- und Luftreinigung

Katalysatoren für die Gasreinigung . . . 248

Werkstoffe

Einteilung der Werkstoffe 249
Eigenschaften von Apparatewerkstoffen 250
Werkstoffauswahl 259

Korrosion, Korrosionsschutz

Korrosionserscheinungen 260
Korrosionsarten 261
Korrosionsschutz 263
Inhibitoren 265
Vorbereitung von Metalloberflächen vor dem Beschichten 265
Normen zu Korrosion und Korrosionsschutz 266

Werkstoffprüfung

Zugversuch 267
Härteprüfung 268

Inhaltsverzeichnis

Härten und 0,2-Grenzen bzw. Streckgrenzen ausgewählter Werkstoffe . . . 269
Überblick über die wichtigsten Prüfverfahren . . . 270

Normbenennung der Werkstoffe

Werkstoffnummern der Stähle I . . . 271
Werkstoffnummern der Gusseisenwerkstoffe . . . 273
Werkstoffnummern der Stähle II . . . 274
Werkstoffnummern der Gusseisensorten 275
Werkstoffnummern der Nichteisenmetalle 275
Systematische Bezeichnung der Nichteisenmetalle . . . 276
Kennbuchstaben und Kurzzeichen für Kunststoffe . . . 277

Gefahrstoffe

R-Sätze und S-Sätze . . . 279
Gefahrstoffliste . . . 284

Sicherheitsdaten

Flammpunkte, Explosionsgrenzen und Zündtemperaturen . . . 289

Dämm- und Sperrstoffe

Auswahlkriterien, Übersicht . . . 293
Dämmstoffe für den praktischen Wärmeschutz bzw. Kälteschutz . . . 293
Sperrschichtmaterialien, Dampfbremsen 299
Klebstoffe . . . 300

Kältemittel

Definitionen, Bezeichnungen . . . 301
Einteilung der Kältemittel . . . 302
Anforderungen an Kältemittel . . . 306
Benennung und wichtige Eigenschaften von Kältemitteln . . . 306
Thermodynamische Eigenschaften der Kältemittel . . . 311
log p, h-Diagramm für Kältemittel R-22 . 312
log p, h-Diagramm für Kältemittel NH_3 . 313

Kältemaschinenöle

Mindestanforderungen . . . 314
Grundsätzliche Arten und gebrauchte Kältemittel . . . 317
Kältemittel – Kältemaschinenöl – Gemische . . . 317

Trockenmittel

Trockenmittel . . . 317

Kühlsolen und Wärmeträger, Kältemischungen

Kühlsolen . . . 321
Wärmeträger . . . 322
Kältemischungen . . . 322

Binäreis, Trockeneis

Binäreis . . . 323
Trockeneis . . . 323

Stoffe für Absorptions- und Adsorptionsvorgänge

Arbeitsstoffpaare für Absorptionskälteanlagen . . . 324
Arbeitsstoffpaare für Adsorptionskälteanlagen . . . 324

FT FERTIGUNGSTECHNIK

Längenprüftechnik

Längenprüftechnik . . . 325

Toleranzen

Toleranzen . . . 325

Gliederung der Fertigungsverfahren

Gliederung der Fertigungsverfahren . . . 327

Umformen

Biegen . . . 327

Trennen

Wichtige Zerspannungsgrößen . . . 328
Bohren . . . 329
Drehen . . . 330
Fräsen . . . 332
Hobeln, Stoßen . . . 332
Schleifen . . . 333

Fügen

Kraftschlüssige Verbindungen . . . 333
Formschlüssige Verbindungen . . . 333
Gewindetabellen . . . 334
Schraubenverbindungen und Schraubenformen . . . 337
Schraubenbezeichnungen und Schraubennormen . . . 337
Festigkeitsklassen von Schrauben . . . 337
Kurzbezeichnung von Schrauben . . . 338
Sechskantschrauben, Durchgangslöcher 338
Vorspannkraft und Betriebskraft . . . 338
Gewindereibung und Schraubenwirkungsgrad . . . 339
Schrauben im Druckbehälterbau . . . 339
Gewindeausläufe, Freistiche und Senkungen . . . 340
Muttern . . . 340
Scheiben, Federringe . . . 341
Scheiben und Ringe mit besonderer Funktion . . . 341
Splinte . . . 342

Inhaltsverzeichnis

Nietverbindungen, Stiftverbindungen, Bolzenverbindungen . . . 343
Stoffschlüssige Verbindungen . . . 343
Klebeverbindungen . . . 343
Lötverbindungen . . . 344
Schweißverbindungen . . . 347

Stoffeigenschaftändern

Gruppen des Stoffeigenschaftändern . . 353
Wärmebehandlung von Eisenwerkstoffen 353
Stoffeigenschaftändern und Wärmebehandlung von Kupfer . . . 354
Wärmebehandlung von Aluminiumlegierungen . . . 354

AT ANLAGENTECHNIK

Aufbau von Dämmkonstruktionen

Ausführung von Wärme- und Kältedämmungen . . . 355
Befestigungsmöglichkeiten für Dämmstoffe . . . 356
Oberflächentemperatur für Stoffe der Ummantelung . . . 358

Berechnung von Dämmkonstruktionen

Wärmebedarf von Gebäuden . . . 358
Wärmeeinströmung von außen . . . 359
Dämmschichtdicke bei vorgegebenem *k*-Wert . . . 361
Erforderlicher *k*-Wert bei vorgegebenem Wärmestrom . . . 361
Dämmschichtdicke nach wirtschaftlichen Gesichtspunkten . . . 362
Dämmschichtdicke nach betriebstechnischen Gesichtspunkten . . . 363

Rohrleitungen und Kanäle

Kennzeichnung von Rohrleitungen . . . 366
Nennweiten von Rohrleitungen . . . 367
Druck- und Temperaturangaben . . . 368
Maßnormen für Stahlrohre . . . 369
Maßnormen für Kupferrohre . . . 369
Maßnormen für Aluminiumrohre . . . 370
Weitere wichtige Rohrnormen . . . 370
Rohre für Wärmeaustauscher . . . 371
Verbindungstechniken . . . 372
Wichtige Regeln für die Rohrinstallation im Kälte- und Klimaanlagenbau . . . 379
Sicherheitstechnische Grundsätze bei Kältemittel-Rohrleitungen . . . 379
Sicherheitstechnische Bereiche . . . 380
Blechkanäle und Blechrohre . . . 380
Kompensatoren im Vergleich . . . 382
Kompensatoren (Dehnungsausgleicher) 383
Druckverluste in geraden Rohren und Kanälen . . . 384
Druckverluste in Rohrleitungssystemen . 385
Auswahl von Druckverlustzahlen . . . 387
Gleichwertige Rohrlänge . . . 388

Förderpumpen

Einsatzbereiche . . . 389
Kreiselpumpen . . . 390
Berechnung der Pumpenleistung . . . 391
Betriebspunkt einer Pumpe . . . 395

Verdichter

Thermodynamische Grundlagen . . . 396
Verdichter-Übersicht . . . 397
Ventilatoren . . . 399

Mess-, Steuerungs- und Regelungstechnik

Temperaturmessung . . . 401
Druckmessung . . . 406
Füllstandsmessung . . . 409
Durchflussmessung . . . 410
Volumenmessung . . . 417
Grundlagen der Steuerungs- und Regelungstechnik . . . 418
Grundtypen stetiger Regler im Vergleich 419
Verknüpfungsfunktionen . . . 420
Regler (Regelgeräte) und Regelanlagen 421
Regelung von klimatechnischen und lufttechnischen Anlagen . . . 421
Wartung von MSR-Einrichtungen und Gebäudeautomationssystemen . . . 422
Regelung von kältetechnischen Anlagen 422
Wartung von MSR-Einrichtungen bei kältetechnischen Anlagen . . . 423

Bezeichnungen in kältetechnischen Prozessen

Formelzeichen und Einheiten für die Kältetechnik . . . 424
Indizes für die Kältetechnik . . . 426

Formeln aus der Kälteanlagentechnik

Verdampfergleichungen . . . 428
Verflüssigergleichungen . . . 428
Verdichtergleichungen . . . 428
Druckabfall am Drosselorgan . . . 429
Leistungszahl und Gütegrad . . . 429

Abfuhr von Wärmeströmen

Kühllast . . . 430
Kältebedarf . . . 430
Kälteleistung einer Kälteanlage . . . 431
Kühlguttabelle . . . 431

ANHANG

Verwendete und genannte Normen bzw. andere Regelwerke . . . 432
Weitere wichtige Gesetze und Verordnungen . . . 435
Bezugsquellen für Gesetze, Verordnungen, Technische Regeln . . . 435
Abkürzungen für Verbände, Zeitschriften etc. . . . 436
Sachwortverzeichnis . . . 437

Allgemeine Grundlagen GR

Griechisches Alphabet

Großbuchstabe	Kleinbuchstabe	Bedeutung	Name	Großbuchstabe	Kleinbuchstabe	Bedeutung	Name
A	α	a	Alpha	N	ν	n	Ny
B	β	b	Beta	Ξ	ξ	x	Xi
Γ	γ	g	Gamma	O	o	o	Omikron
Δ	δ	d	Delta	Π	π	p	Pi
E	ε	e	Epsilon	P	ϱ	rh	Rho
Z	ζ	z	Zeta	Σ	σ	s	Sigma
H	η	e	Eta	T	τ	t	Tau
Θ	ϑ	th	Theta	Y	υ	y	Ypsilon
I	ι	i	Jota	Φ	φ	ph	Phi
K	$\varkappa$	k	Kappa	X	χ	ch	Chi
Λ	λ	l	Lambda	Ψ	ψ	ps	Psi
M	μ	m	My	Ω	ω	o	Omega

Römische Ziffern

Römische Ziffern	Arabische Ziffern	Römische Ziffern	Arabische Ziffern	Römische Ziffern	Arabische Ziffern
I	1	XX	20	CC	200
II	2	XXX	30	CCC	300
III	3	XL	40	CD	400
IV	4	L	50	D	500
V	5	LX	60	DC	600
VI	6	LXX	70	DCC	700
VII	7	LXXX	80	DCCC	800
VIII	8	XC	90	CM	900
IX	9	C	100	M	1000
X	10				

B 86 = LXXXIV 99 = XCIX 691 = DCXCI 2016 = MMXVI

Um Verwechslungen zu vermeiden, darf vor einem Zahlzeichen immer nur **ein** kleineres stehen (z. B. für die Zahl 48: XLVIII und nicht IIL).

Basisgrößen und Basiseinheiten (SI-Einheiten[1])

Basisgrößen und Basiseinheiten nach DIN 1301

Basisgrößen		Basiseinheiten	
Name	Formelzeichen	Name	Einheitenzeichen
Länge	l, s, d	Meter	m
Masse	m	Kilogramm	kg
Zeit	t	Sekunde	s
Elektrische Stromstärke	I	Ampere	A
Thermodynamische Temperatur	T	Kelvin	K
Stoffmenge	n	Mol	mol
Lichtstärke	I, I_v	Candela	cd

[1] SI ist die Abkürzung für Systeme International d'Unitès (Internationales Einheitensystem)

GR Allgemeine Grundlagen

Vorsätze vor Einheiten (nach DIN 1301-1, 12.93)

Vorsatzzeichen	Vorsatz	Bedeutung	Vorsatzzeichen	Vorsatz	Bedeutung
Y	Yotta	10^{24}	d	Dezi	10^{-1}
Z	Zetta	10^{21}	c	Zenti	10^{-2}
E	Exa	10^{18}	m	Milli	10^{-3}
P	Peta	10^{15}	µ	Mikro	10^{-6}
T	Tera	10^{12}	n	Nano	10^{-9}
G	Giga	10^{9}	p	Pico	10^{-12}
M	Mega	10^{6}	f	Femto	10^{-15}
k	Kilo	10^{3}	a	Atto	10^{-18}
h	Hekto	10^{2}	z	Zepto	10^{-21}
da	Deca	10^{1}	y	Yocto	10^{-24}

Der Vorsatz gibt den Faktor an, mit dem die Einheit zu multiplizieren ist.

B 1 kW = $1 \cdot 10^3$ W = 1000 W   1 µm = $1 \cdot 10^{-6}$ m = 0,000 001 m

Formelzeichen und Einheiten (nach DIN 1304-1, 03.94 und DIN 1301-1, 12.93)

Name/Bedeutung	Formelzeichen	SI-Einheit Zeichen	SI-Einheit Name	Bemerkung/wichtige Beziehungen
Raumgrößen und Zeitgrößen				
Abklingkoeffizient	δ	1/s		
Ausbreitungsgeschwindigkeit einer Welle	c	m/s		Im leeren Raum: c_0
Beschleunigung	a	m/s²		$a = v/t$ bzw. $a = \Delta v/\Delta t$; für örtliche Fallbeschleunigung: g Örtliche Normalfallbeschleunigung: $g_n = 9{,}806\,65\ \text{m/s}^2$
Breite	b	m		
Dehnung (relative Längenänderung)	ε	1		$\varepsilon = \Delta l/l$ bzw. ε (in %) $= \Delta l \cdot 100/l$
Dicke, Schichtdicke	δ, d	m		
Durchbiegung, Durchhang	f	m		
Durchmesser	d, D	m		
Ebener Winkel, Drehwinkel (bei Drehbewegungen)	α, β, γ	rad	Radiant	1 rad ≈ 57,3°
Flächeninhalt, Fläche, Oberfläche	A, S	m²		
Frequenz, Periodenfrequenz	f, ν	Hz	Hertz	$f = 1/T$; T = Schwingungsdauer
Geschwindigkeit	v, u, w, c	m/s		$v = s/t$ Strömungsgeschwindigkeit: w Lichtgeschwindigkeit: c Lichtgeschwindigkeit im leeren Raum: c_0
Höhe, Tiefe	h, H	m		H: Höhe über Meeresspiegel bzw. über Normal-Null
Kreisfrequenz, Pulsatanz (Winkelfrequenz)	ω	1/s		$\omega = 2 \cdot \pi \cdot f$
Länge	l	m		

Allgemeine Grundlagen GR

Formelzeichen und Einheiten (Fortsetzung)

Name/Bedeutung	Formelzeichen	SI-Einheit Zeichen	SI-Einheit Name	Bemerkung/wichtige Beziehungen
Raumgrößen und Zeitgrößen (Fortsetzung)				
Periodendauer, Schwingungsdauer	T	s		
Phasenverschiebungswinkel	φ	rad	Radiant	
Phasenwinkel	φ (t)	rad	Radiant	
Querschnittsfläche, Querschnitt	S, q	m^2		
Radius, Halbmesser, Abstand	r	m		
Repetenz (Wellenzahl)	σ	1/m		$\sigma = 1/\lambda$
Ruck	r, h	m/s^3		
Umdrehungsfrequenz (Drehzahl)	n, f_r	1/s		Kehrwert der Umdrehungsdauer T: $n = 1/T$
Volumen, Rauminhalt	V, τ	m^3		
Volumenstrom, Volumendurchfluss	$\dot{V}$, q_v,	m^3/s		$\dot{Q} = V/t$ bzw. $\dot{Q} = A \cdot w$
Weglänge, Kurvenlänge	s	m		
Wellenlänge	λ	m		
Winkelbeschleunigung, Drehbeschleunigung	α	rad/s^2		$\alpha = \omega/t$ bzw. $\alpha = \Delta\omega/\Delta t$
Winkelgeschwindigkeit, Drehgeschwindigkeit	ω	rad/s		$\omega = 2 \cdot \pi \cdot n$
Zeit, Zeitspanne, Dauer	t	s		Auch Abklingzeit
Zeitkonstante	τ, T	s		
Mechanische Größen				
Absoluter Druck	p_{abs}	Pa	Pascal	$1\ Pa = 1\ N/m^2$
Arbeit	W, A	J, Nm	Joule	$W = F \cdot s$, 1 J = 1 Nm
Arbeitsgrad, Nutzungsgrad	ζ	1		Arbeitsverhältnis, Energieverhältnis
Atmosphärische Druckdifferenz, Überdruck	p_e	Pa	Pascal	$p_e = p_{abs} - p_{amb}$
Bewegungsgröße, Impuls	p	kg · m/s		
Biegemoment	M_b	N · m		
Dehnung, relative Längenänderung	ε	1		$\varepsilon = \Delta l/l$ $l = l_o$ = Ausgangslänge
Dichte, Massendichte, volumenbezogene Masse	ϱ, ϱ_m	kg/m^3		$\varrho = m/V$
Direktionsmoment, winkelbezogenes Rückstellmoment	D	N · m/rad		$D = M_T/\varphi$ (φ = Torsionswinkel)
Drall, Drehimpuls	L	$kg \cdot m^2/s$		
Drehstoß	H	N · m · s		
Drillung, Verwindung	Θ, $\varkappa$	rad/m		
Druck	p	Pa	Pascal	$p = F/A$; $1\ Pa = 1\ N/m^2$
Dynamische Viskosität	η	Pa · s		$\eta = \tau/D$ τ = Schubspannung D = Schergeschwindigkeit

Formelzeichen und Einheiten (Fortsetzung)

Name/Bedeutung	Formel-zeichen	SI-Einheit Zeichen	Name	Bemerkung/wichtige Beziehungen
Mechanische Größen (Fortsetzung)				
Elastizitätsmodul	E	N/m^2, N/mm^2		$E = \sigma/\varepsilon$ $1\ N/mm^2 = 10^6\ N/m^2$
Energie	E, W	J	Joule	1 J = 1 Nm = 1 Ws
Energiedichte, volumenbezogene Energie	w	J/m^3		
Flächenbezogene Masse, Flächenbedeckung	m''	kg/m^2		$m'' = m/A$
Flächenmoment 1. Grades	H	m^3		
Flächenmoment 2. Grades	I	m^4, mm^4		Früher: Flächenträgheitsmoment
Gewichtskraft	F_G, G	N	Newton	
Gravitationskonstante	G, f	$N \cdot m^2/kg$		$F = G \cdot m_1 \cdot m_2/r^2$ $G = 6{,}67259 \cdot 10^{-11}\ m^3/(kg \cdot s^2)$
Grenzflächenspannung, Oberflächenspannung	σ, γ	N/m		
Isentropische Kompressibilität	χ_S, $\varkappa$	1/Pa		
Isothermische Kompressibilität	χ_T, $\varkappa$	1/Pa		
Kinematische Viskosität	ν	m^2/s		$\nu = \eta/\varrho$
Kinetische Energie	E_{kin}, W_{kin}	J	Joule	$E_{kin} = {}^1/_2 \cdot m \cdot v^2$
Kompressionsmodul	K	N/m^2		$K = -p/\vartheta$ (ϑ = relative Volumenänderung)
Kraft	F	N	Newton	$F = m \cdot a$
Kraftmoment, Drehmoment	M	$N \cdot m$		$M = F \cdot r$ F = Tangentialkraft r = senkrechter Abstand zwischen Drehpunkt und Wirkungslinie der Kraft
Kraftstoß	I	$N \cdot s$		
Längenbezogene Masse	m'	kg/m		$m' = m/l$
Leistung	P	W	Watt	$P = W/t$
Leistungsdichte, volumenbezogene Leistung	φ	W/m^3		$\varphi = w/t$ w = Energiedichte
Masse, Gewicht als Wägeergebnis	m	kg		
Massenstrom, Massendurchsatz	$\dot{m}$, q_m	kg/s		$\dot{m} = m/t$
Massenstromdichte	I	$kg/(m^2 \cdot s)$		$I = \dot{m}/S = \varrho \cdot w$
Normalspannung, Zug- oder Druckspannung	σ	N/m^2, N/mm^2		
Poisson-Zahl	μ, ν	1		$\mu = \varepsilon_q/\varepsilon$
Potentielle Energie	E_{pot}, W_{pot}	J	Joule	$E_{pot} = m \cdot g \cdot h$
Querdehnung	ε_q	1		$\varepsilon_q = \Delta d/d$ (bei kreisförmigem Querschnitt)

Allgemeine Grundlagen | GR

Formelzeichen und Einheiten (Fortsetzung)

Name/Bedeutung	Formelzeichen	SI-Einheit Zeichen	SI-Einheit Name	Bemerkung/wichtige Beziehungen
Mechanische Größen (Fortsetzung)				
Reibungszahl	μ, f	1		$\mu = F_R / F_N$ F_R = Reibungskraft F_N = Normalkraft
Relative Dichte	d	1		
Relative Volumenänderung, Volumendilatation	ϑ, η	1		$\vartheta = \Delta V / V$ bzw. ϑ (in %) $= \Delta V \cdot 100\,\% / V$
Rohrwiderstandszahl Rohrreibungszahl	λ	1		$\lambda = (p_1 - p_2) \cdot 2 \cdot d / (\varrho \cdot l \cdot w^2)$ (bei geradem Rohr mit kreisförmigem Querschnitt)
Schiebung, Scherung	γ	1		
Schubmodul	G	N/m^2, N/mm^2		$G = \tau / \gamma$ (γ = Schiebung)
Schubspannung	τ	N/m^2, N/mm^2		
Spezifische Arbeit, massenbezogene Arbeit	Y	J/kg		$Y = W/m$
Spezifisches Volumen, massenbezogenes Volumen	v	m^3/kg		$v = V/m$
Torsionsmoment, Drillmoment	M_t, T	N · m		
Trägheitsmoment, Massenmoment 2. Grades	J	$kg \cdot m^2$		Früher: Massenträgheitsmoment
Trägheitsradius	i, r_i	m		
Umfang	U, l_u	m		
Umgebender Atmosphärendruck	p_{amb}	Pa, N/m^2	Pascal	
Volumenstrom, Volumendurchfluss	$\dot{V}$, q_v	m^3/s		
Widerstandskraft	F_w	N	Newton	
Widerstandsmoment	W	m^3, mm^3		
Wirkungsgrad	η	1		Leistungsverhältnis
Größen der Thermodynamik, Wärmeübertragung und physikalischen Chemie				
Anzahl Teilchen, Teilchenzahl	N	1		
Affinität einer chemischen Reaktion	A	J/mol		
Avogadro-Konstante	N_A, L	1/mol		$N_A = N / n$ (n = Stoffmenge) $N_A = 6{,}022\,136\,7 \cdot 10^{23}\ mol^{-1}$
Boltzmann-Konstante	k	J/K		$k = R / N_A = 1{,}380\,658 \cdot 10^{-23}$ J/K (R = universelle Gaskonstante)
Celsius-Temperatur	t, ϑ	°C		$t = T - T_0$ $T_0 = 273{,}15$ K
Chemisches Potential eines Stoffes B	μ_B	J/mol		
Diffusionskoeffizient	D	m^2/s		
Dissoziationsgrad	α	1		$\alpha = N_{diss} / N_{ges}$ (Anzahl der dissoziierten Moleküle zur Gesamtzahl der Moleküle)

1

Formelzeichen und Einheiten (Fortsetzung)

Name/Bedeutung	Formelzeichen	SI-Einheit Zeichen	SI-Einheit Name	Bemerkung/wichtige Beziehungen
Größen der Thermodynamik, Wärmeübertragung und physikalischen Chemie (Fortsetzung)				
Enthalpie	H	J	Joule	
Entropie	S	J/K		
Faraday-Konstante	F	C/mol		$F = N_A \cdot e$ (e = Elementarladung) $F = 96\,485{,}309$ C/mol
Individuelle (spezielle) Gaskonstante des Stoffes B	R_B	J/(kg · K)		$R_B = R / M_B$ (R = universelle Gaskonstante)
Innere Energie	U	J	Joule	
Isentropenexponent	$\varkappa$	1		Für ideale Gase: $\varkappa = c_p / c_V$
Ladungszahl eines Ions, Wertigkeit eines Stoffes B	z_B	1		
Molalität einer Komponente B	b_B, m_B	mol/kg		
Relative Atommasse eines Nuklids oder eines Elementes	A_r	1		Zahlenwert gleich dem Zahlenwert für die Atommasse in der atomaren Masseneinheit u und gleich dem Zahlenwert der stoffmengenbezogenen Masse M in g/mol
Relative Molekülmasse eines Stoffes	M_r	1		Zahlenwert gleich dem Zahlenwert für die Atommasse in der atomaren Masseneinheit u und gleich dem Zahlenwert der stoffmengenbezogenen Masse M in g/mol
Spezifische Enthalpie, massenbezogene Enthalpie	h	J/kg		
Spezifische Entropie, massenbezogene Entropie	s	J/(kg · K)		
Spezifische innere Energie, massenbezogene innere Energie	u	J/kg		
Spezifischer Brennwert, massenbezogener Brennwert	H_o, $H_{o,n}$	J/kg, J/m_n^3		Früher: oberer Heizwert $H_{o,n}$ und $H_{u,n}$ sind volumenbezogen
Spezifischer Heizwert, massenbezogener Heizwert	H_u, $H_{u,n}$	J/kg, J/m_n^3		Früher: unterer Heizwert
Spezifische Wärmekapazität, massenbezogene Wärmekapazität	c	J/(kg · K)		$c = C_{th} / m$
Spezifische Wärmekapazität bei konstantem Druck	c_p	J/(kg · K)		
Spezifische Wärmekapazität bei konstantem Volumen	c_V	J/(kg · K)		
Spezifischer Wärmewiderstand	ϱ_{th}	K · m/W		$\varrho_{th} = 1/\lambda$ (λ = Wärmeleitfähigkeit)
Stöchiometrische Zahl eines Stoffes B in einer chemischen Reaktion	ν_B	1		
Stoffmenge	n, ν	mol		$n_B = m_B / M_B$ (m_B = Masse des Stoffes B, M_B = stoffmengenbezogene Masse des Stoffes B)

Formelzeichen und Einheiten (Fortsetzung)

Name/Bedeutung	Formelzeichen	SI-Einheit Zeichen	SI-Einheit Name	Bemerkung/wichtige Beziehungen
Größen der Thermodynamik, Wärmeübertragung und physikalischen Chemie (Fortsetzung)				
Stoffmengenbezogene (molare) Masse eines Stoffes B	M_B	kg/mol		$M_B = m_B / n_B$ (m_B = Masse des Stoffes B, n_B = Stoffmenge des Stoffes B)
Stoffmengenkonzentration eines Stoffes B	c_B	mol/m³		$c_B = n_B / V$ (V = Volumen der Mischphase)
Stoffmengenstrom	$\dot{n}$	mol/s		
Temperatur, thermodynamische Temperatur	T, ϑ	K	Kelvin	
Temperaturdifferenz	$\Delta T, \Delta t, \Delta\vartheta$	K	Kelvin	in der Praxis auch °C
Temperaturleitfähigkeit	a	m²/s		
(Thermischer) Längenausdehnungskoeffizient	α_l, α	1/K		$\alpha_l = \Delta l / (l \cdot \Delta T)$
Thermischer Leitwert	G_{th}	W/K		$G_{th} = 1/R_{th}$
(Thermischer) Spannungskoeffizient	α_p	1/K		$\alpha_p = \Delta p / (p \cdot \Delta T)$
(Thermischer) Volumenausdehnungskoeffizient	α_V, γ	1/K		$\alpha_V = \Delta V / (V \cdot \Delta T)$
Thermischer Widerstand, Wärmewiderstand	R_{th}	K/W		$R_{th} = \Delta T / \dot{Q}$ ($\dot{Q}$ = Wärmestrom)
(Universelle) Gaskonstante	R	J/(mol · K)		R = 8,314 510 J/(mol · K)
Verhältnis der spezifischen Wärmekapazitäten	$\gamma, \varkappa$	1		$\gamma = c_p / c_V$ in der Praxis meist $\varkappa$
Wärme, Wärmemenge	Q	J	Joule	
Wärmedichte, volumenbezogene Wärme	w_{th}	J/m³		
Wärmedurchgangskoeffizient	k	W/(m² · K)		k-Wert
Wärmestrom	$\dot{Q}, \Phi_{th}, \Phi$	W	Watt	
Elektrische und magnetische Größen				
Elektrische Durchflutung	Θ	A	Ampere	
Elektrische Feldkonstante	ε_0	F/m		ε_0 = 8,854 187 817 pF/m
Elektrische Feldstärke	E	V/m		
Elektrische Flussdichte	D	C/m²		
Elektrische Kapazität	C	F	Faraday	$C = Q / U$
Elektrische Ladung	Q	C	Coulomb	
Elektrische Leitfähigkeit, Konduktivität	$\gamma, \sigma, \varkappa$	S/m		$\gamma = 1/\varrho$ (ϱ = spezifischer elektrischer Widerstand)
Elektrische Spannung, elektrische Potentialdifferenz	U	V	Volt	
Elektrische Stromdichte	J	A/m²		$J = I / S$ (S = Leiterquerschnitt)
Elektrische Stromstärke	I	A	Ampere	
Elektrischer Fluss	Ψ, Ψ_e	C	Coulomb	
Elektrischer Leitwert	G	S	Siemens	

Formelzeichen und Einheiten (Fortsetzung)

Name/Bedeutung	Formelzeichen	SI-Einheit Zeichen	SI-Einheit Name	Bemerkung/wichtige Beziehungen
Elektrische und magnetische Größen (Fortsetzung)				
Elektrischer Widerstand, Wirkwiderstand, Resistanz	R	Ω	Ohm	
Elektrisches Dipolmoment	p, p_e	C · m		
Elektrisches Potential	φ, φ_e	V	Volt	
Elementarladung	e	C	Coulomb	Ladung eines Protons, $e = 1{,}602\ 177\ 33 \cdot 10^{-19}$ C
Energie, Arbeit	W	J, Ws	Joule	1 J = 1 Nm = 1 Ws
Flächenladungsdichte, Ladungsbedeckung	σ	C/m²		
Induktivität, Selbstinduktivität	L	H	Henry	
Magnetische Feldkonstante	μ_0	H/m		$\mu_0 = 1{,}256\ 637\ 061\ 4\ldots\ \mu$H/m
Magnetische Feldstärke	H	A/m		
Magnetische Flussdichte	B	T	Tesla	$B = \varphi / S$
Magnetische Spannung	V, V_m	A		
Magnetischer Fluss	Φ	Wb	Weber	
Permeabilität	μ	H/m		
Permeabilitätszahl, relative Permeabilität	μ_r	1		$\mu_r = \mu / \mu_0$
Permittivität	ε	F/m		$\varepsilon = D / E$
Permittivitätszahl, relative Permittivität	ε_r	1		$\varepsilon_r = \varepsilon / \varepsilon_0$
Raumladungsdichte, Ladungsdichte, volumenbezogene Ladung	ϱ, ϱ_e, η	C/m³		
Spezifischer elektrischer Widerstand, Resistivität	ϱ	Ω · m		1 Ω · m = 100 Ω · cm 1 Ω · m = 10^6 Ω · mm²/ m
Windungszahl	N	1		
Wirkleistung	P, P_p	W	Watt	
Größen elektromagnetischer Strahlungen				
Absorptionsgrad	α, a	1		
Beleuchtungsstärke	E_v	lx	Lux	
Brechwert von Linsen	D	1/m		$D = n / f$
Brechzahl	n	1		$n = c_0 / c$
Brennweite	f	m		
Emissionsgrad	ε	1		
Leuchtdichte	L_v	cd/m²		
Lichtgeschwindigkeit im leeren Raum	c_0	m/s		$c_0 = 2{,}997\ 924\ 58 \cdot 10^8$ m/s
Lichtmenge	Q_v	lm · s		
Lichtstärke	I_v	cd	Candela	

Allgemeine Grundlagen | GR

Formelzeichen und Einheiten (Fortsetzung)

Name/Bedeutung	Formelzeichen	SI-Einheit Zeichen	SI-Einheit Name	Bemerkung/wichtige Beziehungen
Größen elektromagnetischer Strahlungen (Fortsetzung)				
Lichtstrom	Φ_v	lm	Lumen	
Reflexionsgrad	ϱ	1		
Stefan-Boltzmann-Konstante	σ	$W/(m^2 \cdot K^4)$		$\sigma = 5{,}670\,51 \cdot 10^{-8}\ W/(m^2 \cdot K^4)$
Strahlungsenergie, Strahlungsmenge	Q_e, W	J	Joule	
Strahlungsenergiedichte, volumenbezogene Strahlungsenergie	w, u	J/m^3		
Strahlungsleistung, Strahlungsfluss	Φ_e, P	W	Watt	
Transmissionsgrad	τ	1		
Größen der Atom- und Kernphysik				
Äquivalentdosis	H	Sv	Sievert	
Aktivität einer radioaktiven Substanz	A	Bq	Bequerel	
Atommasse	m_a	kg		
Bohr-Radius	a_0	m		$a_0 = 0{,}529\,177\,249 \cdot 10^{-10}$ m
Energiedosis	D	Gy	Gray	
Gyromagnetischer Koeffizient	γ	$A \cdot m^2/(J \cdot s)$		
Halbwertszeit	$T_{1/2}$	s		$T_{1/2} = \tau \cdot \ln 2$
Ionendosis	J	C/kg		
Kerma	K	Gy	Gray	
Magnetisches (Flächen-) Moment eines Teilchens	μ	$A \cdot m^2$		
Mittlere Lebensdauer	τ	s		
Neutronenzahl	N	1		
Nukleonenzahl, Massenzahl	A	1		$A = Z + N$
Planck-Konstante, Planck'sches Wirkungsquantum	h	$J \cdot s$		$h = 6{,}626\,075\,5 \cdot 10^{-34}\ J \cdot s$
Protonenzahl	Z	1		
Reaktionsenergie	Q	J	Joule	
Ruhemasse des Elektrons	m_e	kg		$m_e = 9{,}109\,389\,7 \cdot 10^{-31}$ kg
Rydberg-Konstante	R_∞	1/m		$R = 10\,973\,731{,}534\ m^{-1}$
Sommerfeld-Feinstruktur-Konstante	α	1		$\alpha = 7{,}297\,353\,08 \cdot 10^{-3}$
Teilchenstrom	I	1/s		
Zerfallskonstante	λ	1/s		$\lambda = 1 / \tau$
Größen der Akustik				
Schalldruck	p	Pa, N/m^2	Pascal	
Schallgeschwindigkeit	c, c_0	m/s		
Schallintensität	I, J	W/m^2		
Schallleistung	P, P_a	W	Watt	

Formelzeichen und Einheiten außerhalb des SI

(nach DIN 1301-1, 12.93)

Name/Bedeutung	Formelzeichen	Einheitenzeichen	Einheitenname	Bemerkung
Ebener Winkel	α, β, γ	Bisher kein genormtes Zeichen	Vollwinkel	1 Vollwinkel = $2 \cdot \pi \cdot$ rad
		gon	Gon	1 gon = $(\pi/200)$ rad
		°	Grad	1° = $(\pi/180)$ rad
		′	Minute	1′ = $(\pi/60)$°
		″	Sekunde	1″ = $(\pi/60)$′
Volumen	V	l, L	Liter	Die beiden Einheitenzeichen sind gleichberechtigt 1 l = 1 dm³ = 1 L
Zeit	t	min h d	Minute Stunde Tag	1 min = 60 s 1 h = 60 min 1 d = 24 h
Masse	m	t g	Tonne Gramm	1 t = 1000 kg = 1 Mg 1 g = 10^{-3} kg
Druck	p	bar	Bar	1 bar = 10^5 Pa

Einheiten außerhalb des SI, mit beschränktem Anwendungsbereich

(nach DIN 1301, 12.93)

Größe	Einheitenname	Einheitenzeichen	Definition, Beziehung
Brechwert von optischen Systemen	Dioptrie	dpt (nicht international genormt)	1 Dioptrie ist gleich dem Brechwert eines optischen Systems mit der Brennweite 1 m in einem Medium der Brechzahl 1; 1 dpt = 1/m
Fläche von Grund- und Flurstücken	Ar Hektar	a ha	1 a = 10^2 m² 1 ha = 10^4 m²
Wirkungsquerschnitt (Atomphysik)	Barn	b	1 b = 10^{-28} m²
Masse in der Atomphysik	Atomare Masseneinheit	u	1 atomare Masseneinheit ist der 12te Teil der Masse eines Atoms des Nuklids ^{12}C. 1 u = 1,660 540 2 · 10^{-27} kg Standardabweichung: s = 1,0 · 10^{-33} kg
Masse von Edelsteinen	Metrisches Karat	Kt (nicht international genormt)	1 metrisches Karat = 0,2 g
Längenbezogene Masse von textilen Fasern und Garnen	Tex	tex	1 tex = 1 g/km
Blutdruck und Druck anderer Körperflüssigkeiten (Medizin)	Millimeter Quecksilbersäule	mmHg (keine Vorsätze erlaubt)	1 mmHg = 133,322 Pa
Energie (Atomphysik)	Elektronvolt	eV	1 Elektronvolt ist die Energie, die ein Elektron beim Durchlaufen einer Potentialdifferenz von 1 Volt im leeren Raum gewinnt. 1 eV = 1,602 177 33 · 10^{-19} J Standardabweichung: s = 4,9 · 10^{-26} J
Blindleistung (elektrische Energietechnik)	Var	var	1 var = 1 W

Umrechnung von britischen und US-Einheiten in SI-Einheiten

Britische bzw. US-Einheit	Name/Bedeutung	Land	SI-Einheit
Länge (→ Grundlegende mechanische Größen)			
1 mil			0,0254 mm
1 in bzw. 1″	inch (Zoll)		25,40 mm
1 ft bzw. 1′	foot (Mehrzahl: feet)		0,3048 m
1 yd	yard		0,9144 m
1 statute mile	Landmeile		1,609 km
1 nautical mile	Seemeile	international	1,852 km
Fläche (→ Grundlegende mechanische Größen)			
1 sq in	square inch		6,452 cm^2
1 sq ft	square foot		0,0929 m^2
1 ft^2	square foot		0,0929 m^2
1 sq yd	square yard		0,8361 m^2
1 A	acre		4047 m^2
Volumen (→ Grundlegende mechanische Größen)			
1 cu in	cubic inch		16,39 cm^3
1 cu ft	cubic foot		0,028317 m^3
1 ft^3	cubic foot		0,028317 m^3
1 cu yd	cubic yard		0,7646 m^3
1 RT	register ton	international	2,832 m^3
1 Imp. pt	Imperial-pint	GB	0,5683 dm^3
1 U.S. pt	U.S.-pint	USA	0,4732 dm^3
1 Imp. qt	Imperial-quart	GB	1,1365 dm^3
1 U.S. qt	U.S.-quart	USA	0,9464 dm^3
1 Imp. gal	Imperial-gallon	GB	4,546 dm^3
1 U.S. gal	U.S.-gallon	USA	3,785 dm^3
1 U.S. oil-barrel		USA	0,159 m^3
Masse (→ Grundlegende mechanische Größen)			
1 gr	grain		64,80 mg
1 dwt	pennyweight (t für Karatgewicht)		1,555 g
1 dm bzw. dm.av	dram (av für Handelsgewicht)		1,772 g
1 oz bzw. oz.av	ounce (av für Handelsgewicht)		28,35 g
1 oz.t	ounce (t für Karatgewicht)		31,10 g
1 lb.t	pount (t für Karatgewicht)		0,3732 kg
1 lb bzw. lb.av	pound (av für Handelsgewicht)		0,4536 kg
1 quarter		GB	12,70 kg
1 quarter		USA	11,34 kg
1 cwt	hundredweight	GB	50,80 kg
1 cwt	hundredweight	USA	45,36 kg

Umrechnung von britischen und US-Einheiten in SI-Einheiten (Fortsetzung)

Britische bzw. US-Einheit	Name/Bedeutung	Land	SI-Einheit
Masse (Fortsetzung)			
1 shtn	short ton	USA	907,2 kg
1 ton		GB	1016 kg
1 ltn	long ton	USA	1016 kg
Dichte (→ Grundlegende mechanische Größen)			
1 oz/cu ft	ounce per cubic-foot		1,001 kg/m³
1 lb/cu ft	pound per cubic-foot		16,02 kg/m³
1 lb/ft²	pound per cubic-foot		16,02 kg/m³
1 shtn/cu yd	short ton per cubic-yard	USA	1187 kg/m³
1 ltn/cu yd	long ton per cubic-yard	USA	1329 kg/m³
1 oz/cu in	ounce per cubic-inch		1730 kg/m³
1 lb/cu in	pound per cubic-inch		27 680 kg/m³
1 lb/gal	pound per gallon	GB	99,76 kg/m³
1 lb/gal	pound per gallon	USA	119,8 kg/m³
Geschwindigkeit (→ Gleichförmige geradlinige Bewegung)			
1 ft/min	foot per minute		$5{,}080 \cdot 10^{-3}$ m/s
1 yd/min	yard per minute		0,01524 m/s
1 ft/s	foot per second		0,3048 m/s
1 yd/s	yard per second		0,9144 m/s
Beschleunigung (→ Ungleichförmige geradlinige Bewegung)			
1 ft/s²			0,3048 m/s²
Volumenstrom, Volumendurchfluss (→ Kontinuitätsgleichung)			
1 gpm	gallon per minute	GB	0,07577 l/s[1)]
1 gpm	gallon per minute	USA	0,06309 l/s[1)]
1 gps	gallon per second	GB	4,546 l/s[1)]
1 gps	gallon per second	USA	3,785 l/s[1)]
1 cu sec bzw. cu ft/s	cubic foot per second		28,32 l/s[1)]
1 cu yd/s	cubic yard per second		0,7646 m³/s
Massenstrom, Massendurchfluss (→ Kontinuitätsgleichung)			
1 oz/min	ounce per minute		0,4725 g/s
1 oz/s	ounce per second		28,35 g/s
1 lb/min	pound per minute		0,00756 kg/s
1 lb/s	pound per second		0,4536 kg/s
1 shtn/h	short ton per hour	USA	0,2520 kg/s
1 ltn/h	long ton per hour	USA	0,2822 kg/s
1 ton/h	ton per hour	GB	0,2822 kg/s

[1)] l (Liter): anwendbare Einheit außerhalb des SI (DIN 1301)

1

Umrechnung von britischen und US-Einheiten in SI-Einheiten (Fortsetzung)

Britische bzw. US-Einheit	Name/Bedeutung	Land	SI-Einheit
Kraft, Gewichtskraft [→ Statik (Grundgesetze), Dynamisches Grundgesetz]			
1 oz bzw. ozf	ounce force		0,2780 N
1 lb bzw. lbf	pound force		4,448 N
1 shtn	short ton fource	USA	8,896 N
1 ltn	long ton force	USA	9,964 N
1 pdl	poundel		0,1383 N
Kraftmoment, Drehmoment (→ Drehleistung)			
1 in-lb	inch-pound		0,113 N · m
1 ft-lb	foot-pound		1,356 N · m
Druck (→ Hydrostatischer Druck)			
1 lb/ft^2			47,88 N/m^2
1 lb/in^2			6894,76 N/m^2
1 atm	atmosphare		1,013 · 10^5 hPa
1 lb.av/ (sq ft)			0,4788 hPa
1 in H_2O	inch water		2,491 hPa (bei 4 °C)
1 ft H_2O	foot water		29,89 hPa (bei 4 °C)
1 in Hg	inch mercury		33,87 hPa (bei 0 °C)
1 psi bzw. 1 lb.av/ (sq in)			68,95 hPa
Arbeit, Energie, Wärme (→ Arbeit und Energie, Wärmekapazität)			
1 ft lb bzw. ft lbf	foot pount		1,356 J
1 yd lb bzw. yd lbf	yard pound		4,067 J
1 btu bzw. Btu	British thermal unit		1,056 kJ
1 ctu	centigrad thermal unit		1,899 kJ
1 hph bzw. Hph	horse power hour		2684,5 kJ
Leistung, Energiestrom, Wärmestrom (→ Mechanische Leistung, Wärmeleitung)			
1 hp bzw. Hp	horse power		0,7457 kW
1 btu/s bzw. Btu/s	British thermal unit per second		1,055 kW
1 ctu/s bzw. Ctu/s	centigrad thermal unit per second		1,8987 kW
1 ft lb/s	foot pound per second		1,353 kW
Spezifische Wärmekapazität (→ Wärmekapazität)			
1 btu/ (lb deg F)			4,1886 kJ/(kg · K)
1 btu/ (lb · °F)			4,1886 kJ/(kg · K)
1 ctu/ (lb · °C)			4,1886 kJ/(kg · K)
Wärmeleitfähigkeit (→ Wärmetransport)			
1 btu/ (ft h deg F)			1,7306 W/(m · K)
1 btu/ (ft h · °F)			1,7306 W/(m · K)
1 ctu/ (ft h · °C)			1,7306 W/(m · K)

GR Allgemeine Grundlagen

Umrechnung von britischen und US-Einheiten in SI-Einheiten (Fortsetzung)

Britische bzw. US-Einheit	Name/Bedeutung	Land	SI-Einheit
Wärmeübergangskoeffizient, Wärmedurchgangskoeffizient (→ Wärmetransport)			
1 btu / (sq ft h °F) 1 btu / (ft^2 h · °F) 1 ctu / (sq ft h · °C) 1 ctu / (ft^2 h · °C)			5,68 W / (m^2 · K) 5,68 W / (m^2 · K) 5,68 W / (m^2 · K) 5,68 W / (m^2 · K)
Temperatur (→ Atmosphäre, Temperatur und Temperaturmessung)			
1 deg F bzw. °F	degree Fahrenheit Umrechnungsformel: $\vartheta = (5/9) \cdot (t_F - 32)$ mit ϑ in °C und t_F in °F 32 °F: Gefrierpunkt des Wassers 212 °F: Siedepunkt des Wassers		0,5556 °C
Dynamische Viskosität (→ Viskosität)			
1 lb/(ft s) bzw. 1 lb (mass)/(ft s) 1 lb (force) s/(sq ft)	pound per foot and second bzw. pound (mass) per foot and second pound (force) second per square foot		1,488 Pa · s 47,89 Pa · s
Kinematische Viskosität (→ Viskosität)			
1 ft^2/s bzw. 1 sq ft/s	square foot per second		0,09290 m^2/s

Umwandlungstabelle englische (britische) Zoll in mm:

1 englischer Zoll = 25,400 mm

Engl. Zoll	mm	Engl. Zoll	mm	Engl. Zoll	mm	Engl. Zoll	mm
1/32	0,7938	17/32	13,4938	1	25,4000	17	431,8000
1/16	1,5875	9/16	14,2875	2	50,800	18	457,2000
3/32	2,3812	19/32	15,0812	3	76,2000	19	482,6000
1/8	3,1750	5/8	15,8750	4	101,6000	20	508,0000
5/32	3,9688	21/32	16,6688	5	127,0000	25	635,0000
3/16	4,7625	11/16	17,4625	6	152,4000	30	762,0000
7/32	5,5562	23/32	18,2562	7	177,8000	35	889,0000
1/4	6,3500	3/4	19,0500	8	203,2000	40	1016,0000
9/32	7,1438	25/32	19,8438	9	228,6000	45	1143,0000
5/16	7,9375	13/16	20,6375	10	254,0000	50	1270,0000
11/32	8,7312	27/32	21,3412	11	279,4000		
3/8	9,5250	7/8	22,2250	12	304,8000		
13/32	10,3188	29/32	23,0188	13	330,2000		
7/16	11,1125	15/16	23,8125	14	355,6000		
15/32	11,9062	31/32	24,6062	15	381,0000		
1/2	12,700			16	406,4000		

Umwelt-Grundlagen

GR

Sonnenstrahlung (→ Wärmestrahlung, Wellenoptik)

Solar ..., in zusammengesetzten Begriffen als Silbe für **Sonnen** ... verwendet.

Begriffe (alphabetisch)	**Bedeutung**
Solargenerator	**Sonnenbatterie**, Gesamtheit miteinander verbundener Solarzellen
Solarimeter	**Pyranometer**, Geräte zur Messung der Sonnenstrahlung und diffusen **Himmelstrahlung (Globalstrahlung)**
Solarkollektor	Einrichtung, die Sonnenstrahlung absorbiert, diese in Wärme umwandelt und an einen strömenden Wärmeträger abgibt.
Solarkonstante	Energiemenge, die bei mittlerer Entfernung Erde/Sonne von der Sonne je Zeiteinheit auf die Flächeneinheit einer senkrecht zu den Sonnenstrahlen orientierten, an der Grenze der Erdatmosphäre liegenden Fläche eingestrahlt wird. Sie beträgt ca. $1{,}37\ \frac{kW}{m^2} \approx 33\ \frac{kWh}{m^2 \cdot d} \approx 118\,000\ \frac{kJ}{m^2 \cdot d}$ Dieser Wert wurde mit einer Unsicherheit von 3 bis 4% gemessen. Innerhalb der Atmosphäre verringert sich der Wert durch Teilabsorption. Ein Maß hierfür ist der **Trübungsfaktor** *T* (→ Atmosphäre). Auch der Standort, der den **Einstrahlungswinkel** beeinflusst, ist für die Einstrahlwerte von Bedeutung. In der BRD werden Einstrahlwerte von 0,9 bis 1,1 kW/m^2 erreicht.
Solarkühlung	Nutzung der Sonnenenergie zur **Kälteerzeugung**. Als wirtschaftlichstes und betriebssicherstes System bietet sich die **Absorptionskältemaschine** an, die zum Antrieb Wärmeenergie benötigt.
Solarzelle	**Sonnenzelle**, großflächige Ausführung eines **Photoelementes**.
Sonnenenergie	Durch **Kernfusion** im Innern der Sonne freigesetzte Energie, die durch Strahlungstransport an die Sonnenoberfläche gelangt und in den Weltraum abgestrahlt wird. Auf die Erdoberfläche werden jährlich ca. $1{,}5 \cdot 10^{18}$ kWh eingestrahlt. Dies entspricht etwa dem 20000-fachen des Weltprimärenergieverbrauchs (→ Wärmestrahlung).
Sonnenheizung	Nutzung der Sonnenenergie zur **Raumheizung** mit Hilfe von Solarkollektoren.
Sonnenscheindauer	Zahl der Stunden, an denen die direkte Sonnenstrahlung durch Wolken kaum oder ungeschwächt den Boden erreicht. Die durchschnittlichen Werte können aus meteorologischen Karten entnommen werden, so z. B. für das Ruhrgebiet: 1200 h/a die Bergstraße: 2000 h/a Für große Bereiche der BRD gilt ein Mittelwert von 1500 h/a.

Strahlungsanteile:

In der **Kühllastberechnung** (VDI-Richtlinie 2078) wird zwischen den Strahlungsanteilen der **direkten Strahlung** (gerichtete Strahlung) und der **diffusen Strahlung** (ungerichtete Strahlung) unterschieden. Nebenstehendes Diagramm zeigt den durchschnittlichen Anteil der diffusen und der direkten Sonneneinstrahlung (→ Optik) in der BRD.

Die **Gesamtstrahlung** wird als **Globalstrahlung** bezeichnet. Sie ergibt sich aus der Summe von diffuser Strahlung und direkter Strahlung der Sonne.

Einheit der **Strahlungsintensität** ist kW/m^2 bzw. W/m^2 (→ Wellenoptik, Kühllast).
Für die kritischen Auslegungstage müssen Tagesgänge der
- Außenlufttemperatur
- Sonnen- und Himmelsstrahlung
- Strahlungsreflexion der Umgebung

bekannt sein, gegebenenfalls Richtwerte für die Windbelastung.

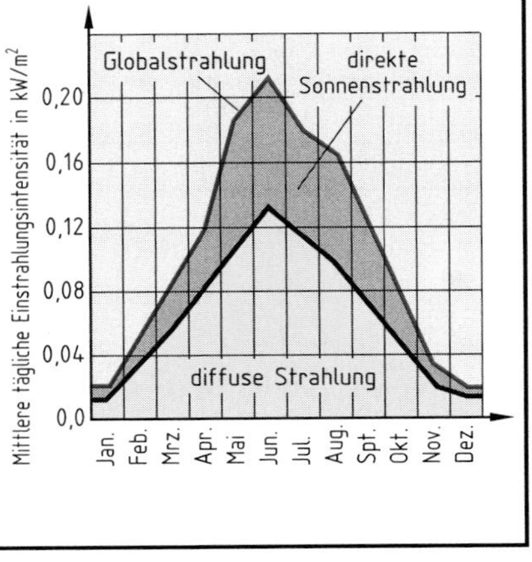

Sonnenstrahlung (Fortsetzung)

Trübungsfaktor: (→ Atmosphäre)

Als Relativmaß für die Schwächung der **Strahlungsintensität** wurde der **Trübungsfaktor** *T* eingeführt. Der ideale Trübungsfaktor $T = 1$ geht von einer völlig reinen und trockenen Atmosphäre aus. Der reale Trübungsfaktor (z. B. $T = 3{,}8$) geht von der realen Atmosphäre aus.

Unter dem Trübungsfaktor versteht man die gedachte Anzahl reiner und trockener Atmosphären, die die gleiche Trübung wie die wirkliche Atmosphäre hervorrufen.

Richtwerte an wolkenlosen Tagen (50° geographische Breite): $T_{min} \approx$ **3,0**; $T_{max} \approx$ **6,0** vor allem in Abhängigkeit von der Jahreszeit entsprechend VDI-Richtlinie 2078.

Die **Meereshöhe** beeinflusst die Luftschichtdicke und damit die Globalstrahlung.

Diese Abhängigkeit zeigt folgende Tabelle:

Mittlere Globalstrahlung in kWh/(m² · Monat)

Ort (Beispiele)	Braunschweig	Hamburg	Trier
Meereshöhe in m	81	14	265
Januar	19	17	22
Februar	35	31	42
März	69	65	77
April	98	101	105
Mai	134	134	145
Juni	156	159	151
Juli	138	138	152
August	121	120	127
September	83	83	94
Oktober	49	47	57
November	21	21	24
Dezember	15	13	17
Jahr	940	929	1013

Folgendes Diagramm zeigt ein Beispiel für den **Jahresgang der Sonnenstrahlung**:

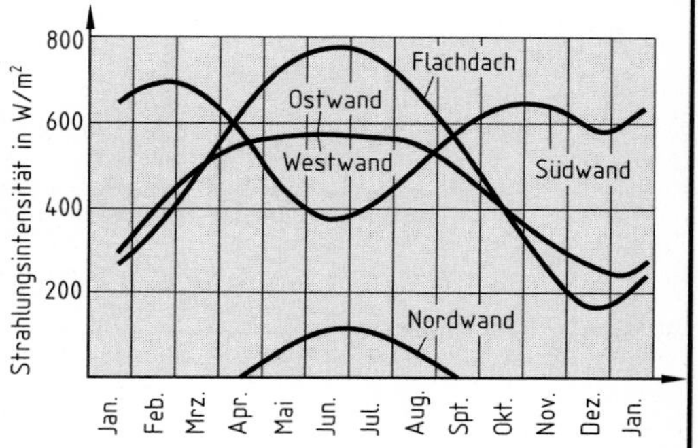

Wichtige technische Regel:
VDI-Richtlinie 2078 „**Kühllastberechnung**"
(→ Kühllast)

Atmosphäre

Klima

Klimadefinition	Einflussparameter
Klima = Witterungsverlauf auf einem Teil der Erdoberfläche.	Stärke der Sonneneinstrahlung; Art, Menge und Häufigkeit der Niederschläge; Windstärke; Windrichtung; Höhenlage; Lage zur Himmelsrichtung; Entfernung zu Gewässern; Pflanzenwuchs; Bodenbeschaffenheit u. a..

Klimazonen (KZ):

Meteorologische Unterteilung	Kennzeichen
Heiße oder tropische KZ	Bei wechselnden Trocken- und Regenzeiten immer heiß
Zwei gemäßigte KZ'n (nördliche und südliche)	witterungsmäßig stark ausgeprägte Jahreszeiten. Die BRD liegt in der nördlichen gemäßigten KZ.
Zwei kalte oder polare KZ'n	halbjährlicher Wechsel von Tag und Nacht, immer kalt.

Unterteilung innerhalb der KZ: **Kontinentalklima** und **Seeklima**.

Unterteilung nach VDI-Richtlinie 2078

Für Deutschland, einem Land mit gemäßigtem Klima, wird zwischen zwei Klimazonen, dem **Binnenlandklima** und dem **Küstenklima** unterschieden. Die Grenze ist in VDI 2078 angegeben und bei einer → Kühllastberechnung zu berücksichtigen.

Atmosphäre (Fortsetzung)

Luft (→ feuchte Luft)

Luftschichten:

Bezeichnung	Mächtigkeit
Troposphäre } Atmosphäre	von der Erdoberfläche bis 11 km Höhe
Stratosphäre } **Atmosphäre**	von 11 km Höhe bis 75 km Höhe
Ionosphäre } Atmosphäre	von 75 km Höhe bis ca. 600 km Höhe

Mit zunehmender Höhe nehmen **Luftdruck** und **Lufttemperatur** ab (s. Tab.)

Luftdruck und **Lufttemperatur**: (→ Normzustand, Gasgesetze, feuchte Luft, Raumlufttemperatur)

$$p_{amb} = \frac{p_0}{10^{h/h'}}$$

Barometrische Höhenformel

$h' = 18400\ m$

p_{amb}	Atmosphärendruck in Höhe h	hPa
p_0	Druck in Meereshöhe (1013 hPa)	hPa
h	Höhe	m

Luftdruck und **Lufttemperatur** mit zunehmender Höhe nach DIN ISO 2533 (**Normatmosphäre**)

Höhe in km	0	0,5	1,0	2,0	3,0	4,0	6,0	8,0	10,0
Luftdruck in mbar = hPa	1013	955	899	795	701	616	472	356	264
Temperatur in °C	15	11,8	8,5	2,04	−4,5	−11	−24	−37	−50

Tagesgänge der Lufttemperatur:
(Temperaturverlauf in Abhängigkeit von der Tageszeit) nach VDI-Richtlinie 2078

Beispiele für die **Mitteltemperatur** ϑ_m in °C	Juli	September
Binnenlandklima	24,5 °C	22,0 °C
Küstenklima	18,5 °C	16,5 °C

$$\vartheta_m = \frac{\vartheta_7 + \vartheta_{14} + 2 \cdot \vartheta_{21}}{4}$$

mittlere Tagestemperatur

ϑ_7	Temperatur um 7.00 Uhr	°C
ϑ_{14}	Temperatur um 14.00 Uhr	°C
ϑ_{21}	Temperatur um 21.00 Uhr	°C

mittlere Monatstemperatur: arithmetischer Mittelwert aller mittleren Tagestemperaturen des Monats.
mittlere Jahrestemperatur: arithmetischer Mittelwert der zwölf mittleren Monatstemperaturen.

Die Mitteltemperaturen der Außenluft sind wichtige meteorologische Werte für die Projektierung von Lüftungs- und Klimaanlagen.

Die graphische Darstellung der mittleren Tagestemperatur (nebenstehendes Diagramm) als **Temperaturhäufigkeitskurve** ist sehr zweckmäßig für die Ermittlung der Anzahl der Tage im Jahr bei einer bestimmten Mitteltemperatur. Nebenstehendes Diagramm zeigt dies als Beispiel für Berlin.

B Ermitteln Sie die Anzahl der Tage im Jahr für die gilt: ϑ_m unter 10 °C, und zwar für Berlin entsprechend nebenstehendem Diagramm.
Lösung siehe rote Linie: 200 Tage mit $\vartheta_m < 10$ °C.

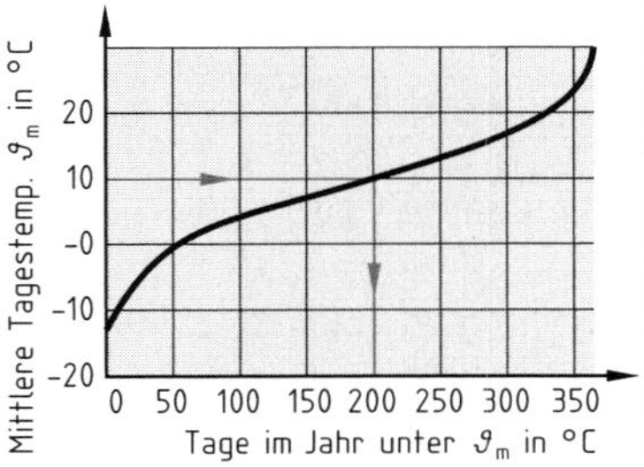

Luftzusammensetzung: (→ Zusammensetzung von Mischphasen)
Luft ist ein **Gasgemisch**. Dieses setzt sich aus **trockener Luft** (s. Tabelle Seite 26) und **Wasserdampf** zusammen (→ Stoffmischungen, Verdampfen, feuchte Luft, trockene Luft).
Hauptbestandteile der trockenen Luft sind Stickstoff, Sauerstoff, Argon, Kohlenstoffdioxid mit zusammen etwa 99,99%. Wegen der unterschiedlichen Dichten ändert sich die Zusammensetzung geringfügig:

Sauerstoffabnahme etwa 0,3% je Höhenkilometer

GR Umwelt-Grundlagen

Atmosphäre (Fortsetzung)

Zusammensetzung trockener Luft nach DIN ISO 2533 (Normatmosphäre)

Einzelgas	Chemische Formel	Massenanteil in %	Volumenanteil in %	Bemerkung
Sauerstoff	O_2	23,15	20,93	–
Stickstoff	N_2	75,51	78,10	–
Argon	Ar	1,286	0,9325	Edelgas
Kohlenstoffdioxid	CO_2	0,04	0,03	–
Wasserstoff	H_2	0,001	0,01	–
Neon	Ne	0,0012	0,0018	Edelgas
Helium	He	0,00007	0,0005	Edelgas
Krypton	Kr	0,0003	0,0001	Edelgas
Xenon	Xe	0,00004	0,000009	Edelgas
(→ Zusammensetzung von Mischphasen)		100,0	100,0	

Luftfeuchte: (→ Feuchte Luft)

Wind: Luftbewegung relativ zur Erdoberfläche, Wetter- und Klimaelement. Durch **Windmessung** erhält man die **Windrichtung** und die **Windgeschwindigkeit**. Windmessgeräte heißen **Anemometer**. Ein Hilfsmittel zur Schätzung der Windstärke ist die **Windstärke-Skala**.

Windstärkenskala nach Beaufort

Windstärke	Windgeschwindigkeit in m/s	Bezeichnung	Auswirkungen des Windes im Binnenland	Auswirkungen des Windes auf See
0	0,0 ... 0,2	still	Windstille, Rauch steigt gerade empor	spiegelglatte See
1	0,3 ... 1,5	leiser Zug	Windrichtung angezeigt nur durch Zug des Rauches	kleine Kräuselwellen ohne Schaumkrone
2	1,6 ... 3,3	leichte Brise	Wind am Gesicht fühlbar, Blätter säuseln, Windfahne bewegt sich	kurze, aber ausgeprägtere Wellen mit glasigen Kämmen
3	3,4 ... 5,4	schwache Brise	bewegt Blätter und dünne Zweige, streckt einen Wimpel	Kämme beginnen sich zu brechen, vereinzelt kleine Schaumköpfe
4	5,5 ... 7,9	mäßige Brise	hebt Staub und loses Papier, bewegt Zweige und dünnere Äste	kleine längere Wellen, vielfach Schaumköpfe
5	8,0 ... 10,7	frische Brise	kleine Laubbäume schwanken, Schaumkämme auf Seen	mäßig lange Wellen, überall Schaumkämme
6	10,8 ... 13,8	starker Wind	starke Äste in Bewegung, Pfeifen an Freileitungen	große Wellen, Kämme brechen sich, größere weiße Schaumflecken
7	13,9 ... 17,1	steifer Wind	ganze Bäume in Bewegung, Hemmung beim Gehen gegen den Wind	See türmt sich, Schaumstreifen in Windrichtung
8	17,2 ... 20,7	stürmischer Wind	bricht Zweige von den Bäumen, sehr erschwertes Gehen	mäßig hohe Wellenberge mit langen Kämmen, gut ausgeprägte Schaumstreifen
9	20,8 ... 24,4	Sturm	kleinere Schäden an Häusern und Dächern	hohe Wellenberge, dichte Schaumstreifen, „Rollen" der See, Gischt beeinträchtigt die Sicht
10	24,5 ... 28,4	schwerer Sturm	entwurzelt Bäume, bedeutende Schäden an Häusern	sehr hohe Wellenberge mit langen überbrechenden Kämmen, See weiß durch Schaum, schweres stoßartiges „Rollen", Sichtbeeinträchtigung
11	28,5 ... 32,6	orkanartiger Sturm	verbreitete Sturmschäden (sehr selten im Binnenland)	außergewöhnlich hohe Wellenberge, Sichtbeeinträchtigung
12	32,7 ... 36,9	Orkan	–	Luft mit Schaum und Gischt angefüllt, See vollständig weiß, jede Fernsicht hört auf
13 ... 17	37,0 ... > 56	–	–	–

Atmosphäre (Fortsetzung)

Kühllastzonen (nach VDI-Richtlinie 2078, 10.94)

Auslegungsdaten gemäß **Klimazonenkarte** (s. Bild)

ϑ_{max} = Maximal-Auslegungstemperatur

ϑ_m = Tagesmittelwert

Zone 1 Küstenbereich **Zone 1a** Höhenlagen der Mittelgebirge $\vartheta_{max} = 29\,°C$, $\vartheta_m = 22{,}9\,°C$
Zone 2 Binnenklima I $\vartheta_{max} = 31\,°C$, $\vartheta_m = 24{,}3\,°C$
Zone 3 Binnenklima II $\vartheta_{max} = 32\,°C$, $\vartheta_m = 24{,}6\,°C$
Zone 4 Flusstalklima $\vartheta_{max} = 33\,°C$, $\vartheta_m = 25{,}0\,°C$
Zone 5 Höhenklima (über 600 m) In Zone 5 sind die **Tagesgangsdaten** der Zone 1 wie folgt zu korrigieren: $\vartheta_{La} = \vartheta_1 - \frac{\Delta h}{200}$ in °C ϑ_1 = Temperatur in Zone 1 Δh = Höhendifferenz in m über 600 m in Nord- und Westdeutschland über 1000 m in Süddeutschland

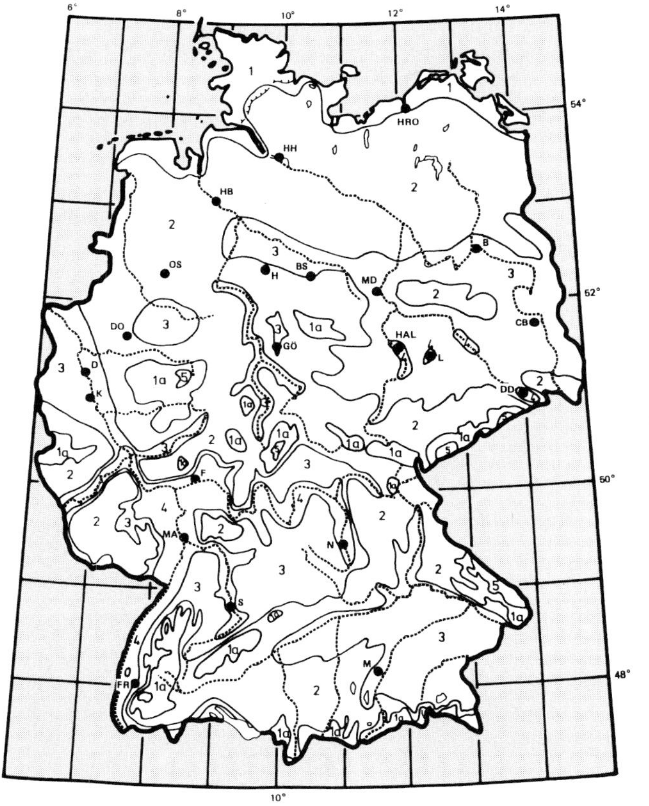

Tagesgänge der Außenlufttemperatur im Monat Juli

(→ Lufttemperatur)

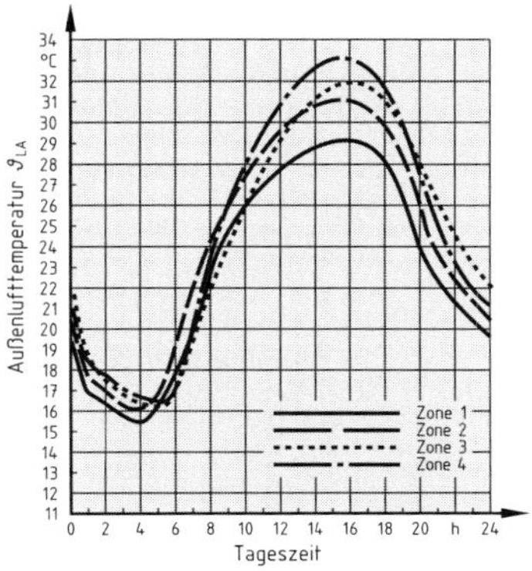

Tagesgänge der Außenlufttemperatur im Monat September

(→ Lufttemperatur)

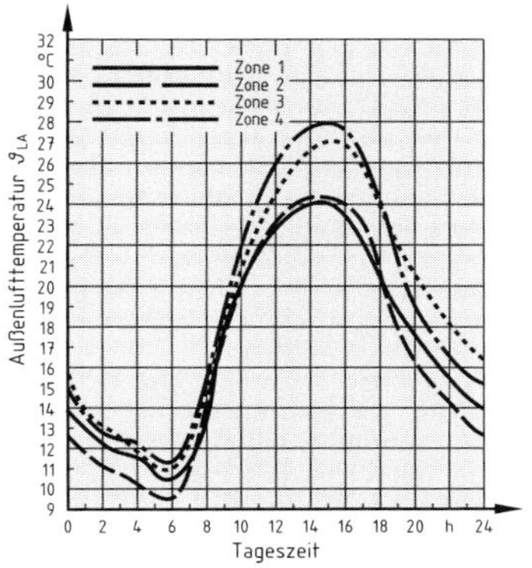

GR Umwelt-Grundlagen

Atmosphäre (Fortsetzung)

Verunreinigungen (→ Gefahrstoffe)

Die **Luftqualität** wird beeinträchtigt durch den Gehalt bzw. das Vorhandensein an Staub, Gasen, Dämpfen, Gerüchen. Es sind **maximale Konzentrationen** festgelegt.

MIK-Wert: Maximale Immissionskonzentration (nach VDI-Richtlinie 2310, 10.88)

MAK-Wert: Maximale Arbeitsplatzkonzentration in cm^3/m^3 (ppm) bei täglich 8-stündiger Exposition und einer durchschnittlichen Arbeitszeit von 40 Stunden pro Woche (→ Gefahrstoffe)

TRK-Wert: Technische Richtkonzentration (krebserregend, Einwirkungszeit wie bei MAK-Wert)

$1\ cm^3/m^3 = 1$ ppm (parts per million) — **Konzentration in Raumanteilen**

$$mg/m^3 \triangleq \frac{\rightarrow \text{Molare Masse in g/mol}}{\rightarrow \text{Molvolumen in } m^3/\text{mol}}$$

Konzentration in Massenanteilen (→ Zusammensetzung von Mischphasen)

MAK-Werte und TRK-Werte (bei krebserregenden Stoffen) gelten für Arbeitsplätze. In Wohnräumen sollten wesentlich kleinere Werte angestrebt werden. So schreibt z. B. die österreichische Norm ÖNORM H 600 T3, 10.89 „Grundregeln für **RLT-Anlagen**" vor:

In Wohnräumen dürfen nur 10% der MAK-Werte zugelassen werden!

Äußerste Vorsicht ist geboten, da die **Wechselwirkung der Schadstoffe** kaum bekannt ist!

Geruchsstoffe (→ Diffusion)

Es handelt sich dabei meist um komplizierte organische Verbindungen. Dabei wird bei sehr kleinen Konzentrationen der **Schwellwert der Wahrnehmung** erreicht.

Konzentration und Schwellwert von Geruchsstoffen in ppm

Stoff	Geruchsschwelle	Stoff	Geruchsschwelle
Ammoniak	53,0	Chlor	3,5
Aceton	450,0	Formaldehyd	20,0
Benzin	280,0	Ozon	0,05
Benzol	300,0	Schwefeldioxid	3,0
Buttersäure	0,000065	Schwefelwasserstoff	0,18

Tabakrauch ist ein bedeutender Luftverschlechterer. Er ist krebserregend.

Geruchsbeseitigung durch → Kondensation, → Absorption, → Adsorption, Oxidation.

Sauerstoffgehalt ist bis zu einer Reduzierung auf 16% in Ausnahmefällen akzeptabel.
Bei „Luftverbesserung" mit Sauerstoff erhöht sich die Brennbarkeit. UVV beachten!

Luftfeuchte (→ feuchte Luft) beeinflusst die Geruchsempfindung unterschiedlich, d. h. stoffabhängig.

Luftverbesserung durch Fensterstoßlüftung, Absaug- oder Raumlüftungsanlage.
Luftverbesserer in Sprayform enthalten oft **Acetaldehyd**, feste Luftverbesserer **Paraldehyd**. Beide Stoffe schädigen die Leber.

Treibhauseffekt (→ Stoffkunde, Kältemittel)

Hierunter versteht man die **Wärmerückhalteeigenschaften** in der → Troposphäre. Diese führen derzeit zu einer **Temperaturzunahme** von ca. 0,4 K pro Dekade. Verträglich für natürliche Ökosysteme: 0,1 K pro Dekade. Wesentliche Verursacher: Kohlenstoffdioxid, FCKW, Distickstoffoxid, Methan.
Der Name **Treibhauseffekt** beschreibt die Erscheinung, dass die Temperatur in glasgedeckten geschlossenen Häusern bei Sonneneinstrahlung erheblich über die Außentemperatur ansteigt und auch in klaren Nächten nicht übermäßig zurückgeht. Bewirkt wird dieser Effekt durch die unterschiedliche Durchlässigkeit des Glases für → Strahlung (→ Wärmestrahlung) verschiedener Wellenlängen. Das → sichtbare Licht, das einen großen Teil der Strahlungsenergie ausmacht, kann ungehindert das Glas passieren und den Innenraum durch Absorption erwärmen. Die von dem Innenraum ausgehende Strahlung liegt jedoch im langwelligen Bereich Infrarot, für den Glas undurchlässig ist, so dass eine Abkühlung durch Strahlung nicht stattfinden kann. Eine ähnliche Wirkung wie Glas hat die Erdatmosphäre auf die Erdoberfläche: Wasserdampf und vor allem Kohlenstoffdioxid absorbieren die Infrarotstrahlung und verhindern dadurch, dass nachts ein zu großer Teil der tagsüber empfangenen Wärmeenergie verloren geht (Treibhauseffekt). Die oben genannten „Treibhausgase" verstärken diesen Effekt in einem unzulässigen Maß, so dass das natürliche Gleichgewicht zerstört wird und sich die Erde dadurch aufheizt.
Für den Umgang mit Kältemitteln wurden **Grenz- und Vergleichswerte** definiert bzw. festgelegt:

Atmosphäre (Fortsetzung)

Grenz- bzw. Vergleichswert	Bedeutung (→ Stoffkunde, Kältemittel)
Praktischer Grenzwert	Maximale Massenkonzentration in kg/m^3 (nach DIN 8960, 11.98) Dieser Wert ist von der Meereshöhe abhängig.
Treibhauspotential GWP-Wert (Global Warming Potential)	Dieser Wert beschreibt die Wärmerückhalteeigenschaften in der Troposphäre (→ **Treibhauseffekt**). Es werden drei Werte für die Betrachtungszeiträume 20, 100 bzw. 500 Jahre angegeben. In DIN 8960, 11.98 ist der Wert für 100 Jahre zu entnehmen. Bezeichnung GWP_{100}. Bezugsstoff ist **CO_2 mit GWP_{100} = 1**.
Ozonabbaupotential ODP-Wert (Ozone-Depletion-Potential)	Dieser Wert beschreibt den Ozonabbau in der Atmosphäre. Bezugsstoff ist **R11 mit ODP = 1**. Werte unter 1 bedeuten, dass die entsprechenden Stoffe weniger Ozon abbauen als R11.

Beim praktischen Einsatz von Kältemitteln können oftmals nicht alle Kriterien bezüglich der Umweltverträglichkeit völlig berücksichtigt werden. Wünschenswert sind folgende Kriterien:

- **kein Ozonabbaupotential**, d.h. kein Brom oder Chlor im Molekül, also kleiner ODP-Wert.
- **kleine atmosphärische Verweilzeit**, d.h. kleiner GWP-Wert.
- **chemische Inaktivität**, d.h. unbrennbar und nicht explosiv (→ Sicherheitsdaten).
- **physiologische Verträglichkeit**, d.h. keine Reizwirkung, nicht toxisch.
- **gutes Warnvermögen**, d.h. gut in Luft nachweisbar.
- **hohe Geruchsschwelle** (→ Geruchsstoffe)

Boden und Wasser

Kontamination: Verschmutzung eines Mediums (Boden, Wasser, Luft) durch **Schadstoffe**

Schadstoff-Beispiele (→ Gefahrstoffe)
Kältemittel, Kältemaschinenöl, Metalle, Kunststoffe, Wärmeträger (Solen), Reinigungs- und Lösemittel, Flussmittel (Löthilfsmittel), Farben, Lacke, Gase und Dämpfe (z.B. Kältemitteldampf)

Haupt-Kontaminationspfade
Boden-Oberflächenwasser-Atmosphäre
Boden-Atmosphäre
Boden-Wasserkreislauf (s. Grafik)

Wasserhärtebereiche:

Härtebereich	Gesamthärte in mmol/l	Gesamthärte in °dH
Nr. 1: weich	bis 1,3	bis 7,3
Nr. 2: mittel	1,3 bis 2,5	7,3 bis 14
Nr. 3: hart	2,5 bis 3,8	14 bis 21,3
Nr. 4: sehr hart	über 3,8	über 21,3

°dH ≙ deutsche Härtegrade (alte Einheit)
SI-Standard: mmol/l (Millimol pro Liter)

Natürlicher Wasserkreislauf:

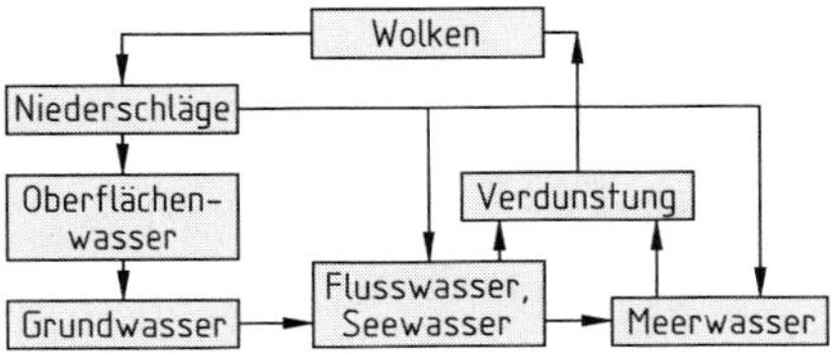

1 °dH entspricht 10,0 mg gelöstes Calciumoxid bzw. Magnesiumoxid pro Liter Wasser. Dies sind **0,178 mmol/l** (→ molare Zustände).

pH-Werte-Skala:

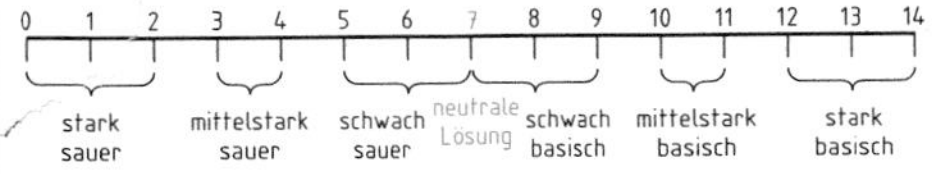

Salzsäure	→	pH-Wert ist Null: pH0
Natronlauge	→	pH-Wert ist Vierzehn: pH14
Wasser	→	pH-Wert ist sieben: pH7 (neutral)

Wassergefährdende Stoffe: (→ Gefahrstoffe)
Im **Wasserhaushaltsgesetz** (WHG) sind **Wassergefährdungsklassen** (WGK-Werte) genannt:

WGK-Kategorie	Bedeutung
WGK 0	im allgemeinen nicht wassergefährdend
WGK 1	schwach wassergefährdend
WGK 2	wassergefährdend
WGK 3	stark wassergefährdend

Anmerkung:
In der „Verwaltungsvorschrift wassergefährdender Stoffe" (VwVws) vom 1.6.1999 ist WGK 0 nicht mehr vorgesehen.

Hygienische Grundlagen

Wärmehaushalt des Menschen

Hygiene: Wichtig: **VDI-Richtlinie 6022**, 07.98 **„Hygieneanforderungen an RLT-Anlagen"**

Alle Maßnahmen zur Verhütung von **Krankheiten** und **Gesundheitsschäden**, im weiteren Sinn Maßnahmen, die dem **Wohlbefinden**, der → **Behaglichkeit** und **Leistungsfähigkeit** dienen.

Temperatur im Körperinneren: 37 ± 0,8 °C
Mittlere Hauttemperatur: 32 bis 33 °C
} → **Konstante Körpertemperatur** erfordert ein **Gleichgewicht des Wärmehaushaltes**

Gleichgewicht des Wärmehaushaltes: Es besteht Gleichgewicht zwischen **innerer Wärmeproduktion** und **Wärmeabgabe an die Umgebung**.

Grundumsatz:
Mindestwärmeproduktion im Körper, etwa **45 Watt pro m² Körperoberfläche**

$A = 0{,}204 \cdot H^{0{,}725} \cdot m^{0{,}425}$ **Körperoberfläche** (nach Du Bois)

A	Körperoberfläche	m²
H	Körpergröße	m
m	Masse des Körpers	kg

B $H = 1{,}8$ m; $m = 80$ kg
$\boldsymbol{A} = 0{,}204 \cdot 1{,}8^{0{,}725} \cdot 80^{0{,}425} = \mathbf{2{,}01\ m^2}$

Durchschnittswert etwa $A = 1{,}8\ \text{m}^2$

Wärmeenergie-Abgabe: (→ Wärmetransport, Dämmkonstruktionen, Abfuhr von Wärmeströmen)
Sie hängt von der **Raumlufttemperatur** und der **Art der Tätigkeit** (nach DIN 1946: **Aktivitätsgrad**) ab.

Wärme- und Wasserdampfabgabe des Menschen (nach VDI-Richtlinie 2078, 10.94)

Tätigkeit	Raumluft-temperatur	18	20	22	23	24	25	26	°C
körperlich nicht tätig bis leichte Arbeit im Stehen: Aktivitätsgrad I bis II nach DIN 1946 Teil 2	Wärmeabgabe								
	– gesamt $\dot{Q}_{P\,ges}$	125	120	120	120	115	115	115	W
	– trocken $\dot{Q}_{P\,tr}$	100	95	90	85	75	75	70	W
	– feucht $\dot{Q}_{Pf}$	25	25	30	35	40	40	45	W
	Wasserdampf-abgabe $\dot{m}_D$	35	35	40	50	60	60	65	g/h
mäßig schwere körperliche Tätigkeit: Aktivitätsgrad III nach DIN 1946 Teil 2	Wärmeabgabe								
	– gesamt $\dot{Q}_{P\,ges}$	190	190	190	190	190	190	190	W
	– trocken $\dot{Q}_{P\,tr}$	125	115	105	100	95	90	85	W
	– feucht $\dot{Q}_{Pf}$	65	75	85	90	95	100	105	W
	Wasserdampf-abgabe $\dot{m}_D$	95	110	125	135	140	145	150	g/h
schwere körperliche Tätigkeit: Aktivitätsgrad IV nach DIN 1946 Teil 2	Wärmeabgabe								
	– gesamt $\dot{Q}_{P\,ges}$	270	270	270	270	270	270	270	W
	– trocken $\dot{Q}_{P\,tr}$	155	140	120	115	110	105	95	W
	– feucht $\dot{Q}_{Pf}$	115	130	150	155	160	165	175	W
	Wasserdampf-abgabe $\dot{m}_D$	165	185	215	225	230	240	250	g/h

Aktivitätsgrad I: ruhend
Aktivitätsgrad II: leichte Arbeit
Aktivitätsgrad III: mittelschwere Arbeit
Aktivitätsgrad IV: schwere und Schwerstarbeit
} → **DIN 1946** Teil 2, **DIN 33403** Teil 3
↓
Tabelle **Arbeitsenergieumsatz** (Seite 31)

$\dot{Q}_{P\,tr}$, $\dot{Q}_{Pf}$ (→ feuchte Luft, Behaglichkeit)

Hygienische Grundlagen | GR

Wärmehaushalt des Menschen (Fortsetzung)

Die Wärmeabgabe des Menschen (**Personenwärme**) wird häufig auf einen Quadratmeter Körperoberfläche bezogen. Diese spezifische Wärmeabgabe heißt **Metabolic-Rate**

1 met = 58 W/m² **Metabolic-Rate** (Personenwärme pro Quadratmeter Körperoberfläche)

Energieumsatz und Stoffwechsel des Menschen: (→ Abfuhr von Wärmeströmen)

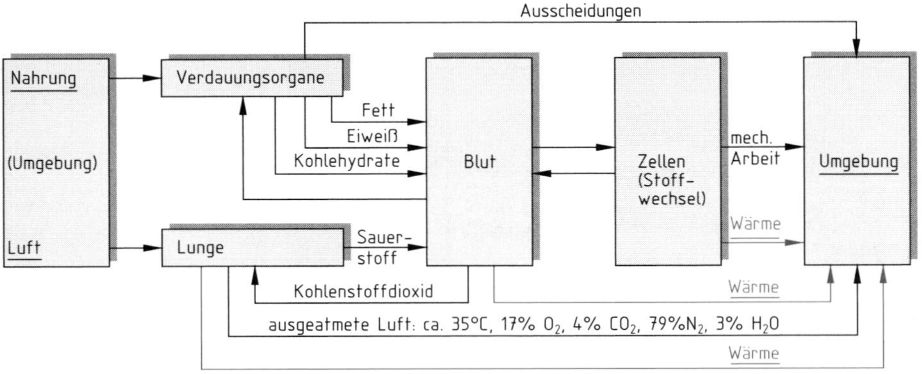

Arbeitsenergieumsatz und Dauerleistungsgrenze:

Arbeitsenergieumsatz = Gesamtenergieumsatz abzüglich Grundumsatz

Stufung für den Arbeitsenergieumsatz (nach DIN 33403, Teil 3, 07.88)

Stufe	Bewertung	Arbeitsenergieumsatz AU kJ/min	W[1])	Beispiel
1	sehr leicht	bis 8	bis 130	ruhiges Sitzen; mittelschwere Armarbeit im Sitzen z.B. Schreibmaschine schreiben
2	leicht	über 8 bis 12	über 130 bis 200	Gehen (Ebene, 3 km/h)
3	mittelschwer	über 12 bis 16	über 200 bis 270	Gehen (Ebene, 4 km/h)
4	mittelschwer/schwer (Grenzbereich)	über 16 bis 20	über 270 bis 330	Gehen (Ebene, 5 km/h)
5	schwer	über 20 bis 23	über 330 bis 380	Gehen (Ebene, 6 km/h)
6	sehr schwer	über 23 bis 25	über 380 bis 420	Gehen (5% Steigung, 4 km/h)
7	schwerst	über 25	über 420	Gehen (5% Steigung, 5 km/h)

[1]) 1 W = 3,6 kJ/h

Als **Dauerleistungsgrenze für muskuläre Arbeit** gilt ein Arbeitsenergieumsatz zwischen **16 bis 20 kJ/min**. Oberhalb der **Stufe 4** ist eine Dauerbelastung nicht mehr tolerierbar bzw. muss die damit verbundene Minderung der Leistungsfähigkeit durch Erholungspausen ausgeglichen werden.

Behaglichkeit

Im technischen Sinn versteht man unter **Behaglichkeit** den **Zustand des Wohlbefindens**, der sich in Bezug auf das Raumklima bei einer Person, die diesen Raum benutzt, einstellt. Einwirkende Faktoren: Raumlufttemperatur, Temperatur der Raumoberfläche (Wandtemperatur), Luftfeuchte, Luftbewegung, Kleidung, Konstitution, Gesundheit, Alter, Jahreszeit, Beleuchtung, Art der Arbeit, Gerüche, Personenzahl, Aufenthaltsdauer im Raum u.a.

Behaglichkeit (Fortsetzung)

Wichtige Normen:
DIN 33403, Teil 3, 06.88
DIN 1946, Teil 2, 01.94 (**VDI-Lüftungsregeln**):

Das Raumklima wird mit Hilfe von „Raumlufttechnischen Anlagen" (**RLT-Anlagen**) realisiert.

Die Raumlufttechnik befasst sich mit der **thermischen Behaglichkeit**.

Thermische Behaglichkeit kann nur durch das Zusammenwirken von Mensch, Raum und RLT-Anlage erzielt werden.

Die **Schnittmenge der Einflussgrößen auf die thermische Behaglichkeit** ergibt die **Behaglichkeitszone**:

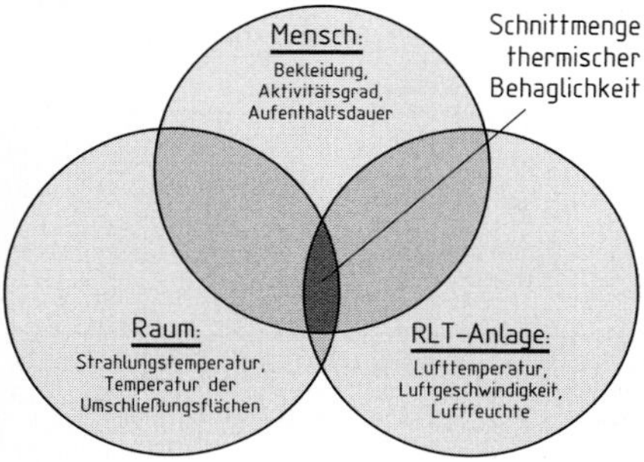

Einflussgrößen auf die thermische Behaglichkeit und die Raumluftqualität

(nach DIN 1946, Teil 2, 01.94)

Die thermische Behaglichkeit und die Luftqualität in Räumen werden beeinflusst durch

a) **die Personen** in Abhängigkeit von
- Tätigkeit,
- Bekleidung,
- Aufenthaltsdauer,
- thermische und stoffliche Belastung (z. B. Gerüche) und
- Belegung bzw. Anzahl

b) **den Raum** in Abhängigkeit von
- Temperatur der Oberflächen,
- Lufttemperaturverteilung,
- Wärmequellen und
- Schadstoffquellen

c) **die RLT-Anlage** in Abhängigkeit von
- Lufttemperatur, Luftgeschwindigkeit und Luftfeuchte,
- Lauftaustausch,
- Reinheit der Luft (Aerosole und Gerüche) und
- Luftführung.

s. nebenstehende Grafik

Anmerkung:
Behaglichkeit wird nicht nur durch thermische Einflussgrößen, sondern auch sehr stark von der **Raumakustik** (→ Akustik), den Lichtverhältnissen (→ Wellenlehre, Photometrie) u.a. beeinflusst.

Raumlufttemperatur: (→ Wärmeabgabe des Menschen, feuchte Luft)

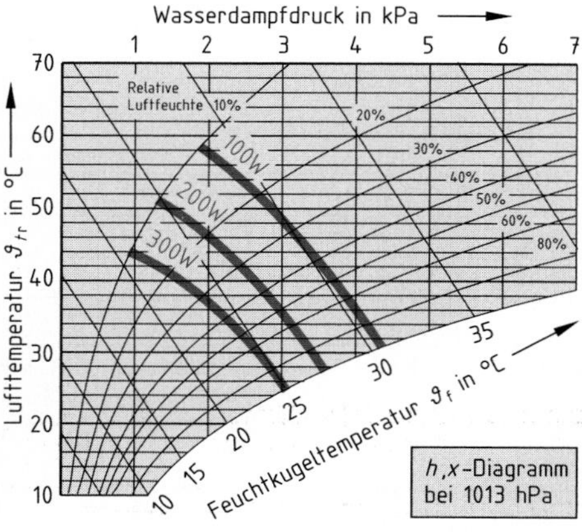

Ein *h*, *x*-Diagramm (→ feuchte Luft) aus DIN 33403, Teil 3, 06.88 zeigt die Orientierungsbereiche für die Dauerexposition bei einem Arbeitsenergieumsatz von 100, 200 und 300 Watt. Normale Arbeitskleidung und eine Luftgeschwindigkeit von 0,5 m/s wird dabei zugrunde gelegt. Es ist zu erkennen:

Die maximale andauernd ertragbare Lufttemperatur muss in Abhängigkeit von Luftfeuchte und Arbeitsenergieumsatz gesehen werden.

Anmerkung:
Bei 5% relativer Luftfeuchte kann ein gesunder Mensch kurzzeitig 100 °C, bei absolut trockener Luft kurzzeitig 120 °C Lufttemperatur ertragen.

Behaglichkeitstemperatur an Arbeitsstätten (nach Arbeitsstättenverordnung ASR 5 und 6)

Tätigkeit bzw. Arbeitsstätte	°C
Gießereien und Schmieden	10…12
Montagehallen	12…15
Mechanische Fertigung	16…18
Verkaufsräume	18…19
Büroräume	20…21
Maximaltemperatur: 26 °C	

Behaglichkeit (Fortsetzung)

Arbeitsstättenverordnung (08.83):

ASR 5: Lüftung, **ASR 6/1:** Raumtemperaturen, **ASR 7/3:** Künstliche Beleuchtung

Luftfeuchtigkeit: (→ feuchte Luft)

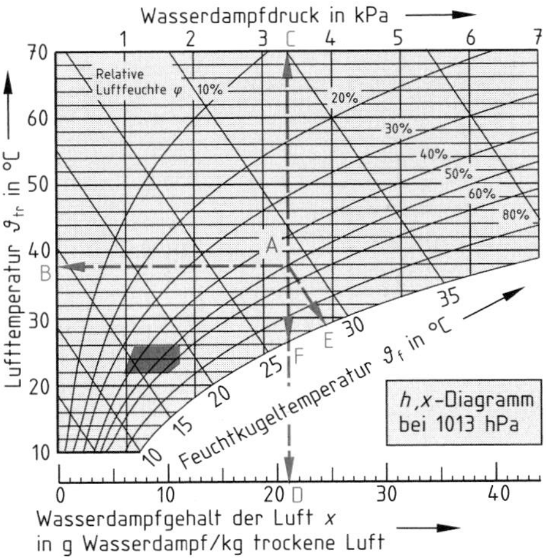

Nebenstehendes Bild zeigt ein Beispiel aus DIN 33403, Teil 2, 04.84.

Ein Teil der → Wärmeabgabe der Menschen erfolgt trocken: $\dot{Q}_{Ptr}$, ein Teil erfolgt feucht: $\dot{Q}_{Pf}$

$\dot{Q}_{Pf}$ ist der Teil der Wärmeabgabe, die durch Verdunstung (→ Verdampfung) erfolgt. Entscheidendes Kriterium ist der → Wasserdampfpartialdrukkunterschied. DIN 33403, Teil 2, 04.84:

> Die Schweißverdunstung wird von der Differenz des Wasserdampfteildruckes der Hautoberfläche und dem Wasserdampfteildruck der Luft (→ feuchte Luft, → Diffusion) bestimmt.

Behaglichkeitszone:
rote Fläche (s. nebenstehendes Bild)

Schwülebereich:
hohe Luftfeuchte bei hoher Lufttemperatur.

Temperatur der Umschließungsflächen: (→ Wärmetransport)

Umschließungsflächen sind alle Innenflächen des Raumes, d.h. Decke, Boden, Wände, Fenster, Türen, Heizkörper. Die Oberflächentemperatur dieser Flächen ist Kriterium für die **abgestrahlte Wärme** (→ Wärmestrahlung). DIN 1946, Teil 2, 01.94:

> Einseitige Erwärmung oder Abkühlung des Menschen durch uneinheitliche Umschließungsflächentemperaturen kann zur thermischen Unbehaglichkeit führen.

Entscheidendes Kriterium für die Entwärmung eines Menschen ist die **mittlere Strahlungstemperatur** (resultierende Strahlungstemperatur) der Wände

$$\vartheta_{res} = \frac{\Sigma(A \cdot \vartheta)}{\Sigma A}$$

mittlere Strahlungstemperatur in °C

A	Einzelflächen	m^2
ϑ	Temperaturen der Einzelflächen	°C

> Die mittlere Strahlungstemperatur ϑ_{res} sollte der als behaglich empfundenen Raumtemperatur (ca. 20–22 °C) entsprechen.

> Das arithmetische Mittel zwischen Raumtemperatur und mittlerer Strahlungstemperatur heißt in der RLT **operative Temperatur** (ϑ_0).

Bei größeren Unterschieden der Wandtemperaturen entsteht **Zugluft** durch **Konvektion** (→ Strahlung und Konvektion).

B Wandflächen: $A_1 = A_2 = 18\ m^2$;
$A_3 = A_4 = A_5 = A_6 = 8\ m^2$;
$A_7 = 1{,}5\ m^2$; $A_8 = 2\ m^2$; $A_9 = 1{,}2\ m^2$

Wandtemperaturen: $\vartheta_1 = 21\ °C$; $\vartheta_2 = 22\ °C$;
$\vartheta_3 = 19\ °C$; $\vartheta_4 = \vartheta_5 = \vartheta_6 = 19{,}5\ °C$;
$\vartheta_7 = \vartheta_8 = 17\ °C$; $\vartheta_9 = 42\ °C$

Raumtemperatur (Luft): 21,5 °C.

Wie groß ist ϑ_{res} und ϑ_0?

$$\vartheta_{res} = \frac{\Sigma(A \cdot \vartheta)}{\Sigma A} = \frac{1503{,}9\ m^2 \cdot °C}{72{,}7\ m^2} = \mathbf{20{,}686\ °C}$$

$$\vartheta_0 = \frac{\vartheta_L + \vartheta_{res}}{2} = \frac{21{,}5\ °C + 20{,}686\ °C}{2} = \mathbf{21{,}09\ °C}$$

Luftbewegung (→ Wind):

Rein subjektiv wird Luftbewegung in Räumen unbehaglicher empfunden als im Freien.

> Grenzwerte der **Luftgeschwindigkeit im Behaglichkeitsbereich** sind von der Raumlufttemperatur ϑ_L und vom Turbulenzgrad T (s. Seite 34) abhängig (→ Windstärkeskala).

(s. Seite 34)

Behaglichkeit (Fortsetzung)

$$T = \frac{S}{\bar{v}} \cdot 100 \quad \text{in \%}$$

Turbulenzgrad (nach DIN 1946, Teil 2)

$$\bar{v} = \frac{1}{n} \cdot \sum_{i=1}^{n} v_i$$

$$S = \sqrt{\frac{1}{n-1} \cdot \sum_{i=1}^{n} (v_i - \bar{v})^2}$$

In den Normen der RLT: ***v*** für Luftgeschwindigkeit. Sonst ***w*** für Fluidgeschwindigkeit!

- S → Standardabweichung der Momentanwerte der Luftgeschwindigkeit — 1
- $\bar{v}$ mittlere Luftgeschwindigkeit (zeitlicher Mittelwert) — m/s
- n Anzahl der Messpunkte — 1
- v_i Momentanwert der Luftgeschwindigkeit — m/s

Werte von mittleren Luftgeschwindigkeiten im Behaglichkeitsbereich in Abhängigkeit von Raumlufttemperatur ϑ_L und Turbulenzgrad T (nach DIN 1946, Teil 2, 01.94)

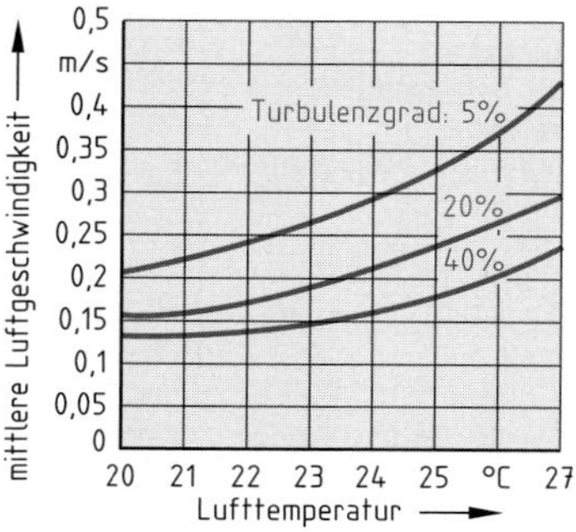

B Berechnen Sie den Turbulenzgrad T bei $n = 6$, $v_1 = v_2 = v_3 = 0{,}2$ m/s, $v_4 = 0{,}1$ m/s, $v_5 = v_6 = 0{,}25$ m/s

$$\bar{\boldsymbol{v}} = \frac{1}{n} \cdot \sum_{i=1}^{6} v_i = \frac{1}{6} \cdot 1{,}2 \text{ m/s} = \mathbf{0{,}2\ m/s}$$

$$S = \sqrt{\frac{1}{6-1} \cdot \sum_{i=1}^{6} (v_i - \bar{v})^2} = \sqrt{\frac{1}{5} \cdot 0{,}04 \frac{\text{m}^2}{\text{s}^2}}$$

$$\boldsymbol{S} = \mathbf{0{,}0894\ m/s}$$

$$T = \frac{S}{\bar{v}} \cdot 100 = \frac{0{,}0894 \text{ m/s}}{0{,}2 \text{ m/s}} \cdot 100$$

$$\boldsymbol{T} = \mathbf{44{,}7\%}$$

$(v_i - \bar{v})$ heißt **Abweichung** und $(v_i - \bar{v})^2$ nennt man **Abweichungsquadrat**.

Nebenstehendes Schaubild gilt für Aktivitätsstufe I und einen Wärmedurchlasswiderstand der → Kleidung von etwa $0{,}12 \frac{\text{m}^2 \cdot \text{K}}{\text{W}}$.

Eine **minimale Luftbewegung** ist für den notwendigen **konvektiven Wärmeübergang** (→ Wärmetransport) erforderlich. Sie stellt sich durch freie (natürliche) Konvektion an einer Wärmequelle – das kann auch ein Mensch sein – ein. In der Normung und den VDI-Vorschriften werden deshalb keine Mindestwerte angegeben.

Messverfahren und **Messanordnungen** für die Luftgeschwindigkeit regelt die VDI-Richtlinie 2080 „Messverfahren und Messgeräte für Raumlufttechnische Anlagen".

Ohne Messungen wird grundsätzlich mit dem Turbulenzgrad $T = 40\%$ gerechnet.

Kleidung:
Der Wärmeaustausch zwischen der Körperoberfläche des Menschen und der Umgebung wird maßgeblich durch die Bekleidung in Abhängigkeit von deren Isolationswert beeinflusst.

Der **Isolationswert ausgewählter Bekleidungen** in $\frac{\text{m}^2 \cdot \text{K}}{\text{W}}$ wird international in **clo-Einheiten** (von clothing value) angegeben.

$$1 \text{ clo} = 0{,}155 \frac{\text{m}^2 \cdot \text{K}}{\text{W}}$$

clo-Einheit

Die clo-Einheit hat den Kehrwert der → Wärmedurchgangszahl (k-Wert).

Das Formelzeichen für den Isolationswert ist $\boldsymbol{I}_{\text{cl}}$. Werte s. Tabelle Seite 35.

Klimabereiche (nach DIN 33403, Teil 3, 06.88) sind **Kältebereich**, **Behaglichkeitsbereich**, **Erträglichkeitsbereich** und **Unerträglichkeitsbereich**.

Das **Raumklima** findet im Behaglichkeitsbereich (Behaglichkeitszone, Behaglichkeitsfeld) statt.

In Überlappungsbereichen ist eine **Akklimatisation** begrenzt möglich.

Hygienische Grundlagen | GR

Behaglichkeit (Fortsetzung)

Isolationswerte von ausgewählten Bekleidungen (nach DIN 33403, Teil 3, 06.88)

Bekleidung	Isolationswert I_{cl} in clo	Bekleidung	Isolationswert I_{cl} in clo
Unbekleidet	0	**Leichter Straßenanzug** kurze Unterwäsche, geschlossenes Oberhemd, leichte Jacke, lange Hose usw.	1,0
Shorts	0,1	**Freizeitkleidung** kurze Unterwäsche, Oberhemd, Pullover, feste Jacke und Hose, Socken, Schuhe	1,2
Tropenkleidung offenes kurzes Oberhemd, kurze Hose usw.	0,3 bis 0,4	**Leichter Straßenanzug mit leichtem Mantel**	1,5
Leichte Sommerkleidung offenes kurzes Oberhemd, lange leichte Hose, leichte Socken, Schuhe	0,5	**Fester Straßenanzug** lange Unterwäsche, geschlossenes langes Oberhemd, feste Jacke und Hose, Weste, Wollsocken, Schuhe	1,5
Leichte Arbeitskleidung kurze Unterhose, offenes Arbeitshemd, Arbeitshose Wollsocken, Schuhe	0,6	**Kleidung für nasskaltes Wetter** lange Unterwäsche, geschlossenes langes Oberhemd, feste Jacke und Hose, Pullover, Wollmantel, Wollsocken, feste Schuhe	1,5 bis 2
Leichte Außensportkleidung kurzes Unterzeug, Trainingsjacke, -hose, Socken, Turnschuhe	0,9	**Polarkleidung**	ab 3,0
Feste Arbeitskleidung lange Unterwäsche, einteiliger Arbeitsanzug, Socken, feste Schuhe	1,0		

Behaglichkeitsmaßstäbe:

In DIN EN ISO 7730 (09.95) gibt es die Möglichkeit, aus den bisher genannten Einflussgrößen auf die thermische Behaglichkeit zu schließen. Dies ist eine statistische Methode. Gelegentlich wird auch die Behaglichkeitsformel von van Zuilen angewendet. Damit kann die Behaglichkeitskennzahl B ausgerechnet werden.

$$B = 7{,}83 - 0{,}1 \cdot \vartheta_L - 0{,}0968 \cdot \vartheta_W - 0{,}0279 \cdot p_D + 0{,}0367 \cdot (38{,}7 - \vartheta_L) \cdot \sqrt{v}$$ **Behaglichkeitskennzahl**

Behaglichkeitskennzahl B	Empfindung
1	viel zu warm
2	zu warm
3	behaglich warm
4	behaglich
5	behaglich kühl
6	zu kalt
7	viel zu kalt

ϑ_L	Raumlufttemperatur	°C
ϑ_W	mittlere Wandtemperatur	°C
p_D	→ Wasserdampfpartialdruck	hPa = mbar
v	Luftgeschwindigkeit	m/s

B Berechnen Sie die Behaglichkeitsziffer bei folgenden Daten aus der → Behaglichkeitszone: $\vartheta_L = 21\,°C$, $\vartheta_W = 20\,°C$, $p_D = 14$ hPa, $v = 0{,}25$ m/s.
Ergebnis mit obiger Formel: $\boldsymbol{B = 3{,}73}$

Es wurden auch **Wärmekomfort-Messgeräte** entwickelt. Deren Sensor erfasst die Einflussgrößen und wertet z.B. nach der Formel für die Behaglichkeitsziffer B o.a. aus.

Anordnung der Wärme- und Stoffaustauscher:

Wesentlichen Einfluss auf die Behaglichkeit hat der **Installationsort** und die Dimension der Wärme- und Stoffaustauscher wie **Heizflächen**, **Kühlflächen**, **Lüfter** und **Lüftungsgitter**. Beeinflusst wird

- Geschwindigkeit und Richtung der Raumluftstömungen, z.B. durch **Konvektion** (s. Bild), d.h. Wärmeströmung (→ Wärmetransport),
- örtliche und mittlere Temperatur in der Raumluft,
- Temperaturverteilung der Raumumschließungsflächen.

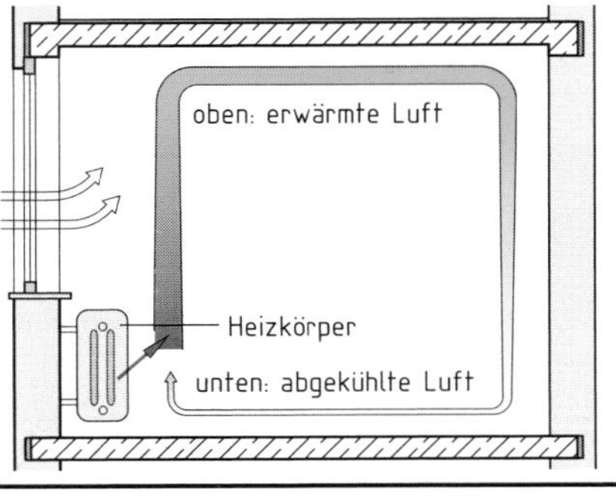

MA Allgemeine Mathematik

Mathematische Zeichen

(Auswahl nach DIN 1302, 04.94)

Zeichen	Anwendungsbeispiel	Sprechweise/Bedeutung
$+$	$2 + 3 = 5$, $x = a + b$	Plus, Summe von (z. B. 2 plus 3 gleich 5, Additionszeichen)
$-$	$5 - 4 = 1$, $x = a - b$	Minus, Differenz von (z. B. 5 minus 4 gleich 1, Subtraktionszeichen)
$\cdot$	$2 \cdot 3 = 6$, $a \cdot b = ab$	Mal, Produkt von (z. B. 2 mal 3 gleich 6, Multiplikationszeichen. Das Multiplikationszeichen kann bei Buchstaben entfallen, wenn keine Verwechslungsmöglichkeit besteht, z. B. *ab* alternativ zu $a \cdot b$)
–, /, :	$\frac{18}{9}$, 18/9, 18 : 9	Durch, Quotient von (z. B. 18 durch 9 gleich 2)
$=$	$8/4 = 2$, $a = v/t$	Gleich (z. B. *a* gleich *v* durch *t*)
$\neq$	$4 \neq 3$, $a \neq b$	Ungleich, nicht gleich (z. B. 4 ungleich 3)
$\equiv$	$a \equiv b$	Identisch gleich (z. B. *a* identisch gleich *b*, d. h. *a* und *b* bezeichnen den gleichen Gegenstand)
$\not\equiv$	$a \not\equiv b$	Nicht identisch gleich (z. B. *a* nicht identisch gleich *b*)
$\approx$	$e \approx 2{,}718$	Ungefähr, angenähert gleich (z. B. *e* ungefähr 2,718)
$\sim$	$U \sim I$	Proportional (z. B. *U* proportional *I*, d. h. der Quotient der Variablen *U* und *I* ist immer konstant)
$\widehat{=}$	1 cm $\widehat{=}$ 10 kN	Entspricht (z. B. ein Kraftpfeil der Länge 1 cm entspricht 10 kN)
$<$	$4 < 5$, $a < b$	Kleiner als (z. B. *a* kleiner als *b*)
$>$	$4 > 3$, $b > a$	Größer als (*b* größer als *a*)
$\leq$	$a, b, c \leq 10$, $y \leq 10$	Kleiner oder gleich, höchstens gleich (z. B. der Wert *y* ist kleiner oder gleich 10)
$\geq$	$a, b, c \geq 10$, $y \geq 10$	Größer oder gleich, mindestens gleich (z. B. der Wert *y* ist größer oder gleich 10)
$\ll$	$\alpha_i \ll \alpha_a$	Klein gegen (z. B. der Wärmeübergangskoeffizient α_i ist klein gegen α_a)
$\gg$	$\alpha_a \gg \alpha_i$	Groß gegen (z. B. der Wärmeübergangskoeffizient α_i ist groß gegen α_a)
$=_{\text{def}}$	$x =_{\text{def}} 1$	Ist definitionsgemäß gleich (z. B. *x* ist definitionsgemäß gleich 1)
$\simeq$	$f \simeq g$	Ist asymptotisch gleich (z. B. *f* ist asymptotisch gleich *g*)
%	$\Delta x = 5$ %	Prozent, Hundertstel (z. B. der Fehler Δx beträgt 5 Prozent)
‰	$w = 12{,}5$ ‰	Promille, Tausendstel (z. B. der Massenanteil beträgt 12,5 Promille)
( ), [ ], { }, ⟨ ⟩	$Q = C \cdot A \cdot \left[(T_1/100)^4 - (T_2/100)^4\right]$	Runde, eckige, geschweifte, spitze Klammer auf und zu
…	$n = 1, 2, 3, \ldots$	Und so weiter, unbegrenzt
	$i = 1, 2, 3, \ldots, n$	Und so weiter bis (z. B. *i* gleich 1, 2, 3 und so weiter bis *n*)
$\parallel$	$A_1 \parallel A_2$	Parallel (z. B. Fläche A_1 parallel zu Fläche A_2)
$\nparallel$	$A_1 \nparallel A_2$	Nicht parallel (z. B. Fläche A_1 nicht parallel zu Fläche A_2)
$\uparrow\uparrow$	$F_1 \uparrow\uparrow F_2$	Gleichsinnig parallel (z. B. die Kraft F_1 ist gleichsinnig parallel zur Kraft F_2)
$\uparrow\downarrow$	$F_1 \uparrow\downarrow F_2$	Gegensinnig parallel (z. B. die Kraft F_1 ist gegensinnig parallel zur Kraft F_2)
$\perp$	$A_1 \perp A_2$	Orthogonal zu, rechtwinklig auf (z. B. Fläche A_1 orthogonal zur Fläche A_2), auch normal gerichtet
$\triangle$	$\triangle\,(ABC)$	Dreieck (z. B. das Dreieck mit den Eckpunkten *A*, *B*, *C*)
$\sphericalangle$	$\sphericalangle\,(ABC)$	Winkel (z. B. Winkel zwischen den Strecken *BA* und *BC*)

Mathematische Zeichen (Fortsetzung)

Zeichen	Anwendungsbeispiel	Sprechweise/Bedeutung
$\overline{AB}$	$\overline{P_1P_2}$	Strecke AB (z. B. Strecke zwischen den Punkten P_1 und P_2)
$\cong$	$\triangle(A_1B_1C_1) \cong \triangle(A_2B_2C_2)$	Kongruent zu (z. B. das Dreieck $A_1B_1C_1$ ist kongruent zu dem Dreieck $A_2B_2C_2$, d. h. beide Dreiecke sind deckungsgleich)
d	$d\,(P, Q)$	Abstand, Distanz (z. B. Abstand von P und Q)
$\odot$	$\odot\,(P, r)$	Kreis um (z. B. Kreis um P mit Abstand r)
Δ	Δt	Delta, Differenz zweier Werte (z. B. Zeitdifferenz)
$\lvert z \rvert$	$\lvert -4\ °C \rvert$	Betrag von z (z. B. der Betrag von −4 °C ist 4, also der reine Zahlenwert ohne Vorzeichen und ohne Einheit)
$[z]$	$[\pi] = 3$	Größte ganze Zahl kleiner oder gleich z (auch Bezeichnung ent z)
$\sqrt{\ }$	$\sqrt{4} = 2$	Wurzel (Quadratwurzel) aus (z. B. Wurzel aus 4 gleich 2)
$\sqrt[n]{\ }$	$\sqrt[3]{27} = 3$	n-te Wurzel aus (z. B. 3. Wurzel aus 27 gleich 3)
π	$\pi = 3{,}14159...$	Pi (Verhältnis von Kreisumfang zum Kreisdurchmesser, Konstante)
e	e = 2,71828...	Basis des natürlichen Logarithmus (Euler'sche Zahl)
∞	$n = 1, 2, 3, ..., \infty$	Unendlich (z. B. die Folge 1, 2, 3 und so weiter bis unendlich)
a^x	$y = 3^x$	a hoch x, x-te Potenz von a (z. B. y gleich 3 hoch x)
exp	$y = \exp x$ oder $y = e^x$	Exponentialfunktion von x mit e = 2,71828..., e hoch x
ln	ln 2 = 0,6391	Natürlicher Logarithmus von x (z. B. natürlicher Logarithmus von 2 gleich 0,6931, es gilt $\ln x = \log_e x$ mit e = 2,71828...)
lg	lg 2 = 0,30103	Dekadischer Logarithmus, Zehnerlogarithmus (z. B. dekadischer Logarithmus von 2 gleich 0,30103, es gilt $\lg x = \log_{10} x$)
lb	lb 5 = 2,32193	Binärer Logarithmus, Zweierlogarithmus (z. B. binärer Logarithmus von 5 gleich 2,32193)
log		Logarithmus
$\log_a$	$\log_{10} 2 = 0{,}30103$	Logarithmus zur Basis a (z. B. Logarithmus zur Basis 10 von 2 gleich 0,30103)
$\rightarrow$	$x \rightarrow +\infty$	Gegen, nähert sich, strebt nach (z. B. x strebt nach plus unendlich)
	$x \xrightarrow{f} y$	x geht durch f in y über
i, j		Imaginäre Einheit. Es gilt $i^2 = -1$ (in der Mathematik ist i üblich, in der Elektrotechnik j)
Re	Re z	Realteil (z. B. Realteil von z)
Im	Im z	Imaginärteil (z. B. Imaginärteil von z)
sin	sin 30° = 0,5	Sinus
cos	cos 30° = 0,866	Cosinus
tan	tan 30° = 0,577	Tangens
cot	cot 30° = 1,732	Cotangens (cot 30° = 1/tan 30°)
Arcsin	$\sin\alpha = x \Rightarrow \text{Arcsin}\ x = \alpha$	Arcussinus (Arcsin-Funktion = Umkehrung der Sinus-Funktion)
Arccos	$\cos\alpha = x \Rightarrow \text{Arccos}\ x = \alpha$	Arcuscosinus (Arccos-Funktion = Umkehrung der Cosinusfunktion)
Arctan	$\tan\alpha = x \Rightarrow \text{Arctan}\ x = \alpha$	Arcustangens (Arctan-Funktion = Umkehrung der Tangensfunktion)

2

Mathematische Zeichen (Fortsetzung)

Zeichen	Anwendungsbeispiel	Sprechweise/Bedeutung
Arccot	$\cot \alpha = x \Rightarrow$ $\text{Arccot}\, x = \alpha$	Arcuscotangens (Arccot-Funktion = Umkehrung der Cotangensfunktion)
sinh	$\sinh x = (e^x - e^{-x})/2$	Hyperbelsinus (Hyperbelfunktion)
cosh	$\cosh x = (e^x + e^{-x})/2$	Hyperbelcosinus (Hyperbelfunktion)
tanh	$\tanh x = \sinh x - \cosh x$	Hyperbeltangens (Hyperbelfunktion)
coth	$\coth x = 1/\tanh x$	Hyperbelcotangens (Hyperbelfunktion)
Arsinh	$y = \text{Arsinh}\, x \Rightarrow$ $x = \sinh y$	Areahyperbelsinus (Areafunktion = Umkehrung der Hyperbelfunktion)
Arcosh	$y = \text{Arcosh}\, x \Rightarrow$ $x = \cosh y$	Areahyperbelcosinus (Areafunktion = Umkehrung der Hyperbelfunktion)
Artanh	$y = \text{Artanh}\, x \Rightarrow$ $x = \tanh y$	Areahyperbeltangens (Areafunktion = Umkehrung der Hyperbelfunktion)
Arcoth	$y = \text{Arcoth}\, x \Rightarrow$ $x = \coth y$	Areahyperbelcotangens (Areafunktion = Umkehrung der Hyperbelfunktion)
Σ	$\sum_{i=1}^{3} F_i = F_1 + F_2 + F_3$	Summe (z. B. Summe der Kräfte F_i von $i = 1$ bis 3 gleich F_1 plus F_2 plus F_3)
Π	$\prod_{i=1}^{3} \eta_i = \eta_1 \cdot \eta_2 \cdot \eta_3$	Produkt (z. B. Produkt der Wirkungsgrade η_i von $i = 1$ bis 3 gleich η_1 mal η_2 mal η_3)
lim	$\lim_{x \to \pm\infty} \frac{1}{x} = 0$	Limes (z. B. Limes $1/x$ mit x gegen $\pm\infty$ ist 0, d. h. die Funktion $y = 1/x$ besitzt für $x \to \pm\infty$ den Grenzwert 0)
$f(x)$	$W = f(s)$	f von x, Funktion der Variablen x (z. B. die Arbeit W ist eine Funktion des Weges s)
$\mathrm{d}y/\mathrm{d}x$	$y' = \mathrm{d}y/\mathrm{d}x$	dy nach dx (erster Differentialquotient)
$y', y'', \ldots$	$y' = 2x$ wenn $y = x^2$	y Strich, y zwei Strich und so weiter (erste, zweite usw. Ableitung von y, z. B. erste Ableitung von y gleich $2x$, wenn y gleich x^2)
$f'(x)$	$f'(x) = 3x^2$ für $f(x) = x^3$	f Strich von x (Ableitung der Funktion $f(x)$)
$f''(x)$	$f''(x) = 6x$ für $f'(x) = 3x^2$	f zwei Strich von x (zweite Ableitung der Funktion $f(x)$)
$f'''(x)$	$f'''(x) = 6$ für $f'' = 6x$	f drei Strich von x (dritte Ableitung der Funktion $f(x)$)
d	$\mathrm{d}t$	Differentialzeichen (z. B. Differential der Zeit t)
∂	$\partial f(x)$	d partiell (z. B. d partiell f von x)
$\int$	$\int f(x)\,\mathrm{d}x$	Integral (z. B. Integral über f von x dx)
$\int_a^b f(x)\,\mathrm{d}x$	$W = \int_{s_1}^{s_2} F(s)\,\mathrm{d}s$	Integral von f von x dx von a bis b (z. B. Arbeit W gleich Wegintegral der Kraft F von s_1 bis s_2, s_1 und s_2 sind die Grenzen des hier vorliegenden bestimmten Integrals)
F	$F(x)$	Stammfunktion von f (z. B. groß F von x)
$F(x)\Big\vert_{x_1}^{x_2}$	$F(s)\Big\vert_{s_1}^{s_2} = F(s_2) - F(s_1)$	Groß F von x zwischen den Grenzen x_1 und x_2 (z. B. groß F von s zwischen den Grenzen s_1 und s_2)
!	$5! = 120$	Fakultät (z. B. 5 Fakultät gleich 120, $5! = 1 \cdot 2 \cdot 3 \cdot 4 \cdot 5 = 120$)
$\binom{n}{p}$	$\binom{6}{3} = \frac{6 \cdot 5 \cdot 4}{1 \cdot 2 \cdot 3}$	n über p (z. B. 6 über 3, allgemein: $\binom{n}{p} = n \cdot (n-1) \cdot (n-2) \cdot \ldots \cdot [n-(p-1)] / (1 \cdot 2 \cdot \ldots \cdot p)$
sgn	$\operatorname{sgn} x$	Signum (z. B. Signum von x), $\operatorname{sgn} x =_{\text{def}} 1$ wenn $x > 0$, 0 wenn $x = 0$ und -1 wenn $x < 1$

Allgemeine Mathematik

Zeichen der Logik und Mengenlehre (Auswahl nach DIN 5473, 07.92 und DIN 1302, 04.94)

Zeichen	Anwendungsbeispiel	Sprechweise/Bedeutung
$\mathbb{N}$ oder **N**	**N** = {0, 1, 2, ...}	Doppelstrich-**N** (Menge der nicht negativen ganzen Zahlen, Menge der natürlichen Zahlen, einschließlich der Zahl 0)
		N* ist die gleiche Menge ohne die Zahl 0
$\mathbb{Z}$ oder **Z**	**Z** = {..., -2, -1, 0, 1, 2, ...}	Doppelstrich-**Z** (Menge der ganzen Zahlen, d. h. der natürlichen Zahlen, der negativen ganzen Zahlen und der Zahl 0)
		Z* ist die gleiche Menge ohne die Zahl 0, **Z+** begrenzt die Menge auf die positiven Zahlen
$\mathbb{Q}$ oder **Q**	**Q** = {2, -4, 1/2, 0, -3/2, ...}	Doppelstrich-**Q** (Menge der rationalen Zahlen, d. h. der Zahl 0, der positiven und negativen ganzen Zahlen und der Brüche derartiger Zahlen)
		Q* ist die gleiche Menge ohne die Zahl 0, **Q+** begrenzt die Menge auf die positiven Zahlen
$\mathbb{R}$ oder **R**	**R** = {π, $\sqrt{2}$, 1/2, lg 2, 5, -3, ...}	Doppelstrich-**R** (Menge der reellen Zahlen, d. h. **Q** ergänzt durch die Menge der irrationalen Zahlen, also der periodischen und nicht abbrechenden Dezimalzahlen, z. B. $\sqrt{2}$ = 1,4142...)
		R* ist die gleiche Menge ohne die Zahl 0, **R+** begrenzt die Menge auf die positiven Zahlen
$\mathbb{C}$ oder **C**	**C** = {$\sqrt{-1}$, $\sqrt{-1/2}$,	Doppelstrich-**C** (Menge der komplexen Zahlen)
	$\sqrt{-4}$, ...}	**C*** ist die gleiche Menge ohne die Zahl 0
$\emptyset$		Leere Menge (die Menge enthält keine Elemente)
$\{a_1, \ldots, a_n\}$	{1, 2, 3, 4, 5}	Menge mit den Elementen $a_1, \ldots a_n$ (z. B. Menge mit den Elementen 1, 2, 3, 4 und 5)
$a \in A$	$4 \in M$ wenn $M = \{1, 2, 3, 4, 5\}$	*a* ist Element von *A* (z. B. 4 ist Element von *M*)
$a \notin A$	$7 \notin M$ wenn $M = \{1, 2, 3, 4, 5\}$	*a* ist nicht Element von *A* (z. B. 7 ist nicht Element von *M*)
$\{x \mid \varphi(x)\}$		Klasse (Menge) aller *x* mit $\varphi(x)$
$\{x \in M \mid \varphi(x)\}$		Klasse (Menge) aller *x* aus *M* mit $\varphi(x)$
$\subseteq$, $\subset$	$M_1 \subseteq M_2$ wenn $M_1 = \{1, 2\}$ und $M_2 = \{1, 2, 3, 4\}$	Teilklasse (Teilmenge) von, sub (z. B. M_1 ist Teilklasse von M_2 oder M_1 sub M_2), das Zeichen hat die eigentliche Bedeutung von *enthalten* ***oder*** *gleich*
$\subsetneq$	$M_1 \subsetneq M_2$	Echte Teilklasse (Teilmenge) von, echt sub (z. B. M_1 ist echte Teilklasse von M_2, d. h. M_1 ist Teilklasse von M_2 und gleichzeitig gilt $M_1 \neq M_2$), das Zeichen hat die eigentliche Bedeutung von *enthalten* ***und*** *ungleich*)
$\cap$	$M_1 \cap M_2$	Geschnitten mit, Durchschnitt von (z. B. M_1 geschnitten mit M_2)
$\cup$	$M_1 \cup M_2$	Vereinigt mit, Vereinigung von (z. B. M_1 vereinigt mit M_2)
/	M_1 / M_2	Ohne (z. B. M_1 ohne M_2)
$\neg$	$\neg a$	Nicht, Negation von (z. B. nicht *a*)
$\wedge$	$a \wedge b$	Und, Konjunktion von (z. B. *a* und *b*)
$\vee$	$a \vee b$	Oder, Disjunktion von (z. B. *a* oder *b*)
$\bigcup$	$\bigcup M$	Vereinigung (z. B. Vereinigung über *M*)
$\bigcap$	$\bigcap M$	Durchschnitt (z. B. Durchschnitt über *M*)
$\forall$	$\forall x\, \varphi(x)$	Für alle ... (gilt), Allquantor (z. B. für alle *x* (gilt) $\varphi(x)$)
$\exists$	$\exists x\, \varphi(x)$	Es gibt (wenigstens) ein ... mit, Existenzquantor (z. B. es gibt (wenigstens) ein *x* mit $\varphi(x)$)

MA Allgemeine Mathematik

2

Grundrechenarten

Addition (Zusammenzählen)

Natürliche Zahlen

15 + 26 = **41**

Summand plus Summand gleich Summe

Mögliche Rechenschritte:

$15 + 26 = 15 + (5 + 21) = (15 + 5) + 21 = 20 + 21$
$= 20 + (20 + 1) = (20 + 20) + 1 = 40 + 1 = \mathbf{41}$

Beachte:

$8 + (-6) = 8 - 6 = \mathbf{2}$ (vgl. *Klammerregeln*)

Gemeine Brüche

Bei gleichnamigen Brüchen die Zähler unter Beibehaltung des Nenners addieren und dann, wenn möglich, kürzen:

$$\frac{2}{4} + \frac{6}{4} = \frac{2+6}{4} = \frac{8}{4} = \mathbf{2}$$

Ungleichnamige Brüche zunächst durch Hauptnennerbildung (vgl. *Bruchrechnen*) und Zählererweiterung gleichnamig machen:

$$\frac{1}{2} + \frac{2}{3} = \frac{1 \cdot 3}{2 \cdot 3} + \frac{2 \cdot 2}{3 \cdot 2} = \frac{3}{6} + \frac{4}{6} = \frac{\mathbf{7}}{\mathbf{6}} = \mathbf{1\frac{1}{6}}$$

Gemischte Zahlen zunächst in unechte Brüche verwandeln (vgl. *Bruchrechnen*)

Allgemeine Zahlen

$a + a = 2a$

$a + b = c$

$a + b = b + a$ (Kommutativgesetz)

$a + (b + c) = (a + b) + c = a + b + c$
(Assoziativgesetz)

Größen

Nur gleichartige Größen lassen sich addieren. Eventuell müssen Einheiten umgerechnet werden!

5 kg + 7 kg = **12 kg**

8,0 kg + 500 g = 8,0 kg + 0,5 kg = **8,5 kg**

6,00 m + 40 cm = 600 cm + 40 cm = **640 cm**

Subtraktion (Abziehen)

Natürliche Zahlen

14 − 8 = **6**

Minuend minus Subtrahend gleich Differenz

$16 - (8 - 3) = 16 - 8 + 3 = \mathbf{11}$

$16 - (8 + 3) = 16 - 8 - 3 = \mathbf{5}$

Klammerregeln beachten (vgl. *Klammerrechnung*)

Gemeine Brüche

Bei gleichnamigen Brüchen die Zähler unter Beibehaltung des Nenners voneinander subtrahieren und dann, wenn möglich, kürzen:

$$\frac{3}{2} - \frac{1}{2} = \frac{3-1}{2} = \frac{2}{2} = \mathbf{1}$$

Ungleichnamige Brüche zunächst durch Hauptnennerbildung (vgl. *Bruchrechnen*) und Zählererweiterung gleichnamig machen:

$$\frac{7}{8} - \frac{2}{3} = \frac{7 \cdot 3}{3 \cdot 8} - \frac{2 \cdot 8}{3 \cdot 8} = \frac{21}{24} - \frac{16}{24} = \frac{21-16}{24} = \frac{\mathbf{5}}{\mathbf{24}}$$

Gemischte Zahlen zunächst in unechte Brüche verwandeln (vgl. *Bruchrechnen*)

Allgemeine Zahlen

$3a - 2a = 1a = a$

$a - b = c$ (c = Differenz aus a und b)

$ab - (c - d) = ab - c + d$

$ab - (c + d) = ab - c - d$

Klammerregeln beachten (vgl. *Klammerrechnung*)

Größen

Nur gleichartige Größen lassen sich voneinander subtrahieren. Eventuell müssen Einheiten umgerechnet werden.

$16\ m^3 - 4\ m^3 = \mathbf{12\ m^3}$

$5{,}0\ m^3 - 100\ dm^3 = 5{,}0\ m^3 - 0{,}1\ m^3 = \mathbf{4{,}9\ m^3}$

2,000 l − 58 ml = 2000 ml − 58 ml = **1942 ml**

Allgemeine Mathematik

Grundrechenarten (Fortsetzung)

Multiplikation (Vervielfachen)

Natürliche Zahlen

6	·	4	=	**24**
Faktor	mal	Faktor	gleich	Produkt oder
Multiplikant	mal	Multiplikator	gleich	Produkt

Das Produkt 6 · 4 ist die Kurzschreibweise für die Summe 6 + 6 + 6 + 6 bzw. 4 + 4 + 4 + 4 + 4 + 4.

Beachte: Jede Zahl mit 0 multipliziert ergibt 0, z. B.

$5 \cdot 0 = \mathbf{0}$

Gemeine Brüche

Zwei Brüche werden miteinander multipliziert, indem man Zähler mit Zähler und Nenner mit Nenner multipliziert. Dabei kann vor dem Multiplizieren gekürzt werden.

$$\frac{5}{6} \cdot \frac{3}{4} = \frac{5 \cdot 3}{6 \cdot 4} = \frac{5 \cdot 1}{2 \cdot 4} = \mathbf{\frac{5}{8}}$$

$$3 \cdot \frac{5}{10} = \frac{3 \cdot 5}{10} = \frac{3 \cdot 1}{2} = \mathbf{\frac{3}{2}} = \mathbf{1\frac{1}{2}}$$

Gemischte Zahlen werden zunächst in unechte Brüche verwandelt (vgl. *Bruchrechnen*)

Allgemeine Zahlen

$a \cdot b = ab$ bzw. $a \cdot b = c$ (c = Produkt aus a und b)

$a \cdot 0 = 0$

$a \cdot b = b \cdot a$ (Assoziativgesetz)

$a \cdot (b + c) = ab + ac$ (Distributivgesetz)

Vorzeichenregeln:

$(+a) \cdot (+b) = ab \qquad (+a) \cdot (-b) = -ab$

$(-a) \cdot (-b) = ab \qquad (-a) \cdot (+b) = -ab$

Klammerregeln beachten (vgl. *Klammerrechnung*)

Größen

Zwei Größen werden miteinander multipliziert, indem man Zahlenwerte (Maßzahlen) und Einheiten miteinander multipliziert:

$4\ \text{m} \cdot 6\ \text{m} = 4 \cdot 6 \cdot \text{m} \cdot \text{m} = \mathbf{24\ m^2}$

$10\ \text{N} \cdot 2\ \text{m} = \mathbf{20\ Nm}$

Division (Teilen)

Natürliche Zahlen

10	:	5	=	**2**	oder
10	/	5	=	**2**	
Divident	durch Divisor		gleich	Quotient	

oder

$\frac{10}{2} = \mathbf{5}$ (10 = Zähler, 2 = Nenner, 5 = Quotient)

Beachte: Eine Division durch 0 gibt es nicht!

Gemeine Brüche

Man dividiert durch einen Bruch, indem man mit dem Kehrbruch (Kehrwert) multipliziert:

$$\frac{3}{8} : \frac{4}{5} = \frac{3}{8} \cdot \frac{5}{4} = \frac{3 \cdot 5}{8 \cdot 4} = \mathbf{\frac{15}{32}} \quad \text{bzw.} \quad \frac{\frac{3}{8}}{\frac{4}{5}} = \frac{3 \cdot 5}{8 \cdot 4} = \mathbf{\frac{15}{32}}$$

$$3 : \frac{2}{5} = 3 \cdot \frac{5}{2} = \frac{3 \cdot 5}{2} = \mathbf{\frac{15}{2}} = \mathbf{7\frac{1}{2}}$$

Bei der Division durch eine gemischte Zahl wird diese zunächst in einen unechten Bruch verwandelt.

Allgemeine Zahlen

$\frac{a}{b} = a : b = c$ (c = Quotient aus a und b, $b \neq 0$)

$$\frac{a}{b} : \frac{c}{d} = \frac{a}{b} \cdot \frac{d}{c} = \frac{ad}{bc}$$

$$a : (b : c) = a : \frac{b}{c} = \frac{a}{\frac{b}{c}} = a \cdot \frac{c}{b} = \frac{ac}{b}$$

Vorzeichenregeln:

$$\frac{(+a)}{(+b)} = \frac{a}{b} \qquad \frac{(-a)}{(+b)} = -\frac{a}{b}$$

$$\frac{(-a)}{(-b)} = \frac{a}{b} \qquad \frac{(+a)}{(-b)} = -\frac{a}{b}$$

Größen

Zwei Größen werden durcheinander dividiert, indem man Zahlenwerte (Maßzahlen) und Einheiten durcheinander dividiert:

$$\frac{6\ \text{m}^3}{2\ \text{m}^2} = \frac{6}{2} \cdot \frac{\text{m}^3}{\text{m}^2} = 3\ \frac{\text{m} \cdot \text{m} \cdot \text{m}}{\text{m} \cdot \text{m}} = \mathbf{3\ m}$$

$$\frac{20\ \text{N}}{4\ \text{m}^2} = \frac{20}{4} \cdot \frac{\text{N}}{\text{m}^2} = \mathbf{5\ \frac{N}{m^2}}$$

2

MA Allgemeine Mathematik

Klammerrechnung (Rechnen mit Summen)

Steht ein „+"-Zeichen vor der Klammer, so kann diese entfallen, ohne dass sich der Wert der Summe ändert:

$5 + (6 - 3) = 5 + 6 - 3 = \mathbf{8}$ $\qquad a + (2b - 3c) = a + 2b - 3c$

Steht ein „–"-Zeichen vor der Klammer, so müssen bei deren Weglassen alle innerhalb der Klammer vorhandenen Vorzeichen umgekehrt werden:

$12 - (2 + 8 - 6) = 12 - 2 - 8 + 6 = \mathbf{8}$ $\qquad -(3a + 2b - c) = -3a - 2b + c$

Klammerausdrücke (bzw. Summen) werden miteinander multipliziert, indem jedes Glied der einen Klammer mit jedem Glied der anderen Klammer multipliziert wird:

$(a + b)c = ac + bc$

$d(ab - c) = abd - cd$

$(a + b)(c + d) = ac + ad + bc + bd$

$(a + b)(c - d) = ac - ad + bc - bd$

Binomische Formeln:

$(a + b)^2 = (a + b)(a + b) = a^2 + 2ab + b^2$

$(a - b)^2 = (a - b)(a - b) = a^2 - 2ab + b^2$

$(a + b)(a - b) = a^2 - b^2$

B Beispiele praktischer Formeln:

$L = L_0(1 + \alpha\Delta T) = L_0 + L_0\alpha\Delta T$ $\qquad p = x_1p_1 + (1 - x_1)p_2 = x_1p_1 + p_2 - x_1p_2$

$Q = kA(T_1 - T_2) = kAT_1 - kAT_2$ $\qquad L = \frac{1}{2}(n + 2)(n + 1) = (\frac{n}{2} + 1)(n + 1) = \frac{n^2}{2} + \frac{n}{2} + n + 1 = \frac{n^2}{2} + \frac{3n}{2} + 1$

Klammerausdrücke (bzw. Summen) werden durch einen Divisor (Nenner) dividiert, indem jedes Glied der Klammer (bzw. jeder Summand des Zählers) durch den Divisor (Nenner) dividiert wird:

a) Division durch ein Produkt: $\frac{a + b}{ab} = \frac{a}{ab} + \frac{b}{ab} = \frac{1}{b} + \frac{1}{a}$

b) Division durch eine Summe: $(a + b - c) : (a - d) = \frac{a + b - c}{a - d} - \frac{a}{a - d} + \frac{b}{a - d} - \frac{c}{a - d}$

B Beispiele praktischer Formeln:

$\eta_v = \frac{\dot{V}_{th} - \dot{V}_v}{\dot{V}_{th}} = 1 - \frac{\dot{V}_v}{\dot{V}_{th}}$ $\qquad m_1 = m_0\frac{h_2 - h_0}{h_2 - h_1} = \frac{m_0(h_2 - h_0)}{h_2 - h_1} = \frac{m_0h_2 - m_0h_0}{h_2 - h_1} = \frac{m_0h_2}{h_2 - h_1} - \frac{m_0h_0}{h_2 - h_1}$

Gemeinsame oder beliebige Faktoren, die in jedem Summanden (bzw. Glied) der Klammer vorkommen, können vor die Klammer gezogen (ausgeklammert) werden:

$(ab + ac) = a(b + c)$ $\qquad (-25 - 5p) = -5(5 + p)$ $\qquad (2x + y) - 10b = 10b\left(\frac{2x + y}{10b} - 1\right)$

Ausdrücke (Summen) mit mehreren Klammern werden umgewandelt, indem man die Klammern von innen her auflöst:

$a - \{b + [3c - (2d + b)]\} = a - \{b + [3c - 2d - b]\} = a - \{b + 3c - 2d - b\} = a - b - 3c + 2d + b = a - 3c + 2d$

B Beispiel einer praktischen Formel:

$h = c_L(T - T_0) + Y[h_V + c_D(T - T_0)] = c_LT - c_LT_0 + Y[h_V + c_DT - c_DT_0] = c_LT - c_LT_0 + Yh_V + Yc_DT - Yc_DT_0$

Allgemeine Mathematik

Bruchrechnung

Erweitern und Kürzen

Zähler und Nenner des Bruches werden mit der gleichen Zahl multipliziert oder durch die gleiche Zahl dividiert:

$\frac{3}{4} = \frac{3 \cdot 5}{4 \cdot 5} = \mathbf{\frac{15}{20}}$ (Erweitert mit der Zahl 5)

$\frac{16}{12} = \frac{16 : 4}{12 : 4} = \mathbf{\frac{4}{3}}$ (Gekürzt mit der Zahl 4)

Gekürzt werden darf nur aus Produkten, nie aus Summen:

$\frac{ab - a}{2ab} = \frac{a\,(b-1)}{2ab} = \frac{b-1}{2b}$ (Gekürzt mit *a*. Aus der Summe kann *b* nicht gekürzt werden.)

Umwandeln gemischter Zahlen in unechte Brüche

Zum Produkt aus Nenner und ganzer Zahl wird der Zähler addiert. Dies ergibt den Zähler des unechten Bruches:

$6\,\frac{2}{3} = \frac{6 \cdot 3 + 2}{3} = \mathbf{\frac{20}{3}}$

Umwandeln unechter Brüche in gemischte Zahlen

Der Zähler des unechten Bruches wird in eine Summe zerlegt, die den größten Summanden enthält, der noch ohne Rest durch den Nenner teilbar ist. Dann – nach dem Auftrennen in zwei Teilbrüche – kürzen:

$\frac{18}{5} = \frac{15+3}{5} = \frac{15}{5} + \frac{3}{5} = 3 + \frac{3}{5} = \mathbf{3\,\frac{3}{5}}$

Hauptnennerbildung

1. Produktbildung aus den beteiligten Nennern:

   $\frac{3}{8} + \frac{2}{3} = \frac{3 \cdot 3}{8 \cdot 3} + \frac{2 \cdot 8}{3 \cdot 8} = \frac{9}{24} + \frac{16}{24} = \frac{9+16}{24} = \mathbf{\frac{25}{24}}$

   Der Zähler wird mit dem gleichen Faktor erweitert, der beim Nenner erforderlich ist, um den Hauptnenner zu erhalten.

   $\frac{a}{a+b} + \frac{c}{d} = \frac{a \cdot d}{(a+b) \cdot d} + \frac{c \cdot (a+b)}{d \cdot (a+b)}$

   $= \frac{ad + c\,(a+b)}{d\,(a+b)}$

2. Suche nach dem kleinsten gemeinsamen Vielfachen (kgV) der beteiligten Nenner:
   a) Zerlegung aller Nenner in ihre kleinsten Faktoren,
   b) Anordnung der Faktoren entsprechend dem unten gezeigten Schema,
   c) Produktbildung aus allen vorkommenden Faktoren (diese jeweils in der Anzahl ihrer größten Häufigkeit in einer Zeile).

Beispiel:

$\frac{1}{14} + \frac{1}{3} + \frac{2}{10} + \frac{8}{60} + \frac{5}{72}$

$= \frac{1 \cdot 180 + 1 \cdot 840 + 2 \cdot 252 + 8 \cdot 42 + 5 \cdot 35}{2520} = \mathbf{0{,}808}$

Nenner	kleinste Faktoren	Erweiterungsfaktor für den Zähler
14	2 · 7	2 · 2 · 3 · 3 · 5 = 180
3	3	2 · 2 · 2 · 3 · 5 · 7 = 840
10	2 · 5	2 · 2 · 3 · 3 · 7 = 252
60	2 · 2 · 3 · 5	2 · 3 · 7 = 42
72	2 · 2 · 2 · 3 · 3	5 · 7 = 35
k. g. V.	2 · 2 · 2 · 3 · 3 · 5 · 7 = **2520** = Hauptnenner	

Prozentrechnung

Formeln	Beispiele
$p\,\%$ von $G = \frac{p}{100} \cdot G = P$ *p* Prozentsatz *G* Grundwert *P* Prozentwert	20 % von 1200 kg = $\frac{20}{100}$ · 1200 kg = **240 kg** Prozentsatz Grundwert Prozentwert
$P = \frac{p \cdot G}{100\,\%}$	20 % von 1200 kg sind 240 kg $\frac{20\,\% \cdot 1200\text{ kg}}{100\,\%} = \mathbf{240\text{ kg}}$
$p = \frac{100\,\% \cdot P}{G}$	240 kg von 1200 kg entsprechen einem Anteil von 20 % $\frac{100\,\% \cdot 240\text{ kg}}{1200\text{ kg}} = \mathbf{20\,\%}$
$G = \frac{100\,\% \cdot P}{p}$	Wenn 240 kg einem Anteil von 20 % entsprechen, beträgt der Grundwert 1200 kg $\frac{100\,\% \cdot 240\text{ kg}}{20\,\%} = \mathbf{1200\text{ kg}}$

MA Allgemeine Mathematik

2

Potenzrechnung

Zehnerpotenzen

Zahlen über 1	Zahlen unter 1
Zahlen über 1 können als Vielfache von Zehnerpotenzen dargestellt werden, mit einem positiven Exponenten, dessen Wert um 1 niedriger liegt, als die Zahl Stellen vor dem Komma besitzt: $1253{,}65 = 1{,}25365 \cdot 1000 = \mathbf{1{,}25365 \cdot 10^3}$	Zahlen unter 1 können als Vielfache von Zehnerpotenzen dargestellt werden, mit einem negativen Exponenten, dessen Wert der Anzahl der Stellen entspricht, um die das Komma der Ausgangszahl nach rechts gerückt wurde: $0{,}0025 = \frac{25}{10\,000} = \frac{2{,}5}{1\,000} = \frac{2{,}5}{10^3} = \mathbf{2{,}5 \cdot 10^{-3}}$

$10^1 = 10$ $10^2 = 100$ $10^3 = 1\,000$	$10^4 = 10\,000$ $10^5 = 100\,000$ $10^6 = 1\,000\,000$	$10^0 = 1$ $10^{-1} = \frac{1}{10} = 0{,}1$ $10^{-2} = \frac{1}{100} = 0{,}01$	$10^{-3} = \frac{1}{1\,000} = 0{,}001$ $10^{-4} = \frac{1}{10\,000} = 0{,}000\,1$ $10^{-5} = \frac{1}{100\,000} = 0{,}000\,01$ $10^{-6} = \frac{1}{1\,000\,000} = 0{,}000\,001$

B Beispiele aus der Praxis:

Längenausdehnungszahl von Stahl: $\alpha = 1{,}2 \cdot 10^{-5}\,\text{K}^{-1} = 0{,}000\,012\,\frac{1}{\text{K}}$

Avogadro-Konstante: $N_A = 602\,213\,670\,000\,000\,000\,000\,000 \approx 6{,}022 \cdot 10^{23}$

Potenzrechnung allgemein

Regeln	Beispiele
$a^m = a \cdot a \cdot a \cdot \ldots$ (m Faktoren) a = Basis (Grundzahl); m = Exponent (Hochzahl); a^m = Potenz	$5^4 = 5 \cdot 5 \cdot 5 \cdot 5 = \mathbf{625}$ 5 = Basis; 4 = Exponent; 5^4 = Potenz (vierte Potenz von 5)
$a^1 = a$; $a^0 = 1$ (für $a \neq 0$)	$12^1 = \mathbf{12}$; $12^0 = \mathbf{1}$
$a^{-m} = \frac{1}{a^m}$; $\frac{1}{a^{-m}} = a^m$ (für $a \neq 0$)	$10^{-3} = \frac{1}{10^3} = \frac{1}{1000} = \mathbf{0{,}001}$; $\frac{1}{10^{-2}} = 10^2 = \mathbf{100}$ $5\,\text{Wm}^{-2}\,\text{K}^{-1} = 5\,\frac{\text{W}}{\text{m}^2\text{K}}$
$a^m \cdot a^n = a^{m+n}$	$3^2 \cdot 3^3 = 3^{2+3} = 3^5 = \mathbf{243}$
$a^m : a^n = \frac{a^m}{a^n} = a^{m-n}$	$4^3 : 4^2 = \frac{4^3}{4^2} = 4^{3-2} = 4^1 = \mathbf{4}$
$\frac{a^m}{b^m} = \left(\frac{a}{b}\right)^m$	$\frac{4^2}{2^2} = \left(\frac{4}{2}\right)^2 = 2^2 = \mathbf{4}$; $E = \varepsilon \cdot C \cdot \left(\frac{T_1}{100}\right)^4 = \varepsilon \cdot C \cdot \frac{T_1{}^4}{100^4}$
$(a^m)^n = a^{m \cdot n} = (a^n)^m$	$(6^2)^3 = 6^{2 \cdot 3} = 6^6 = \mathbf{46\,656}$
$(ab)^m = a^m b^m$	$(3 \cdot 5)^2 = 3^2 \cdot 5^2 = 9 \cdot 25 = \mathbf{225}$ $(5\text{ m})^2 = 5^2\text{ m}^2 = \mathbf{25\text{ m}^2}$
$(-a)^m$ = positiv für gerade m, negativ für ungerade m	$(-2)^4 = (-2) \cdot (-2) \cdot (-2) \cdot (-2) = \mathbf{16}$ $(-3)^3 = (-3) \cdot (-3) \cdot (-3) = \mathbf{-27}$

Allgemeine Mathematik — MA

Radizieren

Regeln	Beispiele
$b = \sqrt[n]{a} = a^{\frac{1}{n}} \qquad (a \geq 0)$ b = Wurzel a = Radikand n = Wurzelexponent	$5 = \sqrt[3]{125} = 125^{\frac{1}{3}}$
$b = \sqrt[n]{a} \Rightarrow b^n = a$	$2 = \sqrt[3]{8} \Rightarrow 2^3 = 8$
$\sqrt[2]{a} = \sqrt{a}$	$\sqrt[2]{25} = \sqrt{25} = \mathbf{5}$
$\sqrt[n]{a^n} = \left(\sqrt[n]{a}\right)^n = a^{\frac{1}{n} \cdot n} = a^1 = a$	$\sqrt{10^2} = \left(\sqrt{10}\right)^2 = 10^{\frac{1}{2} \cdot 2} = 10^1 = \mathbf{10}$
$\sqrt[n]{ab} = \sqrt[n]{a} \cdot \sqrt[n]{b}; \qquad \sqrt{a} \cdot \sqrt{a} = \sqrt{a^2} = a$	$\sqrt[3]{27 \cdot m^3} = \sqrt[3]{27} \cdot \sqrt[3]{m^3} = \mathbf{3\ m}$
$\sqrt[n]{\frac{a}{b}} = \frac{\sqrt[n]{a}}{\sqrt[n]{b}}$	$\sqrt{4\,\frac{m^2}{s^2}} = \frac{\sqrt{4\,m^2}}{\sqrt{s^2}} = \frac{\sqrt{4} \cdot \sqrt{m^2}}{\sqrt{s^2}} = \frac{2m}{s} = \mathbf{2\,\frac{m}{s}}$
$\sqrt[n]{a^m} = \left(\sqrt[n]{a}\right)^m = \left(a^{\frac{1}{n}}\right)^m = a^{\frac{m}{n}}$	$\sqrt{10^{-4}} = 10^{-\frac{4}{2}} = \mathbf{10^{-2}}$
$\sqrt[nx]{a^{mx}} = a^{\frac{mx}{nx}} = a^{\frac{m}{n}} = \sqrt[n]{a^m}$	$\sqrt[6]{10^{-9}} = \sqrt[2 \cdot 3]{10^{(-3) \cdot 3}} = 10^{\frac{(-3) \cdot 3}{2 \cdot 3}} = 10^{\frac{-3}{2}} = \sqrt{\mathbf{10^{-3}}}$

Beachte:
Aus einer Summe darf die Wurzel nicht gliedweise aus den einzelnen Summanden gezogen werden.
$\sqrt{a + b} \neq \sqrt{a} + \sqrt{b}$

Logarithmieren

Regeln	Beispiele
$b = \log_n a \;\Rightarrow\; 10^b = a$ b = Logarithmus n = Basis a = Numerus Der Logarithmus b ist der Exponent, mit dem man die Basis n potenzieren muss, damit man a erhält.	$0{,}30103 = \log_{10} 2$
$\log_n n = 1$	$\ln e = 1; \quad \lg 10 = 1$
$\log_{10} a = \lg a$ (dekadischer Logarithmus) $\log_e a = \ln a$ (natürlicher Logarithmus) $\log_2 a = \mathrm{lb}\ a$ (binärer Logarithmus)	
$\log_n (ab) = \log_n a + \log_n b$	$\lg (4 \cdot 10^2) = \lg 4 + \lg 10^2 = 0{,}602 + 2 = \mathbf{2{,}602}$
$\log_n \frac{a}{b} = \log_n a - \log_n b$	$\lg \frac{3}{10} = \lg 3 - \lg 10 = 0{,}477 - 1{,}000 = \mathbf{-0{,}523}$
$\log_n a^m = m \cdot \log_n a$	$\lg 10^4 = 4 \cdot \lg 10 = 4 \cdot 1 = \mathbf{4}$
$\log_n \sqrt[m]{a} = \log_n a^{1/m} = \frac{1}{m} \cdot \log_n a$	$\lg \sqrt[3]{15} = \lg 15^{1/3} = \frac{1}{3} \cdot \lg 15 = \frac{1}{3} \cdot 1{,}18 = \mathbf{0{,}39}$

MA Allgemeine Mathematik

Gleichungen

Lineare Gleichungen:

Allgemeine Form: $ax + b = c$ (→ Diagramme und Nomogramme)

Grundsatz: Rechenoperationen müssen stets so ausgeführt werden, dass am Ende die Seiten links und rechts des Gleichheitszeichens wieder gleichen Wert besitzen.

2

Allgemeiner Lösungsweg	Beispiel
	$\frac{3(ax+20)}{5x} + 6b = 21$
1. Beseitigung vorhandener Brüche durch Multiplikation der gesamten Gleichung mit den einzelnen Nennern.	$\frac{3(ax+20)\cdot 5x}{5x} + 6b \cdot 5x = 21 \cdot 5x$
2. Auflösen der vorhandenen Klammern (z. B. durch Ausmultiplizieren).	$3(ax+20) + 30\,bx = 105\,x$ $3ax + 60 + 30\,bx = 105\,x$
3. Ordnen, d. h. alle Glieder mit der Unbekannten auf die linke Seite bringen, alle anderen auf die rechte Seite (Regeln siehe unten).	$3ax + 30\,bx - 105\,x = -60$
4. Kürzen und Zusammenfassen.	$\frac{3ax}{3} + \frac{30\,bx}{3} - \frac{105\,x}{3} = \frac{-60}{3}$ $ax + 10\,bx - 35\,x = -20$
5. Ausklammern der Unbekannten	$x(a + 10b - 35) = -20$
6. Division der gesamten Gleichung durch den Faktor vor der Unbekannten (hier durch die Summe in der Klammer).	$\frac{x(a+10b-35)}{(a+10b-35)} = \frac{-20}{(a+10b-35)}$ $x = \frac{-20}{a+10b-35}$

Das **Ordnen** geschieht durch Seitenwechsel einzelner Glieder. Dabei gilt die Regel: Summanden erhalten beim Seitenwechsel das entgegengesetzte Vorzeichen (aus + wird –, aus – wird +), Faktoren werden beim Seitenwechsel zu Nennern und umgekehrt, z. B.:

$$\frac{5b+2x}{2} = 6a$$

$$\frac{5b+2x}{2} = 6a$$

$$5b + 2x = 2 \cdot 6a$$

$$5b + 2x = 12a$$

$$2x = 12a - 5b$$

$$2x = 12a - 5b$$

$$x = \frac{12a - 5b}{2}$$

$$x = \frac{12a - 5b}{2}$$

B Beispiel einer praktischen Formel (Umstellen nach *s*)

$$\dot{Q} = \frac{A \cdot \Delta T}{\frac{1}{\alpha_1} + \frac{s}{\lambda} + \frac{1}{\alpha_2}}$$

1. Der Nenner wird beim Seitenwechsel zum Faktor vor $\dot{Q}$

$$\dot{Q}\left(\frac{1}{\alpha_1} + \frac{s}{\lambda} + \frac{1}{\alpha_2}\right) = A \cdot \Delta T$$

$$\dot{Q}\left(\frac{1}{\alpha_1} + \frac{s}{\lambda} + \frac{1}{\alpha_2}\right) = A \cdot \Delta T$$

2. Der Faktor $\dot{Q}$ wird beim Seitenwechsel zum Nenner

$$\frac{1}{\alpha_1} + \frac{s}{\lambda} + \frac{1}{\alpha_2} = \frac{A \cdot \Delta T}{\dot{Q}}$$

$$\frac{1}{\alpha_1} + \frac{s}{\lambda} + \frac{1}{\alpha_2} = \frac{A \cdot \Delta T}{\dot{Q}}$$

3. Die Summanden $+\frac{1}{\alpha_1}$ und $+\frac{1}{\alpha_2}$ erhalten beim Seitenwechsel negative Vorzeichen

$$\frac{s}{\lambda} = \frac{A \cdot \Delta T}{\dot{Q}} - \frac{1}{\alpha_1} - \frac{1}{\alpha_2}$$

$$s = \lambda\left(\frac{A \cdot \Delta T}{\dot{Q}} - \frac{1}{\alpha_1} - \frac{1}{\alpha_2}\right)$$

4. Der Nenner λ wird beim Seitenwechsel zum Faktor

Gleichungen (Fortsetzung)

2

Quadratische Gleichungen:

Eine quadratische Gleichung enthält die Unbekannte in der 2. Potenz.

Lösungsweg: 1. Gleichung so ordnen, dass die **allgemeine Form** oder die **Normalform** entsteht
2. Anwendung der entsprechenden Lösungsformel

Allgemeine Form: $ax^2 + bx + c = 0$ ⇒ Lösungsformel: $x_{1,2} = \dfrac{-b \pm \sqrt{b^2 - 4ac}}{2a}$

Normalform: $x^2 + px + q = 0$ ⇒ Lösungsformel: $x_{1,2} = -\dfrac{p}{2} \pm \sqrt{\dfrac{p^2}{4} - q}$

z. B.

$2x^2 = 90 - 8x$

$2x^2 + 8x - 90 = 0$

$x^2 + 4x - 45 = 0$ (Normalform)

$x_{1,2} = -\dfrac{4}{2} \pm \sqrt{\dfrac{4^2}{4} - (-45)}$

$x_{1,2} = -2 \pm \sqrt{4 + 45}$

$x_{1,2} = -2 \pm \sqrt{49}$

$\mathbf{x_1} = -2 + 7 = \mathbf{5}$

$\mathbf{x_1} = -2 + 7 = \mathbf{-9}$

B Beispiel einer praktischen Formel (Gesucht: m):

$R = \dfrac{\sqrt{A}}{2\sqrt{2\sqrt{1+m^2} - m}}$	mit $A = 5$ und $R = 0{,}5$
$0{,}5 = \dfrac{\sqrt{5}}{2\sqrt{2\sqrt{1+m^2} - m}}$	Gesamte Gleichung mit dem Nenner multiplizieren
$\sqrt{2\sqrt{1+m^2} - m} = \sqrt{5}$	Quadrieren
$2\sqrt{1+m^2} - m = 5$	Seitenwechsel von m
$2\sqrt{1+m^2} = 5 + m$	Quadrieren
$4(1+m^2) = (5+m)^2$	Klammern auflösen
$4 + 4m^2 = 25 + 10m + m^2$	Ordnen und Zusammenfassen
$3m^2 - 10m - 21 = 0$	Allgemeine Form ⇒Lösungsformel

$m_{1,2} = \dfrac{-(-10) \pm \sqrt{(-10)^2 - 4 \cdot 3 \cdot (-21)}}{2 \cdot 3}$

$\mathbf{m_1 = 4{,}79}$ $\mathbf{m_2 = -1{,}46}$

Gleichungen mit 2 oder mehr Unbekannten:

Zur Lösung sind jeweils soviele voneinander unabhängige Gleichungen erforderlich, wie Unbekannte vorhanden sind, z. B. für zwei Unbekannte (x und y):

I. $ax + by = c$ ⇒ $x = \dfrac{c - by}{a}$ II. $ux + vy = z$ ⇒ II.a $u \cdot \dfrac{c - by}{a} + vy = z$

einsetzen für x

Aus II.a y berechnen und diesen Wert dann zur Berechnung von x in I. einsetzen.

B Beispiel einer praktischen Aufgabe:

Gegeben sind $V = 2200$ ml eines Wasser-Methanol-Gemisches mit der Masse $m = 2000$ g. Die Dichten der reinen Stoffe betrugen ϱ (Wasser) = 1,000 g/ml und ϱ (Methanol) = 0,792 g/ml. Wieviel Gramm Methanol sind in der Lösung enthalten?

Index 1 = Wasser, Index 2 = Methanol.

I. $m_1 + m_2 = 2000$ g

$m_1 = 2000 - m_2$

II. $V_1 + V_2 = 2200$ ml[1)]

mit $V = \dfrac{m}{\varrho}$ ⇒

$\dfrac{m_1}{1{,}000} + \dfrac{m_2}{0{,}792} = 2200$

I in II: $\dfrac{2000 - m_2}{1{,}000} + \dfrac{m_2}{0{,}792} = 2200 \mid \cdot 0{,}792$

$1584 - 0{,}792\, m_2 + m_2 = 1742$

$m_2 - 0{,}792\, m_2 = 158$

$m_2 (1 - 0{,}792) = 158$

$\mathbf{m_2 = 760\ g}$

1) Volumenkontraktion vernachlässigt; Einheiten werden zur besseren Übersicht weggelassen.

2

Gleichungen (Fortsetzung)

Exponentialgleichungen:

Bei Exponentialgleichungen ist die Unbekannte im Exponenten einer Potenz enthalten.

Allgemeine Form: $a^x = b$

Lösungsweg:

Form der Gleichung	Beispiel
$a^x = a^m \Rightarrow x = m$ Exponentenvergleich bei gleicher Basis auf beiden Seiten der Gleichung.	$10^{2x+4} = 10^5 \Rightarrow 2x + 4 = 5$ $2x = 1$ $\boldsymbol{x = \frac{1}{2}}$
$a^x = b^m \Rightarrow x \cdot \log a = m \cdot \log b$ $x = m \cdot \frac{\log b}{\log a}$ $a^x = b \Rightarrow x \cdot \log a = \log b$ $\boldsymbol{x = \frac{\log b}{\log a}}$ Logarithmieren beider Gleichungsseiten bei ungleicher Basis auf beiden Seiten.	**B** Beispiel aus der Praxis: $R = e^{-b \cdot d^n}$ mit $R = 0{,}36$; $b = 0{,}5$; $n = 2$; $e = 2{,}718$ $0{,}36 = e^{-0{,}5\,d^2}$ Logarithmieren $\ln 0{,}36 = -0{,}5 d^2 \cdot \ln e$ $\ln e = 1$ $-1{,}02 = -0{,}5 d^2$ $d^2 = \frac{-1{,}02}{-0{,}5}$ $d^2 = 2{,}04$ Radizieren $\boldsymbol{d = 1{,}43}$

Schlussrechnung (Dreisatz)

Allgemeine Regel:

A_1	$\widehat{=}$	B
A_2	$\widehat{=}$	x

$A_1 \leftarrow : \; B$, $\cdot \; A_2$, x

$$x = \frac{B}{A_1} \cdot A_2$$

Man dividiert die Zahl über x (B) durch die in gleicher Höhe stehende Zahl A_1 (Schluss auf 1 Einheit) und multipliziert das Ergebnis mit der Zahl A_2, die auf der Höhe von x angeordnet ist.

B Beispiel aus der Praxis:

Für die Verbrennung von 12 g Kohlenstoff (C) werden 32 g Sauerstoff (O_2) benötigt. Wie viel Gramm O_2 sind für 150 g C erforderlich?

Für 12 g C benötigt man 32 g O_2,

für 1 g C .... $\frac{32}{12}$ g O_2,

für 150 g C .... $\frac{32}{12} \cdot 150 = 400$ g O_2

Verkürzt:

Für 12 g C .... 32 g O_2,

für 150 g C .... x g O_2

$$\boldsymbol{x} = \frac{32\,\text{g} \cdot 150\,\text{g}}{12\,\text{g}} = \mathbf{400\ g}$$

Umgekehrte Schlussrechnung (umgekehrter Dreisatz):

Beim Schluss auf eine Einheit kann sich der Wert vergrößern.

B Beispiel aus der Praxis:

2 Pumpen füllen einen Behälter in 4 h

3 .... x h

$$\boldsymbol{x} = \frac{4\,\text{h} \cdot 2}{3} = \mathbf{2{,}7\,h}$$

Eine Pumpe benötigt doppelt so viel Zeit wie 2 Pumpen (4 h · 2), 3 Pumpen dann $\frac{1}{3}$ davon $\frac{4\,\text{h} \cdot 2}{3}$.

Allgemeine Mathematik — MA

Runden von Zahlen

(nach DIN 1333, 02.92)

Die Stelle eines Zahlsymbols (einer Zahl), an der nach dem Runden die letzte Ziffer stehen soll, heißt **Rundestelle**.

Runden einer positiven Zahl

Regel	Beispiel
Zur gegebenen Zahl wird der halbe Stellenwert der Rundestelle addiert. Im Ergebnis werden dann die Ziffern nach der Rundestelle weggelassen. Alternativ gilt mit gleichem Ergebnis: Steht rechts neben der Rundestelle eine der Ziffern **0** bis **4**, wird **abgerundet,** d. h. die Ziffer auf der Rundestelle behält ihren Wert. Steht rechts neben der Rundestelle eine der Ziffern **5** bis **9**, wird **aufgerundet**, d. h. die Ziffer auf der Rundestelle um den Wert **1** erhöht. Die Ziffern nach der Rundestelle werden dann in beiden Fällen weggelassen.	Zu rundende Zahl: 7,658413 Rundestelle: ↑ Halber Rundestellenwert: 0,0005 Summe: 7,658913 Gerundete Zahl: **7,658** Zu rundende Zahl: 526,2364 Rundestelle: ↑ Halber Rundestellenwert: 0,005 Summe: 526,2414 Gerundete Zahl: **526,24**

Runden einer negativen Zahl

Regel	Beispiel
Der **Betrag** der gegebenen negativen Zahl wird wie eine positive Zahl gerundet (siehe oben), anschließend wird vor den gerundeten Betrag das Minuszeichen gesetzt.	Zu rundende Zahl: –7,658413 Betrag der Zahl: 7,658413 Rundestelle: ↑ Halber Rundestellenwert: 0,0005 Summe: 7,658913 Gerundeter Betrag: 7,658 Gerundete Zahl: **–7,658**

Interpolieren

Interpolation nennt man die Bestimmung von **Zwischenwerten** zwischen zwei aufeinanderfolgenden Tabellenwerten (bzw. Funktionswerten) aufgrund der bekannten Zahlenwerte der Tabelle (bzw. Funktion).

Lineare Interpolation:

Formel zur Ermittlung des Zwischenwertes y:

$$y = y_0 + (y_1 - y_0) \cdot t$$

Für das Intervall:

$$h = x_1 - x_0$$

- y Gesuchter Zwischenwert (Funktionswert zum Argument x)
- y_0 Unterer Funktionswert des Intervalls (bzw. Tabellenwert zum Argument x_0)
- y_1 Oberer Funktionswert des Intervalls (bzw. Tabellenwert zum Argument x_1)
- h Intervall
- x Argument zum gesuchten Funktions- bzw. Tabellenwert y
- x_0 Untere Grenze des Intervalls
- x_1 Obere Grenze des Intervalls
- t Anteil des Funktions- bzw. Tabellenwerteintervalls bis zum Argument x

B

Stoffwerte von Wasser bei p = 1 bar:

ϑ in °C	ϱ in kg/m³
20	998,4
30	995,8
40	992,3
50 (x_0)	988,1 (y_0)
60 (x_1)	983,2 (y_1)
70	977,7
80	971,6

Gesucht ist die Dichte ϱ_{55} bei ϑ = 55 °C

- Intervall: $h = x_1 - x_0$ = 60 °C – 50 °C = 10 °C
- Teilung so wählen, dass 1 Teilungsschritt auf die Temperatur ϑ = 55 °C fällt. Gewählt: Teilungsschritte von 1 °C.
- Anteil des Funktionswerteintervalls: Von 50 °C bis 55 °C sind es 5 Teilungsschritte von insgesamt 10 des Intervalls, somit ein Anteil von 50 %, d. h. t = 0,5.
- $y = y_0 + (y_1 - y_0) \cdot t$ = 988,1 kg/m³ + (983,2 kg/m³ – 988,1 kg/m³) · 0,5

  $\mathbf{y = \varrho_{55} = 985{,}65\ kg/m^3}$

MA Allgemeine Mathematik

Statistische Auswertung (nach DIN 53 804, T1, 09.81)

2

Aufbereitung statistischen Materials:

Zusammenstellung der (z. B. in einer Messreihe aufgenommenen) Beobachtungswerte x_i (also der n Urwerte x_1, x_2, x_3, ..., x_n) in einer **Urliste**.

B **Urliste** von n = 40 notierten Temperaturen (in °C) während des Verlaufes einer chemischen Reaktion:

86,8	87,6	86,1	86,6	86,9	86,8	87,3	86,4
86,4	87,2	86,4	86,4	86,8	86,7	87,2	86,2
86,3	86,7	86,8	86,3	86,4	86,9	87,0	86,0
87,4	86,3	86,9	86,4	86,6	87,2	86,9	86,0
87,8	85,9	86,7	86,7	86,7	87,4	86,8	86,2

Klassenzahl $\boldsymbol{k} \approx 1 + 3{,}32 \cdot \lg 40 \approx 6{,}3 \approx \mathbf{6}$

Spannweite $\boldsymbol{R} = 87{,}8 - 85{,}9 = \mathbf{1{,}9}$

Gewählt: $k = 5$ (⇒ Klassen gleicher Klassenweite)

Klassenweite $\boldsymbol{w} = 1{,}9/5 \approx \mathbf{0{,}4}$

Nr. der Klasse j	Klasse in °C	Strichliste	Besetzungszahl n_j	Klassenmitte x_j in °C	n_j aufsummiert $= G_j$	Häufigkeitssumme H_j in %
1	85,9 bis 86,2	卌 I	6	86,05	6	15
2	86,3 bis 86,6	卌 卌 I	11	86,45	17	42,5
3	86,7 bis 87,0	卌 卌 卌	15	86,85	32	80
4	87,1 bis 87,4	卌 I	6	87,25	38	95
5	87,5 bis 87,8	II	2	87,65	40	100

Klassenbildung:

Die Anzahl der Klassen (k) richtet sich nach der Aufgabenstellung oder nach der Faustformel:

$$k \approx 1 + 3{,}32 \cdot \lg n$$

Empfehlung nach DIN:

n	bis 100	ca. 1000	ca. 10 000	ca. 100 000
k	mind. 10	mind. 13	mind. 16	mind. 20

Die Klassenweite w ergibt sich aus der Spannweite $R = x_{max} - x_{min}$

und der Klassenzahl k nach der Formel $w = R/k$

Klassenmitten $$x_j = \frac{x_o + x_u}{2}$$

x_o Obere Klassengrenze

x_u Untere Klassengrenze

Häufigkeitssumme $$H_j = \frac{G_j}{n} \cdot 100\,\%$$

Grafische Darstellung statistischen Materials:

a) Histogramm (Rechteck- oder **Säulendiagramm)**

Abszisse: Merkmalswert (hier x_j in °C)

Ordinate: Besetzungszahl (Säulenbreite ≙ Klassenweite)

b) Polygonzug (Streckenzug)

Zum Vergleich mehrerer Verteilungen in einem Diagramm besser geeignet als das Histogramm.

Grafische Darstellung der **Häufigkeitssummenverteilung**

Abszisse: Merkmalswert (hier ϑ in °C)

Ordinate: Häufigkeitssumme H_j in %

B (Fortsetzung)

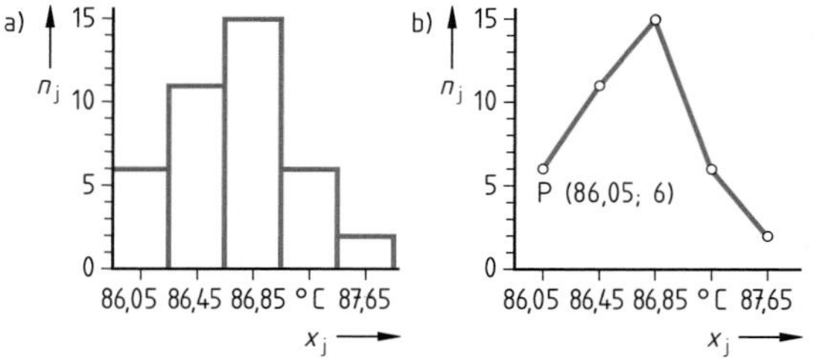

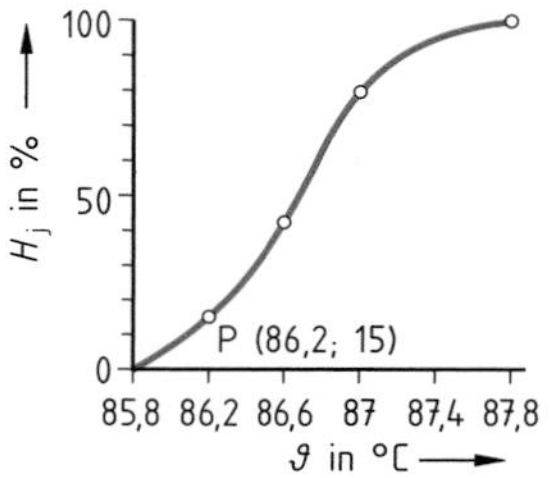

Nach obiger Tabelle liegen 15 % der Werte x_j im Bereich bis 86,2 °C, deshalb wird die Häufigkeitssumme „15 %" gegen den Merkmalswert „86,2 °C" aufgetragen.

Statistische Auswertung (Fortsetzung)

Statistische Kennwerte (statistische Maßzahlen):

Arithmetischer Mittelwert

$$\bar{x} = \frac{1}{n}\sum_{i=1}^{n} x_i \quad \text{bzw.} \quad \bar{x} = \frac{x_1 + x_2 + x_3 + \ldots + x_n}{n}$$

Varianz

$$s^2 = \frac{1}{n-1} \cdot \sum_{i=1}^{n} (x_i - \bar{x})^2$$

$$s^2 = \frac{(x_1 - \bar{x})^2 + (x_2 - \bar{x})^2 + \ldots + (x_n - \bar{x})^2}{n-1}$$

x_i Beobachtungswert (Messwert bzw. Stichprobenwert) i, mit $i = 1, 2, 3, \ldots$

$\bar{x}$ Arithmetischer Mittelwert (arithmetisches Mittel)

$|\bar{x}|$ Betrag des arithmetischen Mittelwertes

n Anzahl der Beobachtungswerte

s^2 Varianz

s Standardabweichung

v Variationskoeffizient

2

Standardabweichung

$$s = |\sqrt{s^2}| \qquad s = \sqrt{\frac{(x_1 - \bar{x})^2 + (x_2 - \bar{x})^2 + \ldots + (x_n - \bar{x})^2}{n-1}}$$

Variationskoeffizient

$$v = \frac{s}{|\bar{x}|}$$

B (Werte aus der Tabelle auf Seite 50)

$$\bar{\boldsymbol{x}} = \frac{86{,}8 + 86{,}4 + 86{,}3 + \ldots + 86{,}2}{40} = \mathbf{86{,}7}; \quad \boldsymbol{s}^2 = \frac{(86{,}8 - 86{,}7)^2 + (86{,}4 - 86{,}7)^2 + \ldots + (86{,}2 - 86{,}7)^2}{40-1} = \mathbf{0{,}2}$$

$$\boldsymbol{s} = |\sqrt{s^2}| = \mathbf{0{,}45} \qquad \boldsymbol{v} = \frac{0{,}45}{86{,}7} = \mathbf{0{,}005} \quad \text{bzw. } \boldsymbol{v} = \mathbf{0{,}5\ \%}$$

Trendbestimmung:

Treten bei zeitbezogenen Beobachtungswerten starke Schwankungen auf, so zeigt der Polygonzug einen sprunghaften Verlauf, der Trends und Trendwenden verschleiern kann. Die **Methode des gleitenden Mittelwertes** lässt diese wieder erkennbar werden. Dabei werden benachbarte Beobachtungswerte gemittelt und dann als Ordinatenwerte über der Zeit aufgetragen.

Sind die Beobachtungswerte $x_1, x_2, x_3, \ldots, x_{n-2}, x_{n-1}, x_n$ so gilt:

1. Ordinatenwert: $\bar{x}_1 = \dfrac{x_1 + x_2}{2}$

2. Ordinatenwert: $\bar{x}_2 = \dfrac{x_1 + x_2 + x_3}{3}$

3. Ordinatenwert: $\bar{x}_3 = \dfrac{x_2 + x_3 + x_4}{3}$

⋮

(n-1). Ordinatenwert: $\bar{x}_{n-1} = \dfrac{x_{n-2} + x_{n-1} + x_n}{3}$

n. Ordinatenwert: $\bar{x}_n = \dfrac{x_{n-1} + x_n}{2}$

B Durchschnittliche Aufheizzeiten eines Kessels:

Monat	t_A in min	Monat	t_A in min	Monat	t_A in min
1	24	4	23	7	24
2	26	5	28	8	30
3	20	6	21	9	26

$\bar{t}_1 = \dfrac{24 + 26}{2} = \mathbf{25}$ $\qquad \bar{t}_2 = \dfrac{24 + 26 + 20}{3} = \mathbf{23{,}3}$

$\bar{t}_3 = \dfrac{26 + 20 + 23}{3} = \mathbf{23}$ analog: $\bar{t}_4 = \mathbf{23{,}7}$ $\bar{t}_5 = \mathbf{24}$

$\bar{t}_6 = \mathbf{24{,}3}$ $\quad \bar{t}_7 = \mathbf{25}$ $\quad \bar{t}_8 = \mathbf{26{,}7}$ $\quad \bar{t}_9 = \mathbf{28}$

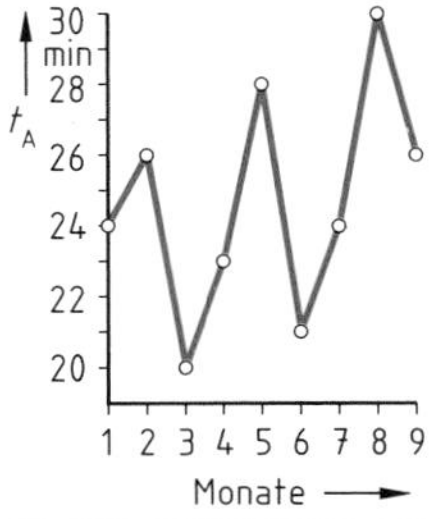

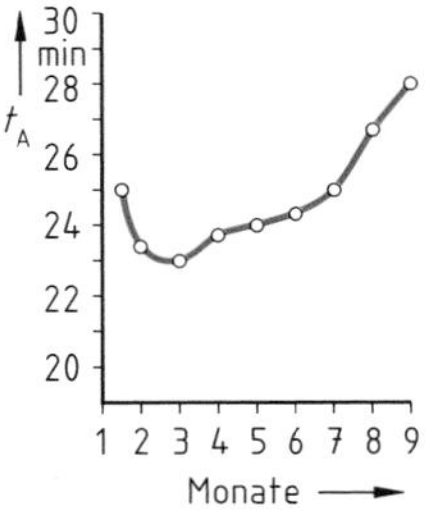

2

Flächenberechnung

A Fläche *U* Umfang *l* Länge l_B Bogenlänge l_m mittlere Länge *b* Breite *h* Höhe *e* Eckenmaß
D, d Durchmesser d_m mittlerer Durchmesser *r* Radius *s* Dicke α Mittelpunktswinkel
(→ Inhalt unregelmäßiger Flächen)

Quadrat

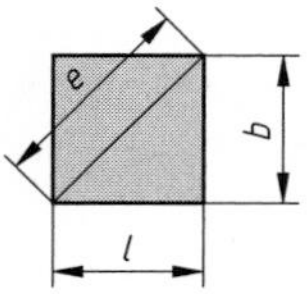

$l = b$

$A = l^2$
$U = 4 \cdot l$
$e = l \cdot \sqrt{2}$

Rechteck

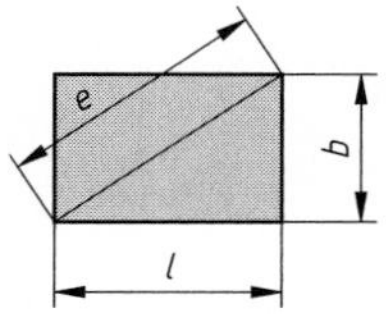

$A = l \cdot b$
$U = 2 \cdot (l + b)$
$e = \sqrt{l^2 + b^2}$

Rhombus (Raute)

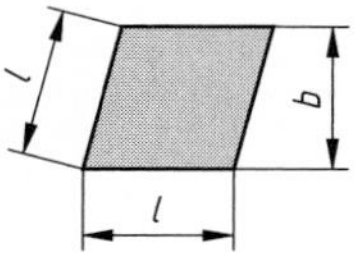

$A = l \cdot b$
$U = 4 \cdot l$

Rhomboid (Parallelogramm)

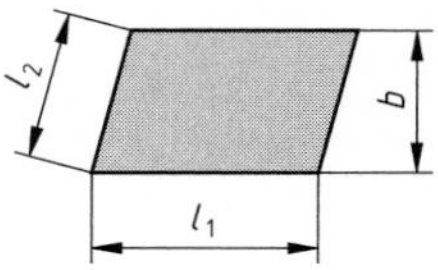

$A = l_1 \cdot b$
$U = 2 \cdot (l_1 + l_2)$

Dreieck

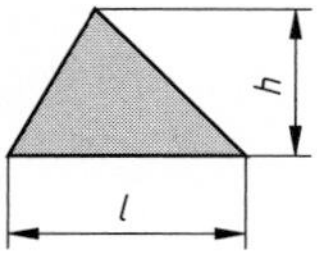

$A = \frac{l \cdot h}{2}$
U = Summe aller Seitenlängen

(→ „Satz des Heron“)

Trapez

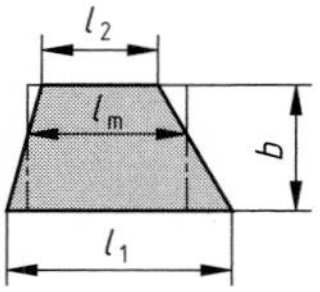

$A = \frac{l_1 + l_2}{2} \cdot b$
$A = l_m \cdot b$
U = Summe aller Seitenlängen

Kreis

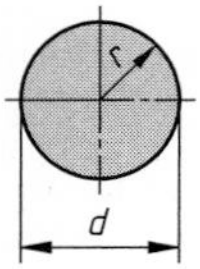

$A = \frac{d^2 \cdot \pi}{4}$
$A = r^2 \cdot \pi$
$U = d \cdot \pi$
$U = 2 \cdot r \cdot \pi$

Kreisring

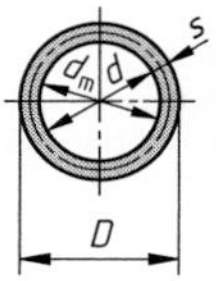

$A = \frac{\pi}{4} \cdot (D^2 - d^2)$
$d = D - 2 \cdot s$
$d_m = \frac{D + d}{2}$

Regelmäßiges Vieleck

n = Anzahl der Ecken

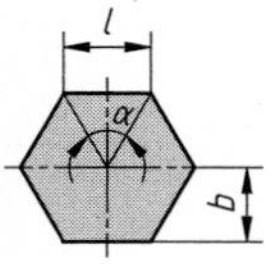

$A = n \cdot \frac{l^2}{2} \cdot \cot \frac{\alpha}{2}$	$\alpha = \frac{360}{n}$
$A = \frac{l \cdot b}{2} \cdot n$	
$U = n \cdot l$	

Ellipse

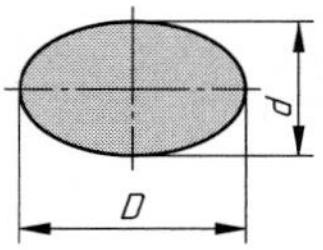

$A = \frac{D \cdot d \cdot \pi}{4}$
$U \approx \frac{\pi}{4} \cdot [3 \cdot (D + d) - 2 \cdot \sqrt{D \cdot d}]$

Kreisausschnitt (Sektor)

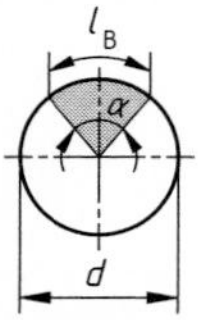

$A = \frac{l_B \cdot d}{4}$
$U = l_B + 2 \cdot r$

Kreisabschnitt (Segment)

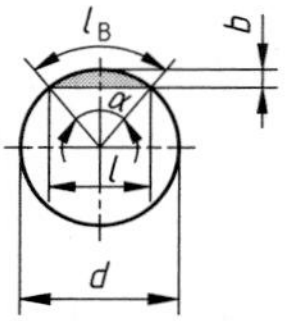

$A = \frac{l_B \cdot d - l \cdot (d - 2 \cdot b)}{4}$
$U = l_B + l$

2

Körperberechnung

V Volumen A_O Oberfläche A_M Mantelfläche h Höhe l Länge b Breite D, d Durchmesser
R, r Radius e Eckenmaß bzw. Flächendiagonale f Raumdiagonale S Schwerpunkt

Gerade Körper

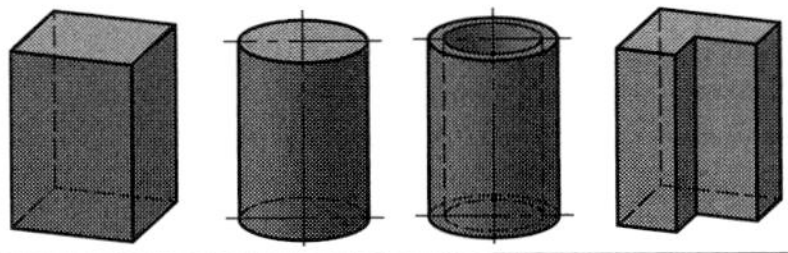

$V = A \cdot h$ — A Grundfläche

A_O = Summe aller Einzelflächen

Spitze Körper

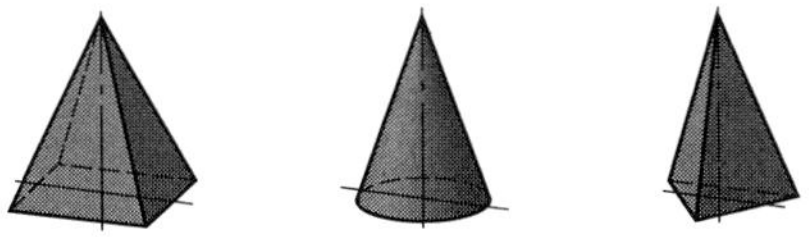

$V = \frac{A \cdot h}{3}$ — A Grundfläche

$A_O = A + A_M$

Würfel

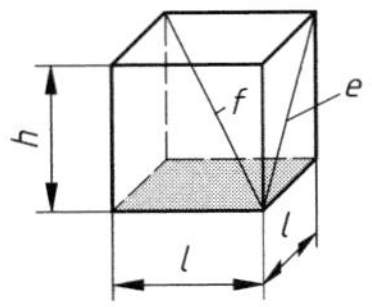

$V = l^3$
$A_O = 6 \cdot l^2$
$f = l \cdot \sqrt{3}$
$e = l \cdot \sqrt{2}$

Quader

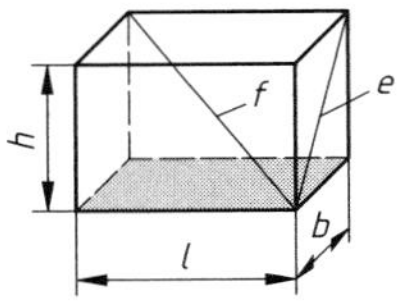

$V = l \cdot b \cdot h$
$A_O = 2 \cdot (l \cdot b + h \cdot b + h \cdot l)$
$f = \sqrt{l^2 + b^2 + h^2}$
$e = \sqrt{b^2 + h^2}$

oder entsprechend für die andere Seite

Zylinder

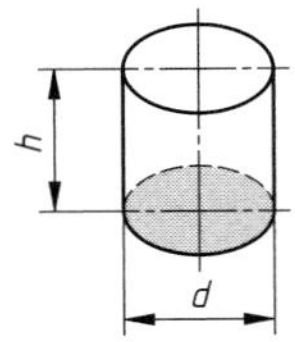

$V = \frac{d^2 \cdot \pi}{4} \cdot h$
$A_O = 2 \cdot \frac{d^2 \cdot \pi}{4} + d \cdot \pi \cdot h$
$A_M = d \cdot \pi \cdot h$

Hohlzylinder

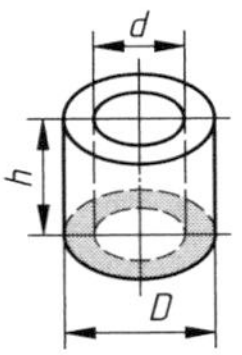

$V = \frac{\pi \cdot h}{4} \cdot (D^2 - d^2)$
$A_O = 2 \cdot \frac{\pi}{4} \cdot (D^2 - d^2) + \pi \cdot h \cdot (D + d)$
$A_M = \pi \cdot h \cdot (D + d)$

Pyramide

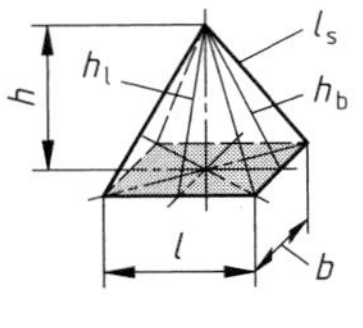

$V = \frac{l \cdot b \cdot h}{3}$
$A_O = l \cdot b + l \cdot h_l + b \cdot h_b$
$A_M = l \cdot h_l + b \cdot h_b$
$h_b = \sqrt{h^2 + l^2 / 4}$
$h_l = \sqrt{h^2 + b^2 / 4}$
$l_s = \sqrt{h_b^2 + b^2 / 4}$

Pyramidenstumpf

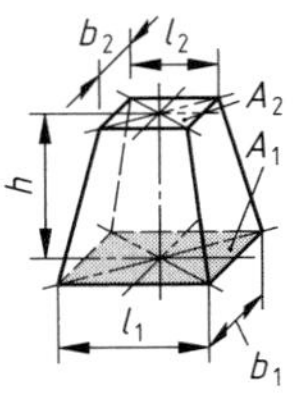

$V = \frac{h}{3} \cdot (A_1 + A_2 + \sqrt{A_1 \cdot A_2})$
$A_O = A_1 + A_2 + A_M$
$A_M = (l_1 + l_2) \cdot \sqrt{h^2 + \frac{(b_1 - b_2)^2}{4}} + (b_1 + b_2) \cdot \sqrt{h^2 + \frac{(l_1 - l_2)^2}{4}}$

Kegel

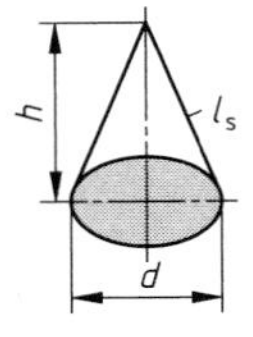

$V = \frac{d^2 \cdot \pi \cdot h}{12}$
$A_O = \frac{d^2 \cdot \pi}{4} + \frac{d \cdot \pi \cdot l_s}{2}$
$A_M = \frac{d \cdot \pi \cdot l_s}{2}$
$l_s = \sqrt{h^2 + d^2 / 4}$

Kegelstumpf

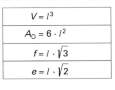

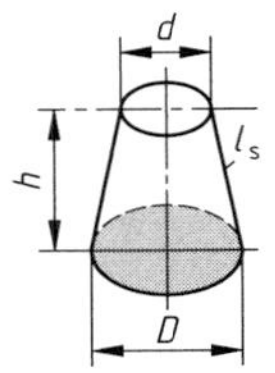

$V = \frac{\pi \cdot h}{12} \cdot (D^2 + d^2 + D \cdot d)$
$A_O = \pi \cdot \left[\frac{D^2 + d^2}{4} + l_s \cdot \left(\frac{D + d}{2}\right)\right]$
$A_M = \frac{D + d}{2} \cdot \pi \cdot l_s$
$l_s = \sqrt{\frac{(D - d)^2}{4} + h^2}$

2

Körperberechnung (Fortsetzung)

Kugel

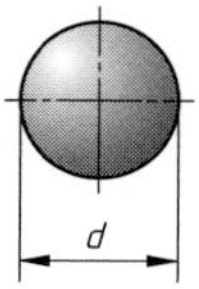

$$V = \frac{d^3 \cdot \pi}{6}$$

$$A_O = d^2 \cdot \pi$$

Kugelabschnitt (Kugelsegment)

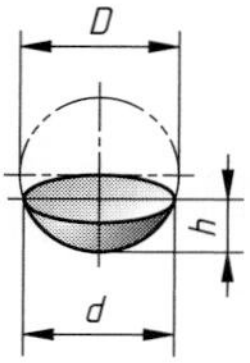

$$V = \frac{\pi \cdot h^2}{6} \cdot (3 \cdot D - 2 \cdot h)$$

$$V = \frac{\pi \cdot h}{2} \cdot \left(\frac{d^2}{4} + \frac{h^2}{3}\right)$$

$$A_O = \pi \cdot h \cdot (2 \cdot d - h)$$

$$A_M = D \cdot \pi \cdot h$$

$$A_M = \pi \cdot \left(\frac{d^2}{4} + h^2\right)$$

$$A_M = 0{,}5 \cdot D \cdot \pi \cdot (D - \sqrt{D^2 - d^2})$$

Kugelschicht (Kugelzone)

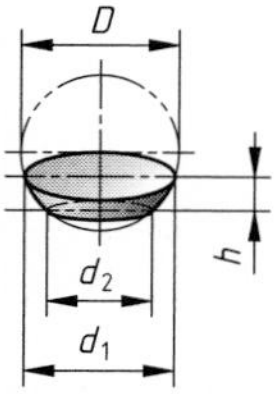

$$V = \frac{\pi \cdot h}{24} \cdot (3 \cdot d_1^2 + 3 \cdot d_2^2 + 4 \cdot h^2)$$

$$A_O = \frac{\pi}{4} \cdot (4 \cdot D \cdot h + d_1^2 + d_2^2)$$

$$A_M = \pi \cdot D \cdot h$$

Kugelausschnitt (Kugelsektor)

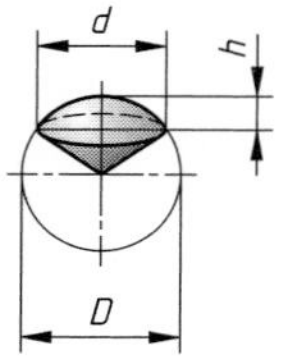

$$V = \frac{\pi \cdot D^2 \cdot h}{6}$$

$$A_O = \pi \cdot D \cdot h + \pi \cdot \frac{D \cdot d}{4}$$

Keil

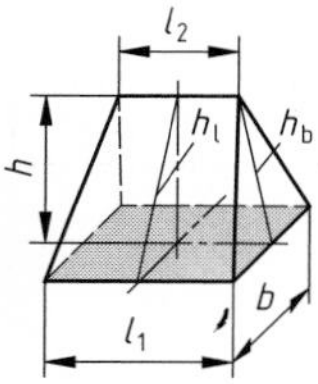

$$V = \frac{(2 \cdot l_1 + l_2) \cdot b \cdot h}{6}$$

$$A_O = l_1 \cdot b + (l_1 + l_2) \cdot h_l + b \cdot h_b$$

$$h_l = \sqrt{h^2 + b^2/4}$$

$$h_b = \sqrt{h^2 + (l_1 - l_2)^2/4}$$

$$A_M = (l_1 + l_2) \cdot h_l + b \cdot h_b$$

Obelisk (abgeschnittener Keil)

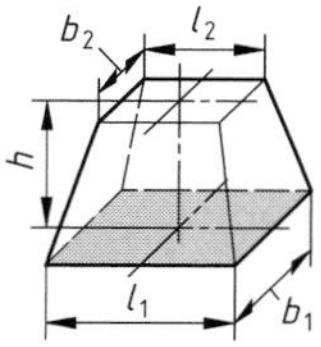

$$V = \frac{h}{6} \cdot [l_1 \cdot b_1 + (l_1 + l_2) \cdot (b_1 + b_2) + l_2 \cdot b_2]$$

$$A_O = l_1 \cdot b_1 + l_2 \cdot b_2 + (l_1 + l_2) \cdot \sqrt{h^2 + \frac{(b_1 - b_2)^2}{4}} + (b_1 + b_2) \cdot \sqrt{h^2 + \frac{(l_1 - l_2)^2}{4}}$$

Schief abgeschnittener Kreiszylinder

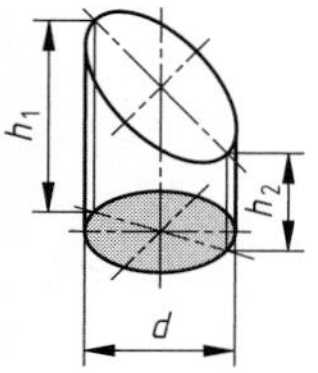

$$V = \frac{\pi \cdot d^2 \cdot (h_1 + h_2)}{8}$$

$$A_O = \frac{\pi \cdot d}{2} \cdot \left(h_1 + h_2 + \frac{d}{2} + \sqrt{\frac{d^2 + (h_1 - h_2)^2}{4}}\right)$$

$$A_M = \frac{\pi \cdot d}{2} \cdot (h_1 + h_2)$$

90°-Bogen

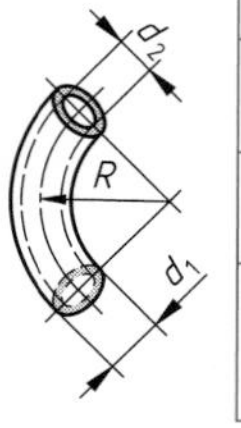

$$V = \frac{R \cdot \pi^2 \cdot (d_1^2 - d_2^2)}{8}$$

$$A_O = \frac{\pi}{2} \cdot (d_1^2 - d_2^2) + \frac{R \cdot \pi^2}{2} \cdot (d_1 + d_2)$$

$$A_M = \frac{R \cdot \pi^2}{2} \cdot (d_1 + d_2)$$

Innenvolumen (Füllvolumen):

$$V_i = \frac{d_2^2 \cdot R \cdot \pi^2}{8}$$

Umdrehungskörper mit bekannter Lage des Schwerpunktes (*Guldin'sche* Regel):

Beispiel: Kreisringtorus

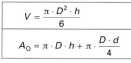

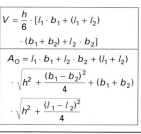

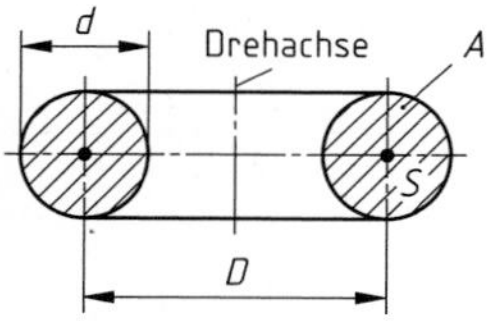

1. *Guldin'sche* Regel:
Die Oberfläche eines Umdrehungskörpers ist gleich dem Produkt aus der erzeugenden (die Fläche umschließenden) Länge l und dem Weg ihres Schwerpunktes S.

$$A_O = (d \cdot \pi) \cdot (D \cdot \pi) = d \cdot D \cdot \pi^2$$

2. *Guldin'sche* Regel:
Das Volumen eines Umdrehungskörpers ist gleich dem Produkt aus erzeugender Fläche A und dem Weg ihres Schwerpunktes S.

$$V = \frac{d^2 \cdot \pi}{4} \cdot (D \cdot \pi) = \frac{d^2 \cdot D \cdot \pi^2}{4}$$

Geometrische Grundkenntnisse

Winkelarten

Spitzer Winkel

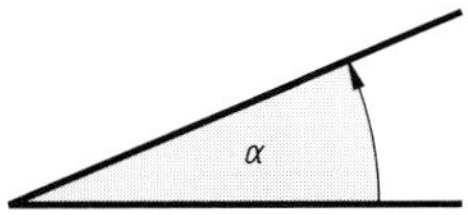

α liegt zwischen 0° und 90°

Rechter Winkel (R)

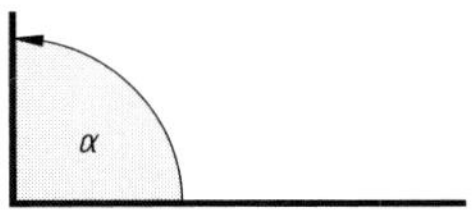

α ist 90° = 1 R

Stumpfer Winkel

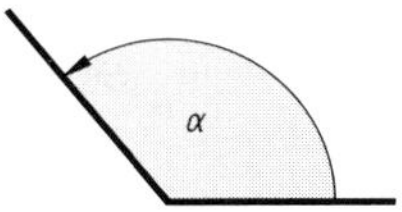

α liegt zwischen 90° und 180°

Gestreckter Winkel (2 R)

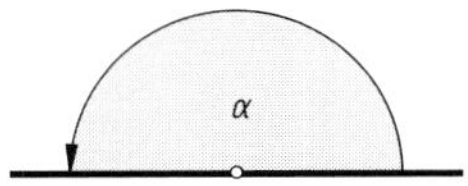

α ist 180°

Überstumpfer Winkel

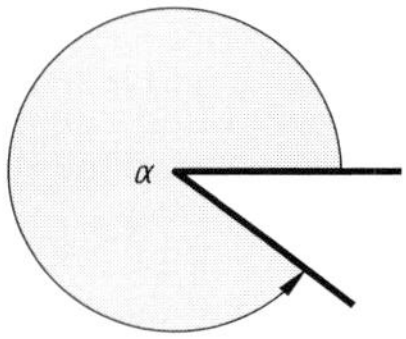

α liegt zwischen 180° und 360°

Vollwinkel (4 R)

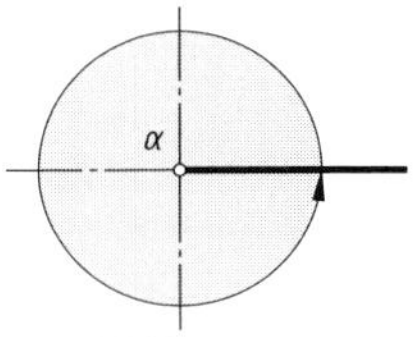

α ist 360°

Winkel an geschnittenen Parallelen

Geschnittene Parallelen: zwei Parallelen g_1 und g_2 werden von einer Geraden geschnitten

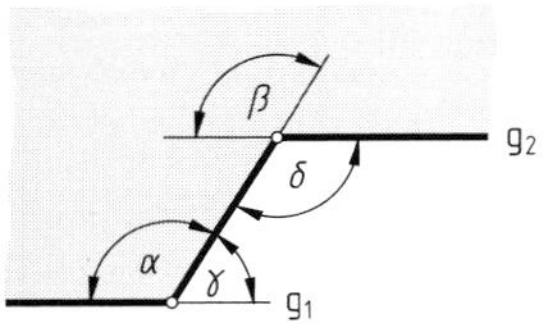

Stufenwinkel (Gegenwinkel) sind gleich groß.	$\alpha = \beta$
Wechselwinkel sind gleich groß.	$\alpha = \delta$
Scheitelwinkel sind gleich groß.	$\beta = \delta$
Nebenwinkel ergänzen sich zu 180°.	$\alpha + \gamma = 180°$

Komplementwinkel ergänzt einen vorgegebenen Winkel zu 90°

Supplementwinkel ergänzt einen vorgegebenen Winkel zu 180°

Winkelsumme im Dreieck und Seiten im rechtwinkligen Dreieck

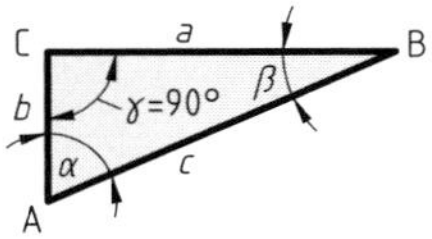

Die Summe der Innenwinkel ist in jedem Dreieck 180° (s. unten).
Im rechtwinkligen Dreieck ist $\gamma = 90°$;
Der Winkel α ist Komplementwinkel zum Winkel β.

$\alpha + \beta + \gamma = 180°$

$\alpha + \beta = 90°$

Katheten	sind die den rechten Winkel bildenden Seiten *a* und *b*.
Ankathete	heißt die am betrachteten spitzen Winkel anliegende Kathete, d. h. *b* für α und *a* für β.
Gegenkathete	heißt die dem betrachteten spitzen Winkel gegenüberliegende Kathete, d. h. *a* für α und *b* für β.
Hypotenuse	heißt die dem rechten Winkel gegenüberliegende Seite *c*. Diese Seite ist die längste Dreiecksseite.

Innenwinkel

Die Summe der Innenwinkel im **Dreieck** ist 2 R.

(1 R = 90°). Jeder Innenwinkel eines gleichseitigen Dreiecks ist 60°.

Die Summe der Innenwinkel im **Viereck** ist 360°.

Die Summe der Innenwinkel im **n-Eck** ist $(2n - 4) \cdot 90°$ (n = Anzahl der Ecken)

B **Innenwinkel des Sechseckes:**
$(2 \cdot 6 - 4) \cdot R = 8 \cdot R$
$= 8 \cdot 90° =$ **720°**

Grundkonstruktionen

2

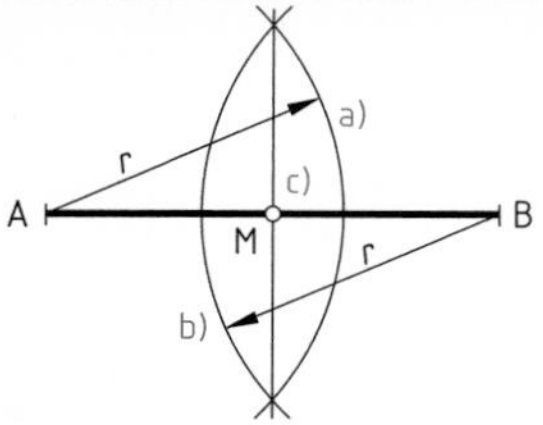

Halbieren einer Strecke

gegeben: Strecke $\overline{AB}$

a) Kreisbogen mit $r > \frac{1}{2}\overline{AB}$ um A

b) Gleicher Radius r um B

c) Verbindungslinie der Kreisschnittpunkte halbiert $\overline{AB}$. Diese Linie heißt auch **Mittelsenkrechte**.

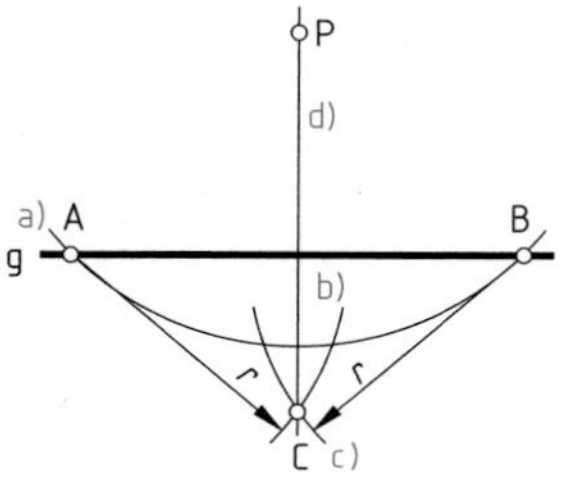

Fällen eines Lotes

gegeben: Gerade g und Punkt P

a) Kreisbogen (beliebig) um P ergibt Schnittpunkte A und B

b) Kreisbogen mit $r > \frac{1}{2}\overline{AB}$ um A

c) Kreisbogen mit gleichem Radius um B ergibt Schnittpunkt C

d) **Lot:** Verbindungslinie von P nach C

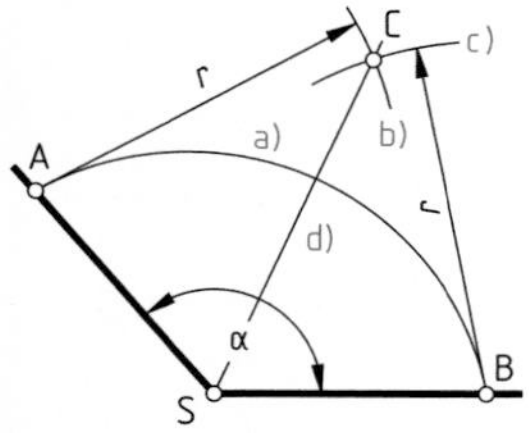

Halbieren eines Winkels

gegeben: Winkel α

a) Kreisbogen (beliebig) ergibt Schnittpunkte A und B

b) Kreisbogen mit $r > \frac{1}{2}\overline{AB}$ um A

c) Kreisbogen mit gleichem Radius r ergibt Schnittpunkt C

d) **Winkelhalbierende:** Verbindungslinie von C nach S

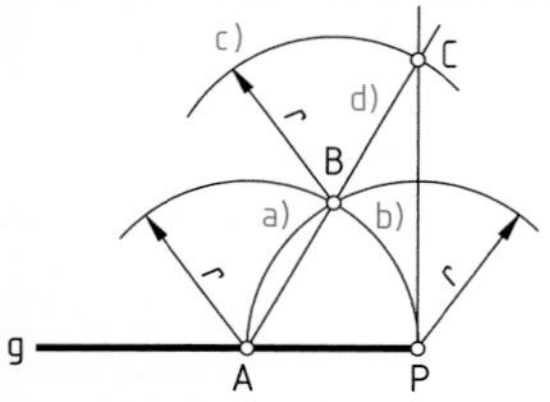

Errichten einer Senkrechten im Punkt P

gegeben: Gerade g und Punkt P

a) Beliebiger Keisbogen um P ergibt Schnittpunkt A

b) Kreisbogen mit $r = \overline{AP}$ ergibt Schnittpunkt B

c) Kreisbogen mit gleichem Radius r um B

d) Verbindung A mit B ergibt C ⊥ P

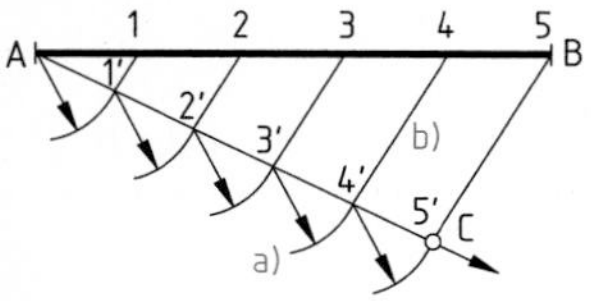

Teilen einer Strecke in *n* Teile (z.B. $n = 5$)

gegeben: Strecke $\overline{AB}$

a) Teilen eines beliebigen Strahles von A in n gleiche Teile

b) Parallelen zur Verbindung $\overline{BC}$ teilen die Strecke $\overline{AB}$

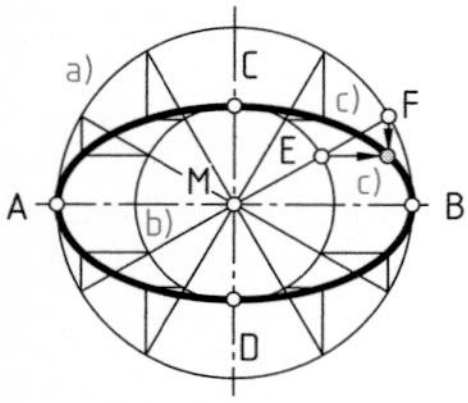

Konstruktion einer Ellipse

gegeben: große Achse $\overline{AB}$ und kleine Achse $\overline{DC}$

a) Kreise mit Durchmesser $\overline{AB}$ und $\overline{DC}$ um M zeichnen

b) Strahlen durch M schneiden beide Kreise (z.B. E und F)

c) Parallelen zu Mittelachsen ergeben Ellipsenpunkte

Grundkonstruktionen (Fortsetzung)

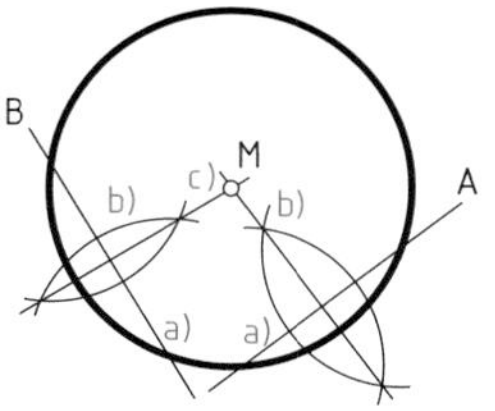

Bestimmung des Kreismittelpunktes

gegeben: Kreis ohne Mittelpunkt

a) Zwei beliebige Sehnen A und B einzeichnen

b) Auf den Sehnen Mittelsenkrechte errichten

c) Der Kreismittelpunkt ergibt sich aus dem Schnittpunkt der beiden Mittelsenkrechten

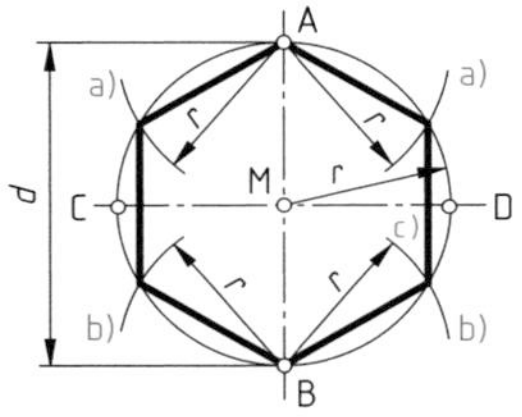

Regelmäßiges Sechseck bzw. Zwölfeck

gegeben: Kreis mit Durchmesser d

a) Kreisbögen mit $r = \frac{d}{2}$ um A

b) Kreisbögen mit $r = \frac{d}{2}$ um B

c) Benachbarte Schnittpunkte verbinden (Sechseckseiten) Bei Zwölfeck außerdem in C und D einstechen.

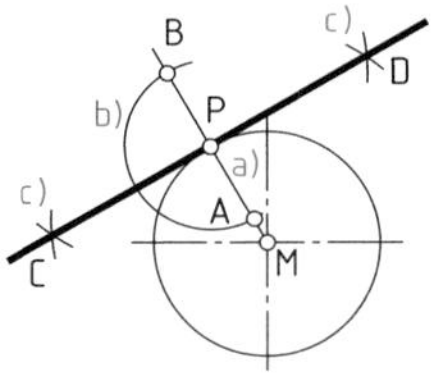

Tangente durch Kreispunkt P

gegeben: Kreis und Punkt P

a) Linie $\overline{MP}$ verlängern

b) Kreisbogen (beliebig) ergibt Schnittpunkte A und B

c) Kreisbögen um A und B mit gleichem Radius ergeben zwei Tangentenpunkte C und D

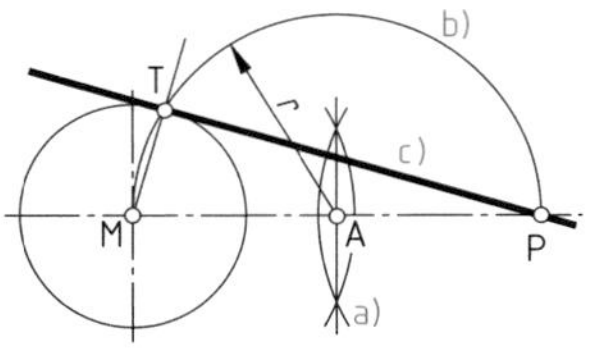

Tangente an den Kreis von einem Punkt P

gegeben: Kreis und Punkt P

a) Mittelpunkt A zwischen M und P konstruieren

b) Kreis um A mit $r = \overline{AM}$ ergibt Tangentenpunkt T

c) T mit P verbinden

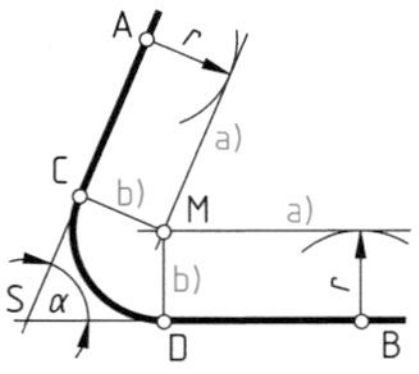

Radius an Winkel anschließen

gegeben: Winkel ASB (α) und Radius r

a) Im Abstand r werden Parallelen zu $\overline{AS}$ und $\overline{BS}$ gezeichnet. Schnittpunkt M ist Mittelpunkt des Kreisbogens

b) Die Übergangspunkte C und D ergeben sich durch die Lote von M auf die Geraden $\overline{AS}$ und $\overline{BS}$

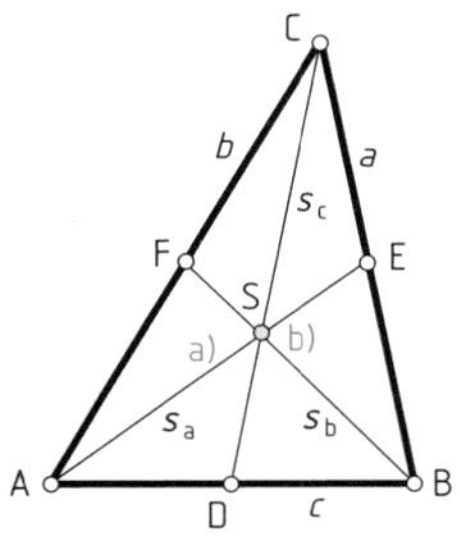

Schwerpunkt eines beliebigen Dreiecks

gegeben: Dreieck mit den Seiten a, b, c

a) Seitenhalbierende (Schwerlinien) s_a, s_b und s_c zeichnen

b) Schwerpunkt ist der Schnittpunkt S der Seitenhalbierenden. Der Schwerpunkt teilt alle Seitenhalbierenden im Verhältnis 2 : 1

2

Sätze der Geometrie

Strahlensatz

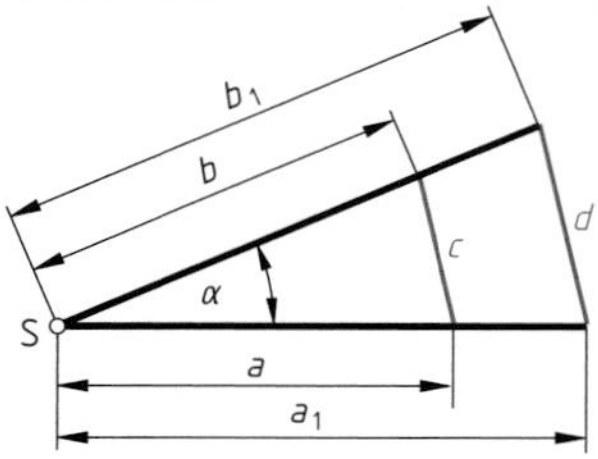

Werden zwei von einem Punkt S ausgehende Strahlen von zwei Parallelen (c und d) geschnitten, bilden die Abschnitte der Parallelen und die zugehörigen Strahlenabschnitte gleiche Verhältnisse.

$$\frac{c}{d} = \frac{a}{a_1} = \frac{b}{b_1}$$

$$\frac{c}{a} = \frac{d}{a_1}$$

$$\frac{a}{b} = \frac{a_1}{b_1}$$

B $a = 300$ mm; $a_1 = 500$ mm, $d = 280$ mm. Wie groß ist c?

$$\frac{a}{a_1} = \frac{c}{d} \rightarrow c = d \cdot \frac{a}{a_1} = 280\ \text{mm} \cdot \frac{300\ \text{mm}}{500\ \text{mm}}$$

$$\mathbf{c = 168\ mm}$$

Lehrsatz des Pythagoras und Lehrsatz des Euklid

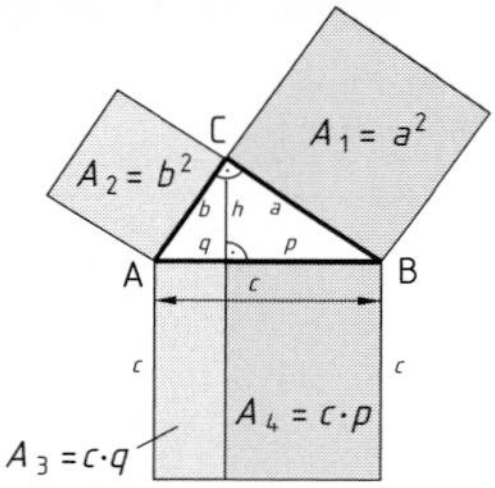

Pythagoras

Im rechtwinkligen Dreieck ist die Summe der Kathetenquadrate flächengleich dem Hypotenusenquadrat.

$$c^2 = a^2 + b^2$$

$$c = \sqrt{a^2 + b^2}$$

Euklid

Im rechtwinkligen Dreieck ist das Quadrat über einer Kathete flächengleich dem Rechteck, gebildet aus der Hypotenuse und dem anliegenden Hypotenusenabschnitt (p oder q).

$$b^2 = c \cdot q$$

$$a^2 = c \cdot p$$

B In einem rechtwinkligen Dreieck ist $a = 37$ mm, $c = 98$ mm.
Wie groß ist die Seite b?

$$c^2 = a^2 + b^2$$

$$b = \sqrt{c^2 - a^2} = \sqrt{(98\ \text{mm})^2 - (37\ \text{mm})^2}$$

$$\mathbf{b = 90{,}75\ mm}$$

B Ein Quadrat mit der Seite $a = 37$ mm soll in ein flächengleiches Rechteck mit der Länge $c = 100$ mm verwandelt werden. Wie groß ist die Seite p?

$$a^2 = c \cdot p$$

$$p = \frac{a^2}{c} = \frac{(37\ \text{mm})^2}{100\ \text{mm}} = \mathbf{13{,}69\ mm}$$

Höhensatz

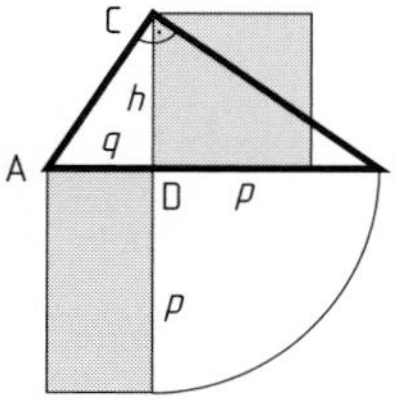

Im rechtwinkligen Dreieck ist das Quadrat über der Höhe flächengleich dem Rechteck, gebildet aus den beiden Hypotenusenabschnitten.

$$h^2 = p \cdot q$$

B In einem rechtwinkligen Dreieck ist $c = 6$ cm und der Hypotenusenabschnitt $p = 2{,}5$ cm. Wie groß ist die Höhe h?

$$h^2 = p \cdot q$$

$$h = \sqrt{p \cdot q} = \sqrt{p \cdot (c - p)} = \sqrt{2{,}5\ \text{cm} \cdot (6\ \text{cm} - 2{,}5\ \text{cm})} = \sqrt{2{,}5\ \text{cm} \cdot 3{,}5\ \text{cm}}$$

$$\mathbf{h = 2{,}96\ cm}$$

Satz des Heron

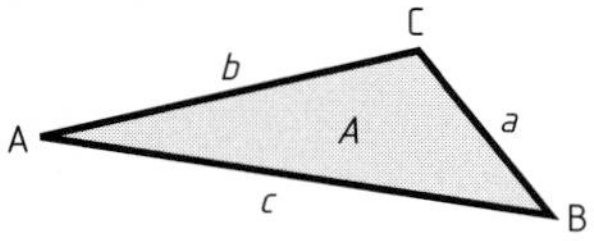

Der Flächeninhalt eines jeden Dreiecks errechnet sich aus der Quadratwurzel des Produktes der halben Seitensumme und allen Differenzen aus halber Seitensumme und jeweiliger Seite.

$$A = \sqrt{s \cdot (s-a) \cdot (s-b) \cdot (s-c)}$$

dabei ist

$$s = \frac{a+b+c}{2}$$

B Ein Dreieck hat die Seitenlängen $a = 17$ cm, $b = 32$ cm und $c = 39$ cm. Wie groß ist A?

$$s = \frac{a+b+c}{2} = 44\ \text{cm},\quad s - a = 27\ \text{cm}$$

$$s - b = 12\ \text{cm},\quad s - c = 5\ \text{cm}$$

$$A = \sqrt{s \cdot (s-a) \cdot (s-b) \cdot (s-c)} = \sqrt{44\ \text{cm} \cdot 27\ \text{cm} \cdot 12\ \text{cm} \cdot 5\ \text{cm}}$$

$$\mathbf{A = 266{,}98\ cm^2}$$

2

Trigonometrie

Winkelmaße

Winkelangabe in Grad: 1 Grad (1°) = 60 Minuten (60′); 1 Minute (1′) = 60 Sekunden (60″)
Winkelangabe in rad (Radiant):

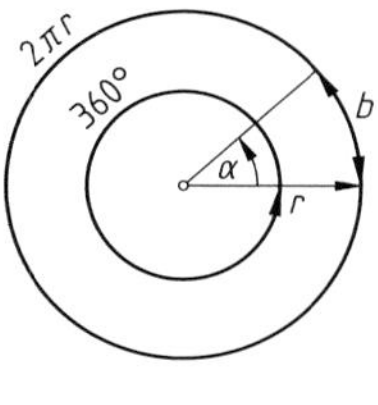

$$\frac{\text{Kreisumfang}}{\text{Kreisbogen}} = \frac{\text{Vollwinkel}}{\text{Zentriwinkel}} \qquad \frac{2\pi r}{b} = \frac{360°}{\alpha°}$$

Der Quotient $\frac{b}{r}$ heißt **Bogenmaß** $\widehat{\alpha}$. Einheit ist der Radiant (rad).

1 rad ist der Winkel im Bogenmaß, für den das Verhältnis $b/r = 1$ ist.

$$1\ \text{rad} = 57{,}2957° \approx 57{,}3°$$
$$1° = 0{,}017453\ \text{rad}$$

$1' = 290{,}89 \cdot 10^{-6}$ rad; $1'' = 4{,}848 \cdot 10^{-6}$ rad

$\alpha°$ Winkel in Grad
$\widehat{\alpha}$ Winkel in rad (im Bogenmaß)

$$\alpha° = \frac{180°}{\pi} \cdot \frac{b}{r}$$

$$\alpha° = \frac{180°}{\pi} \cdot \widehat{\alpha}$$

$$\widehat{\alpha} = \alpha° \cdot \frac{\pi}{180°}$$

Gradmaß	30°	45°	60°	90°	180°	360°	57,3°
Bogenmaß	$\frac{\pi}{6}$ rad	$\frac{\pi}{4}$ rad	$\frac{\pi}{3}$ rad	$\frac{\pi}{2}$ rad	π rad	2π rad	≈ 1 rad

B Wie groß ist $\widehat{\alpha}$ bei $\alpha = 114{,}7°$?

$$\widehat{\alpha} = \alpha° \cdot \frac{\pi}{180°} = 114{,}7° \cdot \frac{\pi}{180°}$$

$$\boldsymbol{\widehat{\alpha} = 2{,}0019\ \text{rad}}$$

Winkelfunktionen (Trigonometrie des rechtwinkligen Dreiecks)

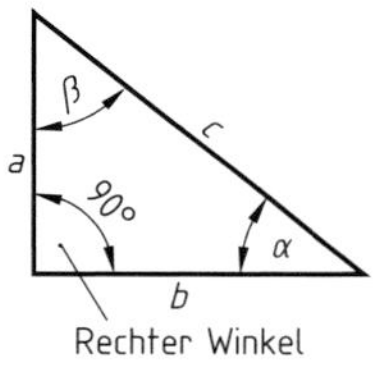

Katheten sind die den rechten Winkel bildenden Seiten *a* und *b*

Ankathete heißt die am betrachteten spitzen Winkel anliegende Kathete (*b* für α und *a* für β)

Gegenkathete heißt die dem betrachteten spitzen Winkel gegenüberliegende Kathete (*a* für α und *b* für β)

Hypotenuse heißt die dem rechten Winkel gegenüberliegende (längste) Seite *c*

Definition der Winkelfunktion	**Formel** für sin α und sin β	**Beispiele** für *a* = 3 cm, *b* = 4 cm, *c* = 5 cm
Sinus $= \frac{\text{Gegenkathete}}{\text{Hypotenuse}}$	$\sin\alpha = \frac{a}{c}$; $\sin\beta = \frac{b}{c}$	$\sin\alpha = \frac{3\ \text{cm}}{5\ \text{cm}} = 0{,}600$; $\sin\beta = \frac{4\ \text{cm}}{5\ \text{cm}} = 0{,}800$
Cosinus $= \frac{\text{Ankathete}}{\text{Hypotenuse}}$	$\cos\alpha = \frac{b}{c}$; $\cos\beta = \frac{a}{c}$	$\cos\alpha = \frac{4\ \text{cm}}{5\ \text{cm}} = 0{,}800$; $\cos\beta = \frac{3\ \text{cm}}{5\ \text{cm}} = 0{,}600$
Tangens $= \frac{\text{Gegenkathete}}{\text{Ankathete}}$	$\tan\alpha = \frac{a}{b}$; $\tan\beta = \frac{b}{a}$	$\tan\alpha = \frac{3\ \text{cm}}{4\ \text{cm}} = 0{,}750$; $\tan\beta = \frac{4\ \text{cm}}{3\ \text{cm}} = 1{,}333$
Cotangens $= \frac{\text{Ankathete}}{\text{Gegenkathete}}$	$\cot\alpha = \frac{b}{a}$; $\cot\beta = \frac{a}{b}$	$\cot\alpha = \frac{4\ \text{cm}}{3\ \text{cm}} = 1{,}333$; $\cot\beta = \frac{3\ \text{cm}}{4\ \text{cm}} = 0{,}750$

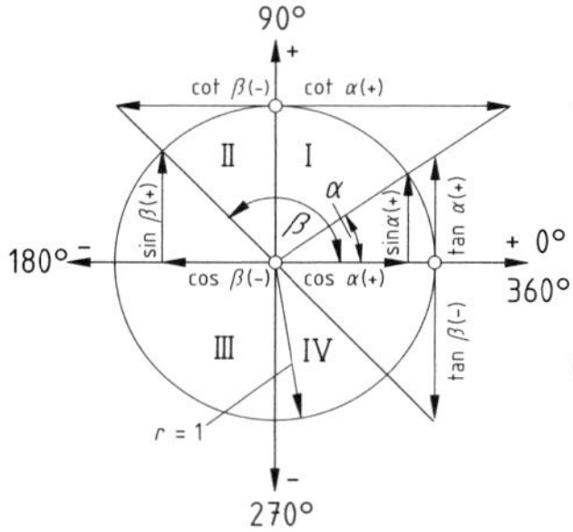

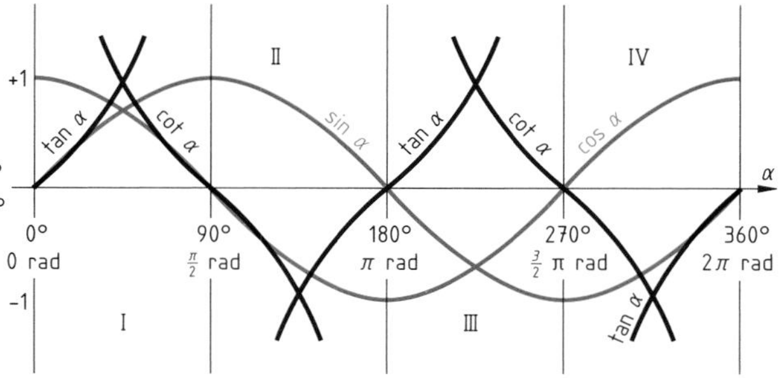

MA Allgemeine Mathematik

2

Trigonometrie (Fortsetzung)

$\sin\alpha = \cos\beta = \cos(90° - \alpha)$
$\cos\alpha = \sin\beta = \sin(90° - \alpha)$

Der Cosinus eines Winkels ist gleich dem Sinus seines Ergänzungswinkels (Komplementwinkel) und umgekehrt.

B $\sin 30° = \cos 60°$; $\cos 3{,}5° = \sin 86{,}5°$

$\tan\alpha = \cot\beta = \cot(90° - \alpha)$
$\cot\alpha = \tan\beta = \tan(90° - \alpha)$

Der Tangens eines Winkels ist gleich dem Cotangens seines Ergänzungswinkels (Komplementwinkel) und umgekehrt.

B $\tan 30° = \cot 60°$; $\cot 67° = \tan 23°$

Beziehungen zwischen den Funktionswerten der Winkelfunktionen

$(\sin\alpha)^2 = \sin^2\alpha$

gegeben →	$\sin\alpha$	$\cos\alpha$	$\tan\alpha$	$\cot\alpha$
$\sin\alpha$	–	$\sqrt{1-\cos^2\alpha}$	$\frac{\tan\alpha}{\sqrt{1+\tan^2\alpha}}$	$\frac{1}{\sqrt{1+\cot^2\alpha}}$
$\cos\alpha$	$\sqrt{1-\sin^2\alpha}$	–	$\frac{1}{\sqrt{1+\tan^2\alpha}}$	$\frac{\cot\alpha}{\sqrt{1+\cot^2\alpha}}$
$\tan\alpha$	$\frac{\sin\alpha}{\sqrt{1-\sin^2\alpha}}$	$\frac{\sqrt{1-\cos^2\alpha}}{\cos\alpha}$	–	$\frac{1}{\cot\alpha}$
$\cot\alpha$	$\frac{\sqrt{1-\sin^2\alpha}}{\sin\alpha}$	$\frac{\cos\alpha}{\sqrt{1-\cos^2\alpha}}$	$\frac{1}{\tan\alpha}$	–

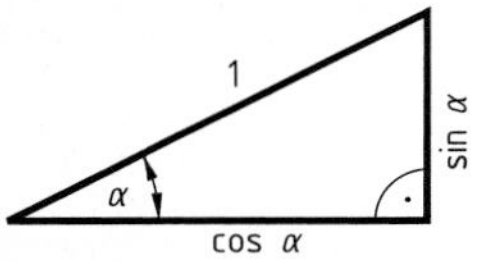

$\sin^2\alpha + \cos^2\alpha = 1$
(trigonometrischer Pythagoras)

$\tan\alpha \cdot \cot\alpha = 1$

$\tan\alpha = \frac{\sin\alpha}{\cos\alpha}$

$\cot\alpha = \frac{\cos\alpha}{\sin\alpha}$

Wichtige Funktionswerte der vier Winkelfunktionen

	0°	$30° = \frac{\pi}{6}$ rad	$45° = \frac{\pi}{4}$ rad	$60° = \frac{\pi}{3}$ rad	$90° = \frac{\pi}{2}$ rad	$180° = \pi$ rad	$360° = 2\pi$ rad
sin	0	$\frac{1}{2} = 0{,}5$	$\frac{1}{2}\cdot\sqrt{2} = 0{,}7071$	$\frac{1}{2}\cdot\sqrt{3} = 0{,}866$	1	0	0
cos	1	$\frac{1}{2}\cdot\sqrt{3} = 0{,}866$	$\frac{1}{2}\cdot\sqrt{2} = 0{,}7071$	$\frac{1}{2} = 0{,}5$	0	−1	1
tan	0	$\frac{1}{3}\cdot\sqrt{3} = 0{,}5774$	1	$\sqrt{3} = 1{,}7321$	∞	0	0
cot	∞	$\sqrt{3} = 1{,}7321$	1	$\frac{1}{3}\cdot\sqrt{3} = 0{,}5774$	0	∞	∞

Trigonometrie des schiefwinkligen Dreiecks

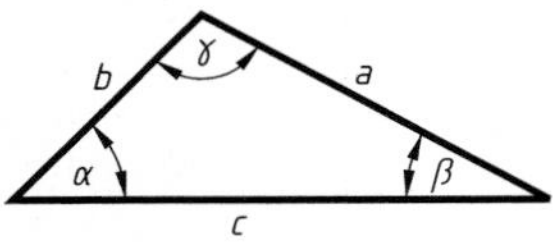

Sinussatz

$a : b : c = \sin\alpha : \sin\beta : \sin\gamma$

$\frac{\sin\alpha}{a} = \frac{\sin\beta}{b} = \frac{\sin\gamma}{c}$

Cosinussatz

$a^2 = b^2 + c^2 - 2\cdot b\cdot c\cdot\cos\alpha$

$b^2 = a^2 + c^2 - 2\cdot a\cdot c\cdot\cos\beta$

$c^2 = a^2 + b^2 - 2\cdot a\cdot b\cdot\cos\gamma$

Beachten Sie: Der **Satz des Pythagoras** ist ein Sonderfall des Cosinussatzes für $\gamma = 90°$ (rechtwinkliges Dreieck), da $\cos 90° = 0°$.

$c^2 = a^2 + b^2$ für $\gamma = 90°$

Teilung von Längen (Gitterteilung)

Randabstand = Teilung

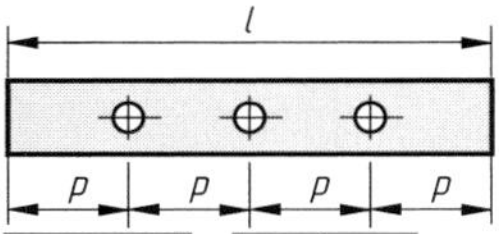

$$p = \frac{l}{z+1}$$

$$z = n+1$$

Randabstand ≠ Teilung

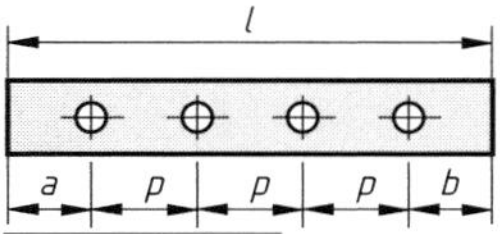

$$p = \frac{l-(a+b)}{n+1}$$

l	Gesamtlänge	mm
p	Teilung	mm
z	Anzahl der Teile	1
n	Anzahl der Bohrungen, Markierungen, Sägeschnitte …	1
a, b	Randabstände (gleich oder ungleich)	mm

2

Teilung auf dem Lochkreis

$$s = d \cdot \sin\frac{180^\circ}{n} = d \cdot k$$

$$k = \sin\frac{180^\circ}{n}$$

B $d = 225$ mm, $n = 17$, $s = ?$

$s = 225\ \text{mm} \cdot \sin\frac{180^\circ}{17}$

$\mathbf{s = 41{,}34\ mm}$

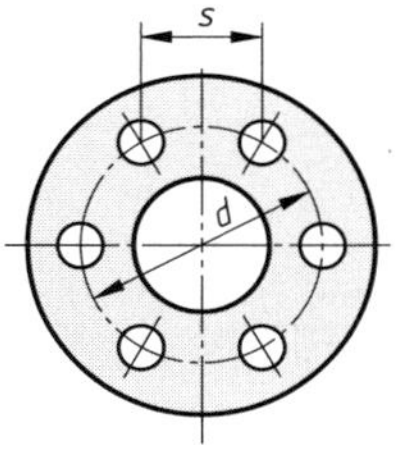

s	Teilungsstrecke, Sehnenlänge	mm
d	Teilkreisdurchmesser	mm
n	Anzahl der Teilungsstrecken bzw. Anzahl der Bohrungen	1
k	Sehnenkonstante (s. Tabelle, unten)	1

(→ Flanschdichtflächen)

Sehnenkonstanten:

n	k	n	k	n	k	n	k
1	0,000 00	26	0,120 54	51	0,061 56	76	0,041 32
2	1,000 00	27	0,116 09	52	0,060 38	77	0,040 79
3	0,866 03	28	0,111 96	53	0,059 24	78	0,040 27
4	0,707 11	29	0,108 12	54	0,058 14	79	0,039 76
5	0,587 79	30	0,104 53	55	0,057 09	80	0,039 26
6	0,500 00	31	0,101 17	56	0,056 07	81	0,038 78
7	0,433 88	32	0,098 02	57	0,055 09	82	0,038 30
8	0,382 68	33	0,095 06	58	0,054 14	83	0,037 84
9	0,342 02	34	0,092 27	59	0,053 22	84	0,037 39
10	0,309 02	35	0,089 61	60	0,052 34	85	0,036 95
11	0,281 73	36	0,087 16	61	0,051 48	86	0,036 52
12	0,258 82	37	0,084 81	62	0,050 65	87	0,036 10
13	0,239 32	38	0,082 58	63	0,049 85	88	0,035 69
14	0,222 52	39	0,080 47	64	0,049 07	89	0,035 29
15	0,207 91	40	0,078 46	65	0,048 31	90	0,034 90
16	0,195 09	41	0,076 55	66	0,047 58	91	0,034 52
17	0,183 75	42	0,074 73	67	0,046 87	92	0,034 14
18	0,173 65	43	0,073 00	68	0,046 18	93	0,033 77
19	0,164 59	44	0,071 34	69	0,045 51	94	0,033 41
20	0,156 43	45	0,069 76	70	0,044 86	95	0,033 06
21	0,149 04	46	0,068 24	71	0,044 23	96	0,032 72
22	0,142 31	47	0,066 79	72	0,043 62	97	0,032 38
23	0,136 17	48	0,065 40	73	0,043 02	98	0,032 05
24	0,130 53	49	0,064 07	74	0,042 44	99	0,031 73
25	0,125 33	50	0,062 79	75	0,041 88	100	0,031 41

Rohlängen von Pressteilen (Schmiedelänge)

$$l_1 = \frac{V}{A_1}$$

$$l_2 = \frac{V}{A_2}$$

$$A_1 \cdot l_1 = A_2 \cdot l_2$$

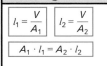

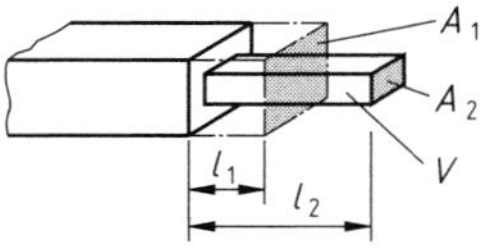

l_1	Ausgangslänge	mm
l_2	Press- bzw. Schmiedelänge	mm
A_1	Ausgangsquerschnitt	mm^2
A_2	Endquerschnitt	mm^2
V	Volumen	mm^3

2

Gestreckte Längen (kreisförmig gebogen)

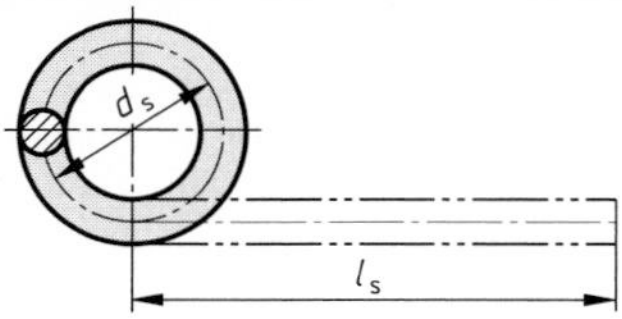

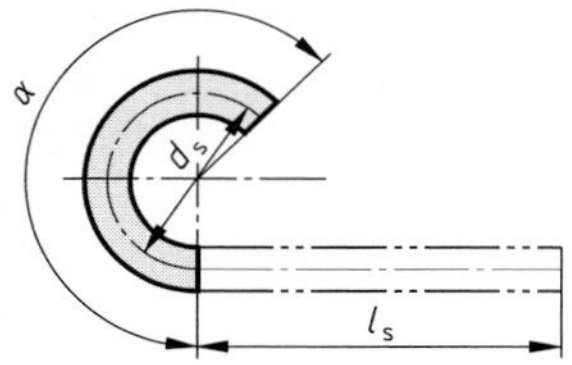

(→ Maßnormen für Rohre)

Gestreckte Länge = Länge der Schwerpunktlinie l_s

$$l_s = d_s \cdot \pi$$

$$l_s = d_s \cdot \pi \cdot \frac{\alpha°}{360°}$$

l_s	gestreckte Länge	mm
d_s	Durchmesser der Schwerpunktlinie. Bei symmetrischen Querschnitten: mittlerer Durchmesser	mm
α	Biegewinkel	Grad

B Der zylindrische Mantel eines Kessels mit dem Innendurchmesser $d_i = 750$ mm wird aus Blech mit der Wanddicke $s = 8$ mm hergestellt. Welche gestreckte Länge hat das Kesselblech?

$$l_s = d_s \cdot \pi = \frac{d_a + d_i}{2} \cdot \pi$$

$$l_s = \frac{766\ \text{mm} + 750\ \text{mm}}{2} \cdot \pi$$

$$\boldsymbol{l_s = 2381{,}3\ \text{mm}}$$

Zusammengesetzte Längen und zusammengesetzte Flächen

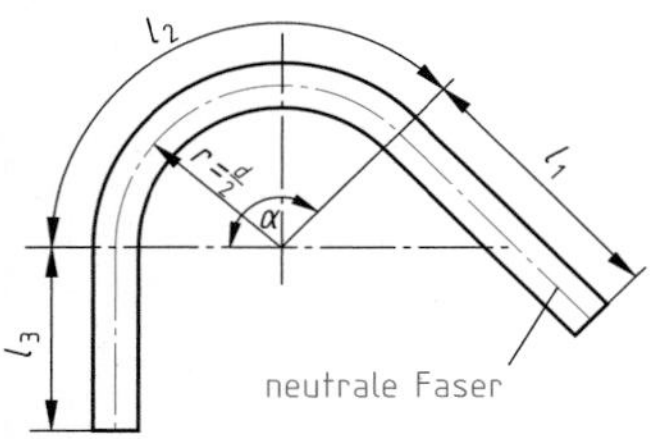

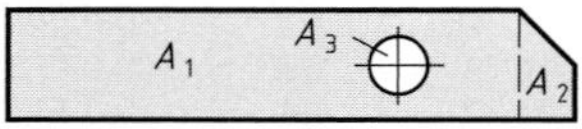

Die **Schwerpunktlinie** heißt auch **Biegelinie** oder **neutrale Faser**. (→ Biegung, Schwerpunkt)

Die gestreckte Länge l_s entspricht der Länge der neutralen Faser.

$$l_s = l_1 + l_2 + l_3 + \ldots$$

B In nebenstehender Zeichnung ist $l_1 = 85$ mm, $l_3 = 95$ mm, $\alpha = 135°$ und $d = 200$ mm. Berechnen Sie l_s.

$$l_s = l_1 + l_2 + l_3 = l_1 + \frac{\pi \cdot d \cdot \alpha°}{360°} + l_3$$

$$\boldsymbol{l_s} = 85\ \text{mm} + \frac{\pi \cdot 200\ \text{mm} \cdot 135°}{360°} + 95\ \text{mm} = \mathbf{415{,}62\ mm}$$

Ebenso wie die Summe der Teillängen die Gesamtlänge ergibt, errechnet sich die Gesamtfläche aus der Summe der Teilflächen.

$$A = \Sigma A_i = A_1 + A_2 - A_3 \pm \ldots$$

Berechnung der Masse bei Halbzeugen

Längenbezogene Masse (→ Masse)

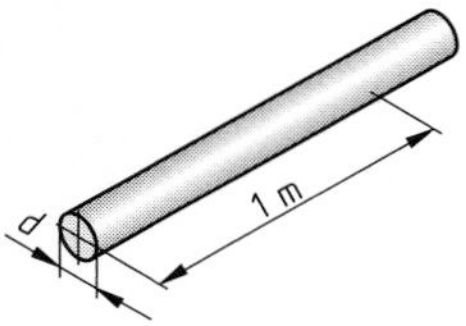

m' in $\frac{\text{kg}}{\text{m}}$

$$m = m' \cdot l$$

Die längenbezogene Masse wird z. B. bei Normquerschnitten, wie etwa bei Stahl- und Leichtbauprofilen bzw. auch bei Rohren in den entsprechenden Normen angegeben.

m	Masse	kg
l	Länge	m
m'	längenbezogene Masse	kg/m

B Ein T-Profil T 50 steht in der DIN EN 10055 mit $m' = 4{,}44$ kg/m. Wie groß ist die Masse eines Stabes, mit $l = 3{,}6$ m.
$m = m' \cdot l = 4{,}44\ \text{kg/m} \cdot 3{,}6\ \text{m}$
$\boldsymbol{m} = \mathbf{15{,}98\ kg}$

Flächenbezogene Masse (→ Masse)

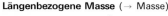

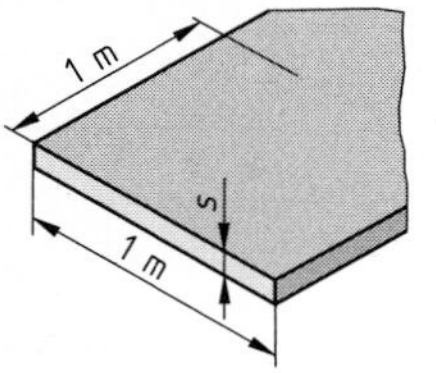

m'' in $\frac{\text{kg}}{\text{m}^2}$

$$m = m'' \cdot A$$

m''	flächenbezogene Masse	kg/m²
A	Fläche	m²

B Wie groß ist die Masse bzw. das Gewicht eines 3 mm dicken Stahlbleches mit $A = 6{,}3\ \text{m}^2$ und $m'' = 23{,}6\ \text{kg/m}^2$?
$m = m'' \cdot A = 23{,}6\ \text{kg/m}^2 \cdot 6{,}3\ \text{m}^2$
$\boldsymbol{m} = \mathbf{148.68\ kg}$
$F_G = m \cdot g = 148{,}68\ \text{kg} \cdot 9{,}81\ \text{m/s}^2$
$\boldsymbol{F_G} = \mathbf{1458{,}55\ N}$

Volumeninhalt und äußere Oberfläche wichtiger Behälterböden

Tellerboden

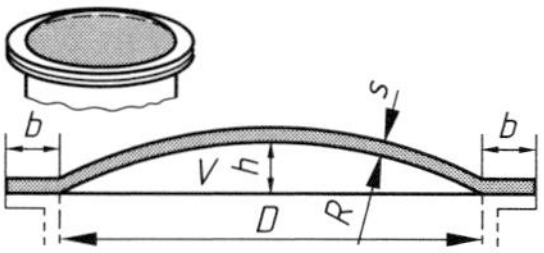

$R = 1{,}1 \cdot D$ bis $1{,}4 \cdot D$

Inhalt der Wölbung: (→ Behälterdämmung)

$$V = \frac{\pi \cdot h}{2} \cdot \left(\frac{D^2}{4} + \frac{h^2}{3}\right)$$

Äußere Oberfläche:

$$A_O = 2 \cdot (R + s) \cdot \pi \cdot h + \frac{\pi}{4} \cdot \left[(D + 2 \cdot b)^2 - D^2\right]$$

$$A_O = \pi \cdot \left(\frac{D^2}{4} + h^2\right) + \frac{\pi}{4} \cdot \left[(D + 2 \cdot b)^2 - D^2\right]$$

Klöpperboden

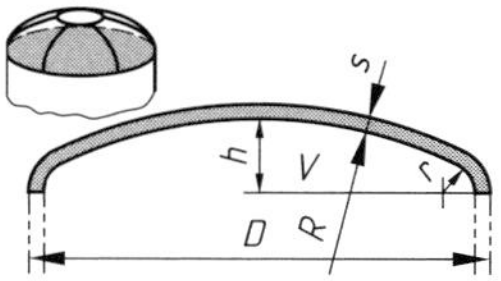

$R = D$ | $r = 0{,}1 \cdot D$

Inhalt der Wölbung (ohne Zylinderbord):

$$V \approx 0{,}1 \cdot (D - 2 \cdot s)^3$$

Äußere Oberfläche (ohne Zylinderbord):

$$A_O \approx 0{,}99 \cdot D^2$$

$$h = 0{,}1935 \cdot D - 0{,}445 \cdot s$$

Korbbogenboden

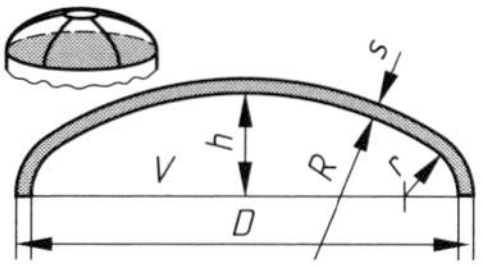

$R = 0{,}8 \cdot D$ | $r = 0{,}154 \cdot D$

Inhalt der Wölbung (ohne Zylinderbord):

$$V \approx 0{,}1298 \cdot (D - 2 \cdot s)^3$$

Äußere Oberfläche (ohne Zylinderbord):

$$A_O \approx 1{,}08 \cdot D^2$$

$$h = 0{,}255 \cdot D - 0{,}635 \cdot s$$

B Welchen Nenninhalt besitzt der abgebildete Behälter (mit Klöpperboden) bis zum Austragsrohr (DN 100, d. h. $d_i = 100$ mm)?

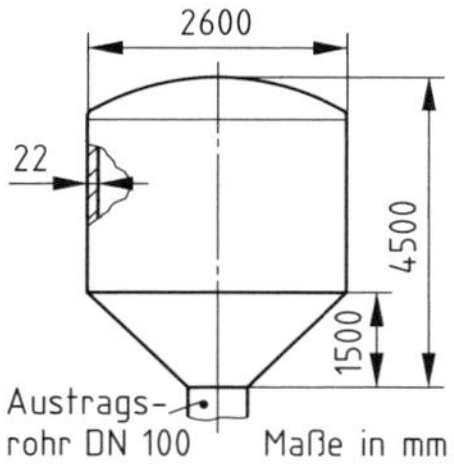

Höhe des Klöpperbodens:
$\boldsymbol{h_1} = 0{,}1935 \cdot D - 0{,}445 \cdot s = 0{,}1935 \cdot 2{,}6\text{ m} - 0{,}445 \cdot 0{,}022\text{ m} = \mathbf{0{,}493\text{ m}}$

Inhalt des Klöpperbodens:
$\boldsymbol{V_1} \approx 0{,}1 \cdot (D - 2 \cdot s)^3 \approx 0{,}1 \cdot (2{,}6\text{ m} - 2 \cdot 0{,}022\text{ m})^3 \approx \mathbf{1{,}67\text{ m}^3}$

Inhalt des zylindrischen Teils:

$$\boldsymbol{V_2} = \frac{(D - 2 \cdot s)^2}{4} \cdot \pi \cdot l = \frac{(2{,}6\text{ m} - 2 \cdot 0{,}022\text{ m})^2}{4} \cdot \pi \cdot (4{,}5\text{ m} - 1{,}5\text{ m} - 0{,}493\text{ m} - 0{,}022\text{ m}) = \mathbf{12{,}75\text{ m}^3}$$

Inhalt des konischen Teiles (Kegelstumpf):

$$\boldsymbol{V_3} = \frac{\pi \cdot h_3}{12} \cdot \left[(D - 2 \cdot s)^2 + d_i^2 + (D - 2 \cdot s) \cdot d_i\right] = \frac{\pi \cdot 1{,}5\text{m}}{12} \cdot \left[(2{,}6\text{m} - 0{,}022\text{m})^2 + 0{,}1^2\text{m}^2 + (2{,}6\text{m} - 2 \cdot 0{,}022\text{m}) \cdot 0{,}1\text{m}\right] = \mathbf{2{,}67\text{m}^3}$$

Gesamtinhalt (Nenninhalt): $\boldsymbol{V} = V_1 + V_2 + V_3 = 1{,}67\text{ m}^3 + 12{,}75\text{ m}^3 + 2{,}67\text{ m}^3 = \mathbf{17{,}09\text{ m}^3}$

Inhalt unregelmäßiger Flächen (→ Flächenberechnung)

Nach Augenmaß in regelmäßige, berechenbare Flächen verwandeln und diese ausrechnen.

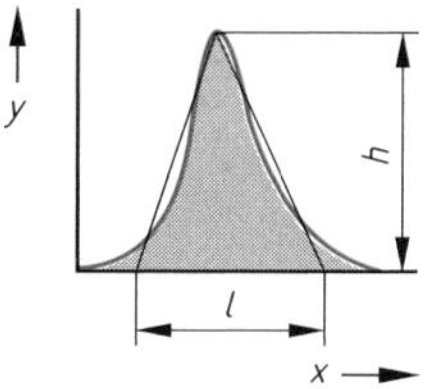

$$A = \frac{l \cdot h}{2}$$ (für Dreiecksflächen)

n Rechtecke gleicher Breite b so über die Fläche verteilen, dass die Kurve jeweils durch die Oberseitenmitte verläuft und dann die Rechteckflächen addieren.

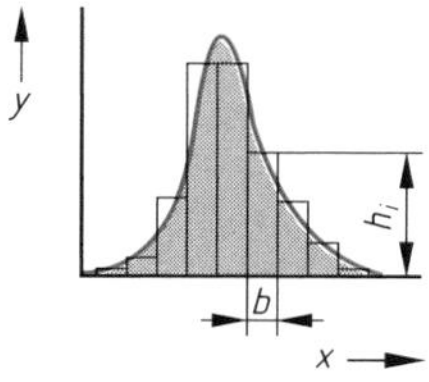

$$A = b \cdot \sum_{i=1}^{n} h_i = b \cdot (h_1 + h_2 + \ldots + h_n)$$

Transparentes Millimeterpapier über die Fläche legen und die Kästchen auszählen, die innerhalb der Fläche liegen.

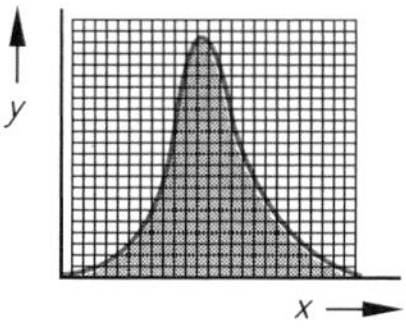

$$A = n \cdot 1\text{ mm}^2$$

Wird von der Kurve mehr als die Hälfte eines Kästchens weggeschnitten, wird es nicht gezählt.

Diagramme und Nomogramme

2

Normgerechte Darstellung von Diagrammen (DIN 461, 03.73):

1. Die **Wachstumsrichtung** der Größen wird durch Pfeile neben den Achsen (**Abszisse** = waagerechte Achse, **Ordinate** = senkrechte Achse) angezeigt. Die Pfeile können auch unmittelbar an den Achsen stehen.
2. Die Formelzeichen der **Größen** stehen an den Wurzeln der Pfeile. Sie sollen möglichst ohne Drehen des Diagrammes lesbar sein. Sind ausgeschriebene Wörter oder längere Formeln an der Ordinate nicht vermeidbar, sollen sie von rechts lesbar sein.
3. Die **Teilung** der Achsen wird durch Zahlen beziffert, die ohne Drehung des Diagrammes lesbar sein müssen. Der erste und der letzte Teilstrich muss in jedem Fall beziffert sein. Dazwischenliegende können z. T. unbeziffert bleiben. Negative Zahlenwerte sind mit einem Minus (–) zu versehen. Die Teilung kann linear oder nichtlinear (z. B. logarithmisch) sein.

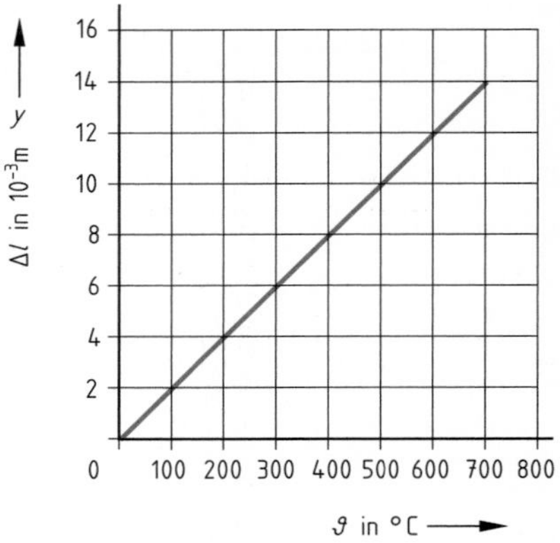

4. Die **Einheitenzeichen** stehen (senkrecht) an den Enden der Achsen zwischen den letzten beiden Zahlen der Skalen (bei Platzmangel vorletzte Zahl weglassen). Einheiten nicht in Klammern setzen.
5. Bei **Zeitpunkt-** (z. B. Uhrzeit) und **Winkelangaben** die Einheitenzeichen (h, min, s, °, ′, ″) an jeden Zahlenwert der Skale setzen. Dies gilt nicht für Zeitspannen (s, min, h, d, a). Eine **gemeinsame Zehnerpotenz** wird nur einmal zwischen die letzten beiden Zahlen der Skale geschrieben.
   (→ Gleichungen)

Dreieckskoordinatensysteme (Dreiecksdiagramme):

Dreieckskoordinatensysteme werden zur Darstellung von Dreistoffgemischen verwendet, wenn die Summe der drei Komponenten immer einen konstanten Wert ergibt (z. B. Massenanteile $w_1 + w_2 + w_3 = 1$ = konstant).

Die Eckpunkte entsprechen jeweils den reinen Komponenten. Der Anteil eines Stoffes wird durch den Abstand von der jeweiligen Dreiecksseite gekennzeichnet. Der Wert einer Größe wächst von der Dreiecksseite zum gegenüberliegenden Eckpunkt. Er wird mit Hilfe der Parallelen zur Dreiecksseite abgelesen.

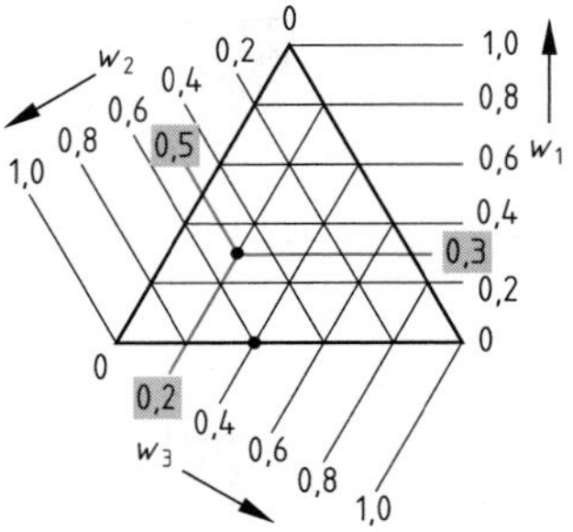

> **B** Ablesebeispiele:
>
> Oberes Diagramm: P_1 kennzeichnet ein Gemisch mit den Massenanteilen $w_1 = 0{,}3$, $w_2 = 0{,}5$ und $w_3 = 0{,}2$. P_2 liegt auf der Dreiecksseite ($w_1 = 0$). Somit gilt P_2 für ein Zweistoffgemisch mit $w_2 = 0{,}6$ und $w_3 = 0{,}4$.
>
> Unteres Diagramm: In P liegt ein Gemisch vor mit φ (CH_4) = 5%, φ (Luft) = 60% und φ (N_2) = 35%.

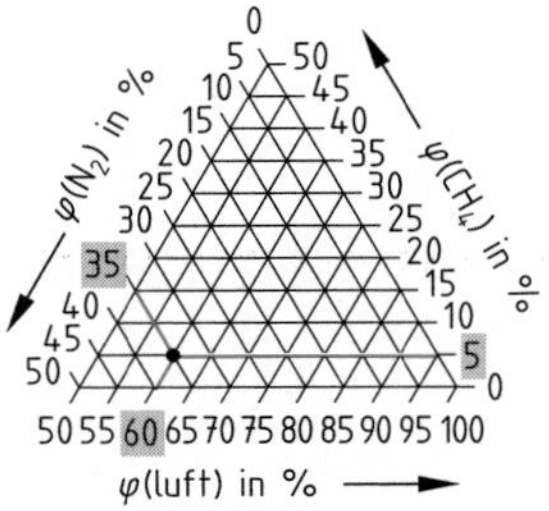

Diagramme und Nomogramme (Fortsetzung)

Werteermittlung

Diagramme

Durch den Zahlenwert der Abszisse wird die Parallele ① zur Ordinate bis zum Schnittpunkt *P* mit dem Graphen konstruiert. Durch *P* legt man die Parallele ② zur Abszisse, die die Ordinate im gesuchten Funktionswert schneidet. Entsprechend verfährt man, wenn man von einem Ordinatenwert ausgeht.

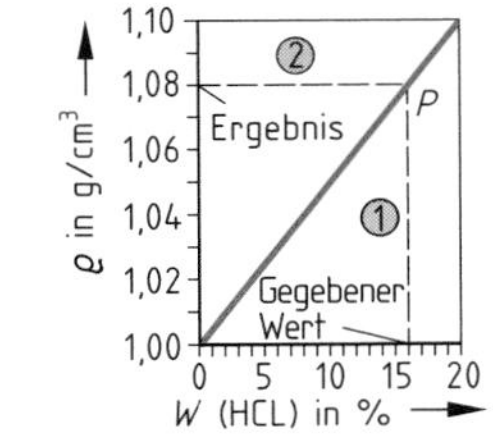

Doppelleitern

Die Doppelleiter entsteht, wenn die Abszissenwerte über den Graphen auf die Ordinate gespiegelt werden. Zusammengehörige Wertepaare liegen dann direkt nebeneinander.

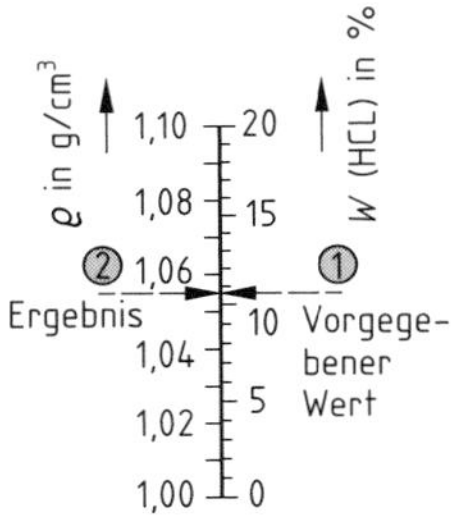

Netztafeln

Netztafeln stellen die Beziehung zwischen drei Veränderlichen (hier $\dot{V}$, v und DN) dar. Der Funktionswert (hier $\dot{V}$) ist also nicht nur vom Abszissenwert (hier v) sondern zusätzlich von einer zweiten Größe (hier DN) abhängig. Zur Konstruktion eines Graphen wird jeweils ein Zahlenwert der zweiten Größe konstant gehalten und nur der Abszissenwert verändert. Die drei Graphen gelten also hier für drei konstante DN-Werte.

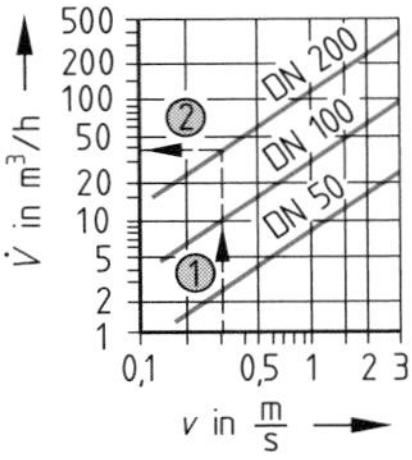

Verbund-Netztafeln
(für mehr als 3 Veränderliche)

Wenn in einer Funktion der Funktionswert von zwei Veränderlichen abhängt, von denen eine wiederum die Funktion von zwei weiteren Veränderlichen ist, müssen zwei Netztafeln verbunden werden.

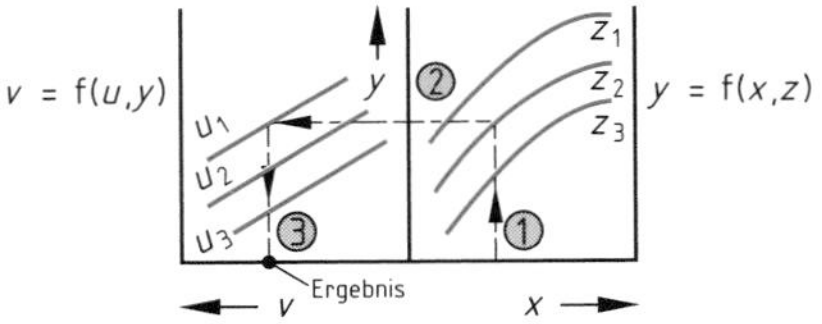

Leiternomogramme (Leitertafeln)

Leiternomogramme mit drei Leitern gelten für drei Veränderliche. Eine Fluchtlinie wird durch zwei gegebene Veränderliche gelegt. Der Schnittpunkt mit der dritten Leiter (Ergebnisleiter) ergibt den zugehörigen Wert der dritten Veränderlichen. Jede Leiter kann Ergebnisleiter sein. Die Leitern müssen nicht parallel sein (vgl. Abbildungen).

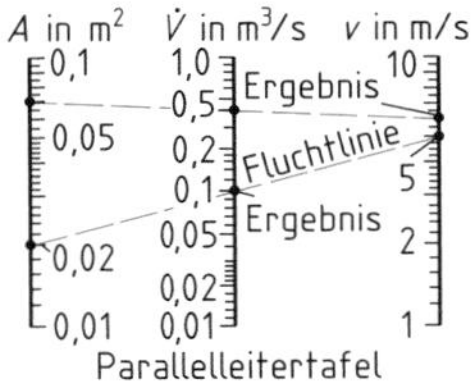

Parallelleitertafel

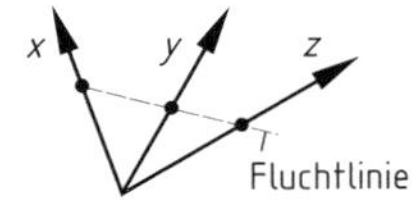

Schiefwinklige Leitertafel

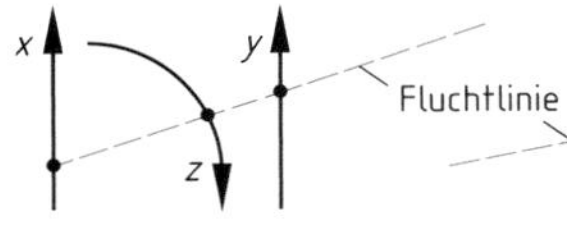

Leitertafel mit gekrümmter Mittelleiter

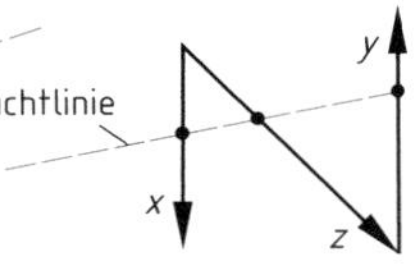

N- bzw. Z- Leitertafel

Parallelleiternomogramme für mehr als drei Veränderliche

Ist die Beziehung zwischen mehr als drei Veränderlichen darzustellen, müssen mehrere Parallelleiternomogramme kombiniert werden. Die Ergebnisleiter eines Nomogramms wird zur Eingangsleiter des zweiten Nomogramms und dient dort (zusammen mit der Leiter einer weiteren Veränderlichen) zur Bestimmung des Endergebnisses.

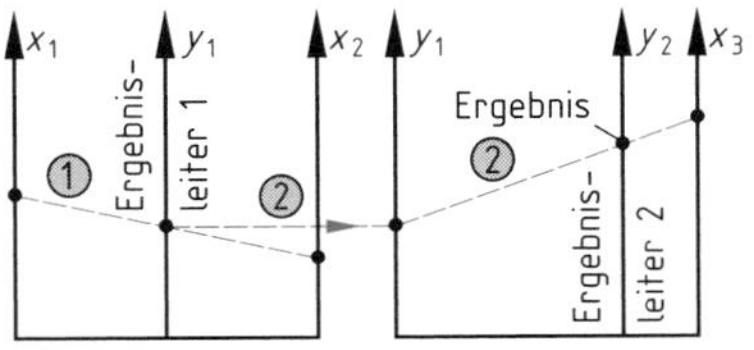

Nomogramm 1 Nomogramm 2

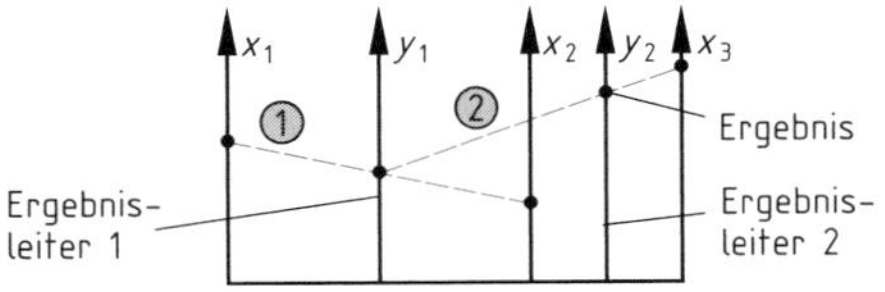

Nomogramme 1 und 2 zusammengefasst

Diagramme und Nomogramme (Fortsetzung)

2

Zustandsdiagramme (Phasendiagramme) von Zweistoffsystemen: (→ Kältemittel)

Zustandsdiagramme für Zweistoffgemische informieren darüber, welche Phasen bei bestimmter Gemischzusammensetzung und Temperatur existieren, z. B.: Aküühlung eines Gemisches aus 20% des Stoffes A und 80% des Stoffes B (aus der Dampfphase).

ϑ_1: Gesamte Masse gasförmig (Dampf)

ϑ_2: Beginn der Kondensatbildung

ϑ_3: Flüssige Phase (Kondensat) und gasförmige Phase (Dampf) existieren nebeneinander

ϑ_4: Letzte Anteile Dampf kondensieren

ϑ_5: Gesamte Masse flüssig

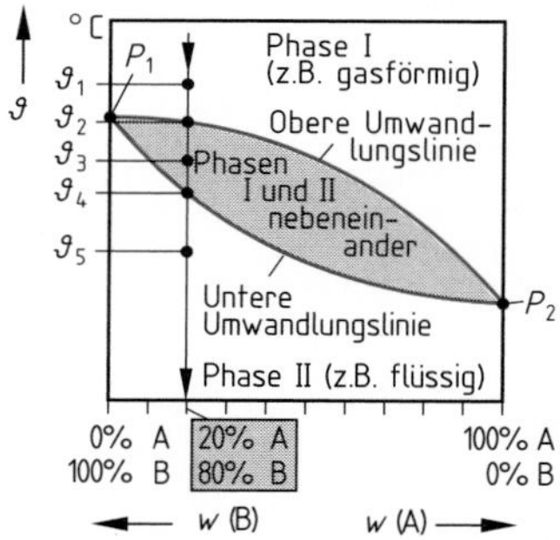

Man unterscheidet **Siedediagramme** (Bild) für den Wechsel zwischen gasförmiger und flüssiger Phase und **Schmelzdiagramme** für den Wechsel zwischen flüssiger und fester Phase.

Die obere Umwandlungslinie heißt **Taulinie** (Siedediagramme) oder **Liquiduslinie** (Schmelzdiagramme). Über ihr ist – unabhängig von der Zusammensetzung – alles gasförmig bzw. – im zweiten Falle – flüssig. Die untere Umwandlungslinie heißt **Siedelinie** (Siedediagramme) oder **Soliduslinie** (Schmelzdiagramme). Unter ihr ist alles flüssig bzw. – im zweiten Falle – fest. Zwischen beiden Linien liegt das **Zweiphasengebiet**, in dem gasförmige und flüssige Phase (Siedediagramm) oder flüssige und feste Phase (Schmelzdiagramm) gleichzeitig vorliegen. Die Schnittpunkte der oberen Umwandlungslinie mit den senkrechten Achsen (P_1 und P_2) zeigen die Siede- bzw. Schmelztemperaturen der Reinstoffe A (P_2) oder B (P_1) an.

Beispiele wichtiger Zustandsdiagramme: (→ Feste Lösungen, Eutektische Legierungen, Kältemittel)

D Dampf, F Flüssigkeit, S Schmelze, MK Mischkristalle, α Kristalle von A, β Kristalle von B, α-MK Mischkristalle mit Hauptanteil A, β-MK Mischkristalle mit Hauptanteil B.

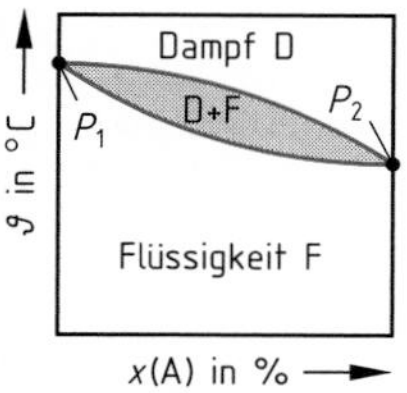

Siedediagramm für zwei Stoffe A und B, die in jedem Verhältnis ineinander löslich sind. P_1 und P_2 sind die Siedepunkte der reinen Stoffe B und A.

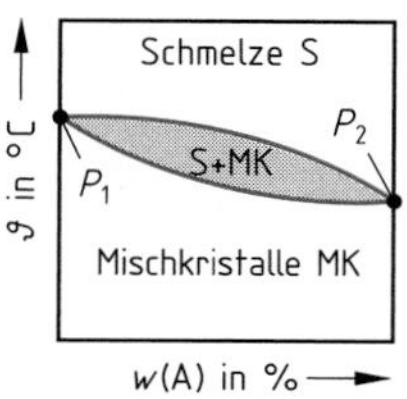

Zustandsdiagramm für zwei Stoffe A und B, die im flüssigen und im festen Zustand in jedem Verhältnis ineinander löslich sind. Im festen Zustand bilden sie homogene Mischkristalle, d.h. das Kristallgitter ist aus A- und B-Atomen gemeinsam aufgebaut. P_1 und P_2 sind die Schmelzpunkte der reinen Stoffe B und A.

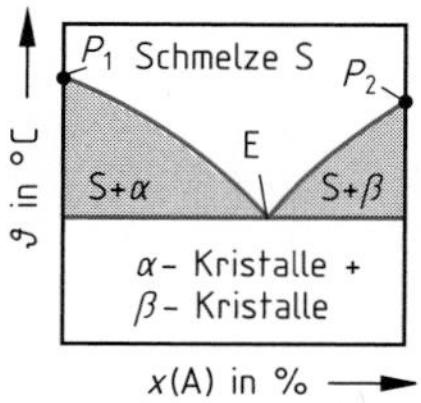

Zustandsdiagramm für zwei Stoffe A und B, die im festen Zustand überhaupt nicht mischbar sind, d. h. jeder Stoff bildet eigene Kristalle. Im festen Zustand liegt ein Gemenge aus α- und β-Kristallen vor. Die Zusammensetzung entsprechend E heißt Eutektikum. Sie zeigt einen festen Schmelzpunkt wie die Reinstoffe A (P_2) und B (P_1).

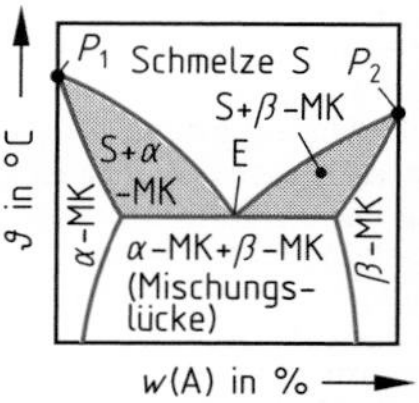

Zustandsdiagramm für zwei Stoffe A und B teilweiser Löslichkeit, d. h. A ist im festen Zustand bis zu einem bestimmten Anteil in B löslich und umgekehrt. Dazwischen besteht eine Mischungslücke in der α-MK und β-MK nebeneinander kristallisieren, also Kristalle von A mit maximalem Anteil an B und umgekehrt.

Diagramme und Nomogramme (Fortsetzung)

Zusammensetzung der Phasen im Zweiphasengebiet von Zustandsdiagrammen:

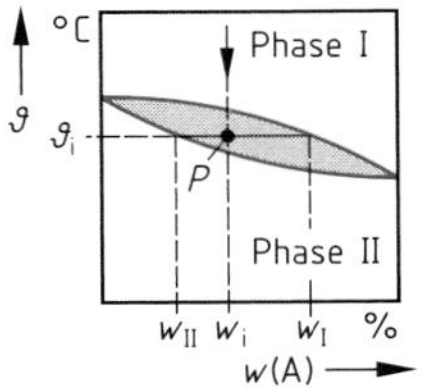

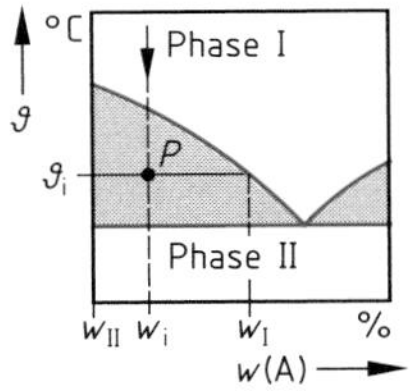

Liegt ein Zweistoffgemisch aus den Komponenten A und B mit der Zusammensetzung w_i bei der Temperatur ϑ_i vor, so zeigt der Schnittpunkt der Waagerechten durch den Zustandspunkt P mit der oberen Umwandlungslinie die Zusammensetzung w_I der vorhandenen Phase I (z. B. der flüssigen Phase) an, der Schnittpunkt mit der unteren Umwandlungslinie die Zusammensetzung w_{II} der Phase II (z. B. der festen Phase). Existiert kein Schnittpunkt mit der unteren Umwandlungslinie, sondern ein solcher mit der Senkrechten am linken oder rechten Rand des Diagramms, dann besteht die Phase II bei ϑ_i nur aus einer Komponente und zwar aus dem Stoff, der an dieser Stelle mit einem Anteil von 100 % ausgewiesen ist. 2

Anteile der Phasen im Zweiphasengebiet von Zustandsdiagrammen:

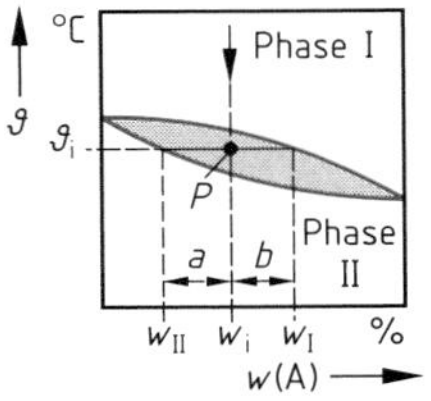

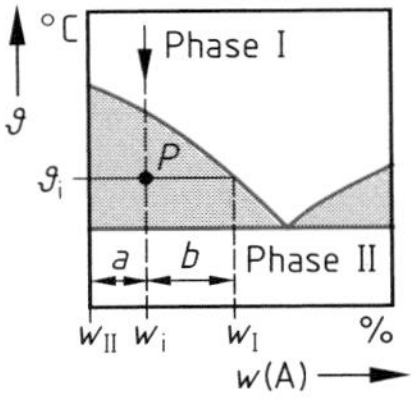

P Zustandspunkt des Gemisches aus A und B, m Gesamtmasse, m_I Masse der Phase I, m_{II} Masse der Phase II, w_i Zusammensetzung des Zweistoffgemisches, w_I Zusammensetzung der bei ϑ_i vorliegenden Phase I, w_{II} Zusammensetzung der bei ϑ_i vorliegenden Phase II, $a = w_i - w_{II}$, $b = w_I - w_i$.

$$m_I = \frac{a}{a+b} \cdot m \qquad m_{II} = \frac{b}{a+b} \cdot m \qquad \frac{m_{II}}{m_I} = \frac{b}{a}$$

(Hebelgesetz)

Gibbs'sches Phasengesetz:

Ohne Berücksichtigung der Gas- bzw. Dampfphase:

$$f = n - p + 1$$

Mit Berücksichtigung der Gas- bzw. Dampfphase:

$$f = n - p + 2$$

f Freiheitsgrade (Änderungsmöglichkeiten der Zustandsgrößen Temperatur, Druck oder Konzentration eines Systems aus n Komponenten bzw. Stoffen)

n Anzahl der Komponenten des Systems (Anzahl der beteiligten Stoffe)

p Anzahl der Phasen (homogene Stoffbereiche, z. B. gasförmige, flüssige und feste Phasen). In einem System können mehrere flüssige und feste Phasen nebeneinander existieren, z. B. zwei nicht mischbare Flüssigkeiten.

B **1. Thermische Analyse (Abkühlungskurve) eines reinen Stoffes (z.B. Wasser oder Metall)**

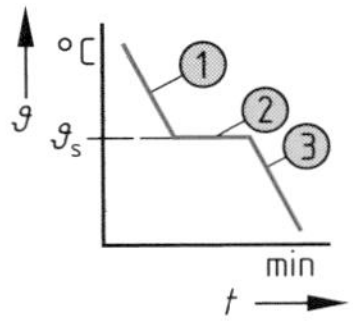

Bereich 1: $n = 1$ (Reinstoff), $p = 1$ (Schmelze), somit:
$f = 1 - 1 + 1 = \mathbf{1}$ d. h. eine Zustandsgröße kann sich ändern (die Temperatur sinkt) ⇒ sensibler Vorgang

Bereich 2: ϑ_s = Kristallisations- bzw. Schmelzpunkt ⇒
$n = 1$, $p = 2$ (Schmelze + Kristalle), somit
$f = \mathbf{0}$ d. h. während der Kristallisation ist keine Temperaturänderung möglich ⇒ latenter Vorgang

Bereich 3: $n = 1$, $p = 1$ (Kristalle) ⇒ $f = \mathbf{1}$ d. h. Temperatur kann sinken.

2. Gesättigte Kühlsole mit Bodensatz und Eis (Kältemischung)

$n = 2$ (Wasser + Salz), $p = 4$ (Wasserdampf, Eis, Salzlösung, Bodensatz aus Salz), $f = 2 - 4 + 2 = \mathbf{0}$, d. h. solange die festen Phasen Bodensatz und Eis erhalten werden, besitzt die Kühlsole konstante Temperatur bei (latenter) Wärmezu- oder -abfuhr.

2

Zusammensetzung von Mischphasen (nach DIN 1310, 02.84)

Mischphasen sind Gasgemische, Lösungen und Mischkristalle, die folgenden Angaben gelten aber auch für Gemenge nicht mischbarer Stoffe (→ Luftzusammensetzung, Kältemittelgemische).

Massenanteil w und Massenverhältnis ζ:

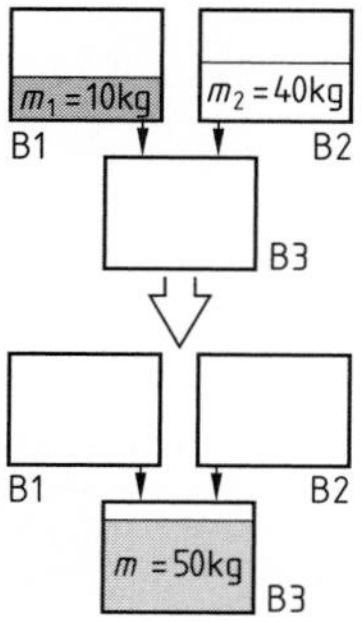

Massenanteil $w_i = \frac{m_i}{m}$ z. B. $w(H_2SO_4) = \frac{m(H_2SO_4)}{m}$

m_i Masse des Stoffes i m Gesamtmasse ($m_1 + m_2 + \ldots + m_n$)

B Massenanteil des Stoffes 1 in der Mischphase (B 3):

$$w_1 = \frac{m_1}{m} = \frac{m_1}{m_1 + m_2} = \frac{10\,\text{kg}}{10\,\text{kg} + 40\,\text{kg}} = \frac{10\,\text{kg}}{50\,\text{kg}} = \mathbf{0,2 \mathrel{\hat{=}} 20\,\%}$$

Massenverhältnis $\zeta_{ik} = \frac{m_1}{m_k}$

m_i Masse des Stoffes i

m_k Masse des Stoffes k

B Massenverhältnis Stoff 1 zu Stoff 2: $\zeta_{12} = \frac{m_1}{m_2} = \frac{10\,\text{kg}}{40\,\text{kg}} = \mathbf{0,25}$

Volumenanteil φ und Volumenverhältnis ψ:

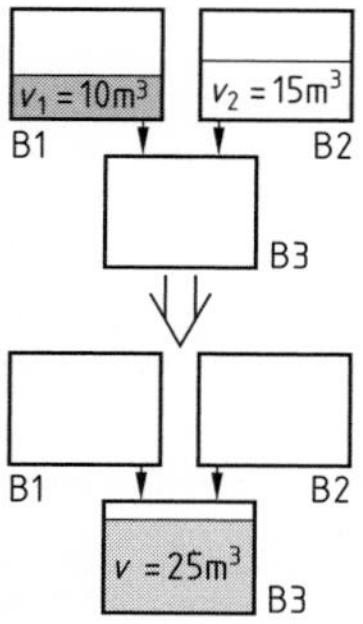

Volumenanteil $\varphi_i = \frac{V_1}{V}$ z. B. $\varphi(C_2H_5OH) = \frac{V(C_2H_5OH)}{V}$

V_i Volumen des Stoffes i vor dem Mischen V Gesamtvolumen ($V_1 + V_2 + \ldots + V_n$) vor dem Mischen

B Volumenanteil des Stoffes 1 in der Mischphase (B 3)

$$\varphi_1 = \frac{V_1}{V} = \frac{V_1}{V_1 + V_2} = \frac{10\,\text{m}^3}{10\,\text{m}^3 + 15\,\text{m}^3} = \frac{10\,\text{m}^3}{25\,\text{m}^3} = \mathbf{0,4 \mathrel{\hat{=}} 0,40\,\%}$$

Volumenverhältnis $\psi_{ik} = \frac{V_i}{V_k}$

V_i Volumen des Stoffes i vor dem Mischen

V_k Volumen des Stoffes k vor dem Mischen

B Volumenverhältnis Stoff 1 zu Stoff 2:

$$\psi_{12} = \frac{V_1}{V_2} = \frac{10\,\text{m}^3}{15\,\text{m}^3} = \mathbf{0,67}$$

Stoffmengenanteil x und Stoffmengenverhältnis r:

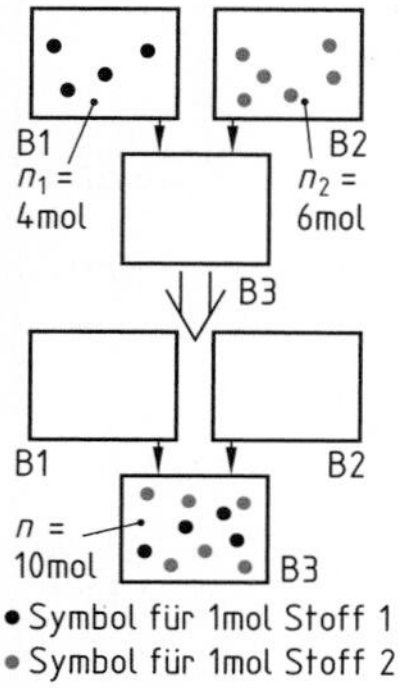

Stoffmengenanteil $x_i = \frac{n_i}{n}$ z.B. $x(\text{HCl}) = \frac{n(\text{HCl})}{n}$

n_i Stoffmenge des Stoffes i

n Gesamt-Mole ($n_1 + n_2 + \ldots + n_n$)

B Stoffmengenanteil des Stoffes 1 in der Mischphase (B 3):

$$x_1 = \frac{n_1}{n} = \frac{n_1}{n_1 + n_2} = \frac{4\,\text{mol}}{4\,\text{mol} + 6\,\text{mol}} = \frac{4\,\text{mol}}{10\,\text{mol}} = \mathbf{0,4 \mathrel{\hat{=}} 40\,\%}$$

Stoffmengenverhältnis $r_{ik} = \frac{n_i}{n_k}$

n_i Stoffmenge des Stoffes i

n_k Stoffmenge des Stoffes k

B Stoffmengenverhältnis Stoff 1 zu Stoff 2 (B 3):

$$r_{12} = \frac{n_1}{n_2} = \frac{4\,\text{mol}}{6\,\text{mol}} = \mathbf{0,67}$$

Zusammensetzung von Mischphasen (Fortsetzung)

Massenkonzentration β, Stoffmengenkonzentration c und Volumenkonzentration σ:

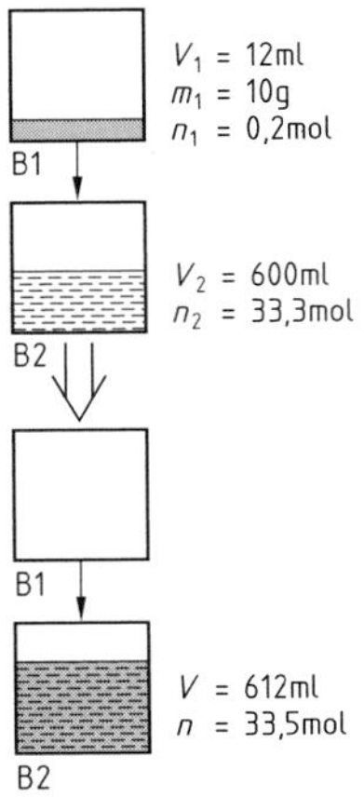

Massenkonzentration $\beta_i = \frac{m_i}{V}$ z. B. $\beta(N_2H_4) = \frac{m(N_2H_4)}{V}$

m_i Masse des Stoffes i, V Gesamtvolumen der Mischung ($V_1 + V_2 + \ldots + V_n$)

B Massenkonzentration des Stoffes 1 (nach Bild):

$$\beta_1 = \frac{m_1}{V} = \frac{m_1}{V_1 + V_2} = \frac{10\,g}{0{,}012\,l + 0{,}6\,l} = \mathbf{16{,}34\ \frac{g}{l}}$$

Stoffmengenkonzentration $c_i = \frac{n_i}{V}$ z. B. $c(NaOH) = \frac{n(NaOH)}{V}$

n_i Stoffmenge des Stoffes i, V Gesamtvolumen der Mischung ($V_1 + V_2 + \ldots + V_n$)

B Stoffmengenkonzentration des Stoffes 1 (nach Bild):

$$c_1 = \frac{n_1}{V} = \frac{n_1}{V_1 + V_2} = \frac{0{,}2\,mol}{0{,}012\,l + 0{,}6\,l} = \mathbf{0{,}327\ \frac{mol}{l}}$$

Volumenkonzentration $\sigma_i = \frac{V_i}{V}$ z. B. $\sigma(NH_3) = \frac{V(NH_3)}{V}$

V_i Volumen des Stoffes i, V Gesamtvolumen der Mischung ($V_1 + V_2 + \ldots + V_n$)

B Volumenkonzentration des Stoffes 1 (nach Bild):

$$\sigma_1 = \frac{V_1}{V} = \frac{V_1}{V_1 + V_2} = \frac{0{,}012\,l}{0{,}012\,l + 0{,}6\,l} = \mathbf{0{,}0196}$$

Molalität b

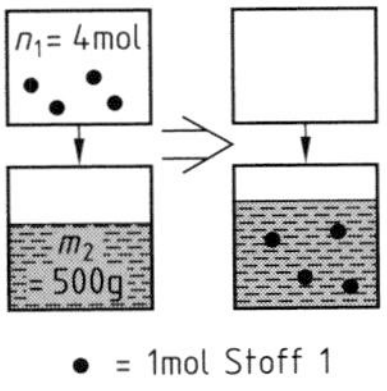

$b_i = \frac{n_i}{m_k}$ z. B. $b(C_{12}H_{10}\ \text{in Benzol}) = \frac{n(C_{12}H_{10})}{m(\text{Benzol})}$

n_i Stoffmenge des Stoffes i, m_k Masse des Stoffes k (Lösemittel)

B Molalität des Stoffes 1 (nach Bild):

$$b_1 = \frac{n_1}{m_2} = \frac{4\,mol}{500\,g} = \frac{4\,mol}{0{,}5\,kg} = \mathbf{8\ \frac{mol}{kg}}$$

Äquivalentkonzentration c (eq):

$c_i(eq) = \frac{n_i(eq)}{V}$ z. B. $c\left(\frac{1}{2}H_2SO_4\right) = \frac{n\left(\frac{1}{2}H_2SO_4\right)}{V}$

Vor das Teilchensymbol wird der Bruch $1/z^*$ gesetzt, z. B. $1/2\ Ca(OH)_2$, $1/2\ Mg^{2+}$ oder $1/3\ H_3PO_4$

$n_i(eq)$ Äquivalent-Stoffmenge des Stoffes i, V Gesamtvolumen der Lösung

1 Äquivalent ist der gedachte Bruchteil $1/z^*$ eines Atoms, Moleküls oder Ions. Dabei ist z^* der Betrag der Ladungszahl eines Ions **(Ionenäquivalent)** oder die Anzahl der H^+- oder OH^--Ionen, die ein Teilchen (Molekül oder Ion) bei einer bestimmten Neutralisationsreaktion aufnimmt oder abgibt **(Neutralisationsäquivalent)** oder der Betrag der Differenz der Oxidationszahlen eines Teilchens (oder eines in ihm enthaltenen Atoms) bei einer bestimmten Redox-Reaktion **(Redox-Äquivalent)**.

B 20 g H_2SO_4 sind in 1 l Maßlösung enthalten. Die Äquivalentkonzentration beträgt dann:

$$c\left(\frac{1}{2}H_2SO_4\right) = \frac{n\left(\frac{1}{2}H_2SO_4\right)}{V} = \frac{m(H_2SO_4)}{M\left(\frac{1}{2}H_2SO_4\right)\cdot V} = \frac{20\,g}{49\,\frac{g}{mol}\cdot 1\,l} = \mathbf{0{,}408\ \frac{mol}{l}}$$

2

2

Zusammensetzung von Mischphasen (Fortsetzung)

Umrechnungsformeln für Gehaltsgrößen:

Existiert ein direkter Pfeil zwischen zwei Größen im Bild, so können diese mit einer der unten aufgeführten Formeln unmittelbar ineinander umgerechnet werden (Nummer am Pfeil = Nummer der anzuwendenden Formel). Existiert kein direkter Pfeil zwischen zwei Größen, so geschieht die Umrechnung über eine Zwischengröße, die mit beiden verbunden ist. Beispiel: c soll in x umgerechnet werden, dazu wird zunächst w (Zwischengröße) aus c errechnet (Formel Nr. 3) und dann x aus w (Formel Nr. 1).

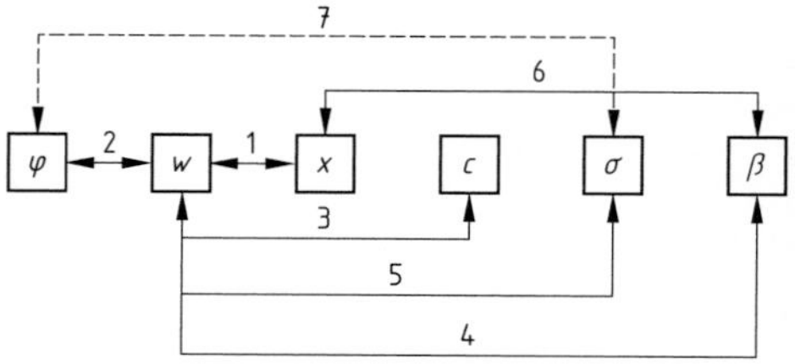

1 Massenanteil $w \longleftrightarrow x$ Stoffmengenanteil

$$w_i = \frac{x_i \cdot M_i}{x_i \cdot M_i + x_k \cdot M_k + \ldots + x_n \cdot M_n}$$

$$x_i = \frac{w_i}{M_i \cdot (w_i/M_i + w_k/M_k + \ldots + w_n/M_n)}$$

w_i, w_k, w_n Massenanteile der Stoffe i, k und n, x_i, x_k, x_n Stoffmengenanteile der Stoffe i, k und n,
M_i, M_k, M_n molare Massen der Stoffe i, k und n in g/mol

2 Massenanteil $w \longleftrightarrow \varphi$ Volumenanteil

$$w_i = \frac{\varphi_i \cdot \rho_i}{\rho} \qquad \varphi_i = \frac{w_i \cdot \rho}{\rho_i}$$

- w_i Massenanteil des Stoffes i
- φ_i Volumenanteil des Stoffes i
- ϱ_i Dichte des Stoffes i in g/cm³
- ϱ Dichte der Mischphase in g/cm³

3 Massenanteil $w \longleftrightarrow c$ Stoffmengenkonzentration

$$w_i = \frac{c_i \cdot M_i}{1000 \cdot \rho} \qquad c_i = \frac{1000 \cdot w_i \cdot \rho}{M_i}$$

- w_i Massenanteil des Stoffes i
- c_i Stoffmengenkonzentration des Stoffes i in mol/l
- M_i Molare Masse des Stoffes i in g/mol
- ϱ Dichte der Mischphase in g/cm³

4 Massenanteil $w \longleftrightarrow \beta$ Massenkonzentration

$$w_i = \frac{\beta}{1000 \cdot \rho} \qquad \beta = 1000 \cdot w_i \cdot \rho$$

- w_i Massenanteil des Stoffes i
- β_i Massenkonzentration des Stoffes i in g/l
- ϱ Dichte der Mischphase in g/cm³

5 Massenanteil $w \longleftrightarrow \sigma$ Volumenkonzentration

$$w_i = \frac{\sigma_i \cdot \rho_i}{\rho} \qquad \sigma_i = \frac{w_i \cdot \rho}{\rho_i}$$

- w_i Massenanteil des Stoffes i
- σ_i Volumenkonzentration des Stoffes i in l/l
- ϱ_i Dichte des Stoffes i in g/cm³
- ϱ Dichte der Mischphase in g/cm³

6 Massenkonzentration $\beta \longleftrightarrow c$ Stoffmengenkonzentration

$$\beta = c_i \cdot M_i \qquad c_i = \frac{\beta}{M_i}$$

- β_i Massenkonzentration des Stoffes i in g/l
- c_i Stoffmengenkonzentration des Stoffes i in mol/l
- M_i Molare Masse des Stoffes i in g/mol

7 Volumenanteil $\varphi \longleftrightarrow \sigma$ Volumenkonzentration

Es ist $\varphi = \sigma$ wenn beim Mischvorgang der beteiligten Stoffe keine Volumenänderung eintritt ($V_{Mischphase} = V_i + V_k + \ldots + V_n$).

Mischungsgleichung für Lösungen und andere Mischphasen

Werden mehrere Lösungen (bestehend aus Lösemittel und gelöstem Stoff) gemischt, so gelten die folgenden Bilanzgleichungen für den gelösten Stoff:

1 $m_1 \cdot w_1 + m_2 \cdot w_2 + \ldots + m_n \cdot w_n = (m_1 + m_2 + \ldots + m_n) \cdot w_M$ für *n* Lösungen, die gemischt werden.

2 $m_1 \cdot w_1 + m_2 \cdot w_2 = (m_1 + m_2) \cdot w_M$ für 2 Lösungen, die zu einer neuen vereinigt werden.

3 $m_1 \cdot w_1 = (m_1 + m_2) \cdot w_M$ für 1 Lösung, die mit reinem Lösemittel (m_2, $w_2 = 0$) verdünnt wird.

4 $m_1 \cdot w_1 + m_2 = (m_1 + m_2) \cdot w_M$ für 1 Lösung, deren Massenanteil an gelöstem Stoff dadurch erhöht wird, dass gleicher Stoff in reiner Form (m_2, $w_2 = 1$ bzw. 100%) der Lösung zugesetzt wird.

↑ bzw. $m_2 \cdot 100\%$, wenn die Massenanteile in % eingesetzt werden.

5 $m_1 \cdot w_1 = (m_1 - m_2) \cdot w_M$ für 1 Lösung, der reines Lösemittel (m_2, $w_2 = 0$), z. B. durch Abdampfen, entzogen wird.

$m_1, m_2, \ldots, m_n$ Massen der Lösungen 1, 2, ..., *n*

$w_1, w_2, \ldots, w_n$ Massenanteile des gelösten Stoffes in den Lösungen 1, 2, ..., *n*

w_M Massenanteil des gelösten Stoffes in der Mischung bzw. neuen Lösung

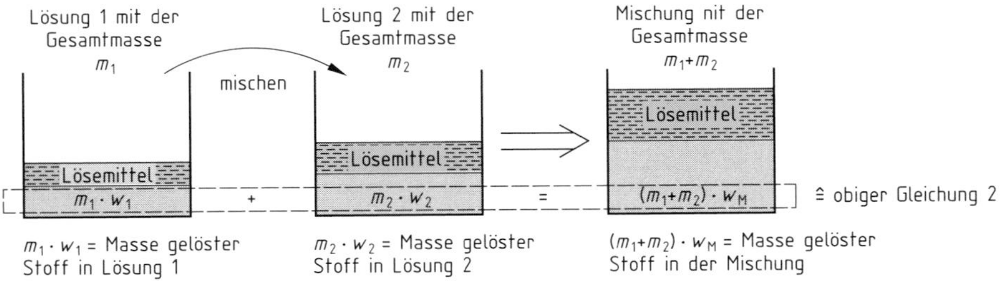

B Wieviel kg einer Schwefelsäure mit $w(H_2SO_4) = 0{,}9$ (Index 2) sind mit 60 kg einer Schwefelsäure mit $w(H_2SO_4) = 0{,}4$ (Index 1) zu mischen, damit eine Säure mit $w(H_2SO_4) = 0{,}55$ (Mischung) entsteht?

Gleichung 2:

$$60\text{ kg} \cdot 0{,}4 + m_2 \cdot 0{,}9 = (60\text{ kg} + m_2) \cdot 0{,}55$$

$$24\text{ kg} + 0{,}9\, m_2 = 33\text{ kg} + 0{,}55\, m_2$$

$$0{,}35\, m_2 = 9\text{ kg}$$

$$m_2 = \mathbf{25{,}71\ kg}$$

B Aus 160 g Salpetersäure mit $w(HNO_3) = 40\%$ (Index 1) werden 50 g Wasser (Index 2) abgedampft. Welcher neue Massenanteil $w(HNO_3)$ in Prozent ergibt sich für das Konzentrat?

Gleichung 5:

$$160\text{ g} \cdot 40\% = (160\text{ g} - 50\text{ g}) \cdot w_M$$

$$w_M = \frac{160\text{ g} \cdot 40\%}{160\text{ g} - 50\text{ g}} = \mathbf{58{,}2\,\%}$$

Die Bilanzgleichungen können in gleicher Weise für alle Mischphasen, die vereinigt werden, Anwendung finden. Voraussetzung ist, dass sich die eingesetzten Massenanteile w_i bei allen beteiligten Mischphasen auf die gleiche Komponente beziehen.

Sind andere Gehaltsgrößen bei den Mischphasen gegeben (Stoffmengenanteile x_i, Massenverhältnisse ζ_{ik} usw.), so kann man diese zunächst mit Hilfe der → Umrechnungsformeln für Gehaltsgrößen in Massenanteile w_i umrechnen und dann zusammen mit den Massen m_i in obigen Gleichungen anwenden.

2

Massenanteile der Elemente in einer Verbindung

Atomsymbole (H, O, N usw.) und Formeln (HCl, NaOH usw.) in chemischen Reaktionsgleichungen stehen jeweils für die Stoffmenge $n = 1$ mol ($\hat{=}$ 6,022 · 10^{23} Teilchen) des entsprechenden Stoffes. Somit lassen sich die Massenanteile der einzelnen Elemente in einer Verbindung wie in folgendem Beispiel ermitteln:

2

	Stoffmenge n_i	Molare Masse M_i	Masse $m_i = n_i \cdot M_i$	Massenanteil $w_i = m_i/m$
H_2SO_4 →	1 mol	98,07 g/mol	98,07 g ($\hat{=}$ m)	1,000 (da $m_i = m$)
4 O →	4 mol	16,0 g/mol	64,0 g	0,653 ($\hat{=}$ 65,3 %)
1 S →	1 mol	32,06 g/mol	32,06 g	0,327 ($\hat{=}$ 32,7 %)
2 H →	2 mol	1,01 g/mol	2,02 g	0,021 ($\hat{=}$ 2,1 %)

Allgemeine Berechnungsformel: $W(x) = \frac{Z \cdot M(x)}{M(v)}$

(→ Kältemittel, Definitionen)

w(X) Massenanteil des Stoffes (z. B. des Elementes) in der Verbindung
M(X) Molare Masse des Stoffes X in g/mol
M(V) Molare Masse der Verbindung in g/mol
z Häufigkeit von X in der Verbindung (entspricht der Stoffmenge n(X) des Stoffes bzw. des Elementes in 1 mol der Verbindung)

B Gesucht ist der Massenanteil an Sauerstoff in der Verbindung $Na_2SO_4 \cdot 3\,H_2O$.

$z = 4 + 3 = 7$ 4 x in Na_2SO_4 und 3 x in 3 H_2O

$$W(o) = \frac{7 \cdot M(o)}{M(Na_2SO_4 \cdot 3H_2O)} = \frac{7 \cdot 16{,}0\,g/mol}{196{,}09\,g/mol} = \mathbf{0{,}571 \hat{=} 57{,}1\%}$$

Berechnungsformeln zur Dichteermittlung (→ Dichte, statischer Auftrieb)

Dichte eines Feststoffes nach der Auftriebsmethode:

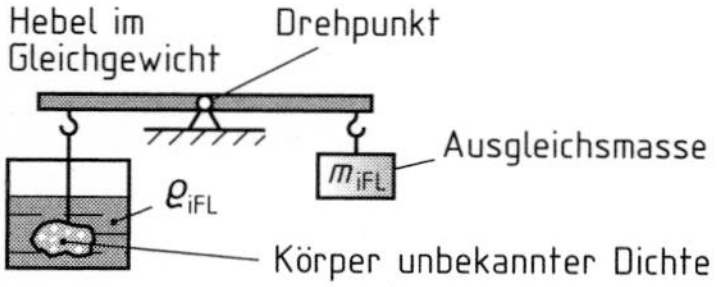

$$\rho_i = \frac{m_{iL} \cdot \rho_{FL}}{m_{iL} - m_{iFL}}$$

m_{iL} Masse des Stoffes i an Luft in g
m_{iFl} Scheinbare Masse des Stoffes i in der Flüssigkeit in g
ϱ_{Fl} Dichte der Flüssigkeit in g/cm³
ϱ_i Dichte des Feststoffes i in g/cm³

Dichte einer Flüssigkeit nach der Pyknometermethode:

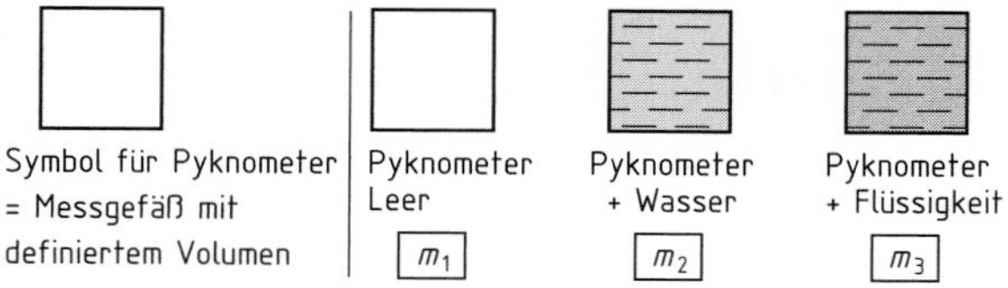

$$\rho_{FL} = \frac{m_3 - m_1}{m_2 - m_1} \cdot \rho_{H_2O}$$

m Masse in g
ϱ_{Fl} Dichte der Flüssigkeit in g/cm³
ϱ_{H_2O} Dichte von Wasser in g/cm³

Dichte eines Feststoffes nach der Pyknometermethode:

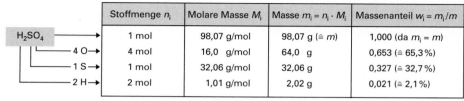

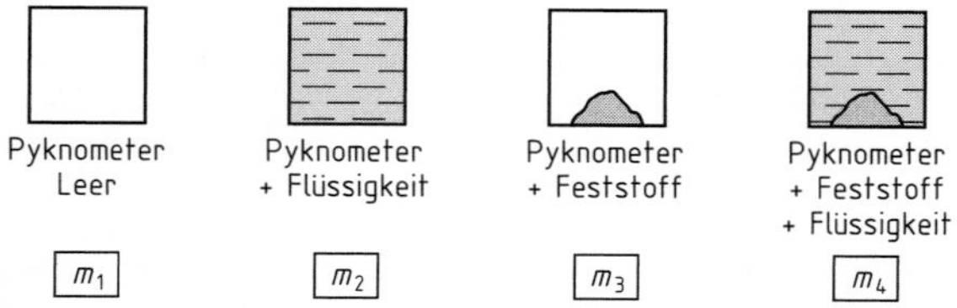

$$\rho_F = \frac{m_3 - m_1}{m_2 - m_1 - m_4 + m_3} \cdot \rho_{FL}$$

m Masse in g
ϱ_{Fl} Dichte der Flüssigkeit in g/cm³
ϱ_F Dichte des Feststoffes in g/cm³

Mechanik der festen Körper

Grundlegende mechanische Größen

Messen: Vergleichen einer → **Größe** mit einer → **Einheit**
(→ Längenprüftechnik, Toleranzen, Britische Einheiten, US-Einheiten)

Messwert: Produkt aus Zahlenwert und Einheit (z. B. 7,5 kg)

Messgröße	gebräuchliche SI-Einheiten und SI-fremde Einheiten	Hinweise, wichtige Zusammenhänge
Länge (→ Basisgrößen)	µm, mm, cm, dm, km sm = **Seemeile** in = **inch** = **Zoll**	1 m = 10^6 µm, 1 km = 1000 m 1 sm = 1852 m = 1,852 km 1 Zoll = 1″ = 1 inch = 1 in = 25,4 mm
Fläche	mm^2, cm^2, dm^2, m^2, km^2 **Ar** (a), **Hektar** (ha)	1 m^2 = 100 dm^2 = 10 000 cm^2 = 1 000 000 mm^2 1 km^2 = 1 000 000 m^2 1 a = 100 m^2, 1 ha = 100 a = 10 000 m^2
Volumen	mm^3, cm^3, dm^3, m^3, km^3 **Liter** (*l*)	1 *l* = 10^{-3} m^3 = 1 dm^3 = 10^3 cm^3
Zeit (→ Basisgrößen)	**Tag** (d), **Stunde** (h), **Minute** (min), **Sekunde** (s) **Jahr** (a)	1 d = 24 h = 1440 min = 86 400 s 1 h = 60 min = 3600 s 1 min = 60 s
Winkel	**Grad** (°), **Minute** (′), **Sekunde** (″), **Radiant** (rad)	1° = 60′ = 3600″, 1 rad ≈ 57,3°
Masse (→ Basisgrößen)	**Kilogramm** (kg), **Tonne** (t) **atomare Masseneinheit** *u* **metrisches Karat** (Kt)	1 t = 10^3 kg = 1 Mg; 1 kg = 1000 g 1 Kt = 0,2 g 1 *u* = 1,6605655 · 10^{-27} kg

$$\varrho = \frac{m}{V}$$

Dichte (→ Dichteänderung durch Wärme)

ϱ	Dichte	kg/m^3
m	Masse	kg
V	Volumen	m^3

Dichte technisch wichtiger Stoffe

s = feste Stoffe, l = flüssige Stoffe: in g/cm^3, kg/dm^3 oder t/m^3 bei 20 °C und 101325 Pa
g = gasförmige Stoffe in g/dm^3 oder kg/m^3 bei 0 °C und 101325 Pa
davon abweichende Temperaturen sind angegeben

Stoff	Zustand	Dichte ϱ	Stoff	Zustand	Dichte ϱ
Aluminium			Bronze, Sn-	s	7,4…8,9
gegossen	s	2,56	Butan	g	2,7
gehämmert	s	2,75	Chrom	s	7,2
Aluminiumbronze	s	7,6…8,4	Chromnickel	s	7,9
Aluminiumlegierung	s	2,6…2,87	Chromnickelstahl	s	7,85
Ammoniak	g	0,77	Chromstahl	s	7,85
Antimon	s	6,69	Dachschiefer	s	2,77…2,84
Asphalt	s	1,05…1,38	Dieselkraftstoff		
Bakelit	s	1,335	Braunkohlenteeröl	l	0,85…0,9
Basalt, Natur-	s	2,6…3,3	Gasöl aus Erdöl	l	0,84…0,88
Benzin			Steinkohlenteeröl	l	1,0…1,1
Fahr-	l	0,78	Eis	s	0,92
Flug	l	0,72	Eisen, Roh-		
Bernstein	s	1,0…1,1	grau	s	6,7…7,6
Beton	s	1,8…2,45	weiß	s	7,0…7,8
Bimsstein, Natur-	s	0,37…0,9	Erdgas		
Blei	s	11,3	nass	g	0,7…1,0
Braunkohle	s	1,2…1,4	trocken	g	≈0,7
Braunkohlenbrikett	s	1,25	Erdöl	l	0,7…1,04
Braunkohlenschwelgas	g	1,0…1,3			
Braunkohlenteeröl	l	0,798…1,04	Feldspat	s	2,5…3,3

Mechanik der festen Körper

Stoff	Zustand	Dichte ϱ
Fette	s	0,92...0,94
Flussstahl	s	7,85
Flussstahlblech	s	8,0
Generatorgas	g	1,14
Gichtgas	g	1,28
Glas		
Fenster-	s	2,4...2,67
Flaschen-	s	2,6
Flint-	s	3,6...4,7
Jenaer-	s	2,6
Kristall-	s	2,9
Quarz-	s	2,2
Spiegel-	s	2,46
Glaswolle	s	0,05...0,3
Glimmer	s	2,6...3,2
Gold		
gegossen	s	19,25
geprägt	s	19,50
gezogen	s	19,36
Graphit	s	2,24
Grauguss	s	7,25
Grauguss/1550 °C	l	6,9...7,0
Hartgewebe	s	1,3...1,42
Hartgummi	s	1,15...1,5
Hartmetall	s	10,5...15,0
Heizöl	l	0,95...1,01
Holz (Mittelwerte)		frisch lufttrocken
Birke	s	0,95 0,65
Buche	s	1,0 0,73
Ebenholz	s	1,2
Eiche	s	1,10 0,86
Esche	s	0,95 0,72
Fichte, Tanne	s	0,75 0,47
Linde, Pappel	s	0,80 0,46
Nussbaum	s	0,95 0,68
Pockholz	s	1,23
Teakholz	s	0,9
Weide	s	0,8 0,55
Holzkohle, luftfrei	s	1,4...1,5
Invarstahl	s	8,7
Iridium	s	22,4
Kalkmörtel		
frisch	s	1,75...1,80
trocken	s	1,60...1,65
Kalksandstein	s	1,89...1,92
Kaolin, Porzellanerde	s	2,2...2,6
Kautschuk, natur	s	0,91...0,96
Kesselstein	s	≈2,5
Kiessand		
erdfeucht	s	2,0
trocken	s	1,8...1,85
Knochen	s	1,7...2,0
Kobaltstahl		
15%	s	7,8
35%	s	8,0
Kohlenstoff	s	3,5
Koks, Zechen-	s	1,6...1,9
Koksofengas	g	0,54
Konstantan	s	8,8

Stoff	Zustand	Dichte ϱ
Kork	s	0,2...0,35
Kupfer		
gegossen	s	8,3...8,92
gewalzt	s	8,9...9,0
Leder, trocken	s	0,86...1,02
Leinöl	l	0,93
Lot		
Aluminium-	s	2,63...2,71
Blei-	s	11,2
Messing-	s	8,1...8,7
Silber-	s	8,27...9,18
Silberblei-	s	11,3
Zink-	s	7,2
Zinn-	s	7,5...10,8
Luft	g	1,2928
Luft/−194 °C	l	0,875
Magnesium	s	1,74
Mangan	s	7,43
Manganin	s	8,4
Maschinenöl	l	≈0,90
Mauerwerk		
Bruchstein-	s	2,40...2,45
Sandstein-	s	2,00...2,15
Ziegelstein-	s	1,40...1,65
Mauerziegel	s	1,2...1,9
Klinker	s	2,6...2,7
Meerwasser/4 °C	l	1,026
Messing		
gegossen	s	8,4...8,7
gewalzt	s	8,5...8,6
gezogen	s	8,43...9,73
Methan	g	0,72
Mikanit	s	1,9...2,6
Milch		
Mager-	l	1,032
Voll-	l	1,028
Mineralöl		
Schmieröl	l	0,89...0,96
Spindelöl	l	0,89...0,90
Zylinderöl	l	0,92...0,94
Molybdän	s	10,22
Monelmetall	s	8,6 ... 8,9
Natrium	s	0,97
Neusilber	s	8,4...8,7
Nickel, gegossen	s	8,35
Nickelin	s	8,6...8,8
Nickelstahl	s	8,13...8,19
Novotext	s	1,30...1,33
Olivenöl	l	0,91...0,92
Papier	s	0,7...1,15
Paraffin	s	0,86...0,92
Paraffinöl	l	0,90...1,0
Pertinax	s	1,3
Petroleum	l	0,80...0,82
Phosphorbronze	s	8,80...8,86
Platin		
gegossen	s	21,15
gewalzt	s	21,3...21,5
gezogen	s	21,3...21,6
Platiniridium, 10% Ir	s	21,6

Stoff	Zustand	Dichte ϱ
Plexiglas	s	1,18…1,2
Polystyrol	s	1,05
Polyvinylchlorid	s	1,38
Porzellan, Hart-	s	2,3…2,5
Quecksilber/−39 °C	l	13,6
Retortenkohle	s	≈1,9
Rizinusöl	l	0,96…0,97
Rohöl	l	0,7…1,04
Rotguss	s	8,5…8,9
Rüböl	l	0,91
Ruß	s	1,7…1,8
Sand		
erdfeucht	s	2,0
trocken	s	1,58…1,65
Sandstein		
Kunst-	s	2,0…2,1
Natur-	s	2,2…2,7
Sauerstoff	g	1,43
Schamottestein	s	2,5…2,7
Schellack	s	1,2
Schiefer	s	2,65…2,7
Schlacke		
Hochofen-	s	2,5…3,0
Thomas-	s	3,3…3,5
Schmirgel	s	4,0
Schwefel	s	2,05
Seide, roh	s	1,37
Silber		
gegossen	s	10,42…10,53
gewalzt	s	10,5…10,6
Silicium	s	2,33
Stahl, s. Flussstahl		
Stahlguss	s	7,85
Steinkohle		
im Stück	s	1,2…1,5
Anthrazit	s	1,35…1,7
Stickstoff	g	1,25
Steinkohlenschwelgas	g	0,9…1,2
Steinkohlenteer	s	1,1…1,2
Tantal	s	16,6
Temperguss	s	7,2…7,6
Terpentinöl	l	0,86
Titan	s	4,5
Tombaklegierung	s	8,6…8,8
Ton		
erdfeucht	s	2,0
trocken	s	1,6
Torf	s	0,1…0,8
Torfmull	s	0,16…0,2
Transformatorenöl	l	0,87
Uran	s	19,1
Vanadium	s	6,12
Vulkanfiber	s	1,1…1,5
Wachs	s	0,94…1,0
Wasser 4 °C (→ Dichte von Wasser)	l	1,0
Wasser 20 °C	l	0,9982
Wasser 40 °C	l	0,9922
Wasser 60 °C	l	0,9832
Wasser 100 °C	l	0,9583
Weißmetall	s	7,5…10,1
Wolfram	s	19,27
Wolframstahl 6%	s	8,2
Woodmetall	s	≈10
Zement		
Portland, frisch	s	3,1…3,2
Zink, gegossen	s	6,86
Zinn, gegossen	s	7,2

Gleichförmige geradlinige Bewegung

Bei einer **gleichförmigen geradlinigen Bewegung** bewegt sich ein Körper mit **konstanter Geschwindigkeit** v auf geradliniger Bahn.

$v = \dfrac{\Delta s}{\Delta t}$ **Geschwindigkeit** in $\dfrac{\text{m}}{\text{s}}, \dfrac{\text{km}}{\text{h}}, \ldots$

(→ Umfangsgeschwindigkeit)

$v = \dfrac{s}{t}$ $s = v \cdot t$ $t = \dfrac{s}{v}$ $1\,\dfrac{\text{m}}{\text{s}} = 3{,}6\,\dfrac{\text{km}}{\text{h}}$

Im v, t-Diagramm stellt sich der Weg s als Rechteckfläche dar.

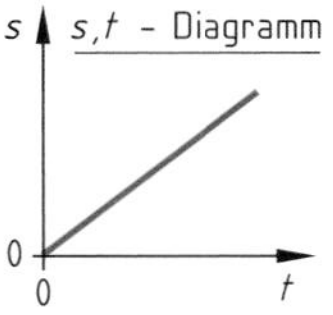

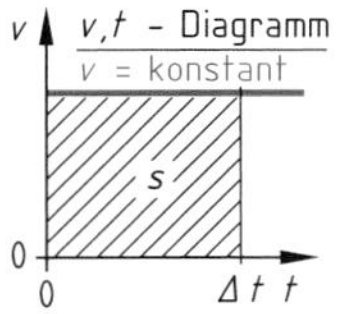

v	Geschwindigkeit	m/s
$\Delta s = s$	zurückgelegter Weg (Strecke)	m
$\Delta t = t$	Zeitspanne	s

(→ Britische Einheiten, US-Einheiten)

Ungleichförmige geradlinige Bewegung

Bei einer **ungleichförmigen Bewegung** ändert sich die Geschwindigkeit, der Körper wird beschleunigt oder verzögert.

a	Beschleunigung (Verzögerung)	m/s²
Δv	Geschwindigkeitsänderung	m/s
Δt	Zeitspanne	s

$a = \dfrac{\Delta v}{\Delta t}$ **Beschleunigung**

$+a$: Beschleunigung → Geschwindigkeitszunahme
$-a$: Verzögerung → Geschwindigkeitsabnahme

a = konstant → **gleichmäßig beschleunigte bzw. verzögerte Bewegung**

a = variabel → **ungleichmäßig beschleunigte bzw. verzögerte Bewegung**

(→ Winkelbeschleunigung, Britische Einheiten, US-Einheiten)

Gleichmäßig beschleunigte geradlinige Bewegung mit $v_0 = 0$ und $v_0 > 0$

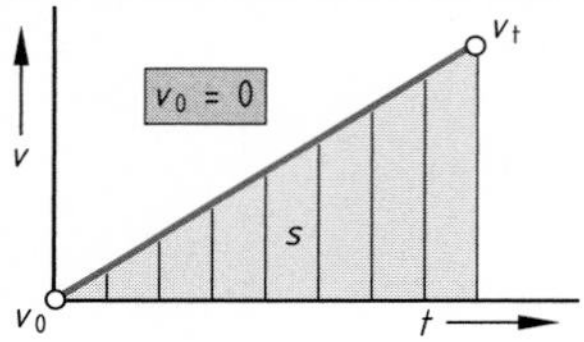

v, t-Diagramme
a = konst. und positiv

$t = \Delta t$

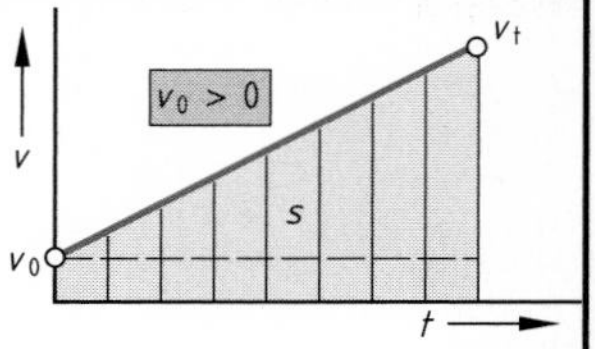

v_0 = Anfangsgeschwindigkeit
v_t = Endgeschwindigkeit

a	Beschleunigung	m/s²
s	Weg	m
t	Zeit	s
v	Geschwindigkeit	m/s

3

Anfangsgeschwindigkeit	$v_0 = 0$	$v_0 > 0$	m/s
Beschleunigung a	$a = \frac{v_t}{t}$	$a = \frac{v_t - v_0}{t}$	m/s²
	$a = \frac{2 \cdot s}{t^2}$	$a = \frac{2 \cdot s}{t^2} - \frac{2 \cdot v_0}{t}$	m/s²
	$a = \frac{v_t^2}{2 \cdot s}$	$a = \frac{v_t^2 - v_0^2}{2 \cdot s}$	m/s²
Endgeschwindigkeit v_t	$v_t = a \cdot t$	$v_t = v_0 + a \cdot t$	m/s
	$v_t = \sqrt{2 \cdot a \cdot s}$	$v_t = \sqrt{2 \cdot a \cdot s + v_0^2}$	m/s
	$v_t = \frac{2 \cdot s}{t}$	$v_t = \frac{2 \cdot s}{t} - v_0$	m/s
Weg s	$s = \frac{v_t}{2} \cdot t$	$s = \frac{v_0 + v_t}{2} \cdot t$	m
	$s = \frac{v_t^2}{2 \cdot a}$	$s = \frac{v_t^2 - v_0^2}{2 \cdot a}$	m
	$s = \frac{a}{2} \cdot t^2$	$s = v_0 \cdot t + \frac{a}{2} \cdot t^2$	m
Zeit t (Zeitspanne Δt)	$t = \frac{v_t}{a}$	$t = \frac{v_t - v_0}{a}$	s
	$t = \frac{2 \cdot s}{v_t}$	$t = \frac{2 \cdot s}{v_0 + v_t}$	s
	$t = \sqrt{\frac{2 \cdot s}{a}}$	$t = \frac{\sqrt{2 \cdot a \cdot s + v_0^2} - v_0}{a}$	s

Gleichmäßig verzögerte geradlinige Bewegung mit $v_t = 0$ und $v_t > 0$

Formeln auf Seite 77

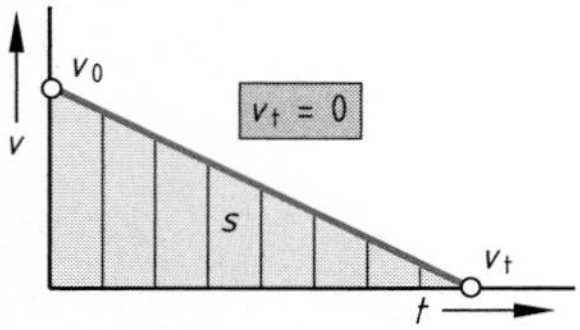

v, t-Diagramme
a = konst. und negativ

$t = \Delta t$

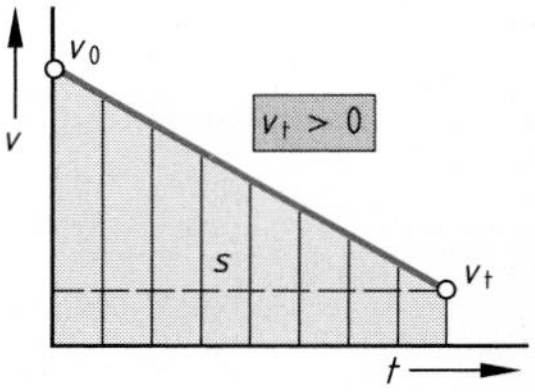

Mechanik der festen Körper

Gleichmäßig verzögerte geradlinige Bewegung mit $v_t = 0$ und $v_t > 0$ (Fortsetzung)

Endgeschwindigkeit	$v_t = 0$	$v_t > 0$	m/s
Verzögerung a	$a = \frac{v_0}{t}$	$a = \frac{v_0 - v_t}{t}$	m/s²
	$a = \frac{2 \cdot s}{t^2}$	$a = \frac{2 \cdot v_0}{t} - \frac{2 \cdot s}{t^2}$	m/s²
	$a = \frac{v_0^2}{2 \cdot s}$	$a = \frac{v_0^2 - v_t^2}{2 \cdot s}$	m/s²
Anfangsgeschwindigkeit v_0	$v_0 = a \cdot t$	$v_0 = v_t + a \cdot t$	m/s
	$v_0 = \sqrt{2 \cdot a \cdot s}$	$v_0 = \sqrt{v_t^2 + 2 \cdot a \cdot s}$	m/s
	$v_0 = \frac{2 \cdot s}{t}$	$v_0 = \frac{2 \cdot s}{t} - v_t$	m/s
Weg s	$s = \frac{v_0}{2} \cdot t$	$s = \frac{v_0 + v_t}{2} \cdot t$	m
	$s = \frac{v_0^2}{2 \cdot a}$	$s = \frac{v_0^2 - v_t^2}{2 \cdot a}$	m
	$s = \frac{a}{2} \cdot t^2$	$s = v_0 \cdot t - \frac{a}{2} \cdot t^2$	m
Zeit t (Zeitspanne Δt)	$t = \frac{v_0}{a}$	$t = \frac{v_0 - v_t}{a}$	s
	$t = \frac{2 \cdot s}{v_0}$	$t = \frac{2 \cdot s}{v_0 + v_t}$	s
	$t = \sqrt{\frac{2 \cdot s}{a}}$	$t = \frac{v_0 - \sqrt{v_0^2 - 2 \cdot a \cdot s}}{a}$	s

3

Freier Fall und senkrechter Wurf nach oben

Freier Fall (→ gleichmäßige Beschleunigung)

Senkrechter Wurf nach oben (→ gleichmäßige Verzögerung)

$s \mathrel{\hat{=}} h$ = Fallhöhe bzw. Steighöhe
$a \mathrel{\hat{=}} g$ = Fallbeschleunigung

g_n = **Normfallbeschleunigung** = 9,80665 m/s²

Die **Fallgesetze** gelten streng genommen nur im **Vakuum**.

In der Praxis: $g = 9{,}81\ \text{m/s}^2$

$$h = \frac{1}{2} \cdot g \cdot t^2$$ **Fallhöhe**

$$t = \sqrt{\frac{2 \cdot h}{g}}$$ **Fallzeit = Steigzeit**

$$v_t = g \cdot t = \sqrt{2 \cdot g \cdot h}$$ **Fallgeschwindigkeit**

h	Fallhöhe, Steighöhe	m
t	Fallzeit, Steigzeit	s
v_t	Geschwindigkeit zur Zeit t	m/s
v_0	Abwurfgeschwindigkeit	m/s

B Fallhöhe h = 3,75 m. Wie groß ist v_t?
$v_t = \sqrt{2 \cdot g \cdot h} = \sqrt{2 \cdot 9{,}81\ \text{m/s}^2 \cdot 3{,}75\ \text{m}}$
$\mathbf{v_t = 8{,}58\ m/s}$

Dynamisches Grundgesetz (zweites Newton'sches Axiom) und Krafteinheit

$F = m \cdot a$ **Massenträgheitskraft**

$F_G = m \cdot g$ **Gewichtskraft**

$[F] = [m] \cdot [a] = \text{kg} \cdot \frac{\text{m}}{\text{s}^2} = \mathbf{\frac{kg\,m}{s^2}}$

F	Kraft	N
m	Masse	kg
a	Beschleunigung	m/s²
g	Fallbeschleunigung	m/s²

(→ Britische Einheiten, US-Einheiten)

$$1\ \frac{\text{kg m}}{\text{s}^2} = 1\ \text{Newton} = 1\ \text{N}$$

3

Krafteinheit (Fortsetzung)

Ein **Newton** ist gleich der Kraft, die einem Körper mit der Masse $m = 1$ kg die Beschleunigung $a = 1$ m/s² erteilt.

1 daN = 1 Dekanewton = 10 N
1 kN = 1 Kilonewton = 10^3 N
1 MN = 1 Meganewton = 10^6 N
} je nach Größenordnung der Kraft

Kurzzeitig wirkende Kräfte (Impuls und Stoß)

$p = m \cdot v$ **Bewegungsgröße (Impuls)**

$m \cdot v_t = m \cdot v_0$ → $\Delta p = 0$: **Impulserhaltung**

Impulssatz: Bei $\Sigma F = 0$ (äußere Kräfte) ändert sich der Impuls nicht, d.h. $\Delta p = 0$.

$I = F \cdot \Delta t = m \cdot v_t - m \cdot v_0$ **Kraftstoß**

p	Bewegungsgröße (Impuls)	kg m/s
m	Masse des Körpers	kg
v	Geschwindigkeit des Körpers	m/s
v_t	Endgeschwindigkeit	m/s
v_0	Anfangsgeschwindigkeit	m/s
I	Kraftstoß (Impulsänderung)	kg m/s
F	kurzzeitig wirkende Kraft	N
Δt	Wirkzeit	s

Der Kraftstoß ist gleich der Änderung des Impulses eines bewegten Körpers.
(→ Drehstoß)

Der unelastische Stoß

$$v = \frac{m_1 \cdot v_1 + m_2 \cdot v_2}{m_1 + m_2}$$ **Geschwindigkeit von m_1 und m_2 nach dem Stoß**

Der elastische Stoß

$$v_{1e} = 2 \cdot \frac{m_1 \cdot v_1 + m_2 \cdot v_2}{m_1 + m_2} - v_1$$ **Endgeschwindigkeit der Masse m_1** in m/s

$$v_{2e} = 2 \cdot \frac{m_1 \cdot v_1 + m_2 \cdot v_2}{m_1 + m_2} - v_2$$ **Endgeschwindigkeit der Masse m_2** in m/s

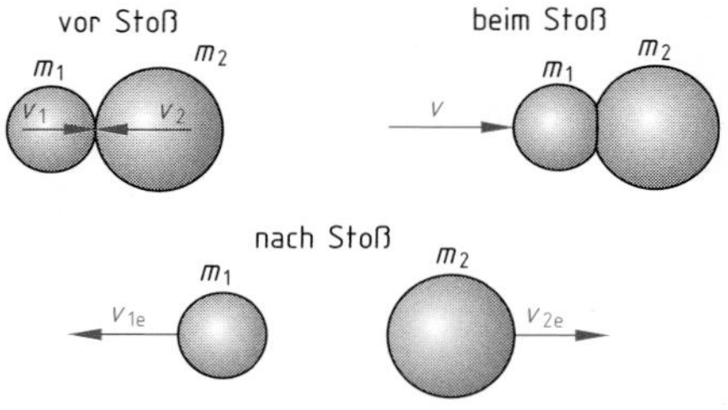

Bewegen sich vor dem Stoß die beiden Massen aufeinander zu, so haben v_1 und v_2 unterschiedliche Vorzeichen. Bei gleicher Bewegungsrichtung haben v_1 und v_2 gleiche Vorzeichen. Dies gilt auch für v_{1e} und v_{2e}.
(→ Energieerhaltung beim Stoß)

B $m = 6$ kg, $v = 36$ km/h.
Wie groß ist der Impuls?
$p = m \cdot v$ $v = 36$ km/h $= 10$ m/s
$\boldsymbol{p} = 6$ kg $\cdot$ 10 m/s = **60 kg m/s**

Arbeit und Energie

Die mechanische Arbeit

$W = F \cdot s$ **mechanische Arbeit** (→ elektrische Arbeit)

$[W] = [F] \cdot [s] = \text{N} \cdot \text{m} = \textbf{Nm}$

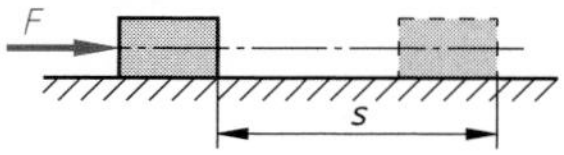

Arbeits- und Energieeinheiten (→ Britische und US-Einheiten)

1 J = 1 Nm = 1 Ws **Energieäquivalenz**

J = Joule → bevorzugt in → Wärmelehre
Nm = Newtonmeter → bevorzugt in Mechanik
Ws = Wattsekunde → bevorzugt in Elektrotechnik

W	mechanische Arbeit	Nm
F	Kraft	N
s	Kraft in Wegrichtung	m

Die abgeleitete SI-Einheit für die mechanische Arbeit ist das **Joule** (Einheitenzeichen: J). 1 J ist gleich der Arbeit, die verrichtet wird, wenn der Angriffspunkt der Kraft $F = 1$ N in Richtung der Kraft um $s = 1$ m verschoben wird.

Die Arbeitskomponente der Kraft

Als Arbeitskomponente wird die Kraftkomponente in Wegrichtung bezeichnet.

$F_x = F \cdot \cos \alpha$ **Arbeitskomponente**

$W = F \cdot \cos \alpha \cdot s$ **mechanische Arbeit**

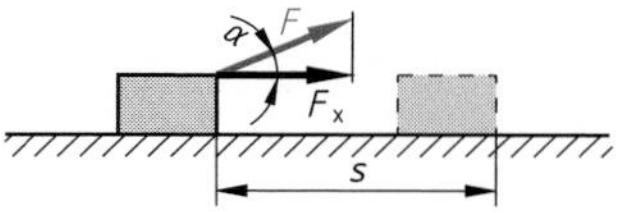

B Eine Kraft $F = 220$ N wirkt unter $\alpha = 25°$ zur Horizontalen. Berechnen Sie W bei $s = 96$ cm.
$\boldsymbol{W} = F \cdot \cos \alpha \cdot s = F \cdot \cos 25° \cdot s = 220 \text{ N} \cdot 0{,}9063 \cdot 0{,}96 \text{ m} = \textbf{191,41 Nm}$

Arbeit und Energie (Fortsetzung)

Hubarbeit und potentielle Energie

$W_h = F \cdot h$ — **Hubarbeit** in Nm (→ Energiegleichung)

$W_{pot} = F_G \cdot h = m \cdot g \cdot h$ — **potentielle Energie = Energie der Lage**

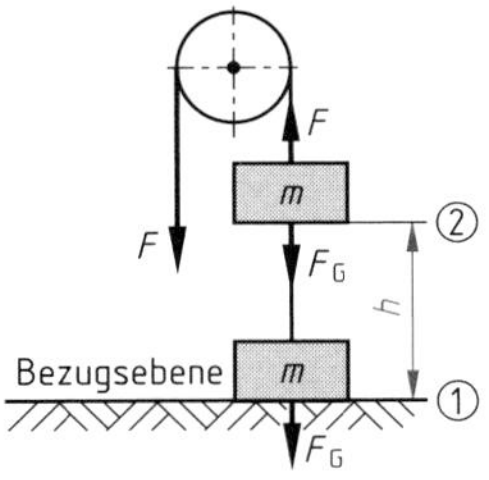

Bei Vernachlässigung der **Zapfen- und Seilreibung** ist $F = F_G$.
Dann ist bei gleichem Weg $W_h = W_{pot}$.

Die zugeführte Hubarbeit W_h entspricht der Zunahme an potentieller Energie W_{pot}.

Arbeit auf der schiefen Ebene und Goldene Regel der Mechanik

$W = F_h \cdot s = F_G \cdot h$ — **Arbeit auf der schiefen Ebene** in Nm

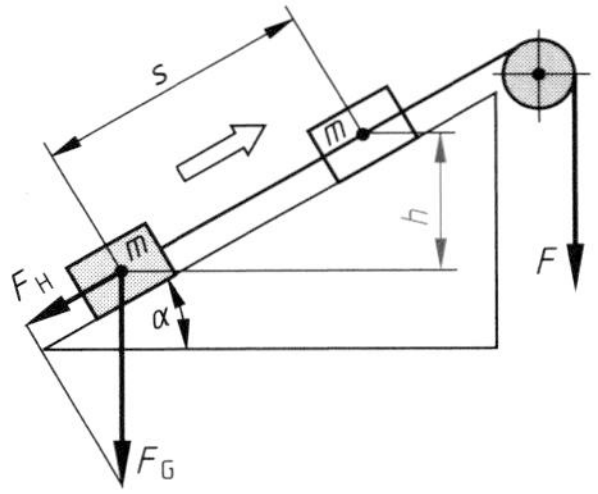

Aus dieser Gleichung folgt die
Goldene Regel der Mechanik:

$$\frac{F_H}{F_G} = \frac{h}{s}$$

Was bei Maschinen an Kraft weniger aufgewendet wird, muss im gleichen Verhältnis mehr an Weg zurückgelegt werden.
(→ schiefe Ebene)

Beschleunigungsarbeit und kinetische Energie

$W_a = m \cdot a \cdot s = \frac{m}{2} \cdot v_t^2$ — **Beschleunigungsarbeit aus der Ruhe** in Nm

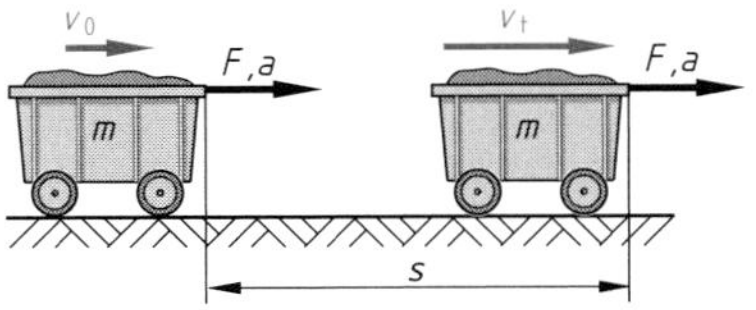

$W_{kin} = \frac{m}{2} \cdot v^2$ — **kinetische Energie = Bewegungsenergie** in Nm

$\Delta W_{kin} = \frac{m}{2} \cdot (v_t^2 - v_0^2)$ — **Änderung der kinetischen Energie** in Nm (→ Energiegleichung)

Zugeführte Beschleunigungsarbeit W_a = Zunahme der kinetischen Energie W_{kin}.

a	Beschleunigung	m/s^2
m	Masse	kg
v_0	Anfangsgeschwindigkeit	m/s
v_t	Endgeschwindigkeit	m/s

DIN 1304: auch E für Energie

Umwandlung von potentieller Energie in kinetische Energie und Energieerhaltung

$W_{kin②} = \frac{m}{2} \cdot v_t^2 = m \cdot g \cdot h = W_{pot①}$ — **Energieumwandlung** beim freien Fall

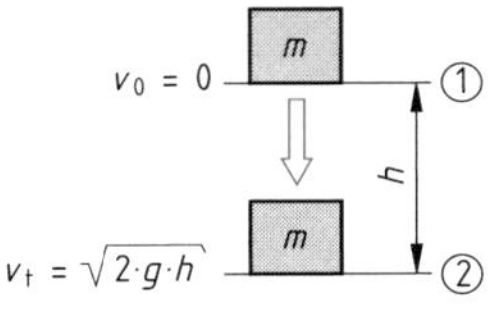

Sieht man von **Reibungsverlusten** ab, dann lässt sich die potentielle Energie in eine äquivalente (gleichwertige) kinetische Energie umwandeln (→ Energiegleichung).

$W_{Ende} = W_{Anfang} + W_{zu} - W_{ab}$

↓

Energieerhaltungssatz →

Die Summe aller Energieformen am Ende eines technischen Vorganges ist genauso groß wie die Summe aller Energieformen am Anfang und der während des technischen Vorganges zu- und abgeführten Energie.

3

TP Mechanik der festen Körper

Arbeit und Energie (Fortsetzung)

Energieerhaltung beim Stoß

Beim **realen Stoß** erwärmen sich die Stoßkörper. Die entstandene Wärmeenergie (umgesetzte mechanische Energie) dissipiert (verflüchtigt sich), d. h., dass sie am Ende des Stoßes dem technischen Vorgang entzogen ist.

Dies hat zur Folge:
Die Endgeschwindigkeiten beim realen Stoß sind kleiner als beim elastischen → Stoß.

Endgeschwindigkeiten beim realen Stoß:

$$v_{1e} = \frac{m_1 \cdot v_1 + m_2 \cdot v_2 - m_2 \cdot (v_1 - v_2) \cdot k}{m_1 + m_2}$$ in m/s

k →

$$v_{2e} = \frac{m_1 \cdot v_1 + m_2 \cdot v_2 - m_1 \cdot (v_1 - v_2) \cdot k}{m_1 + m_2}$$ in m/s

(→ Energieerhaltung)

Stoßrealität	Stoßzahl *k*
unelastischer Stoß	0
elastischer Stoß	1
Stahl bei 20 °C	ca. 0,7
Kupfer bei 200 °C	ca. 0,3
Elfenbein bei 20 °C	ca. 0,9
Glas bei 20 °C	ca. 0,95

3

Federspannarbeit (→ Formänderungsarbeit)

$$W_f = \frac{F}{2} \cdot s$$ **Federspannarbeit aus ungespanntem Zustand** in Nm

$$W_f = \frac{F_1 + F_2}{2} \cdot (s_2 - s_1)$$

$$W_f = \frac{c}{2} \cdot (s_2^2 - s_1^2)$$

Federspannarbeit aus gespanntem Zustand in Nm

$$c = \frac{F}{s}$$ **Federkonstante (Federrate)** in $\frac{\text{N}}{\text{m}}$

(→ Hooke'sches Gesetz)

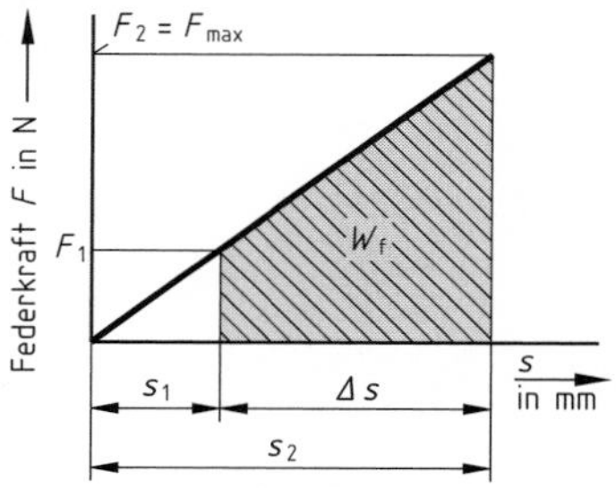

Obige Gleichungen gelten nur bei **Federn mit linearer Federkennlinie**, nicht bei Federn mit progressivem oder degressivem Federverhalten.

F	Spannkraft	N
s	Federweg (Spannweg)	m
c	Federkonstante	N/m

Mechanische Leistung

$$P = \frac{F \cdot s}{t} = \frac{W}{t}$$ **mittlere Leistung** (→ Drehleistung)

$$P = F \cdot v$$ **Momentanleistung**

$$[\boldsymbol{P}] = \frac{[F] \cdot [s]}{[t]} = \frac{\text{N} \cdot \text{m}}{\text{s}} = \frac{\text{Nm}}{\text{s}} = \frac{\text{J}}{\text{s}} = \frac{\text{Ws}}{\text{s}} = \text{W} = \textbf{Watt}$$

1 Watt ist gleich der Leistung, bei der während der Zeit 1 s die Energie 1 J umgesetzt wird.

1 kW = 10³ W **1 MW = 10⁶ W**
(→ Britische und US-Einheiten)

F	Verschiebekraft	N
s	zurückgelegter Weg	m
t	Zeit (Δt)	s
W	mechanische Arbeit	Nm
v	Verschiebegeschwindigkeit	m/s

B Ein Hydraulikkolben bewegt sich mit $v = 3$ m/min. Kolbenkraft $F = 550$ N. Welche Leistung P wird übertragen?

$$\boldsymbol{P} = F \cdot v = 550\,\text{N} \cdot \frac{3}{60}\frac{\text{m}}{\text{s}} = 27{,}5\,\frac{\text{Nm}}{\text{s}} = \mathbf{27{,}5\,W}$$

Pferdestärke (keine SI-Einheit): **1 kW ≈ 1,36 PS**

Mechanischer Wirkungsgrad

$$\eta = \frac{W_n}{W_a} = \frac{P_n}{P_a}$$ **Wirkungsgrad** (· 100 in %)

$$\eta_{ges} = \eta_1 \cdot \eta_2 \cdot \eta_3 \cdot \ldots \cdot \eta_n$$ **Gesamtwirkungsgrad**

(→ Wirkungsgrad)

W_n	Nutzarbeit	Nm
W_a	aufgewendete Arbeit	Nm
P_n	Nutzleistung	W, kW
P_a	aufgewendete Leistung	W, kW
$\eta_1 \ldots \eta_n$	Einzelwirkungsgrade	1

Mechanischer Wirkungsgrad (Fortsetzung)

Mit einem **Energieflussbild (Sankey-Diagramm)** kann man die Verluste prozentual darstellen (durch Reibung entsteht Wärmeenergie bzw. Schwingungsenergie):

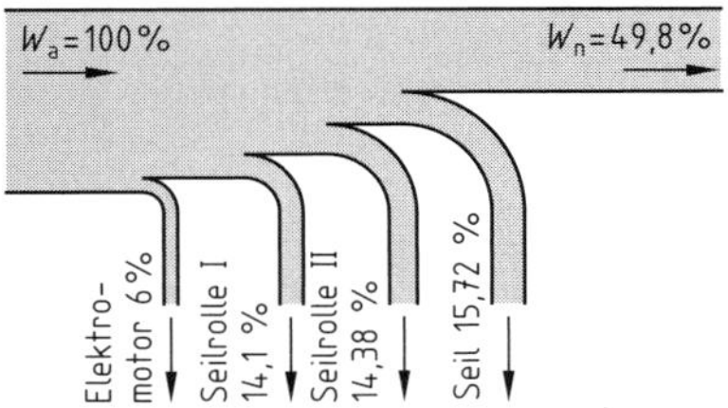

B Nebenstehendes Sankey-Diagramm zeigt die Verluste bei einem Hebezeug (z. B. Winde).
Wie groß ist der Gesamtwirkungsgrad, wenn die Einzelwirkungsgrade $\eta_1 = 0{,}94$; $\eta_2 = 0{,}85$; $\eta_3 = 0{,}82$; $\eta_4 = 0{,}76$ sind?

$\eta_{ges} = \eta_1 \cdot \eta_2 \cdot \eta_3 \cdot \eta_4 = 0{,}94 \cdot 0{,}85 \cdot 0{,}82 \cdot 0{,}76$

$\boldsymbol{\eta_{ges} = 0{,}498 \triangleq 49{,}8\%}$

Beispiele von erreichbaren Wirkungsgraden

Zahnradtrieb	≈0,97	Hydrogetriebe	≈0,80
Bewegungsgewinde	≈0,30	Kreiselpumpe	≈0,60
Dampfturbine	≈0,24	Hubkolbenverdichter	≈0,85
Diesel-Motor	≈0,34	Kreiselverdichter	≈0,70

3

Drehleistung

Drehzahl und Umfangsgeschwindigkeit

$v_u = \pi \cdot d \cdot n$ — **Umfangsgeschwindigkeit** (→ Geschwindigkeit)

$$v_u = \frac{\pi \cdot d \cdot n}{1000}$$

v_u	d	n
m/min	mm	min^{-1}

$$v_u = \frac{\pi \cdot d \cdot n}{1000 \cdot 60}$$

v_u	d	n
m/s	mm	min^{-1}

v_u	Umfangsgeschwindgigkeit	m/s
d	Durchmesser des Drehkörpers	m
n	Drehzahl (Umdrehungsfrequenz)	s^{-1}

(→ Britische Einheiten, US-Einheiten)

Insbesondere in der **Fertigungstechnik** wird zwischen m/min und m/s unterschieden, und zwar bei der Angabe der → **Schnittgeschwindigkeit** v_c.

Drehleistung bei gleichförmiger Drehbewegung

$$M = F_u \cdot \frac{d}{2}$$ **Drehmoment** in Nm

$$F_u = \frac{2 \cdot M}{d}$$ **Umfangskraft** in N

$$P = \frac{2 \cdot M \cdot v_u}{d}$$ **Drehleistung**

P	M	v_u	d
W	Nm	m/s	m

$$P = \frac{M \cdot n}{9550}$$ **Drehleistung**

$$M = 9550 \cdot \frac{P}{n}$$ **Drehmoment**

P	M	n
kW	Nm	min^{-1}

→ Zahlenwertgleichungen

(→ Mechanische Leistung)

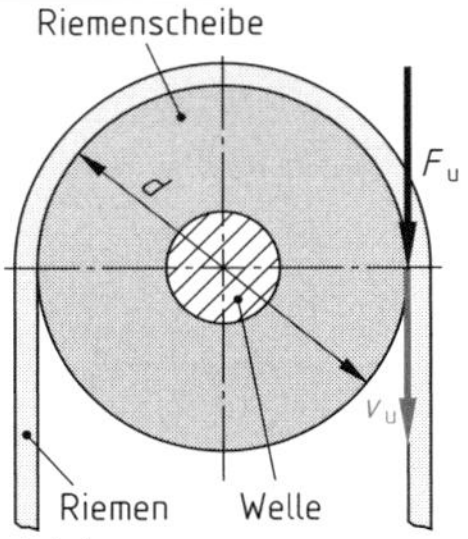

Winkelgeschwindigkeit

$\omega = 2 \cdot \pi \cdot n$ — **Winkelgeschwindigkeit**

ω	n
$\text{s}^{-1} = \text{rad/s}$	s^{-1}

$$\omega = \frac{\pi \cdot n}{30}$$ **Winkelgeschwindigkeit** (Zahlenwertgleichung)

ω	n
$\text{s}^{-1} = \text{rad/s}$	min^{-1}

$v_u = \omega \cdot r$ — **Umfangsgeschwindigkeit**

v_u	ω	r
m/s	s^{-1}	m

(→ Geschwindigkeit)

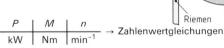

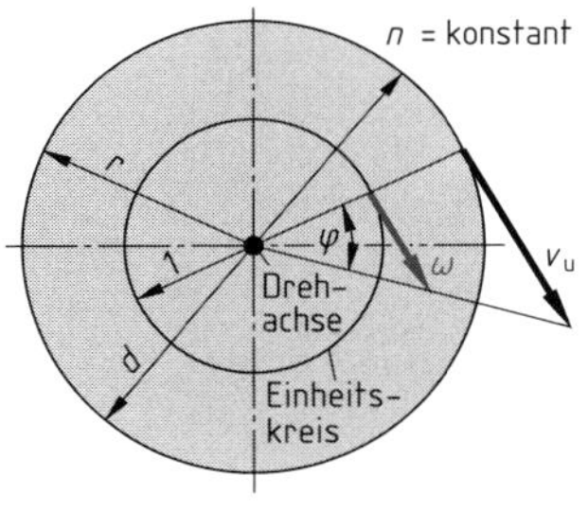

Drehleistung (Fortsetzung)

Drehleistung und Winkelgeschwindigkeit, Drehwinkel

$P = M \cdot \omega$	**Drehleistung** in W	
$P = M \cdot \frac{\pi \cdot n}{30}$	**Drehleistung** (Zahlenwertgleichung)	
$\varphi = \omega \cdot t$	**Drehwinkel** in rad	

P	M	n
W	Nm	min^{-1}

M Drehmoment — Nm
ω Winkelgeschwindigkeit — s^{-1}

Gleichmäßig beschleunigte oder verzögerte Drehbewegung

3

$a_t = \frac{\Delta v_u}{\Delta t}$	**Tangentialbeschleunigung**
$\alpha = \frac{a_t}{r}$	**Winkelbeschleunigung** (→ Beschleunigung)
$\omega = \alpha \cdot t$; $\omega = \frac{a_t}{r} \cdot t$	**Winkelgeschwindigkeit** in s^{-1}
$\Delta\omega = \alpha \cdot \Delta t$	**Änderung der Winkelgeschwindigkeit**

a_t Tangentialbeschleunigung — m/s^2
v_u Umfangsgeschwindigkeit $= a_t \cdot t$ — m/s
t Zeit (Δt) — s
α Winkelbeschleunigung — rad/s^2
r Radius des Drehkörpers — m

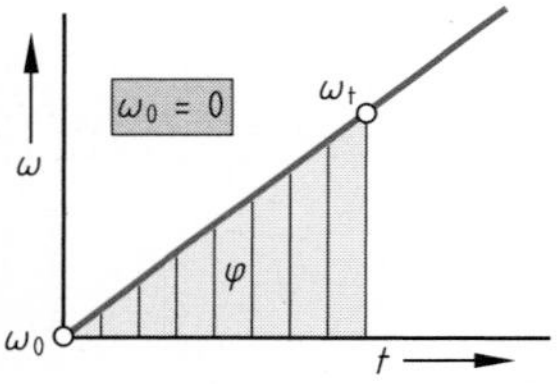

$t = \Delta t$

***ω, t*-Diagramme**
α = konst. u. positiv

Bei verzögerter Bewegung ist die **Winkelbeschleunigung** α **negativ** in die folgenden Formeln einzusetzen!

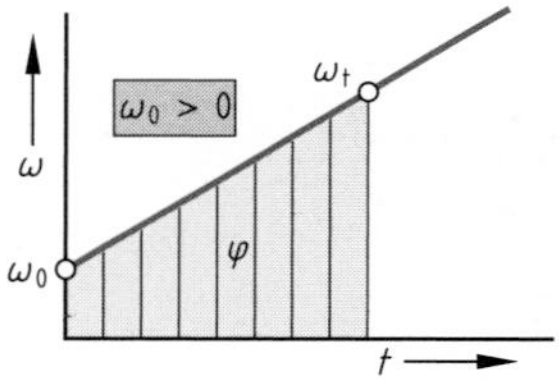

$\alpha, \varphi, \omega, t$ → wie vorher; ω_0 = **Anfangswinkelgeschwindigkeit**
ω_t = **Endwinkelgeschwindigkeit**

Winkelgeschwindigkeit am Anfang ω_0	$\omega_0 = 0$	$\omega_0 > 0$	rad/s
Drehwinkel φ nach der Zeit t (Δt)	$\varphi = \frac{\omega_t \cdot t}{2}$	$\varphi = (\omega_0 + \omega_t) \cdot \frac{t}{2}$	rad
	$\varphi = \frac{\alpha}{2} \cdot t^2$	$\varphi = \omega_0 \cdot t + \frac{\alpha}{2} \cdot t^2$	rad
	$\varphi = \frac{\omega_t^2}{2 \cdot \alpha}$	$\varphi = \frac{\omega_t^2 - \omega_0^2}{2 \cdot \alpha}$	rad
Winkelbeschleunigung α	$\alpha = \frac{\omega_t}{t}$	$\alpha = \frac{\omega_t - \omega_0}{t}$	rad/s^2
	$\alpha = \frac{2 \cdot \varphi}{t^2}$	$\alpha = \frac{2 \cdot (\varphi - \omega_0 \cdot t)}{t^2}$	rad/s^2
	$\alpha = \frac{\omega_t^2}{2 \cdot \varphi}$	$\alpha = \frac{\omega_t^2 - \omega_0^2}{2 \cdot \varphi}$	rad/s^2

Gleichmäßig beschleunigte oder verzögerte Drehbewegung (Fortsetzung)

Winkelgeschwindigkeit am Anfang ω_0	$\omega_0 = 0$	$\omega_0 > 0$	rad/s
Winkelgeschwindigkeit ω_0 (am Anfang)	$\omega_0 = 0$	$\omega_0 = \omega_t - a \cdot t$	rad/s
		$\omega_0 = \frac{2 \cdot \varphi}{t} - \omega_t$	rad/s
		$\omega_0 = \sqrt{\omega_t^2 - 2 \cdot a \cdot \varphi}$	rad/s
Winkelgeschwindigkeit ω_t (nach der Zeit t)	$\omega_t = a \cdot t$	$\omega_t = \omega_0 + a \cdot t$	rad/s
	$\omega_t = \frac{2 \cdot \varphi}{t}$	$\omega_t = \omega_0 + \frac{2 \cdot \varphi}{t}$	rad/s
	$\omega_t = \sqrt{2 \cdot a \cdot \varphi}$	$\omega_t = \sqrt{\omega_0^2 + 2 \cdot a \cdot \varphi}$	rad/s
Zeit t (Zeitspanne Δt)	$t = \frac{\omega_t}{a}$	$t = \frac{\omega_t - \omega_0}{a}$	s
	$t = \frac{2 \cdot \varphi}{\omega_t}$	$t = \frac{2 \cdot \varphi}{\omega_0 + \omega_t}$	s
	$t = \sqrt{\frac{2 \cdot \varphi}{a}}$	$t = \frac{\sqrt{\omega_0^2 + 2 \cdot a \cdot \varphi} - \omega_0}{a}$	s

3

Übersetzungen beim Riementrieb

Einfacher Riementrieb

$$d_1 \cdot n_1 = d_2 \cdot n_2$$

$$\frac{n_1}{n_2} = \frac{d_2}{d_1}$$

Grundgleichung

B $d_1 = 240$ mm, $d_2 = 180$ mm
$n_1 = 500\ \text{min}^{-1}$, $n_2 = ?$
$n_2 = n_1 \cdot \frac{d_1}{d_2} = 500\ \text{min}^{-1} \cdot \frac{240\ \text{mm}}{180\ \text{mm}}$
$\mathbf{n_2 = 666{,}67\ min^{-1}}$

$$i = \frac{n_1}{n_2} = \frac{\omega_1}{\omega_2} = \frac{d_2}{d_1}$$

Übersetzungsverhältnis

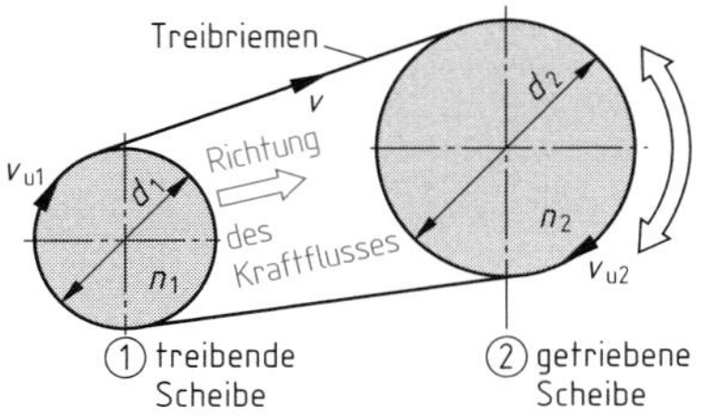

treibende Scheibe: ungerade Indizes
getriebene Scheibe: gerade Indizes

Drehzahlen und **Winkelgeschwindigkeiten** verhalten sich umgekehrt wie die Durchmesser der Scheiben.
(→ Winkelgeschwindigkeit)

d	Durchmesser	mm
ω	Winkelgeschwindigkeit	s^{-1}
n	Drehzahl (Umdrehungsfrequenz)	min^{-1}

Mehrfachriementrieb

$$n_a \cdot d_1 \cdot d_3 \cdot d_5 \cdot \ldots = n_e \cdot d_2 \cdot d_4 \cdot d_6 \cdot \ldots$$ **Grundgleichung**

n_a = Anfangsdrehzahl; n_e = Enddrehzahl

$$i_{ges} = i_1 \cdot i_2 \cdot i_3 \cdot \ldots$$ **Gesamtübersetzungsverhältnis**

Beim **Mehrfachriementrieb** errechnet sich das Gesamtübersetzungsverhältnis aus dem Produkt aller Einzelübersetzungsverhältnisse (→ Winkelgeschwindigkeit).

$$i_{ges} = \frac{n_a}{n_e} = \frac{\omega_a}{\omega_e}$$ **Gesamtübersetzungsverhältnis**

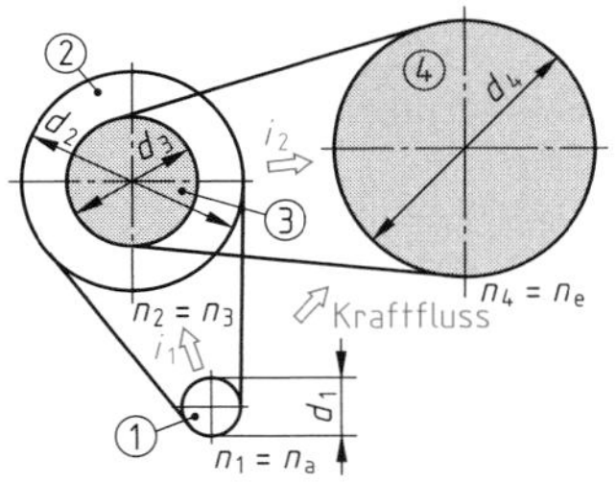

Übersetzungen beim Zahntrieb

$U = p \cdot z$ **Teilkreisumfang** in mm

$d = m \cdot z$ **Teilkreisdurchmesser** in mm

$m = \frac{p}{\pi}$ **Modul** in mm

$i = \frac{n_1}{n_2} = \frac{\omega_1}{\omega_2} = \frac{d_2}{d_1}$

$i = \frac{z_2}{z_1}$

Übersetzungsverhältnis (→ Winkelgeschwindigkeit)

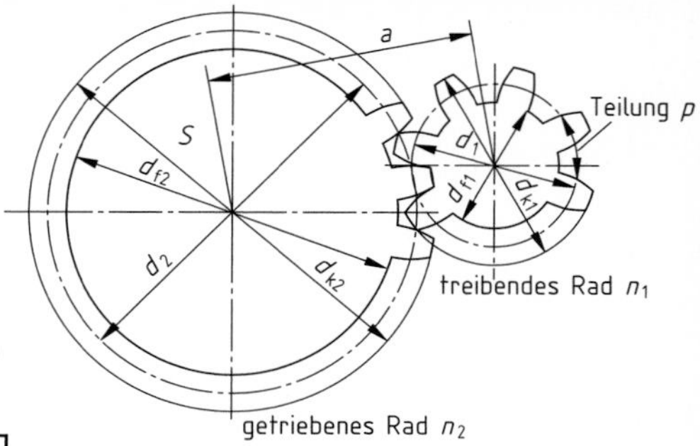

3

B $i = 0{,}4$; $n_1 = 180\ \text{min}^{-1}$; $z_2 = 24$
$n_2 = ?$; $z_1 = ?$

$\boldsymbol{n_2} = \frac{n_1}{i} = \frac{180\ \text{min}^{-1}}{0{,}4} = \mathbf{450\ min^{-1}}$

$i = \frac{n_1}{n_2} = \frac{z_2}{z_1} \rightarrow z_1 = z_2 \cdot \frac{n_2}{n_1} = 24 \cdot \frac{450\ \text{min}^{-1}}{180\ \text{min}^{-1}}$

$\boldsymbol{z_1 = 60}$

d_f	Fußkreisdurchmesser	mm
d_a	Kopfkreisdurchmesser	mm
d	Teilkreisdurchmesser	mm
p	Teilung (Abstand der Zähne auf dem Teilkreisdurchmesser)	mm
a	Achsabstand	mm
z	Anzahl der Zähne (Zähnezahl)	1

Doppelter Zahntrieb und Mehrfachzahntrieb:

$n_a \cdot d_1 \cdot d_3 \cdot d_5 \ldots = n_e \cdot d_2 \cdot d_4 \cdot d_6 \ldots$

$n_a \cdot z_1 \cdot z_3 \cdot z_5 \ldots = n_e \cdot z_2 \cdot z_4 \cdot z_6 \ldots$

Grundgleichungen des Mehrfachzahntriebes

$i_{ges} = i_1 \cdot i_2 \cdot i_3 \ldots = \frac{d_2 \cdot d_4 \cdot d_6 \ldots}{d_1 \cdot d_3 \cdot d_5 \ldots} = \frac{z_2 \cdot z_4 \cdot z_6 \ldots}{z_1 \cdot z_3 \cdot z_5 \ldots} = \frac{n_a}{n_e}$ **Gesamtübersetzungsverhältnis**

Fliehkraft

Zentrifugalkraft F_z → vom Drehmittelpunkt weggerichtet.
Zentripetalkraft F_z' → zum Drehmittelpunkt hingerichtet.

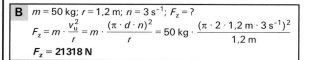

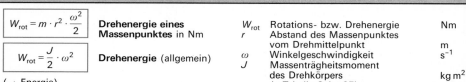

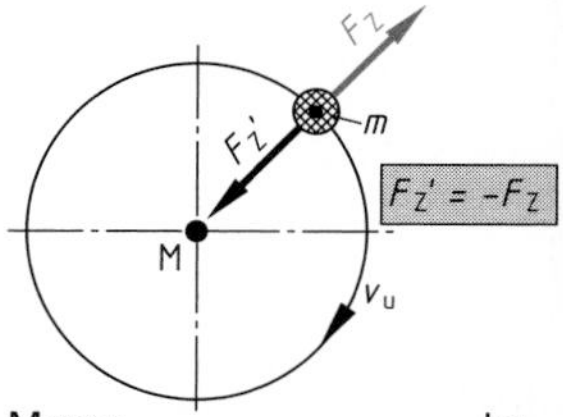

$F_z = -F_z' = m \cdot \frac{v_u^2}{r} = m \cdot r \cdot \omega^2$ **Zentrifugalkraft** **Zentripetalkraft** in N

$a_z = \frac{v_u^2}{r}$ **Zentripetalbeschleunigung** in m/s²

B $m = 50$ kg; $r = 1{,}2$ m; $n = 3\ \text{s}^{-1}$; $F_z = ?$

$F_z = m \cdot \frac{v_u^2}{r} = m \cdot \frac{(\pi \cdot d \cdot n)^2}{r} = 50\ \text{kg} \cdot \frac{(\pi \cdot 2 \cdot 1{,}2\ \text{m} \cdot 3\ \text{s}^{-1})^2}{1{,}2\ \text{m}}$

$\boldsymbol{F_z = 21318\ N}$

m	Masse	kg
v_u	Umfangsgeschwindigkeit	m/s
r	Bahnradius	m
ω	Winkelgeschwindigkeit	s^{-1}

(→ Kraft)

Kinetische Energie rotierender Körper

Drehenergie

$W_{rot} = m \cdot r^2 \cdot \frac{\omega^2}{2}$ **Drehenergie eines Massenpunktes** in Nm

$W_{rot} = \frac{J}{2} \cdot \omega^2$ **Drehenergie** (allgemein)

(→ Energie)

W_{rot}	Rotations- bzw. Drehenergie	Nm
r	Abstand des Massenpunktes vom Drehmittelpunkt	m
ω	Winkelgeschwindigkeit	s^{-1}
J	Massenträgheitsmoment des Drehkörpers (s. Tabelle Seite 85)	kg m²

Kinetische Energie rotierender Körper (Fortsetzung)

$m = V \cdot \varrho$ **Masse des Drehkörpers** in kg

(→ Masse)

m	Masse des Drehkörpers	kg
V	Volumen des Drehkörpers	m^3
ϱ	Dichte des Drehkörpers	kg/m^3

Massenträgheitsmomente einfacher Körper (Eigenträgheitsmomente bzw. Einzelträgheitsmomente)

Kreiszylinder

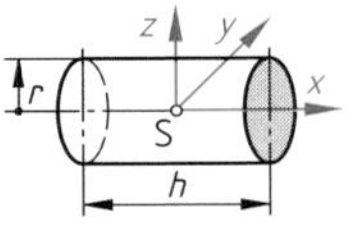

$$m = \varrho \cdot \pi \cdot r^2 \cdot h$$

$$J_x = \frac{m \cdot r^2}{2}$$

$$J_y = J_z = \frac{m \cdot (3 \cdot r^2 + h^2)}{12}$$

Hohlzylinder

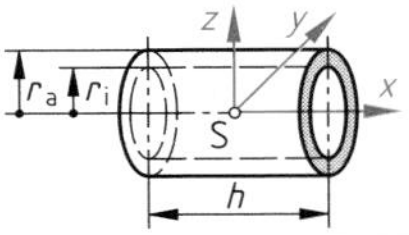

$$m = \varrho \cdot \pi \cdot (r_a^2 - r_i^2) \cdot h$$

$$J_x = \frac{m \cdot (r_a^2 + r_i^2)}{2}$$

$$J_y = J_z = \frac{m \cdot \left(r_a^2 + r_i^2 + \frac{h^2}{3}\right)}{4}$$

Kugel

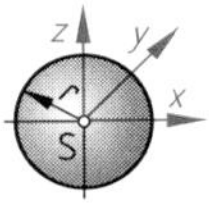

$$m = \varrho \cdot \frac{4}{3} \cdot \pi \cdot r^3$$

$$J_x = J_y = J_z = \frac{2}{5} \cdot m \cdot r^2$$

Kreiskegel

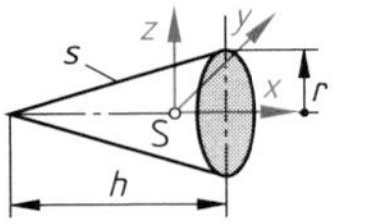

$$m = \varrho \cdot \pi \cdot r^2 \cdot \frac{h}{3}$$

$$J_x = \frac{3}{10} \cdot m \cdot r^2$$

$$J_y = J_z = \frac{3 \cdot m \cdot (4 \cdot r^2 + h^2)}{80}$$

Quader

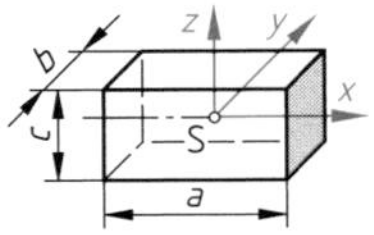

$$m = \varrho \cdot a \cdot b \cdot c$$

$$J_x = \frac{m \cdot (b^2 + c^2)}{12}$$

$$J_y = \frac{m \cdot (a^2 + c^2)}{12}$$

$$J_z = \frac{m \cdot (a^2 + b^2)}{12}$$

Dünner Stab

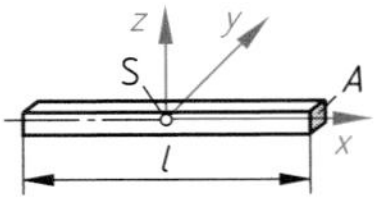

$$m = \varrho \cdot A \cdot l$$

$$J_y = J_z = \frac{m \cdot l^2}{12}$$

Hohlkugel

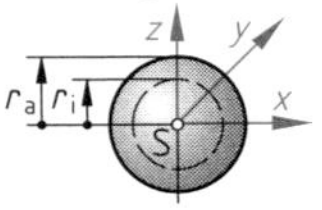

$$m = \varrho \cdot \frac{4}{3} \cdot \pi \cdot (r_a^3 - r_i^3)$$

$$J_x = J_y = J_z = \frac{2}{5} \cdot m \cdot \frac{r_a^5 - r_i^5}{r_a^3 - r_i^3}$$

Kreiskegelstumpf

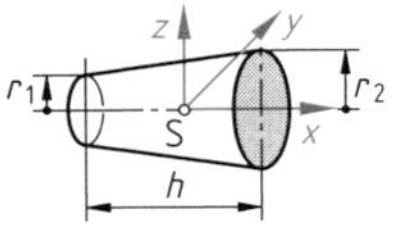

$$m = \varrho \cdot \frac{1}{3} \cdot \pi \cdot h \cdot (r_2^2 + r_1 \cdot r_2 + r_1^2)$$

$$J_x = \frac{3}{10} \cdot m \cdot \frac{r_2^5 - r_1^5}{r_2^3 - r_1^3}$$

Rechteckpyramide

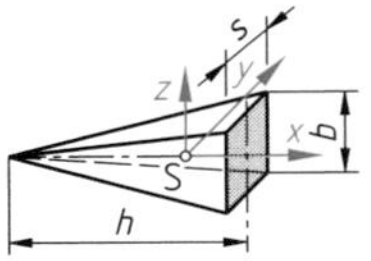

$$m = \frac{\varrho \cdot a \cdot b \cdot h}{3}$$

$$J_x = \frac{m \cdot (a^2 + b^2)}{20}$$

$$J_y = \frac{m \cdot \left(b^2 + \frac{3}{4} \cdot h^2\right)}{20}$$

Kreistorus

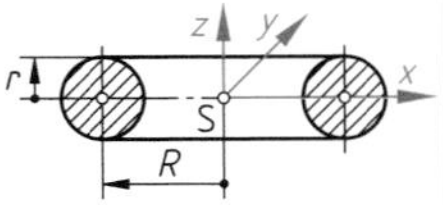

$$m = \varrho \cdot 2 \cdot \pi^2 \cdot r^2 \cdot R$$

$$J_x = J_y = \frac{m \cdot (4 \cdot R^2 + 5 \cdot r^2)}{8}$$

$$J_z = \frac{m \cdot (4 \cdot R^2 + 3 \cdot r^2)}{4}$$

Halbkugel

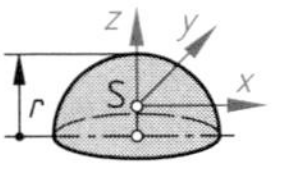

$$m = \varrho \cdot \frac{2}{3} \cdot \pi \cdot r^3$$

$$J_x = J_y = \frac{83}{320} \cdot m \cdot r^2$$

$$J_z = \frac{2}{5} \cdot m \cdot r^2$$

Beliebiger Rotationskörper

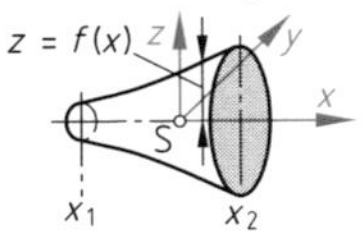

$$m = \varrho \cdot \pi \cdot \int_{x1}^{x2} f^2(x)\,dx$$

$$J_x = \frac{1}{2} \varrho \cdot \pi \cdot \int_{x1}^{x2} f^4(x)\,dx$$

3

TP Mechanik der festen Körper

Kinetische Energie rotierender Körper (Fortsetzung)

Massenträgheitsmomente zusammengesetzter Körper

$J = J_1 + J_2 + \ldots + J_n$ **Gesamtträgheitsmoment** in $kg\,m^2$

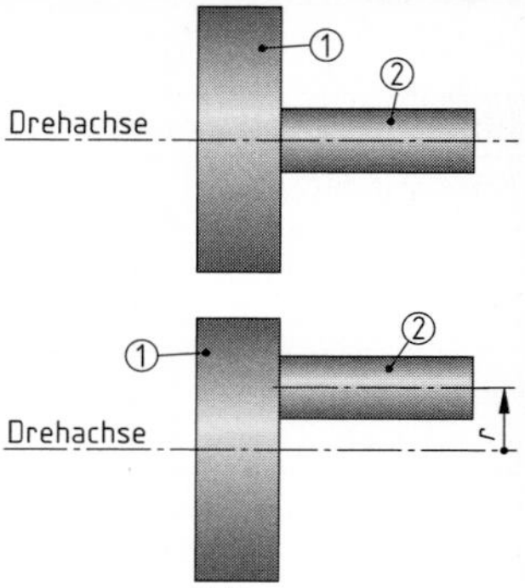

Das Gesamtträgheitsmoment eines Körpers errechnet sich aus der Summe der Einzelträgheitsmomente.

oberes Bild: Die Schwerpunkte aller Einzelkörper liegen auf der Drehachse.

unteres Bild: Die Schwerpunkte der Einzelkörper liegen nicht alle auf der Drehachse. Für diesen Fall gilt:

$J = J_s + m \cdot r^2$ **Steiner'scher Verschiebungssatz** (→ Biegung)

3

In dieser Gleichung bedeuten:

J → das auf die Drehachse bezogene Trägheitsmoment des Einzelkörpers (z. B. Körper ②).

J_s → das Trägheitsmoment des Einzelkörpers (z. B. Körper ②). Dies ist das Eigenträgheitsmoment (→ Tabelle auf Seite 85).

m → Masse des Körpers, dessen Schwerpunkt nicht auf der Drehachse liegt.

r → Abstand der Schwerachse dieses Körpers von der Drehachse.

Raduzierte Masse und Trägheitsradius

$m_{red} = \frac{J}{(r')^2}$ **reduzierte Masse** in kg

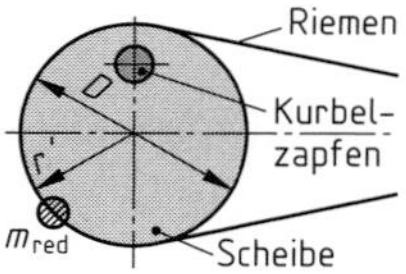

Die reduzierte Masse ist eine punktförmig angenommene Masse an beliebig angenommenem Radius mit gleichem Trägheitsmoment wie es der Körper hat.

$i = \sqrt{\frac{J}{m}}$ **Trägheitsradius** in m

J	Massenträgheitsmoment	$kg\,m^2$
r'	beliebig (aber sinnvoll) angenommener Radius	m
m	Masse des Drehkörpers	kg

Dynamisches Grundgesetz der Drehbewegung und Dreharbeit

$M = J \cdot \alpha$ **Drehmoment** in Nm bei der **Rotationsbeschleunigung**

$W_{rot} = M \cdot \varphi$ **Dreharbeit** in Nm

J	Massenträgheitsmoment	$kg\,m^2$
α	Winkelbeschleunigung	$1/s^2$
φ	Drehwinkel	rad

(→ Dynamisches Grundgesetz)

Drehimpuls und Drehstoß

$H = M \cdot \Delta t$ **Drehstoß (Momentenstoß)** in Nms

$L = J \cdot \omega$ **Drehimpuls (Drall)** in $\frac{kgm^2}{s}$

$J_0 \cdot \omega_0 = J_t \cdot \omega_t$ **Drehimpulserhaltung (Drallerhaltung)**

M	Drehmoment	Nm
t	Zeit (Δt)	s
J	Massenträgheitsmoment	$kg\,m^2$
ω	Winkelgeschwindigkeit	s^{-1}
ω_0	ω am Anfang der Drehbeschleunigung	s^{-1}
ω_t	ω am Ende der Drehbeschleunigung	s^{-1}

Verkleinert sich das **Massenträgheitsmoment** J, dann vergrößert sich – ohne Energiezufuhr von außen – die **Winkelgeschwindigkeit** ω und damit die **Drehzahl** n.

(→ Kraftstoß)

Wirkungen der Molekularkräfte

Oberflächenspannung (Grenzflächenspannung)

Durch **Kohäsionskräfte** in der Flüssigkeit und **Adhäsionskräfte** zwischen der Flüssigkeit und dem an der Oberfläche der Flüssigkeit angrenzenden Gas bzw. Dampf wird das **Oberflächenverhalten des flüssigen Körpers** hervorgerufen.

σ	Oberflächenspannung	N/m
ΔW	Änderung der Oberflächenenergie	N · m = J
ΔA	Änderung der Oberflächengröße	m^2
F	Kraft	N
d	Ringdurchmesser	m

$$\sigma = \frac{\Delta W}{\Delta A}$$ **Oberflächenspannung** (Definition)

$$\sigma = \frac{F}{2 \cdot d \cdot \pi}$$ **Ermittlung der Oberflächenspannung im Versuch** (s. Bild)

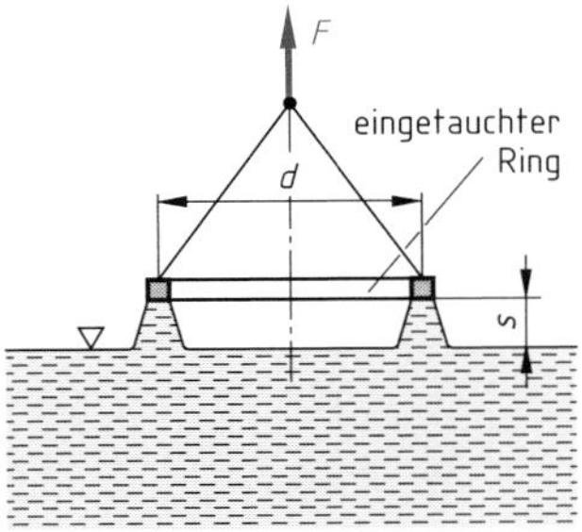

B Bei einem Versuch zur Ermittlung der Oberflächenspannung ist der Ringdurchmesser $d = 0{,}5$ m. Es wird $F = 1{,}48$ N gemessen. Wie groß ist σ?

$$\boldsymbol{\sigma} = \frac{F}{2 \cdot d \cdot \pi} = \frac{1{,}48\ \text{N}}{2 \cdot 0{,}5\ \text{m} \cdot \pi} = \mathbf{0{,}47\ N/m}$$

3

Flüssigkeit	angrenzendes Gas bzw. angrenzender Dampf	Temperatur in °C	Oberflächenspannung σ in N/m
Ammoniak	Luft	20	0,021
Benzol	Luft	20	0,0288
Essigsäure	Luft	20	0,028
Ethanol	Alkoholdampf	20	0,022
Glyzerin	Luft	20	0,058
Kochsalzlösung (10%)	Luft	18	0,0755
Natronlauge (50%)	Luft	20	0,128
Natronlauge (20%)	Luft	20	0,087
Petroleum	Luft	0	0,0289
Quecksilber	Luft/Wasser	20	0,47/0,375
Terpentinöl	Luft	18	0,0268
Toluol	Luft	20	0,029
Wasser	Luft	0	0,0756
Wasser	Luft	10	0,0742
Wasser	Luft	20	0,0725
Wasser	Luft	40	0,0696
Wasser	Luft	60	0,0662
Wasser	Luft	80	0,0626
Wasser	Luft	100	0,0588
Xylol	Luft	20	0,029

Steighöhe in einer Kapillare (→ Stoffschlüssige Verbindungen, Lötverbindungen)

$$h = \frac{2 \cdot \sigma}{g \cdot r \cdot \varrho}$$ **Steighöhe** bei völliger Benetzung

σ	Oberflächenspannung	N/m
g	Fallbeschleunigung	m/s^2
r	Radius der Kapillare bzw. Spaltbreite	m
ϱ	Dichte der Flüssigkeit	kg/m^3

Bei der **Kapillarwirkung** und der **Randausbildung** unterscheiden sich:

benetzende Flüssigkeit und
nicht benetzende Flüssigkeit

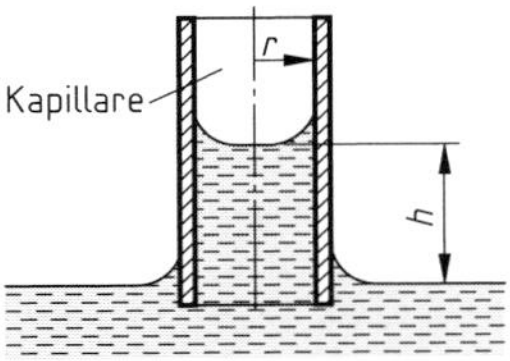

B Bei einem Lot ist $\sigma = 0{,}08$ N/m; $\varrho = 7{,}42$ kg/dm³. Spaltbreite $r = 0{,}15$ mm. Steighöhe $h = ?$

$$h = \frac{2 \cdot \sigma}{g \cdot r \cdot \varrho} = \frac{2 \cdot 0{,}08\ \text{N/m}}{9{,}81\ \text{m/s}^2 \cdot 0{,}00015\ \text{m} \cdot 7420\ \text{kg/m}^3}$$

$\boldsymbol{h} = 0{,}0147\ \text{m} = \mathbf{14{,}7\ mm}$

TP Mechanik der Flüssigkeiten und Gase

Hydrostatischer Druck

Druckberechnung, Druckeinheiten

$p = \frac{F}{A}$ **Pressdruck** in N/m²
(→ Gasgesetze, Aerostatischer Druck)

$p = h \cdot \varrho \cdot g$ **Schweredruck** in N/m²

Die SI-Einheit für den Druck ist das **Pascal**.
Einheitenzeichen: **Pa**.

$1\ \text{Pa} = 1\ \text{N/m}^2$ → $10^5\ \text{Pa} = 1\ \text{bar}$

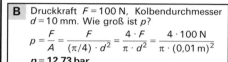

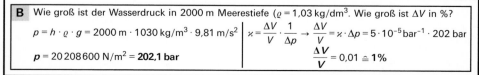

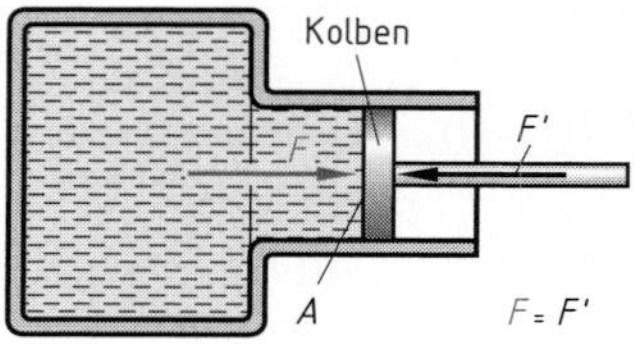

F	senkrecht zur Fläche wirkende Kraft	N
A	gedrückte Fläche	m²
h	Höhe einer Flüssigkeitssäule	m
ϱ	Dichte der Flüssigkeit	kg/m³
g	Fallbeschleunigung	m/s²

B Druckkraft $F = 100$ N, Kolbendurchmesser $d = 10$ mm. Wie groß ist p?

$$p = \frac{F}{A} = \frac{F}{(\pi/4)\cdot d^2} = \frac{4 \cdot F}{\pi \cdot d^2} = \frac{4 \cdot 100\ \text{N}}{\pi \cdot (0{,}01\ \text{m})^2}$$

$\boldsymbol{p = 12{,}73\ \text{bar}}$

3

1 Mikropascal = 1 µPa = 0,000001 Pa = 10^{-6} Pa
1 Hektopascal = 1 hPa = 100 Pa = 10^2 Pa →
1 Kilopascal = 1 kPa = 1000 Pa = 10^3 Pa
1 Megapascal = 1 MPa = 1000000 Pa = 10^6 Pa

1 Hektopascal = 1 Millibar
1 hPa = 1 mbar

(→ Britische Einheiten, US-Einheiten)

Umrechnung alter Druckeinheiten in Pascal (nach DIN 1314 „Druck", 02.77)

Frühere Einheiten	Umrechnung in N/m² = Pa	hPa = mbar	bar = 10^5 Pa
$1\ \frac{\text{kp}}{\text{cm}^2} = 1$ at	98066,5	980,665	0,980665
1 mWS	9806,65	98,0665	0,0980665
1 Torr = 1 mm QS	133,322	1,33322	0,00133322
1 atm	101325	1013,25	1,01325

at: **technische Atmosphäre**, atm: **physikalische Atmosphäre**, mWS: **Meter Wassersäule**, mm QS: **Millimeter Quecksilbersäule** (jetzt mm Hg)

Kompressibilität infolge Druckänderung

$\varkappa = \frac{\Delta V}{V} \cdot \frac{1}{\Delta p}$ **Kompressibilität**

$K = \frac{1}{\varkappa}$ **Kompressionsmodul**

(→ Gasgesetze)

$\varkappa$	Kompressibilität	bar⁻¹
ΔV	Volumenänderung infolge Druckänderung	m³
V	Ausgangsvolumen	m³
Δp	Druckänderung	bar
K	Kompressionsmodul	bar

Stoff, Temperatur	Kompressibilität in bar⁻¹	Stoff, Temperatur	Kompressibilität in bar⁻¹
Stahl 0 °C (fest)	$6 \cdot 10^{-7}$	Wasser 10 °C	$4{,}9 \cdot 10^{-5}$
Quecksilber 0 °C	$3 \cdot 10^{-6}$	Wasser 18 °C	$4{,}7 \cdot 10^{-5}$
Ethanol 7,3 °C	$8{,}6 \cdot 10^{-5}$	Wasser 25 °C	$4{,}6 \cdot 10^{-5}$
Hydrauliköl 20 °C	$6{,}3 \cdot 10^{-5}$	Wasser 43 °C	$4{,}5 \cdot 10^{-5}$
Meerwasser 17,5 °C	$4{,}5 \cdot 10^{-5}$	Wasser 53 °C	$4{,}5 \cdot 10^{-5}$
Wasser 0 °C	$5{,}1 \cdot 10^{-5}$		

B Wie groß ist der Wasserdruck in 2000 m Meerestiefe ($\varrho = 1{,}03$ kg/dm³. Wie groß ist ΔV in %?

$p = h \cdot \varrho \cdot g = 2000\ \text{m} \cdot 1030\ \text{kg/m}^3 \cdot 9{,}81\ \text{m/s}^2$

$\boldsymbol{p} = 20\,208\,600\ \text{N/m}^2 = \mathbf{202{,}1\ bar}$

$\varkappa = \frac{\Delta V}{V} \cdot \frac{1}{\Delta p} \rightarrow \frac{\Delta V}{V} = \varkappa \cdot \Delta p = 5 \cdot 10^{-5}\ \text{bar}^{-1} \cdot 202\ \text{bar}$

$\boldsymbol{\frac{\Delta V}{V}} = 0{,}01 \mathrel{\hat{=}} \mathbf{1\%}$

Aerostatischer Druck

Der **absolute Druck** p_{abs} ist der Druck gegenüber dem Druck Null im leeren Raum.
Die Differenz zwischen einem absoluten Druck p_{abs} und dem jeweiligen (absoluten) **Atmosphärendruck** p_{amb} ist die **atmosphärische Druckdifferenz** p_e. Diese wird auch **Überdruck** p_e genannt.

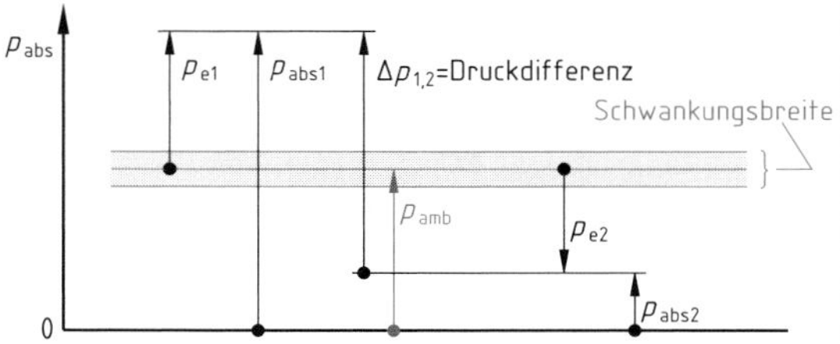

$p_e = p_{abs} - p_{amb}$ **Überdruck**

Überdrücke können sowohl positiv als auch negativ sein. Negativer Überdruck = **Unterdruck** (→ Hydrostatischer Druck)

p_e	Überdruck	N/m^2, bar
p_{abs}	absoluter Druck	N/m^2, bar
p_{amb}	Atmosphärendruck	N/m^2, bar

3

Druckkraft

In einer **Flüssigkeit** bzw. einem **Gas** oder einem **Dampf** pflanzt sich der Druck nach allen Seiten in gleicher Größe fort. Die **Druckkraft** wirkt stets in senkrechter Richtung auf die gedrückte Fläche.

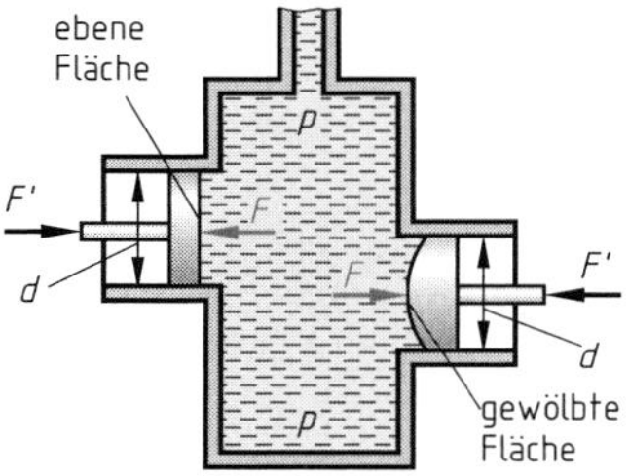

$F = p \cdot A$ **Druckkraft auf ebene Fläche**

$F = p \cdot A_{proj.} = p \cdot \frac{\pi}{4} \cdot d^2$ **Druckkraft auf kreisförmig gewölbte Fläche**

Die Druckkraft auf eine **gewölbte Fläche** ist gleich dem Produkt aus dem Flüssigkeits- oder Gasdruck und der senkrechten Projektion dieser Fläche. Dies gilt auch für eine **geneigte Fläche**.

B $p = 3$ bar, $d = 6$ cm, $F = ?$

$F = p \cdot \frac{\pi}{4} \cdot d^2 = 3 \cdot 10^5 \frac{N}{m^2} \cdot \frac{\pi}{4} \cdot (0{,}06\ m)^2$

$\mathbf{F = 848{,}23\ N}$

p	Gas- oder Flüssigkeitsdruck	N/m^2, bar
A	gedrückte Fläche	m^2
$A_{proj.}$	senkrechte Projektion der gewölbten oder geneigten Fläche	m^2
d	Kolbendurchmesser	m

Hydraulische Kraftübersetzung (→ Übersetzungen)

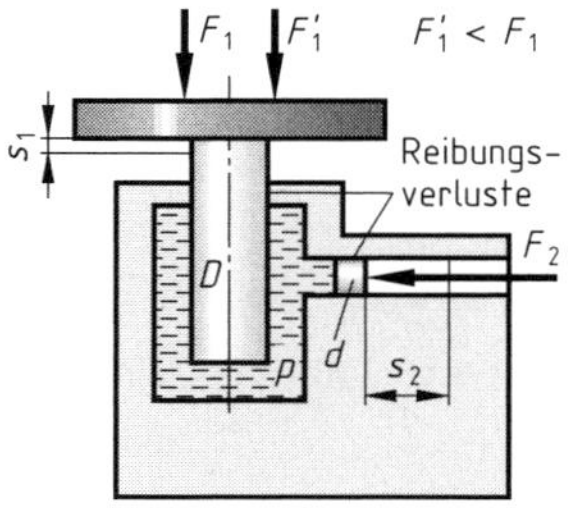

$F_1 = F_2 \cdot \frac{D^2}{d^2}$ **erzeugte Kolbenkraft** in N

Die Kräfte verhalten sich wie die Quadrate der Durchmesser.

$W_a = F_2 \cdot s_2$ **aufgewendete Arbeit** in Nm

$W_n = F_1 \cdot s_1$ **Nutzarbeit** in Nm (ohne Verluste)

$W'_n = F'_1 \cdot s_1$ **Nutzarbeit** in Nm (mit Verlusten)

$\eta = \frac{W'_n}{W_a} = \frac{F'_1 \cdot s_1}{F_2 \cdot s_2}$ **Wirkungsgrad** < 1

$\frac{s_1}{s_2} = \frac{d^2}{D^2} = \frac{1}{i}$ **Verhältnis der Kolbenwege**

Die Kolbenwege verhalten sich umgekehrt proportional zu den Quadraten der den Kolben zugehörigen Durchmessern.

F'_1	erzeugte Kolbenkraft unter Einbeziehung von η	N
F_2	aufgewendete Kolbenkraft	N
d	kleiner Kolbendurchmesser	m
D	großer Kolbendurchmesser	m
s_1	Nutzweg	m
s_2	aufgewendeter Weg	m
i	hydraulisches Kraftübersetzungsverhältnis	1

Druckkraft (Fortsetzung)

Schweredruck und Druckverteilungsdiagramm

$p_s = h \cdot \varrho \cdot g$ **Schweredruck** (→ Druckberechnung)

p_s	statischer Druck (Schweredruck)	N/m², bar
h_{st}	statische Druckhöhe	m
ϱ	Dichte der Flüssigkeit	kg/m³
g	Fallbeschleunigung	m/s²

Der Schweredruck in einer Flüssigkeit steigt proportional mit der Flüssigkeitstiefe h, d.h. mit der Höhe der **Flüssigkeitssäule**.

↓

$h_{st} = \frac{p}{\varrho \cdot g}$ **statische Druckhöhe**

B $h = 3{,}6$ m; $\varrho = 0{,}87$ kg/dm³; $p_s = ?$
$p_s = h \cdot \varrho \cdot g = 3{,}6 \text{ m} \cdot 870 \text{ kg/m}^3 \cdot 9{,}81 \text{ m/s}^2$
$\boldsymbol{p_s} = 30\,725 \text{ N/m}^2 = \mathbf{0{,}30725 \text{ bar}}$

$p_{ges} = \Sigma p$ **Gesamtdruck**

In einer **waagerechten Flüssigkeitsebene** ist der Gesamtdruck an jeder Stelle gleich groß (nur bei ruhenden Fluiden).

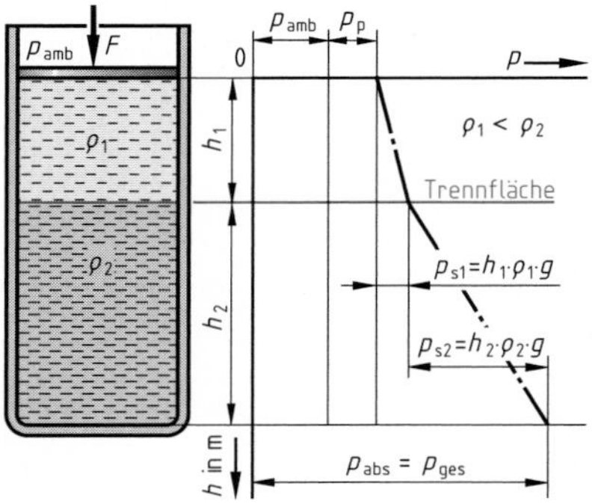

3

Bodendruckkraft

$F_b = p_{ges} \cdot A$ **Bodendruckkraft** in N

p_{ges}	Gesamtdruck	N/m², bar
A	am Gefäßboden gedrückte Fläche	m²

Bei homogener Füllung des Gefäßes:

$F_b = h \cdot \varrho \cdot g \cdot A$

(→ Druckkraft auf Fläche)

Die Bodendruckkraft ist nicht von der Form des die Flüssigkeit aufbewahrenden Gefäßes abhängig.

Hydrostatisches Paradoxon

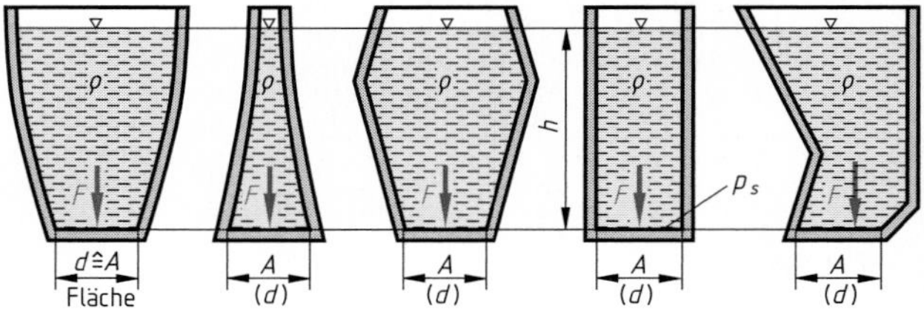

Seitendruckkraft

Senkrechte Seitenwand (→ Flächenmoment 2. Grades)

$e = \frac{I}{A \cdot h_s}$ **Abstand des Druckmittelpunktes D vom Schwerpunkt S der Fläche**

$F_s = h_s \cdot \varrho \cdot g \cdot A$ **Seitendruckkraft** in N

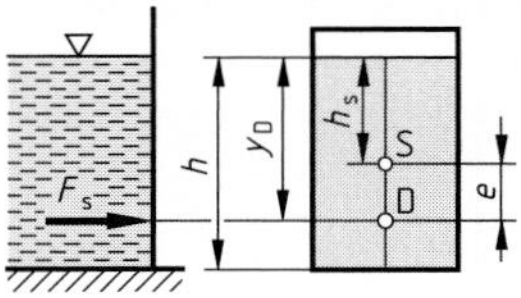

Symmetrische schräge Wand

$e = \frac{I_s}{A \cdot y_s}$ **Abstand des Druckmittelpunktes vom Flächenschwerpunkt**

$F_s = \varrho \cdot g \cdot y_s \cdot \sin\alpha \cdot A$ **Seitendruckkraft** in N

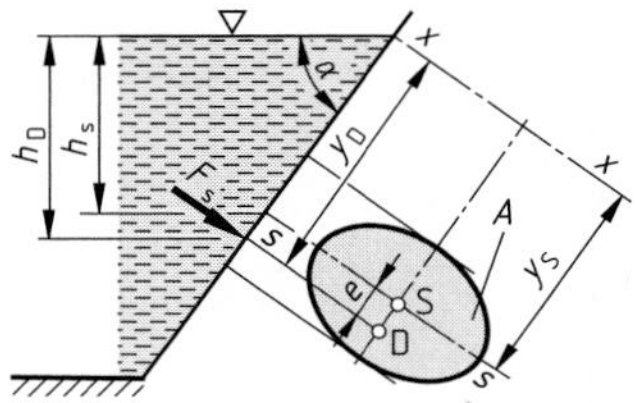

Die **Größe der Seitendruckkraft** F_s ist gleich dem Produkt aus dem hydrostatischen Druck am Flächenschwerpunkt und der gedrückten Fläche.

Angriffspunkt der Seitendruckkraft ist der **Druckmittelpunkt** D.

Formelzeichen und Einheiten: Seite 91

Druckkraft (Fortsetzung)

Aus den Gleichungen Seite 90 ergibt sich:

Je weiter die gedrückte Seitenfläche vom Flüssigkeitsspiegel (Flüssigkeitsoberfläche) entfernt ist, desto kleiner ist der Abstand des Druckmittelpunktes D vom Flächenschwerpunkt S.

I, I_s	Flächenmoment 2. Grades	m^4
A	gedrückte Fläche	m^2
h_s	Abstand des Schwerpunktes vom Flüssigkeitsspiegel	m
ϱ	Flüssigkeitsdichte	kg/m^3
g	Fallbeschleunigung	m/s^2
α	Neigungswinkel der Fläche	Grad

Verbundene Gefäße (kommunizierende Gefäße)

$$\frac{h_1}{h_2} = \frac{\varrho_2}{\varrho_1}$$

Bei unterschiedlichen Dichten verhalten sich die Flüssigkeitshöhen über den Trennungsflächen umgekehrt wie die zugehörigen Flüssigkeitsdichten.

Bei $\varrho_1 = \varrho_2$ bzw. bei homogener Füllung ist $\boldsymbol{h_1 = h_2}$.

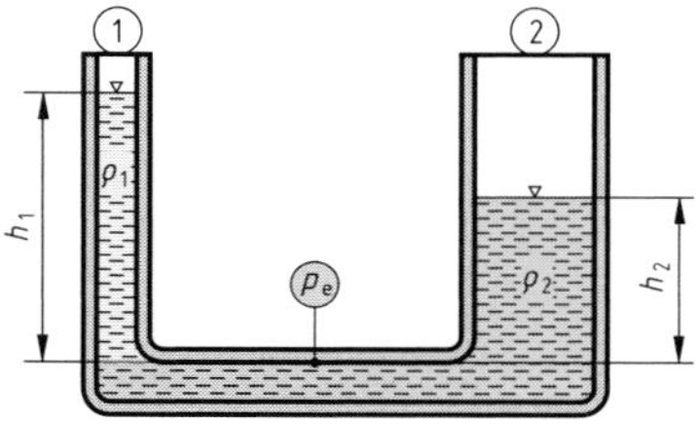

3

Statischer Auftrieb in Flüssigkeiten und Gasen

$$F_A = V \cdot \varrho_F \cdot g$$ **statische Auftriebskraft** in N

Der Betrag der nach oben gerichteten **Auftriebskraft** F_A ist gleich der **Gewichtskraft** F_G des verdrängten Fluids. → **Prinzip von Archimedes**

(→ Dynamische Auftriebskraft)

$$F'_G = F_G - F_A$$ **Tauchgewichtskraft** in N

$$V = V_K = V_F$$ **verdrängtes Flüssigkeitsvolumen = Körpervolumen = Fluidvolumen**

Die Größe der Auftriebskraft hängt nicht von der **Eintauchtiefe** ab.

$$\varrho_K = \varrho_F + \frac{F'_G}{V \cdot g}$$ **Dichte eines in ein Fluid eingetauchten Körpers**

Das Prinzip von Archimedes ist bei allen Fluidformen (Flüssigkeit, Gas, Dampf) anwendbar.

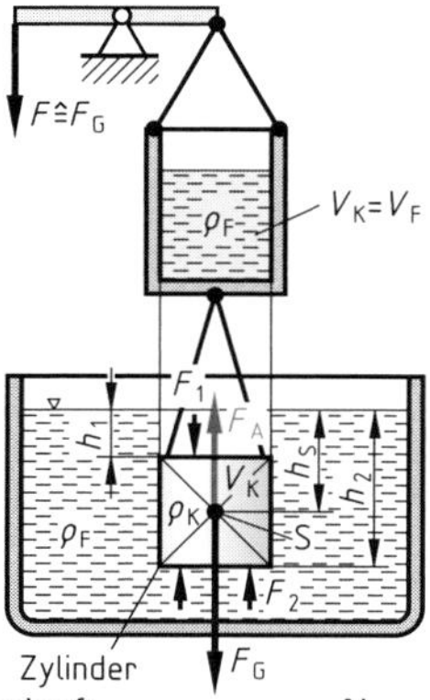

F_A	statische Auftriebskraft	N
V	verdrängtes Volumen	m^3
ϱ_F	Fluiddichte	kg/m^3
g	Fallbeschleunigung	m/s^2
F_G	Gewichtskraft des Körpers	N
F'_G	Tauchgewichtskraft	N

(→ Berechnungsformeln zur Dichteermittlung)

Oberflächenausbildung von Flüssigkeiten

Flüssigkeiten sind **leicht verformbar**, haben ein **beinahe unveränderliches Volumen** und stellen ihre **Oberfläche stets senkrecht zur Resultierenden aller auf sie wirkenden Kräfte** ein.

In **ruhenden und gleichförmig bewegten Gefäßen** ist die Flüssigkeitsoberfläche eine horizontale Ebene.

$$\tan\alpha = \frac{a}{g}$$ **Berechnung des Neigungswinkels bei gleichmäßiger Beschleunigung** a
g = Fallbeschleunigung = 9,81 m/s^2

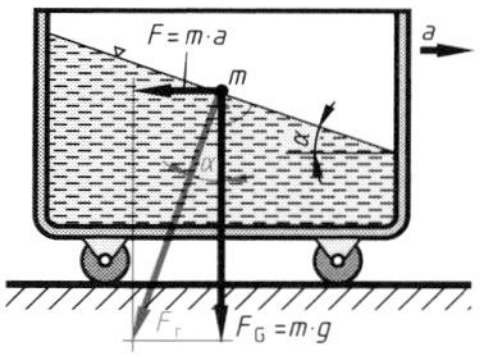

Die **Oberfläche einer rotierenden Flüssigkeit** hat die Form eines Paraboloids.

Kontinuitätsgleichung (Durchflussgleichung)

Kompressible Fluide:

$\dot{m} = \varrho \cdot w \cdot A = \text{konst.}$ **Massenstrom**

$\varrho_1 \cdot w_1 \cdot A_1 = \varrho_2 \cdot w_2 \cdot A_2 = \varrho_3 \cdot w_3 \cdot A_3 = \ldots = \text{konst.}$

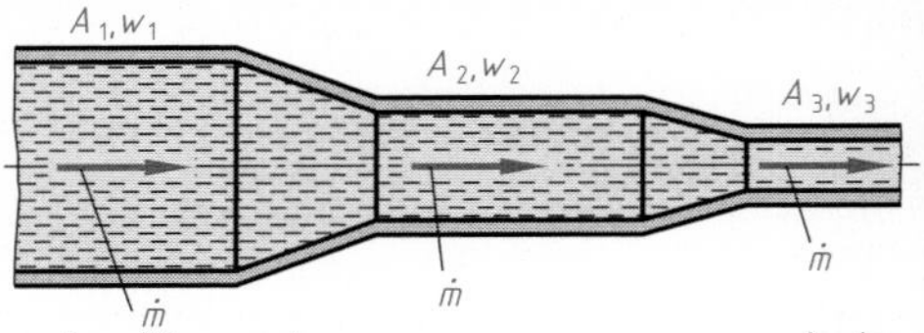

$\dot{m}$	Massenstrom	kg/s
ϱ	Fluiddichte	kg/m^3
w	Strömungsgeschwindigkeit	m/s
A	Strömungsquerschnitt	m^2
$\dot{V}$	Volumenstrom (Durchsatz)	m^3/s
d	Rohrinnendurchmesser	m

Massenerhaltungssatz:

Der in der Zeiteinheit durch jede Querschnittsfläche einer Rohrleitung hindurchfließende Massenstrom $\dot{m}$ ist konstant.

(→ Britische Einheiten, US-Einheiten)

Inkompressible Fluide:

$\dot{V} = A \cdot w = \text{konst.}$ **Volumenstrom** (Durchsatz)

3

$\dot{V} = A_1 \cdot w_1 = A_2 \cdot w_2 = \ldots = \text{konst.}$ **Volumenstrom**

$$\frac{w_1}{w_2} = \frac{d_2^2}{d_1^2} \rightarrow w_2 = w_1 \cdot \frac{d_1^2}{d_2^2}$$

(→ Rohrleitungen, Druckverluste)

Die **Strömungsgeschwindigkeiten** inkompressibler Fluide verhalten sich bei **kreisförmigen Querschnitten** umgekehrt wie die Quadrate der Durchmesser.

B $w_1 = 4\,m/s$, $d_1 = 150\,mm$, $d_2 = 80\,mm$, $w_2 = ?$

$$\boldsymbol{w_2} = w_1 \cdot \frac{d_1^2}{d_2^2} = 4\,m/s \cdot \frac{(150\,mm)^2}{(80\,mm)^2} = \mathbf{14{,}063\,m/s}$$

Energiegleichung (Bernoulli'sche Gleichung) ohne Reibungsverluste

Strömungsenergie:

$W_{pot} = m \cdot g \cdot h$ **potentielle Energie**

$W_{kin} = \frac{m}{2} \cdot w^2$ **kinetische Energie**

$W_d = p \cdot V$ **Druckenergie**

$W = W_d + W_{pot} + W_{kin}$ **Strömungsenergie**

(→ Rohrleitungen, Druckverluste)

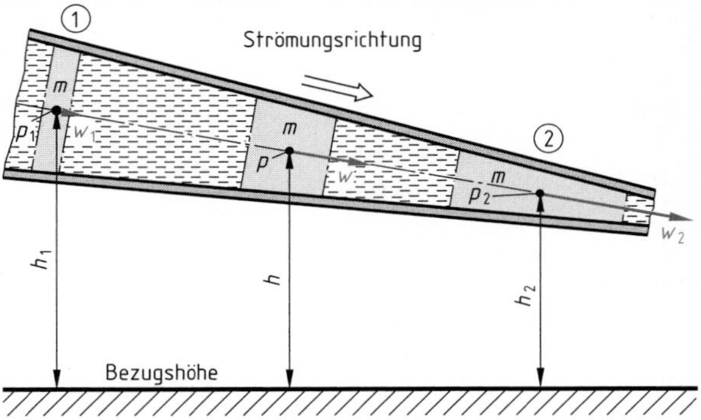

Energiegleichung:

$W = W_d + W_{pot} + W_{kin} = \text{konst.}$ in Nm

$$W = p \cdot V + V \cdot \varrho \cdot g \cdot h + \frac{V \cdot \varrho}{2} \cdot w^2 = \text{konst.} \quad \text{in Nm}$$

(→ Arbeit und Energie)

W	Strömungsenergie	Nm
W_d	Druckenergie $= p \cdot V$	Nm
W_{pot}	potentielle Energie $= V \cdot \varrho \cdot g \cdot h$	Nm
W_{kin}	kinetische Energie $= (V \cdot \varrho/2) \cdot w^2$	Nm
p	statischer Druck	N/m^2, bar
V	Volumen	m^3
ϱ	Fluiddichte	kg/m^3
g	Fallbeschleunigung	m/s^2
h	Druckhöhe (geodät. Höhe)	m
w	Strömungsgeschwindigkeit	m/s

Druckgleichung:

$$p_1 + \varrho \cdot g \cdot h_1 + \frac{\varrho}{2} \cdot \omega_1^2 = p_2 + \varrho \cdot g \cdot h_2 + \frac{\varrho}{2} \cdot w_2^2 \quad \text{in } \frac{N}{m^2}$$

→ p → **statischer Druck** in N/m^2

$\varrho \cdot g \cdot h$ → **geodätischer Druck** in N/m^2

$\frac{\varrho}{2} \cdot w^2$ → **Geschwindigkeitsdruck** in N/m^2

Druckhöhengleichung:

$$\frac{p_1}{\varrho \cdot g} + h_1 + \frac{w_1^2}{2 \cdot g} = \frac{p_2}{\varrho \cdot g} + h_2 + \frac{w_2^2}{2 \cdot g} \quad \text{in m}$$

→ $\frac{p}{\varrho \cdot g}$ → **statische Höhe** in m

h → **geodätische Höhe** in m

$\frac{w^2}{2 \cdot g}$ → **Geschwindigkeitshöhe** in m

Index 1: Stelle 1, **Index 2:** Stelle 2

Energiegleichung (Bernoulli'sche Gleichung) ohne Reibungsverluste (Fortsetzung)

Die Energie in einem strömenden Fluid (**Strömungsenergie**) setzt sich aus potentieller Energie, kinetischer Energie und Druckenergie zusammen.

Bei **horizontaler Leitung** ist der geodätische Höhenunterschied null, so dass jeweils das mittlere Summenglied entfällt:

$$p_1 \cdot V + \frac{V \cdot \varrho}{2} \cdot w_1^2 = p_2 \cdot V + \frac{V \cdot \varrho}{2} \cdot w_2^2$$ **Energiegleichung bei horizontaler Leitung**

$$p_1 + \frac{\varrho}{2} \cdot w_1^2 = p_2 + \frac{\varrho}{2} \cdot w_2^2$$ **Druckgleichung bei horizontaler Leitung**

$$\frac{p_1}{\varrho \cdot g} + \frac{w_1^2}{2 \cdot g} = \frac{p_2}{\varrho \cdot g} + \frac{w_2^2}{2 \cdot g}$$ **Druckhöhengleichung bei horizontaler Leitung**

3

Anwendungen zur Energiegleichung

Venturi-Prinzip (Saugwirkung):

$$p_2 = p_1 + \frac{\varrho}{2} \cdot (w_1^2 - w_2^2)$$ **Druck an der Stelle 2**

Saugwirkung bei $p_2 < p_{amb}$

Formelzeichen entsprechend der Gleichungen von Bernoulli.

$$h_0 = \frac{p_{amb} - p_{abs\,2}}{\varrho \cdot g}$$ **Saughöhe** in m (**theoretische Förderhöhe**)

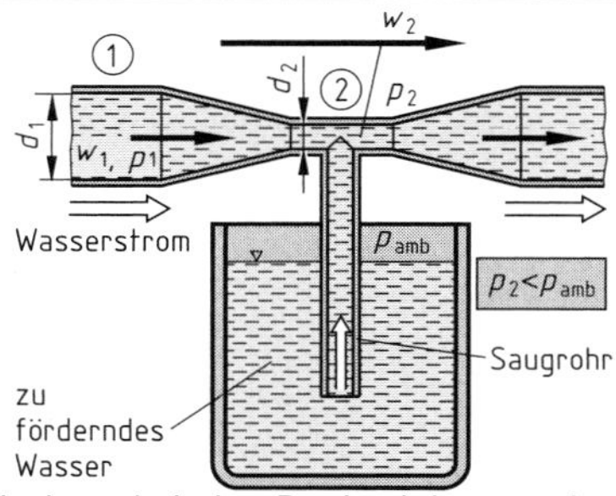

B $p_{amb} = 1{,}01$ bar; $p_{abs\,2} = 0{,}3$ bar; $\varrho = 1000\ \text{kg/m}^3$
Wie groß ist h_0 (ohne Verluste!)

$$h_0 = \frac{p_{amb} - p_{abs\,2}}{\varrho \cdot g} = \frac{101000\ \text{N/m}^2 - 30000\ \text{N/m}^2}{1000\ \text{kg/m}^3 \cdot 9{,}81\ \text{m/s}^2}$$

$\boldsymbol{h_0 = 7{,}24\ \text{m}}$ (theor. Förderhöhe, d.h. ohne Verluste)

In der technischen Praxis wird $p_{abs\,2}$ meist mit **Saugpumpen** bzw. **Vakuumpumpen** erzeugt.
Je kleiner die Dichte des geförderten Mediums ist, desto größer ist die Förderhöhe h_0.

Messung der Strömungsgeschwindigkeit: (→ Volumenstrom)

$$w_1 = \sqrt{2 \cdot g \cdot \left(\frac{p_2}{\varrho \cdot g} - \frac{p_1}{\varrho \cdot g}\right)}$$

$$w_1 = \sqrt{\frac{2}{\varrho} \cdot (p_2 - p_2)}$$

$$w_1 = \sqrt{2 \cdot g\,(h_2 - h_1)} = \sqrt{2 \cdot g \cdot \Delta h}$$

Strömungsgeschwindigkeit an der Stelle 1

Formelzeichen entsprechend der Gleichungen von Bernoulli.

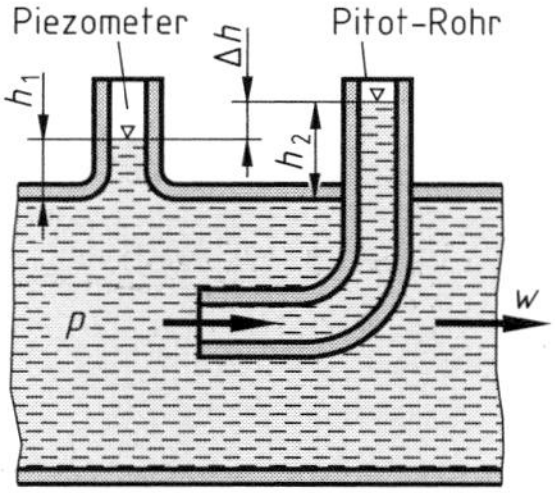

Im **Piezometer** (Steigrohr) wird die statische Druckhöhe gemessen, im **Pitot-Rohr** (Hakenrohr) wird die statische Druckhöhe **und** die dynamische Druckhöhe gemessen.

Dynamischer Auftrieb: (→ Schwebekörperdurchflussmesser, Volumendurchflussmesser)

$$F_A = C_A \cdot \frac{\varrho}{2} \cdot w^2 \cdot A$$ **dynamische Auftriebskraft** in N

Ebenso wie der C_w-Wert (s. S. 94) wird auch der **C_A-Wert** im Versuch, d.h. in einem Strömungskanal **in Abhängigkeit von Strömungsgeschwindigkeit und Form des umströmten Körpers** (z.B. Tragflügel oder **Schwebekörper**) ermittelt. Formelzeichen: Seite 94.

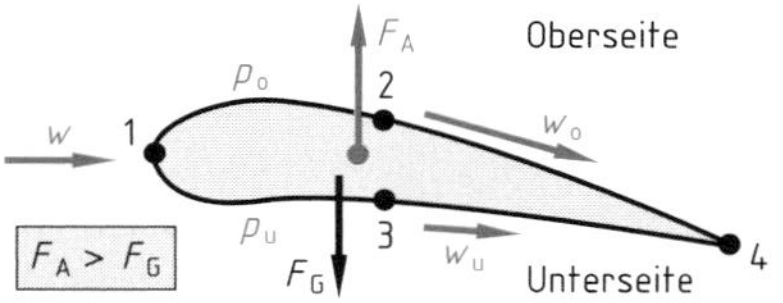

Energiegleichung (Bernoulli'sche Gleichung) ohne Reibungsverluste (Fortsetzung)

Anwendungen zur Energiegleichung (Fortsetzung)

Strömungswiderstand:
(→ Schwebekörperdurchflussmesser)

$$F_w = C_w \cdot \frac{\varrho}{2} \cdot w^2 \cdot A$$ **Strömungswiderstand**

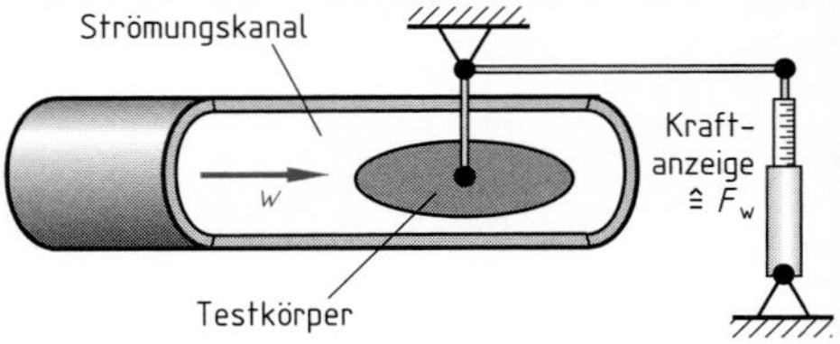

Der C_w**-Wert** wird im Versuch ermittelt. Je nach Form, Größe und Oberflächenqualität hat er die folgenden Werte:

von Luft umströmter Körper	C_w-Wert
Stromlinienkörper	0,055
Kugel	0,20 bis 0,50
Pkw	0,25 bis 0,50
ebene Kreisplatte	1,00 bis 1,40
halbe Hohlkugel	
nach hinten geöffnet	0,30 bis 0,50
nach vorne geöffnet	1,30 bis 1,50

3

F_w	Strömungswiderstand	N
C_w	Widerstandsbeiwert (C_w-Wert)	1
ϱ	Fluiddichte	kg/m³
w	Strömungsgeschwindigkeit	m/s
A	senkrechte Projektion der angeströmten Fläche	m²

Ausfluss aus Gefäßen

Seitenöffnung:

$$\dot{V} = A \cdot \mu \cdot \sqrt{2 \cdot g \cdot h}$$ **Volumenstrom**

h ist hierbei der Abstand von der Öffnungsmitte bis zum Flüssigkeitsspiegel.

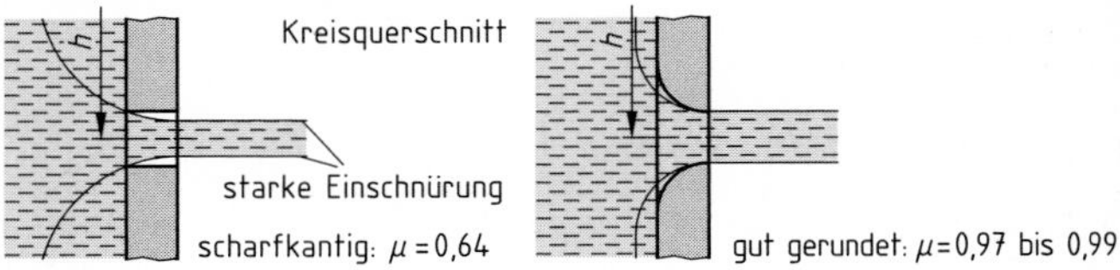

Obige Gleichung gilt nur bei relativ kleinen Seitenöffnungen (wie meist im Behälterbau). Bei sehr hohen Seitenöffnungen (z. B. im Wasserbau) müssen spezielle Formeln verwendet werden.

Konstante Spiegelhöhe:

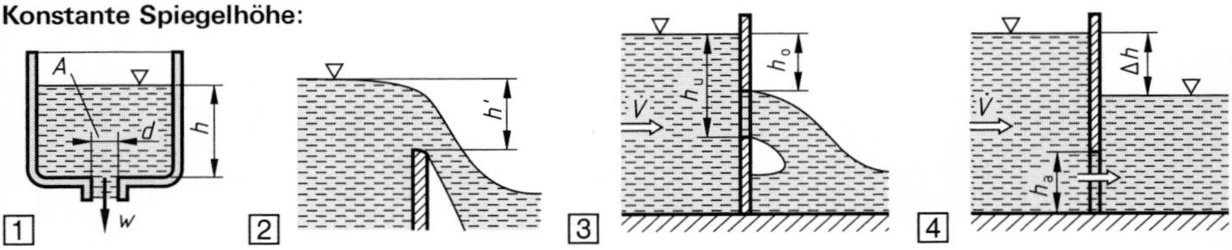

Volumenstrom aus Bodenöffnung (Bild 1)

$$\dot{V} = A \cdot w = A \cdot \mu \cdot \sqrt{2 \cdot g \cdot h}$$

Volumenstrom durch Überfall (Wehr) (Bild 2)

$$\dot{V} = \frac{2}{3} \cdot b \cdot h' \cdot \mu \cdot \sqrt{2 \cdot g \cdot h'}$$

Volumenstrom aus hoher Seitenöffnung (Bild 3) mit Rechteckquerschnitt

$$\dot{V} = \frac{2}{3} \cdot \mu \cdot b \cdot (h_u \cdot \sqrt{2 \cdot g \cdot h_u} - h_0 \cdot \sqrt{2 \cdot g \cdot h_0})$$

$\dot{V}$	Volumenstrom	m³/s
A	Strömungsquerschnitt	m²
w	Strömungsgeschwindigkeit	m/s
μ	Ausflusszahl	1
α	Einschnürungszahl (Kontraktionszahl)	1
φ	Geschwindigkeitszahl	1
g	Fallbeschleunigung	m/s²
h	Füllstandshöhe	m
b	Breite des Überfalls bzw. der Seitenöffnung	m
h'	senkrechter Abstand vom Flüssigkeitsspiegel zur Oberkante des Überfalls	m
h_u	Abstand der Unterkante vom Flüssigkeitsspiegel	m
h_0	Abstand der Oberkante vom Flüssigkeitsspiegel	m

Fortsetzung Seite 95

Ausfluss aus Gefäßen (Fortsetzung)

Volumenstrom ins Unterwasser (Bild 4, Seite 94):

$$\dot V = h_a \cdot b \cdot \mu \cdot \sqrt{2 \cdot g \cdot \Delta h}$$

$$\mu = \alpha \cdot \varphi$$ < 1 **Ausflusszahl** (→ nebenstehende Tabelle)

$$t = \frac{\dot V}{V}$$ **Ausflusszeit** in s

h_a	Höhe der Seitenöffnung	m
Δh	senkrechter Abstand der beiden Flüssigkeitsspiegel	m
t	Zeit	s
V	Behältervolumen	m^3

Beschaffenheit einer kreisrunden Ausflussöffnung	Ausflusszahl μ
scharfkantig und rau	0,62 ... 0,64
gut gerundet und glatt	0,97 ... 0,99

Sinkender Flüssigkeitsspiegel:

$$t = \frac{2 \cdot V}{\mu \cdot A \cdot \sqrt{2 \cdot g \cdot h}}$$ **Entleerungszeit für einen senkrecht stehenden prismatischen Behälter**

$$t = \frac{2 \cdot A_0}{\mu \cdot A \cdot \sqrt{2 \cdot g}} \cdot (\sqrt{h_1} - \sqrt{h_2})$$ **Zeit für die teilweise Entleerung eines senkrecht stehenden prismatischen Behälters**

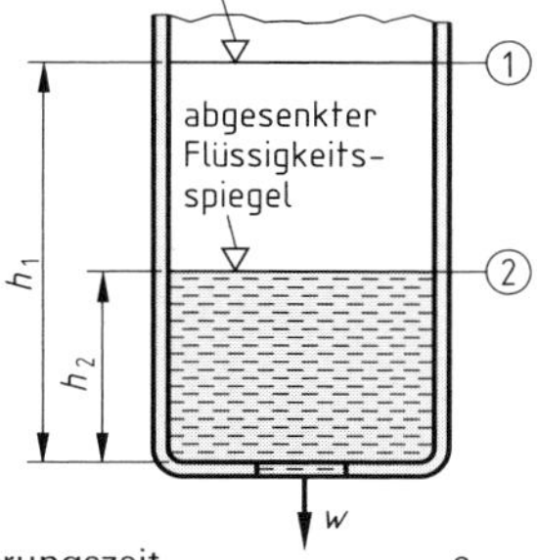

Gleichungen für den **seitlichen Ausfluss** und solche für **nicht prismatische Körper** können spezieller Literatur, z. B. aus dem Wasserbau, entnommen werden.

Für **konische Ausflussöffnungen** ergeben sich die folgenden Ausflusszahlen μ in Abhängigkeit vom Öffnungswinkel α:

Öffnungswinkel α	10°	12°	20°	45°	90°
Ausflusszahl μ	0,96	0,95	0,93	0,87	0,75

t	Entleerungszeit	s
V	Behälter-Innenvolumen	m^3
μ	Ausflusszahl	1
A	Ausflussquerschnitt	m^2
g	Fallbeschleunigung	m/s^2
h	Füllstand	m
A_0	Behälterquerschnitt	m^2

Gefäße mit Überdruck: (→ Druck, Gasgesetze)

$$h_{ges} = h + \frac{p_e}{\varrho \cdot g}$$ **Gesamthöhe**

$$w = \mu \cdot \sqrt{2 \cdot g \cdot \left(h + \frac{p_e}{\varrho \cdot g}\right)}$$ **Ausflussgeschwindigkeit**

$$\dot V = \mu \cdot A \cdot \sqrt{2 \cdot g \cdot \left(h + \frac{p_e}{\varrho \cdot g}\right)}$$ **Volumenstrom**

$$t = \frac{V}{\dot V}$$ **Ausflusszeit**

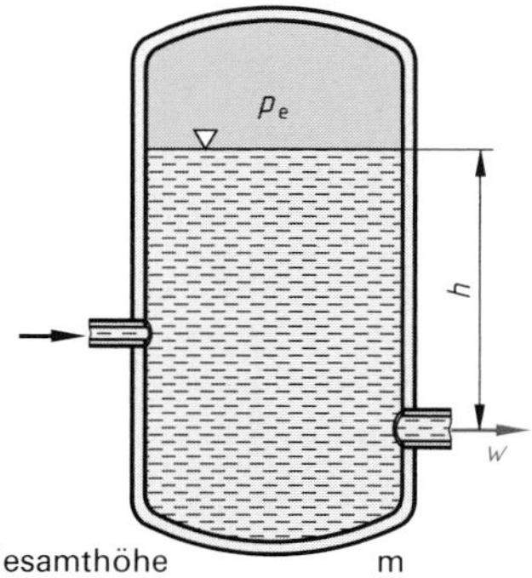

B $\mu = 0{,}7$; $A = 10\ cm^2$; $h = 3{,}7\ m$; $p_e = 0{,}72\ bar$; $V = 4{,}2\ m^3$; $\varrho = 1\ kg/dm^3$.
Berechnen Sie $\dot V$ und t.

$$\dot V = \mu \cdot A \cdot \sqrt{2 \cdot g \cdot \left(h + \frac{p_e}{\varrho \cdot g}\right)}$$

$$\dot V = 0{,}7 \cdot 0{,}001\ m^2 \cdot \sqrt{2 \cdot 9{,}81\ \frac{m}{s^2}\left(3{,}7\ m + \frac{72000\ N/m^2}{1000\ kg/m^3 \cdot 9{,}81\ m/s^2}\right)}$$

$$\boldsymbol{\dot V = 0{,}0103\ m^3/s = 10{,}3\ l/s}$$

$$t = \frac{V}{\dot V} = \frac{4{,}2\ m^3}{0{,}0103\ m^3/s} = 407{,}77\ s = \mathbf{6{,}8\ min}$$

h_{ges}	Gesamthöhe	m
h	Füllstandshöhe	m
p_e	Überdruck	N/m^2, bar
ϱ	Fluiddichte	kg/m^3
g	Fallbeschleunigung	m/s^2
w	Ausflussgeschwindigkeit	m/s
μ	Ausflussziffer	1
$\dot V$	Volumenstrom	m^3/s
V	Ausflussvolumen	m^3
A	Ausflussquerschnitt	m^2
t	Ausflusszeit	s

Der **Überdruck** wird in der Regel mit Druckgas (Druckluft) erzeugt. Man spricht auch von **Windkesseln**.

3

TP Mechanik der Flüssigkeiten und Gase

Viskosität (Zähigkeit)

Dynamische Viskosität, Fluidität: (→ Kältemaschinenöl, Rohrreibung)

$$\eta = \frac{F \cdot s}{v \cdot A}$$ **dynamische Viskosität**

$$[\eta] = \frac{[F] \cdot [s]}{[v] \cdot [A]} = \frac{\text{N} \cdot \text{m}}{\text{m/s} \cdot \text{m}^2} = \frac{\text{N} \cdot \text{s}}{\text{m}^2} = \text{Pa} \cdot \text{s}$$

Die Einheit der dynamischen Viskosität **(dynamische Zähigkeit)** ist die **Pascalsekunde**.

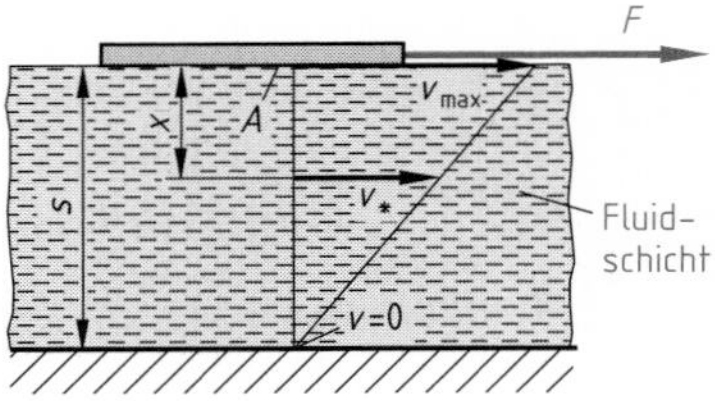

$$\varphi = \frac{1}{\eta}$$ **Fluidität**

Der Kehrwert der dynamischen Viskosität heißt Fluidität.
(→ Britische Einheiten, US-Einheiten)

η	dynamische Viskosität	Pa · s
F	Verschiebekraft	N
s	Schichtdicke	m
v	Verschiebegeschwindigkeit	m/s
A	Gleitfläche	m^2
φ	Fluidität	$m^2/(N \cdot s)$

Die **Viskosität von Flüssigkeiten** nimmt bei Temperaturerhöhung stark ab.
Die **Viskosität von Gasen und Dämpfen** nimmt bei Temperaturerhöhung schwach zu.
Bei **Mischungen** (s. Seite 98) ist die Viskosität von den → Massenanteilen w (Mischungsverhältnis) abhängig.

Dynamische Viskosität von Flüssigkeiten bei 20 °C (Wasser: Seite 97)

Flüssigkeit	η in 10^{-3} Pa · s
Aceton (Propanon)	0,30
Aminobenzol (Anilin, Phenylamin)	4,4
Ammoniak	0,13
Benzol (Benzen)	0,65
1-Butanol	2,95
2-Butanol	4,21
n-Butylacetat	0,73
Chlorbenzol	0,8
Chloroform (Trichlormethan)	0,58
Cyclohexan	0,98
Cyclohexanon	2,2
Cyclopentan	0,44
o-Dichlorbenzol	1,5
Diethylether	0,24
Dimethylformamid	0,92
Diphenyl (100 °C)	0,97
(70 °C)	1,49
Essigsäure	1,21
Essigsäureanhydrid	0,91
Ethanol	1,19
Ethylacetat	0,46
Ethylenchlorid	0,83
Glycerin (1,2,3-Propantriol, bei 25 °C)	1412
Glycerin/Wasser-Gem. (bei 20 °C)	
$w(H_2O) = 90\%$	1,31
$w(H_2O) = 70\%$	2,5
$w(H_2O) = 50\%$	6,0
$w(H_2O) = 30\%$	22,5
$w(H_2O) = 10\%$	219
Glycol (Ethylenglycol)	20,41
Glycol/Wasser-Gem. (bei 25 °C)	
w(Glycol) = 90%	13,0
w(Glycol) = 70%	6,5
w(Glycol) = 50%	3,5
w(Glycol) = 30%	1,6
w(Glycol) = 10%	≈1,0

Flüssigkeit	η in 10^{-3} Pa · s
Heptan	0,42
n-Hexan	0,31
Isobutanol (bei 15 °C)	4,70
Methanol	0,55
Methylacetat	0,38
Methylenchlorid	0,43
Methylethylketon (bei 15 °C)	0,42
Nitrobenzol	2,0
Nonan	0,72
Octan	0,54
Pentan	0,24
Propan	0,10
1-Propanol	2,26
2-Propanol	2,4
Pyridin	0,95
Quecksilber (bei 25 °C)	1,55
Salpetersäure, $w(HNO_3) = 20\%$	1,14
Salzsäure, $w(HCl) = 25\%$	1,36
Schwefelkohlenstoff	0,37
Schwefelsäure, $w(H_2SO_4) = 25\%$	1,4
Siliconöl (Dimethylsilicon bei 25 °C)	0,495
Tetrachlorethen (bei 15 °C)	0,39
Tetrachlorkohlenstoff (Tetrachlormethan)	0,97
Toluol (Methylbenzol)	0,59
Trichlorethen	0,57
Wasser	1,00
o-Xylol	0,81
m-Xylol	0,65
p-Xylol	0,68

Bei speziellen Produkten, z. B. **Wärmeträger, Solen, Kältemittel, Gas- bzw. Dampfmischungen** helfen Herstellerunterlagen sehr gut weiter. Zu nennen sind in diesem Zusammenhang auch die **DKV-Arbeitsblätter.**

Viskosität (Zähigkeit) (Fortsetzung)

Dynamische Viskosität von Gasen und Dämpfen in 10^{-5} Pa · s

Gas/Dampf	$\vartheta = 25\,°C$	$\vartheta = 100\,°C$	$\vartheta = 200\,°C$	$\vartheta = 500\,°C$
Ammoniak	1,00	1,28	1,65	2,67
Argon	2,26	2,70	3,20	4,49
Chlor	1,34	1,68	2,10	3,22
Chlorwasserstoff	1,45	1,83	2,30	
Ethanol	0,83	1,09	1,38	
Ethen (Ethylen)	1,02	1,27	1,54	
Ethin (Acethylen)	1,04	1,27	1,58	
Helium	1,96	2,28	2,67	3,75
Kohlenstoffdioxid	1,49	1,82	2,22	3,24
Kohlenstoffmonoxid	1,78	2,11	2,51	3,52
Luft (s. auch Tabelle unten)	1,07	2,17	2,57	3,55
Methan	1,10	1,33	1,61	
Neon	3,12	3,65	4,26	5,81
Propan	0,82	1,01	1,26	
Sauerstoff	2,03	2,43	2,88	4,03
Stickstoff	1,78	2,09	2,47	3,42
Wasser (s. auch Tabelle unten)	0,98	1,25	1,61	2,69
Wasserstoff	0,89	1,04	1,22	1,69

3

Dyn. Viskosität von Wasser ($p = 1$ bar)

ϑ in °C	η in Pa · s	ϑ in °C	η in Pa · s
0	$1793 \cdot 10^{-6}$	60	$466{,}5 \cdot 10^{-6}$
10	$1307 \cdot 10^{-6}$	70	$404{,}0 \cdot 10^{-6}$
20	$1002 \cdot 10^{-6}$	80	$354{,}4 \cdot 10^{-6}$
30	$797{,}7 \cdot 10^{-6}$	90	$314{,}5 \cdot 10^{-6}$
40	$653{,}2 \cdot 10^{-6}$	100	$281{,}8 \cdot 10^{-6}$
50	$547{,}0 \cdot 10^{-6}$		

Dyn. Viskosität trockener Luft ($\eta = f(p, \vartheta)$)

ϑ °C	η in 10^{-6} Pa · s				
	$p = 1$ bar	$p = 5$ bar	$p = 10$ bar	$p = 50$ bar	$p = 100$ bar
−50	14,55	14,63	14,74	16,01	18,49
−25	15,90	15,97	16,07	16,98	18,65
0	17,10	17,16	17,24	18,08	19,47
25	18,20	18,26	18,33	19,11	20,29
50	19,21	19,30	19,37	20,07	21,12
100	21,60	21,64	21,70	22,26	23,09

Kinematische Viskosität: (→ Kältemaschinenöle, Rohrreibung)

$$\nu = \frac{\eta}{\varrho}$$ **kinematische Viskosität** ⟶

Das Verhältnis der dynamischen Viskosität zur Fluiddichte heißt kinematische Viskosität.

Gebräuchlich, jedoch nicht SI-Einheit:

Viskositätswerte beziehen sich stets auf einen bestimmten Druck und eine bestimmte Temperatur des Fluids.

ν	kinematische Viskosität	m^2/s
η	dynamische Viskosität	Pa · s
ϱ	Fluiddichte	kg/m^3

1 Stokes $= 1\,St = 10^{-4}\,\frac{m^2}{s}$ → **1 Zentistokes** $= 1\,cSt = 0{,}01\,St = 10^{-6}\,\frac{m^2}{s}$

Viskositätsermittlung erfolgt mit Viskosimetern in genormten Versuchen. (→ Britische Einheiten, US-Einheiten)

In der Hydromechanik wird meist mit der kinematischen Viskosität gearbeitet.

Kinematische Viskosität bei Normalluftdruck ($p_n = 1013$ hPa)

Stoff, Temperatur	ν in m^2/s
Ethanol bei 20 °C	$1{,}50 \cdot 10^{-6}$
Benzol bei 20 °C	$0{,}74 \cdot 10^{-6}$
Glyzerin bei 20 °C	$850 \cdot 10^{-6}$
Motorenöl bei 10 °C	$800 \cdot 10^{-6}$
Motorenöl bei 50 °C	$80 \cdot 10^{-6}$
Motorenöl bei 100 °C	$10 \cdot 10^{-6}$
Motorenöl bei 150 °C	$0{,}5 \cdot 10^{-6}$
Wasser bei 0 °C	$1{,}79 \cdot 10^{-6}$
Wasser bei 20 °C	$1{,}01 \cdot 10^{-6}$
Wasser bei 100 °C	$0{,}28 \cdot 10^{-6}$

Stoff, Temperatur	ν in m^2/s
Luft bei 0 °C	$132 \cdot 10^{-6}$
Luft bei 20 °C	$169 \cdot 10^{-6}$
Luft bei 100 °C	$1810 \cdot 10^{-6}$
Sauerstoff bei 20 °C	$18 \cdot 10^{-6}$
Kältemittel und Wärmeträger:	Firmenunterlagen (Hersteller) heranziehen!
Antifrogen 20 °C	$30 \cdot 10^{-6}$
$w(H_2O) = 50\,\%$	$4 \cdot 10^{-6}$
R 22 flüssig −60 °C	$0{,}3 \cdot 10^{-6}$
R 114 flüssig −60 °C	$0{,}8 \cdot 10^{-6}$

Viskosität (Zähigkeit) (Fortsetzung)

Dyn. Viskosität η' (flüssig) und η'' (dampfförmig) von R134a (Quelle: DKV-Arbeitsblatt 1.05)

(→ Kältemittel)

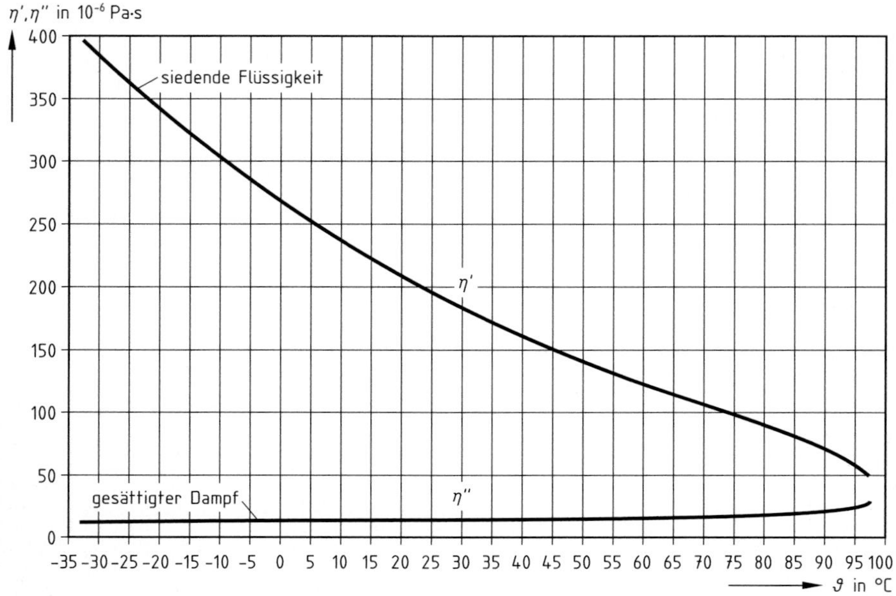

Kinematische Viskosität von Antifrogen KF-Wasser-Mischungen (Quelle: DKV-Arbeitsblatt 2.09)

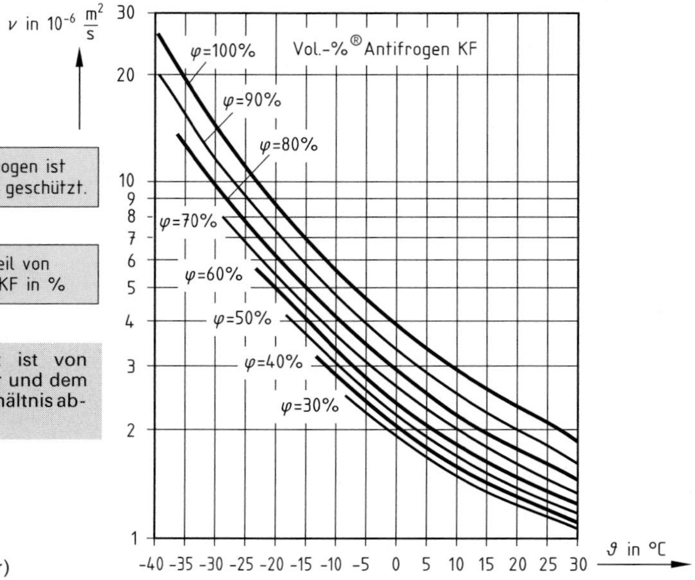

Der Name Antifrogen ist urheberrechtlich geschützt.

φ = Volumenanteil von Antifrogen KF in %

Die Viskosität ist von der Temperatur und dem Mischungsverhältnis abhängig.

(→ Wärmeträger)

Temperatur und Temperaturmessung

Temperatureinheiten und Temperaturskalen:

$T = \vartheta + 273{,}15$	**absolute Temperatur** in K
$\vartheta = T - 273{,}15$	**Celsiustemperatur** in °C
$\Delta T = \Delta \vartheta$	**Temperaturdifferenz** in K oder °C

Temperaturdifferenzen können sowohl **in °C als auch in K** angegeben werden.

$\vartheta_0 = -273{,}15\,°C \mathrel{\hat=} T_0 = 0\,K$ **absoluter Nullpunkt**

Die Temperatureinheiten K und °C sind international gültige SI-Einheiten.

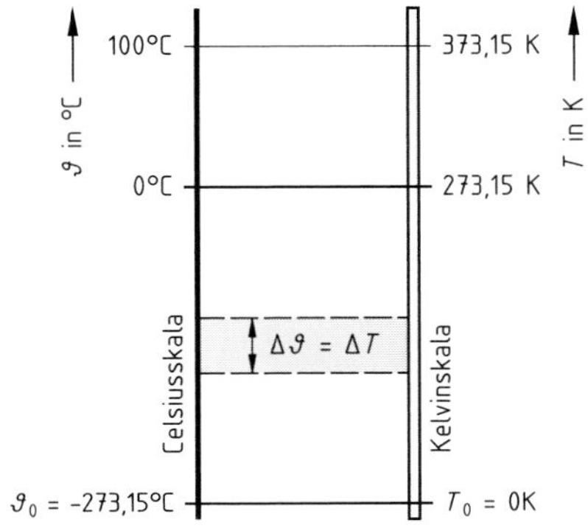

$\vartheta_C = (\vartheta_F - 32) \cdot \frac{5}{9} = \vartheta_R \cdot \frac{5}{4}$ **Celsius-Temperatur**

$\vartheta_F = 32 + \vartheta_C \cdot \frac{9}{5} = 32 + \vartheta_R \cdot \frac{9}{4}$ **Fahrenheit-Temperatur**

$\vartheta_R = (\vartheta_F - 32) \cdot \frac{4}{9} = \vartheta_C \cdot \frac{4}{5}$ **Réaumur-Temperatur**

(→ Britische Einheiten, US-Einheiten)

ϑ, ϑ_C	Celsius-Temperatur	°C
T	absolute Temperatur (Kelvin-Temperatur, **thermodynamische Temperatur**)	K
ϑ_F	Fahrenheit-Temperatur (noch in USA und England)	°F
ϑ_R	Réaumur-Temperatur	°R

Nach DIN 1304 ist für die **Celsiustemperatur** als **Formelzeichen wahlweise** ϑ **und** t zugelassen, t aber auch für die Zeit. Da im Bereich Wärme • Kälte • Klima die Zeit t eine erhebliche Rolle spielt, wurde in diesem Buch für die Celsiustemperatur, das Formelzeichen ϑ verwendet.

Im speziellen kälte- und klimatechnischen Fachteil wird (wenn die Normung dies verlangt) für die **Celsiustemperatur** aber auch das **Formelzeichen** t verwendet (DIN 8941).

Definition der Temperatureinheit Kelvin:

1 Kelvin ist der 273,16te Teil der absoluten Temperatur des **Tripelpunktes** T von Wasser.

$p_t = 6{,}1$ mbar **Tripelpunktdruck**

$\vartheta_t = 0{,}01\,°C = 273{,}16\,K$ **Tripelpunkttemperatur**

Die Tripelpunkttemperatur wird auch als **genauer Eispunkt** bezeichnet.

Eispunkt: $\vartheta_{Sch} = 0\,°C \mathrel{\hat=} 273{,}15\,K$
Siedepunkt: $\vartheta_S = 100\,°C \mathrel{\hat=} 373{,}15\,K$
bei p_n

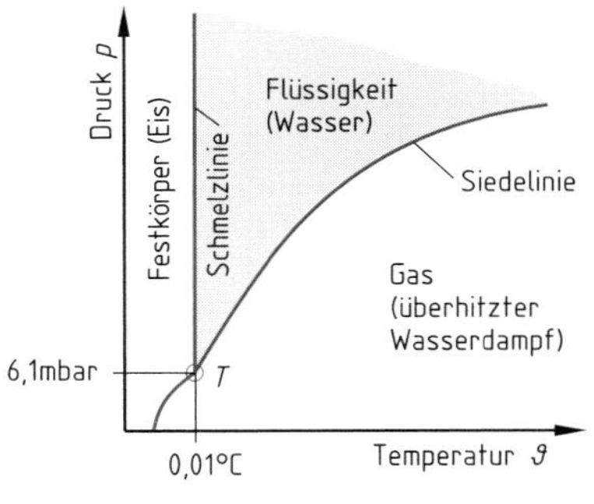

3

Wärmeausdehnung fester und flüssiger Stoffe

Einheit der Wärmeenergie: (→ Arbeit und Energie)

Die **Einheit der Wärmeenergie** ist das **Joule** J. **1 J = 1 Nm** → **mechanisches Wärmeäquivalent**

Bei der Zuführung von Wärmeenergie (Wärme) in einen Körper erhöht sich die **Bewegungsenergie der Elementarbausteine** dieses Körpers. Bei Abgabe von Wärmeenergie verringert sich die Bewegungsenergie der Elementarbausteine.

Dies ist die Begründung für die Ausdehnung bzw. die Kontraktion der Stoffe bei Zuführung oder Abführung von Wärmeenergie.

Wärmeausdehnung fester und flüssiger Stoffe (Fortsetzung)

Längenänderung durch Wärme:

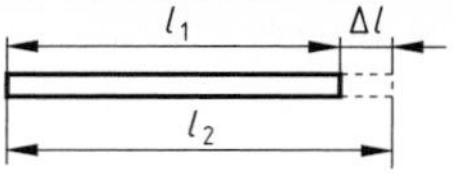

$$\Delta l = l_1 \cdot \alpha \cdot \Delta\vartheta$$

$$l_2 = l_1 \pm \Delta l = l_1 \pm l_1 \cdot \alpha \cdot \Delta\vartheta = l_1 \cdot (1 \pm \alpha \cdot \Delta\vartheta)$$

Vorzeichen +: bei **Erwärmung**
Vorzeichen −: bei **Abkühlung**

B $l_1 = 4$ m; $\alpha = 0{,}000012$ m/(m · K); $\Delta\vartheta = 80$ °C
Zu berechnen: Längenänderung Δl.
$\Delta l = l_1 \cdot \alpha \cdot \Delta\vartheta$
$\Delta l = 4000$ mm · 0,000012 m/(m · K) · 80 K
Δl = 3,84 mm

Δl	Längenänderung durch Temperaturänderung	m
l_1	Ausgangslänge	m
α	thermischer Längenausdehnungskoeffizient	m/(m · K) = 1/K
$\Delta\vartheta$	Temperaturänderung	K, °C
l_2	Endlänge	m

Der **thermische Längenausdehnungskoeffizient** wird auch **Wärmedehnzahl** oder **linearer Ausdehnungskoeffizient** genannt. Er ist temperaturabhängig.

3

fester Stoff (20 °C)	α in $\frac{m}{m \cdot K} = \frac{1}{K}$	fester Stoff (20 °C)	α in $\frac{m}{m \cdot K} = \frac{1}{K}$
Aluminium	0,0000238	Magnesium	0,0000261
AlCuMg	0,0000235	Mangan	0,000023
Antimon	0,0000109	Manganin	0,0000175
Beton (Stahlbeton)	0,000012	Mauerwerk, Bruchstein	0,000012
Bismut (Wismut)	0,0000134	Mauerziegel	0,000005
Blei	0,000029	Messing	0,0000184
Bronze	0,000018	Molybdän	0,0000052
Cadmium	0,0000308	Neusilber	0,000018
Chrom	0,0000085	Nickel	0,000013
Chromstahl	0,000010	Nickelstahl, 58 % Ni	0,000012
Cobalt	0,0000127	Palladium	0,0000119
Diamant	0,000001	Platin	0,000009
Eisen, rein	0,0000123	Polyvinylchlorid (PVC)	0,000080
Flussstahl	0,000013	Porzellan	0,000004
Gips	0,000025	Quarz	0,000001
Glas (Fensterglas)	0,000010	Quarzglas	0,000005
Gold	0,0000142	Schwefel	0,000090
Graphit	0,0000079	Silber	0,000020
Gusseisen	0,0000104	Stahl, weich	0,000012
Holz in Faserrichtung	0,000008	hart	0,0000117
Invarstahl, 36 % Ni	0,0000015	Tantal	0,0000065
Iridium	0,0000065	Titan	0,0000062
Kohle	0,000006	Wolfram	0,0000045
Konstantan	0,0000152	Zink	0,000036
Kupfer	0,0000165	Zinn	0,0000267

Volumenänderung durch Wärme:

$$V_2 = V_1 \pm V_1 \cdot \gamma \cdot \Delta\vartheta = V_1 \cdot (1 \pm \gamma \cdot \Delta\vartheta) \qquad \gamma \mathrel{\hat=} 3 \cdot \alpha$$

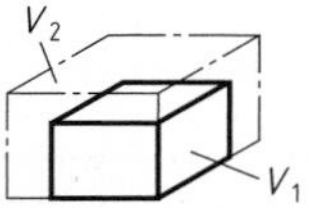

Volumenänderung durch Temperaturänderung: wichtig bei kompakten Festkörpern, Hohlkörpern und Flüssigkeiten (s. folgende Tabelle).

V_1	Ausgangsvolumen	m^3
V_2	Endvolumen	m^3
γ	thermischer Volumenausdehnungskoeffizient	$m^3/(m^3 \cdot K) = 1/K$
$\Delta\vartheta$	Temperaturdifferenz	K, °C
α	thermischer Längenausdehnungskoeffizient	m/(m · K) = 1/K

flüssiger Stoff (20 °C)	γ in $\frac{m^3}{m^3 \cdot K} = \frac{1}{K}$	flüssiger Stoff (20 °C)	γ in $\frac{m^3}{m^3 \cdot K} = \frac{1}{K}$
Ethanol	0,00110	Wasser	0,00018
Benzin	0,00100	Kochsalzlösung (NaCl)	
Glyzerin	0,00050	w(NaCl) = 4 %	0,00028
Petroleum	0,00092	w(NaCl) = 10 %	0,00037
Quecksilber	0,00018		
Terpentinöl	0,00100		

Wärmeträger (z. B. Antifrogen, s. Seite 102) und **Kältemittel:** Herstellerangaben beachten!

Wärmeausdehnung fester und flüssiger Stoffe (Fortsetzung)

Dichteänderung durch Wärme: (→ Dichte)

$$\frac{\varrho_1}{\varrho_2} = \frac{V_2}{V_1} \qquad \varrho = \frac{m}{V}$$

ϱ	Dichte	kg/m³
V	Volumen	m³
m	Masse	kg

Index 1: Anfangszustand
Index 2: Endzustand

Die Dichten fester und flüssiger Stoffe verändern sich bei Temperaturänderung umgekehrt wie ihre Volumen.

Dichte und → spezifisches Volumen von Wasser als Funktion der Wassertemperatur

ϑ °C	ϱ kg/m³	v dm³/kg	ϑ °C	ϱ kg/m³	v dm³/kg	ϑ °C	ϱ kg/m³	v dm³/kg	ϑ °C	ϱ kg/m³	v dm³/kg
Eis											
−50	890,0	1,1236	26	996,8	1,0032	56	985,2	1,0150	86	967,8	1,0333
± 0	917,0	1,0905	27	996,6	1,0034	57	984,6	1,0156	87	967,1	1,0340
Wasser			28	996,3	1,0037	58	984,2	1,0161	88	966,5	1,0347
			29	996,0	1,0040	59	983,7	1,0166	89	965,8	1,0354
± 0	999,8	1,0002	30	995,7	1,0043	60	983,2	1,0171	90	965,2	1,0361
1	999,9	1,0001	31	995,4	1,0046	61	982,6	1,0177	91	964,4	1,0369
2	999,9	1,0001	32	995,1	1,0049	62	982,1	1,0182	92	963,8	1,0376
3	999,9	1,0001	33	994,7	1,0053	63	981,5	1,0188	93	963,0	1,0384
4	**1000**	**1,0000**	34	994,4	1,0056	64	981,0	1,0193	94	962,4	1,0391
5	1000	1,0000	35	994,0	1,0060	65	980,5	1,0199	95	961,6	1,0399
6	1000	1,0000	36	993,7	1,0063	66	979,9	1,0205	96	961,0	1,0406
7	999,9	1,0001	37	993,3	1,0067	67	979,2	1,0211	97	960,2	1,0414
8	999,9	1,0001	38	993,0	1,0070	68	978,8	1,0217	98	965,6	1,0421
9	999,8	1,0002	39	992,7	1,0074	69	978,2	1,0223	99	958,9	1,0429
10	999,7	1,0003	40	992,3	1,0078	70	977,7	1,0228	100	958,1	1,0437
11	999,7	1,0003	41	991,9	1,0082	71	977,0	1,0235	105	954,5	1,0477
12	999,6	1,0004	42	991,5	1,0086	72	976,5	1,0241	110	950,7	1,0519
13	999,4	1,0006	43	991,1	1,0090	73	975,9	1,0247	115	946,8	1,0562
14	999,3	1,0007	44	990,7	1,0094	74	975,3	1,0253	120	942,9	1,0606
15	999,2	1,0008	45	990,2	1,0099	75	974,8	1,0259	130	934,6	1,0700
16	999,0	1,0010	46	989,9	1,0103	76	974,1	1,0266	140	925,8	1,0801
17	998,8	1,0012	47	989,4	1,0107	77	973,5	1,0272	150	916,8	1,0908
18	998,7	1,0013	48	988,9	1,0112	78	972,9	1,0279	160	907,3	1,1022
19	998,5	1,0015	49	988,4	1,0117	79	972,3	1,0285	170	897,3	1,1145
20	998,3	1,0017	50	988,0	1,0121	80	971,6	1,0292	180	886,9	1,1275
21	998,1	1,0019	51	987,6	1,0126	81	971,0	1,0299	190	876,0	1,1415
22	997,8	1,0022	52	987,1	1,0131	82	970,4	1,0305	200	864,7	1,1565
23	997,6	1,0024	53	986,6	1,0136	83	969,7	1,0312	220	840,3	1,1900
24	997,4	1,0026	54	986,2	1,0140	84	969,1	1,0319	250	799,2	1,2513
25	997,1	1,0029	55	985,7	1,0145	85	968,4	1,0326	300	712,2	1,4041

3

Dichte und spezifisches Volumen von Wasserdampf → Verdampfen, kondensieren

B Wasser mit $\vartheta_1 = 4\,°C$ und $V_1 = 2\ m^3$ wird auf $\vartheta_2 = 80\,°C$ erwärmt. Wie groß ist V_2 und wie groß ist der **mittlere thermische Volumenausdehnungskoeffizient** γ zwischen $\vartheta_1 = 4\,°C$ und $\vartheta_2 = 80\,°C$

$$\frac{\varrho_1}{\varrho_2} = \frac{V_2}{V_1} \rightarrow \boldsymbol{V_2} = V_1 \cdot \frac{\varrho_1}{\varrho_2} = 2\ m^3 \cdot \frac{1000\ kg/m^3}{971{,}6\ kg/m^3} = \mathbf{2{,}05846\ m^3}$$ (Volumenzunahme $\Delta V = 58{,}5\ l$!)

$$\Delta V = V_1 \cdot \gamma \cdot \Delta\vartheta \rightarrow \gamma = \frac{\Delta V}{V_1 \cdot \Delta\vartheta} = \frac{0{,}05846\ m^3}{2\ m^3 \cdot 76\ K} = \mathbf{0{,}0003846\ \frac{1}{K}} = \mathbf{0{,}0003846\ \frac{m^3}{m^3 \cdot K}}$$

Wärmeausdehnung fester und flüssiger Stoffe (Fortsetzung)

Thermischer Volumenausdehnungskoeffizient γ von Antifrogen L-Wasser-Mischungen

Quelle: DKV-Arbeitsblatt 2.06

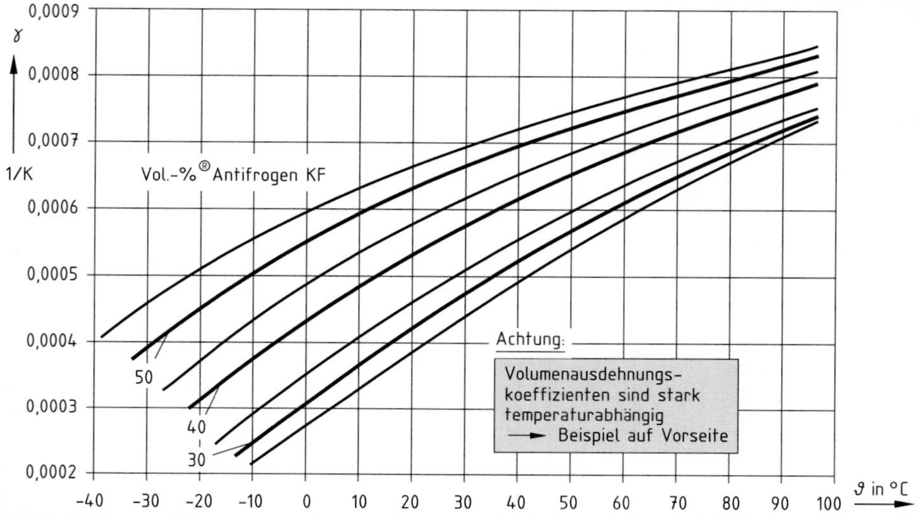

3

Thermischer Längenausdehnungskoeffizient von Schaumstoffen α in $\frac{m}{m \cdot K} = \frac{1}{K}$ bei 0 °C

Polystyrol Extruderschaumstoff	0,000070	Wärme und Schalldämmstoffe: Herstellerangaben beachten!
Polystyrol Partikelschaumstoff	0,000085	
Polyurethan-Hartschaumstoff	0,000050	
Polyvinylchlorid-Hartschaumstoff	0,000040	(→ Dämmkonstruktionen, Berechnung)

Wärmeausdehnung von Gasen und Dämpfen

Die Zustandsgrößen als absolute Größen:

Drücke und Temperaturen dürfen bei der Anwendung aller **Gasgesetze** nur als **absolute Größen** in die Rechnungen eingesetzt werden.

T, p_{abs} bzw. p — **Formelzeichen für absolute Temperatur und absoluten Druck**

Gasgesetze (→ Druck, Temperatur, Thermodynamische Zustandsänderungen)

$$\frac{p_1 \cdot V_1}{T_1} = \frac{p_2 \cdot V_2}{T_2} = \text{konst.}$$

Vereinigtes Gasgesetz

Index 1: Zustand 1; **Index 2:** Zustand 2

Bedingung: m **= konst.**

Die Gasgesetze gelten – streng genommen – nur für **ideale Gase**.

p	absoluter Druck	N/m^2, bar
V	Volumen	m^3
T	absolute Temperatur	K

Im vereinigten Gasgesetz sind die Gesetze von **Boyle-Mariotte** und **Gay-Lussac** enthalten, d. h. vereinigt.

ϱ Dichte kg/m^3

$$p_1 \cdot V_1 = p_2 \cdot V_2$$

$$\frac{\varrho_1}{\varrho_2} = \frac{p_1}{p_2} = \frac{V_2}{V_1}$$

$$\varrho_i = \varrho_n \cdot \frac{p_i}{p_n}$$

Gesetz von Boyle-Mariotte → T **= konst.**

Index n: Normzustand

Der **Druck** ist bei thermodynamischen Rechnungen stets als **absolute Größe** (p_{abs}; p) einzusetzen.

Wärmeausdehnung von Gasen und Dämpfen (Fortsetzung)

$\frac{V_1}{T_1} = \frac{V_2}{T_2} = \text{konst.}$	**1. Gesetz von Gay-Lussac → p = konst.**
$\frac{p_1}{T_1} = \frac{p_2}{T_2} = \text{konst.}$	**2. Gesetz von Gay-Lussac → V = konst.**

Allgemeine Zustandsgleichung der Gase

Normzustand und Gasdichte: (→ Luftdruck, Lufttemperatur)

$\varrho = \frac{m}{V}$	**Dichte**
$v = \frac{V}{m}$	**spezifisches Volumen**
$v \cdot \varrho = 1$	
$\varrho_i = \varrho_n \cdot \frac{p_i}{p_n} \cdot \frac{T_n}{T_i}$	**Gasdichte als Funktion von p und T**

ϱ	Dichte	kg/m^3
v	spezifisches Volumen	m^3/kg
V	Gas-(Dampf-)Volumen	m^3
m	Gas-(Dampf-)Masse	kg

Index i: beliebiger Zustand
Index n: Normzustand

ϱ_n	Normdichte (s. Tabelle unten)	kg/m^3

Das Produkt aus spezifischem Volumen und Dichte hat für einen bestimmten Stoff immer den Wert 1.

3

Spezifische Gaskonstante und allgemeine Zustandsgleichung:

$R_B = \frac{p \cdot v}{T} = \frac{p}{\varrho \cdot T}$	**spezifische Gaskonstante** (s. Tabelle unten)
$p \cdot V = m \cdot R_B \cdot T$	**allgemeine Zustandsgleichung**

Anmerkung: Die **spezifische Gaskonstante** wird auch **spezielle Gaskonstante** oder **individuelle Gaskonstante** genannt.

R_B	spezifische (spezielle bzw. individuelle) Gaskonstante	$J/(kg \cdot K)$
p	absoluter Druck	N/m^2, bar
v	spezifisches Volumen	m^3/kg
T	absolute Temperatur	K
ϱ	Dichte	kg/m^3
V	Volumen	m^3
m	Masse	kg

Thermodynamische Daten von Gasen und Dämpfen

Gas, Dampf	Formel bzw. chemisches Zeichen	Individuelle Gaskonstante R_B in $J/(kg \cdot K)$	Normdichte ϱ_n in kg/m^3	Spezifische Wärmekapazität bei 0 °C: c_p in $J/(kg \cdot K)$	c_v in $J/(kg \cdot K)$	Verhältnis der spez. Wärmekapazitäten $\varkappa = \frac{c_p}{c_v}$
Acetylen (Ethin)	C_2H_2	319,5	1,171	1,51	1,22	1,26
Ammoniak	NH_3	488,2	0,772	2,05	1,56	1,31
Argon	Ar	208,2	1,784	0,52	0,32	1,65
Chlorwasserstoff	HCl	228,0	1,642	0,81	0,58	1,40
Distickstoffmonoxid	N_2O	188,9	1,978	0,89	0,70	1,27
Ethan	C_2H_6	276,5	1,356	1,73	1,44	1,20
Ethylchlorid	C_2H_5Cl	128,9	2,880	1,005	0,718	1,16
Ethylen (Ethen)	C_2H_4	296,6	1,261	1,61	1,29	1,25
Helium	He	2077,0	0,178	5,24	3,16	1,66
Kohlenstoffdioxid	CO_2	188,9	1,977	0,82	0,63	1,30
Kohlenstoffmonoxid	CO	296,8	1,250	1,04	0,74	1,40
Luft (CO_2-frei)	–	287,1	1,293	1,00	0,72	1,40
Methan	CH_4	518,3	0,717	2,16	1,63	1,32
Methylchlorid	CH_3Cl	164,7	2,307	0,73	0,57	1,29
Sauerstoff	O_2	259,8	1,429	0,91	0,65	1,40
Schwefeldioxid	SO_2	129,8	2,931	0,61	0,48	1,27
Stickstoff	N_2	296,8	1,250	1,04	0,74	1,40
Stickstoffmonoxid	NO	277,1	1,340	1,00	0,72	1,39
Wasserstoff	H_2	4124,0	0,0899	14,38	10,26	1,41
Wasserdampf	H_2O	461,5	0,804	1,86	1,40	1,33

Wärmeausdehnung von Gasen und Dämpfen (Fortsetzung)

Während die **Gasgesetze** und die allgemeine **Zustandsgleichung** streng genommen **nur für ideale Gase** gelten, erfasst die **Zustandsgleichung von van der Waals** auch den **Zustand realer Gase**.

$$\left(p+\frac{a}{V^2}\right)\cdot(V-b)=m\cdot R_B\cdot T$$ **van der Waals'sche Zustandsgleichung** — a und b sind Stoffkonstanten, die auf den realen Zustand korrigieren.

Thermodynamische Daten für Wärmeträger und Kältemittel werden in der Praxis aus den stoffspezifischen Zustandsdiagrammen entnommen. Diese sind auf den realen Zustand korrigiert (→ Mollier-Diagramme).

Molare (stoffmengenbezogene) Zustände und Größen

Stoffmenge:

$n = 1\ \text{kmol} = 1000\ \text{mol}$ **Stoffmenge**

Eine Stoffmenge, die ebenso viele Teilchen enthält, wie 12,0 kg des Kohlenstoffnuklids ^{12}C, wird als **1 Kilomol** (kmol) bezeichnet.

(→ Basisgrößen)

Atommasse und Molekülmasse:

$1\,u = 1{,}6605655\cdot10^{-27}\ \text{kg}$ **atomare Masseneinheit**

$A_r = \frac{m_A}{u}$ **relative Atommasse** (früher **Atomgewicht**) (→ Periodensystem)

$M_r = \Sigma A_r = \frac{\Sigma m_A}{u}$ **relative Molekülmasse** (früher **Molekulargewicht**)

$m_M = \Sigma m_A = M_r\cdot u$ **Molekülmasse**

$M = \frac{m}{n}$ **molare Masse (Molmasse)**

$V_{mn} = \frac{M}{\varrho_n}$ **molares Normvolumen**

$N_A = \frac{M}{A_r\cdot u}$ bzw. $\frac{M}{M_r\cdot u}$ **Anzahl der Teilchen pro kmol**

$N_A = 6{,}022\cdot10^{26}\ \text{kmol}^{-1}$ **Avogadro-Konstante**

A_r	relative Atommasse	1
m_A	Masse des Atoms	kg
u	atomare Masseneinheit	kg
M_r	relative Molekülmasse	1
m_M	Masse des Moleküls	kg
M	molare Masse	kg/kmol
m	Masse	kg
n	Stoffmenge	kmol
V_{mn}	molares Normvolumen	m^3/kmol
ϱ_n	Normdichte	kg/m^3
N_A	Anzahl der Teilchen pro Kilomol (Avogradro-Konstante)	1/kmol

(→ Verunreinigungen)

Das molare Normvolumen V_{mn} beträgt im Normzustand für alle idealen Gase 22,4 m^3/kmol.

Stoffmengen verschiedener idealer Gase besitzen bei gleichen absoluten Drücken und gleichen absoluten Temperaturen gleiche Volumina.

$V_{mn} = 22{,}41383\ m^3/\text{kmol}$ **molares Normvolumen nach DIN 1343**

Universelle (molare, allgemeine) Gaskonstante: (→ Gasgesetze)

$$R = \frac{p\cdot V_m}{T} = M\cdot R_B = 8314{,}41\ \frac{\text{J}}{\text{kmol}\cdot\text{K}}$$ **universelle Gaskonstante**

$$R_B = \frac{R}{M}$$ **spezielle Gaskonstante**

R	universelle (molare) Gaskonstante	J/(kmol · K)
p	absoluter Druck	N/m^2, bar
V_m	molares Volumen	m^3/kmol
T	absolute Temperatur	K
M	molare Masse	kg/kmol
R_B	spezielle Gaskonstante	J/(kg · K)

B Kältemittel Ammoniak: $R_B = 488{,}2\ \text{J/(kg}\cdot\text{K)}$; $M = ?$

$$R_B = \frac{R}{M} \rightarrow \boldsymbol{M} = \frac{R}{R_B} = \frac{8314{,}41\ \text{J/(kmol}\cdot\text{K)}}{488{,}2\ \text{J/(kg}\cdot\text{K)}} = \mathbf{17{,}03\ kg/kmol}$$

Molare Massen von Kältemitteln: s. Herstellerangaben oder **DKV-Arbeitsblätter** 1.00–1.1, 1.00–1.2 und 1.00–1.3

Mischung idealer Gase (trockene Gasmischungen)

Gesetz von Dalton: (→ Feuchte Luft)

$$p = p_1 + p_2 + p_3 + \ldots + p_z$$ **Druck der Gasmischung**

$$V_i = V_1 + V_2 + V_3 + \ldots + V_z$$ **Volumen der Gasmischung**

$$m_i = m_1 + m_2 + m_3 + \ldots + m_z$$ **Masse der Gasmischung**

Der **Gesamtdruck** in einem Gasgemisch errechnet sich aus der **Summe aller Partialdrücke**, d.h. der Teildrücke (Gesetz von Dalton).

Unter dem **Partialdruck** (Teildruck) versteht man den Druck, den ein Gas (Dampf) ausüben würde, wenn es (er) im Raum der Gasmischung (V_i) alleine anwesend sein würde.

$$R_B = \frac{m_1}{m} \cdot R_{B1} + \frac{m_2}{m} \cdot R_{B2} + \ldots + \frac{m_z}{m} \cdot R_{Bz}$$ **spezielle Gaskonstante einer Gasmischung**

$$v = \frac{R_B \cdot T}{p}$$ **spezifisches Volumen der Mischung**

$$\varrho = \frac{p}{R_B \cdot T}$$ **Dichte der Mischung**

R_B	→ spezielle Gaskonstante	J/(kg · K)
$m_1 \ldots m_z$	Teilmassen	kg
m	Gesamtmasse	kg
v	spezifisches Volumen	m³/kg
ϱ	Dichte	kg/m³
p	absoluter Druck	N/m², bar
T	absolute Temperatur	K

3

Indizes 1, 2, ..., z:
Bezeichnung der einzelnen Bestandteile.

Ermittlung der Partialdrücke: (→ Feuchte Luft)

$$p_z = p \cdot \frac{m_z}{m} \cdot \frac{R_{Bz}}{R_B} = p \cdot w_z \cdot \frac{R_{Bz}}{R_B}$$

$$p_z = p \cdot \frac{V_z}{V_i} = p \cdot \varphi_z$$

Index z: Bezeichnung des Bestandteils

p_z	Partialdruck	N/m², bar
p	Gesamtdruck	N/m², bar
m	Masse	kg
R_B	spezielle Gaskonstante	J/(kg · K)
w	→ Massenanteil	1
φ	→ Volumenanteil	1

B Der Massenanteil von Wasserdampf [$R_{BD} = 461{,}5$ Nm/(kg · K)] ist $w_z = 0{,}012$.
Wie groß ist bei $R_{B\,Luft} = 287{,}1$ Nm/(kg · K) der Wasserdampfpartialdruck p_{zD} bei $p = p_n$?

$$\boldsymbol{p_{zD}} = p_n \cdot w_z \cdot \frac{R_{BD}}{R_{B\,Luft}} = 101325\ \text{Pa} \cdot 0{,}012 \cdot \frac{461{,}5\ \text{Nm/(kg}\cdot\text{K)}}{287{,}1\ \text{Nm/(kg}\cdot\text{K)}} = 1954{,}5\ \text{Pa} \approx \mathbf{19{,}6\ hPa}$$

Diffusion

Freie Diffusion: (→ Verunreinigungen)

Unter dem Begriff der **Diffusion** werden alle Vorgänge zusammengefasst, bei denen Teilchen eines Stoffes infolge der **Molekularbewegung** in einen anderen Stoff eindringen.

$$i = D \cdot \frac{\varrho_0 - \varrho_1}{h_1 - h_0}$$

$$i = \frac{D}{R_B \cdot T} \cdot \frac{p_0 - p_1}{h_1 - h_0}$$

Diffusionsstromdichte (→ Wasserdampfdiffusion)

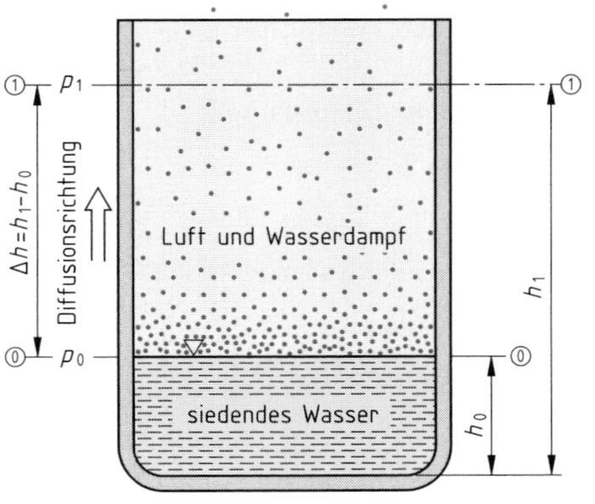

Stoffpaare	Diffusionskoeffizient D (bei ϑ_n, p_n) in m²/h
Wasserdampf/Luft	0,08
Wasserstoff/Luft	0,228
Stickstoff/Sauerstoff	0,061
Sauerstoff/Kohlenstoffdioxid	0,065
Glyzerin/Wasser	$0{,}28 \cdot 10^{-6}$
Kochsalz/Wasser	$0{,}46 \cdot 10^{-5}$

i	Diffusionsstromdichte	kg/(m² · h)
D	Diffusionskoeffizient → nebenstehende Tabelle	m²/h
ϱ	Dichte	kg/m³
h	Höhe (Schichtdicke, Diffusionsstrecke)	m

Diffusion (Fortsetzung)

Index 0: unteres Niveau **Index 1:** oberes Niveau

$s = h_1 - h_0$ **Schichtdicke**

R_B	spezifische Gaskonstante	J/(kg · K)
T	absolute Temperatur	K
p	Partialdruck	N/m², bar

Die **Diffusionsrichtung** entspricht bei Gasen dem **Druckgefälle** und bei Dämpfen dem **Partialdruckgefälle**

Diffusion durch Wände:

$$i = \frac{D}{R_B \cdot T \cdot \mu} \cdot \frac{p_0 - p_1}{s}$$ **Diffusionsstromdichte durch eine einschichtige Wand**

$$i = \frac{D}{R_B \cdot T} \cdot \frac{p_0 - p_1}{\Sigma(\mu \cdot s)}$$ **Diffusionsstromdichte durch eine mehrschichtige Wand**

i	Diffusionsstromdichte	kg/(m² · h)
D	Diffusionskoeffizient (s. Tabelle Seite 105)	m²/h
R_B	spezifische Gaskonstante	J/(kg · K)
T	absolute Temperatur	K
μ	Diffusionswiderstandsfaktor (→ nebenstehende Tabelle)	1
p	Partialdruck	N/m², bar
s	Schichtdicke der Wand	m

poröse Schicht aus	Wasserdampfdiffusions-widerstandsfaktor μ
Al-Folie	300000
PVC-Folie	100000
Polyurethan-Folie	30000
Schaumglas	1000000
geschäumt:	
Polystyrol	20 bis 100
Polyurethan	30 bis 100
PVC	170 bis 320

Der **Diffusionswiderstandsfaktor** μ ist nicht nur vom Stoff, durch den die Diffusion erfolgt, sondern auch vom hindurchdiffundierenden Stoff abhängig. Nebenstehende Tabelle zeigt **μ-Werte** bezüglich der **Wasserdampfdiffusion**. In diesem Fall spricht man vom **Wasserdampfdiffusionswiderstandsfaktor.**

μ-Werte für Sperrschichtmaterialien (Dampfsperren bzw. Dampfbremsen) erhält man vom Hersteller (→ Wasserdampfdiffusion).

3

Wärmekapazität fester und flüssiger Stoffe

Spezifische Wärmekapazität (spezifische Wärme): (s. Tabellen Seite 103 und 107)

Unter der spezifischen Wärmekapazität c versteht man diejenige Wärmemenge in kJ, die man benötigt, um 1 kg eines festen oder flüssigen Stoffes um die Temperaturdifferenz 1 K ≙ 1 °C zu erwärmen.

$$[c] = \frac{\textbf{kJ}}{\textbf{kg} \cdot \textbf{K}} = \frac{\textbf{kJ}}{\textbf{kg} \cdot {}^\circ\textbf{C}}$$

(→ Britische Einheiten, US-Einheiten)

Die spezifische Wärmekapazität c ist (meist stark) von der Temperatur abhängig.

Bei genauen Rechnungen innerhalb eines Temperaturbereiches muss mit der **mittleren spezifischen Wärme** c_m gerechnet werden.

Grundgesetz der Wärmelehre:

$Q = m \cdot c \cdot \Delta\vartheta$ **Wärmemenge**

Kalorimeter:

Unter **Kalorimetrie** versteht man das Teilgebiet der Wärmelehre, welches sich mit der **Messung von Wärmemengen** befasst.

Q	Wärmemenge	kJ
m	Masse	kg
c	spezifische Wärmekapazität	kJ/(kg · K)
$\Delta\vartheta$	Temperaturdifferenz	K, °C
m	Masse	kg
c	spezifische Wärmekapazität	kJ/(kg · K)
Q	Wärmemenge	kJ
C	Wärmekapazität	kJ/K

Wärmekapazität des Kalorimeters:

$C = \Sigma(m \cdot c) = m_{Rührer} \cdot c_{Rührer} + m_{Therm} \cdot c_{Therm} + \ldots$

In der Wärmekapazität eines Kalorimeters ist die Kalorimeterfüllung (meist Wasser) nicht berücksichtigt.

$Q_{Kal} = C \cdot \Delta\vartheta$ **vom Kalorimeter aufgenommene Wärme**

B $m = 3$ kg; $c = 0{,}46$ kJ/(kg · K); $\Delta\vartheta = 300$ °C; $Q = ?$
$Q = m \cdot c \cdot \Delta\vartheta = 3\text{ kg} \cdot 0{,}46\text{ kJ/(kg} \cdot \text{K)} \cdot 300\text{ K}$
$\boldsymbol{Q}$ **= 414 kJ**

B $C = 0{,}06$ kJ/K; $\Delta\vartheta = 22$ °C; $Q_{Kal} = ?$
$\boldsymbol{Q_{Kal}} = C \cdot \Delta\vartheta = 0{,}06\text{ kJ/K} \cdot 22\text{ K} =$ **1,32 kJ**

Wärmekapazität fester und flüssiger Stoffe (Fortsetzung)

Spez. Wärme (s. auch Tabelle Seite 103); Spez. Schmelzwärme; Spez. Verdampfungswärme

Stoff	Spez. Wärmekapazität c in kJ/(kg · K) zwischen 0 und 100°C	Spez. Schmelzwärme q in kJ/kg bei Normalluftdruck*)	Spez. Verdampfungswärme r in kJ/kg bei Normalluftdruck*)
Aluminium	0,896	396,07	11723
Ammoniak	2,219 (c_p)	339,13	1369
Antimon	0,206	164,96	1256
Blei	0,127	24,79	921
Chlor	0,481	188,40	260
Eisen, rein	0,460	272,14	6364
Ethanol	2,415	108,02	858
Gold	0,130	64,48	1758
Helium	5,275 (c_p)	–	25
Kadmium (Cadmium)	0,234	54,43	1005
Kalium	0,758	65,7	2051,5
Kobalt (Cobalt)	0,427	268	6489,5
Kohlenstoffdioxid	0,846 (c_p)	184,2	572,8
Konstantan	0,419	–	–
Kupfer	0,385	204,8	4647,3
Luft	1,009 (c_p)	–	–
Magnesium	1,047	372,6	5652,2
Mangan	0,469	251,2	4186,8
Maschinenöl	1,675	–	–
Messing	0,389	167,5	–
Natrium	1,218	114,7	4186,8
Nickel	0,431	299,8	6196,5
Paraffin	2,135	146,5	–
Platin	0,131	111,4	2512
Porzellan	0,795	–	–
Quecksilber	0,138	11,8	284,7
Sauerstoff	0,913 (c_p)	13,8	213,5
Schwefeldioxid	0,632 (c_p)	–	401,9
Silber	0,251	104,7	2177,1
Terpentinöl	1,800	–	293,1
Toluol	1,750	–	347,5
Trichlormethan	1,005	79,5	247
Wachs	3,433	175,8	–
Wasser	4,180	333,7	2256,2
Dampf	2,010 (c_p)	–	–
Eis	2,093	–	–
Wasserstoff	14,268 (c_p)	–	467,2
Wismut (Bismut)	0,124	52,3	837,4
Wolfram	0,134	192,6	4814,8
Ziegelstein	0,837	–	–
Zink	0,385	104,7	1800,3
Zinn	0,226	58,6	2595,8

*) $p_n = 1013\,\text{hPa}$

3

Mischungsregel:

$$Q_{ab} = Q_{auf}$$ **Mischungsregel**

$$\vartheta_m = \frac{\Sigma(m_i \cdot c_i \cdot \vartheta_i)}{\Sigma(m_i \cdot c_i)}$$ **Mischungstemperatur**

$$\vartheta_m = \frac{m_1 \cdot c_1 \cdot \vartheta_1 + m_2 \cdot c_2 \cdot \vartheta_2}{m_1 \cdot c_1 + m_2 \cdot c_2}$$ **ϑ_m für zwei Stoffe**

Index i: für beliebig viele Stoffe

Q_{ab}	von einem Körper oder einem Körpersystem abgegebene Wärme	J, kJ
Q_{auf}	von einem Körper oder einem Körpersystem aufgenommene Wärme	J, kJ
ϑ_m	Mischungstemperatur	°C
m	Masse	kg
c	spezifische Wärmekapazität	kJ/(kg · K)
ϑ	Temperatur	K, °C

TP Wärmelehre

Wärmekapazität fester und flüssiger Stoffe (Fortsetzung)

$$c_1 = \frac{(C + m_2 \cdot c_2) \cdot (\vartheta_m - \vartheta_2)}{m_1 \cdot (\vartheta_1 - \vartheta_m)}$$

mit Kalorimeter ermittelte spezifische Wärmekapazität

C Wärmekapazität des Kalorimeters kJ/K
Index 1: zu untersuchender, in das Kalorimetergefäß eingebrachter Stoff
Index 2: Wasserfüllung

Brennwert und Heizwert

$$H_u = H_0 - r \cdot w_{H_2O}$$

spezifischer Heizwert fester und flüssiger Brennstoffe

$$H_{u,n} = H_{o,n} - r \cdot \varphi_{H_2O}$$

spezifischer Heizwert gasförmiger Brennstoffe

$$Q = m \cdot H_u$$

$$Q = V \cdot H_{u,n}$$

Nutzbare Wärmeenergie (Verbrennungswärme) fester und flüssiger bzw. gasförmiger Brennstoffe

heutige Bezeichnung (nach DIN)	frühere Bezeichnung
spez. Brennwert H_o	oberer Heizwert H_o
spez. Heizwert H_u	unterer Heizwert H_u

H_u, $H_{u,n}$	spezifischer Heizert	kJ/kg, kJ/m_n^3
H_o, $H_{o,n}$	spezifischer Brennwert	kJ/kg, kJ/m_n^3
r	Verdampfungswärme von Wasser	kJ/kg
Q	nutzbare Wärmeenergie	kJ
m	Masse	kg
V	Volumen	m^3
w_{H_2O}	Massenanteil des Wassers	1
φ_{H_2O}	Volumenanteil des Wassers	1

Der spezifische Heizwert H_u ist um den Betrag der spezifischen Verdampfungswärme r des Wasseranteils kleiner als der spezifische Brennwert H_o. Beim Verbrennen der Brennstoffe ist also nur der spezifische Heizwert H_u nutzbar.

Dies erklärt die frühere Bezeichnungsweise gemäß der nebenstehenden Tabelle.
Index n: Gas im Normzustand
(→ Massenanteil, Volumenanteil)

3

Ausgewählte Werte für den spezifischen Brennwert und den spezifischen Heizwert

Brennstoff	H_o in $\frac{kJ}{kg}$ bzw. $H_{o,n}$ in $\frac{kJ}{m^3}$	H_u in $\frac{kJ}{kg}$ bzw. $H_{u,n}$ in $\frac{kJ}{m^3}$
feste Brennstoffe:	Je nach Wassergehalt, um den Betrag der zur Verdampfung dieses Wassers erforderlichen Wärme größer als H_u	
reiner Kohlenstoff		33800
Steinkohle		30000 bis 35000
Koks		27000 bis 30000
Braunkohle		8000 bis 11000
Brikett		17000 bis 21000
Torf		10000 bis 15000
Holz		9000 bis 15000
flüssige Brennstoffe:		
Heizöl EL	45400	42700
Heizöl M	43100	41000
Heizöl S	42300	40200
Benzin	46700	42500
Benzol	41940	40230
Dieselöl	44800	41640
Petroleum	42900	40800
Methanol	23840	21090
gas- und dampfförmige Brennstoffe:		
Hochofengichtgas	4080	3980
Koksofengas	19670	17370
Erdgas Typ L	35150	31950
Erdgas Typ H	41100	37500
Methan	39850	35790
Propan	100890	92890
Propan + Luft (1 : 4,5)	18000	16740
n-Butan	133870	123650
Wasserstoff	141800	119970

Schmelzen und Erstarren

Chemisch einheitliche Stoffe

Chemisch einheitliche Stoffe schmelzen bei konstanter Temperatur, dem **Schmelzpunkt**. Die während dem Schmelzen zugeführte Wärmemenge ist eine **latente Wärme**.

Stoff	Schmelzpunkt bei p_n in °C
Aluminium	658
Blei	327
Eisen, rein	1527
Gold	1063
Kupfer	1083
Nickel	1455
Quecksilber	−39
Schwefel	115
Titan	1690
Wasser	0
Wolfram	3380
Zink	419
Zinn	232

$Q = m \cdot q$ **Schmelzwärme** bzw. **Erstarrungswärme**

Werte für die spezifische Schmelzwärme *q*: (s. Tabellen Seiten 107 und 110)

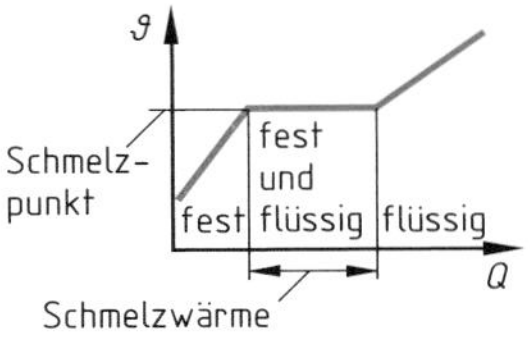

Der Schmelzpunkt eines Stoffes (→ nebenstehende Tabelle) ist druckabhängig. Er bezieht sich auf den Normalluftdruck p_n.

Erstarrungstemperatur (Erstarrungspunkt) und **Schmelztemperatur** eines Stoffes sind gleich.

Q	Schmelzwärme bzw. Erstarrungswärme	kJ
m	Masse	kg
q	spezifische Schmelzwärme	kJ/kg

Die spezifische Schmelzwärme wird benötigt, um 1 kg eines bestimmten Stoffes **bei Schmelztemperatur** zu schmelzen.

Stoffmischungen (→ Luftzusammensetzung)

Feste Lösungen:
(→ Diagramme und Nomogramme, Kältemittel)

Das Zustandsdiagramm zeigt eine typische „Zigarrenform" (entsprechend der **nicht azeotropen Kältemittel**). Nebenstehendes Bild zeigt dies am Beispiel einer Kupfer-Nickel-Legierung.

Stoffmischungen (z.B. Legierungen) erstarren bzw. schmelzen – abhängig von der Konzentration – in einem **Temperaturbereich**.

Eutektische Mischungen:
(→ Diagramme und Nomogramme, Kältemittel)

Bei den eutektischen Mischungen handelt es sich meist um **eutektische Legierungen** oder um **Lösungen**. Nebenstehendes Bild zeigt z. B. das **Lösungsdiagramm** einer Kochsalzlösung (entsprechend der **azeotropen Kältemittel**). Man erkennt:

Eutektische Mischungen schmelzen und erstarren ebenfalls – abhängig von der Konzentration – in einem **Temperaturbereich**. Nur im **eutektischen Punkt**, dem **Eutektikum**, liegt – wie bei chemisch reinen Stoffen – ein Schmelzpunkt vor.

$Q = m \cdot q$ **Schmelzwärme** bzw. **Erstarrungswärme der eutektischen Masse**

$$[Q] = [m] \cdot [q] = \text{kg} \cdot \frac{\text{kJ}}{\text{kg}} = \textbf{kJ}$$

Eutektische Massen werden zur Kühlung verwendet, z. B. in Beuteln abgefüllt. Man spricht von **eutektischen Kältespeichern**.
***q*-Werte:** Tabellen Seite 107 und 110.

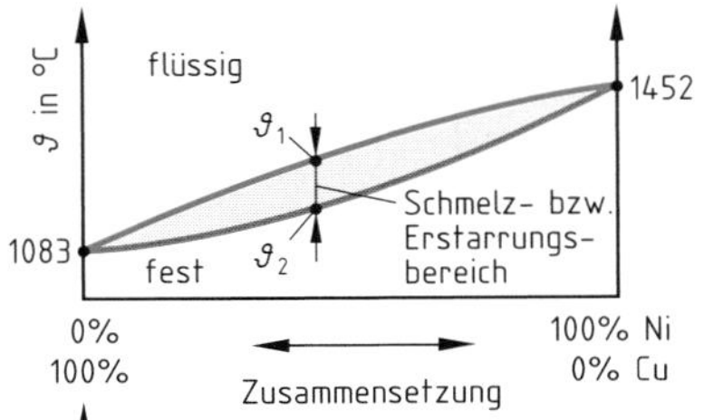

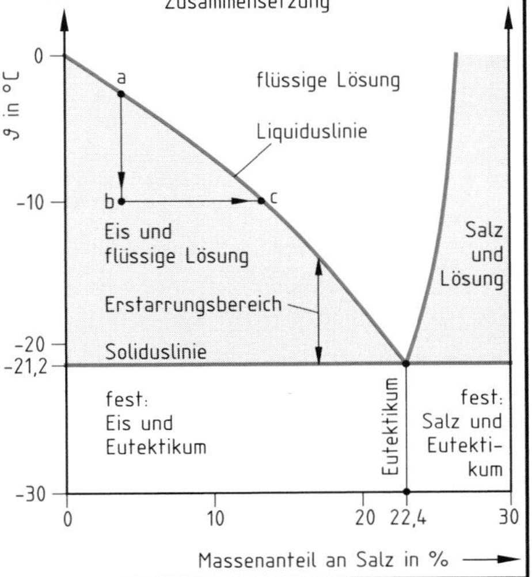

3

3

Schmelzen und Erstarren (Fortsetzung)

Werte ausgewählter eutektischer Massen

Stoff	eutektische Zusammensetzung (Massenanteil in %)	Schmelz- bzw. Erstarrungstemperatur	spez. Schmelzwärme q des Eutektikums in kJ/kg
Kaliumchlorid	19,7	−11,1	303
Ammoniumchlorid	18,7	−15,8	310
Natriumnitrat	36,9	−18,5	244
Natriumchlorid	22,4	−21,2	235

Verdampfen, Kondensieren, Sublimieren

Verdampfungstemperatur und Verdampfungsdruck:

Die **Dampfdruckkurven** (nebenstehendes Bild) zeigen:

Verdampfungstemperatur ϑ_s, d. h. der **Siedepunkt** und **Verdampfungsdruck** p_s sind voneinander abhängig.

Stoff	Siedepunkt bei 1,01325 bar in °C
Alkohol (Ethanol)	78,3
Aluminium	2270,0
Ammoniak NH_3	−33,4
Benzol	80,1
Helium	−268,9
Kupfer	2330,0
Luft	−192,3
Quecksilber	357,0
Wasser	100,0
Wolfram	5530,0

Oben stehende Tabelle zeigt für einige Stoffe die **Siedepunkte bei Normalluftdruck** p_n.

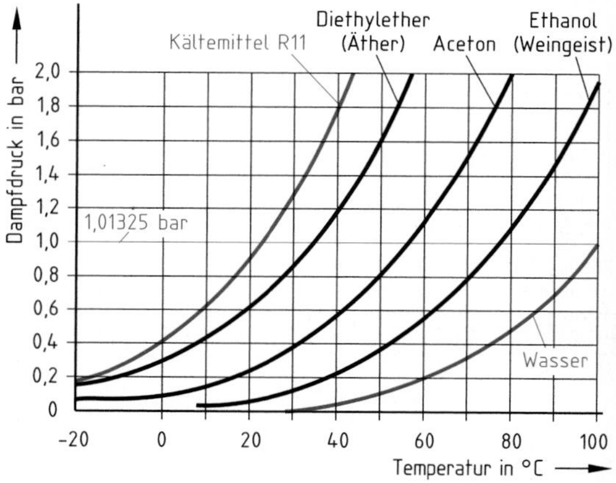

Die Abhängigkeit der Verdampfungstemperatur vom Verdampfungsdruck ist sog. **Dampftafeln** zu entnehmen, für **Wasserdampf** den **VDI-Wasserdampftafeln** (→ Wasserdampftafel)

Tabellen für Kältemittel: vom Hersteller oder DKV-Arbeitsblätter. Dort ist $\boldsymbol{\vartheta_s = t}$ und $\boldsymbol{p_s = p}$ (s. Beispiel Seite 111)

Verdampfungs- und Kondensationswärme:

$$Q = m \cdot r$$

Verdampfungswärme, Kondensationswärme

Q	Verdampfungs- bzw. Kondensationswärme	kJ
m	Masse	kg
r	spezifische Verdampfungswärme	kJ/kg

Die **Kondensationswärme** wird beim Kondensieren von Dampf an die Umgebung abgegeben und entspricht in ihrem Betrag der **Verdampfungswärme**.
Ebenso gilt: **Siedepunkt = Kondensationspunkt**

r-Werte: Tabelle Seite 107. Für **Kältemittel** in den Dampftafeln (z. B. Seite 111)

Die Wärmemenge, die man benötigt, um 1 kg eines bestimmten Stoffes ohne Temperaturerhöhung zu verdampfen, heißt **spezifische Verdampfungswärme** r.

Sublimation:

$$Q = m \cdot \sigma$$

Sublimationswärme

Q	Sublimationswärme	kJ
m	Masse	kg
σ	spezifische Sublimationswärme	kJ/kg

Unter **Sublimation** versteht man den unmittelbaren Übergang eines Stoffes aus dem festen in den gasförmigen Zustand, und zwar bei konstanter Temperatur unter Aufnahme von Wärmeenergie aus der Umgebung.

Für Trockeneis (CO_2) ist die Sublimationstemperatur −78,5 °C (bei p_n), σ = 565 kJ/kg.

Verdampfen, Kondensieren, Sublimieren (Fortsetzung)

Das Druck, Enthalpie-Diagramm:

Unter der **Enthalpie** versteht man die in einem Stoff gespeicherte Wärmeenergie, d. h. den **Wärmeinhalt**.

Unter der **spezifischen Enthalpie** h versteht man den Wärmeinhalt pro Kilogramm Stoffmasse.

Der **kritische Punkt** K unterteilt die das **Nassdampfgebiet** umgebende Linie in die **rechte Grenzkurve** und in die **linke Grenzkurve**.

Die **Druckachse** in Bild 1 ist logarithmisch geteilt. Deshalb nennt man das Druck, Enthalpie-Diagramm auch **log *p*, *h*-Diagramm**.

$r = h'' - h'$ **spezifische Verdampfungswärme**

(→ log p, h-Diagramm)

Neben stehendes Bild zeigt:

Die spezifische Verdampfungswärme ist druckabhängig und damit auch temperaturabhängig.

Daten für Kältemittel:
Hersteller oder DKV-Arbeitsblätter.

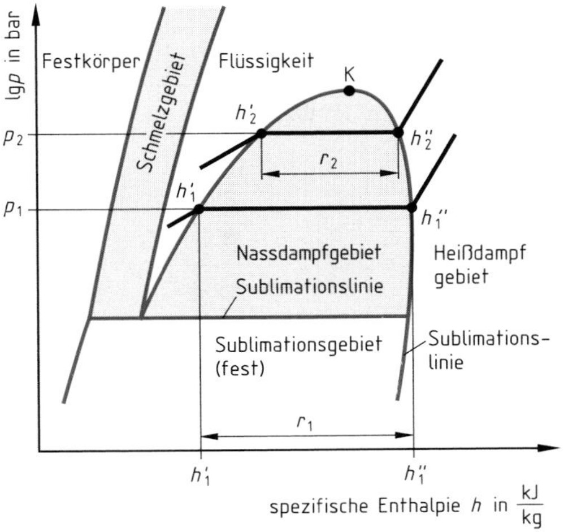

r spez. Verdampfungswärme kJ/kg
h' spez. Enthalpie an der linken Grenzkurve kJ/kg
h'' spez. Enthalpie an der rechten Grenzkurve kJ/kg

3

Beispiel: DKV-Arbeitsblatt 1.02 (Auszug) $\vartheta_s \mathrel{\hat=} t$, $p_s \mathrel{\hat=} p$ **Propan (R 290)**

Temp.	Druck	Spez. Volumen		Dichte		spez. Enthalpie		Verdampfungs-Enthalpie	spez. Entropie	
		Flüssigkeit	Dampf	Flüssigkeit	Dampf	Flüssigkeit	Dampf		Flüssigkeit	Dampf
ϑ, t	p	v'	v''	ϱ'	ϱ''	h'	h''	r	s'	s''
°C	bar	dm³/kg	dm³/kg	kg/m³	kg/m³	kJ/kg	kJ/kg	kJ/kg	kJ/(kg · K)	kJ/(kg · K)
−65	0,3241	1,6476	1189,8299	606,9357	0,8405	49,73	498,11	448,38	0,3771	2,5314
−64	0,3427	1,6506	1130,0715	605,8421	0,8849	51,88	499,31	447,42	0,3874	2,5269
−63	0,3620	1,6536	1073,9157	604,7463	0,9312	54,04	500,50	446,46	0,3977	2,5224
−62	0,3823	1,6566	1021,1120	603,6484	0,9793	56,20	501,70	445,50	0,4079	2,5180
−61	0,4034	1,6596	971,4298	602,5481	1,0294	58,36	502,90	444,53	0,4181	2,5137
−60	0,4255	1,6627	924,6561	601,4455	1,0815	60,53	504,09	443,56	0,4283	2,5095
−59	0,4485	1,6657	880,5943	600,3406	1,1356	62,71	505,29	442,58	0,4385	2,5054
−58	0,4725	1,6688	839,0626	599,2333	1,1918	64,88	506,49	441,60	0,4486	2,5014
−57	0,4976	1,6719	799,8931	598,1235	1,2502	67,07	507,69	440,62	0,4587	2,4974
−56	0,5236	1,6750	762,9302	597,0112	1,3107	69,25	508,88	439,63	0,4688	2,4936
−55	0,5508	1,6781	728,0300	595,8965	1,3736	71,44	510,08	438,64	0,4788	2,4898
−54	0,5790	1,6813	695,0591	594,7791	1,4387	73,64	511,28	437,64	0,4888	2,4861
−53	0,6084	1,6845	663,8938	593,6591	1,5063	75,84	512,48	436,64	0,4988	2,4824
−52	0,6389	1,6877	634,4193	592,5365	1,5762	78,04	513,68	435,64	0,5088	2,4789
−51	0,6706	1,6909	606,5292	591,4112	1,6487	80,25	514,87	434,63	0,5187	2,4754
−50	0,7036	1,6941	580,1245	590,2831	1,7238	82,46	516,07	433,61	0,5286	2,4720
−49	0,7378	1,6974	555,1131	589,1522	1,8014	84,67	517,27	432,60	0,5385	2,4687
−48	0,7734	1,7006	531,4096	588,0184	1,8818	86,89	518,47	431,57	0,5484	2,4654
−47	0,8102	1,7039	508,9342	586,8817	1,9649	89,12	519,66	430,54	0,5582	2,4622
−46	0,8484	1,7072	487,6130	585,7421	2,0508	91,35	520,86	429,51	0,5680	2,4591
−45	0,8881	1,7106	467,3766	584,5994	2,1396	93,59	522,06	428,47	0,5778	2,4561

Diese Tabelle ist ein Auszug aus dem **Nassdampfgebiet. Ebenso gibt es Dampftafeln für das Heißdampfgebiet**. (**DKV**: Deutscher Kälte- und Klimatechnischer Verein).

Verdampfen, Kondensieren, Sublimieren (Fortsetzung)

Beispiel für Heißdampf (überhitzter Bereich) des Kältemittels **Propan (R 290)**
Auszug aus **DKV-Arbeitsblatt 1.02** (02.96)

Kältemittel-Dampftafeln sind bei den Herstellern erhältlich oder als DKV-Arbeitsblatt zu erwerben.

Temp. ϑ, t °C	Spez. Volumen v dm³/kg	Dichte ϱ kg/m³	Spez. Enthalpie h kJ/kg	Spez. Entropie s kJ/(kg · K)	Temp. ϑ, t °C	Spez. Volumen v dm³/kg	Dichte ϱ kg/m³	Spez. Enthalpie h kJ/kg	Spez. Entropie s kJ/(kg · K)
−68 °C (0,273 bar)					−64 °C (0,343 bar)				
−68	1393,5552	0,7176	494,525	2,546	−64	1130,0715	0,8849	499,305	2,527
−65	1415,0519	0,7067	498,492	2,565	−60	1153,0699	0,8673	504,680	2,552
−60	1450,7875	0,6893	505,167	2,597	−55	1181,7178	0,8462	511,468	2,584
−55	1486,4055	0,6728	511,923	2,628	−50	1210,2647	0,8263	518,337	2,615
−50	1521,9264	0,6571	518,763	2,659	−45	1238,7198	0,8073	525,290	2,646
−45	1557,3562	0,6421	525,690	2,690	−40	1267,0972	0,7892	532,331	2,676
−40	1592,7074	0,6279	532,707	2,720	−35	1295,4021	0,7720	539,461	2,707
−35	1627,9886	0,6143	539,816	2,750	−30	1323,6439	0,7555	546,684	2,737
−30	1663,2107	0,6012	547,019	2,780	−25	1351,8292	0,7397	554,001	2,766
−25	1698,3741	0,5888	554,318	2,810	−20	1379,9640	0,7247	561,415	2,796
−20	1733,4876	0,5769	561,715	2,839	−15	1408,0534	0,7102	568,927	2,825
−15	1768,5561	0,5654	569,212	2,869	−10	1436,1018	0,6963	576,540	2,855
−10	1803,5840	0,5545	576,811	2,898	− 5	1464,1132	0,6830	584,254	2,884
− 5	1838,5753	0,5439	584,512	2,927	0	1492,0912	0,6702	592,072	2,912
0	1873,5333	0,5338	592,317	2,956	5	1520,0410	0,6579	599,993	2,941
5	1908,4612	0,5240	600,228	2,984	10	1547,9610	0,6460	608,021	2,970
10	1943,3617	0,5146	608,245	3,013	15	1575,8558	0,6346	616,154	2,998
−66 °C (0,306 bar)					−62 °C (0,382 bar)				
−66	1253,4623	0,7978	496,914	2,536	−62	1021,1120	0,9793	501,698	2,518
−65	1259,8770	0,7937	498,243	2,543	−60	1031,4635	0,9695	504,400	2,531
−60	1291,8911	0,7741	504,935	2,574	−55	1057,2651	0,9458	511,206	2,562
−55	1323,7875	0,7554	511,706	2,606	−50	1082,9650	0,9234	518,092	2,594
−50	1355,5857	0,7377	518,560	2,637	−45	1108,5743	0,9021	525,061	2,624
−45	1387,2924	0,7208	525,500	2,667	−40	1134,1020	0,8818	532,115	2,655
−40	1418,9200	0,7048	532,528	2,698	−35	1159,5583	0,8624	539,258	2,685
−35	1450,4798	0,6894	539,647	2,728	−30	1184,9511	0,8439	546,492	2,715
−30	1481,9747	0,6748	546,859	2,758	−25	1210,2870	0,8263	553,820	2,745
−25	1513,4135	0,6608	554,167	2,788	−20	1235,5721	0,8093	561,243	2,775
−20	1544,8021	0,6473	561,572	2,817	−15	1260,8132	0,7931	568,764	2,804
−15	1576,1454	0,6345	569,076	2,847	−10	1286,0115	0,7776	576,385	2,833
−10	1607,4480	0,6221	576,682	2,876	− 5	1311,1727	0,7627	584,107	2,863
− 5	1638,7138	0,6102	584,389	2,905	0	1336,3002	0,7483	591,931	2,891
0	1669,9462	0,5988	592,200	2,934	5	1361,3972	0,7345	599,859	2,920
5	1701,1484	0,5878	600,116	2,963	10	1386,4665	0,7213	607,892	2,949
10	1732,3230	0,5773	608,138	2,991	15	1411,5104	0,7085	616,031	2,977

Verdampfen, Kondensieren, Sublimieren (Fortsetzung)

Wasserdampftafel für den Sättigungszustand (Sattdampf) (→ Dampfdruckkurve)

Abs. Druck	Über-druck	Satt-dampf	Spez. Volumen Wasser	Spez. Volumen Dampf	Dichte Dampf	Wärmeinhalt Wasser		Wärmeinhalt Dampf		Verdampfungs-wärme	
p_{abs} bar	p_e bar	ϑ_S °C	v' dm^3/kg	v'' m^3/kg	ϱ'' kg/m^3	h' kJ/kg	h' Wh/kg	h'' kJ/kg	h'' Wh/kg	r kJ/kg	r Wh/kg
0,01	Unter-	7,0	1,0001	129,2	0,0077	29,3	8,1	2514	698,4	2485	690,3
0,05	druck	32,9	1,0052	28,19	0,0355	137,8	38,3	2562	711,6	2424	673,3
0,1		45,8	1,0102	14,67	0,0681	191,8	53,3	2585	718,0	2393	664,7
0,2		60,1	1,0172	7,65	0,1307	251,5	69,9	2610	725,0	2358	655,1
0,3		69,1	1,0223	5,229	0,1912	289,3	80,4	2625	729,3	2336	648,9
0,5		81,3	1,0301	3,240	0,3086	340,6	94,6	2646	735,0	2305	640,4
0,7		90,0	1,0361	2,365	0,4229	376,8	104,7	2660	738,9	2283	634,3
0,9		96,7	1,0412	1,869	0,5350	405,2	112,6	2671	741,9	2266	629,3
1,0	0	99,6	1,0434	1,694	0,5904	417	115,8	2675	743,2	2258	627,2
1,0132	0,0132	**100**	1,0437	1,673	0,5977	419,1	116,4	2676	743,3	2257	626,9
1,1	0,1	102,3	1,0455	1,549	0,6455	429	119,2	2680	744,4	2251	625,3
1,2	0,2	104,8	1,0476	1,428	0,7002	439	121,9	2683	745,3	2244	623,3
1,3	0,3	107,1	1,0495	1,325	0,7547	449	124,7	2687	746,4	2238	621,7
1,4	0,4	109,3	1,0513	1,236	0,8088	458	127,2	2690	747,2	2232	620,0
1,5	0,5	111,4	1,0530	1,159	0,8628	467	129,7	2693	748,1	2226	618,4
1,6	0,6	113,3	1,0547	1,091	0,9165	475	131,9	2696	748,9	2221	616,9
1,7	0,7	115,2	1,0562	1,031	0,9700	483	134,2	2699	749,7	2216	615,6
1,8	0,8	116,9	1,0579	0,977	1,0230	491	136,4	2702	750,6	2211	614,2
1,9	0,9	118,6	1,0597	0,929	1,076	498	138,3	2704	751,1	2206	612,8
2,0	1,0	120,2	1,0608	0,885	1,129	505	140,3	2706	751,8	2201	611,6
2,5	1,5	127,4	1,0675	0,718	1,392	535	148,6	2716	754,6	2181	605,8
3,0	2,0	133,5	1,0735	0,606	1,651	561	155,8	2724	758,9	2163	600,9
3,5	2,5	138,9	1,0789	0,524	1,908	584	162,2	2731	758,8	2147	596,5
4,0	3,0	143,6	1,0839	0,462	2,163	605	168,1	2738	760,4	2133	592,5
4,5	3,5	147,9	1,0885	0,414	2,417	623	173,1	2743	761,9	2120	588,8
5	4	151,8	1,0928	0,375	2,669	640	177,8	2747	763,2	2107	585,4
6	5	158,8	1,1009	0,316	3,170	670	186,1	2755	765,4	2085	579,2
7	6	165,0	1,1082	0,2727	3,667	697	193,6	2762	767,2	2065	573,6
8	7	170,4	1,1150	0,2403	4,162	721	200,3	2767	768,8	2046	568,5
9	8	175,4	1,1213	0,2148	4,655	743	206,4	2772	770,0	2029	563,8
10	9	179,9	1,1274	0,1943	5,147	763	211,9	2776	771,2	2013	559,3
11	10	184,1	1,1331	0,1774	5,637	781	216,9	2780	772,1	1999	555,1
12	11	188,0	1,1386	0,1632	6,127	798	221,7	2782	773,0	1984	551,2
13	12	191,6	1,1438	0,1511	6,617	815	226,4	2786	773,7	1971	547,4
14	13	195,0	1,1489	0,1407	7,106	830	230,6	2788	774,4	1958	543,8
15	14	198,3	1,1539	0,1317	7,596	845	234,7	2790	775,0	1945	540,3
16	15	201,4	1,1586	0,1237	8,085	859	238,6	2792	775,5	1933	537,0
17	16	204,3	1,1633	0,1166	8,575	872	242,2	2793	775,9	1921	533,8
18	17	207,1	1,1678	0,1103	9,065	885	245,8	2795	776,3	1910	530,6
19	18	209,8	1,1723	0,1047	9,555	897	249,2	2796	776,7	1899	527,6
20	19	212,4	1,1766	0,0955	10,05	909	252,5	2797	777,0	1888	524,6
40	39	250,3	1,2521	0,0498	20,10	1087	301,9	2800	777,9	1713	475,8
60	59	275,6	1,3187	0,0324	30,83	1214	337,2	2785	773,6	1571	436,5
80	79	295,0	1,3842	0,0235	42,51	1317	365,8	2760	766,6	1443	400,8
100	99	311,0	1,4526	0,0180	55,43	1408	391,1	2728	757,7	1320	366,6
150	149	342,1	1,6579	0,0103	96,71	1611	447,5	2615	726,4	1004	278,9
200	199	365,7	2,0370	0,0059	170,2	1826	507,2	2418	671,8	592	164,4
221,2	220,2	374,2	3,17	0,0032	315,5	2107	585,3	2107	585,4	0	0

VDI-Wasserdampftafeln gibt es auch für den **Nassdampf- und den Heißdampfzustand**!

3

Feuchte Luft (→ Behaglichkeit)

Zustandsgrößen der feuchten Luft
(→ Luftdruck, Lufttemperatur, Raumlufttemperatur, Luftzusammensetzung)

Feuchte Luft ist ein **Zweistoffgemisch**, bestehend aus **trockener Luft** und **Wasserdampf**.

$p_{amb} = p_L + p_D = p$	**atmosphärischer Druck** (→ Gesetz von Dalton)
$\varrho_D = \frac{m_D}{V_L} = \frac{p_D}{R_{BD} \cdot T}$	**absolute Luftfeuchtigkeit** (Dampfdichte)
$\varrho_{D\,max} = \frac{p_S}{R_{BD} \cdot T}$	**maximale absolute Luftfeuchtigkeit**
$\varphi = \frac{p_D}{p_S} \cdot 100$ in %	**relative Luftfeuchtigkeit**
$x = \frac{m_D}{m_L} = \frac{\varrho_D}{\varrho_L}$	**Wassergehalt feuchter Luft**
$p_L = p \cdot \frac{0{,}622}{0{,}622 + x}$	**Partialdruck trockener Luft** (→ Partialdruck)
$p_D = p \cdot \frac{x}{0{,}622 + x}$	**Wasserdampf-Partialdruck** (→ Partialdruck)
$\Delta\vartheta = \vartheta_{tr} - \vartheta_f$	**psychrometrische Differenz**
$p_D = p_f - k \cdot (\vartheta_{tr} - \vartheta_f) \cdot p$	**Sprung'sche Psychrometerformel**

Formelzeichen	Bedeutung	Einheit
p_{amb}, p	Atmosphärischer Druck bzw. Gesamtdruck	N/m^2, bar
p_L	Partialdruck der Luft	N/m^2, bar
p_D	Partialdruck des Dampfes	N/m^2, bar
ϱ_D	absolute Luftfeuchte (Dampfdichte)	kg/m^3
m_D	Dampfmasse	kg
V_L	Luftvolumen	m^3
R_{BD}	spezielle Gaskonstante des Wasserdampfes	$Nm/(kg \cdot K)$
T	absolute Temperatur	K
p_S	Sättigungsdruck (s. Tabelle unten)	N/m^2, bar
φ	relative Luftfeuchtigkeit	1, %
m_L	Masse der trockenen Luft	kg
ϱ_L	Dichte der trockenen Luft	kg/dm^3
x	Wassergehalt (s. Anmerkung)	kg/kg
$\Delta\vartheta$	psychrometrische Differenz	K, °C
ϑ_{tr}	Trockenkugeltemperatur	°C
ϑ_f	Feuchtkugeltemperatur	°C
p_f	Sättigungsdampfdruck bei Feuchtkugeltemperatur	N/m^2, bar
k	Konstante (s. unten)	$°C^{-1}$

- $k = 0{,}00061\,°C^{-1}$ bei Messung über 0 °C
  $k = 0{,}00057\,°C^{-1}$ bei Messung unter 0 °C

Anmerkung: Wassergehalt x in kg/kg trockener Luft

Temperatur in °C	Sättigungsdruck über Wasser in mbar ≙ hPa	Sättigungsdruck über Eis in mbar ≙ hPa
100	1013,25	–
80	473,6	–
50	123,4	–
20	23,27	–
0	6,108	6,107
−10	2,863 (unterkühltes Wasser)	2,597
−20	1,254 (unterkühltes Wasser)	1,032
−40	0,189 (unterkühltes Wasser)	0,128
−80	–	0,000547
−100	–	0,000014

Der **Gesamtdruck** (Atmosphärendruck) errechnet sich aus der Summe des Partialdruckes der trockenen Luft und des Partialdruckes des Wasserdampfes (Gesetz von Dalton).

Der **höchstmögliche Wasserdampfpartialdruck** p_D entspricht dem **Sättigungsdruck** p_S.

Der **Dampfdruck** über Eis ist immer kleiner als der Dampfdruck über Wasser von gleicher Temperatur.

Die **Sättigungstemperatur** ϑ_S, bei der der **Sättigungsdruck** p_S dem Wasserdampfpartialdruck p_D entspricht, heißt **Taupunkttemperatur**.

Das Enthalpie, Wassergehalt-Diagramm (*h, x*-Diagramm) → Seite 115

Im ***h, x*-Diagramm** sind die **Zustandsgrößen der feuchten Luft** in einem graphischen Zusammenhang dargestellt. Es ist unbedingt zu beachten:

Alle im *h, x*-Diagramm erfassten Zustandsgrößen ändern sich bei Änderung des Atmosphärendruckes p_{amb}.

Feuchte Luft (Fortsetzung)

(→ Behaglichkeit)

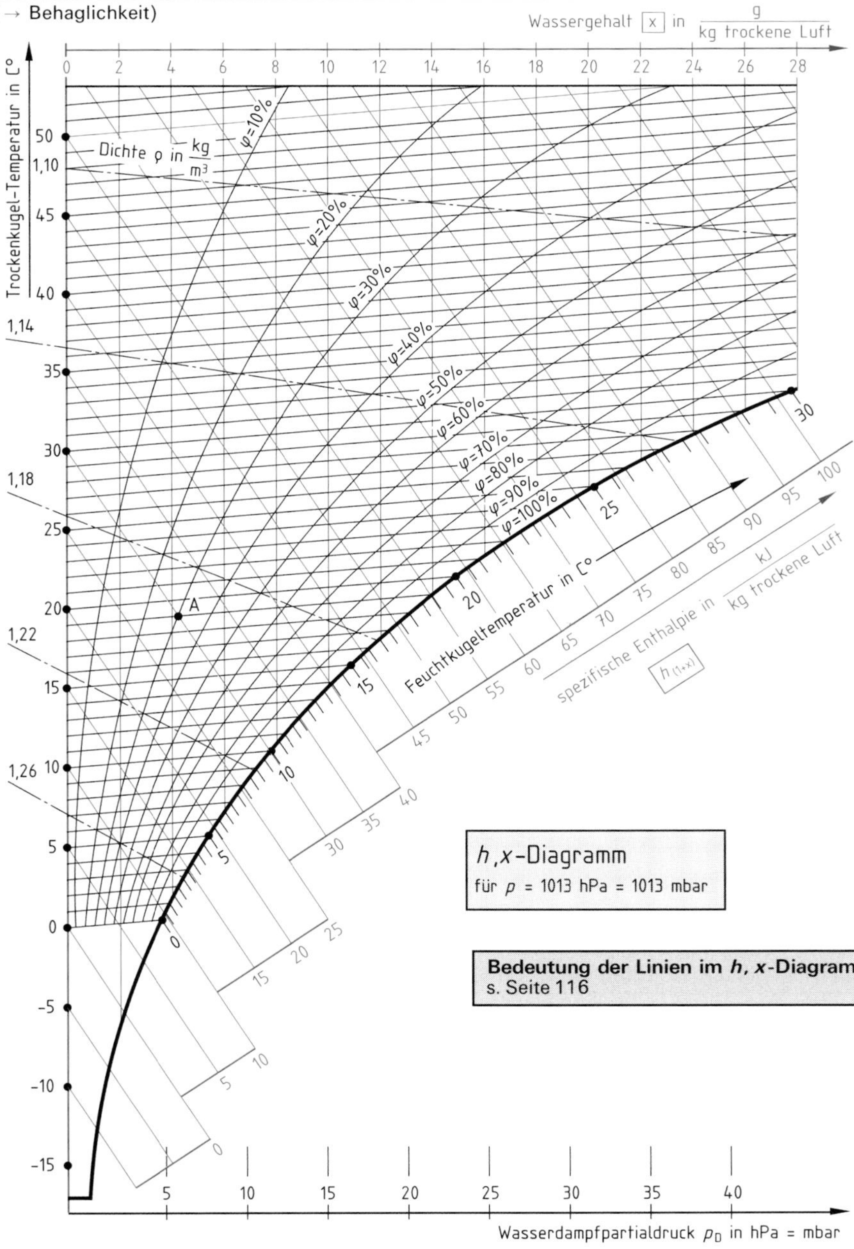

Bedeutung der Linien im *h, x*-Diagramm:
s. Seite 116

Für eine exakte Maßstäblichkeit dieses Diagrammes wird keine Gewähr übernommen. Genaue *h, x*-Diagramme sind klimatechnischen Handbüchern oder aus den Firmenunterlagen der Hersteller klimatechnischer Gerätschaften bzw. Anlagen zu entnehmen.

3

Feuchte Luft (Fortsetzung)

Bedeutung der Linien im h, x-Diagramm:

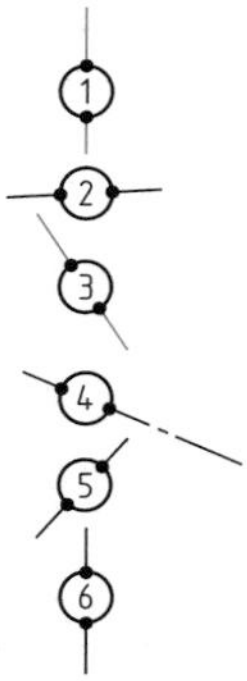

1. Linien konstanten Wassergehaltes x
2. Linien konstanter Temperatur ϑ_{tr}
3. Linien konstanter spezifischer Enthalpie $h_{(1+x)}$
4. Linien konstanter Dichte ϱ
5. Linien konstanter relativer Feuchte φ
6. Linien konstanten Wasserdampfpartialdruckes p_D.

(zu 1 und 3:) → Die Koordinatenachsen stehen schiefwinklig aufeinander.

3

Dabei bedeutet $(1+x)$: 1 kg trockene Luft plus x kg Wasserdampf.

Die Linie $\varphi = 100\%$ wird auch **Taulinie** oder **Nebellinie** genannt. Auf dieser befindet sich i.d.R. eine Skala der Feuchtkugeltemperatur ϑ_f, deren Teilung parallel zu den Linien konstanter spezifischer Enthalpie verläuft. Die folgende Grafik zeigt
Zustandsänderungen bezogen auf Punkt ● A im h, x-Diagramm Seite 115:

nach oben:
p_D = konstant
x = konstant
ϑ wird größer
ϱ wird kleiner
φ wird kleiner
h wird größer

nach links:
p_D wird kleiner
x wird kleiner
ϑ wird größer
ϱ wird größer
φ wird kleiner
h wird kleiner

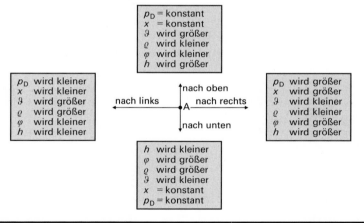

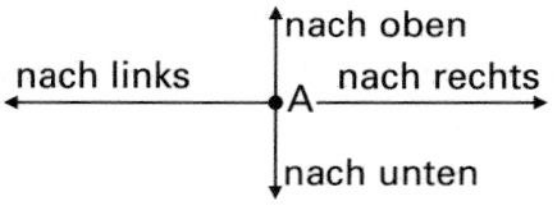

nach rechts:
p_D wird größer
x wird größer
ϑ wird kleiner
ϱ wird kleiner
φ wird größer
h wird größer

nach unten:
h wird kleiner
φ wird größer
ϱ wird größer
ϑ wird kleiner
x = konstant
p_D = konstant

Erster Hauptsatz der Thermodynamik

Umwandlung von Wärmeenergie in mechanische Arbeit und umgekehrt:

Grundlage ist das **mechanische Wärmeäquivalent** $1\ \text{J} = 1\ \text{Nm}$ (→ Arbeit, Energie)

1. Hauptsatz (1. H.S.) der Wärmelehre ⟶
(in verbaler Form)

Zur Erzeugung einer Wärmeenergie ist eine äquivalente (gleichwertige) mechanische Energie aufzuwenden und umgekehrt.

Eine Maschine zur Umwandlung einer bestimmten Energie in mechanische Energie wird als **Kraftmaschine** bezeichnet, im speziellen Fall der Umwandlung von Wärmeenergie in mechanische Energie spricht man dann von einer **Wärmekraftmaschine**. Eine solche ist z. B. eine **Dampfturbine** oder eine **Brennkraftmaschine**.

Der umgekehrte Energiefluss, nämlich Umwandlung von mechanischer Energie in Wärmeenergie, läuft bei allen Reibungsvorgängen oder in **Verdichtern**, z. B. beim Verdichten von Luft, ab.

Erster Hauptsatz der Thermodynamik (Fortsetzung)

Darstellung der Volumenänderungsarbeit in Diagrammen: (→ Arbeit, Druck)

Kraft, Weg-Diagramm

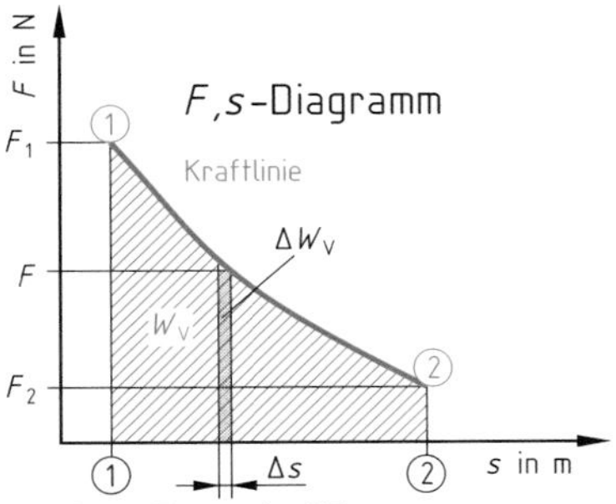

①: oberer Totpunkt OT
②: unterer Totpunkt UT

$W_v = \Sigma(F \cdot \Delta s)$ **Volumenänderungsarbeit**

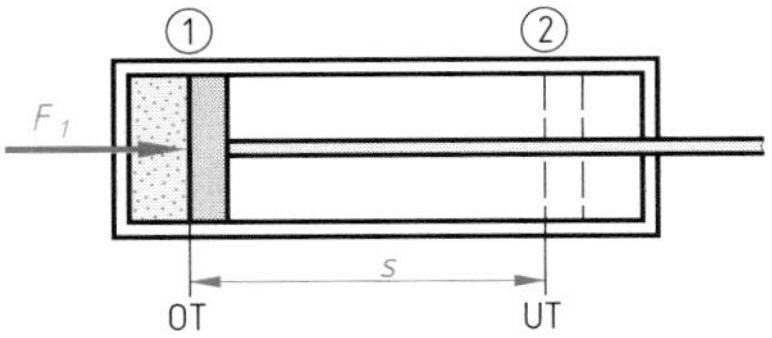

Druck, Volumen-Diagramm

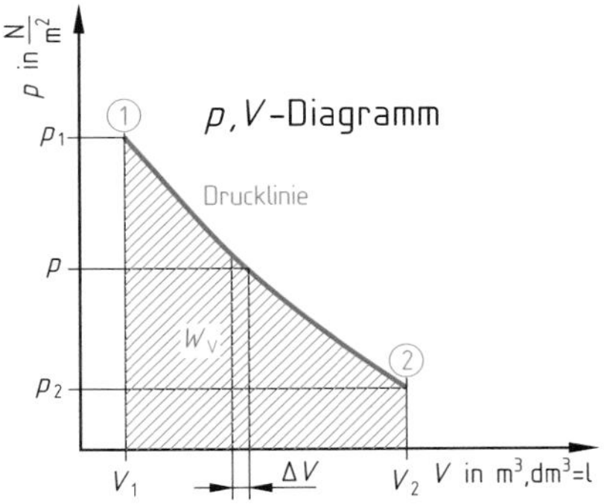

$W_v = \Sigma(p \cdot \Delta V)$ **Volumenänderungsarbeit**

W_v	Volumenänderungsarbeit	Nm
F	Kolbenkraft	N
s	Kolbenweg	m
p	Druck auf Kolben	N/m², bar
V	Hubvolumen	m³
Δs	kleiner Teil des Kolbenweges	m
ΔV	kleiner Teil des Hubvolumens	m³

Innere Energie und Enthalpie: (→ Energie, Wärmeenergie)

In einem **abgeschlossenen thermodynamischen System** entspricht die zugeführte Wärmeenergie Q der Summe aus Volumenänderungsarbeit W_v und der Änderung der inneren Energie ΔU.

$Q = W_v + \Delta U$ **1. Hauptsatz der Thermodynamik**

$\Delta H = Q = W_v + \Delta U$ **Änderung der Enthalpie**

Innere Energie: Bewegungsenergie der Elementarbausteine

Enthalpie: Wärmeinhalt

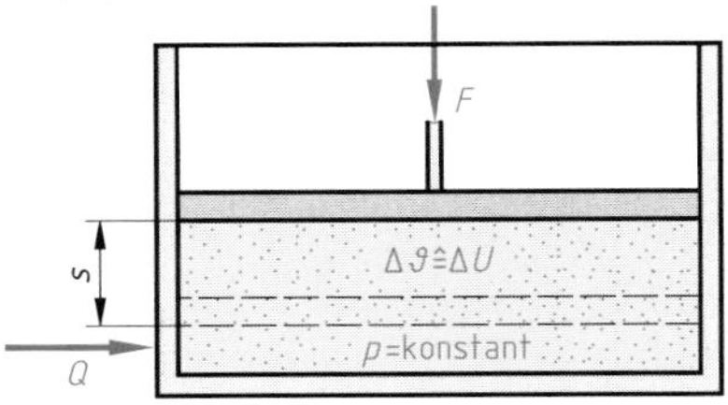

Q	zugeführte Wärmeenergie	J, kJ
W_v	Volumenänderungsarbeit	Nm
ΔU	Änderung der inneren Energie	J
ΔH	Änderung der Enthalpie	J

Die spezifische Wärme von Gasen

$W_v = 0 \rightarrow Q = \Delta U$ **1. Grenzfall des 1. Hauptsatzes**

Die spezifische Wärme bei Erwärmung mit konstantem Druck wird mit c_p bezeichnet.

→ p = konst. → c_p → Tabellen s. Seiten 103 und 107

$Q = m \cdot c_p \cdot \Delta\vartheta$ **zugeführte Wärme bei konstantem Druck** (→ Grundgesetz der Wärmelehre)

$\Delta U = 0 \rightarrow Q = W_v$ **2. Grenzfall des 1. Hauptsatzes**

Die spezifische Wärme bei Erwärmung mit konstantem Volumen wird mit c_v bezeichnet.

→ V = konst. → c_v → Tabelle Seite 103

TP Wärmelehre

Die spezifische Wärme von Gasen (Fortsetzung)

$$Q = m \cdot c_v \cdot \Delta\vartheta$$

zugeführte Wärme bei konstantem Volumen

$$\varkappa = \frac{c_p}{c_v}$$

Isentropenexponent (Adiabatenexponent)

Unter dem **Isentropenexponenten** (Adiabatenexponent) versteht man den Quotienten aus c_p und c_v (s. Tabellen Seiten 103, 107 und folgende Tabelle).

Werte c_p, c_v, $\varkappa$ für Kältemittel: Herstellerangaben und DKV-Arbeitsblätter beachten.

W_v	Volumenänderungsarbeit	Nm
Q	Wärmemenge	J, kJ
ΔU	Änderung der inneren Energie	J, kJ
m	Masse	kg
c_p	spezifische Wärme bei konstantem Druck	kJ/(kg · K)
c_v	spezifische Wärme bei konstantem Volumen	kJ/(kg · K)
$\Delta\vartheta$	Temperaturdifferenz	K, °C
$\varkappa$	Isentropenexponent (Adiabatenexponent)	1

(→Grundgesetz der Wärmelehre)

3

Anzahl der Atome im Gasmolekül	Beispiele typischer Gase mit dieser Atomzahl im Gasmolekül	Isentropenexponent $\varkappa$ bei 273 K
1	He	$5:3 \approx 1{,}667$
2	O_2, N_2, CO	$7:5 \approx 1{,}41$
–	Luft	1,4
3	CO_2, H_2O-Dampf	$8:6 \approx 1{,}33$

Die Tabelle zeigt:

Der Isentropenexponent $\varkappa$ von Gasen und Dämpfen ist von der Anzahl der Atome im Gas- bzw. Dampfmolekül abhängig. Dies gilt auch für c_p und c_v.

Nebenstehendes Diagramm zeigt:

c_p und c_v sind temperaturabhängig. Dies gilt auch für $\varkappa$. Des Weiteren besteht eine Druckabhängigkeit.

Beachten Sie hierzu auch – als Beispiel – das **DKV-Arbeitsblatt 1.04** auf Seite 119 (R 22).

Für **Temperaturbereiche** setzt man in der Praxis meist **für c_p, c_v und $\varkappa$ Mittelwerte** ein (s. nebenstehendes Bild).

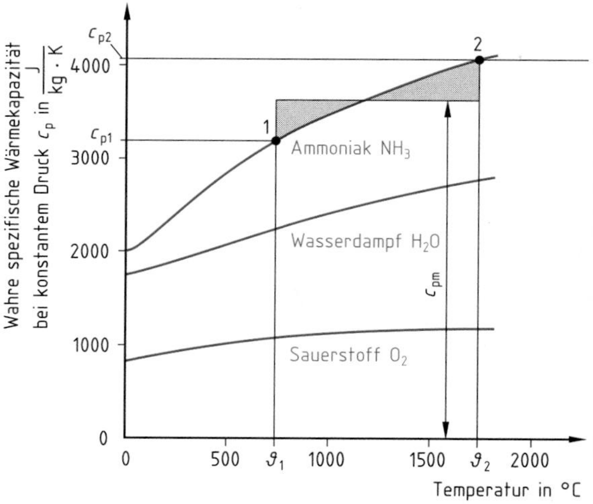

Die spezielle Gaskonstante R_B als Funktion von c_p und c_v:

$$R_B = c_p - c_v$$

spezifische Gaskonstante (→ Gaskonstante)

$$c_p = \frac{\varkappa}{\varkappa - 1} \cdot R_B$$

spezifische Wärme bei konstantem Druck

$$c_v = \frac{R_B}{\varkappa - 1}$$

spezifische Wärme bei konstantem Volumen

R_B	spezifische Gaskonstante	kJ/(kg · K)
c_p	spezifische Wärme bei konstantem Druck	kJ/(kg · K)
c_v	spezifische Wärme bei konstantem Volumen	kJ/(kg · K)
$\varkappa$	Isentropenexponent (Adiabatenexponent)	1

B $R_B = 287{,}1$ J/(kg · K); $\varkappa = 1{,}4$. Zu berechnen sind c_p und c_v. Machen Sie die Probe.

$$\boldsymbol{c_p} = \frac{\varkappa}{\varkappa - 1} \cdot R_B = \frac{1{,}4}{1{,}4 - 1} \cdot 287{,}1 \text{ J/(kg} \cdot \text{K)} = \mathbf{1004{,}85\ J/(kg \cdot K)}$$

$$\boldsymbol{c_v} = \frac{R_B}{\varkappa - 1} = \frac{287{,}1 \text{ J/(kg} \cdot \text{K)}}{1{,}4 - 1} = \mathbf{717{,}75\ J/(kg \cdot K)}$$

Probe:

$R_B = c_p - c_v$

$R_B = (1004{,}85 - 717{,}75)$ J/(kg · K)

$\boldsymbol{R_B} = \mathbf{287{,}1\ J/(kg \cdot K)}$

Die spezifische Wärme von Gasen (Fortsetzung)

Beispiel: **DKV-Arbeitsblatt 1.04-2 → ϰ von R 22 im überhitzten Bereich**

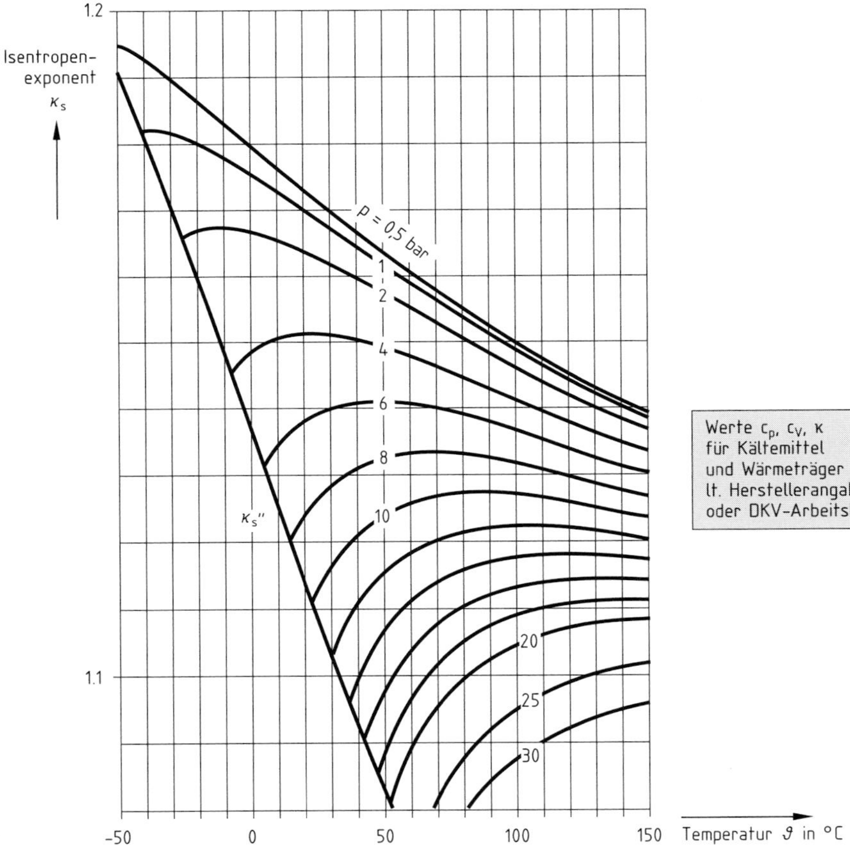

Werte c_p, c_V, κ für Kältemittel und Wärmeträger lt. Herstellerangaben oder DKV-Arbeitsblätter.

Thermodynamische Zustandsänderungen

Die Isobare → p = konst.:

$\frac{V_1}{V_2} = \frac{T_1}{T_2}$	**Gay-Lussac** (→ Gasgesetze)
$W_v = p \cdot (V_2 - V_1)$	**Volumenänderungsarbeit**
$W_v = m \cdot R_B \cdot (T_2 - T_1$	**Volumenänderungsarbeit** (→ Arbeit)
$Q = m \cdot c_p \cdot (T_2 - T_1)$	**zugeführte Wärmeenergie** (→ Energie)
$\Delta U = m(T_2 - T_1) \cdot (c_p - R_B)$	**Änderung der inneren Energie**
$\Delta U = m \cdot c_v \cdot (T_2 - T_1)$	**Änderung der inneren Energie**

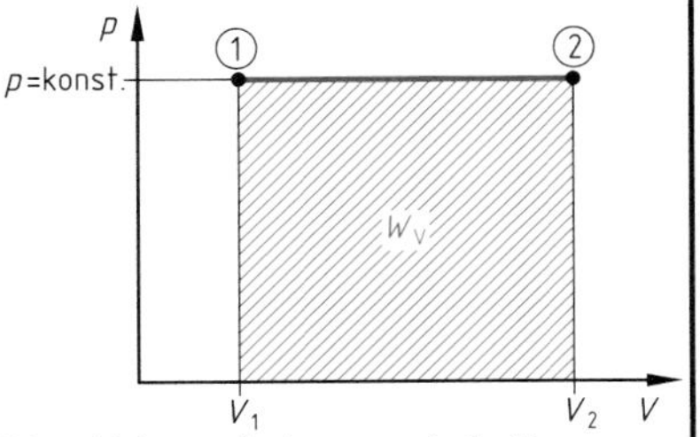

W_v	Volumenänderungsarbeit	Nm
p	Druck	N/m², bar
V	Volumen	m³
c_p, c_v	spez. Wärmekapazität	kJ/(kg · K)
R_B	spez. Gaskonstante	kJ/(kg · K)

Thermodynamische Zustandsänderungen (Fortsetzung)

Bei Verlauf ① → ②: Temperaturzunahme
Bei Verlauf ② → ①: Temperaturabnahme

m	Masse	kg
T	absolute Temperatur	K
ΔU	Änderung der inneren Energie	J, kJ

Die Isochore → V = konst.:

$$\frac{p_1}{p_2} = \frac{T_1}{T_2}$$ **Gay-Lussac** (→ Gasgesetze)

$$W_v = 0$$ **Volumenänderungsarbeit**

$$\Delta U = Q$$ **Änderung der inneren Energie**

$$Q = m \cdot c_v \cdot (T_2 - T_1)$$ **zugeführte Wärmeenergie**

3

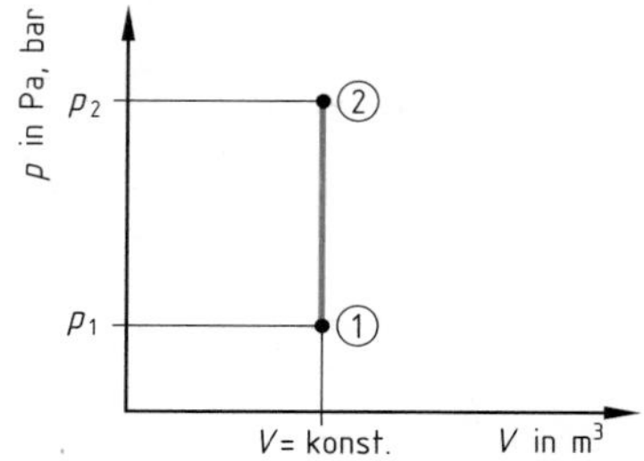

p	Druck	N/m², bar
T	absolute Temperatur	K
W_v	Volumenänderungsarbeit	Nm
ΔU	Änderung der inneren Energie	J, kJ
Q	Wärmemenge	J, kJ
c_v	spezifische Wärme	kJ/(kg · K)

B 3 kg Luft (c_{Vm} = 717 J/(kg · K) werden von ϑ_1 = 20 °C auf ϑ_2 = 250 °C erwärmt. Es ist V = konst. Q = ?

$Q = m \cdot c_{Vm} \cdot (T_2 - T_1)$
Q = 3 kg · 717 J/(kg · K) · 230 K
$\boldsymbol{Q}$ = 494 730 J = **495 kJ**

Die Isotherme → T = konst.:

$$p \cdot V = \text{konst.}$$ **Boyle-Mariotte** (→ Gasgesetze)

$$\Delta U = 0$$ **Änderung der inneren Energie**

$$Q = W_v$$ **zu- bzw. abgeführte Wärmeenergie**

$$W_v = p_1 \cdot V_1 \cdot \ln \frac{v_1}{v_2}$$
$$W_v = p_2 \cdot V_2 \cdot \ln \frac{v_1}{v_2}$$
$$W_v = p_1 \cdot V_1 \cdot \ln \frac{V_1}{V_2}$$
$$W_v = p_2 \cdot V_2 \cdot \ln \frac{V_1}{V_2}$$
$$W_v = p_1 \cdot V_1 \cdot \ln \frac{p_2}{p_1}$$
$$W_v = p_2 \cdot V_2 \cdot \ln \frac{p_2}{p_1}$$

zugeführte Volumenänderungsarbeit
Zustandsänderung ② → ①
(→ Arbeit)

$$W_v = p \cdot V \cdot \ln \frac{v_2}{v_1}$$
$$W_v = p \cdot V \cdot \ln \frac{V_2}{V_1}$$
$$W_v = p \cdot V \cdot \ln \frac{p_1}{p_2}$$

verrichtete (abgegebene) Volumenänderungsarbeit
Zustandsänderung ① → ②

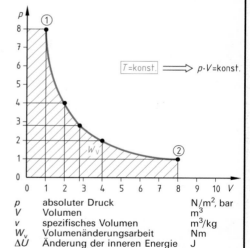

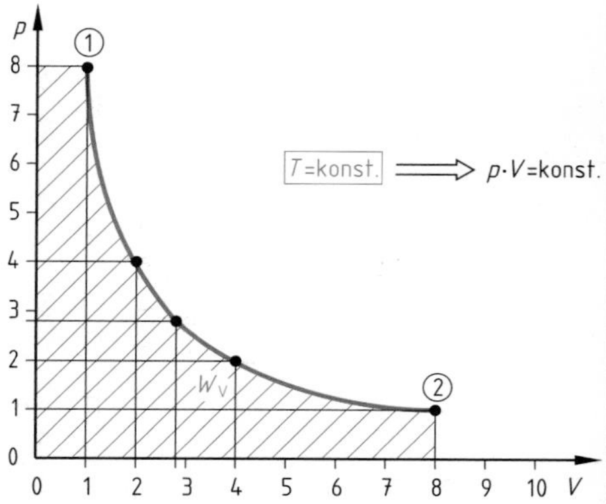

p	absoluter Druck	N/m², bar
V	Volumen	m³
v	spezifisches Volumen	m³/kg
W_v	Volumenänderungsarbeit	Nm
ΔU	Änderung der inneren Energie	J
Q	zu- bzw. abgeführte Wärmeenergie	J

Bei einer **isothermen Zustandsänderung** entspricht die Volumenänderungsarbeit der zu- bzw. abgeführten Wärmeenergie.

Mit $p \cdot V$ = konst.: $p \cdot V = p_1 \cdot V_1 = p_2 \cdot V_2$

Index 1: Zustand 1 **Index 2:** Zustand 2

Thermodynamische Zustandsänderungen (Fortsetzung)

Die Isentrope bzw. Adiabate:

Bei einer **isentropen Zustandsänderung**, die man auch als **adiabate Zustandsänderung** bezeichnet, wird keine Wärmeenergie mit der Umgebung ausgetauscht.

$Q = 0$	**Wärmeenergie**
$\Delta U = -W_v = -m \cdot c_v \cdot (T_2 - T_1)$	**Änderung der inneren Energie**
$W_v = m \cdot \frac{R_B}{\varkappa - 1} \cdot (T_1 - T_2)$	**Volumenänderungsarbeit**
$W_v = \frac{1}{\varkappa - 1} \cdot (p_1 \cdot V_1 - p_2 \cdot V_2)$	**Volumenänderungsarbeit**
$p \cdot V^{\varkappa} = \text{konst.}$	**Isentropenfunktion**
$p_1 \cdot V_1^{\varkappa} = p_2 \cdot V_2^{\varkappa}$	**Isentropenfunktion**

Formelzeichen	Bedeutung	Einheit
Q	Wärmeenergie	J, kJ
ΔU	Änderung der inneren Energie	J
W_v	Volumenänderungsarbeit	Nm
m	Masse	kg
c_v	spezifische Wärme bei konstantem Volumen	kJ/(kg · K)
T	absolute Temperatur	K
R_B	spezifische Gaskonstante	kJ/(kg · K)
$\varkappa$	Isentropenexponent (Adiabatenexponent)	1

3

Die **adiabate Zustandsänderung** ist ein theoretischer Grenzfall, da wegen der immer vorhandenen Verluste von Wärmeenergie $Q \neq 0$ ist.

Die Polytrope:

Eine Zustandsänderung, bei der sich gleichzeitig alle thermodynamischen Zustandsgrößen ändern, heißt **allgemeine Polytrope**.

Die thermodynamische Handhabung der Polytrope entspricht völlig der thermodynamischen Handhabung der Isentrope (Adiabate). ⟶

Unterscheiden Sie:

Isentrope → **Isentropenexponent** $\varkappa$ } $n \neq 1$
Polytrope → **Polytropenexponent** n } $n \neq \varkappa$

$\Delta U = m \cdot c_v \cdot (T_2 - T_1)$	**Änderung von *U***
$W_v = m \cdot \frac{R_B}{n - 1} \cdot (T_1 - T_2)$	**Volumenänderungsarbeit**
$W_v = \frac{1}{n - 1} \cdot (p_1 \cdot V_1 - p_2 \cdot V_2)$	**Volumenänderungsarbeit**
$Q = m \cdot \frac{R_B}{n - 1} \cdot (T_1 - T_2) + m \cdot c_v \cdot (T_2 - T_1)$	**zu- bzw. abgeführte Wärme**

Formelzeichen	Bedeutung	Einheit
ΔU	Änderung der inneren Energie	J
m	Masse	kg
c_v	spezifische Wärmekapazität bei konstantem Volumen	kJ/(kg · K)
T	absolute Temperatur	K
n	Polytropenexponent	1
R_B	spezifische Gaskonstante	kJ/(kg · K)
p	absoluter Druck	N/m², bar
V	Volumen	m³
Q	zu- bzw. abgeführte Wärme	J, kJ

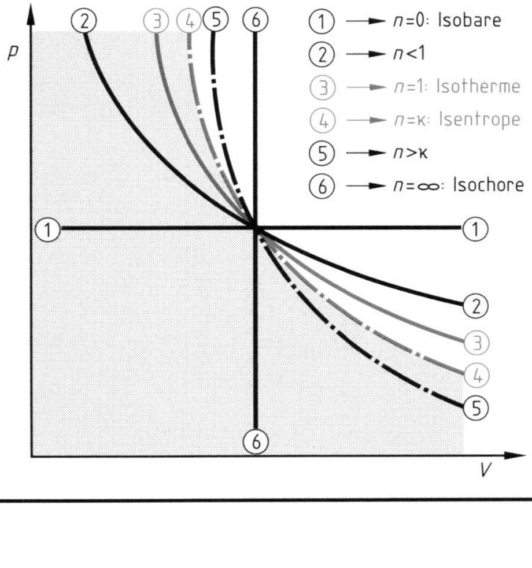

Nebenstehendes Bild zeigt den Zusammenhang zwischen den verschiedenen Zustandsänderungen. Man spricht auch von **speziellen Isentropen:**

$n = 1 \rightarrow p \cdot V = \text{konst.} \rightarrow$ **Isotherme**
$n = \varkappa \rightarrow p \cdot V^{\varkappa} = \text{konst.} \rightarrow$ **Isentrope**
$n = 0 \rightarrow p = \text{konst.} \longrightarrow$ **Isobare**
$n = \pm\infty \rightarrow V = \text{konst.} \longrightarrow$ **Isochore**

$p \cdot V^n = \text{konst.}$ **Polytropenfunktion**

B 3 kg Luft ($R_B = 287{,}1$ J/(kg · K) bzw. Nm/(kg · K) werden polytrop ($n = 1{,}55$) von $\vartheta_1 = 20\,°C$ auf $\vartheta_2 = 250\,°C$ erwärmt. $W_v = ?$

$$W_v = m \cdot \frac{R_B}{n - 1} \cdot (T_2 - T_1)$$

$$W_v = 3\text{ kg} \cdot \frac{287{,}1\text{ Nm/(kg} \cdot \text{K)}}{1{,}55 - 1} \cdot 230\text{ K}$$

$$\mathbf{W_v = 360180\ Nm}$$

Kreisprozesse im *p, V*-Diagramm und im *T, s*-Diagramm

Definition des Kreisprozesses und thermischer Wirkungsgrad

Wird bei einem thermodynamischen Prozess durch das Ablaufen **mehrerer Zustandsänderungen** wieder der Ausgangszustand erreicht, dann ist dies ein **geschlossener Prozess** oder **Kreisprozess**.

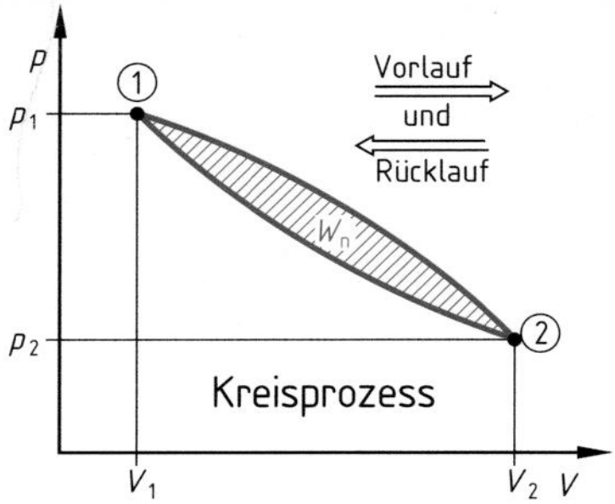

Nebenstehendes Bild zeigt einen solchen Kreisprozess im ***p, V*-Diagramm** dargestellt (reduziert auf zwei Zustandsänderungen).

Man sieht:
Soll **Nutzarbeit** W_n gewonnen werden, dann muss der Vorlauf ① → ② einen anderen Verlauf haben als der Rücklauf ② → ①.

3

Somit ist: $\boldsymbol{W_{v12} > W_{v21}}$

Wärmeenergie kann nur dann in mechanische Arbeit umgewandelt werden, wenn zwischen Vorlauf und Rücklauf des Kreisprozesses ein **Temperaturgefälle** vorhanden ist, d.h. im nebenstehenden Bild ist $T_a > T_b$. → **Zweiter Hauptsatz der Thermodynamik** (2. HS)

Dies führt zu dem Begriff des **rechtslaufenden Kreisprozesses** (Kreisprozesse der **Wärmekraftmaschinen**).

$$W_n = Q_{12} - Q_{21} = W_{v12} - W_{v21}$$ **Nutzarbeit**

thermischer Wirkungsgrad

$$\eta_{th} = \frac{Q_n}{Q_a}$$

$$\eta_{th} = \frac{Q_{12} - Q_{21}}{Q_{12}} = 1 - \frac{Q_{21}}{Q_{12}}$$

$$\eta_{th} = \frac{W_n}{Q_a} = \frac{W_{v12} - W_{v21}}{Q_{12}}$$

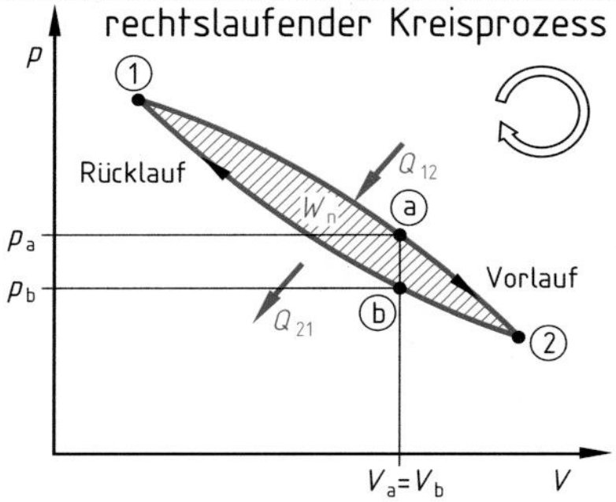

W_n	Nutzarbeit	Nm
Q_{12}	beim Vorlauf zugeführte Wärmeenergie	J, kJ
Q_{21}	beim Rücklauf abgeführte Wärmeenergie	J, kJ
W_{v12}	beim Vorlauf abgegebene Volumenänderungsarbeit	Nm
W_{v21}	beim Rücklauf zugeführte Volumenänderungsarbeit	Nm
η_{th}	thermischer Wirkungsgrad	1, %
Q_n	Nutzwärme	J, kJ
Q_a	aufgewendete Wärme	J, kJ

Bei der Berechnung des thermischen Wirkungsgrades η_{th} wird die Nutzarbeit W_n aus der Differenz der Flächen unter den Zustandskurven im *p, V*-Diagramm ermittelt.

Mit $\boldsymbol{W_{v12} > W_{v21}}$ ist $\boldsymbol{\eta_{th} < 1}$

(→ Thermodynamische Zustandsänderungen)

Kreisprozesse der Wärmekraftmaschinen im *p, V*-Diagramm (→ Thermodyn. Zustandsänderungen)

Diesel-Prozess (Gleichdruckprozess):

thermischer Wirkungsgrad

$$\eta_{th} = 1 - \frac{T_4 - T_1}{\varkappa \cdot (T_3 - T_2)}$$

$$\eta_{th} = 1 - \frac{1}{\varepsilon^{\varkappa - 1}} \cdot \frac{\varphi^{\varkappa} - 1}{\varkappa \cdot (\varphi - 1)}$$

$$\varepsilon = \frac{V_1}{V_2}$$ **Verdichtungsverhältnis**

$$\varphi = \frac{V_3}{V_2}$$ **Einspritzverhältnis**

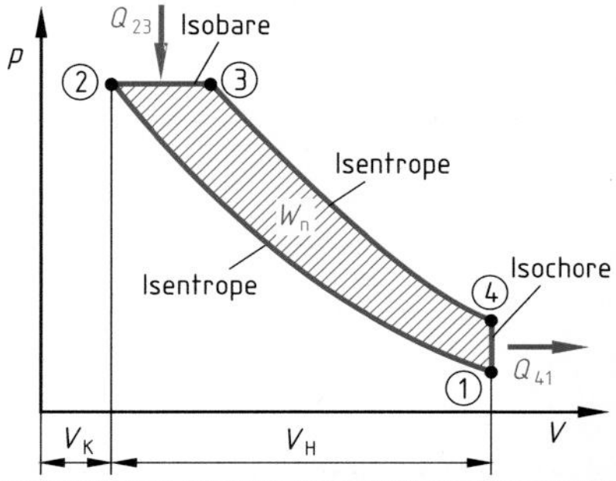

Kreisprozesse im p, V-Diagramm und im T, s-Diagramm (Fortsetzung)

Index 1
Index 2
Index 3
Index 4
} „Eckpunkte" des Kreisprozesses

η_{th}	thermischer Wirkungsgrad	1
T	absolute Temperatur	K
$\varkappa$	Isentropenexponent (Adiabatenexponent)	1
ε	Verdichtungsverhältnis	1
φ	Einspritzverhältnis	1
V	Volumen	m^3
V_K	Kompressionsvolumen	m^3
V_H	Hubvolumen	m^3

Die **Bezeichnungen der nun folgenden Kreisprozesse** sind denen des Diesel-Prozesses analog.

Otto-Prozess (Gleichraumprozess):

$$\eta_{th} = 1 - \frac{T_1}{T_2}$$

$$\eta_{th} = 1 - \frac{1}{\varepsilon^{\varkappa - 1}}$$

} **thermischer Wirkungsgrad**

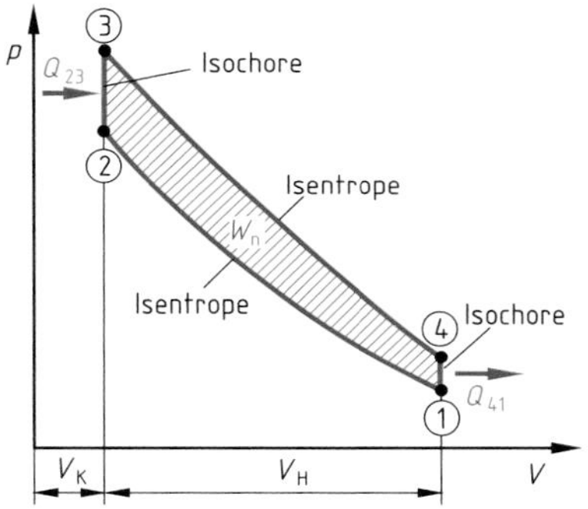

Seiliger-Prozess:

$$\eta_{th} = 1 - \frac{T_5 - T_1}{T_3 - T_2 + \varkappa \cdot (T_4 - T_3)}$$

thermischer Wirkungsgrad

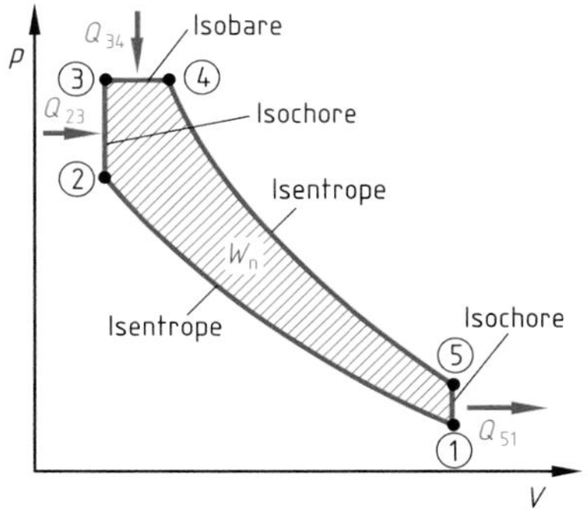

Joule-Prozess:

$$\eta_{th} = 1 - \frac{T_1}{T_2}$$

$$\eta_{th} = 1 - \left(\frac{p_1}{p_2}\right)^{\frac{\varkappa - 1}{\varkappa}}$$

} **thermischer Wirkungsgrad**

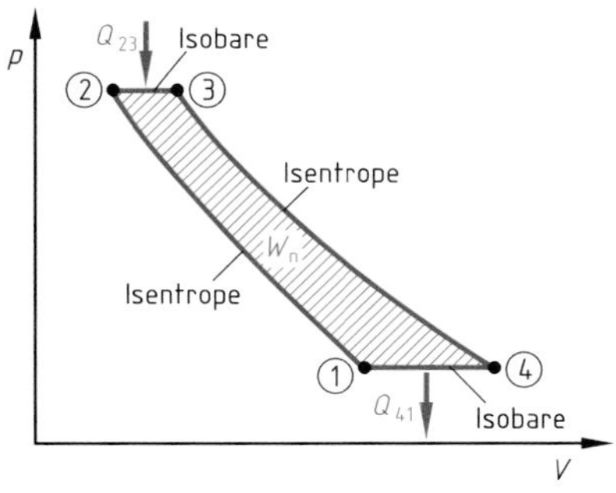

Kreisprozesse im p, V-Diagramm und im T, s-Diagramm (Fortsetzung)

Ackeret-Keller-Prozess:

$$\eta_{th} = 1 - \frac{T_1}{T_3}$$ **thermischer Wirkungsgrad**

Der Ackeret-Keller-Prozess wird auch als **Ericsson-Prozess** bezeichnet.

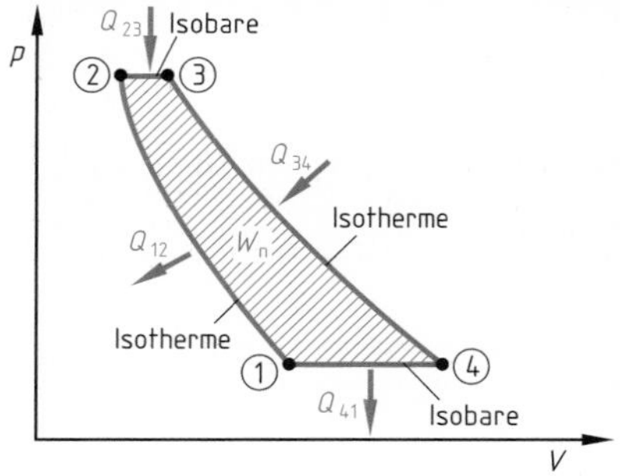

Stirling-Prozess:

$$\eta_{th} = 1 - \frac{T_1}{T_3}$$ **thermischer Wirkungsgrad**

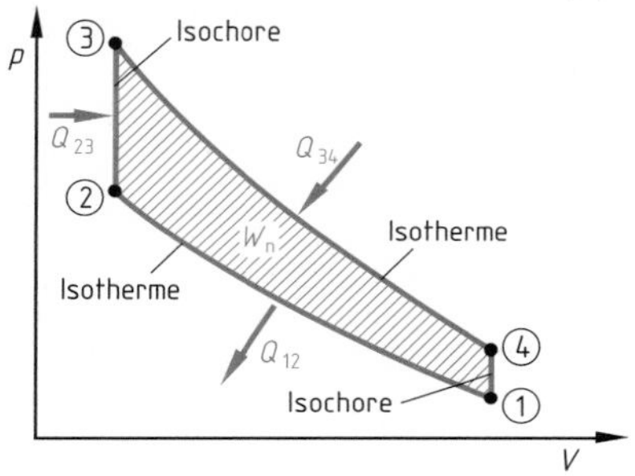

Carnot-Prozess:

$$\eta_{th} = 1 - \frac{T_4}{T_2}$$ **thermischer Wirkungsgrad**

(→ linkslaufende Kreisprozesse)

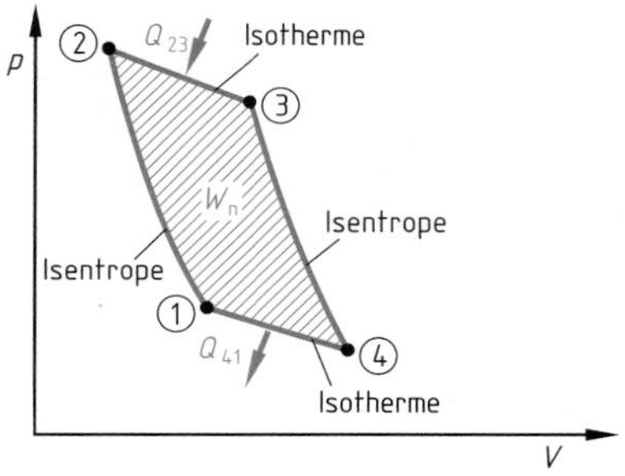

Entropie und T, s-Diagramm (→ Thermodynamische Zustandsänderungen)

$$Q = \Sigma(T \cdot \Delta S)$$ **zu- oder abgeführte Wärmeenergie**

$$\Delta Q = T \cdot \Delta S$$ **Änderung der Wärmeenergie**

Im **Temperatur, Entropie-Diagramm (T, s-Diagramm)** bilden sich Wärmemengen als Flächen ab. Man bezeichnet deshalb ein solches Diagramm auch als **Wärmediagramm**.

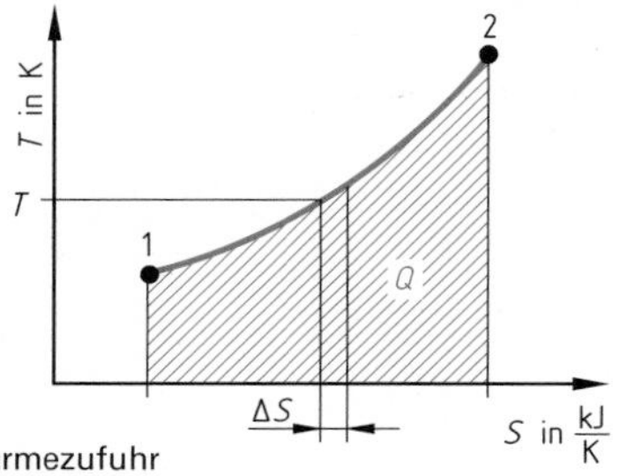

$$\Delta S = \pm \frac{\Delta Q}{T}$$

$$\Delta S = \pm \frac{p \cdot \Delta V + \Delta U}{T}$$

Änderung der Entropie → + bei Wärmezufuhr, − bei Wärmeabfuhr

Kreisprozesse im *p, V*-Diagramm und im *T, s*-Diagramm (Fortsetzung)

Die auf die Stoffmenge 1 kg bezogene Entropie heißt **spezifische Entropie** *s*.

Die **Entropieänderung** ΔS wird mit abnehmender thermodynamischer Temperatur (bei gleicher Wärmezu- oder -abfuhr) größer.

Bei **reversiblen Zustandsänderungen** erreicht die Entropie nach abgeschlossener Umkehrung der Zustandsänderung den selben Wert wie zu Beginn der Zustandsänderung. Bei **irreversiblen Zustandsänderungen** nimmt die Entropie zu.

In der folgenden Tabelle sind Berechnungsgleichungen für die Berechnung der **Entropieänderung** angegeben:

Q	zu- bzw. abgeführte Wärmeenergie	J, kJ
T	absolute Temperatur	K
ΔS	Änderung der Entropie	J, K
ΔQ	Änderung der Wärmeenergie	J, kJ
p	absoluter Druck	N/m², bar
ΔV	Änderung des Volumens	m³
s	spezifische Entropie	J/(kg · K)

Die **Entropiezunahme** ist ein Maß für die **Irreversibilität** einer Zustandsänderung.

(→ Thermodynamische Zustandsänderungen)

Zustandsänderung	zu- oder abgeführte Wärmeenergie und Entropieänderung	*T, s*-Diagramm
Isobare	$Q = m \cdot c_{pm} \cdot (T_2 - T_1)$ $\Delta S = S_2 - S_1 = m \cdot c_{pm} \cdot \ln \frac{T_2}{T_1}$ (ln = natürlicher Logarithmus)	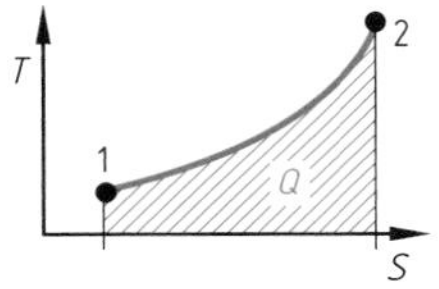
Isochore	$Q = m \cdot c_{vm} \cdot (T_2 - T_1)$ $\Delta S = S_2 - S_1 = m \cdot c_{vm} \cdot \ln \frac{T_2}{T_1}$	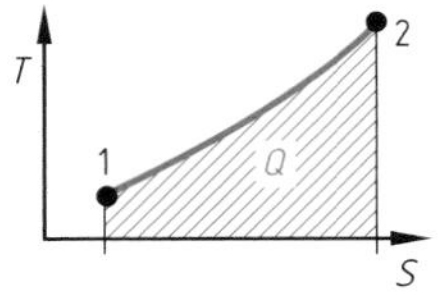
Isotherme	da $\Delta U = 0$ ist: $Q = W_v = p_1 \cdot V_1 \cdot \ln \frac{p_1}{p_2}$ $\Delta S = S_2 - S_1 = m \cdot R_B \cdot \ln \frac{p_1}{p_2}$	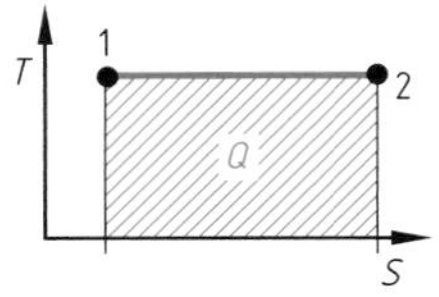
Isentrope (Adiabate)	da $\Delta U = W_v$ ist: $Q = 0$ $\Delta S = 0$	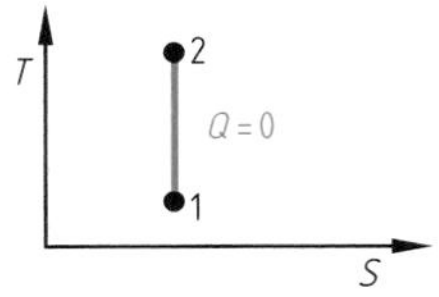
Polytrope	$Q = m \cdot \frac{R_B}{n-1} \cdot (T_2 - T_1) + m \cdot c_{vm} \cdot (T_2 - T_1)$ $\Delta S = S_2 - S_1 = m \cdot c_{pm} \cdot \ln \frac{T_2}{T_1} - m \cdot R_B \cdot \ln \frac{p_2}{p_1}$ $\Delta S = S_2 - S_1 = m \cdot c_{vm} \cdot \ln \frac{T_2}{T_1} + m \cdot R_B \cdot \ln \frac{V_2}{V_1}$	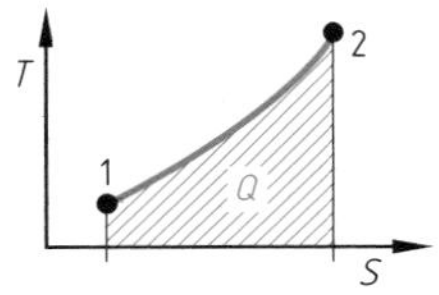

Anmerkung 1: Formelzeichen entsprechend der Zustandsänderungen.
Anmerkung 2: c_{vm} und c_{pm} sind **mittlere spezifische Wärmekapazitäten**

Kreisprozesse im *p, V*-Diagramm und im *T, s*-Diagramm (Fortsetzung)

Linkslaufende Kreisprozesse

Beim **linkslaufenden Kreisprozess** wird Wärmeenergie entgegen einem Temperaturgefälle befördert. Nach dem 2. Hauptsatz (HS) gilt:

Ein **Transport von Wärmeenergie** entgegen dem Temperaturgefälle ist nur mit einem zusätzlichen Aufwand von mechanischer Energie W_a möglich.

Realisierung in der Praxis mit → **Kältemaschinenprozess** bzw. mit **Wärmepumpenprozess.**

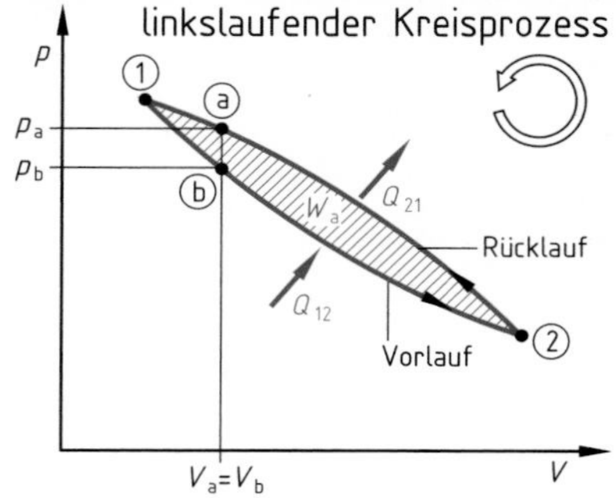

3

Die folgenden Bilder zeigen einen **linkslaufenden Carnot-Prozess im *p, V*-Diagramm und im *T, s*-Diagramm:**

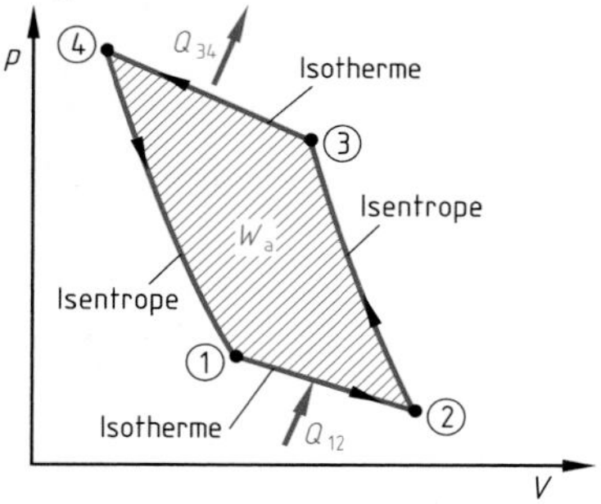

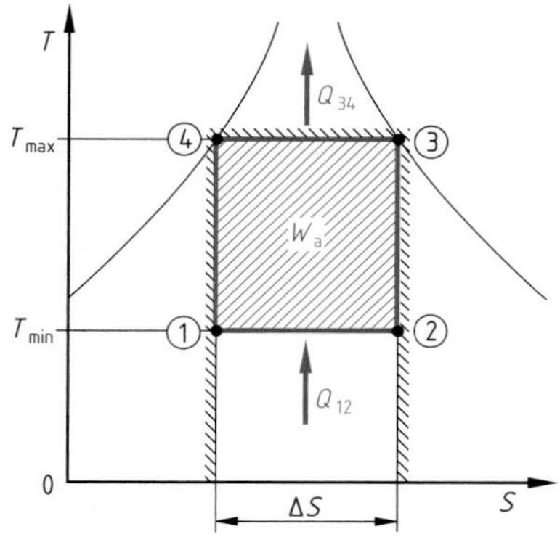

(→ Carnot-Prozess, Kältemaschinenprozess)

$$W_a = Q_{21} - Q_{12}$$ **aufgewendete Arbeit**

$$\varepsilon_K = \frac{Q_{12}}{W_a}$$ **Leistungszahl der Kältemaschine**

$$\varepsilon_K = \frac{T_{min} \cdot \Delta S}{\Delta S\,(T_{max} - T_{min})} = \frac{T_{min}}{T_{max} - T_{min}}$$ **Leistungszahl**

$$\varepsilon_W = \frac{Q_{34}}{W_a}$$ **Leistungszahl der Wärmepumpe**

$$\varepsilon_W = \frac{T_{max} \cdot \Delta S}{\Delta S\,(T_{max} - T_{min})} = \frac{T_{max}}{T_{max} - T_{min}}$$ **Leistungszahl**

W_a	aufgewendete Arbeit	Nm
Q	Wärmeenergie	J, kJ
ε	Leistungszahl	1
T_{min}	absolute Verdampfungstemperatur des Kältemittels	K
T_{max}	absolute Kondensationstemperatur des Kältemittels	K
ΔS	Entropieänderung	J/K

Index K: Kältemaschinenprozess
Index W: Wärmepumpenprozess

Die **Leistungszahl** errechnet sich aus dem Verhältnis der Nutzenergie Q und der aufgewendeten Arbeit W_a. Es ist wie folgt zu unterscheiden:

Nutzen des Kältemaschinenprozesses: die dem Kühlraum entzogene Wärmeenergie Q_{12}.
Nutzen des Wärmepumpenprozesses: die der Heizungsanlage zugeführte Wärmeenergie Q_{34}.

Anmerkung: Der **Carnot-Prozess** wurde weder als Kraftmaschinenprozess (rechtslaufend) noch als Kältemaschinenprozess bzw. Wärmepumpenprozess (linkslaufend) in der Praxis realisiert.

Der linkslaufende Carnot-Prozess wird als **Vergleichsprozess** zur Beurteilung des Kältemaschinenprozesses und des Wärmepumpenprozesses herangezogen.

(→ Formeln Kälteanlagentechnik)

Kreisprozesse im *p, V*-Diagramm und im *T, s*-Diagramm (Fortsetzung)

Die in der Praxis **verwirklichten Kältemaschinen- bzw. Wärmepumpenprozesse** berücksichtigen die erforderliche Änderung des Aggregatzustandes flüssig-dampfförmig und umgekehrt:

Aufnahme der Wärmeenergie → **Kältemittel verdampft**

Abgabe der Wärmeenergie → **Kältemittel kondensiert**

(→ Kältemittel, Kältemaschinenprozess)
(→ Verdampfen, Kondensieren)

Kältemaschinenprozess und Wärmepumpenprozess sind linkslaufende **Clausius-Rankine-Prozesse**.

Die folgenden Bilder zeigen das Schaltbild (Fließbild) und das zugehörige *T, s*-Diagramm:

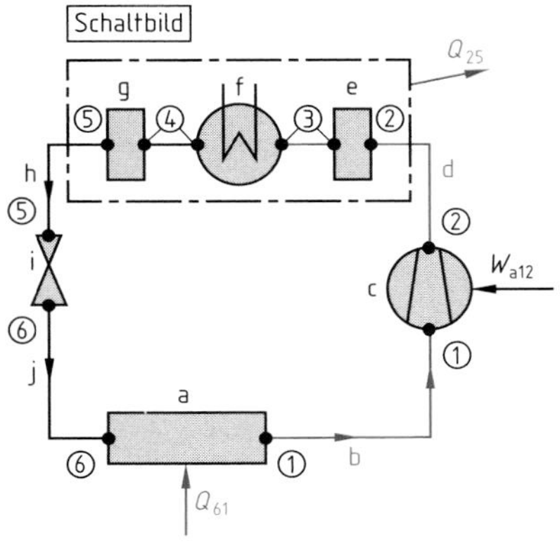

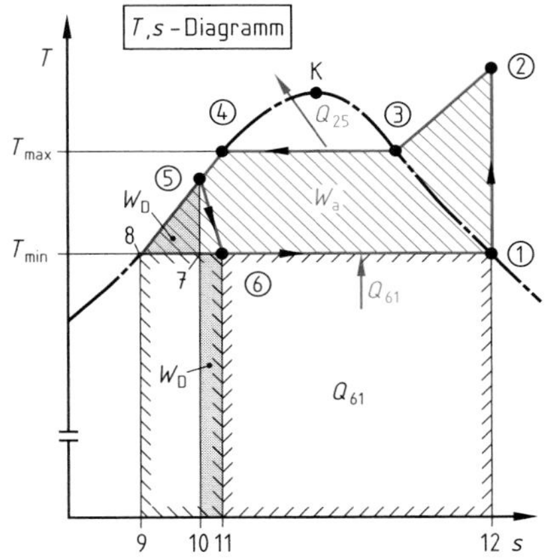

3

Im Schaltbild bedeuten:

a: **Verdampfer** → Wärmeenergie Q_{61} wird dem Raum mit T_{min} entzogen
b: **Kaltdampfleitung**
c: **Verdichter** (Kompressor) → mechanische Energie W_a wird zugeführt
d: **Heißdampfleitung**
e: **Enthitzer** → Wärmeenergie Q_{23} wird abgegeben
f: **Kondensator** (Verflüssiger) → Wärmeenergie Q_{34} wird abgegeben
g: **Unterkühler** → Wärmeenergie Q_{45} wird abgegeben
(e, f, g) → $Q_{25} = Q_{23} + Q_{34} + Q_{45}$
h: **Flüssigkeitsleitung** des Hochdruckteiles
i: **Drosselorgan** → Verflüssigungsdruck wird auf Verdampfungsdruck gedrosselt
j: **Flüssigkeitsleitung** des Niederdruckteiles

$$\varepsilon_K = \frac{Q_{61}}{W_a}$$ **Leistungszahl der Kältemaschine**

$$\varepsilon_W = \frac{Q_{25}}{W_a}$$ **Leistungszahl der Wärmepumpe**

Anmerkung 1: Die **der Normung entsprechenden** → **RI-Fließbilder** finden Sie im **Anwendungsbereich dieses Tabellenbuches**.

Anmerkung 2: Kältemaschinenprozess und Wärmepumpenprozess können durch **Unterkühlung** nach der Kondensation und durch **Überhitzung** nach der Verdampfung optimiert werden. Die Prozesse projektierter Kältemaschinenprozesse und Wärmepumpenprozesse werden i.d.R. im → **log *p, h*-Diagramm** dargestellt. Einzelheiten hierüber finden Sie im **Anwendungsbereich dieses Tabellenbuches**.

Peltier-Effekt

$$Q_p = \pi_{12} \cdot I \cdot t$$ **Peltier-Wärme**

Q_p	Peltier-Wärme	J, kJ
π_{12}	Peltier-Koeffizient	J/As
I	elektrische Stromstärke	A
t	Zeit	s

Peltier-Effekt (Fortsetzung)

Peltier-Elemente werden als **Heizelemente** und als **Kühlelemente** verwendet.

Der **Peltier-Koeffizient** ist ein von der Werkstoffkombination abhängiger Proportionalitätsfaktor. Er beträgt bei den verschiedenen Metallkombinationen **zwischen $4 \cdot 10^{-3}$ bis $4 \cdot 10^{-4}$ J/As**.

B $I = 5$ A; $\pi_{12} = 0{,}0016$ J/As; $t = 30$ min; $Q_p = ?$

$Q_p = \pi_{12} \cdot I \cdot t = 0{,}0016 \text{ J/As} \cdot 5 \text{ A} \cdot 1800 \text{ s}$

$\boldsymbol{Q_p = 14{,}4\text{ J}}$

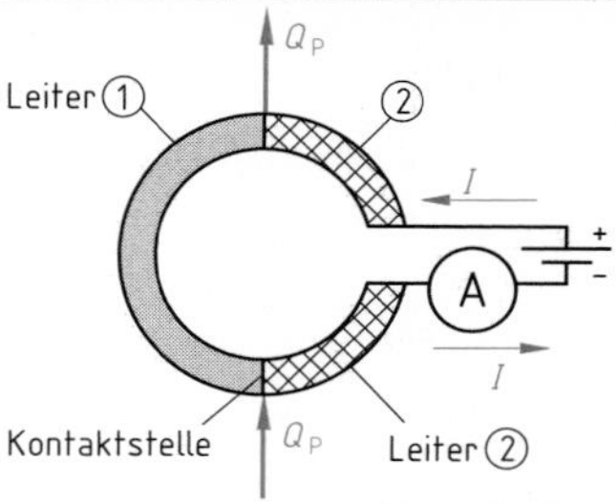

Wärmetransport (→ Behaglichkeit, Dämmkonstruktionen)

3

Möglichkeit einer Wärmeübertragung:

Der zweite Hauptsatz besagt:
Wärmeenergie kann ohne einen zusätzlichen Aufwand an Energie nur von einem Körper mit höherer Temperatur auf einen Körper mit niedrigerer Temperatur, d. h. nur in Richtung eines Temperaturgefälles, übertragen werden (nebenstehendes Bild).

Übertragung von Wärmeenergie erfolgt durch **Wärmeleitung, Wärmestrahlung** und **Wärmemitführung**.

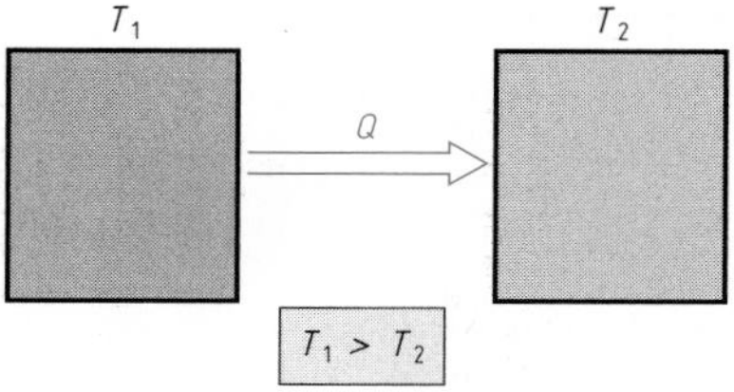

Wärmeleitung durch ebene und gekrümmte Wände

$$\dot{Q} = \frac{Q}{t}$$ **Wärmestrom**

$\dot{Q}$	Wärmestrom	W
Q	Wärmeenergie	J, kJ
t	Zeit	s

$$\dot{Q} = \frac{\lambda}{\delta} \cdot A \cdot (\vartheta_1 - \vartheta_2)$$

$$\dot{Q} = \frac{\Delta\vartheta}{R_\lambda}$$

Wärmestrom durch einschichtige Wand

$$R_\lambda = \frac{\delta}{\lambda \cdot A}$$ **Wärmeleitwiderstand**

$$\Delta\vartheta = R_\lambda \cdot \dot{Q}$$ **Ohm'sches Gesetz der Wärmeleitung**

Bei kleiner Wärmeleitfähigkeit λ ist der Wärmeleitwiderstand R_λ groß und damit ist auch die **Temperaturdifferenz** groß.

Bei ebenen Wänden liegt ein **lineares Temperaturgefälle** vor (→ **Berechnung von Dämmkonstruktionen**).

In mehrfach geschichteten ebenen Wänden (nebenstehendes Bild) fällt die Temperatur linear von Schicht zu Schicht in Richtung des Wärmestromes.

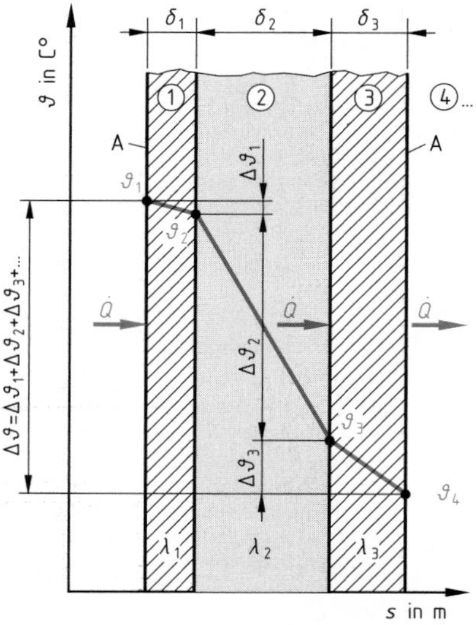

$$\dot{q} = \frac{\dot{Q}}{A}$$ **Wärmestromdichte**

$$\dot{Q} = \frac{\lambda_1}{\delta_1} \cdot A \cdot \Delta\vartheta_1 = \frac{\lambda_2}{\delta_2} \cdot A \cdot \Delta\vartheta_2 = \frac{\lambda_3}{\delta_3} \cdot A \cdot \Delta\vartheta_3 = \ldots = \frac{\lambda_n}{\delta_n} \cdot A \cdot \Delta\vartheta_n$$

Wärmestrom durch eine mehrfach geschichtete ebene Wand
(→ Brit. Einheiten, US-Einheiten)

Wärmetransport (Fortsetzung)

$$R_{\lambda ges} = R_{\lambda 1} + R_{\lambda 2} + R_{\lambda 3} + \ldots + R_{\lambda n}$$

Gesamtwärmeleitwiderstand

$$\dot{Q} = \frac{\Delta\vartheta_1}{R_{\lambda 1}} = \frac{\Delta\vartheta_2}{R_{\lambda 2}} = \ldots = \frac{\Delta\vartheta}{R_{\lambda ges}}$$

Wärmestrom

Die **Wärmeleitfähigkeit** λ ist stark **temperaturabhängig**!

Indices 1 … n: Wandbezeichnungen

$$\dot{Q} = \frac{2 \cdot \pi \cdot l \cdot \lambda}{\ln \frac{d_a}{d_i}} \cdot (\vartheta_1 - \vartheta_2)$$

Wärmestrom durch einen Hohlzylinder

$$\dot{Q} = \frac{2 \cdot \pi \cdot l \cdot \Delta\vartheta_{ges}}{\frac{1}{\lambda_1} \cdot \ln \frac{d_2}{d_1} + \frac{1}{\lambda_2} \cdot \ln \frac{d_3}{d_2} + \ldots}$$

Wärmestrom durch mehrschichtige Zylinderwand (nebenst. Bild)

ln: natürlicher Logarithmus

Indices 1 … n: Wandbezeichnungen

Der **Temperaturverlauf** in zylindrischen Wänden ist nicht linear, sondern er erfolgt nach einer **logarithmischen Funktion**.

Weitere Formeln für die Berechnung des Wärmestroms durch gekrümmte Wände (nicht zylindrisch) sind in technischen Handbüchern insbesondere im **VDI-Wärmeatlas** zu finden, z. B. für den Wärmedurchgang durch → Klöpperböden.

$\dot{Q}$	Wärmestrom	W
λ	Wärmeleitfähigkeit (Wärmeleitzahl)	W/(m · K)
A	Wandfläche	m²
ϑ	Wandgrenztemperatur	K, °C
$\Delta\vartheta$	Temperaturdifferenz	K, °C
R_λ	Wärmeleitwiderstand	K/W
$R_{\lambda ges}$	Gesamtwärmeleitwiderstand	K/W
δ	Wanddicke	m
$\dot{q}$	Wärmestromdichte	W/m²
l	Länge eines Hohlzylinders (Rohr)	m
d_a	Außendurchmesser	m
d_i	Innendurchmesser	m

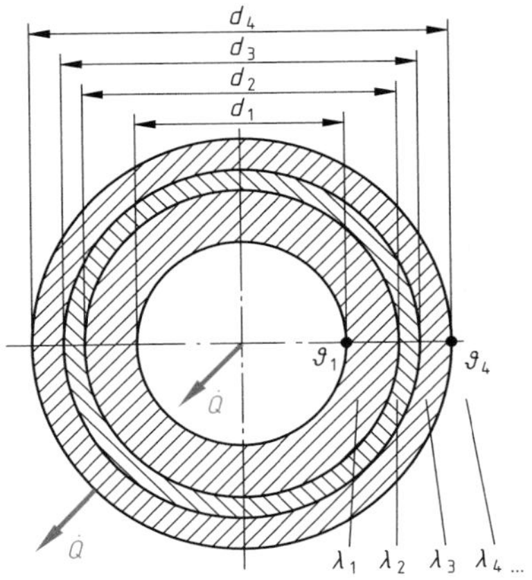

3

Wärmeleitfähigkeit (bei ϑ = 20 °C) (→ Dämm- und Sperrstoffe)

Stoff	λ in W/(m·K)	Stoff	λ in W/(m·K)
Aluminium	209	Kupfer	394
Antimon	22,53	Leder	0,16
Asbest	0,17	Marmor	2,9
Benzen (Benzol)	0,135	Maschinenöl	0,126
Blei	35,01	Messing	81 … 105
Bronze	58,15	Neusilber	29
Dämmstoffe	0,015 … 0,11	Nickel	52
Flussstahl	46,5	Platin	80
Glas	0,6 … 0,9	Porzellan	0,8 … 1,9
Glimmer	0,41	Quarz	1,09
Glyzerin	0,28	Quecksilber	8,4
Gold	311	Roheisen, weiß	52
Graphit	140	Schwefel	0,27
Grauguss	48,8	Silber	418,7
Holz, Eiche	0,21	Stahlguss	52
Kiefer	0,14	Tombak	93 … 116
Rotbuche	0,17	Wasser	0,597
Holzkohle	0,08	Weißmetall	35 … 70
Kesselstein	1,16 … 3,5	Zink	110
Korkplatten	0,035 … 0,04	Zinn	64

Wärmetransport (Fortsetzung)

Die folgenden Diagramme zeigen die **Abhängigkeit der Wärmeleitzahl λ von Kupfer von der Temperatur:**

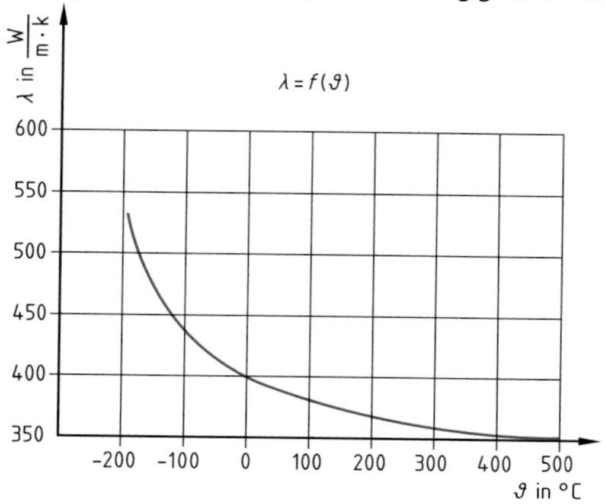

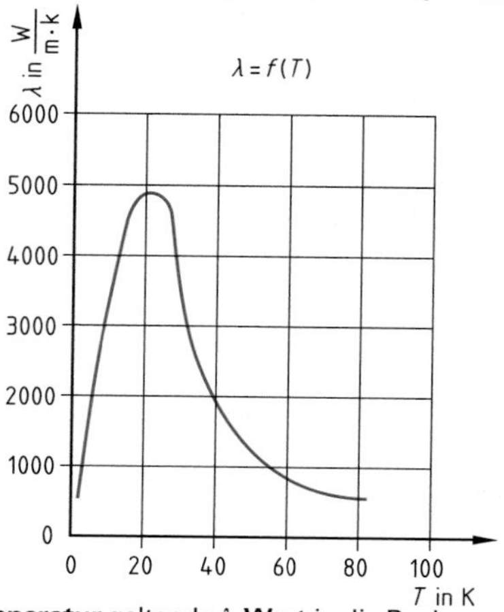

Wegen der Temperaturabhängigkeit wird der für die **Mitteltemperatur** geltende **λ-Wert** in die Rechnung eingesetzt, insbesondere gilt dies **bei der Verwendung von → Dämmstoffen**.

$$\vartheta_m = \frac{\vartheta_1 + \vartheta_2}{2}$$ **Mitteltemperatur**

ϑ_1, ϑ_2 Grenztemperaturen an den Begrenzungsflächen der Dämmung °C

λ-Werte für Baustoffe und → Dämmstoffe: Herstellerangaben beachten und gegebenenfalls garantieren lassen. Siehe auch im **Anwendungsbereich dieses Tabellenbuches**.

Außer von der Temperatur sind die λ-Werte für Baustoffe und Dämmstoffe auch stark vom **Feuchtigkeitsgehalt** abhängig.

Wärmeübergang und Wärmedurchgang

Unter einem **Wärmeübergang** versteht man die Wärmeübertragung zwischen zwei direkt benachbarten Fluiden oder aber zwischen einem Fluid und einer festen Wand bzw. umgekehrt.
Dabei treten in unmittelbarer Nähe der Wand **Temperaturdifferenzen** auf (s. nebenstehendes Bild).

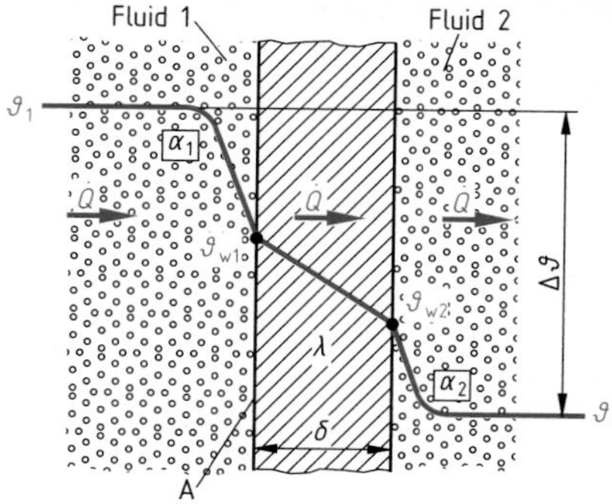

$\dot{Q} = \alpha \cdot A \cdot \Delta\vartheta$	**Wärmestrom** (Übergang)
$\Delta\vartheta = R_\alpha \cdot \dot{Q}$	**Ohm'sches Gesetz des Wärmeübergangs**
$R_\alpha = \dfrac{1}{\alpha \cdot A}$	**Wärmeübergangswiderstand**
$\alpha = Nu \cdot \dfrac{\lambda_F}{l}$	**Wärmeübergangszahl**
$\dot{Q} = k \cdot A \cdot \Delta\vartheta$	**Wärmestrom** (Durchgang)
$\Delta\vartheta = R_k \cdot \dot{Q}$	**Ohm'sches Gesetz des Wärmedurchgangs**
$R_k = \dfrac{1}{k \cdot A}$	**Wärmedurchgangswiderstand**
$k = \dfrac{1}{\dfrac{1}{\alpha_1} + \sum\dfrac{\delta}{\lambda} + \dfrac{1}{\alpha_2}}$	**Wärmedurchgangszahl** (*k*-Wert) (→ Kleidung)

$\dot{Q}$	Wärmestrom	W
α	Wärmeübergangszahl	W/(m² · K)
A	Wandfläche	m²
$\Delta\vartheta$	Temperaturdifferenz	K, °C
R_α	Wärmeübergangswiderstand	K/W
Nu	Nußelt-Zahl (s. Anm. Seite 131)	1
λ_F	Fluid-Wärmeleitzahl	W/(m · K)
l	charakteristische Baugröße eines Wärmetauschers	m
k	Wärmedurchgangszahl (*k*-Wert)	W/(m² · K)
R_k	Wärmedurchgangswiderstand	K/W
λ	Wärmeleitzahl	W/(m · K)
δ	Wanddicke	m

Wärmetransport (Fortsetzung)

Die **Wandgrenztemperaturen** $\vartheta_1, \vartheta_2, \vartheta_3, \ldots$ werden mit Hilfe der Temperaturdifferenzen $\Delta\vartheta_1$, $\Delta\vartheta_2$, $\Delta\vartheta_3, \ldots$ entsprechend nebenstehendem Schema berechnet. Dabei ist

$\Delta\vartheta_1$ = Temperaturdifferenz beim 1. Übergang
$\Delta\vartheta_2$ = Temperaturdifferenz bei der 1. Leitung
$\Delta\vartheta_3$ = Temperaturdifferenz bei der 2. Leitung
. . . .
$\Delta\vartheta_n$ = Temperaturdifferenz beim 2. Übergang

$$\Delta\vartheta_1 = k \cdot \Delta\vartheta \cdot \frac{1}{\alpha_1} \qquad \Delta\vartheta_3 = k \cdot \Delta\vartheta \cdot \frac{\delta_2}{\lambda_2}$$

. . . .

$$\Delta\vartheta_2 = k \cdot \Delta\vartheta \cdot \frac{\delta_1}{\lambda_1} \qquad \Delta\vartheta_n = k \cdot \Delta\vartheta \cdot \frac{1}{\alpha_2}$$

Temperaturverlauf an und in einer mehrfach geschichteten ebenen Wand

Wärmedurchgang durch gekrümmte Wände:

$$\dot{Q} = \frac{2 \cdot \pi \cdot l \cdot (\vartheta_{F1} - \vartheta_{F2})}{\frac{2}{\alpha_i \cdot d_i} + \frac{1}{\lambda} \cdot \ln \frac{d_a}{d_i} + \frac{2}{\alpha_a \cdot d_a}}$$

Wärmestrom durch eine Rohrwand

$\dot{Q}$	Wärmestrom	W
l	Rohrlänge	m
ϑ_F	Fluidtemperatur	K, °C
α	Wärmeübergangszahl	W/(m² · K)
d	Durchmesser	m
λ	Wärmeleitfähigkeit	W/(m · K)

Index i: innen; **Index a:** außen

Weitere Formeln für den Wärmestrom durch gekrümmte Wände (z. B. bei → Klöpperböden), auch bei mehrfacher Schichtung, können dem **VDI-Wärmeatlas** entnommen werden.

Gleichungen zur **Berechnung der Nußelt-Zahl** sind wärmetechnischen Handbüchern oder dem **VDI-Wärmeatlas** zu entnehmen.

3

Wärmeaustauscher (WA)

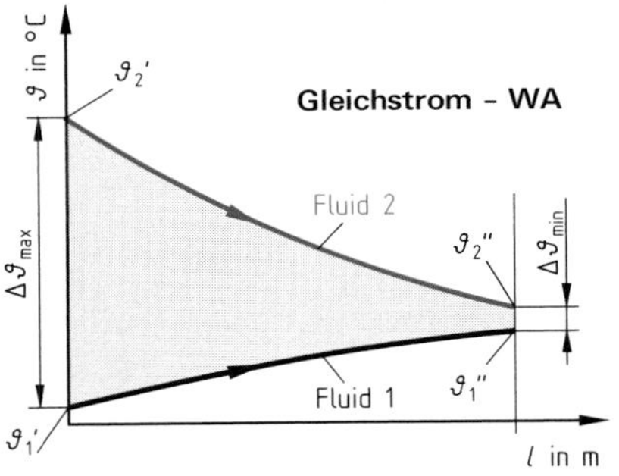

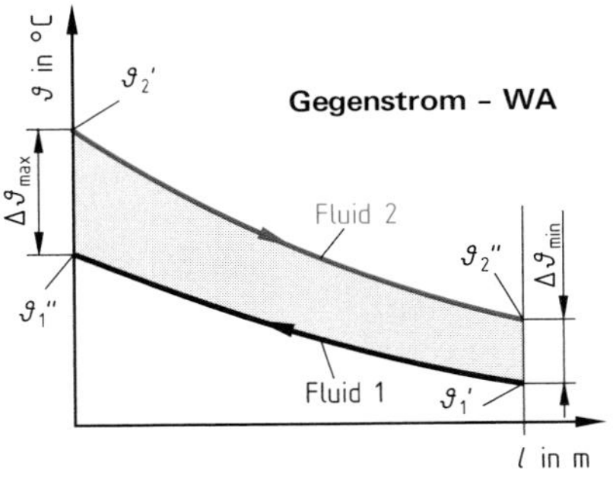

$$\dot{Q} = k \cdot A \cdot \Delta\vartheta_m$$

Wärmestrom

$$\Delta\vartheta_m = \frac{\Delta\vartheta_{max} - \Delta\vartheta_{min}}{\ln \frac{\Delta\vartheta_{max}}{\Delta\vartheta_{min}}}$$

mittlere logarithmische Temperaturdifferenz
ln: natürl. Logarithmus

$\dot{Q}$	Wärmestrom	W
k	Wärmedurchgangszahl (s. auch untenstehende Tabelle)	W/(m² · K)
$\Delta\vartheta_m$	mittlere log. Temperaturdifferenz	K, °C
$\Delta\vartheta_{max}$	größte Temperaturdifferenz	K, °C
$\Delta\vartheta_{min}$	kleinste Temperaturdifferenz	K, °C

Wärmedurchgangszahlen *k* (*k*-Wert) in W/(m² · K) für verschiedene Wärmeaustauscher

Bauart	Gas/Gas $p \approx 1$ bar	Hochdruckgas/ Hochdruckgas $p \approx 200$ bis 300 bar	Flüssigkeit/ Flüssigkeit	Kondensierender Dampf/ Flüssigkeit	Kondensierender Dampf/ verdampfende Flüssigkeit	Flüssigkeit/ Gas $p \approx 1$ bar
Rohrbündel-WA	15…35	150…500	150…1400	300…1800 (…4000)	300…1700 (…3000)	15…80
Doppelrohr-WA	10…35	150…500	200…1400			
Spiral-WA			250…2500	750…3500		
Platten-WA			350…3500			20…60
Rührkessel mit						
– Außenmantel			150… 350	500…1700		
– Schlange innen			500…1200	700…3500		

Wärmetransport (Fortsetzung)

Überschlagswerte für Wärmeübergangszahlen α in W/(m²·K)

Fluid	Zustandsform bzw. Bewegungszustand des Fluids	Wärmeübergangszahl α
Wasser	ruhend	250 bis 700
Wasser	strömend	$580 + 2100 \cdot \sqrt{w}$
Wasser	siedend	1000 bis 15000
Gase, Luft / überhitzte Dämpfe	ruhend	2 bis 10
Gase, Luft / überhitzte Dämpfe	strömend	$2 + 12 \cdot \sqrt{w}$
Wasserdampf	kondensierend	5000 bis 12000
Ammoniak	kondensierend	9300
R 22	kondensierend	2300
Ammoniak bei −30 °C und einer Wärmestromdichte von $\dot{q} = 4000\ \text{kJ}/(\text{m}^2 \cdot \text{h}) \approx 1100\ \text{W/m}^2$	siedend	500

w = Strömungsgeschwindigkeit des Fluids in m/s

3

Weitere α- und k-Werte: VDI-Wärmeatlas sowie im **Anwendungsbereich dieses Tabellenbuches**.

Wärmestrahlung

$$\dot{E} = \varepsilon \cdot C_s \cdot A \cdot \left(\frac{T}{100}\right)^4$$ **Energiestrom**

$$E = \varepsilon \cdot C_s \cdot A \cdot \left(\frac{T}{100}\right)^4 \cdot t$$ **Emittierte Energie**

$$\frac{\varepsilon}{a} = \frac{a}{\varepsilon} = \varepsilon_s = a_s = 1$$ **Gesetz von Kirchhoff**

$$C_s \approx 5{,}67\ \frac{\text{W}}{\text{m}^2 \cdot \text{K}^4}$$ **Strahlungszahl des absolut schwarzen Körpers** (s. Anmerkung)

(→ Wellenoptik)

$\dot{E}$	Energiestrom	W
ε	Emissionskoeffizient (→ Tabelle unten)	1
a	Absorptionskoeffizient	1
C_s	Strahlungskonstante des absolut schwarzen Körpers	W/(m²·K⁴)
T	absolute Temperatur	K
A	Körperoberfläche	m²
ε_s	Emissionskoeffizient des absolut schwarzen Körpers	1
a_s	Absorptionskoeffizient des absolut schwarzen Körpers	1

Anmerkung:

C_s beträgt eigentlich **$5{,}67 \cdot 10^{-8}$ W/(m²·K⁴)**. Deshalb wird in obigen Gleichungen durch $100^4 = 10^8$ dividiert. Der Umgang mit den Gleichungen wird dadurch erheblich vereinfacht.

Die **Energieübertragung durch Strahlung** ist nach dem zweiten Hauptsatz der Thermodynamik immer vom Ort der höheren Temperatur zum Ort mit niedrigerer Temperatur gerichtet (z. B. Sonne → Erde).

In spezieller Fachliteratur (z. B. VDI-Wärmeatlas) sind **Berechnungsformeln für die technischen Fälle der Wärmeübertragung durch Strahlung** angegeben.

Auf **Seite 133** sind **zwei wichtige Fälle** einer Wärmeübertragung durch Strahlung beschrieben.

(→ Sonnenstrahlung, Sonnenenergie)

Emissions- und Absorptionskoeffizienten

Oberfläche (senkrechte Strahlung)	$\varepsilon = a$
Dachpappe schwarz	0,91
Schamottesteine	0,75
Ziegelsteine	0,92
Wasseroberfläche	0,95
Eisoberfläche	0,96
Buchenholz	0,93
Aluminium poliert	0,04
Kupfer poliert	0,03
Stahl poliert	0,26
Stahl stark verrostet	0,85
Heizkörperlack	0,93
schwarzer Mattlack	0,97

Wärmetransport (Fortsetzung)

Wärmeaustausch zwischen zwei parallelen Oberflächen gleicher Größe:

$$\dot{Q} = C_{12} \cdot A \cdot \left[\left(\frac{T_1}{100}\right)^4 - \left(\frac{T_2}{100}\right)^4\right]$$ **Wärmestrom**

$$C_{12} = \frac{C_s}{\frac{1}{\varepsilon_1} + \frac{1}{\varepsilon_2} - 1}$$ **resultierende Strahlungszahl**

Wärmeaustausch eines Körpers in einem völlig geschlossenen Raum:

Beispiel: Innenrohr in einem konzentrischen Mantelrohr

$$\dot{Q} = C_{12} \cdot A_1 \cdot \left[\left(\frac{T_1}{100}\right)^4 - \left(\frac{T_2}{100}\right)^4\right]$$ **Wärmestrom**

$$C_{12} = \frac{1}{\frac{1}{C_1} + \left(\frac{1}{C_2} - \frac{1}{C_s}\right) \cdot \frac{A_1}{A_2}}$$ **resultierende Strahlungszahl**

$\boldsymbol{C_1 = \varepsilon_1 \cdot C_s;\ C_2 = \varepsilon_2 \cdot C_s}$

$\dot{Q}$	durch Strahlung ausgetauschter Wärmestrom	W
C_s	Strahlungszahl des absolut schwarzen Körpers	$W/(m^2 \cdot K^4)$
A	Oberfläche einer Platte	m^2
C_{12}	resultierende Strahlungszahl	$W/(m^2 \cdot K^4)$
T_1	absolute Temperatur des Körpers mit höherer Temperatur	K
T_2	absolute Temperatur des Körpers mit niedrigerer Temperatur	K
ε_1	Emissionskoeffizient des Körpers mit höherer Temperatur	1
ε_2	Emissionskoeffizient des Körpers mit niedrigerer Temperatur	1
A_1	Oberfläche des Körpers mit höherer Temperatur	m^2
A_2	Oberfläche des Körpers mit niedrigerer Temperatur	m^2
C_1	Strahlungszahl des Körpers mit höherer Temperatur	$W/(m^2 \cdot K^4)$
C_2	Strahlungszahl des Körpers mit niedrigerer Temperatur	$W/(m^2 \cdot K^4)$

3

Wärmeübertragung durch Strahlung und Konvektion

$$\dot{Q} = \alpha_{ges} \cdot A_1 \cdot (T_1 - T_2)$$ **Wärmestrom**

$$\alpha_{ges} = \alpha_{kon} + \alpha_{Str}$$ **Gesamt-Wärmeübergangszahl**

$$\alpha_{Str} = \frac{C_{12} \cdot \left[\left(\frac{T_1}{100}\right)^4 - \left(\frac{T_2}{100}\right)^4\right]}{T_1 - T_2}$$

(→ Wärmeübergang)

$\dot{Q}$	durch Strahlung **und** Konvektion ausgetauschter Wärmestrom	W
α_{ges}	Gesamtwärmeübergangszahl	$W/(m^2 \cdot K)$
A_1	Oberfläche des Körpers mit höherer Temperatur	m^2
T_1	absolute Temperatur des Körpers mit höherer Temperatur	K
T_2	absolute Temperatur des Körpers mit niedrigerer Temperatur	K
α_{kon}	Wärmeübergangszahl ($\hat{=}\ \alpha$)	$W/(m^2 \cdot K)$
α_{Str}	Wärmeübergangszahl der Strahlung	$W/(m^2 \cdot K)$

B Es ist $\alpha = \alpha_{kon} = 30\ W/(m^2 \cdot K)$; $C_{12} = 2{,}6\ W/(m^2 \cdot K^4)$; $T_1 = 800\ K$; $T_2 = 273\ K$.
Zu berechnen ist α_{Str} und α_{ges}. Wie groß ist $\dot{Q}$ bei $A_1 = 0{,}8\ m^2$?

$$\boldsymbol{\alpha_{Str}} = \frac{C_{12} \cdot \left[\left(\frac{T_1}{100}\right)^4 - \left(\frac{T_2}{100}\right)^4\right]}{T_1 - T_2} = \frac{2{,}6\ \frac{W}{m^2 \cdot K^4} \cdot \left[\left(\frac{800\ K}{100}\right)^4 - \left(\frac{273\ K}{100}\right)^4\right]}{800\ K - 273\ K} = \mathbf{19{,}93\ \frac{W}{m^2 \cdot K}}$$

$\boldsymbol{\alpha_{ges}} = \alpha_{kon} + \alpha_{Str} = 30\ W/(m^2 \cdot K) + 19{,}93\ W/(m^2 \cdot K) = \mathbf{49{,}93\ W/(m^2 \cdot K)}$

$\boldsymbol{\dot{Q}} = \alpha_{ges} \cdot A_1\ (T_2 - T_1) = 49{,}93\ W/(m^2 \cdot K) \cdot 0{,}8\ m^2 \cdot (800\ K - 273\ K) = 21\,050{,}5\ W \approx \mathbf{21\ kW}$

Aus dem Verhältnis von α_{kon} und α_{Str} ist zu ersehen, dass ca. 40% durch Strahlung übertragen werden, der Rest (60%) durch Konvektion.

Besonderheit in der Kälte- und Klimatechnik:

Wegen der niedrigen Temperaturen (T_1 meist in der Nähe von T_2) ist der **Strahlungsanteil** i.d.R. gegenüber dem konvektiven Anteil **klein**. Er wird meist vernachlässigt.

TP Schwingungen und Wellen

Periodische Bewegungen und Schwingungen

Bei einer **periodischen Bewegung**, die in vielen Fällen eine **harmonische Bewegung** ist, befindet sich ein Körper in einer bestimmten zeitlichen Abfolge, d. h. periodisch, immer wieder am selben Ort.
Der Ablauf einer periodischen Bewegung kann selbsttätig sein oder aber mechanisch erzwungen werden, z. B. mit einer **Schubkurbel** oder mit einer **Kurbelschleife**.

Schubkurbel: (→ Verdichter)

Nachfolgende Formeln ermöglichen die Berechnung von

Kolbenweg *s*
Kolbengeschwindigkeit *v*
Kolbenbeschleunigung *a*

Der Quotient r/l wird als **Stangenverhältnis** bezeichnet und ist in der Praxis normalerweise nicht größer als $^1/_5$.

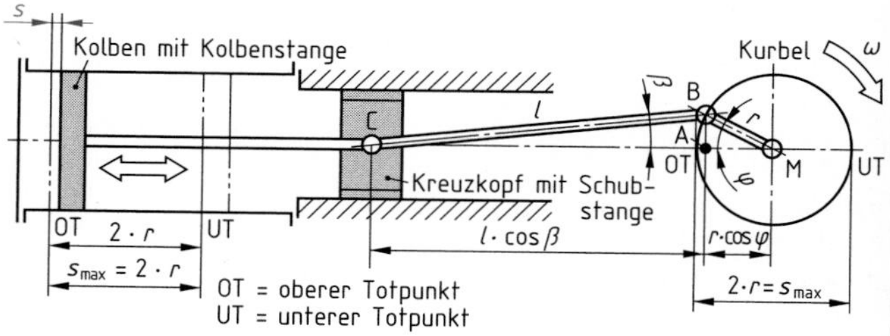

3

$$s = r \cdot \left\{1 - \cos(\omega t) + \frac{r}{4 \cdot l} \cdot [1 - \cos(2\omega t)]\right\}$$

$$v = r \cdot \omega \cdot \left[\sin(\omega t) + \frac{r}{2 \cdot l} \cdot \sin(2\omega t)\right]$$

$$a = r \cdot \omega^2 \cdot \left[\cos(\omega t) + \frac{r}{l} \cdot \cos(2\omega t)\right]$$

$$\varphi = \omega \cdot t = 2 \cdot \pi \cdot n \cdot t$$ **Drehwinkel**

s	Kolbenweg	m
r	Kurbelradius	m
ω	→ Winkelgeschwindigkeit	rad/s = s^{-1}
t	Zeit	s
l	Länge der Schubstange	m
v	Kolbengeschwindigkeit	m/s
a	Kolbenbeschleunigung	m/s^2
φ	→ Drehwinkel	rad, Grad
n	→ Umdrehungsfrequenz	s^{-1}

Kurbelschleife: (→ Verdichter)

$s = r \cdot [1 - \cos(\omega t)]$	**Kolbenstangenweg**
$v = r \cdot \omega \cdot \sin(\omega t)$	**Kolbenstangengeschwindigkeit**
$a = r \cdot \omega^2 \cdot \cos(\omega t)$	**Kolbenstangenbeschleunigung**
$\omega = 2 \cdot \pi \cdot n$	**Winkelgeschwindigkeit**
$\varphi = \omega \cdot t$	**Drehwinkel**

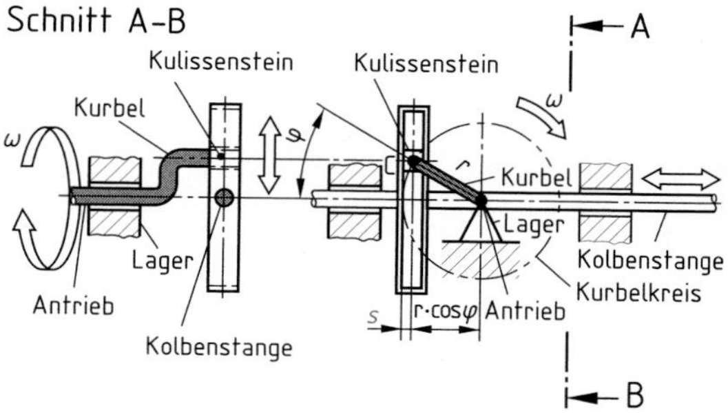

v	Kolbenstangengeschwindigkeit	m/s
a	Kolbenstangenbeschleunigung	m/s^2
n	Umdrehungsfrequenz	s^{-1}
φ	Drehwinkel	rad, Grad

s	Kolbenstangenweg	m
r	Kurbelradius	m
ω	Winkelgeschwindigkeit	rad/s = s^{-1}
t	Zeit	s

(→ Geschwindigkeit, Beschleunigung, Winkelgeschwindigkeit, Drehwinkel)

Auslenkungs-, Zeit-Gesetz:

In nebenstehendem Bild ist die **Phasenverschiebung $\varphi_0 = 0$**.

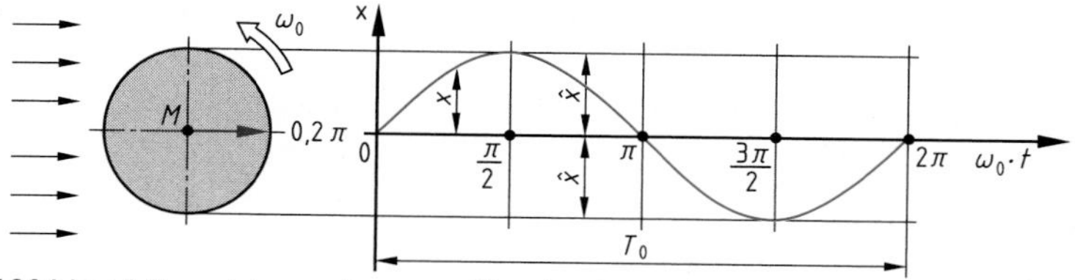

Index 0: Nach DIN 1304 handelt es sich um eine **ungedämpfte Schwingung**.

Periodische Bewegungen und Schwingungen (Fortsetzung)

$\omega_0 = 2 \cdot \pi \cdot f_0$	**Kreisfrequenz**
$f_0 = \dfrac{\omega_0}{2 \cdot \pi} = \dfrac{1}{T_0}$	**Frequenz**
$T_0 = \dfrac{2 \cdot \pi}{\omega_0} = \dfrac{1}{f_0}$	**Periodendauer (Schwingungsdauer)**
$x = \hat{x} \cdot \sin(\omega_0 \cdot t)$	**Auslenkung (Weg)**

Zeichen	Bedeutung	Einheit
ω_0	Kreisfrequenz ≙ Winkelgeschwindigkeit	$rad/s = s^{-1}$
f_0	Frequenz	$s^{-1} = Hz$
T_0	Schwingungsdauer bzw. Periodendauer	s
x	Auslenkung (Elongation)	m
$\hat{x}$	größte Auslenkung (Amplitude)	m

$1 \text{ Hertz} = 1 \text{ Hz} = \dfrac{1}{s} = s^{-1}$ ≙ eine Schwingung pro Sekunde

Nebenstehendes Bild zeigt eine **phasenverschobene Schwingung** mit dem Nullphasenwinkel **$\varphi_0 \neq 0$ in rad**.

Es ist

$$x = \hat{x} \cdot \sin(\omega_0 \cdot t + \varphi_0)$$

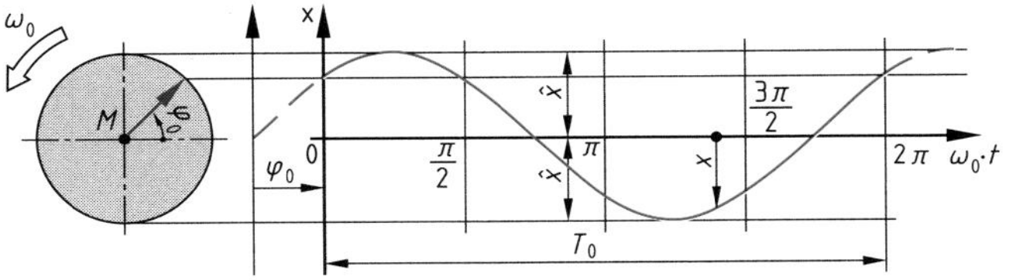

Schwingungsdämpfung

Geschwindigkeitsunabhängige Dämpfung:

$F_R = \mu \cdot F_N$	**Reibungskraft**
$\Delta x = 4 \cdot \dfrac{F_R}{D}$	**Amplitudendifferenz**

(→ Schallschutz, Reibung)

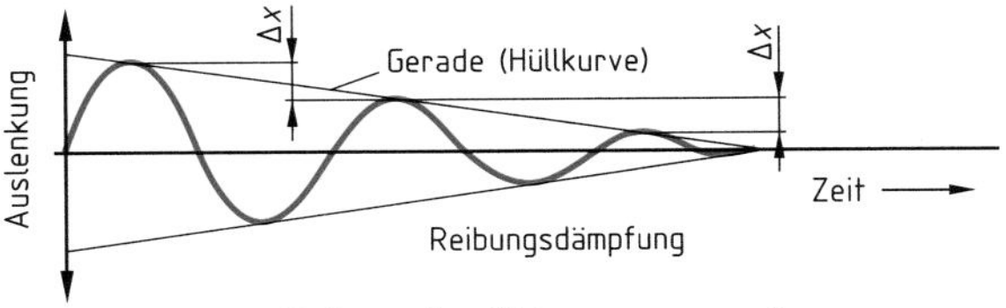

Zeichen	Bedeutung	Einheit
Δx	Amplitudendifferenz	m
D	Richtgröße	N/m
F_R	Reibungskraft	N
μ	Reibungskoeffizient	1
F_N	Normalkraft	N

Geschwindigkeitsproportionale Dämpfung (viskose Dämpfung): (→ Viskosität)

$T_d = \dfrac{2 \cdot \pi}{\omega_d}$	**Periodendauer (Schwingungsdauer)**
$f_d = \dfrac{1}{T_d} = \dfrac{\omega_d}{2 \cdot \pi}$	**Eigenfrequenz**
$\omega_d = \sqrt{\dfrac{D}{m} - \dfrac{b^2}{4 \cdot m^2}}$; $\omega_d = \sqrt{\omega_0^2 - \delta^2}$; $\omega_d = \omega_0 \cdot \sqrt{1 - \vartheta^2}$	**Eigenkreisfrequenz**
$\delta = \dfrac{b}{2 \cdot m}$	**Abklingkoeffizient**
$k = e^{\delta \cdot T_d}$	**Dämpfungsverhältnis**
$\vartheta = \dfrac{\delta}{\omega_0}$	**Dämpfungsgrad**
$F_R = b \cdot v$	**Reibungskraft**

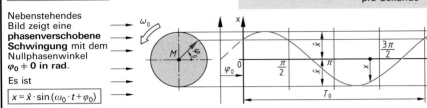

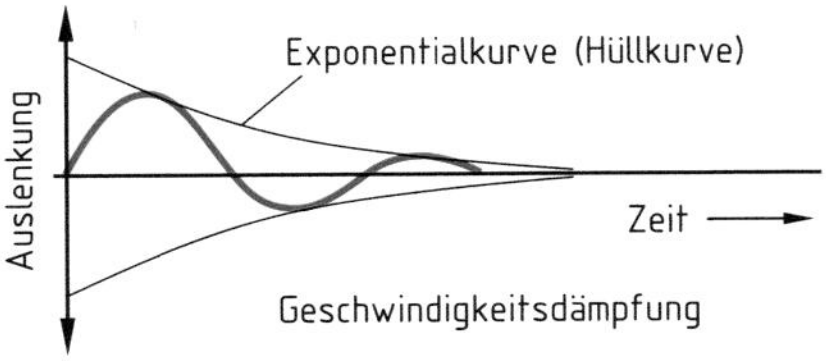

Zeichen	Bedeutung	Einheit
T_d	Periodendauer	s
f_d	Eigenfrequenz	$Hz = s^{-1}$
ω_d	Eigenkreisfrequenz	s^{-1}
D	Richtgröße	N/m
m	Masse	kg
b	Dämpfungsproportionale	kg/s
ω_0	Kennkreisfrequenz	s^{-1}
δ	Abklingkoeffizient	s^{-1}
ϑ	Dämpfungsgrad	1
F_R	Reibungskraft	N
k	Dämpfungsverhältnis	1
e	Euler'sche Zahl = 2,718... (→ Naturkonstanten)	
v	Geschwindigkeit	m/s

Index d: Nach DIN 1304 handelt es sich um eine **gedämpfte Schwingung**.

3

Schwingungsdämpfung (Fortsetzung)

Schwingfall	Kriechfall	aperiodischer Grenzfall
$\omega_0 > \delta \rightarrow \vartheta < 1$	$\omega_0 < \delta \rightarrow \vartheta > 1$	$\omega_0 = \delta \rightarrow \vartheta = 1$
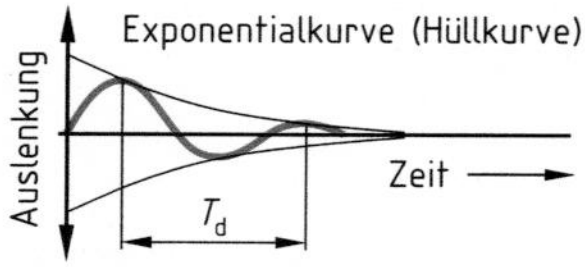	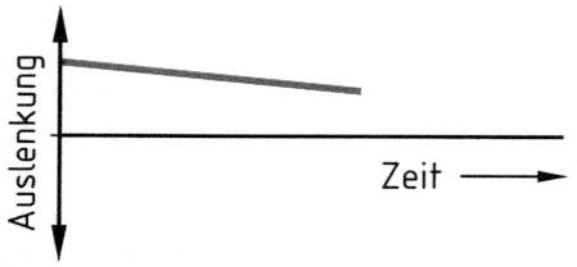	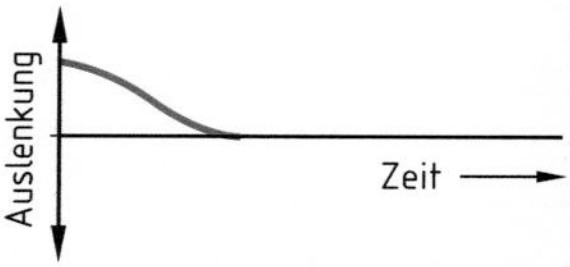
Hier ist die Kreisfrequenz ω_d kleiner und damit die Periodendauer T_d größer als bei der ungedämpften Schwingung.	Hier tritt keine Schwingung mehr auf, die **Auslenkung** nimmt ganz langsam exponentiell ab.	Es tritt gerade keine Schwingung mehr auf, d. h. Grenzfall zwischen Schwingfall und Kriechfall.

3

Schwingungsanregung und kritische Drehzahl

Größte Auslenkung und Resonanz:

$$\hat{x} = x \cdot \frac{c}{c - m \cdot \omega^2}$$

größte Auslenkung einer ungedämpften Schwingung ($\vartheta = 0$)

$$f_0 = \frac{\omega_0}{2 \cdot \pi}$$

Eigenfrequenz (Mitschwinger)

$$f = \frac{\omega}{2 \cdot \pi}$$

Erregerfrequenz (Schwinger)

Ist bei einer **Koppelung** die Eigenfrequenz f_0 gleich der Erregerfrequenz f, tritt **Resonanz** auf.

(→ Schall)

$$f = f_0 = \frac{\omega}{2 \cdot \pi} = \frac{\sqrt{\frac{c}{m}}}{2 \cdot \pi}$$

Resonanzfrequenz

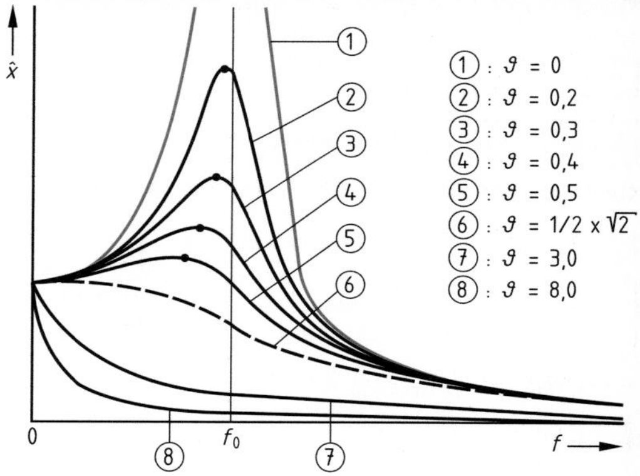

x	Auslenkung	m
$\hat{x}$	größte Auslenkung	m
c	→ Federkonstante (Federsteifigkeit) (s. Anmerkung)	N/m
m	Masse	kg
ω_0	Kreisfrequenz des Mitschwingers	$rad/s = s^{-1}$
ω	Kreisfrequenz des Schwingers	$rad/s = s^{-1}$
f_0	Eigenfrequenz (Mitschwinger)	s^{-1} = Hz
f	Erregerfrequenz (Schwinger)	s^{-1} = Hz

Anmerkung: Für den allgemeinen Fall einer Schwingung ist die Federsteifigkeit c durch die Richtgröße D zu ersetzen.

bei ungedämpfter Schwingung → Frequenzresonanz → größte Amplitude bei $f = f_0$

bei gedämpfter Schwingung → Amplitudenresonanz → größte Amplitude bei $f < f_0$

Kritische Drehzahl (Resonanzdrehzahl) von Wellen:

Man unterscheidet **Biegeschwingungen** und **Drehschwingungen**.

$$\omega_{cb} = \sqrt{\frac{c}{m}}$$

Biegekritische Winkelgeschwindigkeit

$$n_{cb} = \frac{30}{\pi} \cdot \sqrt{\frac{c}{m}}$$

Biegekritische Drehzahl

$$f = \frac{e}{\frac{c}{m \cdot \omega^2} - 1}$$

Durchbiegung (→ Biegung)

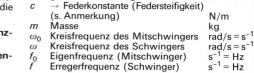

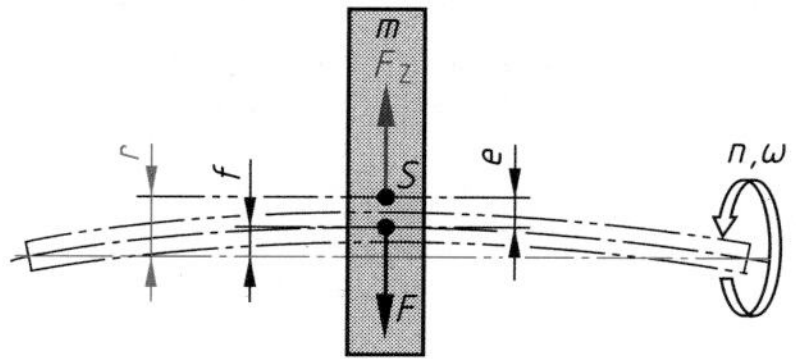

Die durch **Biegekräfte** hervorgerufene kritische Drehzahl heißt **biegekritische Drehzahl** n_{cb}. Sie wird von der **Exzentrizität** e der rotierenden Masse m nicht beeinflusst.

ω_{cb}	Biegekrit. Winkelgeschwindigkeit	$rad/s = s^{-1}$
c	Federkonstante der Welle	N/m
m	Masse	kg
n_{cb}	Biegekritische Drehzahl	min^{-1}
f	Durchbiegung	mm
e	Exzentrizität	mm

Schwingungen und Wellen

Schwingungsanregung und kritische Drehzahl (Fortsetzung)

$\omega_{cd} = \sqrt{\frac{D^*}{J}}$	**Drehkritische Winkelgeschwindigkeit**
$n_{cd} = \frac{30}{\pi} \cdot \sqrt{\frac{D^*}{J}}$	**Drehkritische Drehzahl**

ω_{cd}	Drehkritische Winkelgeschwindigkeit	rad/s = s^{-1}
D^*	Direktionsmoment	Nm
J	→ Massenträgheitsmoment	kg m^2
F_z	→ Zentrifugalkraft	N
F	Rückstellkraft	N
n_{cd}	Drehkritische Drehzahl	min^{-1}

Die durch **Torsionskräfte** hervorgerufene kritische Drehzahl heißt drehkritische Drehzahl n_{cd}.
Biegeschwingungen und Drehschwingungen können sich überlagern (→ Schwingungsüberlagerung).

Schwingungsüberlagerung

Superpositionsprinzip:

Zwei oder auch mehrere **lineare Einzelschwingungen** (z. B. ① und ②) können durch **Superposition**, d. h. durch die arithmetische Summe der Auslenkungen zu jedem Zeitpunkt *t* zu einer **resultierenden Schwingung** zusammengesetzt werden.

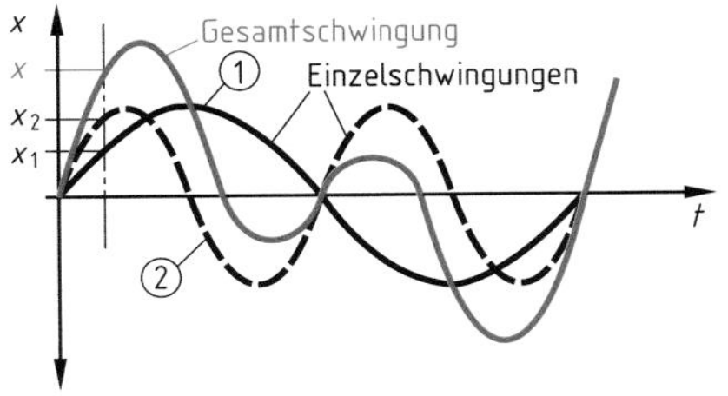

$x = x_1 + x_2$ **Elongation**

Addition von zwei linearen Einzelschwingungen:

$\hat{x} = \sqrt{\hat{x}_1^2 + 2 \cdot \hat{x}_1 \cdot \hat{x}_2 \cdot \cos(\varphi_{01} - \varphi_{02}) + \hat{x}_2^2}$ **Amplitude**

$\tan \varphi_0 = \frac{\hat{x}_1 \cdot \sin \varphi_{01} + \hat{x}_2 \cdot \sin \varphi_{02}}{\hat{x}_1 \cdot \cos \varphi_{01} + \hat{x}_2 \cdot \cos \varphi_{02}}$ **Nullphasenwinkel**

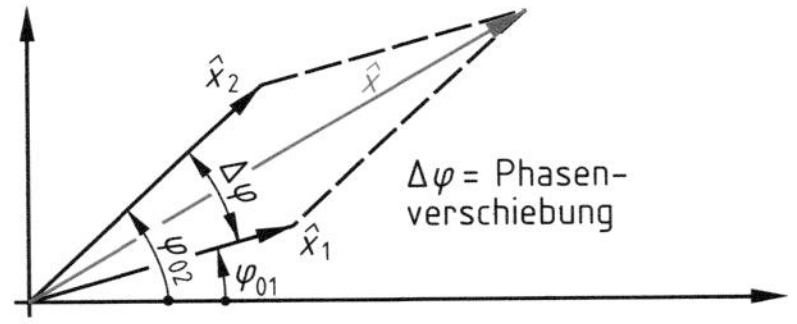

Maximale Verstärkung bei $\Delta\varphi = 0$

Auslöschung bei $\Delta\varphi = \pi$ rad, 3π rad, 5π rad ... und $\hat{x}_1 = \hat{x}_2$
(→ Wechselstromkreis)

$\hat{x}$	Amplitude	m
φ	Nullphasenwinkel	rad, Grad
$\Delta\varphi$	Differenz der Nullphasenwinkel (Phasenverschiebung)	rad, Grad

Wellen und Wellenausbreitung

Prinzip von Huygens:

Jeder Punkt, der von einer Welle erreicht wird, ist Ausgangspunkt einer Elementarwelle, die sich mit gleicher Geschwindigkeit und Wellenlänge wie die ursprüngliche Welle ausbreitet. Die Einhüllende aller Elementarwellen ist die neue Wellenfront.

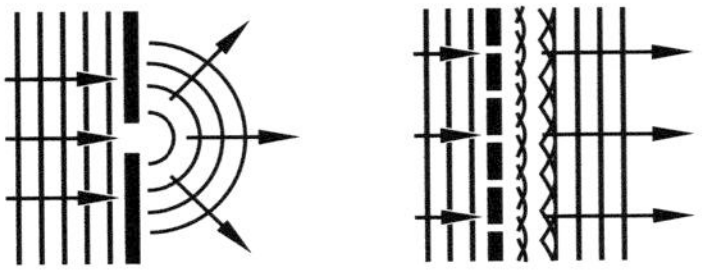

Wellenlänge u. Ausbreitungsgeschwindigkeit:

$c = \frac{\lambda}{T}$ **Ausbreitungsgeschwindigkeit** (→ Schallgeschwindigkeit)

$f = \frac{1}{T}$ **Frequenz**

Grundgleichung der Wellenlehre:

$c = \lambda \cdot f$ **Ausbreitungsgeschwindigkeit**

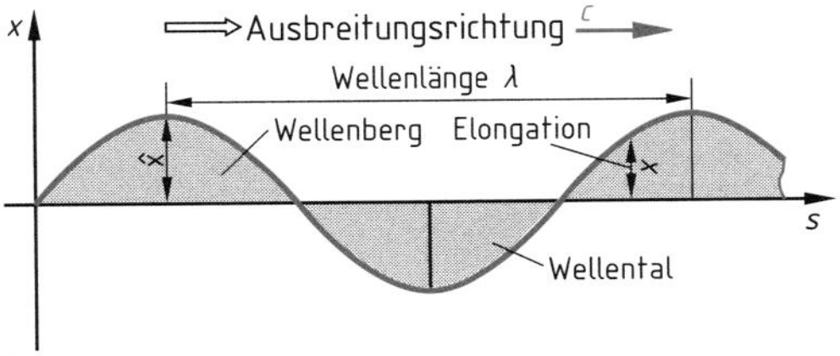

Anmerkung: Die Ausbreitungsgeschwindigkeit wird im speziellen Fall der Schallausbreitung als **Schallgeschwindigkeit** (→ Akustik) und im speziellen Fall der Lichtausbreitung als **Lichtgeschwindigkeit** bezeichnet.

c	Ausbreitungsgeschwindigkeit	m/s
λ	Wellenlänge	m
T	Periodendauer	s
f	Frequenz	Hz = s^{-1}

3

Wellen und Wellenausbreitung (Fortsetzung)

Querwelle (Transversalwelle):

Bei einer Querwelle oder Transversalwelle ist die **Teilchengeschwindigkeit** v senkrecht zur Ausbreitungsgeschwindigkeit c gerichtet. Die Teilchengeschwindigkeit wird auch als **Schnelle** v bezeichnet.

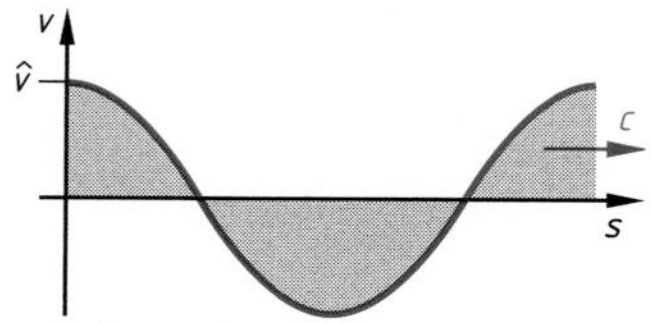

$$x = \hat{x} \cdot \sin\left[2 \cdot \pi \cdot \left(\frac{t}{T} \pm \frac{s}{\lambda}\right)\right]$$ **Elongation (Wellengleichung)**

$$v = \frac{2 \cdot \pi}{T} \cdot \hat{x} \cdot \cos\left[2 \cdot \pi \left(\frac{t}{T} \pm \frac{s}{\lambda}\right)\right]$$ **Schnelle**

$$\hat{v} = \frac{2 \cdot \pi}{T} \cdot \hat{x}$$ **maximale Schnelle**

x	Elongation	m
$\hat{x}$	Amplitude	m
t	Zeit	s
T	Periodendauer	s
s	Entfernung vom Erregerzentrum	m
λ	Wellenlänge	m
v	Schnelle bzw. Teilchengeschwindigkeit	m/s

3

+: Ausbreitung in Richtung der negativen s-Ache
−: Ausbreitung in Richtung der positiven s-Achse

Längswelle (Longitudinalwelle):

Bei einer Längswelle oder Longitudinalwelle sind die Teilchengeschwindigkeit v und die Ausbreitungsgeschwindigkeit c in Abhängigkeit von der Zeit gleich oder entgegengesetzt gerichtet.

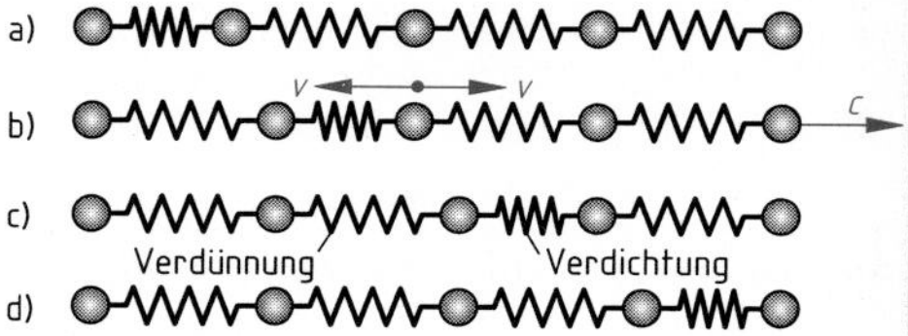

Nebenstehendes Bild zeigt dies in 4 Phasen a) bis d) bei einem Feder-Masse-Kontinuum.

Schallwellen sind Längswellen (Longitudinalwellen) (→ **Akustik**)

Art der mechanischen Welle	Ausbreitungsgeschwindigkeit
Longitudinalwellen in Flüssigkeiten	$c = \sqrt{\frac{K}{\varrho}}$
Longitudinalwellen in Gasen	$c = \sqrt{\frac{\varkappa \cdot p}{\varrho}}$ $c = \sqrt{\varkappa \cdot R_B \cdot T}$
Transversalwellen bei Seilen und dünnen Drähten	$c = \sqrt{\frac{F}{\varrho \cdot A}}$
Longitudinalwellen in festen Stoffen	$c = \sqrt{\frac{E}{\varrho} \cdot \frac{1-\mu}{1-\mu-2 \cdot \mu^2}}$
Longitudinalwellen in steifen Stäben	$c = \sqrt{\frac{E}{\varrho}}$
Torsionswellen in Rundstäben, z. B. Achsen	$c = \sqrt{\frac{G}{\varrho}}$
Oberflächenwellen von Flüssigkeiten $\left(h < \frac{\lambda}{2}\right)$	$c = \sqrt{h \cdot g}$
Oberflächenwellen von Flüssigkeiten $\left(h > \frac{\lambda}{2}\right)$	$c = \sqrt{\frac{g \cdot \lambda}{2 \cdot \pi}}$

K	→ Kompressionsmodul	N/m^2
ϱ	→ Dichte	kg/m^3
$\varkappa$	→ Isentropenexponent	1
p	→ Druck	$N/m^2 = Pa$
R_B	→ individuelle (spezielle) Gaskonstante	$J/(kg \cdot K)$
T	→ absolute Temperatur	K
F	Spannkraft	N
A	Querschnittsfläche (auch S)	m^2
E	→ Elastizitätsmodul	N/m^2
μ	→ Poisson'sche Zahl	1
G	Schubmodul	N/m^2
h	Wellentiefe	m
g	→ Fallbeschleunigung	m/s^2
λ	→ Wellenlänge	m

Je starrer die **Koppelung** der Teilchen untereinander und je geringer die **Teilchenmasse** ist, desto größer ist die **Ausbreitungsgeschwindigkeit** c im Ausbreitungsmedium.

Die Ausbreitungsgeschwindigkeit hängt von der **Form** des Ausbreitungsmediums ab.

Die Ausbreitungsgeschwindigkeit hängt von der **Temperatur** des Ausbreitungsmediums ab.

Bei **Gasen** nimmt die Ausbreitungsgeschwindigkeit einer Welle mit steigender Temperatur stark zu. Dies gilt auch bei **Dämpfen**.

Optik

Geometrische Optik bzw. Strahlenoptik

Reflexion des Lichts: (→ Schallausbreitung)

Die geometrische Optik „arbeitet" mit geradlinigen sich ausbreitenden **Lichtstrahlen** als „Lichtträger".

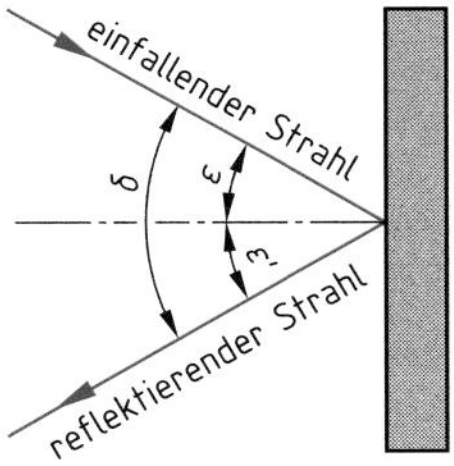

$\varepsilon = \varepsilon'$ **Reflexionsgesetz**

Einfallwinkel ε = **Ausfallwinkel** ε'

$\delta = \varepsilon + \varepsilon' = 2 \cdot \varepsilon = 2 \cdot \varepsilon'$ **Ablenkungswinkel**

$\Phi = \Phi_\varrho + \Phi_a + \Phi_\tau$ **auftreffender Lichtstrom**

$\varrho = \frac{\Phi_\varrho}{\Phi}$ **Reflexionsgrad**

ε	Einfallwinkel	Grad
ε'	Ausfallwinkel	Grad
δ	Ablenkungswinkel	Grad
Φ	auftreffender Lichtstrom	lm
Φ_ϱ	reflektierter Lichtstrom	lm
Φ_a	absorbierter Lichtstrom	lm
Φ_τ	durchgelassener Lichtstrom	lm
ϱ	Reflexionsgrad	1

Im speziellen Fall wird der auftreffende → Lichtstrom mehr oder weniger reflektiert, absorbiert oder auch durchgelassen.

3

Brechung des Lichts: (→ Schallausbreitung)

$\frac{\sin\varepsilon}{\sin\varepsilon'} = \frac{c_1}{c_2}$ **Brechungsgesetz**

$n = \frac{\sin\varepsilon}{\sin\varepsilon'} = \frac{c_1}{c_2}$ **Brechzahl** (Brechungsgesetz)

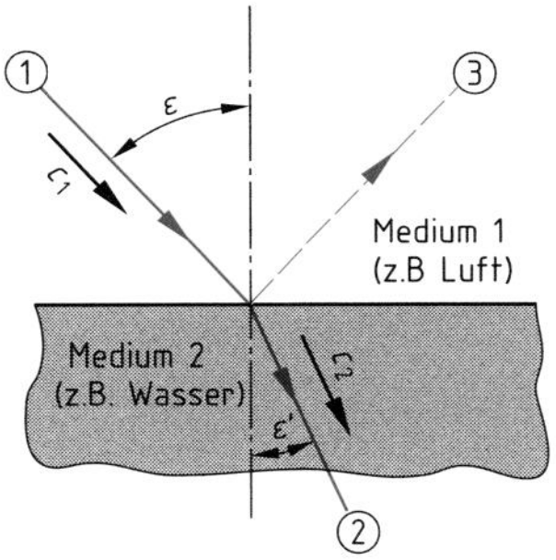

Im Vakuum (näherungsweise auch in Luft):

$n = \frac{c_0}{c}$ **Brechzahl** (Brechungsquotient)

In der Optik versteht man unter der Brechzahl (Brechungsquotient) das Verhältnis der Lichtgeschwindigkeiten im Vakuum und im brechenden Medium.

Index 1: Medium 1, **Index 2:** Medium 2
Index 0: Vakuum

ε	Einfallwinkel	Grad
ε'	Ausfallwinkel	Grad
c	Lichtgeschwindigkeit	m/s
n	Brechzahl (→ Tabelle unten)	1

Brechzahlen für Natriumlicht:
(Wellenlänge λ = 589,3 nm)

Medium	n	Medium	n
Vakuum	1,0	Benzol	1,5014
Gase		Glyzerin	1,47
Ammoniak (NH_3)	1,00037	Schwefelsäure, konzentriert	1,43
Chlor (Cl_2)	1,000781	Wasser	1,333
Helium (He)	1,000034	**Festkörper**	
Kohlenstoffdioxid (CO_2)	1,00045	Diamant	2,42
Luft	1,000292	Flintglas (Schott F_1)	1,6259
Sauerstoff (O_2)	1,000217	Kronglas (Schott K_1)	1,5098
Stickstoff (N_2)	1,000297	Kalkspat, ordentlicher Strahl	1,6580
Flüssigkeiten		Kalkspat, außerordentlicher Strahl	1,4865
Alkohol (Ethanol)	1,3617	Plexiglas	1,49

Die Abhängigkeit der Brechzahl n von der Wellenlänge λ des Lichts bezeichnet man als **Dispersion** (s. nebenstehendes Bild).

λ = 380 ... 780 nm **Wellenlängenbereich des sichtbaren Lichts** (→ Wellenoptik)

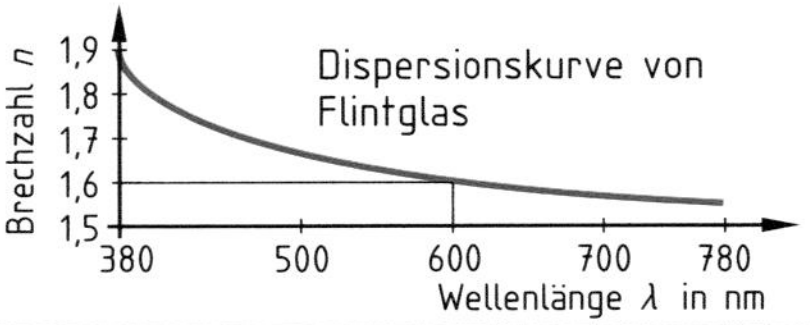

Geometrische Optik bzw. Strahlenoptik (Fortsetzung)

Bildentstehung durch Reflexion an ebenen Platten (ebener Spiegel):

Das von einem ebenen Spiegel erzeugte Bild ist virtuell (scheinbar). Der Abstand auf dem Lot vom Gegenstand zum Spiegel ist ebenso groß wie der Abstand auf dem Lot vom Bild zum Spiegel. Bild und Gegenstand sind gleich groß, aber seitenverkehrt.

$$b = -g$$ **Abbildungsgleichung des ebenen Spiegels**

b	Bildweite	m
g	Gegenstandsweite	m

Totalreflexion:

Trifft ein von einem **optisch dichteren Medium** kommender Lichtstrahl auf ein **optisch dünneres Medium**, und zwar bei einem Einfallwinkel, der größer als der **Grenzwinkel der Totalreflexion** ist, wird er vollständig, d. h. total reflektiert.

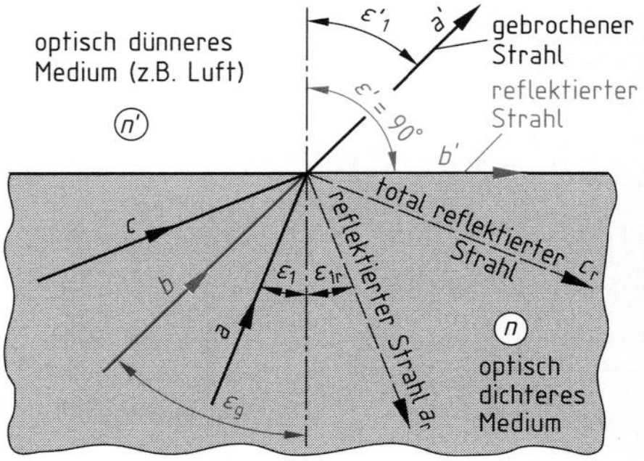

3 Eine Anwendung der Totalreflexion erfolgt beim **Lichtleiter**.

$$\sin \varepsilon_g = \frac{n'}{n}$$ **Sinus des Grenzwinkels**

$$A = \sqrt{n - n'}$$ **numerische Apertur** (Einheit 1)

$$\sin \varepsilon_g = \frac{1}{n}$$ **Sinus des Grenzwinkels beim optisch dünneren Medium Luft**

ε_g	Grenzwinkel	Grad
n'	Brechzahl des optisch dünneren Mediums	1
n	Brechzahl des optisch dichteren Mediums	1

Brechung an planparalleler Platte:

$$v = d \cdot \frac{\sin(\varepsilon - \varepsilon')}{\cos \varepsilon'}$$ **Parallelversatz**

Bei einer Brechung an einer planparallelen Platte findet ein Parallelversatz v des Strahlenganges statt (s. nebenstehendes Bild).

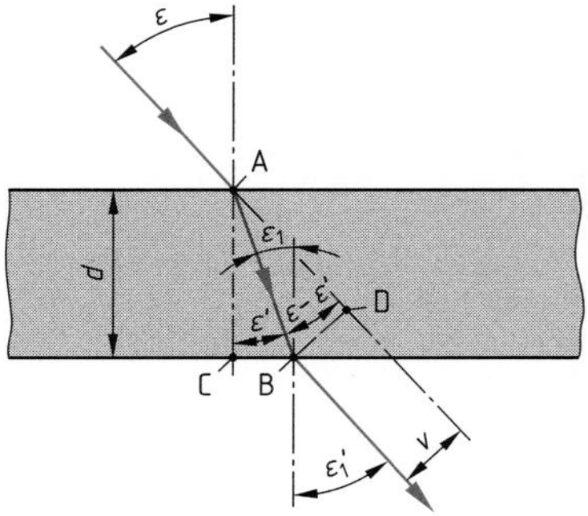

v	Parallelversatz	m
d	Plattendicke	m
ε	Einfallwinkel	Grad
ε'	Ausfallwinkel	Grad

Brechung am Prisma:

$$\alpha = \varepsilon_1' + \varepsilon_2$$ **brechender Winkel**

$$\delta = \varepsilon_1 + \varepsilon_1' + \varepsilon_2' - \alpha$$ **Gesamtablenkung**

Die **Strahlablenkung** ist bei einem Prisma **minimal**, wenn Eintrittswinkel ε_1 und Austrittswinkel ε_2' gleich groß sind, d. h. bei **symmetrischem Strahlverlauf**.

$$\delta_{min} = 2 \cdot \varepsilon_1 - \alpha$$ **Minimalablenkung**

$$n = \frac{\sin \varepsilon_1}{\sin \varepsilon_2'} = \frac{\sin \frac{1}{2}(\delta_{min} + \alpha)}{\sin \frac{\alpha}{2}}$$ **Bestimmung der Brechzahl mit einem Prisma**

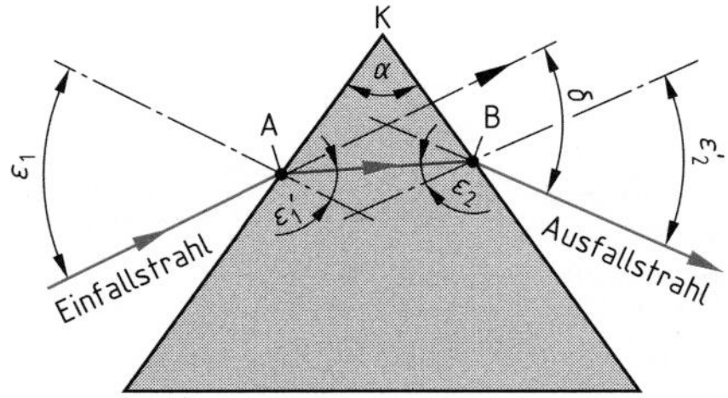

α	brechender Winkel	Grad
ε_1	Einfallwinkel	Grad
ε_2'	Ausfallwinkel	Grad
δ	Gesamtablenkung	Grad

Anmerkung: ε_1 und ε_2' sind bei symmetrischem Strahlverlauf gleich groß.

Geometrische Optik bzw. Strahlenoptik (Fortsetzung)

Linsenformen:

Linsenform (Linsenquerschnitt)	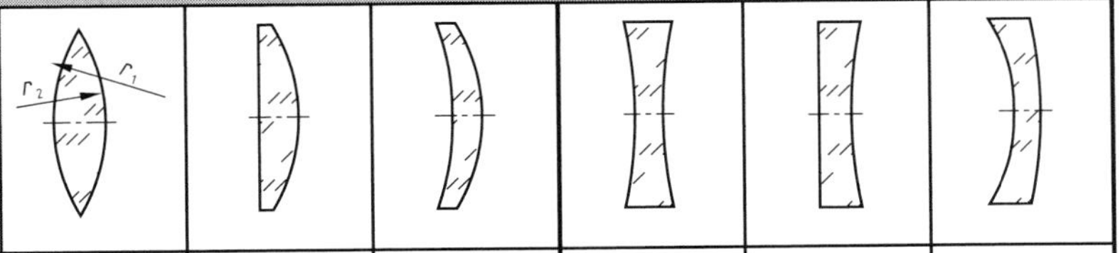					
Bezeichnung	bi-konvex	plan-konvex	konkav-konvex	bi-konkav	plan-konkav	konvex-konkav
Linsenart	**Sammellinsen**			**Zerstreuungslinsen**		
Radien	$r_1 > 0$ $r_2 < 0$	$r_1 = \infty$ $r_2 < 0$	$r_1 < 0$ $r_2 < 0$	$r_1 < 0$ $r_2 > 0$	$r_1 = \infty$ $r_2 > 0$	$r_1 < 0$ $r_2 < 0$

3

Brennweite und Brechwert einer dünnen Linse:

$$D = \frac{1}{f} = (n-1) \cdot \left(\frac{1}{r_1} - \frac{1}{r_2}\right)$$ **Brechwert**

$$\frac{1}{f} = \frac{1}{g} + \frac{1}{b}$$ **Abbildungsgleichung**

$$f = f'$$ **Brennweite**

Bei Zerstreuungslinsen ist die Brennweite f negativ in die Abbildungsgleichung einzusetzen.

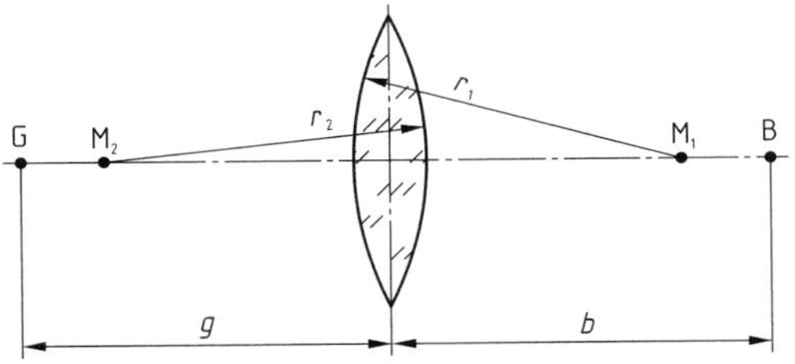

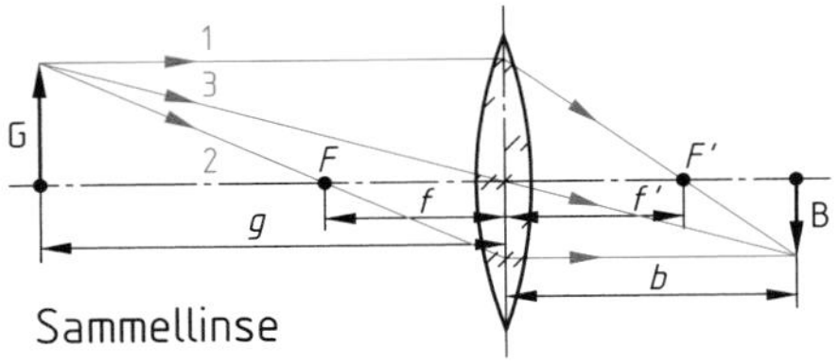

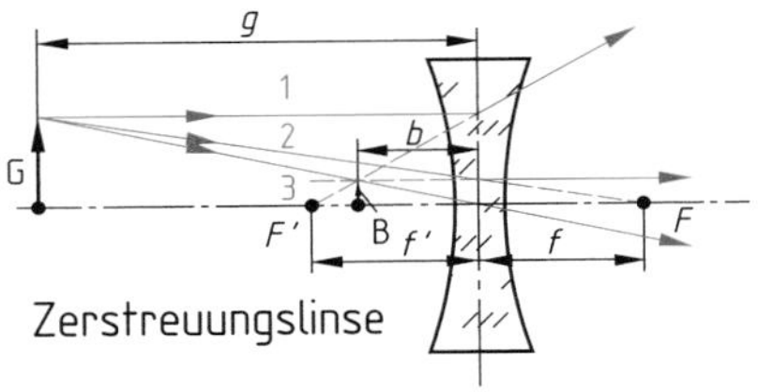

Die gesetzliche **Einheit des Brechwertes** ist die **Dioptrie** (dpt).

$$1\ \text{dpt} = \frac{1}{\text{m}} = \text{m}^{-1}$$ **Dioptrie**

D	Brechwert	$\text{dpt} = \text{m}^{-1}$
f, f'	Brennweite	m
n	Brechzahl	1
r_1, r_2	Linsenradien	m
g	Gegenstandsweite	m
b	Bildweite	m

Bildentstehung durch Sammellinsen (Konvexlinsen)

Gegenstandsweite	Bildweite	Bildart	Bildlage	Bildgröße
$g > 2 \cdot f$	$2 \cdot f > b > f$	reell	kopfstehend	$B < G$
$g = 2 \cdot f$	$b = 2 \cdot f$	reell	kopfstehend	$B = G$
$2 \cdot f > g > f$	$b > 2 \cdot f$	reell	kopfstehend	$B > G$
$g < f$	$b > g$	virtuell	aufrecht stehend	$B > G$

Bildentstehung durch Zerstreuungslinsen (Konkavlinsen)

Zerstreuungslinsen liefern von aufrechten Gegenständen stets virtuelle, aufrechte und verkleinerte Bilder.

3

Wellenoptik und Photometrie

Gesamtspektrum der elektromagnetischen Wellen:

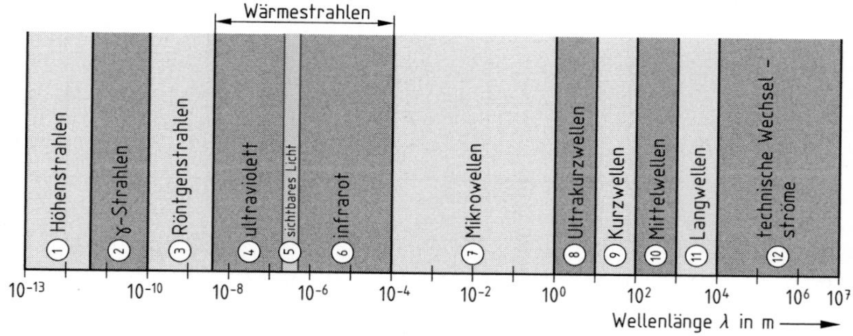

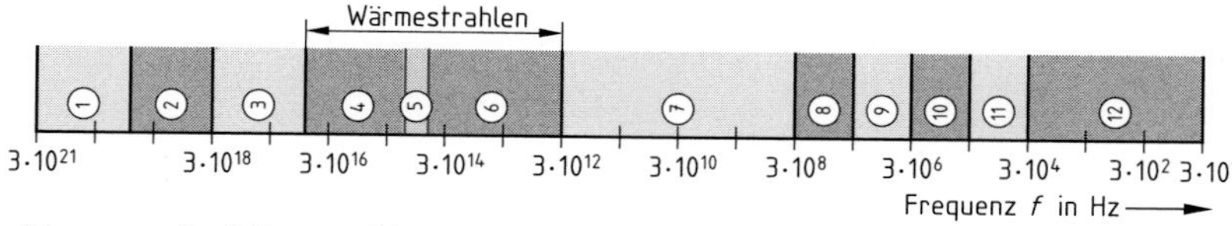

(→ Strahlungsanteile, Wärmestrahlung, Elektromagnetische Schwingungen)

$\lambda = 380\ \text{nm} \ldots 780\ \text{nm}$ — **Licht-Wellenlängenbereich** (sichtbares Wellenlängenspektrum)

$f = 3{,}84 \cdot 10^{14}\ \text{Hz} \ldots 7{,}89 \cdot 10^{14}\ \text{Hz}$ — **Licht-Frequenzbereich** (sichtbares Frequenzspektrum)

$$c = \lambda \cdot f$$ **Lichtgeschwindigkeit**

$$c_0 = 299\,792\,458\ \frac{\text{m}}{\text{s}}$$ **Vakuum-Lichtgeschwindigkeit**

c	Lichtgeschwindigkeit	m/s
λ	Wellenlänge	m
f	Frequenz	$\text{Hz} = \text{s}^{-1}$
c_0	Vakuumlichtgeschwindigkeit	m/s

Ausbreitungsgeschwindigkeit elektromagnetischer Wellen:

$$c = \frac{1}{\sqrt{\varepsilon_0 \cdot \mu_0}}$$ **Ausbreitungsgeschwindigkeit im Vakuum**

$$c = \frac{1}{\sqrt{\varepsilon_r \cdot \varepsilon_0 \cdot \mu_r \cdot \mu_0}}$$ **Ausbreitungsgeschwindigkeit in Materie**

c	Ausbreitungsgeschwindigkeit	m/s
ε_0	elektrische Feldkonstante	F/m
μ_0	magnetische Feldkonstante	H/m
ε_r	Permittivitätszahl (frequenzabhängig)	1
μ_r	Permeabilitätszahl (frequenzabhängig)	1

$$\varepsilon_0 = 8{,}54187817 \ldots \cdot 10^{-12}\ \frac{\text{F}}{\text{m}}$$

$$\mu_0 = 1{,}2566370614 \ldots \cdot 10^{-6}\ \frac{\text{H}}{\text{m}}$$

Permittivitätszahlen von Isolierstoffen (→ Elektrisches Feld)

Werkstoff	ε_r	Werkstoff	ε_r	Werkstoff	ε_r
Feste Stoffe				**Flüssigkeiten**	
Acrylglas	3,1 … 3,6	Plexiglas	3,4	Benzol	2,3
Aluminiumoxid	6 … 9	Phenolharz	4 … 5	Cholophen	5
Bariumtitanat	bis 3000	Phosphor	4,1	Isolieröl	2 … 2,4
Bernstein	2,4 … 2,9	Polyamid (PA)	3 … 5	Petroleum	2 … 2,2
Epoxidharz	3,7 … 4,2	Polyethylen (PE)	2,3 … 2,6	Rizinusöl	4,5
Glas	3 … 16	Polycarbonat (PC)	2,8	Terpentinöl	2,3
Glimmer	5 … 9	Polystyrol (PS)	2,3 … 2,8	Wasser (rein)	81
Hartgummi	3 … 4	Polyurethan (PUR)	3,4		
Hartpapier	3,5 … 6	Polyvinylchlorid (PVC)	3,5 … 4	**Gase**	
Kautschuk	2,5	Porzellan	4 … 6	Alle Gase haben einen ε_r-Wert von nahezu 1.	
Keramik	> 10000	Pressspan	2,6 … 3,8		
Mikanit	4,5 … 5,5	Quarz	3,5 … 4,8		
Pertinax	4,0 … 5,5	Schellack	3,5 … 4,2		

Wellenoptik und Photometrie (Fortsetzung)

Permeabilitätszahlen ausgewählter Werkstoffe (→ Elektrisches Feld)

ferromagnetische Werkstoffe				nichtferromagnetische Werkstoffe			
hartmagnetische Werkstoffe	μ_r	weichmagnetische Werkstoffe	μ_r	paramagnetische Werkstoffe	μ_r	diamagnetische Werkstoffe	μ_r
AlNiCo 12/6	4 bis 5,5	Mumetall	140 000	Luft	1,0000004	Quecksilber	0,999975
AlNiCo 35/5	3 bis 4,5	Permenorm	8 000	Sauerstoff	1,0000003	Silber	0,999981
FeCoVCr 11/2	2 bis 8	Trafoperm N2	35 000	Aluminium	1,000022	Zink	0,999988
SeCo 112/100	1,1	Hyperm 36 M	16 000	Platin	1,000360	Wasser	0,999991

Interferenz bei Lichtwellen:

Die interferierenden Lichtwellen müssen **kohärente Lichtwellen** sein. Dies setzt voraus, dass die Lichtwellen von demselben Punkt einer Lichtquelle stammen (s. nebenstehendes Bild).

Bei **dünnen Blättchen** gilt gemäß Bild:

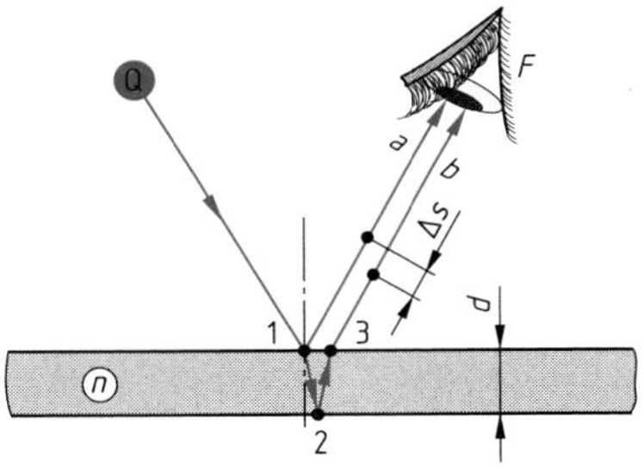

$$d = k \cdot \frac{\lambda}{2 \cdot n}$$ **Dicke der Schicht bei Auslöschung**

$$d = \frac{2 \cdot k + 1}{4} \cdot \frac{\lambda}{n}$$ **Dicke der Schicht bei Verstärkung**

$$\Delta s = 2 \cdot d \cdot n + \frac{\lambda}{2}$$ **Phasendifferenz beider Wellen (Gangunterschied)**

d	Dicke der Schicht	m
k	Faktor: 0, 1, 2, 3, ...	1
λ	Wellenlänge	m
n	Brechzahl der Schicht	1
Δs	Phasendifferenz (senkrechter Lichteinfall in Lichtempfänger)	m

Eine technische Anwendung sind die **Anlassfarben** entsprechend Tabelle (→ Wärmebehandlung).

Anlassfarbe für unlegierten Werkzeugstahl	**Tempertur** in °C	**Anlassfarbe** für unlegierten Werkzeugstahl	**Temperatur** in °C
Weißgelb	200	Violett	280
Strohgelb	220	Dunkelblau	290
Goldgelb	230	Kornblumenblau	300
Gelbbraun	240	Hellblau	320
Braunrot	250	Blaugrau	340
Rot	260	Grau	360
Purpurrot	270		

Hellempfindlichkeitsgrad für das Sehen:

$V(\lambda)$ → Hellempfindlichkeitsgrad für das **Tagsehen**.

$V'(\lambda)$ → Hellempfindlichkeitsgrad für das **Nachtsehen**.

Die **sichtbare Strahlung (Licht)** soll eindeutig und gemäß der Helligkeit so bewertet werden, dass unter zwei gleichen Bedingungen gleich hell erscheinende Strahlungen auch die gleiche Maßzahl erhalten.

Strahlungsphysikalische Größen ⟶ **Index e** (energetisch)

Lichttechnische Größen ⟶ **Index v** (visuell)

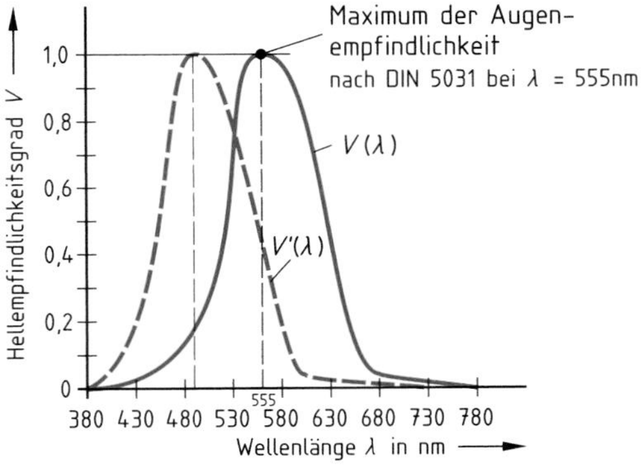

3

Wellenoptik und Photometrie (Fortsetzung)

Strahlungsleistung und Lichtstrom:

$$\Phi_e = \frac{Q_e}{t}$$ **Strahlungsleistung (Strahlungsfluss)**

$$\Phi_v = K \cdot \Phi_e \cdot V(\lambda)$$ **Lichtstrom**

$$K = 683\ \frac{\text{lm}}{\text{W}}$$ **photometrisches Strahlungsäquivalent**

$$\eta = \frac{\Phi_v}{P}$$ **Lichtausbeute** (s. folgende Tabelle)

Die abgeleitete SI-Einheit für den **Lichtstrom** ist das **Lumen:** lm.

Φ_e	Strahlungsleistung	W
Q_e	Strahlungsenergie	J = Nm = Ws
t	Zeit	s
Φ_v	Lichtstrom	lm
K	photometrisches Strahlungsäquivalent	lm/W
$V(\lambda)$	Hellempfindlichkeitsgrad	1
η	Lichtausbeute	lm/W
P	Aufnahmeleistung	W

Im **Maximum der Augenempfindlichkeit** bei der Wellenlänge $\lambda = 555$ nm, entspricht die Strahlungsleistung 1 Watt einem Lichtstrom von 683 Lumen.

3

Lichtquelle (Lampe)	Leistungsaufnahme P in W	Lichtstrom Φ_v in lm	Lichtausbeute η in lm/W
Glühlampe 230 V	60	730	12
Glühlampe 230 V	100	1380	14
Leuchtstoffröhre 230 V	40	2400	78
Quecksilberdampflampe 230 V	125	5400	117

Strahlstärke und Lichtstärke:

$$\Omega = \frac{A}{r^2}$$ **Raumwinkel**

Die von einer Quelle auf einen Empfänger fallende Strahlungsleistung ist dem Raumwinkel Ω proportional.

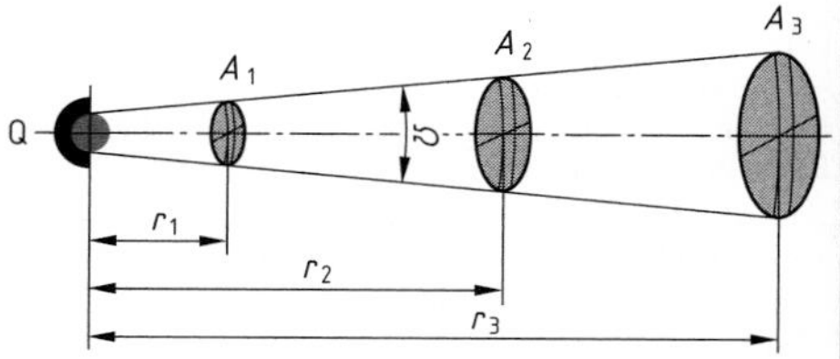

$$I_e = \frac{\Phi_e}{\Omega}$$ **Strahlstärke**

$$I_v = \frac{\Phi_v}{\Omega}$$ **Lichtstärke**

Die Einheit für die **Lichtstärke** ist die **Candela**: cd.

$$1\ \text{cd} = 1\ \frac{\text{lm}}{\text{sr}}$$ **Einheit Candela** (→ Basiseinheiten)

Ω	Raumwinkel (in Steradiant)	sr
A	durchstrahlte Fläche	m^2
r	Abstand (Entfernung der Fläche zur Lichtquelle)	m
I_e	Strahlstärke	W/sr
Φ_e	Strahlungsleistung	W
I_v	Lichtstärke	cd
Φ_v	Lichtstrom	lm

Die **Candela** ist die Lichtstärke einer Strahlungsquelle, welche **monochromatisches Licht** (d.h. Licht mit nur einer Wellenlänge) der Frequenz $540 \cdot 10^{12}$ Hertz in eine bestimmte Richtung aussendet, in der die Strahlstärke 1/683 Watt durch Steradiant beträgt.

Bestrahlungsstärke und Beleuchtungsstärke:

$$E_e = \frac{\Phi_e}{A_2}$$ **Bestrahlungsstärke**

$$E_v = \frac{\Phi_v}{A_2}$$ **Beleuchtungsstärke** (s. Tabelle Seite 145, oben)

Die abgeleitete SI-Einheit für die **Beleuchtungsstärke** ist das **Lux:** lx.

E_e	Bestrahlungsstärke	W/m^2
Φ_e	Strahlungsleistung	W
A_2	Empfängerfläche	m^2
E_v	Beleuchtungsstärke	lm/m^2
Φ_v	Lichtstrom	lm

$$1\ \text{lx} = 1\ \frac{\text{lm}}{\text{m}^2}$$ **Einheit des Lux**

Wellenoptik und Photometrie (Fortsetzung)

Lichtquelle	E_v in lx	Lichtquelle	E_v in lx
Sonne im Sommer (Durchschnitt)	75000	Straßenbeleuchtung (Durchschnitt)	10
Sonne im Winter (Durchschnitt)	6000	Wohnzimmerbeleuchtung (gemütlich)	150
Vollmond	1	Grenze der Farbwahrnehmung	3
Arbeitsplatzbeleuchtung (hochwertig)	1000		

Strahldichte und Leuchtdichte:

$$L_e = \frac{I_e}{A_1 \cdot \cos \varepsilon_1}$$ **Strahldichte**

$$L_v = \frac{I_v}{A_1 \cdot \cos \varepsilon_1}$$ **Leuchtdichte** (s. folgende Tabelle)

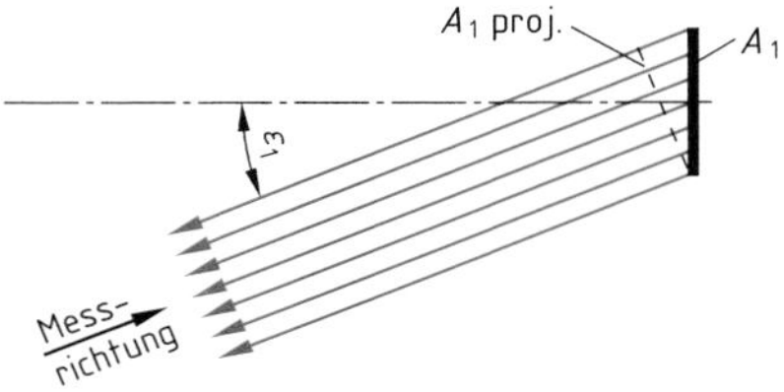

Lichtquelle	Leuchtdichte in $\frac{cd}{m^2}$
Mittagssonne	150000
klarer Himmel	0,2 ... 1,2
Mond	0,25 ... 0,5
Kohlefadenlampe	45 ... 80
Glühlampe (40–100 W), klar	100 ... 2000
Glühlampe innen mattiert	10 ... 50
Opallampe	1 ... 5
Leuchtstofflampe	0,3 ... 1,2
Hochspannungsleuchtröhre	0,1 ... 0,8
Quecksilberdampflampe	4 ... 620
Natriumdampflampe	10 ... 400
Xenon-Hochdrucklampe	bis 95000

L_e	Strahldichte	W/(sr · m²)
I_e	Strahlstärke	W/sr
A_1	Senderfläche	m²
ε_1	Abstrahlwinkel	Grad
L_v	Leuchtdichte	cd/m²
I_v	Lichtstärke	cd

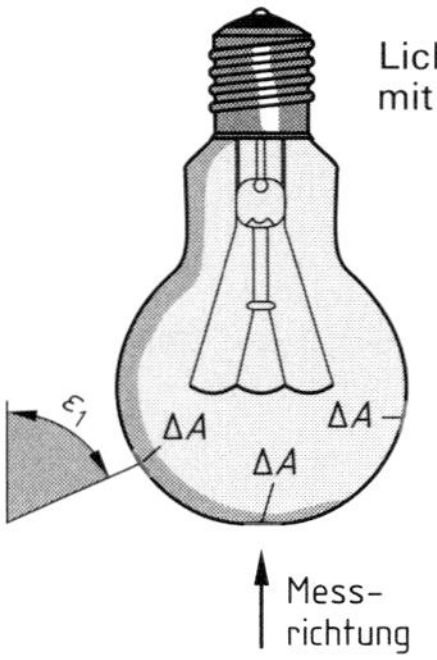

Lichtverteilungskurve mit $I_v = f(\alpha)$:

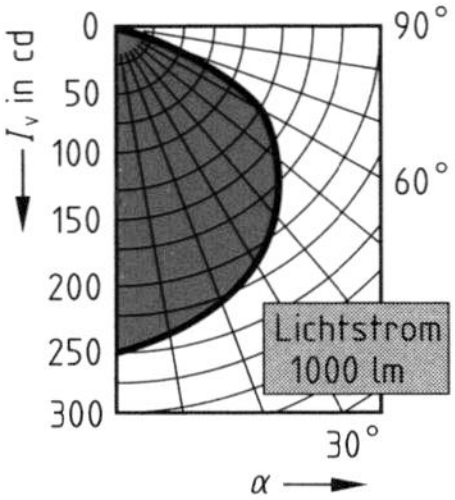

Photometrisches Entfernungsgesetz:

$$E_v = \frac{I_v \cdot \cos \varepsilon}{r^2}$$ **Beleuchtungsstärke**

$$I_{v2} = I_{v1} \cdot \frac{\cos \varepsilon_1}{\cos \varepsilon_2} \cdot \left(\frac{r_2}{r_1}\right)^2$$ **unbekannte Lichtstärke**

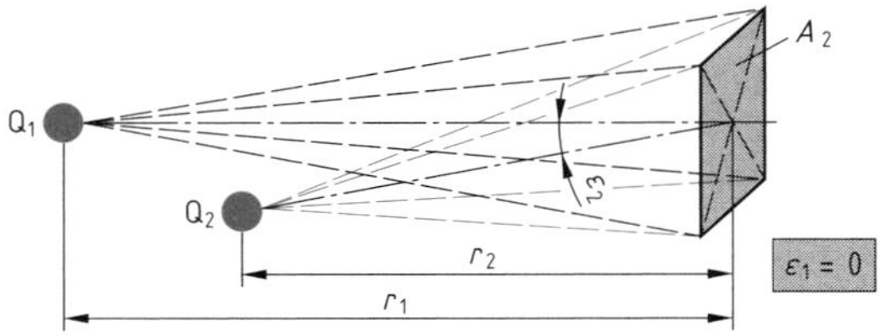

Die **Beleuchtungsstärke** E_v ist proportional der Lichtstärke I_v und dem Kosinus des Abstrahlwinkels ε. Sie ist aber umgekehrt proportional dem Abstand r zum Quadrat zwischen Lichtquelle und Empfängerfläche A_2.

E_v	Beleuchtungsstärke	lm/m²
I_v	Lichtstärke	lm/sr = cd
ε	Abstrahlwinkel	Grad
r	Abstand von Lichtquelle zur Empfängerfläche	m

Index 1: bekannte Lichtquelle (Normallampe)
Index 2: unbekannte (zu messende) Lichtquelle

B $I_{v1} = 5$ cd; $\varepsilon_1 = 25°$; $\varepsilon_2 = 10°$; $r_1 = 5$ m; $r_2 = 3$ m; $I_{v2} = ?$

$$I_{v2} = I_{v1} \cdot \frac{\cos \varepsilon_1}{\cos \varepsilon_2} \cdot \left(\frac{r_2}{r_1}\right)^2$$

$$\boldsymbol{I_{v1}} = 5\ \text{cd} \cdot \frac{\cos 25°}{\cos 10°} \cdot \left(\frac{3\ \text{m}}{5\ \text{m}}\right)^2 = \mathbf{1{,}657\ cd}$$

3

TP Akustik

Schall und Schallfeldgrößen (→ Schwingungen und Wellen)

Schallgeschwindigkeit: (→ Ausbreitungsgeschwindigkeit)
Berechnungsformeln für die Schallgeschwindigkeit (Ausbreitungsgeschwindigkeit): **Seite 138**

Beispiele für die Ausbreitungsgeschwindigkeit (Temperaturabhängigkeit beachten!):

Stoff (Medium)	c in m/s bei 20 °C	**Stoff** (Medium)	c in m/s bei 20 °C
Sauerstoff	326	Wasser	1485
Stickstoff	349	Blei	1300
Luft (bei −100 °C)	263	Kupfer	3900
Luft (bei 0 °C)	331	Aluminium	5100
Luft (bei 100 °C)	387	Eisen	5100
Azeton	1190	Kronglas	5300
Benzol	1325	Flintglas	4000

3

Luftschall → Ausbreitungsmedium ist gas- oder dampfförmig
Flüssigkeitsschall → Ausbreitungsmedium ist flüssig
Körperschall → Ausbreitungsmedium ist ein fester Körper
} Ausbreitung als **Longitudinalwelle** (Längswelle)

Unterschallströmung → $v < c$ → $Ma < 1$
Schallströmung → $v = c$ → $Ma = 1$
Überschallströmung → $v > c$ → $Ma > 1$

Schall wird von einem Medium auf ein berührendes anderes Medium übertragen. Im Vakuum gibt es also keinen Schall (→ Schalldämmung).

v Geschwindigkeit m/s
c Schallgeschwindigkeit m/s

Schalldruck:

Der Schalldruck ist ein periodischer **Wechseldruck,** der sich einem **statischen Druck,** z. B. in Luft dem atmosphärischen Druck p_{amb}, **überlagert.**

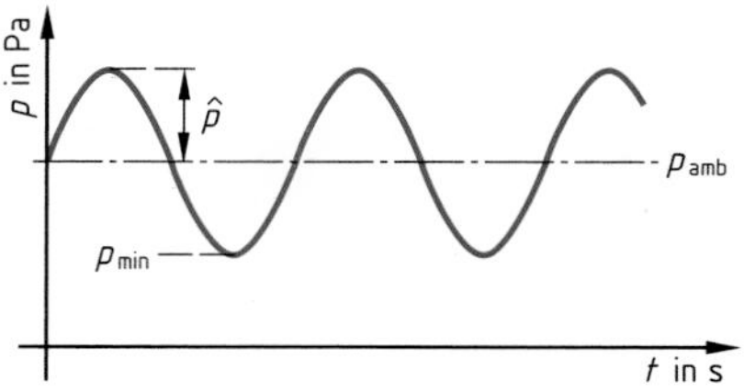

$$p_{eff} = \frac{\hat{p}}{\sqrt{2}}$$ **Effektivwert des Schalldrucks**

Unterscheiden Sie unbedingt **Schalldruck** von **Schalldruckpegel** (s. Seite 147).

Schallintensität und Schallleistung:

$$I = \frac{\hat{p} \cdot \hat{v}}{2}$$

$$I = \frac{W}{t \cdot A} = \frac{P}{A}$$

$$I = \frac{\hat{p}^2}{2 \cdot \varrho \cdot c} = \frac{\varrho \cdot c \cdot \hat{v}^2}{2}$$

} **Schallintensität**

p_{eff} effektiver Schalldruck $N/m^2 = Pa$
$\hat{p}$ Scheitelwert des Schalldrucks $N/m^2 = Pa$
I Schallintensität W/m^2
$\hat{p}$ Scheitelwert des Schalldrucks $N/m^2 = Pa$
$\hat{v}$ Scheitelwert der Schallschnelle m/s
W Schallenergie Nm = J = Ws
t Zeit s
A durchschallte Fläche m^2
P Schallleistung W
ϱ Dichte des Ausbreitungsmediums kg/m^3
c Schallgeschwindigkeit m/s

Die Schallintensität kennzeichnet die pro Zeiteinheit durch ein Flächenelement hindurchtretende **Schallenergie.**

$$P = I \cdot A$$ **Schallleistung** (s. nebenstehende Tabelle)

(→ Leistung)

Schallquelle	**Schallleistung** in W
normale Sprache	$6 \cdot 10^{-6}$
lautestes Schreien	$2 \cdot 10^{-3}$
Klavier	$2 \cdot 10^{-1}$
Autohupe	6
Großlautsprecher	100
Alarmsirene	1000

Schall und Schallfeldgrößen (Fortsetzung)

Schallschnelle:

$v = \frac{p}{\varrho \cdot c}$	**Schallschnelle**	v	Schallschnelle (→ Schnelle)	m/s
		p	Schalldruck	$N/m^2 = Pa$
		ϱ	Dichte des Ausbreitungsmediums	kg/m^3
		c	Schallgeschwindigkeit	m/s
$v_{eff} = \frac{\hat{v}}{\sqrt{2}}$	**Effektivwert der Schallschnelle**	$\hat{v}$	Scheitelwert der Schallschnelle	m/s
		v_{eff}	effektive Schallschnelle	m/s

(→ Geschwindigkeit)

Maße und Pegel:

Maße und Pegel werden in **Dezibel** (Kurzzeichen: **dB**) oder in **Neper** (Kurzzeichen: **Np**) angegeben; dB vornehmlich in der Akustik, Np vornehmlich in der Nachrichtentechnik.

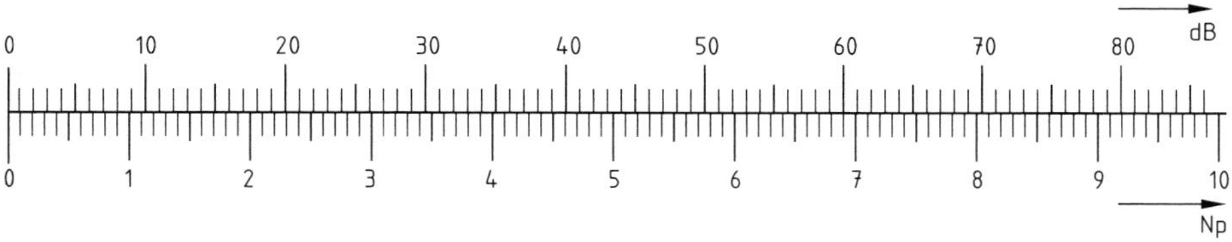

$1\ Np = 8{,}686\ dB$ $1\ dB = 0{,}1151\ Np$ **Umrechnung Np → dB und dB → Np** (s. obige Skala)

Schalldruckpegel und Schallleistungspegel:

$p_{eff\,o} = 2 \cdot 10^{-5}\ Pa = 2 \cdot 10^{-5}\ \frac{N}{m^2}$	**Hörschwellendruck**	$p_{eff\,o}$	Hörschwellendruck, d.h. gerade noch hörbarer Schalldruck	$N/m^2 = Pa$
$p_{eff\,S} = 20\ Pa = 20\ \frac{N}{m^2}$	**Schmerzschwelle**	$p_{eff\,S}$	Schmerzschwelle, d.h. Schalldruck, der Schmerzen bereitet	$N/m^2 = Pa$
		p_{eff}	vorhandener Schalldruck	$N/m^2 = Pa$
$L_p = 20 \cdot \lg \frac{p_{eff}}{p_{eff\,o}}$	**Schalldruckpegel**	L_p	Schalldruckpegel	dB

Hörschwellendruck und **Schmerzschwelle** dienen in der Akustik als **Bezugsgrößen**.

$P_0 = 10^{-12}\ W$	**Bezugsschallleistung**	P_0	Bezugsschallleistung	W
		P	vorhandene Schallleistung	W
$L_w = 10 \cdot \lg \frac{P}{P_0}$	**Schallleistungspegel**	L_w	Schallleistungspegel	dB

Schallbewertung und Schallausbreitung

Die Hörfläche:

Nebenstehendes Bild zeigt die spektrale **Schallverteilung**. Bei Ausschluss jeglichen **Störschalls** zeigt die **Hörfläche**:

Akustische Ereignisse können nur innerhalb eines ganz bestimmten Frequenzbereiches und Schalldruckpegelbereiches wahrgenommen werden. Dies zeigen auch die **Kurven gleicher Lautstärke** auf Seite 148.

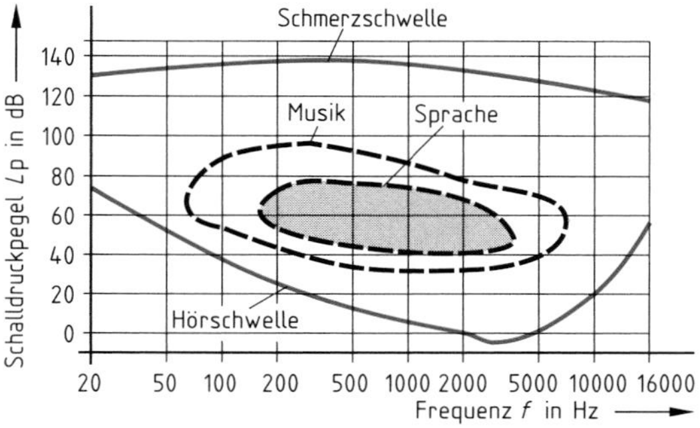

Das Schallspektrum:

Infraschall → $f \leq 16\ Hz$
hörbarer Schall → $16\ Hz \leq f \leq 20\,000\ Hz$
Ultraschall → $20\,000\ Hz \leq f \leq 10^{10}\ Hz$
Hyperschall → $10^{10}\ Hz \leq f \leq 10^{13}\ Hz$

3

Schallbewertung und Schallausbreitung (Fortsetzung)

Zusammenhang von Dezibel und Phon:

Nebenstehendes Bild zeigt **Kurven gleicher Lautstärke**. Ebenso wie aus der Hörfläche (Seite 147) ist zu ersehen:

> Die subjektive Empfindung der Schalllautstärke ist vom Schalldruck **und** der Frequenz abhängig.

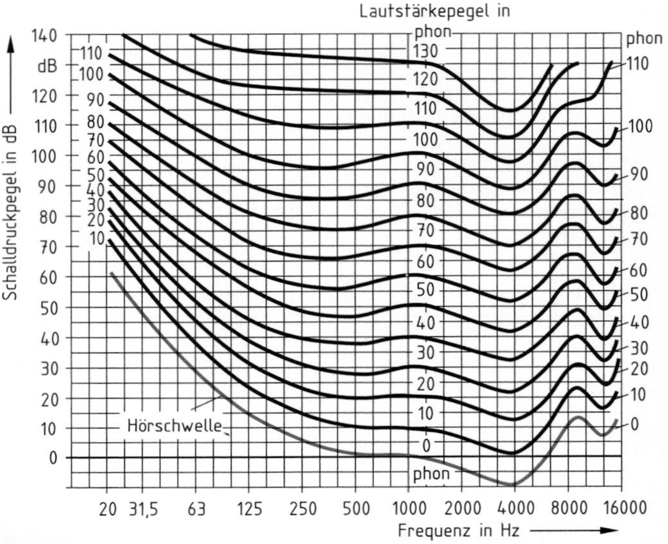

Die **Phonskala** reicht von 0 phon (Hörschwelle) bis 130 phon (Schmerzschwelle). Nur beim **Normalton** ($f = 1000$ Hz) stimmen die Zahlenwerte des Schalldruckpegels in dB mit dem Lautstärkepegel in phon überein.
(→ Schalldämpfung und Schalldämmung)
Folgende Tabelle zeigt Lautstärkepegel im Abstand von ca. 4 m zur Schallquelle:

Lautstärkepegel in phon bzw. dB	
Reizschwelle (Hörschwelle)	0
Blätterrauschen in leichtem Wind	10
Untere Grenze der üblichen Wohngeräusche, Flüstern, ruhiger Garten	20
Sehr ruhige Wohnstraße, mittlere Wohngeräusche	30
Leise Rundfunkmusik im Zimmer	40
Obere Grenze der üblichen Wohngeräusche, geringster üblicher Straßenlärm, Geräusche in Geschäftsräumen (Zimmerlautstärke)	50

Lautstärkepegel in phon bzw. dB	
Übliche Unterhaltungslautstärke, einzelne Schreibmaschine, Staubsauger	60
Mittlerer Verkehrslärm, Straßenbahn, Baustelle	70
Stärkster üblicher Straßenlärm, laute Rundfunkmusik im Zimmer, Autohupe, U-Bahn, S-Bahn	80
Drucklufthämmer	90
Nietlärm, lautestes Autohorn, Motorrad	100
Laufender Flugzeugpropeller bei 4 m bis 5 m Entfernung	120
Schmerzschwelle	130

Schallbewertung:

Bewertete Lautstärkepegel werden nicht in phon, sondern der **Bewertungskurve** (s. nebenstehendes Bild) entsprechend in dB(A), dB(B), dB(C) bzw. dB(D) angegeben.

Kurve A: Normale Schallereignisse. Dies ist die **Regelschallbewertung**, z. B. auch in der **Kälte- und Klimatechnik**.

Kurve B: tiefe Töne
Kurve C: hohe Töne
Kurve D: Fluglärm
(→ Schalldämpfung und Schalldämmung)

> **B** Bei der A-Bewertung eines Tones mit 100 Hz wird der Phonzahl die Pegelkorrektur von 20 dB abgezogen (s. nebenstehendes Bild).

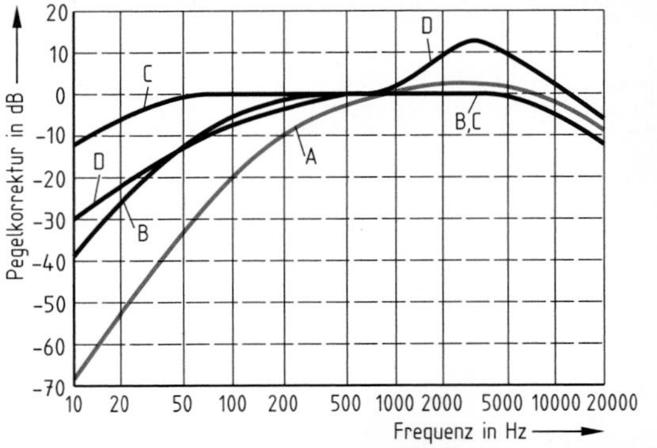

> **Bewertete Schallereignisse** sind objektiv miteinander vergleichbar.

Schallbewertung und Schallausbreitung (Fortsetzung)

Lautstärkepegel und Lautheit:

$$L_N = 20 \cdot \lg \frac{p_{eff}}{p_{eff\,o}}$$

Lautstärkepegel ($f = 1000$ Hz) ≙ Schalldruckpegel

$$N = 2^{0{,}1 \cdot (L_N - 40)}$$

Lautheit

L_N	Lautstärkepegel	phon
p_{eff}	vorhandener effektiver Schalldruck	$N/m^2 = Pa$
$p_{eff\,o}$	Hörschwellendruck	$N/m^2 = Pa$
N	Lautheit	sone

Die **Lautheit** von **1 sone** entspricht einem Lautstärkepegel von 40 phon.

2 sone wird doppelt so laut empfunden als 1 sone, 3 sone dreimal so laut usw.

Immissionsrichtwerte der Technischen Anleitung Lärm (TA Lärm)

Gebiet	Immissionsrichtwert in dB (A) tagsüber	nachts
Gebiete, in denen nur gewerbliche oder industrielle Anlagen oder Wohnungen für Inhaber und Leiter der Betriebe sowie für Aufsichts- und Bereitschaftspersonal untergebracht sind.	70	70
Gebiete, in denen vorwiegend gewerbliche Anlagen untergebracht sind.	65	50
Gebiete mit gewerblichen Anlagen und Wohnungen, in denen weder vorwiegend gewerbliche Anlagen noch vorwiegend Wohnungen untergebracht sind.	60	45
Gebiete, in denen vorwiegend Wohnungen untergebracht sind.	55	40
Gebiete, in denen ausschließlich Wohnungen untergebracht sind.	50	35
Kurgebiete, Krankenhäuser, Pflegeanstalten.	45	35
Wohnungen, die mit der gewerblichen Anlage baulich verbunden sind.	40	30

Unter **Immission** versteht man die Einwirkung von **Luftverunreinigungen, Geräuschen (Lärm), Licht, Wärme, Strahlen** und anderen vergleichbaren Faktoren auf Menschen, Tiere, Pflanzen oder Gegenstände.

Reflexion, Absorption, Dissipation und Transmission von Schallenergie:

Nebenstehendes Bild zeigt eine durch ein Hindernis (z. B. Wand) **gestörte Schallausbreitung**.

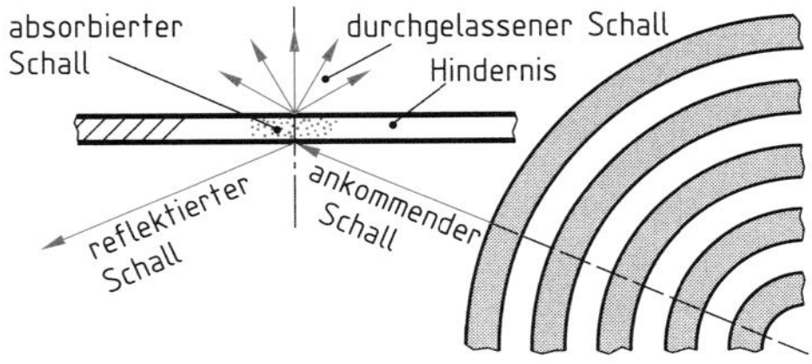

$$\varrho + \alpha = 1$$
$$\varrho + \tau + \delta = 1$$
$$\alpha = \tau + \delta$$

$\alpha \leq 1$, $\varrho \leq 1$, $\tau < 1$, $\delta < 1$ (→ Optik)

Schallreflexionsgrad ϱ → Maß für die **reflektierte Schallintensität**

Schallabsorptionsgrad α → Maß für die **absorbierte Schallintensität**

Schalltransmissionsgrad τ → Maß für die **durchgelassene Schallintensität**

Schalldissipationsgrad δ → Maß für die **„verloren gegangene" Schallintensität**

3

Schallbewertung und Schallausbreitung (Fortsetzung)

Schallbrechung:

Nebenstehendes Bild zeigt den Eintritt von Schallwellen von einem Medium in ein anderes Medium. In Analogie zur Optik spricht man hier vom **akustisch dünneren Medium** (z. B. Luft) und vom **akustisch dichteren Medium** (z. B. Wasser).

> Im akustisch dichteren Medium wird der Schall zum Lot hin gebrochen.

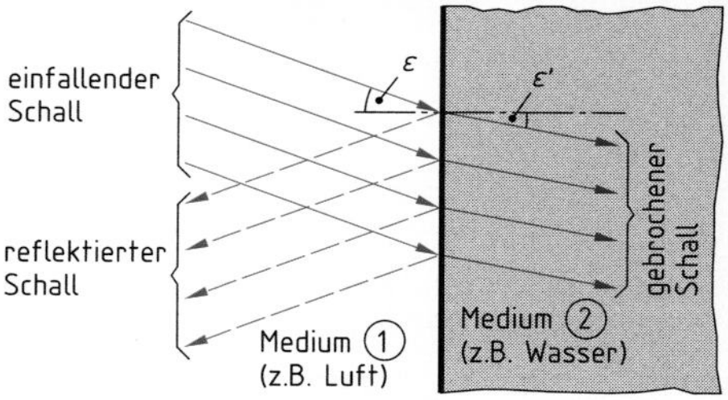

$$n = \frac{\sin \varepsilon}{\sin \varepsilon'} = \frac{c_2}{c_1}$$ **akustisches Brechungsgesetz** (→ Optik)

n	akustische Brechzahl	1
ε	Einfallwinkel	Grad
ε'	Brechungswinkel	Grad
c	Schallgeschwindigkeit	m/s

Index 1: Medium 1

3 **Index 2:** Medium 2

Schallausbreitung im Freien (→ Schalldämmung und Schalldämpfung)

Das Entfernungsgesetz:

Nebenstehendes Bild zeigt die Unterteilung des Schallfeldes im Freien.

Bei Schallmessungen darf nur innerhalb des **Freifeldes** (**homogenes Schallfeld** ohne Beeinflussungen durch Reflexion u. a.) gemessen werden. Das Entfernungsgesetz lautet:

> Im Freifeld nimmt der Schalldruckpegel bei einer Verdoppelung der Entfernung um **4 dB bis 6 dB** – im Schnitt um 5 dB – ab.

Das Freifeld kann durch **Pegelmessungen** ermittelt werden. Regel für die Praxis: Beginn des Freifeldes etwa dem doppelten Abstand der größten Maschinenabmessung entsprechend.

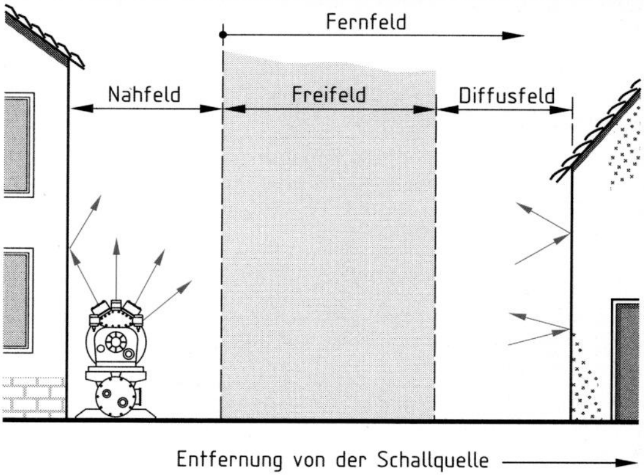

B In 4 m Entfernung eines Verdichters wird $L_p = 100$ dB gemessen. Wie groß ist L_p in 128 m Entfernung vom Verdichter

Entfernung in m	4	8	16	32	64	128
Abnahme von L_p in dB	0	5	10	15	20	25

$L'_p = L_p - \Delta L_p = 100\text{ dB} - 25\text{ dB}$

$\mathbf{L'_p = 75\text{ dB}}$

In kritischen Fällen vorsichtshalber mit $\Delta L_p = 4$ dB (bei Entfernungsverdoppelung) rechnen!

Subtraktion von Schalldruckpegeln:

S ≙ zu messende Schallquelle
H ≙ Hintergrundgeräusch (Störschall)

> Eine Schallquelle ist noch messbar, wenn der Gesamtschalldruckpegel $L_{p(S+H)}$ mindestens 3 dB höher ist als der Schalldruckpegel des Hintergrundgeräusches L_{pH}.

Hierzu wird **Pegelsubtraktion** mit Hilfe des nebenstehenden Bildes vorgenommen. Soll die Pegelmessung bei laufender Maschine (Schallquelle) und bei vorhandenem Hintegrundgeräusch vorgenommen werden, dann wird wie folgt verfahren:

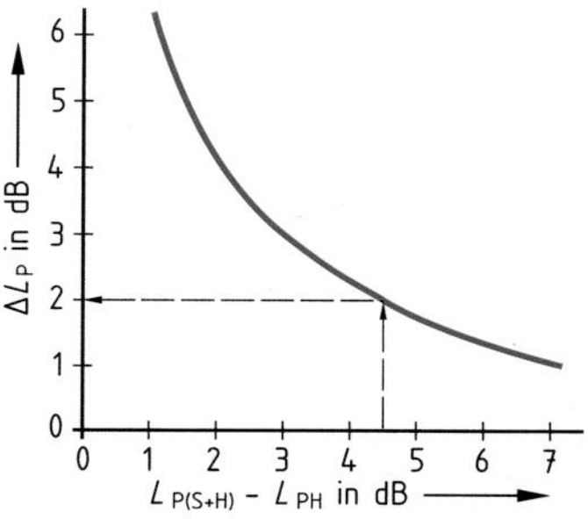

Schallbewertung und Schallausbreitung (Fortsetzung)

1. Gesamtschalldruckpegel $L_{p(S+H)}$ bei laufender Maschine messen.
2. Hintegrundschalldruckpegel L_{pH} bei abgeschalteter Maschine messen.
3. Differenz der beiden gemessenen Schalldruckpegel $L_{p(S+H)} - L_{pH}$ ermitteln, ergibt drei mögliche Fälle:

   $(L_{p(S+H)} - L_{pH}) < 3\ \text{dB}$ → Hintergrundschalldruckpegel L_{pH} ist für eine Messung zu hoch.
   $(L_{p(S+H)} - L_{pH}) > 10\ \text{dB}$ → Gesamtschalldruckpegel $L_{p(S+H)}$ entspricht dem Schalldruckpegel der Maschine L_{pS}.

   $3\ \text{dB} \leq (L_{p(S+H)} - L_{pH}) \leq 10\ \text{dB}$ ↓

4. Entsprechend Kurve im Diagramm Seite 150 erfolgt die Pegelkorrektur, und zwar wird – ausgehend von $(L_{p(S+H)} - L_{pH})$ auf der Abszisse – die Pegeldifferenz ΔL_p auf der Ordinate ermittelt (siehe eingezeichnetes Beispiel).
5. Der Schalldruckpegel der Maschine wird wie folgt ermittelt:

$L_{pS} = L_{p(S+H)} - \Delta L_p$ **Schalldruckpegel des zu messenden Schallgebers** in dB

3

B $L_{p(S+H)} = 90$ dB; $L_{pH} = 85{,}6$ dB; $L_{pS} = ?$
$L_{pS} = L_{p(S+H)} - \Delta L_p$ Kurve: $\boldsymbol{L_{p(S+H)} - L_{pH}} = 90\ \text{dB} - 85{,}6\ \text{dB} = \mathbf{4{,}4\ dB}$ → $\boldsymbol{\Delta L_p} = \mathbf{2\ dB}$
$\boldsymbol{L_{pS}} = 90\ \text{dB} - 2\ \text{dB} = \mathbf{88\ dB}$

Addition von Schalldruckpegeln:

Pegel werden **bei mehreren Schallquellen** zu einem **Gesamtschalldruckpegel** $L_{p\,ges}$ zusammengefasst, und zwar mit Hilfe des nebenstehenden Bildes. **Bei zwei laufenden Maschinen** oder anderen Schallquellen wird wie folgt verfahren:

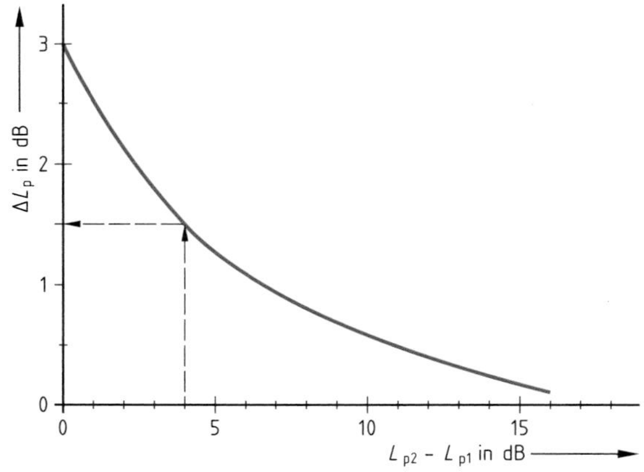

1. Schalldruckpegel der einzelnen Maschinen L_{p1} und L_{p2} getrennt messen (evtl. auch schon vom Hersteller angegeben).
2. Differenz dieser Einzelpegel $(L_{p1} - L_{p2})$ bilden. Diese ist auf der Abszisse vorzufinden.
3. Diese Pegeldifferenz liefert – entsprechend eingezeichnetem Beispiel – über die Kurve ein ΔL_p auf die Ordinate.
4. Die Summe des größten Einzelschalldruckpegels $L_{p\,max}$ und ΔL_p ergibt $L_{p\,ges}$. Somit:

$L_{p\,ges} = L_{p\,max} + \Delta L_p$ **Gesamtschalldruckpegel (resultierender Schalldruckpegel)** in dB

Bei **mehr als zwei Schallquellen** zuerst zwei Schallquellen zu einem resultierenden Schalldruckpegel zusammenfassen, diesen dann ebenfalls mit der dritten zusammenfassen usw.

B $L_{p1} = 52$ dB; $L_{p2} = 45$ dB; $L_{p3} = 54$ dB; $L_{p\,ges} = ?$
$\boldsymbol{L_{p\,ges1,2}} = L_{p\,max1,2} + \Delta L_{p1,2} = 52\ \text{dB} + 0{,}9\ \text{dB} = \mathbf{52{,}9\ dB}$
$\boldsymbol{L_{p\,ges1,2,3}} = \boldsymbol{L_{p\,ges}} = L_{p\,max1,2,3} + \Delta L_{p1,2,3} = 54\ \text{dB} + 2{,}5\ \text{dB} = \mathbf{56{,}5\ dB}$

Arbeiten **mehrere Schallgeber gleicher Lautstärke** zusammen, dann kann die Pegeladdition mit Hilfe der folgenden Tabelle erfolgen:

Anzahl der **gleich lauten** Schallgeber	1	2	3	4	5	6	8	10	15	20	30
Erhöhung des Schalldruckpegels ΔL_p in dB	0	3	5	6	7	8	9	10	12	13	15

TP Akustik

Schallbewertung und Schallausbreitung (Fortsetzung)

Schallausbreitung in Räumen (→ Schalldämpfung und Schalldämmung)

Akustische Beschreibung eines Raumes:

Nebenstehendes Bild zeigt:

Das Schallfeld in Räumen ist in der Regel ein Diffusfeld.

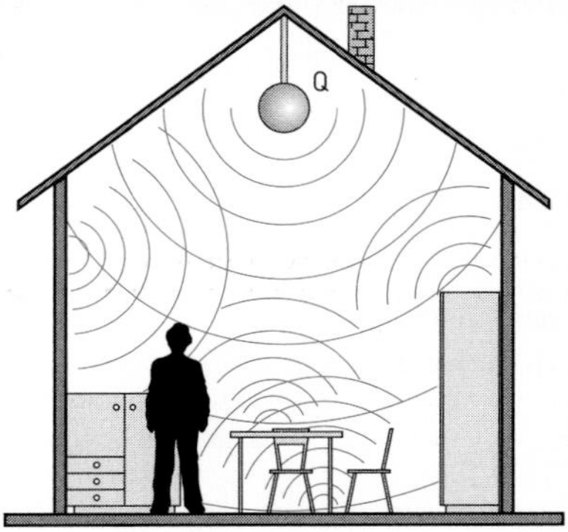

Zur akustischen Beschreibung dienen

Schallabsorptionsgrad α und
Schallreflexionsgrad ϱ } $\alpha + \varrho = 1$

$\alpha = 1 - \varrho$ **Schallabsorptionsgrad** (s. Seite 149)

3 Man unterscheidet folgende Grenzfälle:

Schalltoter Raum → $\alpha = 1$; $\varrho = 0$
Hallraum → $\alpha = 0$; $\varrho = 1$

In der Praxis liegen die **α-Werte** zwischen 0,02 und 0,45 (s. folgende Tabelle):

Wände in ...	Schallabsorptionsgrad α	Wände in ...	Schallabsorptionsgrad α
Fabrikhallen	0,02 bis 0,07	Schulen	0,07 bis 0,12
Küchen	0,03 bis 0,08	Büros	0,12 bis 0,15
Restaurants	0,05 bis 0,1	Konzertsälen	0,25 bis 0,3
Wohnzimmern	0,06 bis 0,11	Tonstudios	0,35 bis 0,45

Äquivalente Absorptionsfläche und Nachhallzeit:

Denkt man sich die gesamte Rauminnenfläche in absolut reflektierende und absolut absorbierende Anteile aufgeteilt, dann nennt man den total absorbierenden Anteil die
äquivalente Absorptionsfläche A_{eq}.
Bei **gleichem Wandaufbau** aller Innenflächen kann A_{eq} mit nebenstehendem Diagramm ermittelt werden.
Besteht die Oberfläche der Raumwände aus verschiedenen Baustoffen (Regelfall), dann gilt

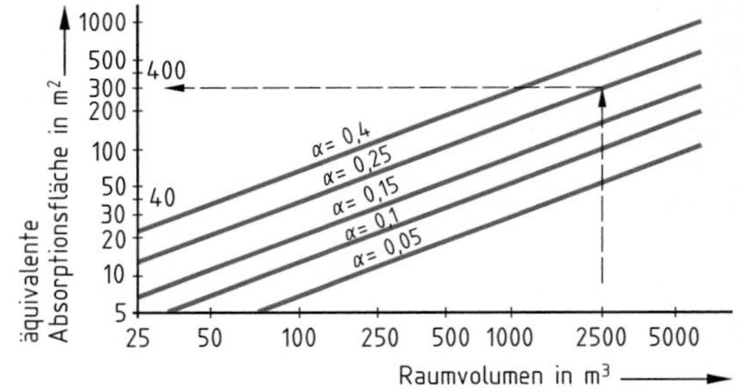

$A_{eq} = \sum (\alpha_n \cdot A_n)$ **äquivalente Absorptionsfläche**

$T = 0{,}1635 \cdot \frac{V}{A_{eq}}$ **Nachhallzeit** (Zahlenwertgleichung)

A_{eq}	äquivalente Absorptionsfläche	m²
n	Anzahl der Teilflächen	1
A_n	Teilfläche	m²
α_n	Absorptionsgrad der Teilfläche	1
T	Nachhallzeit	s
V	Raumvolumen	m³

Die **Nachhallzeit** ist die Zeit, in der nach Aufhören des Schallereignisses die Schallenergie auf den 10^{-6}ten Teil bzw. der Schalldruckpegel um 60 dB abnimmt.

Zur akustischen Beurteilung gibt es in Abhängigkeit vom Benutzerzweck optimale Richtwerte für die Nachhallzeit (s. folgende Tabelle):

Benutzerzweck des Raumes	optimale Nachhallzeit T in s	Benutzerzweck des Raumes	optimale Nachhallzeit T in s
Hotelzimmer	0,9 bis 1,0	Theater	0,8 bis 1,2
Büros	0,5 bis 1,5	Konzertsäle	1,7 bis 2,6
Kirchen	2,0 bis 3,0	Versammlungsräume	0,5 bis 1,5
Schwimmbäder	1,5 bis 4,0	Hörsäle	0,8 bis 1,5

Schalldämpfung und Schalldämmung

Schallschutz

Die **Lärmreaktionen** des Menschen (und auch der Tiere) reichen von der **Lästigkeitsempfindung** bis hin zur **Gesundheitsschädigung**, und sie machen sehr oft krank und deshalb Maßnahmen erforderlich, die zur **Verringerung von Lärmeinwirkungen** führen. All diese Maßnahmen werden unter dem Begriff **Schallschutz** zusammengefasst. Man unterscheidet grundsätzlich:

Schallschutzmaßnahmen

am Ort der Lärmentstehung	**am Ort der Lärmeinwirkung**
z. B. Kapselung der Schallquelle, Schallschutzwände, Schalldämpfer	z. B. Gehörschutzstöpsel, Schallschutzhelme, Schallschutzanzüge

Unter **Schallschutz** versteht man Maßnahmen, die die Weiterleitung von Schall verhindern bzw. vermindern.

Streng genommen wird wie folgt unterschieden:

Schalldämpfung (→ Absorption von Schallenergie)
Schalldämmung (→ Reflexion von Schallenergie)

Ein Maß für beide Wirkprinzipien (Dämpfung und Dämmung) ist das **Schalldämm-Maß** R.

Schalldämm-Maß

$$R = 10 \cdot \lg \frac{P_1}{P_2}$$

$$R = 20 \cdot \lg \frac{1}{\tau}$$

$$R = \Delta L_p + 10 \cdot \lg \frac{S}{A_{eg}}$$

P_1	auftreffende Schallleistung	W
P_2	Schallleistung, die den Schalldämpfer (Schalldämmung) passiert	W
τ	Schalltransmissionsgrad	1
ΔL_p	Schalldruckpegeldifferenz	dB
S	Flächengröße einer (schallgedämmten) Trennwand	m²
A_{eq}	äquivalente Absorptionsfläche	m²

(→ Schwingungsdämpfung, Dämmkonstruktionen)

Reflexionsschalldämpfung in Rohrleitungssystemen (→ Schallfeldgrößen, Schallausbreitung)

Die Berechnungen einer Schallleitung müssen **frequenzabhängig** geführt werden. Dies bedeutet, dass man den **Frequenzgang**, d. h. die Frequenzabhängigkeit kennen muss. Bei **speziellen Schalldämpfern**, z. B. **Auspufftöpfe** oder **Pulsationsdämpfer** (sog. **Muffler**) sind die **Herstellerangaben** zu **beachten**. Gleiches gilt für die Schallquellen (z. B. Pumpen, Verdichter, Ventilatoren).
Folgende **Beispiele** zeigen die **Frequenzabhängigkeit**:

gerade Rohrleitung (Kanal)

Differenz des Schallleitungspegels in Abhängigkeit von der Frequenz der Schallanteile sowie in Abhängigkeit von den Abmessungen:

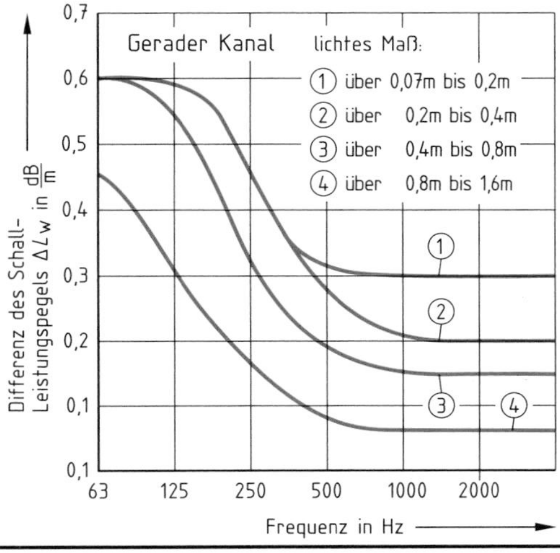

Bogen nach DIN EN 1254

Differenz des Schallleistungspegels in Abhängigkeit von der Frequenz der Schallanteile sowie in Abhängigkeit vom Nenndurchmesser d:

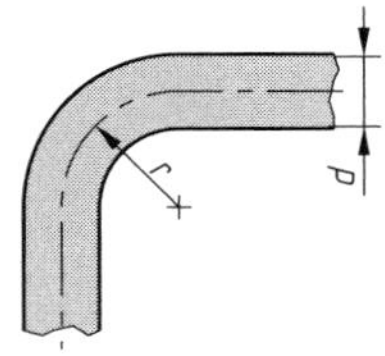

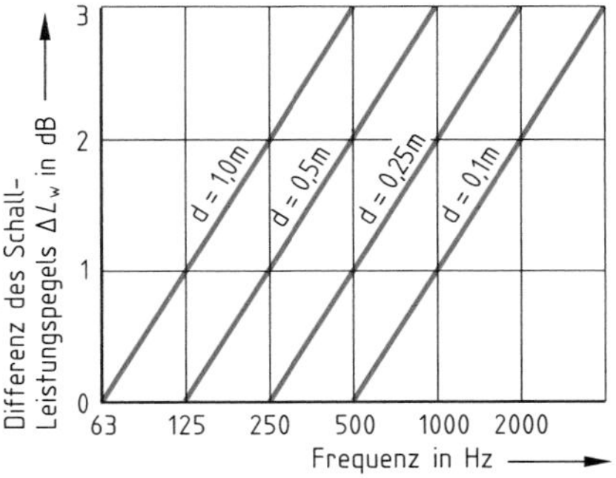

3

3

Schalldämpfung und Schalldämmung (Fortsetzung)

Abzweigungen

Differenz des Schallleistungspegels in Abhängigkeit der Flächenverhältnisse

$m = \frac{A}{A_1}$ $n = \frac{A}{A_1 + A_2}$

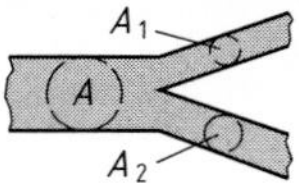

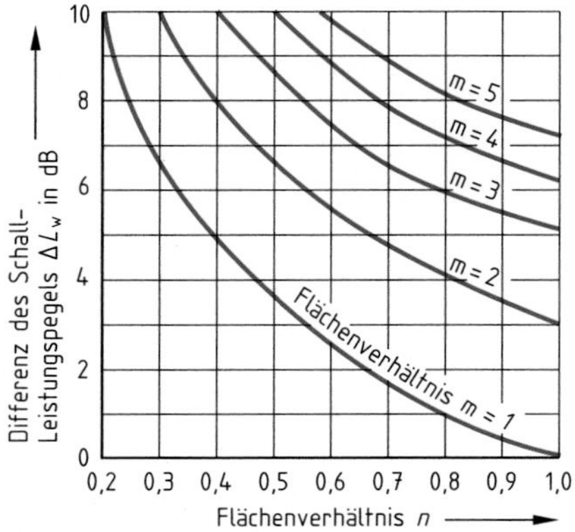

Querschnittsveränderungen

Differenz des Schallleistungspegels in Abhängigkeit des Flächenverhältnisses A_1/A_2:

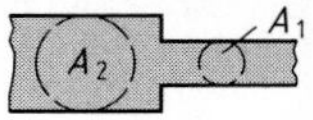

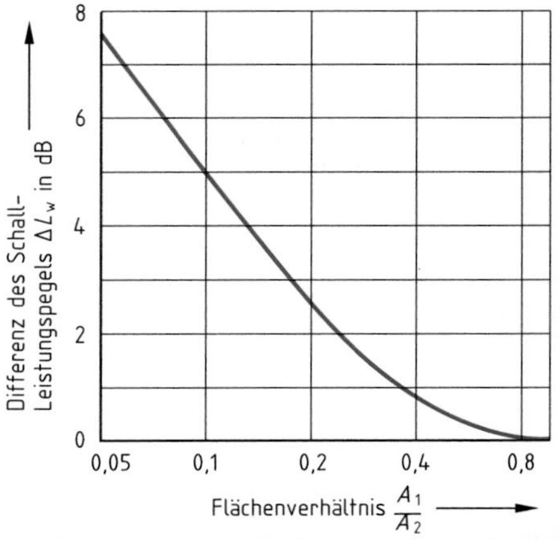

Auslassreflexion (Schalleintritt in den Raum)

ⓐ in den Raum hineinragender Kanal (Rohrleitung)

ⓑ wandbündiger Kanal (Rohrleitung)

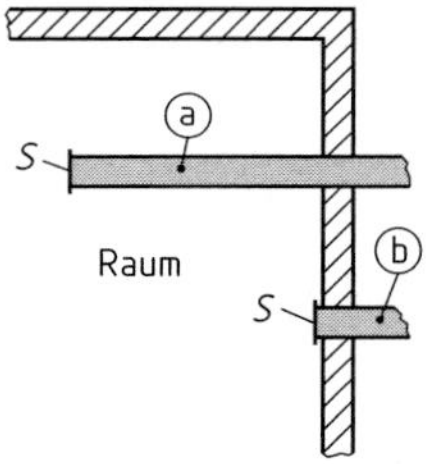

Differenz des Schallleistungspegel in Abhängigkeit von der Frequenz der Schallanteile und der Größe der Austrittsfläche S.

> **B** Frequenzanteil $f = 1000$ Hz, $A = 0{,}005$ m², wandbündig. Wie groß ist ΔL_w?
> $f \cdot \sqrt{s} = 1000\ \text{Hz} \cdot \sqrt{0{,}005\ \text{m}^2} = 70{,}7\ \text{Hz m}$
> $\boldsymbol{\Delta L_w \approx 4\ \text{dB}}$

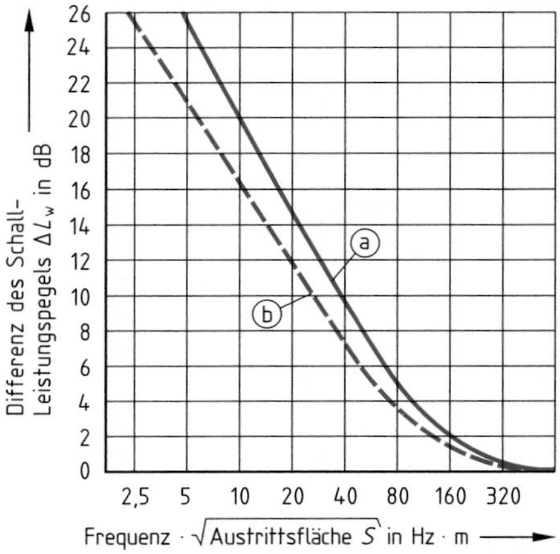

Umrechnung des Schallleistungspegels in den Schalldruckpegel bei Raumeintritt

Man unterscheidet vier **Mündungslagen** (entsprechend nebenstehendem Bild):

Mündung ⓐ → Schalleintrittsfläche in **Raummitte**
Mündung ⓑ → Schalleintrittsfläche in **Wandmitte**
Mündung ⓒ → Schalleintrittsfläche in **Raumkante**
Mündung ⓓ → Schalleintrittsfläche in **Raumecke**

> Die Mündungslage beeinflusst den empfangenen Schalldruckpegel L_p erheblich.

(→ Schallbewertung und Schallausbreitung)

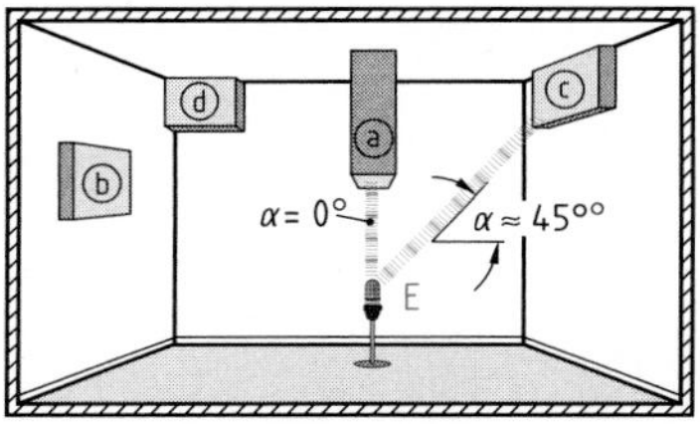

Schalldämpfung und Schalldämmung (Fortsetzung)

Der am Messpunkt E, d.h. dem **Schallempfänger** (s. Abb. Seite 154) **ankommende Schalldruckpegel** L_p ist abhängig vom ankommenden **Schallleistungspegel** L_w, vom sog. **Richtungsfaktor** Q vom **Abstand** r der Schallaustrittsöffnung zum Schallempfänger, von der **äquivalenten Absorptionsfläche** A_{eq}.

Der Richtungsfaktor Q wird mit Hilfe der nebenstehenden Diagramme ermittelt. Diese existieren für die **Abstrahlwinkel** $\alpha = 45°$ und $\alpha = 0°$.

Liegt der Abstrahlwinkel zwischen $\alpha = 45°$ und $\alpha = 0°$, dann ist Q durch → Interpolation der Werte für $\alpha = 45°$ und $\alpha = 0°$ zu ermitteln.

Nebenstehende Bilder zeigen die Abhängigkeit von Frequenz und von der Größe der Schallaustrittsfläche.

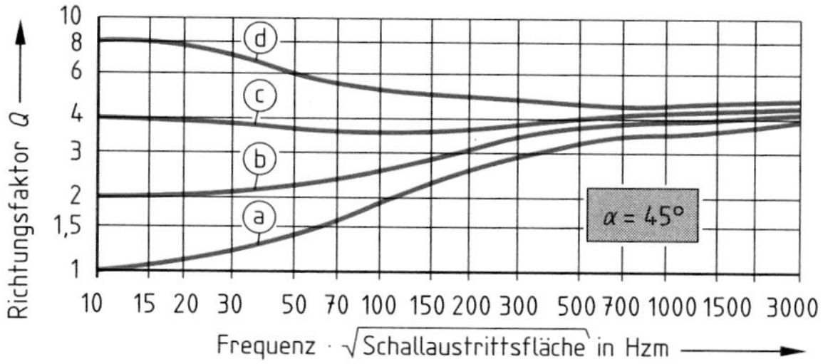

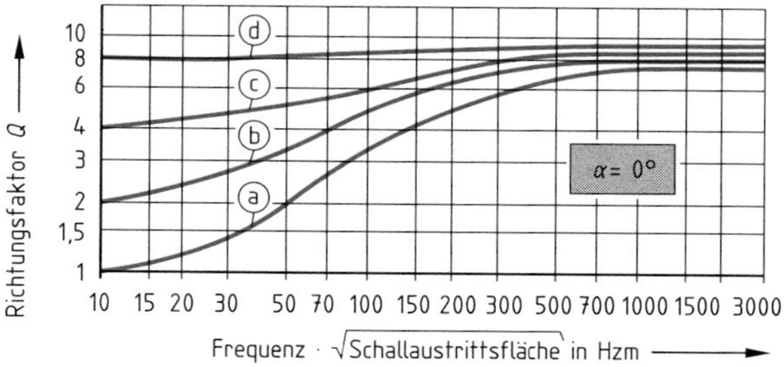

Schalldruckpegel:

$$L_p = L_w - 10 \cdot \lg \frac{1}{\frac{Q}{4 \cdot \pi \cdot r^2} + \frac{4}{A_{eq}}}$$

L_w	ankommender Schallleistungspegel	dB
L_p	ankommender Schalldruckpegel	dB
Q	Richtungsfaktor	1
r	Entfernung der Schallquelle (Einlassöffnung) zum Schallempfänger E	m
A_{eq}	äquivalente Absorptionsfläche (s. S. 152)	m^2

Die Umrechnung vom **Schallleistungspegel in den Schalldruckpegel** kann auch mit Hilfe des folgenden Diagrammes erfolgen:

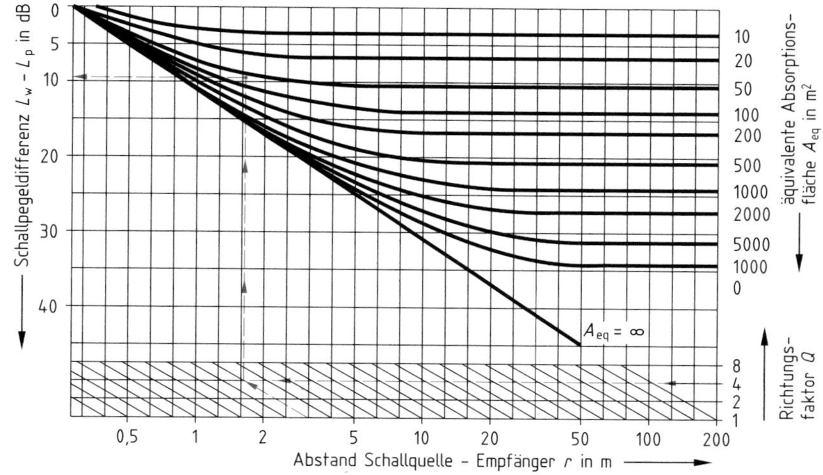

B $L_w = 80$ dB; $Q = 4$ (vorher zu ermitteln); $r = 2{,}8$ m; $A_{eq} = 60\ m^2$ (vorher zu ermitteln); $L_p = ?$

$$L_p = L_w - 10 \cdot \lg \frac{1}{\frac{Q}{4 \cdot \pi \cdot r^2} + \frac{4}{A_{eq}}} \text{ dB} = 80 \text{ dB} - 10 \cdot \lg \frac{1}{\frac{4}{4 \cdot \pi \cdot (2{,}8\text{ m})^2} + \frac{4}{60\text{ m}^2}} \text{ dB} = 80 \text{ dB} - 9{,}69 \text{ dm}$$

$L_p = 70{,}31$ **dB**

(s. auch im Diagramm eingezeichnetes Beispiel!)

3

Schalldämpfung und Schalldämmung (Fortsetzung)

Bewertung des im Raum ankommenden Schalls:

Bewertung erfolgt in Abhängigkeit von der Frequenz (s. nebenstehendes Bild).

Die gewünschte Bewertung muss von Fall zu Fall vereinbart werden, z. B. entsprechend

DIN-Phon-Kurven (s. nebenstehendes Bild)
Bewertungskurven nach DIN EN 60651
ISO-Bewertungskurven.
(→ Schallbewertung)

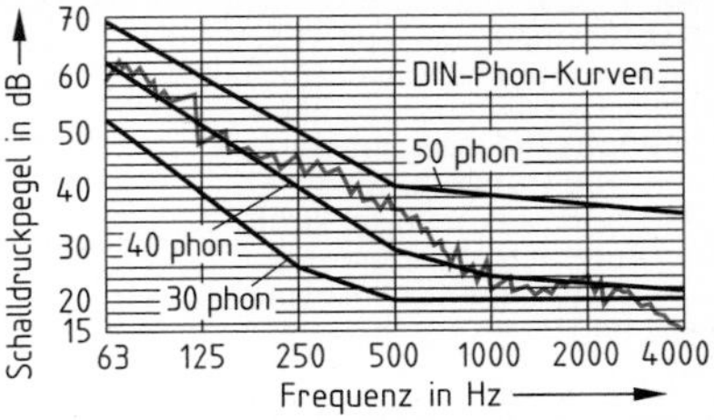

Absorptions-Schalldämpfung

3

Mit **Absorptions-Schalldämpfern** kann man keine gezielten Frequenzen dämpfen, ganz im Gegensatz zu den Reflexions-Schalldämpfern. Dadurch, dass die → Schallschnelle an der Oberfläche einer Wand nahezu Null, im Abstand einer viertel Wellenlänge λ aber maximal ist (hier ist also der kinetische Anteil der → **Schwingungsenergie** maximal) gilt:

Ein **Absorptionsschalldämpfer** hat bei einer **Absorberdicke**, die einer viertel Wellenlänge λ entspricht (s. nebenstehendes Diagramm) sein größtes **Dämpfungsvermögen**.

Entsprechend Seite 137 ist

$$\lambda = \frac{c}{f}$$

Wellenlänge (→ Wellenausbreitung)

Bei der Absorptions-Schalldämmung werden biegeweiche Werkstoffe (→ Dämmstoffe) mit möglichst großer Masse verwendet, z. B. als **Auskleidung** in Kanälen oder als **Wandoberflächen**. Diese Materialien werden als **Absorber** bezeichnet.

Ein Maß für den Dämpfungsgrad ist das **Schalldämm-Maß** (s. Seite 153).

$$R = 10 \cdot \lg \frac{P_1}{P_2}$$

$$R = 20 \cdot \lg \frac{1}{\tau}$$

$$R = \Delta L_p + 10 \cdot \lg \frac{S}{A_{eq}}$$

Schalldämm-Maß

In nebenstehendem Bild ist die Abhängigkeit des **Schalldämm-Maßes** R von der → flächenbezogenen Masse für einen typischen Absorptions-Schalldämpfstoff dargestellt.

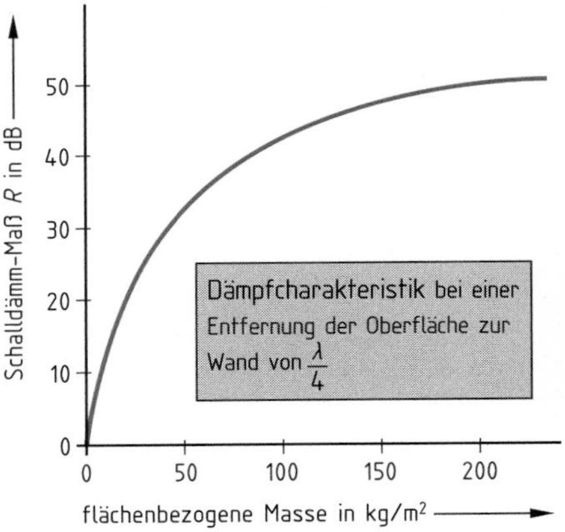

λ	Wellenlänge	m
c	Schallgeschwindigkeit	m/s
f	Frequenz	$Hz = s^{-1}$
P_1	auftreffende Schallleistung	W
P_2	Schallleistung, die den Schalldämpfer (Schalldämmung) passiert	W
τ	Schalltransmissionsgrad	1
ΔL_p	Schalldruckpegeldifferenz	dB
S	Flächengröße einer (schallgedämmten) Trennwand	m^2
A_{eq}	äquivalente Absorptionsfläche	m^2

Diagramme der Dämpfcharakteristik sind von den Dämpfstoff-Herstellern zu erhalten. Sie sind die Grundlage zur Berechnung von Absorptions-Schalldämpfern.

B Medium Luft: $c = 343{,}15$ m/s (bei 20 °C), flächenbezogene Masse 100 kg/m², $P_1 = 0{,}5$ kW. Ermitteln Sie die optimale Absorberdicke δ sowie (mit obigem Diagramm) P_2 bei $f = 200$ Hz.

$$\delta = \frac{\lambda}{4} = \frac{c}{4 \cdot f} = \frac{343{,}15\ \text{m/s}}{4 \cdot 200\ \text{s}^{-1}} = 0{,}429\ \text{m} = \mathbf{429\ mm}$$

Aus Diagramm: $\boldsymbol{R \approx 42\ \text{dB}}$

$$R = 10 \cdot \lg \frac{P_1}{P_2} \rightarrow \lg \frac{P_1}{P_2} = \frac{R}{10} = \frac{42\ \text{dB}}{10} = 4{,}2 \rightarrow 4{,}2 = \lg \frac{500\ \text{W}}{P_2} \rightarrow \boldsymbol{P_2 \approx 0{,}03\ \text{W}}$$

Elektrophysikalische Grundlagen

Ladung, Stromstärke und Spannung im Gleichstromkreis

Die **Elementarladung** ist die kleinste in der Natur vorkommende **elektrische Ladung**. Sie ist die Ladung des **Protons** (+) und mit negativem Vorzeichen die des **Elektrons** (−) (→ Naturkonstanten).

$e = 1{,}602177 \cdot 10^{-19}\ \mathrm{C}$ **Elementarladung**

1 C = 1 Coulomb = 1 Ampere · 1 Sekunde; 1 C = 1 As

Elektrisch gleichnamig geladene Körper (++,−−) stoßen sich ab.

Elektrisch ungleichnamig geladene Körper (+−,−+) ziehen sich an.

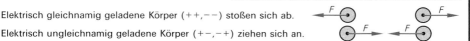

$I = \frac{Q}{t}$ $1\ \mathrm{A} = \frac{1\ \mathrm{C}}{1\ \mathrm{s}}$ **elektrische Stromstärke**

I	elektrische Stromstärke	A
Q	geflossene Ladung	C
t	Zeitspanne	s

Der **elektrische Strom** fließt im **Stromkreis** vom **positiven Pol** der Spannungsquelle zum **negativen Pol** (technische Stromrichtung), während sich die Elektronen vom negativen zum positiven Pol bewegen.

Wirkungen des elektrischen Stroms

Lichtwirkung, Wärmewirkung, elektromagnetische Wirkung, elektrochemische Wirkung, physiologische Wirkung

$U = \frac{W}{Q}$ $1\ \mathrm{V} = \frac{1\ \mathrm{Nm}}{1\ \mathrm{C}}$ **elektrische Spannung**

1 V = 1 Volt

U	elektrische Spannung	V
W	Überführungsarbeit (→ Arbeit)	Nm
Q	überführte Ladung	C

Faraday'sche Gesetze:

Die aus einem **Elektrolyten** abgeschiedene Masse *m* eines Stoffes ist der transportierten elektrischen Ladung *Q* proportional.

1. Faraday'sches Gesetz $m \sim Q$

$m = c \cdot Q = c \cdot I \cdot t$ **abgeschiedene Masse**

m	abgeschiedene Masse	mg
Q	transportierte Ladungsmenge	C
c	elektrochemisches Äquivalent (s. folgende Tabelle)	mg/C
I	Stromstärke	A
t	Zeitspanne	s

Das **elektrochemische Äquivalent** *c* hat die Einheit mg/C und gibt an, welche Masse eines Stoffes in mg von der Ladung 1 C abgeschieden wird.

3

Elektrochemische Äquivalente

Stoff	Ion	Wertigkeit	*c* in mg/C	Stoff	Ion	Wertigkeit	*c* in mg/C
Aluminium	Al^{3+}	3	0,093	Quecksilber	Hg^{2+}	2	1,039
Blei	Pb^{2+}	2	1,074	Silber	Ag^{+}	1	1,118
Cadmium	Cd^{2+}	2	0,583	Zink	Zn^{2+}	2	0,339
Calcium	Ca^{2+}	2	0,208	Zinn	Sn^{2+}	2	0,615
Chrom	Cr^{3+}	3	0,179	Zinn	Sn^{4+}	4	0,307
Eisen	Fe^{2+}	2	0,289	Wasserstoff	H^{+}	1	0,0105
Eisen	Fe^{3+}	3	0,193	Brom	Br^{-}	1	0,828
Gold	Au^{+}	1	2,041	Carbonat	CO_3^{2-}	2	0,311
Gold	Au^{3+}	3	0,681	Chlor	Cl^{-}	1	0,367
Kalium	K^{+}	1	0,405	Chromat	CrO_4^{2-}	2	0,601
Kupfer	Cu^{+}	1	0,659	Fluor	F^{-}	1	0,197
Kupfer	Cu^{2+}	2	0,329	Hydroxid	OH^{-}	1	0,176
Magnesium	Mg^{2+}	2	0,126	Jod	J^{-}	1	1,315
Natrium	Na^{+}	1	0,238	Phosphat	PO_4^{3-}	3	0,328
Nickel	Ni^{2+}	2	0,304	Sauerstoff	O^{2-}	2	0,083
Platin	Pt^{2+}	2	1,011	Schwefel	S^{2-}	2	0,166
Platin	Pt^{4+}	4	0,505	Sulfat	SO_4^{2-}	2	0,498

TP	Elektrizitätslehre

Elektrophysikalische Grundlagen (Fortsetzung):

Um n Mole eines Stoffes mit z_B-wertigen Ionen aus einem Elektrolyten abzuscheiden, benötigt man die elektrische Ladung Q.

$$Q = n \cdot z_B \cdot F \quad \text{transportierte Ladung}$$

$$F = 96\,485{,}3 \text{ C/mol} \quad \text{Faraday-Konstante}$$

2. Faraday'sches Gesetz

Q	transportierte Ladungsmenge	C
n	→ Stoffmenge	mol
z_B	Wertigkeit der Ionen	1
F	Faraday-Konstante	C

$$1 \text{ C} = 1 \text{ As}$$

Allgemeine Gesetzmäßigkeiten im elektrischen Stromkreis

Ohm'sches Gesetz und Ohm'scher elektrischer Widerstand

3

Bei unveränderlichem Widerstand R ist die Stromstärke I direkt proportional zur Spannung U.

$$I \sim U \quad \text{Ohm'sches Gesetz}$$

$$I = \frac{U}{R} \quad \text{Ohm'sches Gesetz}$$

$$R = \frac{U}{I} \qquad 1\,\Omega = \frac{1 \text{ V}}{1 \text{ A}} \quad \text{elektrischer Widerstand}$$

$$R = \varrho \cdot \frac{l}{A} = \frac{l}{\gamma \cdot A} \quad \text{Widerstand eines Leiters}$$

$$\varrho = \frac{R \cdot A}{l} \quad \text{spezifischer Widerstand}$$

$$\gamma = \frac{l}{R \cdot A} \quad \text{elektrische Leitfähigkeit}$$

$$G = \frac{1}{R} \qquad 1 \text{ S} = \frac{1}{\Omega} \quad \text{elektrischer Leitwert}$$

I	elektrischer Strom	A
U	elektrische Spannung	V
R	elektrischer Widerstand	Ω
ϱ	spezifischer Widerstand	$\Omega \cdot mm^2/m$
l	Leiterlänge	m
A	Querschnittsfläche des Leiters	mm^2
γ	elektrische Leitfähigkeit	$m/(\Omega \cdot mm^2)$
G	elektrischer Leitwert (s. unten)	S, $1/\Omega$

Spezifischer Widerstand und **elektrischer Leitwert** verschiedener Stoffe (s. Tabellen Seite 159).

Die Einheit des elektrischen Leitwerts G ist

$$1 \text{ S (Siemens)} = \frac{1}{\Omega} = \frac{A}{V}$$

Temperaturabhängigkeit des elektrischen Widerstandes

Heißleiter (NTC-Widerstände) sind Werkstoffe, deren Widerstand mit ansteigender Temperatur abnimmt.
Kaltleiter (PTC–Widerstände) sind Werkstoffe, deren Widerstand mit ansteigender Temperatur zunimmt.
(NTC = **n**egativer **T**emperaturkoeffizient; PTC = **p**ositiver **T**emperaturkoeffizient)

$$\Delta R = a \cdot R_1 \cdot \Delta\vartheta \quad \begin{array}{l}\text{Widerstandsänderung bei} \\ \text{Temperaturänderung } \Delta\vartheta\end{array}$$

$$\Delta\vartheta = \vartheta_2 - \vartheta_1 \quad \text{Temperaturänderung}$$

$$\left.\begin{array}{l} R_2 = R_1 + \Delta R \\ R_2 = R_1 \cdot (1 + a \cdot \Delta\vartheta) \end{array}\right\} \begin{array}{l}\text{Widerstandswert bei} \\ \text{der Endtemperatur } \vartheta_2\end{array}$$

ΔR	Widerstandsänderung	Ω
a	Temperaturkoeffizient (s. Tabelle Seite 159)	$1/K$
R_1	Widerstandswert bei der Temperatur ϑ_1 (meist 20 °C) ($=R_{20}$)	Ω
$\Delta\vartheta$	Temperaturänderung	°C, K
ϑ_2	Endtemperatur	°C
ϑ_1	Anfangstemperatur	°C
R_2	Widerstand bei der Endtemperatur	Ω

In der elektrotechnischen Praxis werden häufig für die **Indizes 1** und **2** auch **k (kalt)** und **w (warm)** verwendet. Der **Temperaturkoeffizient** a und der Ausgangswiderstand R_1 sind meist auf die **Temperatur** $\vartheta_1 = \mathbf{20\,°C}$ bezogen (s. Tabelle Seite 159) (→ Temperaturdifferenz).

B $\quad R_{20} = 3{,}5\,\Omega$; $\vartheta = 60\,°C$; $a = 4{,}7 \cdot 10^{-3} \text{ K}^{-1}$; $R_w = ?$
$\quad \boldsymbol{R_w} = R_{20} \cdot (1 + a \cdot \Delta\vartheta) = 3{,}5\,\Omega \cdot (1 + 4{,}7 \cdot 10^{-3} \text{ K}^{-1} \cdot 40 \text{ K}) = 3{,}5\,\Omega \cdot (1 + 0{,}188) = 3{,}5\,\Omega \cdot 1{,}188 = \mathbf{4{,}158\,\Omega}$

Allgemeine Gesetzmäßigkeiten im elektrischen Stromkreis (Fortsetzung)

Spez. elektr. Widerstand ϱ, elektr. Leitwert γ, Temperaturkoeffizient α fester Stoffe bei 20 °C

Werkstoff	spez. Widerstand ϱ_{20} in $\Omega \cdot mm^2/m$	Leitwert γ_{20} in $m/(\Omega \cdot mm^2)$	Temperaturkoeffizient α in 10^{-3} 1/K	Werkstoff	spez. Widerstand ϱ_{20} in $\Omega \cdot mm^2/m$	Leitwert γ_{20} in $m/(\Omega \cdot mm^2)$	Temperaturkoeffizient α in 10^{-3} 1/K
Elemente							
Aluminium	0,0278	36,0	4,0	Molybdän	0,047	21,3	4,7
Antimon	0,42	2,38	5,1	Natrium	0,043	23,3	5,5
Bismut	1,21	0,83	4,2	Nickel	0,095	10,5	5,2
Blei	0,208	4,8	4,2	Platin	0,098	10,2	3,9
Cadmium	0,077	13,0	4,2	Quecksilber	0,94	1,063	0,99
Chrom	0,130	7,7	5,8	Silber	0,016	62,5	4,1
Cobalt	0,057	17,5	6,6	Tantal	0,15	6,67	3,6
Eisen	0,1	10,0	6,6	Titan	0,6	1,7	5,3
Germanium	900	0,0011	1,5	Uran	0,32	3,1	2,0
Gold	0,022	45,5	4,0	Vanadium	0,20	5,0	3,5
Kalium	0,07	14,3	5,4	Wolfram	0,055	18,2	4,7
Kupfer	0,0178	56,2	3,9	Zink	0,0625	16,0	4,2
Magnesium	0,044	22,7	4,0	Zinn	0,115	8,7	4,6
Mangan	0,049	20,4	5,9				
Legierungen und sonstige Stoffe							
Aldrey	0,033	30	3,6	Messing	0,062	16,1	1,6
Aluchrom	1,38	0,74	0,05	Nickelin	0,43	2,3	0,11
Chromnickel	1,1	0,9	0,2	Platinrhodium	0,20	5,0	1,7
Konstantan	0,49	2,04		Graphitkohle	20	0,05	−0,5
Manganin	0,43	2,3		Kohlenstoff	30	0,033	−0,4

ϱ **von Isolierstoffen** (s. folgende Tabelle)

Spezifischer elektrischer Widerstand ϱ von Isolierstoffen bei 20 °C ($1\ \Omega \cdot mm^2/m = 10^{-6}\ \Omega m$)

Werkstoff	spezifischer Widerstand ϱ in Ωm	Werkstoff	spezifischer Widerstand ϱ in Ωm
Benzol	$\approx 10^{15}$	Phenolharze	$\approx 10^{15}$
Bernstein	$\approx 10^{16}$	Plexiglas	$\approx 10^{13}$
Glas	$\approx 10^{12}$	Polyamid	$\approx 10^{10}$
Glimmer	$\approx 10^{14}$	Polypropylen	$\approx 10^{14}$
Hartgummi	$\approx 10^{15}$	Polystyrol	$\approx 10^{14}$
Holz (trocken)	$\approx 10^{12}$	Polyvinylchlorid	$\approx 10^{14}$
Keramik	$\approx 10^{12}$	Porzellan	$\approx 10^{12}$
Marmor	$\approx 10^{8}$	Quarz	$\approx 10^{12}$
Papier	$\approx 10^{15}$	Silikonöl	$\approx 10^{13}$
Paraffin	$\approx 10^{15}$	Wachs	$\approx 10^{12}$
Petroleum	$\approx 10^{11}$	Zelluloid	$\approx 10^{10}$

Elektrische Arbeit, elektrische Leistung, Wirkungsgrad

$$W = U \cdot Q$$
$$W = U \cdot I \cdot t$$
elektrische Arbeit

(→ mechanische Arbeit)

W	verrichtete Arbeit	J, Ws
U	elektrische Spannung	V
Q	transportierte Ladung	C
I	Stromstärke	A
t	Zeitspanne	s, h

Die **Einheit der elektrischen Arbeit** ist **1 Ws** = 1 J = 1 Nm, 1 kWh = 3 600 000 Ws = $3{,}6 \cdot 10^6$ Ws

$$P = \frac{W}{t}$$
$$P = U \cdot I$$
$$P = I^2 \cdot R = \frac{U^2}{R}$$
elektrische Leistung

P	elektrische Leistung	W
W	verrichtete Arbeit	Nm, J, Ws
t	Zeitspanne	s
U	elektrische Spannung	V
I	elektrische Stromstärke	A
R	elektrischer Widerstand	Ω

3

Allgemeine Gesetzmäßigkeiten im elektrischen Stromkreis (Fortsetzung)

$$\eta = \frac{W_{ab}}{W_{zu}}$$

$$\eta = \frac{P_{ab}}{P_{zu}}$$

Wirkungsgrad

η	Wirkungsgrad	1
W_{ab}	abgegebene Energie	Nm, J, Ws
W_{zu}	zugeführte Energie	Nm, J, Ws
P_{ab}	abgegebene Leistung	W, kW
P_{zu}	zugeführte Leistung	W, kW

Die Einheit der elektrischen Leistung ist **1 W** = 1 Watt = 1 J/s = 1 Nm/s
(→ Mechanischer Wirkungsgrad, Energieäquivalenz)

Bei **Motoren** versteht man unter der **Nennleistung** die abgegebene mechanische Leistung, während man bei anderen **elektrischen Geräten** unter der **Nennleistung** die aufgenommene Leistung versteht.

Gesetzmäßigkeiten bei Widerstandsschaltungen

3

Parallelschaltung:

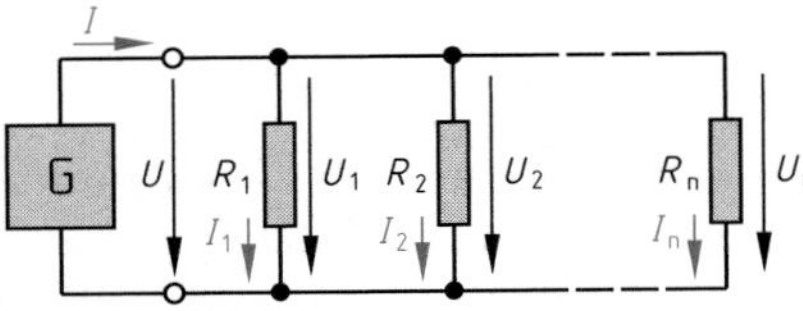

In der Parallelschaltung ist die Spannung an den einzelnen Widerständen (U_1, U_2, U_3, ...) gleich der **Gesamtspannung** U.

Der **Gesamtstrom** I einer Parallelschaltung ist gleich der Summe der Teilströme (I_1, I_2, I_3, ...).

1. Kirchhoff'sches Gesetz: An jedem **Knotenpunkt** ist die Summe der hinfließenden Teilströme (ΣI_{hin}) gleich der Summe der abfließenden Teilströme (ΣI_{ab}). Dieses Gesetz heißt auch **Knotenregel**.

$U = U_1 = U_2 = U_3 = \ldots$	**Gesamtspannung**
$I = I_1 + I_2 + I_3 + \ldots$	**Gesamtstrom**
$\sum I_{hin} = \sum I_{ab}$	**1. Kirchhoff'sches Gesetz**
$G = G_1 + G_2 + G_3 + \ldots$	**Gesamtleitwert**
$\frac{1}{R} = \frac{1}{R_1} + \frac{1}{R_2} + \frac{1}{R_3} + \ldots$	**Kehrwert des Gesamtwiderstandes**
$R = \frac{R_1 \cdot R_2}{R_1 + R_2}$	**Gesamtwiderstand** (zwei Widerstände)
$R = \frac{R_1}{n}$	**Gesamtwiderstand** (n gleiche Widerstände)

Der **Gesamtleitwert** ist gleich der Summe der **Teilleitwerte** (G_1, G_2, G_3, ...).

R	Gesamtwiderstand	Ω
R_1, R_2	parallel geschaltete Widerstände	Ω
n	Anzahl der parallel geschalteten gleichen Widerstände R_1	1
I_1, I_2	Teilströme	A
I	Gesamtstrom	A
P_1, P_2	Teilleistungen	W
W_1, W_2	Teilenergien	Nm, J, Ws

$$\frac{I_1}{I_2} = \frac{R_1}{R_2} \qquad \frac{I_1}{I} = \frac{R}{R_1} \qquad \frac{P_1}{P_2} = \frac{R_1}{R_2} \qquad \frac{W_1}{W_2} = \frac{R_1}{R_2}$$

→ **Verhältnisse** von Teilströmen, Teilwiderständen, Teilleistungen, Teilenergien **in der Parallelschaltung**.

Reihenschaltung:

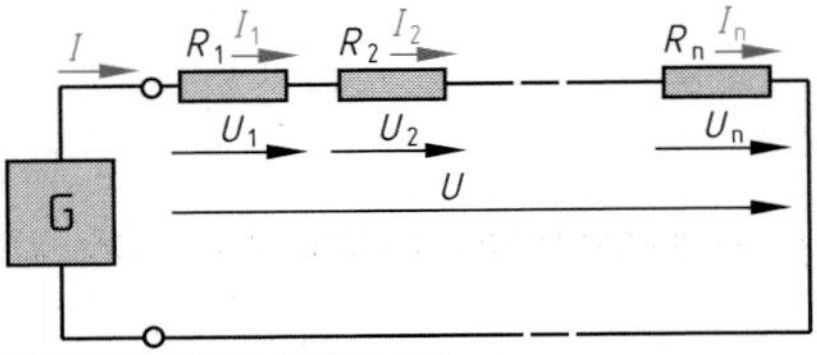

In der Reihenschaltung ist die **Stromstärke** überall gleich groß.

2. Kirchhoff'sches Gesetz: Bei der Reihenschaltung ist die **Gesamtspannung** U gleich der **Summe der Teilspannungen** (U_1, U_2, U_3, ...).

In der Reihenschaltung ist der **Gesamtwiderstand** R gleich der **Summe der Teilwiderstände** (R_1, R_2, R_3).

$I = I_1 = I_2 = I_3 = \ldots$	**Stromstärke**
$U = U_1 + U_2 + U_3 + \ldots$	**Gesamtspannung**
$R = R_1 + R_2 + R_3 + \ldots$	**Gesamtwiderstand**
$R = n \cdot R_1$	**Gesamtwiderstand** von n gleichen Widerständen

R	Gesamtwiderstand	Ω
R_1, R_2	Teilwiderstände	Ω
n	Anzahl der in Reihe geschalteten gleichen Widerstände R_1	1
U_1, U_2	Teilspannungen	V
U	Gesamtspannung	V
P_1, P_2	Teilleistungen	W
W_1, W_2	Teilenergien	Nm, J, Ws

Gesetzmäßigkeiten bei Widerstandsschaltungen (Fortsetzung)

$$\sum_{q} U_q + \sum_{k} I \cdot R_k = 0$$ **Maschenregel**

In jedem **geschlossenen Kreis** (s. nebenstehendes Bild: **Masche**) eines Netzes ist die Summe der **Quellenspannungen** und der **Spannungsfälle** gleich null.

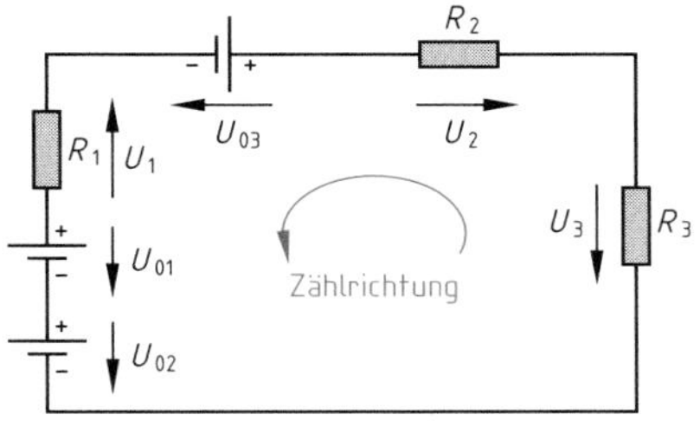

Beispiel (s. nebenstehendes Bild):

$$U_{01} + U_{02} + U_{03} - U_1 - U_2 - U_3 = 0$$

$$\frac{U_1}{U_2} = \frac{R_1}{R_2} \quad \frac{U_1}{U} = \frac{R_1}{R} \quad \frac{P_1}{P_2} = \frac{R_1}{R_2} \quad \frac{W_1}{W_2} = \frac{R_1}{R_2}$$

→ **Verhältnisse** von Teilspannungen, Teilwiderständen, Teilleistungen und Teilenergien **in der Reihenschaltung**.

3

Gemischte Widerstandsschaltungen

Gesamtwiderstand bei der erweiterten Reihenschaltung (s. nebenstehendes Bild)

$$R = R_3 + \frac{R_1 \cdot R_2}{R_1 + R_2}$$

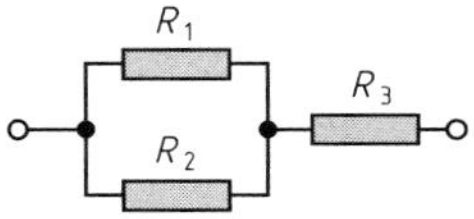

R_1, R_2	parallel geschaltete Widerstände	Ω
R_3	in Reihe geschalteter Widerstand	Ω
R	Gesamtwiderstand	Ω

Gesamtwiderstand bei der erweiterten Parallelschaltung (s. nebenstehendes Bild)

$$R = \frac{R_3 \cdot (R_1 + R_2)}{R_1 + R_2 + R_3}$$

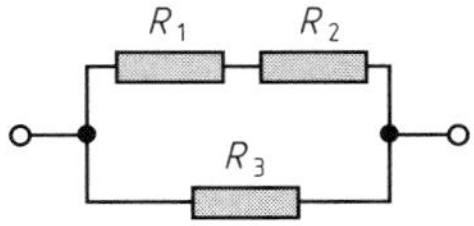

R_1, R_2	in Reihe geschaltete Widerstände	Ω
R_3	parallel geschalteter Widerstand	Ω
R	Gesamtwiderstand	Ω

Spannungsteiler:

Unbelasteter Spannungsteiler (linkes Bild)

$$U_{20} = \frac{R_2}{R_1 + R_2} \cdot U$$ **Leerlaufspannung**

Belasteter Spannungsteiler (rechtes Bild)

$$U_{2L} = \frac{R_{2L}}{R_1 + R_{2L}} \cdot U$$ **Teilspannung bei Belastung**

$$R_{2L} = \frac{R_2 \cdot R_L}{R_2 + R_L}$$ **Ersatzwiderstand**

$$q = \frac{I_q}{I_L} = \frac{R_L}{R_2}$$ **Querstromverhältnis**

Damit die **Ausgangsspannung** möglichst konstant bleibt, muss das **Querstromverhältnis** q einen Wert zwischen 2 und 10 besitzen.

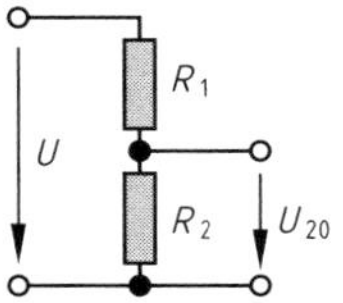

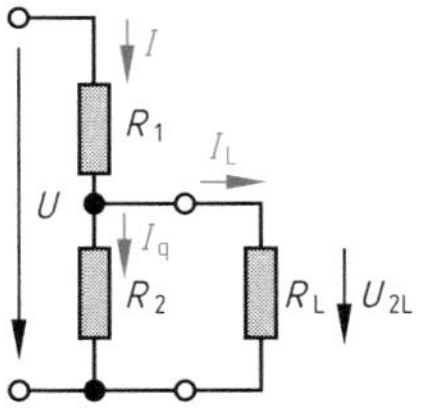

U_{20}	Leerlaufspannung	V
U_{2L}	Teilspannung bei Belastung	V
R_L	Lastwiderstand	Ω
R_{2L}	Ersatzwiderstand von R_2 und R_L	Ω
R_1, R_2	Teilerwiderstände	Ω
U	anliegende Gesamtspannung	V
q	Querstromverhältnis	1
I_q	Querstrom	A
I_L	Laststrom	A

Gesetzmäßigkeiten bei Widerstandsschaltungen (Fortsetzung)

Messbereichserweiterung elektrischer Messgeräte

Strommessgerät
(linkes Bild)

$$n = \frac{I}{I_m}$$

$$R_p = \frac{R_m}{n-1}$$

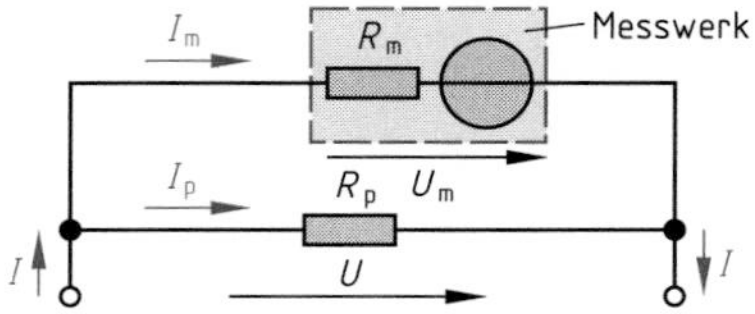

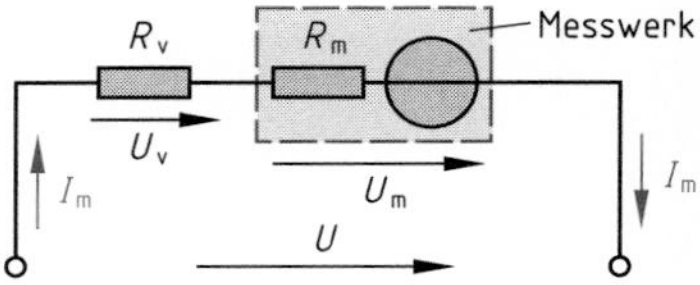

Spannungsmessgerät (rechtes Bild)

$n = \frac{U}{U_m}$	**Faktor der Messbereichserweiterung**
$R_v = R_m \cdot (n-1)$	**Vorwiderstand**
$R_m = r_k \cdot U_m$	**Messwerkwiderstand**
$r_k = \frac{R_m}{U_m} = \frac{1}{I_m}$	**Kenngröße**

3

n	Faktor der Messbereichserweiterung	1
I	zu messende Stromstärke	A
I_m	Messwerkstrom (Strom bei Vollausschlag)	A
R_p	Nebenwiderstand	Ω
R_m	Innenwiderstand des Messgerätes	Ω
U	zu messende Spannung	V
U_m	Messwerkspannung (Spannung bei Vollausschlag)	V
R_v	Vorwiderstand	Ω
r_k	Kenngröße	Ω/V

Widerstandsmessung mit Strom- und Spannungsfehlerschaltung

Stromfehlerschaltung:
(linkes Bild)

$$R = \frac{U}{I - \frac{U}{R_{iV}}} \qquad I_V = \frac{U}{R_{iV}}$$

Korrekturformel

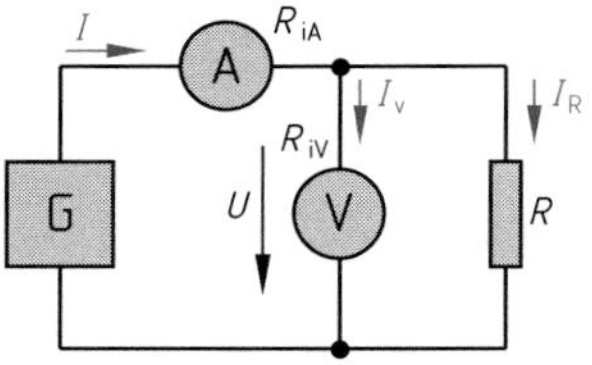

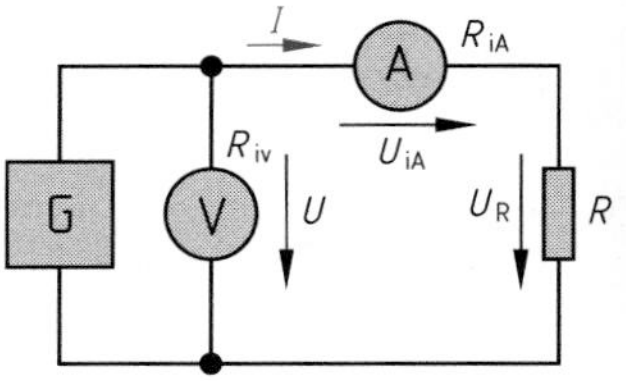

Die **Stromfehlerschaltung** ist geeignet, wenn der Widerstandswert R des Verbrauchers klein ist.

Spannungsfehlerschaltung: (rechtes Bild)

$$R = \frac{U}{I} - R_{iA} \qquad R_{iA} = \frac{U_{iA}}{I}$$

Korrekturformel

R	zu bestimmender Widerstand	Ω
U	angezeigte Spannung	V
I	angezeigte Stromstärke	A
R_{iV}	Widerstand des Spannungsmessers	Ω
R_{iA}	Innenwiderstand des Strommessers	Ω
I_V	Strom durch den Spannungsmesser	A
U_{iA}	Spannungsfall am Strommesser	V

Die **Spannungsfehlerschaltung** ist geeignet, wenn der Widerstandswert R des Verbrauchers groß ist.

Widerstandsmessbrücke: (nebenstehendes Bild)

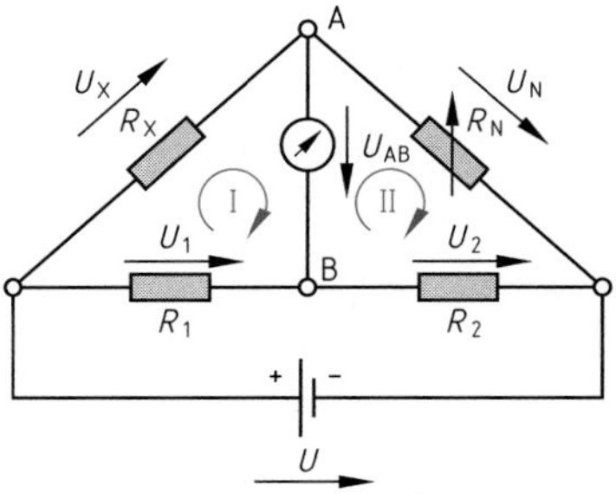

$\frac{R_x}{R_N} = \frac{R_1}{R_2}$	**Abgleichbedingung**
$R_x = \frac{R_1}{R_2} \cdot R_N$	**unbekannter Widerstand**

Die Brückenschaltung ist abgeglichen, wenn die Brückenspannung U_{AB} null ist.

R_x	unbekannter Widerstand	Ω
R_N	einstellbarer Vergleichswiderstand	Ω
R_1, R_2	feste Brückenwiderstände	Ω

Gesetzmäßigkeiten bei Widerstandsschaltungen (Fortsetzung)

Klemmenspannung und Innenwiderstand von Spannungserzeugern:

Bei Leerlauf ($I = 0$):

$$U = U_0$$ **Klemmenspannung**

Bei Kurzschluss ($R_L = 0$):

$$I_k = \frac{U_0}{R_i}$$ **Kurzschlussstrom**

U	Klemmenspannung	V
U_0	Leerlaufspannung, Urspannung	V
I	Laststrom	A
I_k	Kurzschlussstrom	A
R_i	Innenwiderstand	Ω
R_L	Lastwiderstand	Ω

Bei Belastung ($R_L > 0$): (s. nebenstehendes Bild)

$$U = U_0 - I \cdot R_i$$ **Klemmenspannung**

$$I = \frac{U_0}{R_L + R_i}$$ **Laststrom**

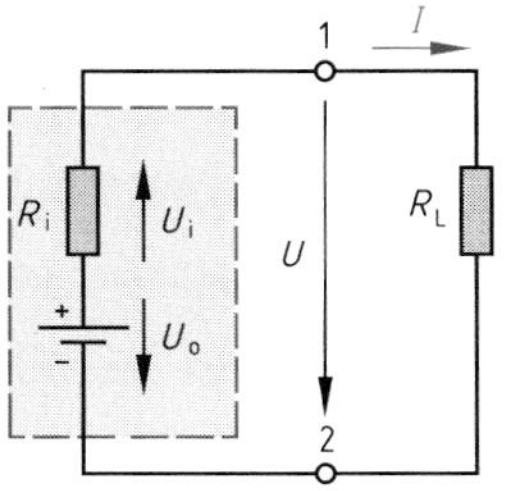

Die Klemmenspannung U ist stets kleiner als die Urspannung U_0, da bei einem Laststrom über den Innenwiderstand der Spannungsquelle ein Teil der Spannung bereits abfällt.

Stern-Dreieck-Umwandlung:

$$R_{1N} = \frac{R_{12} \cdot R_{13}}{R_{12} + R_{13} + R_{23}}$$

$$R_{2N} = \frac{R_{12} \cdot R_{23}}{R_{12} + R_{13} + R_{23}}$$

$$R_{3N} = \frac{R_{13} \cdot R_{23}}{R_{12} + R_{13} + R_{23}}$$

Dreieck in Stern (s. nebenstehendes Bild)

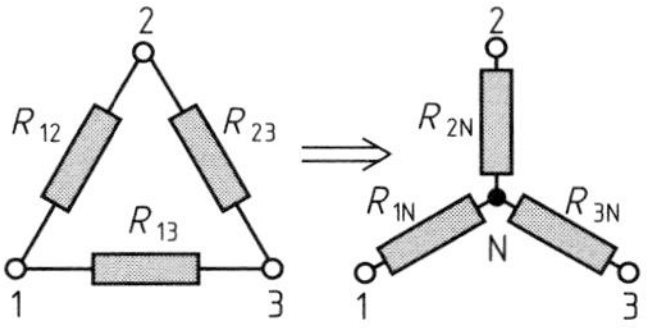

R_{1N}, R_{2N}, R_{3N}	Widerstände in Sternschaltung	Ω
R_{12}, R_{13}, R_{23}	Widerstände in Dreieckschaltung	Ω

$$R_{12} = \frac{R_{1N} \cdot R_{2N}}{R_{3N}} + R_{1N} + R_{2N}$$

$$R_{13} = \frac{R_{1N} \cdot R_{3N}}{R_{2N}} + R_{1N} + R_{3N}$$

$$R_{23} = \frac{R_{2N} \cdot R_{3N}}{R_{1N}} + R_{2N} + R_{3N}$$

Stern in Dreieck (s. nebenstehendes Bild)

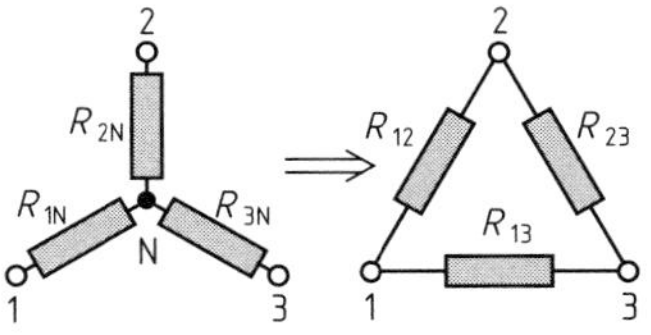

R_{1N}, R_{2N}, R_{3N}	Widerstände in Sternschaltung	Ω
R_{12}, R_{13}, R_{23}	Widerstände in Dreieckschaltung	Ω

Das elektrische Feld

Den Raum um eine felderzeugende Ladung Q, in dem andere elektrische Ladungen Kräfte erfahren, nennt man ein elektrisches Feld.

Die elektrische Felstärke:

$$E = \frac{F}{Q}$$ **elektrische Feldstärke** (Definition)

$$E = \frac{U}{l}$$ **elektrische Feldstärke** (zwischen Kondensatoren)

$$W = E \cdot Q \cdot l = Q \cdot U$$ **Überführungsarbeit**

E	elektrische Feldstärke	N/C, V/m
F	Kraft auf die elektrische Ladung	N
Q	elektrische Ladung	C
U	Spannung an den Kondensatorplatten	V
l	Plattenabstand	m
W	Überführungsarbeit	Nm, J, Ws
Q	überführte elektrische Ladung	C

3

Das elektrische Feld (Fortsetzung)

$$E = \frac{1}{4 \cdot \pi \cdot \varepsilon_0 \cdot \varepsilon_r} \cdot \frac{Q}{r^2}$$

elektrische Feldstärke (um Punktladung)

E	elektrische Feldstärke im Abstand r	N/C, V/m
ε_0	elektrische Feldkonstante (→ Naturkonstanten)	As/(Vm)
ε_r	Permittivitätszahl (s. Tabelle Seite 142)	1
Q	punktförmige elektr. Ladung	C
r	Abstand	m

Das Coulomb'sche Gesetz:

$$F = \frac{1}{4 \cdot \pi \cdot \varepsilon_0 \cdot \varepsilon_r} \cdot \frac{Q_1 \cdot Q_2}{r^2}$$

Kraft (zwischen zwei Punktladungen)

$$\varepsilon = \varepsilon_0 \cdot \varepsilon_r$$

3 **Permittivität**

Gleichnamige Ladungen stoßen sich ab ($F > 0$); ungleichnamige Ladungen ziehen sich an ($F < 0$).

F	Kraft zwischen den Ladungen	N
ε_0	elektrische Feldkonstante (→ Naturkonstanten)	As/(Vm)
ε_r	Permittivitätszahl (s. Tabelle Seite 142)	1
Q_1, Q_2	punktförmige elektr. Ladungen	C
r	Abstand der beiden Punktladungen bzw. der beiden Kugelmittelpunkte	m
ε	Permittivität	As/(Vm)

Kapazität:

$$C = \frac{Q}{U}$$

Kapazität (Definition)

C	Kapazität	F
Q	Ladung auf dem Kondensator	C
U	Spannung am Kondensator	V

$1\,\text{F} = 1\,\frac{\text{C}}{\text{V}}$ $\quad 1\,\mu\text{F} = 10^{-6}\,\text{F}$ $\quad 1\,\text{nF} = 10^{-9}\,\text{F}$ $\quad 1\,\text{pF} = 10^{-12}\,\text{F}$

Plattenkondensator:

Kapazität

$$C = \varepsilon_0 \cdot \varepsilon_r \cdot \frac{A}{l}$$

$$\sigma = \frac{Q}{A}$$

$$D = \varepsilon_0 \cdot \varepsilon_r \cdot E$$

$$\sigma = D$$

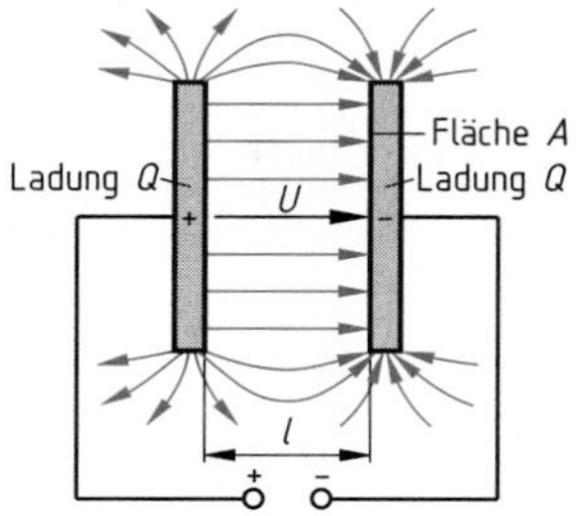

C	Kapazität	F
ε_0	elektrische Feldkonstante (→ Naturkonstanten)	As/(Vm)
ε_r	Permittivitätszahl (Dielektrizätszahl, s. Tabelle Seite 142)	1
A	Plattenfläche	m^2
l	Plattenabstand	m
σ	Flächenladungsdichte	C/m^2
D	Verschiebungsdichte (elektrische Flussdichte)	C/m^2
Q	Ladung auf einer Kondensatorplatte	C
E	elektrische Feldstärke	N/C, V/m

Drehkondensator:

$$C_{max} = (n-1) \cdot \varepsilon_0 \cdot \varepsilon_r \cdot \frac{A}{d}$$

Maximalkapazität des Drehkondensators

$$C = C_{max} \cdot \frac{A'}{A}$$

Kapazität des Drehkondensators

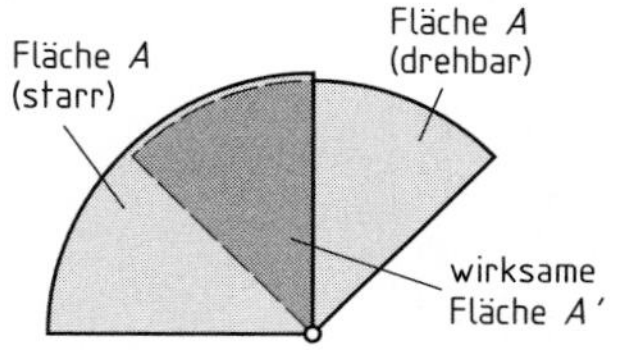

C_{max}	Maximalkapazität des Drehkondensators	F
n	Anzahl der Platten des Drehkondensators	1
A	Fläche einer Platte	m^2
A'	wirksame Fläche einer Platte	m^2
C	Kapazität des Drehkondensators	F
d	Plattenabstand	m

Beim **Drehkondensator** kann der Kapazitätswert verändert werden, indem ein drehbares Plattenpaket in ein starres Plattenpaket hineingedreht wird, wodurch die für die elektrische Kapazität wirksame Plattenoberfläche verändert wird (s. nebenstehendes Bild).

Elektrolytkondensatoren dürfen nur an eine Gleichspannungsquelle mit der angegebenen Polung (+, −) angeschlossen werden. Ihre großen Kapazitätswerte beruhen auf der sehr dünnen Oxidschicht als Dielektrikum.

Das elektrische Feld (Fortsetzung)

Weitere Kondensatorbauformen:
Kugelkondensator, Zylinderkondensator, Wickelkondensator (Metallpapier, Kunststofffolien) u. a.

Parallelschaltung von Kondensatoren:

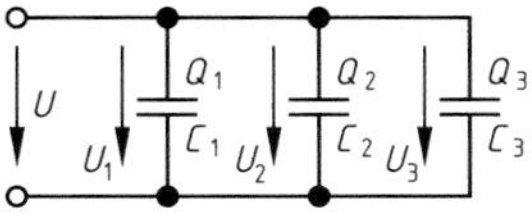

$U = U_1 = U_2 = U_3 = \ldots$

$C = C_1 + C_2 + C_3 + \ldots$ $\qquad$ $C = n \cdot C_1$

$Q = Q_1 + Q_2 + Q_3 + \ldots$

$\frac{Q_1}{Q_2} = \frac{C_1}{C_2}$ $\qquad$ $\frac{Q_1}{Q} = \frac{C_1}{C}$

U	Gesamtspannung	V
$U_1, U_2 \ldots$	Teilspannungen	V
C	Gesamtkapazität	F
$C_1, C_2 \ldots$	parallelgeschaltete Teilkapazitäten	F
Q	Gesamtladung	C
$Q_1, Q_2 \ldots$	Teilladungen	C
n	Anzahl der parallel geschalteten gleichen Kondensatoren C_1	1

Bei der **Parallelschaltung** ist die **Gesamtladung** gleich der **Summe aller Teilladungen**.

3

Reihenschaltung von Kondensatoren:

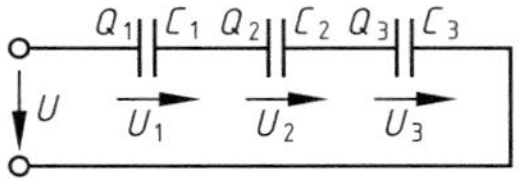

$U = U_1 + U_2 + U_3 + \ldots$

$Q = Q_1 = Q_2 = Q_3 = \ldots$

$\frac{1}{C} = \frac{1}{C_1} + \frac{1}{C_2} + \frac{1}{C_3} + \ldots$

$C = \frac{C_1 \cdot C_2}{C_1 + C_2}$ **Gesamtkapazität** (zwei Kondensatoren)

$C = \frac{C_1}{n}$ **Gesamtkapazität** (n Kondensatoren)

$\frac{U_1}{U_2} = \frac{C_2}{C_1}$ $\qquad$ $\frac{U_1}{U} = \frac{C}{C_1}$ **Verhältnisse von Teilspannungen und Teilkapazitäten**

U	Gesamtspannung	V
$U_1, U_2 \ldots$	Teilspannungen	V
Q	Gesamtladung	C
$Q_1, Q_2 \ldots$	Teilladungen	C
C	Gesamtkapazität	F
$C_1, C_2 \ldots$	in Reihe geschaltete Teilkapazitäten	F
n	Anzahl der in Reihe geschalteten gleichen Kondensatoren C_1	1

Bei der **Reihenschaltung** ist auf jedem Kondensator die **gleiche Ladungsmenge**.

Aufladung eines Kondensators:

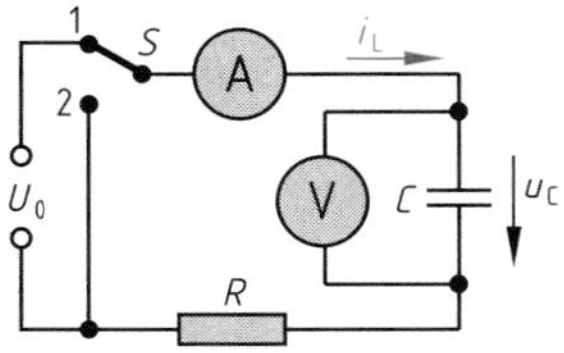

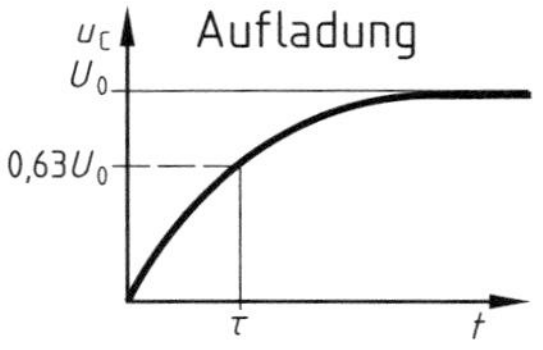

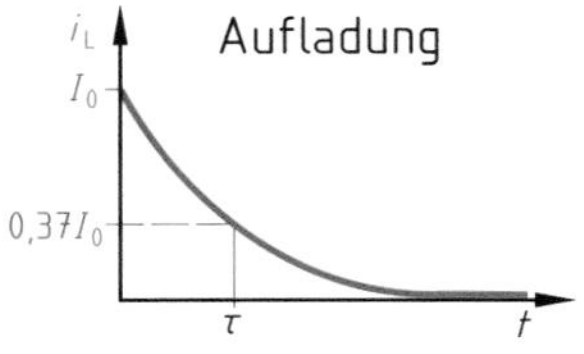

$\tau = R \cdot C$ $\qquad$ $\tau_C = 5 \cdot \tau$ **Zeitkonstante**

$u_c = U_0 \cdot (1 - e^{-t/\tau})$ **Spannung** (mittleres Bild)

$i_L = I_0 \cdot e^{-t/\tau}$ **Ladestrom** (rechtes Bild)

$I_0 = \frac{U_0}{R}$ **Maximalstrom**

$q_C = C \cdot u_C$ **Ladung**

τ	Zeitkonstante	s
R	Ohm'scher Widerstand	Ω
C	Kapazität	F
τ_C	Ladezeit, Entladezeit	s
u_C	Spannung am Kondensator	V
U_0	Ladespannung	V
e	Euler'sche Zahl = 2,71828 …	1
t	Zeit nach Beginn des Ladevorgangs	s
i_L	Ladestrom	A
I_0	Maximalstrom	A
q_C	Ladung auf dem Kondensator	C

Nach der Zeit τ ist der Kondensator zu 63,2% und nach der Zeit $\tau_C = 5 \cdot \tau$ zu 99,3% geladen.

3

Das elektrische Feld (Fortsetzung)

Entladung eines Kondensators:

$u_C = U_0 \cdot e^{-t/\tau}$	**Spannung** (linkes Bild)	t	Zeit nach Beginn des Entladevorgangs	s
$i_{EL} = -I_0 \cdot e^{-t/\tau}$	**Entladestrom** (rechtes Bild)	i_{EL}	Entladestrom	A
$I_0 = \frac{U_0}{R}$	**Maximalstrom**			
$q_C = C \cdot u_C$	**Ladung**			

Nach der Zeit τ ist der Kondensator noch zu 36,8% und nach der Zeit $\tau_C = 5 \cdot \tau$ noch zu 0,7% geladen.

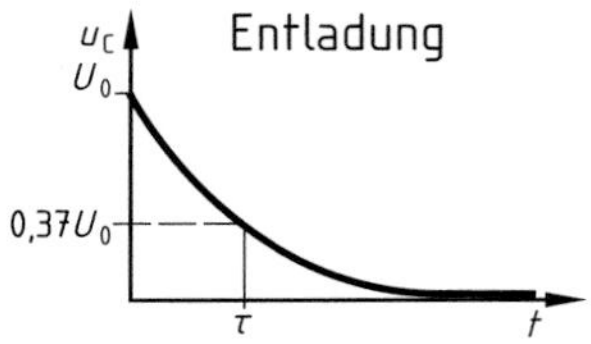

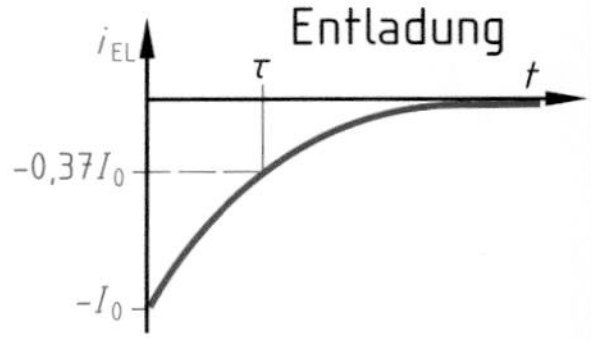

Das magnetische Feld

Grundgrößen:

$\Theta = I \cdot N$		**elektrische Durchflutung**
$H = \frac{\Theta}{l}$	$H = \frac{I \cdot N}{l}$	**magnetische Feldstärke**
$V_m = H \cdot l$	$V_m = I \cdot N$	**magnetische Spannung**
$\Phi = B \cdot A$		**magnetischer Fluss**

Θ	elektrische Durchflutung	A
I	Stromstärke	A
N	Windungszahl der Spule	1
H	magnetische Feldstärke	A/m
l	Spulenlänge (lange Spule; Ringspule)	m
V_m	magnetische Spannung	A
Φ	magnetischer Fluss	Vs, Wb
B	magnetische Flussdichte	Vs/m²
A	vom Fluss durchsetzte Fläche	m²

1 Vs = 1 Wb (Weber); 1 Vs/m² = 1 T (Tesla)

Magnetische Flussdichte (magnetische Induktion):

$B = \frac{\Phi}{A} = \mu \cdot H$	**magnetische Flussdichte**
$\mu = \mu_r \cdot \mu_0$	**Permeabilität**
$\mu_0 = 4\pi \cdot 10^{-7} \frac{Vs}{Am}$	**magnetische Feldkonstante**
$\mu_0 = 1{,}256637 \cdot 10^{-6} \frac{Vs}{Am}$	**magnetische Feldkonstante**

B	magnetische Flussdichte (Induktion)	T
Φ	magnetischer Fluss	Vs
A	Fläche	m²
μ	Permeabilität	Vs/(Am)
H	magnetische Feldstärke	A/m
μ_r	Permeabilitätszahl (s. Tabelle Seite 143)	1

μ_r-Werte: s. Tabelle Seite 143

ferromagnetische Stoffe: $\mu_r \gg 1$
paramagnetische Stoffe: $\mu_r \approx 1$; aber > 1
diamagnetische Stoffe: $\mu_r \approx 1$; aber < 1

Die **Permeabilitätszahl μ_r bei para- und bei diamagnetischen Stoffen** ist von der magnetischen Feldstärke unabhängig und konstant. **Bei ferromagnetischen Stoffen** besteht eine starke Abhängigkeit der Permeabilitätszahl von der **magnetischen Feldstärke**. Der Wert für $\mu_r = B/(\mu_0 \cdot H)$ kann der **Magnetisierungskurve** (s. nebenstehendes Bild) des betreffenden Stoffes entnommen werden.

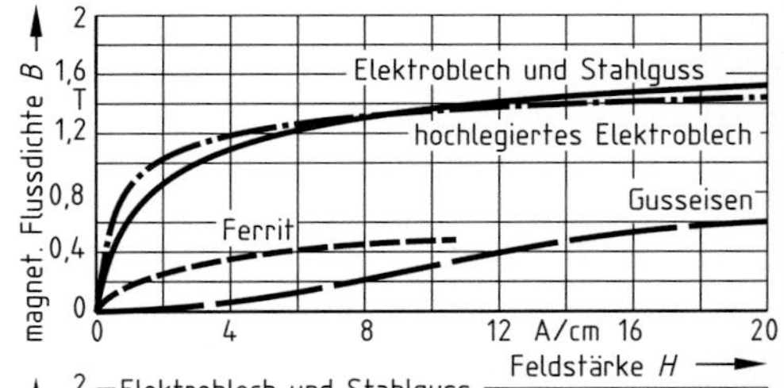

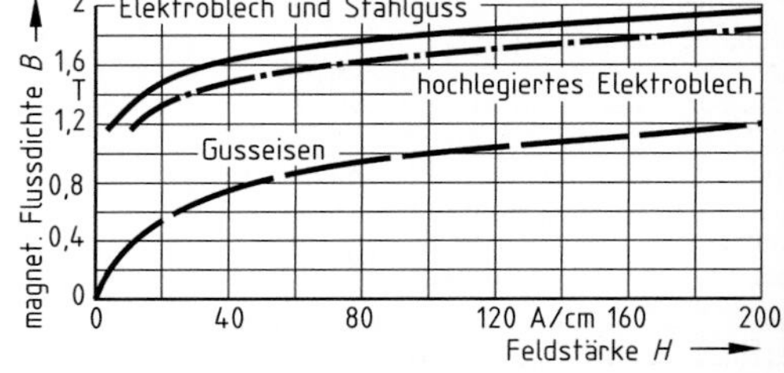

Das magnetische Feld (Fortsetzung)

Magnetischer Kreis:

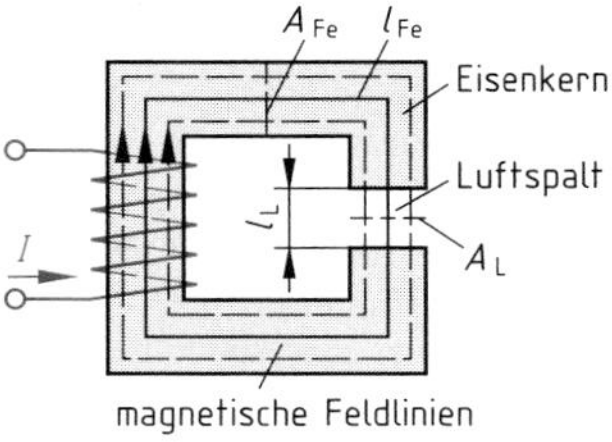

$\Phi_{Fe} = \Phi_L$ **magnetischer Fluss**

$B_{Fe} = B_L$ **magnetische Flussdichte**

$\Theta = H_{Fe} \cdot l_{Fe} + H_L \cdot l_L$

$\Theta = \Theta_{Fe} + \Theta_L$ **elektrische Durchflutung**

$R_m = \frac{l}{\mu \cdot A}$

$R_m = \frac{l}{\mu_r \cdot \mu_0 \cdot A}$ **magnetischer Widerstand**

$R_{m\,ges} = R_{m\,Fe} + R_{m\,L}$ **gesamter magnetischer Widerstand**

$R_m = \frac{\Theta}{\Phi}$ **Ohm'sches Gesetz des magnetischen Kreises**

$\Phi_{Fe,L}$	magnetischer Fluss in Eisen (Luft)	Vs, Wb
$B_{Fe,L}$	magnetische Flussdichte in Eisen (Luft)	T
Θ	elektrische Durchflutung	A
$\Theta_{Fe,L}$	elektrische Durchflutung in Eisen (Luft)	A
$H_{Fe,L}$	magnetische Feldstärke in Eisen (Luft)	A/m
$l_{Fe,L}$	mittlere Feldlinienlänge in Eisen (Luft)	m
R_m	magnetischer Widerstand	H^{-1}
μ	Permeabilität (magnetische Leitfähigkeit)	Vs/(Am)
l	mittlere Feldlinienlänge	m
$R_{m\,Fe}$	magnetischer Widerstand des Eisenkerns	H^{-1}
$R_{m\,L}$	magnetischer Widerstand des Luftspalts	H^{-1}
Θ	magnetische Spannung	A
μ_0	magnetische Feldkonstante (s. Seite 142)	H/m
μ_r	Permeabilitätszahl (s. Tabelle Seite 143)	1

Spezielle Magnetfelder:

$H = \frac{I \cdot N}{l}$ **magnetische Feldstärke** H im Innern einer stromdurchflossenen, langgestreckten Zylinderspule (Stromstärke I) der Länge l mit der Windungszahl N

$H = \frac{I}{2 \cdot \pi \cdot r}$ **magnetische Feldstärke** H im Abstand r von einem geraden stromführenden Leiter (Stromstärke I).

3

Kraft auf stromdurchflossene gerade Leiter im Magnetfeld:

$F = B \cdot I \cdot l$ **Kraft ($B \perp I$)**

$F = B \cdot I \cdot l \cdot \sin\varphi$ **Kraft**

$B_s = B \cdot \sin\varphi$

$F = B_s \cdot I \cdot l$ **Kraft**

$l_w = l \cdot z$ **wirksame Leiterlänge**

$F = B_s \cdot I \cdot l \cdot z = B_s \cdot I \cdot l_w$ **Kraft**

F	→ Kraft auf einen Leiter	N
I	Stromstärke	A
l	Länge des Leiters im Magnetfeld	m
B	magnetische Flussdichte	T
φ	Winkel zwischen I und B	Grad
B_s	Komponente der magnetischen Flussdichte senkrecht zum Leiter	T
z	Windungszahl	1
l_w	wirksame Leiterlänge	m

Motorregel: Treffen die **magnetischen Feldlinien** B vom Nordpol kommend auf die Innenfläche der linken Hand, und zeigen die ausgestreckten Finger in Richtung des **elektrischen Stroms** I, so gibt der abgespreizte Daumen die Richtung der **Ablenkkraft** F auf den Leiter an (s. nebenstehendes Bild).

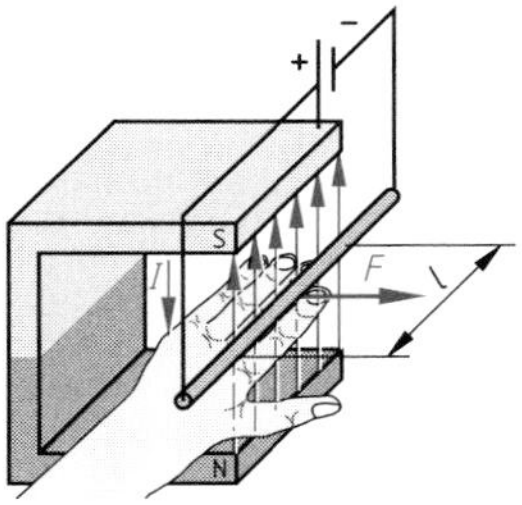

Tragkraft von Magneten:

$F = \frac{B^2 \cdot A}{2 \cdot \mu_0}$ **Haltekraft** in N

μ_0	magnet. Feldkonstante (s. S. 142)	Vs/(Am)
A	gesamte Magnetpolfläche	m^2

Das magnetische Feld (Fortsetzung)

Kraft zwischen zwei parallelen stromdurchflossenen geraden Leitern:

$$F = \frac{\mu}{2\pi} \cdot \frac{I_1 \cdot I_2 \cdot l}{r}$$ **Kraft**

Die Kraft ist anziehend bei gleicher, abstoßend bei entgegengesetzter Stromrichtung.

F	→ Kraft	N
I_1, I_2	Stromstärken durch beide Leiter	A
l	Leiterlänge	m
r	Leiterabstand ($r \ll l$)	m
μ	Permeabilität	Vs/(Am)

Energie des homogenen magnetischen Feldes:

$$W = \frac{1}{2} \cdot H \cdot B \cdot V$$ **Energie**

$$w = \frac{W}{V} = \frac{1}{2} \cdot B \cdot H$$ **Energiedichte**

$$W = \frac{1}{2} \cdot L \cdot I^2$$ **Energie im Magnetfeld einer langen Spule**

W	Energie	Ws
H	magnetische Feldstärke	A/m
B	magnetische Flussdichte	T
V	Volumen des betrachteten Feldes	m^3
w	Energiedichte	Ws/m^3
L	Induktivität einer langen Spule	H
I	Stromstärke durch die Spule	A

3

Elektromagnetische Induktion

Induktion durch Flussänderung:

$$U_i = -N \cdot \frac{\Delta\Phi}{\Delta t}$$ **Induktionsspannung** (bei linearer Flussänderung)

$$\Phi = B \cdot A$$ **magnetischer Fluss**

$$U_i = B \cdot \frac{\Delta A}{\Delta t}$$ **Induktionsspannung** (bei Flächenänderung)

$$U_i = A \cdot \frac{\Delta B}{\Delta t}$$ **Induktionsspannung** (bei Flussdichteänderung)

U_i	induzierte Spannung	V
$\Delta\Phi$	Flussänderung	Vs, Wb
Δt	Zeitdauer der Flussänderung	s
N	Windungszahl	1
Φ	magnetischer Fluss	Vs, Wb
B	magnetische Flussdichte	T, Vs/m^2
A	vom Fluss durchsetze Fläche	m^2
ΔA	Flächenänderung	m^2
ΔB	Flussdichteänderung	T, Vs/m^2
Δt	Zeitdauer der Flächen- bzw. der Flussdichteänderung	s

Induktion durch Bewegung eines Leiters im Magnetfeld:

$$U_i = l \cdot B \cdot v \cdot z$$ **Induktionsspannung** ($v \perp B$)

$$U_i = l \cdot B \cdot v \cdot z \cdot \sin\alpha$$ **induzierte Spannung**

α = Winkel zwischen B und v in Grad

U_i	induzierte Spannung	V
l	wirksame Leiterlänge	m
B	magnetische Flussdichte	T, Vs/m^2
v	Geschwindigkeit	m/s
z	Zahl d. bew. Leiter (Windungen)	1

Lenz'sche Regel: Der durch die Induktion hervorgerufene **Induktionsstrom** ist stets so gerichtet, dass er seiner Ursache (Änderung des bestehenden Magnetfeldes bzw. Bewegung eines Leiters im Magnetfeld) entgegenwirkt.

Reihenschaltung von Spulen:

$$L = L_1 + L_2 + L_3 + \dots$$ **Gesamtinduktivität**

L	Gesamtinduktivität	H, Vs/A
L_1, L_2	in Reihe geschaltete Induktivitäten	H, Vs/A

Parallelschaltung von Spulen:

$$\frac{1}{L} = \frac{1}{L_1} + \frac{1}{L_2} + \frac{1}{L_3} + \dots$$ **Kehrwert der Gesamtinduktivität**

L	Gesamtinduktivität	H, Vs/A
L_1, L_2	parallel geschaltete Induktivitäten	H, Vs/A

Auf- und Abbau eines Magnetfeldes:

$$\tau = \frac{L}{R}$$

$$\tau_G = 5 \cdot \tau$$

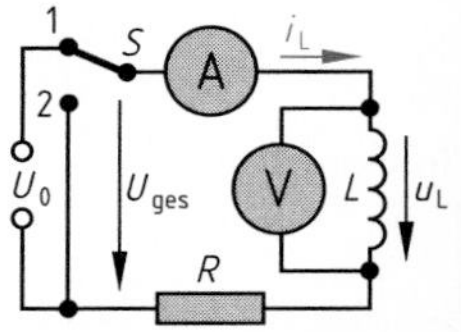

Nebenstehendes Bild, Schalterstellung 1: **Einschaltvorgang**
Nebenstehendes Bild, Schalterstellung 2: **Ausschaltvorgang**
Die Formeln hierfür finden Sie auf Seite 169.

Elektromagnetische Induktion (Fortsetzung)

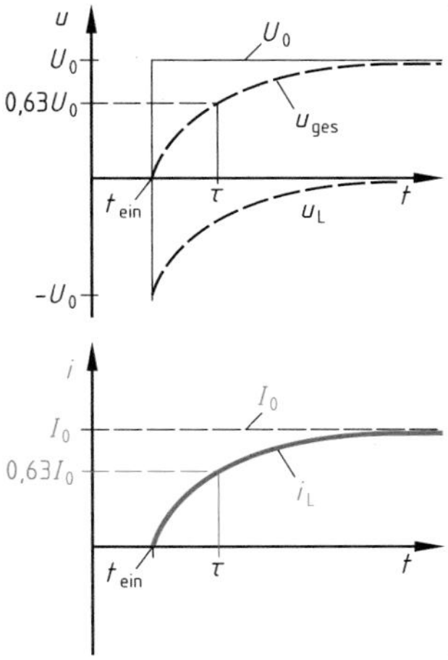

Einschaltvorgang (Schalterstellung 1)

$u_L = -U_0 \cdot e^{-t/\tau}$	**Induktionsspannung**	oberes Bild
$u_{ges} = (U_0 \cdot (1 - e^{-t/\tau})$	**Gesamtspannung**	oberes Bild
$i_L = I_0 \cdot (1 - e^{-t/\tau})$	**Stromstärke** (unteres Bild)	
$I_0 = \dfrac{U_0}{R}$	**Maximalstrom**	

τ	Zeitkonstante	s
L	Induktivität	H, Vs/A
R	Ohm'scher Widerstand	Ω
τ_G	Gesamtzeit	s
u_L	Spannung an der Spule	V
U_0	Klemmenspannung	V
e	Euler'sche Zahl = 2,71828 ...	1
t	Zeit nach Beginn des Einschaltvorgangs	s
i_L	elektrischer Strom durch die Spule	A
I_0	Maximalstrom	A

Beim **Einschaltvorgang** ist die **Selbstinduktionsspannung** zur angelegten Spannnung entgegengesetzt gerichtet (**Lenz'sche Regel**) und verzögert somit das Ansteigen des Stroms.

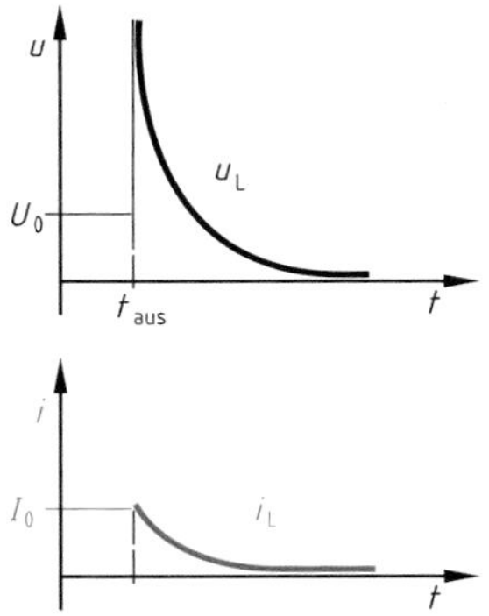

Ausschaltvorgang (Schalterstellung 2)

$u_L = U \cdot e^{-t/\tau}$	**Spannung** (oberes Bild)
$i_L = I_0 \cdot e^{-t/\tau}$	**Stromstärke** (unt. Bild)
$I_0 = \dfrac{U_0}{R}$	**Maximalstrom**

U	Spitzenwert der Induktionsspannung	V
t	Zeit nach Beginn des Ausschaltvorgangs	s

Beim **Ausschaltvorgang** sinkt der Strom in sehr kurzer Zeit auf null ab, deshalb wird die **Selbstinduktionsspannung** sehr groß (oberes Bild). Die Selbstinduktionsspannung hat dieselbe Richtung wie die ursprünglich angelegte Spannung.

Der Wechselstromkreis (→ Schwingungen und Wellen)

Darstellung und Berechnung von sinusförmigen Wechselgrößen:

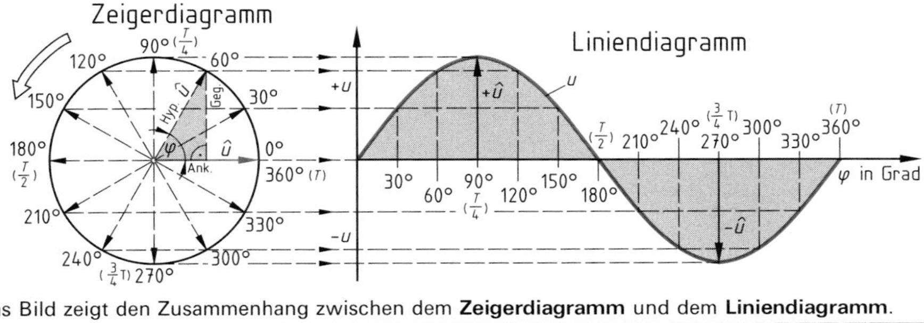

Das Bild zeigt den Zusammenhang zwischen dem **Zeigerdiagramm** und dem **Liniendiagramm**.

Der Wechselstromkreis (Fortsetzung)

Dabei lässt man einen Pfeil der Länge $\hat{u}$, den **Zeiger**, mit der → Winkelgeschwindigkeit ω um den Nullpunkt des Koordinatensystems rotieren und erhält aus seiner Projektion auf die u-Achse den Momentanwert der Wechselspannung u.
Es sei noch darauf hingewiesen, dass der → **Drehwinkel** oft auch **im** → Bogenmaß (rad) entsprechend Seite 59 angegeben wird.

Berechnungsformeln und Bezeichnungen:

Formel		Bezeichnung
$\omega = \dfrac{2 \cdot \pi}{T}$	$\omega = 2 \cdot \pi \cdot f$	**Kreisfrequenz**
$\varphi = \omega \cdot t$	$\varphi = \dfrac{2 \cdot \pi}{T} \cdot t$	**Drehwinkel**
$\varphi = \dfrac{2 \cdot \pi}{360°} \cdot \varphi^0$		**Drehwinkel**
$u = \hat{u} \cdot \sin \omega t$		**Momentanwert der Spannung**
$i = \hat{\imath} \cdot \sin \omega t$		**Momentanwert des Stroms**
$U_{eff} = U = \dfrac{\hat{u}}{\sqrt{2}} = 0{,}707 \cdot \hat{u}$		**Effektivwert der Wechselspannung**
$I_{eff} = I = \dfrac{\hat{\imath}}{\sqrt{2}} = 0{,}707 \cdot \hat{\imath}$		**Effektivwert des Wechselstroms**

ω	Kreisfrequenz, → Winkelgeschwindigkeit	s^{-1}
T	→ Periodendauer	s
f	→ Frequenz	s^{-1}
φ	→ Drehwinkel im Bogenmaß	rad
t	Zeit ab Drehbeginn von $\varphi = 0°$	s
φ^0	Drehwinkel im Gradmaß	Grad
u	Momentanwert der Wechselspannung	V
$\hat{u}$	Scheitelwert der Wechselspannung	V
i	Momentanwert des Wechselstroms	A
$\hat{\imath}$	Scheitelwert des Wechselstroms	A
U_{eff}, U	Effektivwert der Wechselspannung	V
I_{eff}, I	Effektivwert des Wechselstroms	A

Der **Effektivwert eines Wechselstroms** ist betragsmäßig genauso groß wie der Gleichstromwert, der dieselbe Wärmewirkung in einem Widerstand hervorruft.

3

Phasenverschiebung:

Zwei sinusförmige Wechselgrößen sind **in Phase**, wenn sie gleichzeitig ihren positiven bzw. ihren negativen Scheitelwert erreichen. Ihre Phasenverschiebung ist null. In folgendem Bild haben die Spannungen u_1 und u_2 die Phasenverschiebung null ($\Delta\varphi = 0$).
Zwei sinusförmige Wechselgrößen sind **phasenverschoben**, wenn sie nicht gleichzeitig ihre positiven bzw. negativen Scheitelwerte erreichen. Die Phasenverschiebung ist durch den Winkel $\Delta\varphi$ zwischen den sinusförmigen Wechselspannungen gekennzeichnet. In folgendem Bild haben die beiden Wechselspannungen u_1 und u_3 eine Phasenverschiebung zueinander ($\Delta\varphi = 60°$).
Die sinusförmige Wechselgröße „eilt voraus (nach)", die ihren positiven Scheitelwert zu einem früheren (späteren) Zeitpunkt erreicht. In folgendem Bild eilt die Spannung u_1 der Spannung u_3 um 60° ($\pi/3$; $T/6$) voraus.

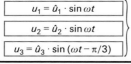

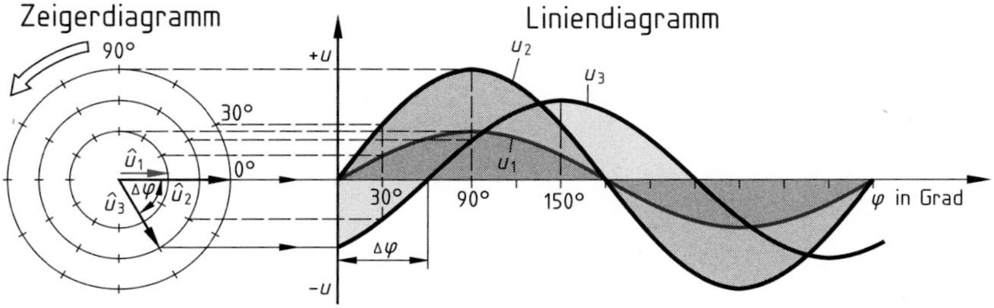

In obigem Bild ist:

$u_1 = \hat{u}_1 \cdot \sin \omega t$	**Spannungen zur Zeit *t***
$u_2 = \hat{u}_2 \cdot \sin \omega t$	
$u_3 = \hat{u}_3 \cdot \sin (\omega t - \pi/3)$	

u	Spannung zur Zeit t (Momentanwert)	V
$\hat{u}$	Scheitelwert der Spannung	V
ω	→ Winkelgeschwindigkeit	s^{-1}
t	→ Zeit	s
φ_1	Nullphasenwinkel der Spannung	rad
i	Strom zur Zeit t (Momentanwert)	A
$\hat{\imath}$	Scheitelwert des Stroms	A

Der Wechselstromkreis (Fortsetzung)

Momentanwert der Spannung u und der Stromstärke i:

$u = \hat{u} \cdot \sin(\omega t - \varphi_1)$	**Spannung**
$i = \hat{\imath} \cdot \sin(\omega t - \varphi_2)$	**Stromstärke**

Unter dem **Nullphasenwinkel** versteht man den Winkel, bei dem die betreffende sinusförmige Wechselgröße im Bereich $-\pi < \varphi \leq \pi$ ihren positiven **Nulldurchgang** besitzt.

(→ Schwingungen und Wellen)

Wirkwiderstand R im Wechselstromkreis: (s. nachfolgende Bilder)

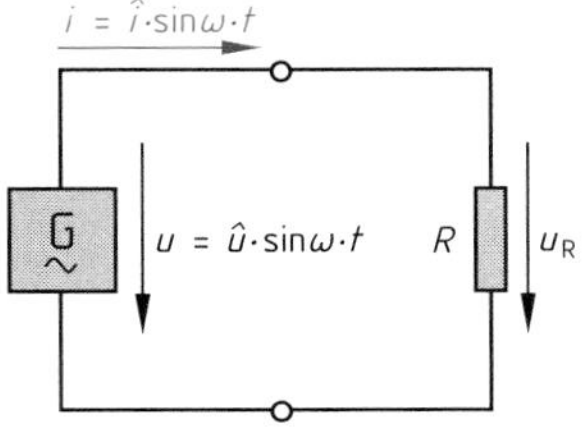

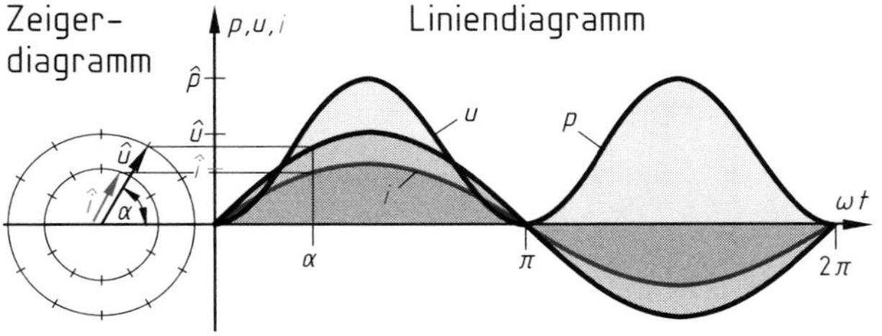

Bei einem Wirkwiderstand sind die Wechselspannung u und der Wechselstrom i in Phase.

$u_R = \hat{u} \cdot \sin \omega t$	**Spannnung**
$i_R = \hat{\imath} \cdot \sin \omega t$	**Stromstärke**
$R = \frac{u_R}{i_R}$; $R = \frac{\hat{u}}{\hat{\imath}}$; $R = \frac{U}{I}$	**Ohm'scher Widerstand**
$P = U \cdot I$	**Wirkleistung**
$p = \hat{u} \cdot \hat{\imath} \cdot \sin^2 \omega t$	**Augenblicksleistung**
$P = \frac{\hat{p}}{2} = \frac{\hat{u} \cdot \hat{\imath}}{2} = \frac{\hat{u}}{\sqrt{2}} \cdot \frac{\hat{\imath}}{\sqrt{2}}$	**Wirkleistung**

u_R	Spannung an R zur Zeit t	V
$\hat{u}$	Scheitelwert der Spannung	V
ω	→ Winkelgeschwindigkeit	s^{-1}
t	→ Zeit ab positivem Nulldurchgang	s
i_R	Stromstärke durch R zur Zeit t	A
$\hat{\imath}$	Scheitelwert des Stroms	A
R	Ohm'scher Widerstand	Ω
U	Effektivwert der elektrischen Spannung	V
I	Effektivwert der elektrischen Stromstärke	A
P	Wirkleistung	W
p	Leistung zur Zeit t	W
$\hat{p}$	Scheitelwert der elektrischen Leistung	W

Verlustfreier Kondensator im Wechselstromkreis: (s. nachfolgende Bilder)

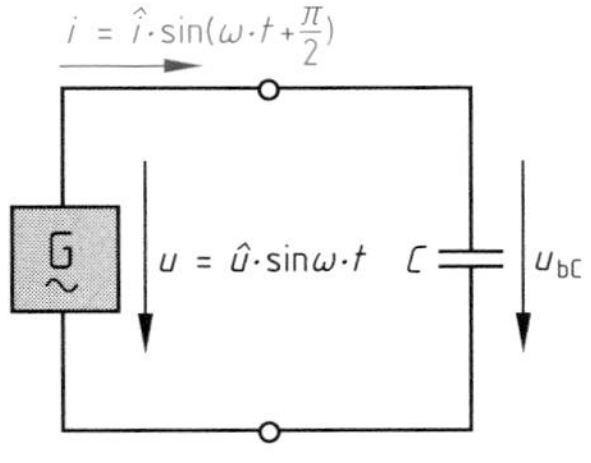

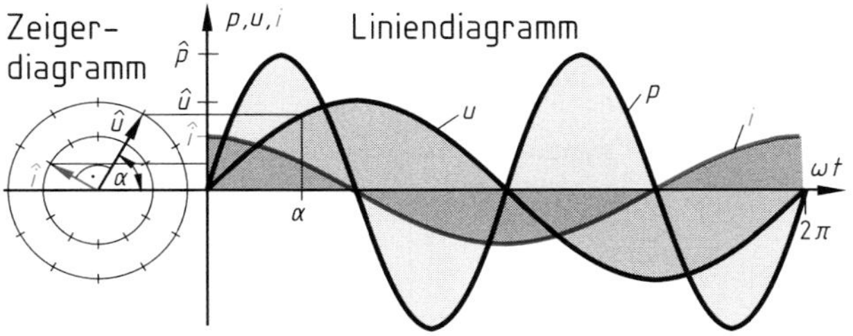

Beim **Kondensator** mit einem vernachlässigbaren Wirkwiderstand R eilt der Wechselstrom i der Wechselspannung u um $\varphi = 90° = \pi/2$ voraus.

$u_{bC} = \hat{u} \cdot \sin \omega t$	**Spannung**
$i_{bC} = \hat{\imath} \cdot \sin\left(\omega t + \frac{\pi}{2}\right)$	**Stromstärke**
$X_C = \frac{u_{bC}}{i_{bC}} = \frac{\hat{u}}{\hat{\imath}} = \frac{U}{I}$	**kapazitiver Blindwiderstand**

u_{bC}	Spannung an C zur Zeit t	V
$\hat{u}$	Scheitelwert der Spannung	V
ω	Kreisfrequenz, Winkelgeschwindigkeit	s^{-1}
t	Zeit ab positivem Nulldurchgang der Spannung u	s
i_{bC}	Momentanwert des kapazitiven Blindstroms zur Zeit t	A

3

Der Wechselstromkreis (Fortsetzung)

Formel	Bezeichnung
$X_C = \frac{1}{\omega \cdot C} = \frac{1}{2 \cdot \pi \cdot f \cdot C}$	**kapazitiver Blindwiderstand**
$Q_C = U \cdot I_{bC}$	**kapazitive Blindleistung**
$Q_C = \frac{U^2}{X_C} = X_C \cdot I_{bC}^2$	**kapazitive Blindleistung**

$\hat{i}$	Scheitelwert des Stroms	A
X_C	kapazitiver Blindwiderstand	Ω
U	Effektivwert der elektr. Spannung	V
I_{bC}	Effektivwert des kapazitiven Blindstroms	A
C	Kapazität des Kondensators	F
Q_C	kapazitive Blindleistung	W, var

Verlustfreie Spule im Wechselstromkreis (s. nachfolgende Bilder):

3

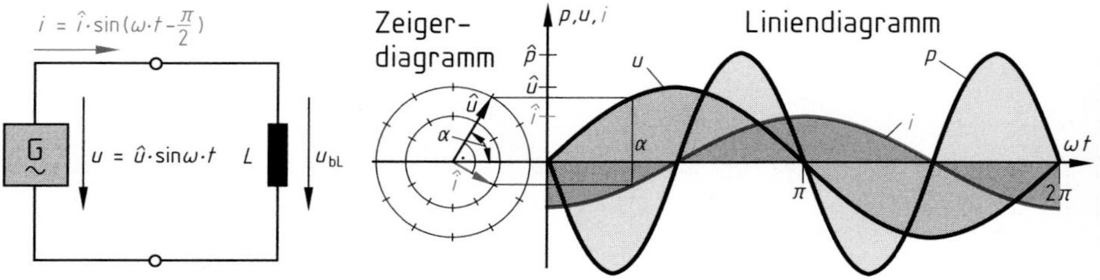

Bei der **Spule** mit einem vernachlässigbaren Wirkwiderstand R eilt der Wechselstrom i der Wechselspannung u um $\varphi = 90° = \pi/2$ hinterher.

Formel	Bezeichnung
$u_{bL} = \hat{u} \cdot \sin \omega t$	**Spannung**
$i_{bL} = \hat{i} \cdot \sin\left(\omega t - \frac{\pi}{2}\right)$	**Stromstärke**
$X_L = \frac{u_{bL}}{i_{bL}} = \frac{\hat{u}}{\hat{i}} = \frac{U}{I}$	**induktiver Blindwiderstand**
$X_L = \omega \cdot L = 2 \cdot \pi \cdot f \cdot L$	**induktiver Blindwiderstand**
$Q_L = U \cdot I_{bL}$	**induktive Blindleistung**
$Q_L = \frac{U^2}{X_L} = X_L \cdot I_{bL}^2$	**induktive Blindleistung**

u_{bL}	induktive Blindspannung an L zur Zeit t	V
$\hat{u}$	Scheitelwert der Spannung	V
ω	Kreisfrequenz, → Winkelgeschwindigkeit	s^{-1}
t	Zeit ab positivem Nulldurchgang der Spannung u	s
i_{bL}	induktiver Blindstrom zur Zeit t	A
$\hat{i}$	Scheitelwert des Stroms	A
X_L	induktiver Blindwiderstand	Ω
U	Effektivwert der elektr. Spannung	V
I_{bL}	Effektivwert des induktiven Blindstroms	A
L	Induktivität der Spule	H
Q_L	induktive Blindleistung	W, var

Reihenschaltung von Wirkwiderstand, kapazitivem Widerstand und induktivem Widerstand: (s. nachfolgende Bilder)

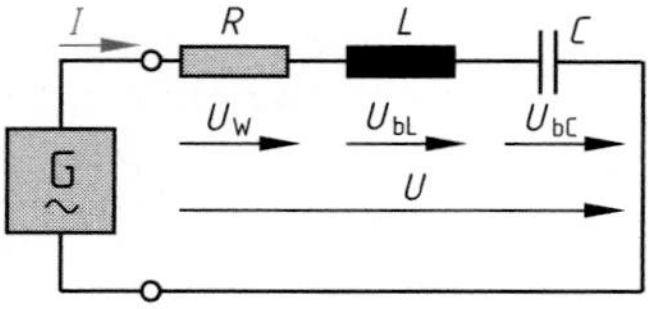

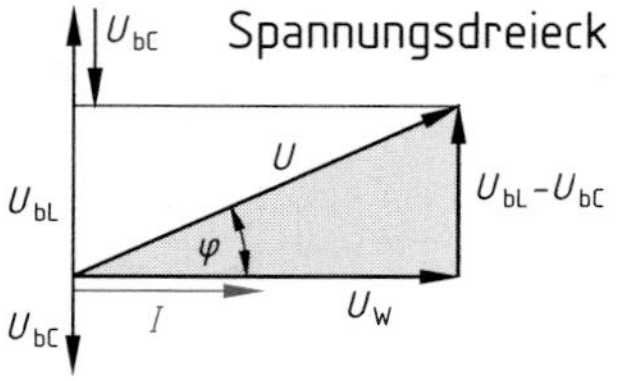

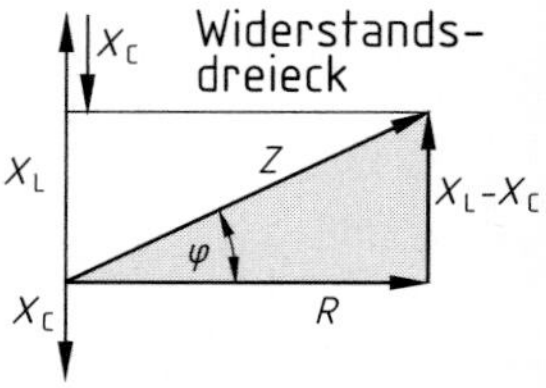

Bei der **Reihenschaltung** von R, C und L ist der Strom zu jedem Zeitpunkt in allen Bauteilen gleich groß. Zwischen der Spannung u und der Stromstärke i besteht eine Phasenverschiebung φ, die von den Größen R, C, L und der Kreisfrequenz ω abhängig ist.

Formel	Bezeichnung
$i = i_w = i_{bC} = i_{bL}$	**Stromstärke**
$u = \hat{u} \cdot \sin \omega t$	**Spannung**

i, i_w, i_{bC}, i_{bL}	Stromstärke durch alle Bauteile (R, C und L) zur Zeit t	A
u	Spannung zur Zeit t	V
$\hat{u}$	Scheitelspannung	V
t	Teit ab positivem Nulldurchgang der Spannung	s

Der Wechselstromkreis (Fortsetzung)

Stromstärke

$$i = \hat{\imath} \cdot \sin(\omega t - \varphi)$$

Scheinwiderstand

$$Z = \frac{U}{I} = \sqrt{R^2 + (X_L - X_C)^2}$$

$$Z = \sqrt{R^2 + \left(\omega \cdot L - \frac{1}{\omega \cdot C}\right)^2}$$

Gesamtspannung

$$U = \sqrt{U_W^2 + (U_{bL} - U_{bC})^2}$$

Scheinleistung

$$S = U \cdot I = \sqrt{P^2 + (Q_L - Q_C)^2}$$

Blindleistung

$$Q = Q_C - Q_L = S \cdot \sin\varphi$$

Leistungsfaktor

$$\cos\varphi = \frac{R}{Z} = \frac{U_W}{U} = \frac{P}{S}$$

Blindfaktor

$$\sin\varphi = \frac{U_{bC} - U_{bL}}{U} = \frac{X_C - X_L}{Z}$$

$$\tan\varphi = \frac{X_C - X_L}{R} = \frac{\frac{1}{\omega \cdot C} - \omega \cdot L}{R}$$

$\hat{\imath}$	Scheitelstromstärke	A
φ	Phasenverschiebung	Grad, rad
Z	Scheinwiderstand	Ω
U	Effektivwert der Gesamtspannung	V
I	Effektivwert der Stromstärke	A
R	Wirkwiderstand	Ω
X_L	induktiver Blindwiderstand	Ω
X_C	kapazitiver Blindwiderstand	Ω
ω	Kreisfrequenz	s^{-1}
L	Induktivität	H
C	Kapazität	F
U_W	Wirkspannung	V
u_{bL}	induktive Blindspannung	V
u_{bC}	kapazitive Blindspannung	V
S	Scheinleistung	W, VA
Q	gesamte Blindleistung	W, var
P	Wirkleistung	W
Q_L	induktive Blindleistung	W, var
Q_C	kapazitive Blindleistung	W, var
$\cos\varphi$	Leistungsfaktor	1
$\sin\varphi$	Blindfaktor	1

Sind in einer Schaltung **nur zwei der drei Bauteile *R, L* und *C*** in Reihe geschaltet, so ist der für das fehlende Bauteil geltende Ausdruck in den obigen Gleichungen zu streichen.

Parallelschaltung von Wirkwiderstand, kapazitivem Widerstand und induktivem Widerstand:
(s. nachfolgende Bilder)

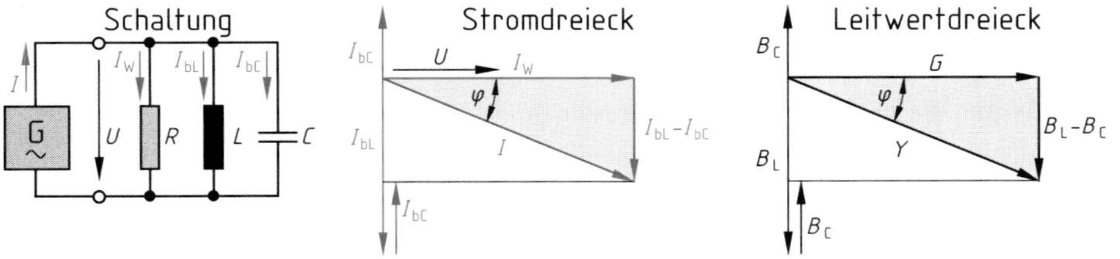

Bei der **Parallelschaltung** von *R*, *C* und *L* ist die Spannung zu jedem Zeitpunkt an allen Bauteilen gleich groß. Zwischen der **Spannung** *u* und der **Stromstärke** *i* besteht eine **Phasenverschiebung** φ, die von den Größen *R*, *C*, *L* und der **Kreisfrequenz** ω abhängig ist.

Spannung

$$u = u_w = u_{bC} = u_{bL}$$

$$u = \hat{u} \cdot \sin\varphi t$$

Stromstärke

$$i = \hat{\imath} \cdot \sin(\omega t + \varphi)$$

Scheinleitwert

$$Y = \frac{1}{Z} \qquad Y = \frac{I}{U}$$

induktiver Blindleitwert

$$B_L = \frac{1}{\omega \cdot L}$$

u, u_w, u_{bC}, u_{bL}	Spannung an allen parallel geschalteten Bauteilen (*R*, *C*, *L*) zur Zeit *t*	V
$\hat{u}$	Scheitelspannung	V
t	Zeit ab positivem Nulldurchgang der Spannung	s
i	Stromstärke zur Zeit *t*	A
$\hat{\imath}$	Scheitelstromstärke	A
φ	Phasenverschiebung	Grad, rad
B_L	induktiver Blindleitwert	S
B_C	kapazitiver Blindleitwert	S
ω	Kreisfrequenz	s^{-1}

Fortsetzung Seite 174

3

Der Wechselstromkreis (Fortsetzung)

3

Formel	Bezeichnung
$B_C = \omega \cdot C$	**kapazitiver Blindleitwert**
$Y = \sqrt{\frac{1}{R^2} + \left(\omega \cdot C - \frac{1}{\omega \cdot L}\right)^2}$	**Scheinleitwert**
$I = \sqrt{I_W^2 + (I_{bL} - I_{bC})^2}$	**Stromstärke**
$S = U \cdot I$ $S = \sqrt{P^2 + (Q_L - Q_C)^2}$	**Scheinleistung**
$Q = Q_C - Q_L = S \cdot \sin\varphi$	**Blindleistung**
$\cos\varphi = \frac{G}{Y} = \frac{I_W}{I} = \frac{P}{S}$	**Leistungsfaktor**
$\sin\varphi = \frac{I_{bC} - I_{bL}}{I} = \frac{B_C - B_L}{Y}$ $\tan\varphi = \frac{B_C - B_L}{G}$ $\tan\varphi = R \cdot \left(\omega \cdot C - \frac{1}{\omega \cdot L}\right)$	**Blindfaktor**
$\tan\delta = \frac{I_W}{I_{bC}}$ $\tan\delta = \frac{1}{Q}$	**Verlustfaktor**

Formelzeichen	Bedeutung	Einheit
L	Induktivität	H
C	Kapazität	F
Y	Scheinleitwert	S
Z	Scheinwiderstand	Ω
I	Effektivwert d. Gesamtstromstärke	A
U	Effektivwert d. Gesamtspannung	V
R	Wirkwiderstand	Ω
I_W	Wirkstrom	A
I_{bL}	induktiver Blindstrom	A
I_{bC}	kapazitiver Blindstrom	A
S	Scheinleistung	W, VA
P	Wirkleistung	W
Q_L	induktive Blindleistung	W, var
Q_C	kapazitive Blindleistung	W, var
Q	gesamte Blindleistung	W, var
G	Wirkleitwert	S
φ	Phasenverschiebung zwischen Strom und Spannung	Grad, rad
$\tan\delta$	Verlustfaktor	1

Sind in einer Schaltung nur zwei der drei Bauteile R, L und C parallel geschaltet, so ist der für das fehlende Bauteil geltende Ausdruck in den vorstehenden Gleichungen zu streichen.

Blindleistungskompensation: (s. nachfolgende Bilder)

Parallelkompensation

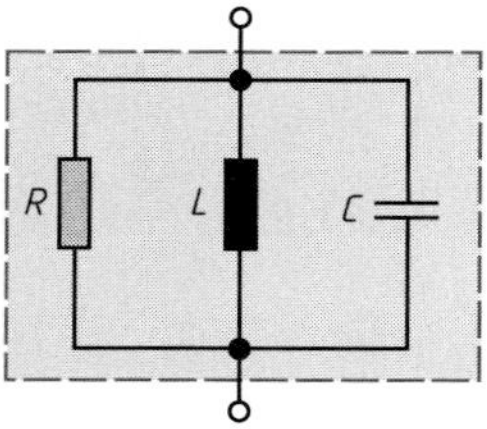

Reihenkompensation

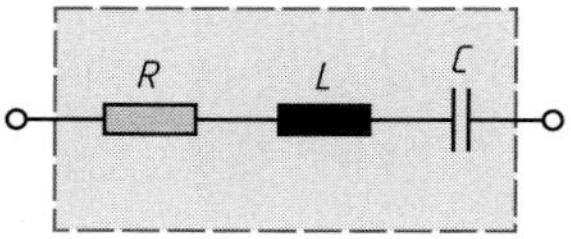

Leistungsdreieck

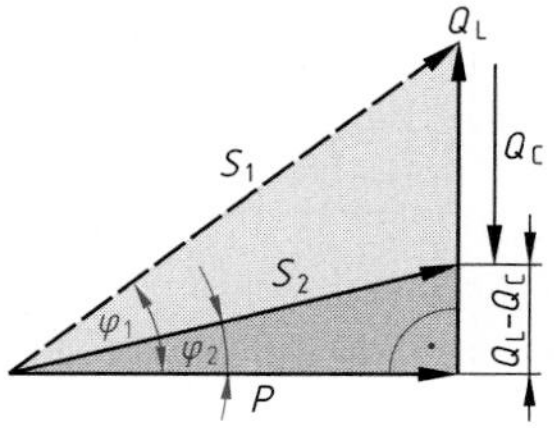

Den Vorgang, die häufig auftretende **induktive Blindleistung** Q_L durch **kapazitive Blindleistung** Q_C in ihrer Wirkung zu verringern, nennt man **Blindleistungskompensation**. Dabei ist man bestrebt, dass der **Phasenverschiebungswinkel** gegen null und damit der Leistungsfaktor $\cos\varphi$ gegen 1 geht.

Formel	Bezeichnung
$Q_L = P \cdot \tan\varphi_1$	**induktive Blindleistung**
$Q = P \cdot \tan\varphi_2$	**Blindleistung**
$Q_C = P \cdot (\tan\varphi_1 - \tan\varphi_2)$	**kapazitive Blindleistung**
$Q = Q_L - Q_C$	**Blindleistung**

Formelzeichen	Bedeutung	Einheit
Q_L	induktive Blindleistung vor der Kompensation	W, var
P	Wirkleistung	W
φ_1	Phasenverschiebungswinkel vor der Kompensation	Grad, rad
Q	Blindleistung nach der Kompensation	W, var
φ_2	Phasenverschiebungswinkel nach der Kompensation	Grad, rad

Fortsetzung Seite 175

Der Wechselstromkreis (Fortsetzung)

Formel	Bezeichnung
$Q_C = U \cdot I_{bC} = \dfrac{U^2}{X_C} = I_{bC}^2 \cdot X_C$	**kapazitive Blindleistung**
$C = \dfrac{Q_C}{2 \cdot \pi \cdot f \cdot U^2}$	**Kapazität** (Parallelkompensation)
$C = \dfrac{I_{bC}^2}{2 \cdot \pi \cdot f \cdot Q_C}$	**Kapazität** (Reihenkompensation)

Formelzeichen	Bedeutung	Einheit
Q_C	kapazitive Blindleistung zur Kompensation	W, var
U	Spannung	V
I_{bC}	kapazitiver Blindstrom	A
X_C	kapazitiver Blindwiderstand	Ω
C	Kapazität des Kompensationskondensators	F

Dreiphasenwechselspannung, Drehstrom

Entstehung der Dreiphasenwechselspannung: (→ Schwingungen und Wellen)

Ein Drehstromgenerator besteht im Wesentlichen aus dem Ständer mit den drei um jeweils 120° räumlich versetzt angeordneten, baugleichen **Spulen**, die auch **Stränge** genannt werden, und aus dem **Polrad**.

3

Das Polrad induziert während einer Umdrehung in jedem Strang jeweils eine Wechselspannung, die auch **Strangspannung** genannt wird, wobei die einzelnen Strangspannungen um jeweils 120° ($2 \cdot \pi/3$) gegeneinander phasenverschoben sind.

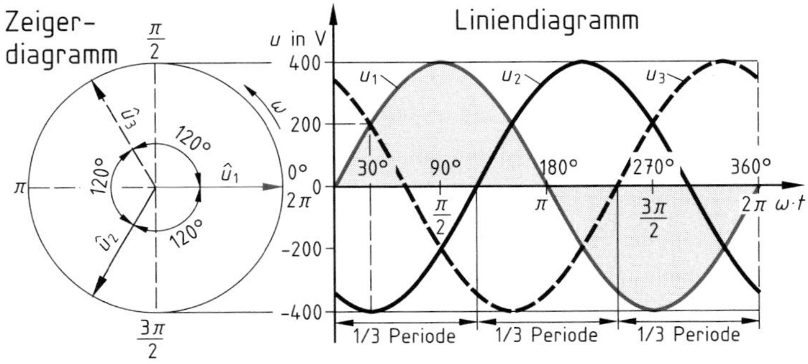

Spannungen und Ströme bei der Sternschaltung: (s. nachfolgende Bilder)

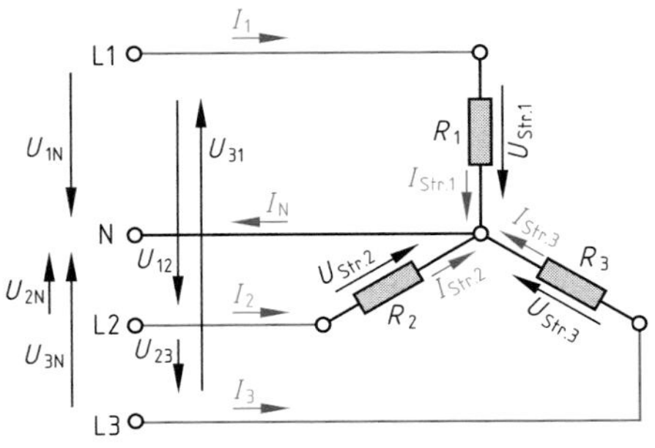

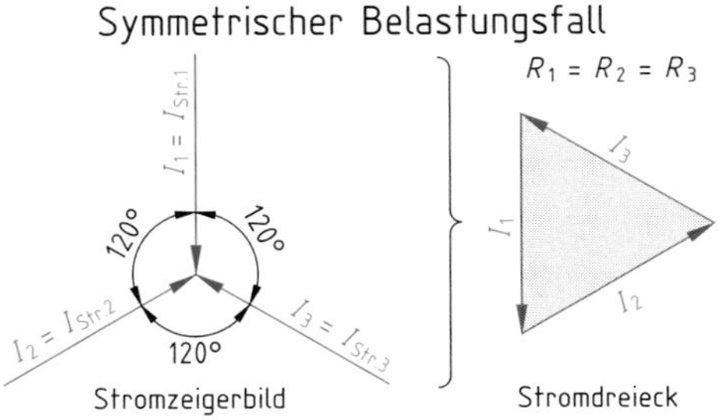

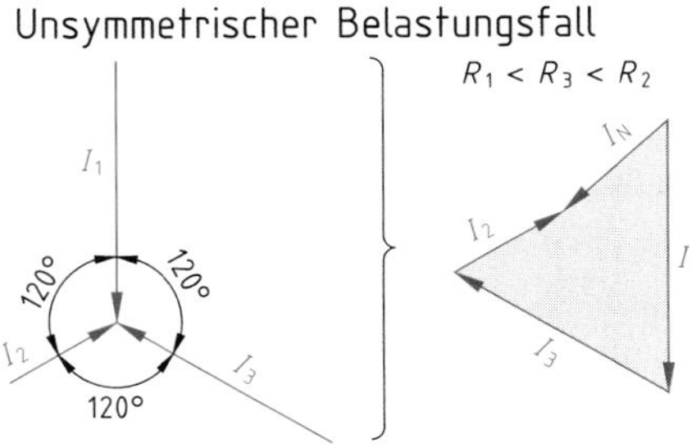

Bei **unsymmetrischer Belastung** kann der Neutralleiterstrom durch geometrische Addition der drei Leiterströme bestimmt werden.

Index 1: Strang 1
Index 2: Strang 2
Index 3: Strang 3

Allgemein gilt:

Formel	Bezeichnung
$I_1 = I_{Str.1}$ | $I_2 = I_{Str.2}$ | $I_3 = I_{Str.3}$	**Leiterströme**
$U = U_{12} = U_{23} = U_{31}$	**Leiterspannungen**

Formelzeichen	Bedeutung	Einheit
I_1, I_2, I_3	Leiterströme	A
$I_{Str.1}, I_{Str.2}, I_{Str.3}$	Strangströme	A
U	Außenleiterspannung	V
U_{12}, U_{23}, U_{31}	Leiterspannungen	V

Dreiphasenwechselspannung, Drehstrom (Fortsetzung)

3

Nur bei symmetrischer Belastung ($R_1 = R_2 = R_3$) gilt:

| $I_N = 0$ | **Neutralleiterstrom** | I_N | Neutralleiterstrom | A |

| $U_{Str.} = U_{Str.1} = U_{Str.2} = U_{Str.3}$ | **Strangspannungen** | $U_{Str.1}, U_{Str.2}, U_{Str.3}$ | Strangspannungen | V |

| $U = \sqrt{3} \cdot U_{Str.}$ | **Leiterspannung** | $\sqrt{3}$ | Verkettungsfaktor | 1 |

| $I = I_1 = I_2 = I_3$ | **Leiterströme** |

Spannungen und Ströme bei der Dreieckschaltung: (s. nachfolgende Bilder)

Dreileiter-Drehstromnetz

Drehstrom-Motoren   Heizung

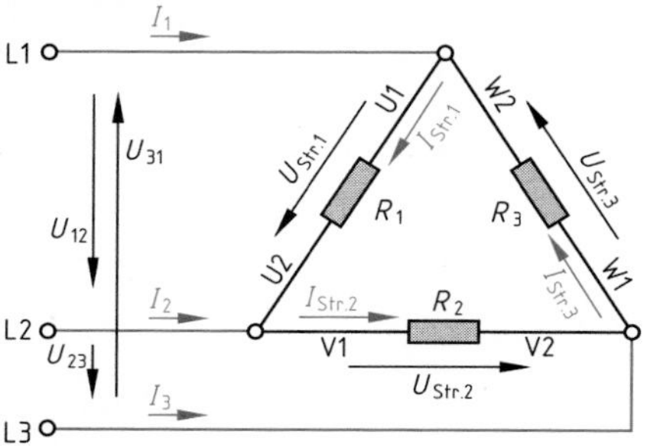

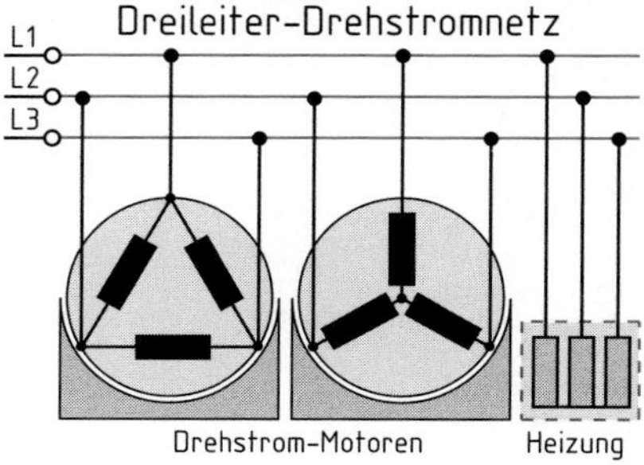

Symmetrischer Belastungsfall

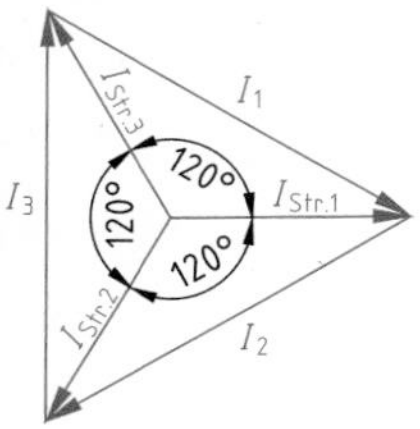

Unsymmetrischer Belastungsfall

Allgemein gilt:

| $U = U_{12} = U_{23} = U_{31} = U_{Str.}$ | **Leiterspannungen** | U | Leiterspannung | V |

| | | U_{12}, U_{23}, U_{31} | Leiterspannungen | V |

| $U_{Str.1} = U_{Str.2} = U_{Str.3}$ | **Strangspannungen** | $U_{Str.1}, U_{Str.2}, U_{Str.3}$ | Strangspannungen | V |

Nur bei symmetrischer Belastung ($R_1 = R_2 = R_3$) gilt:

$I = \sqrt{3} \cdot I_{Str.}$		I, I_1, I_2, I_3	Leiterströme	A
$I = I_1 = I_2 = I_3$	**Leiterstrom**	$I_{Str.1}, I_{Str.2}, I_{Str.3}$	Strangströme	A
$I_{Str.} = I_{Str.1} = I_{Str.2} = I_{Str.3}$	**Strangströme**	$\sqrt{3}$	Verkettungsfaktor	1

Index 1: Strang 1   **Index 2:** Strang 2
Index 3: Strang 3

Durch geometrische Addition der Strangströme können sowohl bei der **symmetrischen Belastung** als auch bei der **unsymmetrischen Belastung** die Außenleiterströme bestimmt werden.

Drehstromleistung bei symmetrischer Belastung:

| $S = 3 \cdot U_{Str.} \cdot I_{Str.}$ | $S = 3 \cdot S_{Str.}$ | |
| $S = \sqrt{3} \cdot U \cdot I$ | | **Scheinleistung** |

S	gesamte Scheinleistung	W, VA
$U_{Str.}$	Strangspannung	V
$I_{Str.}$	Strangstrom	A
$S_{Str.}$	Scheinleistung eines Stranges	W, VA
U	Außenleiterspannung	V
I	Außenleiterstrom	A

Fortsetzung Seite 177

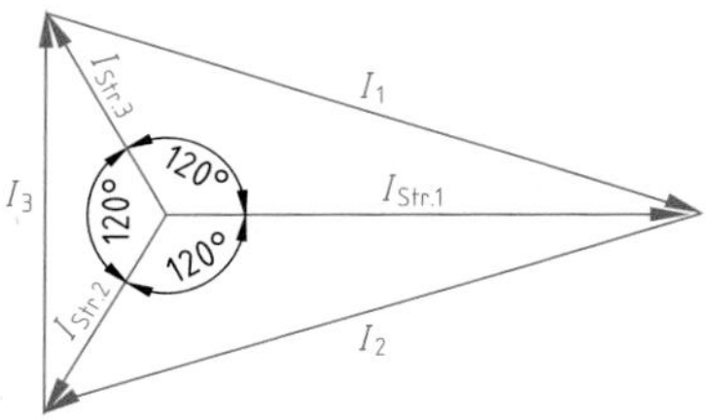

Dreiphasenwechselspannung, Drehstrom (Fortsetzung)

$P = S \cdot \cos\varphi$ **Wirkleistung**

$Q = S \cdot \sin\varphi$ **Blindleistung**

Bei gleicher Netzspannung und gleichen Widerständen fließt bei der Dreieckschaltung (△) im Außenleiter die dreifache Stromstärke wie bei der Sternschaltung (Y).

Daraus folgt:

$\frac{I_\triangle}{I_Y} = \frac{3}{1}$ $\frac{S_\triangle}{S_Y} = \frac{3}{1}$ $\frac{P_\triangle}{P_Y} = \frac{3}{1}$ $\frac{Q_\triangle}{Q_Y} = \frac{3}{1}$

P	gesamte Wirkleistung	W
Q	gesamte Blindleistung	W, var
φ	Phasenverschiebung zwischen U und I	Grad, rad
$I_\triangle$, I_Y	Außenleiterstrom bei der Dreieck- bzw. Sternschaltung	A
$S_\triangle$, S_Y	Scheinleistung bei der Dreieck- bzw. Sternschaltung	W, VA
$P_\triangle$, P_Y	Wirkleistung bei der Dreieck- bzw. Sternschaltung	W
$Q_\triangle$, Q_Y	Blindleistung bei der Dreieck- bzw. Sternschaltung	W, var

3

Transformatoren

$\ddot{u} = \frac{N_1}{N_2}$ $\ddot{u} = \frac{U_1}{U_2}$ **Übersetzungsverhältnis**

$\frac{U_1}{U_2} = \frac{N_1}{N_2}$ **Index 1:** Primärseite **Index 2:** Sekundärseite

$\frac{I_1}{I_2} = \frac{U_2}{U_1}$ $\frac{I_1}{I_2} = \frac{N_2}{N_1}$ $\frac{Z_1}{Z_2} = \frac{N_1^2}{N_2^2}$

$S_1 = U_1 \cdot I_1$ **aufgenommene Scheinleistung**

$S_2 = U_2 \cdot I_2$ **abgegebene Scheinleistung**

$P_1 = S_1 \cdot \cos\varphi_1$ **aufgenommene Wirkleistung**

$P_2 = S_2 \cdot \cos\varphi_2$ **abgegebene Wirkleistung**

$\eta_n = \frac{S_{2n}}{S_{1n}}$ **Nennwirkungsgrad**

$\eta_n = \frac{P_{2n}}{P_{1n}} = \frac{P_{2n}}{P_{2n} + P_V}$ **Nennwirkungsgrad** (bei Ohm'scher Last)

$P_V = P_{VCu} + P_{VFe}$ **gesamte Verlustleistung**

$P_{VCu} = I_{1n}^2 \cdot R_1 + I_{2n}^2 \cdot R_2$ **Kupferverlustleistung**

Der **Index n** steht für die jeweiligen Nenngrößen

$\ddot{u}$	Übersetzungsverhältnis	1
N_1, N_2	Windungszahlen	1
U_1, U_2	Spannungen	V
I_1, I_2	Ströme durch die beiden Spulen	A
Z_1, Z_2	Scheinwiderstände	Ω
S_1	aufgenommene Scheinleistung	W, VA
S_2	abgegebene Scheinleistung	W, VA
P_1	aufgenommene Wirkleistung	W
P_2	abgegebene Wirkleistung	W
φ_1	Phasenverschiebung zwischen U_1 und I_1	Grad, rad
φ_2	Phasenverschiebung zwischen U_2 und I_2	Grad, rad
η_n	Nennwirkungsgrad	1
P_V	gesamt Verlustleistung	W
P_{VCu}	Kupferverlustleistung	W
P_{VFe}	Eisenverlustleistung	W
I_1, I_2	Nennströme durch die beiden Spulen	A
R_1, R_2	Wirkwiderstände der beiden Spulen	Ω

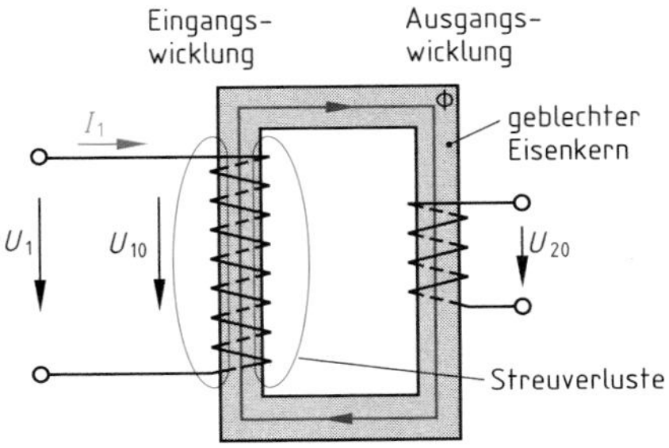

Φ = magnetischer Wechselfluss

Elektrische Maschinen

Zu den **elektrischen Maschinen** gehören die **Generatoren**, die mechanische Energie in elektrische Energie umwandeln, und die **Elektromotoren**. →

Berechnungsformeln finden Sie in der umfangreichen Fachliteratur!

3

Elektrische Maschinen (Fortsetzung)

Generatoren: (s. nebenstehendes Prinzipbild)

Gemäß dem Prinzip „Induktion durch Bewegung eines Leiters im Magnetfeld" wird bei der Rotation einer Leiterschleife in einem Magnetfeld eine Spannung u induziert. Die elektrische Verbindung der Leiterschleife mit einem Verbraucher oder einem Messgerät erfolgt über zwei Kohlebürsten, die auf Schleifringe angepresst werden. Die Schleifringe sind mit den Leiterenden der im Magnetfeld rotierenden Leiterschleife verbunden. Wird die Leiterschleife mit einer konstanten Drehzahl gedreht, so wird eine sinusförmige Wechselspannung erzeugt. Ist der Stromkreis über einen Ohm'schen Widerstand geschlossen, so fließt dort ein sinusförmiger → Wechselstrom.

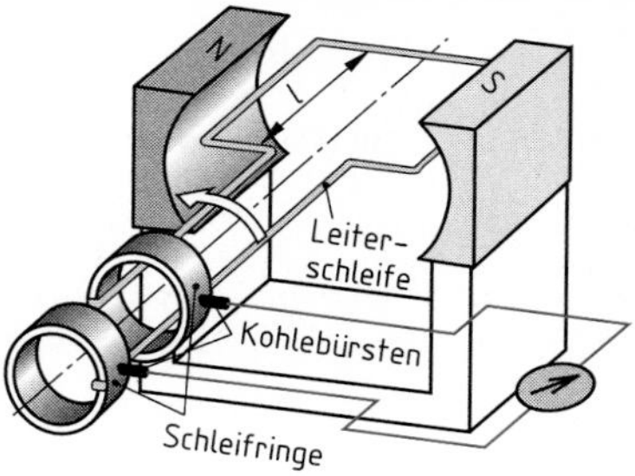

$$u_i = N \cdot B \cdot A \cdot \omega \cdot \sin \omega t$$ **induzierte Spannung**

u_i	induzierte Spannung zur Zeit t	V
N	Windungszahl der Leiterschleife	1
B	magnetische Flussdichte	T
A	Fläche der Leiterschleife	m^2
ω	Winkelgeschwindigkeit	s^{-1}
t	Zeit ab Drehbeginn	s

Elektromotoren:

Alle Elektromotoren lassen sich nach folgenden Kriterien unterscheiden:

1. Stromart: → Gleichstrommotoren und Wechselstrommotoren

2. Motornennleistung: → Kleinmotoren (1 W bis 1 kW)
mittelstarke Motoren (1 kW bis etwa 10 kW)
leistungsstarke Motoren (10 kW bis etwa mehrere MW)

3. Motorprinzip: → Drehstrom: Kurzschlussläufermotor, Schleifringläufermotor
Gleichstrom: fremderregter Motor, Nebenschlussmotor, Reihenschlussmotor, Doppelschlussmotor

4. Drehzahlverhalten: → Synchronverhalten
Synchronmotor: (Drehzahl ist unabhängig von der Belastung)
Asynchronmotor: (Drehzahl sinkt bei Belastung)
Nebenschlussmotor, Reihenschlussmotor

Das Grundprinzip des **Gleichstrommotors** beruht darauf, dass ein stromdurchflossener Leiter in einem Magnetfeld eine Kraft erfährt, die bei einer drehbar gelagerten Leiterschleife ein Drehmoment erzeugt.

Beim **Drehstrommotor**, der prinzipiell den selben Aufbau haben kann wie ein Drehstromgenerator, wird mit Hilfe des Dreiphasen-Wechselstroms und drei um jeweils 120 ° räumlich versetzt angeordneten baugleichen Spulen ein rotierendes Magnetfeld (Drehfeld) erzeugt. In diesem Drehfeld kann ein Läufer, der einen Dauermagneten oder eine von Gleichstrom durchflossene Ankerwicklung enthält, synchron mitdrehen. Eine solche Maschine nennt man **Synchronmotor**.

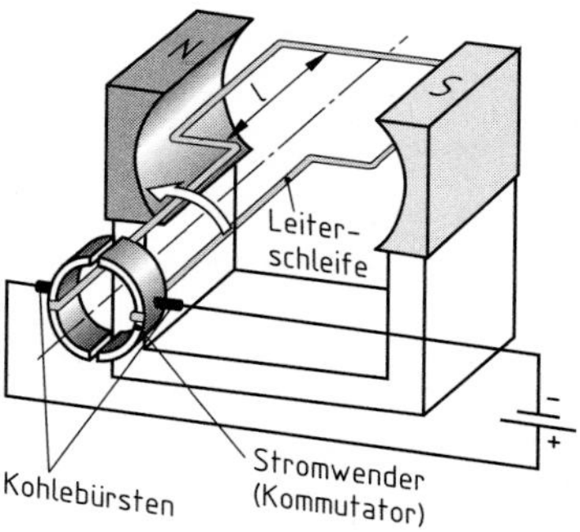

$$\Delta n = n_s - n$$ **Schlupfdrehzahl beim Asynchronmotor**

$$s = \frac{n_s - n}{n_s} \cdot 100\,\%$$ **Schlupf in %**

Δn	Schlupfdrehzahl	s^{-1}, min^{-1}
n_s	Drehfelddrehzahl	s^{-1}, min^{-1}
n	Läuferdrehzahl	s^{-1}, min^{-1}
s	Schlupf	1

Schutzmaßnahmen

Das Bild auf Seite 179 zeigt das **Zeit, Strom-Gefährdungsdiagramm** bei Wechselstrom mit 50 Hz für erwachsene Personen. Daraus ist zu ersehen, dass nicht nur die Größe der **Körperstromstärke** I, sondern auch die **Einwirkzeit** t der **Fremdströme** von Bedeutung ist.

Schutzmaßnahmen (Fortsetzung)

Bereich (I in mA bei $t = 10$ s)	Körperreaktionen
① bis 0,5	Keine Reaktion des Körpers bis zur Wahrnehmbarkeitsschwelle zu erwarten.
② 0,5 bis 10	Keine schädlichen Wirkungen bis zur Loslassschwelle zu erwarten.
③ 10 bis 50	Gefahr von Herzkammerflimmern, organische Schäden nicht wahrscheinlich.
④ über 50	Herzkammerflimmern möglich (tödliche Stromwirkungen wahrscheinlich).

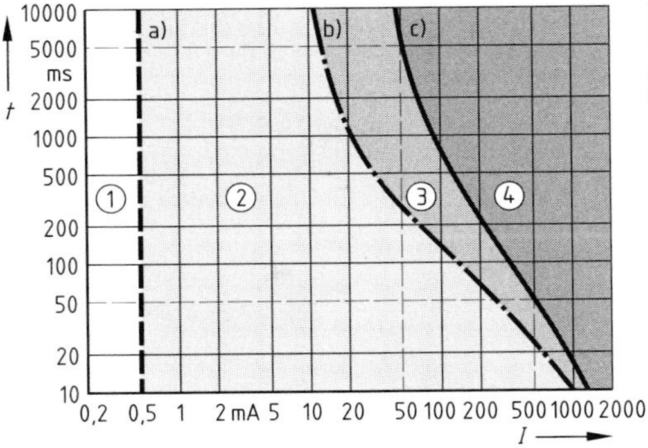

Im Diagramm bedeuten:
a) Wahrnehmbarkeitsschwelle
b) Loslassschwelle
c) Flimmerschwelle (Gefährdungskurve)

Mit einer **tödlichen Stromwirkung** ist zu rechnen, wenn die **Berührungsspannung** U_B beim Menschen 50 V bei Wechselspannung und 120 V bei Gleichspannung übersteigt. Die dabei auftretende Stromstärke I ist abhängig vom **Körperwiderstand** R_K, der sich aus dem inneren Körperwiderstand R_i und den Übergangswiderständen $R_{ü1}$ und $R_{ü2}$ zusammensetzt.

$$I = \frac{U_B}{R_K}$$ **Stromstärke**

$$R_K = R_i + R_{ü1} + R_{ü2}$$ **Körperwiderstand**

Schutzmaßnahmen gegen gefährliche Körperströme

Schutzmaßnahmen gegen direktes Berühren	Schutzmaßnahmen gegen indirektes Berühren	Schutzmaßnahmen gegen direktes und indirektes Berühren
Schutz durch:	Schutz durch:	Schutz durch:
Isolierung aktiver Teile, Abdeckung oder Umhüllung, Hindernisse, Abstand, FI-Schutzeinrichtung (als zusätzlicher Schutz)	Schutzisolierung, Schutztrennung, nichtleitende Räume, erdfreien örtlichen Potentialausgleich, FI-Schutzschalter, FU-Schutzschalter, Überstromschutzorgane	Schutzkleinspannung, Funktionskleinspannung, Begrenzung der Entladungsenergie

Schutzmaßnahmen von elektrischen Betriebsmitteln und Schutzmaßnahmen gegen elektromagnetische Störungen

Schutz von elektrischen Leitungen und Betriebsmitteln	Schutz gegen elektromagnetische Störungen
Schmelzsicherungen, Geräteschutzsicherungen (Feinsicherungen), Leitungsschutzschalter, Funkenlöschung von Schaltern	Entstörkondensator, Entstördrossel und Entstörfilter, Abschirmung, Galvanische Trennung, Potentialausgleich und Überspannungsschutz in der Energietechnik

Wichtige Normen sind **DIN VDE 0100**: Errichten von Starkstromanlagen bis 1000 Volt
DIN VDE 0101: Errichten von Starkstromanlagen über 1000 Volt
DIN VDE 0105: Betrieb von Starkstromanlagen

3

Elektromagnetische Schwingungen (→ Schwingungen und Wellen)

Schwingkreise

Für den **Reihenschwingkreis** (linkes Bild) und den **Parallelschwingkreis** (rechtes Bild) gilt:

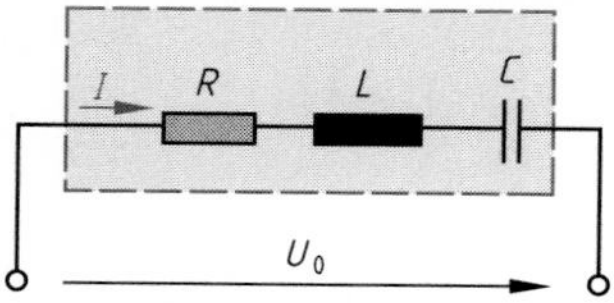

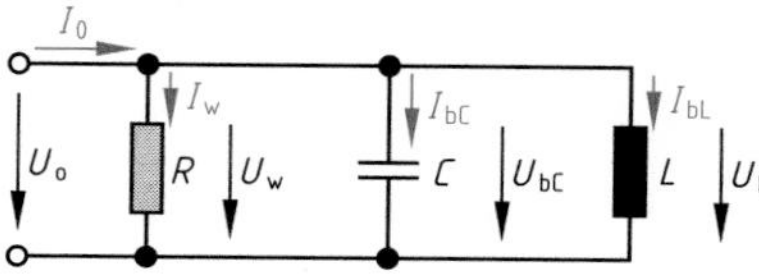

$f_0 = \frac{1}{2 \cdot \pi \cdot \sqrt{L \cdot C}}$	**Resonanzfrequenz**	f_0	Resonanzfrequenz	s^{-1}
		L	Induktivität der Spule	H
		C	Kapazität des Kondensators	F
$T_0 = 2 \cdot \pi \cdot \sqrt{L \cdot C}$	**Periodendauer**	T_0	Periodendauer	s
$W = \frac{1}{2} \cdot L \cdot \hat{\imath}^2 = \frac{1}{2} \cdot C \cdot \hat{u}^2$	**Schwingungs-energie**	W	→ Schwingungsenergie	J, Ws
		$\hat{\imath}$	Scheitelwert der Stromstärke	A
		$\hat{u}$	Scheitelwert der Spannung	V
$X_{L0} = X_{C0} = \sqrt{\frac{L}{C}}$	**Blindwiderstände**	X_{L0}	induktiver Resonanzblind-widerstand	Ω
		X_{C0}	kapazitiver Resonanzblind-widerstand	Ω
$Z_0 = R$	**Scheinwiderstand**	Z_0	Scheinwiderstand bei Resonanz	Ω
		R	Wirkwiderstand	Ω
$S_0 = P_0$	**Leistung**	S_0	Resonanzscheinleistung	W, VA
		P_0	Resonanzwirkleistung	W

3

Die **Null im Index** weist jeweils auf den **Resonanzfall** hin.

Reihenschwingkreis im Resonanzfall:

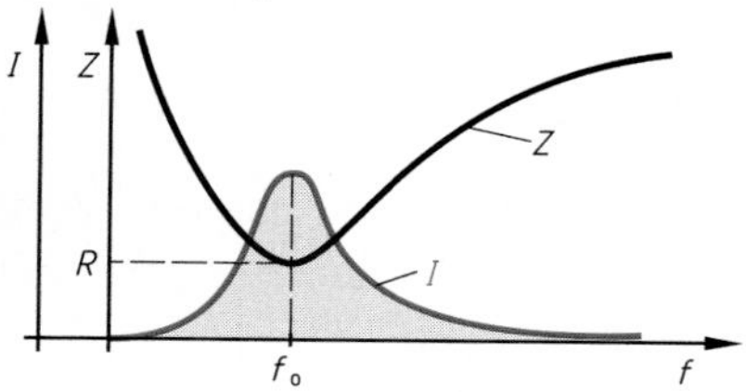

U_{bL0}	induktive Resonanzblindspannung	V
U_{bC0}	kapazitive Resonanzblindspannung	V
I_0	Resonanzstromstärke	A
L	Induktivität der Schwingkreisspule	H
C	Kapazität des Schwingkreiskonden-sators	F
U	Gesamtspannung	V
U_{R0}	Resonanzwirkspannung	V
Q_{L0}	induktive Resonanzblindleistung	W, var
Q_{C0}	kapazitive Resonanzblindleistung	W, var

$U_{bL0} = U_{bC0} = I_0 \cdot \sqrt{\frac{L}{C}}$ **Blind-spannungen**

$U = U_{R0}$ **Spannung**

$Q_{L0} = Q_{C0} = I_0^2 \cdot \sqrt{\frac{L}{C}}$ **Blind-leistungen**

Der **Reihenschwingkreis** hat im **Resonanzfall** den geringsten Scheinwiderstand Z und lässt bevorzugt den Wechselstrom mit der Frequenz f_0 durch.

Parallelschwingkreis im Resonanzfall:

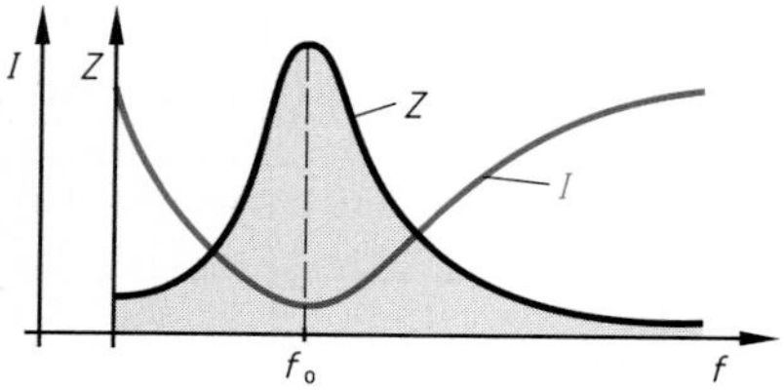

I_{bL0}	Resonanzstromstärke	A
I_{bC0}	Resonanzstromstärke	A
U	Gesamtspannung	V
L	Induktivität der Schwingkreisspule	H
C	Kapazität des Schwingkreiskonden-sators	F
I_0	Gesamtstrom (Resonanzstrom-stärke)	A
I_{R0}	Resonanzwirkstromstärke	A
Q_{L0}	induktive Resonanzblindleistung	W, var
Q_{C0}	kapazitive Resonanzblindleistung	W, var

$I_{bL0} = I_{bC0} = U \cdot \sqrt{\frac{C}{L}}$ **Resonanz-stromstärken**

$I_0 = I_{R0}$ **Stromstärke**

$Q_{L0} = Q_{C0} = U^2 \cdot \sqrt{\frac{C}{L}}$ **Blind-leistungen**

Der **Parallelschwingkreis** hat **im Resonanzfall** den größten Scheinwiderstand Z und durch ihn fließt dann die geringste Stromstärke I.

Elektromagnetische Schwingungen (Fortsetzung)

Hochpass – Tiefpass

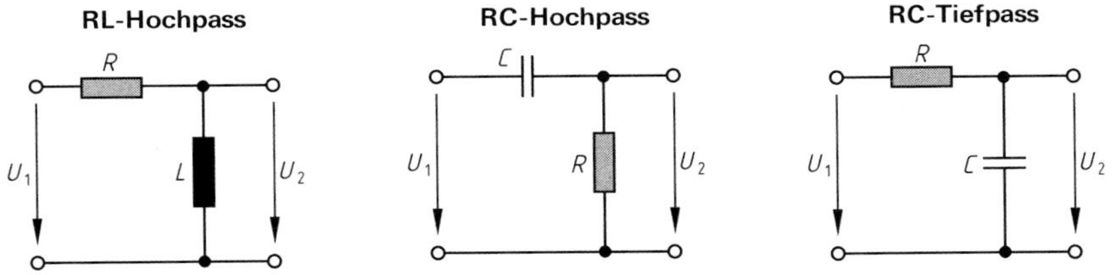

RL-Hochpass

$$\frac{U_2}{U_1} = \frac{1}{\sqrt{1 + \left(\frac{R}{\omega \cdot L}\right)^2}}$$

$$f_G = \frac{R}{2 \cdot \pi \cdot L}$$

RC-Hochpass

$$\frac{U_2}{U_1} = \frac{R}{\sqrt{R^2 + \left(\frac{1}{\omega \cdot C}\right)^2}}$$

$$f_G = \frac{1}{2 \cdot \pi \cdot R \cdot C}$$

RC-Tiefpass

$$\frac{U_2}{U_1} = \frac{1}{\sqrt{1 + (\omega \cdot R \cdot C)^2}}$$

$$f_G = \frac{1}{2 \cdot \pi \cdot R \cdot C}$$

RL-Tiefpass

$$\frac{U_2}{U_1} = \frac{1}{\sqrt{1 + \left(\frac{\omega \cdot L}{R}\right)^2}}$$

$$f_G = \frac{R}{2 \cdot \pi \cdot L}$$

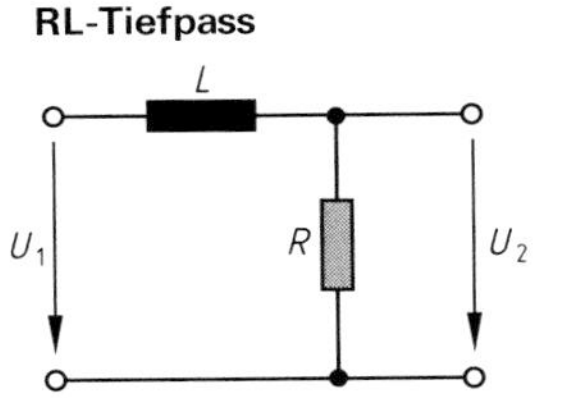

U_1	Eingangsspannung	V
U_2	Ausgangsspannung	V
R	Widerstand	Ω
C	Kapazität	F
L	Induktivität	H
f_G	Grenzfrequenz	s^{-1}
ω	→ Kreisfrequenz	s^{-1}

3

Hertz'scher Dipol, elektromagnetische Wellen

Unter einem **Hertz'schen Dipol** versteht man einen Metallstab, in dem eine von einem **Hochfrequenzoszillator** erzeugte hochfrequente elektrische Schwingung stattfindet. Der Metallstab stellt einen offenen elektrischen Schwingkreis dar. Von diesem schwingenden Dipol lösen sich die → elektromagnetischen Wellen ab und breiten sich mit Lichtgeschwindigkeit aus. Bei elektromagnetischen Wellen schwingen, ausgehend vom schwingenden Dipol, die elektrische und die magnetische Feldstärke senkrecht zueinander und beide stehen senkrecht zur Ausbreitungsrichtung (s. nebenstehendes Bild).

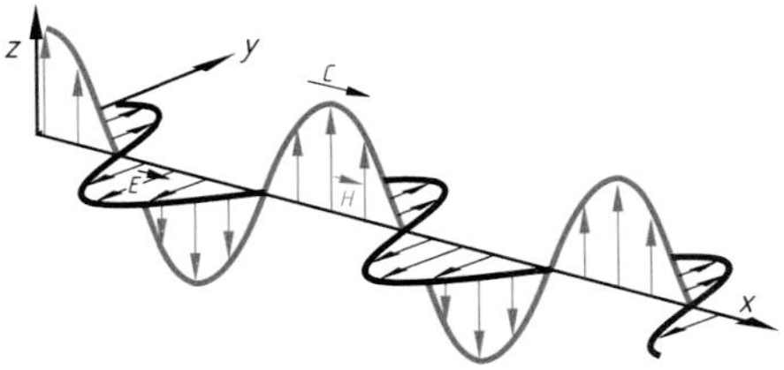

$$c = \frac{\lambda}{T} \qquad c = \lambda \cdot f$$

Ausbreitungsgeschwindigkeit

(→ Grundgleichung der Wellenlehre)

$$l = \frac{\lambda}{2}$$

Dipollänge

c	→ Ausbreitungsgeschwindigkeit elektromagnetischer Wellen; → Lichtgeschwindigkeit	m/s
λ	→ Wellenlänge	m
T	→ Periodendauer	s
f	→ Frequenz	s^{-1}
l	Länge des schwingenden Dipols	m

Der Empfang elektromagnetischer Wellen durch einen Empfangsdipol ist dann am besten, wenn die Länge des Dipols der halben Wellenlänge entspricht.
Mit Hilfe der Elektrotechnik ist es möglich, elektromagnetische Wellen mit Frequenzen zwischen fast 0 Hz und ungefähr 10^{12} Hz zu erzeugen. Die zugehörigen Wellenlängen liegen dabei zwischen mehreren Kilometern und Bruchteilen von Millimetern (→ Wellenspektrum).

Grundlagen der Halbleitertechnik

Werkstoffe, die bezüglich ihrer elektrischen Leitfähigkeit zwischen den elektrischen Leitern und den Isolierwerkstoffen stehen, werden als **Halbleiter** bezeichnet. Es handelt sich dabei hauptsächlich um die Elemente Germanium (Ge), Silicium (Si) und Selen (Se).
Wird ein reiner nichtleitender Halbleiterkristall mit 5-wertigen Fremdatomen dotiert, so wird dieser Kristall leitend, weil er freie bewegliche Elektronen erhält; es wird ein **N-Leiter**. Wird er dagegen mit 3-wertigen Fremdatomen dotiert, so wird dieser Kristall leitend, weil er freie bewegliche Elektronenlöcher (Defektelektronen) erhält; es wird ein **P-Leiter**.

Halbleiterdiode

3

Wird ein N- und ein P-Leiter zusammengebracht, so entsteht an der Grenzfläche ein PN-Übergang. Ein aus einem N- und einem P-Leiter bestehendes Bauteil wird **Halbleiterdiode** genannt, weil es den Strom nur in einer Richtung durchlässt. Nebenstehendes Bild zeigt die **Strom**, **Spannungskennlinien** einer Si-Diode und einer Ge-Diode.
Mit solchen Halbleiterdioden lassen sich Wechselspannungen und Wechselströme mit verschiedenen **Gleichrichterschaltungen** gleich richten:

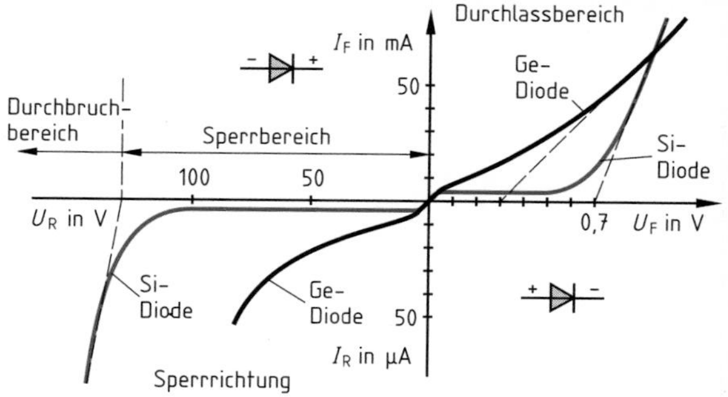

Einpuls-Gleichrichterschaltung	Zweipuls-Gleichrichterschaltung	Dreipuls-Gleichrichterschaltung
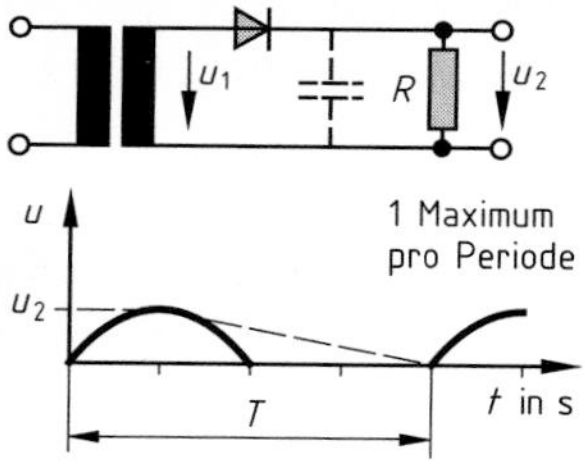	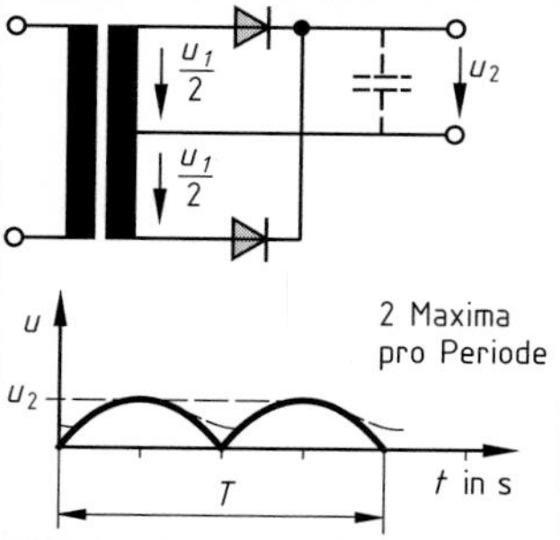	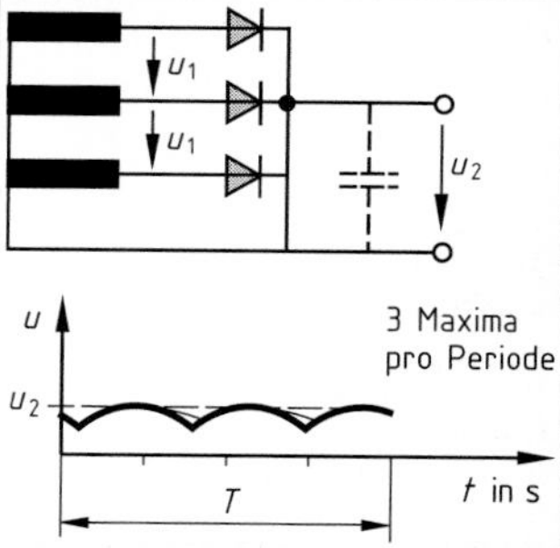

Transistor

Kollektor (C), **Emitter** (E), **Basis** (B)

$$I_C + I_B - I_E = 0$$ **Knotenregel**

$$U_{CB} + U_{BE} - U_{CE} = 0$$ **Maschenregel**

$$v = \frac{\Delta U_{CE}}{\Delta U_{BE}}$$ **Spannungsverstärkung**

Der Widerstandswert der Kollektor-Emitter-Strecke kann mit U_{BE} und I_B gesteuert werden. Kleine Strom- bzw. Spannungsänderungen (ΔI_B bzw. ΔU_{BE}) im Steuerkreis führen zu großen Strom- bzw. Spannungsänderungen (ΔI_C bzw. ΔU_{CE}).

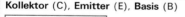

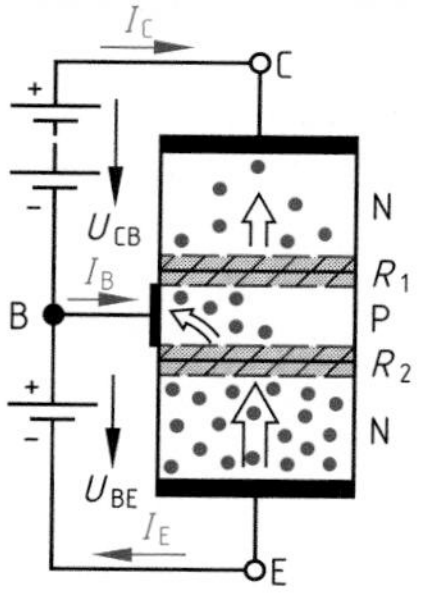

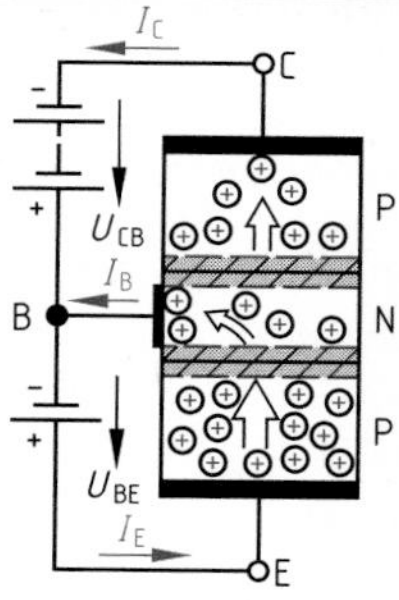

I_C	Kollektorstrom	A
I_B	Basisstrom	A
I_E	Emitterstrom	A
U_{CE}	Kollektor-Basis-Spannung	V
U_{BE}	Basis-Emitter-Spannung	V
U_{CE}	Kollektor-Emitter-Spannung	V
v	Spannungsverstärkung	1
ΔU_{CE}	Spannungsschwankung	V
ΔU_{BE}	Spannungsschwankung	V

Statik

Grundgesetze

(→ Kraft, Krafteinheit, Drehmoment, Britische und US-Einheiten)

Merkmale einer Kraft:

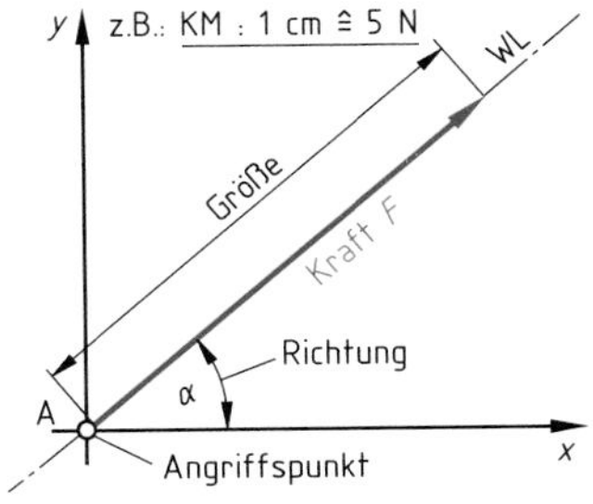

Größe → Dies ist der **Betrag der Kraft**, der in Verbindung mit einem **Kräftemaßstab KM** messbar ist.

Richtung → Diese entspricht der Lage der **Wirkungslinie WL**. Sie ist durch einen Winkel festgelegt.

Angriffspunkt → Ort, an dem die Kraft F am Körper angreift.

Sinn → z.B. **Zugkraft** oder **Druckkraft**. Festlegung mittles **Vorzeichen**.

Erweiterungssatz:

Bei einem **Kräftesystem** (linkes Bild) dürfen Kräfte hinzugefügt oder weggenommen werden, wenn sie gleich groß und entgegengesetzt gerichtet sind und auf derselben WL liegen (rechtes Bild).

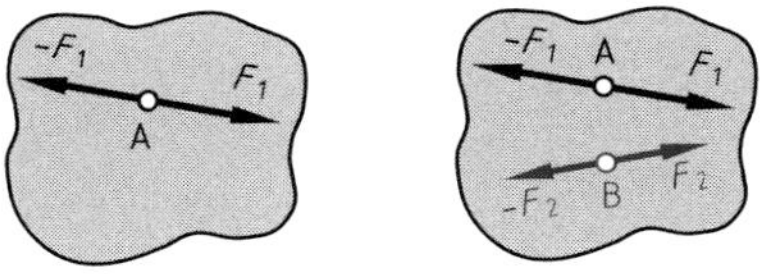

Längsverschiebungssatz:

Eine Kraft darf auf ihrer WL verschoben werden. Dadurch ändert sich ihre Wirkung auf den Körper nicht.

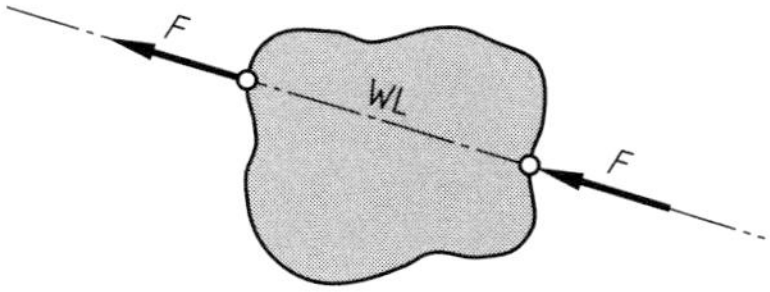

4

Zentrales Kräftesystem

Kräfte auf derselben Wirkungslinie:

Zeichnerische (grafische) Ermittlung von F_r mit Hilfe des **Kräfteplanes KP**. Dieser ist grundsätzlich maßstäblich zu zeichnen: Zum KP gehört immer ein **Kräftemaßstab KM**.
Beispiel: KM: 1 cm ≙ 10 daN.
Der KP wird aus dem **Lageplan LP** entwickelt. Dieser kann unmaßstäblich sein.

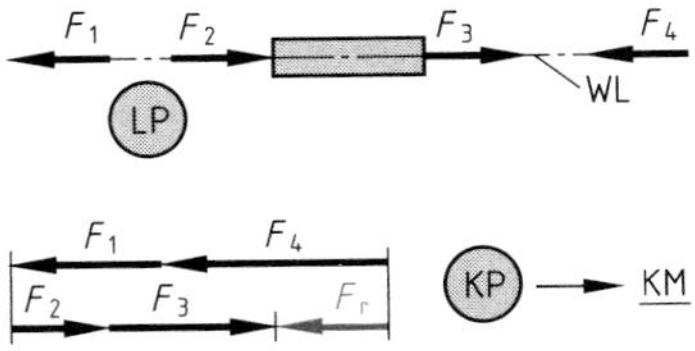

Rechnerische (analytische) Ermittlung von F_r durch die arithmetische Summe der Einzelkräfte:

$F_r = \Sigma F = F_1 + F_2 + \ldots + F_n$	**Resultierende**
$F_r = 0$	**Kräftegleichgewicht**

Unverbindlicher Vorschlag zur **Vorzeichenwahl**:

← ↓ Nach links oder unten gerichtete Kräfte: minus (−)
→ ↑ Nach rechts oder oben gerichtete Kräfte: plus (+)

Zwei Kräfte im Zentralpunkt angreifend:

Vektorielle Addition ⟶ **Kräftedreieck** **Kräfte Parallelogramm**

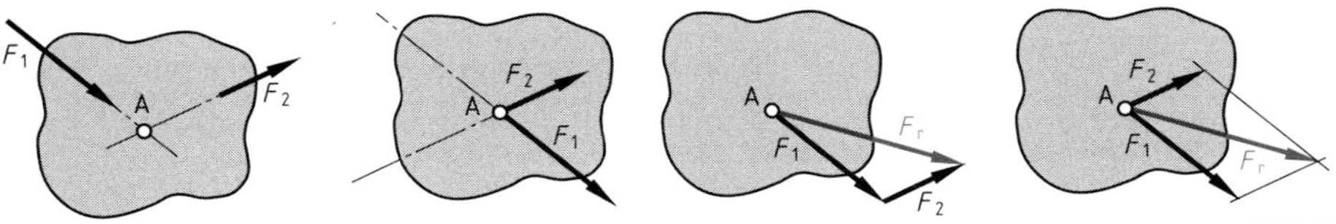

Statik (Fortsetzung)

Horizontal- und Vertikalkomponente:
zeichnerisch → Kraftzerlegung (s. nebenstehendes Bild)

$F_x = F \cdot \cos\alpha = F \cdot \sin\beta$ **Horizontalkomponente**

$F_y = F \cdot \sin\alpha = F \cdot \cos\beta$ **Vertikalkomponente**

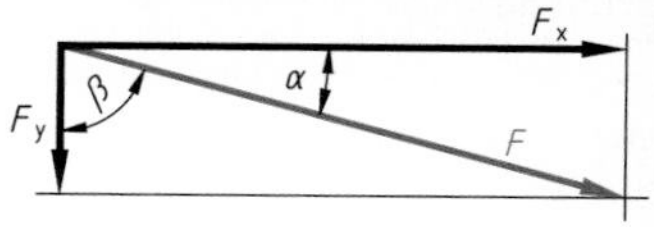

Mehr als zwei Kräfte im Zentralpunkt angreifend:
Vektorielle Addition

Aneinanderreihen der Kräfte (s. LP) in beliebiger Reihenfolge im KP. ⟶ KP: **Krafteck** bzw. **Kräftepolygon**

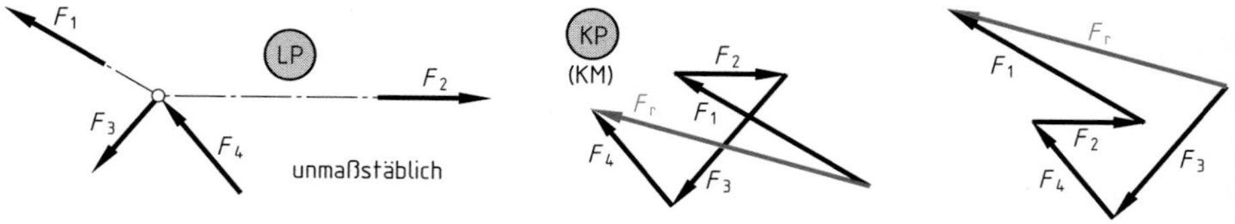

Rechnerische Ermittlung der Resultierenden:

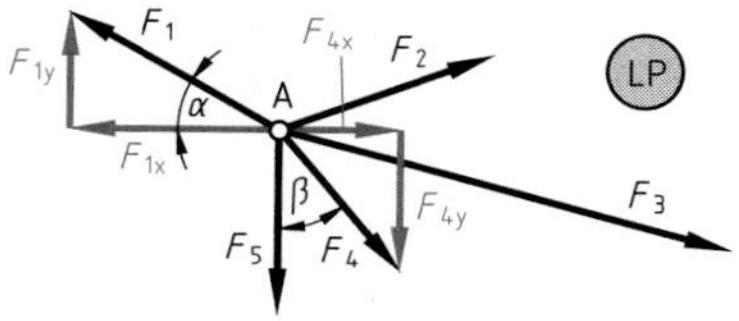

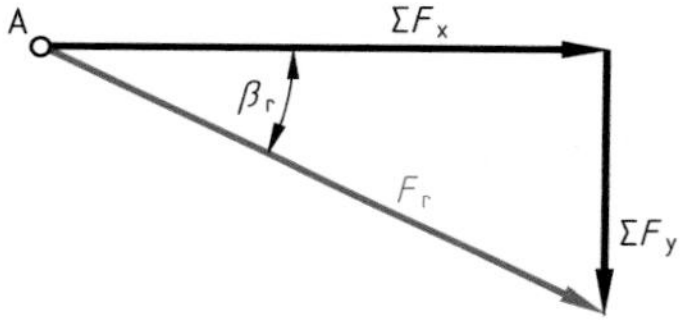

$F_r = \sqrt{(\Sigma F_x)^2 + (\Sigma F_y)^2}$ **Größe von F_r**

$\tan\beta_r = \dfrac{\Sigma F_y}{\Sigma F_x}$ **Richtung von F_r**

Allgemeines Kräftesystem

Seileckverfahren:

Lösungsschritte zur Seileckkonstruktion:

a) Mit den Daten der Aufgabe, d.h. LP mit Größe, Richtung, Angriffspunkt aller Einzelkräfte wird der KP, d.h. das Krafteck gezeichnet. Zwischen dem Anfangspunkt der ersten und dem Endpunkt der letzten Kraft liegt F_r.

b) Man wählt frei einen **Pol** 0 und zeichnet die **Polstrahlen** in den KP. Aus dem Krafteck wird so das **Poleck**.

c) Man verschiebt die Polstrahlen (0, 1, 2, ...) parallel vom KP in den LP, d.h. man zeichnet im LP die **Seilstrahlen**. Seilstrahl 0 schneidet dabei die WL von F_1 an beliebiger Stelle. 1 wird parallel aus dem KP durch diesen Schnittpunkt a verschoben und schneidet F_2 usw.

d) Man bringt den ersten Seilstrahl (hier 0) mit dem letzten Seilstrahl (hier 4) im LP zum Schnitt. Durch den Schnittpunkt dieser beiden Seilstrahlen geht die WL von F_r, d.h. (F_r).

e) Man verschiebt F_r aus dem KP parallel durch den Schnittpunkt der beiden äußeren Seilstrahlen (hier 0 und 4) im LP.

Das Seileckverfahren ist für beliebig viele – auch parallele – Kräfte anwendbar.

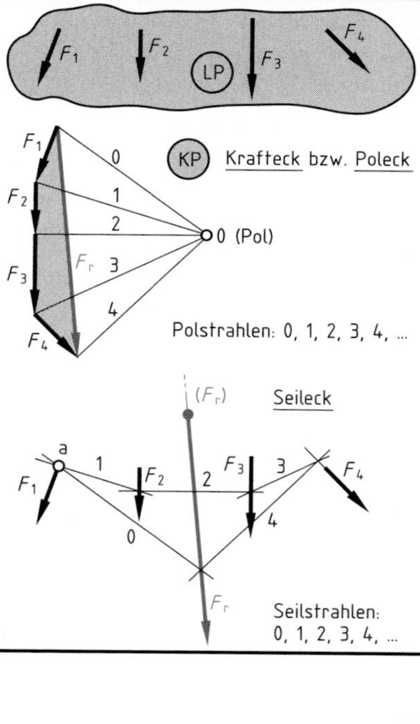

Statik (Fortsetzung)

Drehung von Körpern

Drehsinn und Vorzeichen des Drehmomentes: (→ Drehmoment)

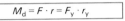

positives Drehmoment →  → (+) → Linksdrehsinn (entgegen dem Uhrzeigersinn)

negatives Drehmoment →  → (−) → Rechtsdrehsinn (im Uhrzeigersinn)

Resultierendes Drehmoment und Schrägkräfte:

$$M_{dr} = F_r \cdot r = F_1 \cdot r_1 + F_2 \cdot r_2 + \ldots$$ **resultierendes Drehmoment**

Das **Gesamtdrehmoment = resultierendes Drehmoment** M_{dr} entspricht der Summe der Einzeldrehmomente

$$M_d = F \cdot r = F_y \cdot r_y$$ **Drehmoment bei Schrägkraft**

Bei **Schrägkräften** errechnet sich das Drehmoment aus dem Produkt von Schrägkraft F und senkrechtem Hebelarm r oder aus der zum Hebelarm rechtwinkligen Kraftkomponente F_y und dem tatsächlichen Hebelarm r_y.

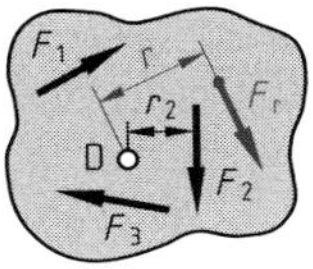

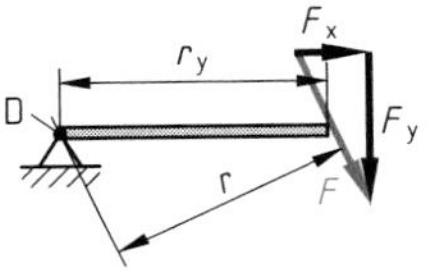

M_{dr}	resultierendes Drehmoment	Nm
F_r	Resultierende	N
r	senkrechter Hebelarm von F_r	m
F_1, F_2	Einzelkräfte	N
F_y	senkrechte Komponente von F	N
r_y	senkrechter Hebelarm von F_y	m

4

Ermittlung von Schwerpunkten

Linienschwerpunkte:

***x*-Komponente**

$$x = \frac{l_1 \cdot x_1 + l_2 \cdot x_2 + \ldots}{l_1 + l_2 + \ldots}$$

***y*-Komponente**

$$y = \frac{l_1 \cdot y_1 + l_2 \cdot y_2 + \ldots}{l_1 + l_2 + \ldots}$$

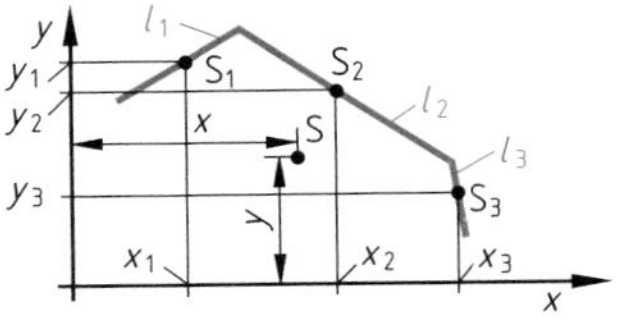

gerader Linienzug

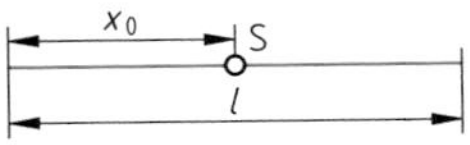

$$x_0 = \frac{l}{2}$$

Umfang eines Dreiecks

$$y_0 = \frac{h \cdot (b + c)}{2 \cdot (a + b + c)}$$

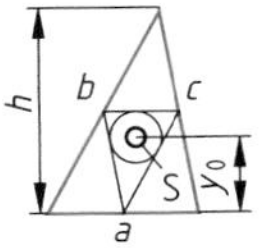

Halbkreisbogen

$$y_0 = \frac{2 \cdot r}{\pi}$$

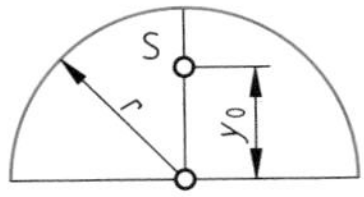

Kreisbogen

$$y_0 = r \cdot \frac{s}{b}$$

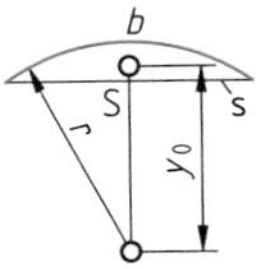

Umfang eines Rechteckes

$$y_0 = \frac{h}{2}$$

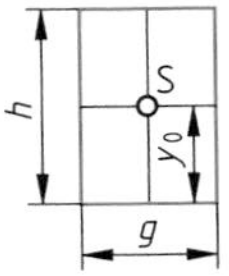

rechter Winkel

$$x_0 = \frac{b^2}{2 \cdot (a + b)}$$

$$y_0 = \frac{a^2}{2 \cdot (a + b)}$$

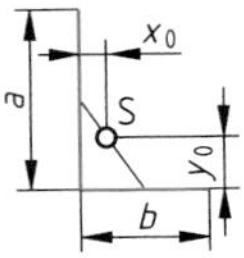

Flächenschwerpunkte:

$$x = \frac{A_1 \cdot x_1 + A_2 \cdot x_2 + \ldots}{A_1 + A_2 + \ldots}$$ ***x*-Komponente**

$$y = \frac{A_1 \cdot y_1 + A_2 \cdot y_2 + \ldots}{A_1 + A_2 + \ldots}$$ ***y*-Komponente**

s. Seite 186

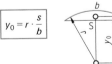

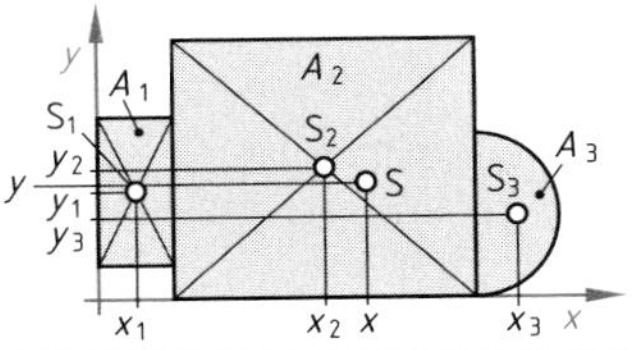

Statik (Fortsetzung)

Flächenmomente und Flächen von Bohrungen sind in der Rechnung abzuziehen!

$A_1, A_2 \ldots$	Teilflächen	m^2, mm^2
$x_1, y_1 \ldots$	Schwerpunktabstände	m, mm

Dreieck

$$y_0 = \frac{h}{3}$$

Der Schwerpunkt liegt im Schnittpunkt der Seitenhalbierenden.

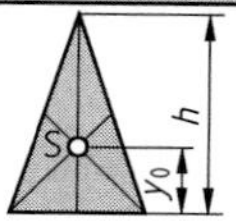

Halbkreis

$$y_0 = \frac{4}{3} \cdot \frac{r}{\pi}$$

$$y_0 \approx 0{,}424 \cdot r$$

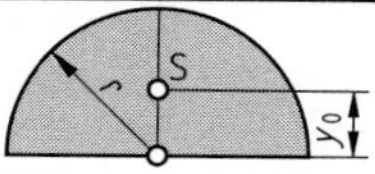

Kreis, Kreisring

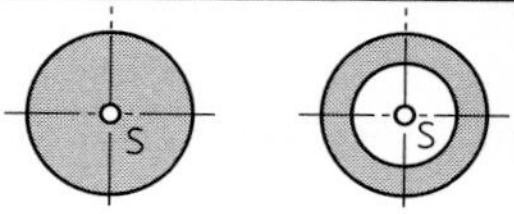

Der Schwerpunkt liegt im Mittelpunkt

Kreisabschnitt

$$y_0 = \frac{s^3}{12 \cdot A}$$

A = Fläche

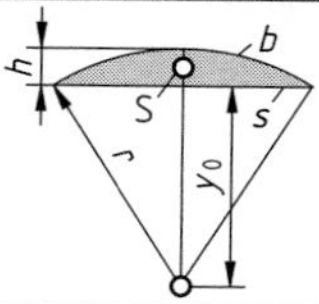

Kreisausschnitt (Sektor)

$$y_0 = \frac{2 \cdot r \cdot s}{3 \cdot b}$$

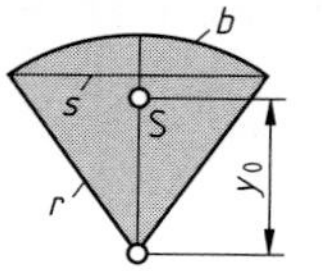

Parabelhalbierung

$$x_0 = \frac{3}{5} \cdot a$$

$$y_0 = \frac{3}{8} \cdot b$$

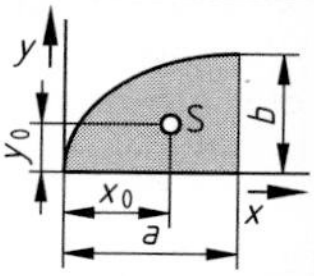

Trapez

$$y_0 = \frac{h}{3} \cdot \frac{a + 2 \cdot b}{a + b}$$

oder konstruktiv.

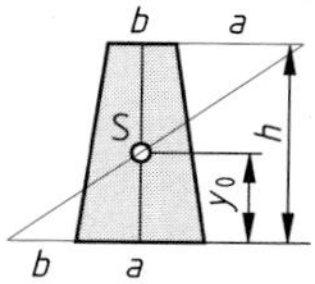

Quadrat, Rechteck

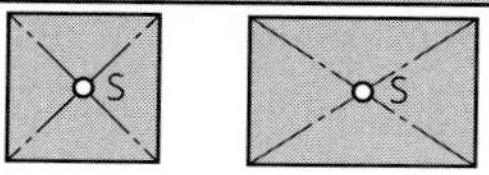

Der Schwerpunkt liegt im Mittelpunkt = Diagonalenschnittpunkt.

Parallelogramm

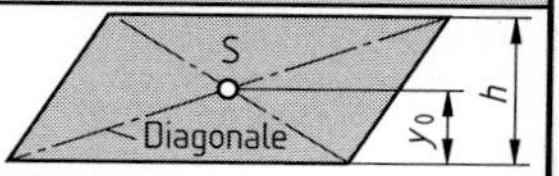

$$y_0 = \frac{h}{2}$$

Körperschwerpunkte:

$$x = \frac{V_1 \cdot x_1 + V_2 \cdot x_2 + \ldots}{V_1 + V_2 + \ldots}$$ **x-Komponente**

$$y = \frac{V_1 \cdot y_1 + V_2 \cdot y_2 + \ldots}{V_1 + V_2 + \ldots}$$ **y-Komponente**

$$z = \frac{V_1 \cdot z_1 + V_2 \cdot z_2 + \ldots}{V_1 + V_2 + \ldots}$$ **z-Komponente**

$V_1, V_2 \ldots$	Volumen der Einzelkörper	m^3, mm^3
$x_1, y_1, z_1 \ldots$	Schwerpunktabstände	m, mm

Kugel, Hohlkugel

Der Schwerpunkt liegt im Mittelpunkt.

$$y_0 = r = \frac{d}{2}$$

r = Außenradius
d = Außendurchmesser

Halbkugel

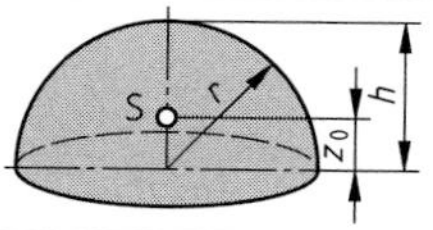

$$z_0 = \frac{3}{8} \cdot r = 0{,}375 \cdot r$$

Kugelabschnitt

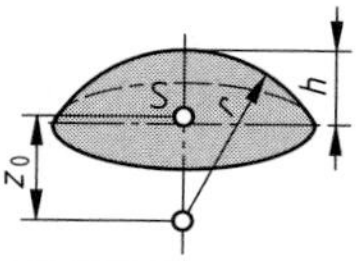

$$z_0 = \frac{3}{4} \cdot \frac{2 \cdot r - h}{3 \cdot r - h}$$

Kugelausschnitt

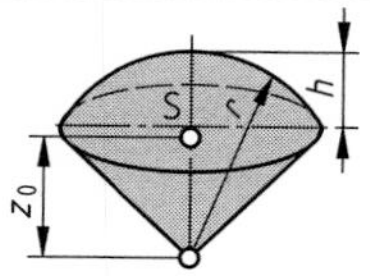

$$z_0 = \frac{3}{8} \cdot (2 \cdot r - h)$$

Kegel

$$z_0 = \frac{h}{4} = 0{,}25 \cdot h$$

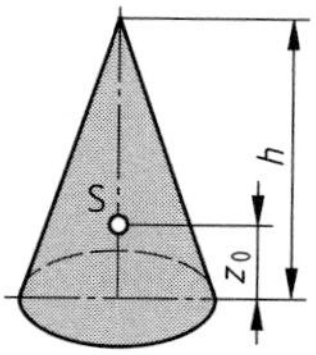

Kegelstumpf

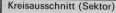

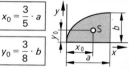

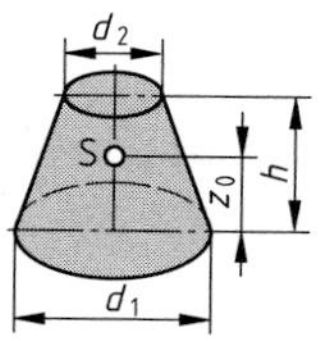

$$z_0 = \frac{h}{4} \cdot \frac{d_1^2 + 2 \cdot d_1 \cdot d_2 + 3 \cdot d_2^2}{d_1^2 + d_1 \cdot d_2 + d_2^2}$$

4

Statik (Fortsetzung)

Pyramide

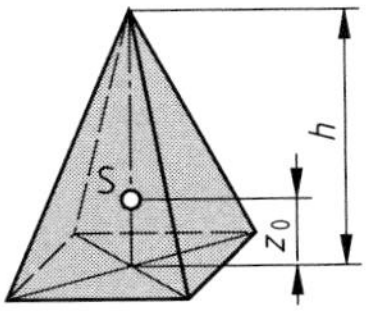

$z_0 = \frac{h}{4} = 0{,}25 \cdot h$

Prisma

$z_0 = \frac{h}{2}$

Gültig für alle Körper mit parallelen Körperkanten und paralleler Grund- und Deckfläche.

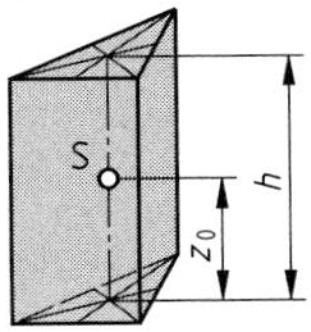

Keil

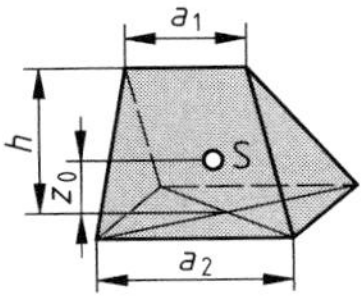

$z_0 = \frac{h}{2} \cdot \frac{a_2 + a_1}{2 \cdot a_2 + a_1}$

Tetraeder

$z_0 = \frac{h}{4}$

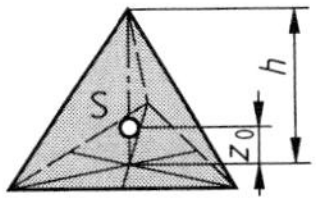

Quader, Rechtecksäule, Würfel

Der Schwerpunkt ist mit dem **Schnittpunkt der Raumdiagonalen** identisch.

Pyramidenstumpf

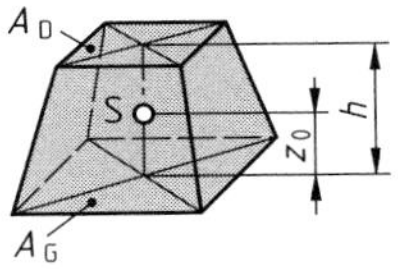

$z_0 = \frac{h}{4} \cdot \frac{A_G + \sqrt{A_G \cdot A_D} + 3 \cdot A_D}{A_G + \sqrt{A_G \cdot A_D} + A_D}$

schief abgeschnittener Zylinder

$r = \frac{d}{2}$

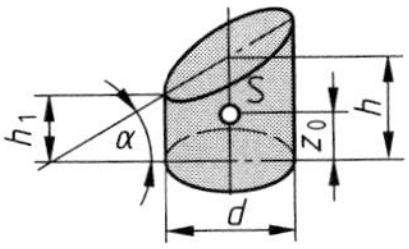

$z_0 = \frac{h + h_1}{4} + \frac{1}{4} \cdot \frac{r^2 \cdot \tan^2 \alpha}{h + h_1}$

Zylinder, Hohlzylinder

$z_0 = \frac{h}{2}$

wie Prisma

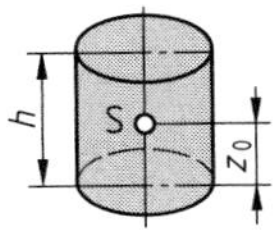

Standfestigkeit und Kippsicherheit: (→ Drehmoment)

$F_1 \cdot r_1$ → **Kippmoment** M_K in Nm
$F_G \cdot r, F_2 \cdot r_2$ → **Standmomente** M_s in Nm

Standfestigkeit ist vorhanden, wenn ein Körper **Kippkanten** (Kipp-Punkte) hat (Punkt G in nebenstehendem Bild) und das Lot des Schwerpunktes die Standfläche innerhalb der Kippkanten trifft.

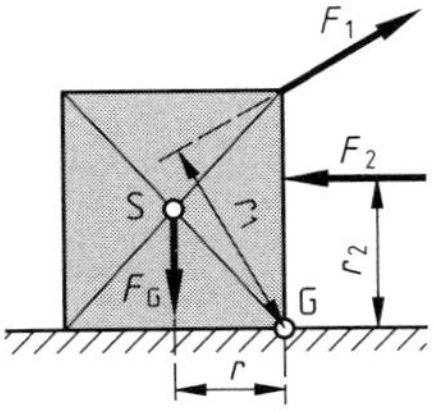

$\nu_K = \frac{\Sigma M_S}{\Sigma M_K}$ **Kippsicherheit**

Stabiles Gleichgewicht → $\nu_K > 1$

ΣM_S	Summe aller Standmomente	Nm
ΣM_K	Summe aller Kippmomente	Nm

Reibungsgesetze

Innere und äußere Reibung:

innere Reibung → **Fluidreibung** → Mechanik der Flüssigkeiten und Gase (→ Viskosität)
äußere Reibung → Reibung zwischen den Außenflächen von Festkörpern

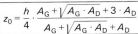

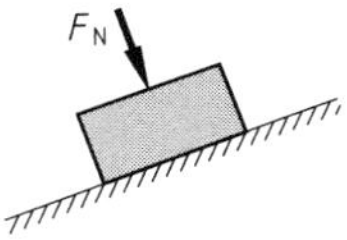

Reibungsgesetz von Coulomb:

Haftreibungskraft → F_{R_0} → Reibungskraft im Ruhezustand
Gleitreibungskraft → F_R → Reibungskraft im Bewegungszustand

$F_{R_0} = \mu_0 \cdot F_N$ **Haftreibungskraft** in N

$F_R = \mu \cdot F_N$ **Gleitreibungskraft** in N

Die Normalkraft F_N ist die Kraft, mit der die beiden festen Körper gegeneinander gepresst werden.

F_{R_0}	Haftreibungskraft	N
μ_0	Haftreibungszahl (-koeffizient)	1
F_R	Gleitreibungskraft	N
μ	Gleitreibungszahl (-koeffizient)	1
F_N	Normalkraft	N

Reibungszahlen: Seite 188

4

TM Technische Mechanik

Statik (Fortsetzung)

Reibungszahlen bei 20 °C (Richtwerte)

Werkstoffpaarung		Haftreibungszahl μ_0 trocken	Haftreibungszahl μ_0 geschmiert	Gleitreibungszahl μ trocken	Gleitreibungszahl μ geschmiert
Bronze	Bronze	0,28	0,11	0,2	0,06
Bronze	Grauguss	0,28	0,16	0,21	0,08
Grauguss	Grauguss	–	0,16	–	0,12
Stahl	Bronze	0,27	0,11	0,18	0,07
Stahl	Eis	0,027	–	0,014	–
Stahl	Grauguss	0,20	0,10	0,16	0,05
Stahl	Stahl	0,15	0,10	0,10	0,05
Stahl	Weißmetall	–	–	0,20	0,04
Holz	Eis	–	–	0,035	–
Holz	Holz	0,65	0,16	0,35	0,05
Leder	Grauguss	0,55	0,22	0,28	0,12
Bremsbelag	Stahl	–	–	0,55	0,40
Stahl	Polyamid	–	–	0,35	0,10

Reibung auf der schiefen Ebene:

Auf der schiefen Ebene können die Reibungszahlen im Versuch sehr genau ermittelt werden.

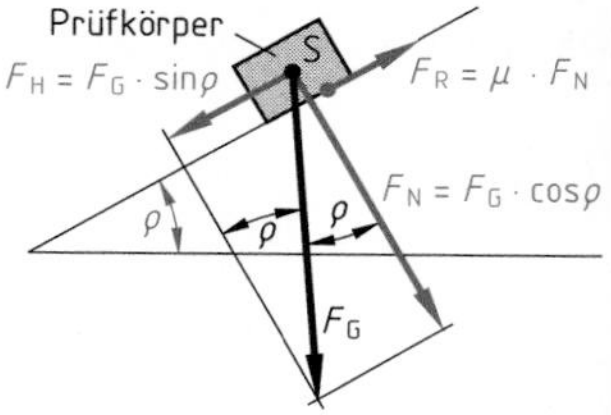

4

$\mu_0 = \tan \varrho_0$ **Haftreibungszahl** → Körper beginnt sich bei ϱ_0 zu bewegen.

$\mu = \tan \varrho$ **Gleitreibungszahl** → Körper gleitet bei ϱ mit konstanter Geschwindigkeit

$\varrho_0 > \varrho \rightarrow \mu_0 > \mu$

(→ Arbeit auf der schiefen Ebene)

F_H	Hangabtriebskraft	N
F_G	Gewichtskraft	N
α	Neigungswinkel	Grad
ϱ_0	Haftreibungswinkel	Grad
ϱ	Gleitreibungswinkel	Grad

Selbsthemmung, Reibungskegel:

$\tan \alpha \leq \tan \varrho_0 = \mu_0$ → **Selbsthemmung**

$\tan \alpha \leq \tan \varrho = \mu$ → **erweiterte Bedingung für Selbsthemmung**

Mit Sicherheit wird Gleiten nur dann ausgeschlossen, wenn der Neigungswinkel α kleiner als der Gleitreibungswinkel ϱ ist.

Geht die Resultierende F_r aller am Körper angreifenden Kräfte durch den **Reibungskegel** (s. nebenstehendes Bild), dann befindet sich der Körper bezüglich seiner Unterlage im Gleichgewicht (Ruhezustand).

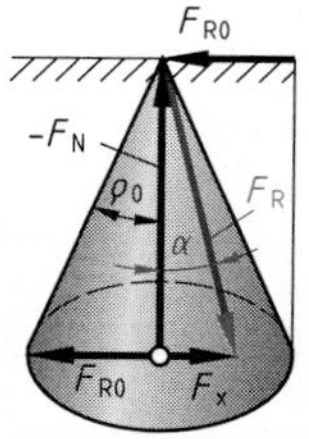

Festigkeitslehre

Zug- und Druckspannung

In der kleinsten Querschnittsfläche S_{min} tritt die größte Zug- bzw. Druckspannung σ_{max} auf.

$$\sigma_z = \frac{F}{S}$$ **Zugspannung** (linkes Bild)

$$\sigma_d = \frac{F}{S}$$ **Druckspannung** (rechtes Bild)

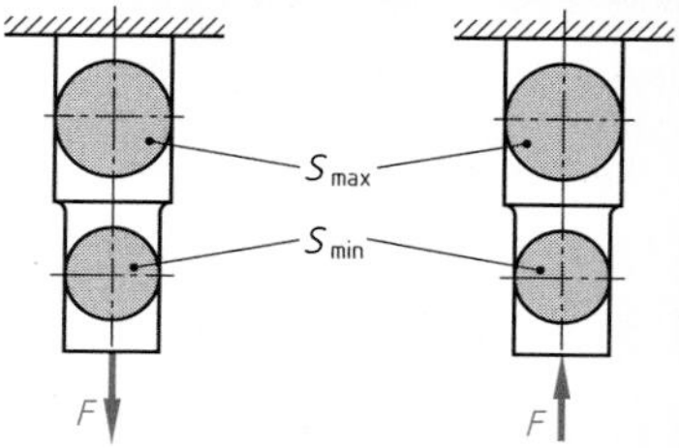

Zug und Druckspannung sind **Normalspannungen**, d. h. $F \perp S$.

Der **gefährdete Querschnitt** S_{gef} ist der Bauteilquerschnitt, der bei Belastung am ehesten zu Bruch geht.

Festigkeitslehre (Fortsetzung)

Auf Zug und Druck beanspruchte Schrauben:

$$A_K = S_{gef} = \frac{\pi}{4} \cdot d_3^2$$

Kernquerschnitt in mm² (linkes Bild)

$$A_S = S_{gef} = \frac{\pi}{4} \cdot \left(\frac{d_2 + d_3}{2}\right)^2$$

Spannungsquerschnitt in mm² (rechtes Bild)

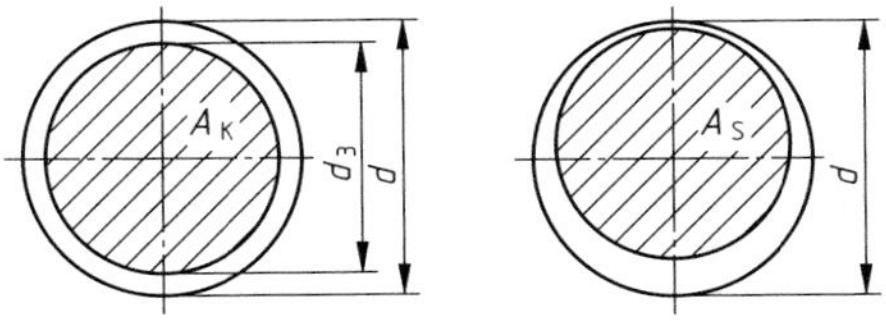

d	Nenndurchmesser	mm
d_2	Flankendurchmesser	mm
d_3	Kerndurchmesser (Bolzen)	mm

Bei der Festigkeitsberechnung (Zug und Druck) von metrischen ISO-Spitzgewinden (DIN 13) wird mit dem Spannungsquerschnitt A_S, bei allen anderen Gewinden (z. B. Trapezgewinde nach DIN 103) wird mit dem Kernquerschnitt A_K gerechnet.

Wichtige Gewindenormen (→ Gewinde) (DIN 202, 11.99)

Benennung	Profil	Kennbuchstabe	DIN-Bezeichnungsbeispiel	Nenngröße	Anwendung
Metrisches ISO-Gewinde	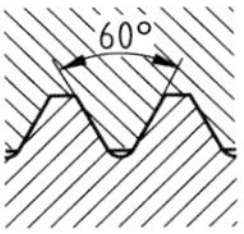	M	DIN 14 – **M 08**	0,3 bis 0,9 mm	Uhren, Feinwerktechnik
			DIN 13 – **M 30**	1 bis 68 mm	allgemein (Regelgewinde)
			DIN 13 – **M 20 × 1**	1 bis 1000 mm	allgemein (Feingewinde)
Metr. Gewinde mit großem Spiel			DIN 2510 – **M 36**	12 bis 180 mm	Schrauben mit Dehnschaft
Metrisches zylindrisches Innengewinde			DIN 158 – **M 30 × 2**	6 bis 60 mm	Innengewinde für Verschlussschrauben und Schmiernippel
Metrisches kegeliges Außengewinde	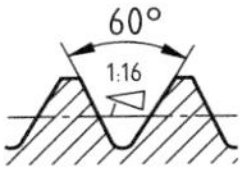		DIN 158 – **M 30 × 2 keg**	6 bis 60 mm	Verschlussschrauben und Schmiernippel
Rohrgewinde, zylindrisch	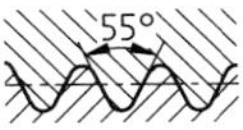	G	DIN ISO 228 – **G 1½** (innen) DIN ISO 228 – **G 1½ A** (außen)	⅛ bis 6 inch	Rohrgewinde, nicht im Gewinde dichtend
Zylindrisches Rohrgewinde (Innengewinde)	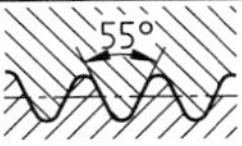	Rp	DIN 2999 – **Rp ½**	1/16 bis 6 inch	Rohrgewinde, im Gewinde dichtend für Gewinderohre, Fittings, Rohrverschraubungen
			DIN 3858 – **Rp ⅛**	⅛ bis 1½ inch	
Kegeliges Rohrgewinde (Außengewinde)	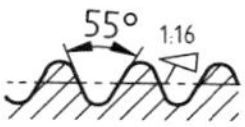	R	DIN 2999 – **R ½**	1/16 bis 6 inch	
			DIN 3859 – **R ⅛-1**	⅛ bis 1½ inch	
Metrisches ISO-Trapezgewinde	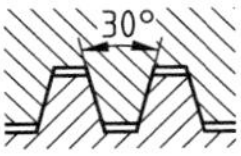	Tr	DIN 103 – **Tr 40 × 7**	8 bis 300 mm	allgemein als Bewegungsgewinde
Sägengewinde	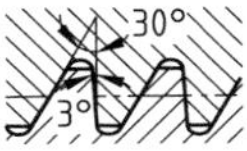	S	DIN 513 – **S 48 × 8**	10 bis 640 mm	allgemein als Bewegungsgewinde
Rundgewinde	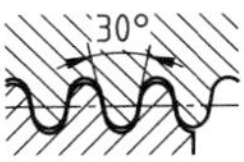	Rd	DIN 405 – **Rd 40 × ⅙**	8 bis 200 mm	allgemein
			DIN 20400 – **Rd 40 × 5**	10 bis 300 mm	Rundgewinde mit großer Tragtiefe

4

Festigkeitslehre (Fortsetzung)

Die zur Gewindeberechnung erforderlichen Abmessungen sind den neuesten DIN-Normen (s. Seiten 189, 334 bis 336) zu entnehmen (→ Fügen).

Flächenpressung und Lochleibung

Flächenpressung an ebenen Flächen:

$$\sigma_{p\,vorh} = \frac{F}{A}$$ **ebene Flächenpressung** in N/mm²

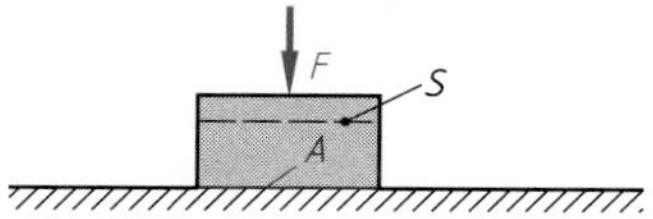

Flächenpressung ist die Druckspannung an den Berührungsflächen zweier Bauteile.

F	Anpresskraft	N
A	Berührungsfläche	mm²
S	Querschnittsfläche	mm²

Regel: S = Querschnittsfläche (Ausnahmen A_K, A_S)
A = Oberflächen → DIN 1304

Flächenpressung an geneigten Flächen:

$$\sigma_{p\,vorh} = \frac{F}{A_{proj}} = \frac{F}{A \cdot \cos\beta}$$ **vorhandene Flächenpressung** in N/mm²

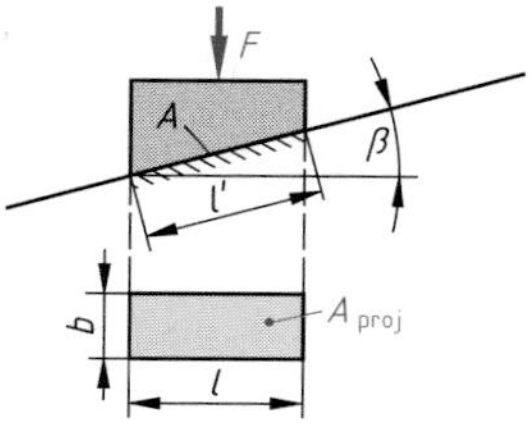

An geneigten Flächen errechnet sich σ_p durch die Division der axialen Kraft F und der senkrechten Projektion A_{proj} der Pressfläche A.

4

B $b = 30$ mm; $l = 100$ mm; $l' = 115$ mm; $F = 1200$ N; $\sigma_{p\,vorh} = ?$

$$\sigma_{p\,vorh} = \frac{F}{A \cdot \cos\beta} = \frac{F}{b \cdot l' \cdot (l/l')} = \frac{F}{b \cdot l}$$

$$\sigma_{p\,vorh} = \frac{1200\ \text{N}}{30\ \text{mm} \cdot 100\ \text{mm}}$$

$$\boldsymbol{\sigma_{p\,vorh} = 0{,}4\ \text{N/mm}^2}$$

A_{proj}	projizierte Fläche (z. B.: $l \cdot b$)	mm²
F	axiale Kraft	N
A	tatsächliche Fläche	mm²

Flächenpressung bei Gewinden:

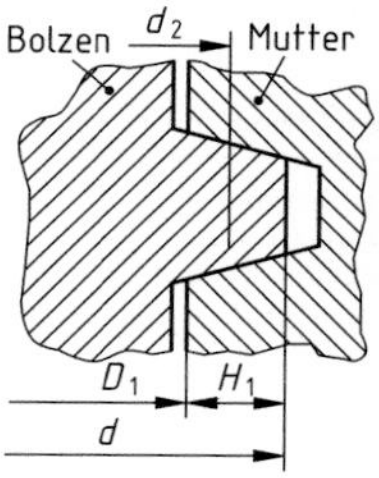

$$A_{proj} = i \cdot \pi \cdot d_2 \cdot H_1$$ **senkrechte Projektion aller Gewindegänge**

Die Berechnung erfolgt wie bei **geneigten Flächen**. Somit:

$$\sigma_{p\,vorh} = \frac{F}{i \cdot \pi \cdot d_2 \cdot H_1}$$ **Gewindeflächenpressung** in N/mm²

$$i_{erf} = \frac{F}{\pi \cdot \sigma_{p\,zul} \cdot d_2 \cdot H_1}$$ **Anzahl der erforderlichen Gewindegänge**

$$m_{erf} = i_{erf} \cdot P$$

$$m_{erf} = \frac{F \cdot P}{\pi \cdot \sigma_{p\,zul} \cdot d_2 \cdot H_1}$$

erforderliche Mutterhöhe bzw. **Gewindelänge (Einschraubtiefe)** in mm

i	Anzahl der Gewindegänge	1
d_2	Flankendurchmesser	mm
H_1	Flankenüberdeckung	mm
F	axiale Schraubenkraft	N
m	Mutterhöhe bzw. Gewindelänge	mm
$\sigma_{p\,zul}$	zulässige Flächenpressung	N/mm²
P	Gewindesteigung	mm

Gewindeabmessungen entsprechend DIN-Normen (s. Seiten 189, 334 bis 336)

Flächenpressung an gewölbten Flächen und Lochleibung:

Bei nicht vernachlässigbarer Verformung: **Hertz'sche Gleichungen** (s. Seite 193)

$$\sigma_{pm} = \frac{F}{A_{proj}}$$ **mittlere Flächenpressung an gewölbten Flächen** in N/mm²

$$A_{proj} = d \cdot s$$ **Zylinderprojektion**

$$A_{proj} = \frac{\pi}{4} \cdot d^2$$ **Kugelprojektion**

F	Anpresskraft	N
A_{proj}	projizierte Fläche	mm²
d	Zylinder- bzw. Kugeldurchmesser	mm
s	Zylinderlänge	mm

Bei Nietverbindungen und Passschrauben heißt σ_{pm} auch **Lochleibungsspannung** oder **Lochleibungsdruck**.

Festigkeitslehre (Fortsetzung)

Scherspannung (Schubspannung)

Die Scherspannung ist eine **Tangentialspannung**, d.h. $\boldsymbol{F} \parallel \boldsymbol{S}$

$$\tau_a = \frac{F}{S}$$

Scherspannung in N/mm²

F	Scherkraft	N
S	Scherquerschnitt	mm²

Scherquerschnitt, d.h. der **gefährdete Querschnitt**, ist der Bauteilquerschnitt, der im Zerstörungsfall durchtrennt wird.

Dehnung und Verlängerung

Hooke'sches Gesetz: (→ Federspannarbeit)

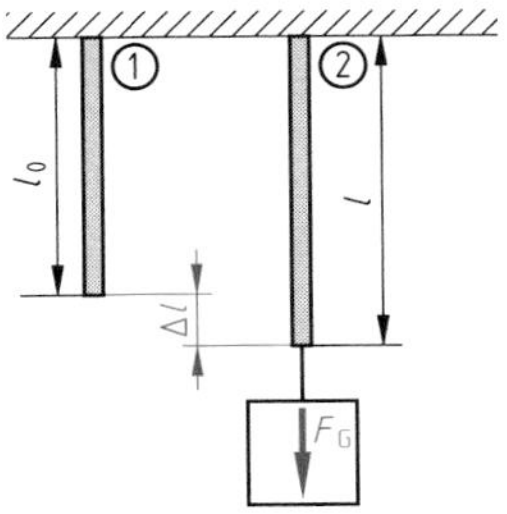

$$\varepsilon = \frac{\Delta l}{l_0}$$ **Dehnung**

$$\Delta l = l - l_0$$ **Längenänderung** in mm

$$\varepsilon = \frac{\Delta l}{l_0} \cdot 100$$ **Dehnung** in %

$$\varepsilon = \alpha \cdot \sigma$$

$$\varepsilon = \frac{1}{E} \cdot \sigma = \frac{\sigma}{E}$$

Hooke'sches Gesetz → $\alpha = \frac{1}{E}$

$$\varepsilon = \frac{1}{E} \cdot \sigma^n$$ **Bach-Schüle-Potenzgesetz**

$n = 1$: Hooke, z.B. alle Stähle
$n < 1$: z.B. Leder, viele Kunststoffe
$n > 1$: z.B. GG, Cu, Steine, Mörtel

Δl	Längenänderung	mm
l_0	Ausgangslänge	mm
l	Endlänge	mm
E	Elastizitätsmodul → Tabelle (unten)	N/mm²
σ	Spannung (Zug oder Druck)	N/mm²
n	Exponent	1

Elastizitätsmodul von Werkstoffen (auf Temperaturabhängigkeit achten!)

Werkstoff (20 °C)	***E*-Modul** in N/mm²	**Werkstoff** (20 °C)	***E*-Modul** in N/mm²
Diamant	1000000	Al-Legierungen	66000 ... 83000
Hartmetall	343000 ... 667000	Gold	80000
Wolframcarbid	450000 ... 650000	Aluminium	64000 ... 70000
Osmium	560000	Granit	62000
Siliciumcarbid	450000	Zinn	44000
Wolfram	407000	Beton	40000 ... 45000
Aluminiumoxid	210000 ... 380000	glasfaserverstärkter Kunststoff	10000 ... 45000
Titancarbid	250000 ... 380000	Mg-Legierungen	42000 ... 44000
Molybdän	334000	Magnesium	39000 ... 40000
Magnesiumoxid	250000	Graphit	27000
Chrom	250000	Blei	14000 ... 17000
Stahl	196000 ... 215000	Sperrholz	4000 ... 16000
Nickellegierungen	158000 ... 213000	Laubholz	9000 ... 12000
Nickel	210000	Harnstoffharz	5000 ... 9000
Cobalt	210000	Melaminharz	5000 ... 9000
kohlenstofffaser-verstärkter Kunststoff	70000 ... 275000	Nadelholz	8000 ... 9000
Tantal	185000	Polyamid	2000 ... 4000
Platin	170000	Polyvinylchlorid (PVC)	1000 ... 3000
Zink	128000	Polyesterharz	100 ... 3000
Titanlegierungen	101000 ... 128000	Polystyrol	3000 ... 3400
Zinklegierungen	100000 ... 128000	Epoxidharz	2000 ... 3000
Kupfer	122000 ... 123000	Polycarbonat	2000 ... 3000
Bronze	105000 ... 124000	Polypropylen	400 ... 900
Gusseisen	73000 ... 102000	Phenolharz	300
Messing	78000 ... 98000	Polyethylen	200
Glas	40000 ... 95000	Silikonkautschuk	10 ... 100
Porzellan	60000 ... 90000		

4

Festigkeitslehre (Fortsetzung)

Querkontraktion:

$\varepsilon_q = \frac{\Delta d}{d_0}$ bzw. $\varepsilon_q = \frac{\Delta s}{s_0}$ **Querkontraktion**

$\mu = \frac{\varepsilon_q}{\varepsilon}$ **Poissonsche Zahl** (s. Tabelle)

$\varepsilon_q = \mu \cdot \varepsilon = \mu \cdot \frac{\Delta l}{l_0}$ **Querkontraktion**, auch **Querdehnung, Querkürzung**

Werkstoff	Poissonsche Zahl μ
Stahl, fast alle Metalle	0,3
Grauguss	0,11 … 0,25
Beton	0,17

Beispiele für Stabquerschnitte:

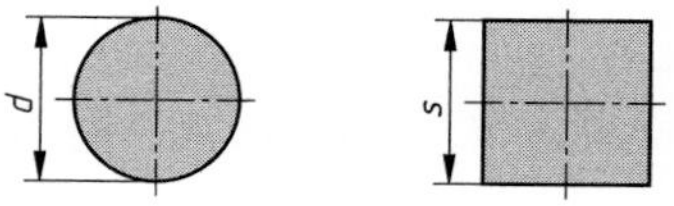

d	Enddurchmesser	mm
d_0	Ausgangsdurchmesser	mm
s	Endkantenlänge	mm
s_0	Ausgangskantenlänge	mm
ε	Dehnung	1
l	Endlänge	mm
l_0	Ausgangslänge	mm

Belastungsgrenzen und Sicherheit

Spannungs-, Dehnungs-Diagramm:
(s. nebenstehendes Bild)

Punkt im σ, ε-Diagramm	Grenzspannung in N/mm²
P → Proportionalitätsgrenze	σ_P
E → Elastizitätsgrenze	σ_E
S → Streckgrenze oder Fließgrenze	R_e
B → Zugfestigkeit	R_m
D → 0,2%-Dehngrenze	$R_{P0,2}$

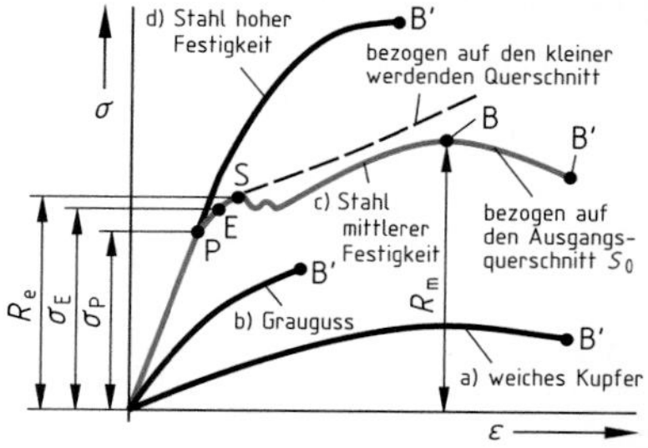

4

Beim Erreichen von $R_{P0,2}$ ist die bleibende Dehnung $\varepsilon = 0{,}2\%$. Dieser Kennwert ist nur bei hochfesten Stählen relevant, da hier eine ausgeprägte Streckgrenze (Fließgrenze) R_e fehlt.

$R_m = \frac{F_m}{S_0}$ **Zugfestigkeit** in N/mm²

F_m	Höchstzugkraft	N
S_0	Probenquerschnitt am Anfang	mm²

Die **zulässige Spannung** ergibt sich durch Division der Grenzspannung durch die Sicherheit ν.
Diesem Grundsatz entsprechend ergibt sich **bei statischer** (ruhender) **Beanspruchung**:

$\sigma_{zzul} = \frac{R_e}{\nu}$ → zäher Werkstoff mit ausgeprägter Fließgrenze

$\sigma_{zzul} = \frac{R_{P0,2}}{\nu}$ → zäher Werkstoff ohne ausgeprägte Fließgrenze

(beide: ν zwischen 1,2 und 2,2)

$\sigma_{zzul} = \frac{R_m}{\nu}$ → spröder Werkstoff → ν zwischen 2 und 5

zulässige Spannungen, Sicherheitszahlen: **Verbindliche Angaben** befinden sich nur in einschlägigen Normen, z. B. für Baustähle, u. a. in DIN EN 10 025. Zuverlässige Zahlenwerte auch in maschinentechnischen Handbüchern wie z. B. Dubbel, Hütte.

Übliche Indices bei Festigkeitsberechnungen:

zul = zulässig; **erf** = erforderlich; **gew** = gewählt; **vorh** = vorhanden; **z** = Zug; **d** = Druck; **K** = Knickung; **b** = Biegung; **a** = Scherung; **t** = Torsion; **B** = Bruchspannung (Ausnahme bei Zug: R_m)

Beispiele:
τ_{aB}, σ_{dzul}, d_{gew}, s_{erf}, τ_{tvorh}

Festigkeitslehre (Fortsetzung)

Wärmespannung und Formänderungsarbeit

Wärmespannung: (→ Wärmeausdehnung)

$$\sigma = E \cdot \alpha \cdot \Delta\vartheta$$ **Wärmespannung** in N/mm^2

$$\Delta l = l_0 \cdot \alpha \cdot \Delta\vartheta$$ **Längenänderung bei Temperaturdifferenz**

$$F = E \cdot \alpha \cdot \Delta\vartheta \cdot S$$ **Kraft im Bauteil**

l_0	Ausgangslänge	mm
α	Wärmedehnzahl = linearer Wärmeausdehnungskoeffizient (s. Tabelle Seite 100)	m/(m · K)
$\Delta\vartheta$	Temperaturdifferenz	°C = K
E	Elastizitätsmodul	N/mm^2
S	Bauteilquerschnitt	mm^2

Formänderungsarbeit: (→ Federspannarbeit)

$$W_f = \frac{F \cdot \Delta l}{2}$$

$$W_f = \frac{\sigma^2 \cdot V}{2 \cdot E}$$

$$W_f = \frac{c}{2} \cdot (\Delta l)^2$$

Formänderungsarbeit im Hooke'schen Bereich in Nmm

F	Zugkraft	N
Δl	Längenänderung	mm
σ	Spannung im gedehnten Bauteil	N/mm^2
V	Volumen des gedehnten Stabes gleichen Querschnittes	mm^3
E	Elastizitätsmodul	N/mm^2
c	→ Federrate (**Federkonstante**)	N/mm

Verformung bei Scherung und Flächenpressung

Hooke'sches Gesetz für Scherbeanspruchung (Schub):

$$\tau_a = \gamma \cdot G = \frac{\Delta s}{l_0} \cdot G = \frac{F}{S}$$ **Scherspannung** in N/mm^2

$$\gamma = \frac{\Delta s}{l_0}$$ **Gleitung**

$$G = 0{,}385 \cdot E$$ **Gleitmodul** in N/mm^2

γ	Gleitung	1
G	Gleitmodul (s. Tabelle)	N/mm^2
Δs	Verschiebung	mm
l_0	Abstand der Scherkräfte	mm
F	Scherkraft	N
S	Scherquerschnitt	mm^2
E	Elastizitätsmodul (s. Tab. S. 191)	N/mm^2

Der **Gleitmodul** → Tabelle wird auch als **Schubmodul** oder **Gestaltmodul** bezeichnet.

4

G-Module bei 20 °C:

Werkstoff	*G* in N/mm^2	Werkstoff	*G* in N/mm^2
Aluminium	25 000 … 27 000	Kupfer	47 000
Beton	15 000 … 17 000	Magnesium	15 400
Bronze	40 000 … 47 000	Messing	30 000 … 38 000
Chrom	96 000	Polystyrol	1 200
Gusseisen	28 000 … 39 000	Rotguss	31 000
Hartmetall	132 000 … 157 000	Stahl	79 000 … 82 000

Hertz'sche Gleichungen:

Linienpressung (Zylinder gegen Zylinder):

$$\sigma_{p\,max} = 0{,}591 \cdot \sqrt{\frac{F \cdot E}{l \cdot d_1} \cdot \left(1 + \frac{d_1}{d_2}\right)}$$

Punktpressung (Kugel gegen Kugel):

$$\sigma_{p\,max} = 0{,}616 \cdot \sqrt[3]{\frac{F \cdot E^2}{d_1^2} \cdot \left(1 + \frac{d_1}{d_2}\right)^2}$$

größte Flächenpressung in N/mm^2

$$E = \frac{2 \cdot E_1 \cdot E_2}{E_1 + E_2}$$ **zusammengesetzter Elastizitätsmodul** in N/mm^2

F	Anpresskraft	N
E	Elastizitätsmodul bei zwei verschiedenen Werkstoffen (1 und 2) muss mit dem **zusammengesetzten *E*-Modul** gerechnet werden!	N/mm^2
l	Länge des Zylinders (Linie)	mm
d_1	kleiner Zylinderdurchmesser bzw. kleiner Kugeldurchmesser	mm
d_2	großer Zylinderdurchmesser bzw. großer Kugeldurchmesser	mm

Die Hertz'schen Gleichungen berücksichtigen die bei der Flächenpressung auftretenden Verformungen.

Festigkeitslehre (Fortsetzung)

Biegung

Verteilung und Berechnung der Biegespannung:

Die Biegespannung erreicht ihren Höchstwert $\sigma_{b\,max}$ im größten **Abstand *e*** von der Biegeachse.

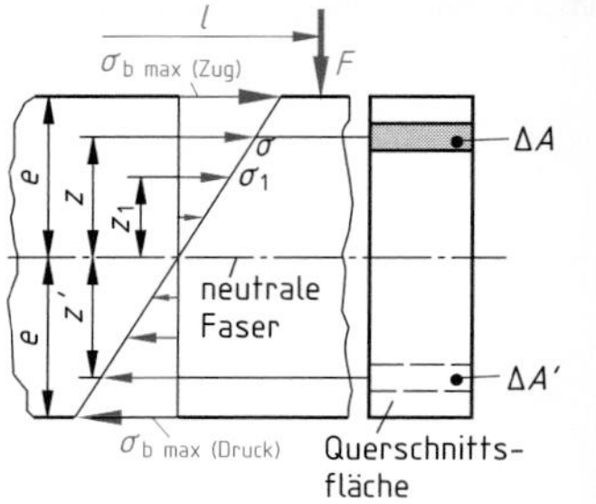

$\sigma_{b\,max} = M_b \cdot \frac{e}{I}$	**maximale Biegespannung** in N/mm²
$I = \Sigma \Delta A \cdot z^2$	**Flächenmoment 2. Grades** in mm⁴ (Flächenträgheitsmoment)
$W = \frac{I}{e}$	**Widerstandsmoment** in mm³
$\sigma_b = \frac{M_b}{W}$	**Biegehauptgleichung**
$\sigma_{b\,zul} = \frac{\sigma_{bB}}{\nu_B}$	**zulässige Biegespannung** in N/mm²
$\sigma_{b\,zul} = \frac{\sigma_{bF}}{\nu_F}$	**zulässige Biegespannung** in N/mm²

M_b	Biegemoment	Nmm
e	Randabstand	mm
I	Flächenträgheitsmoment (s. Tab.)	mm⁴
ΔA	Teilfläche	mm²
z	Abstand der Teilfläche von der Biegeachse	mm
W	Widerstandsmoment	mm³
σ_{bB}	Biegebruchspannung	N/mm²
σ_{bF}	Fließgrenze bei Biegung	N/mm²
ν_B	Sicherheit gegen Bruch	1
ν_F	Sicherheit gegen Fließen	1

In den **Stahlbautabellen** (DIN-Übersicht auf Seite 196) ist stets das Widerstandsmoment angegeben, welches zu dem rechnerisch größtmöglichen Biegespannungswert führt.

Bedingungen für die Anwendbarkeit der Biegehauptgleichung:

a) Lastebene ist Symmetrieebene, d. h. **keine schiefe Biegung**

b) Trägerachse muss gerade sein.

c) Beanspruchung im Hooke'schen Bereich, d. h. $\sigma = \varepsilon \cdot E$

Verschiebungssatz von Steiner (Steiner'scher Satz):

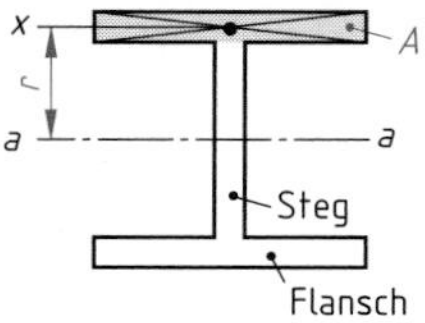

$I_a = I_x + A \cdot r^2$ **Trägheitsmoment (Flächenmoment 2. Grades)** der Fläche A bezogen auf die Achse a–a in mm⁴

Das auf eine beliebige Achse a–a bezogene Flächenmoment 2. Grades I_a errechnet sich aus dem Eigenträgheitsmoment I_x der Fläche plus der Fläche A multipliziert mit dem quadratischen Abstand r^2 zwischen Bezugsachse a–a und Schwerachse x–x der Fläche A.

In diesem **Verschiebungssatz von Steiner** wird r grundsätzlich von der Bezugsachse bis zur Schwerachse der Fläche A gemessen! (→ Massenträgheitsmomente)

r	Abstand Bezugsachse – Schwerachse	mm
A	Bezugsfläche	mm²
I_x	Eigenträgheitsmoment (s. folgende Tabelle)	mm⁴

Flächenmomente 2. Grades (Eigenträgheitsmomente) und Widerstandsmomente

axiales Flächenmoment 2. Grades I	**axiales Widerstandsmoment** W	**Abmessungen** der zu berechnenden Querschnitte
$I_x = \frac{b}{12} \cdot (H^3 - h^3)$ $I_y = \frac{b^3}{12} \cdot (H - h)$	$W_x = \frac{b}{6 \cdot H} \cdot (H^3 - h^3)$ $W_y = \frac{b^2}{6} \cdot (H - h)$	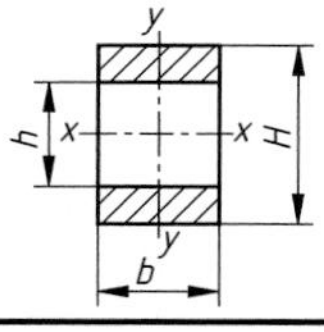

Festigkeitslehre (Fortsetzung)

axiales Flächenmoment 2. Grades I	axiales Widerstandsmoment W	**Abmessungen** der zu berechnenden Querschnitte
$I_x = \frac{b \cdot h^3}{12} = \frac{A \cdot h^2}{12}$ $I_y = \frac{b^3 \cdot h}{12} = \frac{A \cdot b^2}{12}$ $I_1 = \frac{b \cdot h^3}{3} = \frac{A \cdot h^2}{3}$ $I_2 = \frac{b \cdot (H^3 - e_1^3)}{3} = I_x + A \cdot e_2^2$	$W_x = \frac{b \cdot h^2}{6} = \frac{A \cdot h}{6}$ $W_y = \frac{b^2 \cdot h}{6} = \frac{A \cdot h}{6}$	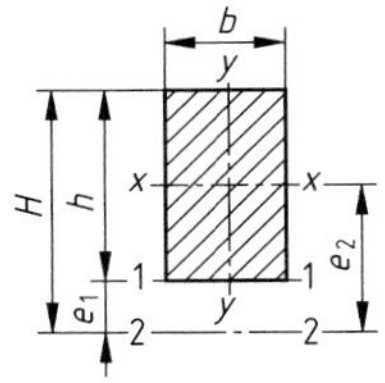
$I_x = I_y = I_1 = I_2 = \frac{h^4}{12}$ $I_3 = \frac{h^4}{3}$	$W_x = W_y = \frac{h^3}{6}$ $W_1 = W_2 = \sqrt{2} \cdot \frac{h^3}{12}$	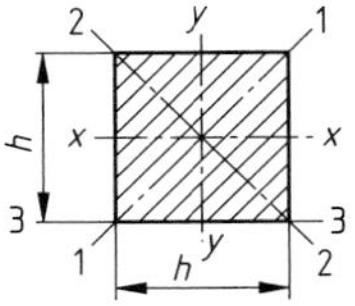
$I_x = I_y = I_1 = I_2 = \frac{H^4 - h^4}{12}$	$W_x = W_y = \frac{H^4 - h^4}{6 \cdot H}$ $W_1 = W_2 = \sqrt{2} \cdot \frac{H^4 - h^4}{12 \cdot H}$	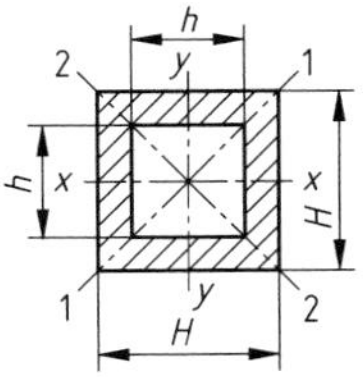
$I_x = \frac{1}{12} \cdot (B \cdot H^3 - b \cdot h^3)$	$W_x = \frac{1}{6 \cdot H} \cdot (B \cdot H^3 - b \cdot h^3)$	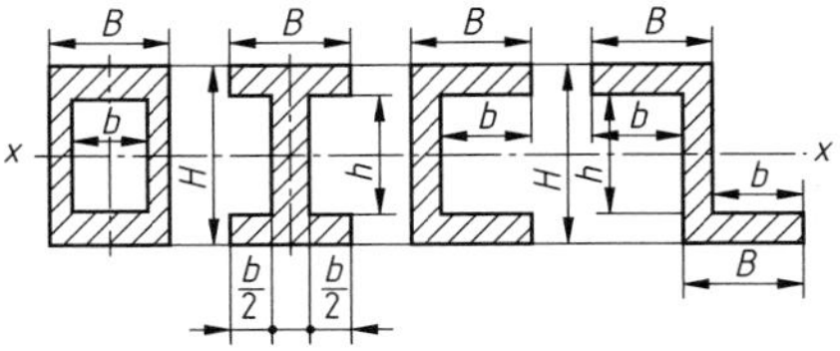
$I_x = I_y = \frac{\pi}{64} \cdot d^4 \approx \frac{d^4}{20}$	$W_x = W_y = \frac{\pi}{32} \cdot d^3 \approx \frac{d^3}{10}$	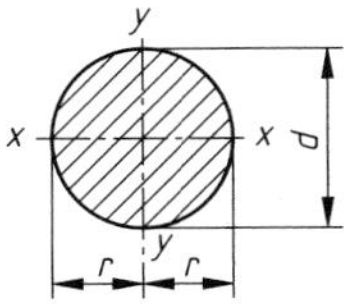
$I_x = I_y = \pi \cdot \frac{D^4 - d^4}{64}$ $I_x = I_y \approx \frac{D^4 - d^4}{20}$	$W_x = W_y = \pi \cdot \frac{D^4 - d^4}{32 \cdot D}$ $W_x = W_y \approx \frac{D^4 - d^4}{10 \cdot D}$	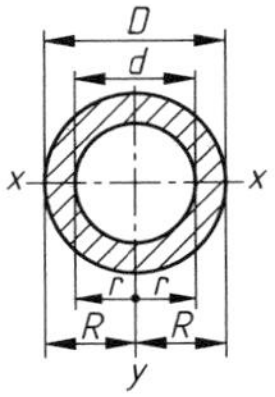

4

Festigkeitslehre (Fortsetzung)

DIN-Nummern häufiger Formstahl-Biegeprofile

Profilform u. DIN-Nummer	Bezeichnung, Normbereich	Profilform u. DIN-Nummer	Bezeichnung Normbereich	Profilform u. DIN-Nummer	Bezeichnung, Normbereich
DIN 1013 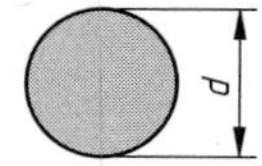	Rundstahl $d = 8 \cdots 200$	DIN 1014 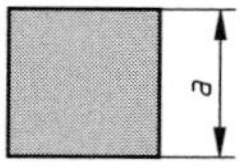	Vierkantstahl $a = 8 \cdots 120$	DIN 1015 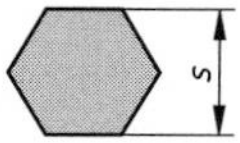	Sechskantstahl $s = 13 \cdots 103$
DIN 1017 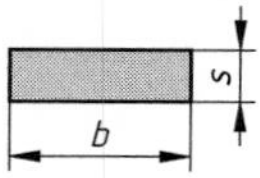	Flachstahl $b \times s = 10 \times 15 \cdots 150 \times 60$	DIN EN 10210 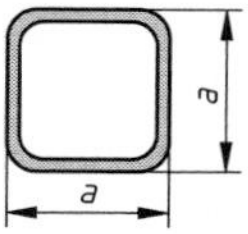	Hohlprofil (Quadratrohr) $a = 40 \cdots 400$	DIN 59410 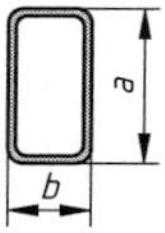	Hohlprofil (Rechteckrohr) $a \times b = 50 \times 20 \cdots 400 \times 260$
DIN EN 10055 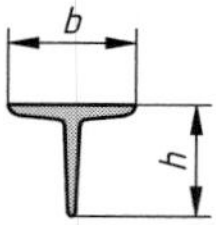	Hochstegiger T-Stahl $b = h = 20 \cdots 140$	DIN 1024 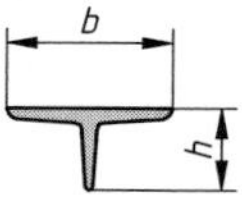	Breitfüßiger T-Stahl $b \times h = 60 \times 30 \cdots 120 \times 60$	DIN 59051 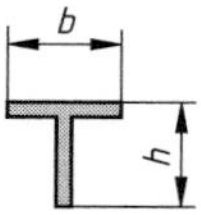	Scharfkantiger T-Stahl $b = h = 20 \cdots 40$
DIN 1026 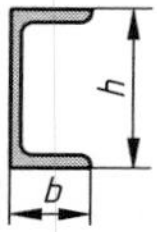	U-Stahl $h = 30 \cdots 400$	DIN 1027 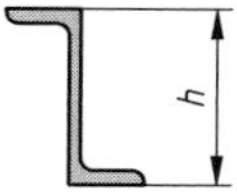	Z-Stahl $h = 30 \cdots 200$	DIN EN 10056 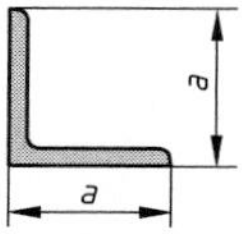	Gleichschenkliger Winkelstahl $a = 20 \cdots 200$
DIN EN 10056 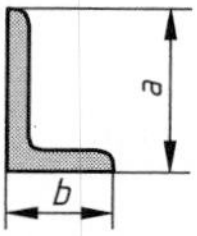	Ungleichschenkliger Winkelstahl $a \times b = 30 \times 20 \cdots 200 \times 100$	DIN 1022 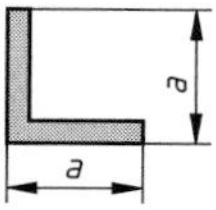	Scharfkantiger Winkelstahl $a = 20 \cdots 50$	DIN 1025 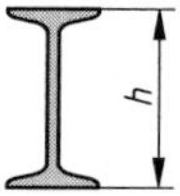	Schmaler I-Träger (I-Reihe) $h = 80 \cdots 600$
DIN 1025 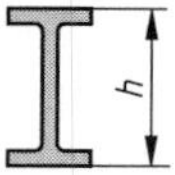	Mittelbreiter I-Träger (IPE-Reihe) $h = 80 \cdots 600$	DIN 1025 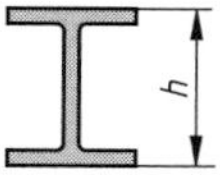	Breiter I-Träger (IPB-Reihe) $h = 100 \cdots 1000$	DIN 1025 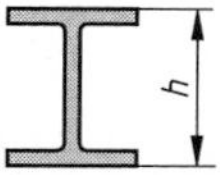	Breiter I-Träger (IPBI-Reihe) $h = 100 \cdots 1000$

4

Wichtige Aluminiumprofile

Für den **Metallbau** werden im Stranggussverfahren die vielfältigsten Profile sowohl mit runden Kanten als auch scharfen Kanten geliefert. Vollständige Tabellen mit den **Größen für die Festigkeitsberechnung** enthalten die einschlägigen DIN-Normen. Nebenstehende Bilder zeigen wichtige Querschnitte mit DIN-Nummern.

L-Profile DIN 1771	U-Profile DIN 9713	T-Profile DIN 9714
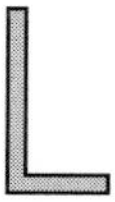		

Stahlrohre als Biegeprofile: (→ Rohrleitungen)
DIN 2440, DIN 2441, DIN 2448, DIN 2458, DIN 2391, DIN 2392, DIN 2393 u.a.

Festigkeitslehre (Fortsetzung)

Profilstahl-Tabelle 1: Hochstegiger T-Stahl (Auszug nach DIN EN 10055, 12.95)

Statischer Wert	Formelzeichen	Einheit
Flächenmoment 2. Grades	I	cm^4
Widerstandsmoment	W	cm^3
Trägheitsradius	i	cm
Randabstand	e	cm
Querschnittsfläche	A, S	cm^2
Metermasse (→ längenbezogene Masse)	m'	kg/m

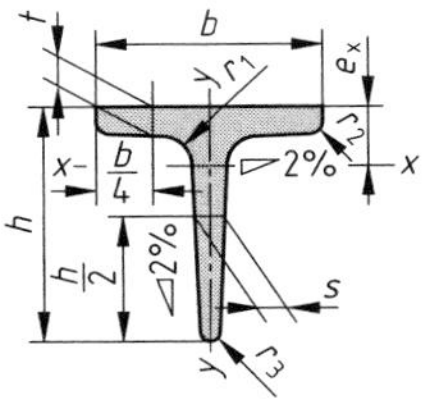

$r_1 = s$, $r_2 \approx \frac{s}{2}$, $r_3 \approx \frac{s}{4}$

Kurzzeichen	Abmessungen in mm $h = b$	$s = t$ r_1	r_3	Querschnitt A, S cm^2	Metermasse m' kg/m	e_x cm	Für die Biegeachse $x-x$: I_x cm^4	W_x cm^3	i_x cm	$y-y$: I_y cm^4	W_y cm^3	i_y cm
T 20	20	3	1	1,12	0,88	0,58	0,38	0,27	0,58	0,20	0,20	0,42
T 25	25	3,5	1	1,64	1,29	0,73	0,87	0,49	0,73	0,43	0,34	0,51
T 30	30	4	1	2,26	1,77	0,85	1,72	0,80	0,87	0,87	0,58	0,62
T 35	35	4,5	1	2,97	2,33	0,99	3,10	1,23	1,04	1,57	0,90	0,73
T 40	40	5	1	3,77	2,96	1,12	5,28	1,84	1,18	2,58	1,29	0,83
T 45	45	5,5	1,5	4,67	3,67	1,26	8,13	2,51	1,32	4,01	1,78	0,93
T 50	50	6	1,5	5,66	4,44	1,39	12,1	3,36	1,46	6,06	2,42	1,03
T 60	60	7	2	7,94	6,23	1,66	23,8	5,48	1,73	12,2	4,07	1,24
T 70	70	8	2	10,6	8,32	1,94	44,5	8,79	2,05	22,1	6,32	1,44
T 80	80	9	2	13,6	10,7	2,22	73,7	12,8	2,33	37,0	9,25	1,65
T 90	90	10	2,5	17,1	13,4	2,48	119	18,2	2,64	58,5	13,0	1,85
T100	100	11	3	20,9	16,4	2,74	179	24,6	2,92	88,3	17,7	2,05
T120	120	13	3	29,6	23,2	3,28	366	42,0	3,51	178	29,7	2,45
T140	140	15	4	39,9	31,3	3,80	660	64,7	4,07	330	47,2	2,88

Profilstahl-Tabelle 2: U-Stahl (Auszug nach DIN 1026, 10.63)

Statische Werte entsprechend Profilstahl-Tabelle 1

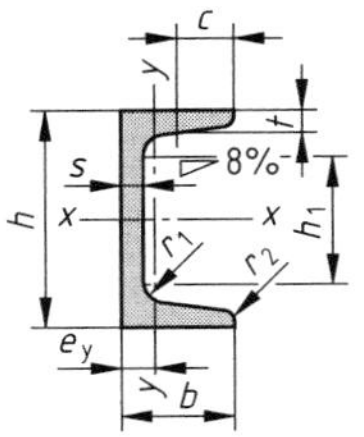

$r_1 = t$, $r_2 \approx \frac{t}{2}$, $c \approx \frac{b}{2}$

Kurzzeichen	Abmessungen in mm h	b	s	t	r_1	r_2	Querschnitt A, S cm^2	Meter-Masse m' kg/m	e_y cm	Für die Biegeachse $x-x$: I_x cm^4	W_x cm^3	i_x cm	$y-y$: I_y cm^4	W_y cm^3	i_y cm
U 40	40	35	5	7	7	3,5	6,21	4,87	1,33	14,1	7,05	1,50	6,68	3,08	1,04
U 50×25	50	25	5	6	6	3	4,92	3,86	0,81	16,8	6,73	1,85	2,49	1,48	0,71
U 50	50	38	5	7	7	3,5	7,12	5,59	1,37	26,4	10,6	1,92	9,12	3,75	1,13
U 60	60	30	6	6	6	3	6,46	5,07	0,91	31,6	10,5	2,21	4,51	2,16	0,84
U 65	65	42	5,5	7,5	7,5	4	9,03	7,09	1,42	57,5	17,7	2,52	14,1	5,07	1,25
U 80	80	45	6	8	8	4	11,0	8,64	1,45	106	26,5	3,10	19,4	6,36	1,33
U100	100	50	6	8,5	8,5	4,5	13,5	10,6	1,55	206	41,2	3,91	29,3	8,49	1,47
U120	120	55	7	9	9	4,5	17,0	13,4	1,60	364	60,7	4,62	43,2	11,1	1,59
U140	140	60	7	10	10	5	20,4	16,0	1,75	605	86,4	5,45	62,7	14,8	1,75
U160	160	65	7,5	10,5	10,5	5,5	24,0	18,8	1,84	925	116	6,21	85,3	18,3	1,89
U180	180	70	8	11	11	5,5	28,0	22,0	1,92	1350	150	6,95	114	22,4	2,02
U200	200	75	8,5	11,5	11,5	6	32,2	25,3	2,01	1910	191	7,70	148	27,0	2,14
U220	220	80	9	12,5	12,5	6,5	37,4	29,4	2,14	2690	245	8,48	197	33,6	2,30

Festigkeitslehre (Fortsetzung)

Profilstahl-Tabelle 3: Z-Stahl (Auszug nach DIN 1027, 10.63)

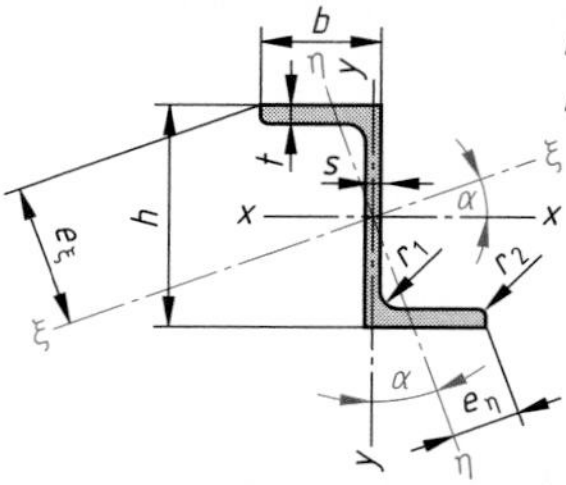

$r_1 = t$

$r_2 \approx \frac{t}{2}$

Statische Werte entsprechend Profilstahl-Tabelle 1

e_ξ, e_η Randabstände zu den Hauptachsen

I_{xy} = Flächenzentrifugalmoment in cm^4

Kurzzeichen	Abmessungen in mm						Querschnitt	Metermasse	Lage der Achse	Abstände der Achsen		Zentrifugalmoment
										$\xi - \xi$	$\eta - \eta$	
	h	b	s	t	r_1	r_2	A, S cm^2	m' kg/m	$\eta - \eta$ $\tan\alpha$	e_ξ cm	e_η cm	I_{xy} cm^4
Z 30	30	38	4	4,5	4,5	2,5	4,32	3,39	1,655	3,86	0,58	7,35
Z 40	40	40	4,5	5	5	2,5	5,43	4,26	1,181	4,17	0,91	12,2
Z 50	50	43	5	5,5	5,5	3	6,77	5,31	0,939	4,60	1,24	19,6
Z 60	60	45	5	6	6	3	7,91	6,21	0,779	4,98	1,51	28,8
Z 80	80	50	6	7	7	3,5	11,1	8,71	0,558	5,83	2,02	55,6
Z100	100	55	6,5	8	8	4	14,5	11,4	0,492	6,77	2,43	97,2
Z120	120	60	7	9	9	4,5	18,2	14,3	0,433	7,75	2,80	158
Z140	140	65	8	10	10	5	22,9	18,0	0,385	8,72	3,18	239

4

Kurzzeichen	Statistische Werte für die Biegeachse											
	$x - x$			$y - y$			$\xi - \xi$			$\eta - \eta$		
	I_x cm^4	W_x cm^3	i_x cm	I_y cm^4	W_y cm^3	i_y cm	I_ξ cm^4	W_ξ cm^3	i_ξ cm	I_η cm^4	W_η cm^3	i_η cm
Z 30	5,96	3,97	1,17	13,7	3,80	1,78	18,1	4,69	2,04	1,54	1,11	0,60
Z 40	13,5	6,75	1,58	17,6	4,66	1,80	28,0	6,72	2,27	3,05	1,83	0,75
Z 50	26,3	10,5	1,97	23,8	5,88	1,88	44,9	9,76	2,57	5,23	2,76	0,88
Z 60	44,7	14,9	2,38	30,1	7,09	1,95	67,2	13,5	2,81	7,60	3,73	0,98
Z 80	109	27,3	3,13	47,4	10,1	2,07	142	24,4	3,58	14,7	6,44	1,15
Z100	222	44,4	3,91	72,5	14,0	2,24	270	39,8	4,31	24,6	9,26	1,30
Z120	402	67,0	4,70	106	18,8	2,42	470	60,6	5,08	37,7	12,5	1,44
Z140	676	96,6	5,43	148	24,3	2,54	768	88,0	5,79	56,4	16,6	1,57

Profilstahl-Tabelle 4: Breite I-Träger (Auszug nach DIN 1025, Blatt 2, 03.94)

Statische Werte entsprechend Profilstahl-Tabelle 1

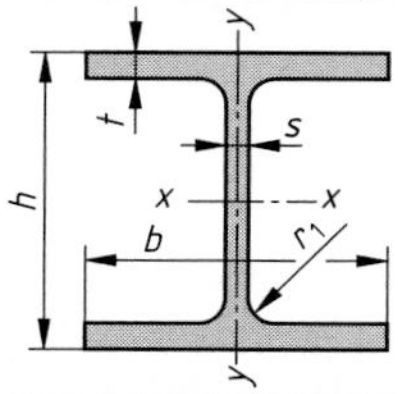

$r_1 \approx 2 \cdot s$

Kurzzeichen	Abmessungen in mm					Querschnitt	Metermasse	Statische Werte für die Biegeachse					
								$x - x$			$y - y$		
	h	b	s	t	r_1	A, S cm^2	m' kg/m	I_x cm^4	W_x cm^3	i_x cm	I_y cm^4	W_y cm^3	i_y cm
IPB100	100	100	6	10	12	26,0	20,4	450	89,9	4,16	167	33,5	2,53
IPB120	120	120	6,5	11	12	34,0	26,7	864	144	5,04	318	52,9	3,06
IPB140	140	140	7	12	12	43,0	33,7	1510	216	5,93	550	78,5	3,58
IPB160	160	160	8	13	15	54,3	42,6	2490	311	6,78	889	111	4,05
IPB180	180	180	8,5	14	15	65,3	51,2	3830	426	7,66	1360	151	4,57
IPB200	200	200	9	15	18	78,1	61,3	5700	570	8,54	2000	200	5,07

Festigkeitslehre (Fortsetzung)

Profilstahl-Tabelle 5: Schmale I-Träger (Auszug nach DIN 1025, Blatt 1, 10.63)

Statische Werte entsprechend Profilstahl-Tabelle 1

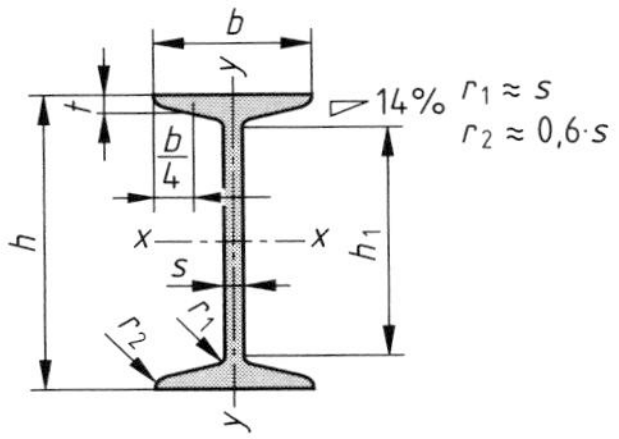

Kurzzeichen	Abmessungen in mm						Querschnitt	Metermasse	Statische Werte für die Biegeachse					
									$x-x$			$y-y$		
	h	b	s	t	r_1	r_2	A, S cm²	m' kg/m	I_x cm⁴	W_x cm³	i_x cm	I_y cm⁴	W_y cm³	i_y cm
I 80	80	42	3,9	5,9	3,9	2,3	7,57	5,94	77,8	19,5	3,20	6,29	3,00	0,91
I 100	100	50	4,5	6,8	4,5	2,7	10,6	8,34	171	34,2	4,01	12,2	4,88	1,07
I 120	120	58	5,1	7,7	5,1	3,1	14,2	11,1	328	54,7	4,81	21,5	7,41	1,23
I 140	140	66	5,7	8,6	5,7	3,4	18,2	14,3	573	81,9	5,61	35,2	10,7	1,40
I 160	160	74	6,3	9,5	6,3	3,8	22,8	17,9	935	117	6,40	54,7	14,8	1,55
I 180	180	82	6,9	10,4	6,9	4,1	27,9	21,9	1450	161	7,20	81,3	19,8	1,71
I 200	200	90	7,5	11,3	7,5	4,5	33,4	26,2	2140	214	8,00	117	26,0	1,87
I 220	220	98	8,1	12,2	8,1	4,9	39,5	31,1	3060	278	8,80	162	33,1	2,02
I 240	240	106	8,7	13,1	8,7	5,2	46,1	36,2	4250	354	9,59	221	41,7	2,20
I 260	260	113	9,4	14,1	9,4	5,6	53,3	41,9	5740	442	10,4	288	51,0	2,32
I 280	280	119	10,1	15,2	10,1	6,1	61,0	47,9	7590	542	11,1	364	61,2	2,45
I 300	300	125	10,8	16,2	10,8	6,5	69,0	54,2	9800	653	11,9	451	72,2	2,56
I 320	320	131	11,5	17,3	11,5	6,9	77,7	61,0	12510	782	12,7	555	84,7	2,67
I 340	340	137	12,2	18,3	12,2	7,3	86,7	68,0	15700	923	13,5	674	98,4	2,80
I 360	360	143	13,0	19,5	13,0	7,8	97,0	76,1	19610	1090	14,2	818	114	2,90

Profilstahl-Tabelle 6: Gleichschenkliger Winkelstahl (Auszug nach DIN EN 10056, 10.98)

Statische Werte entsprechend Profilstahl-Tabelle 1
und Profilstahl-Tabelle 3

$\alpha = 45°$

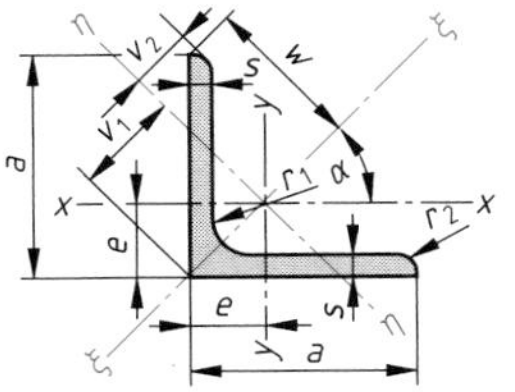

Kurzzeichen	Abmessungen in mm				Querschnitt	Metermasse	Achsabstände in cm				Statische Werte für die Biegeachse							
											$x-x=y-y$			$\xi-\xi$		$\eta-\eta$		
	a	s	r_1	r_2	A, S cm²	m' kg/m	e	w	v_1	v_2	I_x I_y cm⁴	W_x W_y cm³	i_x i_y cm	I_ξ cm⁴	W_ξ cm³	I_η cm⁴	W_η cm³	i_η cm
L 20× 3	20	3	3,5	2	1,12	0,88	0,60	1,41	0,85	0,70	0,39	0,28	0,59	0,62	0,74	0,15	0,18	0,37
L 25× 3	25	3	3,5	2	1,42	1,12	0,73	1,77	1,03	0,87	0,79	0,45	0,75	1,27	0,95	0,31	0,30	0,47
L 30× 3	30	3	5	2,5	1,74	1,36	0,84	2,12	1,18	1,04	1,41	0,65	0,90	2,24	1,14	0,57	0,48	0,57
L 35× 4	35	4	5	2,5	2,67	2,1	1,00	2,47	1,41	1,24	2,96	1,18	1,05	4,68	1,33	1,24	0,88	0,68
L 40× 4	40	4	6	3	3,08	2,42	1,12	2,83	1,58	1,40	4,48	1,55	1,21	7,09	1,52	1,86	1,18	0,78
L 45× 5	45	5	7	3,5	4,3	3,38	1,28	3,18	1,81	1,58	7,83	2,43	1,35	12,4	1,70	3,25	1,80	0,87
L 50× 5	50	5	7	3,5	4,8	3,77	1,40	3,54	1,98	1,76	11,0	3,05	1,51	17,4	1,90	4,59	2,32	0,98
L 60× 6	60	6	8	4	6,91	5,42	1,69	4,24	2,39	2,11	22,8	5,29	1,82	36,1	2,29	9,43	3,95	1,17
L 70× 7	70	7	9	4,5	9,4	7,38	1,97	4,95	2,79	2,47	42,4	8,43	2,12	67,1	2,67	17,6	6,31	1,37
L 80× 8	80	8	10	5	12,3	9,66	2,26	5,66	3,20	2,82	72,3	12,6	2,42	115	3,06	29,6	9,25	1,55
L 90× 9	90	9	11	5,5	15,5	12,2	2,54	6,36	3,59	3,18	116	18,0	2,74	184	3,45	47,8	13,3	1,76
L100×10	100	10	12	6	19,2	15,1	2,82	7,07	3,99	3,54	177	24,7	3,04	280	3,82	73,3	18,4	1,95

Festigkeitslehre (Fortsetzung)

Profilstahl-Tabelle 7: Ungleichschenkliger Winkelstahl (Auszug nach DIN EN 10056, 10.98)

Statische Werte entsprechend Profilstahl-Tabelle 1 und Profilstahl-Tabelle 3

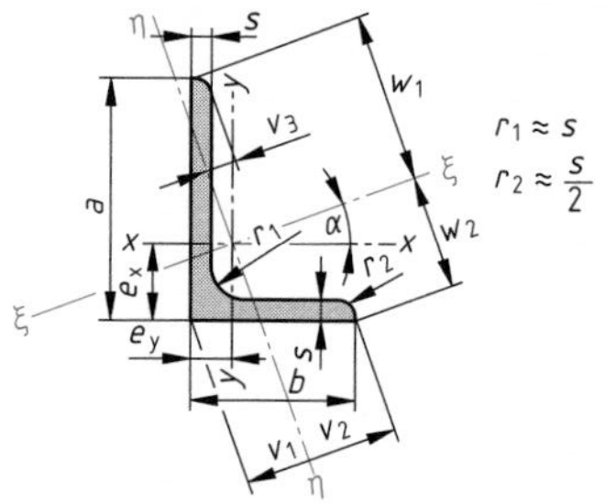

$r_1 \approx s$

$r_2 \approx \frac{s}{2}$

Kurzzeichen	Abmessungen in mm					Querschnitt	Metermasse	Abstände der Achsen							Lage der Achse	Statische Werte für die Biegeachse										
																x – x			y – y			ξ – ξ		η – η		
	a	b	s	r_1	r_2	A, S cm²	m' kg/m	e_x cm	e_y cm	w_1 cm	w_2 cm	v_1 cm	v_2 cm	v_3 cm	$\eta - \eta$ tan α	I_x cm⁴	W_x cm³	i_x cm	I_y cm⁴	W_y cm³	i_y cm	I_ξ cm⁴	i_ξ cm	I_η cm⁴	i_η cm
L 30×20× 3	30	20	3	3,5	2	1,42	1,11	0,99	0,50	2,04	1,51	0,86	1,04	0,56	0,431	1,25	0,62	0,94	0,44	0,29	0,56	1,43	1,00	0,25	0,42
L 30×20× 4	30	20	4	3,5	2	1,85	1,45	1,03	0,54	2,02	1,52	0,91	1,03	0,58	0,423	1,59	0,81	0,93	0,55	0,38	0,55	1,81	0,99	0,33	0,42
L 40×20× 3	40	20	3	3,5	2	1,72	1,35	1,43	0,44	2,61	1,77	0,79	1,19	0,46	0,259	2,79	1,08	1,27	0,47	0,30	0,52	2,96	1,31	0,30	0,42
L 40×20× 4	40	20	4	3,5	2	2,25	1,77	1,47	0,48	2,57	1,80	0,83	1,18	0,50	0,252	3,59	1,42	1,26	0,60	0,39	0,52	3,79	1,30	0,39	0,42
L 45×30× 4	45	30	4	4,5	2	2,87	2,25	1,48	0,74	3,07	2,26	1,27	1,58	0,83	0,436	5,78	1,91	1,42	2,05	0,91	0,85	6,65	1,52	1,18	0,64
L 45×30× 5	45	30	5	4,5	2	3,53	2,77	1,52	0,78	3,05	2,27	1,32	1,58	0,85	0,430	6,99	2,35	1,41	2,47	1,11	0,84	8,02	1,51	1,44	0,64
L 50×30× 4	50	30	4	4,5	2	3,07	2,41	1,68	0,70	3,36	2,35	1,24	1,67	0,78	0,356	7,71	2,33	1,59	2,09	0,91	0,82	8,53	1,67	1,27	0,64
L 50×30× 5	50	30	5	4,5	2	3,78	2,96	1,73	0,74	3,33	2,38	1,28	1,66	0,80	0,353	9,41	2,88	1,58	2,54	1,12	0,82	10,4	1,66	1,56	0,64
L 50×40× 5	50	40	5	4	2	4,27	3,35	1,56	1,07	3,49	2,88	1,73	1,84	1,27	0,625	10,4	3,02	1,56	5,89	2,01	1,18	13,3	1,76	3,02	0,84
L 60×30× 5	60	30	5	6	3	4,29	3,37	2,15	0,68	3,90	2,67	1,20	1,77	0,72	0,256	15,6	4,04	1,90	2,60	1,12	0,78	16,5	1,96	1,69	0,63
L 60×40× 5	60	40	5	6	3	4,79	3,76	1,96	0,97	4,08	3,01	1,68	2,09	1,10	0,437	17,2	4,25	1,89	6,11	2,02	1,13	19,8	2,03	3,50	0,86
L 60×40× 6	60	40	6	6	3	5,68	4,46	2,00	1,01	4,06	3,02	1,72	2,08	1,12	0,433	20,1	5,03	1,88	7,12	2,38	1,12	23,1	2,02	4,12	0,85
L 65×50× 5	65	50	5	6	3	5,54	4,35	1,99	1,25	4,52	3,61	2,08	2,38	1,50	0,583	23,1	5,11	2,04	11,9	3,18	1,47	28,8	2,28	6,21	1,06
L 70×50× 6	70	50	6	6	3	6,88	5,40	2,24	1,25	4,82	3,68	2,20	2,52	1,42	0,497	33,5	7,04	2,21	14,3	3,81	1,44	39,9	2,41	7,94	1,07
L 75×50× 7	75	50	7	6,5	3,5	8,30	6,51	2,48	1,25	5,10	3,77	2,13	2,63	1,38	0,433	46,4	9,24	2,36	16,5	4,39	1,41	53,3	2,53	9,56	1,07
L 75×55× 5	75	55	5	7	3,5	6,30	4,95	2,31	1,33	5,19	4,00	2,27	2,71	1,58	0,530	35,5	6,84	2,37	16,2	3,89	1,60	43,1	2,61	8,68	1,17
L 75×55× 7	75	55	7	7	3,5	8,66	6,80	2,40	1,41	5,16	4,02	2,37	2,70	1,62	0,525	47,9	9,39	2,35	21,8	5,52	1,59	57,9	2,59	11,8	1,17
L 75×55× 9	75	55	9	7	3,5	10,9	8,59	2,47	1,48	5,14	4,04	2,46	2,70	1,66	0,518	59,4	11,8	2,33	26,8	6,66	1,57	71,3	2,55	14,8	1,16
L 80×40× 6	80	40	6	7	3,5	6,89	5,41	2,85	0,88	5,21	3,53	1,55	2,42	0,89	0,259	44,9	8,73	2,55	7,59	2,44	1,05	47,6	2,63	4,90	0,84
L 80×40× 8	80	40	8	7	3,5	9,01	7,07	2,94	0,95	5,15	3,57	1,65	2,38	1,04	0,253	57,6	11,4	2,53	9,68	3,18	1,04	60,9	2,60	6,41	0,84
L 80×60× 7	80	60	7	8	4	9,38	7,36	2,51	1,52	5,55	4,42	2,70	2,92	1,68	0,546	59,0	10,7	2,51	28,4	6,34	1,74	72,0	2,77	15,4	1,28
L 80×65× 8	80	65	8	8	4	11,0	8,66	2,47	1,73	5,59	4,65	2,79	2,94	2,05	0,645	68,1	12,3	2,49	40,1	8,41	1,91	88,0	2,82	20,3	1,36
L 90×60× 6	90	60	6	7	3,5	8,69	6,82	2,89	1,41	6,14	4,50	2,46	3,16	1,60	0,442	71,7	11,7	2,87	25,8	5,61	1,72	82,8	3,09	14,6	1,30
L 90×60× 8	90	60	8	7	3,5	11,4	8,96	2,97	1,49	6,11	4,54	2,56	3,15	1,69	0,437	92,5	15,4	2,85	33,0	7,31	1,70	107	3,06	19,0	1,29
L100×50× 6	100	50	6	9	4,5	8,73	6,85	3,49	1,04	6,50	4,39	1,91	2,98	1,15	0,263	89,7	13,8	3,20	15,3	3,86	1,32	95,2	3,30	9,78	1,06
L100×50× 8	100	50	8	9	4,5	11,5	8,99	3,59	1,13	6,48	4,44	2,00	2,95	1,18	0,258	116	18,0	3,18	19,5	5,04	1,31	123	3,28	12,6	1,05
L100×50×10	100	50	10	9	4,5	14,1	11,1	3,67	1,20	6,43	4,49	2,08	2,91	1,22	0,252	141	22,2	3,16	23,4	6,17	1,29	149	3,25	15,5	1,04
L100×65× 7	100	65	7	10	5	11,2	8,77	3,23	1,51	6,83	4,91	2,66	3,48	1,73	0,419	113	16,6	3,17	37,6	7,54	1,84	128	3,39	21,6	1,39

4

Festigkeitslehre (Fortsetzung)

Trägheits- und Widerstandsmomente zusammengesetzter Flächen: (→ Massenträgheitsmoment)

$I = \Sigma I_i = I_1 + I_2 + \ldots$ **Gesamtträgheitsmoment** in mm^4

Gesamtträgheitsmoment gleich Summe aller Einzelträgheitsmomente.

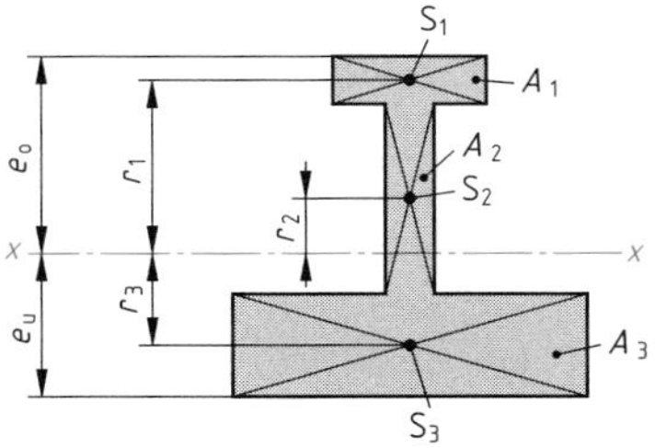

Steiner'scher Verschiebungssatz

$I_1 = I_{1\,\text{eigen}} + A_1 \cdot r_1^2$ $\quad I_2 = I_{2\,\text{eigen}} + A_2 \cdot r_2^2$ …

$W_{xo} = \dfrac{I}{e_o}$ $\quad W_{xu} = \dfrac{I}{e_u}$ **Widerstandsmomente** in mm^3

Die beiden Widerstandsmomente errechnen sich aus den Quotienten des Gesamtträgheitsmomentes und der beiden Randabstände.

Durchbiegung und Neigungswinkel

Umfangreiche Tabellen befinden sich in technischen Handbüchern, z. B. Dubbel.

Krümmungsradius und Biegesteifigkeit:

$\varrho = \dfrac{E \cdot I}{M_b}$ **Krümmungsradius der Biegelinie** in mm

$B = E \cdot I$ **Biegesteifigkeit** in N · mm^2

$f \sim \dfrac{1}{\varrho} \sim \dfrac{n \cdot M_b}{i \cdot E \cdot I}$ **Durchbiegung** in mm

E	Elastizitätsmodul	N/mm^2
I	Flächenmoment 2. Grades (Flächenträgheitsmoment)	mm^4
M_b	Biegemoment	N mm
f	Durchbiegung	mm
n, i	Proportionalitätsfaktoren	1
α	Neigungswinkel	rad

Freiträger mit einer Einzellast am Trägerende:

$f = \dfrac{F \cdot l^3}{3 \cdot E \cdot I}$ in mm $\quad \alpha = \dfrac{F \cdot l^2}{2 \cdot E \cdot I}$ in rad

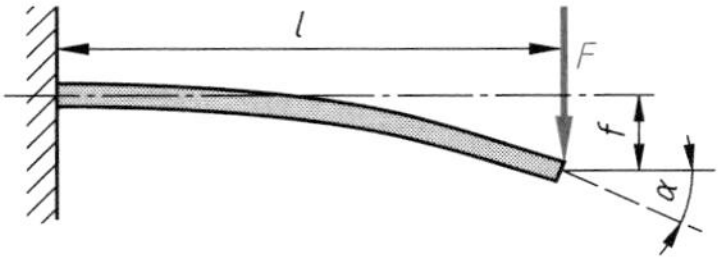

Freiträger mit konstanter Streckenlast:

$f = \dfrac{q \cdot l^4}{8 \cdot E \cdot I}$ in mm $\quad \alpha = \dfrac{q \cdot l^3}{6 \cdot E \cdot I}$ in rad $\quad q$ in $\dfrac{\text{N}}{\text{m}}$

$f_x = \dfrac{q \cdot l^4}{24 \cdot E \cdot I} \cdot \left[3 - 4 \cdot \dfrac{x}{l} + \left(\dfrac{x}{l}\right)^4\right]$ **Durchbiegung bei *x***

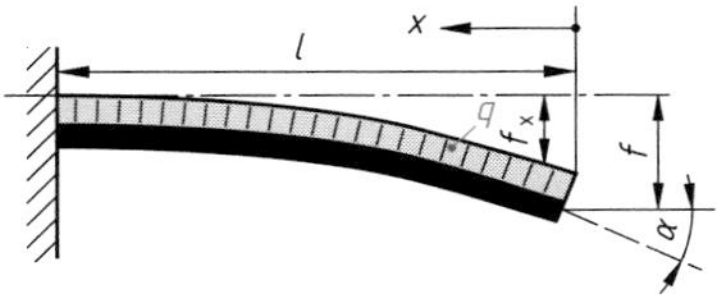

Stützträger mit Einzellast in Trägermitte:

$f = \dfrac{F \cdot l^3}{48 \cdot E \cdot I}$ in mm $\quad \alpha = \dfrac{F \cdot l^2}{16 \cdot E \cdot I}$ in rad

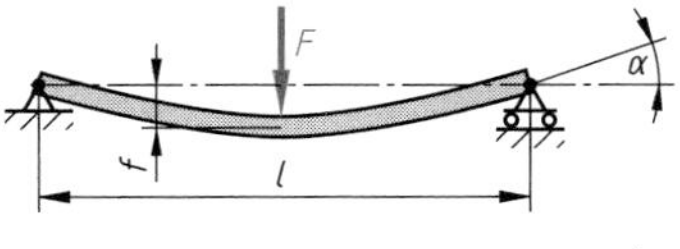

Stützträger mit konstanter Streckenlast:

$f = \dfrac{5}{384} \cdot \dfrac{q \cdot l^4}{E \cdot I}$ in mm $\quad \alpha = \dfrac{q \cdot l^3}{24 \cdot E \cdot I}$ in rad

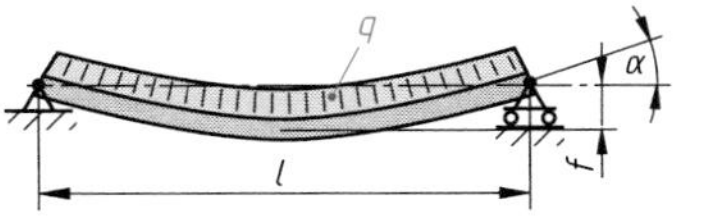

$f_{ges} = \Sigma F$ **resultierende Durchbiegung bei einachsiger Biegung**

Torsion

Bei Torsionsbeanspruchung wirkt in jedem Querschnitt dem äußeren **Drehmoment** M_d ein gleich großes inneres Moment, das **Torsionsmoment** M_t, entgegen.

$M_d = M_t$ (→ Drehmoment)

4

Festigkeitslehre (Fortsetzung)

Verteilung und Berechnung der Torsionsspannung:

$\frac{\tau_t}{\tau} = \frac{r}{\varrho} \rightarrow$ Im torsionsbeanspruchten Querschnitt nimmt die Spannung linear mit dem Radius zu.

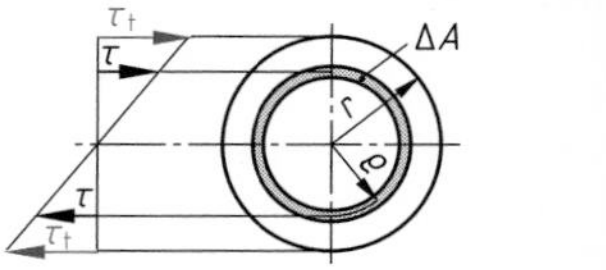

$$\tau_t = \frac{M_t}{W_p}$$ **Torsionshauptgleichung**

$$W_p = \frac{I_p}{r}$$ **polares Widerstandsmoment**

$$I_p = I_x + I_y$$ **polares Trägheitsmoment**

$$W_p = \frac{\pi}{16} \cdot d^3 \approx \frac{d^3}{5}$$ **polares Widerstandsmoment Kreisquerschnitt** (linkes Bild)

τ_t	Torsionsspannung	N/mm^2
r	größter Radius (Außenradius)	mm
M_t	Torsionsmoment	N mm
W_p	polares Widerstandsmoment	mm^3
I_p	polares Trägheitsmoment	mm^4
I_x, I_y	äquatoriale Trägheitsmomente (Flächenmomente 2. Grades)	mm^4

$$W_p = \frac{\pi}{16} \cdot \frac{D^4 - d^4}{D} \approx \frac{D^4 - d^4}{5 \cdot D}$$ **polares Widerstandsmoment Kreisringquerschnitt** (rechtes Bild)

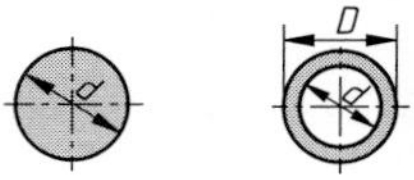

Verformung bei Torsion:

$$\frac{1}{G} = 2 \cdot \frac{1/\mu + 1}{1/\mu} \cdot \frac{1}{E}$$ **Zusammenhang zwischen Gleitmodul und Elastizitätsmodul**

$$G = 0{,}385 \cdot E$$ $\rightarrow$ bei $\mu = 0{,}3$

$$\varphi = \frac{M_t \cdot l \cdot 180°}{G \cdot I_p \cdot \pi}$$ **Verdrehwinkel** in Grad

G	Gleitmodul	s. Seiten 191 ... 193	N/mm^2
E	Elastizitätsmodul	s. Seiten 191 ... 193	N/mm^2
μ	Poissonsche Zahl	s. Seiten 191 ... 193	1
M_t	Torsionsmoment		N mm
l	Länge des Bauteils		mm
G	Gleitmodul		N/mm^2
I_p	polares Trägheitsmoment		mm^4

Die **zulässige Torsionsspannung** τ_{tzul} darf bei Einhaltung von φ_{zul} nicht überschritten werden!

4

Knickung

Einspannungsfall und freie Knicklänge:

Knickung ist ein seitliches Ausweichen eines auf **Druck** beanspruchten Stabes. Knickung kann bereits dann eintreten, wenn die zulässige Druckspannung $\sigma_{d\,zul}$ noch nicht erreicht ist.
Hauptkriterium bei Knickung sind die **Einspannungsfälle nach Euler** gemäß nebenstehendem Bild und nachfolgender Tabelle.

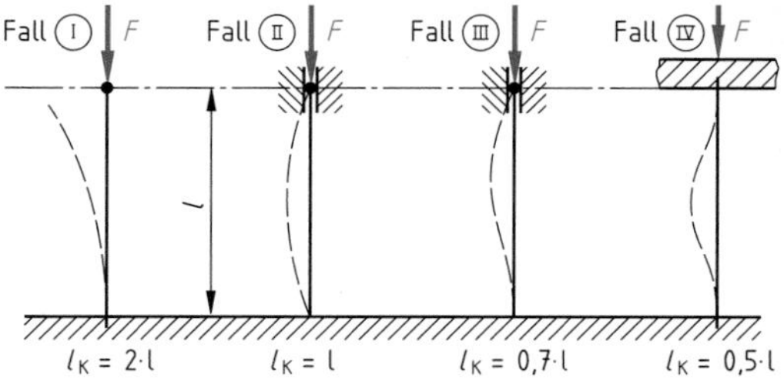

Zuordnung einer freien Knicklänge l_K zum Einspannungsfall:

- (I) $\rightarrow$ Stab ist auf einer Seite fest eingespannt, auf der anderen Seite frei $\rightarrow$ $l_K = 2 \cdot l$
- (II) $\rightarrow$ Stab ist beidseitig gelenkig gelagert $\rightarrow$ $l_K = l$
- (III) $\rightarrow$ Stab ist einseitig eingespannt, auf der anderen Seite gelenkig gelagert $\rightarrow$ $l_K = 0{,}7 \cdot l$
- (IV) $\rightarrow$ Stab ist auf beiden Seiten fest eingespannt $\rightarrow$ $l_K = 0{,}5 \cdot l$

Trägheitsradius und Schlankheitsgrad:

$$i_{min} = \sqrt{\frac{I_{min}}{S}}$$ **kleinster Trägheitsradius** in mm (s. Tabelle Seite 203)

Festigkeitslehre (Fortsetzung)

$$\lambda = \frac{l_K}{i_{min}}$$ **Schlankheitsgrad**

I_{min}	kleinstes Trägheitsmoment (kleinstes Flächenmoment 2. Grades)	mm^4
S	Stabquerschnitt	mm^2
l_K	freie Knicklänge	mm

Querschnitt S	Kreis	Kreisring	Rechteck	Quadrat	Profilstähle
kleinster Trägheitsradius i_{min}	$\frac{d}{4}$	$\frac{1}{4} \cdot \sqrt{\frac{D^4 - d^4}{D^2 - d^2}}$	$\sqrt{\frac{h^2}{12}}$ mit $b > h$	$\frac{a}{3{,}464}$	s. Profiltabellen Seiten 197 ... 200 (DIN-Normen)

Knickspannung bei elastischer Knickung (Eulerknickung):

$$\sigma_K = \frac{F_K}{S}$$ **Knickspannung** in N/mm²

$$F_K = \frac{\pi^2 \cdot E \cdot I_{min}}{l_K^2}$$ **Knickkraft** in N

$$\sigma_K = \frac{\pi^2 \cdot E \cdot I_{min}}{l_K^2 \cdot S}$$ **Knickspannung** in N/mm²

$$\nu_K = \frac{F_K}{F}$$ **Knicksicherheit**

$$\sigma_K = \frac{\pi^2 \cdot E}{\lambda^2}$$ **Knickspannung** in N/mm²

$$I_{min\,erf} = \frac{\nu_K \cdot F \cdot l_K^2}{E \cdot \pi^2}$$ in mm⁴ → **Dimensionierungsformel bei elastischer Knickung**

σ_K	Knickspannung	N/mm^2
F_K	Knickkraft	N
S	Stabquerschnitt	mm^2
E	Elastizitätsmodul	N/mm^2
I_{min}	kleinstes Trägheitsmoment	mm^4
l_K	freie Knicklänge	mm
ν_K	Knicksicherheit	1
λ	Schlankheitsgrad	1
F	achsiale Kraft, d.h. Druckkraft	N

Unelastische Knickung (Tetmajer-Knickung):

Bei der **unelastischen Knickung** liegt die Knickspannung über der Proportionalitätsgrenze für Druck σ_{dP}! Diese Grenze wird durch den **Grenzschlankheitsgrad** λ_g bestimmt.

$$\lambda_g = \sqrt{\frac{\pi^2 \cdot E}{\sigma_{dP}}}$$ **Grenzschlankheitsgrad** (s. nebenstehendes Bild)

λ_g ist werkstoffabhängig (s. folgende Tabelle)

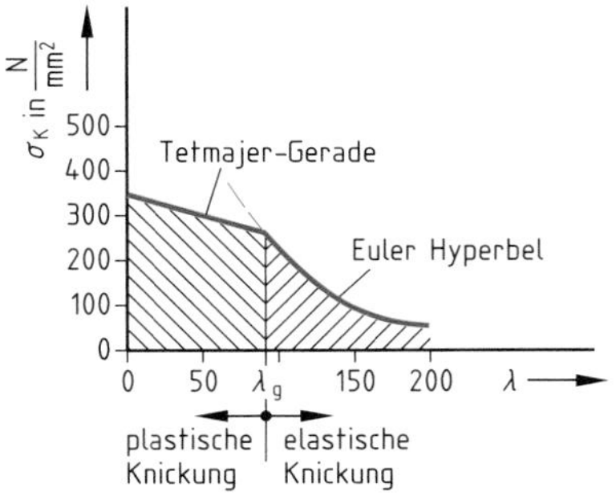

4

Entsprechend dem verwendeten **Werkstoff** werden die **folgenden Tetmajerformeln verwendet:**

Werkstoff	*E*-Modul in N/mm²	**Grenz-Schlankheitsgrad** λ_g	**Tetmajerformel** für σ_K in N/mm²
Grauguss	100000	80	$\sigma_K = 776 - 12 \cdot \lambda + 0{,}053 \cdot \lambda^2$
S235JRG1 (St 37-2)	210000	105	$\sigma_K = 310 - 1{,}14 \cdot \lambda$
E295 (St 50-2) und E335 (St 60-2)	210000	89	$\sigma_K = 335 - 0{,}62 \cdot \lambda$
Nickelstahl (bis 5% Ni)	210000	86	$\sigma_K = 470 - 2{,}3 \cdot \lambda$
Nadelholz	10000	100	$\sigma_K = 29{,}3 - 0{,}194 \cdot \lambda$

Festigkeitslehre (Fortsetzung)

Rechenschema bei einer Bauteilbeanspruchung auf Knickung:

a) $I_{\text{min erf}}$ mit der Euler-Formel berechnen und aus dem errechneten Wert eine erste Dimensionierung.
b) Kleinsten Trägheitsradius i_{min} und Schlankheitsgrad λ berechnen.
c) Wenn $\lambda < \lambda_g$ nach Tetmajer, wenn $\lambda \geq \lambda_g$ nach Euler berechnen.
d) Knicksicherheit ν_K ermitteln: $\nu_{\text{K vorh}} = \dfrac{\sigma_K}{\sigma_{\text{d vorh}}}$
e) Ist $\nu_{\text{K vorh}} < \nu_{\text{K erf}}$: durch Schätzung Querschnittsvergrößerung vornehmen.
f) Wurde eine Querschnittsvergrößerung vorgenommen, ab λ-Berechnung (Punkt b) neu rechnen.
g) Querschnittsvergrößerungen sind solange fortzusetzen, bis die erforderliche Knicksicherheit $\nu_{\text{K erf}}$ erreicht ist.

Zusammengesetzte Beanspruchungen

Biegung und Zug sowie Biegung und Druck:

$$\sigma_{\text{res z1}} = \sigma_{bz} + \sigma_z = \frac{M_b}{W} + \frac{F_z}{S}$$

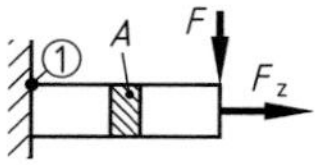

$$\sigma_{\text{res d2}} = \sigma_{bd} - \sigma_z = \frac{M_b}{W} - \frac{F_z}{S}$$

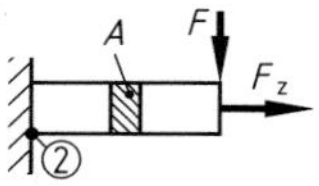

$$\sigma_{\text{res z1}} = \sigma_{bz} - \sigma_d = \frac{M_b}{W} - \frac{F_d}{S}$$

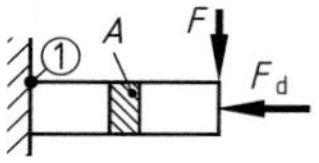

$$\sigma_{\text{res d2}} = \sigma_{bd} + \sigma_d = \frac{M_b}{W} + \frac{F_d}{S}$$

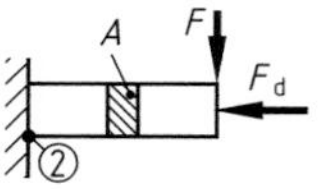

e_1	Randabstand im Biegespannungsschaubild	mm
σ_{bz}	Biegespannung (Zug)	N/mm²
$\sigma_{\text{res z}}$	resultierende Zugspannung	N/mm²
F	wirkende Zug- oder Druckkraft	N
I	Flächenträgheitsmoment	mm⁴
M_b	wirkendes Biegemoment	N mm
S	Querschnittsfläche	mm²
σ_z	Zugspannung	N/mm²
σ_d	Druckspannung	N/mm²
σ_{bd}	Biegespannung (Druck)	N/mm²

$$a = \frac{F \cdot I}{M_b \cdot S}$$ **Verschiebung der neutralen Faser** (s. nebenstehendes Bild)

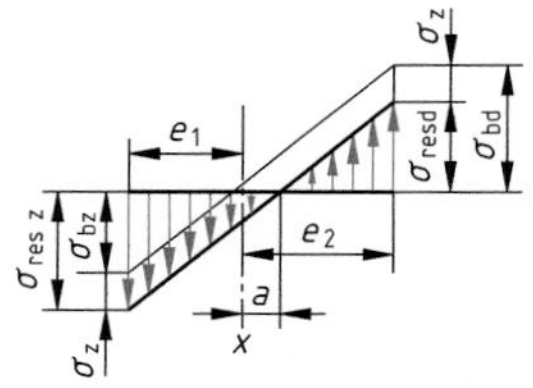

Beanspruchung auf Zug und Schub, Druck und Schub, Biegung und Schub:

Bei Normal- **und** Tangentialspannungen σ und τ wird mit dem **Spannungs-Pythagoras** (s. nebenstehendes Bild) eine **Vergleichsspannung** σ_v ermittelt.

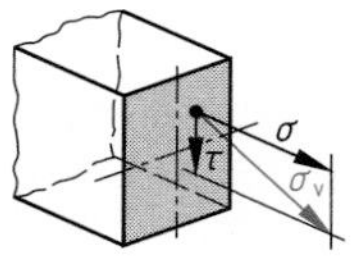

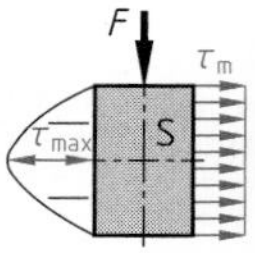

$$\sigma_v = \sqrt{\sigma^2_{\text{res max}} + \tau^2_m} \leq \sigma_{\text{zul}}$$ **Vergleichsspannung**

Die tatsächliche Spannungsverteilung bei Schub geht aus dem rechten Bild hervor. Es ist:

$$\tau_m = \frac{F}{S}$$ **mittlere Schubspannung**

$\sigma_{\text{res max}}$	größte Normalspannung aus Biegung und Zug bzw. Biegung und Druck	N/mm²
σ_{zul}	größte einzelne zulässige Normalspannung	N/mm²
τ_m	mittlere Schubspannung	N/mm²

Beanspruchung auf Biegung und Torsion:

Häufige Beanspruchungsart bei Wellen und Achsen. Meist wird nach der **Hypothese der größten Gestaltänderungsarbeit** gerechnet:

Festigkeitslehre (Fortsetzung)

$$\sigma_v = \sigma_b^2 + 3 \cdot (a_0 \cdot \tau_t)^2 \leq \sigma_{b\,zul}$$ **Vergleichsspannung**

$$a_0 = \frac{\sigma_{b\,zul}}{\sqrt{3} \cdot \tau_{t\,zul}}$$ **Anstrengungsverhältnis**

$$W_{erf} = \frac{M_v}{\sigma_{b\,zul}}$$ **erforderliches Widerstandsmoment**

σ_v	Vergleichsspannung	N/mm²
σ_b	vorhandene Biegespannung	N/mm²
τ_t	vorhandene Torsionsspannung	N/mm²
a_0	Anstrengungsverhältnis	1
$\sigma_{b\,zul}$	zulässige Biegespannung	N/mm²
$\tau_{t\,zul}$	zulässige Torsionsspannung	N/mm²
W_{erf}	erforderliches Widerstandsmoment	mm³
M_v	Vergleichsmoment	N mm
M_b	Biegemoment	N mm
M_t	Torsionsmoment	N mm

$$M_v = \sqrt{M_b^2 + 0{,}75 \cdot (a_0 \cdot M_t)^2}$$ **Vergleichsspannung für Kreis- und Kreisringquerschnitt**

Dynamische Beanspruchungen

Allgemeine dynamische Belastung und **Wöhler-Diagramm:**

Entsprechend nebenstehendem Bild ergibt sich:

$$\sigma_m = \frac{\sigma_o + \sigma_u}{2} \qquad \tau_m = \frac{\tau_o + \tau_u}{2}$$ **Mittelspannung** in N/mm²

$$\sigma_a = \pm\frac{\sigma_o - \sigma_u}{2} \qquad \tau_a = \pm\frac{\tau_o - \tau_u}{2}$$ **Spannungsausschlag** in N/mm²

$$\sigma_D = \sigma_m \pm \sigma_a \qquad \tau_D = \tau_m \pm \tau_a$$ **Dauerfestigkeit** in N/mm²

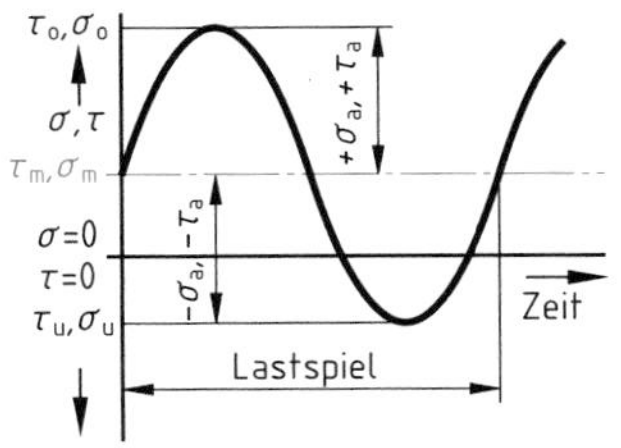

Dauerfestigkeit entspricht dem um eine Mittelspannung σ_m bzw. τ_m schwingenden größten Spannungsausschlag σ_a bzw. τ_a, den eine Probe unendlich oft aushält.

σ_o, τ_o	obere Grenzspannung	N/mm²
σ_u, τ_u	untere Grenzspannung	N/mm²

Nebenstehendes Bild erläutert die Begriffe:

Dauerfestigkeit → Eine bestimmte **Oberspannung** wird ab einer **Grenzlastwechselzahl** beliebig oft ausgehalten.

Zeitfestigkeit → Unterhalb der Grenzlastwechselzahl wird eine größere **Oberspannung** eine bestimmte Zeit ausgehalten.

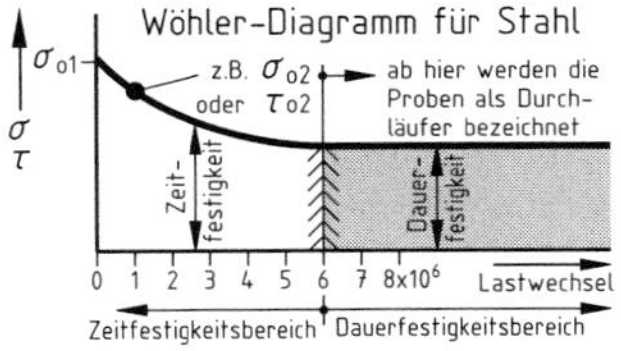

Zulässige Spannungen und erweiterter Sicherheitsbegriff:

$\sigma_D = \sigma_{St} = R_e$ → **Dauerfestigkeit im Belastungsfall I** (ruhend)
$\sigma_D = \sigma_{Sch}$ → **Dauerfestigkeit im Belastungsfall II** (schwellend)
$\sigma_D = \sigma_W$ → **Dauerfestigkeit im Belastungsfall III** (wechselnd)
$\sigma_D = \sigma_m \pm \sigma_a$ → **Dauerfestigkeit bei allgemeiner dynamischer Belastung** (obiges Bild)

} τ_D entsprechend und jeweils in N/mm²

Dauerfestigkeiten sind Grenzspannungen, die nicht überschritten werden dürfen. Deshalb wird auch hier mit einer Sicherheit ν_D gegen das Erreichen der Dauerfestigkeit gerechnet.

Bei Berücksichtigung der Dauerfestigkeit spricht man vom **erweiterten Sicherheitsbegriff**:

$$\nu_D = \frac{\sigma_D}{\sigma_{vorh\,max}} \qquad \nu_D = \frac{\tau_D}{\tau_{vorh\,max}}$$ **Sicherheit gegen das Erreichen der Dauerfestigkeit**

Gestaltfestigkeit:

Unter **Gestaltfestigkeit** versteht man die Dauerfestigkeit eines Bauteils bezogen auf seine spezielle Gestalt. Sie hängt von der **Größe des Bauteils** und von seiner **Oberflächengüte** ab. Auch der **Werkstoff** (spröde bis elastisch) spielt eine große Rolle.

Festigkeitslehre (Fortsetzung)

Oberflächeneinflussparameter b_1:

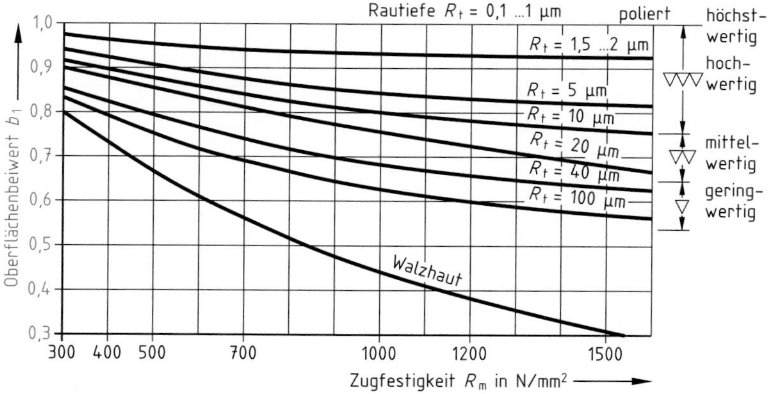

Größeneinflussparameter b_2 für Kreisquerschnitte:

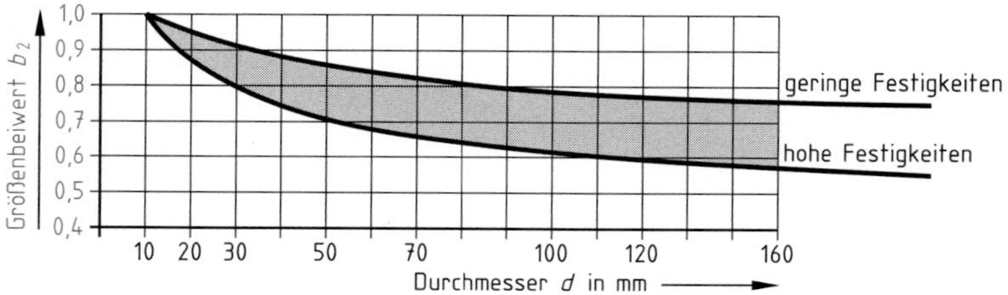

b_2 für andere Querschnitte in Fachliteratur.

4

$$\beta_K = 1 + (\alpha_K - 1) \cdot \eta_K$$ **Kerbwirkungszahl**

$$\sigma_{max} = \beta_K \cdot \sigma_n \qquad \tau_{max} = \beta_K \cdot \tau_n$$ **Maximalspannung im Kerbengrund** in N/mm² (nebenstehendes Bild)

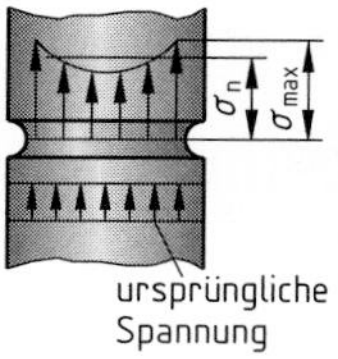

α_K = **Kerbformzahl** (folgende Tabelle und Bild neben dieser Tabelle)

Einige Kerbformzahlen
$\alpha_K = 1$ für gute Ausrundungen und geometrisch glatte Flächen
$\alpha_K = 1{,}4 \ldots 1{,}6$ Einstich für Seegerring
$\alpha_K = 1{,}3 \ldots 1{,}5$ Passfedernut DIN 6885 mit Auslauf
$\alpha_K = 1{,}8 \ldots 2{,}5$ Schrumpfsitz mit Nabe
$\alpha_K = 6$ für extrem scharfkantige Kerben

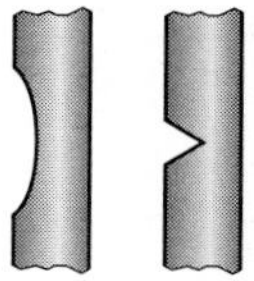

$\alpha_K = 1$ $\alpha_K = 6$

η_K = **Kerbempfindlichkeitszahl** (folgende Tabelle)

Einige Kerbempfindlichkeitszahlen

Werkstoff	S235JRG1 (St 37-2)	S335G2 (St 52-2)	E295 (St 50-2)	E335 (St 60-2)	Federstahl	GG
η_K	0,2	0,3	0,4	0,6	1,0	0,0 ...

Weitere α_K- und η_K-Werte finden Sie in technischen Handbüchern.

$$\sigma_G = \frac{\sigma_D \cdot b_1 \cdot b_2}{\beta_K} \qquad \tau_G = \frac{\tau_D \cdot b_1 \cdot b_2}{\beta_K}$$

Gestaltfestigkeit in N/mm²

$$\nu_G = \frac{\sigma_G}{\sigma_{zul}} \qquad \nu_G = \frac{\tau_G}{\tau_{zul}}$$

Sicherheit gegen das Erreichen der Gestaltfestigkeit

σ_D, τ_D	Dauerfestigkeit	N/mm²
b_1	Oberflächenbeiwert	1
b_2	Größenbeiwert	1
β_K	Kerbwirkungszahl	1

Allgemeine Grundlagen des technischen Zeichnens — TK

Papier-Endformate (Blattgrößen)

(nach DIN 476, T 1 u. T 2, 02.91)

Ausgangsgröße bei der im technischen Zeichnen im allgemeinen verwendeten ISO-A-Reihe nach DIN ist A 0, ein Rechteck mit der Fläche von 1 m^2 = 1 000 000 mm^2 und dem Seitenverhältnis $1 : \sqrt{2}$ bzw. 1 : 1,414. Die Formate A 1 bis A 10 entstehen jeweils durch Halbieren der längsten Seite des nächstgrößeren Formates.

Blattgröße nach DIN	Maße in mm	Blattgröße nach DIN	Maße in mm
A 0	841 x 1189	A 6	105 x 148
A 1	594 x 841	A 7	74 x 105
A 2	420 x 594	A 8	52 x 74
A 3	297 x 420	A 9	37 x 52
A 4	210 x 297	A 10	26 x 37
A 5	148 x 210		

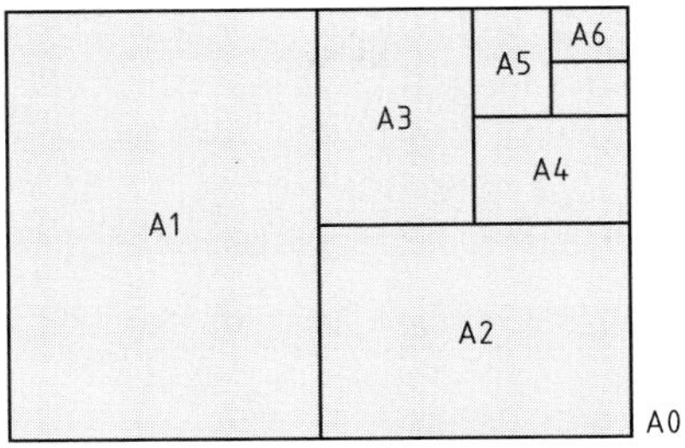

Die Blatt-Rohformate sind in der Regel etwas größer und werden nach Fertigstellung der Zeichnung auf das Normalformat geschnitten. Es ist zu beachten, dass das zur Verfügung stehende Zeichenfeld nochmals kleiner ist, da der Platzbedarf für einen Rand und für ein Schriftfeld abgezogen werden muss.

Maßstäbe

(nach DIN ISO 5455, 12.79)

Natürliche Größe: **1 : 1**

Maßstäbe			
Vergrößerungen	Verkleinerungen		
2 : 1	1 : 2	1 : 50	1 : 1 000
5 : 1	1 : 2,5	1 : 100	1 : 5 000
10 : 1	1 : 5	1 : 200	1 : 10 000
20 : 1	1 : 10	1 : 500	
50 : 1			

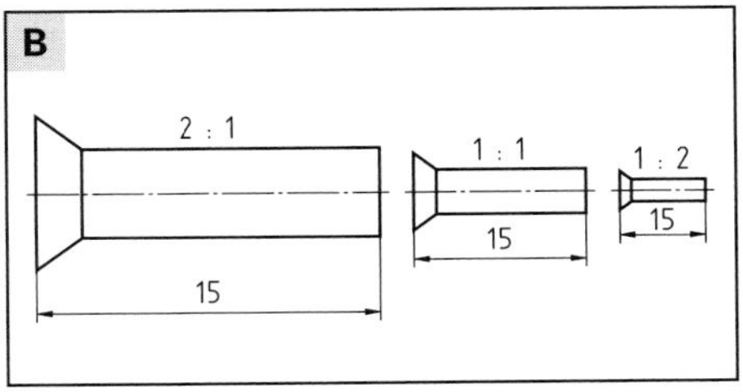

Linien in technischen Zeichnungen

(DIN 15, 06.84 und DIN 28 004, 05.88)

Für die einzelnen Linienarten sind nach DIN bestimmte Bedeutungen empfohlen. Innerhalb einer technischen Zeichnung sind den Linienarten außerdem je nach Bedeutung unterschiedliche Linienbreiten zugewiesen. Sie leiten sich aus der Körperkanten-Volllinie ab und bilden so eine Liniengruppe. Für verfahrenstechnische Fließbilder und andere technische Zeichnungen gilt folgende Tabelle:

Linienarten und zugeordnete Liniengruppen

Linienart	Bezeichnung	Liniengruppen					Beispiele
(breite Volllinie)	Breite Volllinie	1,0	0,7	0,5	0,35	0,25	Hauptfließlinien (1,0), sichtbare Körperkanten, Gewindebegrenzungen
(breite Strichpunktlinie)	Breite Strichpunktlinie	1,0	0,7	0,5	0,35	0,25	Schnittverlauf bei Körperdarstellungen
(Strichlinie)	Strichlinie	0,5	0,35	0,25	0,18	0,13	Signalflusswege (bei EMSR-Stellenkreisen), nicht sichtbare Körperkanten, Teile von Apparatesymbolen
(schmale Volllinie)	Schmale Volllinie	0,5	0,35	0,25	0,18	0,13	Symbole für Apparate und Maschinen (0,5), Symbole für Armaturen und Zeichen für EMSR-Anlagen (0,25), Maß- und Maßhilfslinien
(schmale Strichpunktlinie)	Schmale Strichpunktlinie	0,5	0,35	0,25	0,18	0,13	Mittellinien, Lochkreise
(Freihandlinie)	Freihandlinie	0,5	0,35	0,25	0,18	0,13	Bruchlinien

Senkrechte Normschrift (Schriftform B, v)

(nach DIN 6776, T 1, 04.76; ISO 3098-1)

Die senkrechte Normschrift, Schriftform B, v, wird für die Beschriftung von Verfahrensfließbildern empfohlen und kann darüber hinaus auch für andere technische Zeichnungen verwendet werden.

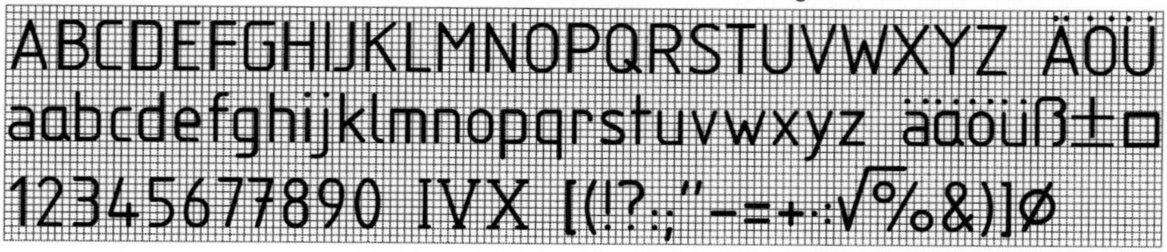

Nenngröße (Höhe *h* der Großbuchstaben): 10/10 *h*
Kleinbuchstaben (ohne Ober- und Unterlängen): 7/10 *h*
Mindestabstand der Grundlinien: 14/10 *h*
Linienbreiten: 1/10 *h*

Nenngrößen in mm: 2,5 3,5 5 7 10 14 20

Die Schrift nach DIN 6776, T 1, darf auch kursiv (unter 15° nach rechts geneigt) geschrieben werden.

Bei Verfahrensfließbildern wird empfohlen: Kurzzeichen für Apparate und Maschinen 5 mm, sonstige Beschriftung 2,5 mm.

Darstellung von Körpern

Darstellung in mehreren Ansichten nach DIN 6, 12.86

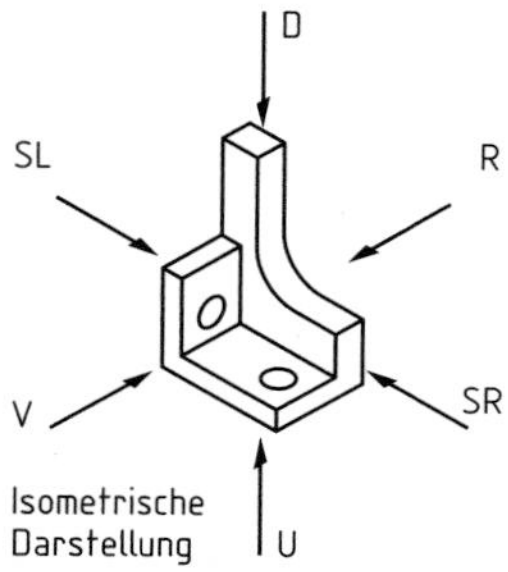

Es sollen stets nur soviele Ansichten dargestellt werden, wie unbedingt zum Erkennen des Körpers und zur Bemaßung erforderlich sind. Dabei sind die Ansichten so zu wählen, dass möglichst wenig verdeckte Kanten darzustellen sind.

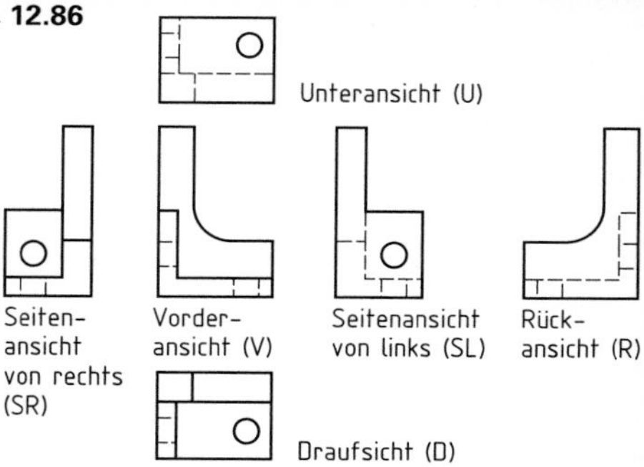

5

Isometrische Projektion nach DIN ISO 5456-3, 04.98 (→ Fließbilder, Rohrschemen)

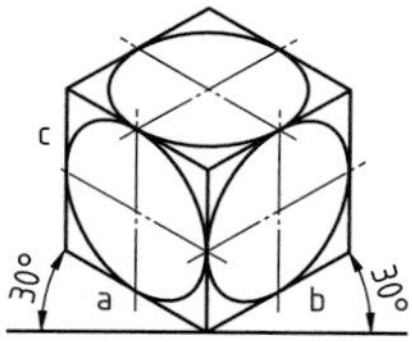

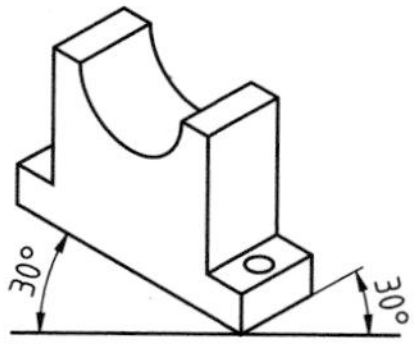

Seitenverhältnis: a : b : c = 1 : 1 : 1

Dimetrische Projektion nach DIN ISO 5456-3, 04.98

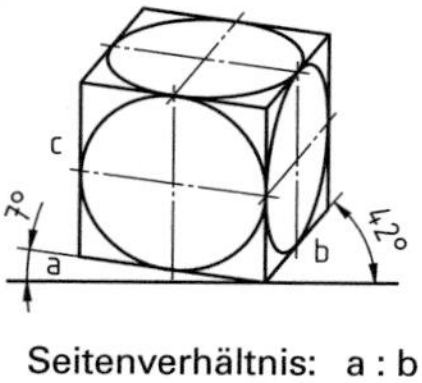

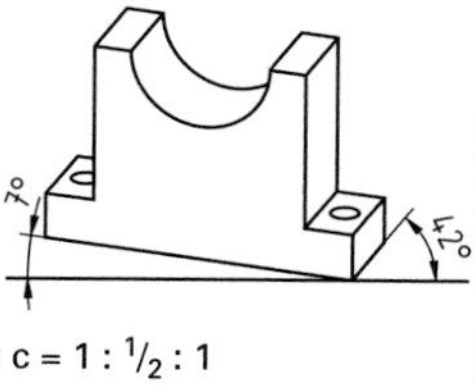

Seitenverhältnis: a : b : c = 1 : $^1/_2$: 1

Schnittdarstellung

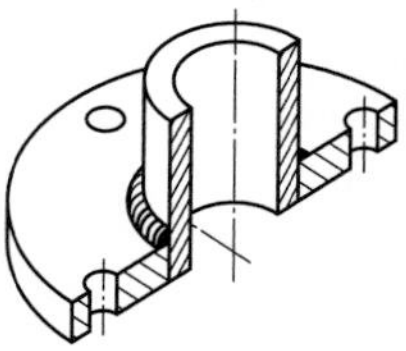

Schnittflächen werden mit dünnen Volllinien schraffiert (45° zur Achse oder zu einer Hauptumrisskante).

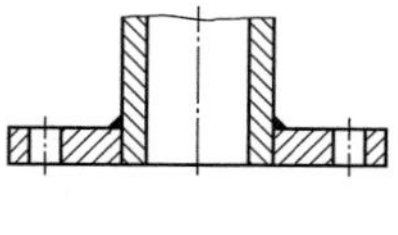

Die Schnittflächen verschiedener Körper, die aneinanderstoßen, werden entgegengesetzt und/oder verschieden weit schraffiert.

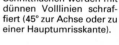

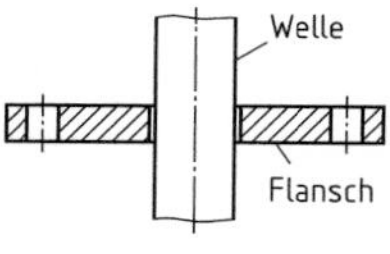

Vollkörper (z. B. Wellen, Niete, Schrauben) werden in Längsrichtung nicht geschnitten.

Maßeintragungen

(nach DIN 406, T 11, 12.92)

Anmerkungen	Ausführungsbeispiele

Maßlinien

Maßlinien werden bei Längenmaßen parallel zur bemaßenden Länge eingetragen (Bild 1).

In bestimmten Fällen dürfen die Maßlinien abgebrochen gezeichnet werden, z. B. wenn nur eine Hälfte eines symmetrischen Gegenstandes dargestellt ist oder die Bezugspunkte von Maßen sich nicht mehr in der Zeichenfläche befinden (Bild 2, 9, 10 u. 13).

Bei unterbrochen gezeichneten Körpern wird die Maßlinie nicht unterbrochen (Bild 3).

Maßlinien sollen sich untereinander und mit anderen Linien möglichst nicht schneiden. Ist dies nicht vermeidbar, werden sie ohne Unterbrechung gezeichnet (Bild 4).

Maßhilfslinien

Maßhilfslinien werden bei Längenmaßen rechtwinklig zur zugehörigen Messstrecke eingetragen (Bild 4 u. a.).

Um Unübersichtlichkeiten zu vermeiden, dürfen die Maßhilfslinien schräg (vorzugsweise unter 60°) gezeichnet werden (Bild 5).

Maßhilfslinien dürfen unterbrochen werden, wenn ihre Fortsetzung eindeutig zu erkennen ist.

Bei Winkelmaßen werden die Maßhilfslinien als Verlängerung der Schenkel des Winkels konstruiert, wobei auch der Scheitelwinkel eingetragen werden kann (Bild 4, 6 u. a.).

Auseinanderliegende Körperelemente, die gleiche Maße besitzen, dürfen zur Verdeutlichung mit einer gemeinsamen Maßhilfslinie verbunden werden (Bild 7).

Maßlinienbegrenzung

Regelfall: *geschwärzter Pfeil*

Abweichend davon wird bei rechnerunterstützt angefertigten Zeichnungen ein *offener Pfeil* verwendet und bei Platzmangel ein *Punkt* oder ein *Kreis* (Bild 8). Fachbezogen (→ Bauzeichnungen) kann auch ein *Schrägstrich* gewählt werden.

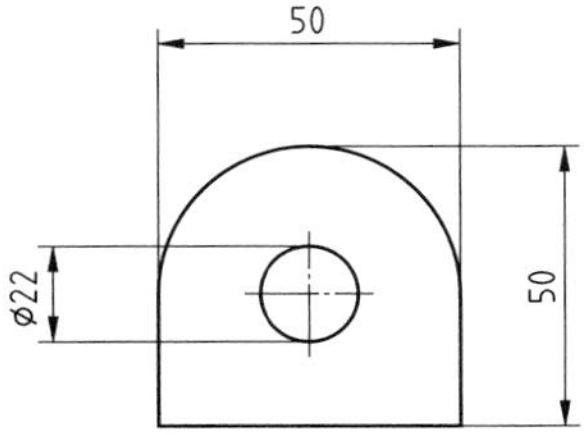

Bild 1

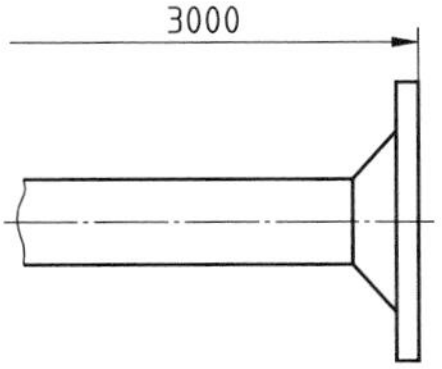

Bild 2

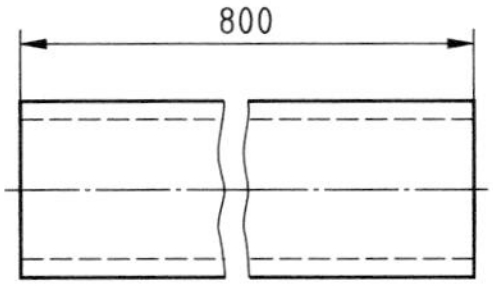

Bild 3

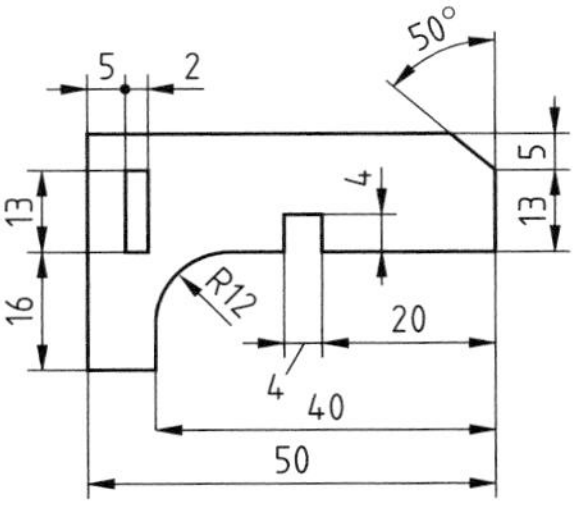

Bild 4

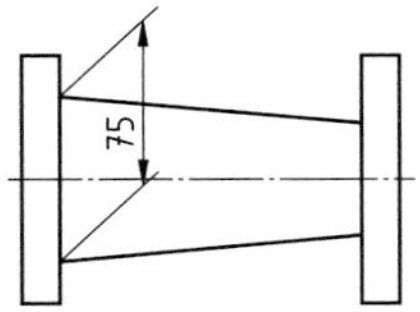

Bild 5

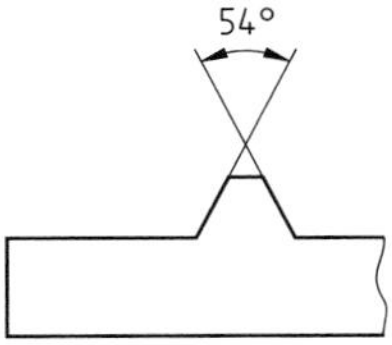

Bild 6

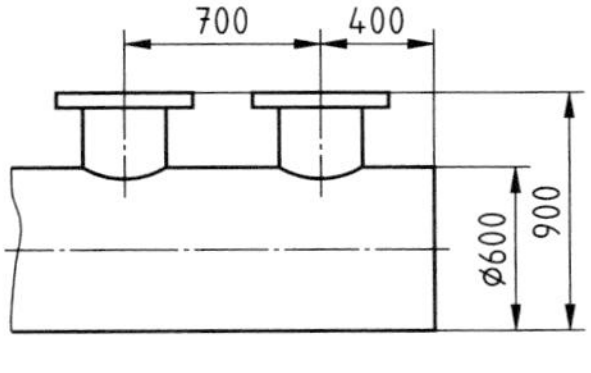

Bild 7

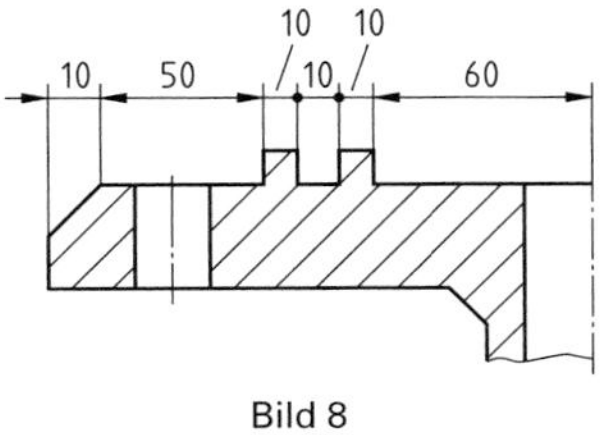

Bild 8

5

Maßeintragungen (Fortsetzung)

Anmerkungen

Maßzahlen

Maßzahlen sind bevorzugt in *zwei* Hauptleserichtungen einzutragen und zwar so, dass sie von *unten* und von *rechts* lesbar sind. Daneben wird parallel bzw. tangential zur Maßlinie bemaßt (Bild 9).

Die Maßzahlen stehen in diesen Fällen über den Maßlinien. Die Maßlinien werden für den Eintrag der Maßzahlen nicht unterbrochen.

Abweichend davon ist es zugelassen, Maßzahlen in *einer* Hauptleserichtung einzutragen und zwar in der Leselage des Schriftfeldes. In diesem Fall werden nichthorizontale Maßlinien (bevorzugt in der Mitte) für den Eintrag der Maßzahl unterbrochen (Bild 10).

Wenn bei der Parallelbemaßung der Platz über der Maßzahl nicht ausreicht, kann die Maßzahl an einer Hinweislinie (Bild 4, 8, 9 u. 10) oder über der Verlängerung der Maßlinie (Bild 4 u. 14) eingetragen werden. Dabei ist es erlaubt, die Maßlinie abzuknicken (Bild 15, 21 u. 24).

5

Maßlinien bei Winkel und Bogenmaßen

Bei Winkel- und Bogenmaßen werden die Maßlinien als Kreisbogen um den Scheitelpunkt des Winkels bzw. um den Mittelpunkt des Bogens gezeichnet (Bild 4, 9, 10, 11 u. 24).

Ist das Winkelmaß nicht größer als 30°, so darf die Maßlinie als Gerade, annähernd senkrecht zur Winkelhalbierenden, eingetragen werden (Bild 13).

Maßzahlen bei Winkeln

Es ist erlaubt, Winkelmaße ohne Unterbrechung der Maßlinie in Leselage des Schriftfeldes einzutragen (Bild 11).

Durchmesser

Vor die Maßzahl wird in jedem Fall das Durchmesserzeichen ∅ gesetzt (Bild 7, 9, 10, 13 u. a.).

Bei Platzmangel dürfen die Durchmessermaße von außen an die Körperelemente gesetzt werden (Bild 15).

Ausführungsbeispiele

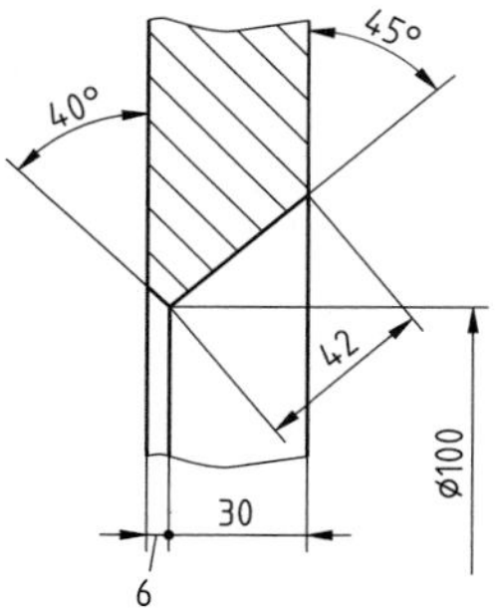

Bild 9

oder

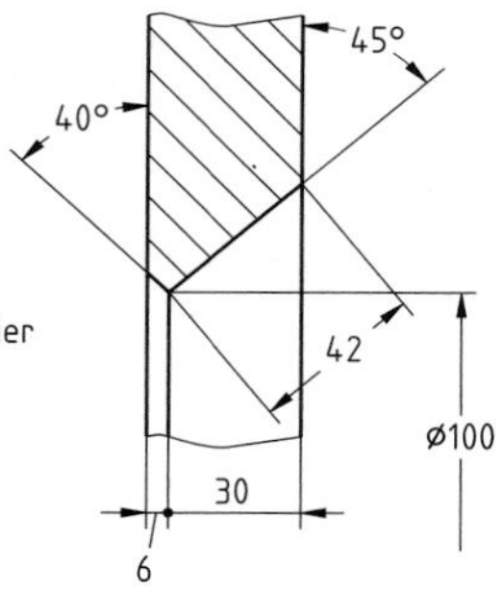

Bild 10

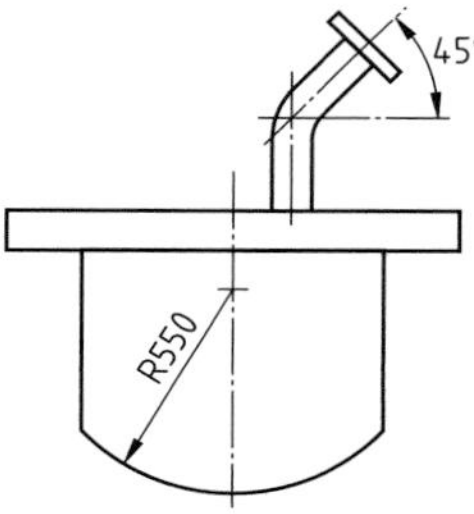

Bild 11

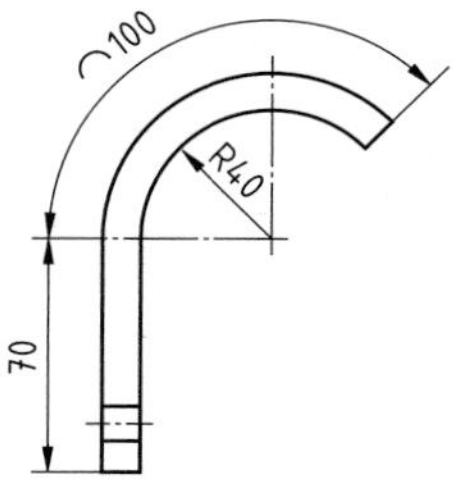

Bild 12

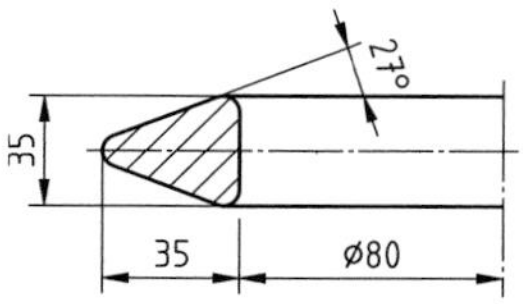

Bild 13

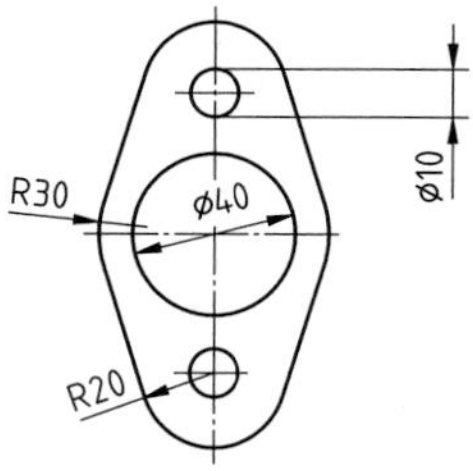

Bild 14

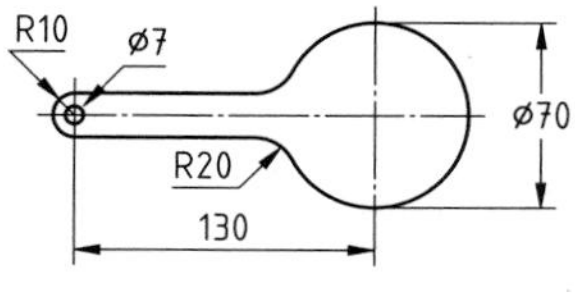

Bild 15

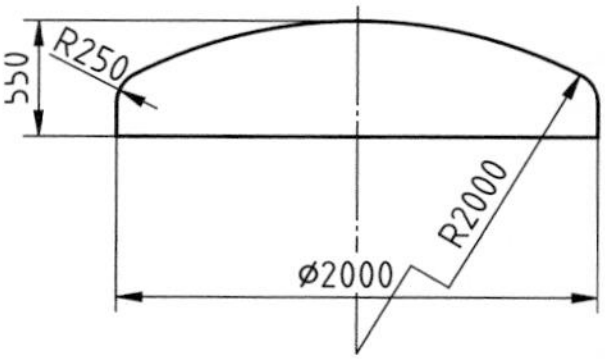

Bild 16

Maßeintragungen (Fortsetzung)

Anmerkungen	Ausführungsbeispiele

Radien

Bei Radien ist in jedem Falle der Großbuchstabe R vor die Maßzahl zu setzen (Bild 4, 11, 12 u. a.).

Die Maßlinien sind genau vom Radienmittelpunkt oder genau aus dessen Richtung kommend zu zeichnen und nur am Kreisbogen innerhalb oder außerhalb der Darstellung mit einem Pfeil zu versehen.

Maßlinien großer Radien, deren Mittelpunkt außerhalb der Zeichenfläche liegt, werden in zwei parallelen Abschnitten mit einem rechtwinkligen Knick gezeichnet, wobei die Maßzahl an den Abschnitt der Maßlinie geschrieben werden soll, der den Kreisbogen berührt und auf den Mittelpunkt gerichtet ist (Bild 16).

Kugeln

Vor die Durchmesser- oder Radiusangabe wird in jedem Falle der Großbuchstabe S geschrieben (Bild 17 u. 18).

Bögen

Bei Bögen wird das grafische Symbol ∩ vor die Maßzahl gesetzt (Bild 12). Bei manueller Zeichnungserstellung darf der Bogen auch direkt über die Maßzahl gesetzt werden.

Quadrate und Rechtecke

Ebene Flächen werden von den nicht ebenen durch ein Diagonalkreuz unterschieden (Bild 20 u. 21).

Bei Quadraten erhalten die Maßzahlen das Quadratzeichen □ als Vorsatz. Es wird nur eine Seitenlänge des Quadrates bemaßt (Bild 19, 20 u. 21).

Bei Rechtecken dürfen die Seitenlängen auf einer abgewinkelten Hinweislinie angegeben werden (Bild 21).

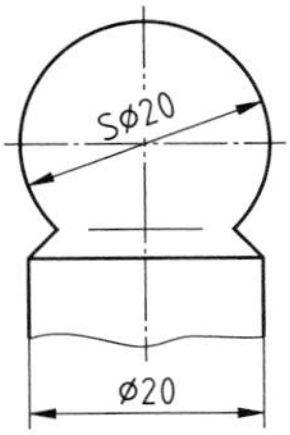

Bild 17

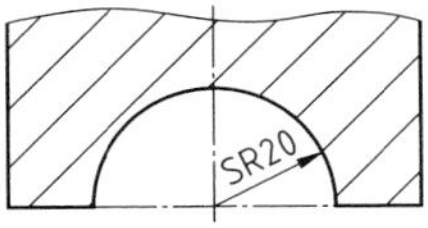

Bild 18

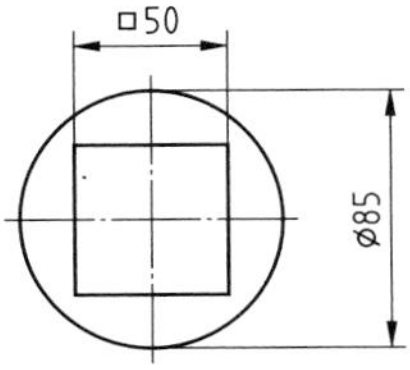

Bild 19

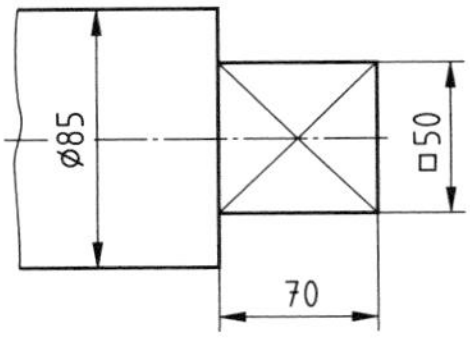

Bild 20

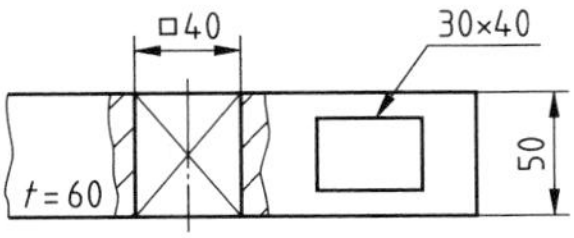

Bild 21

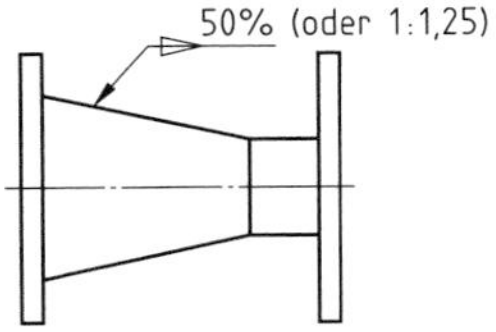

Bild 22

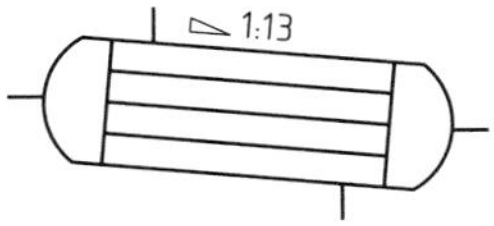

Bild 23

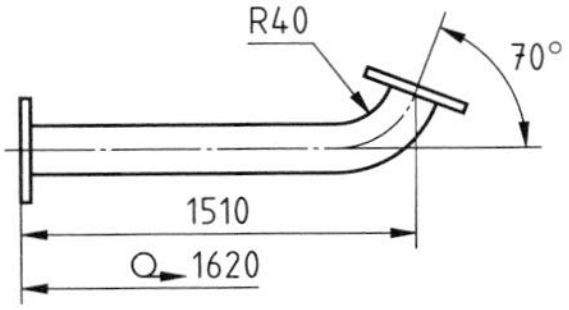

Bild 24

Symbole vor den Maßzahlen

□	Quadrat	SW	Schlüsselweite
Ø	Durchmesser	t	Dicke
R	Radius	h	Tiefe oder Höhe
S Ø	Kugel-Durchmesser	∩	Bogenmaß
SR	Kugel-Radius	—	Nicht maßstäbliches Maß, z. B. <u>30</u>

Weitere Kombinationssymbole

⊳—	Kegelverjüngung	$\left(\frac{1}{x} = \frac{d_1 - d_2}{L}\right)$, Bild 22
⊿	Neigung	$\left(\frac{1}{x} = \frac{h_1 - h_2}{L}\right)$, Bild 23
○→	Gestreckte Länge, Bild 24	

d Durchmesser
h Höhe
L Länge zwischen Stellen 1 und 2

TK Fließbilder verfahrenstechnischer Anlagen

Kennbuchstaben für Maschinen, Apparate, Geräte u. Armaturen (DIN 28 004, T 4, 05.74)

Zur Erweiterung der Information und zur Apparatekennzeichnung und -nummerierung werden Kennbuchstaben (wenn erforderlich mit nachgestellter Zählnummer) verwendet.

Kennbuchstabe	Apparat, Maschine oder Gerät	Armatur
A	Apparat allgemein, wenn er nicht in eine der nachfolgenden Gruppen eingeordnet werden kann	Ableiter, Kondensatableiter
B	Behälter, Tank, Bunker oder Silo	
C	Chemischer Reaktor	
D	Dampferzeuger, Gasgenerator oder Ofen	
F	Filterapparat, Flüssigkeitsfilter, Gasfilter, Siebapparat, Siebmaschine oder Abscheider	Filter, Sieb oder Schmutzfänger
G	Getriebe	Schauglas
H	Hebe-, Förder- oder Transporteinrichtung	Hahn
K	Kolonne	Klappe
M	Elektromotor	
P	Pumpe	
R	Rührwerk, Rührbehälter mit Rührer, Mischer oder Kneter	Rückschlagarmatur
S	Schleudermaschine, Zentrifuge	Schieber
T	Trockner	
V	Verdichter, Vakuumpumpe oder Ventilator	Ventil
X	Zuteileinrichtung, Zerteileinrichtung, sonstige Geräte	Sonstige, in die übrigen Gruppen nicht einzuordnende Armatur
Y	Antriebsmaschine, außer Elektromotor	Armatur mit Sicherheitsfunktion
Z	Zerkleinerungsmaschine	

5

Darstellung von Apparaten und Maschinen ohne genormtes graphisches Symbol

Existiert für einen Apparat oder eine Maschine kein genormtes grafisches Symbol, so können diese sinngemäß vereinfacht wiedergegeben oder durch ein Rechteck mit entsprechender eingeschriebener Bezeichnung dargestellt werden.

Nebenstehend sind als Beispiele Möglichkeiten für die Darstellung eines Schlaufenreaktors angegeben.

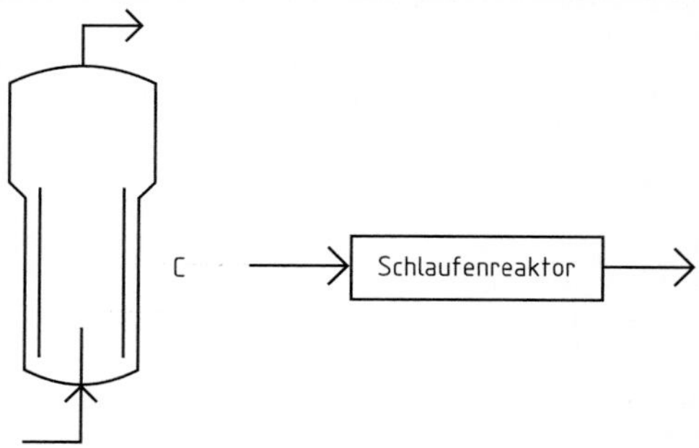

Fließbilder, Kälteanlagen und Wärmepumpen — TK

Fließbildarten und ihre Ausführung (nach DIN EN 1861, 07.98)

Anwendungsbereich:
Diese EN (europäische Norm) legt **Symbole** und **Zeichnungsregeln** für **Systemfließbilder** bzw. **Rohrleitungs- und Instrumentenfließbilder** (RI-Fließbilder) fest, die bei **Kälteanlagen** einschließlich **Wärmepumpen** anzuwenden sind. Diese Fließbilder stellen den Aufbau und die Funktion der Kälteanlage dar und sind Bestandteil der gesamten technischen Dokumentation, die für Konstruktion, Bau, Aufstellung, Inbetriebnahme, Betrieb, Instandhaltung und Außerbetriebnahme einer Kälteanlage erforderlich ist. Diese Norm gilt nicht für Kälteanlagen, bei denen die Wärme durch einen elektrischen Stromkreis entzogen wird, z. B. → Peltier-Effekt.

Systemfließbild

Beispiel in Bild A.1, Seite 224

Darstellung einer Kälteanlage mittels graphischer Symbole, die durch Fließlinien miteinander verbunden sind.
Die graphischen Symbole stellen Bauteile dar, die Linien Massenströme und Energieflüsse oder Energieträger, z. B. Rohre oder Kabel.

Grundinformationen

a) Apparate und Maschinen der Kälteanlage.
b) Bezeichnung und Durchflussmengen der Ein- und Ausgangsstoffe, die gekühlt oder erwärmt werden können.
c) Bezeichnung von Kältemittel, Wärmeträger, Absorptions- und Adsorptionsmittel.
d) Charakteristische Betriebsbedingungen.

Zusatzfinformationen

a) Benennung und Durchflussmengen der Fluide zwischen den Verfahrensschritten.
b) Lagerechte Darstellung der Armaturen im Hinblick auf Funktion.
c) Aufgabenstellung für Messen, Steuern und Regeln an wichtigen Stellen.
d) Ergänzende Betriebsbedingungen.
e) Kenngrößen aller Anlagenteile, die in der Zeichnung oder in getrennten Listen angegeben sind.

RI-Fließbild

Beispiel in Bild A.2 Seite 225

Das Rohrleitungs- und Instrumentenfließbild (RI-Fließbild) basiert auf dem Systemfließbild und muss die technische Umsetzung einer Kälteanlage (einschließlich Wärmepumpen) mittels graphischer Symbole für Apparate, Maschinen und Rohrleitungen zusammen mit graphischen Symbolen für Messen, Steuern und Regeln darstellen.

Grundinformationen

a) entsprechend Punkt c) beim Systemfließbild.
b) entsprechend Punkt d) beim Systemfließbild.
c) entsprechend Punkt a) beim Systemfließbild, aber auch anderer Bauteile (z. B. Antriebe, Rohrleitungen, Transportmittel, Armaturen, Fittings).
d) Kenngrößen der in c) genannten Anlagenteile.
e) Nennweite, Nenndruckstufe, Werkstoff und Art der Rohrleitung.
f) Wärmedämmung.
g) Messen, Steuern, Regeln.
h) Sicherheitseinrichtungen.

Zusatzinformationen

a) Massenströme und Füllmengen von Kältemittel und Wärmeträger.
b) Fließweg und Fließrichtung des Kältemittels und Wärmeträgers.
c) Daten für die Ausführung von Rohrleitungen, Apparaten, Armaturen, Maschinen und Wärmedämmung (ggf. in getrennten Listen).

Gestaltung der Fließbilder:

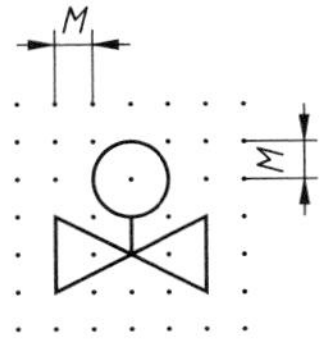

Genormte Zeichnungsregeln. Blattgrößen und Formate nach ISO 5457 bzw. DIN 407 (maximal A0).
Linienbreiten beziehen sich auf das empfohlene **Rastermaß** M = 2,5 mm (s. Bild)

a) **1,0 mm (0,4 M)** für Hauptfließlinien.
b) **0,5 mm (0,2 M)** für Apparate und Maschinen, Rechtecke für Darstellung von Grundoperationen, untergeordnete Fließlinien, Linien für Energieträger- und Hilfssystemleitungen.
c) **0,25 mm (0,1 M)** für Armaturen, Fittings, Rohrleitungszubehör; Symbole für Messen, Steuern und Regeln; Sicherheitseinrichtungen; Steuer-, Regel- und Datenübertragungsleitungen; Bezugslinien; sonstige Hilfslinien.

Linienabstand zwischen parallelen Linien mindestens doppelte Breite der dicksten Linie, zwischen Fließlinien mindestens 10 mm.
Fließrichtung mit Ein- und Ausgangspfeilen (ISO 4196) kennzeichnen. Sie dürfen die Kontur des graphischen Symbols nicht berühren.
Schriftform nach ISO 3098-1, möglichst Schriftform B, vertikal (B, v; siehe Seite 208).
Schriftgröße: 3,5 mm für Kenn-Nummern für Haupt-Anlagenteile, ansonsten 2,5 mm. Anordnung der Beschriftung s. Beispiele A.1 und A.2 Seiten 224 und 225.

Auswahl von graphischen Symbolen (nach DIN EN 1861, 07.98)

Allgemeines:

Tabelle 1 der DIN EN 1861 ist 3-spaltig angelegt, und zwar **ISO-Grundreihe** (ISO 10628)
Kältetechnische Reihe sowie **Anwendungsbeispiele**.

Für Systemfließbilder müssen die Symbole der ISO-Grundreihe angewendet werden. Für RI-Fließbilder müssen die Symbole der ISO-Grundreihe und / oder der kältetechnischen Reihe angewandt werden.

Anmerkung: Der Vielfalt der Symbole kann in diesem Tabellenbuch nicht Rechnung getragen werden. Die Projektierungsarbeit macht die Verwendung der DIN EN 1861 erforderlich. Dieses Buch beschränkt sich auf die ISO-Grundreihe, was auch nur lückenhaft möglich ist.

Die Symbole werden nach funktionellen Gesichtspunkten in die folgenden **Sachgruppen** eingeteilt:

1: Rohrleitungen;
2: Absperrventile;
3: Rückflussverhinderer;
4: Regelventile;
5: Ventile/Fittings mit Sicherheitsfunktion;
6: Stellantriebe;
7: Rohrleitungsteile;
8: Behälter;
9: Behälter mit Einbauten; Kolonnen mit Einbauten; Chemische Reaktoren mit Einbauten;
10: Einrichtungen zum Heizen oder Kühlen;
11: Wärmeaustauscher; Dampferzeuger;
12: Filter; Flüssigkeitsfilter; Gasfilter; Filtertrockner;
13: Abscheider;
14: Rührer;
15: Flüssigkeitspumpen;
16: Verdichter; Vakuumpumpen; Ventilatoren;
17: Hebe-, Förder- und Transporteinrichtungen;
18: Waagen;
19: Verteileinrichtungen;
20: Motoren, Kraftmaschinen, Antriebsmaschinen.

Anmerkungen zu den Sachgruppen

1. Symbole sind im Rastermaß M = 2,5 mm dargestellt. Das unterlegte Raster dient nur als Anhalt für die Proportionen.
2. —Ⓐ: bevorzugte Verbindungslinie, nicht Symbolbestandteil.
3. Bei CAD-Darstellung Fließlinien nur in Rasterpunkten verbinden.
4. Symbole können gedreht oder gespiegelt werden, sofern sie nicht lageabhängig sind.
5. Einige graphische Symbole (z. B. Kolonnen, Behälter usw.) sollten den tatsächlichen Größenverhältnissen der Kälteanlage angepasst werden.
6. Symbole der verschiedenen Sachgruppen können kombiniert werden, sodass sich eindeutigere Symbole ergeben.

5

Sachgruppe 1: Rohrleitungen

Graphisches Symbol	Bedeutung
	Kältemittel, Kältemittellösungen, Hauptkreislauf
	Kältemittel, Nebenkreislauf
	Wärmeträger
	Kühlwasser für Verflüssiger
	Sonstige Stoffe (z. B. Öl)
	zu kühlender oder zu erwärmender Stoff (einschließlich Wasser)
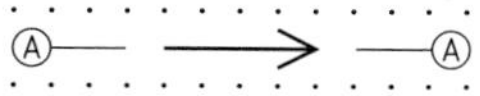	Durchfluss / Bewegung in Pfeilrichtung
	Pfeil für Ein- bzw. Ausgang von wichtigen Stoffen 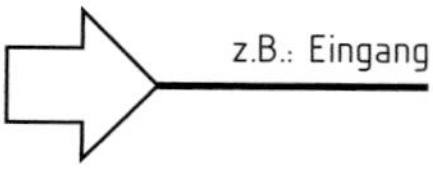
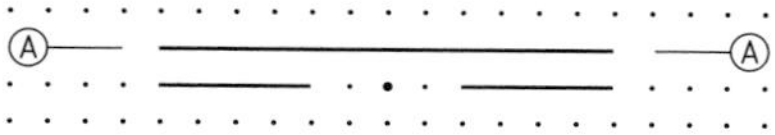	Rohrleitung beheizt oder gekühlt

Fließbilder, Kälteanlagen und Wärmepumpen | TK

Auswahl von graphischen Symbolen (Fortsetzung) (nach DIN EN 1861, 07.98)

Sachgruppe 1: Rohrleitungen (Fortsetzung)

Graphisches Symbol	Bedeutung
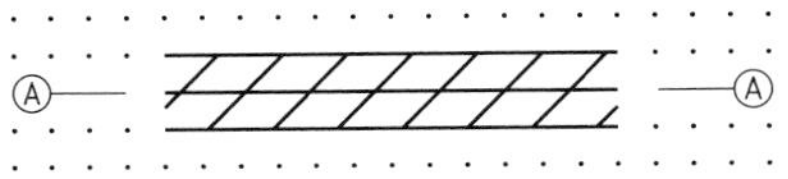	Rohrleitung, wärmegedämmt
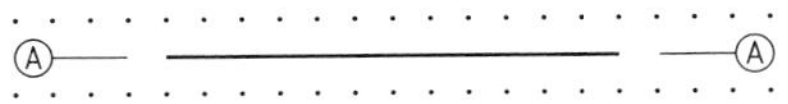	Prozess-Impulsleitung
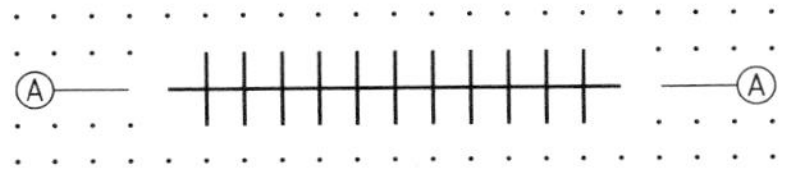	Wirklinie, allgemein
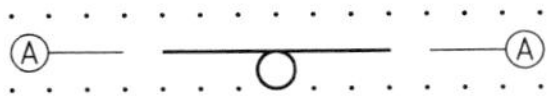	Kapillare
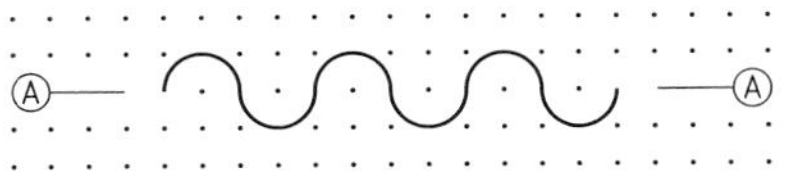	Schlauchleitung
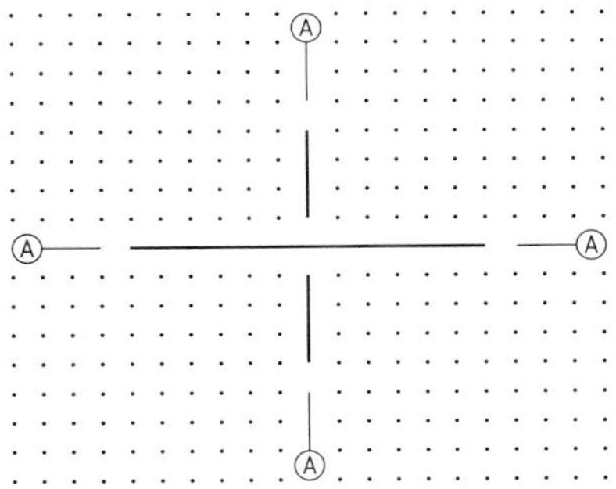	Überschneidung von Fließlinien ohne Verbindung, z. B. für Rohrleitungen
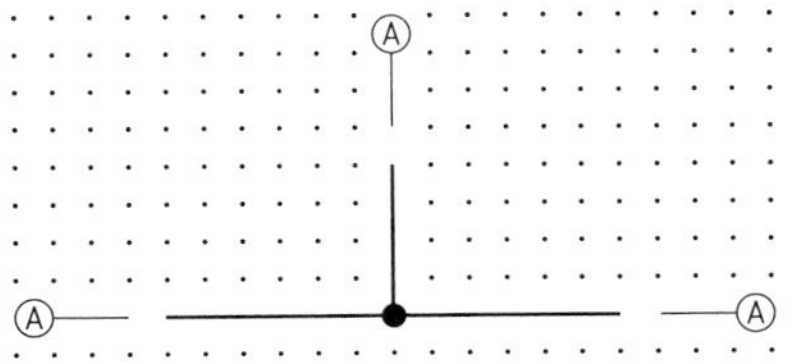	T-förmige Verbindung
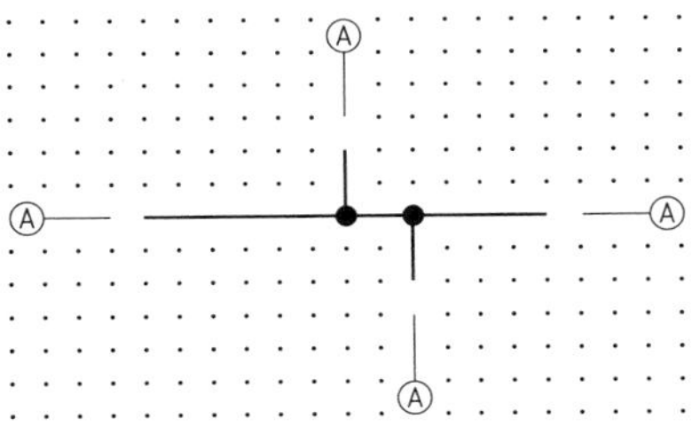	kreuzförmige Verbindung, versetzt 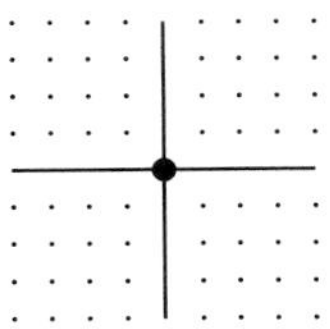 Kreuzung

Auswahl von graphischen Symbolen (Fortsetzung) (nach DIN EN 1861, 07.98)

Sachgruppe 2: Absperrventile

Graphisches Symbol	Bedeutung	Graphisches Symbol	Bedeutung
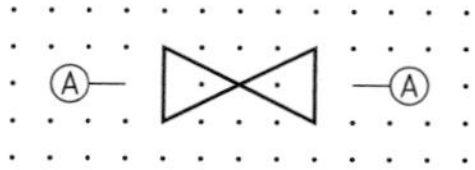	Ventil, allgemein	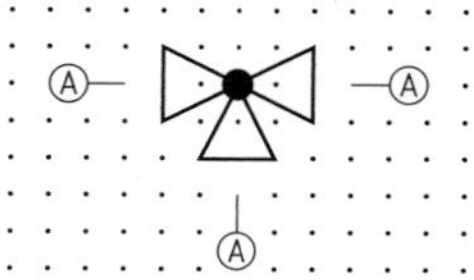	Dreiwegeventil, allgemein
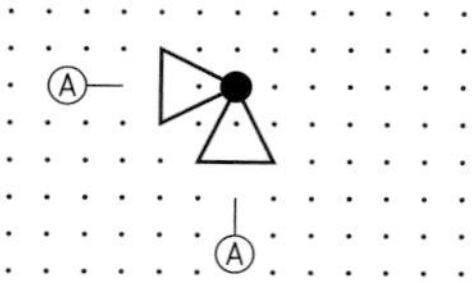	Ventil, Eckform allgemein		Ventil, geschlossen bei normalem Betrieb

Sachgruppe 3: Rückflussverhinderer

Graphisches Symbol	Bedeutung	Graphisches Symbol	Bedeutung
	Rückflussverhinderer, allgemein	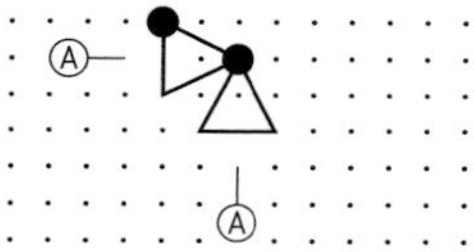	Rückflussverhinderer, Eckform
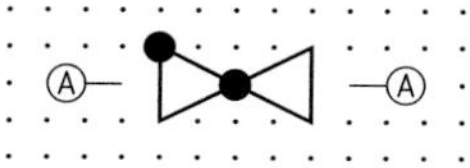	Rückschlagventil	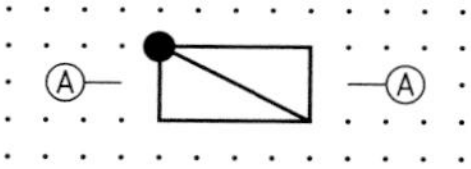	Rückschlagklappe

Sachgruppe 4: Regelventile

Graphisches Symbol	Bedeutung	Graphisches Symbol	Bedeutung
	Ventil mit stetigem Stellverhalten	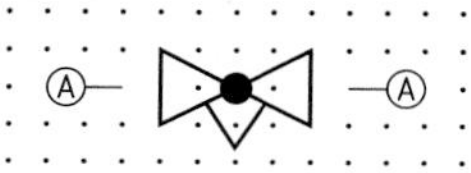	Ventil, Durchgangsform mit stetigem Stellverhalten
	Klappe mit stetigem Stellverhalten	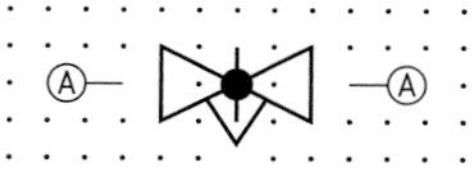	Schieber mit stetigem Stellverhalten

5

Sachgruppe 5: Ventile/Fittings mit Sicherheitsfunktion

Graphisches Symbol	Bedeutung	Graphisches Symbol	Bedeutung
	Sicherheitsventil, der breite Strich gibt die Austrittsseite an		Berstscheibe, die Wölbung ist auf der Austrittsseite

Sachgruppe 6: Stellantriebe

Graphisches Symbol	Bedeutung	Graphisches Symbol	Bedeutung
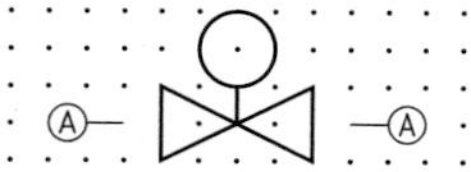	Antrieb, allgemein mit Hilfsenergie oder selbsttätig	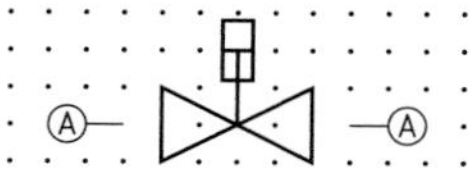	Kolbenantrieb
	Antrieb durch Elektromotor	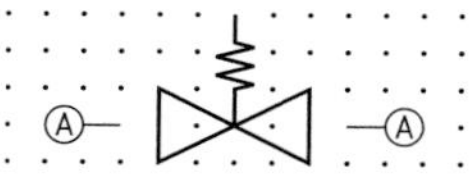	Antrieb durch Druck des Arbeitsstoffes gegen fest eingestellte Federkraft

Fließbilder, Kälteanlagen und Wärmepumpen — TK

Auswahl von graphischen Symbolen (Fortsetzung) (nach DIN EN 1861, 07.98)

Sachgruppe 7: Rohrleitungsteile

Graphisches Symbol	Bedeutung	Graphisches Symbol	Bedeutung
	Rohrleitungs-kompensator	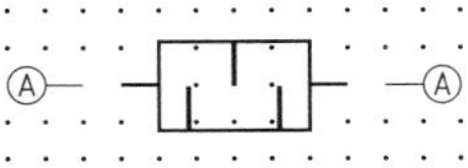	Schalldämpfer
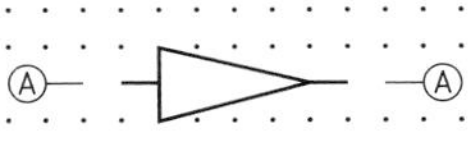	Reduzierstück, allgemein	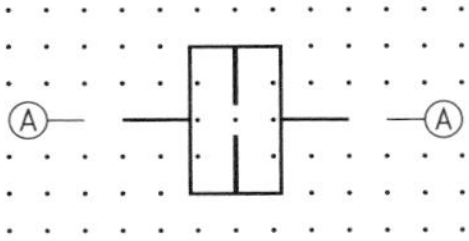	Messblende
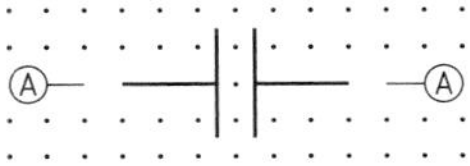	lösbare Verbindung	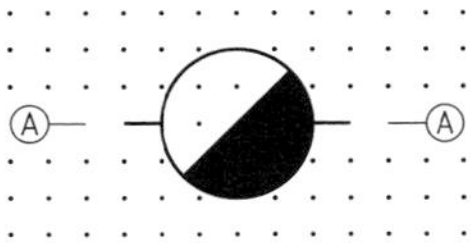	Kondensat-ableiter
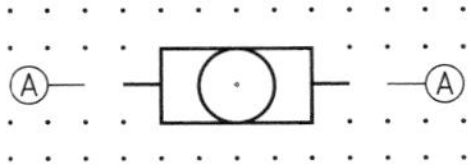	Schauglas	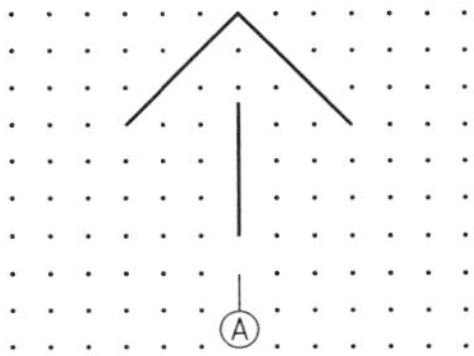	Auslass zur Atmosphäre
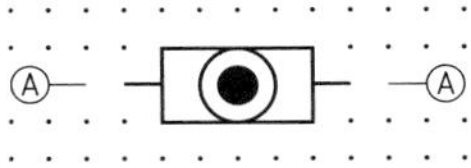	Schauglas mit Feuchteindikator		
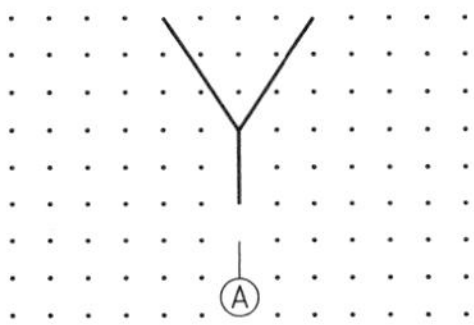	Trichter		

5

Sachgruppe 8: Behälter

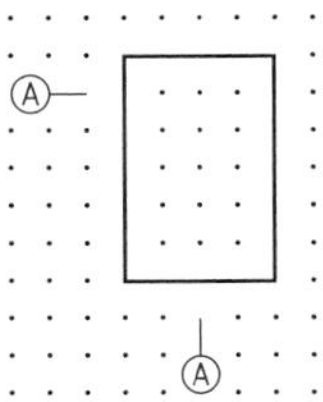	Behälter, allgemein	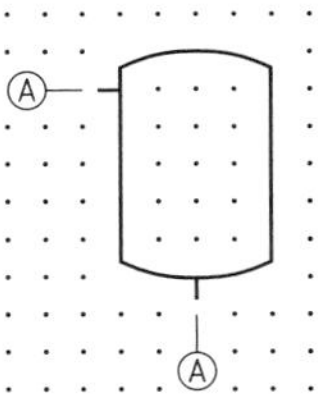	Behälter mit gewölbtem Boden

Sachgruppe 9: Behälter, Kolonnen und chemische Reaktoren mit Einbauten

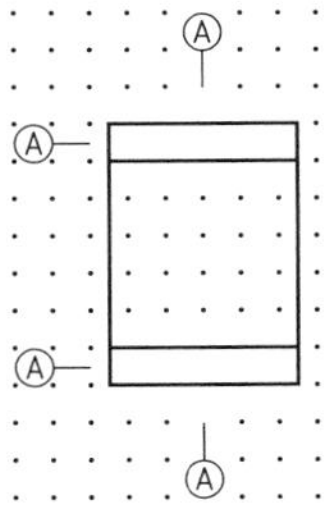	Behälter mit Einbauten, allgemein	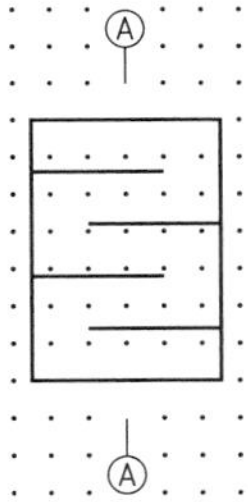	Behälter mit Kaskaden-einbauten

TK Fließbilder, Kälteanlagen und Wärmepumpen

Auswahl von graphischen Symbolen (Fortsetzung) (nach DIN EN 1861, 07.98)

Sachgruppe 10: Einrichtungen zum Heizen oder Kühlen

Graphisches Symbol	Bedeutung	Graphisches Symbol	Bedeutung
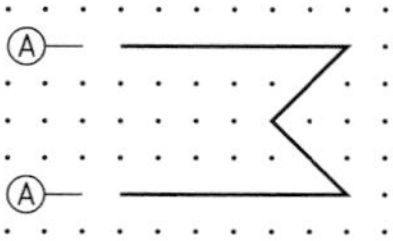	Einrichtungen zum Kühlen oder Heizen, allgemein	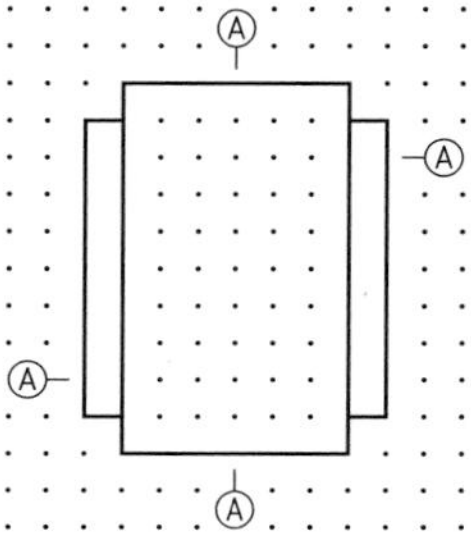	Behälter mit Kühl- oder Heizmantel
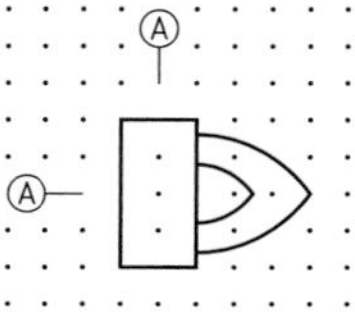	Feuerungs-system, Brenner	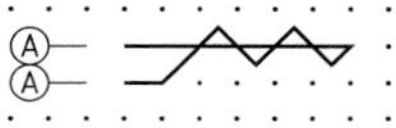	Einsteck-rohrschlange

Sachgruppe 11: Wärmeaustauscher, Dampferzeuger

Graphisches Symbol	Bedeutung	Graphisches Symbol	Bedeutung
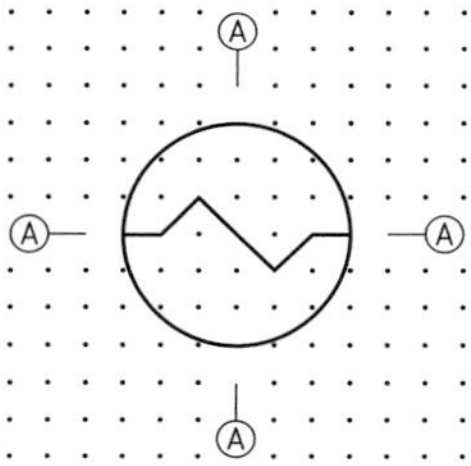	Wärme-austauscher mit Kreuzung der Fließlinien	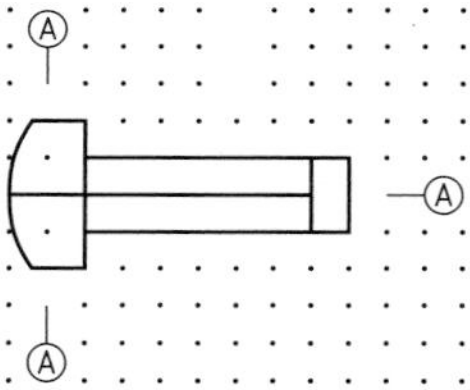	Rohrbündel mit Schwimmkopf
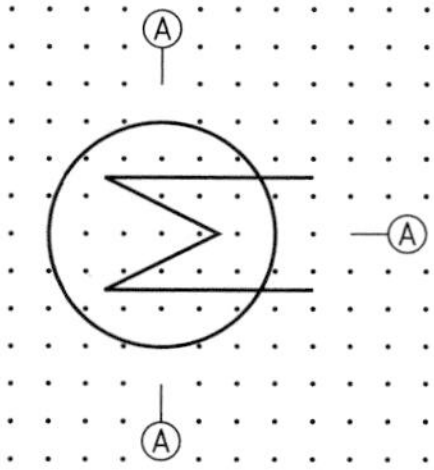	Wärme-austauscher ohne Kreuzung der Fließlinien	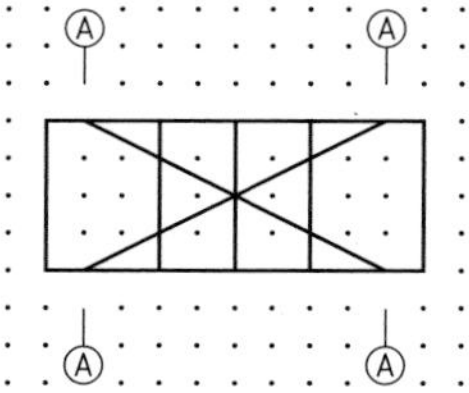	Platten-Wärme-austauscher
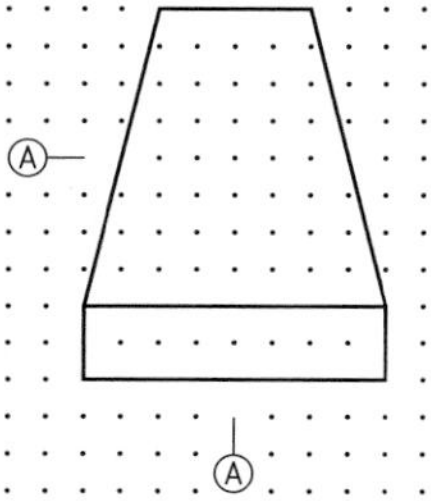	Kühlturm, allgemein	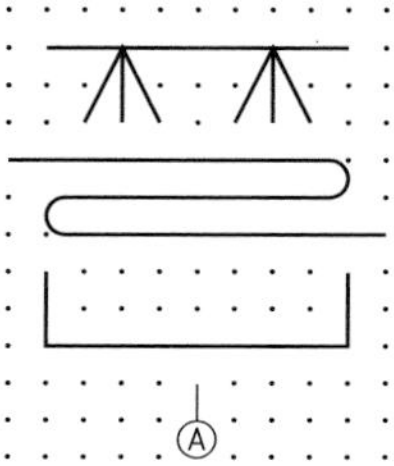	Rieselkühler

5

Fließbilder, Kälteanlagen und Wärmepumpen | TK

Auswahl von graphischen Symbolen (Fortsetzung) (nach DIN EN 1861, 07.98)

Sachgruppe 12: Filter, Flüssigkeitsfilter, Gasfilter, Filtertrockner

Graphisches Symbol	Bedeutung	Graphisches Symbol	Bedeutung
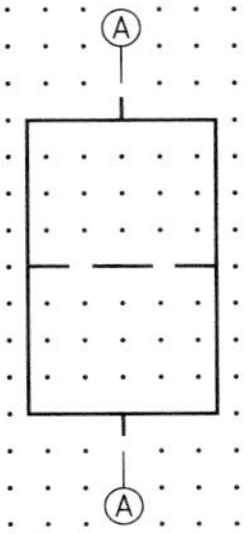	Filter, allgemein Filterapparat, allgemein	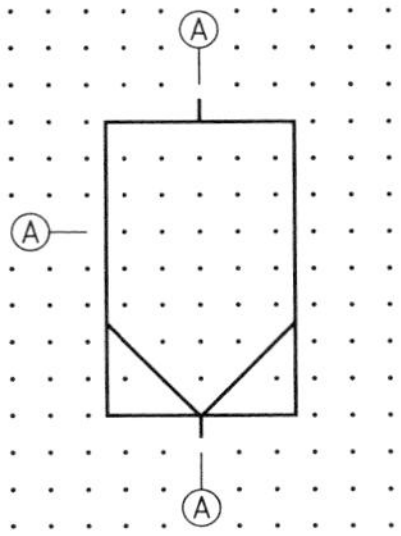	Gasfilter bzw. Luftfilter, allgemein
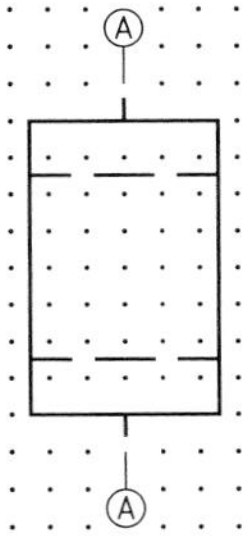	Flüssigkeitsfilter, allgemein	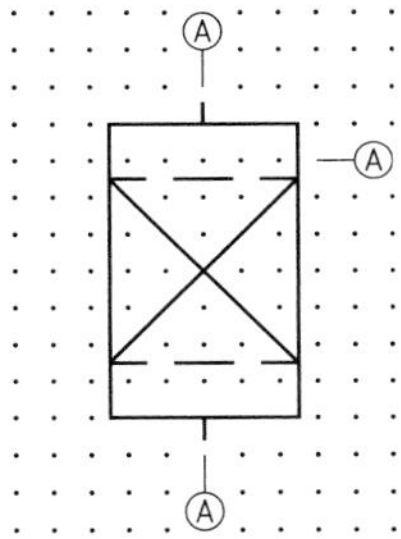	Festbettfilter, z. B. Filtertrockner

Sachgruppe 13: Abscheider

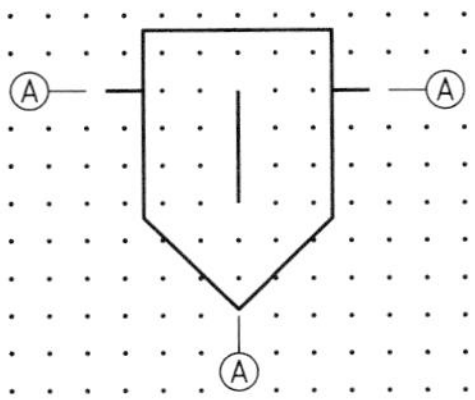	Abscheider, allgemein	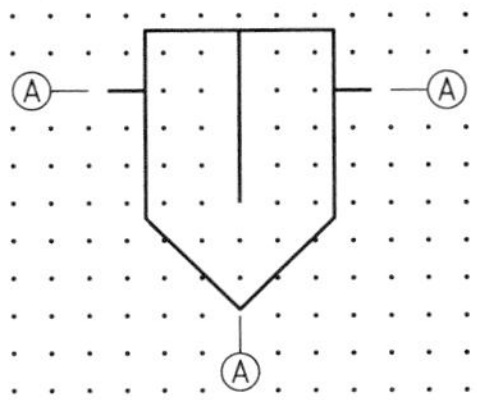	Parallel-abscheider

Sachgruppe 14: Rührer

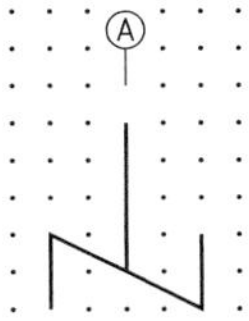	Rührer, allgemein	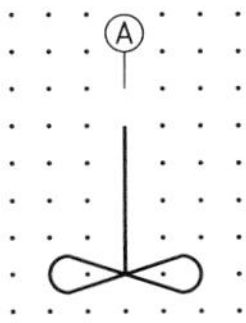	Propeller-rührer

Sachgruppe 15: Flüssigkeitspumpen

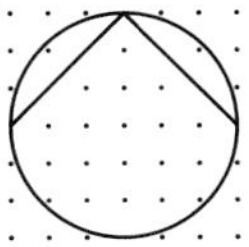	Pumpe, allgemein	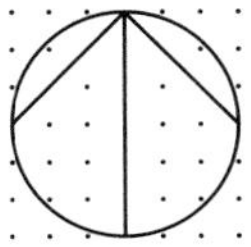	Kreiselpumpe

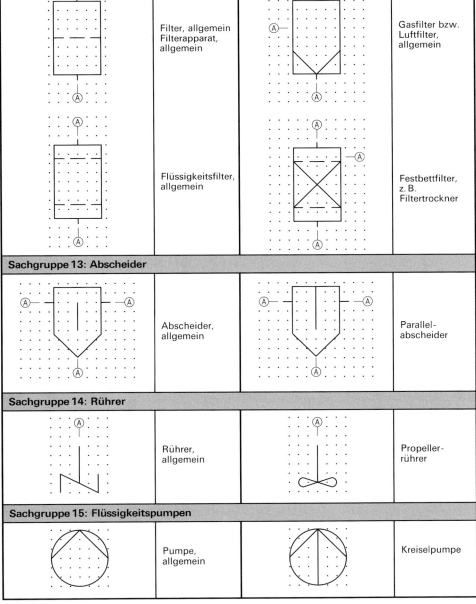

Auswahl von graphischen Symbolen (Fortsetzung) (nach DIN EN 1861, 07.98)

Sachgruppe 16: Verdichter, Vakuumpumpen, Ventilatoren

Graphisches Symbol	Bedeutung	Graphisches Symbol	Bedeutung
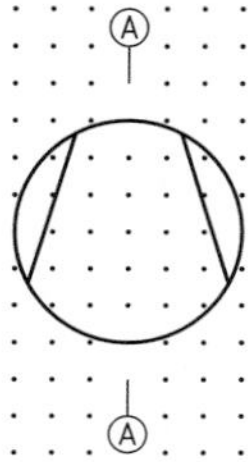	Verdichter, allgemein	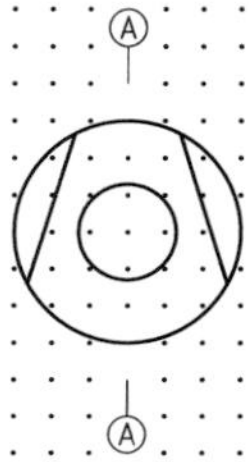	Turboverdichter
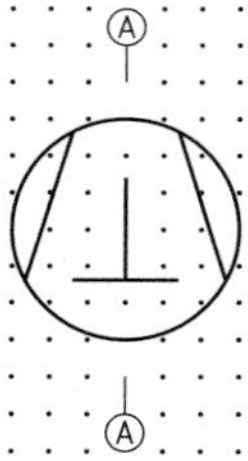	Hubkolben-verdichter		Schrauben-verdichter
	Ventilator, allgemein		Radialventilator

5

Sachgruppe 17: Hebe-, Förder- und Transporteinrichtungen

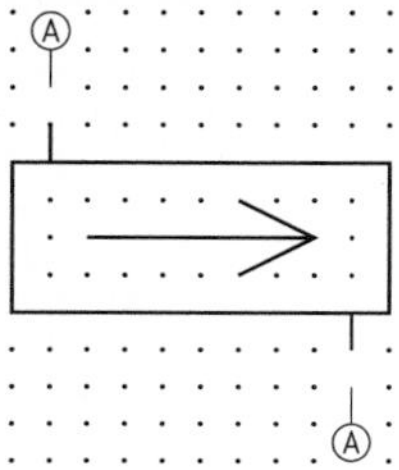	Stetigförderer, allgemein	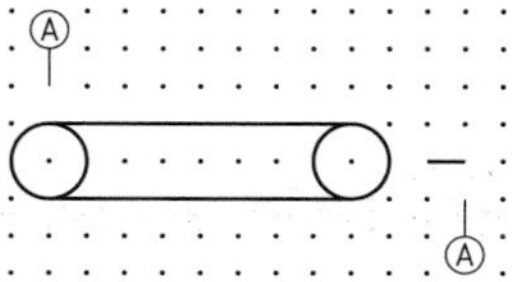	Bandförderer, allgemein

Sachgruppe 18: Waagen

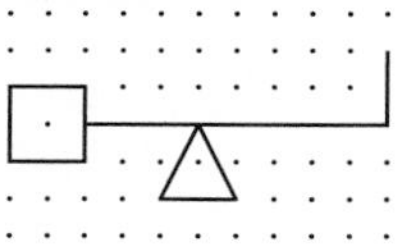	Waage, allgemein	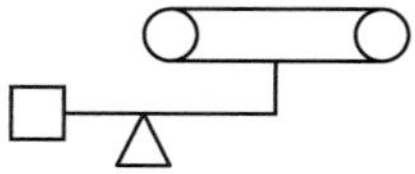	Bandwaage

Fließbilder, Kälteanlagen und Wärmepumpen | TK

Auswahl von graphischen Symbolen (Fortsetzung) (nach DIN EN 1861, 07.98)

Sachgruppe 19: Verteileinrichtungen

Graphisches Symbol	Bedeutung	Graphisches Symbol	Bedeutung
	Verteilerelement für Fluide; Spritzdüse	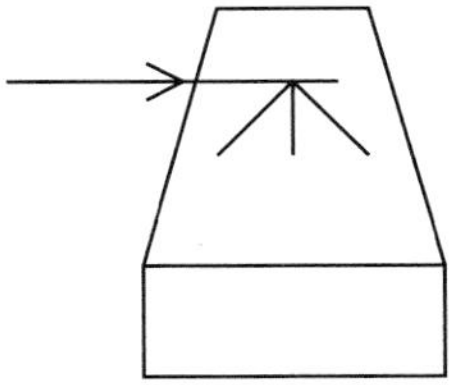	Kühlturm mit Wasserverteildüse

Sachgruppe 20: Motoren, Kraftmaschinen, Antriebsmaschinen

Graphisches Symbol	Bedeutung	Graphisches Symbol	Bedeutung
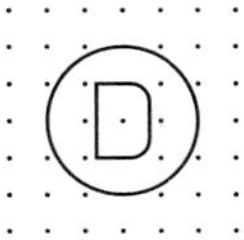	Antriebsmaschine, allgemein		Hydraulische Antriebsmaschine
	Elektromotor, allgemein	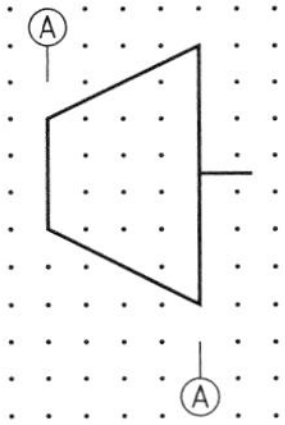	Antriebsmaschine mit Expansion des Arbeitsstoffes; Turbine
	Verbrennungsmaschine		

5

Symbole für Messen, Steuern und Regeln (nach DIN EN 1861, 07.98 Anhang B)

Kennbuchstabe (s. Tabelle B.1, Seite 222):

Anhang B der DIN EN 1861 enthält **Kennbuchstaben** zur Kennzeichnung der Funktionen von Instrumenten sowie Beispiele für graphische Symbole für Messen, Steuern und Regeln nach den Internationalen Normen **ISO 3511-1** und **ISO 3511-2**.

Anmerkungen zu den Kennbuchstaben

1. Für die Mess- und Eingangsgröße (Spalte 2, Tabelle B.1) sowie für die Ausgabefunktion (Spalte 4) müssen Großbuchstaben verwendet werden, für Modifizierer (Spalte 3) vorzugsweise Großbuchstaben.
2. Wenn für die Mess- und Eingangsgröße kein Buchstabe vorgesehen ist, dann Y (frei verfügbar) u.U. auch X (sonstige Größen).
3. Buchstabe U wenn mehrere Eingangsgrößen zusammengefasst werden.
4. Buchstabe mit der Hauptfunktion immer zuerst schreiben.

Allgemeine Symbole:

Symbol	Bedeutung	Symbol	Bedeutung	Symbol	Bedeutung
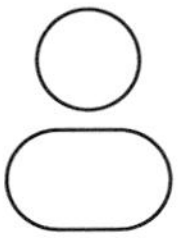	Ausgabe und Bedienung am Instrument	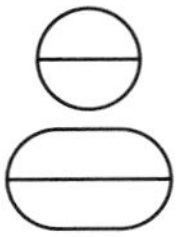	Prozessleitwarte	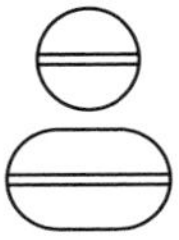	Örtlicher Leitstand

Symbole für Messen, Steuern und Regeln (Fortsetzung) (nach DIN EN 1861, 07.98)

Tabelle B.1:

1	2	3	4
	Erstbuchstabe		Folgebuchstabe
	Messgröße oder Eingangsgröße	Modifizierer	Ausgabefunktion
A			Alarm
B			
C			Regelung, Steuerung
D	Dichte	Differenz	
E	Elektrische Größen		
F	Durchfluss, Durchsatz	Verhältnis	
G	Abstand, Länge, Stellung		
H	Handeingabe, Handeingriff		
I			Anzeige
J		Abfragen	
K	Zeit oder Zeitprogramm		
L	Stand		
M	Feuchte oder Feuchtigkeit		
N	Frei verfügbar		
O	Frei verfügbar		
P	Druck oder Vakuum		
Q	Qualitätsgrößen z. B. Analyse, Konzentration, elektrische Leitfähigkeit	Integral, Summe	Integration oder Summation
R	Strahlungsgrößen		Registrierung
S	Geschwindigkeit, Drehzahl, Frequenz		Schaltung
T	Temperatur		Messumformerfunktion
U	Zusammengesetzte Größen		
V	Viskosität		
W	Gewichtskraft, Masse		
X	Sonstige Größen		
Y	Frei verfügbar		
Z			Noteingriff oder Sicherung durch Auslösung

Symbol	Bedeutung
Durchfluss:	
FZAL	Sicherheitsschalter durch Strömung betätigt, Einstellwert/Alarm (min)
Stand:	
LI	Standanzeiger
LS	Schalter
LT	Messumformer für Stand
LI	Standmessung mit Anzeige in Leitwarte/Leitstand
LZAH	Sicherheitsschalter, Stand, Einstellwert/Alarm (max)
LZAL	Sicherheitsschalter, Stand, Einstellwert/Alarm (min)
Druck:	
PI	Druckmessgerät
PDI	Differenz-Druckmessgerät
PISHL	Druckschalter mit Anzeige (Kontakt-Druckmessgerät)
PT	Messumformer für Druck
PIT	Messumformer für Druck (örtliche Anzeige)
PS	Einrichtung zur Druckbegrenzung
PSH	Druckwächter für steigenden Druck
PSL	Druckwächter für fallenden Druck
PC	Druck-Regelung/Steuerung

Fließbilder, Kälteanlagen und Wärmepumpen — TK

Symbole für Messen, Steuern und Regeln (Fortsetzung) (nach DIN EN 1861, 07.98)

Symbol	Bedeutung	Symbol	Bedeutung	Symbol	Bedeutung
noch Druck: PZH	Druckbegrenzer für steigenden Druck	PZAL	Sicherheitsdruckschalter, Einstellung/Alarm (min)	TIR	Thermometer mit Anzeige und Registrierung in Leitwarte/Leitstand
PZHH	Sicherheitsdruckbegrenzer für steigenden Druck	**Qualität:** NH_3 QIA	Messung der Gaskonzentration, Anzeige und Alarm bei NH_3	TSHL	Temperaturschalter
PDZAH	Sicherheits-Differenzdruckschalter, Einstellung/Alarm (max)	**Temperatur:** TI	Thermometer	TISHL	Temperaturschalter mit Anzeige (Kontakt-Thermometer)
PDZAL	Sicherheits-Differenzdruckschalter, Einstellung/Alarm (min)	TT	Messumformer für Temperatur	TZAH	Sicherheitstemperaturschalter, Einstellung/Alarm (max)
PZAH	Sicherheitsdruckschalter, Einstellung/Alarm (max)	TIT	Messumformer für Temperatur mit Anzeige	TZAL	Sicherheitstemperaturschalter, Einstellung/Alarm (min)

Rohrschemen in isometrischer Darstellung (nach DIN 5, 12.70 und DIN 2428, 12.68)

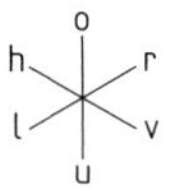

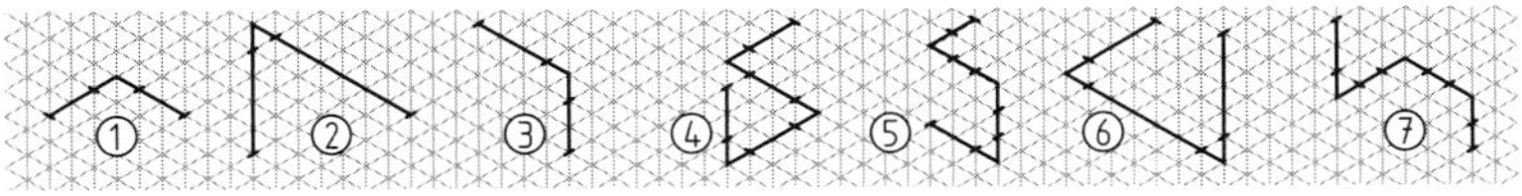

Richtungsrose: v ≙ nach vorne, r ≙ nach rechts, o ≙ nach oben, h ≙ nach hinten, l ≙ nach links, u ≙ nach unten. Es verhält sich v : r : o : h : l : u = 1 : 1 : 1 : 1 : 1 : 1 im **Isometrieliniennetz**. 5

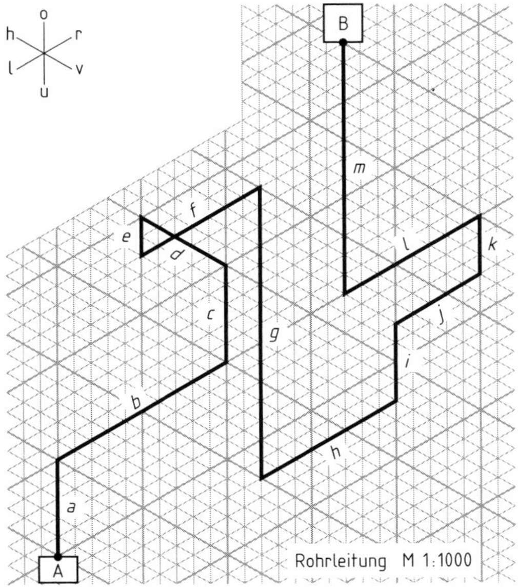

Senkrechte Leitungen entsprechen den senkrechten Strecken.
Waagrecht nach links oder rechts verlaufende Leitungen werden unter 30° nach links fallend bzw. nach rechts steigend gezeichnet.
In der Tiefe nach vorne oder hinten verlaufende Leitungen werden unter 30° nach rechts fallend bzw. links ansteigend gezeichnet.
Bei Bögen oder anderen Formstücken werden den Querstriche unter 30° am Rohrende gezeichnet.

B Die Fließrichtung in der Rohrleitung (s. linkes Bild) verläuft von A nach B. Es ist $a = 12{,}5$ m; $b = 25$ m; $c = 12{,}5$ m; $d = 12{,}5$ m; $e = 5$ m; $f = 17{,}5$ m; $g = 37{,}5$ m; $h = 20$ m; $i = 10$ m; $j = 12{,}5$ m; $k = 7{,}5$ m; $l = 20$ m; $m = 32{,}5$ m. Zu berechnen

α) Abstand A unter B (Maß x),
β) Abstand A vor B (Maß y),
γ) Abstand A links von B (Maß z),
δ) Strecke $\overline{AB}$.

Lösung:

α) $\boldsymbol{x = 32{,}5}$ **m**
β) $\boldsymbol{y = 12{,}5}$ **m**
γ) $\boldsymbol{z = 55{,}0}$ **m**

δ) $\overline{AB} = \sqrt{x^2 + y^2 + z^2}$
$\boldsymbol{\overline{AB} = 65{,}1}$ **m**

TK Fließbilder, Kälteanlagen und Wärmepumpen

Bild A.1: Beispiel eines Systemfließbildes mit Grund- und Zusatzinformationen

(verkleinert dargestellt, aus DIN EN 1861, 07.98)

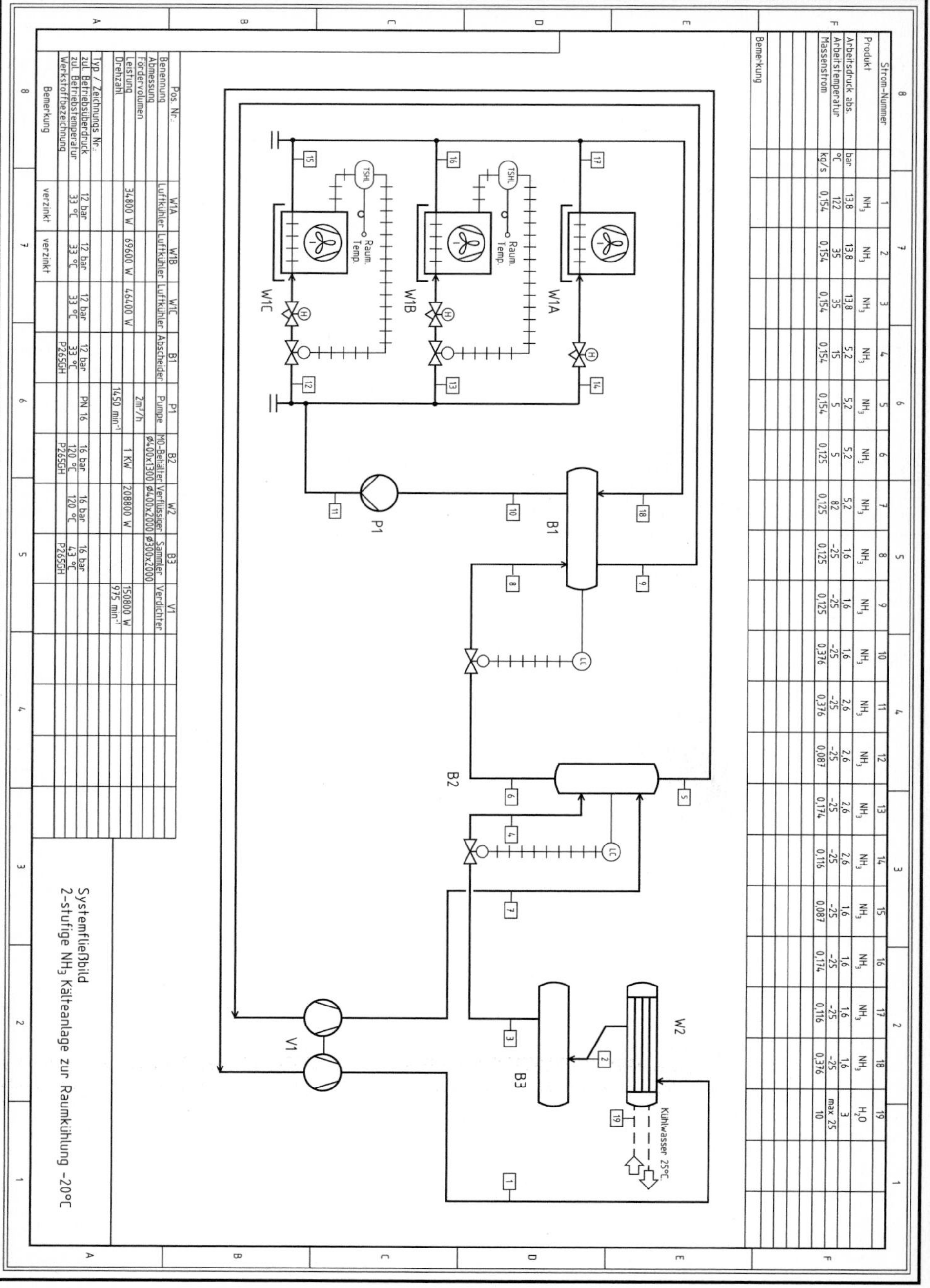

Strom-Nummer		1	2	3	4	5	6	7	8	9	10	11	12	13	14	15	16	17	18	19
Produkt		NH_3	NH_3	NH_3	NH_3	NH_3	NH_3	NH_3	NH_3	NH_3	NH_3	NH_3	NH_3	NH_3	NH_3	NH_3	NH_3	NH_3	NH_3	H_2O
Arbeitsdruck abs.	bar	13,8	13,8	13,8	5,2	5,2	5,2	5,2	1,6	1,6	1,6	2,6	2,6	2,6	2,6	1,6	1,6	1,6	1,6	3
Arbeitstemperatur	°C	122	35	35	15	5	5	82	-25	-25	-25	-25	-25	-25	-25	-25	-25	-25	-25	max 25
Massenstrom	kg/s	0,154	0,154	0,154	0,154	0,154	0,125	0,125	0,125	0,125	0,376	0,376	0,087	0,174	0,116	0,087	0,174	0,116	0,376	10
Bemerkung																				

Pos. Nr.:	W1A	W1B	W1C	B1	P1	B2	W2	B3	V1
Benennung	Luftkühler	Luftkühler	Luftkühler	Abscheider	Pumpe	MO-Behälter	Verflüssiger	Sammler	Verdichter
Abmessung						Ø400x1300	Ø400x2000	Ø300x2000	
Fördervolumen					2m³/h				
Leistung	34800 W	69600 W	46400 W			1 KW	208800 W		150800 W
Drehzahl					1450 min⁻¹				975 min⁻¹
Typ / Zeichnungs Nr.:									
zul. Betriebsüberdruck	12 bar	12 bar	12 bar	12 bar	PN 16	16 bar	16 bar	16 bar	
zul. Betriebstemperatur	33 °C	33 °C	33 °C	33 °C		120 °C	120 °C	43 °C	
Werkstoffbezeichnung				P265GH		P265GH		P265GH	
Bemerkung	verzinkt	verzinkt							

5

Bild A.2: Beispiel eines Rohrleitungs- und Instrumentenfließbildes (RI-Fließbild) mit Grund- und Zusatzinformationen (verkleinert dargestellt, aus DIN EN 1861, 07.98)

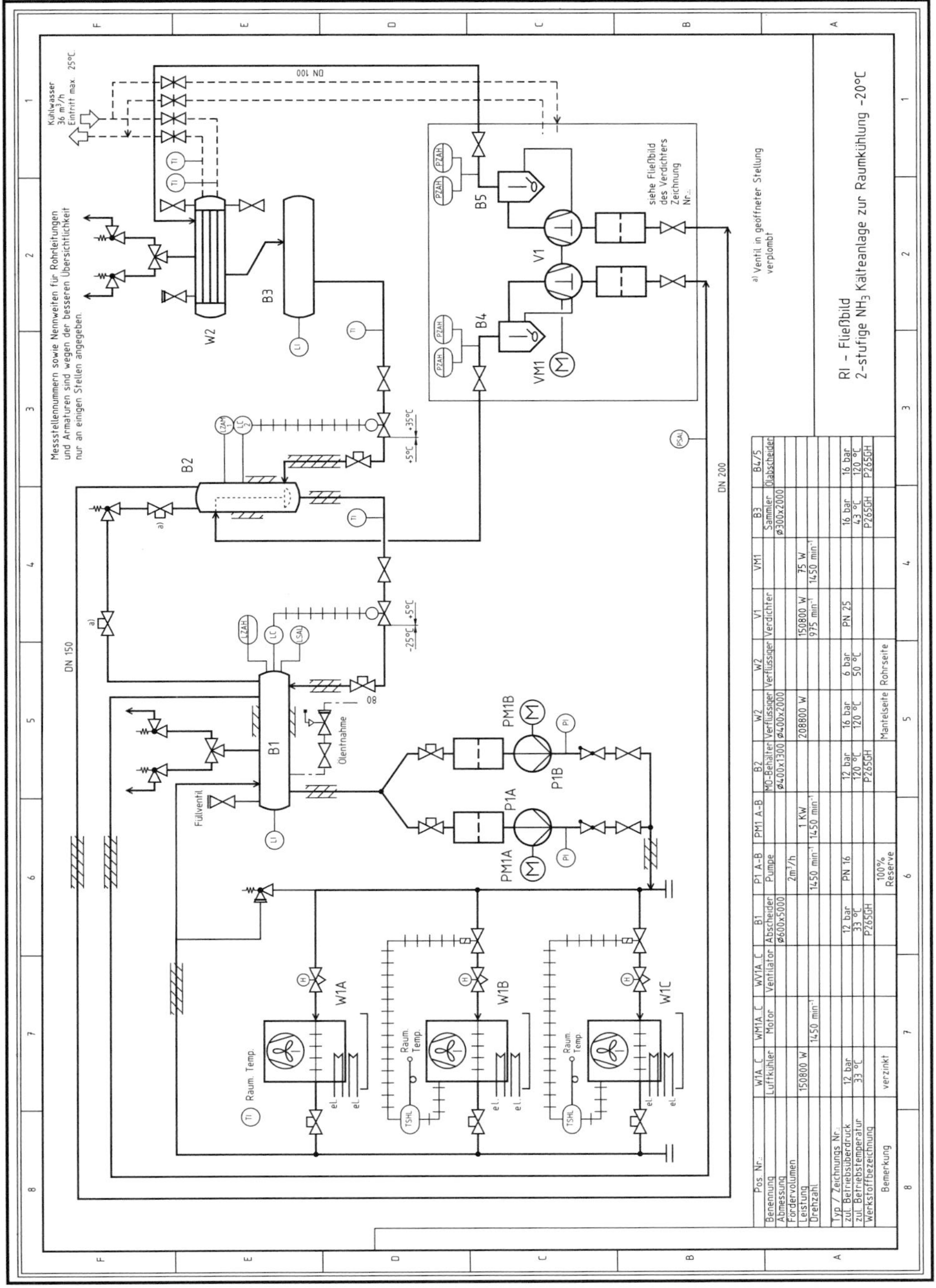

Pos. Nr.:	W1A...C	WM1A...C	WV1A...C	B1	P1 A-B	PM1 A-B	B2	W2	W2	V1	VM1	B3	B4/5
Benennung	Luftkühler	Motor	Ventilator	Abscheider	Pumpe		MO-Behälter	Verflüssiger	Verflüssiger	Verdichter		Sammler	Ölabscheider
Abmessung				ø600x5000			ø400x1300	ø400x2000				ø300x2000	
Fördervolumen					2m³/h								
Leistung	150800 W					1 KW		208800 W		150800 W	75 W		
Drehzahl		1450 min⁻¹			1450 min⁻¹	1450 min⁻¹				975 min⁻¹	1450 min⁻¹		
Typ / Zeichnungs Nr.:					PN 16					PN 25			
zul. Betriebsüberdruck	12 bar			12 bar			12 bar	16 bar	6 bar			16 bar	16 bar
zul. Betriebstemperatur	33 °C			33 °C			120 °C	120 °C	50 °C			43 °C	120 °C
Werkstoffbezeichnung				P265GH			P265GH					P265GH	P265GH
Bemerkung	verzinkt				100% Reserve			Mantelseite	Rohrseite				

Elektrische Schaltpläne

Auswahl von graphischen Symbolen (nach DIN EN 60617, 08.97)

Symbolelemente für allgemeine Anwendungen

Graphisches Symbol	Bedeutung	Graphisches Symbol	Bedeutung
	Gleichstrom		thermische Wirkung
	Wechselstrom		elektromagnetische Wirkung
	niedrige Frequenzen		positiver Impuls
	mittlere Frequenzen		negativer Impuls
	hohe Frequenzen		Wechselstrom-impuls
	Einstellbarkeit, allgemein		Sägezahn-impuls
	Einstellbarkeit, nicht linear		Erde, allgemein
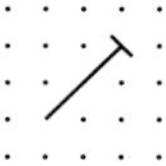	Einstellbarkeit, trimmbar	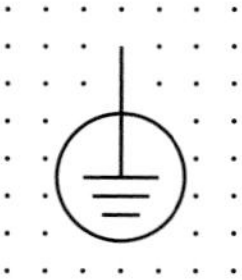	Schutzerde, Schutzleiter-anschluss
	Veränderbarkeit, allgemein		Masse, Gehäuse
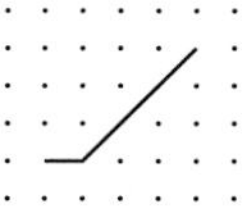	Veränderbarkeit, nicht linear		

Leiter und Verbinder (nach DIN EN 60617-3, 08.97)

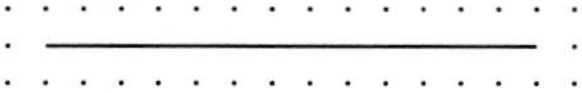	Verbindung z. B. Leiter Kabel Leitung Übertragungs-weg	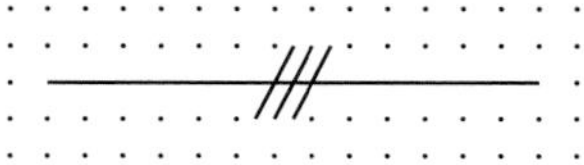	z. B. drei Verbindungen

5

Elektrische Schaltpläne — TK

Auswahl von graphischen Symbolen (Fortsetzung) (nach DIN EN 60 617, 08.97)

Graphisches Symbol	Bedeutung	Graphisches Symbol	Bedeutung
	Verbindung, bewegbar	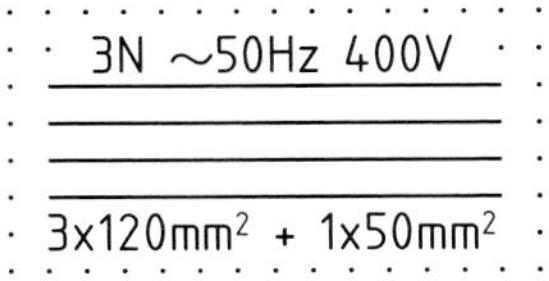	Beispiel: Dreiphasen-Vierleitersystem mit drei Außenleitern und einem Neutralleiter
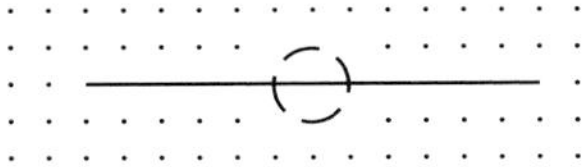	Leiter, geschirmt	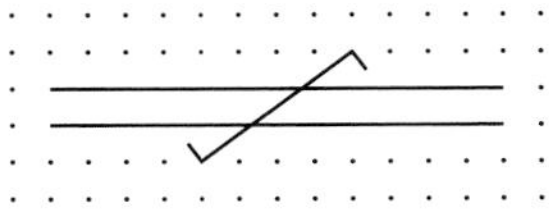	Beispiel: Verbindung verdrillt (zwei Verbindungen dargestellt)
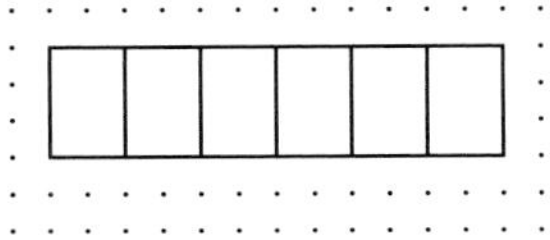	Anschlussleiste		
	Kreuzungs- bzw. Verbindungspunkt	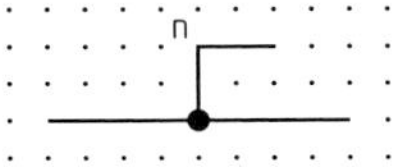	Verzweigung
	Anschluss, z. B. Klemme	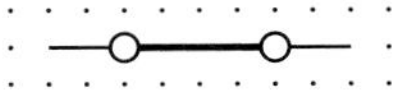	Leiter-Verbindungsstück, Spleiß
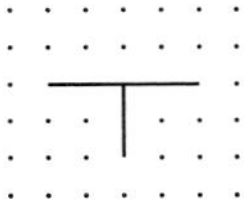	T-Verbindung	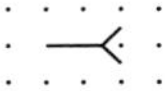	Buchse
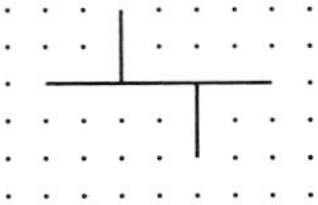	Doppelabzweig von Leitern	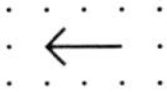	Stecker
		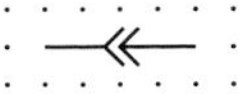	Buchse und Stecker

5

Passive Bauelemente (nach DIN EN 60 617-4, 08.97)

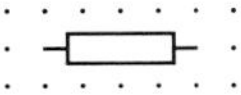	Widerstand, allgemein	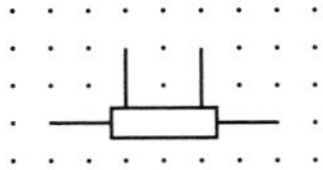	Widerstand mit festen Anzapfungen
	Widerstand, veränderbar	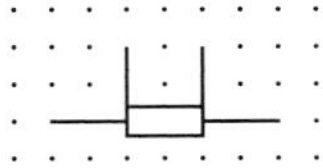	Shant, Nebenschluss-widerstand
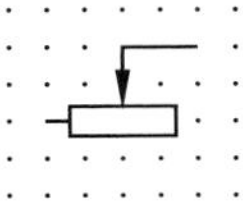	Widerstand mit beweglichem Kontakt, Potentiometer		Kondensator, allgemein
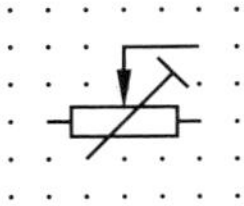	einstellbarer Widerstand, einstellbarer Potentiometer		Kondensator, veränderbar

Elektrische Schaltpläne

Auswahl von graphischen Symbolen (Fortsetzung) (nach DIN EN 60 617, 08.97)

Graphisches Symbol	Bedeutung	Graphisches Symbol	Bedeutung
	Kondensator mit Voreinstellung	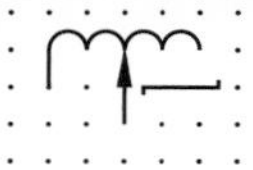	Induktivität mit bewegbarem Kontakt
	Induktivität Spule Wicklung Drossel	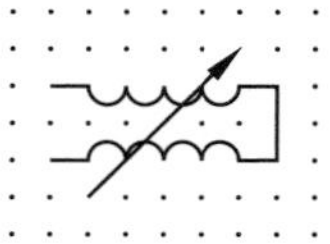	Variometer

Erzeugung und Umwandlung elektrischer Energie (nach DIN EN 60 617-6, 08.97)

Graphisches Symbol	Bedeutung	Graphisches Symbol	Bedeutung
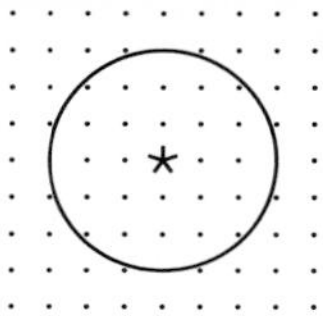	elektrische Maschine, allgemein	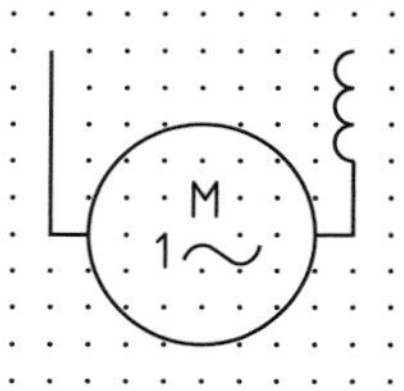	Reihenschluss-motor, einphasig
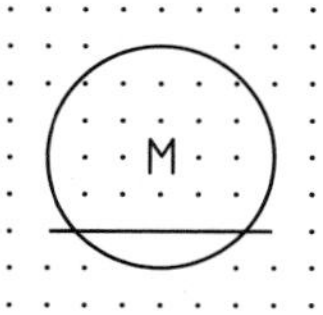	Linearmotor, allgemein	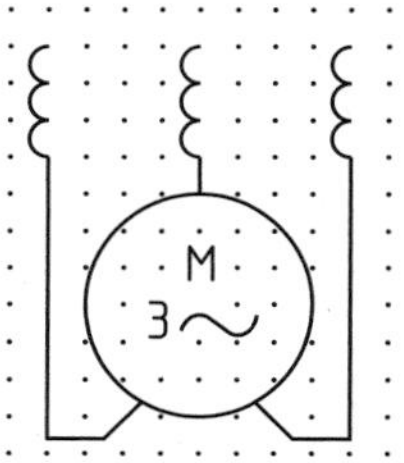	Drehstorm-Reihenschluss-motor
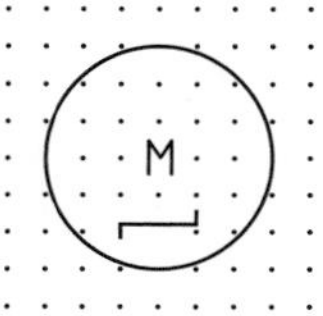	Schrittmotor, allgemein	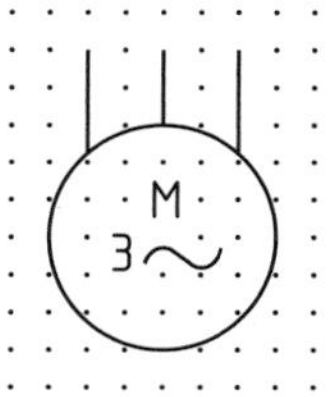	Drehstrom-Asynchronmotor
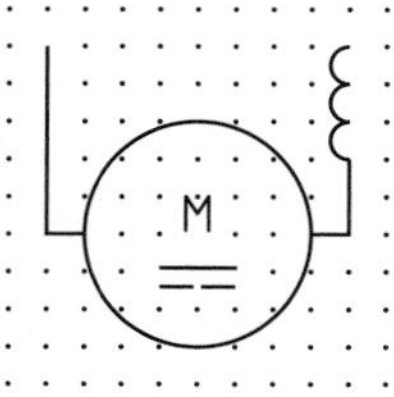	Gleichstrom-Reihenschluss-motor	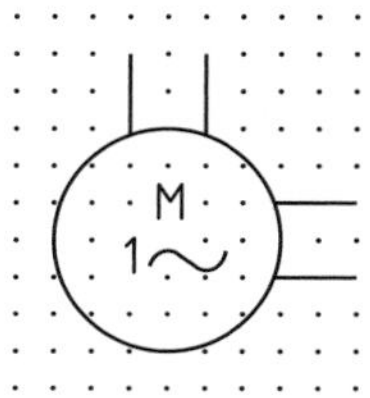	Asynchronmotor, einphasig, (Enden herausgeführt)
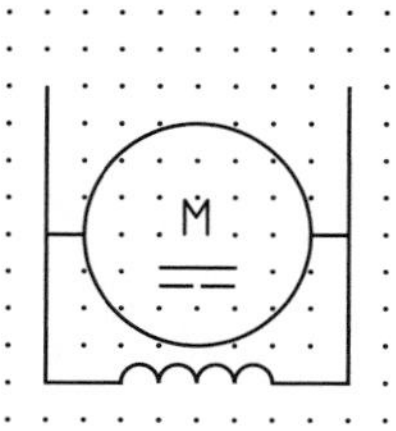	Gleichstrom-Nebenschluss-motor		

Auswahl von graphischen Symbolen (Fortsetzung) (nach DIN EN 60 617, 08.97)

Graphisches Symbol	Bedeutung	Graphisches Symbol	Bedeutung
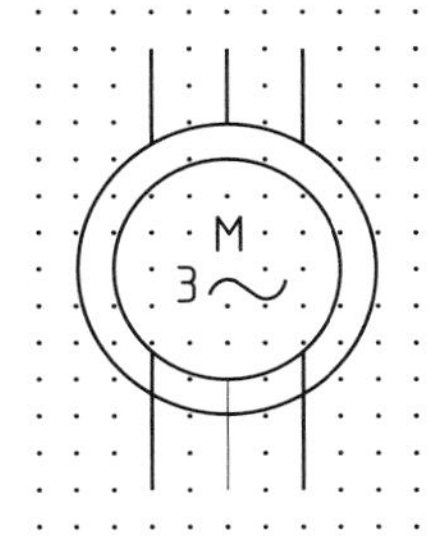	Drehstrom-Asynchronmotor mit Schleifringläufer	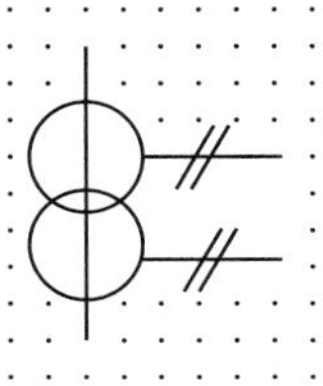	Stromwandler mit zwei Sekundärwicklungen
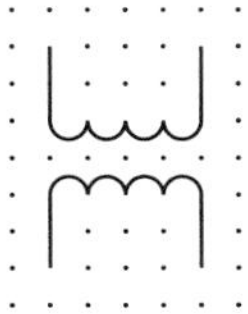	Transformator mit zwei Wicklungen	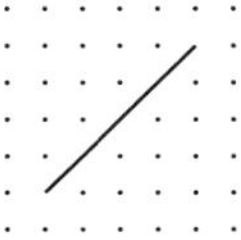	Umrichter, allgemein
			Gleichrichter
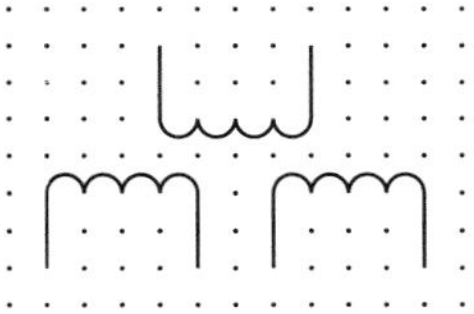	Transformator mit drei Wicklungen		Wechselrichter
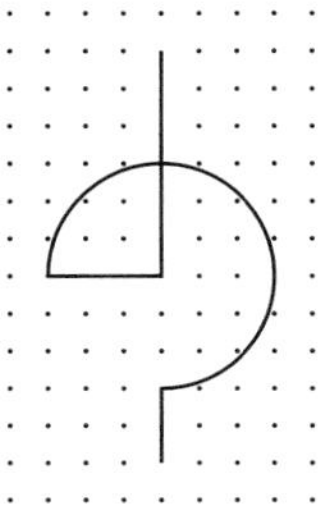	Drossel	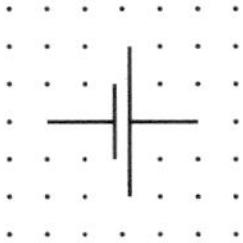	Primärzelle, Batterie
		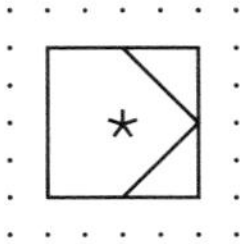	Regler

5

Schalt- und Schutzeinrichtungen (nach DIN EN 60 617-7, 08.97)

Graphisches Symbol	Bedeutung	Graphisches Symbol	Bedeutung
	Schließer	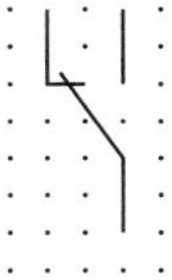	Wechsler mit Unterbrechung
	Öffner	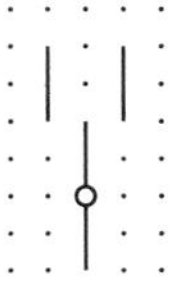	Wechsler mit Mittelstellung Aus

Auswahl von graphischen Symbolen (Fortsetzung) (nach DIN EN 60617, 08.97)

Graphisches Symbol	Bedeutung	Graphisches Symbol	Bedeutung
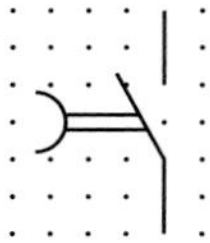	Schließer, öffnet verzögert	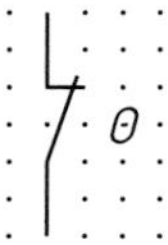	Öffner, temperaturabhängig
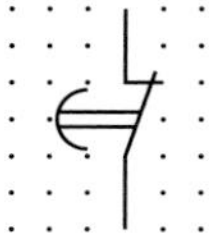	Öffner, öffnet verzögert		Schütz
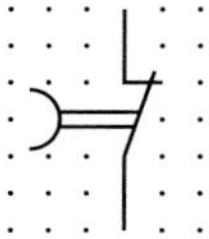	Öffner, schließt verzögert		Schütz mit selbsttätiger Ausschaltung
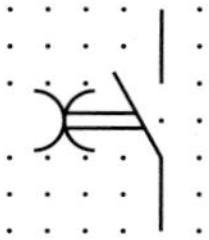	Schließer, schließt bzw. öffnet verzögert	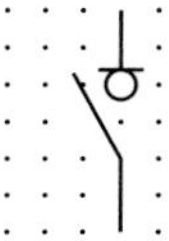	Lasttrennschalter
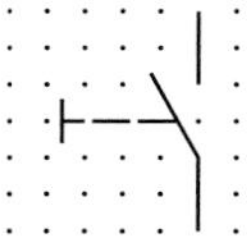	Handbetätigter Schalter, allgemein	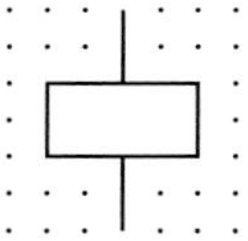	Elektromechanischer Antrieb, allgemein
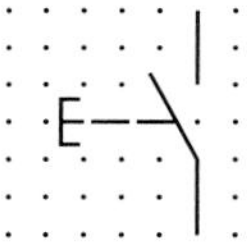	Druckschalter, Schließer mit selbsttätigem Rückgang	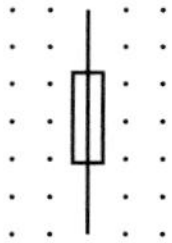	Sicherung, allgemein
	Endschalter, Schließer	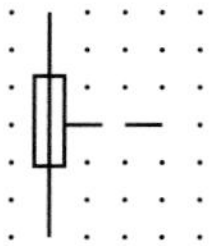	Sicherung mit mechanischer Auslösemeldung
	Endschalter, Öffner	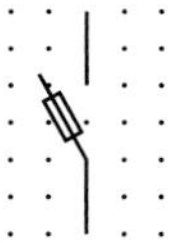	Sicherungsschalter
	Schließer, temperaturabhängig	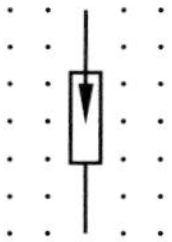	Überspannungsableiter

5

Elektrische Schaltpläne — TK

Auswahl von graphischen Symbolen (Fortsetzung) (nach DIN EN 60 617, 08.97)

Graphisches Symbol	Bedeutung	Graphisches Symbol	Bedeutung
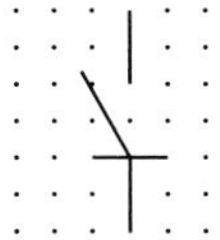	Elektronischer Schalter, allgemein	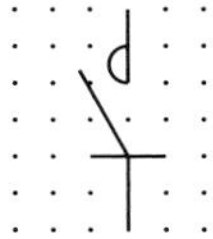	Elektronisches Schütz, (Halbleiter)

Mess-, Melde- und Signaleinrichtungen (nach DIN EN 60 617-8, 08.97)

Graphisches Symbol	Bedeutung	Graphisches Symbol	Bedeutung
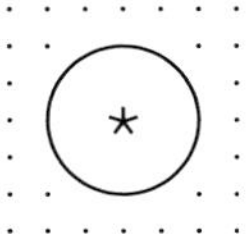	Messgerät, allgemein	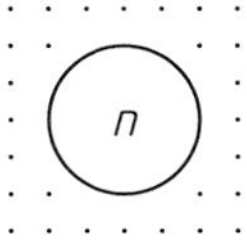	Drehzahlmessgerät
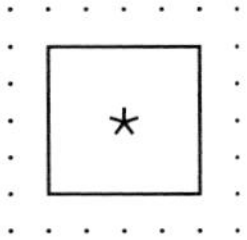	Messgerät, aufzeichnend	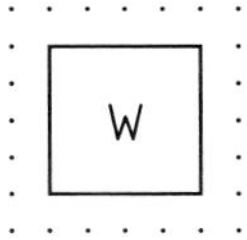	Wirkleistungsschreiber
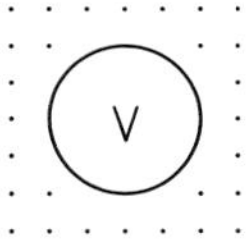	Spannungsmessgerät (Voltmeter), anzeigend	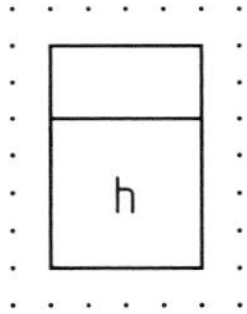	Betriebsstundenzähler
	Leistungsfaktormessgerät, anzeigend	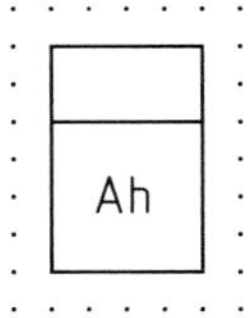	Amperestundenzähler
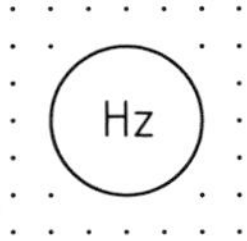	Frequenzmessgerät, anzeigend	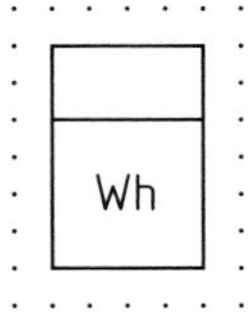	Wattstundenzähler (Elektrizitätszähler)
	Oszilloskop	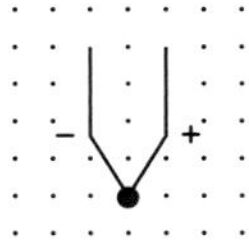	Thermoelement (Polarität ist angegeben)
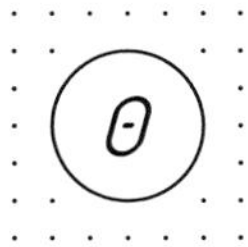	Thermometer, Pyrometer	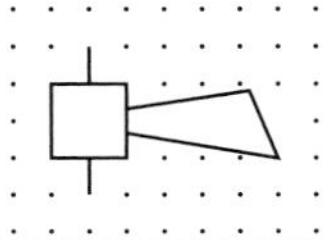	Horn, Hupe

5

TK Elektrische Schaltpläne

Kennbuchstaben für die Art des Betriebsmittels (nach DIN EN 61082-1, 05.95)

Kenn-buchstabe	Art des Betriebsmittels	Kenn-buchstabe	Art des Betriebsmittels
A	Baugruppen, Teilbaugruppen	N	Verstärker, Regler
B	Umsetzer von nicht elektrischen auf elektrische Größen oder umgekehrt	P	Messgeräte, Prüfeinrichtungen
C	Kondensatoren	Q	Starkstrom-Schaltgeräte
D	Binäre Elemente, Verzögerungs-einrichtungen, Speichereinrichtungen	R	Widerstände
E	Verschiedenes	S	Schalter, Wähler
F	Schutzeinrichtungen	T	Transformatoren
G	Generatoren, Stromversorgungen	U	Modulatoren, Umsetzer von elektrischen in andere elektrische Größen
H	Meldeeinrichtungen	V	Röhren, Halbleiter
J	frei	W	Übertragungswege, Hohlleiter, Antennen
K	Relais, Schütze	X	Klemmen, Stecker, Steckdosen
L	Induktivitäten	Y	elektrisch betätigte mechanische Einrichtungen
M	Motoren	Z	Abschlüsse, Gabelübertrager, Filter, Entzerrer, Begrenzer

Kennbuchstaben für die Funktionen (nach DIN EN 61082-1, 05.95)

5

Kenn-buchstabe	Allgemeine Funktion	Kenn-buchstabe	Allgemeine Funktion
A	Hilfsfunktion, Funktion Aus	N	Messung
B	Bewegungsrichtung (vorwärts, rückwärts, heben, senken, im Uhrzeigersinn, entgegen dem Uhrzeigersinn)	P	Proportional
C	Zählung	Q	Zustand (Start, Stop, Begrenzung)
D	Differenzierung	R	Rückstellen, löschen
E	Funktion Ein	S	Speichern, aufzeichnen
F	Schutz	T	Zeitmessung, verzögern
G	Prüfung	U	–
H	Meldung	V	Geschwindigkeit (beschleunigen, bremsen)
J	Integration	W	Addierung
K	Tastbetrieb	X	Multiplizieren
L	Leiterkennzeichnung	Y	Analog
M	Hauptfunktion	Z	Digital
Betriebsmittel mit Kennbuchstabe Q: LA, LB, LC		Betriebsmittel mit Kennbuchstabe T: L1, L2, L3	

Elektrische Schaltpläne

TK

Darstellungsarten für Schaltpläne

(nach DIN EN 61082-1, 05.95)

Bezeichnung und Aufgabe der unterschiedlichen Schaltpläne

Übersichtsschaltplan
Relativ einfacher, häufig in einpoliger Darstellung ausgeführter Schaltplan, der die wichtigsten Verbindungen oder Beziehungen zwischen den Betriebsmitteln innerhalb eines Systems, Untersystems, einer Installation, eines Teiles, einer Ausrüstung oder einer Software zeigt.

Blockschaltplan
Übersichtsschaltplan, in dem vorwiegend Blocksymbole angewendet werden.

Netzwerkkarte
Übersichtsschaltplan, der ein Netzwerk auf einer Karte darstellt, beispielsweise Kraftwerke, Umspannstationen, Starkstromleitungen, Fernmeldeanlagen und Übertragungsleitungen,

Funktionsschaltplan
Schaltplan, der ein System, Teilsystem, Installation, Teil, Ausrüstung oder Software usw. in Form von theoretischen oder idealen Schaltkreisen darstellt, ohne dass dabei notwendigerweise die für die Realisierung eingesetzten Mittel berücksichtigt sind.

Logik-Funktionsschaltplan
Funktionsschaltplan, bei dem vorwiegend Schaltzeichen für binäre Elemente angewendet werden.

Ersatzschaltplan
Funktionsschaltplan, der äquivalente Schaltungen darstellt und für die Analyse und Berechnung der Eigenschaften oder des Verhaltens dient.

Zahlen- und Buchstabenkennzeichnung entsprechend **DIN 40719**, 06.78

Funktionsplan
Diagramm, das Funktionen und Verhalten eines Steuerungs- bzw. Regelungssystems beschreibt, wobei Schritte und Übergänge gezeigt sind.

Ablaufdiagramm (Ablauftabelle)
Diagramm (Ablauftabelle), das die Reihenfolge von Vorgängen oder die Zustände von Teilen eines Systems zeigt. Dabei sind die Vorgänge oder Zustände der Teile in einer Richtung und die Prozessschritte oder Zeit im rechten Winkel dazu aufgezeichnet.

Zeitablaufdiagramm
Ablaufdiagramm, bei dem die Zeitachse maßstäblich ist.

Stromlaufplan
Schaltplan, der die Stromkreise einer Funktions- oder Baueinheit oder einer Anlage so zeigt, wie sie ausgeführt sind. Dabei sind die Teile und Verbindungen mit graphischen Symbolen (Schaltzeichen) dargestellt, aus deren Anordnung die Funktionen erkennbar sind, ohne dass dabei notwendigerweise die Größe, Form und räumliche Lage der Betriebsmittel berücksichtigt sind.

Anschlussfunktionsschaltplan
Schaltplan für eine Funktionseinheit, der die Anschlusspunkte der Schnittstellenverbindungen zeigt und die internen Funktionen beschreibt. Die interenen Funktionen dürfen mit einem gegebenenfalls vereinfachten Stromlaufplan, einem Funktionsschaltplan, Funktionsplan oder Ablaufdiagramm oder mit Text beschrieben werden.

Programmplan (Programmtabelle)
Schaltplan (Tabelle, Liste), in dem die Programmelemente und -module sowie deren Verbindungen detailliert dargestellt und so angeordnet sind, dass man die Beziehungen klar erkennen kann.

5

Darstellung

Zusammenhängende Darstellung
Darstellung, bei der die Teile eines aus mehreren Schaltzeichen bestehenden Symbols benachbart angeordnet sind.

Halbzusammenhängende Darstellung
(Üblicherweise für Bauteile mit einer mechanischen Wirkverbindung). Darstellung, bei der das Symbol auseinandergezogen dargestellt ist, wobei jedes einzelne Teilsymbol im Schaltplan so platziert ist, dass eine klare Anordnung der Stromkreise erreicht wird.

Aufgelöste Darstellung
(Für Bauteile mit einer Wirkverbindung). Darstellung, bei der das Symbol in einzelne Teile zerlegt ist. Jedes einzelne Teil ist so im Schaltplan platziert, dass eine klare Anordnung der Stromkreise erreicht wird. Die Teile werden dabei durch ihre Betriebsmittelkennzeichen zueinander in Beziehung gesetzt.

Wiederholte Darstellung
(Üblicherweise für Beuteile mit einer elektrischen Wirkverbindung, beispielsweise für binäre Elemente, die mit Steuerblock- oder Ausgangsblock dargestellt sind). Darstellung, bei der ein komplettes Schaltzeichen an zwei oder mehr Stellen im Schaltplan gezeigt ist.

Verteilte Darstellung
Darstellung, bei der die Schaltzeichen für die Teile getrennt gezeichnet und im Schaltplan so platziert werden, dass eine klare Anordnung der Stromkreise erreicht wird. Die Teile werden dabei durch ihre Betriebsmittelkennzeichen zueinander in Beziehung gesetzt.

Darstellungsarten für Schaltpläne (Fortsetzung) (nach DIN EN 61082-1, 05.95)

Beispiele (Auswahl)

Kennzeichnung von Leitern (G = Gleichstrom, W = Wechselstrom)			
Leiterart		alphanumerische Bezeichnung	farbliche Kennzeichnung
W	Außenleiter 1	L 1	Schwarz, Braun
	Außenleiter 2	L 2	Schwarz, Braun
	Außenleiter 3	L 3	Schwarz, Braun
	Neutralleiter	N	Hellblau
G	Positiv	L+	Schwarz, Braun
	Negativ	L−	Schwarz, Braun
	Mittelleiter	M	Hellblau
Schutzleiter		PE	Grün -Gelb
Neutralleiter mit Schutzfunktion		PEN	Grün - Gelb
Erde		E	Schwarz, Braun

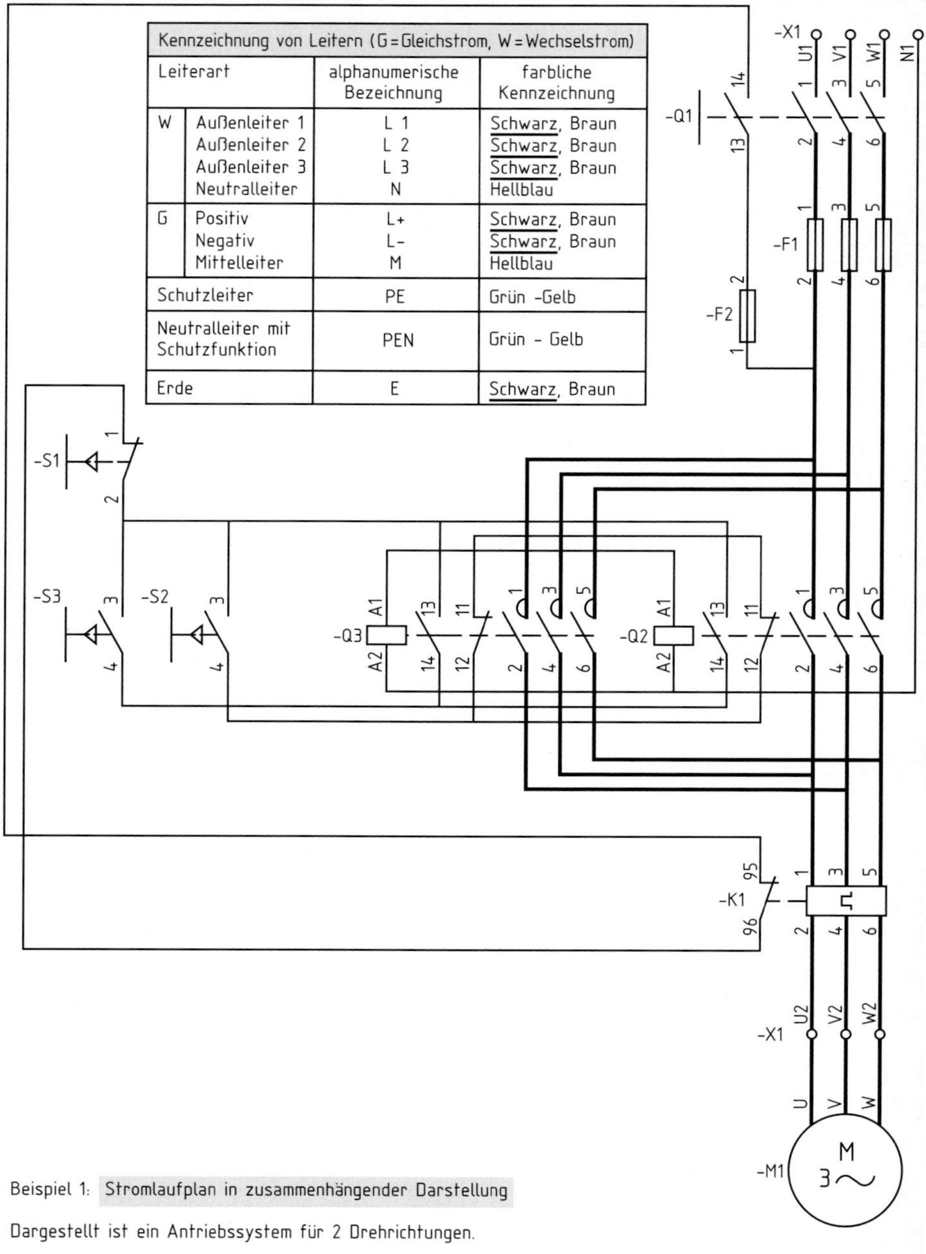

Beispiel 1: Stromlaufplan in zusammenhängender Darstellung

Dargestellt ist ein Antriebssystem für 2 Drehrichtungen.

Darstellungsarten für Schaltpläne (Fortsetzung) (nach DIN EN 61082-1, 05.95)

Kennzeichnung von Leitern (G = Gleichstrom, W = Wechselstrom)			
Leiterart		alphanumerische Bezeichnung	farbliche Kennzeichnung
W	Außenleiter 1 Außenleiter 2 Außenleiter 3 Neutralleiter	L 1 L 2 L 3 N	Schwarz, Braun Schwarz, Braun Schwarz, Braun Hellblau
G	Positiv Negativ Mittelleiter	L+ L- M	Schwarz, Braun Schwarz, Braun Hellblau
Schutzleiter		PE	Grün -Gelb
Neutralleiter mit Schutzfunktion		PEN	Grün - Gelb
Erde		E	Schwarz, Braun

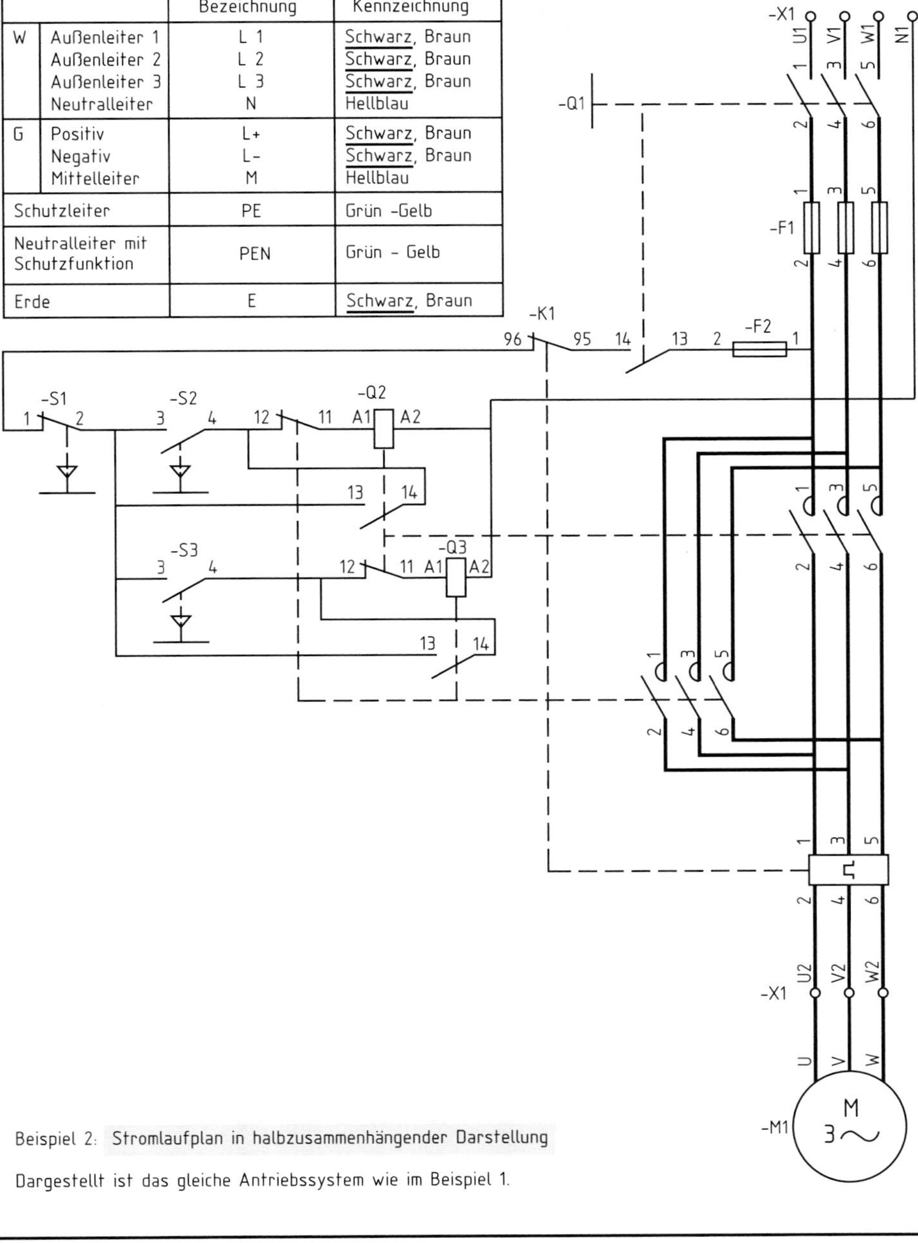

Beispiel 2: Stromlaufplan in halbzusammenhängender Darstellung

Dargestellt ist das gleiche Antriebssystem wie im Beispiel 1.

5

Darstellungsarten für Schaltpläne (Fortsetzung) (nach DIN EN 61082-1, 05.95)

Kennzeichnung von Leitern (G = Gleichstrom, W = Wechselstrom)			
Leiterart		alphanumerische Bezeichnung	farbliche Kennzeichnung
W	Außenleiter 1	L 1	Schwarz, Braun
	Außenleiter 2	L 2	Schwarz, Braun
	Außenleiter 3	L 3	Schwarz, Braun
	Neutralleiter	N	Hellblau
G	Positiv	L+	Schwarz, Braun
	Negativ	L−	Schwarz, Braun
	Mittelleiter	M	Hellblau
Schutzleiter		PE	Grün -Gelb
Neutralleiter mit Schutzfunktion		PEN	Grün - Gelb
Erde		E	Schwarz, Braun

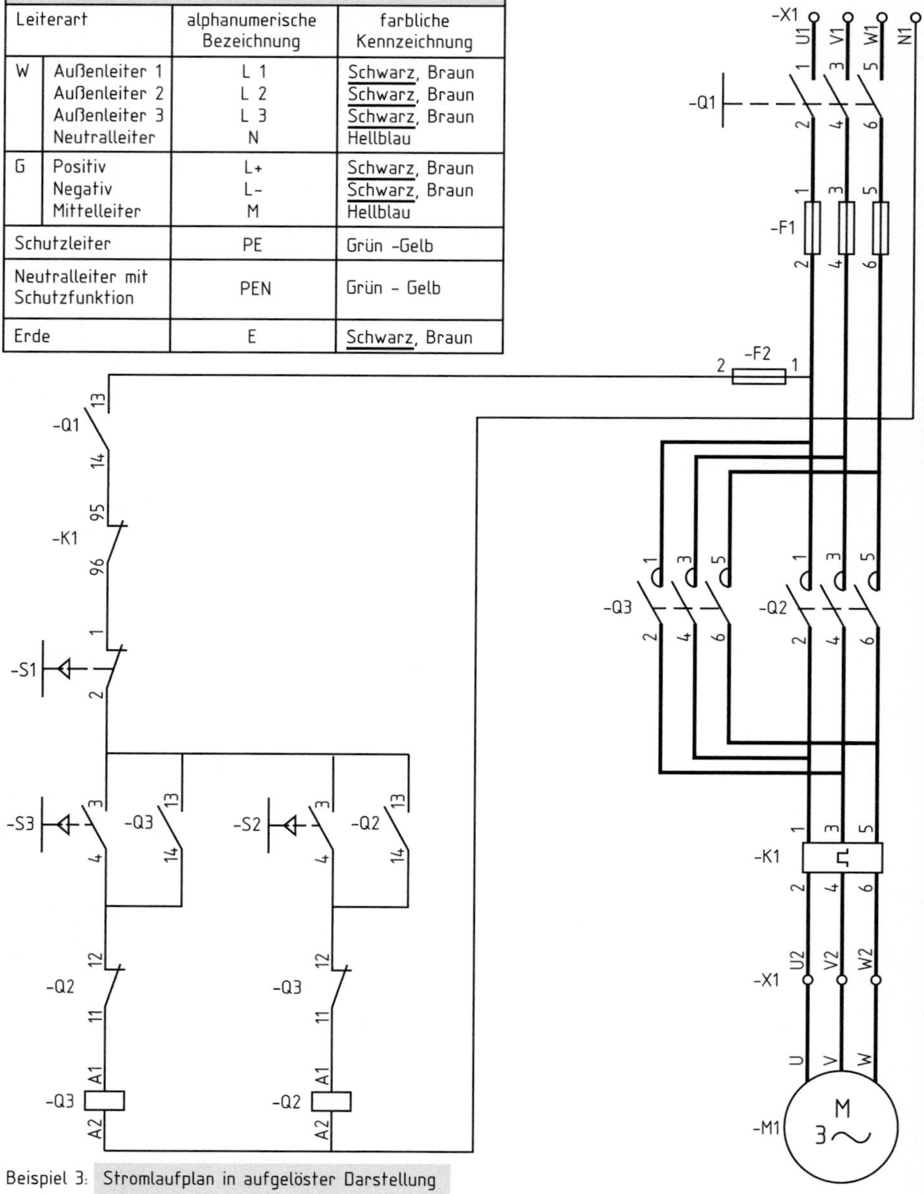

Beispiel 3: Stromlaufplan in aufgelöster Darstellung

Dargestellt ist das gleiche Antriebssystem wie in den Beispielen 1 und 2.

5

Sinnbilder für Schweißen und Löten

TK

Stoßarten

(nach DIN EN 12345, 05.99)

Lage der Teile	Beschreibung
Stumpfstoß 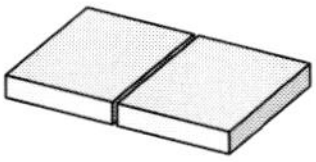	Die Teile liegen in einer Ebene und stoßen stumpf **gegeneinander**
Parallelstoß 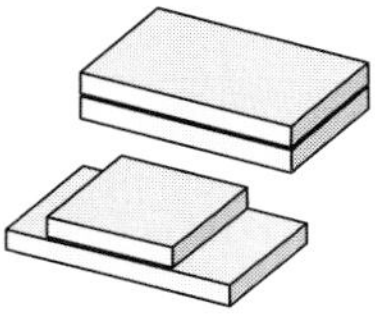	Die Teile liegen parallel **aufeinander**
Überlappstoß 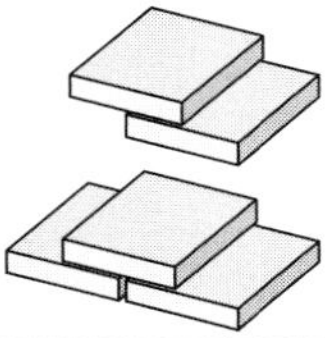	Die Teile liegen parallel **aufeinander** und überlappen sich
T-Stoß 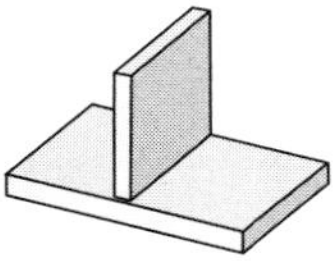	Die Teile stoßen rechtwinklig (T-förmig) **aufeinander**
Doppel-T-Stoß 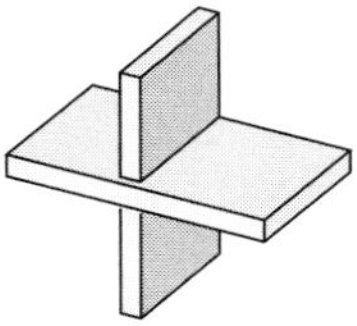	Zwei in einer Ebene liegende Teile stoßen rechtwinklig (doppel-T-förmig) **auf** ein dazwischen liegendes drittes Teil

Lage der Teile	Beschreibung
Schrägstoß 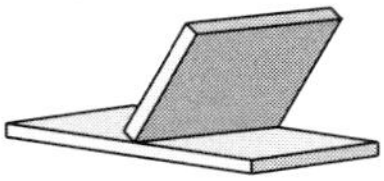	Ein Teil stößt **schräg** gegen ein anderes Teil
Eckstoß 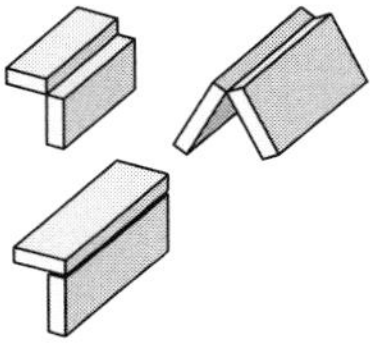	Zwei Teile stoßen unter beliebigem Winkel aneinander und bilden eine **Ecke**
Stirnstoß 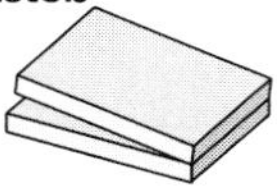	Zwei Teile stoßen am Rand unter einem Winkel von 0° bis 30° gegeneinander (**Stirn**)
Mehrfachstoß 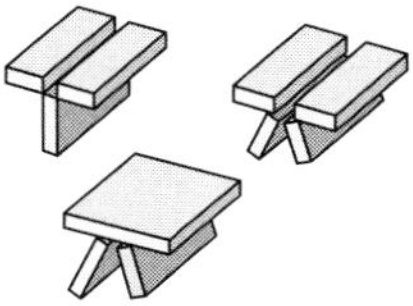	Drei oder mehr Teile stoßen unter beliebigem Winkel **aneinander**
Kreuzungsstoß 	Zwei Teile liegen kreuzend **übereinander**

DIN EN 12345 ersetzt die alte grundlegende DIN 1912!

(→ Schweißverbindungen, Rohrschweißverbindungen)

5

Grundsymbole

(nach DIN EN 22553, 03.97)

Nr.	Benennung	Darstellung	Symbol
1	Bördelnaht (die Bördel werden ganz nieder-geschmolzen)	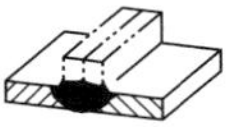	
2	I-Naht		
3	V-Naht		
4	HV-Naht		
5	Y-Naht		
6	HY-Naht	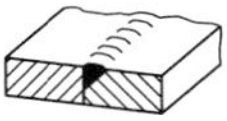	

TK	Sinnbilder für Schweißen und Löten

Grundsymbole (Fortsetzung) (nach DIN EN 22553, 03.97)

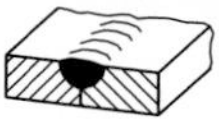

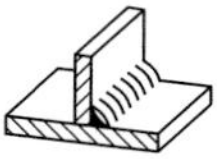

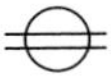

Nr.	Benennung	Darstellung	Symbol	Nr.	Benennung	Darstellung	Symbol
7	U-Naht		Y	14	Steilflanken-naht		$\bigvee$
8	HU-Naht (Jot-Naht)		P	15	Halb-Steil-flankennaht		V
9	Gegenlage		$\smile$	16	Stirnflach-naht		III
10	Kehlnaht		$\triangle$	17	Auftragung		$\frown\frown$
11	Lochnaht		$\sqcap$	18	Flächennaht		$=$
12	Punktnaht		$\bigcirc$				
13	Liniennaht		$\ominus$	19	Schrägnaht		$/\!/$

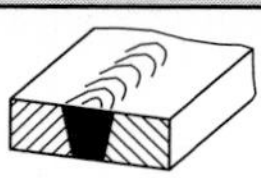

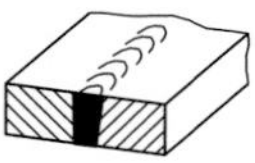

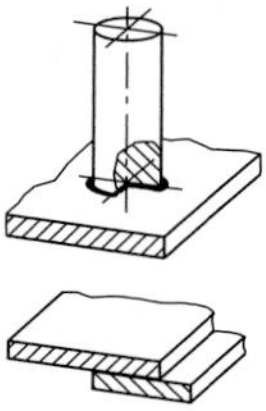

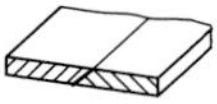

Zusammengesetzte Symbole

Benennung	Darstellung	Symbol
D(oppel)-V-Naht (X-Naht)		$\times$
D(oppel)-HV-Naht (K-Naht)		K
D(oppel)-Y-Naht		X

20	Falznaht		$\supset$

Benennung	Darstellung	Symbol
D(oppel)-HY-Naht (K-Stegnaht)		K
D(oppel)-U-Naht		$\asymp$

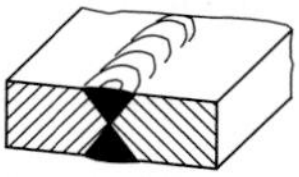

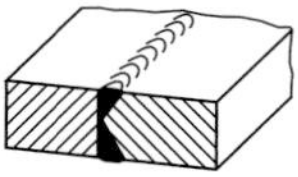

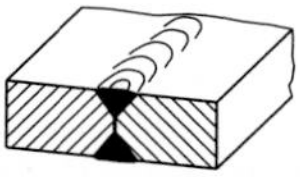

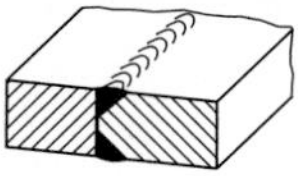

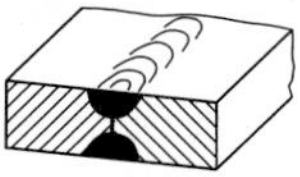

Zusatzsymbole (nach DIN EN 22553, 03.97)

a) flach (üblicherw. flach nachbearbeitet)	—	d) Nahtübergänge kerbfrei	⌣
b) konvex (gewölbt)	⌢	e) verbleibende Beilage benutzt	⎡M⎤
c) konkav (hohl)	⌣	f) Unterlage benutzt	⎡MR⎤

5

Sinnbilder für Schweißen und Löten | TK

Zusatzsymbole (Fortsetzung) (nach DIN EN 22553, 03.97)

Anwendungsbeispiele für Zusatzsymbole

Benennung	Darstellung	Symbol	Benennung	Darstellung	Symbol
Flache V-Naht			Flache V-Naht mit flacher Gegenlage		
Gewölbte Doppel-V-Naht	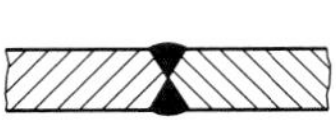		Y-Naht mit Gegenlage		
Hohlkehlnaht	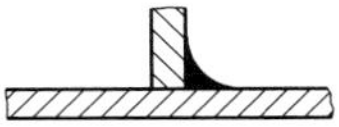		Kehlnaht mit kerbfreiem Nahtübergang	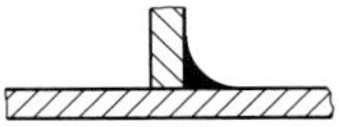	

Lage der Symbole in Zeichnungen (nach DIN EN 22553, 03.97)

Die Symbole bilden nur einen Teil der vollständigen Darstellung. Diese umfasst zusätzlich zum Symbol noch Folgendes (s. nebenstehendes Bild):

- eine **Pfeillinie** (1) je Stoß
- eine **Bezugslinie** bestehend aus zwei Parallellinien, und zwar einer Volllinie (2a), d. h. der **Bezugsvolllinie** und einer Strichlinie (2b), d. h. der **Bezugsstrichlinie**
- eine bestimmte Anzahl von Maßen und Symbolen (3)
- bei Bedarf eine Gabel (4), an der zusätzliche Angaben in der Reihenfolge
  Verfahren,
  Bewertungsgruppe,
  Schweißposition,
  Schweißzusatzwerkstoff gemacht werden.

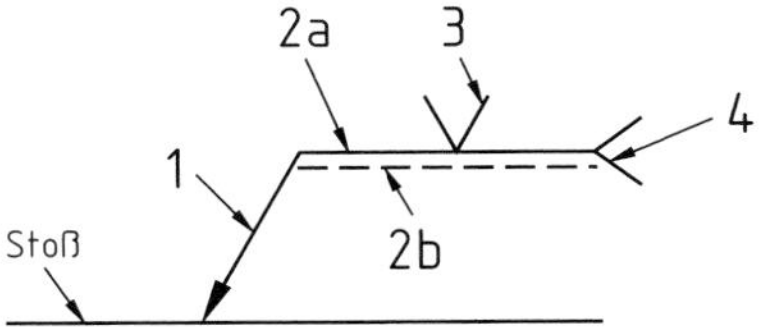

1 Pfeillinie
2a Bezugslinie (Volllinie)
2b Bezugslinie (Strichlinie)
3 Symbol
4 Gabel

Nach **DIN EN 22553** unterscheidet man:

„Pfeilseite" des Stoßes

„Gegenseite" des Stoßes

Somit entweder
Naht auf der Pfeilseite
oder
Naht auf der Gegenseite

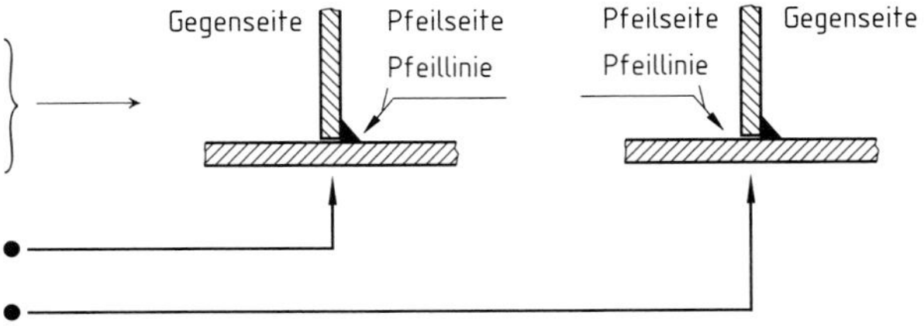

Nach den Festlegungen der Norm sind 4 Varianten bei der symbolischen Darstellung für die selbe Naht möglich.

a) Naht dargestellt mit Pfeillinie auf die Naht weisend:

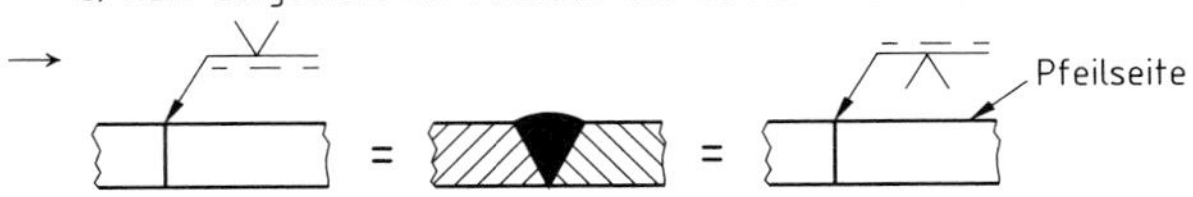

Die Bezugsstrichlinie kann also oberhalb **oder** unterhalb der Bezugsvolllinie angeordnet werden.

b) Naht dargestellt mit Pfeillinie auf die Naht-Gegenseite weisend:

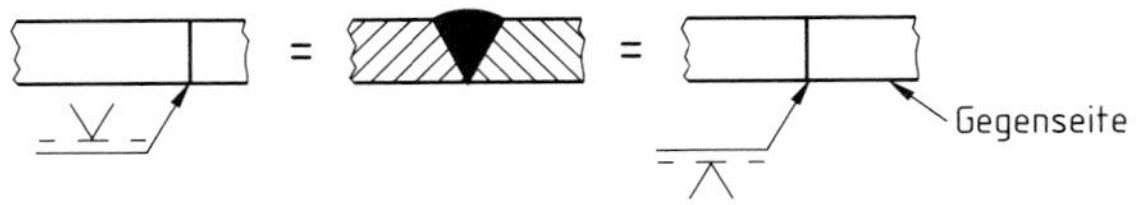

Bei Nähten, die beidseitig angeordnet werden (z. B. eine Doppel-V-Naht), entfällt die Bezugsstrichlinie.

5

Sinnbilder für Schweißen und Löten

Lage der Symbole in Zeichnungen (Fortsetzung) (nach DIN EN 22553, 03.97)

Beispiele

Benennung Symbol	Bildliche Darstellung	Symbolische Darstellung wahlweise	
V-Naht 	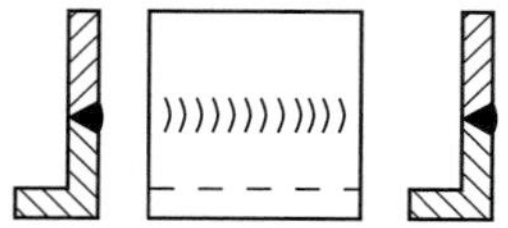	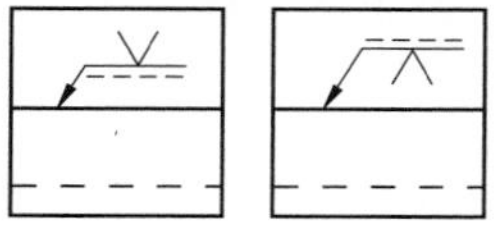	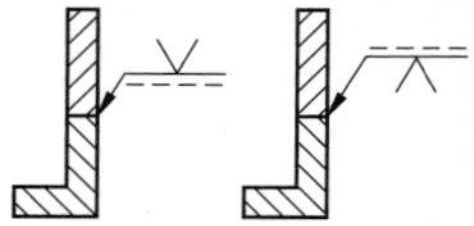
	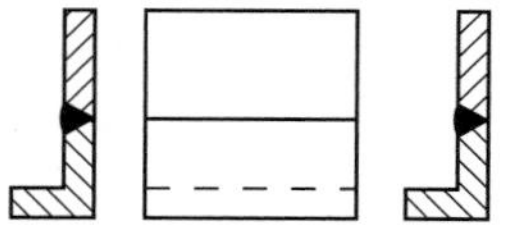	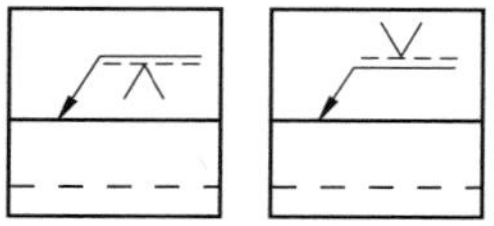	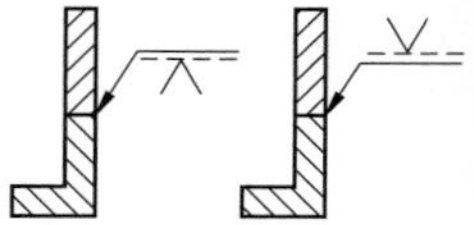
Doppel-HY-Naht (K-Stegnaht) 	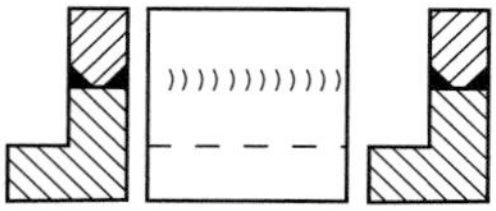	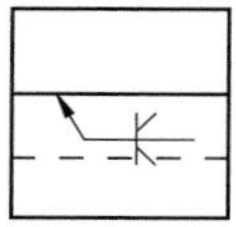	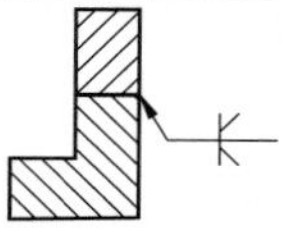

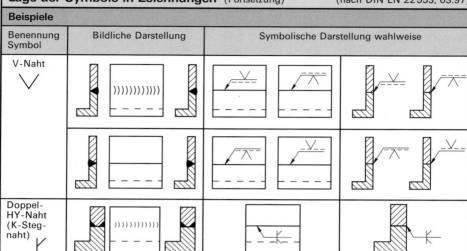

Bemaßung der Nähte (nach DIN EN 22553, 03.97)

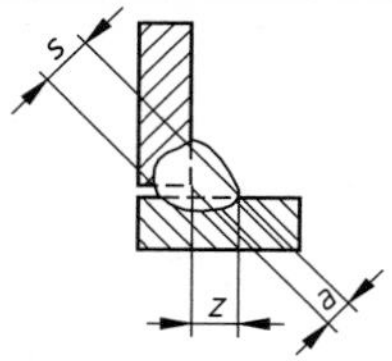

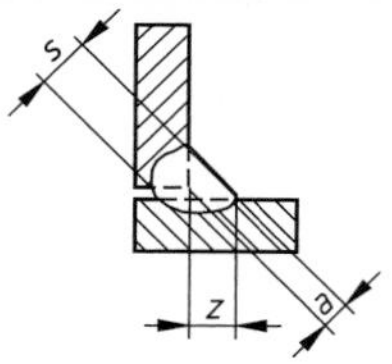

a	Nahtdicke	mm
s	Nahtdicke bei tiefem Einbrand	mm
z	Schenkellänge	mm

$$z = a \cdot \sqrt{2}$$

Für Kehlnähte mit tiefem Einbrand wird die Nahtdicke mit s angegeben.

Man unterscheidet durchgehende und unterbrochene Nähte

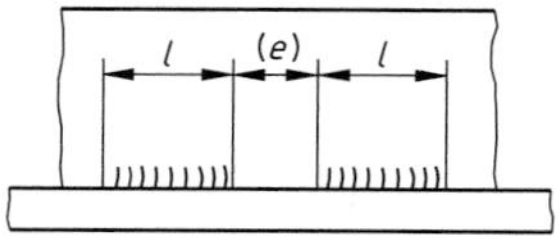

l	Einzelnahtlänge (ohne Krater)	mm
e	Nahtabstand	mm
n	Anzahl der Nähte	1

B Eintragungsbeispiel: Kehlnaht

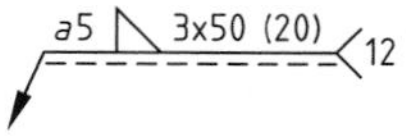

a = 5 mm
3 Nähte mit
l = 50 mm
e = 20 mm

12: Schweißverfahren (Unterpulverschweißen)

Weitere Bemaßungsregeln in Tabelle 5 der DIN EN 22553.

5

Kennzeichen für Schweiß- und Lötverfahren an Metallen (nach DIN EN 24063, 09.92)

Kennzahl	Schweiß- bzw. Lötverfahren	Kennzahl	Schweiß- bzw. Lötverfahren
1	Lichtbogenschmelzschweißen	24	Abbrennstumpfschweißen
11	Metall-Lichtbogenschweißen (ohne Gasschutz)	25	Pressstumpfschweißen
111	Lichtbogenhandschweißen	3	Gasschmelzschweißen (Gasschweißen)
12	Unterpulverschweißen	311	Gasschweißen mit Sauerstoff-Acetylen-Flamme
13	Metall-Schutzgasschweißen	4	Pressschweißen
131	Metall-Inertgasschweißen; MIG-Schweißen	41	Ultraschallschweißen
135	Metall-Aktivgasschweißen; MAG-Schweißen	42	Reibschweißen
141	Wolfram-Inertgasschweißen; WIG-Schweißen	751	Laserstrahlschweißen
2	Widerstandsschweißen	76	Elektronenstrahlschweißen
21	Widerstands-Punktschweißen	91	Hartlöten
22	Rollennahtschweißen	94	Weichlöten
23	Buckelschweißen		

Symbol für Baustellennaht:

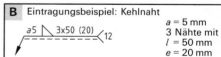

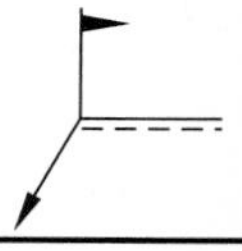

Bauzeichnungen

Zeichnungsart und Zeichnungsinhalt

(nach DIN 1356-1, 02.95)

Zeichnungsart	Zeichnungsinhalt	üblicher Maßstab
Bauzeichnungen für die Objektplanung		
Lagepläne	Darstellung des Baukörpers in den örtlichen Gegebenheiten.	1 : 1000 1 : 500
Vorentwurfszeichnungen	Planungskonzept für geplante bauliche Anlage mit Raumaufteilung und Eingliederung in örtliche Gegebenheiten. Meist Grundlage für baurechtliche Genehmigung.	1 : 500 1 : 200
Entwurfszeichnung	Darstellung des durchgearbeiteten Planungskonzepts in genauen Abmessungen.	1 : 100 (1 : 200)
Bauvorlagezeichnungen (Bauantragszeichnungen)	Entwurfszeichnungen, ergänzt mit allen Angaben und Versicherungen, die von den Bauvorlageverordnungen der Länder erforderlich sind (z. B. Grünflächenplan).	je nach Erfordernis und Bauvoranlageverordnung, meist 1 : 50
Ausführungszeichnungen auch als **Detail- und/oder Teilzeichnungen**	Enthalten alle für die Bauausführung erforderlichen Maße und Angaben. Einzelheiten, z. B. Durchbrüche, Schlitzanordnung für Rohre etc.	1 : 50 1 : 20, 1 : 10, 1 : 5, 1 : 1
Benutzungspläne	Angaben über zulässige Nutzungen, z. B. Verkehrslasten, Rettungswege.	
Bauzeichnungen für die Tragwerkplanung		
Schalpläne	Bei Betonarbeiten. Aussparungen und Durchbrüche werden berücksichtigt.	1 : 50
Positionspläne	Erläuterung der statischen Berechnung und Angabe der Position. **Unbedingt bei der Montage von Anlagen zu beachten!**	
Bewehrungszeichnungen	Bei Stahl- und Stahlbetonbau. Gemäß **DIN 1356-10**	1 : 50, 1 : 25, 1 : 20

5

Linienarten und Bemaßung

(nach DIN 1356-1, 02.95)

→ Seite 207 (nach DIN 15, 06.84 und DIN 28004, 05.88), darüber hinaus nach DIN 1356-1:
Punktlinie für Bauteile vor bzw. über der Schnittebene.

		Liniengruppe →	I	II	III	IV
1	Volllinie	Begrenzung von Schnittflächen	0,5	0,5	1,0	1,0
2	Volllinie	Sichtbare Kanten und sichtbare Umrisse von Bauteilen, Begrenzung von Schnittflächen von schmalen oder kleinen Bauteilen	0,25	0,35	0,5	0,7
3	Volllinie	Maßlinien, Maßhilfslinien, Hinweislinien, Lauflinien, Begrenzung von Ausschnittdarstellungen, vereinfachte Darstellungen	0,18	0,25	0,35	0,5
4	Strichlinie	Verdeckte Kanten und verdeckte Umrisse von Bauteilen	0,25	0,35	0,5	0,7
5	Strichpunktlinie	Kennzeichnung der Lage der Schnittebenen	0,5	0,5	1,0	1,0
6	Strichpunktlinie	Achsen	0,18	0,25	0,35	0,5
7	Punktlinie	Bauteile vor bzw. über der Schnittebene	0,25	0,35	0,5	0,7
8	Maßzahlen	Schriftgröße	2,5	3,5	5,0	7,0

Linienarten und Bemaßung (Fortsetzung) (nach DIN 1356-1, 02.95)

Liniengruppe I und II → Maßstab ≤ 1 : 100, Liniengruppe III und IV → Maßstab ≥ 1 : 50

Die Liniengruppe I ist nur dann anzuwenden, wenn eine Zeichnung mit der Liniengruppe III angefertigt, im Verhältnis 2 : 1 verkleinert wurde und die Verkleinerung weiterbearbeitet werden soll. In der Zeichnung mit der Liniengruppe III ist dann die Schriftgröße 5,0 mm zu wählen. **Die Liniengruppe I erfüllt nicht die Anforderungen der Mikroverfilmung.**

Die Liniengruppe IV ist für Ausführungszeichnungen anzuwenden, wenn eine Verkleinerung z. B. vom Maßstab 1 : 50 in den Maßstab 1 : 100 vorgesehen ist und die Verkleinerung den Anforderungen der Mikroverfilmung zu entsprechen hat. Die Verkleinerung kann dann gegebenenfalls mit den Breiten der Liniengruppe II weiterbearbeitet werden.

Maßlinienbegrenzung:

Nach **DIN 406-11**, 12.92 wahlweise entsprechend nebenstehender Abbildung, d. h.

- als kleiner Kreis oder
- als kurzer Strich unter 45° von links unten nach rechts oben (Regelfall)

Die **Maßhilfslinie** schneidet die **Maßlinie** unter einem Winkel von 90°.

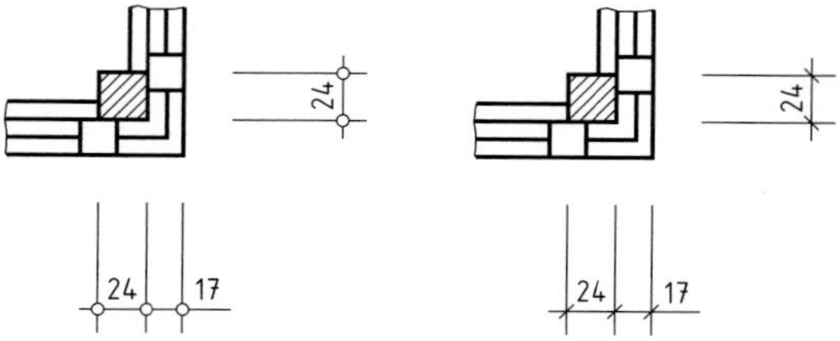

Maßanordnung:

Die Breite von Türen, Fenstern und sonstigen Öffnungen **(Durchbrüche)** wird über die Maßlinie bzw. Achslinie, die Höhe darunter geschrieben. Die Bemaßung ist nach den drei folgenden Systemen möglich:

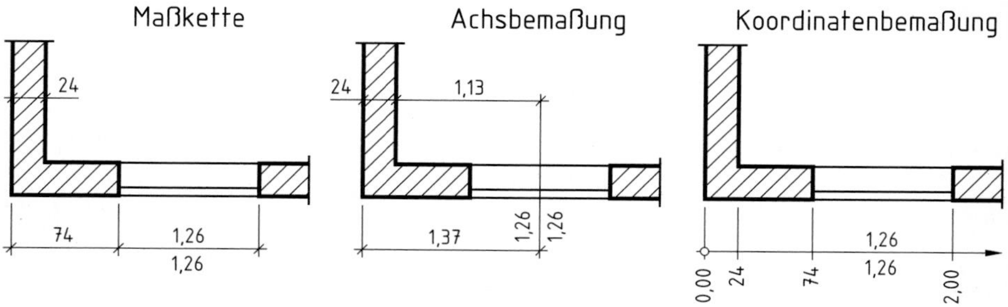

Erfolgt eine Bemaßung nicht nach diesen drei Bemaßungssystemen, so entspricht die Folge der Maßangabe den Größen Höhe/Breite. Beispiel: 2,12/1,26 heißt Höhe = 2,12 m und Breite 1,26 m.

Höhenmaße:

Entsprechend neben gezeichneter Details unterscheidet man

▼ **Rohbaumaß** und
▽ **Fertigbaumaß**.

Geschosshöhen, Brüstungshöhen und Durchgangshöhen müssen grundsätzlich gekennzeichnet sein. Die Höhenangabe besteht aus Höhenkote, entsprechendem Pfeil und Maßbegrenzungslinie.

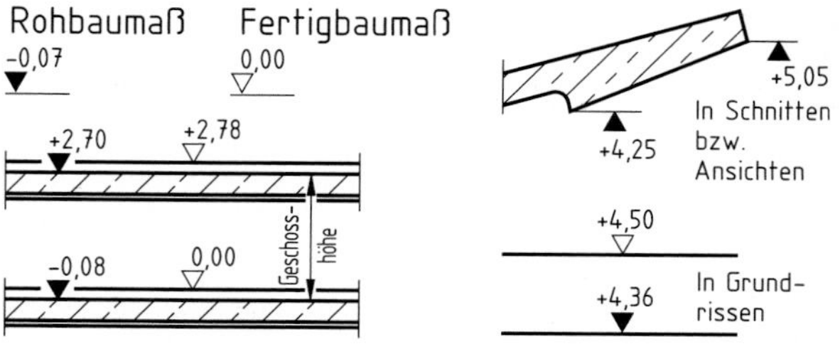

Toleranzen am Bau: → **AGI-Arbeitsblatt M1** „Maßtoleranzen, Messverfahren und Messgeräte"
AGI-Arbeitsblatt M2 „Abmaße für Längen und Oberflächen von Bauteilen und Bauwerken"

AGI heißt **Arbeitsgemeinschaft Industriebau**

Ansichten und Schnitte, Maßeinheiten

Grundlage ist **DIN 6**, 12.86 → Seite 208. Folgende Bilder zeigen unmaßstäbliche Beispiele:

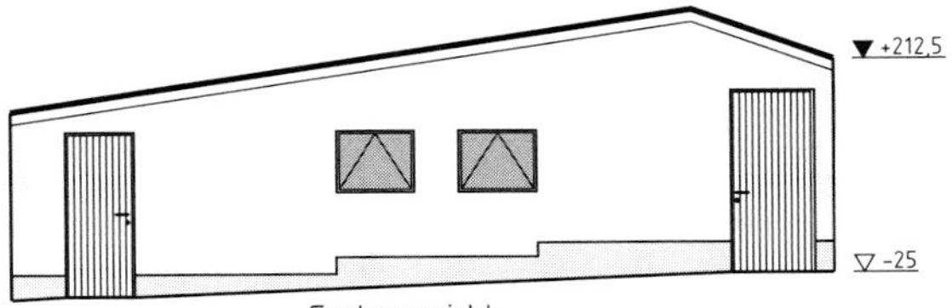

Gartenansicht

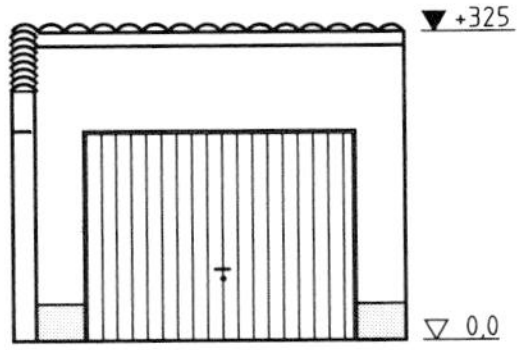

Straßenansicht

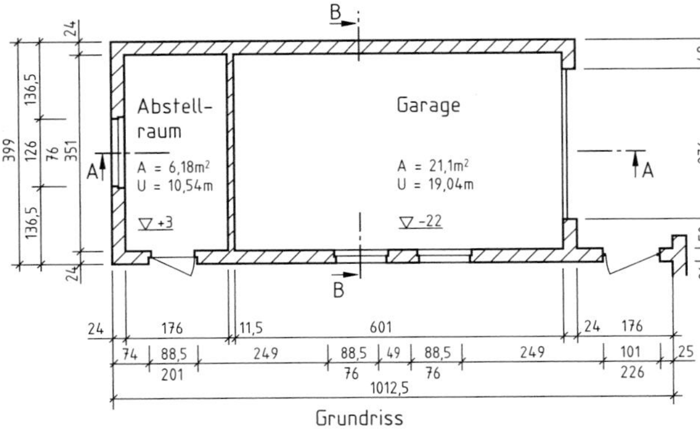

Grundriss

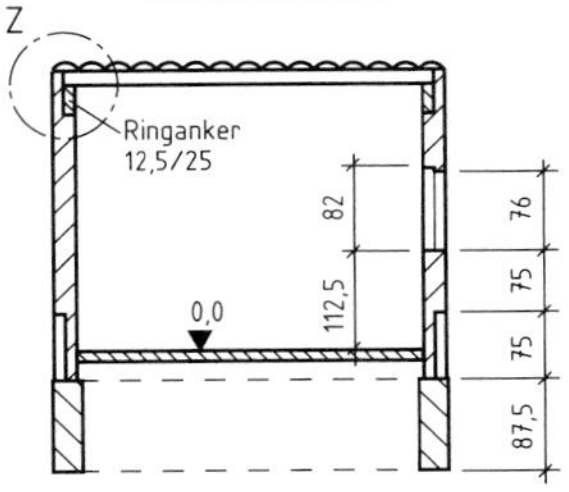

Querschnitt

Einzelheiten:

Sie zeigen Details in größerem Maßstab und werden meist im Schnitt gezeichnet.

Lagepläne:

Sie zeigen die örtlichen Gegebenheiten. Sie werden mit einem **Nordpfeil** versehen. Hinter dem Maßstab wird die Einheit in m oder cm angegeben.

Einzelheit Z
M 1:10 – mm

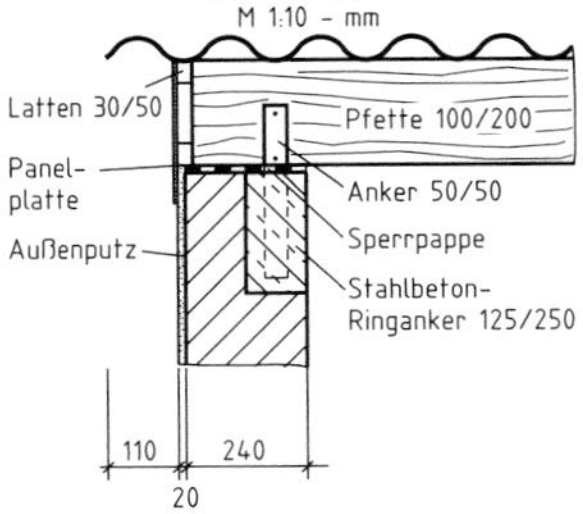

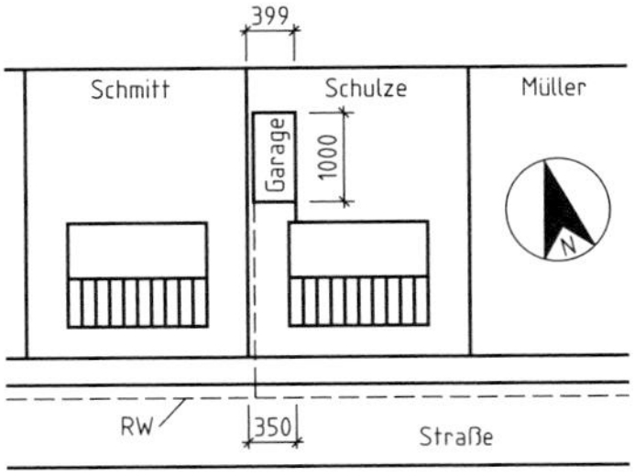

Maßeinheiten (nach DIN 1356-1, 02.95)				
Spalte	1	2	3	4
Zeile	Maßeinheit Bemaßung in	Maße unter 1 m z. B.		Maße über 1 m z. B.
1	cm	24	88.5¹)	388.5¹)
2	m und cm	24	88^5	3.88^5 ¹)
3	mm	240	885	3885

¹) Anstelle des Punktes darf auch ein Komma gesetzt werden.

Allgemeine Zeichen (nach DIN 1356-1, 02.95)	
Anwendungsbereich	Zeichen
Richtung	←
Höhenangabe **Oberfläche** – Fertigkonstruktion – Rohkonstruktion	▽ ▼
Höhenangabe **Unterfläche** – Fertigkonstruktion – Rohkonstruktion	△ ▲

5

Bauzeichnungen

Kennzeichnung der Schnittflächen

(nach DIN 1356-1, 02.95)

	Anwendungsbereich	Kennzeichnung
1	Boden	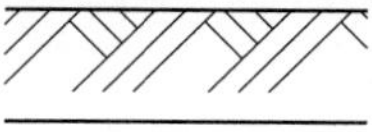
2	Kies	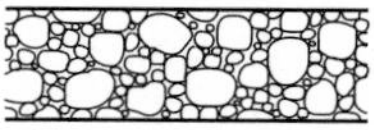
3	Sand	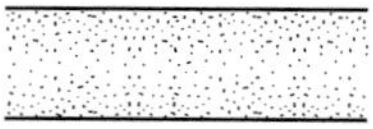
4	Beton (unbewehrt)	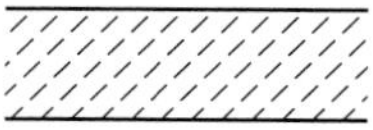
5	Beton (bewehrt)	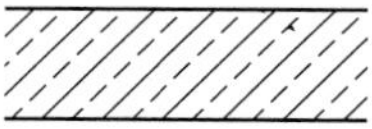
6	Mauerwerk	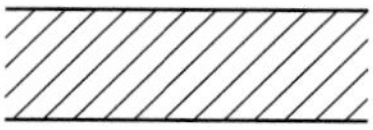
7	Holz, quer zur Faser geschnitten	
8	Holz, längs zur Faser geschnitten	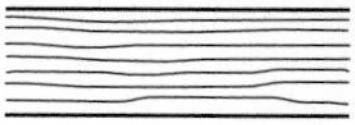
9	Metall	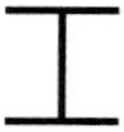
10	Mörtel, Putz	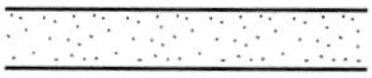
11	Dämmstoffe	
12	Abdichtungen (z. B. Dampfsperren)	
13	Dichtstoffe	

5

Tragrichtung von Platten

Anwendungsbereich	Tragrichtung
Zweiseitig gelagert	
Dreiseitig gelagert	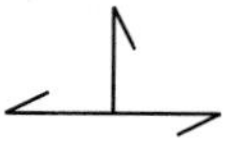
Vierseitig gelagert	
Auskragend	

Aussparungen

Aussparungen, deren Tiefe kleiner als die Bauteiltiefe ist	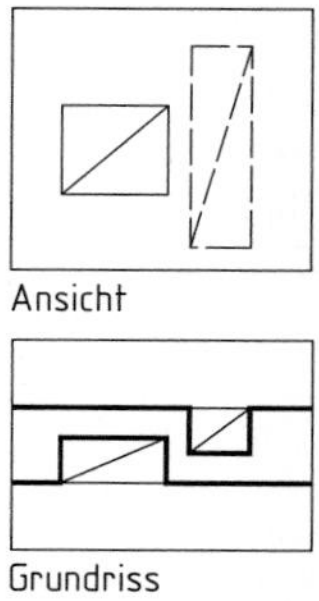
Aussparungen, deren Tiefe gleich der Bauteiltiefe ist	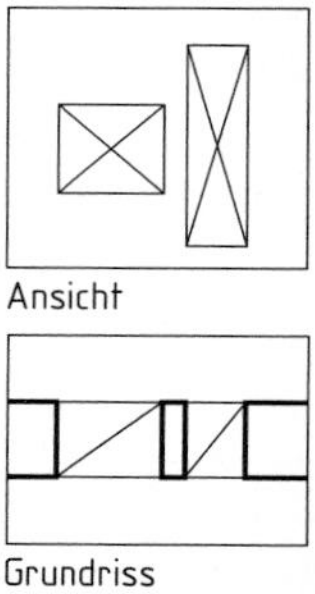

Eigenschaften der chemischen Elemente

Elementname	Symbol	Protonenzahl (Ordnungszahl) Z	Relative Atommasse A_r	Oxidationszahl in Verbindungen O	Dichte ϱ (bei 20 °C) in kg/m³	Schmelzpunkt ϑ_m in °C	Siedepunkt ϑ_b in °C	Aggregatzustand bei 0 °C und p_{amb} = 1 bar
Actinium	Ac	89	(227)	III	10 070	1050	≈ 3200	s
Aluminium	Al	13	26,9815	III	2698,9	660,4	≈ 2467	s
Americium	Am	95	(243)	**III**, IV, V, VI	13 670	994	(2607)	s
Antimon	Sb	51	121,75	–III, **III**, V	6691	630,5	(1587)	s
Argon	Ar	18	39,948	0	1,7837^{0}	–189,3	–185,9	g
Arsen	As	33	74,92159	±**III**, V	5730 (met.) 1970 (gelb)	817	613 (subl.)	s
Astat (Astatin)	At	85	(210)	±**I**, III, V, VII	—	302	(337)	s
Barium	Ba	56	137,33 ± 7	II	3510	725	1640	s
Berkelium	Bk	97	(247)	**III**, IV	(14 000)	—	—	—
Beryllium	Be	4	9,012182	II	1848	1289	(2472)	s
Bismut	Bi	83	208,98037	**III**, V	9800	271,3	1560	s
Blei	Pb	82	207,20	**II**, IV	11 400	327,5	1750	s
Bor	B	5	10,811	III	2340	2300	2550 (subl.)	s
Brom	Br	35	79,904	± **I**, V	3119	–7,2	58,78	l
Cadmium	Cd	48	112,411	II	8642	320,9	765	s
Cäsium	Cs	55	132,90543	I	1873	28,4	679	s
Calcium	Ca	20	40,078	II	1550	839	1484	s
Californium	Cf	98	(251)	III	—	—	—	
Cer	Ce	58	140,115	**III**, IV	6770 (kub.) 6689 (hex.)	798	3443	s
Chlor	Cl	17	35,4527	± **I**, III, V, VII	3,214^{0}	–101	–34,6	g
Chrom	Cr	24	51,9961	II, **III**, VI	7190	1857	2672	s
Cobalt (Kobalt)	Co	27	58,93320	**II**, III	8900	1495	2870	s
Curium	Cm	96	(247)	III	13 510	1345	—	s
Dubnium	Db	104	(261)	IV	—	—	—	
Dysprosium	Dy	66	162,50	III	8560	1412	2567	s
Einsteinium	Es	99	(252)	III	—	—	—	
Eisen	Fe	26	55,845	II, **III**	7860	1535	2750	s
Erbium	Er	68	167,26	III	9066^{25}	1529	2868	s
Europium	Eu	63	151,965	II, **III**	5260	822	1597	s
Fermium	Fm	100	(257)	III	—	—	—	
Fluor	F	9	18,9984032	–I	1,696^{0}	–219,6	–188,1	g
Francium	Fr	87	(223)	I	—	(27)	(677)	s
Gadolinium	Gd	64	157,25	III	7890	1313	3273	s
Gallium	Ga	31	69,723	III	5904	29,77	2403	s
Germanium	Ge	32	72,61	II, **IV**	5323^{25}	937,4	2830	s
Gold	Au	79	196,96654	I, **III**	19 320	1064,4	2808	s
Hafnium	Hf	72	178,49	IV	13 310	2227	(4602)	s
Helium	He	2	4,002602	0	0,1785^{0}	–269,7	–268,9	g
Holmium	Ho	67	164,93032	III	8795^{25}	1474	2700	s

Eigenschaften der chemischen Elemente (Fortsetzung)

Elementname	Symbol	Protonenzahl (Ordnungszahl) Z	Relative Atommasse A_r	Oxidationszahl in Verbindungen O	Dichte ϱ (bei 20 °C) in kg/m³	Schmelzpunkt ϑ_m in °C	Siedepunkt ϑ_b in °C	Aggregatzustand bei 0 °C und p_{amb} = 1 bar
Indium	In	49	114,82	III	7310	156,63	2073	s
Iod	I	53	126,90447	−**I**, I, V, VII	4930	113,5	184,35	s
Iridium	Ir	77	192,22	II, III, **IV**, VI	22 500	2447	4428	s
Joliotium	Jl	105	(262)	V	—	—	—	
Kalium	K	19	39,0983	I	862	6371	759	s
Kohlenstoff als Diamant	C	6	12,011	II, ± **IV**	2250 3510	>ca.3670 subl.	4830	s
Krypton	Kr	36	83,80	0	$3{,}733^0$	−157,37	−153,2	g
Kupfer	Cu	29	63,546	I, **II**	8960	1084,9	2563	s
Lanthan	La	57	138,9055	III	6145^{25}	920	3457	s
Lawrencium	Lr	103	(260)	III	—	—	—	
Lithium	Li	3	6,941	I	534	180,6	1342	s
Lutetium	Lu	71	174,967	III	9841^{25}	1663	3395	s
Magnesium	Mg	12	24,3050	II	1738	650	1090	s
Mangan	Mn	25	54,93805	**II**, III, IV, VI, VII	7210 ...7440	1246	2062	s
Mendelevium	Md	101	(258)	**II**, III	—	—	—	
Molybdän	Mo	42	95,94	II, III, IV, V, **VI**	10 220	2617	4639	s
Natrium	Na	11	22,989768	I	971	97,81	883	s
Neodym	Nd	60	144,24	III	7008^{25}	1021	3074	s
Neon	Ne	10	20,1797	0	$0{,}8999^0$	−248,6	−246,1	g
Neptunium	Np	93	237,048	III, IV, V, VI	20 450	639	(3902)	s
Nickel	Ni	28	58,6934	**II**, III	8902^{25}	1455	2730	s
Niob	Nb	41	92,90638	III, **V**	8570	2469	(4744)	s
Nobelium	No	102	(259)	**II**, III	—	—	—	
Osmium	Os	76	190,2	−II, 0, II, III, **IV**, VI, VIII	22 500	3033 ± 30	(5012)	s
Palladium	Pd	46	106,42	**II**, IV	12 020	1554	2970	s
Phosphor	P	15	30,973762	± **III**, V, IV	1820 (weiß) 2200 (rot)	44,14	280	s
Platin	Pt	78	195,08	II, **IV**	21 450	1772	(3827)	s
Plutonium	Pu	94	(244)	III, **IV**, V, VI	$19\,840^{25}$ (α)	640	3230	s
Polomium	Po	84	(209)	**II**, IV	9320 (α)	254	962	s
Praseodym	Pr	59	140,90765	**III**, IV	6773	931	3212	s
Promethium	Pm	61	(145)	III	7264^{25}	1042	(3000)	s
Protactinium	Pa	91	231,03588	IV, **V**	15 370	(1572)	—	s
Quecksilber	Hg	80	200,59	I, **II**	13 546	−38,842	357	l
Radium	Ra	88	226,025	II	5500	700	1140	s
Radon	Rn	86	(222)	0	$9{,}73^0$	−71	−61,8	g
Rhenium	Re	75	186,207	−I, II, IV, VI, **VII**	21 020	3180	(5627)	s
Rhodium	Rh	45	102,90550	II, **III**	12 410	1966	3727	s

6

Eigenschaften der chemischen Elemente (Fortsetzung)

Elementname	Symbol	Protonenzahl (Ordnungszahl) Z	Relative Atommasse A_r	Oxidationszahl in Verbindungen O	Dichte ϱ (bei 20 °C) in kg/m³	Schmelzpunkt ϑ_m in °C	Siedepunkt ϑ_b in °C	Aggregatzustand bei 0 °C und p_{amb} = 1 bar
Rubidium	Rb	37	85,4678	I	1532	38,89	688	s
Ruthenium	Ru	44	101,07	**III**, IV	12 300	2310	(3900)	s
Samarium	Sm	62	150,36	II, **III**	7520 (α)	1074	1794	s
Sauerstoff	O	8	15,9994	–II	$1{,}429^{0}$	–218,4	–182,96	g
Scandium	Sc	21	44,955910	III	2989^{25}	1541	(2836)	s
Schwefel	S	16	32,066	± II, IV, **VI**	2070 (rh.) 1957 (mo.)	113	444,67	s
Selen	Se	34	78,96	± II, **IV**, VI	≈ 4800 (β)	217	685	s
Silber	Ag	47	107,8682	I	10 500	961,9	(2212)	s
Silicium	Si	14	28,0855	IV	2330^{25}	1410	(2355)	s
Stickstoff	N	7	14,00674	± I, ± II, ± **III**, IV, V	$1{,}2506^{0}$	–210	–195,8	g
Strontium	Sr	38	87,62	II	2600	769	1384	s
Tantal	Ta	73	180,9479	V	16 654	2996	(5425)	s
Technetium	Tc	43	(99)	IV, VI, **VII**	11 500	(2204)	(4265)	s
Tellur	Te	52	127,60	–II, **IV**, VI	6240	449,6	989,8	s
Terbium	Tb	65	158,92534	**III**, IV	8230	1356	3230	s
Thallium	Tl	81	204,3833	**I**, III	11 850	304	1457	s
Thorium	Th	90	232,0381	IV	11 700	1755	(4788)	s
Thulium	Tm	69	168,93421	II, **III**	9321^{25}	1545	(1950)	s
Titan	Ti	22	47,87	II, III, **IV**	4500	1660	3287	s
Uran	U	92	238,0289	III, IV, V, **VI**	18 950	1132	3818	s
Vanadium	V	23	50,9415	II, III, IV, **V**	6100	1890	(3380)	s
Wasserstoff	H	1	1,00794	I	$0{,}08988^{0}$	–259,34	–252,87	g
Wolfram	W	74	183,84	II, III, IV, V, **VI**	19 300	3410	(5660)	s
Xenon	Xe	54	131,29	0	$5{,}896^{0}$	–111,9	–107,1	g
Ytterbium	Yb	70	173,04	II, **III**	6966	824	(1194)	s
Yttrium	Y	39	88,90585	III	4469	1522	(3338)	s
Zink	Zn	30	65,39	II	7140	419,58	907	s
Zinn	Sn	50	118,710	II, **IV**	7300	231,9	2270	s
Zirkonium	Zr	40	91,224	IV	6506	1855	4377	s

Werte in Klammer sind unsicher oder variieren in der Literatur relativ stark.

Hochstellungen bei der Dichte geben eine von 20 °C abweichende Temperatur in °C an, z.B. 9321^{25} ist die Dichte in kg/m³ bei 25 °C. Die wichtigsten Oxidationszahlen sind hervorgehoben.

Abkürzungen

s	fest	met.	metallisch	subl.	sublimiert	α	α-Struktur
l	flüssig	hex.	hexagonal	mo.	monoklin	β	β-Struktur
g	gasförmig	kub.	kubisch	rh.	rhombisch		

6

Katalysatoren für die Gasreinigung

Die folgende Tabelle stellt in einer Auswahl häufig verwendete oder empfohlene Katalysatoren für die Gasreinigung vor, daneben sind zum Teil weitere, hier nicht aufgeführte möglich.

Die Angabe w(X) steht für den Massenanteil des eigentlichen Katalysators im Gemisch Katalysator/ Katalysatorträger.

Anwendungsbereich der Katalysatoren (Reaktion)	Empfohlener Katalysator und Katalysatorträger
Absorptive Entfernung reaktiver Schwefelverbindungen (z. B. H_2S) aus Gasen	ZnO
Adsorptive Entfernung von reaktiven Chlorverbindungen aus Gasen (z. B. gasförmigen Kohlenwasserstoffen)	Al_2O_3 mit Promotor
Chemiesorptive Entfernung von Arsenwasserstoff und/oder Schwefelverbindungen aus gesättigten und ungesättigten Kohlenwasserstoffen	ca. w(CuO) = 40 % auf ZnO- und Al_2O_3-Träger
Entfernen von Quecksilberspuren aus reduzierbaren Gasen	ca. w(CuO) = 15 % auf speziellem Träger
Entfernung von CO oder CO_2 aus H_2 durch Methanisierung zu CH_4	w(Ru) = 0,5 % auf Al_2O_3-Tabletten
Entfernung von CO und Kohlenwasserstoffen aus N_2 und aus Edelgasen	Pt oder Pd auf Al_2O_3-Träger
Entfernung von H_2 aus H_2O_2 oder CO_2	Pd auf Al_2O_3-Träger
Entfernung von H_2 aus O_2, Ar, N_2, CO_2, He oder Luft durch Verbindung mit O_2	w(Pt) = 0,3 % oder w(Pt) = 0,5 % auf Al_2O_3-Tabletten
Entfernung von Kohlenwasserstoffen aus Luft, CO_2 oder O_2	Pt oder Pd auf Al_2O_3-Träger
Entfernung von NO_x aus Rauchgasen durch Reduktion mit Ammoniak	$TiO_2 + WO_3 + V_2O_5$
Entfernung von NO_x aus schwefelarmen Abgasen durch Reduktion mit Ammoniak	V_2O_5 oder $TiO_2 + V_2O_5$
Entfernung von O_2 aus CO-haltigen Gasen	Pt auf Al_2O_3-Kugeln
Entfernung von O_2 aus H_2, N_2, Ar und CO_2 durch Verbindung mit H_2	w(Pd) = 0,3 % oder w(Pd) = 0,5 % auf Al_2O_3-Tabletten
Entfernung von O_2 oder H_2 aus Gasen	Pd auf Al_2O_3-Kugeln
Entfernung von O_3 aus Luft oder Wasser	w(Pd) = 0,3 % oder w(Pd) = 0,5 % auf Al_2O_3-Kugeln
Katalytische Nachverbrennung von Kohlenwasserstoffen in halogen- und schwefelhaltigen Abgasen	CuO + Cr_2O_3 auf speziellem Träger
Katalytische und adsorptive Reinigung von Gasen (z. B. Feinreinigung von Alkenen vor der Polymerisation)	CuO + ZnO auf Al_2O_3-Träger
Katalytisches und absorptives Entfernen von O_2 aus Gasen	ca. w(CuO) = 38 % in hochdisperser Form auf Träger mit aktivierenden Zusätzen
Methanisierung von CO und CO_2 bei gleichzeitigem Entfernen von O_2, Reinigen von Ammoniaksynthesegas und Hydrierwasserstoff	ca. w(NiO) = 30 % auf Träger
Reduktion von Stickoxiden zu N_2 mit H_2 in Gegenwart von CO und CO_2	w(Pd) = 0,12 % + w(Ru) = 0,12 % auf Al_2O_3-Extrudat

Einteilung der Werkstoffe

Werkstoffe

- **Metalle**
  - **Eisenmetalle**
    - **Stähle, w(C) < 2 %**
      - Nichtrostende Stähle
      - Hitzebeständige Stähle
      - Kesselbleche
      - Allgemeine Baustähle
      - Vergütungsstähle
      - Einsatzstähle
      - Nitrierstähle
      - Alterungsbeständige Stähle
      - Hochfeste Stähle
      - Werkzeugstähle
        - Kaltarbeitsstähle
        - Warmarbeitsstähle
        - Schnellarbeitsstähle
        - Unlegierte Werkzeugstähle
      - u.a.
    - **Gusseisen, w(C) > 2 %**
      - Gusseisen mit Lamellengraphit (Grauguss)
      - Gusseisen mit Kugelgraphit
      - Temperguss
  - **Nichteisenmetalle**
    - **Schwermetalle, ϱ > 5000 kg/m³**
      - Kupfer
      - Kupferlegierungen
      - Nickel
      - Nickellegierungen
      - Blei
      - Bleilegierungen
      - Tantal
      - Zirkonium
      - Zink
      - Zinklegierungen
      - Zinn
      - Zinnlegierungen
      - Platin
      - Gold
      - Silber
      - u.a.
    - **Leichtmetalle, ϱ < 5000 kg/m³**
      - Aluminium
      - Aluminiumlegierungen
      - Titan
      - Titanlegierungen
      - Magnesium
      - Magnesiumlegierungen
      - u.a.
- **Verbundwerkstoffe**
  - Glasfaserverstärkte Kunststoffe
  - Kohlenstofffaserverstärkte Kunststoffe
  - Borfaserverstärkte Kunststoffe
  - Metallfaserverstärkte Kunststoffe
  - Synthesefaserverstärkte Kunststoffe
  - Asbestfaserverstärkte Kunststoffe
  - Metallwhiskerverstärkte Kunststoffe
  - Hartmetalle (Metallcarbid/Metall-Sinterwerkstoffe)
  - Thermobimetalle
  - Pseudolegierungen (z.B. Cu/C-Sinterwerkstoffe)
  - Cermets (Metalloxid/Metall-Sinterwerkstoffe)
  - Kunstharzimpregnierter Graphit
  - Graphit mit Fluorkunststoff
  - u.a.
- **Nichtmetalle**
  - **Anorganische Werkstoffe**
    - Graphit
    - Gebrannter Kohlenstoff
    - Keramik
      - Aluminiumoxid
      - Zirkoniumdioxid
      - Siliciumcarbid
      - Siliciumnitrid
      - Porzellan
      - Schamotte
      - Steinzeug
      - Ziegel
    - Glas (Borosilicatglas)
    - Quarz
    - Email
    - Schmelzbasalt
    - Schmelzkorund
    - Beton
    - Zement
    - Kalksandstein
    - Natursteine
    - Asbest
    - u.a.
  - **Organische Werkstoffe**
    - **Kunststoffe**
      - **Thermoplaste**
        - Polytetrafluoroethylen (PTFE)
        - Polyethylen (PE)
        - Polypropylen (PP)
        - Polyamid (PA)
        - Polyvinylchlorid (PVC)
        - Polyvinylidenfluorid (PVDF)
        - Polystyrol (PS)
        - Polycarbonat (PC)
        - Polyoximethylen (POM)
        - Polytrifluorethylen (PCTFE)
        - Polymethylmethacrylat (PMMA)
        - u.a.
      - **Duroplaste**
        - Epoxidharz (EP)
        - Poyesterharz, ungesättigt (UP)
        - Melamin-Formaldehyd-Harz (MF)
        - Phenol-Formaldehyd-Harz (PF)
        - u.a.
      - **Elastomere**
        - Polyisobutylen (PIB)
        - Polyurethan (PUR)
        - Siliconkautschuk
        - u.a.
    - **Naturstoffe**
      - Kautschuk (Polyisopren)
      - Holz
      - Pflanzliche Fasern
        - Ramie
        - Baumwolle
        - Flachs
        - Hanf
        - Sisal
      - Tierische Fasern
        - Wolle
        - Naturseide
      - u.a.
- **Halbmetalle**
  - Silicium
  - Germanium
  - Galliumarsenid
  - Indiumantimonid
  - u.a.

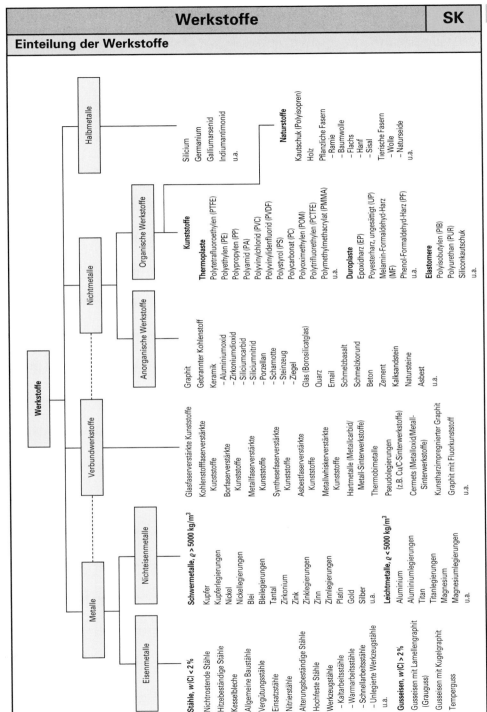

Eigenschaften von Apparatewerkstoffen

Druckbehälterstähle für tiefe Temperaturen (nach AD-Merkblatt W10, 01.00)

AD-Merkblatt steht für Arbeitsgemeinschaft Druck der Vereinigung der **TÜV** e.V.
(s. Anmerkungen Seite 252)
Im AD-Merkblatt W10 (W steht für Werkstoffe) unterscheidet man wie folgt:

Beanspruchungsfall	Kennzeichen für den Einsatz der **kaltzähen Stähle**
I	Bei den Druckbehältern und den Bauteilen von Druckbehältern werden die Festigkeitskennwerte der AD-Merkblätter der Reihe W und die Sicherheitsbeiwerte des AD-Merkblattes BO voll ausgenutzt. Gilt grundsätzlich bei **Schrauben**.
II	Ausnutzung zu 75%
III	Ausnutzung nur zu 25%

Achtung: Beanspruchungsfälle I, II, III nicht mit den Belastungsfällen I, II, III in der Festigkeitslehre verwechseln!

Lfd. Nr.	Stahlart	Stahlsorte, Stahlgusssorte: Werkstoffnummer nach DIN und Kurzname	Stahlsorte, Stahlgusssorte: neue Werkstoffbezeichnung	Tiefste Anwendungstemperatur °C bei Beanspruchungsfall I	II	III	Größte zulässige Dicke, bei Rohren Wanddicke mm	Größter zulässiger Durchmesser mm
1	2	3	3a	4	5	6	7	
1	Stahlsorten u. Stahlgusssorten nach den AD-Merkblättern W1, W4, W5, W8, W12 und W13. Unberuhigte und halbberuhigte Stahlsorten und Stahlgusssorten sind bei Anwendungstemperaturen unter −10°C ausgeschlossen.	geeignete Stahlsorten oder Stahlgusssorten nach Spalte 2		−10	−60	−85		
2	Schweißgeeignete Feinkornbaustähle, normalgeglüht nach DIN 17102 (nur gewalzte Langerzeugnisse), DIN 17103 und DIN EN 10028-3 in Verbindung mit den VdTÜV-Werkstoffblättern 351 bis 358	Grundreihe und warmfeste Reihe (W) StE 255 bis (W) StE 500	S 255N bis S 500N	−20	−70	−100	70[1])	70[1])
		Kaltzähe Reihe TStE 255 bis TStE 420 TStE 460 TStE 500	S 250NL bis S 420NL P 460NL1 S 500NL	−60 −50 −40	−110 −100 −90	−140 −130 −120	60[1]) 20[1]) 20[1])	60[1]) 20[1]) 20[1])
		Kaltzähe Sonderreihe EStE 255 bis EStE 315 EStE 355 bis EStE 420 EStE 460 bis EStE 500	S 250NL1 bis S 315NL1 P 355NL2 bis S 420NL1 P 460NL2 bis S 500NL1	−70 −60 −60	−120 −110 −110	−150 −140 −140	60[1]) 60[1]) 20[1])	60[1]) 60[1]) 20[1])
	Geschweißte Rohre aus Feinkornbaustählen nach DIN 17178 in Verbindung mit den VdTÜV-Werkstoffblättern 351 bis 357. Nahtlose Rohre aus Feinkornbaustählen nach DIN 17179 in Verbindung mit den VdTÜV-Werkstoffblättern 351 bis 357	Grundreihe und warmfeste Reihe (W) StE 255 bis (W) StE 460	S 255 N bis P 460 N	−20	−70	−100	40[1])[9]) für geschweißte Rohre	–
		Kaltzähe Reihe TStE 255 bis TStE 420 TStE 460	S 255NL bis S 420NL P 460NL1	−60 −50	−110 −100	−140 −130		
		Kaltzähe Sonderreihe EStE 255 und EStE 285 EStE 355 und EStE 460	S 255NL1 und P 275NL2 P 355NL2 und P 460NL2	−70 −60	−120 −110	−150 −140	65[1])[2])[9]) für nahtlose Rohre	–
3	Nichtrostende austenitische Stähle nach DIN 17440	Kurznahme / Werkstoff-Nr. X5CrNi 18 10 1.4301 X5CrNi 18 12 1.4303 X6CrNiNb 18 10 1.4550 X5CrNiMo 17 12 2 1.4401 X2CrNiMo 17 13 2 1.4404 X6CrNiMoNb 17 12 2 1.4580	X5CrNi 18-10 X5CrNi 18-12 X6CrNiNb 18-10 X5CrNiMo 17-12-2 X2CrNiMo 17-13-2 X6CrNiMoNb 17-12-2	−200	−255	−270	75	250 160 450 250 250 250

6

Eigenschaften von Apparatewerkstoffen (Fortsetzung) (nach AD-Merkblatt W10, 01.00)

Lfd. Nr.	Stahlart	Stahlsorte, Stahlgusssorte: Werkstoffnummer nach DIN und Kurzname		Stahlsorte, Stahlgusssorte: neue Werkstoffbezeichnung	Tiefste Anwendungstemperatur °C bei Beanspruchungsfall I	II	III	Größte zulässige Dicke, bei Rohren Wanddicke (mm)	Größter zulässiger Durchmesser (mm)
1	2	3		3a	4	5	6	7	
3		X2CrNiMo 18143	1.4435	X2CrNiMo 18-14-3	−270[3])	−270	−270		250
		X2CrNiMoN 17135	1.4439[8])	X2CrNiMo 17-13-5					160
		X2CrNi 1911	1.4306	X2CrNi 19-11					250
		X6CrNiTi 1810	1.4541	X6CrNiTi 18-10					450
		X6CrNiMoTi 17122	1.4571	X6CrNiMoTi 17-12-2					450
		X2CrNiN 1810	1.4311	X2CrNiN 18-10					250
		X2CrNiMoN 17122	1.4406	X2CrNiMoN 17-11-2	−270	−270	−270		160
		X2CrNiMoN 17133	1.4429	X2CrNiMoN 17-13-3					400
	Nichtrostende austenitische Stähle nach DIN 17441	X5CrNi 1810	1.4301	X4CrNi 18-10	−200	−255	−270	6	–
		X5CrNi 1812	1.4303	X4CrNi 18-12					
		X6CrNiNb 1810	1.4550	X6CrNiNb 18-10					
		X5CrNiMo 17122	1.4401	X4CrNiMo 17-12-2					
		X2CrNiMo 17132	1.4404	X2CrNiMo 17-12-2					
		X2CrNiMo 18143	1.4435	X2CrNiMo 18-14-3					
		X2CrNiMoN 17135	1.4439[8])	X2CrNiMo 17-13-5					
		X2CrNi 911	1.4306	X2CrNi 9-11	−270[3])	−270	−270		
		X6CrNiTi 1810	1.4541	X6CrNiTi 18-10					
		X6CrNiMoTi 17122	1.4571	X6CrNiMoTi 17-12-2					
		X2CrNiN 1810	1.4311	X2CrNiN 18-10					
		X2CrNiMoN 17122	1.4406	X2CrNiMoN 17-11-2	−270	−270	−270		
		X2CrNiMoN 17133	1.4429	X2CrNiMoN 17-13-3					
	Geschweißte Rohre aus austenitischen nichtrostenden Stählen nach DIN 17457. Nahtlose Rohre aus austenitischen nichtrostenden Stählen nach DIN 17458	X5CrNi 1810	1.4301	X4CrNi 18-10	−200	−255	−270	50	–
		X6CrNiNb 1810	1.4550	X6CrNiNb 18-10					
		X5CrNiMo 17122	1.4401	X5CrNiMo 17-12-2					
		X2CrNiMo 17132	1.4404	X2CrNiMo 17-12-2					
		X2CrNiMo 18143[4])	1.4435	X2CrNiMo 18-14-3					
		X2CrNiMoN 17135	1.4439[8])	X2CrNiMo 17-13-5					
		X6CrNiMoNb17122[5])	1.4580	X6CrNiMoNb 17-12-2					
		X2CrNi 1911	1.4306	X2CrNi 19-11	−270[3])	−270	−270		
		X6CrNiTi 1810	1.4541	X6CrNiTi 18-10					
		X6CrNiMoTi 17122	1.4571	X6CrNiMoTi 17-12-2					
		X2CrNiN 1810	1.4311	X2CrNiN 18-10					
		X2CrNiMoN 17133	1.4429	X2CrNiMoN 17-13-3	−270	−270	−270		
	Nichtrostende austenitische Stahlgusssorten nach DIN 17445	G-X6CrNi 189	1.4308	GX5CrNi 19-10	−200	−255	−270	30[6])	–
		G-X5CrNiNb 189	1.4552	GX5CrNiNb 19-10	−105	−165	−200	250[6])	–
	Kaltumgeformte nichtrostende austenitische Schrauben **ohne** Kopf nach DIN 267 Teil 11	A 2 } in den Festigkeitsklassen 50 und 70	–		−200	nicht vorgesehen	nicht vorgesehen	nach AD-Merkblatt W 2	
		A 4 } in den Festigkeitsklassen 50 und 70	–		−200				
	Kaltumgeformte nichtrostende austenitische Schrauben **mit** Kopf nach DIN 267 Teil 11	A 2 } in den Festigkeitsklassen 50 und 70	–		−200	nicht vorgesehen	nicht vorgesehen	nach AD-Merkblatt W 2	
		A 4 } in den Festigkeitsklassen 50 und 70	–		−60				
4	Kaltzähe Stähle nach DIN 17280 und DIN EN 10028-4	26 CrMo4	1.7219	26CrMo4	−65	−115	−145	≤ 50 $> 50 \leq 70$	≤ 75 $> 75 \leq 105$
		11 MnNi 5 3	1.6212	11 MnNi 5-3	−60	−110	−140	≤ 70	≤ 105
		13 MnNi 6 3	1.6217	13 MnNi 6-3					
		10 Ni 14	1.5637	12 Ni 14	−105	−155	−185	≤ 30 $> 30 \leq 50$ $> 50 \leq 70$	≤ 45 $> 45 \leq 75$ $> 75 \leq 105$

Eigenschaften von Apparatewerkstoffen (Fortsetzung) (nach AD-Merkblatt W10, 01.00)

Lfd. Nr.	Stahlart	Stahlsorte, Stahlgusssorte: Werkstoffnummer nach DIN und Kurzname		Stahlsorte, Stahlgusssorte: neue Werkstoffbezeichnung	Tiefste Anwendungstemperatur °C bei Beanspruchungsfall I	II	III	Größte zulässige Dicke, bei Rohren Wanddicke (mm)	Größter zulässiger Durchmesser (mm)
1	2	3		3a	4	5	6	7	
4		12 Ni 19	1.5680	X12Ni5	−120	−170	−200	≤30 >30 ≤50	≤45 >45 ≤75
		X8 Ni 9	1.5662	X8Ni9	−200	−255	−270	≤70	≤105
	Nahtlose Rohre aus kaltzähen Stählen nach DIN 17173. Geschweißte Rohre aus kaltzähen Stählen nach DIN 17174	TTSt 35 N	1.1101	S225NL	−50	−100	−130	≤10	–
		TTSt 35 V	1.1101	S225NL	−50	−100	−130	≤25 >25 ≤40	–
		26 CrMo4 (nur nahtlos)	1.7219	26CrMo4	−65	−115	−145	≤40	–
		11 MnNi 5 3 13 MnNi 6 3	1.7212 1.6217	11 MnNi 5-3 13 MnNi 6-3	−60	−110	−140	≤40	–
		10 Ni 14	1.5637	12 Ni 14	−105	−155	−185	≤25 >25 ≤40	–
		12 Ni 19	1.5680	X12 Ni 19	−120	−170	−200	≤25 >25 ≤40	–
		X8 Ni 9	1.5662	X8 Ni 9	−200	−255	−270	≤40	–
5	Kaltzähe Stahlgusssorten nach Stahl-Eisen-Werkstoffblatt 685	GS-21 Mn 5[10]) GS-26 CrMo 4 GS-10 Ni 6 GS-10 Ni 14 G-X 5 CrNi 13 4[7]) GS-10 Ni 19 G-X 6 CrNi 18 10	1.1138 – 1.5621 1.5638 1.4313 – 1.6902	G 21 Mn 5 G 26 CrMo 4 G 10 Ni 6 G 10 Ni 14 GX 5 CrNi 13-4 – GX 6 CrNi 18-10	−50 −50 −50 −90 −60 −105 −255	−100 −100 −100 −140 −110 −155 −270	−130 −130 −130 −190 −140 −205 −270	≤100[6]) ≤ 75[6]) ≤ 35[6]) ≤ 35[6]) ≤300[6]) ≤30[6]) ≤250[6])	–

[1]) Wenn die Anwendungstemperatur höher liegt als die tiefste zulässige Anwendungstemperatur, erhöht sich die größte zulässige Dicke oder der größte zulässige Durchmesser um 2 mm/K.
[2]) Für nahtlose Rohre der kaltzähen Sonderreihe 40 mm.
[3]) Bei tiefsten Anwendungstemperaturen tiefer als −200 °C bis −270 °C Prüfung der Kerbschlagarbeit bei −196 °C mit ISO-V-Proben, Mindest-Anforderung 40 J (Nm) für Dicken bzw. Wanddicken ≥ 10 mm, bei Stabstahl und Schmiedestücken bei Durchmessern ≥ 15 mm.
[4]) Bei geschweißten Rohren nur, wenn ohne Zusatz geschweißt.
[5]) Nur für nahtlose Rohre.
[6]) Größte maßgebende Wanddicke.
[7]) In Verbindung mit VdTÜV-Werkstoffblatt 452.
[8]) In Verbindung mit VdTÜV-Werkstoffblatt 405.
[9]) Für geschweißte und nahtlose Rohre aus TStE 460 und EStE 460 ≤ 20 mm.
[10]) In Verbindung mit VdTÜV-Werkstoffblatt 476.
[11]) Für Muttern und Stabstahl für Muttern gelten die Regelungen des AD-Merkblattes W 7.

Anmerkungen:

a) Alle im AD-Merkblatt W10 (letzte Ausgabe Januar 2000) angegebenen Bezeichnungen für Werkstoffblätter, DIN-Normen sind original wiedergegeben, d.h. auf 01.00 bezogen.

b) Das Original-Arbeitsblatt W10 enthält außerdem die Spalten 8, 9, 10 und 11 über Angaben von Prüfbedingungen wie etwa Probenform, Prüftemperatur etc.

c) In diesem Tabellenbuch wurde zusätzlich die Spalte 3a installiert. In dieser finden Sie die Werkstoffbezeichnungen nach neuester Normung.

d) Das Original-Arbeitsblatt W10 enthält noch weitere Werkstoffe!

6

Eigenschaften von Apparatewerkstoffen (Fortsetzung)

Die folgende Tabelle informiert über die physikalischen und mechanischen Eigenschaften typischer Apparatewerkstoffe und gibt Hinweise über die chemische Beständigkeit und über Anwendungsbereiche. Es ist zu beachten, dass insbesondere die Stoffwerte von Hersteller zu Hersteller etwas variieren können.

Sofern nicht anders angegeben, beziehen sich die Daten auf 20 °C. Für den thermischen Längenausdehnungskoeffizienten ist jeweils der Mittelwert im Bereich von 20 °C bis 100 °C genannt. Die maximalen Anwendungstemperaturen geben z. T. den Beginn der Gefahr interkristalliner Korrosion an und können je nach Medium evtl. höher angesetzt werden.

Werkstoff-Nummer (nach DIN) und Kurzname (Kursiv: neue Bezeichnung)	Dichte ϱ kg/m³	Maximale Anwendungstemperatur ϑ_{max} °C	Spezifischer elektr. Widerstand ϱ $10^{-6}\,\Omega \cdot m$	Wärmeleitfähigkeit λ W/(m · K)	Thermischer Längenausdehnungskoeffizient α 10^{-6} 1/K	Spezifische Wärmekapazität c J/(kg · K)	Elastizitätsmodul E N/mm²	Zugfestigkeit R_m N/mm²
Stähle, nichtrostend								
1.4006	7700	400	0,6	30	10,5	460	216 000	450 – 800
X 12 Cr 13 bzw. *X10Cr13*	Beständig gegen H_2 und H_2S, gegen Säuren nur begrenzt beständig. Für Rohre, Wärmeaustauscher, Armaturen u. ä. in Crackanlagen, Molkereien, Papier- und Textilindustrie. Hochglanzpolierbar.							
1.4057	7700	400	0,7	25	10,0	460	216 000	750 – 950
X 20 CrNi 17 2 bzw. *X19CrNi17-2*	Beständig gegen schwach oxidierende Säuren. Für Apparate, Ventile, Pumpen, Verdichter und allgemein für mechanisch beanspruchte Teile in der Essigsäure-, Papier-, Seifen- und Lebensmittelindustrie. Hohe Festigkeit. Hochglanzpolierbar.							
1.4104	7700	350	0,7	25	10,0	460	216 000	540 – 850
X 12 CrMoS 17 bzw. *X14CrMoS17*	Für nicht zu hohe Korrosionsbeanspruchung. Automatenstahl für Massenteile wie Schrauben, Muttern usw.							
1.4122	7700	450	0,65	2,9	10,5	460	220 000	800 – 900
X 35 CrMo 17 bzw. *X39CrMo17-1*	Sehr gute Verschleiß- und Erosionsbeständigkeit, auch bei hohen Temperaturen. Für Apparate, Pumpen, Verdichter u. ä. Hochglanzpolierbar.							
1.4301	7900	300	0,73	15	16,0	500	200 000	500 – 700
X 5 CrNi 18 10 (V2A) bzw. *X4CrNi18-10*	Gute chemische Beständigkeit gegen viele Laugen und organische Lösemittel, weniger gut beständig gegen viele anorganische und organische Säuren. Für Füllkörper, Apparate, Behälter, Armaturen u. ä. in der Tieftemperaturtechnik (bis –200 °C), Chemie-, Papier-, Kunstdünger-, Nahrungs- und Getränkeindustrie. Gut schweißbar und hochglanzpolierbar.							
1.4306	7900	350 (800)	0,73	15	16,0	500	200 000	450 – 700
X 2 CrNi 19 11 (V2A) bzw. *X2CrNi19-11*	Beständig u. a. gegen salpetersäurehaltige Lösungen (bis zu hohen Temperaturen und Konzentrationen) und gegen organische Säuren. Unempfindlich gegen Kornzerfall. Sehr breiter Anwendungsbereich. Für Rohre, Apparate, Kompensatoren, Druckbehälter u. ä. in der chemischen, der Nahrungsmittel-, der Seifen- und Kunstfaser- und der Pharmaindustrie, sowie in der Kerntechnik und in Salpetersäureanlagen. Hochglanzpolierbar.							
1.4311	7900	400	0,73	15	16,0	500	200 000	550 – 760
X 2 CrNiN 18 10 bzw. *X2CrNiN18-10*	Gut beständig gegen interkristalline Korrosion. Für Druckbehälter und Rohre in der chemischen und pharmazeutischen Industrie, in Brauereien und Molkereien, in der Salpetersäureverarbeitung und in der Tieftemperaturtechnik. Hochglanzpolierbar.							
1.4401	7950	350	0,75	15	16,5	500	200 000	510 – 710
X 5 CrNiMo 17 12 2 (V4A) bzw. *X4CrNiMo17-12-2*	Beständig gegen nicht oxidierende Säuren, chloridhaltige Medien und gegen Lochfraß. Für Transportbehälter und Rohre in der chemischen Industrie, in Brennereien, Brauereien und Molkereien, in der Zellstoff-, Kunstseide-, Seifen-, Textil-, Farben- und Fruchtsaftindustrie. Hochglanzpolierbar.							

Eigenschaften von Apparatewerkstoffen (Fortsetzung)

Werkstoff-Nummer (nach DIN) und Kurzname (*Kursiv: neue Bezeichnung*)	Dichte ϱ kg/m³	Maximale Anwendungstemperatur ϑ_{max} °C	Spezifischer elektr. Widerstand ϱ $10^{-6}\,\Omega \cdot m$	Wärmeleitfähigkeit λ W/(m · K)	Thermischer Längenausdehnungskoeffizient α 10^{-6} 1/K	Spezifische Wärmekapazität c J/(kg · K)	Elastizitätsmodul E N/mm²	Zugfestigkeit R_m N/mm²
Stähle, nichtrostend (Fortsetzung)								
1.4404	7950	400 (800)	0,75	15	16,5	500	200 000	490 – 690
X 2 CrNiMo 17 13 2 (V4A) bzw. *XCrNiMo17-12-2*	Beständig gegen nicht oxidierende Säuren, z. B. Essigsäure, Weinsäure, Phosphorsäure und Schwefelsäure, gegen chloridhaltige Medien, gegen Lochfraß und gegen interkristalline Korrosion. Für Rohre, Kompensatoren, Transport- und Lagerbehälter für aggressive Medien u. ä. Einsatz in der chemischen und pharmazeutischen Industrie, in der Textilveredlung und in Molkereien und Färbereien. Hochglanzpolierbar.							
1.4429	7980	400	0,75	15	16,5	500	200 000	580 – 800
X 2 CrNiMoN 17 13 3 bzw. *X2CrNiMoN17-13-3*	Gut beständig gegen interkristalline Korrosion. Für Rohre, Druckbehälter und Apparate erhöhter chemischer Beständigkeit in der chemischen, pharmazeutischen, Textil- und Kunstfaserindustrie, ferner in der Zellstoff- und Zelluloseverarbeitung. Hochglanzpolierbar.							
1.4435	7980	400 (800)	0,75	15	16,5	500	200 000	490 – 690
X 2 CrNiMo 18 14 13 (V4A) bzw. *X2CrNiMo18-14-3*	Erhöhte Beständigkeit gegen nicht oxidierende Säuren, chloridhaltige Medien, geschweißte Teile und Lochfraß und gut beständig gegen interkristalline Korrosion. Für Rohre, Apparate und allgemein geschweißte Anlagenteile. Häufiger Werkstoff in der chemischen Industrie, daneben in der pharmazeutischen, der Kunstfaser-, der Zellstoff- und der Textilindustrie. Hochglanzpolierbar.							
1.4439	8020	400	0,85	14	16,5	500	200000	580 – 800
X 2 CrNiMoN 17 13 5 bzw. *X2CrNiMoN17-13-5*	Erhöhte Beständigkeit gegen organische und nicht oxidierende anorganische Säuren, auch bei höherer Temperatur und Konzentration an Chloridionen. Gut beständig gegen Lochfraß und interkristalline Korrosion. Unempfindlich gegen Spalt- und Spannungsrisskorrosion. Für Rohre, Wärmeaustauscher und SO_2-Rauchgaswäscher. Einsatz in der chemischen, der Zellulose-, der Papier- und der Fotoindustrie. Hochglanzpolierbar.							
1.4460	7700	350	0,75	15	11,5	500	206 000	600 – 900
X 4 CrNiMoN 27 5 2 bzw. *X3CrNiMoN27-5-2*	Gute mechanische Eigenschaften und wenig empfindlich gegen Spannungs- und Schwingungsrisskorrosion. Gut beständig gegen Seewasser. Geeignet für Bauteile, die einer hohen chemischen **und** mechanischen Beanspruchung ausgesetzt sind, z. B. Verdichterbauteile bei aggressiven Gasen und bei Pumpen. Einsatz in der chemischen und der Papierindustrie, ferner in Färbereien und in der Petrochemie.							
1.4462	7800	300	0,8	16 – 17	12,0	450	206 000	600 – 900
X 2 CrNiMoN 22 5 3 bzw. *X2CrNiMoN22-5-3*	Gute Beständigkeit gegen chloridhaltige Medien und weitgehend unempfindlich gegen Lochfraß, Spannungsriss- und interkristalline Korrosion sowie gegen Wasserstoffversprödung in H_2S-haltigen Medien. Gute mechanische Eigenschaften. Für Druckbehälter (bis 280 °C), Wärmeaustauscher, Rohre, Pumpen, Verdichter, Separatoren, Armaturen und Lagerbehälter u. ä. Einsatz in der chemischen und petrochemischen Industrie, in der Papierindustrie und in der Meerwasserentsalzung. Polierfähig.							
1.4539	8000	400 (800)	0,85 – 0,9	12	15,8	460	195 000	520 – 720
X 1 NiCrMoCu 25 20 5 bzw. *X1NiCrMoCu25-20-5*	Hochsäurebeständig, z. B. gegen Schwefel-, Phosphor-, Essig- und Salzsäure, gegen Mischsäuren und gegen chlorid- und fluoridhaltige Säuren. Hohe Beständigkeit gegen Lochfraß und Spannungsrisskorrosion, nicht anfällig gegen interkristalline Korrosion. Für Rohre, Druckbehälter, Wärmeaustauscher u. ä. in der chemischen und petrochemischen Industrie, in der Rauchgasentschwefelung, der Kunstdüngererzeugung, der Meerwasserentsalzung und der Kunststoff- und Zelluloseindustrie. Hochglanzpolierbar.							

Eigenschaften von Apparatewerkstoffen (Fortsetzung)

Werkstoff-Nummer (nach DIN) und Kurzname (*Kursiv:* neue Bezeichnung)	Dichte ϱ kg/m³	Maximale Anwendungstemperatur ϑ_{max} °C	Spezifischer elektr. Widerstand ϱ $10^{-6}\,\Omega \cdot m$	Wärmeleitfähigkeit λ W/(m · K)	Thermischer Längenausdehnungskoeffizient α 10^{-6} 1/K	Spezifische Wärmekapazität c J/(kg · K)	Elastizitätsmodul E N/mm²	Zugfestigkeit R_m N/mm²
Stähle, nichtrostend (Fortsetzung)								
1.4541	7900	400 (800)	0,73	15	16,0	500	200 000	500 – 750
X 6 CrNiTi 18 10 (V2A) *X6CrNiTi18-10*	Gute Beständigkeit gegen viele Medien und gegen interkristalline Korrosion. Für Rohre, Kompensatoren, Apparate, Armaturen und Behälter u. ä. Anwendung in der chemischen Industrie, in Brauereien, in der Nahrungs- und Genussmittelindustrie, in der Stickstoff-, Düngemittel-, Salpetersäure-, Leder-, Zucker- und Seifenindustrie sowie in der Tieftemperaturtechnik (bis –200 °C). Insgesamt sehr breiter Anwendungsbereich in vielen Industriebereichen, insbesondere in der chemischen Industrie. Kaltzäh. Bedingt polierbar.							
1.4563	8000	400	0,95	12 – 14	16,0	500	202 000	500 – 750
X 1 NiCrMoCu 31 27 4 *X1NiCrMoCu31-27-4*	Erweiterte Beständigkeit gegen chloridhaltige Medien, schwefelsaure Medien, oxidierende und reduzierende Säuren, organische Säuren und Alkalien. Hohe Lochfraßbeständigkeit, unempfindlich gegen Spalt-, interkristalline und Spannungsrisskorrosion. Für Rohre, Wärmeaustauscher und Auskleidungen u. ä. Einsatz in der chemischen Industrie, in meerestechnischen Anlagen, speziell z. B. in der Schwefelsäureherstellung, beim Transport saurer Gase und beim Rohphosphataufschluss. Hochglanzpolierbar.							
1.4571	7980	400 (800)	0,75	15	16,5	500	200 000	500 – 730
X 6 CrNiMoTi 17 12 2 (V4A) *X6CrNiMoTi17-12-2*	Gut beständig gegen viele Medien, z. B. gegen Essig-, Wein-, Phosphor- und Schwefelsäure. Erhöhte Beständigkeit gegen Lochfraß bei chloridhaltigen Medien. Für Rohre, Apparate, Pumpen, Verdichter und Kompensatoren u. ä. Einsatz in der chemischen und in der petrochemischen Industrie sowie in der Papier-, Textil-, Zellulose-, Kunstharz- und Gummiindustrie. Insgesamt breiter Anwendungsbereich. Warmfester, aber etwas weniger säurebeständig als der Stahl 1.4435. Bedingt polierbar.							
1.4575	7700	300	0,8	14,5	9,5	400	215 000	600 – 750
X 1 CrNiMoNb 28 4 2	Für besonders aggressive korrosive Beanspruchung. Sehr gut beständig gegen Lochfraß, Spannungsriss- und Spaltkorrosion. Für Anlagenteile in der chemischen Industrie, z. B. in der Harnstoffsynthese. Nicht polierfähig.							
Stähle, hitzebeständig								
1.4762	7700	1150	1,1	17	11,5[1)]	450	220 000	520 – 720
X 10 CrAl 24	Sehr beständig gegen schwefelhaltige Gase.							
1.4828	7900	1100	0,85	15	17,5[1)]	500	198 000	500 – 750
X 15 CrNiSi 20 12 *X15CrNiSi20-12*	Gut schweißbar. Empfindlich gegen schwefelhaltige Gase.							
1.4878	7900	850	0,75	15	18,0[1)]	500	200 000	500 – 750
X 12 CrNiTi 18 9 *X12CrNiTi18-9*	Gut schweißbar. Empfindlich gegen schwefelhaltige Gase.							

[1)] Der thermische Längenausdehnungskoeffizient stellt hier den Mittelwert im Temperaturbereich von 20 °C bis 400 °C dar.

6

Eigenschaften von Apparatewerkstoffen (Fortsetzung)

Werkstoff-Nummer (nach DIN) und Kurzname	Dichte ϱ kg/m³	Maximale Anwendungstemperatur ϑ_{max} °C	Spezifischer elektr. Widerstand ϱ $10^{-6}\,\Omega \cdot m$	Wärmeleitfähigkeit λ W/(m · K)	Thermischer Längenausdehnungskoeffizient α 10^{-6} 1/K	Spezifische Wärmekapazität c J/(kg · K)	Elastizitätsmodul E N/mm²	Zugfestigkeit R_m N/mm²
Titan								
3.7025 Ti 1 3.7035 Ti 2	4510	250 (500)[1]	0,56	20	8,6	526	108 000	370 – 550
	Allgemein sehr beständig gegen Korrosion, z. B. in chloridhaltigen und oxidierenden Medien. Gut beständig gegen Kühl-, Meer- und Brackwasser, feuchtes Chlorgas, Chlordioxid, Salpetersäure und andere Säuren sowie gegen Spalt-, Loch- und Spannungsrisskorrosion. Für chemische Apparate allgemein, z.B. Wärmeaustauscher, Rohre, Pumpen, Armaturen, Druckbehälter, Zentrifugen und Separatoren, Rührer, Rohrreaktoren und Messinstrumente. Einsatz in der chemischen Industrie z. B. bei der Essigsäure-, Maleinsäure-, Salpetersäure- und Chlorgasherstellung, bei der Harnstoffsynthese, der Düngemittelproduktion, beim Sodaverfahren, in der Kunststoff- und Kunstfaserindustrie, in Acetaldehydanlagen, bei der Meerwasserentsalzung und bei der Rauchgasentschwefelung. Daneben Einsatz in der Nahrungsmittel- und in der pharmazeutischen Industrie.							
Email für Chemieapparate								
	2500	ca. 700	10^{16}	0,93	8,0 – 9,5	840	70 000	70 – 90
	Gute Beständigkeit gegen Säuren (mit Ausnahme von Fluorwasserstoffsäure) und nicht zu starke Alkalien, gegen viele organische Lösemittel sowie gegen Wasser und Wasserdampf. Für Beschichtungen im chemischen Apparatebau, z.B. von Rührern, Pumpen-, Armaturen-, Rohr- und Behälterinnenwänden. Antiadhäsiv und abriebfest, aber spröde.							
Kupfer und Kupferlegierungen								
2.0090 SF-Cu	8900	250	0,02439 – 0,01923	293 – 364	17[1]	380[2]	128 000	220 –>360
	Sehr beständig in der Atmosphäre, auch in Meeresluft. Gut beständig gegen Trink- und Brauchwasser und gegen Medien mit Wasserstoffentwicklung. Angriff durch wässrige Medien bei Gegenwart von Oxidationsmitteln und durch Lösungen von Cyaniden, Halogeniden und wasserhaltigem Ammoniak. Beständig gegen nicht oxidierende Säuren (bei Abwesenheit von Sauerstoff). Nur geringer Angriff durch alkalische wässrige Lösungen der Hydroxide und Carbonate von Erdalkalimetallen. Für Rohrleitungs- und Apparatebau.							
2.0460 CuZn20Al2	8300	250	0,079	100	19[3]	377 – 390	110 000	330 –>390
	Beständig gegen Kühlwässer mit Massenanteilen an Salz von mehr als 0,2 % (z. B. Meerwasser). Gut beständig gegen Erosionskorrosion bis zu Wassergeschwindigkeiten von $w \approx 2{,}5$ m/s. Unempfindlich gegen Spannungsrisskorrosion. Z. B. für Wärmeaustauscher, Kondensatorrohre, Rippenrohre und Rohrböden.							
2.0470 CuZn28Sn1	8500	250	0,071	109	19,5[3]	377 – 390	110 000	>320
	Beständig gegen Kühlwässer mit Massenanteilen an Salz von mehr als 0,1 % und pH-Werten von > 7 bis zu Wassergeschwindigkeiten von $w \approx 2$ m/s. Unter bestimmten Bedingungen anfällig gegen Spannungsrisskorrosion (bei Anwesenheit von Ammoniak, Aminen, Ammoniumsalzen und Schwefeldioxid). Z. B. für Wärmeaustauscher, Kondensatorrohre, Rippenrohre und Rohrböden.							

1) Mittelwert des thermischen Längenausdehnungskoeffizienten im Temperaturbereich von 20 °C bis 300 °C.

2) Mittelwert der spezifischen Wärmekapazität im Temperaturbereich von 20 °C bis 400 °C.

3) Mittelwert des thermischen Längenausdehnungskoeffizienten im Temperaturbereich von 20 °C bis 400 °C.

Eigenschaften von Apparatewerkstoffen (Fortsetzung)

Werkstoff-Nummer (nach DIN) und Kurzname	Dichte ϱ kg/m³	Maximale Anwendungstemperatur ϑ_{max} °C	Spezifischer elektr. Widerstand ϱ $10^{-6}\,\Omega \cdot m$	Wärmeleitfähigkeit λ W/(m · K)	Thermischer Längenausdehnungskoeffizient α 10^{-6} 1/K	Spezifische Wärmekapazität c J/(kg · K)	Elastizitätsmodul E N/mm²	Zugfestigkeit R_m N/mm²
Kupfer und Kupferlegierungen (Fortsetzung)								
2.1016 CuSn4	8900	960 – 1060[1]	0,083	90	18,2[2]	377	125 000	330 – > 590
	Sehr gut korrosionsbeständig in wässrigen, schwach sauren und schwach alkalischen Medien. Besonders beständig gegen Spannungsrisskorrosion. Für Rohre, Behälter, Schrauben, Muttern u. ä. in der chemischen und in der Papierindustrie.							
2.1020 CuSn6	8800	910 – 1040[1]	0,11	75	18,5[2]	377	120 000	350 – > 740
	Hohe chemische Beständigkeit, insbesondere gegen schwach saure bis schwach alkalische Medien, besonders beständig gegen Spannungsrisskorrosion. Hohe Festigkeit. Für Metallschläuche, gewellte und glatte Rohre, Apparate und Drahtgewebe in der chemischen, der Papier-, der Zellstoff- und der Textilindustrie.							
2.1030 CuSn8	8800	875 – 1025[1]	0,13	67	18,5[2]	377	115 000	370 – > 690
	Erhöhte Korrosionsbeständigkeit und Festigkeit gegenüber CuSn6. Hohe Verschleißfestigkeit, gute Gleit- und Federeigenschaften. Für Apparate, Federn, Drahtgewebe, Membranen, Bolzen und Schrauben in der chemischen und in der Papierindustrie.							
Aluminium und Aluminiumlegierungen								
3.0285 Al 99,8	2700	100	0,029 – 0,027	210 – 230	23,5	896	65 000	60 – 160
	Beständig gegen u. a. Atmosphäre, Essigsäure, konzentrierte Salpetersäure, Calciumhydroxid, Ammoniumhydroxid, Fettsäuren, viele trockene Gase (z. B. Cl_2, F_2, HCl, SO_3, NH_3 und NO_2). Im allgemeinen unbeständig in Lösungen mit sehr hohem oder sehr niedrigem pH-Wert. Für Apparate, Behälter, Druckbehälter, Wärmeaustauscher, Druckgasflaschen, Berstscheiben u. ä. in der chemischen und der Nahrungsmittelindustrie.							
3.3535 AlMg3	2660	150	0,053 – 0,044	130 – 160	23,8		70 000	180 – 305
	Meerwasserbeständig. Beständigkeit insgesamt ähnlich wie bei Reinaluminium Al 99,8 bei höherer Festigkeit. Häufigster Aluminiumwerkstoff für Druckbehälter, Rohrleitungen, Wärmeaustauscher, Behälter und übrige Apparate in der chemischen und der Nahrungsmittelindustrie.							
3.3547 AlMg4,5Mn	2660	150	0,063 – 0,053	110 – 130	23,8		70 000	270 – 405
	Meerwasserbeständig. Beständigkeit insgesamt ähnlich wie bei Reinaluminium Al 99,8 und AlMg3, bei gegenüber AlMg3 weiter erhöhter Festigkeit. Unter bestimmten Bedingungen kann in chloridhaltigen Lösungen bei ϑ > 80 °C interkristalline und Spannungsrisskorrosion auftreten. Für Druck- und Druckgasbehälter, Rohre und andere Apparate der chemischen und der Nahrungsmittelindustrie.							
3.2315 AlMgSi1	2700	150	0,042 – 0,031	150 – 190	23,4		70 000	> 205
	Meerwasserbeständig. Beständigkeit insgesamt ähnlich wie bei Reinaluminium Al 99,8 aber Tendenz zu interkristalliner Korrosion. Neben AlMn, AlMnCu und AlMgSi 0,5 bevorzugte Aluminiumlegierung im Wärmeaustauscherbau. Für Apparate, Rohre und Druckbehälter in der chemischen und der Nahrungsmittelindustrie. Aushärtbar.							

[1] Bereich der Schmelztemperatur.
[2] Mittelwert des thermischen Längenausdehnungskoeffizienten im Temperaturbereich von 20 °C bis 200 °C.

6

Eigenschaften von Apparatewerkstoffen (Fortsetzung)

Werkstoff-Nummer (nach DIN) und Kurzname	Dichte ϱ kg/m³	Maximale Anwendungstemperatur ϑ_{max} °C	Spezifischer elektr. Widerstand ϱ $10^{-6}\,\Omega \cdot m$	Wärmeleitfähigkeit λ W/(m · K)	Thermischer Längenausdehnungskoeffizient α 10^{-6} 1/K	Spezifische Wärmekapazität c J/(kg · K)	Elastizitätsmodul E N/mm²	Zugfestigkeit R_m N/mm²
Kunststoffe								
Allgemein	Kunststoffe finden in der chemischen Industrie Verwendung als Lager- und Transportbehälter, Rohre, Armaturen, Schläuche, Kompensatoren, Kolonnenfüllkörper, Wärmeaustauscher, Auskleidungs- bzw. Beschichtungsmaterial und als thermisches und elektrisches Isoliermaterial. Besonders häufig werden PP, PVDF und PTFE eingesetzt.							
PA Polyamid	1010 – 1140	60 – 100	$> 10^{16}$	0,21 – 0,3	60 – 150	1500 – 2400	1100 – 2000	40 – 85
	Kriechstromfestigkeit: KA3 a–b[1)], Durchschlagfestigkeit: 30 – 90 kV/mm							
PC Polycarbonat	1200 – 1210	130 – 135	$> 10^{21}$	0,2 – 0,22	60 – 70	1180 – 1260	2000 – 2500	65 – 75
	Kriechstromfestigkeit: KA1[1)], Durchschlagfestigkeit: 35 – 80 kV/mm							
PCTFE Polychlortrifluorethylen	2100 – 2160	150 – 180	10^{22}	0,19	40 – 80	920	1000 – 2000	31 – 42
	Kriechstromfestigkeit: KA3 c[1)], Durchschlagfestigkeit: 50 – 70 kV/mm							
PE (HD-PE) Polyethylen hoher Dichte	945 – 965	60 – 90	$> 10^{21}$	0,42 – 0,51	150 – 200	1500 – 2300	600 – 1400	19 – 35
	Kriechstromfestigkeit: KA3 c[1)], Durchschlagfestigkeit: 60 – 90 kV/mm							
POM Polyoxymethylen	1410 – 1430	80 – 100	$> 10^{18}$	0,23 – 0,31	70 – 130	1470 – 1510	2600 – 3800	55 – 75
	Kriechstromfestigkeit: KA3 b[1)], Durchschlagfestigkeit: 50 – 80 kV/mm							
PP Polypropylen	900 – 910	90 – 100	$> 10^{20}$	0,22	100 – 180	1680	800 – 2100	25 – 40
w(Glasfasern) = 30%	1140	100		0,3	70		5500	71
	Kriechstromfestigkeit: KA3 c[1)], Durchschlagfestigkeit: 60 – 90 kV/mm							
PS Polystyrol	1040 – 1050	55 – 70	$> 10^{20}$	0,15 – 0,16	60 – 80	1180 – 1340	2900 – 3500	35 – 60
	Kriechstromfestigkeit: KA2-1[1)], Durchschlagfestigkeit: 60 – 90 kV/mm							
PTFE Polytetrafluorethylen	2100–2200	260	10^{22}	0,25 – 0,5	100 – 160	≈ 1000	450 – 800	20 – 39
	Kriechstromfestigkeit: KA3 c[1)], Durchschlagfestigkeit: 40 – 80 kV/mm. Beständig gegen alle Medien. Angriff nur durch elementares Fluor, Chlortrifluorid und geschmolzene Alkalimetalle. Z. B. für Rohre, Armaturen, Pumpen, Kompensatoren, Wärmeaustauscher, Behälter, Dichtungen und Auskleidungen. Beständigster Werkstoff überhaupt.							
PVC-hart Polyvinylchlorid	1380 – 1400	60 – 65	10^{20}	0,11 – 0,18	70 – 100	920 – 1180	3000 – 3300	35 – 54
	Kriechstromfestigkeit: KA3 a - b[1)], Durchschlagfestigkeit: 35 – 50 kV/mm							
PVDF Polyvinylidenfluorid	1750 – 1780	120 – 160	$> 10^{18}$	0,14 – 0,19	80 – 130	1380	800 – 2400	38 – 50
	Kriechstromfestigkeit: KA1[1)], Durchschlagfestigkeit: 40–80 kV/mm. Sehr hohe Beständigkeit gegen die meisten anorganischen und organischen Chemikalien, auch bei hohen Konzentrationen und Temperaturen. Löslich in Dimethylformamid und Dimethylacetamid. Gute mechanische Eigenschaften und relativ abriebfest. Für Rohre, Armaturen, Pumpenteile, Wärmeaustauscher und sonstige Apparateteile. Häufiger Einsatz.							

[1)] Nach DIN 53 480, inzwischen durch DIN VDE 0303 (Kriechwegbildung) ersetzt. Die Kriechstromfestigkeit nimmt in der Reihenfolge KA 1, KA 2, KA 3a, KA 3b, KA 3c zu. Für die neue Norm liegen noch keine Werte vor.

Werkstoffauswahl

Der folgende Leitfaden für die Werkstoffauswahl dient lediglich als erste Orientierung. Einzelwerkstoffe innerhalb einer Werkstoffgruppe können evtl. ein anderes Verhalten zeigen, als in der Liste angegeben. Hinsichtlich der chemischen Beständigkeit müssen letztlich die Angriffsmedien und -bedingungen detaillierter betrachtet werden.

Leitfaden für die Werkstoffauswahl

Geforderte Eigenschaft	Werkstoff: Stähle (1.4439, 1.4541, 1.4571)	Borosilicatglas	Graphit	Kunststoffe, allgemein (PE, PP, PVC u. a.)	PTFE	Keramik (mit Porzellan)	Nickelbasislegierungen	Titan	Tantal	Aluminium und Aluminiumlegierungen	Kupfer und Kupferlegierungen
Chemische Beständigkeit gegen											
• Trinkwasser	+	+	+	+	+	+	+	+	+	+	+
• Witterung	+	+	+	+	+	+	+	+	+	+	+
• Wasserdampf	+	+	+	–	+	+	+	+	+	+	+
• oxidierende anorganische Säuren	+	+	–/o	–/+[1]	+	+	o/+	+	+	o/+	–/o
• nicht oxidierende anorg. Säuren	–/+	+	+	o/+	+	+	+	o/+	+	–/o	–/+
• organische Säuren	+	+	o/+	–/+	+	+	+	+	+	+	–/+
• organische Lösemittel	+	+	+	–/o	+	+	+	+	+	+	–/+
• Salzlösungen	–/+	+	+	o/+	+	+	+	+	o/+	–/+	–/+
• Laugen	–/+	o/+	+	+	+	o/+	+	+	–/o	–/o	–/+
Gute Temperaturbeständigkeit	+	+	+[2]	–	o	+	+	+	+	o	+[3]
Gute Wärmeleitfähigkeit	o	–	+	–	–	–/o[4]	o/+[5]	o	+	+	+
Gute elektrische Leitfähigkeit	+	–	+	–	–	–	+	+	+	+	+
Niedrige Dichte	–	+	+	+	+	o	–	o	–	+	–
Gute Schweißbarkeit	+	+	–	+	+	–	+	o[6]	+[6]	+[7]	o/+[8]
Hohe Zugfestigkeit	+	–	–	–[9]	–[9]	–	+	+	+	o	+
Gute Kaltumformbarkeit	+	–[10]	–[10]	–[10],[11]	–[10],[11]	–	+	+	+	+	+
Geringe Wärmedehnung	+	+	+	–	–	+	+	+	+	o	+
Schlagunempfindlichkeit	+	–	–	+[12]	+	–	+	+	+	+	+

+ Geeignet o Bedingt geeignet, unter bestimmten Bedingungen geeignet – Nicht oder weniger geeignet

1) Gegen schwache Säuren im allgemeinen gut beständig
2) Nur in nicht imprägnierter Form
3) Mit Ausnahme einiger Cu-Sn-Legierungen
4) Je nach speziellem Werkstoff
5) Je nach Legierung
6) Im allgemeinen unter Schutzgas und Vakuum
7) Im allgemeinen unter Verwendung von Schutzgas und Flussmittel
8) Je nach Legierung bevorzugt unter Schutzgas
9) Bei verstärkten Kunststoffen sind hohe Zugfestigkeiten erreichbar, die Kunststoffe neigen jedoch zum „kriechen"
10) Flexible Schnüre und Fasern möglich
11) Flexible Schläuche möglich
12) Ausnahme: PVC

Korrosionserscheinungen

Korrosion ist nach DIN die Reaktion eines Werkstoffes mit seiner Umgebung, wobei eine messbare Veränderung des Werkstoffes eintritt, die zur Beeinträchtigung der Funktion von Bauteilen aus diesem Werkstoff führen kann.

Bei Metallen liegen überwiegend elektrochemische Vorgänge zugrunde, bei Nichtmetallen sind es in der Regel chemische, biologische oder physikalische Prozesse.

Erscheinungsformen der Korrosion

Korrosionserscheinung	Korrosionsbild	Beschreibung
Gleichmäßiger Flächenabtrag	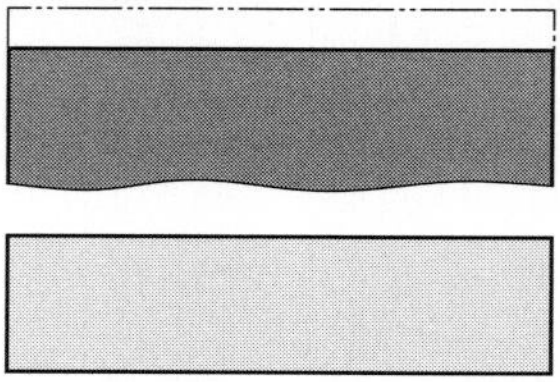	Der Werkstoff wird von der Oberfläche her relativ gleichmäßig abgetragen. Dies ist nur bei sehr konstanten und örtlich gleichartigen Korrosionsbedingungen möglich und deshalb in der Praxis selten. Lebensdauerberechnungen von Bauteilen sind hier relativ gut möglich.
Muldenfraß	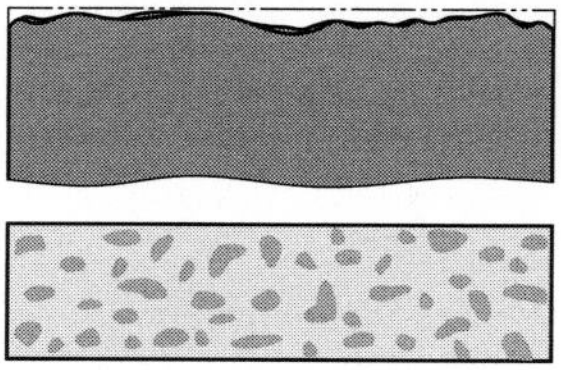	Ungleichmäßiger Flächenabtrag aufgrund örtlich nicht einheitlicher Korrosionsbedingungen. Bei den Mulden ist der mittlere Durchmesser größer als die Tiefe.
Lochfraß	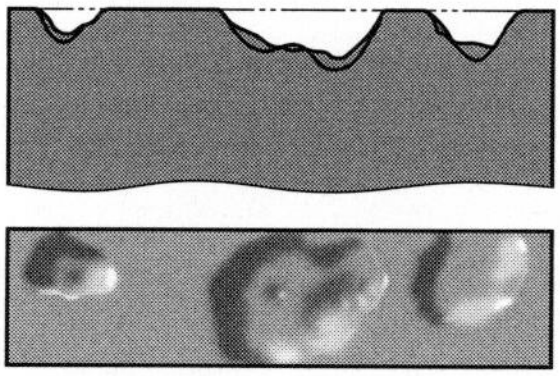	Kraterförmige, die Oberfläche unterhöhlende oder nadelstichartige Vertiefungen, wobei die Tiefe in der Regel größer ist als der mittlere Durchmesser. Neben der Angriffsstelle meist kein oder geringer Flächenabtrag. Gefahr der Kerbwirkung. Unter Deckschichten im Anfangsstadium oft schlecht erkennbar.
Korrosionsrisse		Inter- oder transkristalline Rissbildungen, die von der Oberfläche ausgehen oder nur im Inneren des Werkstückes vorliegen können. Zum Teil von außen nicht erkennbar und eventuell erst bei der Schadensanalyse durch metallographische Verfahren nachweisbar.
Selektive Angriffsform	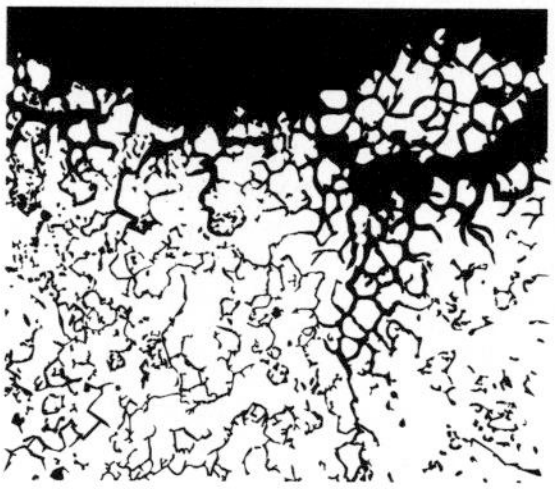	Selektiver (auswählender) Angriff der korngrenzennahen Bereiche, evtl. bis zur vollständigen Zerstörung der Metallkörner. Ausprägung als interkristalline Angriffsform bzw. Kornzerfall oder als selektiver Angriff von Seigerungszonen (schichtförmiger Korrosionsangriff), ferner als Spongiose bzw. Graphitierung (Auflösung des Ferrit- und Perlitgefüges) oder als Entzinkung (Auflösung der Zinkphase in Kupfer-Zink-Legierungen). Gefährliche Korrosionserscheinung, die häufig erst in der Schadensanalyse durch metallographische Verfahren erkannt wird.

6

Korrosionsarten

Korrosionsarten ohne gleichzeitige mechanische Beanspruchung

Korrosionsart	Beschreibung	Bemerkung
Gleichmäßige Flächenkorrosion	Annähernd gleichmäßige Reduzierung der Materialdicke infolge gleichmäßiger Korrosionsbedingungen über die gesamte Oberfläche (homogene Mischelektrode mit überall gleichen Teilstromdichten für den Abtrag des metallischen Werkstoffes).	Relativ harmlose Form der Korrosion. Im allgemeinen gut zu erkennen und abzuschätzen. In reiner Ausprägung relativ selten. Gegenmaßnahmen: schützende Beschichtung, Wahl eines beständigen Materials (z. B. säure- oder rostbeständige Stähle), Maßnahmen von Seiten des Angriffsmediums (z. B. Entgasung, Änderung des pH-Wertes, Zusatz von → Inhibitoren und Zusatz von Hydrazin oder Phenylhydrazin zum Binden des freien Sauerstoffs).
Muldenkorrosion	Ungleichmäßige Flächenkorrosion mit einer örtlich unterschiedlichen Abtragungsrate (heterogene Mischelektrode). Unebene, mit Mulden bedeckte Materialoberfläche.	Ursache: Korrosion infolge von Inhomogenitäten der Werkstoffoberfläche (z. B. Schlackenzonen) oder infolge von Konzentrationsunterschieden im Elektrolyt (z. B. bedingt durch die Strömungscharakteristik oder durch eine ungleichmäßige Temperaturverteilung). Das Ausmaß (die Tiefe der Mulden) ist oft erst nach mechanischer Entfernung von Ablagerungen und Korrosionsprodukten zu erkennen. Gegenmaßnahmen: siehe *gleichmäßige Flächenkorrosion*.
Lochkorrosion	Elektrolytischer Metallabtrag an eng begrenzten Oberflächenbereichen. Es entstehen dabei kraterförmige, nadelstichartige oder die Oberfläche oder Deckschicht unterhöhlende Löcher. Die Tiefe der Löcher ist gleich oder größer als der Durchmesser. Außerhalb der Angriffsstellen liegt nahezu keine Korrosion vor.	Ursache: Korrosionselemente (wie bei der Muldenkorrosion), häufig an Poren, Rissen oder anderen Fehlstellen korrosionshemmender Deckschichten, die nachträglich aufgebracht wurden (z. B. Verzinnung), verarbeitungstechnisch entstanden sind (z. B. Oxidhaut beim Walzen) oder aus Einwirkungen des Angriffsmediums resultieren. Gefahr der Kerbwirkung bei Belastung. Typisch ist die Lochkorrosion an säure- oder rostbeständigen ferritischen und austenitischen Stählen bei Angriff durch Chloride und andere Halogenide. Die Anfälligkeit der Stähle steigt dabei mit zunehmender Temperatur und Halogenidkonzentration. Lochkorrosion tritt auch bei passivierbaren Nickelbasislegierungen und bei Aluminium auf. Gegenmaßnahmen: Geeignete Werkstoffauswahl, z. B. Stähle mit hohem Chrom- **und** Molybdängehalt (Wirksumme: w(Cr) in % mal w(Mo) in % > 30), Hastelloy C 22, NiCr 21 Mo 14 W, Titan in oxidierenden Medien, Zirkonium in reduzierenden Medien und Tantal in oxidierenden und reduzierenden Medien.
Spaltkorrosion	Korrosion in Spalten mit hoher Korrosionsrate. Bei unlegierten Stählen meist muldenförmig oder gleichmäßig, bei säure- und rostbeständigen Stählen ähnlich der Lochkorrosion.	Ursache: Ausbildung von Korrosionselementen in engen Spalten, z. B. durch unterschiedliche Belüftung, Anreicherung von aggressiven Phasen oder Absenkung des pH-Wertes im Spalt durch Hydrolyse von Korrosionsprodukten. Gegenmaßnahmen: Vermeidung von Spalten (insbesondere von Flächenabständen < 1 mm) bei der konstruktiven Gestaltung, beim Schweißen (z. B. nicht durchgeschweißte Wurzeln von Schweißnähten) und bei Verschraubungen.

Korrosionsarten (Fortsetzung)

Korrosionsarten ohne gleichzeitige mechanische Beanspruchung (Fortsetzung)

Korrosionsart	Beschreibung	Bemerkung
Kontaktkorrosion (galvanische Korrosion)	Korrosion des unedleren Werkstoffes an der Kontaktstelle zweier metallischer Konstruktionsteile mit unterschiedlichen freien Korrosionspotentialen.	Ausschließlich konstruktionsbedingte Korrosion. Bedingung ist die elektrisch leitende Verbindung zweier metallischer Werkstoffe mit unterschiedlichem Korrosionspotential bei gleichzeitiger Anwesenheit eines Elektrolyten. Der unedlere, sich auflösende Werkstoff bildet die Anode. Dabei ist die Korrosionsgeschwindigkeit näherungsweise dem Flächenverhältnis der Kathode zur Anode proportional und abhängig von der Differenz der Standardpotentiale der beteiligten Werkstoffe in der elektrochemischen Spannungsreihe der Metalle. Demgemäß sollten möglichst keine Materialkombinationen mit großer Potenzialdifferenz gebildet werden. **Elektrochemische Spannungsreihe** wichtiger Gebrauchsmetalle (gemessen gegen die Normal-Wasserstoff-Elektrode): Mg: –2,40 V Zn: – 0,76 V Sn: – 0,16 V Ag: + 0,80 V Al: –1,69 V Fe: – 0,44 V Pb: – 0,13 V Au: + 1,38 V Ti: –1,63 V Ni: – 0,25 V Cu: + 0,35 V Pt: + 1,20 V Unter Korrosionsbedingungen wird bei vielen technischen Werkstoffen das Potential infolge Oberflächenpassivierung verschoben, so z. B. in Salzlösung mit w(NaCl) ≈ 3 %: Mg: –1,32 V St 37: – 0,40 V Cr-Ni-Stahl: + 0,4 V Zn: – 0,78 V Cu: + 0,1 V Ni 99,6: + 0,46 V Al 99,5: – 0,67 V Ti: + 0,37 V Somit ist z. B. die Kombination von unlegiertem Stahl mit nichtrostendem Stahl ungünstig.
Korrosion durch unterschiedliche Belüftung	Erscheinungsbild abhängig von der Form der Konstruktionsteile. Tritt z. B. als Spaltkorrosion auf.	Ursache: Korrosionselement bei unterschiedlicher Belüftung von Oberflächenzonen. Dabei werden die weniger belüfteten Teile abgetragen. Abhilfe durch konstruktive Maßnahmen, z. B. durch Spaltvermeidung.
Selektive Korrosion	Auflösung einzelner Gefüge oder Legierungsbestandteile, z. B. im korngrenzennahen Bereich **(interkristalline Korrosion)** oder parallel zur Verformungsrichtung quer durch die Metallkörner **(transkristalline Korrosion).**	Beispiele: Entzinkung von Cu-Zn-Legierungen (Auflösung der unedleren Zn-Komponente), Angriff längs von Seigerungszonen (Schichtkorrosion) und Korngrenzenangriff (Fortschreiten der Korrosion entlang der Korngrenzen bis ins Metallinnere, bis hin zum völligen Kornzerfall). Ursache: unedle Ausscheidungen und Anreicherung von Spurenelementen an den Korngrenzen und Verarmung der korngrenzennahen Bereiche infolge von Ausscheidungsvorgängen. Anfällig sind hier die nichtrostenden Cr- und Cr-Ni-Stähle in bestimmten Temperaturbereichen (z. B. beim Abkühlen nach dem Schweißen), da hier an den Korngrenzen Chromcarbide abgeschieden werden. Beständig sind Cr-Ni-Stähle, die mit Ti oder Nb und Ta legiert sind oder einen sehr geringen C-Gehalt besitzen.

6

Weitere Korrosionsarten:

Korrosion unter Ablagerungen (als Spalt- oder Kontaktkorrosion), **Verzunderung** (in Gasen bei sehr hohen Temperaturen, z. B. durch direkte Reaktion des Metalles mit dem Luftsauerstoff, etwa beim Walzen oder Schmieden), **mikrobiologische Korrosion** (unter Mitwirkung von Mikroorganismen, z. B. von sulfatreduzierenden, Schwefelsäure bildenden oder Wasserstoff depolarisierenden Bakterien), **Kondenswasserkorrosion** (durch Angriff von Kondenswasser, das bei Taupunktunterschreitung auf der Materialoberfläche entsteht) und **Säurekondensatkorrosion** (durch z. B. aus Verbrennungsgasen nach Taupunktunterschreitung kondensierende Säure).

Korrosionsarten (Fortsetzung)

Korrosionsarten mit gleichzeitiger mechanischer Beanspruchung

Korrosionsart	Beschreibung	Bemerkung
Spannungsrisskorrosion	Inter- oder transkristalline Rissbildung. In der Folge auftretende Brüche zeigen oft wenig verformte Trennungszonen und kein sichtbares Korrosionsprodukt.	Ursache: überwiegend statische → Zugbeanspruchungen (auch als Eigenspannungen nach Verformungsprozessen im Werkstoff) und gleichzeitiger Angriff eines Mediums an örtlichen Zerstörungen oder Fehlstellen in Deck- oder Passivschichten (z. B. von Chrom-Nickel-Stählen). Bei austenitischen nichtrostenden Stählen und bei Aluminiumwerkstoffen greifen vor allem chloridhaltige Lösungen an und führen zu transkristalliner Korrosion, Kupfer- und Kupferlegierungen sind besonders durch ammoniakhaltige Lösungen gefährdet.
Schwingungsrisskorrosion	Risse mit nachkorrodierten Rissflanken, die von einer flächig korrodierten aktiven Oberfläche zahlreich ins Werkstoffinnere gehen oder Einzelriss bei passivierter Oberfläche, der einen glatten Bruch verursachen kann.	Ursache: Kombination aus korrosivem Angriff und → schwellender oder wechselnder Zugbeanspruchung (Schwingung). Meist transkristalline Rissbildung an Gleitstellen. Gegenmaßnahmen: geeignete Werkstoffauswahl (evtl. nach geeignetem Korrosionsversuch), große Oberflächengüte beim Werkstoff und Maßnahmen zur → Schwingungsdämpfung.

Weitere Korrosionsarten, die sich unter gleichzeitiger mechanischer Beanspruchung entwickeln, sind:

Erosionskorrosion: Korrosion an durch mechanischen Oberflächenabtrag vorgeschädigten Stellen, z. B. an durchbrochenen Passivschichten in Rohrbögen.

Kavitationskorrosion: Korrosion an durch Flüssigkeitskavitation aufgerauhten oder verformten Flächen, z. B. an Pumpenlaufrädern.

Reibkorrosion: Korrosion an durch Reibungsbeanspruchung vorgeschädigten Oberflächen.

Dehnungsindizierte Korrosion infolge einer durch Dehnung oder Schrumpfung zerstörten Schutzschicht.

Korrosionsschutz

Korrosionsschutzmaßnahmen

Maßnahmen von Seiten des Werkstoffes	Maßnahmen an der Phasengrenze	Maßnahmen von Seiten des Mediums	Elektrochemischer Korrosionsschutz
• **Auswahl eines geeigneten Werkstoffes** sowohl hinsichtlich der Beständigkeit (Beständigkeitstabellen, z. B. DECHEMA-Publikationen) als auch hinsichtlich der mechanischen Beanspruchung (oberflächenhärtbare Werkstoffe bei Erosionsbeanspruchung, dauerschwingfeste bei Wechselbeanspruchung usw.)	• **Metallische Überzüge** – ***Galvanisieren*** Elektrolytische Metallabscheidung, z.B. Zink auf Stahl, Nickel auf Kupfer und Chrom auf verkupfertem und danach vernickeltem Stahl. Problematisch bei Hohlkörpern und Rohrinnenwänden. Z. T. hohe Porösität. – ***Plattieren*** Aufbringen einer Metallschicht unter Druck und erhöhter Temperatur.	• **Beseitigung bzw. Verringerung von Bestandteilen, die korrosionsfördernd wirken** – ***Verringerung der Sauerstoffkonzentration*** in Wässern durch Erhitzen, binden mit Hydrazin, Phenylhydrazin oder Natriumsulfit, Stickstoffsättigung, Evakuierung oder Entgasung mit Dampf im Gegenstrom.	• **Kathodischer Korrosionsschutz mit Fremdstrom** System aus zu schützendem Bauteil (durch Anschluss an den negativen Pol einer Gleichstromquelle) und eine Fremdstromanode aus Graphit, platiniertem Titan, Silicium-Gusseisen oder Magnetit. Anwendung bei Rohrleitungen und Behältern im Erdreich und zum Innenschutz von Behältern.

Fortsetzung nächste Seite

6

Korrosionsschutz (Fortsetzung)

Korrosionsschutzmaßnahmen (Fortsetzung)

Maßnahmen von Seiten des Werkstoffes	Maßnahmen an der Phasengrenze	Maßnahmen von Seiten des Mediums	Elektrochemischer Korrosionsschutz
• **Korrosionsgerechte Konstruktion** – Verwendung von Werkstoffen mit glatter Oberfläche (polierte Stähle, Glas, Kunststoffe usw.) – Vermeidung von Materialspannungen (innere Spannungen, wie z. B. in nicht wärmetechnisch nachbehandelten Schweißeinflusszonen, Bördelkanten und dauerbelasteten Federn) – Vermeidung von engen Spalten – Vermeidung von Konstruktionen, die eine Restfeuchtigkeit erlauben (z. B. nicht vollständig entleerbare Behälter und Hohlräume ohne Drainageöffnung) – Wärmeisolierungen an Behältern und Rohren zur Vermeidung der Kondensation von Luftfeuchtigkeit – Vermeidung des Kontaktes von Werkstoffen mit großer Potentialdifferenz (evtl. isolierende Zwischenstücke oder Schutzanstrich) – Auswahl von Schweißzusatzwerkstoffen, die etwas edler sind, als das Grundmetall (günstige Kombination aus kleiner Kathode und großer Anode)	Porenfreier Überzug beliebiger Dicke. Typische Plattierungswerkstoffe: Nickel, Kupfer, Aluminium und deren Knetlegierungen und nichtrostender Stahl (auf unlegiertem Stahl). – ***Schmelztauchen*** Eintauchen des Werkstückes in die Schmelze des Beschichtungsmetalls (Zn, Sn, Al, Pb), z. B. Feuerverzinken – ***Thermisches Spritzen*** Aufspritzen des Metalls in geschmolzenem Zustand. Meist poröse, inhomogene Oberfläche, aber guter Haftgrund für organische Beschichtungen. Beispiel: Zink- und organische Deckschicht (Duplex-System) – ***Aufdampfen*** Physikalisches (PVD) und chemisches (PVC) Verfahren. Guter Verschleißschutz. Z. B. Säureschutz in Behältern durch aufgedampftes Tantal. • **Anorganische und organische Überzüge** – ***Emaillieren*** Glasfluss oxidischer Zusammensetzung auf Stahloberflächen. Empfindlich gegen Schlag, Schwingungen und schnelle Temperaturwechsel. Weniger empfindlich: Glasemail – ***Gummi- oder Kunststoffschichten*** als Lacke, Spachtelmassen, Pulver, Folien und Bahnen. Zum Streichen, Kleben, Spritzen, Wirbelsintern oder Aufschrumpfen. Thermisch empfindlich. Geringe Härte.	– ***Neutralisation*** mit $CaCO_3$ (Kalk) – ***Alkalisierung*** von Wasser mit Ammoniak oder Hydrazin (Beseitigung von CO_2) – ***Entsalzung*** in Ionenaustauschern – ***Binden von Luftfeuchtigkeit*** z. B. in LiCl- oder $CaCl_2$-Schichten (Umlufttrockner) oder durch Polykieselsäure (Silikagel) als Packungsbeilage und in eng begrenzten Räumen. • **Zusatz von Inhibitoren** – ***Physikalische → Inhibitoren*** Adsorption durch die Metalloberfläche und Blockierung aktiver Stellen – ***Chemische Inhibitoren*** Schutzschichtbildung durch chemische Reaktion mit dem Metall (Chemiesorption) oder mit Komponenten des Angriffsmediums – ***Anodische Inhibitoren*** Korrosionspotential verschiebt sich zu edlerem Wert (bei zu geringer Dosierung kein geschlossener Oberflächenfilm und damit gefährliche örtliche Korrosion (kleine Anode, große Kathode) – ***Kathodische Inhibitoren*** Korrosionspotential verschiebt sich zum unedleren Wert	Schutz großer Bauteile und langer Rohrstrecken möglich (Rohre zusätzlich mit Schutzanstrich). • **Kathodischer Korrosionsschutz mit Opferanode** Durch Auflösung einer Anode aus Magnesium, Magnesiumlegierung, Zink, Zinklegierung oder Aluminium wird der Schutzstrom erzeugt und über eine leitende Verbindung dem zu schützenden Bauteil (aus edlerem Material) zugeführt. Anwendung: Außenschutz von Rohren und Behältern im Erdreich, Innenschutz von Behältern (z. B. Wasserbehältern und Wassererhitzern). Beim Einsatz von Opferanoden im Inneren von chemischen Anlagen ist auf Reaktionen des Mediums mit dem Anodenmaterial und (in Säuren) auf Wasserstoffentwicklung zu achten.

Inhibitoren

Die Wirksamkeit von Inhibitoren wird maßgeblich von den Prozessbedingungen bestimmt. Genauen Aufschluss erhält man oft erst nach mindestens einjähriger Durchführung von Versuchen, die den tatsächlichen Betriebsbedingungen möglichst nahe kommen. Richtwert für die Konzentration von Inhibitoren:

Massenanteil $\boldsymbol{w}$**(Inhibitor)** ≈ **0,1 % ... 2,0 %**

Auswahl wichtiger Inhibitoren

Anodische Inhibitoren		Anwendungsbereiche	Bemerkung
Natriumbenzoat	C_6H_5COONa	Neutrale und schwach alkalische wässrige Flüssigkeiten, Atmosphäre, geschlossene Kühl- und Heizkreisläufe, insbesondere bei Eisenmetallen und Aluminium.	**Achtung**: Bei Unterdosierung (anodische Bezirke nicht vollständig benetzt) **Lochfraßgefahr** (Ausnahme: Benzoate). Natriumsilikat und Dinatriumphosphat sind nur wirksam, wenn die Wässer genügend Calciumhydrogencarbonat enthalten.
Natriumnitrit	$NaNO_2$		
Natriumsilikat	$Na_2O \cdot 2\,SiO_2$		
Dinatriumhydrogenphosphat	Na_2HPO_4		

Kathodische Inhibitoren		Anwendungsbereiche	Bemerkung
Zinksulfat	$ZnSO_4$	Säuren bei Eisenwerkstoffen, weiches Wasser	Weiches Wasser ist korrosiver als hartes.
Calciumcarbonat	$CaCO_3$		
Polyphosphate		Neutrale und schwach alkalische wässrige Flüssigkeiten, Kesselspeisewasser, hartes Wasser	Unterbindung von Kesselsteinschichten

Mischinhibitoren	Anwendungsbereiche	Bemerkung
Gemisch aus Natriumnitrit, Natriumbenzoat und Dinatriumhydrogenphosphat	Salz- oder säurehaltige Wässer, Ölpipelines, Öltanker	Anodisch wirkendes Inhibitorgemisch
Gemisch aus Zinksulfat und Natriumchromat	Geschlossene Heiz- und Kühlkreisläufe	Mischung aus einem kathodischen und einem anodischen Inhibitor, die eine schwerlösliche Zinkchromatschicht auf der Oberfläche erzeugt

Detaillierte Angaben über Art, Wirksamkeit und Dosierung von Inhibitoren erhält man in der Regel bei den Werkstoffherstellern und -verarbeitern.

Vorbereitung von Metalloberflächen vor dem Beschichten

Arbeitsschritt	Verfahren	Zweck	Arbeitsschritt	Verfahren	Zweck
Mechanisches Reinigen und Erzeugen einer günstigen Oberflächenbeschaffenheit	Bürsten, Schleifen, Sandstrahlen, Suspensionsstrahlen (Suspension aus Sand, Wasser und Inhibitor), Polieren, Flammstrahlen (Acetylen-Sauerstoff-flamme)	Beseitigung von Walzzunder, Rost und organischen und anorganischen Verschmutzungen und – je nach Erfordernis – Aufrauhen oder Glätten der Oberfläche	Chemisches Reinigen und Erzeugen einer günstigen Oberflächenbeschaffenheit	Beizen von Stahl mit Schwefel-, Phosphor- oder Salzsäure und Beizen von Aluminium mit Natronlauge, Entfetten mit organischen Lösemitteln (Tri- und Tetrachlorethylen, Brennspiritus) oder/und Seifenlösung, chemisches oder elektrochemisches Polieren	Beseitigung von Walzzunder, Rost und Fettrückständen und – je nach Erfordernis – Aufrauhen oder Glätten der Oberfläche

Normen zu Korrosion und Korrosionsschutz

Auswahl von DIN-Normen zu Korrosion, Korrosionsschutz und Korrosionsprüfung

DIN-Nr.		Titel
DIN 6601	(10.91)	Beständigkeit der Werkstoffe von Behältern (Tanks) aus Stahl gegenüber Flüssigkeiten (Positiv-Flüssigkeitsliste)
DIN 50 900		
T 1	(04.82)	Korrosion der Metalle; Begriffe; Allgemeine Begriffe
T 2	(01.84)	Korrosion der Metalle; Begriffe; Elektrochemische Begriffe
T 3	(09.95)	Korrosion der Metalle; Begriffe; Begriffe der Korrosionsuntersuchung
DIN 50 902	(07.94)	Schichten für den Korrosionsschutz von Metallen; Begriffe; Verfahren und Oberflächenvorbereitung; Anwendung
DIN 50 905		
T 1	(01.87)	Korrosion der Metalle; Korrosionsuntersuchung; Grundsätze
T 2	(01.87)	Korrosion der Metalle; Korrosionsuntersuchung; Korrosionsgrößen bei gleichmäßiger Flächenkorrosion
T 3	(01.87)	Korrosion der Metalle; Korrosionsuntersuchung; Korrosionsgrößen bei ungleichmäßiger und örtlicher Korrosion ohne mechanische Belastung
T 4	(01.87)	Korrosion der Metalle; Korrosionsuntersuchung; Durchführung von chemischen Korrosionsversuchen ohne mechanische Belastung in Flüssigkeiten in Laboratorien
DIN EN ISO 3651-2	(08.98)	Prüfung nichtrostender Stähle auf Beständigkeit gegen interkristalline Korrosion
DIN 50 918	(06.78)	Korrosion der Metalle; Elektrochemische Korrosionsuntersuchungen
DIN 50 919	(02.84)	Korrosion der Metalle; Korrosionsuntersuchungen der Kontaktkorrosion in Elektrolytlösungen
DIN 50 920		
T 1	(10.85)	Korrosion der Metalle; Korrosionsuntersuchungen in strömenden Flüssigkeiten; Allgemeines
DIN EN ISO 3651-1	(08.98)	Korrosion der Metalle; Prüfung nichtrostender austenitischer Stähle auf Beständigkeit gegen örtliche Korrosion in stark oxidierenden Säuren
DIN 50 922	(10.85)	Korrosion der Metalle; Untersuchung der Beständigkeit von metallischen Werkstoffen gegen Spannungsrisskorrosion; Allgemeines
DIN 50 927	(08.85)	Planung und Anwendung des elektrochemischen Korrosionsschutzes für die Innenflächen von Apparaturen, Behältern und Rohren (Innenschutz).
DIN 50 930		
T 1	(02.93)	Korrosion der Metalle; Korrosion metallischer Werkstoffe bei innerer Korrosionsbelastung durch Wässer; Allgemeines
T 3	(02.93)	Korrosion der Metalle; Korrosion metallischer Werkstoffe bei innerer Korrosionsbelastung durch Wässer; Beurteilung der Korrosionswahrscheinlichkeit feuerverzinkter Eisenwerkstoffe
T 4	(02.93)	Korrosion der Metalle; Korrosion metallischer Werkstoffe bei innerer Korrosionsbelastung durch Wässer; Beurteilung der Korrosionswahrscheinlichkeit nichtrostender Stähle
DIN 54 111		
T 2	(06.82)	Zerstörungsfreie Prüfung; Prüfung metallischer Werkstoffe mit Röntgen- oder Gammastrahlen ...

Werkstoffprüfung

Zugversuch

(DIN EN 10002, T 1, 04. 91)

Der Zugversuch dient der Ermittlung der zulässigen Zugspannung in einem Werkstoff und bildet damit die Grundlage für die Auslegung von Druckbehältern, Rohren und anderen Anlagenteilen, die durch Innendruck beansprucht werden.

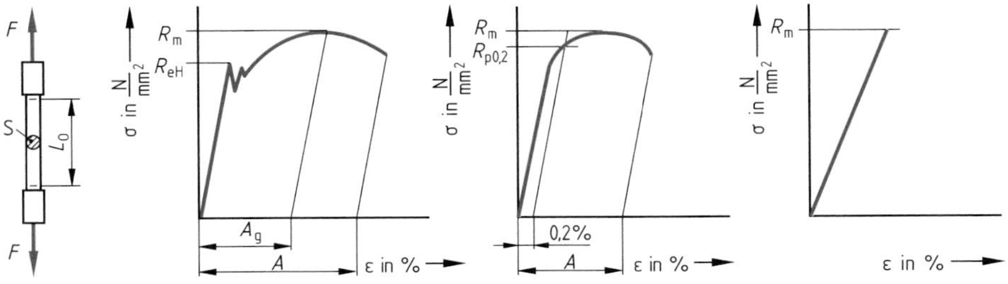

Beanspruchungsprinzip — Werkstoff mit ausgeprägter Streckgrenze — Werkstoff ohne ausgeprägte Streckgrenze — Spröder Werkstoff ohne plastischer Verformung

Messgrößen

Kurzzeichen	Benennung	Einheit	Beziehung	Bedeutung
A	Bruchdehnung	%	$A = (L_u - L_0) \cdot 100/L_0$	Bleibende Längenänderung in % der Anfangsmesslänge
A_g	Nichtproportionale Dehnung bei Höchstkraft F_m	%		Bleibende Längenänderung bis zur Höchstkraft F_m in % der Anfangsmesslänge
E	Elastizitätsmodul	N/mm²	$E = \sigma/\varepsilon$	Verhältnis der Spannung zur Dehnung im elastischen Bereich (Steigung der Anstiegsgeraden im Spannungs-Dehnungs-Diagramm)
F	Zugkraft	N		Senkrecht zum Probenquerschnitt S wirkende Kraft
F_m	Höchstzugkraft	N		Maximale Kraft, die der Werkstoff bei dem gegebenen Querschnitt S_0 aushält
L	Messlänge	mm		Jeweilige Länge zwischen den Markierungen der Zugprobe
L_0	Anfangsmesslänge	mm		Länge zwischen den Markierungen der Zugprobe vor der Belastung
L_u	Messlänge nach dem Bruch	mm		Länge zwischen den Markierungen der Zugprobe nach dem Bruch (beim Zusammenfügen der Bruchstücke)
$R_{p0,2}$ $R_{p1,0}$	0,2-Grenze 1,0-Grenze	N/mm²		Zugspannung, bei der eine nichtproportionale (plastische) Dehnung von 0,2 % bzw. 1,0 % auftritt
R_{eH}	Obere Streckgrenze	N/mm²		Zugspannung, bei der erstmals die Kraft trotz zunehmender Verlängerung gleich bleibt (sichtbares Ende des elastischen Bereichs bzw. der *Hooke'schen* Geraden)
R_m	Zugfestigkeit	N/mm²	$R_m = F_m/S_0$	Zugspannung, die sich aus der auf S_0 bezogenen Höchstkraft F_m ergibt
S_0	Anfangsquerschnitt	mm²		Probenquerschnitt vor der Beanspruchung
ε	Dehnung	%	$\varepsilon = (L - L_0) \cdot 100/L_0$	Jeweilige Verlängerung bezogen auf die Anfangsmesslänge L_0
σ	Spannung	N/mm²	$\sigma = F/S_0$ Im elast. Bereich: $\sigma = E \cdot \varepsilon$	Momentane Spannung, die sich aus dem jeweiligen Verhältnis der wirksamen Kraft F zum Anfangsquerschnitt S_0 ergibt

6

SK Werkstoffprüfung

Härteprüfung

Härte ist definiert als Widerstand eines Werkstoffes gegen das Eindringen eines Prüfkörpers in seine Oberfläche. Je nach Untersuchungsmaterial und Untersuchungsziel kommen verschiedene Verfahren zur Anwendung.

Härteprüfverfahren

Verfahren				
Brinell (HB) DIN 50351, 02.85	**Vickers** (HV) DIN 50133, 02.85	**Rockwell** (HR) DIN EN ISO 6508-1	**Shore** DIN 53505, 06.87	**Kugeldruck** (H) DIN 53456 (IRHD) DIN 53519, 05.72
• Bei heterogenen Stoffen (z. B. Stahlguss) • Bei nicht zu großer Härte • Insbesondere für Eisenwerkstoffe und Nichteisenmetalle	• Universell anwendbar • Auch bei dünnen Schichten geeignet • Auch bei großer Härte geeignet • Einzelne Gefügephasen messbar • Für Eisenwerkstoffe, Nichteisenmetalle und Nichtmetalle	• Einfache und schnelle Durchführung • Für sehr dünne Proben ungeeignet • Für alle Metalle geeignet	• Für Elastomere und andere (weiche) Kunststoffe	• Für Kunststoffe (Thermoplaste und Duroplaste) • Internationaler Gummihärtegrad IRHD für Elastomere Anmerkung: DIN 53 456 ist zurückgezogen
Beispiele für Härteangaben				
130 HB S 5/250/30	630 HV 5	53 HRC	75 Shore A	H 358 = 77 N/mm²
130 HB: Härtewert S: Stahlkugel als Eindringkörper (W steht für Hartmetallkugel) 5: Kugeldurchmesser d in mm 250: Die Prüfkraft beträgt $F = 250 \cdot 9{,}81$ in N 30: Einwirkdauer $t = 30$ s	630 HV: Härtewert 5: Die Prüfkraft beträgt $F = 5 \cdot 9{,}81$ in N Die Einwirkungsdauer beträgt im allgemeinen $t = 10 \ldots 15$ s. Abweichende Zeiten müssen angegeben werden, z. B. bei $t = 20$ s: 630 HV 5/20	53 HR: Härtewert C: Verfahren C mit Diamantkegel als Prüfkörper (B bedeutet gehärtete Stahlkugel) Die Prüfvorkraft beträgt $F_0 = 98$ N, die Prüfkraft $F_1 = 1373$ N	75 Shore: Härtewert A: Kegelstumpf als Eindringkörper (D bedeutet Kegel) Die Skala reicht von 0 ... 100, wobei 100 die größte Härte bedeutet	H 358: Prüfkraft $F = 358$ N 77 N/mm²: Härtewert Die Einwirkungsdauer beträgt $t = 30$ s Angabe bei internationalem Härtegrad z. B. 48 IRHD

6

Die Härte eines Werkstoffes ist in vielen Fällen eine Vergleichsgröße für den abrasiven Verschleißwiderstand und kann eine Grundlage für die Auswahl von Werkstoffen sein, die für Anlagenteile vorgesehen sind, welche durch Erosion (z. B. pneumatische Förderanlagen) oder Erosionskorrosion (z. B. Rohrleitungen mit schnell strömenden Medien) beansprucht werden.

Aus der Brinell-Härte kann für unlegierte oder niedrig legierte Stähle näherungsweise auf die → Zugfestigkeit R_m geschlossen werden. Es gilt: $\boldsymbol{R_m \approx 3{,}5 \cdot \mathrm{HB}}$. Umrechnung der Härtewerte: $\boldsymbol{\mathrm{HB} \approx 0{,}95 \cdot \mathrm{HV} \approx 10 \cdot \mathrm{HR}}$. Härtevergleichszahlen sind in DIN 50150 in Listen gegenübergestellt.

Berechnungsformeln:

Aus den Messwerten können die Härten nach folgenden Formeln berechnet werden:

$$\mathrm{HB} = \frac{0{,}204 \cdot F}{\pi \cdot D \cdot (D - \sqrt{D^2 - d^2})}$$

$$\mathrm{HV} = \frac{0{,}189 \cdot F}{d^2}$$

HB Härte nach Brinell

HV Härte nach Vickers

F Prüfkraft in N

D Durchmesser der Stahlkugel beim Brinell-Verfahren in mm

d Eindruckdurchmesser der Prüfkugel beim Brinell-Verfahren in mm oder Diagonale des bleibenden Eindrucks beim Vickers-Verfahren in mm

Härten und 0,2-Grenzen bzw. Streckgrenzen ausgewählter Werkstoffe

Härtewerte

Werkstoff	Härte	Werkstoff	Härte
Stahl		**Nickel und Nickellegierungen**	
1.4306 X2CrNi19-11	120 HB ... 180 HB	2.4068 LC Ni99	ca. 95 HB
1.4439 X2CrNiMoN17-13-5	150 HB ... 210 HB	2.4360 NiCu30Fe (Monel 400)	ca. 150 HB
1.4541 X6CrNiTi18-10	130 HB ... 190 HB	2.4602 NiCr21Mo14W (Hastelloy C-22)	ca. 205 HB
1.4571 X6CrNiMoTi17-12-2	130 HB ... 190 HB	2.4610 NiMo16Cr16Ti (Hastelloy C-4)	ca. 190 HB
1.4575 X1CrNiMoNb28 4 2	≤ 240 HB	2.4617 NiMo28 (Hastelloy B-2)	ca. 210 HB
Gehärteter Stahl	bis ca. 900 HV	2.4816 NiCr15Fe (Inconel 600)	ca. 190 HB
Aluminiumlegierungen		**Titan**	
3.3535 AlMg3	50 HB ... 85 HB	3.7025 Ti1	120 HB
3.3547 AlMg4,5Mn	70 HB ... 100 HB	3.7035 Ti2	150 HB
Kupfer und Kupferlegierungen		**Keramik**	
2.0090 SF-Cu	40 HB ... 105 HB	Al_2O_3-Keramik und Al_2O_3/ZrO_2-Mischkeramik	1600 HV ... 2000 HV
2.0460 CuZn20Al2	65 HB ... 100 HB	Hartporzellan	1000 HV ... 1100 HB
2.0470 CuZn28Sn1	65 HB ... 100 HB	**Schmelzbasalt**	ca. 1600 HV
2.1020 CuSn6	75 HB ... 200 HB		

0,2-Grenzen und obere → Steckgrenzen

Werkstoff	$R_{p0,2}$ bzw. R_{eH} in N/mm²	Werkstoff	$R_{p0,2}$ bzw. R_{eH} in N/mm²
Stahl		**Nickel und Nickellegierungen**	
1.4306 X2CrNi19-11	180	2.4360 NiCu30Fe (Monel 400)	175 ... 400
1.4439 X2CrNiMoN17-13-5	285	2.4602 NiCr21Mo14W (Hastelloy C-22)	310
1.4539 X1NiCrMoCu25-20-5	220	2.4610 NiMo16Cr16Ti (Hastelloy C-4)	280 ... 305
1.4541 X6CrNiTi18-10	200	2.4617 NiMo28 (Hastelloy B-2)	340
1.4571 X6CrNiMoTi17-12-2	210	2.4816 NiCr15Fe (Inconel 600)	180 ... 200
1.4575 X1CrNiMoNb28 4 2	500	**Titan**	
Kupfer und Kupferlegierungen		3.7025 Ti1	180
2.0090 SF-Cu	100 ... 320	3.7035 Ti2	250
2.0460 CuZn20Al2	90 ... 240	**Aluminiumlegierungen**	
2.0470 CuZn28Sn1	≥ 100	3.3535 AlMg3	80 ... 250
2.1020 CuSn6	≤ 300 ... ≥ 600	3.3547 AlMg4,5Mn	125 ... 270

Ermittlung der ungefähren erforderlichen Wanddicke von Rohren und zylindrischen Druckbehältermänteln aus dem Festigkeitskennwert *K* (auf der Basis der im Zugversuch ermittelten Werte):

$$s = \frac{D_a \cdot p}{20 \cdot \frac{K}{S} \cdot v + p} + c_1 + c_2$$

$K = R_{eH}$ oder $R_{p0,2}$ oder $R_{p1,0}$

Dabei ist die kleinste zul. Wanddicke von s_{min} = 2 mm zu beachten (bei Al und Al-Legierungen s_{min} = 3 mm)

Detailliertere Informationen und Vorschriften für andere geometrische Formen sind den → *AD-Merkblättern für die Berechnung von Druckbehältern* zu entnehmen.

- s Erforderliche Wanddicke bei Berechnungstemperatur in mm
- D_a Zylinder- bzw. Rohraußendurchmesser in mm
- p Berechnungsdruck (i. a. zulässiger Betriebsüberdruck) in bar
- S Sicherheitsbeiwert beim Berechnungsdruck (ohne Einheit), für Walz- und Schmiedestähle S = 1,5
- v Faktor zur Berücksichtigung von Fügeverbindungen und Verschwächungen (ohne Einheit), für hartgelötete Verbindungen: v = 0,8
- c_1 Zuschlag für Wanddickenunterschreitungen in mm (für austenitische Stähle c_1 = 0)
- c_2 Abnutzungszuschlag in mm (bei austenitischen Stählen i. a. c_2 = 0)

6

Überblick über die wichtigsten Prüfverfahren

Chemische Analyse

Ziel:
Aufklärung der chemischen Zusammensetzung insgesamt oder Bestimmung einer bestimmten Komponente im Werkstoff (z. B. Massenanteil Kohlenstoff in einem Stahl).

Verfahren:
- Spektralanalyse (optische Emissionsspektroskopie, Röntgenspektroskopie)
- Pyrolyse
- Röntgenfluoreszenzanalyse
- Funkenprobe
- Bestimmung des Schwefel- und des Kohlenstoffgehaltes in Stahl nach *Holthaus-Senthe*
- Tüpfelproben

Metallographische Prüfverfahren

Ziel:
Struktur- und Mikrofehleranalysen (z. B. Nachweis der interkristallinen Korrosion).

Verfahren:
- Lichtmikroskopie (Vergrößerung $V_{max} \approx 1000$, mit Immersionslösungen $V_{max} \approx 1600$, Auflösung $A_{min} \approx 3 \cdot 10^{-7}$ m)
- Rasterelektronenmikroskopie (Vergrößerung bis $V_{max} \approx 2 \cdot 10^5$, Auflösung bis $A_{min} \approx 10^{-8}$ m)
- Durchstrahlungselektronenmikroskopie (Vergrößerung $V_{max} \approx 10^6$, Auflösung $A \approx 10^{-9}$ m)

Bei allen Verfahren Schleifen, Polieren und evtl. Ätzen der Oberflächen erforderlich.

Mechanische Prüfverfahren

Ziel:
Zähigkeits- und Festigkeitsbestimmungen (z. B. Streckgrenze als Grundlage für Druckbehälterberechnungen, Härte zur Abschätzung der Verschleißfestigkeit, Dauerschwingfestigkeit als Beurteilungsgrundlage für das Verhalten bei wiederholter → schwellender oder wechselnder Beanspruchung und Zeitstandfestigkeit zur Beurteilung des Verhaltens bei länger währender Zugbeanspruchung).

Verfahren:
- Zugversuch (DIN EN 10 002)
- Druckversuch (DIN 50 106)
- Zeitstandversuch (DIN 50 118)
- Dauerschwingversuch (DIN 50 100)
- Umlaufbiegeversuch (DIN 50 113)
- Kerbschlagbiegeversuch (DIN 50 115)
- Härteprüfung nach Brinell (DIN EN ISO 6506-1)
- Härteprüfung nach Vickers (DIN EN ISO 6507-1)
- Härteprüfung nach Rockwell (DIN EN ISO 6508-1)

Technologische Prüfverfahren

Ziel:
Untersuchung des Verhaltens von Werkstoffen bei anwendungsorientierten Beanspruchungen (z. T. genormt, z. B. Bördelversuch an Rohren, oder als spezielle Anwendungsprüfungen, z. B. die Ermittlung der Gleiteigenschaft einer bestimmten Folie).

Verfahren:
- Hin- und Herbiegeversuch an Blechen ... (DIN 50 153)
- Aufweitungsversuch an Rohren (DIN EN 10 234)
- Ringfaltversuch an Rohren (DIN EN 10 233)
- Ringzugversuch an Rohren (DIN EN 10 237)
- Tiefungsversuch (DIN 50 101 und 50 102)
- Prüfung metallischer Werkstoffe – Biegeversuch (Faltversuch) (DIN 50 111)
- Prüfung von Hartlötverbindungen (DIN 8525)
- Zerstörende Prüfung von Schweißnähten an metallischen Werkstoffen – Biegeprüfungen (DIN EN 910)

6

Zerstörungsfreie Prüfverfahren

Ziel:
Nachweis der Fehlerfreiheit von Werkstücken, Anlagenteilen und Halbzeugen für Werkstücke und Anlagenteile (z. B. Prüfung der Schweißnähte an Rohrleitungen und Behältern vor der Inbetriebnahme, während des Betriebs oder bei vorübergehendem Stillstand der entsprechenden Anlage und Bestimmung von Restwanddicken bei Korrosionsuntersuchungen).

Verfahren:
- Ultraschallprüfung (DIN 54 119), häufigstes: Impuls-Echo-Verfahren
- Durchstrahlungsprüfung (ISO 5579, DIN 54 111 und DIN EN 444)
  a) mit Röntgenstrahlen (bis $s \approx 100$ mm Materialdicke bei Stahl)
  b) mit Gammastrahlen (bis $s \approx 200$ mm bei Stahl, für $s < 30$ mm weniger geeignet)

Ultraschallprüfung für die Tiefenlage von Fehlern, Durchstrahlungsprüfung für die geometrische Form.

Prüfung auf Kriechwegbildung (DIN VDE 0303)

Ziel:
Erfassung des Verhaltens von Isolierstoffoberflächen (z. B. von Kunststoffoberflächen) unter Einwirkung von Kriechströmen unter feuchten Bedingungen (z. B. zur Vermeidung von Kurzschlüssen zwischen spannungsführenden Bauteilen einer Anlage, die über den Isolierstoff verbunden sind).

Verfahren:
- Vergleichszahl der Kriechwegbildung (CTI)
  Zahlenwert der *höchsten Spannung* in V, bei der der Werkstoff 50 Auftropfungen ohne Kriechwegbildung widersteht)
- Prüfzahl der Kriechwegbildung (PTI)
  Zahlenwert der *Prüfspannung* in V, bei der der Werkstoff 50 Auftropfungen ohne Kriechwegbildung widersteht

Angabe: z. B. CTI 350 oder PTI 200

Werkstoffnummern der Stähle I

(DIN EN 10 027, T2, 09.92)

Es ist zu beachten, dass in der Praxis sicher noch für einige Zeit die Systematik der ehemaligen DIN 17 007, Bl. 2, verwendet wird (siehe Seite 274).

Nach gültiger Norm bauen sich die Werkstoffnummern wie folgt auf:

1. XX XX(XX)

Werkstoffhauptgruppennummer (Stelle1) 1 = Stahl

Stahlgruppennummer (Stellen 2 u. 3)

Zählnummer (Stellen 4 ... 7) In Klammer: Für möglichen zukünftigen Bedarf

Stahlgruppennummern 1. XX XX (XX)

Unlegierte Grundstähle			
00	Grundstähle	90	Grundstähle
Unlegierte Qualitätsstähle			
01	Allgemeine Baustähle mit R_m < 500 N/mm²	91	Allgemeine Baustähle mit R_m < 500 N/mm²
02	Sonstige, nicht für eine Wärmebehandlung bestimmte Baustähle mit R_m < 500 N/mm²	92	Sonstige, nicht für eine Wärmebehandlung bestimmte Baustähle mit R_m < 500 N/mm²
03	Stähle mit im Mittel w(C) < 0,12 % oder R_m < 400 N/mm²	93	Stähle mit im Mittel w(C) <0,12 % oder R_m < 400 N/mm²
04	Stähle mit im Mittel 0,12 % ≤ w(C) < 0,25 % oder 400 N/mm² ≤ R_m < 500 N/mm²	94	Stähle mit im Mittel 0,12 % ≤ w(C) < 0,25 % oder 400 N/mm² ≤ R_m < 500 N/mm²
05	Stähle mit im Mittel 0,25 % ≤ w(C) < 0,55 % oder 500 N/mm² ≤ R_m < 700 N/mm²	95	Stähle mit im Mittel 0,25 % ≤ w(C) < 0,55 % oder 500 N/mm² ≤ R_m < 700 N/mm²
06	Stähle mit im Mittel w(C) ≥ 0,55 % oder R_m ≥ 700 N/mm²	96	Stähle mit im Mittel w(C) ≥ 0,55 % oder R_m ≥ 700 N/mm²
07	Stähle mit höherem P- oder S-Gehalt	97	Stähle mit höherem P- oder S-Gehalt
Unlegierte Edelstähle			
10	Stähle mit besonderen physikalischen Eigenschaften	15	Werkzeugstähle
11	Bau-, Maschinenbau und Behälterstähle mit w(C) < 0,50 %	16	Werkzeugstähle
12	Maschinenbaustähle mit w(C) ≥ 0,50 %	17	Werkzeugstähle
13	Bau-, Maschinenbau und Behälterstähle mit besonderen Anforderungen	18	Werkzeugstähle
14	–	19	–
Legierte Qualitätsstähle			
08	Stähle mit besonderen physikalischen Eigenschaften	98	Stähle mit besonderen physikalischen Eigenschaften
09	Stähle für verschiedene Anwendungsbereiche	99	Stähle für verschiedene Anwendungsbereiche
Legierte Edelstähle			
Werkzeugstähle (20 ... 29)			
20	Mit Cr	25	Mit W-V oder Cr-W-V
21	Mit Cr-Si, Cr-Mn oder Cr-Mn-Si	26	Mit W außer Klassen 24, 25 und 27
22	Mit Cr-V, Cr-V-Si, Cr-V-Mn oder Cr-V-Mn-Si	27	Mit Ni
23	Mit Cr-Mo, Cr-Mo-V oder Mo-V	28	Sonstige
24	Mit W oder Cr-W	29	–

6

Werkstoffnummern der Stähle I (Fortsetzung)

Stahlgruppennummern 1 .XX XX (XX), (Fortsetzung)

Legierte Edelstähle (Fortsetzung)

Verschiedene Stähle (30 ... 39)			
30	–	36	Werkstoffe mit besonderen magnetischen Eigenschaften, ohne Co
31	–	37	Werkstoffe mit besonderen magnetischen Eigenschaften, mit Co
32	Schnellarbeitsstähle mit Co	38	Werkstoffe mit besonderen physikalischen Eigenschaften, ohne Nickel
33	Schnellarbeitsstähle ohne Co	39	Werkstoffe mit besonderen physikalischen Eigenschaften, mit Nickel
34	–		
35	Wälzlagerstähle		
Chemisch beständige Stähle (40 ... 49)			
40	Nichtrostende Stähle mit $w(Ni) < 2{,}5$ %, ohne Mo, Nb und Ti	45	Nichtrostende Stähle mit Sonderzusätzen
41	Nichtrostende Stähle mit $w(Ni) < 2{,}5$ %, mit Mo, ohne Nb und Ti	46	Chemisch beständige und hochwarmfeste Nickellegierungen
42	–	47	Hitzebeständige Stähle mit $w(Ni) < 0{,}25$ %
43	Nichtrostende Stähle mit $w(Ni) < 2{,}5$ %, ohne Mo, Nb und Ti	48	Hitzebeständige Stähle mit $w(Ni) \geq 0{,}25$ %
44	Nichtrostende Stähle mit $w(Ni) < 2{,}5$ %, mit Mo, ohne Nb und Ti	49	Hochwarmfeste Werkstoffe
Bau-, Maschinenbau- und Behälterstähle (50 ... 80)			
50	Mit Mn, Si, Cu	55	Mit B, Mn-B und $w(Mn) < 1{,}65$ %
51	Mit Mn-Si oder Mn-Cr	56	Mit Ni
52	Mit Mn-Cu, Mn-V, Si-V oder Mn-Si-V	57	Mit Cr-Ni, $w(Cr) < 1{,}0$ %
53	Mit Mn-Ti oder Si-Ti	58	Mit Cr-Ni, $1{,}0 \leq w(Cr) < 1{,}5$
54	Mit Mo oder Nb, Ti, V oder W	59	Mit Cr-Ni, $1{,}5 \leq w(Cr) < 2{,}0$
60	Mit Cr-Ni, $2{,}0\ \% \leq w(Cr) < 3$ %	65	Mit Cr-Ni-Mo, $w(Mo) < 0{,}4$ % und $w(Ni) < 2$ %
61	–	66	Mit Cr-Ni-Mo, $w(Mo) < 0{,}4$ % und $2{,}0 \leq w(Ni) < 3{,}5$ %
62	Mit Ni-Si, Ni-Mn oder Ni-Cu	67	Mit Cr-Ni-Mo, $w(Mo) < 0{,}4$ % und $3{,}5\ \% \leq w(Ni) < 5{,}0$ % oder $w(Mo) \leq 0{,}4$ %
63	Mit Ni-Mo, Ni-Mo-Mn, Ni-Mo-Cu, Ni-Mo-V oder Ni-Mn-V	68	Mit Cr-Ni-V, Cr-Ni-W und Cr-Ni-V-W
64	–	69	Mit Cr-Ni, außer Klassen 57 bis 68
70	Mit Cr oder Cr-B	75	Mit Cr-V, $w(Cr) < 2{,}0$ %
71	Mit Cr-Si, Cr-Mn, Cr-Mn-B oder Cr-Si-Mn	76	Mit Cr-V, $w(Cr) > 2{,}0$ %
72	Mit Cr-Mo, $w(Mo) < 0{,}35$ %, oder Cr-Mo-B	77	Mit Cr-Mo-V
73	Mit Cr-Mo, $w(Mo) \geq 0{,}35$ %	78	–
74	–	79	Mit Cr-Mn-Mo oder Cr-Mn-Mo-V
80	Mit Cr-Si-Mo, Cr-Si-Mn-Mo, Cr-Si-Mo-V oder Cr-Si-Mn-Mo-V	86	–
81	Mit Cr-Si-V, Cr-Mn-V oder Cr-Si-Mn-V	87	Nicht für eine Wärmebehandlung beim Verbraucher bestimmte Stähle
82	Mit Cr-Mo-W oder Cr-Mo-W-V	88	Nicht für eine Wärmebehandlung beim Verbraucher bestimmte Stähle, hochfeste schweißgeeignete Stähle
83	–	89	Nicht für eine Wärmebehandlung beim Verbraucher bestimmte Stähle, hochfeste schweißgeeignete Stähle
84	Mit Cr-Si-Ti, Cr-Mn-Ti oder Cr-Si-Mn-Ti		
85	Nitrierstähle		

6

Normbenennung der Werkstoffe

Werkstoffnummern der Gusseisenwerkstoffe (nach EN 1560)

Der Aufbau der Werkstoffnummern für Gusseisenwerkstoffe unterscheidet sich wesentlich von dem der bisher üblichen Bezeichnungen (siehe Seite 275). Es liegt folgende Systematik zugrunde:

EN - J b z zz z

- z: Zahl für die Anforderung an den Werkstoff (eine Ziffer)
- zz: Zahl für jedes Hauptmerkmal in der jeweiligen Werkstoffnorm festgelegt (00...99)
- z: Zahl für das Hauptmerkmal (eine Ziffer)
- b: Buchstabe für die Graphitstruktur
- J: Zeichen für Gusseisen (immer J)
- EN: Zeichen für europäische Norm (immer EN-)

Kennbuchstaben für die Graphitstruktur

Kennbuchstabe	Bedeutung
L	lamellar
S	kugelig
M	Temperguss
V	vermikular
H	graphitfrei (Hartguss) ledeburitisch
X	Sonderstruktur (in der speziellen Werkstoffnorm ausgewiesen)

Kennzahlen für die Hauptmerkmale

Kennzahl	Bedeutung
0	Reserve
1	Zugfestigkeit
2	Härte
3	chemische Zusammensetzung
4...8	Reserve
9	nicht genormter Werkstoff

Kennzahlen für festgelegte Anforderungen an den jeweiligen Werkstoff

Kennzahl	Bedeutung
0	keine besonderen Anforderungen
1	getrennt gegossenes Probestück
2	angegossenes Probestück
3	einem Gussstück entnommenes Probestück
4	Schlagzähigkeit bei Raumtemperatur
5	Schlagzähigkeit bei Tieftemperatur
6	festgelegte Schweißbarkeit
7	Gussstück im Gusszustand
8	wärmebehandeltes Gussstück
9	zusätzliche, in der Bestellung festgelegte Anforderungen oder Kombination von in der Werkstoffnorm festgelegten einzelnen Anforderungen

Beispiel: EN - JL 1030

- 0: Keine besonderen Anforderungen an den Werkstoff
- 03: Kennzeichnung für das Hauptmerkmal nach der speziellen Werkstoffnorm
- 1: Hauptmerkmal Zugfestigkeit
- L: lamellar
- J: Gusseisen
- EN: Europäische Norm

Zum Vergleich: Der gleiche Werkstoff hat nach der nationalen Norm DIN 1691 die Werkstoffnummer 0.6020 und den Kurznamen GG-20.

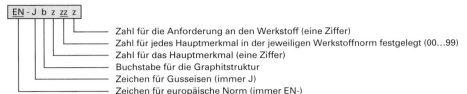

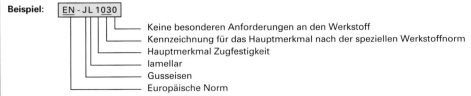

SK Normbenennung der Werkstoffe

Werkstoffnummern der Stähle II (DIN 17 007, Blatt 2, 09.61)

Es ist zu beachten, dass seit 1992 mit der **DIN EN 10 027, Teil 2,** eine europäische Norm vorliegt. Da jedoch in der Praxis sicher noch für einige Zeit die Systematik der ehemaligen DIN 17 007, Bl. 2, verwendet wird, soll diese hier ebenfalls erläutert werden.

Werkstoffnummern sind siebenstellig und bauen sich wie folgt auf:

X.XXXX.XX

Werkstoffhauptgruppe (Stelle 1) — Sortennummer (Stellen 2 ... 5) — Anhängezahlen (Stellen 6 und 7)

Werkstoffhauptgruppe X.XXXX.XX

Ziffer	Werkstoffgruppe	Ziffer	Werkstoffgruppe	Ziffer	Werkstoffgruppe
0	Gusseisen, Roheisen, Ferrolegierungen	2	Schwermetalle (außer Eisenmetalle)	4 ... 8	Nichtmetallische Werkstoffe
1	Stahl, Stahlguss	3	Leichtmetalle	9	Frei für interne Benutzung

Für Stähle gilt: 1. XXXX.XX

Sortennummer 1.XXXX.XX (Stellen 2 ... 5)

***Sortenklasse* 1.XXXX.XX** (Stellen 2 und 3)

Ziffer	Bedeutung
	Massen- und Qualitätsstähle
00	Handels- und Grundgüten
01, 02	Allgemeine Baustähle, unlegiert
03 ... 07	Qualitätsstähle, unlegiert
08, 09	Qualitätsstähle, legiert
90	Sondersorten, Handels- und Grundgüten
91 ... 99	Sondersorten
	Unlegierte Edelstähle
10	Stähle mit besonderen physikalischen Eigenschaften
11, 12	Baustähle
15 ... 18	Werkzeugstähle 15: I. Güte 16: II. Güte 17: III. Güte 18: Für Sonderzwecke
	Legierte Stähle
20 ... 29	Werkzeugstähle
32, 33	Schnellarbeitsstähle
34	Verschleißfeste Stähle
35	Wälzlagerstähle
36 ... 39	Eisenwerkstoffe mit besonderen physikalischen Eigenschaften
40 ... 49	Chemisch beständige Werkstoffe 40, 41, 43 ... 45: Nichtrostende Stähle 47, 48: Hitzebeständige Stähle 49: Hochtemperaturwerkstoffe
50 ... 84	Baustähle
85	Nitrierstähle
86 ... 89	Hartlegierungen

***Zählnummer* 1.XXXX.XX** (Stellen 4 und 5)

Die Zählnummer legt innerhalb der Sortenklasse einen ganz bestimmten Werkstoff genau definierter Zusammensetzung fest (ohne Systematik).

Anhängezahlen 1.XXXX.XX (Stellen 6 und 7)

***Stahlgewinnungsverfahren* 1.XXXX.XX** (Stelle 6)

Ziffer	Bedeutung
0	Unbestimmt oder ohne Bedeutung
1	Thomasstahl, unberuhigt
2	Thomasstahl, beruhigt
3	Stahl sonstiger Erschmelzungsart, unberuhigt
4	Stahl sonstiger Erschmelzungsart, beruhigt
5	Siemens-Martin-Stahl, unberuhigt
6	Siemens-Martin-Stahl, beruhigt
7	Sauerstoffaufblasstahl, unberuhigt
8	Sauerstoffaufblasstahl, beruhigt
9	Elektrostahl

***Behandlungszustand* 1.XXXX.XX** (Stelle 7)

Ziffer	Bedeutung
0	Keine oder beliebige Behandlung
1	Normalgeglüht
2	Weichgeglüht
3	Wärmebehandelt auf gute Zerspanbarkeit
4	Zähvergütet
5	Vergütet
6	Hartvergütet
7	Kaltverformt
8	Federhart kaltverformt
9	Behandelt nach besonderen Angaben

Beispiel: 1.4310.95

1	Stahl
43	Nichtrostender Stahl
10	Festgelegt für den Stahl X 12 CrNi 17 7
9	Elektrostahl
5	Vergütet

6

Normbenennung der Werkstoffe | SK

Werkstoffnummern der Gusseisensorten (DIN 17 007, Blatt 3, 01.71)

Sortenklassen für Gusseisen 0.XXXX.XX (die Anhängezahlen sind noch nicht festgelegt)

Ziffer	Bedeutung	Ziffer	Bedeutung
60 ... 61	Gusseisen mit Lamellengraphit, unlegiert	80, 81	Temperguss, unlegiert
62 ... 69	Gusseisen mit Lamellengraphit, legiert	82	Temperguss, legiert
70, 71	Gusseisen mit Kugelgraphit, unlegiert	90, 91	Sondergusseisen, unlegiert
72 ... 79	Gusseisen mit Kugelgraphit, legiert	92 ... 99	Sondergusseisen, legiert

Werkstoffnummern der Nichteisenmetalle (DIN 17 007, Blatt 4, 07.63)

Sortennummern der Schwermetalle (außer Eisen) **2.XXXX.XX**		**Sortennummern der Leichtmetalle 3.XXXX.XX**	
Sortennummern (Stellen 2 ... 5)	Metall bzw. Grundmetall der Legierung	***Sortennummern*** (Stellen 2 ... 5)	Metall bzw. Grundmetall der Legierung
0000 ... 1799	Kupfer	0000 ... 4999	Aluminium
2000 ... 2499	Zink, Cadmium	5000 ... 5999	Magnesium
3000 ... 3499	Blei	7000 ... 7999	Titan
3500 ... 3999	Zinn		
4000 ... 4999	Nickel, Cobalt		
5000 ... 5999	Edelmetalle		
6000 ... 6999	Hochschmelzende Metalle		

Anhängezahlen für Schwer- und Leichtmetalle X.XXXX.XX

Anhängezahlen (Stellen 6 und 7)	Bedeutung	***Anhängezahlen*** (Stellen 6 und 7)	Bedeutung
00 ... 09	Unbehandelt	60 ... 69	Warmausgehärtet, ohne mechanische Nacharbeit
10 ... 19	Weich	70 ... 79	Warmausgehärtet, kaltnachgearbeitet
20 ... 29	Kaltverfestigt (zwischengehärtet)	80 ... 89	Entspannt, ohne vorherige Kaltverfestigung
30 ... 39	Kaltverfestigt	90 ... 99	Sonderbehandlungen
40 ... 49	Lösungsgeglüht, ohne mechanische Nacharbeit		
50 ... 59	Lösungsgeglüht, kalt nachbearbeitet		

Wichtige Nichteisenmetall-Legierungen

Werkstoffnummerbereich	Legierung (Grundmetall u. Hauptlegierungselemente nach Massenanteil)	Werkstoffnummerbereich	Legierung (Grundmetall u. Hauptlegierungselemente nach Massenanteil)
2.0200 ... 2.0449	Kupfer-Zink (Messing)	3.1100 ... 3.1199	Aluminium-Kupfer (binär)
2.0450 ... 2.0599	Sondermessing	3.1200 ... 3.1999	Aluminium-Kupfer (und andere Elemente)
2.0700 ... 2.0799	Kupfer-Nickel-Zink (Neusilber)	3.2300 ... 3.2399	Aluminium-Silicium-Magnesium
2.0800 ... 2.0899	Kupfer-Nickel	3.3200 ... 3.3299	Aluminium-Magnesium-Silicium
2.0900 ... 2.0999	Kupfer-Aluminium	3.3300 ... 3.3399	Aluminium-Magnesium (binär)
2.1000 ... 2.1159	Kupfer-Zinn (Bronze)	3.3500 ... 3.3599	Aluminium-Magnesium mit Mangan oder Chrom
3.0500 ... 3.0599	Aluminium-Mangan-Chrom		
3.0900 ... 3.0999	Aluminium-Eisen		

Normbenennung der Werkstoffe

Systematische Bezeichnung der Nichteisenmetalle (DIN 1700, 07.54 und DIN-Normenheft 4)

Der genormte Kurzname setzt sich bei den Nichteisenmetallen nach DIN 1700 wie folgt zusammen:

1. Kennbuchstaben für Herstellung und Verwendung (nur zum Teil in DIN 1700)		2. Kennzeichen für die Zusammensetzung	3. Kurzzeichen für besondere Eigenschaften (nur z. T. in DIN 1700)	
↓		↓	↓	
Kennbuchstaben	**Bedeutung**	**Systematik der Kennzeichen**	**Kurzzeichen**	**Bedeutung**
E	Elektrische Leitlegierung	Es werden die chemischen Symbole der beteiligten Elemente mit jeweils nachgestellter Kennzahl für den ungefähren Massenanteil in Prozent aufgeführt und zwar in der Reihenfolge: 1. *Grundmetall* (Hauptelement), evtl. mit nachgestellter *Kennzahl für den ungefähren Massenanteil in Prozent* 2. *Legierungsbestandteile in der Reihenfolge ihres Massenanteils mit jeweils nachgestellter Kennzahl für den Massenanteil* (die Kennzahl kann entfallen, wenn der Massenanteil eines Legierungselementes zur Charakterisierung nicht erforderlich ist).		*Behandlungszustand*
G	Guss, allgemein		a	Ausgehärtet
GD	Druckguss		g	Geglüht
GK	Kokillenguss		ho	Homogenisiert
GZ	Schleuderguss bzw. Zentrifugalguss		ka	Kaltausgehärtet
GC	Strangguss		ku	Kaltumgeformt
GI	Gleit- bzw. Lagermetall		p	Gepresst
K	Kondensatorrohre		wa	Warmausgehärtet
Kb	Kabellegierung		wh	Gewalzt
L	Lot		wu	Warmumgeformt
Lg	Lagermetall		z	Gezogen
M	Mehrstofflegierung		zh	Gezogen
R	Reduktionslegierung			*Härtezustand*
S	Schweißzusatzwerkstoff		fdh	Federhart
U	Umschmelzlegierung		h	Hart
V	Vor- und Verschnittlegierung		hh	Halbhart
W	Walzlegierung		w	Weich

Am Ende des Kurznamens können als weitere Eigenschaften die *Mindestzugfestigkeiten* durch Kennbuchstaben mit nachgestellter Zahl (die Zahl gibt ca. 1/10 der Mindestzugfestigkeit in N/mm^2 an) angegeben werden:

F Durch Kaltverformung oder Aushärtung erhöhte Mindestzugfestigkeit

W Weichgeglüht mit entsprechender Mindestzugfestigkeit

G Rückgeglüht mit entsprechender Mindestzugfestigkeit

Ferner kann die *Vickershärte* (HV mit entsprechendem Zahlenwert) oder die *elektrische Leitfähigkeit* in $m/(\Omega \cdot mm^2)$ (L mit entsprechendem Zahlenwert) angegeben werden.

Beispiele:

S Al 99,5
- w(Al) ≈ 99,5 % (Rest: Verunreinigungen)
- Unlegiertes Aluminium
- Schweißzusatzwerkstoff

CuZn 28 Sn F 33
- $R_m \approx 330$ N/mm²
- Legierungselement Zinn
- w(Zn) ≈ 28 %
- Legierungselement Zink
- Grundmetall Kupfer

G-AlSi 10 Mg wa
- Warmausgehärtet
- Legierungselement Magnesium
- w(Si) ≈ 10 %
- Legierungselement Silicium
- Grundmetall Aluminium
- Gusswerkstoff

Die alten Bezeichnungen *Messing, Bronze* usw. sollen nicht mehr verwendet werden.

Normbenennung der Werkstoffe

SK

Kennbuchstaben und Kurzzeichen für Kunststoffe (DIN EN ISO 1043-1 und 2, 01.00)

Kurzzeichen für Homopolymere

Kurzzeichen	Name	Kurzzeichen	Name	Kurzzeichen	Name
CA	Celluloseacetat	PDAP	Polydiallylphthalat	PPSU	Polyphenylensulfon
CAB	Celluloseacetobutyrat	PE	Polyethylen	PS	Polystyrol
CAP	Celluloseacetopropionat	PE-C	Chloriertes Polyethylen	PSU	Polysulfon
CF	Kresol-Formaldehyd	PEOX	Polyethylenoxid	PTFE	Polytetrafluorethylen
CMC	Carboxymethylcellulose	PEI	Polyetherimid	PUR	Polyurethan
CN	Cellulosenitrat	PEEK	Polyetheretherketon	PVAC	Polyvinylacetat
CP	Cellulosepropionat	PES	Polyethersulfon	PVAL	Polyvinylalkohol
CSF	Casein-Formaldehyd	PET	Polyethylenterephthalat	PVB	Polyvinylbutyral
CTA	Cellulosetriacetat	PF	Phenol-Formaldehyd	PVC	Polyvinylchlorid
EC	Ethylcellulose	PI	Polyimid	PVC-C	Polyvinylchlorid, chloriert
EP	Epoxid	PIB	Polyisobutylen	PVDC	Polyvinylidenchlorid
MC	Methylcellulose	PIR	Polyisocyanurad	PVDF	Polyvinylidenfluorid
MF	Melamin-Formaldehyd	PMI	Polymethacrylimid	PVF	Polyvinylfluorid
PA	Polyamid	PMMA	Polymethylmethacrylat	PVFM	Polyvinylformal, Polyvinylformaldehyd
PAI	Polyamidimid	PMP	Poly-4-methylpenten-1	PVK	Polyvinylcarbazol
PAN	Polyacrylnitril	PMS	Poly-α-Methylstyrol	PVP	Polyvinylpyrrolidon
PB	Polybuten-1	POM	Polyoxymethylen, Polyformaldehyd, Polyacetal	SI	Silicon
PBA	Polybutylacrylat	PP	Polypropylen	SP	Gesättigter Polyester
PBT	Polybutylenterephthalat	PPE	Polyphenylenether	UF	Harnstoff-Formaldehyd
PC	Polycarbonat	PPOX	Polypropylenoxid	UP	Ungesättigter Polyester
PBA	Polybutylacrylat	PPS	Polyphenylensulfid		
PCTFE	Polychlortrifluorethylen				

Kurzzeichen für Copolymere

Kurzzeichen	Name	Kurzzeichen	Name
A/B/A	Acrylnitril/Butadien/Acrylat	MPF	Melamin/Phenol-Formaldehyd
ABS	Acrylnitril/Butadien/Styrol	PEBA	Polyether-Blockamid
A/MMA	Acrylnitril/Methylmethacrylat	PFA	Perfluoro-Alkoxyalkan
ASA	Acrylnitril/Styrol/Acrylester	SAN	Styrol/Acrylnitril
A/EPDM/S	Acrylnitril/Ethylen-Propylen-Dien/Styrol	S/B	Styrol/Butadien
A/PE-C/S	Acrylnitril/chloriertes Polyethylen/Styrol	S/MA	Styrol/Maleinsäureanhydrid
E/EA	Ethylen/Ethylacrylat	S/MS	Styrol/α-Methylstyrol
E/MA	Ethylen/Methacrylsäureester	VC/E	Vinylchlorid/Ethylen
E/P	Ethylen/Propylen	VC/E/MA	Vinylchlorid/Ethylen/Methacrylat
EPDM	Ethylen/Propylen-Dien	VC/E/VAC	Vinylchlorid/Ethylen/Vinylacetat
E/VA	Ethylen/Vinylacetat	VC/MA	Vinylchlorid/Methylacrylat
E/VAL	Ethylen/Vinylalkohol	VC/MMA	Vinylchlorid/Methylmethacrylat
E/TFE	Ethylen/Tetrafluorethylen	VC/OA	Vinylchlorid/Octylacrylat
FEP	Tetrafluorethylen/Hexafluorpropylen	VC/VAC	Vinylchlorid/Vinylacetat
MBS	Methacrylat/Butadien/Styrol	VC/VDC	Vinylchlorid/Vinylidenchlorid

SK Normbenennung der Werkstoffe

Kennbuchstaben und Kurzzeichen für Kunststoffe (Fortsetzung)

Zahlen nach den Kurzzeichen

Die Zahlen nach den Kurzzeichen geben an, dass das entsprechende Polymer aus verschiedenen Kondensationseinheiten in einer homologen Reihe entstanden ist. So gilt z. B.:

PA 11 Polymer aus 11-Aminoundecansäure

PA 66 Polymer aus Hexamethylendiamin und Adipinsäure

PA 610 Polymer aus Hexamethylendiamin und Sebazinsäure

Kennbuchstaben für besondere Eigenschaften

Kurzzeichen	Besondere Eigenschaft	Kurzzeichen	Besondere Eigenschaft
C	Chloriert	N	Normal oder Novolak
D	Dichte	P	Weichmacherhaltig
E	Verschäumt oder verschäumbar	R	Erhöht oder Resol
F	Flexibel oder flüssig	U	Ultra oder weichmacherfrei
H	Hoch	V	Sehr
I	Schlagzäh	W	Gewicht
L	Linear oder niedrig	X	Vernetzt oder vernetzbar
M	Masse oder mittel oder molekular		

Die Kurzzeichen für besondere Eigenschaften werden in sinnvoller Kombination verwendet, z. B. MD für mittlere Dichte.

Benennungsbeispiele für Kunststoffe

PVC-U (Polyvinylchlorid, weichmacherfrei)

PE-LLD (lineares Polyethylen niedriger Dichte)

Kurzzeichen für verstärkte Kunststoffe

Systematik:

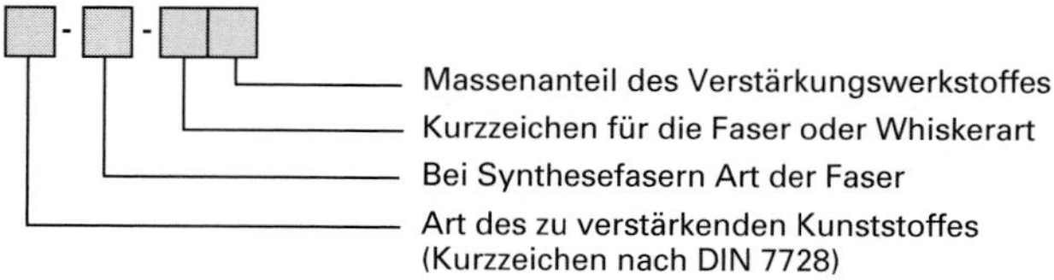

Kurzzeichen, wenn nur nach Faser- und Whiskerart unterschieden werden soll

Kurzzeichen	Bedeutung
FK	Faserverstärkter Kunststoff
WK	Whiskerverstärkter Kunststoff
GFK	Glasfaserverstärkter Kunststoff
AFK	Asbestfaserverstärkter Kunststoff
BFK	Borfaserverstärkter Kunststoff
CFK	Kohlenstofffaserverstärkter Kunststoff
MFK	Metallfaserverstärkter Kunststoff
SFK	Synthesefaserverstärkter Kunststoff
MWK	Metallwhiskerfaserverstärkter Kunststoff

Beispiele:

UP-GF Glasfaserverstärkter ungesättigter Polyester

PF-PA6-SF Phenolharz, mit Polyamid-6-Fasern verstärkt

PA6-SFK Mit Polyamid-6-Fasern verstärkter Kunststoff

PC-GF 20 Glaserfaserverstärktes Polycarbonat mit einem Massenanteil w(Glas) = 20 %

Soll noch nach der Art des Faser- oder Whiskermetalls unterschieden werden, kann dies durch einen Vorsatz vor dem Zeichen für die Faser- oder Whiskerart geschehen, z. B. **Cu-MFK** (Cu für Kupfer) oder **St-MFK** (St für Stahl).

Gefahrstoffe

R-Sätze und S-Sätze

R- und S-Sätze dienen der Arbeitssicherheit beim Umgang mit Gefahrstoffen. R-Sätze informieren über besondere Gefahren beim Umgang mit den Gefahrstoffen, S-Sätze geben Sicherheitshinweise.
(→ Verunreinigungen, Boden und Wasser)

R-Sätze

Kurzbezeichnung	Satzinhalt	Kurzbezeichnung	Satzinhalt
R 1	In trockenem Zustand explosionsgefährlich	R 28	Sehr giftig beim Verschlucken
R 2	Durch Schlag, Reibung, Feuer oder andere Zündquellen explosionsgefährlich	R 29	Entwickelt bei Berührung mit Wasser giftige Gase
R 3	Durch Schlag, Reibung, Feuer oder andere Zündquellen besonders explosionsgefährlich	R 30	Kann bei Gebrauch leicht entzündlich werden
R 4	Bildet hochempfindliche explosionsgefährliche Metallverbindungen	R 31	Entwickelt bei Berührung mit Säure giftige Gase
R 5	Beim Erwärmen explosionsfähig	R 32	Entwickelt bei Berührung mit Alkalien sehr giftige Gase
R 6	Mit und ohne Luft explosionsfähig	R 33	Gefahr kumulativer Wirkungen
R 7	Kann Brand verursachen	R 34	Verursacht Verätzungen
R 8	Feuergefahr bei Berührung mit brennbaren Stoffen	R 35	Verursacht schwere Verätzungen
R 9	Explosionsgefahr bei Mischung mit brennbaren Stoffen	R 36	Reizt die Augen
R 10	Entzündlich	R 37	Reizt die Atmungsorgane
R 11	Leichtentzündlich	R 38	Reizt die Haut
R 12	Hochentzündlich	R 39	Ernste Gefahr irreversiblen Schadens
R 13	Hochentzündliches Flüssiggas	R 40	Irreversibler Schaden möglich
R 14	Reagiert heftig mit Wasser	R 41	Gefahr ernster Augenschäden
R 15	Reagiert mit Wasser unter Bildung leicht entzündlicher Gase	R 42	Sensibilisierung durch Einatmen möglich
R 16	Explosionsgefährlich in Mischung mit brandfördernden Stoffen	R 43	Sensibilisierung durch Hautkontakt möglich
R 17	Selbstentzündlich an der Luft	R 44	Explosionsgefahr bei Erhitzen unter Einschluss
R 18	Bei Gebrauch Bildung explosiver/leicht entzündlicher Dampf-Luftgemische möglich	R 45	Kann Krebs erzeugen
R 19	Kann explosionsfähige Peroxide bilden	R 46	Kann vererbbare Schäden verursachen
R 20	Gesundheitsschädlich beim Einatmen	R 47	Kann Missbildungen verursachen
R 21	Gesundheitsschädlich bei Berührung mit der Haut	R 48	Gefahr ernster Gesundheitsschäden bei längerer Exposition
R 22	Gesundheitsschädlich beim Verschlucken	R 49	Kann Krebs erzeugen beim Einatmen
R 23	Giftig beim Einatmen	R 50	Sehr giftig für Wasserorganismen
R 24	Giftig bei Berührung mit der Haut	R 51	Giftig für Wasserorganismen
R 25	Giftig beim Verschlucken	R 52	Schädlich für Wasserorganismen
R 26	Sehr giftig beim Einatmen	R 53	Kann in Gewässern längerfristig schädliche Wirkungen haben
R 27	Sehr giftig bei Berührung mit der Haut	R 54	Giftig für Pflanzen
		R 55	Giftig für Tiere
		R 56	Giftig für Bodenorganismen
		R 57	Giftig für Bienen

SK Gefahrstoffe

R-Sätze und S-Sätze (Fortsetzung)

R-Sätze (Fortsetzung)

Kurzbezeichnung	Satzinhalt	Kurzbezeichnung	Satzinhalt
R 58	Kann längerfristig schädliche Wirkungen auf die Umwelt haben	R 62	Kann möglicherweise die Fortpflanzungsfähigkeit beeinträchtigen
R 59	Gefährlich für die Ozonschicht	R 63	Kann das Kind im Mutterleib möglicherweise schädigen
R 60	Kann die Fortpflanzungsfähigkeit beeinträchtigen	R 64	Kann Säugling über die Muttermilch schädigen
R 61	Kann das Kind im Mutterleib schädigen		

Kombinationen der R-Sätze sind möglich

Kombination der R-Sätze (Beispiele)

Kurzbezeichnung	Satzinhalt	Kurzbezeichnung	Satzinhalt
R 14/15	Reagiert heftig mit Wasser unter Bildung leicht entzündlicher Gase	R 39/24	Giftig: ernste Gefahr irreversiblen Schadens bei Berührung mit der Haut
R 15/29	Reagiert mit Wasser unter Bildung giftiger und leicht entzündlicher Gase	R 39/25	Giftig: ernste Gefahr irreversiblen Schadens durch Verschlucken
R 20/21	Gesundheitsschädlich beim Einatmen und bei Berührung mit der Haut	R 39/23/24	Giftig: ernste Gefahr irreversiblen Schadens durch Einatmen und bei Berührung mit der Haut
R 20/22	Gesundheitsschädlich beim Einatmen und beim Verschlucken	R 39/23/25	Giftig: ernste Gefahr irreversiblen Schadens durch Einatmen und durch Verschlucken
R 20/21/22	Gesundheitsschädlich beim Einatmen, Verschlucken und Berührung mit der Haut	R 39/24/25	Giftig: ernste Gefahr irreversiblen Schadens bei Berührung mit der Haut und durch Verschlucken
R 21/22	Gesundheitsschädlich bei Berührung mit der Haut und beim Verschlucken	R 39/23/24/25	Giftig: ernste Gefahr irreversiblen Schadens durch Einatmen, Berührung mit der Haut und durch Verschlucken
R 23/24	Giftig beim Einatmen und bei Berührung mit der Haut	R 39/26	Sehr giftig: ernste Gefahr irreversiblen Schadens durch Einatmen
R 23/25	Giftig beim Einatmen und Verschlucken	R 39/27	Sehr giftig: ernste Gefahr irreversiblen Schadens bei Berührung mit der Haut
R 23/24/25	Giftig beim Einatmen, Verschlucken und Berührung mit der Haut	R 39/28	Sehr giftig: ernste Gefahr irreversiblen Schadens durch Verschlucken
R 24/25	Giftig bei Berührung mit der Haut und beim Verschlucken	RR 39/26/27	Sehr giftig: ernste Gefahr irrever siblen Schadens durch Einatmen und bei Berührung mit der Haut
R 26/27	Sehr giftig beim Einatmen und bei Berührung mit der Haut	R 39/26/28	Sehr giftig: ernste Gefahr irreversiblen Schadens durch Einatmen
R 26/28	Sehr giftig beim Einatmen und Verschlucken	R 39/27/28	Sehr giftig: ernste Gefahr irreversiblen Schadens bei Berührung mit der Haut und durch Verschlucken
R 26/27/28	Sehr giftig beim Einatmen, Verschlucken und Berührung mit der Haut	R 39/26/27/28	Sehr giftig: ernste Gefahr irrever siblen Schadens durch Einatmen, Berührung mit der Haut und durch Verschlucken
R 27/28	Sehr giftig bei Berührung mit der Haut und beim Verschlucken	RR 40/20	Gesundheitsschädlich: Möglichkeit irreversiblen Schadens durch Einatmen
R 36/37	Reizt die Augen und die Atmungsorgane	R 40/21	Gesundheitsschädlich: Möglichkeit irreversiblen Schadens bei Berührung mit der Haut
R 36/38	Reizt die Augen und die Haut		
R 36/37/38	Reizt die Augen, Atmungsorgane und die Haut		
R 37/38	Reizt die Atmungsorgane und die Haut		
R 39/23	Giftig: ernste Gefahr irreversiblen Schadens durch Einatmen		

6

R-Sätze und S-Sätze (Fortsetzung)

Kombination der R-Sätze (Fortsetzung)

Kurzbezeichnung	Satzinhalt	Kurzbezeichnung	Satzinhalt
R 40/22	Gesundheitsschädlich: Möglichkeit irreversiblen Schadens durch Verschlucken	R 48/21/22	Gesundheitsschädlich: Gefahr ernster Gesundheitsschäden bei längerer Exposition durch Berührung mit der Haut und durch Verschlucken
R 40/20/21	Gesundheitsschädlich: Möglichkeit irreversiblen Schadens durch Einatmen und bei Berührung mit der Haut	R 48/20/21/22	Gesundheitsschädlich: Gefahr ernster Gesundheitsschäden bei längerer Exposition durch Einatmen, Berührung mit der Haut und durch Verschlucken
R 40/20/22	Gesundheitsschädlich: Möglichkeit irreversiblen Schadens durch Einatmen und durch Verschlucken	R 48/23	Giftig: Gefahr ernster Gesundheitsschäden bei längerer Exposition durch Einatmen
R 40/21/22	Gesundheitsschädlich: Möglichkeit irreversiblen Schadens bei Berührung mit der Haut und durch Verschlucken	R 48/24	Giftig: Gefahr ernster Gesundheitsschäden bei längerer Exposition durch Berührung mit der Haut
R 40/20/21/22	Gesundheitsschädlich: Möglichkeit irreversiblen Schadens durch Einatmen, Berührung mit der Haut und durch Verschlucken	R 48/25	Giftig: Gefahr ernster Gesundheitsschäden bei längerer Exposition durch Verschlucken
R 42/43	Sensibilisierung durch Einatmen und Hautkontakt möglich	R 48/23/24	Giftig: Gefahr ernster Gesundheitsschäden bei längerer Exposition durch Einatmen und durch Berührung mit der Haut
R 48/20	Gesundheitsschädlich: Gefahr ernster Gesundheitsschäden bei längerer Exposition durch Einatmen	R 48/23/25	Giftig: Gefahr ernster Gesundheitsschäden bei längerer Exposition durch Einatmen und durch Verschlucken
R 48/21	Gesundheitsschädlich: Gefahr ernster Gesundheitsschäden bei längerer Exposition durch Berührung mit der Haut	R 48/24/25	Giftig: Gefahr ernster Gesundheitsschäden bei längerer Exposition durch Berührung mit der Haut und durch Verschlucken
R 48/22	Gesundheitsschädlich: Gefahr ernster Gesundheitsschäden bei längerer Exposition durch Verschlucken	R 48/23/24/25	Giftig: Gefahr ernster Gesundheitsschäden bei längerer Exposition durch Einatmen, Berührung mit der Haut und durch Verschlucken
R 48/20/21	Gesundheitsschädlich: Gefahr ernster Gesundheitsschäden bei längerer Exposition durch Einatmen und durch Berührung mit der Haut		
R 48/20/22	Gesundheitsschädlich: Gefahr ernster Gesundheitsschäden bei längerer Exposition durch Einatmen und durch Verschlucken		

S-Sätze

Kurzbezeichnung	Satzinhalt	Kurzbezeichnung	Satzinhalt
S 1	Unter Verschluss aufbewahren	S 8	Behälter trocken halten
S 2	Darf nicht in die Hände von Kindern gelangen	S 9	Behälter an einem gut belüfteten Ort aufbewahren
S 3	Kühl aufbewahren	S 12	Behälter nicht gasdicht verschließen
S 4	Von Wohnplätzen fernhalten	S 13	Von Nahrungsmitteln, Getränken und Futtermitteln fernhalten
S 5	Unter ... aufbewahren (geeignete Flüssigkeit vom Hersteller anzugeben)	S 14	Von ... fernhalten (inkompatible Substanzen sind vom Hersteller anzugeben)
S 6	Unter ... aufbewahren (inertes Gas vom Hersteller anzugeben)	S 15	Vor Hitze schützen
S 7	Behälter dicht geschlossen halten		

6

SK Gefahrstoffe

R-Sätze und S-Sätze (Fortsetzung)

S-Sätze (Fortsetzung)

Kurzbezeichnung	Satzinhalt	Kurzbezeichnung	Satzinhalt
S 16	Von Zündquellen fernhalten – Nicht rauchen	S 43	Zum Löschen ... (vom Hersteller anzugeben) verwenden; (wenn Wasser die Gefahr erhöht, anfügen: „Kein Wasser verwenden")
S 17	Von brennbaren Stoffen fernhalten	S 44	Bei Unwohlsein ärztlichen Rat einholen (wenn möglich, dieses Etikett vorzeigen)
S 18	Behälter mit Vorsicht öffnen und handhaben	S 45	Bei Unfall oder Unwohlsein sofort Arzt hinzuziehen (wenn möglich, dieses Etikett vorzeigen)
S 20	Bei der Arbeit nicht essen und trinken	S 46	Bei Verschlucken sofort ärztlichen Rat einholen und Verpackung oder Etikett vorzeigen
S 21	Bei der Arbeit nicht rauchen	S 47	Nicht bei Temperaturen über ... °C aufbewahren (vom Hersteller anzugeben)
S 22	Staub nicht einatmen	S 48	Feucht halten mit ... (geeignetes Mittel vom Hersteller anzugeben)
S 23	Gas/Rauch/Dampf/Aerosol nicht einatmen (geeignete Bezeichnung[en] vom Hersteller anzugeben)	S 49	Nur im Originalbehälter aufbewahren
S 24	Berührung mit der Haut vermeiden	S 50	Nicht Mischen mit ... (vom Hersteller anzugeben)
S 25	Berührung mit den Augen vermeiden	S 51	Nur in gut belüfteten Bereichen verwenden
S 26	Bei Berührung mit den Augen gründlich mit Wasser abspülen und Arzt konsultieren	S 52	Nicht großflächig in Wohn- und Aufenthaltsräumen zu verwenden
S 27	Beschmutzte, getränkte Kleidung sofort ausziehen	S 53	Exposition vermeiden – vor Gebrauch besondere Anweisungen einholen
S 28	Bei Berührung mit der Haut sofort abwaschen mit viel ... (vom Hersteller anzugeben)	S 56	Diesen Stoff und seinen Behälter der Problemabfallentsorgung zuführen
S 29	Nicht in die Kanalisation gelangen lassen	S 57	Zur Vermeidung einer Kontamination der Umwelt geeigneten Behälter verwenden
S 30	Niemals Wasser hinzugießen	S 59	Information zur Wiederverwendung/Wiederverwertung beim Hersteller/Lieferanten erfragen
S 33	Maßnahmen gegen elektrostatische Aufladungen treffen	S 60	Dieser Stoff und sein Behälter sind als gefährlicher Abfall zu entsorgen
S 34	Schlag und Reibung vermeiden	S 61	Freisetzung in die Umwelt vermeiden. Besondere Anweisungen einholen/Sicherheitsdatenblatt zu Rate ziehen
S 35	Abfälle und Behälter müssen in gesicherter Weise beseitigt werden	S 62	Bei Verschlucken kein Erbrechen herbeiführen. Sofort ärztlichen Rat einholen und Verpackung oder dieses Etikett vorzeigen
S 36	Bei der Arbeit geeignete Schutzkleidung tragen		
S 37	Geeignete Schutzhandschuhe tragen		
S 38	Bei unzureichender Belüftung Atemschutzgerät anlegen		
S 39	Schutzbrille/Gesichtsschutz tragen		
S 40	Fußboden und verunreinigte Gegenstände mit ... reinigen (vom Hersteller anzugeben)		
S 41	Explosions- und Brandgase nicht einatmen		
S 42	Beim Räuchern/Versprühen geeignetes Atemschutzgerät anlegen (geeignete Bezeichnung[en] vom Hersteller anzugeben)		

Kombinationen der S-Sätze sind möglich.

Gefahrstoffe

R-Sätze und S-Sätze (Fortsetzung)

Kombination von S-Sätzen (Beispiele)

Kurzbezeichnung	Satzinhalt
S 1/2	Unter Verschluß und für Kinder unzugänglich aufbewahren
S 3/7/9	Behälter dicht geschlossen halten und an einem kühlen, gut gelüfteten Ort aufbewahren
S 3/9	Behälter an einem kühlen, gut gelüfteten Ort aufbewahren
S 3/14	An einem kühlen Ort entfernt von ... aufbewahren (die Stoffe, mit denen Kontakt vermieden werden muss, sind vom Hersteller anzugeben)
S 3/9/14	An einem kühlen, gut gelüfteten Ort, entfernt von ... aufbewahren (die Stoffe, mit denen Kontakt vermieden werden muss, sind vom Hersteller anzugeben)
S 3/9/49	Nur im Originalbehälter an einem kühlen, gut gelüfteten Ort aufbewahren
S 3/9/14/49	Nur im Originalbehälter an einem kühlen, gut gelüfteten Ort entfernt von ... aufbewahren (Stoffe, mit denen Kontakt vermieden werden muss, sind vom Hersteller anzugeben)

Kurzbezeichnung	Satzinhalt
S 7/8	Behälter trocken und dicht geschlossen halten
S 7/9	Behälter dicht geschlossen an einem gut gelüfteten Ort aufbewahren
S 20/21	Bei der Arbeit nicht essen, trinken, rauchen
S 24/25	Berührung mit den Augen und der Haut vermeiden
S 36/37	Bei der Arbeit geeignete Schutzhandschuhe und Schutzkleidung tragen
S 36/39	Bei der Arbeit geeignete Schutzkleidung und Schutzbrille/Gesichtsschutz tragen
S 37/39	Bei der Arbeit geeignete Schutzhandschuhe und Schutzbrille/Gesichtsschutz tragen
S 36/37/39	Bei der Arbeit geeignete Schutzkleidung, Schutzhandschuhe und Schutzbrille/Gesichtsschutz tragen
S 47/49	Nur im Originalbehälter bei einer Temperatur von nicht über ... °C (vom Hersteller anzugeben) aufbewahren

Gefahrensymbole und Gefahrenbezeichnungen (Auswahl)

E	O	F+	F	T+

Explosionsgefährlich	Brandfördernd	Hochentzündlich	Leichtentzündlich	Sehr giftig
T	C	Xi	Xn	N

Giftig	Ätzend	Reizend	Gesundheitsschädlich (Mindergiftig)	Umweltgefährlich

6

Gefahrstoffe

Gefahrstoffliste (Stand Frühjahr 1999, gekürzt)

MAK- und TRK-Wert:

MAK- und TRK-Werte sind Grenzwerte in der Luft am Arbeitsplatz, die eine gesundheitliche Gefährdung ausschließen oder möglichst gering halten sollen. Sie sind festgelegt in den *Technischen Regeln für Gefahrstoffe* **TRGS 900** und werden laufend aktualisiert. Die Veröffentlichung erfolgt jeweils im Bundesarbeitsblatt (BArbBl).

MAK (Maximale Arbeitsplatzkonzentration): Konzentration eines Stoffes in der Luft am Arbeitsplatz, bei der im allgemeinen die Gesundheit der Arbeitnehmer nicht beeinträchtigt wird.

TRK (Technische Richtkonzentration): Konzentration eines Stoffes in der Luft am Arbeitsplatz, die nach dem Stand der Technik erreicht werden kann.

MAK- und TRK-Werte sind Schichtmittelwerte und gelten bei in der Regel achtstündiger Exposition je Tag und bei einer durchschnittlichen Wochenarbeitszeit von 40 Stunden (bzw. 42 Stunden je Woche im Durchschnitt von vier aufeinanderfolgenden Wochen bei Vierschichtbetrieb)

Grenzwerte (TRK-Werte sind gesondert gekennzeichnet, im übrigen handelt es sich um die MAK-Werte)

Gefahrstoff	Grenzwert in ml/m^3	Grenzwert in mg/m^3
Acetaldehyd (Ethanal)	50	90
Aceton (Propanon)	500	1200
Acetonitril (Ethannitril)	40	70
Acrylaldehyd	0,1	0,25
Acrylamid (Propenamid)		0,03 TRK
Acrylnitril (Propennitril)	3	7 TRK
Aldrin		0,25
Allylalkohol (1-Propen-3-ol)	2	4,8
Allylpropyldisulfid	2	12
Aluminium (als Metall)		6
Aluminiumhydroxid		6
Aluminiumoxid		6
Aluminiumoxid-Rauch		6
Ameisensäure (Methansäure)	5	9
1-Amino-butan	5	15
2-Amino-ethanol	2	5,1
2-Amino-1-naphthalinsulfonsäure		6
2-Amino-4-nitrotoluol		0,5
2-Aminopropan	5	12
2-Aminopyridin	0,5	2
Amitrol		0,2
Ammoniak	50	35
Ammoniumsulfamat		15
iso-Amylalkohol	100	360
Anilin (Aminobenzol, Phenylamin)	2	8
Antimon		0,5
Antimonwasserstoff	0,1	0,5
Antu (ISO)		0,3
Arsensäure und deren Salze		0,1 TRK
Arsenige Säure und Salze		0,1 TRK
Arsenwasserstoff	0,05	0,2
Asbest: siehe TRGS 519		
Atrazin		2
Azinphosmethyl (ISO)		0,2
Bariumverbindungen, lösliche		0,5
Baumwollstaub		1,5
p-Benzochinon	0,1	0,4
Benzol (Benzen)	1	3,2 TRK
Benzo(a)pyren		0,002 TRK
Beryllium und Verbindungen		0,002 TRK
Biphenyl	0,2	1
Bis(tributylzinn)oxid	0,002	0,05
Blei, auch z. T. in Verbindungen		0,1
Bleichromat (siehe Pb und Cr)		TRK
Bleitetraethyl		0,05
Bleitetramethyl		0,05
Boroxid		15
Bortrifluorid	1	3
Brom	0,1	0,7
Bromchlormethan	200	1050
2-Brom-2-chlor-1,1,1-trifluorethan	2	40
Bromtrifluormethan (R 13, B 1)	1000	6100
Bromwasserstoff	2	6,7
1,3-Butadien (Butadien)	5	11 TRK
Butan	1000	2350
i-Butan (2-Methylpropan)	1000	2350
1,4-Butandiol	50	200
1-Butanol	100	300
i-Butanol (2-Methyl-1-propanol)	100	300
2-Butanol	100	300
Butanon	200	600
Butanthiol	0,5	1,5
2-Butenal	0,34	1
2-Butoxy-ethanol	20	100
2-(2-Butoxyethoxy)ethanol		100
2-Butoxyethyl-acetat	20	135
n-Butylacetat	200	950
2-Butylacetat	200	950
i-Butylacetat	200	950
tert-Butylacetat	200	950
n-Butylacrylat	10	55
sec-Butylamin	5	15
i-Butylamin (2-Methyl-1-propanamin)	5	15
p-tert-Butylphenol	0,08	0,5
p-tert-Butyltoluol	10	60
Butyraldehyd (Butanal)	20	64
Cadmium und Verbindungen		0,015 TRK
Calciumcyanamid		1
Calciumdihydroxid		5
Calciumoxid		5
Calciumsulfat		6
Camphechlor		0,5
ε-Caprolactam (Dampf u. Staub)		5
Carbaryl		5
4,4′-Carbonimidoyl-bis (N,N-dimethylanilin)		0,08
4,4-Carbonimidoyl-bis (N,N-dimethylanilin), Salze		0,08
Carbonylchlorid	0,1	0,4

Gefahrstoffliste (Fortsetzung)

Grenzwerte (Fortsetzung)

Gefahrstoff	Grenzwert in ml/m³	Grenzwert in mg/m³
Chlor	0,5	1,5
p-Chloanilin	0,04	0,2 TRK
Chloracetaldehyd	1	3
Chlorbenzol	10	46
2-Chlor-1,3-butadien	5	18
1-Chlorbutan	25	95,5
Chlordan		0,5
1-Chlor-1,1-difluorethan (R 142b)	1000	4170
Chlordioxid	0,1	0,3
1-Chlor-2,3-epoxypropan	3	12 TRK
Chlorethan	9	25
2-Chlorethanol	1	3
Chlorfluormethan	0,5	1,4 TRK
Chlorierte Biphenyle (42 % Cl)	0,1	1
Chlorierte Biphenyle (54 % Cl)	0,05	0,5
Chloriertes Diphenyloxid		0,5
Chlormethan	50	105
5-Chlor-2-methyl-2,3-dihydroisothiazol-3-on und 2-Methyl-2,3-dihydroisothiazol-3-on (Gemisch im Verhältnis 3 : 1)		0,05
1-Chlor-4-nitrobenzol	0,075	0,5
1-Chlor-1-nitropropan	20	100
3-Chlorpropen	1	3
Chlortrifluorid	0,1	0,4
Chlortrifluormethan (R 13)	1000	4330
Chlorwasserstoff	5	7
Chrom(VI)-Verbindungen und Bleichromat (in Form von Stäuben/Aerosolen); ohne die in Wasser unlöslichen, wie z. B. Bariumchromat		0,05 TRK
Cobalt als Cobaltmetall, Cobaltoxid und Cobaltsulfid		0,1
Cristobalit		0,15
Cyanacrylsäuremethylester	2	8
Cyanamid		2
Cyanide (als CN berechnet)		5
Cyanwasserstoff	10	11
Cyclohexan	200	700
Cyclohexanol	50	200
Cyclohexanon	20	80
Cyclohexen	300	1015
Cyclohexylamin	10	40
1,3-Cyclopentadien	75	200
2,4-D (ISO), auch Salze und Ester		1
DDT (1,1,1-Trichlor-2,2-bis (4-chlorpehnyl)ethan)		1
Decaboran	0,05	0,3
Demeton	0,01	0,1
Demetonmethyl	0,5	5
3,3'-Diaminobenzidin und Salze	0,003	0,03
4,4'-Diaminodiphenylmethan		0,1 TRK
1,2-Diaminoethan	10	25
Diantimontrioxid		0,1
Diarsenpentaoxid		0,1 TRK
Diarsentrioxid		0,1 TRK
Dibenzodioxine und -furane, chlorierte		$5 \cdot 10^{-8}$ TRK
Dibenzoylperoxid		5
Diboran	0,1	0,1
Dibromdifluormethan	100	860
1,2-Dibromethan	0,1	0,8 TRK
Di-n-butylamin	5	29
3,3'-Dichlorbenzidin und Salze	0,003	0,03 TRK
1,2-Dichlorbenzol	50	300
1,4-Dichlorbenzol	50	300
1,4-Dichlorbut-2-en	0,01	0,05 TRK
2,2'-Dichlordiethylether	10	60
Dichlordifluormethan (R 12)	1000	5000
1,1-Dichlorethan	100	400
1,2-Dichlorethan	5	20 TRK
1,1-Dichlorethen	2	8
1,2-Dichlorethen (cis- und trans-)	200	790
Dichlorfluormethan (R 21)	10	43
Dichlormethan	100	360
2,2-Dichlor-4,4'-methylendianilin		0,02 TRK
1,1-Dichlor-1-nitroethan	10	60
2,2-Dichlorpropionsäure und Natriumsalz	1	6
1,2-Dichlor-1,1,2,2-tetrafluorethan (R 114)	1000	7000
α,α-Dichlortoluol	0,015	0,1
Dichlortoluol, Isomerengemisch, ringsubstituiert	5	30
2,4-Dichlortoluol	5	30
Dichlorvos (ISO)	0,1	1
Dieldrin (ISO)		0,25
Dieselmotor-Emissionen		0,2 TRK
Diethylamin	10	30
2-Diethylamino-ethanol	10	50
Diethylether (Ethoxyethan)	400	1200
Di-(2-ethylhexyl)-phthalat (DEHP)		10
Diethylsulfat	0,03	0,2 TRK
Diglycidylether	0,1	0,6
1,3-Dihydroxybenzol	10	45
1,4-Dihydroxybenzol		2
2,4-Diisocyanattoluol	0,01	0,07
2,6-Diisocyanattoluol	0,01	0,07
Di-isopropylether	500	2100
3,3'-Dimethoxybenzidin und Salze	0,003	0,03 TRK
Dimethoxymethan	1000	3100
N,N-Dimethylacetamid	10	35
Dimethylamin	2	4
N,N-Dimethylanilin	5	25
3,3'-Dimethylbenzidin und Salze	0,003	0,03 TRK
2,2-Dimethylbutan	200	700
2,3-Dimethylbutan	200	700
1,3-Dimethylbutylacetat	50	300
Dimethylether (Methoxymethan)	1000	1910
1,1-Dimethylethylamin	5	15
N,N-Dimethylformamid	10	30
2,6-Dimethylheptan-4-on	50	290
Dimethylnitrosamin		0,001 TRK
Dimethylpropan	1000	2950

6

Gefahrstoffliste (Fortsetzung)

Grenzwerte (Fortsetzung)

Gefahrstoff	Grenzwert in ml/m³	Grenzwert in mg/m³
Dimethylsulfamoylchlorid		0,1 TRK
Dimethylsulfat (Verwendung)	0,04	0,2 TRK
2,6-Dinitrotoluol	0,007	0,05 TRK
1,4-Dioxan	50	180
Diphenylether u. Diphenylether/ Biphenylmischung (Dampf)	1	7
Diphenylmethan-4,4'-diisocyanat	0,005	0,05
Diphosphorpentasulfid		1
Dipropylenglykolmonomethyl-ether (Isomerengemisch)	50	300
Dischwefeldichlorid	1	6
Distickstoffmonoxid	100	200
Disulfiram		2
DNOC		0,2
Eisen(II)-oxid und Eisen(III)-oxid		6
Eisenpentacarbonyl	0,1	0,8
Endrin (ISO)		0,1
1,2-Epoxypropan	2,5	6 TRK
2,3-Epoxy-1-propanol	50	150
Essigsäure (Ethansäure)	10	25
Essigsäureanhydrid	5	20
Ethandiol	10	26
Ethanol	1000	1900
Ethanthiol	0,5	1
2-Ethoxyethanol	5	19
2-Ethoxyethylacetat	5	27
Ethylacetat	400	1400
Ethylacrylat	5	20
Ethylamin	10	18
Ethylbenzol	100	440
Ethyldimethylamin	25	75
Ethylenimin	0,5	0,9 TRK
Ethylenoxid	1	2 TRK
Ethylformiat	100	300
2-Ethylhexylacrylat	10	82
O-Ethyl-o-4-nitrophenyl-phenylthiophosphonat		0,5
Fenthion (ISO)		0,2
Ferbam (ISO)		15
Ferrovanadium	1	
Fluor	0,10	0,2
Fluoride (als Fluor berechnet)		2,5
Fluoride und Fluorwasserstoff (bei gleichzeitigem Auftreten)		2,5
Fluorwasserstoff	3	2
Formaldehyd	0,5	0,6
Furfurylalkohol	10	40
2-Furylmethanal	5	20
Glutaraldehyd	0,2	0,8
Glycerintrinitrat	0,05	0,5
Glykoldinitrat	0,05	0,3
Graphit		6
Hafnium und Verbindungen		
Heptachlor (ISO)		0,5
Heptan (alle Isomeren)	500	2000
1,2,3,4,5,6-Hexachlorcyclo-hexan (techn. Gemisch aus α-HCH und β-HCH)		0,5

Gefahrstoff	Grenzwert in ml/m³	Grenzwert in mg/m³
Hexachlorethan	1	10
Hexamethylen-1,6-diisocyanat	0,005	0,035
n-Hexan	50	180
2-Hexanon	5	21
Holzstaub		2 TRK
Hydrazin	0,1	0,13 TRK
4-Hydroxy-4-methylpentan-2-on	50	240
Iod	0,1	1
3-Isocyanatmethyl-3,5,5-trime-thylcyclohexylisocyanat	0,01	0,09
Isopentan	1000	2950
Isopropenylbenzol	100	480
2-Isopropoxyethanol	5	22
Isopropylacetat	200	840
Isopropylbenzol	50	245
Kampfer	2	13
Keten	0,5	0,9
Kieselglas		0,3
Kieselgur, gebrannt und Kieselrauch		0,3
Kieselgur, ungebrannt		4
Kieselgut		0,3
Kieselsäuren, amorphe		4
Kohlenstoffdioxid	5000	9000
Kohlenstoffdisulfid	10	30
Kohlenstoffmonoxid	30	33
Kresol (o, m, p)	5	22
Künstliche Mineralfasern		500000 je m³ TRK
Kupfer		1
Kupfer-Rauch		0,1
Lindan		0,5
Lithiumhydrid		0,025
Magnesiumoxid		6
Magnesiumoxid-Rauch		6
Malathion (ISO)		15
Maleinsäureanhydrid	0,1	0,4
Mangan und Verbindungen		0,5
Methanol	200	260
Methanthiol	0,5	1
2-Methoxy-anilin	0,1	0,5 TRK
4-Methoxy-anilin	0,1	0,5
Methoxychlor (DMDT)		15
2-Methoxy-ethanol	5	15
2-Methoxy-ethylacetat	5	25
2-Methoxy-5-methylanilin		0,5 TRK
2-Methoxy-1-methylethylacetat	50	275
1-Methoxy-2-propanol	100	375
2-Methoxy-1-propanol	20	75
2-Methoxypropylacetat-1	20	110
Methylacetat	200	610
Methylacetylen (Methylethin)	1000	1650
Methylacrylat	5	18
Methylamin	10	12
N-Methylanilin	0,5	2
3-Methylbutanal	10	39
Methylcyclohexan	500	2000
Methylcyclohexanol, alle Isomeren	50	235

Gefahrstoffliste (Fortsetzung)

Grenzwerte (Fortsetzung)

Gefahrstoff	Grenzwert in ml/m³	Grenzwert in mg/m³
2-Methylcyclohexanon	50	230
Methylformiat	50	120
Methyliodid	0,3	2
Methylisocyanat	0,01	0,024
Methylmethacrylat	50	210
2-Methylpentan	200	700
3-Methylpentan	200	700
4-Methylpentan-2-ol	25	100
4-Methylpentan-2-on	20	83
4-Methylpent-3-en-2-on	25	100
4-Methyl-m-phenylendiamin		0,1 TRK
2-Methylpropan-2-ol	100	300
N-Methyl-2-pyrrolidon (Dampf)	20	80
Methylquecksilber		0,01
Methylstyrol (alle Isomeren)	100	480
N-Methyl-2,4,6-N-tetranitroanilin		1,5
Mevinphos (ISO)	0,01	0,1
Molybdänverbindungen, lösliche (als Mo berechnet)		5
Molybdänverbindungen, unlösliche (als Mo berechnet)		15
Monochlordifluormethan (R 22)	500	1800
Morpholin	20	70
Naled (ISO)		3
Naphthalin	10	50
1-Naphthylamin	0,17	1
Naphthylen-1,5-diisocyanat	0,01	0,09
Natriumazid		0,2
Natriumfluoracetat		0,05
Natriumhydroxid		2
Nickel als Nickelmetall, Nickelcarbonat, Nickeloxid, Nickelsulfid und sulfidische Erze		0,5 TRK
Nickelverbindungen in Form atembarer Tröpfchen		0,05 TRK
Nicotin	0,07	0,5
4-Nitroanilin	1	6
Nitrobenzol	1	5
Nitroethan	100	310
NItromethan	100	250
2-Nitronaphthalin	0,035	0,25 TRK
1-Nitropropan	25	90
2-Nitropropan	5	18 TRK
N-Nitrosodi-n-butylamin		0,001 TRK
N-Nitrosodiethanolamin		0,001 TRK
N-Nitrosodiethylamin		0,001 TRK
N-Nitrosodimethylamin		0,001 TRK
N-Nitrosodi-i-propylamin		0,001 TRK
N-Nitrosodi-n-propylamin		0,001 TRK
N-Nitrosomethylethylamin		0,001 TRK
N-Nitrosomorpholin		0,001 TRK
N-Nitrosopiperidin		0,001 TRK
N-Nitrosopyrrolidin		0,001 TRK
2-Nitrotoluol	0,1	0,5 TRK
3-Nitrotoluol	5	30
4-Nitrotoluol	5	30
Octan (alle Isomeren)	500	2350

Gefahrstoff	Grenzwert in ml/m³	Grenzwert in mg/m³
Osmiumtetraoxid	0,0002	0,002
Oxalsäure (Ethandisäure)		1
Oxalsäuredinitril	10	22
Ozon	0,1	0,2
Paraquatdichlorid		0,1
Parathion (ISO)		0,1
Pentaboran	0,005	0,01
Pentachlorethan	5	40
pentachlornaphthalin		0,5
n-Pentan	1000	2950
Pentan-2-on	200	00
Pentylacetat (alle Isomeren)	50	270
Phenol (Hydroxybenzol)	5	19
p-Phenylendiamin		0,1
Phenylhydrazin	5	22
Phenylisocyanat	0,01	0,05
Phosphoroxidchlorid	0,2	1
Phosphorpentachlorid		1
Phosphorpentoxid		1
Phosphortrichlorid	0,5	3
Phosphorwasserstoff	0,1	0,15
Phthalsäureanhydrid		1
Platin (Metall)		1
Platinverbindungen (als Pt berechnet)		0,002
Polyvinylchlorid		5
Portlandzement (Staub)		5
Propan	1000	1800
2-Propanol	400	980
2-Propin-2-ol	2	5
Propionsäure (Propansäure)	10	30
Propoxur (ISO)		2
Propylacetat	200	840
Propylenglykoldinitrat	0,05	0,3
n-Propylnitrat	25	110
Pyrethrum		5
Pyridin (Azin)	5	15
Quarz		0,15
Quecksilber	0,01	0,1
Quecksilberverbindungen, org.		0,01
Rotenon		5
Salpetersäure	2	5
Schwefeldioxid	2	5
Schwefelhexafluorid	1000	6000
Schwefelpentafluorid	0,025	0,25
Schwefelsäure		1
Schwefelwasserstoff	10	15
Selenverbindungen		0,1
Selenwasserstoff	0,05	0,2
Silber, lösl. Silberverbindungen		0,01
Siliciumcarbid (faserfrei)		4
Stickstoffdioxid	5	9
Stickstoffmonoxid	25	30
Stickstoffwasserstoffsäure	0,1	0,18
Strychnin		0,15
Styrol (Phenylethen)	20	85
Sulfotep (ISO)	0,015	0,2
2,4,5-T (ISO)		10
Talk (asbestfaserfrei)		2

Gefahrstoffliste (Fortsetzung)

Grenzwerte (Fortsetzung)

Gefahrstoff	Grenzwert in ml/m³	Grenzwert in mg/m³	Gefahrstoff	Grenzwert in ml/m³	Grenzwert in mg/m³
Tantal		5	2,3,4-Trichlor-1-buten	0,005	0,035 TRK
Tellur und Tellurverbindungen		0,1	1,1,1-Trichlorethan	200	1080
TEPP (ISO)	0,005	0,05	1,1,2-Trichlorethan	10	55
Terpentinöl	100	560	Trichlorfluormethan (R 11)	1000	5600
1,1,2,2-Tetrabromethan	1	14	Trichlormethan	10	50
1,1,2,2-Tetrachlor-1,2-difluorethan (R 112)	200	1690	Trichlornaphthalin		5
			Trichlornitromethan	0,1	0,7
1,1,1,2-Tetrachlor-2,2-difluorethan (R 112a)	1000	8340	Trichlorethylen (Trichlorethen)	50	270
			1,1,2-Trichlor-1,2,2-trifluorethan (R 113)	500	3800
1,1,2,2-Tetrachlorethan	1	7			
Tetrachlorethen	50	345	Triethylamin	10	40
Tetrachlormethan	10	65	Trimangantetroxid		1
Tetraethylsilikat	20	170	Trimellitsäureanhydrid (Rauch)		0,04
Tetrahydrofuran (Oxolan)	200	590	2,4,5-Trimethylanilin		1
3a,4,7,7a-Tetrahydro-4,7-methanoinden	0,5	3	3,5,5-Trimethyl-2-cyclohexen-1-on	2	11
Tetramethylsuccinnitril	0,5	3	2,4,6-Trinitrophenol		0,1
Tetraphosphor		0,1	2,4,6-Trinitrotoluol (und Isomeren in techn. Gemischen)	0,01	0,1
Thalliumverbindungen, lösliche		0,1			
Thiram		5	Uranverbindungen		0,25
Titandioxid		6	Vanadiumpentoxid		0,05
o-Toluidin und Salze		0,5 TRK	Vinylacetat	10	35
p-Toluidin	0,2	1	Vinylchlorid	2	5 TRK
Toluol (Methylbenzol)	50	190	N-Vinyl-2-pyrrolidon	0,1	0,5
Tri-n-butylzinnverbindungen (als TBTO)	0,002	0,05	Warfarin	0,5	
			Wasserstoffperoxid	1	1,4
Tributylzinnbenzoat	0,002	0,05	Xylidin (alle Isomeren)	5	25

BAT-Wert:

BAT-Werte sind Grenzwerte im Körper des Menschen, deren Einhaltung i.a. die Beeinträchtigung der Gesundheit eines Arbeitnehmers ausschließt.

BAT (Biologischer Arbeitsplatztoleranzwert): Konzentration eines Stoffes oder seines Umwandlungsproduktes im Körper oder die dadurch ausgelöste Abweichung eines biologischen Indikators, von seiner Norm, bei der im Allgemeinen die Gesundheit der Arbeitnehmer nicht beeinträchtigt wird (§ 3 Abs. 6 GefStoffV).

Die Werte beziehen sich wie die MAK- und TRK-Werte auf eine Stoffbelastung von max. 8 h täglich 40 h je Woche.

Die Liste der BAT-Werte enthält folgende Stoffe:

6

Aceton
Acetylcholinesterase-Hemmer
Aluminium
Anilin
Blei
Bleitetraethyl
Bleitetramethyl
2-Brom-2-chlor-1,1,1-trifluorethan (Halothan)
2-Butanon (Ethylmethylketon)
2-Butoxyethanol
2-Butoxyethylacetat
p-tert.-Butylphenol (PTBP)
Chlorbenzol
1,4-Dichlorbenzol
Dichlormethan
N,N-Dimethylformamid
Diphenylmethan-4,4′-diisocyanat
2-Ethoxyethanol
2-Ethoxyethylacetat
Ethylbenzol
Ethylenglycoldinitrat
Fluorwasserstoff und anorganische Fluorverbindungen (Fluoride)
Glycerintrinitrat
Hexachlorbenzol
n-Hexan
2-Hexanon (Methyl-n-butylketon)
Kohlenstoffdisulfid (Schwefelkohlenstoff)
Kohlenstoffmonoxid
Lindan (γ-1,2,3,4,5,6-Hexachlorcyclohexan)
Methanol
4-Methylpentan-2-on (Methylisobutylketon)
Nitrobenzol
Parathion
Phenol
2-Propanol
Quecksilber, metallisches u. anorganische Quecksilberverbindungen
Quecksilber, organische Quecksilberverbindungen
Styrol
Tetrachlorethylen (Tetrachlorethen, Perchlorethylen)
Tetrachlormethan (Tetrachlorkohlenstoff)
Tetrahydrofuran
Toluol
1,1,1-Trichlorethan (Methylchloroform)
Trichlorethylen (Trichlorethen)
Vanadiumpentoxid
Xylol (alle Isomeren)

Flammpunkte, Explosionsgrenzen und Zündtemperaturen

Definitionen: **Kältemittel:** s. Seiten 307 bis 309

Flammpunkt: Niedrigste Temperatur einer Flüssigkeit in °C, bei der diese gerade soviel Dämpfe entwickelt, dass eine **Zündung mit einer Zündquelle hoher Temperatur möglich** ist.

Explosionsgrenze: Bereich des Gehaltes der Substanz-Luft-Mischung in Volumenanteil φ (in %) oder Masse Substanz/Luftvolumen (in g/m^3), in dem sich **nach einer Zündung die Verbrennung ohne äußere Energie- oder Luftzufuhr selbsttätig fortpflanzt** (bezogen auf einen Anfangszustand des Gemisches von p = 1013,25 hPa und ϑ = 20 °C).

Zündtemperatur: Niedrigste Temperatur in °C, bei der sich das zündwillige Substanz-Luft-Gemisch **gerade noch nicht von selbst entzündet.**

Sicherheitsdaten ausgewählter chemischer Verbindungen

Verbindung	Flammpunkt in °C	Gruppe Gefahrklasse (VbF)	Explosionsgrenzen φ in % untere	Explosionsgrenzen φ in % obere	Explosionsgrenzen in g/m^3 untere	Explosionsgrenzen in g/m^3 obere	Zündtemperatur in °C
Acetaldehyd (Ethanal)	– 27	B	4,0	57,0	73	104	140
Aceton (Dimethylketon, Propanon)	– 20	B	2,0	12,0	50	300	400
Acetonitril (Ethannitril)	5	B	4,4	1,6			525
Acetylchlorid	5	A I					
Acetylen (Ethin)			2,3	82,0	25	880	305
Acrolein (Propenal)	– 29	A I	2,8	31,0	75	730	305
Acrylnitril (Acrylsäurenitril, Vinylcyanid)	– 5	A I					
Acrylsäure (Propensäure)	54		5,3	26,0			374
Allylacetat (Essigsäure-allylester)	– 11	A I					
Allylalkohol (1-Propyl-3-ol)	21	B					
Allylchlorid (3-Chlor-1-propen)	– 29	A I					
Aluminium					43		773
Ameisensäure (Methansäure)			14,0	33,0			520
Ammoniak			15,4	33,6	108	240	630
Anilin (Aminobenzol)	76	A III	1,2	11	48	425	630
Anthracen	121		0,6		45		540
Benzaldehyd (Bittermandelöl)	64	A III	1,4		60		190
Benzol	– 11	A I	1,2	8,0	39	270	555
1,2-Benzoldicarbonsäure-anhydrid	152		1,7	10,5	100	650	580
Bromethan			6,7	11,3	300	510	510
Brommethan	< – 30		13,5	14,5	530	580	540
1,3-Butadien			1,4	16,3	31	365	415
Butan (n-Butan)			1,4	9,3	33	225	365
Butanal (Butyraldehyd)	– 6	A I	1,4	12,5	42	380	230
1-Butanol (n-Butanol)	30	A II	1,4	11,3	43	350	340
2-Butanol	23	A II					390
2-Butanon (Ethylmethylketon)	– 1	A I	1,8	11,5	50	350	505
1-Buten (1-Butylen)			1,6	10	37	235	440
2-Buten (2-Butylen)			≈ 1,7	≈ 9,7			
Buttersäure (Butansäure)	67		2,0	10,0			440
Buttersäureanhydrid (Butansäureanhydrid)	82	A III					307
n-Butylacetat	22	A II	1,2	7,5			360
d-Campher	66		0,6	≈ 4,5	38	≈ 280	460
Chlorbenzol (Benzylchlorid)	28	A II	1,3	11	60	520	590
1-Chlorbutan	– 6	A I	1,0	10,1			460
1-Chlorpentan (Amylchlorid)	3	A I	1,4	8,6			220
1-Chlorpropan (Propylchlorid)	– 18	A I	2,6	10,7			520
Crotonaldehyd (Buten-2-al)	8	A I	2,1	15,5			230

Sicherheitsdaten

Flammpunkte, Explosionsgrenzen und Zündtemperaturen (Fortsetzung)

Sicherheitsdaten ausgewählter chemischer Verbindungen (Fortsetzung)

Verbindung	Flammpunkt in °C	Gruppe Gefahrklasse (VbF)	Explosionsgrenzen φ in % untere	obere	in g/m^3 untere	obere	Zündtemperatur in °C
Cumol (Isopropylbenzol)	34	A II	0,8	6,5			420
Cyanwasserstoff (Blausäure)	< – 20		5,4	46,6	60	520	535
Cyclohexan	– 26	A I	1,2	8,3	45	290	260
Cyclohexanol	68	A III	2,4	11,2			290
Cyclohexanon	43	A II	1,3	9,4	53	380	420
Cyclooctadien	35	A II					270
1,3-Cyclopentadien	– 3	A I					640
Cyclopentan	– 51	A I					380
Cyclopenten	– 29	A I					
Decahydronaphthalin (cis-Decalin)	54	A III	0,7	4,9			255
n-Decan	46	A II	0,7	5,4			205
1,2-Dichlorbenzol (o-Dichlorbenzol)	66	A III	2,2	12			640
1,3-Dichlorbenzol (m-Dichlorbenzol)	65	A III					
1,4-Dichlorbenzol (p-Dichlorbenzol)	66	A III					
Dichlordimethylsilan	– 12	A I	5,5	10,4			425
1,2-Dichlorethan	13	A I	6,2	16,0			440
trans-1,2-Dichlorethen	3	A I	9,7	12,8			440
Dichlormethylphenylsilan	72	A III	0,2	8,6			400
Dicyan (Cyan)			3,9	36,6	84	790	
Diethylether (Ethylether, Ether)	– 40	A I	1,7	48			170
Diisopropylether (Isopropylether, i-Propylether)	– 22	A I	1	21			405
Dimethylether (Methylether)			2,7	32	51	610	235
N,N-Dimethylformamid (Ameisensäuredimethylamid)	59		2,2	16			440
Dimethylphosphit	96	A III					
2,2-Dimethyl-1-propanol	28	A II	1,2	8,0			430
Dimethylsulfat (Methylsulfat)	83	A III	3,6	23,2			470
1,4-Dioxan (Diethylendioxid)	11	B	1,9	22,5	70	820	375
1,3-Dioxolan –	4	B					
Divinylether (Vinylether)	< – 20	A I	1,7	36,5	50	1060	360
Epichlorhydrin (1-Chlor-2,3-Epoxypropan)	40	A II	2,3	34,4			385
Essigsäure (Eisessig)	40		4,0	17	100	430	485
Essigsäureanhydrid (Ethansäureanhydrid)	49	A II	2,0	10,2	85	430	330
Ethan			2,7	14,7	33	185	515
1,2-Ethandiol (Glykol)	111		3,2		80		410
Ethanol (Ethylalkohol)	12	B	3,5	15,0	67	290	425
Ethanolamin	93		2,5	13,1			410
Ethanthiol (Ethylmercaptan)	– 45	A I	2,8	18,2			295
Ethylacetat (Essigsäureethylester, Essigester)	– 4	A I	2,1	11,5	75	420	430
Ethylbenzol	15	A I	1,0	7,8			430
Ethylbromid (Bromethan)			6,7	11,3	300	510	510
Ethylchlorid (Chlorethan)	– 50		3,6	14,8	95	400	510
Ethylen (Ethen)			2,3	32,4	26	380	425
Ethylenchlorid (1,2-Dichlorethan)	13	A I	6,2	16	250	660	440
Ethylendiamin	34		2,7	16,6			385
Ethylenglykol (Glykol)	111		3,2				410

6

Flammpunkte, Explosionsgrenzen und Zündtemperaturen (Fortsetzung)

Sicherheitsdaten ausgewählter chemischer Verbindungen (Fortsetzung)

Verbindung	Flammpunkt in °C	Gruppe Gefahrklasse (VbF)	Explosionsgrenzen φ in % untere	Explosionsgrenzen φ in % obere	Explosionsgrenzen in g/m³ untere	Explosionsgrenzen in g/m³ obere	Zündtemperatur in °C
Ethylenoxid (Oxiran)	– 30		2,6	100	47	1820	440
Ethylmethylketon (2-Butanon)	–1	A I	1,8	11,5			505
Furan	– 50	A I	2,3	14,3			390
Furfurol (Furfural)	60	A III					
Glycerin (Propantriol)[1]	160 – 176[2]		0,9 – 2,6[2]	11,3			400 – 429[2]
n-Heptan	– 4	A I	1,1	6,7			220
1-Hexanol	60	A III	1,2	7,7			292
1-Hexen	– 20	A I	1,2	6,9			265
Hydrazin	< – 20		1,0	9,7	28	275	220
Hydrazinhydrat (100 %)	75	A III	3,4				280
Hydrazinhydratlösung (80 %)	91	A III					310
4-Hydroxy-4-methyl-2-pentanon	58		1,8	6,9			640
Isoamylacetat (Essigsäure-i-amylester	25	A II	1,0	9,0			380
Isoamylalkohol	42	A II	1,2	8,0			340
Isobutanol (2-Methyl-1-propanol, Isobutylalkohol)	29	A II	1,7	10,9			430
Isobuttersäure	55	A III					500
Isobutylmethylketon	16	A I	1,2	8,0	50	330	460
Isobutyraldehyd (2-Methylpropionaldehyd)	– 25	A I	1,6	10,6			165
Isooctan	– 12	A I	1,1	6,0			418
Isopren (2-Methyl-1,3-butadien)	– 48	A I	1,0	9,7			220
Isopropanol (2-Propanol, Isopropylalkohol)	12	B	2,0	12,0	50	300	425
Isopropylacetat	6	A I	1,8	8,0			460
m-Kresol (3-Methylphenol, 3-Hydroxytoluol)	73	A III	1,0				555
o-Kresol (2-Methylphenol, 2-Hydroxytoluol)	73	A III	1,3				555
Mesitylen (1,3,5-Trimethylbenzol)	54	A II	1,0	6,0			550
Mesityloxid (4-Methyl-3-penten-2-on)	26	A II					340
Methacrylsäure (2-Methylpropensäure)	70	A III	1,6	8,7			370
Methan			4,4	16,5	29	110	595
Methanol (Methylalkohol)	11	B	5,5	44	73	590	455
Methylacetat – (Essigsäuremethylester)	13	A I	3,1	16,0	95	500	475
Methylbromid (Brommethan, Monobrommethan)			8,6	20,0	335	790	535
Methylbenzoat (Benzoesäuremethylester)	83	A III	8,6	20,0			518
Methylchlorid (Chlormethan, Chlormethyl)			7,1	19,0			625
Methylenchlorid (Dichlormethan)			13,0	25,0			605
Methylethylketon (2-Butanon)	– 1	A I	1,8	11,5	50	350	505
2-Methyl-5-ethylpyridin	74	A III					
Methylmethacrylat (Methacrylsäuremethylester)	8	A I	1,7	12,5			430

[1] $w(C_3H_8O_3) > 99$ %   [2] je nach Wassergehalt

Flammpunkte, Explosionsgrenzen und Zündtemperaturen (Fortsetzung)

Sicherheitsdaten ausgewählter chemischer Verbindungen (Fortsetzung)

Verbindung	Flammpunkt in °C	Gruppe Gefahrklasse (VbF)	Explosionsgrenzen φ in % untere	Explosionsgrenzen φ in % obere	Explosionsgrenzen in g/m³ untere	Explosionsgrenzen in g/m³ obere	Zünd-temperatur in °C
4-Methyl-2-pentanol	54	A II	1,0	5,5			
1-Methyl-2-pyrrolidon	95		1,3	9,5			269
Naphthalin	79		0,9	5,9	45	320	540
Nitrobenzol (Mononitrobenzol)	88	A III	1,8	40			480
Nitromethan	36	A II	7,1	63	180	1600	415
Nonan	31	A II	0,7	5,6	30	300	235
Octan	13	A I	0,8	6,0	35	280	240
Paraldehyd	27	A II	1,3	1,7			235
Pentan (n-Pentan)	– 40	A I	1,35	8,0	41	240	285
1-Pentanol	33	A II	1,3	8,0	43	224	285
1-Penten	–18	A I	1,4	8,7			290
Phenol (Hydroxybenzol, Carbolsäure)	79		1,7	8,6			605
Phenylacetat (Essigsäure-phenylester)	94	A III					
Phenylhydrazin	89	A III					174
Phthalsäureanhydrid	152		1,7	10,5	100	650	580
Piperidin	16	B	1,5	10,3			320
Propan			1,7	10,9	31	200	470
Propanal (Propionaldehyd)	– 40	A I	2,3	21			207
1-Propanol (n-Propylalkohol)							
– rein	15	B	2,5	18	60	490	380
– technisch	22		2,1	17,5	50	440	405
Propen (Propylen)			2,0	11,7			455
Propionsäure	49		2,1	12			485
Propionsäureanhydrid	64	A III					
Propionsäurechlorid	6	A I	3,6	11,9			270
Propylacetat (Essigsäure-propylester)	10	A I	1,7	8,0	70	340	430
1,2-Propylenoxid (1,2-Epoxy-propan, Methyloxiran)	– 37	A I	1,9	4			430
Pyridin (Azin, Azobenzol)	17	B	1,7	10,6			550
Pyrrolidin (Tetrahydropyrrol)	3	B	1,6	10,6			345
Schwefelkohlenstoff (Kohlenstoffdisulfid, Hydrogensulfid)	– 30	A I	0,6	60	19	1900	95
Schwefelwasserstoff			4,3	45,5	60	650	270
Styrol (Vinylbenzol)	31	A II	1,1	8,0			490
Tetrahydrofuran (Oxolan)	– 20	B	1,5	12			230
1,2,3,4-Tetrahydronaphthalin (Tetralin)	78	A III	0,8	5,0	45	275	384
Toluol (Methylbenzol)	6	A I	1,2	7,8	46	300	535
Trichlorethylen (1,1,2-Trichlorethen)			7,9	90			410
1,2,3-Trichlorpropan	74	A III	3,2	12,6	190	770	
1,2,4-Trimethylbenzol (Pseudocumol)	48	A II					
Vinylacetat (Essigsäure-vinylester)	– 8	A I	2,6	13,4			425
Vinylchlorid (Chlorethen)			3,8	31,0	95	805	415
Vinylidenchlorid (1,1-Dichlor-ethen, 1,1-Dichlorethylen)	– 10	A I	8,4	16,5			520
Wasserstoff			4,0	77	3,3	65	560
m-Xylol (1,3-Dimethylbenzol)	25	A II	1,0	7,6			465
o-Xylol (1,2-Dimethylbenzol)	29	A II	1,0	7,6			465
p-Xylol (1,4-Dimethylbenzol)	26	A II	1,0	7,6			525

Dämm- und Sperrstoffe

Auswahlkriterien, Übersicht

Auswahlkriterien	Bedeutung
Rohdichte ϱ	→ Dichte. Dies ist die Dichte ϱ des Dämmstoffes in kg/m³, d.h. Dichte unter Berücksichtigung des Porenanteiles.
Wärmeleitzahl λ	→ Wärmetransport
Wasserdampfdiffusions-widerstandsfaktor μ	→ Diffusion
Festigkeit	→ Zug- und Druckspannung
Stauchverhalten	→ Dehnung und Verlängerung. **DIN 53421** und **VDI-Richtlinie 2055** lassen eine **maximale Stauchung von 10%** zu → Berechnung von Dämmkonstruktionen.
Kältekontraktion	→ Wärmeausdehnung
Brandverhalten	(s. folgende Tabelle)

Baustoffklassen (Brandverhalten) (nach DIN 4102-1, 05.98)

Klasse		Benennung		Hinweise (→ Zündtemperaturen)
A	A1 A2	nicht brennbare Baustoffe wie Beton, Stahl, Gips, Ziegel. Bei A2 muss ein Nachweis erbracht werden.		Baustoffe der Klassen A1, A2, B1 bedürfen i.d.R. eines Prüfzeichens. Für Lüftungsleitungen nur A1, A2
B	B1 B2 B3	schwer entflammbar normal entflammbar leicht entflammbar	brennbar	Klasse B1 darf nur innerhalb eines Brandabschnittes verwendet werden.

Mehr oder weniger verwendete Dämmstoffe

Stoff	Wärmeleitfähigkeit λ in W/(m · K) bei einer Mitteltemperatur von 20 °C	Rohdichte ϱ in kg/m³
organisch:		
Baumwolle	0,04	80
Holzfaserplatten (hart)	0,17	1000
Holzfaserplatten (porös)	0,06	300
Holzwolleplatten	0,09	400
Korkplatten	0,035 ··· 0,04	80 ··· 200
Pappe	0,07	700
Phenol-Schaumstoff	0,035	25
Polystyrol-Hartschaum	0,025 ··· 0,04	20 ··· 30
Polyurethan-Hartschaum	0,02 ··· 0,035	40 ··· 70
Schafwolle	0,04	140
Schilfrohr	0,06	220
Zellulosefasern	0,04 ··· 0,045	35 ··· 65
anorganisch:		
Glaswolle	0,035 ··· 0,05	60 ··· 200
Keramikwolle	0,035 ··· 0,14	50 ··· 190
Kieselgur	0,06 ··· 0,07	200
Perlit-Schüttung	0,06	100
Schaumglas	0,045 ··· 0,055	100 ··· 160
Steinwolle	0,035 ··· 0,05	60 ··· 200

6

Dämmstoffe für den praktischen Wärmeschutz bzw. Kälteschutz

Wärmeschutz: Objekttemperatur ist größer als die Umgebungstemperatur.
Kälteschutz: Objekttemperatur ist kleiner als die Umgebungstemperatur.

SK Dämm- und Sperrstoffe

Dämmstoffe für den praktischen Wärmeschutz bzw. Kälteschutz (Fortsetzung)

Dämmstoffkennziffer (nach Arbeitsgemeinschaft Industriebau = AGI-Arbeitsblätter)

Dämmstoffe für betriebstechnische Anlagen werden mit einer **zehnstelligen Kennziffer** bezeichnet. Folgende Tabelle zeigt eine Auswahl:

1. und 2. Kennziffer: Dämmstoffart

Ziffern-gruppe	Bedeutung	AGI-Arbeitsblatt
11	Glaswolle	Q 132
12	Steinwolle	Q 132
13	Schlackenwolle	Q 132
21	Polystyrol (PS)-Partikelschaum	Q 133-1
22	Extrudierter Polystyrolhartschaum (XPS)	Q 133-2
23	Polyurethan (PUR)-Hartschaum	Q 133-3
31	Polyethylen (PE)-Schaumstoff (halbhart)	Q 134
36	Schaumstoff aus vernetztem Elastomer (Weichschaum, z. B. Armaflex)	Q 143
40	Schaumglas	Q 137
50	Kork	Q 139
51	Backkork	Q 139
52	imprägnierter Kork	Q 139
61	Blähperlit	Q 141
70	Calciumsilikat	Q 142

3. und 4. Kennziffer: Lieferform

Ziffern-gruppe	Bedeutung	Ziffern-gruppe	Bedeutung
01	Bahnen	11	Segmentplatten/Bögen
04	Filze	12	Schläuche/Rohrschalen
05	Lamellenmatten	13	Formteile
06	Matten, versteppt	20	Körnung 0 bis 1 mm
07	Platten	21	Körnung 0 bis 1,5 mm
08	Schalen	22	Körnung 0 bis 3 mm
09	Segmente	99	sonstige

5. und 6. Kennziffer: Wärmeleitfähigkeit

In den o.g. AGI-Arbeitsblättern erfolgt der Hinweis auf die Einflussparameter, z. B. die **Rohdichte** ϱ (geringfügig) → Rohdichte und Wärmeleitfähigkeit (Seite 298) und die **Mitteltemperatur** ϑ_m (starke Temperaturabhängigkeit entsprechend folgendem Beispiel)

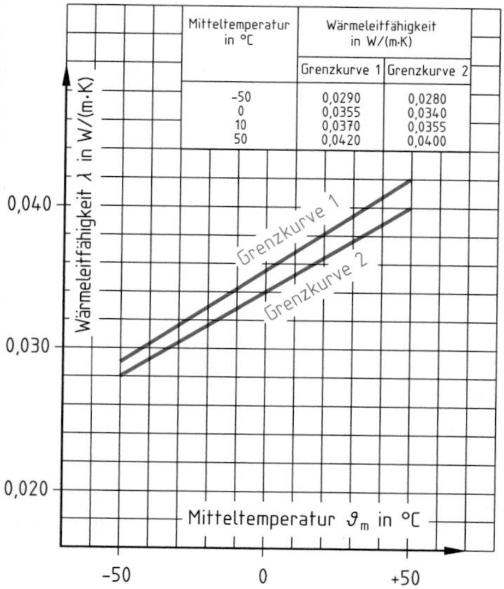

Mitteltemperatur in °C	Wärmeleitfähigkeit in W/(m·K)	
	Grenzkurve 1	Grenzkurve 2
-50	0,0290	0,0280
0	0,0355	0,0340
10	0,0370	0,0355
50	0,0420	0,0400

Beispiel: Polystyrol (PS)-Partikelschaum (AGI-Arbeitsblatt Q 133-1)

↓

Ziffern-gruppe	Bedeutung (s. nebenstehendes Bild)
10	Grenzkurve 1, Rohdichte $\geq 20\ kg/m^3$
11	Grenzkurve 2, Rohdichte $\geq 30\ kg/m^3$

Anmerkungen:

1. Die Zuordnung der Wärmeleitfähigkeit λ erfolgt bei allen anderen Dämmstoffen entsprechend obigem Beispiel, d. h. **Grenzkurven in den oben zugeordneten AGI-Arbeitsblättern sind zu beachten**.

2. Der Hersteller garantiert – wenn dies gewünscht wird – Wärmeleitzahl und andere Stoffwerte.

Aus nebenstehendem Bild ist die bei allen Dämmstoffen vorhandene Tendenz erkennbar:

Die Wärmeleitfähigkeit von Dämmstoffen nimmt bei zunehmender Temperatur stark zu.

6

Dämmstoffe für den praktischen Wärmeschutz bzw. Kälteschutz (Fortsetzung)

7. und 8. Kennziffer: Klassifizierungstemperatur (obere Anwendungstemperatur in °C) – AGI-Arbeitsblätter

Q 132 Gruppe	°C	Q 133-3 Gruppe	°C	Q 137 Gruppe	°C	Q 141 Gruppe	°C	Q 143 Gruppe	°C
10	100	07	70	10	100	30	300	01	80
12	120	08	80	15	150	35	350	02	85
14	140	09	90	20	200	40	400	03	90
16	160	10	100	25	250	45	450	04	95
:	:			30	300	50	500	05	100
72	720			35	350	55	550	06	105
74	740			40	400	60	600		
76	760			43	430	65	650		
				50	500	70	700		
				55	550	75	750		
				60	600				

Q 133-1 Gruppe	°C	Q 133-2 Gruppe	°C
07	70	07	70
08	80	08	80

Q 134 Gruppe	°C	Q 139 Gruppe	°C	Q 142 Gruppe	°C
01	80	05	50	07	700
02	85	06	60	08	800
03	90	07	70	09	900
04	95	08	80	10	1000
05	100	09	90	50	1050
06	105	10	100		
07	110	11	110		
08	115	12	120		
09	120	13	130		
10	125	14	140		
		15	150		

9. und 10. Kennziffer	**Rohdichte** in kg/m^3	**Druckspannung** bei 10% Stauchung in N/mm^2	**Druckfestigkeit** in N/mm^2	**Nennschüttdichte** in kg/m^3	**Druckspannung** bei 5% Stauchung in N/mm^2
bei AGI-Arbeitsblatt	Q 132, Q 133-1, Q 133-3, Q 134, Q 139, Q 143	Q 133-2	Q 137	Q 141	Q 142

9. und 10. Kennziffer kann also Rohdichte, Druckspannung, Druckfestigkeit, Nennschüttdichte bedeuten!

Rohdichte: **Unterschiedlich in den einzelnen AGI-Arbeitsblättern!** z.B. bei Q 132: 0,2 ≙ 20 kg/m^3 oder Q 133-1: 20 ≥ 20 kg/m^3

Q 133-2 Gruppe	$\frac{N}{mm^2}$	Q 137 Gruppe	$\frac{N}{mm^2}$	Q 141 Gruppe	$\frac{kg}{m^3}$	Q 142 Gruppe	$\frac{N}{mm^2}$
20	0,20	05	0,5	45	45	05	0,5
25	0,25	06	0,6	65	65	10	1,0
30	0,30	07	0,7	80	80	15	1,5
40	0,40	08	0,8				
50	0,50	09	0,9				
etc.		10	1,0				
		11	1,1				
		12	1,2				

B **12.06.01.56.10:** Bezeichnung eines Mineraldämmstoffes aus Steinwolle als versteppte Matte, Wärmeleitfähigkeitskurve 1, Klassifizierungstemperatur 560 °C, Rohdichte 100 kg/m^3.

61.21.02.75.65: Bezeichnung eines Dämmstoffes aus Blähperlit-Körnung 0 bis 1,5 mm, Wärmeleitfähigkeitskurve Bild 2, obere Anwendungstemperatur 750 °C, Schüttdichte 65 kg/m^3.

Wasserdampfdiffusionswiderstandsfaktor (-widerstandszahl) μ (→ Diffusion)

Dämmstoff	μ-Wert
Polystyrol-Schaumstoff (aus Granulat)	20 ··· 100
Polystyrol-Schaumstoff (extrudiert)	80 ··· 300
Polyurethan-Schaumstoff	30 ··· 100
PVC-Schaumstoff	160 ··· 330
Phenolharzschaumstoff	30 ··· 50
Schaumglas	praktisch ∞
Faserdämmstoffe	1,5 ··· 4,5

Herstellerangaben unbedingt beachten, evtl. mit Gewährleistung!

Dämmstoffe für den praktischen Wärmeschutz bzw. Kälteschutz (Fortsetzung)

Anhaltswerte (nach AGI-Arbeitsblatt Q 03, 06.89)

Dämmstoff	AGI-Arbeitsblatt	Rohdichte ϱ kg/m³	Wärmeleitfähigkeit λ bei (ϑ_m) W/(m · K)	Anwendungstemperatur °C	Brandverhalten nach DIN 4102	Lieferform: Bahnen Matten	Platten	Schalen	Formstücke	lose Wolle	Zöpfe	Korn Pulver	Bemerkungen (Herstellerangaben beachten, ggf. Gewährleistung!)
Wärmedämmungen:													
Mineralwolle	Q 132	80 ··· 180	0,044 (100 °C) 0,061 (200 °C)	Steinwolle 600	A 1/A 2 B 1	●	●	●	●	●	●		Anwendungstemperatur von ϱ abhängig
Keramische Wolle	–	100 ··· 200	0,07 (200 °C) 0,10 (400 °C)	1200	A 1	●	●	●	●	●	●		Anwendungstemperatur von ϱ abhängig
Schaumglas	Q137	100 ··· 160	0,07 (100 °C) 0,095 (200 °C)	430	A 1		●	●	●				
Calciumsilikat	Q142	200 ··· 300	0,077 (200 °C) 0,105 (400 °C)	700	A 1		●	●	●				
Perlite	Q141	40 ··· 125	0,079 (200 °C) 0,143 (400 °C)	750	A 1							●	
Kältedämmungen:													
Polystyrol-Partikelschaum	Q133-1	20	0,036	− 30 ··· + 80	B1/B2	●	●	●	●				nicht lösemittelbeständig
Polystyrol-Extruderschaum	Q133-2	≥25	0,035	−180 ··· + 80	B1/B2		●						nicht lösemittelbeständig
Polyurethan-Hartschaum	Q133-3	40	0,030	−180 ··· +100	B1/B2		●	●	●				
Polyurethan-Ortschaum	Q138	≥55	0,035	−180 ··· +100	B1/B2								Alle Formen durch Komponenten
Polyurtehan-Verbunddämmung	–	≈70	0,035	− 40 ··· +130	B1/B2				●				
Schaumglas, Platten	Q137	100 ··· 160	0,046	−260 ··· +100	A1		●	●	●				Rissbildung bei Temperaturschock
Schaumglas, Schalen	Q137	100 ··· 160	0,052	−260 ··· +100	A1		●	●	●				Rissbildung bei Temperaturschock
Kork	Q139	80 ··· 120	s. Kurven im AGI-Arbeitsblatt	−180 ··· +100	B 2		●	●	●				
Polyethylen-schaum	Q134	20 ··· 40	0,038 ··· 0,046	− 70 ··· +125	B 2	●	●	●	●	●			nicht beständig gegen Witterung u. UV
Weichschaum	Q143	40 ··· 100	0,040 ··· 0,044	− 40 ··· +105	B 2	●	●	Lieferform auch als Schläuche					nicht beständig gegen Witterung u. UV

6

Dämmstoffe für den praktischen Wärmeschutz bzw. Kälteschutz (Fortsetzung)

Anwendungsmöglichkeiten (nach AGI-Arbeitsblättern)

Die Anwendungsmöglichkeiten sind teilweise stark von der **Lieferform** abhängig. AGI-Arbeitsblätter sind zu beachten!

Beispiel: Polystyrol-Partikelschaum (PS) (nach AGI-Arbeitsblatt Q133-1, 02.86)

Gruppe	Lieferform	Rohrleitungen	Apparate und Behälter			Ebene Flächen			Polsterlagen	Luftkanäle
			Stirnseiten	Mäntel	Stirnseiten-begehbar	senkrecht	waagerecht	begehbar		
01	Bahnen								●	
07	Platten		●	●	●	●	●	●		●
08	Schalen	●		●						●
09	Segmente	●	●	●	●					●

Stoffwerte für Auflager (bei Kraftwirkung) (nach AGI-Arbeitsblatt Q 03, 06.89)

Nr.	**Stoff**	**Mindestrohdichte** in kg/m^3	**Wärmeleitfähigkeit** in W/(m · K) bei 10 °C	**Vorgeschlagene Rechenwerte** bei stat. Dauerlast[1]) in N/mm^2
1	PS-Partikelschaum	20	0,04	0,02
2	PS-Partikelschaum	30	0,04	0,035
3	PS-Extruderschaum	30	0,04	0,06
4	PS-Extruderschaum	40	0,04	0,08
5	PS-Extruderschaum	50	0,04	0,10
6	RUR-Hartschaum	50	0,035	0,035
7	PUR-Hartschaum	80	0,035	0,05
8	PUR-Hartschaum	120	0,04	0,10
9	Kork	140	0,045	0,030
10	Presskork	200	0,055	0,08
11	Presskork	300	0,065	0,12
12	Schaumglas	125	0,05	0,17
13	Schaumglas	135	0,05	0,27
14	Schaumglas	140	0,06	0,30
15	Hartholz ⊥, Güteklasse I	650	0,205	4,0
16	Hartholz II, Güteklasse I	650	0,32	10,0
17	Gasbeton, Klasse 4	600 ··· 700	0,18 ··· 0,24	1,0
18	Gasbeton, Klasse 6	700 ··· 800	0,24 ··· 0,27	1,4

[1]) zulässige → Druckspannungen (Herstellerangeben beachten!)

Die zulässigen Spannungen sind einzuhalten. Unterscheiden Sie statische und dynamische Belastung (→ Festigkeitslehre).

Bei Überschreitung der zulässigen Spannung (s. nebenstehendes Diagramm) ist feststellbar:

Hartschäume unterliegen in Abhängigkeit der Zeit und der Rohdichte i. d. R. eines ausgeprägten Fließvorganges, d. h. überproportionaler Verformung (→ Festigkeitslehre). Der Hartschaum wird dabei mechanisch zerstört.

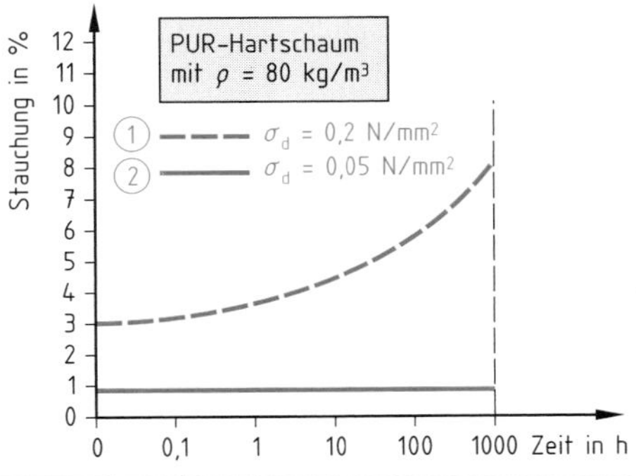

SK | Dämm- und Sperrstoffe

Dämmstoffe für den praktischen Wärmeschutz bzw. Kälteschutz (Fortsetzung)

Weitere Eigenschaften

Möglichkeiten der **Verarbeitung** (→ Fertigungstechnik)
Empfindlichkeit gegen **Verrottung**
Geruchlosigkeit (→ Geruchsstoffe, Diffusion)
Chemikalienbeständigkeit (s. folgende Tabelle)
Aufnahme von Wasser (→ Kapillarwirkung, Diffusion)
Kältekontraktion (→ Wärmeausdehnung)

Diverse Vorschriften (z. B. AGI-Arbeitsblätter) und Herstellerangaben beachten.

Der **thermische Längenausdehnungskoeffizient** von Hartschäumen ist in der Größenordnung etwa fünf mal so groß wie die α-Werte von Metallen. Dies kann zu → **Wärmespannungen** führen!

α-Werte bei Hartschäumen:
$3{,}0 \cdot 10^{-5} \cdots 10{,}0 \cdot 10^{-5} \frac{\text{m}}{\text{m} \cdot \text{K}}$

Beispiel: Chemische Beständigkeit von PS-Partikelschaum (nach AGI – Q133-1, 02.86)

Stoff, Chemikalien	Verhalten	Stoff, Chemikalien	Verhalten
Wasser, Seewasser, Salzlösung	+	Milch	+
Übliche Baustoffe wie Kalk, Zement, Gips, Anhydrit	+	Speiseöl	+/−
		Paraffinöl, Vaseline, Dieselöl	+/−
„Alkalien" wie Natronlauge, Kalilauge Ammoniakwasser, Kalkwasser, Jauche	+	Siliconöl	+
Seifen, Netzmittellösungen	+	Alkohole, z. B. Methylalkohol, Ethylalkohol (Spiritus)	+
Salzsäure 35% Salpetersäure bis 50% Schwefelsäure 95%	+	Lösungsmittel wie Aceton, Äther, Essigester, Nitroverdünnung, Benzol, Xylol, Lackverdünnung, Trichlorethylen, Tetrachlorkohlenstoff, Terpentin	−
Verdünnte und schwache Säuren wie Milchsäure, Kohlensäure, Humussäure (Moorwasser)	+	Gesättigte aliphatische Kohlenwasserstoffe, z. B. Cyclohexan, Wundbenzin, Testbenzin	+/−
Salze, Düngemittel (Mauersalpeter, Ausblühungen)	+	Normal- und Super-Benzin	−
Bitumen	+		
Kaltbitumen und Bitumenspachtelmassen auf wässriger Basis	+		
Kaltbitumen und Bitumenspachtelmassen mit Lösungsmitteln	−		
Teerprodukte	−		

Legende:
+ Beständig, der Hartschaum wird auch bei längerer Einwirkung nicht zerstört.
+/− Bedingt beständig, der Hartschaum kann bei längerer Einwirkung schrumpfen oder oberflächlich angegriffen werden.
− Unbeständig, der Hartschaum schrumpft schnell oder wird aufgelöst.

6

Rohdichte und Wärmeleitfähigkeit (→ Dichte, Wärmetransport)

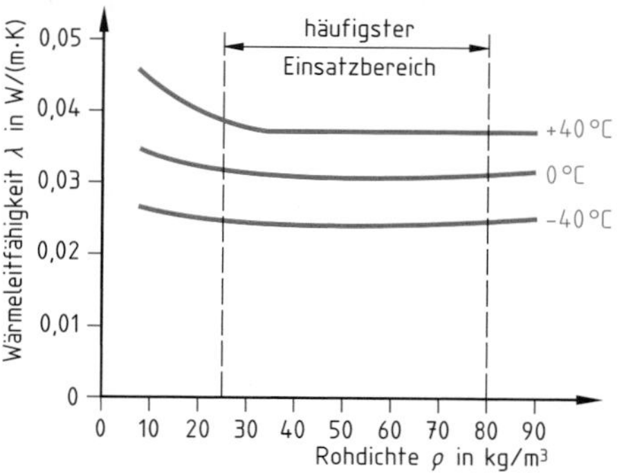

Nebenstehendes Diagramm zeigt die Wärmeleitfähigkeit von Polystyrol-Granulatschaum in Abhängigkeit von Rohdichte ϱ und Mitteltemperatur ϑ_m. Man erkennt:

Die Wärmeleitfähigkeit λ bei Schaumstoffen ist i.d.R. in weiten Bereichen nur geringfügig von der Rohdichte ϱ abhängig.

Wichtige Regel:

Wird die Rohdichte durch Krafteinwirkung, d. h. Stauchung, vergrößert, dann steigt die Wärmeleitfähigkeit λ stark an, und zwar wegen Veränderung der Zellstruktur. Deswegen wird nur eine **Stauchung von max. 10%** zugelassen.

Dämm- und Sperrstoffe

Sperrschichtmaterialien, Dampfbremsen

(nach AGI-Arbeitsblatt Q112, 10.80)

Tabelle 1: Gruppeneinteilung der Dampfbremsen

Gruppe	$s_d = \mu \cdot s$
1000	≥ 1000 m
200	≥ 200 m
100	≥ 100 m
50	≥ 50 m
30	≥ 30 m
10	≥ 10 m

Wasserdampfdiffusionswiderstandszahlen μ (→ Diffusion) für homogene oder annähernd homogene Stoffe werden entsprechend **DIN 52615** gemessen. →

Für **Dampfbremsen** werden Stoffe mit einer geringen Wasserdampfdurchlässigkeit, d.h. großer Wasserdampfdiffusionswiderstandszahl μ (→ Diffusion) verwendet. Sie werden in Gruppen (s. nebenstehende Tabelle 1) eingeteilt.
Dabei ist

$s_d = \mu \cdot s =$ **diffusionsäquivalente Luftschichtdicke**

μ = Wasserdampfdiffusionswiderstandszahl (→ Diffusion)

s = Schichtdicke in m

Für den Nachweis im Einzelfall sind die Werte beim Hersteller zu erfragen, evtl. mit Gewährleistung.

Tabelle 2: Stoffe für Dampfbremsen

Nr.	Stoff	Kurzbezeichnung	Dicke mm	Gruppen nach Tabelle 1: 1000	200	100	50	30	10
A	**Folien** (fest)								
	Thermoplaste								
1	Polyvinylchlorid	PVC	0,3 bis 0,8					●	●
2	Ethylen-Copolymerisat-Bitumen	ECB	1,5 bis 2,0			●	●	●	
3	Polyethylen	PE	0,1 bis 1,2			●	●	●	●
	Elastomere								
4	Polyisobutylen	PIB	0,5 bis 2,5		●	●			
5	Butyl-Kautschuk (Isobutylen-Isopren)	JJR	0,8 bis 2,0		●	●	●		
6	Chloropren-Kautschuk	CR	1,0 bis 1,5			●	●	●	
7	Chlorsulfoniertes Polyethylen	CSM	0,8 bis 1,2					●	
8	Ethylen-Propylen-Terpolymer-Kautschuk	EPDM	1,0 bis 2,0		●	●	●		
9	Ethylen-Vinilacetat-Copolymer	EVA	1,2					●	●
	Metallfolien								
10	Aluminium, blank	Alu-Folie	> 0,05	●					
11	Kupfer	Kupfer-Folie	> 0,03	●					
	Verbundfolie								
12	Aluminiumfolie 0,1 mit Kunststoff und beiderseitigen Rohfilzbahnen		1,0	●					
13	Bitumen-Dichtungsbahnen mit Aluminiumbandeinlage	Al 02 D	2,2	●					
B	**Beschichtungen** (flüssig)								
14	Bitumen, in Lösungsmittel oder in Wasser gelöst, austrocknend		2,0 bis 5,0			●	●	●	●
15	Bitumen, lösungsmittelfrei, dauerplastisch nicht austrocknend		> 2,0			●	●	●	●
16	Elastomer in Lösungsmittel oder in Wasser gelöst, austrocknend		0,5 bis 1,0			●	●	●	●
17	Elastomer, lösungsmittelfrei, mehrkomponentig, aushärtend		2,0 bis 5,0		●	●	●	●	●
18	Elastomer, lösungsmittelfrei, dauerplastisch, nicht austrocknend oder aushärtend		> 2,0		●	●	●	●	●

Tabelle 3: Kriterien dampfdiffusionshemmender Stoffe

Diffusionsäquivalente Luftschichtdicke $s_d = \mu \cdot s$	Chemische Beständigkeit
Dicke, bei Beschichtungen Angaben über Trägereinlage	Mech. Beständigkeit, statisch, dynamisch
Verbindungstechniken	Brandverhalten
Verträglichkeit mit Dämmstoffen	Witterungsbeständigkeit
Vollflächig mit sich und auf dem Untergrund verklebbar	Temperaturbeständigkeit nach DIN 52123
Flexibilität und Verarbeitbarkeit	Thermischer Ausdehnungskoeffizient
Abmessungen, Lieferformen	Verarbeitungstemperatur

SK Dämm- und Sperrstoffe

Sperrschichtmaterialien, Dampfbremsen (Fortsetzung)

(nach AGI-Arbeitsblatt Q112, 10.80)

Wichtige Regeln bei Dampfsperrmaßnahmen

- Feuchtigkeitstransport hat die gleiche Richtung wie das Partialdruckgefälle des Wasserdampfes (→ Diffusion, Feuchte Luft).
- Sperrschichtmaterialien fugen- und lückenlos anbringen.
- Werden mehrere flüssige Sperrschichten aufgebracht, so ist eine Schicht erst völlig durchzutrocknen, bevor die nächste Schicht folgt.
- Sperrschicht und Dämmstoff sowie → Klebstoff sind als **Dämmsystem** zu sehen und bezüglich Lösemittelempfindlichkeit, Brandverhalten etc. aufeinander abzustimmen. } Herstellerangaben beachten!
- Bei im Freien aufgestellten Objekten ist auf Witterungsbeständigkeit und UV-Beständigkeit zu achten.

Klebstoffe

(nach AGI-Arbeitsblatt Q111, 05.82)

Klebstoffarten

Dispersionsklebstoff
Lösungsmittelklebstoff
Schmelzklebstoff
Reaktionsklebstoff
Kontaktklebstoff
Haftklebstoff

Unbedingt Herstellerangaben des Klebstoff- und Dämmstoffherstellers beachten.

Auswahlkriterien

- Art der Stoffe, z. B. PS-Schaum und Al-Blech
- Beschaffenheit der Klebeflächen, z. B. geschnitten, blank
- Vorbehandlung der Klebeflächen, Auftrag des Klebstoffes
- Umgebungsverhältnisse bei Verarbeitung, z. B. im Freien
- Zeit für Handhabungs- und Endfestigkeit
- Hilfsmittel zum Abbinden, z. B. Presse oder UV-Strahler
- Mögliche oder zulässige Aufheiztemperatur
- Dauer des Abbindens (Wartezeit)

Vorauswahltabelle für Klebstoffe

Untergrund	Fügeteil aus Dämmstoff: Polystyrol schaum	andere Hartschäume	Polyethylen schaum	Weichschäume o. Weichmacher	Schaumglas	Kork	Mineralfaser	Calciumsilikat
glasfaserverstärkte Kunststoffe	1a, 3, 4	1a, 1b, 3, 4	1a, 3, 4	1a, 1b, 3	3, 4	1a, 1b, 3, 4	1a, 1b, 2	1a, 1b, 2, 4
Stahl, Aluminium verzinktes Blech	1a, 3, 4	1a, 1b, 3, 4	1a, 3, 4	1a, 1b, 3	3, 4	1a, 1b, 3, 4	1a, 1b, 4	1a, 1b, 3, 4
Edelstahl	1a, 3, 4	1a, 1b, 3, 4	1a, 3, 4	1a, 1b, 3	3, 4	1a, 1b, 3, 4	1a, 1b, 2, 4	1a, 1b, 2, 3, 4
Bitumenpappe	1a, 4	1b, 3, 4	1a, 3, 4	1b, 4	3, 4	1a, 1b, 3, 4	1b, 2, 4	1a, 1b, 2, 4
Glas	1a, 3	1a, 1b, 3	1a, 3	1a, 1b, 3	3	1a, 1b, 3	1a, 1b, 2	1a, 1b, 2, 3
Dämmstoffe mit sich selbst	1a, 2, 3, 4	1a, 1b, 3, 4	1a, 3, 4	1a, 1b, 3	3, 4	1a, 1b, 3	1a, 1b, 2	1a, 1b, 2, 3, 4
Beton, Mauerwerk	1a, 2, 3, 4	1a, 1b, 2, 3, 4	1a, 2, 3, 4	1a, 1b, 2, 3	2, 3, 4	1a, 1b, 3, 4	1a, 1b, 2	1a, 1b, 2, 3, 4

Die Ziffern bedeuten:
1a Lösungsmittelklebstoffe, polystyrolverträglich
1b andere Lösungsmittelklebstoffe
2 Dispersionsklebstoffe
3 Reaktionsklebstoffe
4 Schmelzklebstoffe

6

Definitionen, Bezeichnungen (nach DIN 8960, 11.98)

Begriff	Bedeutung
Kältemittel oder **Refrigerant (R)**	Arbeitsmedium, das in einem → **Kältemaschinenprozess** bei niedriger Temperatur (→ Verdampfungstemperatur) und niedrigem Druck (→ Verdampfungsdruck) Wärme aufnimmt und bei höherer Temperatur (→ Kondensationstemperatur) und höherem Druck (→ Kondensationsdruck) Wärme abgibt.
Chemische Verbindung	Substanz, die durch die Vereinigung von zwei oder mehreren → chemischen Elementen in bestimmten Massenverhältnissen gebildet wird.

Kohlenwasserstoff **KW**	Verbindung, die nur die Elemente Kohlenstoff C und Wasserstoff H enthält. Man unterscheidet	
	gesättigte Kohlenwasserstoffe:	n = Anzahl der C-Atome
Anmerkung: Nebenstehende chemische Formeln heißen **Summenformeln**. → Isomere Verbindungen	C_nH_{2n+2} **ungesättigte Kohlenwasserstoffe:** C_nH_{2n}	**B** **Propan** C_3H_8: Propan ist gesättigt **Actylen** (Äthin) C_2H_2: Acetylen ist ungesättigt

Halogenierter Kohlenwasserstoff	Kohlenwasserstoffverbindung, die ein oder mehrere Halogene enthält. **Halon:** Kurzbezeichnung für halogenierte Kohlenwasserstoffe	**Halogene:** Fluor F, Jod J, Brom Br, Chlor Cl **B** Kältemittel R 22: $CHClF_2$
Vollhalogenierte Kohlenwasserstoffe	Alle Wasserstoffatome sind durch Halogene ersetzt, z. B. **FCKW**	Dies sind Derivate von Kohlenwasserstoffen.
Teilhalogenierte Kohlenwasserstoffe	Nur ein Teil der Wasserstoffatome sind durch Halogene ersetzt, z. B. **H-FCKW** **HFKW**	**Derivat:** Abkömmling einer chemischen Verbindung.

Isomere Verbindungen (→ Massenanteile der Elemente in einer Verbindung)	Verbindungen mit gleicher → Summenformel, jedoch verschiedenen Strukturen (Strukturformeln mit Bindungsstrich) oder verschiedenen räumlichen Anordnung der Atome. Die chemischen und physikalischen Eigenschaften von Isomeren können sich mehr oder weniger weitgehend unterscheiden. In der Kältemittel-Nomenklatur werden Isomere durch den Zusatz eines Kleinbuchstabens (a, b) unterschieden.

6

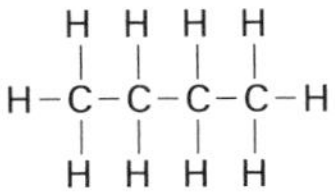

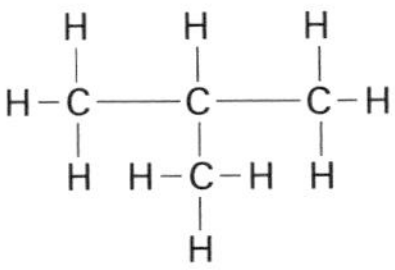

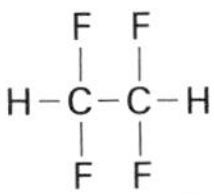

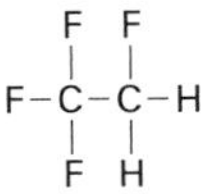

Bezeichnung von Kältemitteln	Beispiel für **Kettenisomerie:**	
Buchstaben R und Kältemittelnummer durch einen Bindestrich getrennt (nicht zwingend), z. B. R-114 oder R114. Der Buchstabe R kann auch durch das Wort Kältemittel ersetzt werden.	**Kältemittel R-600** Summenformel: C_4H_{10} Struktur: $H-\underset{\underset{H}{\mid}}{\overset{\overset{H}{\mid}}{C}}-\underset{\underset{H}{\mid}}{\overset{\overset{H}{\mid}}{C}}-\underset{\underset{H}{\mid}}{\overset{\overset{H}{\mid}}{C}}-\underset{\underset{H}{\mid}}{\overset{\overset{H}{\mid}}{C}}-H$	**Kältemittel R-600a** Summenformel: $CH(CH_3)_3$ Struktur: $H-\overset{\overset{H}{\mid}}{C}——\overset{\overset{H}{\mid}}{\underset{\underset{H-\overset{\overset{}{\mid}}{C}-H}{\mid}}{C}}——\overset{\overset{H}{\mid}}{\underset{\underset{H}{\mid}}{C}}-H$
	Beispiel für **Stellungsisomerie:**	
	Kältemittel R-134 Summenformel: CHF_2CHF_2 Struktur: $H-\underset{\underset{F}{\mid}}{\overset{\overset{F}{\mid}}{C}}-\underset{\underset{F}{\mid}}{\overset{\overset{F}{\mid}}{C}}-H$	**Kältemittel R-134a** Summenformel: CH_2FCF_3 Struktur: $F-\underset{\underset{F}{\mid}}{\overset{\overset{F}{\mid}}{C}}-\underset{\underset{H}{\mid}}{\overset{\overset{F}{\mid}}{C}}-H$

Kennzeichnung der Kältemittel S. 305 und 308

Definitionen, Bezeichnungen (Fortsetzung) (nach DIN 8960, 11.98)

Begriff	Bedeutung
Azeotropes Gemisch bzw. **Azeotrop** (→ Diagramme und Nomogramme, Siedediagramme, Schmelzdiagramme)	Mischung aus (meist) zwei oder mehreren reinen chemischen Verbindungen bzw. Kältemitteln, bei der im Siedegleichgewichtszustand die Flüssigkeit und der Dampf die gleiche Zusammensetzung aufweisen.
	I und II: Zweiphasengebiete, d. h. Dampf und Flüssigkeit.
	ξ_A: azeotrope Zusammensetzung.

Kältemittel der **Reihe 500**, d. h.

R – 5xx

Kennzeichnung s. Seiten 308 und 309

Beispiele: R-500, R-502, R-508 B

Gemische mit azeotroper Zusammensetzung ξ_A verdampfen und kondensieren wie einheitliche Stoffe, d. h. bei einem → Temperaturhaltepunkt.

Azeotrope können einen tieferen oder höheren Siedepunkt haben als die einzelnen Gemischkomponenten, d. h. Siedepunkterniedrigung oder Siedepunkterhöhung.

Konzentrationsänderungen sind zu vermeiden!

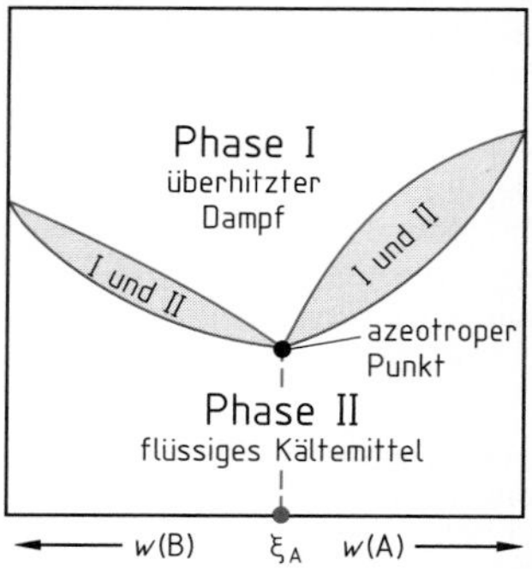

B Kältemittel R-502:
w (R 22) = 48,8%
w (R 115) = 51,2%
R 502 hat gegenüber R 22 eine Siedepunkterniedrigung von 4,2 °C.

Nichtazeotropes Gemisch bzw. **Zeotrop** (→ Diagramme und Nomogramme, Siedediagramme, Schmelzdiagramme)

Gemisch von Kältemitteln, dessen Dampf und Flüssigkeit im gesamten Konzentrationsbereich unterschiedliche Zusammensetzung aufweist. Diese Gemische haben in ihrem Übergang von Phase I in Phase II (oder umgekehrt) in Abhängigkeit von der Konzentration (Mischungsverhältnis) bei konstantem Druck gleitende Verdampfungs- und Kondensationstemperaturen. Diesen Temperaturbereich nennt man **Temperaturband**.

Kältemittel der **Reihe 400**, d. h.

R – 4xx

Kennzeichnung s. Seiten 308 und 309

Beispiele: R-402, R-407, R-407 A

Die Temperaturbandbreite hängt von den thermodynamischen Eigenschaften der Mischungskomponenten ab, ist also unterschiedlich.

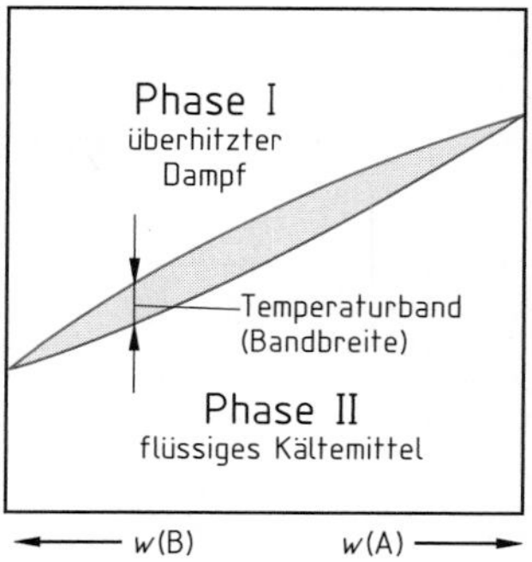

B Mischung	max. Bandbreite
R 12/R 142	5 K
R 22/R 114	18 K

Einteilung der Kältemittel (nach Unfallverhütungsvorschrift VBG 20, 10.97)

Einteilung nach Gruppen (s. auch Seiten 310 und 311)

Gruppe	Eigenschaft (→ Explosionsgrenzen)
1	Nicht brennbare Kältemittel ohne erhebliche gesundheitsschädigende Wirkung auf den Menschen.
2	Giftige oder ätzende Kältemittel oder solche, deren Gemisch mit Luft eine untere Explosionsgrenze von mindestens 3,5 Vol.-% hat.
3	Kältemittel, deren Gemisch mit Luft eine untere Explosionsgrenze von weniger als 3,5 Vol.-% hat.

6

Einteilung der Kältemittel (Fortsetzung) (nach Unfallverhütungsvorschrift VBG 20, 10.97)

Werden in einer Kälteanlage Kältemittel der verschiedenen Gruppen 1, 2 oder 3 verwendet, sind entsprechend den **Füllgewichten** die Bestimmungen für den höheren Gefährdungsgrad maßgebend.

Zulässiges Kältemittelfüllgewicht (Masse) je Kälteanlage bezogen auf Ort und Art der Aufstellung

Kältemittel der Gruppe		1		2		3	
Aufstellungsbereich	Kälteübertragungssystem[1]) / Aufstellungsart	direkt oder indirekt offen	indirekt offen gelüftet oder indirekt geschlossen	direkt oder indirekt offen	indirekt geschlossen	direkt	indirekt
O Zutritt nur für befugte Personen	nicht im besonderen Maschinenraum (§17)	Im Untergeschoss: $c \cdot V$ kg[2]) V = Volumen des Aufstellungsraumes		10 kg	10 kg	im UG: 1 kg	
		Im Obergeschoss: unbeschränkt		Belegschaft unter 1 Person/10 m² und gekennzeichnete Rettungswege: 50 kg		im OG: 5 kg	
	Verdichter und Sammler im Maschinenraum (§17) oder im Freien	unbeschränkt		50 kg Belegschaft unter 1 Person/10 m² und gekennzeichnete Rettungswege aus niederdruckseitigem Aufstellungsraum: unbeschränkt	unbeschränkt	im UG: 1 kg im OG: 25 kg	
	alle kältemittelführenden Teile im Maschinenraum (§17) oder im Freien	unbeschränkt		unbeschränkt		im UG: 1 kg im OG: unbeschränkt	
M Alle übrigen Bereiche	nicht im besonderen Maschinenraum (§17)	$c \cdot V$ kg[2]) V = Volumen des Aufstellungsraumes		2,5 kg		1 kg	
	Verdichter u. Sammler im Maschinenraum (§17) oder im Freien	$c \cdot V$ kg[2]) V = Volumen des Aufstellungsraumes für Verdampfer oder Verflüssiger bzw. bei Luftumwälzung das Volumen des kleinsten Raumes oder das aller versorgten Räume, zu denen die Luftzufuhr nicht unter 25% gedrosselt werden kann.	unbeschränkt	2,5 kg	10 kg	1 kg	
	alle kältemittelführenden Teile im Maschinenraum (§17) oder im Freien		unbeschränkt	2,5 kg	mit direkter Verbindung zu Räumen des Bereiches M: 250 kg ohne direkte Verbindung zu Räumen des Bereiches M und mit Ausgang ins Freie: unbeschränkt	im UG: 1 kg im OG: 5 kg	

[1]) **Kälteübertragungssysteme** s. Seite 304

[2]) **Berechnungsgröße „c"** s. Seite 305

Kältemittel

Einteilung der Kältemittel (Fortsetzung) (nach Unfallverhütungsvorschrift VBG 20, 10.97)

Kälteübertragungssysteme (→ Verdampfer, Verflüssiger)

System (s. auch Abb. unten)	Kennzeichen des Systems
1. Direktes geschlossenes System	Das Kältemittel in einem geschlossenen Kreislauf steht in direktem Wärmeaustausch mit dem Kühlgut oder der Raumluft (einfache Trennung).
2. Indirektes offenes System	Das Kältemittel in einem geschlossenen Kreislauf steht mit einer Flüssigkeit (Kälteträger) im Wärmeaustausch, welche wieder in offenem direktem Wärmeaustausch mit dem Kühlgut oder der Raumluft steht (einfache Trennung).
3. Indirekt gelüftetes offenes System	Das Kältemittel in einem geschlossenen Kreislauf steht mit einer Flüssigkeit (Kälteträger) im Wärmeaustausch, welche wiederum in offenem direktem Wärmeaustausch mit dem Kühlgut oder der Raumluft steht, jedoch außerhalb gelüftet ist (einfache Trennung).
4. Indirekt geschlossenes System	Das Kältemittel in einem geschlossenen Kreislauf steht mit einer Flüssigkeit (Kälteträger) im Wärmeaustausch, welche wiederum in geschlossenem direktem Wärmeaustausch mit dem Kühlgut oder der Raumluft steht, (zweifache Trennung).
5. Indirekt geschlossenes gelüftetes System	Das Kältemittel in einem geschlossenen Kreislauf steht mit einer Flüssigkeit (Kälteträger) im Wärmeaustausch, welche wiederum in geschlossenem direktem Wärmeaustausch mit dem Kühlgut oder der Raumluft steht, jedoch außerhalb gelüftet ist (zweifache Trennung).
6. Doppelt indirekte Systeme	Das Kältemittel in einem geschlossenen Kreislauf steht mit einer Flüssigkeit (Kälteträger) im Wärmeaustausch, die wiederum mit einer zweiten Flüssigkeit in Wärmeaustausch steht, welche die Wärme dem Kühlgut oder dem Raum entzieht. Der erste Flüssigkeitsumlauf kann gelüftet, der zweite offen sein (mindestens zweifache Trennung).
7. Indirekt-direktes System	Das Kältemittel in einem geschlossenen Kreislauf steht mit einem zweiten Kältemittel im Wärmeaustausch, welches in einem geschlossenen Kreislauf in direktem Wärmeaustausch mit dem Kühlgut oder der Raumluft steht (bezüglich erstem Kältemittel zweifache Trennung; bezüglich zweitem Kältemittel einfache Trennung).

Trennung zwischen Kältemittel und Luft oder Gut (s. Beschreibung oben)

einfach			zweifach		
direkt (geschlossen)	indirekt offen	indirekt gelüftet offen	indirekt geschlossen	indirekt gelüftet geschlossen	doppelt indirekt

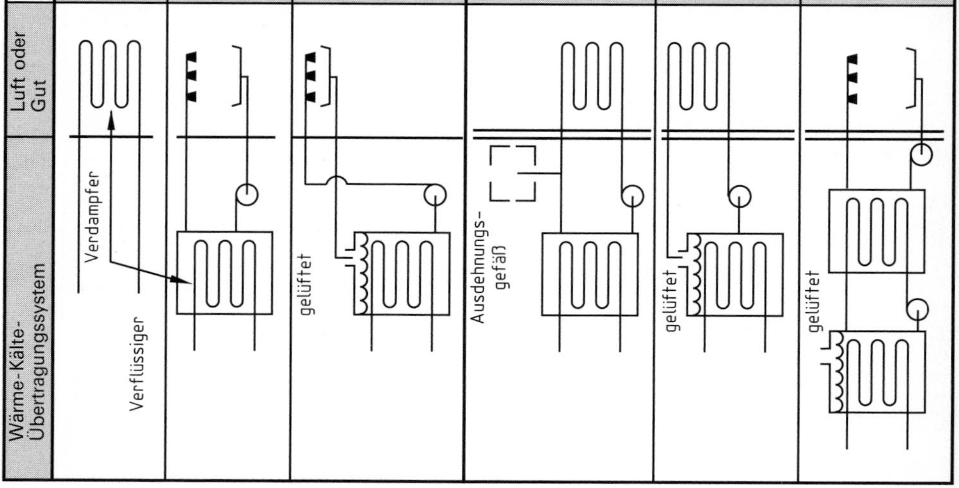

Kältemittel

Einteilung der Kältemittel (Fortsetzung) (nach Unfallverhütungsvorschrift VBG 20, 10.97)

Berechnungsgröße „c" für Kältemittel der Gruppe 1

Kurzbezeichnung nach DIN 8960	Benennung	Chemische Formel	gesundheitschädigende Wirkung	Berechnungsgröße „c" kg/m³	Berechnungsgröße „c" entspr. Vol.-%
R-11	Trichlorfluormethan	CCl_3F	ab 6 Vol.-% narkotisierend	**0,3**	5,3
R-12	Dichlordifluormethan	CCl_2F_2	ab 20 Vol.-% Sauerstoffmangel	**0,5**	10,0
R-12 B1	Bromchlordifluormethan	$CBrClF_2$	ab 6 Vol.-% narkotisierend	**0,2**	2,9
R-13	Chlortrifluormethan	$CClF_3$	ab 20 Vol.-% Sauerstoffmangel	**0,5**	11,5
R-13 B1	Bromtrifluormethan	$CBrF_3$		**0,6**	9,7
R-22	Chlordifluormethan	$CHClF_2$		**0,3**	8,3
R-23	Trifluormethan	CHF_3		**0,3**	10,3
R-113	1,1,2-Trichlor-1,2,2-trifluormethan	$CCl_2F-CClF_2$	ab 6 Vol.-% narkotisierend	**0,4**	5,1
R-114	1,2-Dichlor-1,1,2,2-tetrafluorethan	$CClF_2-CClF_2$	ab 20 Vol.-% Sauerstoffmangel	**0,7**	9,9
R-134a	1,1,1,2-Tetrafluorethan	CF_3-CH_2F		**0,5**	11,5
R-500	Kältemittel R12/152a (73,8/26,2%)	CCl_2F_2/CHF_2-CH_3		**0,4**	9,7
R-502	Kältemittel R22/115 (48,8/51,2%)	$CHClF_2/CClF_2-CF_3$		**0,4**	8,6
R-503	Kältemittel R 23/13 (40,1/59,9%)	$CHF_3/CClF_3$		**0,4**	11,0
R-744	Kohlenstoffdioxid (Kohlendioxid)	CO_2	ab 10 Vol.-% erstickend	**0,1**	5,5

Einteilung in Organische und Anorganische Kältemittel

Organische Kältemittel → C-Atome im Molekül
Anorganische Kältemittel → keine C-Atome im Molekül

Beispiele für Anorganische Kältemittel:

Ammoniak NH_3 → R-717 } ohne C-Atome
Wasser H_2O → R-718 }

Kennzeichnung: Die dreistellige Ziffer hat als Basis die 700. Die zweite und dritte Zahl geben die → Molmasse an.

Einteilung in Druckbereiche (Dampfdruckverhalten)

Niederdruckkältemittel	Sättigung bei $p_s < 3$ bar
Mitteldruckkältemittel	Sättigung bei $p_s = 3 \dots 15$ bar
Hochdruckkältemittel	Sättigung bei $p_s > 15$ bar

Kennzeichnung der Kältemittel (s. auch Seite 308)

Buchstabe R für Refrigerant = Kältemittel und **dreistellige Kennzahl** (s. Seite 301).

B R-114 oder R114

Die dreistellige Kennzahl besteht i. d. R. aus drei Ziffern. Bei den Derivaten der gesättigten Kohlenwasserstoffe gibt es Kennbuchstaben zur Bestimmung der Anzahl der Atome im Molekül:
Es bestimmt
m die Anzahl der **C-Atome**
n die Anzahl der **H-Atome**
p die Anzahl der **F-Atome**

○○○ → Einerstelle → p
→ Zehnerstelle → $n+1$
→ Hunderterst. → $m-1$

Wenn sich an der Hunderterstelle der Wert Null ergibt, wird diese nicht geschrieben (z. B. R-22).
Anzahl der **Cl-Atome**:
Abzug der F-Atome und der H-Atome von der Gesamtsumme x der Atome, die von C gebunden werden können. Es ist
$x = 4$ für 1 C-Atom
$x = 6$ für 2 C-Atome
$x = 8$ für 3 C-Atome
$x = 10$ für 4 C-Atome

B **R-114** ⟶ $C_2F_4Cl_2$ → $x = 6$
→ $p = 4$ → **4 F-Atome**
→ $n+1 = 1$ → $n = 0$ **0 H-Atome**
→ $m-1 = 1$ → $m = 2$ **2 C-Atome**
$x-p-n = 6-4-0 = 2$ → **2 Cl-Atome**

Bei vorhandenen Br-Atomen im Kältemittelmolekül erscheint zusätzlich der Zusatzbuchstabe **B** mit der Zahl der Br-Atome

B R-13 B1

Bei ringförmigen Verbindungen wird dem R ein C nachgestellt.

B R-C318

Isomere Verbindungen mit Zusatz a, b, …

B R-134a

Azeotrope fortlaufend 500, …
Zeotrope fortlaufend 400, …
Anorganische Kältemittel erhalten 700er-Nummern.

6

SK Kältemittel

Anforderungen an Kältemittel (nach DIN 8960, 11.98)

Tabelle 1

Verunreinigung und Siedeverlauf	Einheit	Höchstwerte für Verunreinigungen u. Siedeverlauf[1])			
		halogenierte Kältemittel	Kohlenwasserstoff Kältemittel	R-717 (NH_3)	Prüfverfahren[5])
Organische Stoffe Massenanteil	%	0,5[2])	0,5	–	Gaschromatograph
1,3-Butadien[6]) Massenanteil	mg/kg[8])	–	5	–	Gaschromatograph
n-Hexan Massenanteil	mg/kg[8])	–	50	–	Gaschromatograph
Benzol[7]) Massenanteil	mg/kg[8])	–	1	–	Gaschromatograph
Schwefel Massenanteil	mg/kg[8])	–	1	–	Gesamtschwefelanalysator anhand Spektrallinienverlauf
Siedeverlauf von 5% bis 97% Volumenanteil	K	0,5	0,5	0,5	Verdampfung
Verunreinigungen in der Dampfphase: Luft und andere nichtkondensierbare Gase (in gefüllten Behältern) Volumenanteil	%	1,5	1,5	5,0[3])	Gaschromatograph
Verunreinigungen in der Flüssigphase: Wasser Massenanteil	mg/kg[8])	25[4])	25[4])	400[4])	Phosphorpentoxidverfahren für R-717 sorptiv
Chloridion	–	keine Trübung	–	–	Fällung mit Silbernitrat
Neutralisationszahl (sauer): Nz (s)	mg KOH/g	0,02	0,02	–	Titration
Hochsiedende Rückstände Massenanteil	mg/kg[8])	50	50	50	gravimetrisch
Partikel/Feststoffe	–	sichtbar sauber	sichtbar sauber	sichtbar sauber	visuell

1) Gilt nach DIN EN 378-1 auch für wiederaufbereitete Kältemittel, aber nicht für recycelte Kältemittel.
2) In R-123 sind maximal 7% R-123a zulässig.
3) cm^3 Gas in 100 cm^3 Flüssigkeit.
4) Vorläufiger Grenzwert, wird gegebenenfalls aufgrund von Erfahrungen geändert.
5) Aufgeführt sind Beispiele, gleichwertige Prüfverfahren sind zulässig.
6) Die Anforderung gilt für jeden einzelnen Stoff aus der Gruppe der mehrfach ungesättigten Kohlenwasserstoffe.
7) Die Anforderung gilt für jeden einzelnen Stoff aus der Gruppe der Aromaten.
8) ppm wird in der Literatur für Faktor 10^{-6} verwendet. 50 ppm bedeuten z.B., dass in 1 kg Kältemittel 50 mg hochsiedende Rückstände enthalten sind.

6

Benennung und wichtige Eigenschaften von Kältemitteln (nach DIN 8960, 11.98)

Begriffe

→ Atmosphäre
→ Boden und Wasser
→ Treibhauseffekt
→ MAK-, MIK-, TRK-Wert
→ GWP-, ODP-Wert
→ Molare Masse (Molmasse)
→ Siedepunkt
→ Sicherheitsdaten
→ Zündtemperatur
→ Explosionsgrenze
→ Flammpunkt
→ Gefahrstoffe
→ Kontamination
→ Wassergefährdende Stoffe

Klassen der Gesundheits- und Umweltgefährdung (s. Tab. 2 u. 3)	
L-Klassen	Diese bewerten den Einfluss des Kältemittels auf die direkte Umgebung, d. h. auf die Arbeitssicherheit.
G-Klassen	Diese bewerten das → Treibhauspotential des Kältemittels (→ GWP-Wert)
O-Klassen	Diese bewerten das → Ozonabbaupotential des Kältemittels (→ ODP-Wert)

Benennung und wichtige Eigenschaften von Kältemitteln (Fortsetzung)

(nach DIN 8960, 11.98)

Tabelle 2

Kurzzeichen[1]	Benennung	Formel	Molare Masse[2]	Siedepunkt bei 1,013 bar	L-Klassen	Praktischer Grenzwert [3], [4]	Brennbarkeit: Zündgrenzen Volumenkonzentration in Luft: untere Grenze		obere Grenze		Zündenergie	Ex-Gruppe nach EN 50014	Entzündungstemperatur	Treibhauspotential	Ozonabbaupotential
			kg/kmol	°C		kg/m³	kg/m³	%	kg/m³	%	mJ		°C	GWP_{100}[5]	ODP[6]
vollhalogenierte Kältemittel mit Chlor, und/oder Brom (A)															
R-11	Trichlorfluormethan	CCl_3F	137,4	23,7	1	0,3	–	–	–	–	●	●	–	4000	1
R-12	Dichlordifluormethan	CCl_2F_2	120,9	–29,8	1	0,5	–	–	–	–	●	●	–	8500	1
R-12 B1	Bromchlordifluormethan	$CBrClF_2$	165,4	– 3,9	1	0,2	–	–	–	–	●	●	–	●	3
R-13	Chlortrifluormethan	$CClF_3$	104,5	–81,4	1	0,5	–	–	–	–	●	●	–	11700	1
R-13 B1	Bromtrifluormethan	$CBrF_3$	148,9	–57,8	1	0,6	–	–	–	–	●	●	–	5600	10
R-113	1,1,2-Trichlor-1,2,2-trifluorethan	CCl_2FCClF_2	187,4	47,7	1	0,4	–	–	–	–	●	●	–	5000	0,8
R-114	1,2-Dichlor-1,1,2,2-tetrafluorethan	$CClF_2CClF_2$	170,9	3,8	1	0,7	–	–	–	–	●	●	–	9300	1
R-115	2-Chlor-1,1,1,2,2-pentafluorethan	CF_3CClF_2	154,5	–39,1	1	0,6	–	–	–	–	●	●	–	9300	0,6
vollhalogenierte (perfluorierte) Kältemittel ohne Chlor und Brom (B)															
R-14	Tetrafluormethan	CF_4	88,0	–128	1	●	–	–	–	–	●	●	–	6500	0
R-116	Hexafluorethan	C_2F_6	138	–78,3	1	●	–	–	–	–	–	–	–	9200	0
R-218	Octafluorpropan	C_3F_8	188	–37	1	1,84	–	–	–	–	●	●	–	7000	0
R-C318	Cyclooctafluorbutan	C_4F_8	200	–6,1	1	0,81	–	–	–	–	●	●	–	9100	0
teilhalogenierte Kältemittel mit Chlor (C)															
R-22	Chlordifluormethan	$CHClF_2$	86,5	–40,8	1	0,3	–	–	–	–	●	●	635	1700	0,055
R-123	1,1-Dichlor-2,2,2-trifluorethan	CF_3CHCl_2	152,9	27,6	1	0,10	–	–	–	–	●	●	730	93	0,02
R-124	2-Chlor-1,1,1,2-tetrafluorethan	CF_3CHClF	136,5	–12,1	1	0,11	–	–	–	–	●	●	–	480	0,022
R-141b	1,1-Dichlor-1-fluorethan	CCl_2FCH_3	117	32	2	0,053	0,268	5,6	0,847	17,7	●	II A, g	532	630	0,11
R-142b	1-Chlor-1,1-difluorethan	$CClF_2CH_3$	100,5	–9,7	2	0,049	0,247	6	0,74	18	●	II A, g	632	2000	0,065
teilhalogenierte Kältemittel ohne Chlor (D)															
R-23	Trifluormethan	CHF_3	70	–82,0	1	0,68	–	–	–	–	●	●	765	12100	0
R-32	Difluormethan	CH_2F_2	52	–51,7	2	0,054	0,27	12,7	0,710	29,8	8,1	II A, g	648	580	0
R-125	Pentafluorethan	CF_3CHF_2	120	–48,1	1	0,39	–	●	–	●	●	●	733	3200	0
R-134a	1,1,1,2-Tetrafluorethan	CF_3CH_2F	102	–26,3	1	0,25	–	–	–	–	●	●	743	1300	0
R-143a	1,1,1-Trifluorethan	CF_3CH_3	84	–47,3	2	0,048	0,244	7,7	0,553	20,9	14,1	II A	750	4400	0
R-152a	1,1-Difluorethan	CHF_2CH_3	66,1	–24	2	0,027	0,102	3,7	0,555	20,2	●	II A, g	455	140	0
R-218	Octafluorpropan	C_3F_8	188	–37	1	1,84	–	–	–	–	●	●	–	7000	0
R-227	1,1,1,2,3,3,3-Heptafluorpropan	CF_3CHFCF_3	170	–16,5	1	●	–	–	–	–	●	●	> 750	2900	0
halogenfreie Kältemittel (E)															
R-50	Methan	CH_4	16	–161,5	2	0,006	0,032	4,9	0,098	15	●	II A	645	24,5	0
R-170	Ethan	CH_3CH_3	30	–88,7	3	0,008	0,037	3	0,19	15,5	0.25	II A	515	3	0
R-290	Propan	$CH_3CH_2CH_3$	44	–42,1	3	0,008	0,038	2,1	0,171	9,5	0.25	II A	470	3	0
R-600	Butan	C_4H_{10}	58,1	–0,7	3	0,008	0,036	1,5	0,202	8,5	0,25	II A	365	3	0
R-600a	Isobutan	$CH(CH_3)_3$	58,1	–11,9	3	0,008	0,043	1,8	0,202	8,5	●	II A	460	3	0

Benennung und wichtige Eigenschaften von Kältemitteln (Fortsetzung)
(nach DIN 8960, 11.98)

Tabelle 2 (Fortsetzung)

Kurzzeichen[1])	Benennung	Formel	Molare Masse[2]) kg/kmol	Siedepunkt bei 1,013 bar °C	L-Klassen	Praktischer Grenzwert [3]), [4]) kg/m³	Brennbarkeit: Zündgrenzen Volumenkonzentration in Luft, untere Grenze kg/m³	untere Grenze %	obere Grenze kg/m³	obere Grenze %	Zündenergie mJ	Ex-Gruppe nach EN 50014	Entzündungstemperatur °C	Treibhauspotential GWP_{100}[5])	Ozonabbaupotential ODP[6])
R-1150	Ethen	CH_2CH_2	28,1	−103,8	3	0,006	0,031	2,7	0,391	34	0,082	II B	425	●	0
R-1270	Propen	C_3H_6	42,1	−47,8	3	0,008	0,043	2,5	0,174	10,1	●	II A	455	●	0
–	Dimethylether	CH_3OCH_3	46	−24,9	3	0,011	0,064	3,4	0,489	26	●	II B	235	●	0
R-611	Methylformiat	$C_2H_4O_2$	60	32	2	0,012	0,123	5	0,687	28	●	II A	456	●	0
R-717	Ammoniak	NH_3	17	−33,3	2	0,00035	0,104	15	0,195	28	14	II A	630	0	0
R-718	Wasser	H_2O	18	100	1	–	–	–	–	–	●	●	–	0	0
R-744	Kohlenstoffdioxid	CO_2	44	−78	1	0,1	–	–	–	–	●	●	–	1	0
R-764	Schwefeldioxid	SO_2	64,1	−10,2	●	0,00026	–	–	–	–	●	●	–	●	0

– nicht zutreffend ● unbekannt

Indizes bezüglich Tabelle 2 und Tabelle 3 (Seite 309)

1) Die Kurzzeichen entsprechen ISO 817.
2) Für Vergleichszwecke wird die molare Masse der Luft mit 28,8 kg/kmol angenommen.
3) Die praktischen Grenzwerte für Kältemittel der Gruppe L1 betragen weniger als die Hälfte der Massenkonzentration der Kältemittel, die nach kurzer Zeit durch Sauerstoffverdrängung zum Ersticken führen oder eine narkotische (N) oder kardiale Sensibilisierung (CS) bewirken kann (80% der Wirkung), es gilt der jeweils kritischere Wert.
Für reine Produkte der Kältemittel der Gruppe L1 werden die praktischen Grenzwerte (PL) in kg/m³ wie folgt berechnet: „PL = CS oder N $10^{-6} \times 0{,}8 \times MM \times 10^{-6}/24{,}45$"; bei Mischungen (A/B/C) gilt „PL = 1/[A/100/PL(A) + B/100/PL(B) + C/100/PL(C]", wobei A, B und C als Massenanteil ausgedrückt werden. Bei Kältemitteln der Gruppe L2 beziehen sich die praktischen Grenzwerte auf die giftigen und brennbaren Eigenschaften, bei Kältemitteln der Gruppe L3 auf 20% der unteren Zündgrenze. Nur wenn keine zuverlässigen Erfahrungswerte vorlagen, wurde der praktische Grenzwert mit der Gleichung berechnet.
4) Die Werte werden bei Höhen von mehr als 2000 m über dem Meeresspiegel auf 2/3 des aufgeführten Wertes reduziert und bei Höhen von mehr als 3500 m über dem Meeresspiegel auf 1/3 des aufgeführten Wertes.
5) Die GWPs (Global warming potential) und ODPs (Ozone depletion potential) sind jeweils in [5] und in [6] definiert. GWP bezogen auf CO_2 und Zeithorizont 100 Jahre. Die GWP-Werte können sich ändern. Exakte Werte, die zum Beispiel zur TEWI-Berechnung herangezogen werden, sind aktuellen Veröffentlichungen des IPCC zu entnehmen bzw. können von den Kältemittelherstellern angegeben werden.
6) Die Werte für das Ozonabbaupotential (ODP) sind aus [9] entnommen und werden von allen Regelsetzern angewendet. Sie weichen von den wissenschaftlichen ODP-Werten ab, die ständig auf den neuesten Stand gebracht werden. Die ODP-Werte der Kältemittel werden auf R11 bezogen.
7) Selbst wenn die Einzelkomponenten brennbar sind, wurden bisher nur Gemische aufgeführt, die unter üblichen Umgebungsbedingungen nicht brennbar sind.

Anmerkung:
In der Unfallverhütungsvorschrift

VBG 20

„Kälteanlagen, Wärmepumpen und Kühleinrichtungen" befinden sich in der Anlage 1 weitere Angaben über

Einteilung und Eigenschaften der Kältemittel

(→ Zusammensetzung von Mischphasen)

Alternative Kältemittel

Insbesondere das Verhalten der Kältemittel in der Umwelt hat politische Entscheidungen bezüglich des Ausstieges aus den voll- und teilhalogenierten Fluorchlorkohlenwasserstoffen hervorgerufen, und zwar bei Vorhandensein von Chlor und Brom im Kältemittelmolekül. Die

FCKW-Halon-Verbots-Verordnung

betrifft z. B. die Kältemittel

R-11 R-112
R-12 R-113
R-13 R-114 u. a.

sowie die Kältemittel, die die genannten Stoffe als Mischungskomponenten enthalten. Solche Kältemittel sind teilweise bereits verboten oder sind in bestimmten Fristen zu ersetzen.

Beispiele für **Ersatzkältemittel**

früher	ersetzt durch
R-12	R-134a R-290/600a[1]) R-600a[1]), [3])
R-22	R-717[1]), [2]) R-290[1])
R-114	R-600a[1])
R-13 B1	Gemisch R-1270/R-170

Der Markt ist bezüglich Ersatzkältemittel sehr bewegt. Auskünfte erhält man beim Kältemittelhersteller oder auch bei den Herstellern von Kältemittelverdichtern.

Kennzeichnung von Gemischen aus gleichen Komponenten

Wird in unterschiedlichen Massenverhältnissen gemischt, wird durch nachgestellte Großbuchstaben (A, B, C, ...) unterschieden.

B R-402A, R-402B } Zusammensetzung s. Tabelle 3 (Seite 309)

6

Benennung und wichtige Eigenschaften von Kältemitteln (Fortsetzung) (nach DIN 8960, 11.98)

Kältemittelgemische

Indizes entsprechend Tabelle 2, Seite 308

Tabelle 3

Gemisch	Kurzzeichen[1])	Benennung	Zusammensetzung in Massenanteilen und Grenzabweichungen %	Formel	Molare Masse[2]) kg/kmol	Siedepunkt °C	Taupunkt °C	L-Klassen	Praktischer Grenzwert[3]),[4]) kg/m³	Entzündungstemperatur[7]) °C	Treibhauspotential GWP_{100}[5])	Ozonabbaupotential ODP[6])
azeotrop												
chlorhaltig	R-500	R-12/152a	73,8/26,2	$CCl_2F_2+CF_2HCH_3$	99,3	−33,5	−33,5	1	0,40	–	6300	0,74
chlorhaltig	R-501	R-12/22	25/75	$CCl_2F_2+CHClF_2$	93,1	–	–	1	0,38	–	3400	0,29
chlorhaltig	R-502	R-22/115	48,8/51,2	$CHClF_2+CF_3CClF_2$	111,7	−45,6	−45,6	1	0,45	–	5600	0,33
chlorhaltig	R-503	R-13/23	59,9/40,1	$CClF_3+CHF_3$	87,3	−88,7	−88,7	1	0,35	–	11900	0,6
chlorfrei	R-507	R-125/143a	50/50	$CF_3CHF_2+CF_3CH_3$	98,9	−46,5	−46,5	1	0,49	–	3800	0
chlorfrei	R-508A	R-23/116	39/61	$CHF_3+CF_3CF_3$	100,1	−85,7	−85,7	1	–	–	12300	0
chlorfrei	R-508B	R-23/116	46/54	$CHF_3+CF_3CF_3$	95,4	−88,3	−87,7	1	–	–	12300	0
zeotrop												
chlorhaltig	R-401A	R-22/152a/124	53/13/34 (±2/+0,5, −1,5/±1)	$CHClF_2+CHF_2CH_3+CF_3CHClF$	94,4	−33,0	−26,7	1	0,30	681	1100	0,037
chlorhaltig	R-401B	R-22/152a/124	61/11/28 (±2/+0,5, −1,5/±1)	$CHClF+CHF_2CH_3+CF_3CHClF$	92,8	−34,6	−28,6	1	0,34	685	1200	0,040
chlorhaltig	R-401C	R-22/152a/124	33/15/52 (±2/+0,5, −1,5/±1)	$CHClF_2+CHF_2CH_3+CF_3CHClF$	101	−28,3	−22,1	1	0,24	–	830	0,030
chlorhaltig	R-402A	R-125/290/22	60/2/38 (±2/±1/±2)	$CF_3CHF_2+CH_3CH_2CH_3+CHClF_2$	101,5	−48,9	−46,9	1	0,33	723	2600	0,021
chlorhaltig	R-402B	R-125/290/22	38/2/60 (±2/±1/±2)	$CF_3CHF_2+CH_3CH_2CH_3+HClF_2C$	94,7	−47,1	−44,9	1	0,32	641	2200	0,033
zeotrop												
chlorhaltig	R-403A	R-22/218/290	75/20/5 (+0,2, −2/±2/±2)	$CHClF_2+C_3F_8+C_3H_8$	92	−50	–	1	0,33	–	2700	0,041
chlorhaltig	R-403B	R-22/218/290	56/39/5 (+0,2, −2/±2/±2)	$CHClF_2+C_3F_8+C_3H_8$	103,2	−50,2	−49,0	1	0,41	–	3700	0,031
chlorhaltig	R-405A	R-22/152a/142b/C318	45/7/5,5/42,5 (±2/±1/±1/±2)	$CHClF_2+CHF_2CH_3+CClF_2CH_3+C_4F_8$	111,9	−27,3	–	1	–	–	4800	0,028
chlorhaltig	R-408A	R-125/143a/22	7/46/47 (±2/±1/±2)	$CF_3CHF_2+CF_3CH_3+CHClF_2$	87	−44,4	−43,8	1	0,41	–	3100	0,026
chlorhaltig	R-409A	R-22/124/142b	60/25/15 (±2/±2/±1)	$CHClF_2+CF_3CHClF+CH_3CClF_2$	97,5	−34,5	27,4	1	0,16	–	1460	0,048
chlorhaltig	R-409B	R-22/124/142b	65/25/10 (±2/±2/±1)	$CHClF_2+CF_3CHClF+CH_3CClF_2$	96,7	−35,6	−27,8	1	0,17	–	1400	0,048
chlorhaltig	R-411A	R-1270/22/152a	1,5/87,5/11 (+0,−1/+2, −0/+0,−1)	$C_3H_6+CHClF_2+CHF_2CH_3$	82,4	−41,6	–	2	–	–	1500	0,048
chlorhaltig	R-411B	R-1270/22/152a	3/94/3 (+0,−1/+2, −0/+0,−1)	$C_3H_6+CHClF_2+CHF_2CH_3$	83,1	−41,6	–	2	–	–	1600	0,052
chlorhaltig	R-412A	R-22/218/142b	70/5/25 (±2/±2/±1)	$CHClF_2+C_3H_8+CClF_2CH_3$	92,2	0	–	2	0,18	–	2000	0,055
zeotrop												
chlorfrei	R-404A	R-125/143a/134a	44/52/4 (±2/±1/±2)	$CF_3CHF_2+CF_3CH_3+CF_3CH_2F$	97,6	−46,4	−45,7	1	0,48	728	3800	0
chlorfrei	R-407A	R-32/125/134a	20/40/40 (±1/±2/±2)	$CH_2F_2+CF_3CHF_2+CF_3CH_2F$	90,1	−45,5	−38,9	1	0,33	685	1900	0
chlorfrei	R-407B	R-32/125/134a	10/70/20 (±1/±2/±2)	$CH_2F_2+CF_3CHF_2+CF_3CH_2F$	102,9	−47,3	−42,9	1	0,35	703	2600	0
chlorfrei	R-407C	R-32/125/134a	23/25/52 (±2/±2/±2)	$CH_2F_2+CF_3CHF_2+CF_3CH_2F$	86,2	−43,6	−36,4	1	0,31	704	1000	0
chlorfrei	R-410A	R-32/125	50/50 (±0,5,−1,5/+1,5,−0,5)	$CH_2F_2+CF_3CHF_2$	72,6	−51,6	−51,5	1	0,44	–	1900	0
chlorfrei	R-413A	R-134a/218/600a	88/9/3 (±2/±2/±2)	$CF_3CH_2F+CF_3CF_2CF_3+CH_3CH(CH_3)CH_3$	103,96	−35,0	−28,1	2	–	–	1800	0

SK Kältemittel

Thermodynamische Eigenschaften der Kältemittel

Einsatz in Abhängigkeit von der Verdampfungstemperatur (→ Verdampfen)

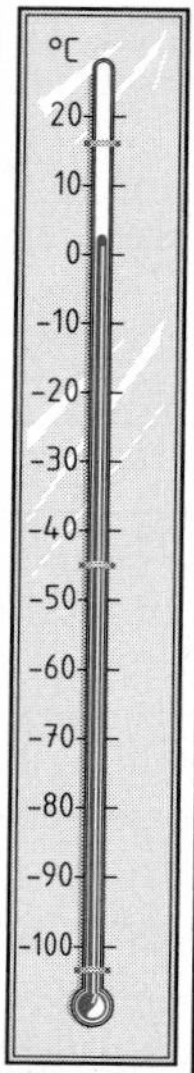

Verdampfungstemperatur t_0	Anwendungsgebiete (Beispiele)	Kältemittel FCKW/HFCKW	Kältemittel alternativ	Kältemittel FKW/KW/HFKW
0 ... +20	Klimaanlagen mit Turboverdichtern, Kühlsole	R-11		R-123
−10 ... +50	Wärmepumpen	R-21 R-114		R-227 R-290
0 ... +15	Klimageräte, Klimaanlagen, Wärmepumpen	R-22	R-717	R-410 A R-290
−40 ... +10	Kfz-Klimaanlagen, Tiefkühltruhen, Raumklimageräte, Wärmepumpen	R-12 R-500 R-115	R-409 A	R-134a
−50 ... +10	Gefrieranlagen, gewerbliche Kälteanlagen	R-502 R-22	R-402 A	R-507 R-404 A
−80 ... −40	Gefrier- und Trocknungsanlagen	R-13 B1		R-410 A
−100 ... −60	Kryostate, Kaskaden-Kälteanlagen, Gefriertrocknung	R-13		R-23
−110 ... −70	Spezialanwendungen, Kaskaden-Kälteanlagen	R-503		R-508

Anmerkung: Gemäß DIN 8941 → „Formelzeichen, Einheiten und Indizes für die Kältetechnik" wird die Celsiustemperatur mit t bezeichnet. Die Verdampfungstemperatur hat das Formelzeichen t_0 (nach DIN 1304 ist ϑ üblich).

Absoluter Sättigungsdampfdruck, kritische Daten (nach UVV VBG 20, 10.97)

Gruppe (s. Seite 302)	Kurzzeichen nach DIN 8962	Kritische Temperatur in °C	Kritischer Druck in bar	Sättigungsdampfdruck in bar bei −10 °C	32 °C	43 °C	55 °C	63 °C
① (→ Sättigungsdruck Kritischer Punkt)	R-11	198,0	44,0	0,26	1,35	1,93	2,75	3,43
	R-12	112,0	41,6	2,19	7,87	10,37	13,72	16,36
	R-12 B1	153,7	42,5	0,80	3,29	4,48	6,13	7,47
	R-13	28,8	38,7	15,16	–	–	–	–
	R-13 B1	67,0	39,6	6,27	18,99	24,27	31,22	36,64
	R-22	96,2	49,9	3,55	12,51	16,41	21,64	25,76
	R-23	26,3	48,7	18,94	–	–	–	–
	R-113	214,1	34,1	0,09	0,58	0,86	1,29	1,64
	R-114	145,7	32,6	0,58	2,68	3,71	5,13	6,28
	R-134 a	101,1	40,6	2,0	8,2	11,0	14,9	18,0
	R-500	105,5	44,3	2,57	9,25	12,20	16,18	19,31
	R-502	82,2	40,8	4,07	13,68	17,78	23,23	27,53
	R-503	19,5	43,4	21,0	–	–	–	–
	R-744	31,0	73,8	26,6	–	–	–	–

Kältemittel

SK

Thermodynamische Eigenschaften der Kältemittel (Fortsetzung)

Gruppe	Kurzzeichen nach DIN 8962	Kritische Temperatur in °C	Kritischer Druck in bar	Sättigungsdampfdruck in bar bei				
				−10 °C	32 °C	43 °C	55 °C	63 °C
②	R-30	237,0	59,7	–	0,7	–	–	–
	R-40	143,1	66,8	2,2	6,9	9,2	12,4	14,8
	R-123	184	36,8	0,20	1,19	1,72	2,49	3,13
	R-160	187,2	52,7	0,53	2,02	2,84	3,97	–
	R-611	212,0	60,0	–	–	1,0	–	–
	R-717	132,4	113,5	2,91	12,38	16,88	23,10	28,11
	R-764	157,7	79,9	1,06	4,87	6,84	9,56	–
	R-1130	243	(53,3)	–	–	–	–	–
③	R-170	32,3	48,6	18,59	48,60	–	–	–
	R-290	96,8	42,6	3,42	11,29	14,64	19,06	22,52
	R-600	152,0	38,0	0,77	3,02	3,89	5,6	6,9
	R-600a	135,0	37,2	1,13	4,27	5,73	7,74	9,3
	R-1150	9,5	50,8	32,41	–	–	–	–
	R-1270	91,8	46,0	4,29	13,70	17,64	22,82	26,85

Kältemitteldaten im log p, h-Diagramm

Begriffe (alphabetisch geordnet)

- → Clausius-Rankine-Prozess
- → Dampftafel
- → Dichte ϱ in kg/m³
- → Druck p in N/m², bar
- → Heißdampf (Überhitzung)
- → Kältemaschinenprozess
- → Kritischer Punkt
- → Leistungszahl
- → linke Grenzkurve
- → linkslaufender Kreisprozess
- → Logarithmieren (log p)
- → log p, h-Diagramm
- → Nassdampfgebiet
- → obere Grenzkurve
- → rechte Grenzkurve
- → Sättigungsdruck
- → Sättigungstemperatur
- → spezifische Enthalpie h in kJ/kg
- → spezifische Entropie s in kJ/(kg · K)
- → spezifisches Volumen v in m³/kg
- → spezifische Verdampfungswärme r in kJ/kg
- → Temperatur ϑ (t) in °C
- → Thermodynamische Zustandsänderungen
- → untere Grenzkurve
- → Verdampfen, Kondensieren
- → Verdampfungsenthalpie $r = h'' - h'$ in kJ/kg
- → Wärmepumpenprozess

Besonderheit bei den Bezeichnungen:

untere (linke) Grenzkurve
ein hochgestellter Strich, z. B. h'

obere (rechte) Grenzkurve
zwei hochgestellte Striche, z. B. h''

Darstellung des Kältemaschinenprozesses und des Wärmepumpenprozesses
→ p, V-Diagramm (Arbeitsdiagramm)
→ T, s-Diagramm (Wärmediagramm)

↓

log p, h-Diagramm → **Kältemittelhersteller**

Beispiele: Seite 312 → **log p, h-Diagramm von R-22**
Seite 313 → **log p, h-Diagramm von NH_3**

6

log *p*, *h*-Diagramm für Kältemittel R-22

(erstellt an der TU Dresden)

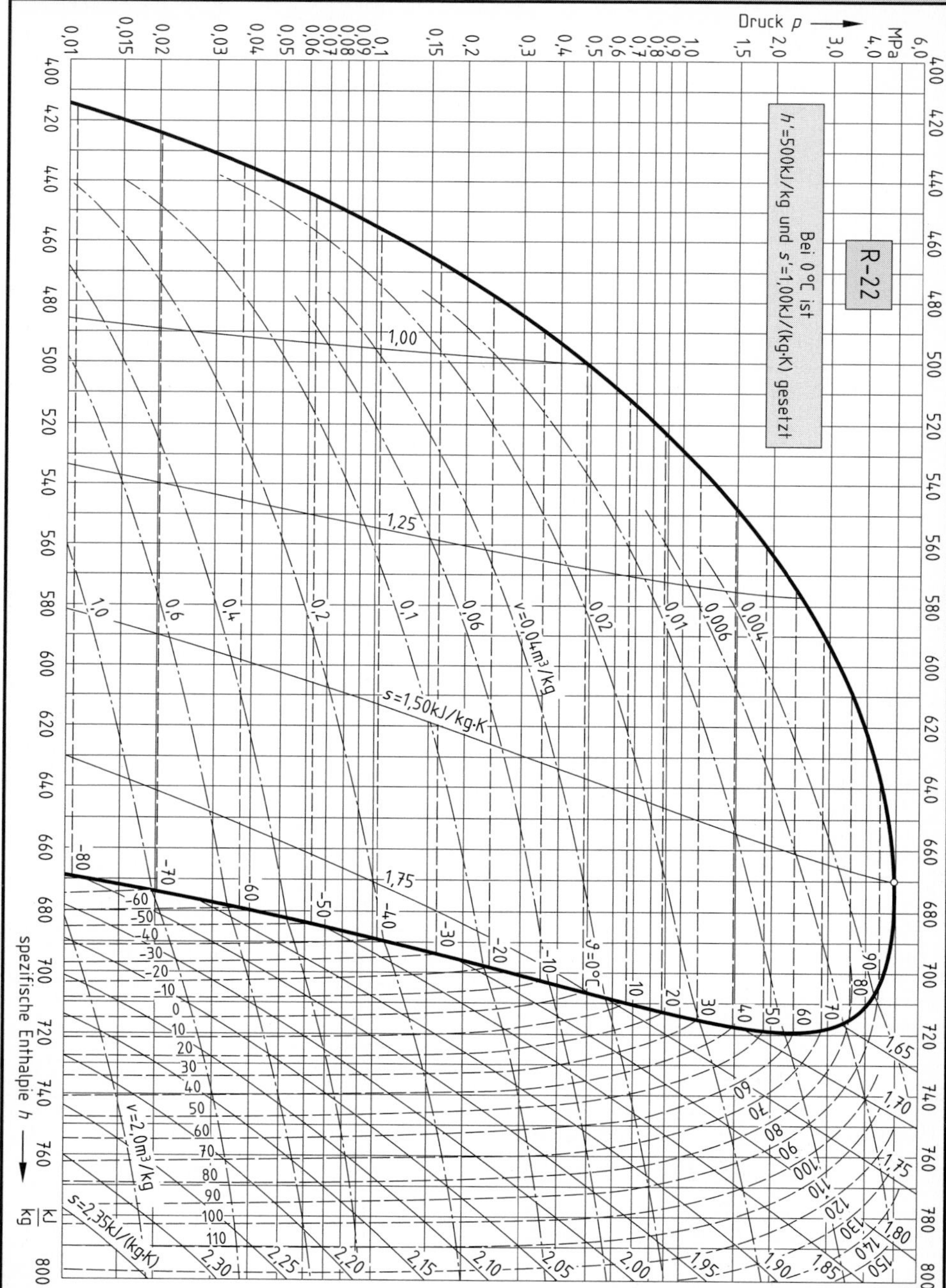

Kältemittel

SK

log *p*, *h*-Diagramm für Ammoniak NH_3

(erstellt an der TU Dresden)

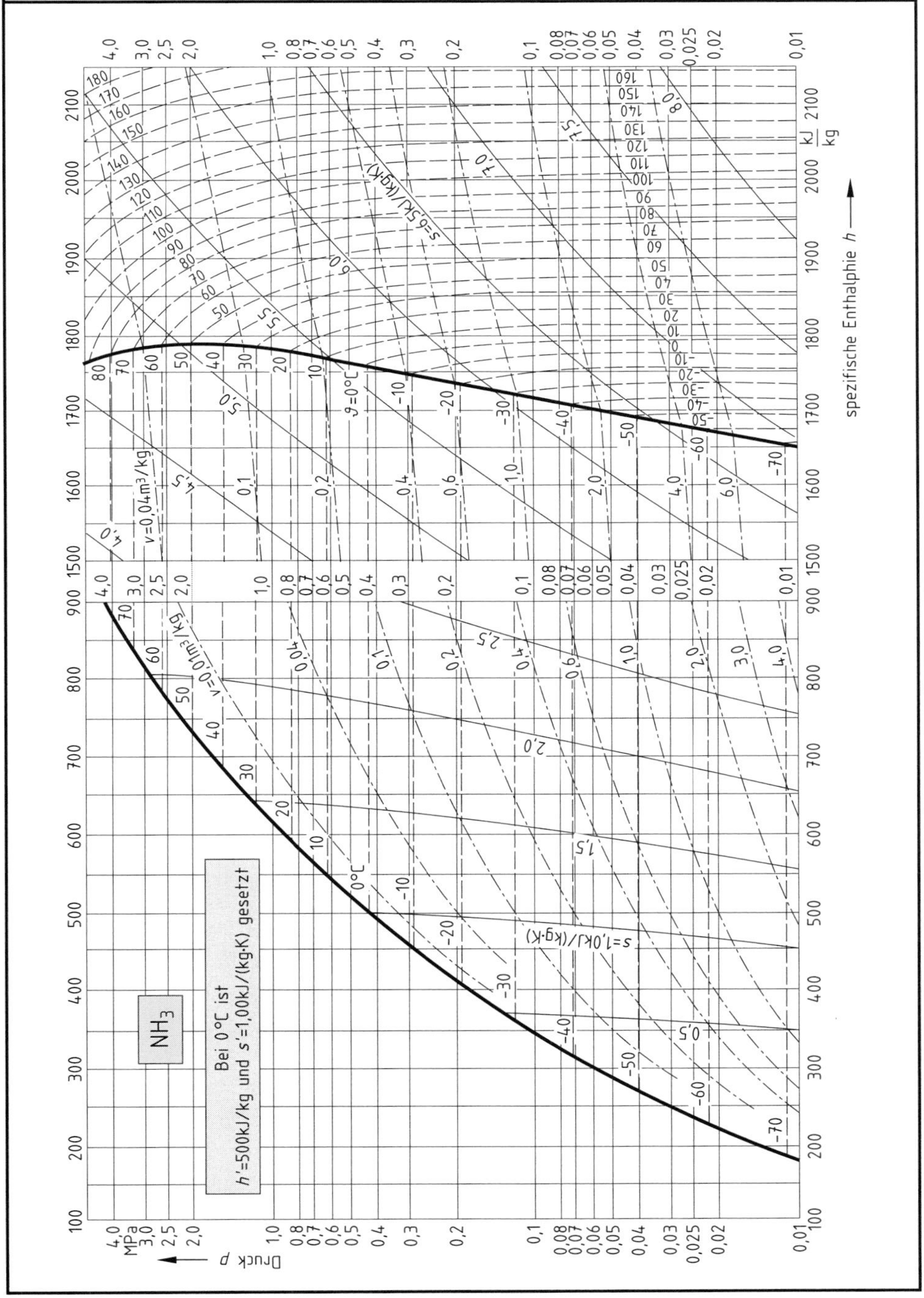

SK Kältemaschinenöle

Mindestanforderungen (nach DIN 51 503-1, 08.97)

Einteilung in Gruppen und Bezeichnung

Die Einteilung erfolgt alphabetisch nach den zu verwendenden Kältemitteln

Gruppe	Verwendungszweck
KA	Kältemaschinenöle für Ammoniak.
KAA	Kältemaschinenöle der Viskositätsklassen ISO VG 15 bis ISO VG 100 nach DIN 51 519 (08.98), welche nicht mischbar mit Ammoniak sind, für Verdichter mit Ammoniak nach DIN 8960 als Kältemittel.
KAB	Kältemaschinenöle der Viskositätsklassen ISO VG 22 bis ISO VG 150 nach DIN 51 519, welche mit Ammoniak teilweise oder vollständig mischbar sind, für Verdichter mit Ammoniak nach DIN 8960 als Kältemittel.
KB	Z.Z. nicht belegt.
KC	Kältemaschinenöle der Viskositätsklassen ISO VG 15 bis ISO VG 460 nach DIN 51 519 für Verdichter mit voll- und teilhalogenierten Fluorchlorkohlenwasserstoffen (FCKW/HFCKW) nach DIN 8960 als Kältemittel.
KD	Kältemaschinenöle der Viskositätsklassen ISO VG 7 bis ISO VG 460 nach DIN 51 519 für Verdichter mit voll- und teilfluorierten Kohlenwasserstoffen (FKW/HFKW) nach DIN 8960 als Kältemittel.
KE	Kältemaschinenöle der Viskositätsklassen ISO VG 15 bis ISO VG 460 nach DIN 51 519 für Verdichter mit Kohlenwasserstoffen (KW, z. B. Propan, ISO-Butan) nach DIN 8960 als Kältemittel.

Bezeichnungsbeispiel: Kältemaschinenöl der Gruppe KD, **Viskositätsklasse** ISO VG 46

Kältemaschinenöl DIN 51 503-1 – KD 46

Ist im Kältemaschinenöl ein besonderer Wirkstoff enthalten, ist dies mit einem W zu kennzeichnen:

Kältemaschinenöl DIN 51 503-1 – KD W 46

Anforderungen und Prüfung

Begriffe s. Seite 315

Gruppe KAA: Ammoniak-nicht-mischbare Kältemaschinenöle

Eigenschaften			Anforderungen Untergruppe KAA						Prüfung nach
ISO-Viskositätsklasse nach DIN 51 519			ISO VG 15	ISO VG 22	ISO VG 32	ISO VG 46	ISO VG 68	ISO VG 100	
Aussehen			Klar						Visuell
Kinematische Viskosität bei 40 °C (→ Viskosität)	mm²/s	min.	13,5	19,8	28,8	41,4	61,2	90	DIN 51 550 (12.78) in Verbindung mit DIN 51 562-1
		max.	16,5	24,2	35,2	50,6	74,8	110	
Pourpoint	°C	max.	−36	−30	−24	−21	−15	−9	DIN ISO 3016
Flammpunkt (→ Sicherheitsdaten)	°C	min.	150		160		170		DIN ISO 2592
Neutralisationszahl	mg KOH/g	max.	0,08¹)						DIN 51 558-3
Verseifungszahl	mg KOH/g	max.	0,2¹)						DIN 51 559-2
Gesamtbasenzahl	mg KOH/g		Ist anzugeben						DIN ISO 3771
Asche (Oxidasche) Massenanteil	%	max.	0,01¹)						DIN EN 7 (DIN EN ISO 6245)
Wasser			Kein freies Wasser						Visuell

¹) Gilt nicht für Kältemaschinenöle mit Wirkstoffen. Bei diesen Kältemaschinenölen sind Neutralisationszahl, Verseifungszahl und Aschegehalt vom Lieferer anzugeben.

6

Kältemaschinenöle — SK

Mindestanforderungen (Fortsetzung) (nach DIN 51 503-1, 08.97)

Gruppe KAB: Ammoniak-mischbare Kältemaschinenöle

Eigenschaften		Anforderungen Untergruppe KAB						Prüfung nach
ISO-Viskositätsklasse nach DIN 51 519		ISO VG 22	ISO VG 32	ISO VG 46	ISO VG 68	ISO VG 100	ISO VG 150	
Aussehen		Klar						Visuell
Kinematische Viskosität mm^2/s bei 40 °C (→ Viskosität)	min.	19,8	28,8	41,4	61,2	90	135	DIN 51 550 in Verbindung mit DIN 51 562-1
	max.	24,2	35,2	50,6	74,8	110	165	
Pourpoint °C	max.	Ist anzugeben						DIN ISO 3016
Flammpunkt °C (→ Sicherheitsdaten)	min.	200	200	200	200	200	200	DIN ISO 2592
Neutralisationszahl mg KOH/g		Ist anzugeben						DIN 51 558-3
Verseifungszahl mg KOH/g		Ist anzugeben						DIN 51 559-2
Gesamtbasenzahl mg KOH/g		Ist anzugeben						DIN ISO 3771
Wassergehalt mg/kg	max.	350[1])						DIN 51 777-1
Kältemittelmischbarkeit		Ist anzugeben						DIN 51 514

[1]) Gilt für verschlossene Gebinde im Anlieferungszustand. Wassergehalt in anderen Gebinden nach Vereinbarung, siehe Erläuterungen.

Begriffe: (→ Kinematische Viskosität, Wassergehalt)

Pourpoint (Stockpunkt)
Temperatur, bei der das Öl beim Abkühlen unter genormten Bedingungen gerade aufhört zu fließen.

Flammpunkt
Niedrigste Temperatur, bei der sich in einem Tiegel aus dem Öl Dämpfe in solcher Menge entwickeln, dass sich ein durch Fremdzündung entflammbares Dampf-Luft-Gemisch bildet (→ Zündgrenze, Kältemittel)

Neutralisationszahl (NZ)
Basenzahl (BZ)
Gehalt des Öls an sauren oder basischen Anteilen (→ pH-Werte-Skala)

Verseifungszahl
Kriterium für die **Hydrolyse**, d.h. Spaltung der Öle durch Wasser (Verseifung) und dadurch **Bildung von Ölsäuren**

Aschezahl
Verhältnis von Gewicht (Menge) des unverbrennbaren Restes des Öls zum Gewicht (Menge) vor der Verbrennung.

Die Werte werden durch genormte Versuche (s. Tabellen Spalte Prüfung) ermittelt.

Die **Angaben der Hersteller von Kältemittelverdichtern** bezüglich des Öleinsatzes sind unbedingt zu befolgen.

Gruppe KC: Fluorchlorkohlenwasserstoff-mischbare Kältemaschinenöle

Eigenschaften	Anforderungen Gruppe KC										Prüfung nach
ISO-Viskositätsklasse nach DIN 51 519	ISO VG 15	ISO VG 22	ISO VG 32	ISO VG 46	ISO VG 68	ISO VG 100	ISO VG 150	ISO VG 220	ISO VG 320	ISO VG 460	
Aussehen	Klar										Visuell

Fortsetzung Seite 316

6

Mindestanforderungen (Fortsetzung) (nach DIN 51 503-1, 08.97)

Gruppe KC	ISO VG	15	22	32	46	68	100	150	220	320	460	
Kinematische Viskosität mm²/s bei 40 °C (→ Viskosität)	min.	13,5	19,8	28,8	41,4	61,2	90	135	198	288	414	DIN 51 550 in Verbindung mit DIN 51 562-1
	max.	16,5	24,2	35,2	50,6	74,8	110	165	242	352	506	
Pourpoint °C	max.	−36	−30	−24	−21	−15	−9	−9	−9	−9	−9	DIN ISO 3016
Flammpunkt °C (→ Sicherheitsdaten)	min.	150	150	150	160	170	170	210	210	225	225	DIN ISO 2592
Neutralisationszahl mg KOH/g	max.	0,02[1])										DIN 51 558-3
Verseifungszahl mg KOH/g	max.	0,2[1])										DIN 51 559-2
Asche (Oxidasche) Massenanteil %	max.	0,01[1])										DIN EN 7 (DIN EN ISO 6245)
Wassergehalt mg/kg	max.	30[2])										DIN 51 777-1 oder DIN 51 777-2
Kältemittelmischbarkeit		Ist anzugeben										DIN 51 514
Kältemittelbeständigkeit		96 h bei 250 °C					96 h bei 175 °C					DIN 51 593

[1]) Gilt nicht für Kältemaschinenöle mit Wirkstoffen. Bei diesen Kältemaschinenölen sind Neutralisationszahl, Verseifungszahl und Aschegehalt vom Lieferer anzugeben.
[2]) Gilt für verschlossene Gebinde im Anlieferungszustand. Wassergehalt in anderen Gebinden nach Vereinbarung, siehe Erläuterungen.

Gruppe KD: Fluorkohlenwasserstoff-mischbare Kältemaschinenöle

Eigenschaften		Anforderungen Gruppe KD												Prüfung nach
ISO-Viskositätsklasse nach DIN 51 519		ISO VG 7	ISO VG 10	ISO VG 15	ISO VG 22	ISO VG 32	ISO VG 46	ISO VG 68	ISO VG 100	ISO VG 150	ISO VG 220	ISO VG 320	ISO VG 460	
Aussehen		Klar												Visuell
Kinematische Viskosität mm²/s bei 40 °C (→ Viskosität)	min.	6,2	9	13,5	19,8	28,8	41,4	61,2	90	135	198	288	414	DIN 51 550 in Verbindung mit DIN 51 562-1
	max.	7,7	11	16,5	24,2	35,2	50,6	74,8	110	165	242	352	506	
Pourpoint °C	max.	−39	−39	−39	−39	−39	−30	−27	−24	−21	−21	−21	−21	DIN ISO 3016
Flammpunkt °C (→ Sicherheitsdaten)	min.	130		150		160		170		210				DIN ISO 2592
Neutralisationszahl mg KOH/g	max.	Ist anzugeben												DIN 51 558-3
Wassergehalt mg/kg	max.	100[1])				Erläuterungen Seite 317				300[2])				DIN 51 777-1 oder DIN 51 777-2
Kältemittelmischbarkeit		Ist anzugeben												E DIN 51 514
Kältemittelbeständigkeit mit R 134a	min.	175 °C/14 Tage												ASHRAE 97-89

Mindestanforderungen (Fortsetzung) (nach DIN 51 503-1, 08.97)

[1]) Esteröle in verschlossenen Gebinden im Anlieferungszustand. Wassergehalt in anderen Gebinden nach Vereinbarung, siehe Erläuterungen.
[2]) Polyglykole in verschlossenen Gebinden im Anlieferungszustand. Wassergehalt in anderen Gebinden nach Vereinbarung, siehe Erläuterungen.

Gruppe KE: Kohlenwasserstoff-mischbare Kältemaschinenöle

Eigenschaften			Anforderungen Gruppe KE										Prüfung nach
ISO-Viskositätsklasse nach DIN 51 519			ISO VG 15	ISO VG 22	ISO VG 32	ISO VG 46	ISO VG 68	ISO VG 100	ISO VG 150	ISO VG 220	ISO VG 320	ISO VG 460	
Aussehen			Klar										Visuell
Kinematische Viskosität bei 40 °C (→ Viskosität)	mm^2/s	min.	13,5	19,8	28,8	41,4	61,2	90	135	198	288	414	DIN 51 550 in Verbindung mit DIN 51 562-1
		max.	16,5	24,2	35,2	50,6	74,8	110	165	242	352	506	
Pourpoint	°C	max.	−36	−30	−24	−21	−15	−9	−9	−9	−9	−9	DIN ISO 3016
Flammpunkt (→ Sicherheitsdaten)	°C	min.	150		160		170		210		225		DIN ISO 2592
Neutralisationszahl	mg KOH/g	max.	Ist anzugeben[1])										DIN 51 558-3
Verseifungszahl	mg KOH/g	max.	Ist anzugeben										DIN 51 559-2
Wassergehalt	mg/kg	max.	30[1])										DIN ISO 3733
Kältemittelmischbarkeit			Ist anzugeben										DIN 51 514

[1]) Gilt nur für Öle auf Kohlenwasserstoffbasis und verschlossene Gebinde im Anlieferungszustand. Wassergehalt in anderen Gebinden nach Vereinbarung, siehe Erläuterungen.

Grundsätzliche Arten und gebrauchte Kältemaschinenöle

Kältemaschinenöle sind Gemische verschiedener Kohlenwasserstoffe. Diese lassen sich auch synthetisch verändern. Danach unterscheidet man **mineralische Kältemaschinenöle** und **synthetische Kältemaschinenöle**.
Kriterien für **gebrauchte Kältemittel** sind in **DIN 51 503-2** geregelt. Sie beziehen sich auf die Verwendung dieser Kältemaschinenöle in offenen, halb- und vollhermetischen → Kältemittelverdichtern.

Kältemittel-Kältemaschinenöl-Gemische

Löslichkeitsgrenzen (→ Mischphasen) (nach DIN 51 514, 11.96)

Kältemaschinenöl dient der Verdichterschmierung und ist deshalb ständig in Berührung mit Kältemittel.

Kältemaschinenöle und Kältemittel sind i.d.R. in bestimmten Temperatur- und Druckbereichen mischbar (Ausnahme Gruppe KA) ⟶ Im Kältemaschinen-Kreislauf ist das Kältemittel (bis etwa 5%) mit Öl beladen.

Bei nicht vorhandener Mischbarkeit (nur Gruppe KA) oder bei **Phasentrennung** in bestimmten Temperatur- und Druckbereichen muss das Öl i.d.R. an geeigneter Stelle abgeschieden und in den Verdichter zurückgeführt werden.

6

SK | Kältemaschinenöle

Kältemittel-Kältemaschinenöl-Gemische (Fortsetzung)

Die **Mischbarkeit des Öles** im Kältemittel hängt von den Komponenten des Gemisches, von der Zusammensetzung des Gemisches, von der Temperatur und vom Druck ab. Im **Phasengleichgewicht** existiert für eine vorgegebene Temperatur und Zusammensetzung nur ein dazugehöriger Sättigungsdruck.

Beim Abkühlen und/oder Erwärmen einer Öl-Kältemittelmischung kann ein Trennen der Mischung in eine kältemittelreiche und eine kältemittelarme Ölphase auftreten. Diejenige Temperatur, bei der diese Phasenänderung eintritt, ist als **Löslichkeitsgrenztemperatur** definiert.

In graphischer Darstellung der Löslichkeitsgrenztemperatur als Funktion der Gemischzusammensetzung trennt die Verbindungslinie aller Löslichkeitsgrenztemperaturen den Bereich der homogenen Mischung vom Bereich der heterogenen Mischung, der als **Mischungslücke** bezeichnet wird.

Im Bereich der **Mischungslücke existieren zwei flüssige Phasen**. Die Temperatur, bei der beide flüssige Phasen die gleiche Zusammensetzung aufweisen, wird als kritische Entmischungstemperatur bezeichnet, die dazugehörige Zusammensetzung als kritische Entmischungszusammensetzung.

Beispiele verschieden ausgeprägter Mischungslücken (Quelle: Fuchs-Öle, Mannheim)

R-407 C (25% R-125 + 23% R-32 + 52% R-134a
Öl Reniso Triton SEZ 32

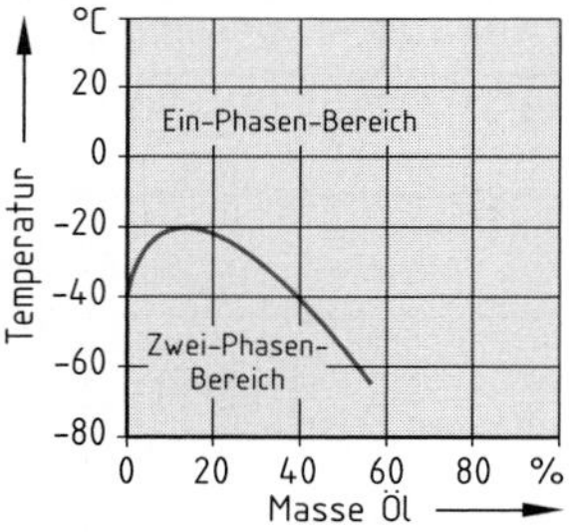

R-410 A (50% R-125 + 50% R-32
Öl Reniso Triton SEZ 32

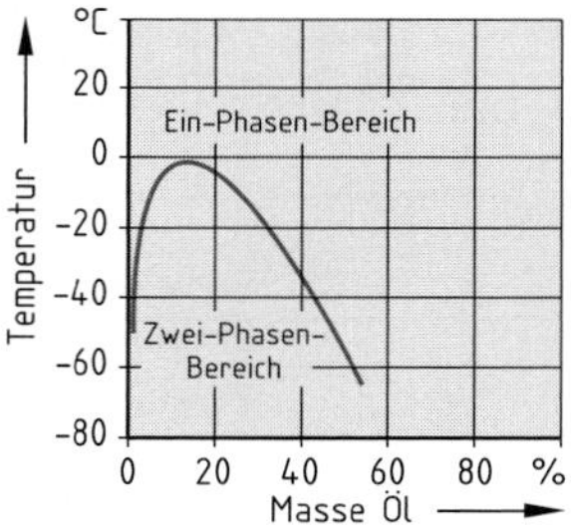

R-134a
Öl Reniso Triton SEZ 32

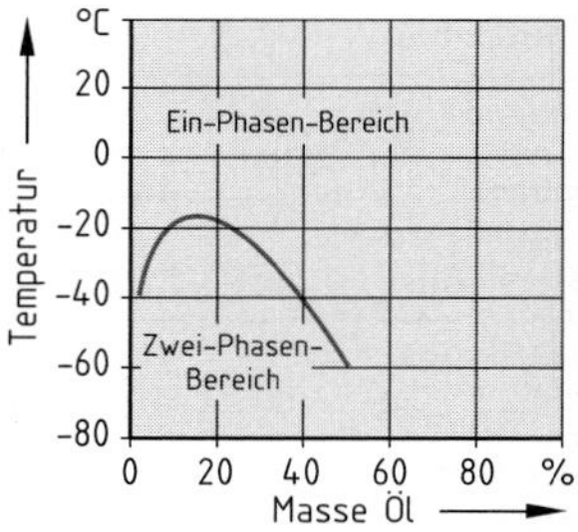

R-134a
Öl Reniso Triton SEZ 22

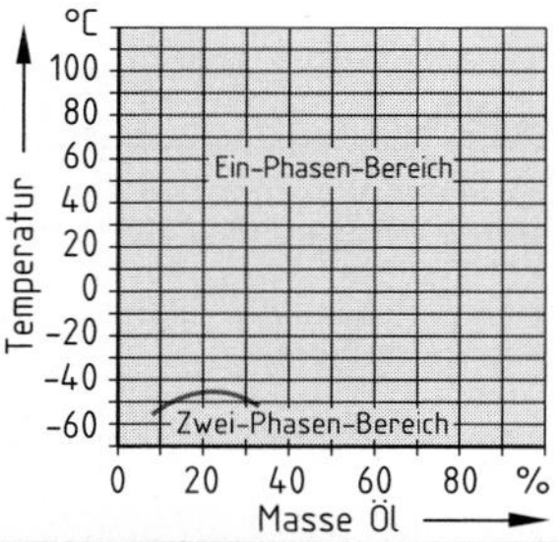

R-134a
Öl Reniso Triton SE 55

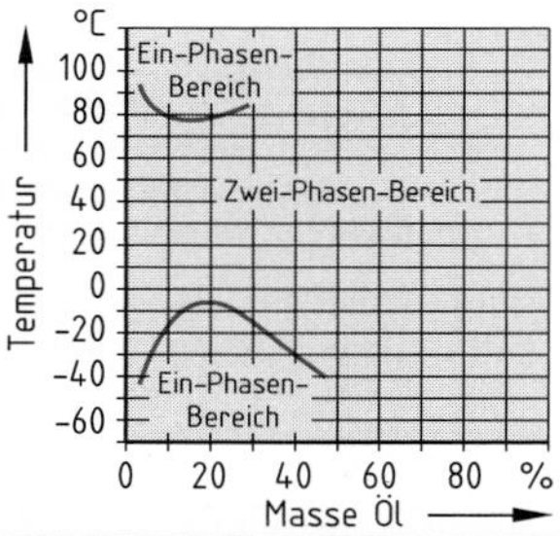

R-404 A (44% R-125 + 52% R-143a + 4% R-134a)
Öl Reniso Triton SEZ 32

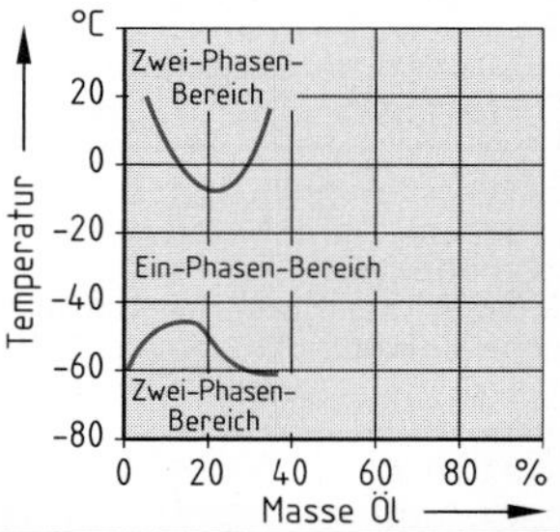

Dampfdruck bei Kältemittel-Kältemaschinenöl-Gemischen

(→ Verdampfen, Kondensieren, Dampfdruckkurve)

Nebenstehendes Diagramm zeigt für das Beispiel R-134a und Öl Reniso Triton SE 55 die Dampfdruckkurven, und zwar Massenanteile Kältemittel in Öl (Quelle: Fuchs-Öle, Mannheim)

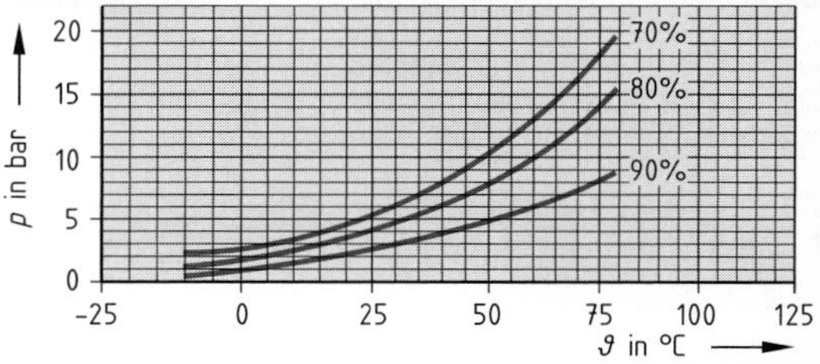

6

Kältemittel-Kältemaschinenöl-Gemische (Fortsetzung)

Kinematische Viskosität bei Kältemittel-Kältemaschinenöl-Gemischen

(→ Kinematische Viskosität)

$$1\,\frac{mm^2}{s} = 10^{-6}\,\frac{m^2}{s} = 1\text{ cSt}$$

Die **Mischbarkeit des Öles** im Kältemittel hängt von den Komponenten des Gemisches, von der Zusammensetzung des Gemisches, von der Temperatur und vom Druck ab.

Nebenstehendes Diagramm zeigt die **Druck-Temperatur-Abhängigkeit der Viskosität** am Beispiel eines Gemisches von R-134 und dem Öl Reniso Triton SEZ 15 (Quelle: Fuchs-Öle, Mannheim

Das Diagramm berücksichtigt die Massenanteile Öl in Kältemittel.

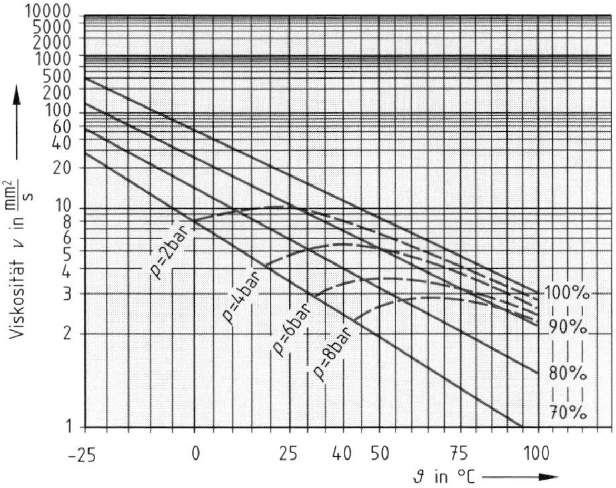

Trockenmittel

Wasserlöslichkeit in Kältemitteln

Kältemittel nehmen Wasser in geringen Mengen in → **Lösung**. Die **Löslichkeitsgrenze** bestimmt den zulässigen Wassergehalt im Kältemittel (s. Tabelle 1, Seite 306).

Wird die Löslichkeitsgrenze überschritten, dann fällt Wasser in Tröpfchenform aus. Bei diesem **kritischen Feuchtigkeitsgehalt** ist mit Störungen (z.B. Zufrieren des Drosselorgans) oder → **Hydrolyse** zu rechnen.

Die Löslichkeit ist stark temperaturabhängig (s. nebenstehendes Diagramm).

Wasserlöslichkeit in $\frac{\text{g Wasser}}{\text{kg Kältemittel}}$		
Kältemittel	Temperatur −25 °C	Temperatur −10 °C
R-22	0,24	0,4
R-40	0,10	0,23
R-12	0,005	0,013
R-13	0,004	0,01

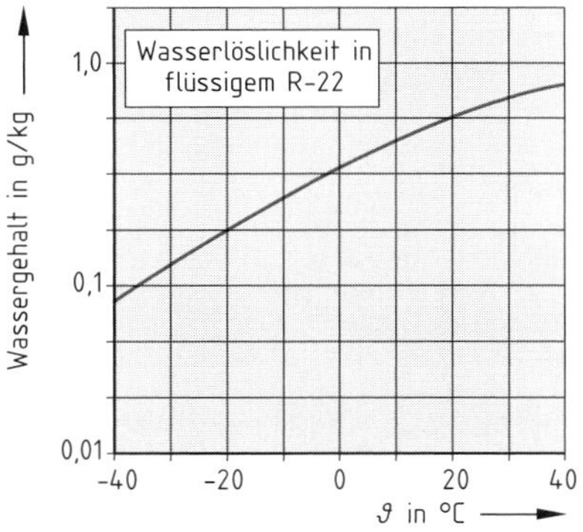

Zur Feuchtigkeitsaufnahme werden **Trockner**, die mit Trockenmittel gefüllt sind und durch die das Kältemittel strömt, eingebaut.

Aus der Löslichkeitscharakteristik ergibt sich:

Trockner immer an Stellen kleiner Temperatur einbauen (wegen größerer Wasseraufnahme).

Wirkungsweise des Trockenmittels

Kristallwasserbildung:

Die Moleküle verschiedener chemischer Verbindungen binden Wassermoleküle. Insbesondere wird zu diesem Zweck des Trocknens Calciumsulfat $CaSO_4$ – als Granulat in den Kältekreislauf eingebracht (in einem Trockner) – verwendet. Die Anordnung ist jedoch rückläufig. Heute meist ersetzt durch **adsorptive Trockenmittel**.

6

SK | Trockenmittel

Trockenmittel (Fortsetzung)

Adsorptive Trockenmittel:

Unter **Adsorption** (→ **Adsorptionsstoffpaare**) versteht man die Anlagerung von Gasen und Dämpfen (z. B. Wasserdampf) bzw. gelösten Stoffe an der Oberfläche fester Stoffe.

Die verwendeten **Adsorptionsmittel** werden als **Adsorbienten** (in der Einzahl als **Adsorbens**) bezeichnet.

Wichtige Adsorbienten

Aktivkohle, Kieselgel, Aktivtonerde (Aluminiumoxid Al_2O_3), Bleicherde, **Molekularsiebe**. Letztere heißen auch **Zeolithe** und finden heute meist Verwendung.
Adsorption findet nicht nur an der freien Oberfläche, sondern auch in den Poren des Adsorbens statt. Somit:

Wirkfläche bis 800 m² pro Gramm des Adsorbens.

Molekularsiebe (Zeolithe) sind kristalline Metall-Aluminiumsilikate

z. B. $Na_{12}[(AlO_2)_{12}(SiO_2)_{12}]$

mit käfigförmigem **Kristallgitter** mit einer Gitterkonstanten $a_0 \approx 0{,}4$ Nanometer, d.h. etwa $4 \cdot 10^{-8}$ cm. Symbolisch wird ein solches Kristallgitter als ein kubisch-flächenzentriertes Gitter (nebenstehende Abbildung) dargestellt. Die Gitterkonstante muss auf das Kältemittel abgestimmt sein!

Funktion

In die „Hohlräume" können die Wassermoleküle eindringen, denn sie haben einen Durchmesser von 0,28 Nanometer. Kältemittelmoleküle werden „herausgesiebt", da sie mit ihrem größeren Durchmesser nicht durch die Gitterstruktur passen.

Adsorption ist stark **temperaturabhängig** (s. folgendes Diagramm)

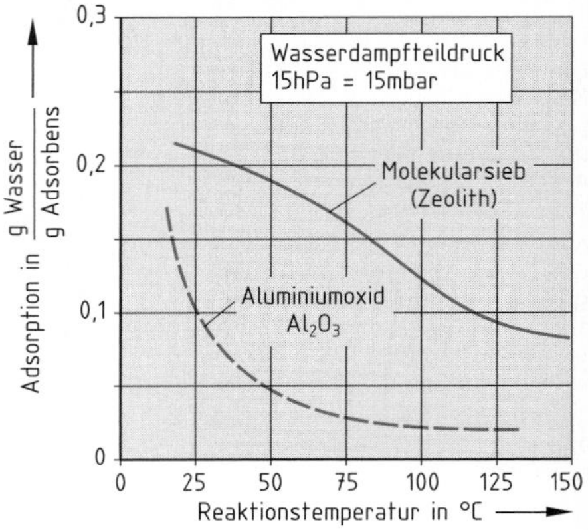

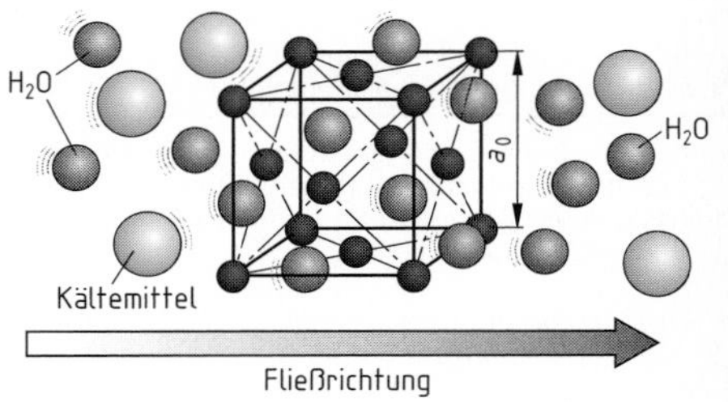

Einbauregeln, Trockenmittelmengen, Aktivierung der Trockenmittel

Einbauregeln:

1. Trockner immer geschlossen halten; Trockenmittel dürfen nur ganz kurzzeitig mit → atmosphärischer Luft in Berührung kommen.
2. Temperatur am Trockner sollte möglichst niedrig sein (Temperaturcharakteristik).
3. Strömungsgeschwindigkeit (→ Kontinuitätsgleichung) sollte möglichst klein sein. Damit wird die Verweilzeit größer.
4. Am Trocknerausgang sollte nur flüssiges Kältemittel strömen. Damit wird ein Verölen verhindert.

Trocknergröße, Trockenmittelmengen:

Richtwerte über Trockenmittelmengen bzw. Trocknergröße in Abhängigkeit von Trockenmittel, Kältemittel und Anlagengröße } → in $\frac{\text{g Trockenmittel}}{\text{mg } H_2O \text{ im Kreislauf}}$

Hersteller-angaben beachten

Aktivierung der Trockner:

Durch Erwärmung der Trockner auf **Aktivierungstemperatur** gemäß **DIN 8948**, z. B. Molekularsieb (Zeolith) auf 340 °C. Eine Überhitzung zertört das Trockenmittel (totbrennen); z. B. bei Zeolith ist $\vartheta_{max} = 600\,°C$. Die Aktivierung kann im Vakuum beschleunigt werden.

Hersteller-angaben beachten

6

Kühlsolen

→ Stoffmischungen
→ Lösungsdiagramm
→ Eutektische Mischungen
→ Eutektische Kältespeicher
→ Lösungen
→ Schmelzen, Erstarren
→ Diagramme, Nomogramme
→ Kältemittel
→ Viskosität
→ Wärmeleitfähigkeit
→ Spezifische Wärme

Gelöste Stoffe:
z.B. Natriumchlorid, Calciumchlorid, Methanol, Ethanol, Ethylenglykol

Unter **Solen** (Einzahl: Sole) versteht man eine natürliche oder technisch erzeugte Salzlösung. Unter einer **Kühlsole** versteht man die Lösung von Salzen in Wasser mit einem – je nach Salzkonzentration – niedrigeren Schmelzpunkt als Wasser.

↓

Lösungsdiagramm, Seite 109

Bei der **eutektischen Zusammensetzung** gefriert und schmilzt die Lösung wie ein reiner Stoff, d.h. bei konstanter Temperatur (Temperaturhaltepunkt)

↓

Eutektische Massen, Seite 110

Kühlsole wird als **Kälteträger** zwischen dem Verdampfer der Kältemaschine und dem Kälteverbraucher eingesetzt.

Unterste Abkühlungstemperatur = Abkühlungsgrenze ϑ_{min}

Beispiele:

In 100 kg Wasser gelöster Stoff	Gelöste Masse m(X) in kg	ϑ_{min} in °C	Spezifische Wärmekapazität c in kJ/(kg · K)	In 100 kg Wasser gelöster Stoff	Gelöste Masse m(X) in kg	ϑ_{min} in °C	Spezifische Wärmekapazität c in kJ/(kg · K)
Calciumchlorid $CaCl_2$	17,2 26,2 34,5 40,2	−10,2 −19,6 −32,1 −45,0	3,33 (0 °C) 3,11 (0 °C) 2,95 (0 °C) 2,86 (0 °C)	Methanol	11,1 25,0 66,7 150,0	−4,6 −10,7 −30,2 −57,3	4,1 (−10 °C) 3,56 (−30 °C) 2,97 (−40 °C)
Natriumchlorid NaCl	8,7 15,5 21,8 28,7	−5,3 −10,2 −15,1 −21,0	3,81 (0 °C) 3,61 (0 °C) 3,48 (0 °C) 3,36 (0 °C)	Ethanol	11,1 42,9 150,0	−4,6 −15,1 −38,8	3,85 (−10 °C) 3,06 (−30 °C)
				Ethylenglykol	11,1 42,9 150,0	−4,0 −17,0 −48,0	2,89 (−40 °C)

Die auf dem Markt (mit verschiedenen Handelsnamen, z.B. Antifrogen, TYFOXIT u.a.) angebotenen Produkte sind meist auf der Basis von **Ethylenglykol** hergestellt.

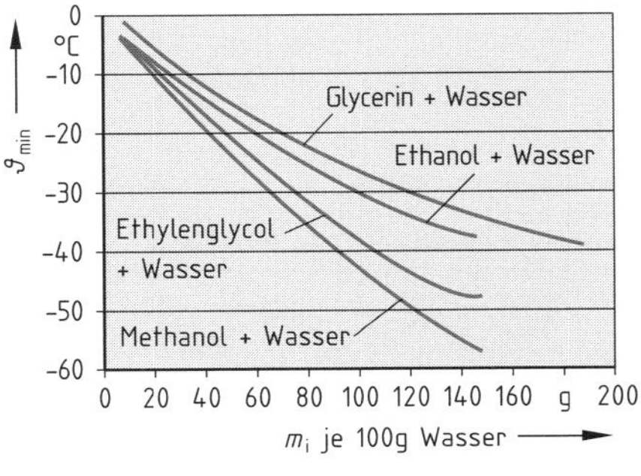

Beachten Sie die
Anwendungsrichtlinien des Herstellers:
1. Mischbarkeit mit anderen Kühlsolen
2. Temperaturbelastbarkeit (z.B. von −55 °C bis +80 °C)
3. Angaben über die Ausführung und Installation der Kälteanlage
4. Reinigung und Befüllung der Anlage
5. Überwachung der Kühlsole, insbesondere der → Dichte.

Beispiel TYFOXIT 1.24 mit ϑ_{min} = −55 °C:

ϑ in °C	spez. Wärme c in J/(g · K)	Wärmeleitfähigkeit λ in W/(m · K)	Viskosität		Dichte ϱ g/cm³
			ν in mm²/s	η in mPa · s	
−50	2,74	0,398	169,88	215,41	1,268
−55	2,73	0,395	275,59	349,99	1,270

6

Kühlsolen und Wärmeträger, Kältemischungen

Wärmeträger

(→ Kühlsolen, Siedepunkt)

Ebenso wie Kühlsolen sind Wärmeträger i.d.R. auf der Basis von Glykolen aufgebaut. Somit:

Wärmeträger können i.d.R. auch als Kühlsolen eingesetzt werden. Vor allem dienen sie aber dem Transport von Wärmeenergie in verfahrenstechnischen Anlagen sowie in Heiz- und Wärmepumpenanlagen.

Entscheidendes Kriterium der Kühlsolen ist ϑ_{min}.

Bei Wärmeträgern ist der **Siedepunkt** ϑ_s das entscheidende Kriterium, da er die Anwendung nach oben begrenzt (s. Diagramm).

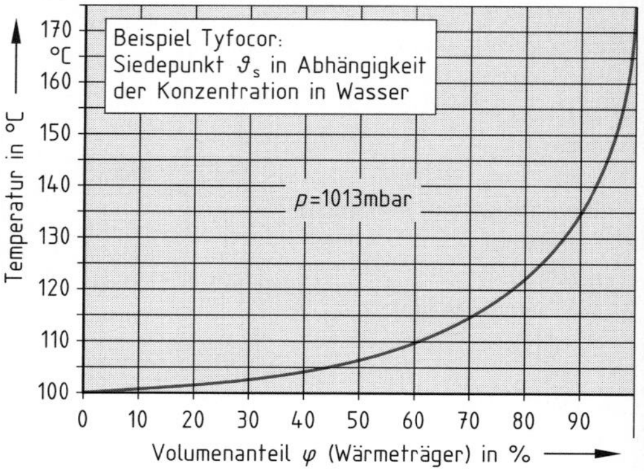

Wie bei den Kühlsolen ist die → Dichte ϱ, die → kinematische Viskosität ν und die → spezifische Wärmekapazität c von entscheidender Bedeutung.

Beispiel Tyfocor (Werte aus verschiedenen Diagrammen entnommen):

Volumenanteil in %	Temperatur in °C	Dichte in kg/m^3	kinematische Viskosität in mm^2/s	spez. Wärmekapazität in kJ/(kg · K)
0 (d.h. Wasser)	20	1,0017	≈ 1,01	≈ 4,18
20	20	1,028	≈ 2,8	≈ 3,98
50	60	1,048	≈ 1,8	≈ 3,51
70	80	1,054	≈ 1,8	≈ 3,28
80	90	1,057	≈ 2,0	≈ 3,12
90	100	1,064	–	≈ 2,98

Kältemischungen (→ Mischphasen; Stoffmischungen)

Mischungsbestandteile	Verhältnis (Massenteile)	Erreichbare Temperatur in °C	Mischungsbestandteile	Verhältnis (Massenteile)	Erreichbare Temperatur in °C
Wasser Eis	1 1	0	Eis (gemahlen) Bariumchlorid	10 2,8	−7
Wasser Ammoniumchlorid	3 1	−5	Eis (gemahlen) Natriumchlorid	3 1	−21
Wasser Natriumnitrat	10 7,5	−5	Eis (gemahlen) Kaliumchlorid	1 1	−30
Wasser Natriumchlorid	10 3,5	−10	Eis (gemahlen) Calciumchlorid (krist.)	2 3	−55
Wasser Ammoniumnitrat	1 1	−15	Eis (gemahlen) Schwefelsäure, w (H_2SO_4) = 66%	1 1	−37
Ethanol oder Methanol Festes Kohlenstoffdioxid		−77	Flüssige Luft		−180 bis −190
Aceton (Propanon) Festes Kohlenstoffdioxid		−86	Flüssiger Stickstoff		−196

6

Binäreis

(→ Stoffmischungen, Lösungsdiagramm)

Erzeugung:

Binäreis entsteht durch die Abkühlung aus dem Gleichgewichtszustand a auf die Temperatur im Punkt b (s. Bild).

Binäreis ist ein Gemisch aus feinen Eiskristallen (0,01 bis 0,1 mm) und flüssiger Lösung. Die Anreicherung an Eis nimmt mit dem Temperaturabstand von der → Liquidenslinie zu.

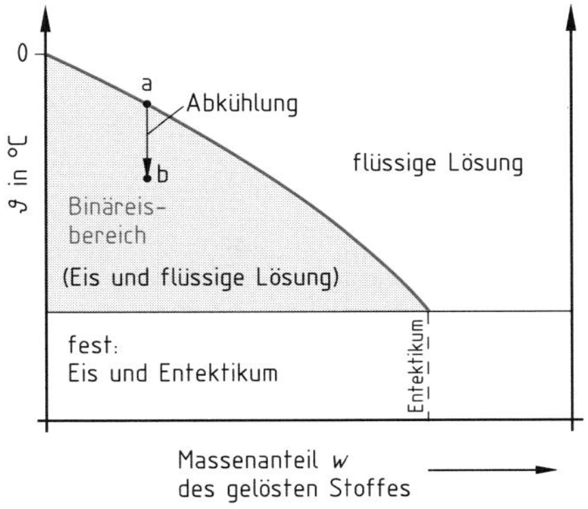

Lösungsmittel ist Wasser.

Gefrierpunktsenkende (zu lösende) **Substanzen**: Ethanol, Methanol, Calciumchlorid, Natriumchlorid, Bariumchlorid, Kaliumchlorid, Glykol, synthetisch erzeugte Stoffe auf Glykolbasis.

Anwendung:

Pumpfähiges Gemisch aus Eis und flüssiger Lösung im Bereich von −1 °C bis −40 °C. Als **Kälteträger** hat es gegenüber Solen den Vorteil, dass die → Schmelzwärme zum Wärmetransport genutzt wird. Daraus folgt:

Die Binäreistechnik befindet sich noch im Entwicklungsstadium.

Bei gleicher Kälteleistung erlaubt Binäreis einen wesentlich kleineren Massenstrom als bei der Verwendung von Solen als Kälteträger.

Trockeneis

(→ Sublimationswärme)
(→ Tripelpunkt)

Unter Trockeneis versteht man festes Kohlenstoffdioxid CO_2

Zustandsdiagramm von CO_2 (s. Bild)	
Punkt	Wert
→ Tripelpunkt	$p_t = 5{,}18$ bar $\vartheta_t = -56{,}57\,°C$
Sublimationstemperatur bei $p_n = 1\,013$ mbar	$\vartheta = -78{,}64\,°C$

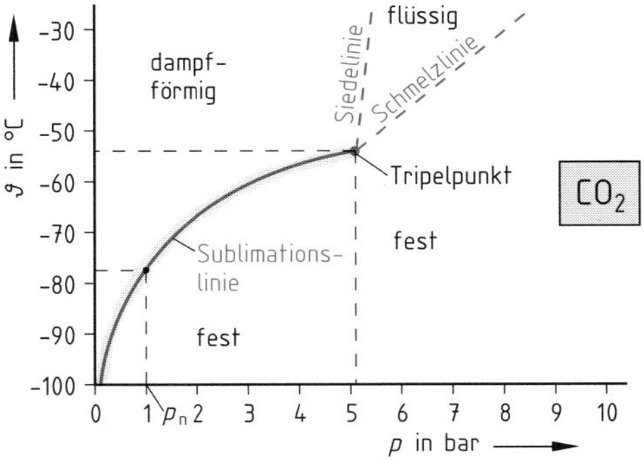

$Q = m \cdot \sigma$ **Sublimationswärme** (latent)

m	sublimierende Masse	kg
σ	spezifische Sublimationswärme	kJ/kg

σ_{CO_2} = **565 kJ/kg**

Sublimation erfolgt vom festen in den dampfförmigen Zustand ohne feste Rückstände.

B 1 kg Stahl ($c = 0{,}46$ kJ/(kg · K) soll von $\vartheta_1 = 20\,°C$ auf $\vartheta_2 = -70\,°C$ abgekühlt werden. Wieviel Gramm CO_2 sind erforderlich bei der Sublimation ohne Wärmeverluste?

$Q = m_{st} \cdot c_{st} \cdot \Delta\vartheta = m_{CO_2} \cdot \sigma_{CO_2}$

$$\mathbf{m_{CO_2}} = \frac{m_{st} \cdot c_{st} \cdot \Delta\vartheta}{\sigma_{CO_2}} = 0{,}0733\text{ kg} = \mathbf{73{,}3\text{ g}}$$

Die Sublimationstemperatur kann durch Druckreduzierung noch weiter herabgesetzt werden (bis etwa −120 °C).

$Q = m \cdot c_p \cdot \Delta\vartheta$ **dampfförmige Anwendung**
$Q = m \cdot c \cdot \Delta\vartheta$ **flüssige Anwendung**
→ sensible Wärmeenergieaufnahme!

6

SK Stoffe für Absorptions- und Adsorptionsvorgänge

Arbeitsstoffpaare für Absorptionskälteanlagen

Begriff Absorption:

Der Begriff **Absorption** wird in Physik und Technik in **zweierlei Bedeutung** verwendet:

1. **Bezug auf die Schwächung eines Teilchenstromes**
   → Wärmestrahlung
   → Absorptionskoeffizient *a*
   → Äquivalente Absorptionsfläche
   → Absorptionsgrad

2. **In Bezug auf die Aufnahme von Gasen oder Dämpfen durch Flüssigkeiten (oder festen Stoffen)**
   In Verbindung mit den **Verfahren der Kälteerzeugung** handelt es sich bei einer Absorption immer um diesen 2. Bezug!

In den Verfahren der Kälteerzeugung versteht man unter **Absorption** die Aufnahme von Dampf in einer Flüssigkeit. Man sagt auch: der Dampf wird in der Flüssigkeit gelöst. Die Umkehrung dieses Vorganges wird als **Desorption** oder **Austreiben** bezeichnet (→ **Absorptionskälteanlagen**).

Arbeitsstoffpaare (Auswahl)

Die gelöste Dampfkomponente heißt **Absorbend** oder **Kältemittel** (gelöster Stoff).

Das **Lösungsmittel** wird als das **Absorptionsmittel** bezeichnet.

Kältemittel	**Absorptionsmittel** (Absorbenden)
Ammoniak NH_3	Wasser H_2O
Methylamin CK_3NH_2	Wasser H_2O
Wasser H_2O	Kalilauge KOH
Wasser H_2O	Natronlauge NaOH
Wasser H_2O	Schwefelsäure H_2SO_4
Wasser H_2O	Lithiumbromid LiBr
Ethylenglykol $C_2H_6O_2$	Methylamin CK_3NH_2
Methanol CH_3OH	Zinkbromid $ZnBr_2$

Der Wärmetransport wird durch das Kältemittel realisiert. Die Aufnahme des Kältemittels (Absorption) erfolgt bei tiefen Temperaturen, die Abgabe des Kältemittels (Desorption) erfolgt bei hohen Temperaturen.

Arbeitsstoffpaare für Adsorptionskälteanlagen

(→ Adsorption, Adsorptive Trockenmittel)

Im Gegensatz zur Absorption wird das Kältemittel nicht gelöst, sondern an der Oberfläche feinkörniger Feststoffe, den → Adsorbienten durch → Adhäsionskräfte gebunden, d.h. festgehalten. Diesen Vorgang nennt man → Adsorption.

6

Arbeitsstoffpaare (Auswahl)

Kältemittel	**Adsorptionsmittel** (Adsorbienten)
Ammoniak NH_3	Aktivkohle
Ammoniak NH_3	Calciumchlorid CaCl
Ammoniak NH_3	poröse Kieselsäure SiO_2
Wasser H_2O	Zeolith (Molekularsieb)
Wasser H_2O	Aluminiumoxid Al_2O_3

Anforderungen an Arbeitsstoffpaare:

Gute thermische und chemische Stabilität, geringe Toxizität, keine Brennbarkeit, kein → Treibhauspotential, kein → Ozonabbaupotential, hohe → Wärmeleitfähigkeit, geringe → Viskosität, kleine → spezifische Wärmekapazität.

Längenprüftechnik

→ Basisgrößen, Basiseinheiten
→ Messen, Messwert, Messgröße
→ Toleranzen
→ Vorsätze vor Einheiten
→ Formelzeichen und Einheiten
→ Britische und US-Einheiten
→ Zehnerpotenzen

B $1\ km = 10^3\ m$; $1\ \mu m = 10^{-6}\ m = 10^{-9}\ km$

Gebräuchliche metrische Längeneinheiten

1 Kilometer	= 1 km	= 1 000 m
1 Dezimeter	= 1 dm	= 0,1 m
1 Zentimeter	= 1 cm	= 0,01 m
1 Millimeter	= 1 mm	= 0,001 m
1 Mikrometer	= 1 µm	= 0,000 001 m = 0,001 mm
1 Nanometer	= 1 nm	= 0,000 000 001 m = 0,001 µm

Prüfarten und Prüfmittel:

Subjektives Prüfen über Sinneswahrnehmung → **Sichtprüfung** (Augenmaß) und **Tastprüfung**.
Objektives Prüfen erfolgt mit **Prüfmitteln** → **Messgeräte** und **Lehren**.

Messen ist das Vergleichen einer Länge oder eines Winkels mit einem Messgerät. Das Ergebnis ist ein Messwert.

Lehren ist das Vergleichen des Prüfgegenstandes mit einer Lehre. Man erhält dabei keinen Zahlenwert, sondern nur die Feststellung „Gut" oder „Ausschuss".

Längenmessgeräte sind die **Maßstäbe** (biegsamer Stahlmaßstab, Bandmaßstab und Gliedermaßstab) sowie die **mechanischen Messgeräte** wie **Messschieber** (Schieblehre) sowie **Messschrauben** (Mikrometer) und **Messuhren**. **Winkelmessgeräte** heißen **Winkelmesser**.
Beim **automatisierten Messvorgang** unterscheidet man pneumatische, elektrische und elektronische Messgeräte.
Lehren sind vor allem Endmaße, Grenzlehren (Rachenlehre und Lehrdorn), Radiuslehren, Winkellehren. Lehren verkörpern entweder das Maß oder das Maß **und** die Form. **Taster** sind verstellbare Lehren.

Messabweichungen (Messfehler):
verursacht durch
- Messgegenstand
- Messgerät
- Messverfahren
- Umwelt

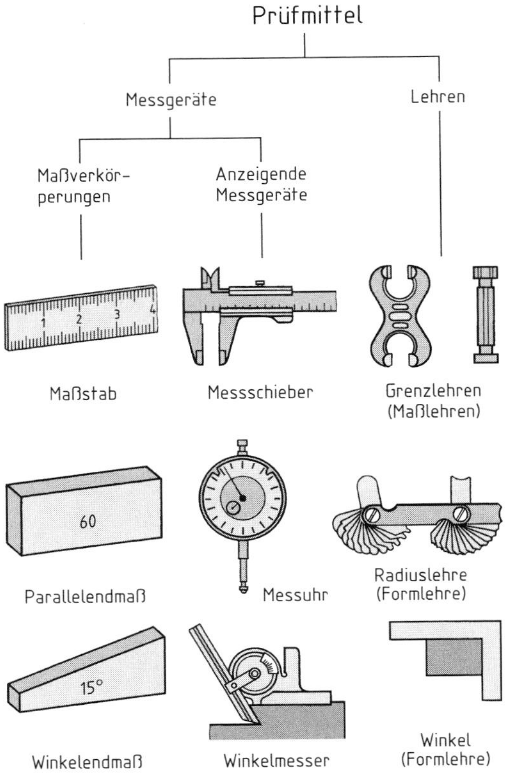

Messgegenstand (Werkstück) und Messgerät sollen bei der **Bezugstemperatur von 20°C** die vorgeschriebenen Maße haben.

Abweichung A = angezeigter Wert (Istwert) − richtiger Wert (Sollwert)

$K = -A$ **Korrektur**

7

Toleranzen

(nach DIN ISO 286, T1 u. 2, 11.90)

Wichtige Begriffe (→ Längenprüftechnik):

Bohrungen

N	Nennmaß	ES	ob. Abmaß Bohrung
G_{oB}	Höchstmaß Bohrung	EI	unt. Abmaß Bohrung
G_{uB}	Mindestmaß Bohrung	T_B	Toleranz Bohrung

Wellen

N	Nennmaß	es	ob. Abmaß Welle
G_{oW}	Höchstmaß Welle	ei	unt. Abmaß Welle
G_{uW}	Mindestmaß Welle	T_W	Toleranz Welle

Toleranzen (Fortsetzung) (nach DIN ISO 286, T1 u. 2, 11.90)

Bohrungen

$G_{ob} = N + ES$

$G_{uB} = N + EI$

$T_B = ES - EI$

$T_B = G_{oB} - G_{uB}$

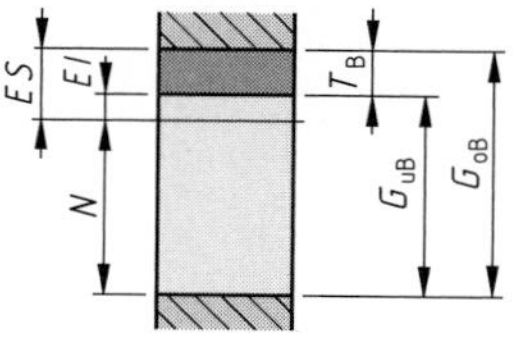

Wellen

$G_{oW} = N + es$

$G_{uW} = N + ei$

$T_W = es - ei$

$T_W = G_{oW} - G_{uW}$

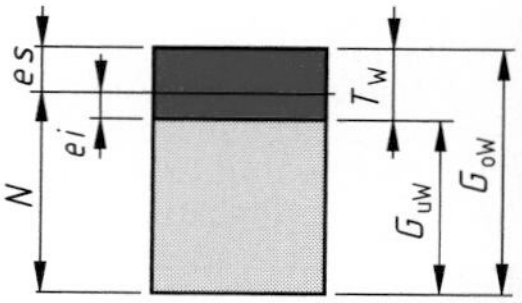

Passungen:

$P_{SH} = G_{oB} - G_{uW}$ $P_{ÜH} = G_{uB} - G_{oW}$

$P_{SM} = G_{uB} - G_{oW}$ $P_{ÜM} = G_{oB} - G_{uW}$

$P_{ÜH}$ Höchstübermaß
$P_{ÜM}$ Mindestübermaß
P_{SH} Höchstspiel
P_{SM} Mindestspiel

Großbuchstaben: Bohrungen
Kleinbuchstaben: Wellen
Unterscheiden Sie:
Spielpassungen
Übergangspassungen
Übermaßpassungen

ISO-Passungen für Einheitsbohrung (Auswahl) (nach DIN ISO 286, T2, 11.90)

Nennmaßbereich in mm	Grenzabmaße in µm									Grenzabmaße in µm					
	H7	Spielpassung			Übergangsp.			Übermaßp.		H11	Spielpassung				
über ... bis		f7	g6	h6	k6	m6	n6	r6	s6		a11	c11	d9	h9	h11
3 ... 6	+12 0	−10 −22	−4 −12	0 −8	+9 +1	+12 +4	+16 +8	+23 +15	+27 +19	+75 0	−270 −345	−70 −145	−30 −60	0 −30	0 −75
6 ... 10	+15 0	−13 −28	−5 −14	0 −9	+10 +1	+15 +6	+19 +10	+28 +19	+32 +23	+90 0	−280 −370	−80 −170	−40 −76	0 −36	0 −90
10 ... 14	+18	−16	−6	0	+12	+18	+23	+34	+39	+110	−290	−95	−50	0	0
14 ... 18	0	−34	−17	−11	+1	+7	+12	+23	+28	0	−400	−205	−93	−43	−110
18 ... 24	+21	−20	−7	0	+15	+21	+28	+41	+48	+130	−300	−110	−65	0	0
24 ... 30	0	−41	−20	−13	+2	+8	+15	+28	+35	0	−430	−240	−117	−52	−130
30 ... 40	+25	−25	−9	0	+18	+25	+33	+50	+59	+160	−310 −470	−120 −280	−80	0	0
40 ... 50	0	−50	−25	−16	+2	+9	+17	+34	+43	0	−320 −480	−130 −290	−142	−62	−160
...	...	...	...	...	...	...	...	...	...	...	...	...	...	...	...

ISO-Passungen für Einheitswelle (Auswahl) (nach DIN ISO 286, T2, 11.90)

Nennmaßbereich in mm	Grenzabmaße in µm									Grenzabmaße in µm					
	h6	Spielpassung			Übergangsp.				Übermaßp.		h11	Spielpassung			
über ... bis		F8	G7	H7	J7	K7	M7	N7	R7	S7		A11	C11	D11	H11
3 ... 6	0 −8	+28 +10	+16 +4	+12 0	+6 −6	+3 −9	0 −12	−4 −16	−11 −23	−15 −27	0 −75	+345 +270	+145 +70	+78 +30	+75 0
6 ... 10	0 −9	+35 +13	+20 +5	+15 0	+8 −7	+5 −10	0 −15	−4 −19	−13 −28	−17 −32	0 −90	+370 +280	+170 +80	+98 +40	+90 0
10 ... 18	0 −11	+43 +16	+24 +6	+18 0	+10 −8	+6 −12	0 −18	−5 −23	−16 −34	−21 −39	0 −110	+400 +290	+205 +95	+120 +50	+110 0
18 ... 30	0 −13	+53 +20	+28 +7	+21 0	+12 −9	+6 −15	0 −21	−7 −28	−20 −41	−27 −48	0 −130	+430 +300	+240 +110	+149 +65	+130 0
30 ... 40	0	+64	+34	+25	+14	+7	0	−8	−25	−34	0	+470 +310	+280 +120	+180	+160
40 ... 50	−16	+25	+9	0	−11	−18	−25	−33	−50	−59	−160	+480 +320	+290 +130	+80	0
...	...	...	...	...	...	...	...	...	...	...	...	...	...	...	...

7

Gliederung der Fertigungsverfahren (nach DIN 8580, 07.85)

Hauptgruppen und wichtige Beispiele:

Hauptgruppe	Vorgang	Beispiele
① **Urformen**	Körper entsteht aus formlosem Stoff	**Gießen** .... **Extrudieren** **Sintern**
② **Umformen**	Fester Körper wird plastisch umgeformt	**Walzen** **Tiefziehen** .... **Biegen** **Abkanten**
③ **Trennen**	Aufhebung des Zusammenhaltes verändert die Körperform	**Sägen** **Bohren** .... **Drehen** **Schleifen**
④ **Fügen**	Verbindung zweier oder mehrerer Werkstücke	**Schweißen** **Löten** **Kleben** **Schrauben** ....
⑤ **Beschichten**	Festhaftende Schicht wird auf die Werkstoffoberfläche gebracht	**Aufdampfen** **Auftragschweißen** **Galvanisieren** ......
⑥ **Stoffeigenschaftändern**	Stoffeigenschaft eines festen Stoffes (Werkstückes) wird geändert	**Entkohlen** **Nitrieren** **Härten** .... **Anlassen**

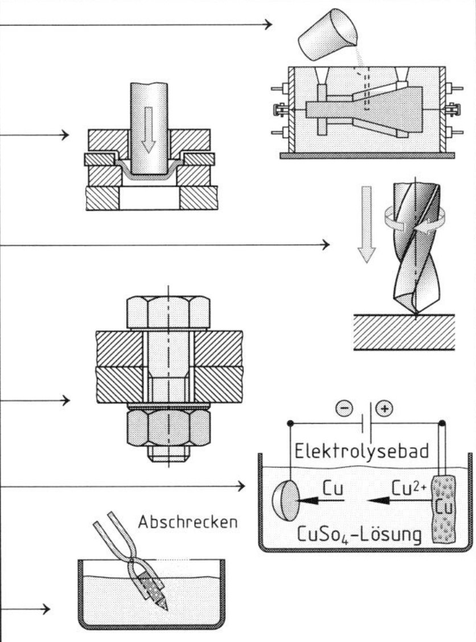

Umformen

(→ Rohlängen)

Biegen

(→ Gestreckte Längen, Biegung (Biegespannung))

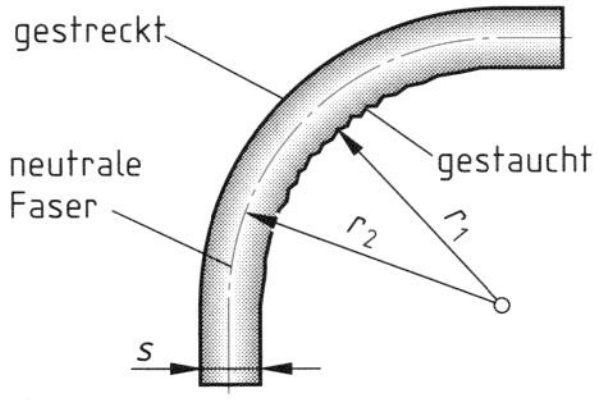

$$r_1 \geq 5 \cdot s \rightarrow r_2 = r_1 + \frac{s}{2}$$

$$r_1 < 5 \cdot s \rightarrow r_2 = r_1 + \frac{s}{3}$$

Näherungsformeln für den kleinsten zulässigen Biegeradius

Die Verhältnisse der Biegemaße sind vom **Werkstoff** und der **Umformtemperatur** abhängig. Ein Erfahrungswert für das **Kaltumformen** von Stahlblech ist $\boldsymbol{r_1 = 3 \cdot s}$

$r_1 = s \cdot k$ **kleinstzulässiger Biegeradius**

r_1	Biegeradius (innen)	mm
r_2	Biegeradius (außen)	mm
s	Blechdicke	mm
k	Faktor (durch Versuche ermittelt)	mm

$k = 0{,}25$ für weiches Kupfer (Cu)

Werkstoff
Stahl, weich
Stahl, hart
Kupfer, weich
Messing, weich
Messing, hart
Aluminium

spezielle Verfahren
Richten
Runden
Kanten
Wulsten
Sicken
Falzen

B Wie groß ist der kleinste Biegeradius von weichem Cu-Blech mit $s = 3$ mm

$r_1 = s \cdot k = 3 \text{ mm} \cdot 0{,}25 = \mathbf{0{,}75\ mm}$

Kleinste Biegeradien für weiche Kupferrohre beim Kaltbiegen (Installationsrohre)

Außendurchmesser in mm	8	10	12	14	16	18	20	25	30	40	50
Biegeradius r_1 in mm	10	10	10	15	15	15	15	20	30	40	50

7

Trennen

Wichtige Zerspanungsgrößen

Keilwirkung:
(→ Kräftedreieck)

$$F_N = \frac{F}{2 \cdot \sin\left(\frac{\alpha}{2}\right)}$$

$$F_N = F \cdot \frac{l}{b}$$

Spaltkraft

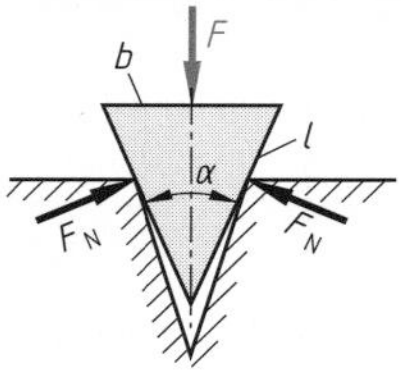

F	Wirkkraft des Keils (Schnittkraft)	N
F_N	Spaltkraft	N
α	Keilwinkel	Grad
b	Breite des Keilrückens	mm
l	Länge einer Keilflanke	mm

B $b = 10$ mm; $l = 70$ mm; $F = 100$ N;
Spaltkraft $F_N = ?$

$$F_N = F \cdot \frac{l}{b} = 100\ \text{N} \cdot \frac{70\ \text{mm}}{10\ \text{mm}} = \mathbf{700\ N}$$

Schnittkraft:

$$F_C = k_C \cdot A$$ **Schnittkraft**

$$k_C = k \cdot C_1 \cdot C_2$$

$$k_C = \frac{k_{C1.1}}{h^{m_C}} \cdot C_1 \cdot C_2$$

spezifische Schnittkraft

F_C	Schnittkraft	N
k_C	spezifische Schnittkraft	N/mm²
A	Spanungsquerschnitt	mm²
C_1	Korrekturfaktor für Schnittgeschwindigkeit v_C	1
C_2	Korrekturfaktor für Fertigungsverfahren	1
$k_{C1.1}$	Hauptwert der spez. Schnittkraft	N/mm²
h	Spanungsdicke	mm
m_C	Werkstoffkonstante	1

C_1, C_2, $k_{C1.1}$, m_C s. folgende Tabellen

v_C in m/min	10 … 30	31 … 80	81 … 400	> 400
C_1	1,3	1,1	1,0	0,9

Fertigungsverfahren	Fräsen	Drehen	Bohren
C_2	0,8	1,0	1,2

Werkstoff alt	Werkstoff neu	$k_{C1.1}$	m_C	spezifische Schnittkraft k_C in N/mm² für die Spanungsdicke h in mm (s. Anmerkung Seite 329)								
				0,08	0,1	0,16	0,2	0,31	0,5	0,8	1,0	1,6
St50-2	E295	1 500	0,3	3 200	2 995	2 600	2 430	2 130	1 845	1 605	1 500	1 305
C35, C45	C35, C45	1 450	0,27	2 870	2 700	2 380	2 240	1 990	1 750	1 540	1 450	1 275
C60	C60	1 690	0,22	2 945	2 805	2 530	2 410	2 185	1 970	1 775	1 690	1 525
9S20	9S20	1 390	0,18	2 190	2 105	1 935	1 855	1 715	1 575	1 445	1 390	1 275
9SMn28	9SMn30	1 310	0,18	2 065	1 985	1 820	1 750	1 615	1 485	1 365	1 310	1 205
35S20	35S20	1 420	0,17	2 180	2 100	1 940	1 865	1 735	1 600	1 475	1 420	1 310
16MnCr5	16MnCr5	1 400	0,30	2 985	2 795	2 425	2 270	1 990	1 725	1 495	1 400	1 215
18CrNi8	18CrNi8	1 450	0,27	2 870	2 700	2 380	2 240	1 990	1 750	1 540	1 450	1 275
20MnCr5	20MnCr5	1 465	0,26	2 825	2 665	2 360	2 225	1 985	1 755	1 555	1 465	1 295
34CrMo4	34CrMo4	1 550	0,28	3 145	2 955	2 590	2 430	2 150	1 880	1 650	1 550	1 360
37MnSi5	37MnSi5	1 580	0,25	2 970	2 810	2 500	2 365	2 115	1 880	1 670	1 580	1 405
40Mn4	40Mn4	1 600	0,26	3 085	2 910	2 575	2 430	2 170	1 915	1 695	1 600	1 415
42CrMo4	42CrMo4	1 565	0,26	3 020	2 850	2 520	2 380	2 120	1 875	1 660	1 565	1 385
50CrV4	51CrV4	1 585	0,27	3 135	2 950	2 600	2 450	2 175	1 910	1 685	1 585	1 395
X210Cr12	X210Cr12	1 720	0,26	3 315	3 130	2 770	2 615	2 330	2 060	1 825	1 720	1 520
GG-20	EN-GJL-200	825	0,33	1 900	1 765	1 510	1 405	1 215	1 035	890	825	705
GG-30	EN-GJL-300	900	0,42	2 600	2 365	1 945	1 740	1 470	1 205	990	900	740
CuZn37	CuZn37	1 180	0,15	1 725	1 665	1 555	1 500	1 405	1 310	1 220	1 180	1 100
CuZn36Pb1,5	CuZn36Pb1,5	835	0,15	1 220	1 180	1 100	1 065	995	925	865	835	780
CuZn40Pb2	CuZn40Pb2	500	0,32	1 120	1 045	900	835	725	625	535	500	430

Trennen (Fortsetzung)

Winkel an der Werkzeugschneide:

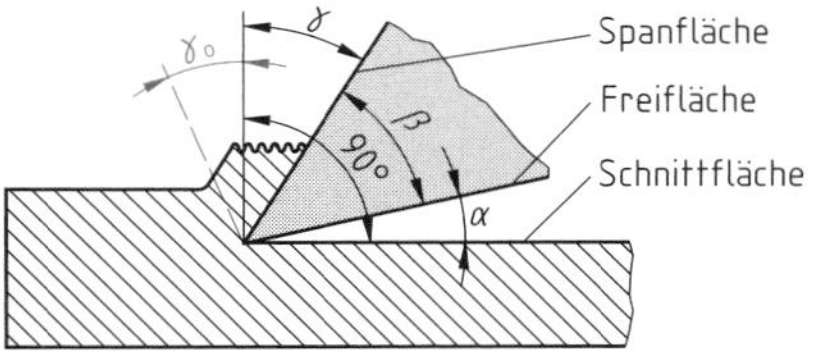

α Freiwinkel
β Keilwinkel
γ Spanwinkel;

$\alpha + \beta + \gamma = 90°$ γ_0 = positiver Spanwinkel

Die Summe von Freiwinkel, Keilwinkel und Spanwinkel ergibt immer einen Winkel von 90°.

Anmerkung zur großen Tabelle auf S. 328 →

Die **Richtwerte** gelten **für Hartmetallwerkzeuge** mit den Spanwinkeln
$\gamma_0 = +6°$ für die angegebenen Stähle,
$\gamma_0 = +2°$ für die angegebenen Gusseisenwerkstoffe,
$\gamma_0 = +8°$ für die angegebenen Kupferlegierungen.

Bohren

Bohrertypen (Spiralbohrer):

Bohrertyp	σ	Werkstoffbeispiele	γ_f
Ⓝ	118°	Stahl bis $R_m = 700$ N/mm², Temperguss, Grauguss	19° bis 40°
	130°	Stahl mit $R_m > 700$ N/mm²	
	140°	Nichtrostender Stahl, Al-Leg.	
Ⓗ	80° 118° 140°	Schichtpressstoffe, Hartgummi Weiche CuZn-Legierungen Austenitische Stähle, Mg-Legierungen	10° bis 13°
Ⓦ	118° 130°	Lagermetall, Zinklegierungen Kupfer, Aluminium, Al-Legierungen	35° bis 40°

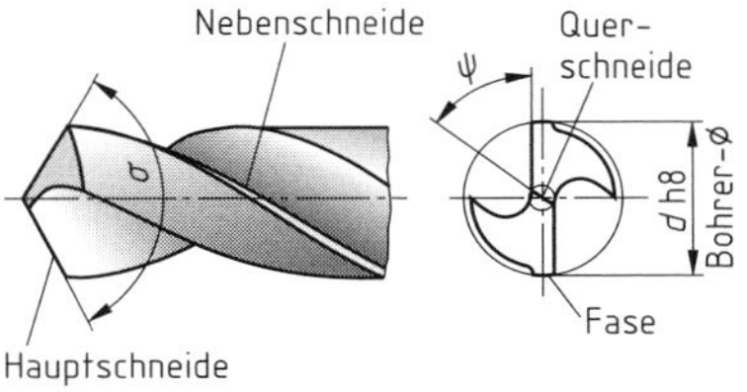

σ = Spitzenwinkel
γ_f = Seitenspanwinkel
ψ = Querschneidenwinkel

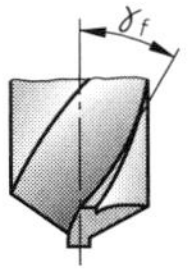

Freiwinkel α und **Querschneidenwinkel** ψ am Spiralbohrer								
Bohrer-∅ in mm	2 ... 3,5	3,6 ... 5	5,1 ... 7	7,1 ... 11	11,1 ... 18	18,1 ... 30	30,1 ... 55	55,1 ... 100
Freiwinkel α in °	14	11	9	9	8	6	6	5
Querschneidenwinkel ψ in °	47	48	49	50	52	55	55	55

Bohrerdurchmesser in mm	10	20	30	40	50	60	70	80
Fasenbreite in mm	1,3	2,0	2,6	3,0	3,4	3,6	3,7	3,8

Bohreranschliff mit Schleifschablone oder Schleifvorrichtung. An der Fase darf radial nicht geschliffen werden!

$$v_c = \frac{\pi \cdot d \cdot n}{1000}$$ **Schnittgeschwindigkeit**

$$t_h = \frac{l_f}{v_f}$$

$$t_h = \frac{l_f}{f \cdot n}$$ **Hauptnutzungsgrad**

$$l_f = l_c + l_a$$

$$P_c = \frac{F_c \cdot v_c}{2}$$ **Schnittleistung**

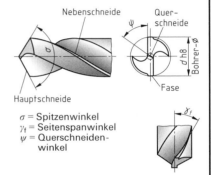

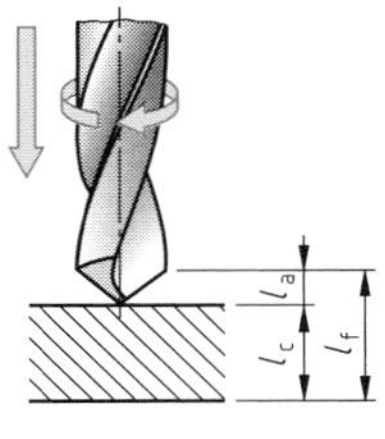

v_c	Schnittgeschwindigkeit	m/min
d	Bohrerdurchmesser	mm
n	Drehzahl	min⁻¹
t_h	Hauptnutzungszeit	min
l_f	Vorschubweg	mm
v_f	Vorschubgeschwindigkeit	mm/min
f	Vorschub je Umdrehung	mm
l_c	Bohrtiefe	mm
l_a	Anlauf der Bohrer bis zum Schnitt	mm
P_c	Schnittleistung	W
F_c	Schnittkraft	N
v_c	Schnittgeschwindigkeit (v_c bei Berechnung der Schnittleistung nicht in m/min einsetzen!)	m/s

Richtwerte für die Schnittgeschwindigkeit:
s. Tabelle Seite 330

7

Trennen (Fortsetzung)

zu bohrender **Werkstoff**	**Zugfestigkeit** R_m in N/mm²	**Schnittgeschwindigkeit** v_c in m/min f. Spiralbohrer aus Werkzeugstahl	aus Schnellarbeitsstahl	aus Hartmetall
a) Metalle				
Baustahl				
weich	bis 400	15 ... 20	30 ... 35	36 ... 42
mittelhart	bis 600	12 ... 15	20 ... 30	30 ... 35
hart	bis 800	10 ... 12	15 ... 25	20 ... 30
sehr hart	bis 1000	6 ... 10	10 ... 15	15 ... 20
Werkzeugstahl				
weich	bis 1000	6 ... 10	10 ... 15	15 ... 20
mittelhart	bis 1400	6 ... 8	10 ... 12	12 ... 18
hart	bis 1800	4 ... 6	6 ... 10	12 ... 16
Gusseisen	bis 180	12 ... 18	22 ... 30	30 ... 35
	bis 220	10 ... 12	16 ... 25	20 ... 25
	bis 260	5 ... 8	10 ... 15	12 ... 18
Temperguss				
weich	bis 350	10 ... 14	18 ... 22	22 ... 26
mittelhart	bis 450	8 ... 10	14 ... 18	16 ... 20
hart	bis 600	6 ... 8	10 ... 15	12 ... 16
Kupfer, rein	220 bis 300	30 ... 35	60 ... 80	–
Messing, Rotguss, Weißmetall				
weich	bis 150	25 ... 75	50 ... 100	60 ... 150
mittelhart	bis 350	20 ... 50	40 ... 80	45 ... 100
hart	bis 500	15 ... 25	30 ... 60	30 ... 75
sehr hart	bis 600	12 ... 20	25 ... 50	–
Aluminium, rein	bis 120	25 ... 40	60 ... 100	70 ... 125
Al-Legierungen	bis 400	60 ... 80	80 ... 150	100 ... 200
b) Kunststoffe				
Vulkan-Fiber	–	50 ... 100	bis 200	–
Novotext	–	8 ... 12	20 ... 30	–
Pertinax	–	10 ... 20	20 ... 30	–
PVC	–	50 ... 100	150 ... 200	–

Drehen

Winkel an der Werkzeugschneide und Rautiefe:

$$R_{th} \approx \frac{f^2}{8 \cdot r}$$ **Rautiefe** (s. Tabelle)

Spitzenradius r in mm	Schruppen		Schlichten		Feindrehen	
	Rautiefe in µm					
	100	63	25	16	6,3	4
	Vorschub f in mm je Umdrehung					
0,4	0,57	0,45	0,28	0,20	0,14	0,10
0,8	0,80	0,63	0,40	0,30	0,20	0,16
1,2	1,00	0,80	0,50	0,40	0,25	0,20
1,6	1,13	0,90	0,60	0,45	0,30	0,23
2,4	1,40	1,30	0,70	0,55	0,35	0,28

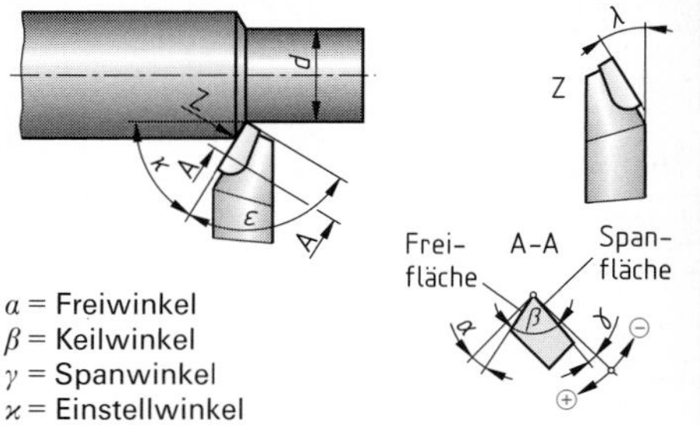

α = Freiwinkel
β = Keilwinkel
γ = Spanwinkel
$\varkappa$ = Einstellwinkel
ε = Eckenwinkel
λ = Neigungswinkel
r = Spitzenradius
f = Vorschub

$$v_c = \frac{\pi \cdot d \cdot n}{1000}$$ **Schnittgeschwindigkeit**

$$P_c = F_c \cdot v_c$$ **Schnittleistung**

Das **Drehzahldiagramm** (s. Seite 331) zeigt die Abhängigkeit der Schnittgeschwindigkeit v_c von Durchmesser d und Drehzahl n.

v_c	Schnittgeschwindigkeit	m/min
d	Werkstückdurchmesser	mm
n	Drehzahl	min⁻¹
v_c	Schnittgeschwindigkeit	m/s
P_c	Schnittleistung	W
F_c	Schnittkraft (s. Seite 328)	N

7

Trennen (Fortsetzung)

Drehzahldiagramm: $v_c = f(d, n)$

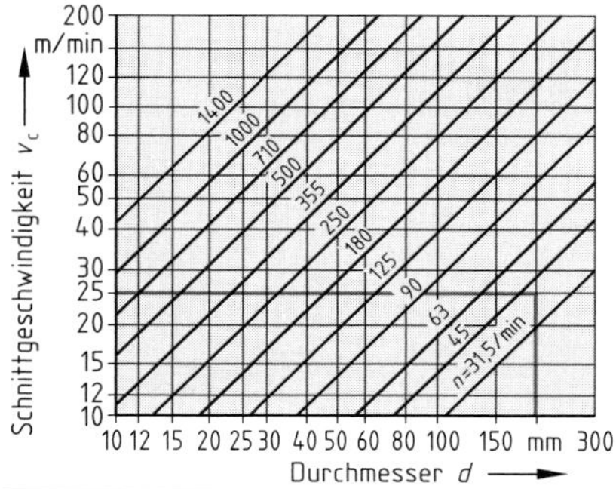

t_h	Hauptnutzungszeit für das Drehen	min
l_f	Vorschubweg	mm
i	Anzahl der Schnitte	1
v_f	Vorschubgeschwindigkeit	mm/min
l_c	Länge der Bearbeitungsfläche	mm
l_{a1}	Anlauf	mm
l_{a2}	Überlauf	mm
d_1	Außendurchmesser	mm
d_2	Innendurchmesser	mm
f	Vorschub je Umdrehung	mm
v_c	Schnittgeschwindigkeit	mm/min
d_m	mittlerer Durchmesser	mm

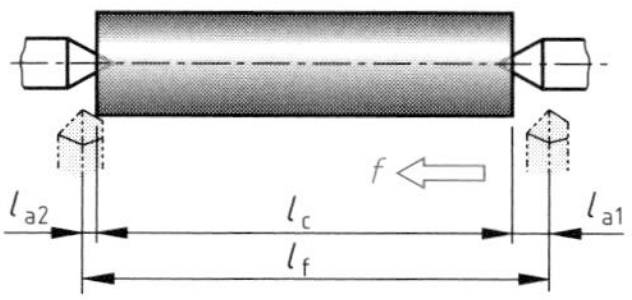

$$t_h = \frac{l_f \cdot i}{v_f}$$

Hauptnutzungszeit (Langdrehen)

$$l_f = l_c + l_{a1} + l_{a2}$$

$$t_h = \frac{\pi \cdot d_1}{f \cdot v_c} \cdot l_f \cdot i$$

Hauptnutzungszeit (Plandrehen)
n = konstant, v_c = variabel

$$t_h = \frac{\pi \cdot d_m}{f \cdot v_c} \cdot l_f \cdot i$$

Hauptnutzungszeit (Plandrehen)
v_c = konstant, n = variabel

Richtwerte zur Schnittgeschwindigkeit v_c beim Drehen (Auswahl)

Werkstoff (→ Werkstoffprüfung)	**Zugfestigkeit** R_m in N/mm²	**Brinellhärte** HB	**Vorschub** f in mm/U	**Schnitttiefe** a in mm	v_c in m/min
		Schneidstoff: **Schnellarbeitsstahl**			
Baustähle, Einsatzstähle, Vergütungsstähle, Werkzeugstähle	< 500 500 bis 700 500 bis 700	– – –	0,5 0,1 0,5	3,0 0,5 3,0	65 bis 50 70 bis 50 50 bis 30
Gusseisen	< 250 < 250	– –	0,3 0,6	3,0 6,0	32 bis 23 23 bis 15
Kupferlegierungen	– –	– –	0,3 0,6	3,0 6,0	150 bis 100 120 bis 80
Aluminiumlegierungen	< 900	–	0,6	6,0	180 bis 120
		Schneidstoff: **Hartmetall**			
Stahl hochlegiert nicht rostend	< 900 < 900	– –	0,25 0,50	3,0 3,0	60 bis 90 50 bis 75
Gusseisen, Temperguss	< 700 < 700	– –	0,25 0,50	3,0 3,0	140 bis 190 130 bis 180
Cu-Legierungen	–	–	0,25	3,0	300 bis 500
		Schneidstoff: **Oxidkeramik**			
Einsatzstähle, Vergütungsstähle	> 400 bis 600 > 600 bis 800	– –	0,3 bis 0,5 0,1 bis 0,2	bis 5,0 0,3	750 bis 150 600 bis 120
Gusseisen	– –	100 bis 150 200 bis 300	0,4 bis 0,6 0,2 bis 0,4	bis 5,0 0,5 bis 1,0	1000 bis 150 600 bis 90

Weitere Werte in Fachnormen, aus Herstellerangaben bzw. fertigungstechnischer Fachliteratur!

Trennen (Fortsetzung)

Fräsen

Fräsertypen:

Fräser-typ	zu bearbeitende Werkstoffe	α	β	γ	λ
Ⓝ	Baustähle, Gusseisen, Temperguss, Messing, ausgehärtete Al-Legierungen	7°	73°	10°	30°
Ⓗ	Harte und zähharte Werkstoffe	4°	80°	6°	15°
Ⓦ	Kupfer, Aluminium, Magnesium	8°	57°	25°	45°

Vor allem unterscheidet man: Walzenfräser, Walzenstirnfräser, Fräskopf (Messerkopf), Schaftfräser, Scheibenfräser

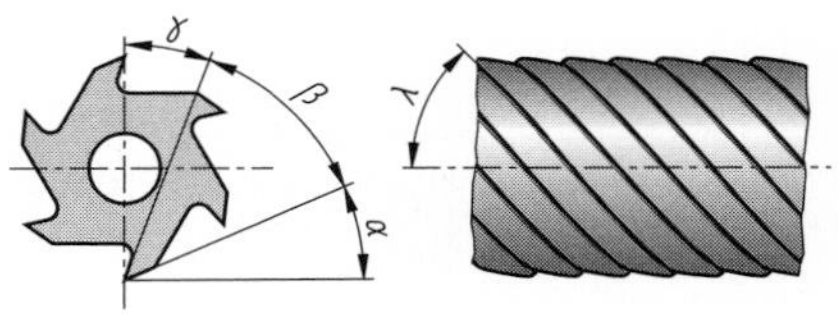

α = Freiwinkel γ = Spanwinkel
β = Keilwinkel λ = Drallwinkel

Schnittgeschwindigkeit und Hauptnutzungszeit:

$$v_c = \frac{\pi \cdot d \cdot n}{1000}$$ **Schnittgeschwindigkeit**

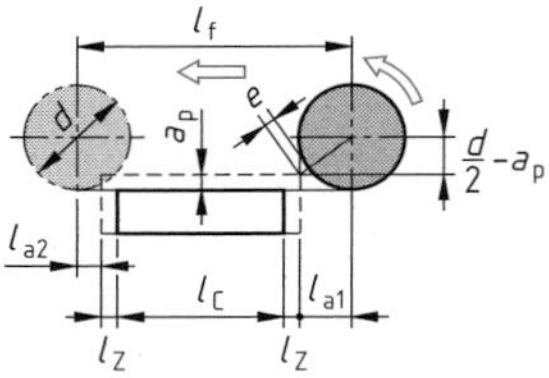

$$t_h = \frac{l_f \cdot i}{v_f}$$ **Hauptnutzungszeit**

$$v_f = n \cdot z \cdot f_z$$

$$l_f = l_c + 2 \cdot l_z + 2 \cdot l_{a1}$$

$$l_{a1} = l_{a2} = \sqrt{a_p \cdot (d - a_p)} + e$$

v_c	Schnittgeschwindigkeit	m/min
d	Fräserdurchmesser	mm
n	Drehzahl des Fräsers	min^{-1}
t_h	Hauptnutzungszeit für das Fräsen	min
l_f	Vorschubweg (Arbeitsweg)	mm
i	Anzahl der Schnitte	1
v_f	Vorschubgeschwindigkeit	mm/min
z	Zähnezahl des Fräsers	1
f_z	Vorschub je Fräserzahn	mm
l_c	Länge des Werkstückes	mm
l_z	Bearbeitungszugabe	mm
l_{a1}	Anlauf des Fräsers	mm
l_{a2}	Überlauf des Fräsers	mm
a_p	Schnitttiefe	mm
e	Kleinstabstand des Fräsers	mm
b	Fräserbreite	mm

Hobeln, Stoßen

Hauptnutzungszeit:

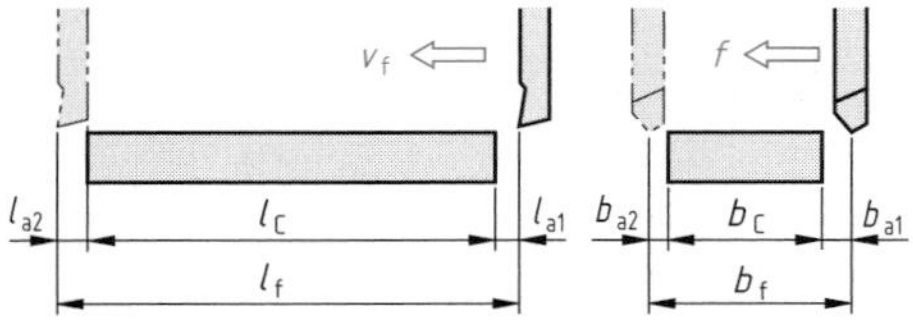

$$t_h = \frac{b_f \cdot i}{v_f}$$

$$t_h = \frac{2 \cdot l_f \cdot b_f \cdot i}{v_{cm} \cdot f}$$

Hauptnutzungszeit

$$b_f = b_c + b_{a1} + b_{a2}$$ $$v_f = n \cdot f$$

$$l_f = l_c + l_{a1} + l_{a2}$$

t_h	Hauptnutzungszeit für das Hobeln	min
b_f	Gesamtbreite	mm
b_c	Breite der Bearbeitungsfläche	mm
b_{a1}	Anlauf in der Breite	mm
b_{a2}	Überlauf in der Breite	mm
l_f	Gesamtlänge	mm
l_c	Länge der Bearbeitungsfläche	mm
l_{a1}	Anlauf in der Länge	mm
l_{a2}	Überlauf in der Länge	mm
i	Anzahl der Schnitte	1
v_f	Vorschubgeschwindigkeit	mm/min
v_{cm}	mittlere Schnittgeschwindigkeit	mm/min
f	Vorschub je Doppelhub	mm
n	Anzahl der Doppelhübe je Minute	min^{-1}

Trennen (Fortsetzung)

Schnittgeschwindigkeit:

$$v_c = \frac{l_f}{t_c}$$

$$v_r = \frac{l_f}{t_r}$$

$$v_m = \frac{2 \cdot l_f}{T} = 2 \cdot l_f \cdot i$$

$$v_m = 2 \cdot \frac{v_c \cdot v_r}{v_c + v_r} = 2 \cdot \frac{v_c}{1 + k}$$

$$k = \frac{v_c}{v_r}$$

v_c	mittlere Schnittgeschwindigkeit für den Vorlauf	m/min
v_r	mittlere Schnittgeschwindigkeit für den Rücklauf	m/min
v_m	mittlere Schnittgeschwindigkeit für den Doppelhub	m/min
l_f	Hublänge	m
t_c	Vorlaufzeit	min
t_r	Rücklaufzeit	min
T	Zeit für den Doppelhub	min
i	Anzahl der Doppelhübe	min^{-1}
k	Geschwindigkeitsverhältnis	1

Schleifen

Schnittgeschwindigkeit:

$$v_c = \frac{\pi \cdot d \cdot n}{1000 \cdot 60}$$

v_c	Schnittgeschwindigkeit	m/s
d	Durchmesser der Schleifscheibe	mm
n	Drehzahl der Schleifscheibe	min^{-1}

Die Schnittgeschwindigkeiten liegen zwischen 8 m/s (beim Schleifen von Hartmetall) und 35 m/s (beim Schleifen von Stahl bzw. Gusseisen).

Fügen

Kraftschlüssige Verbindungen

Die **Kraftübertragung** erfolgt durch → Reibungskräfte

Kraftschluss = Reibschluss

$F_{R_0} = \mu_0 \cdot F_N$ **Reibungskraft**

Bei (z. B.) nebengezeichneter **Durchsteck-Schraubenverbindung** ist

$F = F_{R_0}$ **übertragene Kraft**

$F_s = F_N$ **Schraubenkraft**

Weitere Beispiele: **Klemmverbindung**, **Kegelverbindung**, **Keilverbindung** u. a. } → Kräftedreieck

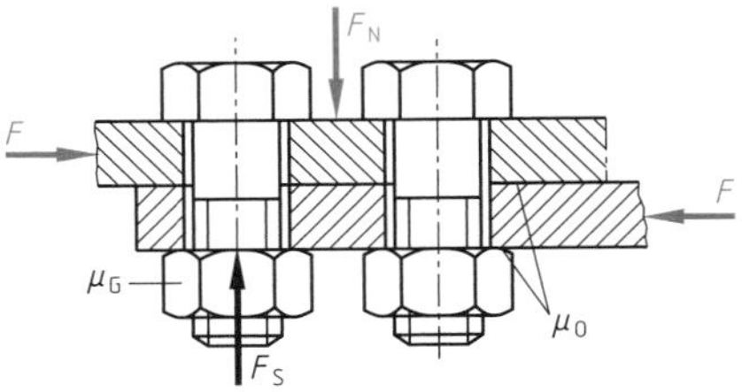

F_{R_0}	Reibungskraft (Haftreibung)	N
μ_0	Reibungszahl (s. Seite 188)	1
F_N	Normalkraft	N

Formschlüssige Verbindungen

Die **Kraftübertragung** (bzw. die **Momentenübertragung**) erfolgt aufgrund der Teileform, z. B. durch eine **Scheibenfeder** (nebenstehendes Bild). Bei nebengezeichneter **Scheibenfeder-Verbindung** ist

$M_d = F_u \cdot r$ → **Drehmoment**

Weitere Beispiele: **Keilwelle, Riegel, Seegering, Zahnrad, Pass-Schraubenverbindung, Gewinde** u. a.

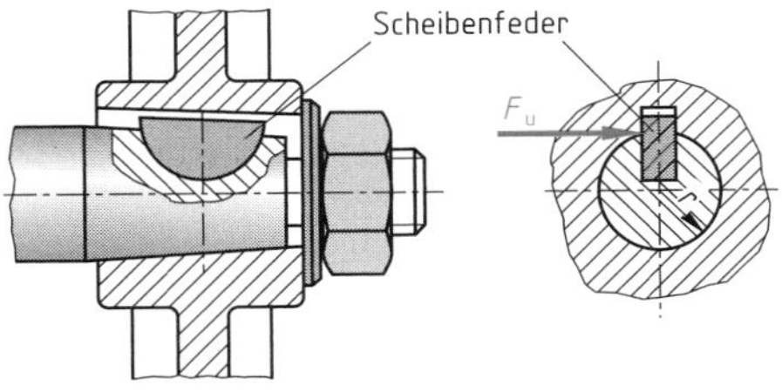

M_d	Drehmoment	Nm
r	Radius	m
F_u	Umfangskraft	N

7

Fügen (Fortsetzung)

Gewindetabellen (→ Wichige Gewindenormen)

Gewindeteil	Abmessungsfunktion
Nenndurchmesser	$d = D$
Steigung	P
Gewindetiefe Bolzen	$h_3 = 0{,}61343 \cdot P$
Gewindetiefe Mutter (Flankenüberdeckung)	$H_1 = 0{,}54127 \cdot P$
Flankendurchmesser	$d_2 = D_2 = d - 0{,}64952 \cdot P$
Kerndurchmesser Bolzen	$d_3 = d - 1{,}22687 \cdot P$
Kerndurchmesser Mutter	$D_1 = d - 2 \cdot H_1$
Flankenwinkel	$\beta = 60°$

Metrisches ISO-Gewinde

(nach DIN 13, T.1 bis 11, 12.86)

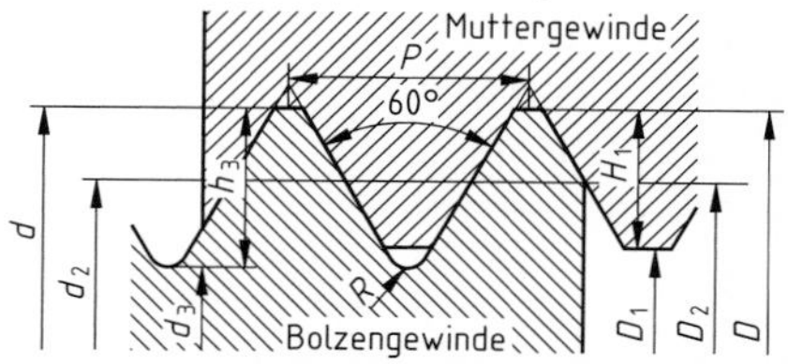

Regelgewinde Reihen 1, 2 und 3 — DIN 13 — **Maße in mm**

Gewindebezeichnung (Nenndurchmesser) $d = D$ Reihe 1	Reihe 2	Reihe 3	Steigung P	Flanken-∅ $d_2 = D_2$	Kern-∅ Bolzen d_3	Kern-∅ Mutter D_1	Gewindetiefe Bolzen h_3	Gewindetiefe Mutter H_1	Rundung R	Spannungsquerschnitt A_s mm^2
M 1			0,25	0,838	0,693	0,729	0,153	0,135	0,036	0,46
	M 1,1		0,25	0,938	0,793	0,829	0,153	0,135	0,036	0,59
M 1,2			0,25	1,038	0,893	0,929	0,153	0,135	0,036	0,73
	M 1,4		0,3	1,205	1,032	1,075	0,184	0,162	0,043	0,98
M 1,6			0,35	1,373	1,171	1,221	0,215	0,189	0,051	1,27
	M 1,8		0,35	1,573	1,371	1,421	0,215	0,189	0,051	1,70
M 2			0,4	1,740	1,509	1,567	0,245	0,217	0,058	2,07
	M 2,2		0,45	1,908	1,648	1,713	0,276	0,244	0,065	2,48
M 2,5			0,45	2,208	1,948	2,013	0,276	0,244	0,065	3,39
M 3			0,5	2,675	2,387	2,459	0,307	0,271	0,072	5,03
	M 3,5		0,6	3,110	2,764	2,850	0,368	0,325	0,087	6,77
M 4			0,7	3,545	3,141	3,242	0,429	0,379	0,101	8,78
	M 4,5		0,75	4,013	3,580	3,688	0,460	0,406	0,108	11,3
M 5			0,8	4,480	4,019	4,134	0,491	0,433	0,115	14,2
M 6			1	5,350	4,773	4,917	0,613	0,541	0,144	20,1
		M 7	1	6,350	5,773	5,917	0,613	0,541	0,144	28,8
M 8			1,25	7,188	6,466	6,647	0,767	0,677	0,180	36,6
		M 9	1,25	8,188	7,466	7,647	0,767	0,677	0,180	48,1
M 10			1,5	9,026	8,160	8,376	0,920	0,812	0,217	58,0
		M 11	1,5	10,026	9,160	9,376	0,920	0,812	0,217	72,3
M 12			1,75	10,863	9,853	10,106	1,074	0,947	0,253	84,3
	M 14		2	12,701	11,546	11,835	1,227	1,083	0,289	115
M 16			2	14,701	13,546	13,835	1,227	1,083	0,289	157
	M 18		2,5	16,376	14,933	15,294	1,534	1,353	0,361	192
M 20			2,5	18,376	16,933	17,294	1,534	1,353	0,361	245
	M 22		2,5	20,376	18,933	19,294	1,534	1,353	0,361	303
M 24			3	22,051	20,319	20,752	1,840	1,624	0,433	353
	M 27		3	25,051	23,319	23,752	1,840	1,624	0,433	459
M 30			3,5	27,727	25,706	26,211	2,147	1,894	0,505	561
	M 33		3,5	30,727	28,706	29,211	2,147	1,894	0,505	693
M 36			4	33,402	31,093	31,670	2,454	2,165	0,577	817
	M 39		4	36,402	34,093	34,670	2,454	2,165	0,577	976
M 42			4,5	39,077	36,479	37,129	2,760	2,436	0,650	1121
	M 45		4,5	42,077	39,479	40,129	2,760	2,436	0,650	1306
M 48			5	44,752	41,866	42,587	3,067	2,706	0,722	1473
	M 52		5	48,752	45,866	46,587	3,067	2,706	0,722	1758
M 56			5,5	52,428	49,252	50,046	3,374	2,977	0,794	2030
	M 60		5,5	56,428	53,252	54,046	3,374	2,977	0,794	2362
M 64			6	60,103	56,639	57,505	3,681	3,248	0,866	2676
	M 68		6	64,103	60,639	61,505	3,681	3,248	0,866	3055

7

Fügen (Fortsetzung)

$$A_s = \frac{\pi}{4} \cdot \left(\frac{d_2 + d_3}{2}\right)^2$$

Spannungsquerschnitt in mm^2 (s. Seite 189)

Reihe 1 ist bevorzugt zu verwenden. Reihen 2 und 3: Zwischengrößen.

Feingewinde — DIN 13 — Maße in mm

Gewindebezeichnung $d \times P$	Flanken-∅ $d_2 = D_2$	Kern-∅ Bolzen d_3	Kern-∅ Mutter D_1	Gewindebezeichnung $d \times P$	Flanken-∅ $d_2 = D_2$	Kern-∅ Bolzen d_3	Kern-∅ Mutter D_1	Gewindebezeichnung $d \times P$	Flanken-∅ $d_2 = D_2$	Kern-∅ Bolzen d_3	Kern-∅ Mutter D_1
M2×0,25	1,84	1,69	1,73	M10×0,25	9,84	9,69	9,73	M24×2	22,70	21,55	21,84
M3×0,25	2,84	2,69	2,73	M10×0,5	9,68	9,39	9,46	M30×1,5	29,03	28,16	28,38
M4×0,2	3,87	3,76	3,78	M10×1	9,35	8,77	8,92	M30×2	28,70	27,55	27,84
M4×0,35	3,77	3,57	3,62	M12×0,35	11,77	11,57	11,62	M36×1,5	35,03	34,16	34,38
M5×0,25	4,84	4,69	4,73	M12×0,5	11,68	11,39	11,46	M36×2	34,70	33,55	33,84
M5×0,5	4,68	4,39	4,46	M12×1	11,35	10,77	10,92	M42×1,5	41,03	40,16	40,38
M6×0,25	5,84	5,69	5,73	M16×0,5	15,68	15,39	15,46	M42×2	40,70	39,55	39,84
M6×0,5	5,68	5,39	5,46	M16×1	15,35	14,77	14,92	M48×1,5	47,03	46,16	46,38
M6×0,75	5,51	5,08	5,19	M16×1,5	15,03	14,16	14,38	M48×2	46,70	45,55	45,84
M8×0,25	7,84	7,69	7,73	M20×1	19,35	18,77	18,92	M56×1,5	55,03	54,16	54,38
M8×0,5	7,68	7,39	7,46	M20×1,5	19,03	18,16	18,38	M56×2	54,70	53,55	53,84
M8×1	7,35	6,77	6,92	M24×1,5	23,03	22,16	22,38	M64×2	62,70	61,55	61,84

Spannungsquerschnitt und **Abmessungsfunktionen** entsprechend Regelgewinde (Seite 334).

Metrisches ISO-Trapezgewinde

(nach DIN 13, T. 1, 04.87)

Gewindeteil	Abmessungsfunktion
Nenndurchmesser	d
Steigung eingängig und Teilung mehrgängig	P
Steigung mehrgängig	P_h
Kerndurchmesser Bolzen	$d_3 = d - (P + 2 \cdot a_c)$
Kerndurchmesser Mutter	$D_1 = d - P$
Außendurchmesser Mutter	$D_4 = d + 2 \cdot a_c$
Flankendurchmesser	$d_2 = D_2 = d - 0{,}5 \cdot P$
Gewindetiefe	$h_3 = H_4 = 0{,}5 \cdot P + a_c$
Flankenüberdeckung	$H_1 = 0{,}5 \cdot P$
Spitzenspiel	a_c
Flankenwinkel	$\beta = 30°$

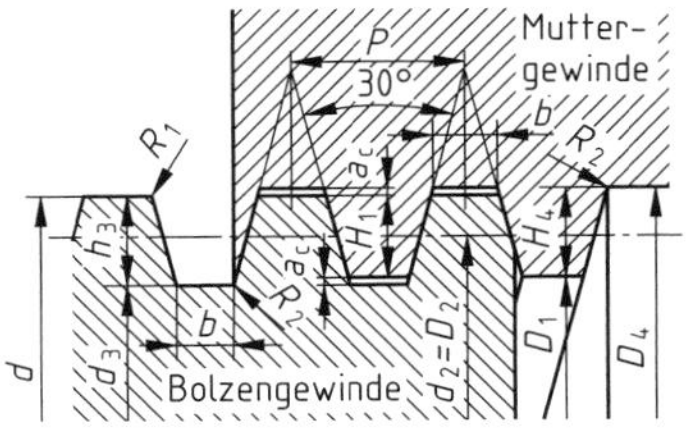

Maße in mm

Gewindebezeichnung $d \times P$	Flanken-∅ $d_2 = D_2$	Kern-∅ Bolzen d_3	Kern-∅ Mutter D_1	Außen-∅ D_4	Gewindetiefe $h_3 = H_4$	Drehmeißelbreite b
Tr10×2	9	7,5	8	10,5	1,25	0,60
Tr12×3	10,5	8,5	9	12,5	1,75	0,96
Tr16×4	14	11,5	12	16,5	2,25	1,33
Tr20×4	18	15,5	16	20,5	2,25	1,33
Tr24×5	21,5	18,5	19	24,5	2,75	1,70
Tr28×5	25,5	22,5	23	28,5	2,75	1,70
Tr32×6	29	25	26	33	3,5	1,93
Tr36×3	34,5	32,5	33	36,5	2,0	0,83
Tr36×6	33	29	30	37	3,5	1,93
Tr36×10	31	25	26	37	5,5	3,39
Tr40×7	36,5	32	33	41	4	2,29
Tr44×7	40,5	36	37	45	4	2,29

Gewindebezeichnung $d \times P$	Flanken-∅ $d_2 = D_2$	Kern-∅ Bolzen d_3	Kern-∅ Mutter D_1	Außen-∅ D_4	Gewindetiefe $h_3 = H_4$	Drehmeißelbreite b
Tr 48× 8	44	39	40	49	4,5	2,66
Tr 52× 8	48	43	44	53	4,5	2,66
Tr 60× 9	55,5	50	51	61	5	3,02
Tr 70×10	65	59	60	71	5,5	3,39
Tr 80×10	75	69	70	81	5,5	3,39
Tr 90×12	84	77	78	91	6,5	4,12
Tr100×12	94	87	88	101	6,5	4,12
Tr110×12	104	97	98	111	6,5	4,12
Tr120×14	113	104	106	122	7,5	4,85
Tr140×14	133	124	126	142	8	4,58

Beispiel für ein **mehrgängiges Trapezgewinde**:
Tr110×36P12 → P_h = 36 mm, P = 12 mm, n = 3 (Gangzahl)

$$A_K = \frac{\pi}{4} \cdot d_3^2$$

Kernquerschnitt in mm^2 (s. Seite 189)

$$n = \frac{P_h}{P}$$

Gangzahl (s. Seite 190)

7

Fügen (Fortsetzung)

Sägegewinde (nach DIN 513, 05.85)

Gewindeteil	Abmessungsfunktion
Nenndurchmesser	$d = D$
Steigung	P
Gewindetiefe Bolzen	$h_3 = 0{,}868 \cdot P$
Gewindetiefe Mutter (Flankenüberdeckung)	$H_1 = 0{,}75 \cdot P$
Flankendurchmesser	$d_2 = D_2 = d - 0{,}75 \cdot P$
Kerndurchmesser Bolzen	$d_3 = d - 1{,}736 \cdot P$
Kerndurchmesser Mutter	$D_1 = d - 1{,}5 \cdot P$
Flankenwinkel	$\beta = 33°$

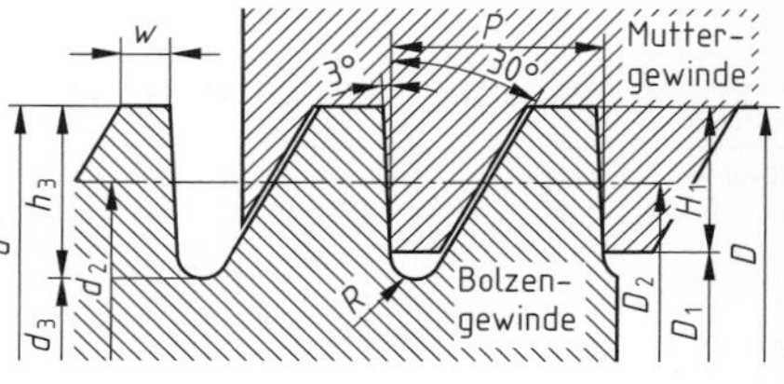

Maße in mm

Gewindebezeichnung $d \times P$	Bolzen Kern-∅ d_3	Bolzen Gewindetiefe h_3	Mutter Kern-∅ D_1	Mutter Gewindetiefe H_1	Flanken-∅ $d_2 = D_2$	Gewindebezeichnung $d \times P$	Bolzen Kern-∅ d_3	Bolzen Gewindetiefe h_3	Mutter Kern-∅ D_1	Mutter Gewindetiefe H_1	Flanken-∅ $d_2 = D_2$
S12×3	6,79	2,60	7,5	2,25	9,75	S 44×7	31,85	6,08	33,5	5,25	38,75
S16×4	9,06	3,47	10	3	13	S 48×8	34,12	6,94	36	6	42,00
S20×4	13,06	3,47	14	3	17	S 52×8	38,11	6,94	40,	6	46
S24×5	15,32	4,34	16,5	3,75	20,25	S 60×9	44,38	7,81	46,5	6,75	53,25
S28×5	19,32	4,34	20,5	3,75	24,25	S 70×10	52,64	8,68	55	7,5	62,50
S32×6	21,58	5,21	23	4,5	27,5	S 80×10	62,64	8,68	65	7,5	72,50
S36×6	25,59	5,21	27	4,5	31,50	S 90×12	69,17	10,41	72	9	81,00
S40×7	27,85	6,07	29,5	5,25	34,75	S100×12	79,17	10,41	82	9	91,00

$$A_K = \frac{\pi}{4} \cdot d_3^2$$

Kernquerschnitt in mm^2 (s. Seite 189)

Die Rechengröße A_s = Spannungsquerschnitt gibt es beim Sägegewinde nicht!

Whitworth-Rohrgewinde

(nach DIN ISO 228, T. 1, 12.94 → **nicht im Gewinde dichtend**)
(nach DIN 2999, 07.83 → **im Gewinde dichtend**)

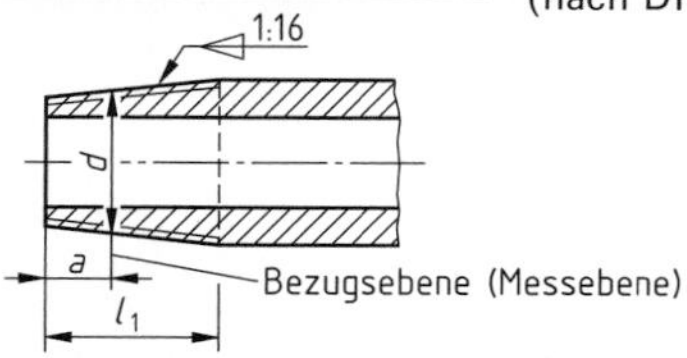

Z	Ganzahl je Zoll	1
t	mittlere Einschraublänge	mm
P	Steigung	mm

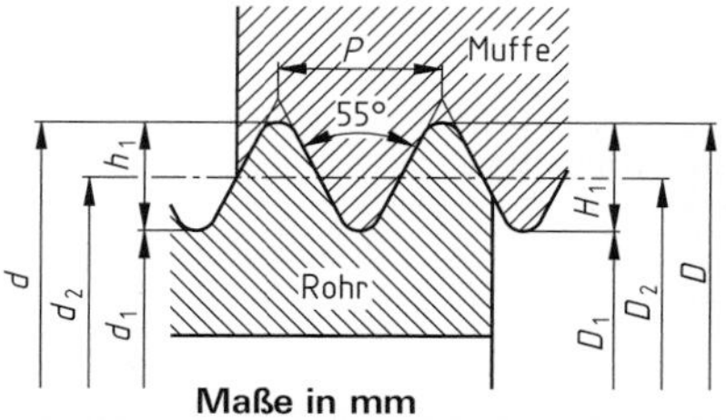

Maße in mm

DN	Kurzzeichen DIN ISO 228 außen und innen	Kurzzeichen DIN 2999 außen	Kurzzeichen DIN 2999 innen	Z	h	t	a	$d = D$	$d_2 = D_2$	$d_1 = D_1$	P	$h_1 = H_1$
6	G 1/8	R 1/8	Rp 1/8	28	6,5	7	4,0	9,728	9,147	8,566	0,907	0,581
8	G 1/4	R 1/4	Rp 1/4	19	9,7	10	6,0	13,157	12,301	11,445	1,337	0,856
10	G 3/8	R 3/8	Rp 3/8	19	10,1	10	6,4	16,662	15,806	14,950	1,337	0,856
15	G 1/2	R 1/2	Rp 1/2	14	13,2	13	8,2	20,955	19,793	18,631	1,814	1,162
20	G 3/4	R 3/4	Rp 3/4	14	14,5	15	9,5	26,441	25,279	24,117	1,814	1,162
25	G 1	R 1	Rp 1	11	16,8	17	10,4	33,249	31,770	30,291	2,309	1,479
32	G 1 1/4	R 1 1/4	Rp 1 1/4	11	19,1	19	12,7	41,910	40,431	38,952	2,309	1,479
40	G 1 1/2	R 1 1/2	Rp 1 1/2	11	19,1	19	12,7	47,803	46,324	44,845	2,309	1,479
50	G 2	R 2	Rp 2	11	23,4	24	15,9	59,614	58,135	56,656	2,309	1,479
65	G 2 1/2	R 2 1/2	Rp 2 1/2	11	26,7	27	17,5	75,184	73,705	73,226	2,309	1,479
80	G 3	R 3	Rp 3	11	29,8	30	20,6	87,884	86,405	84,926	2,309	1,479
100	G 4	R 4	Rp 4	11	35,8	36	25,4	113,030	111,551	110,172	2,309	1,479
125	G 5	R 5	Rp 5	11	40,1	40	28,6	138,430	136,951	135,472	2,309	1,479
150	G 6	R 6	Rp 6	11	40,1	40	28,6	163,830	162,351	160,872	2,309	1,479

Fügen (Fortsetzung)

Schraubenverbindungen und Schraubenformen

Flanschverbindungen

Zylinderschraube DIN 912

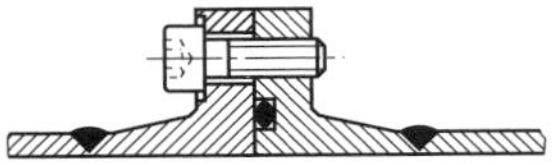

Sechskantschraube DIN EN 24014

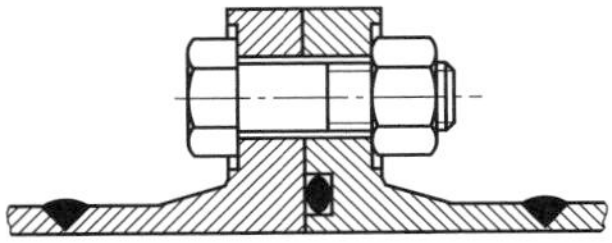

Grundformen und **Sonderformen** von Verbindungen

Zylinderschraube m. Innensechskant **DIN EN ISO 4762**	**Stiftschraube DIN 939** mit Sicherungsblech	**Durchsteck-Dehnschraube** in Sonderform
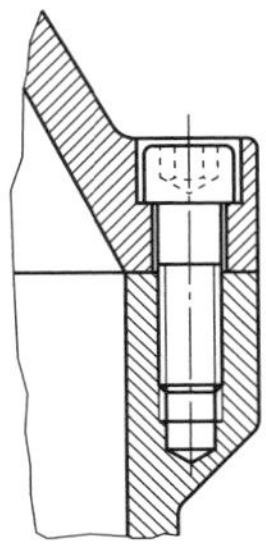	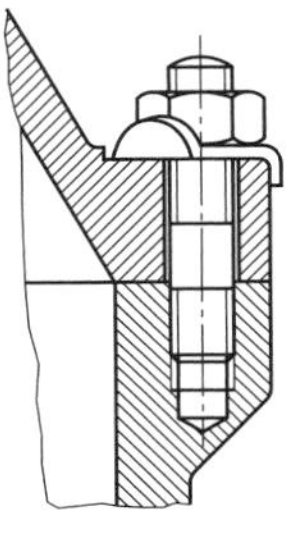	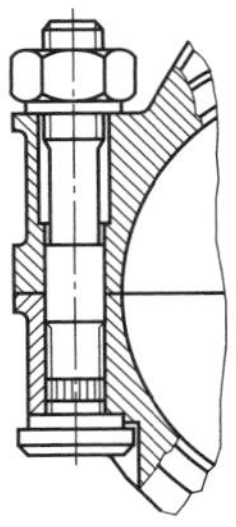

Zur **Schraubenberechnung**
→ Schraubenberechnung, Gewindeflächenpressung, wichtige Gewindenormen, Gewindetabellen, Gewindereibung

Schraubenbezeichnungen und Schraubennormen

Bezeichnung	Norm	Bezeichnung	Norm
Sechskantschrauben mit Schaft u. Regelgewinde mit Schaft u. Feingewinde mit Dünnschaft (Dehnschraube) mit Flansch für Stahlkonstruktionen (große Schlüsselweite)	 DIN EN 20014 DIN EN 28065 DIN EN 24015 DIN EN 1665 DIN 6914	**Gewindefurchende Schrauben**	DIN 7500
Innensechskantschrauben normaler Kopf niedriger Kopf	 DIN EN ISO 4762 DIN 7984	**Gewindestifte mit Schlitz**	DIN EN 27434 DIN EN 27435 DIN EN 27436 DIN EN 27766
Senkschrauben mit Schlitz mit Innensechskant	 DIN EN ISO 2009 DIN EN ISO 10642	**Gewindestifte mit Innensechskant**	DIN 913 DIN 914 DIN 915 DIN 916
Blechschrauben	DIN ISO 7049 DIN ISO 7050	**Stiftschrauben** (Stehbolzen)	DIN 835 DIN 938 DIN 939
Bohrschrauben	DIN ISO 7504	**Vierkantschrauben** mit Bund mit Kernansatz mit Ansatzkuppe	 DIN 478 DIN 479 DIN 480

Festigkeitsklassen von Schrauben (nach DIN EN 20898-1, 04.92)

Festigkeitsklasse	3.6	4.6	4.8	5.6	5.8	6.6	6.8	6.9	8.8	9.8	10.9	12.9	14.9
→ Zugfestigkeit R_m in N/mm²	300	400	400	500	500	600	600	600	800	900	1000	1200	1400
→ Streckgrenze R_e in N/mm² (bzw. $R_{p0,2}$)	180	240	320	300	400	360	480	540	640	720	900	1080	1260
Bezeichnung nach alter Norm	4A	4D	4S	5D	5S	6D	6S	6G	8G	–	10K	12K	–

Fügen (Fortsetzung)

$\frac{R_e}{R_m}$ **Streckgrenzenverhältnis**
Bezeichnung
erste Zahl: $R_m/100$
zweite Zahl: $10 \cdot \frac{R_e}{R_m}$

B Festigkeitsklasse 5.8
$\boldsymbol{R_m} = \mathbf{500}\ \frac{\mathbf{N}}{\mathbf{mm^2}}$ → $\frac{R_e}{R_m} = 0{,}8$
$\boldsymbol{R_e} = 0{,}8 \cdot R_m = \mathbf{400\ N/mm^2}$

Kurzbezeichnung von Schrauben (nach DIN 962, 09.90)

Benennung | DIN-(ISO)-Nummer – Gewinde × Nennlänge – Festigkeitsklasse

B Zylinderschraube DIN EN ISO 4762 – M 20 × 100 – 12.9

Abmessungen von Sechskantschrauben, Durchgangslöcher (Auswahl)

Gewinde	d in mm	Schlüsselweite SW in mm	Kopfhöhe k in mm	b in mm	d_w in mm	l in mm
M 8	8	13	5,3	22	11,6	16 … 60
M 10	10	16	6,4	26	14,6	20 … 100
M 12	12	18	7,5	30	16,6	25 … 120
M 16	16	24	10,0	38	22,5	30 … 150
M 20	20	30	12,5	46	28,2	40 … 200
M 24	24	36	15,0	54	33,3	50 … 200
M 30	30	46	18,7	66	42,8	60 … 200

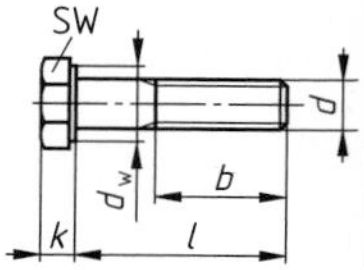

Gewinde	M 3	M 4	M 5	M 6	M 8	M 10	M 16	M 20	M 24	M 30
d_h (fein)	3,2	4,3	5,3	6,4	8,4	10,5	17,0	21,0	25,0	31,0
d_h (mittel)	3,4	4,5	5,5	6,6	9,0	11,0	17,5	22,0	26,0	33,0
d_h (grob)	3,6	4,8	5,8	7,0	10,0	12,0	18,5	24,0	28,0	35,0

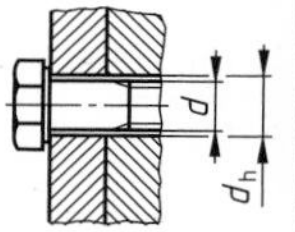

Überlagerung von Vorspannkraft und Betriebskraft (→ Dehnung)

Belastungssituation

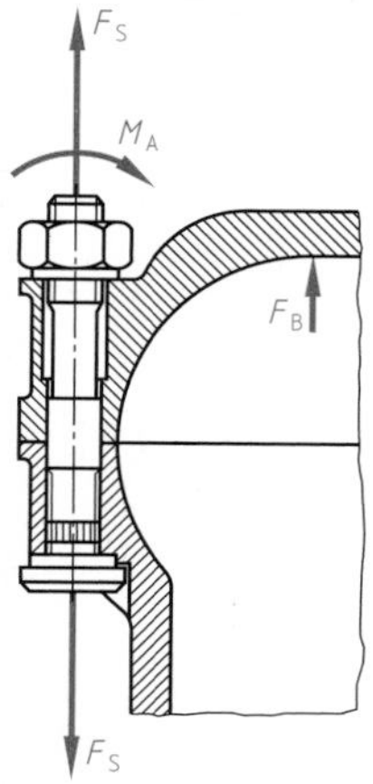

Dehnschraube niemals durch Starrschraube ersetzen!

Verspannungs-Diagramm (Verspannungsdreieck)

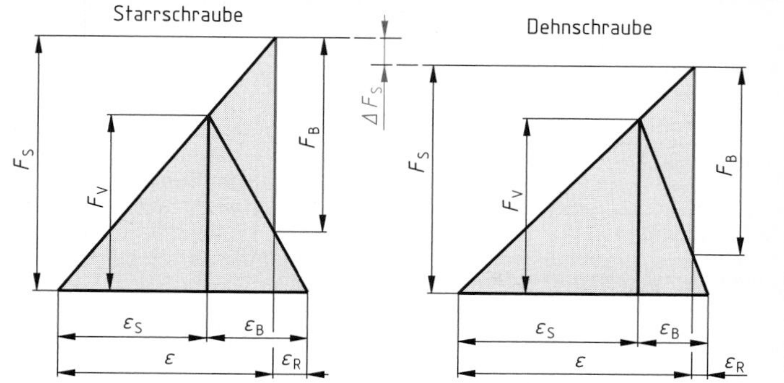

ε_S = Schraubendehnung, ε_B = Bauteilstauchung – bei Wirkung der Vorspannkraft F_V

ε = Schraubendehnung, ε_R = Bauteilstauchung – bei Überlagerung durch Betriebskraft F_B

$\boldsymbol{F_S}$ = **Gesamtschraubenkraft**

ΔF_S = Minderung der Gesamtschraubenkraft

Fügen (Fortsetzung)

$$\nu_A = \frac{F_S}{F_B}$$ **Sicherheit gegen Abheben** (→ Sicherheit)

F_S	Gesamtkraft	N
F_B	Betriebskraft	N

Montagegrundsatz:

Möglichst elastische Schrauben und möglichst starre Bauteile verwenden.

Dehnschrauben sind tailliert, bei großen Abmessungen auch hohl gebohrt. Das Dehnverhalten führt zu einer kleineren Gesamtschraubenkraft als bei Starrschrauben.

Maximale Vorspannkraft F_V
Maximales Anziehdrehmoment $M_{A\,max}$
→ abhängig von Schraubengröße, Festigkeitsklasse und → Reibungszahl. **Herstellerangaben beachten!**

Gewindereibung und Schraubenwirkungsgrad

(→ Reibung, Mechanischer Wirkungsgrad, Gewindetabellen)

$$F_u = F \cdot \tan(\alpha \pm \varrho')$$ **Umfangskraft**

$$M_{RG} = F \cdot \frac{d_2}{2} \cdot \tan(\alpha \pm \varrho')$$ **Gewindereibungsmoment**

$$F_R = \mu' \cdot F = \mu \cdot F'_N$$ **Reibungskraft**

$$\mu' = \frac{\mu}{\cos\beta/2} = \tan\varrho'$$ **Gewindereibungszahl**

$$F'_N = \frac{F}{\cos\beta/2}$$ **Normalkomponente** (→ Kräftedreieck)

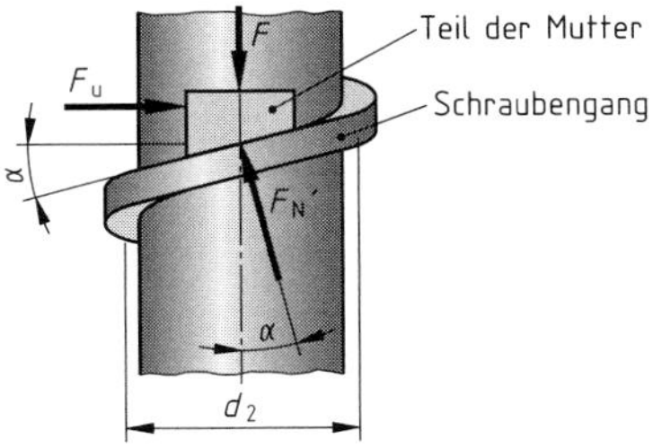

\+ beim Heben bzw. beim Anziehen
− beim Senken bzw. beim Lösen

F	axiale Schraubenkraft	N
F_u	Umfangskraft	N
α	Steigungswinkel	Grad

$$\tan\alpha = \frac{P}{d_2 \cdot \pi}$$

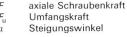

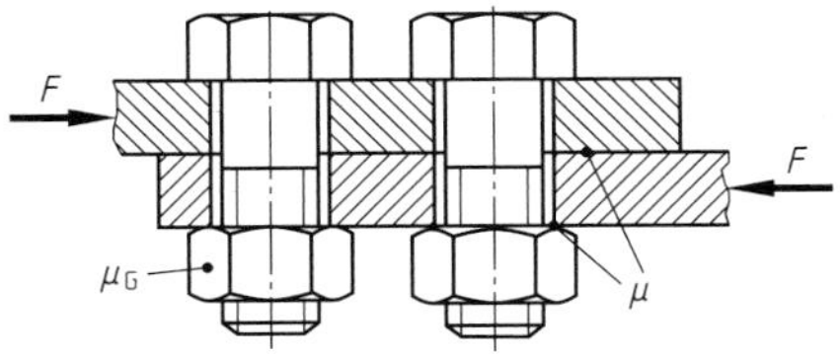

P	Gewindesteigung	mm
ϱ'	Gewindereibungswinkel	Grad
M_{RG}	Gewindereibungsmoment	Nm
d_2	Flankendurchmesser	mm, m
F_R	Reibungskraft	N
μ'	Gewindereibungszahl	1
μ	Reibungszahl	1
β	Flankenwinkel	Grad
M_{RA}	Auflagereibungsmoment	Nm
$M_{R\,ges}$	Anzugs-(Anzieh-) bzw. Lösemoment	Nm

$$M_{RA} = F \cdot \mu \cdot r_a$$ **Auflagereibungsmoment**

$$M_{R\,ges} = M_{RG} + M_{RA}$$ **Anzugs- bzw. Lösemoment**

$$\eta_H = \frac{\tan\alpha}{\tan(\alpha + \varrho')}$$ **Schraubenwirkungsgrad** (Heben oder Anziehen)

$$\eta_s = \frac{\tan(\alpha - \varrho')}{\tan\alpha}$$ **Schraubenwirkungsgrad** (Senken oder Lösen)

r_a ist ein fiktiver Radius, z. B. bei Sechskantschrauben: $r_a = 0{,}7 \cdot$ Gewindedurchmesser d

η	Mechanischer Wirkungsgrad	1

Schrauben im Druckbehälterbau (nach AD-Merkblatt B7, 06.86)

Geltungsbereich:
Schrauben als kraftschlüssige Verbindungselemente, die vorwiegend auf Zug beansprucht werden.

Bei Dehnschrauben muss die Dehnschaftlänge mindestens das Doppelte des Gewinde-Nenndurchmessers d betragen.

7

Fügen (Fortsetzung)

$d_s \leq 0{,}9 \cdot d_3$ **Schaftdurchmesser von Dehnschrauben** d_3 Kerndurchmesser des Gewindes mm

Einschraubtiefe (→ Flächenpressung bei Gewinden) → Schraubennormen enthalten Anhaltswerte!

Berechnungstemperaturen:

Bei **Beschickungstemperatur > 50°C** kann die Berechnungstemperatur bei den Kombinationen

a) loser Flansch / loser Flansch um 30°C
b) fester Flansch / loser Flansch um 25°C
c) fester Flansch / fester Flansch um 15°C

kleiner sein als die Beschickungstemperatur.

Sicherheitsbeiwerte beachten!

Bei **Betriebstemperaturen < −10°C → AD-Merkblatt W10** (Seiten 250 bis 252)

Die **Anzahl der Schrauben** bei Apparateflanschen, Behälterdeckel etc. sollte mit Rücksicht auf das Dichthalten möglichst groß gewählt werden.

Kleinster Schraubendurchmesser:

Schrauben unter **M10** oder entsprechenden Gewindekerndurchmessern sind in der Regel nicht zulässig. In Sonderfällen (z. B. Schrauben für Armaturen) können auch kleinere Schrauben verwendet werden, jedoch nicht unter **M6**.

Gewindeausläufe, Freistiche und Senkungen

Gewindeausläufe:

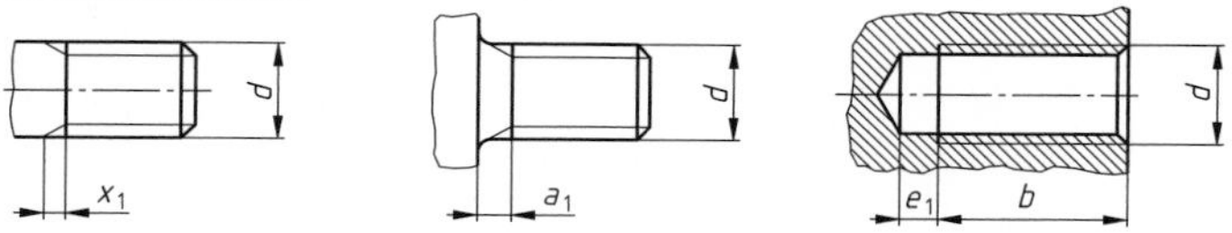

Abmessungen nach **DIN 76**, 12.83

Freistiche:

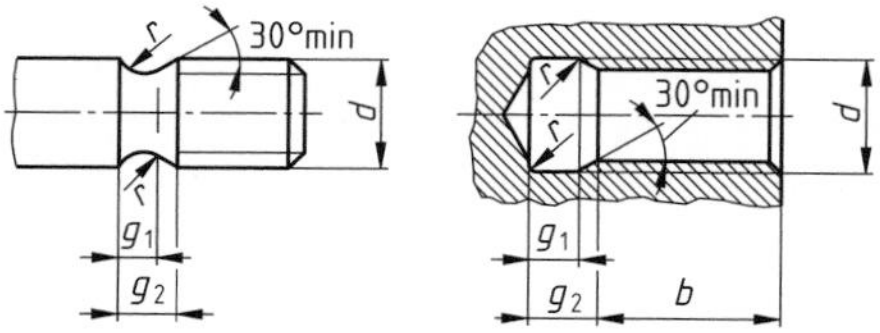

Abmessungen nach **DIN 76**, 12.83

Senkungen und Zentrierbohrungen:

Beispiel Senkung

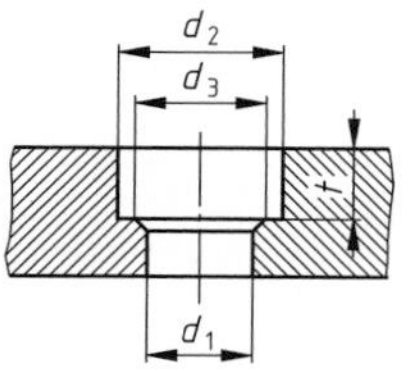

Beispiel Zentrierung

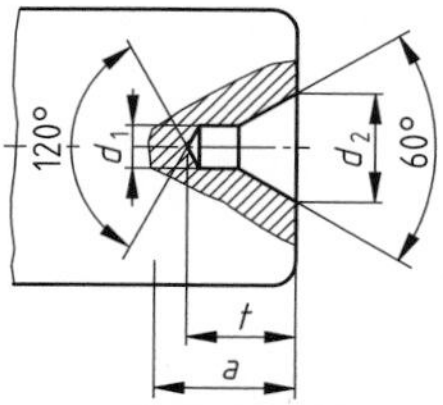

Abmessungen für Senkungen der verschiedenen Schraubenkopfformen nach **DIN 74, DIN 974**

Abmessungen für Zentrierungen nach **DIN 332**

7

Muttern

→ Mutterhöhe
→ Einschraubtiefe

Übersicht auf Seite 341

Beispiel Sechskantmutter

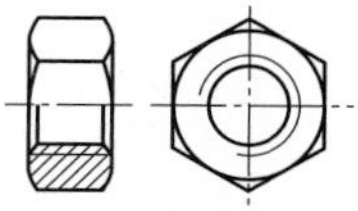

Beispiel Hutmutter

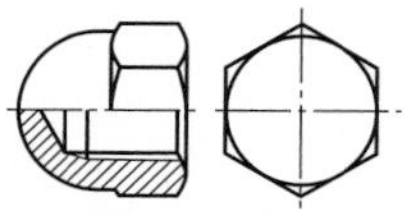

Beispiel Kronenmutter

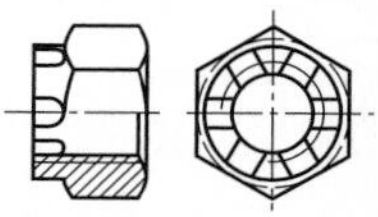

Fügen (Fortsetzung)

Bezeichnung (Auswahl)	Norm	Bezeichnung (Auswahl)	Norm
Verschlussschrauben	DIN 906, DIN 908 DIN 909, DIN 910	**Ringmuttern** **Ringschrauben**	DIN 580 DIN 582
Sechskantmuttern	DIN EN 24 032 DIN EN 24 033	**Hutmuttern**	DIN 917 DIN 1587
Sechskantmuttern niedrige Form	DIN EN 28 673 DIN EN 28 674	**Rändelmuttern**	DIN 466 DIN 467
Sechskantmuttern mit Feingewinde	DIN EN 24 035 DIN EN 28 675	**Kreuzlochmuttern**	DIN 1816
		Flügelmuttern	DIN 315
Sechskantmuttern mit Klemmteil (Sicherung)	DIN EN ISO 7040 DIN EN ISO 10 511	**Spannschlossmuttern**	DIN 1479
Kronenmuttern	DIN 935 DIN 979	**Schweißmuttern**	DIN 928

Scheiben, Federringe

Beispiel Scheibe für Sechskantschrauben und -muttern

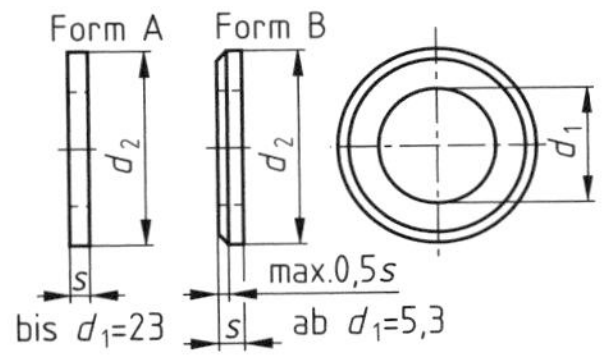

Beispiel Scheibe für U-Träger

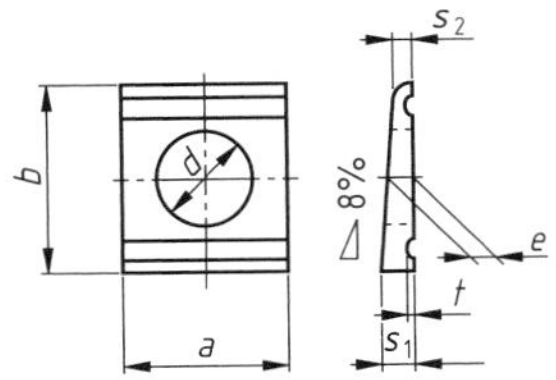

Beispiel Federring mit rechteckigem Querschnitt

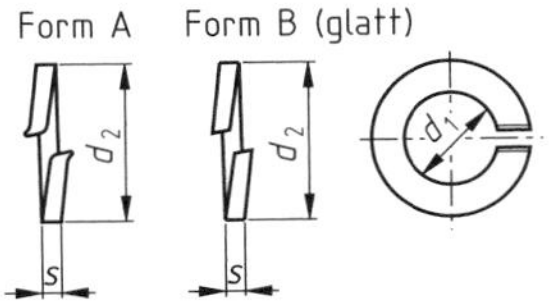

Bezeichnung **Scheiben**	Norm
für Sechskantschrauben und -muttern	DIN 125
für Zylinderschrauben	DIN 433
für Bolzen	DIN EN 28 738 DIN 1441
für Stahlkonstruktionen	DIN 7989
für U-Träger	DIN EN 28 673 DIN 935
u. a.	

Bezeichnung **Federringe**	Norm
Form A, Rechteckquerschnitt	–
Form B, Rechteckquerschnitt	–
Form A, gewölbt	DIN 128
Form B, gewellt	DIN 128

Achten Sie darauf, dass grundsätzlich immer nur die aktuelle Norm Gültigkeit hat (Datum beachten)!

Scheiben und Ringe mit besonderer Funktion

Sicherungsscheiben (nach DIN 6799, 09.81):

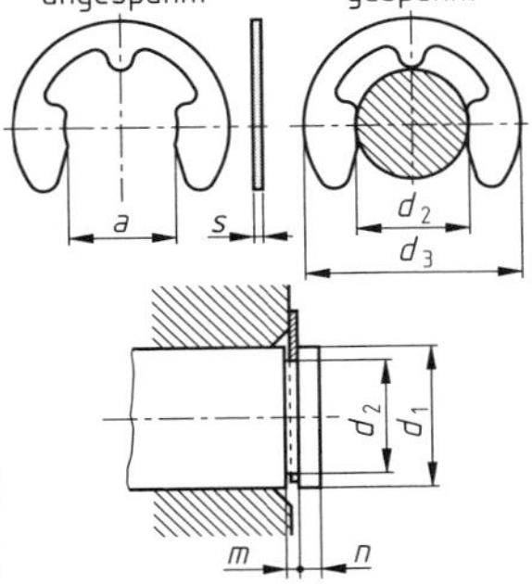

Sicherungsscheibe				Wellennut				
d_2	d_3 gespannt	a	s	d_1 von	d_1 bis	m	n	d_3
1,5	4,25	1,28	0,4	2	2,5	0,44	0,8	4,25
3,2	7,3	2,70	0,6	4	5	0,64	1,0	7,3
4	9,3	3,34	0,7	5	7	0,74	1,2	9,3
6	12,3	5,26	0,7	7	9	0,74	1,2	12,3
8	16,3	6,52	1,0	9	12	1,05	1,8	16,3
10	20,4	8,32	1,2	11	15	1,25	2,0	20,4
15	29,4	12,61	1,5	16	24	1,55	3,0	29,4
24	44,6	21,88	2,0	25	38	2,05	4,0	44,6

Fügen (Fortsetzung)

Scheiben mit Sicherungslappen nach **DIN 93**

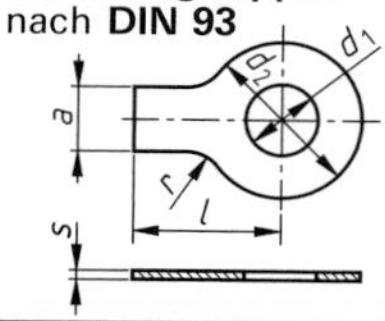

Federscheiben nach **DIN 137**

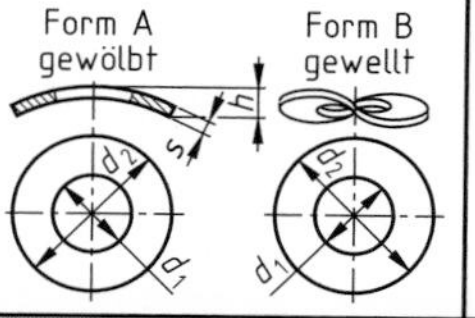

Spannscheiben nach **DIN 6796**

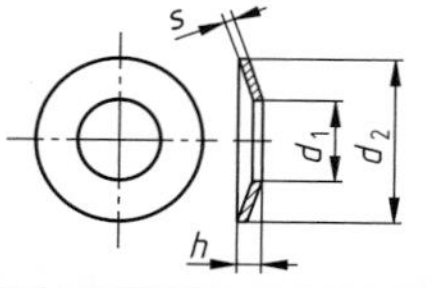

Zahnscheiben nach **DIN 6797**

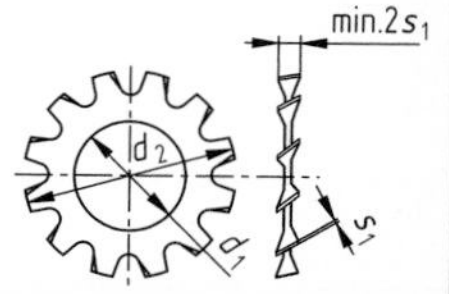

Sicherungsringe (Seegerringe):

für Wellen (nach DIN 471, 09.81)

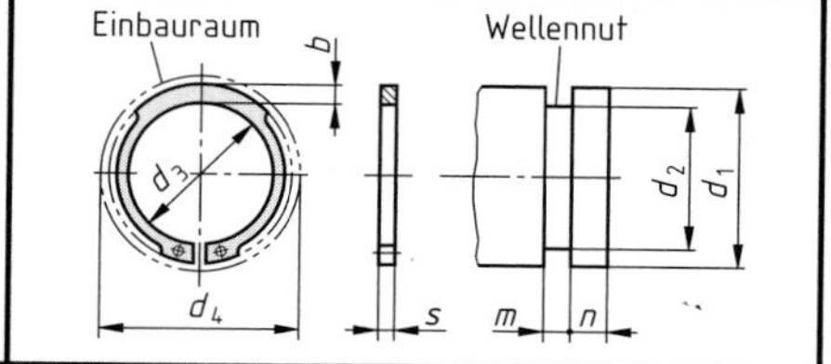

für Bohrungen (nach DIN 472, 09.81)

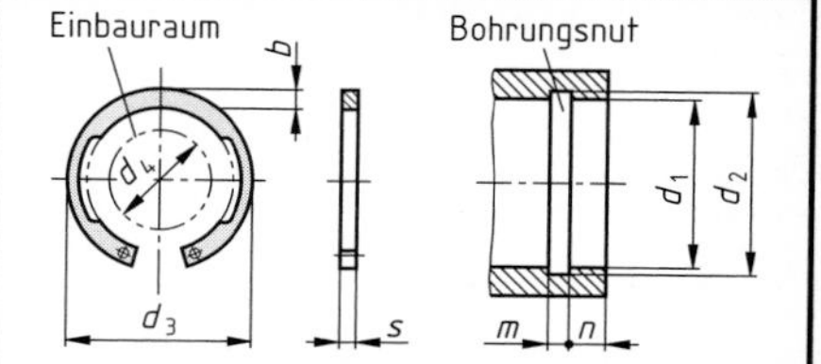

Nennmaß d_1 in mm	Wellen: Ring s	d_3	d_4	b	Nut d_2	m	n	Bohrungen: Ring s	d_3	d_4	b	Nut d_2	m	n
10	1	9,3	17	1,8	9,6	1,1	0,6	1,0	10,8	3,3	1,4	10,4	1,1	0,6
12	1	11	19	1,8	11,5	1,1	0,8	1,0	13	4,9	1,7	12,5	1,1	0,8
15	1	13,8	22,6	2,2	14,3	1,1	1,1	1,0	16,2	7,2	2	15,7	1,1	1,1
18	1,2	16,5	26,2	2,4	17	1,3	1,5	1,0	19,5	9,4	2,2	19	1,1	1,5
20	1,2	18,5	28,4	2,6	19	1,3	1,5	1,0	21,5	11,2	2,3	21	1,1	1,5
22	1,2	20,5	30,8	2,8	21	1,3	1,5	1,0	23,5	13,2	2,5	23	1,1	1,5
25	1,2	23,2	34,2	3	23,9	1,3	1,7	1,2	26,9	15,5	2,7	26,2	1,3	1,8
28	1,5	25,9	37,9	3,2	26,6	1,6	2,1	1,2	30,1	17,9	2,9	29,4	1,3	2,1
30	1,5	27,9	40,5	3,5	28,6	1,6	2,1	1,2	32,1	19,9	3	31,4	1,3	2,1
32	1,5	29,6	43	3,6	30,3	1,6	2,6	1,2	34,4	20,6	3,2	33,7	1,3	2,6
35	1,5	32,2	46,8	3,9	33	1,6	3,0	1,5	37,8	23,6	3,4	37	1,6	3,0
38	1,75	35,2	50,2	4,2	36	1,85	3,0	1,5	40,8	26,4	3,7	40	1,6	3,0
40	1,75	36,5	52,6	4,4	37,5	1,85	3,8	1,75	43,5	27,8	3,9	42,5	1,85	3,8
42	1,75	38,5	55,7	4,5	39,5	1,85	3,8	1,75	45,5	29,6	4,1	44,5	1,85	3,8
45	1,75	41,5	59,1	4,7	42,5	1,85	3,8	1,75	48,5	32	4,3	47,5	1,85	3,8
48	1,75	44,5	62,5	5	45,5	1,85	3,8	1,75	51,5	34,5	4,5	50,5	1,85	3,8
50	2,0	45,8	64,5	5,1	47,0	2,15	4,5	2,0	54,2	36,3	4,6	53,0	2,15	4,5
52	2,0	47,8	66,7	5,2	49,0	2,15	4,5	2,0	56,2	37,9	4,7	55,0	2,15	4,5
55	2,0	50,8	70,2	5,4	52,0	2,15	4,5	2,0	59,2	40,7	5,0	58,0	2,15	4,5
60	2,0	55,8	75,6	5,8	57,0	2,15	4,5	2,0	64,2	44,7	5,4	63,0	2,15	4,5

Splinte

(nach DIN EN ISO 1234, 02.98)

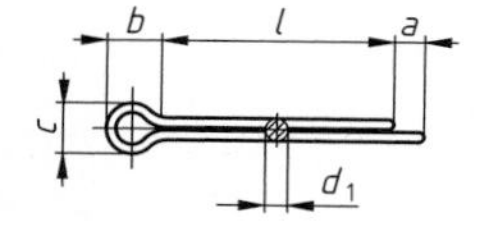

d_1	l	d_1	l
1,0	6 … 18	4,0	20 … 125
1,2	6 … 18	5,0	20 … 125
1,6	8 … 32	6,3	28 … 140
2,0	10 … 40	8,0	36 … 140
2,5	12 … 50	10,0	56 … 140
3,2	18 … 80	13,0	56 … 140

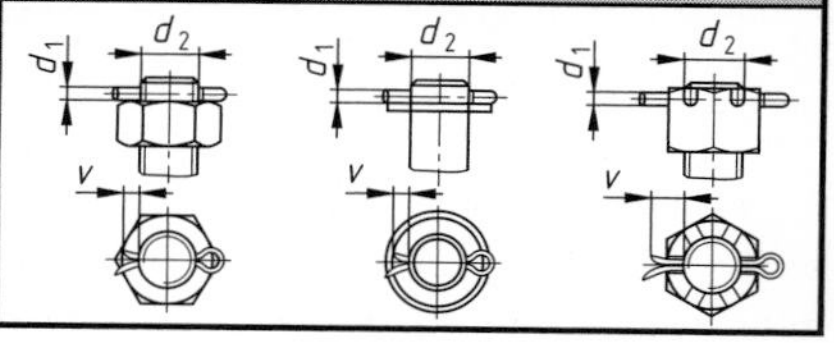

7

Fügen (Fortsetzung)

Nietverbindungen, Stiftverbindungen, Bolzenverbindungen

(→ Zugspannung, Scherspannung, Flächenpressung)

Beispiel: **Senkniet** nach **DIN 661**

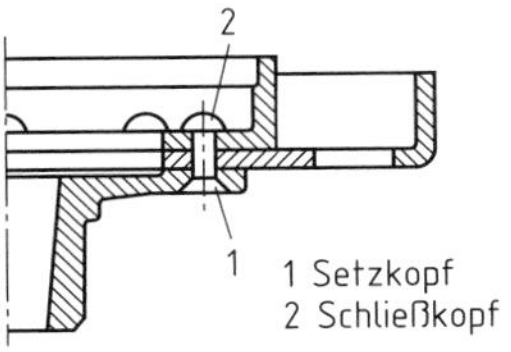

Beispiel: **Zylinderstift** nach **DIN EN 28734**

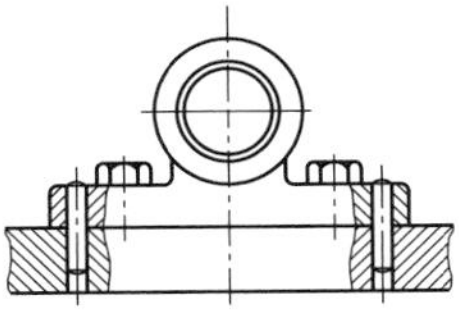

Beispiel: **Kolbenbolzen** gesichert mit Sicherungsring nach **DIN 472**

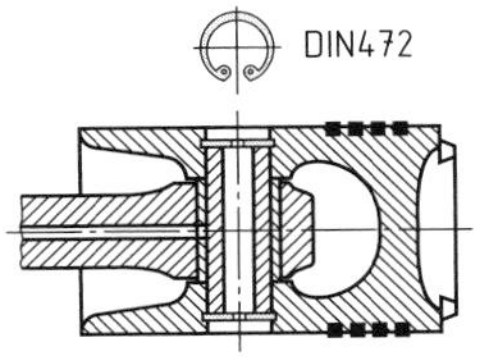

Bezeichnung **Niete**	Norm	Bezeichnung **Niete**	Norm
Halbrundniet	DIN 660	**Hohlniet**	DIN 7338 DIN 7339
Senkniet	DIN 661	**Flachrundniet**	DIN 674
Linsenniet	DIN 662	Sonderformen, z. B. Blindniet, Sprengniet, Durchziehniet u. a.	

Bezeichnung **Stifte**	Norm	Bezeichnung **Stifte**	Norm
Zylinderstift	DIN EN 22338 DIN EN 28734	**Spannstift**	DIN EN ISO 8752
Zylinderkerbstift	DIN EN ISO 8740	**Kegelkerbstift**	DIN EN ISO 8744
Steckkerbstift	DIN EN ISO 8741	**Passkerbstift**	DIN EN ISO 8745
Knebelkerbstift	DIN EN ISO 8743	**Halbrundkerbnagel**	DIN EN ISO 8746
Kegelstift	DIN EN 22739	**Senkkerbnagel**	DIN EN ISO 8747

Bezeichnung **Bolzen**	Norm	Bezeichnung **Bolzen**	Norm
Bolzen ohne Kopf (mit und ohne Splintloch)	DIN EN 22340	**Bolzen mit Kopf** (mit und ohne Splintloch)	DIN EN 22341

Stoffschlüssige Verbindungen

Beim **Stoffschluss** erfolgt die Übertragung von Kräften und Momenten durch die zur Verbindung der Bauteile verwendeten Materialien (Stoffe).

Hierzu gehören

- das **Kleben**,
- das **Löten**,
- das **Schweißen** z. B.:

a) Rohrsteckverbindung mit eingelegtem Lot (vor Löten)

b) Angeschweißte Konsole

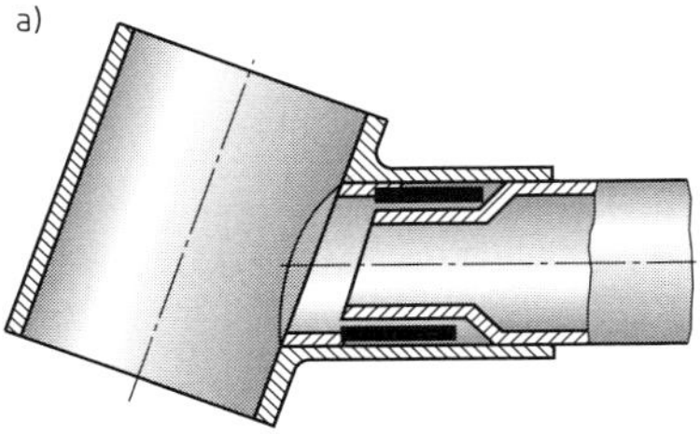

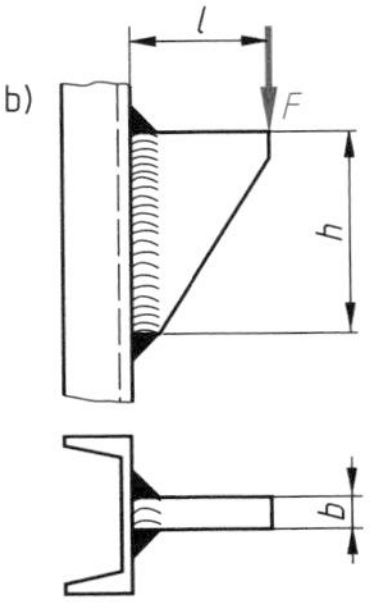

Klebeverbindungen

Klebenähte werden i. d. R. auf Schub (→ Scherung) beansprucht. Andernfalls sind sehr große Klebeflächen erforderlich.

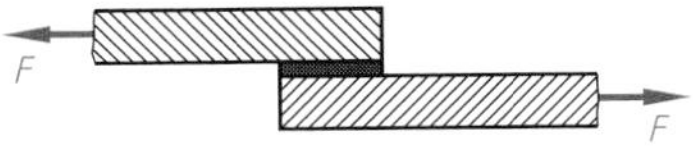

7

Fügen (Fortsetzung)

Klebeverbindung	Benennung	Anwendung	Bemerkung
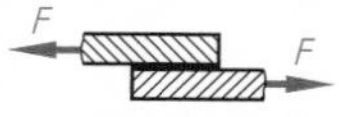	einschnittige Überlappung	bei dünnen Querschnitten	Es treten hohe Spannungsspitzen und durch zusätzliche Biegebeanspruchung Schälkräfte auf.
	einschnittige Laschung	bei glatten (strömungsgünstigen) Oberflächen	
	gefalzte Überlappung	bei nicht versetztem Kraftfluss. Keine Biegebeanspruchung der Klebenaht.	kaum Schälkräfte
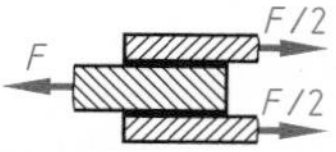	zweischnittige Überlappung	optimale Werkstoffausnutzung bei einem Dickenverhältnis der Fügeteile von 1:2:1	Unterschiedliche Dehnungen verschiedener Werkstoffe sind bei Klebungen zu beachten!
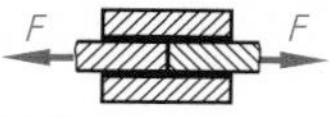	zweischnittige Laschung	beschränkt, da auf beiden Seiten keine glatte Oberfläche.	
	abgeschrägte Überlappung	bei Forderung nach hoher Beanspruchbarkeit (hohe Festigkeit)	hoher Arbeitsaufwand
	Schäftung	bei höchsten Festigkeitswerten, jedoch nur bei größeren Werkstückdicken einsetzbar.	keine zusätzlichen Biege- und Schälbeanspruchungen.

Wärmeleitfähige Expoxidharz-Klebstoffe

Füllstoff	Wärmeleitfähigkeit λ in W/(m · K)
ohne	0,37
mineralisch	0,9 ... 1,8
metallisch	bis 12,0

Die **Klebstoffdicke** entscheidet über die Festigkeit der Klebung. Sie ist vom Klebstoff abhängig. **Herstellerangaben** sind zu beachten.

Klebeflächen müssen vor dem Fügen behandelt werden, d. h. gereinigt und entfettet.

Normen und Richtlinien beachten:

DIN 19920 „Klebstoffe, Klebstoffverarbeitung, Begriffe"
VDI-Richtlinie 2229 „Metallkleben, Hinweise für Konstruktion und Fertigung"
AGI-Arbeitsblatt Q111 „Dämmarbeiten: Kleben, Klebstoffe, Anwendung"

Es lassen sich beinahe alle festen Werkstoffe durch Klebung verbinden.

→ Vorauswahltabelle für Klebstoffe (Seite 300)

Lötverbindungen

[→ Sinnbilder Schweißen, Löten; Scherung; Steighöhe (Kapillare)]

Löten ist ein Verfahren zum stoffschlüssigen **Fügen** und **Beschichten** von Werkstoffen mit Hilfe eines geschmolzenen Zusatzmetalls, dem **Lot**.

Durch Löten lassen sich gleichartige oder verschiedene metallische Werkstoffe fest, dicht und leitfähig verbinden.

Nur das Lot wird flüssig oder breiig!

Mechanische Beanspruchung:

... beim **Weichlöten** in Analogie zur → Klebeverbindung, d. h. in der Regel auf Schub (→ Scherung)
... beim **Hartlöten** sind alle Beanspruchungsarten möglich, d. h. → Zug, Druck, Scherung, Biegung, Torsion.

Fertigungstechnik | FT

Fügen (Fortsetzung)

Lötverfahren:

Einteilung nach **Arbeitstemperatur** AT
Weichlöten: AT < 450 °C **Hartlöten**: AT ≥ 450 °C < 900 °C **Hochtemperaturlöten**: AT > 900 °C

Einteilung nach **Lotzuführung**
Löten mit angesetztem Lot (meist Drahtform) **Löten mit eingelegtem Lot** (Lotformteile) ⟶ z. B. **Tauchlöten** u. a.

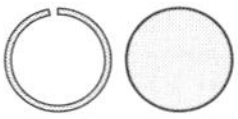

Einteilung nach **Art der Erwärmung**
Flammlöten (mit Brenner), Kolbenlöten, Ofenlöten, Tauchlöten, Schwalllöten, Induktionslöten, Widerstandslöten u. a.

Einteilung nach **Form der Lötstelle**
(→ Steighöhe in einer Kapillare) **Lötspalt:** Abstand der Fügeteile 0,05 mm ··· 0,25 mm **Lötfuge:** Abstand > 0,5 mm i. d. R. Lötspalt. Länge und Tiefe sind für die → Festigkeit maßgebend.

Flussmittel:

Flussmittel lösen Oxide und verhindern weitere Oxidation. Sie fördern die erforderliche **Benetzung**.

Herstellerangaben sind zu beachten!

Antiflussmittel verhindern das Benetzen des Lotes auf Flächen, die nicht benetzt werden sollen. Sie ermöglichen dadurch präzise Lötungen.

Beizmittel sind meist giftig. Die Verfahren sind deshalb genehmigungspflichtig.

Spezial-Weichlote:

Normen DIN EN 29453 ISO 9453 ISO 3677¹)	Zusammensetzung²) Gewichts-%	Schmelzbereich °C	Dichte g/cm³	Härte HB	Scherfestigkeit (DIN 8526) N/mm²			elektr. Leitfähigkeit m/(Ωmm²)	Wichtigste Anwendungsgebiete (Angaben der Fa. Degussa)
					Cu	Ms	St		
S-Sn50Pb32Cd18	50Sn, 18Cd, Rest Pb	145	8,5	12	30	20	15	7,6	Besonders schonende Lötungen, versilberte Keramik, gedr. Schaltungen, Kondensatorbeläge
S-Sn60Pb36Ag4	60Sn, 3,5Ag, Rest Pb	178–180	8,4	10	30	20	20	7,0	
S-Sn96Ag4	3,75Ag, Rest Sn	221	7,3	15	30	20	25	7,5	Feinstlötungen, hervorrag. Benetzung, rel. warmfest, Nahrungsmittelindustrie
S-Sn97Cu3	3Cu, Rest Sn	230–250	7,3	15	30	20	25	7,5	Rohinstallation, Kälteindustrie
S-Sn95Sb5	5Sb, Rest Sn	233–240	7,2	17	30	20	30	6,2	
S-Cd82Zn8¹)	17,5Zn, Rest Cd	266	8,1	45	40	40	50	13,3	Löten v. Aluminium an Aluminium und an Schwermetalle
S-Cd82Zn16Ag2¹)	16Zn, 2Ag, Rest Cd	270–280	8,5	35	40	40	50	13,0	Lötungen für rel. hohe Dauerbetriebstemp. Elektromotoren der Isolierklasse F
S-Pb98Ag2	2,5Ag Rest Pb	305	11,2	9	15	10	–	4,7	Kollektorlötungen der Isolierklasse F
S-Cd95Ag5¹)	5Ag, Rest Cd	340–395	8,3	42	40	40	50	12,0	Lötungen für erhöhte Dauerbetriebstemp.
S-Zn88Ag12¹)	12Ag, Rest Zn	430–520	7,4	–	–	–	80	–	Stufenlöten von Aluminium-Verbind.

¹) ISO 3677 normt lediglich den Lotnamen, nicht aber die Lotzusammensetzung.
²) Toleranzen in der Zusammensetzung entsprechend **DIN EN 29453**, 02.94).

Fügen (Fortsetzung)

Hartlote für Kupferwerkstoffe:[1])

Normen DIN 8513 ISO 3677	Zusammensetzung Gewichts-% Ag	Cu	P	Sonstige	Schmelzbereich °C	Arbeitstemperatur (DIN 8505) °C	Zugfestigkeit (DIN 8525) an Cu N/mm²	Dichte g/cm³	Wichtigste Anwendungsgebiete (nach Fa. Degussa)	Wichtigste Grundwerkstoffe (nach Fa. Degussa)
B-Cu75AgP-643	18	74,75	7,25	–	643	650	250	8,4	Für Lötstellen mit Betriebstemperaturen bis 150 °C **Anmerkung:** neue Werkstoffbezeichnung in der unteren Zeile	Kupfer an Kupfer ohne Flussmittel. mit Flussmittel auch für Messing, Bronze, Rotguss Nicht bei schwefelhaltigen Medien. Nicht bei Fe- und Ni-Legierungen.
L-Ag15P B-Cu80AgP-650/800	15	80	5	–	650–800	710	250	8,4		
L-Ag5P B-Cu89PAg-650/810	5	89	6	–	650–810	710	250	8,2		
L-Ag2P B-Cu92PAg-650/810	2	91,8	6,2	–	650–810	710	250	8,1		
L-CuP8 B-Cu92P-710/740	–	92	8	–	710–740	710	250	8,0		
L-CuP7 B-Cu93P-710/790	–	92,8	7,2	–	710–790	720	250	8,05		
L-CuP6 B-Cu94P-710/880	–	93,8	6,2	–	710–880	730	250	8,1		
– B-Cu86SnP-650/700	–	86,25	6,75	7,0Sn	650–700	690	250	8,0		mit Flussmittel für Kupfer, Messing, Bronze, Rotguss. Nicht bei schwefelhaltigen Medien. Nicht für Fe- und Ni-Legierungen.

Cadmiumhaltige Silberhartlote[1]) für universelle Anwendung:

Normen DIN 8513 ISO 3677	Zusammensetzung Gewichts-% Ag	Cu	Zn	Cd	Schmelzbereich °C	Arbeitstemperatur (DIN 8505) °C	Zugfestigkeit (DIN 8525) N/mm² an St37	St50	Dichte g/cm³	Wichtigste Grundwerkstoffe Anwendungsgebiete (nach Fa. Degussa)
L-Ag50Cd B-Ag50CdZnCu-620/640	50	15	17,5	17,5	620–640	640	410	510	9,5	Beliebige Stähle, Kupfer und Kupferlegierungen, Nickel und Nickellegierungen Für Lötstellen mit Betriebstemperaturen bis 150 °C **Neue Werkstoffbezeichnungen:** St37 ≙ S235JRG1 St50 ≙ E295 s. auch Anmerkung in der oberen Tabelle.
L-Ag45Cd B-Ag45CdZnCu-620/635	45	17	18	20	620–635	620	410	510	9,4	
L-Ag40Cd B-Ag40ZnCdCu-595/630	40	19	21	20	595–630	610	410	510	9,3	
L-Ag34Cd B-Ag34CuZnCd-610/680	34	22	24	20	610–680	640	400	480	9,1	
L-Ag30Cd B-Ag30CuZnCd-600/690	30	28	21	21	600–690	680	380	470	9,2	
L-Ag25Cd B-Cu30ZnAgCd-605/720	25	30	27,5	17,5	605–720	710	380	470	8,8	
– B-Cu35ZnAgCd-620/730	22	35	28	15	620–730	710	380	470	8,7	
L-Ag20Cd B-Cu40ZnAgCd-605/765	20	40	25	15	605–765	750	350	430	8,8	

7

[1]) siehe Anmerkungen auf Seite 347.

Fügen (Fortsetzung)

[1]) **Anmerkungen:** → [Zustandsdiagramme (Diagramme und Nomogramme)]

- Phosphor P setzt den Schmelzpunkt herab. Bei den Hartloten für Kupferwerkstoffe führt P bei der Paarung Cu/Cu zu flussmittelfreiem Löten.
- Silber Ag und Cadmium Cd setzen den Schmelzpunkt herab → nebenstehendes Zustandsschaubild.

	Silber Ag	Cadmium Cd
Schmelzpunkt	960,8 °C	320,9 °C
Siedepunkt	2212 °C	765 °C

- Cadmium hat einen relativ niedrigen Siedepunkt. Bei Überhitzung dampft Cd aus dem Lot heraus. **Cadmium-Dämpfe sind giftig** (→ Gefahrstoffe, → MAK-Werte).

Cadmiumoxid ist ein krebserregender Stoff. Lothersteller empfehlen daher die Umstellung auf cadmiumfreie Lote. In den USA sind cadmiumhaltige Lote verboten.

Zustandsdiagramme einer Cu-Ag, Zn-Cd-Legierung gemäß **DKI** (Deutsches Kupferinstitut)

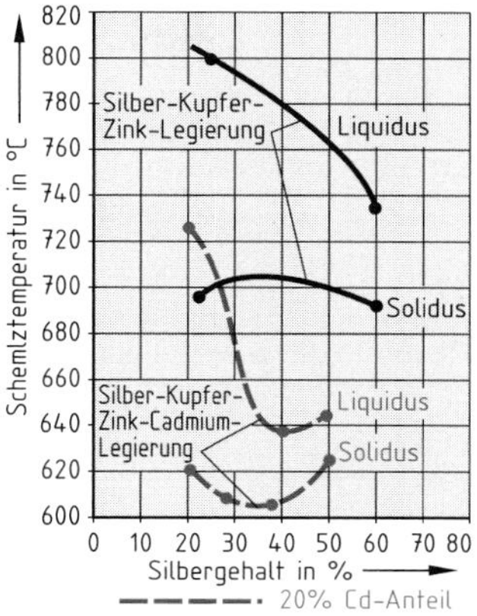

Hartlot für Aluminium-Lötungen

Normen DIN 8513 ISO 3677	Zusammensetzung Gewichts-% Al	Si	Schmelzbereich °C	Arbeitstemperatur (DIN 8505) °C	Zugfestigkeit (DIN 8525) N/mm²	Dichte g/cm³	Wichtigste Anwendungsgebiete (nach Fa. Degussa)	Wichtigste Grundwerkstoffe (nach Fa. Degussa)
L-AlSi12 B-Al88Si-575/590	88	12	575–590	590	100	2,65	Reparatur und Fertigung von Einzel- und Massenteilen	Aluminium und Al-Legierungen mit → Solidustemperaturen von mind. 640 °C

Unfallverhütungsvorschriften:

UVV **VBG 15** „Schweißen, Schneiden und verwandte Verfahren" ist zu beachten.

Lebensmittelberührung:

Lote und Flussmittel, die mit Lebensmittel in Berührung kommen, müssen nach der Vorschrift **DVGW-GW 2** (Deutscher Verein des Gas- und Wasserfaches) zugelassen sein.

Schweißverbindungen

(→ Sinnbilder Schweißen, Löten; Festigkeitslehre; Gasgesetze)

Unter Schweißen versteht man die stoffschlüssige, nicht lösbare Verbindung gleicher oder ähnlicher Stoffe unter Zuführung von Wärme im teigigen oder flüssigen Zustand.

Schweißbare Werkstoffe sind gleiche oder ähnliche Kunststoffe (Thermoplaste), Metalle oder Metalllegierungen.

Schweißverfahren:

(→ Kennzeichen für Schweiß- und Lötverfahren)

Pressschweißen

Erwärmung bis zum teigigen Zustand.
Druckanwendung verbindet Fügeteile.

Schmelzschweißen

Erwärmung bis zum flüssigen Zustand.
Verbindung durch Zusammenfließen.

7

Fügen (Fortsetzung)

Hauptsächliche Schweißverfahren: (→ Kennzeichen für Schweiß- und Lötverfahren)

Kennzahl	Kurzbezeichnung	Werkstoffe	Anwendung
311	G	Stähle	allg. Stahlbau, Rohrleitungen
111	E	Stähle	allg. Stahlbau
141	WIG	alle Metalle	hoch beanspruchte dünne Fügeteile
21/23	RP/RR	alle Metalle	Blechkonstruktionen, Kanäle
135	MAG	Stähle	allg. Stahlbau
131	MIG	Stähle, Leichtmetalle	sehr dicke und sehr dünne Fügeteile
12	UP	Stähle	dicke Fügeteile, langsame Abkühlung
3 42	G R	Kunststoffteile (Thermoplaste), z. B. Polystyrol, Teflon, PVC (auch für **Folienschweißung**)	

Werkstoff	Stahlguss, unleg. Stähle	leg. Stähle	Kupfer	Leichtmetalle	Gusseisen
Schweißverfahren	alle Verfahren	WIG, MIG RP, RR, UP	WIG, MIG	WIG, MIG RP, RR	G, E WIG

Gestaltung von Schweißverbindungen:

Art des Stoßes	Konstruktive Möglichkeit (Beispiele)	Bemerkung
Überlapp- und Stumpfstoß	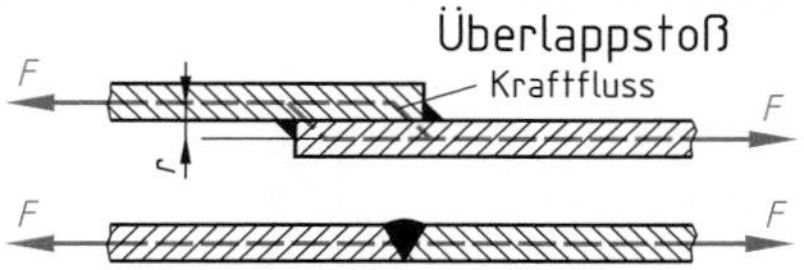	ungünstiger Kraftfluss, zusätzliche → Biegebeanspruchung. Hohe → Strömungswiderstände bessere Lösung
	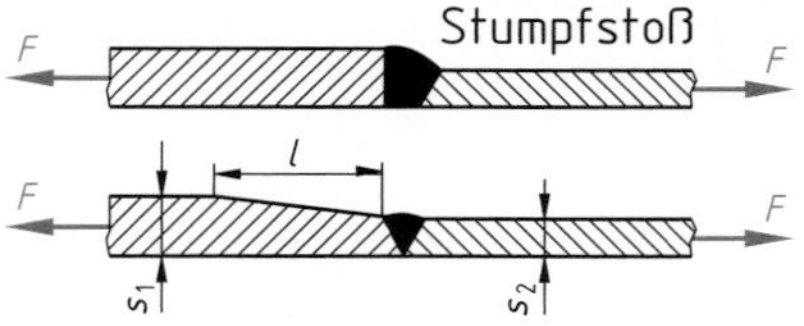	großer Spannungsanstieg (→ Festigkeitslehre) bessere Lösung: $l = 5 \dots 7 \cdot (s_1 + s_2)$
Eckstoß	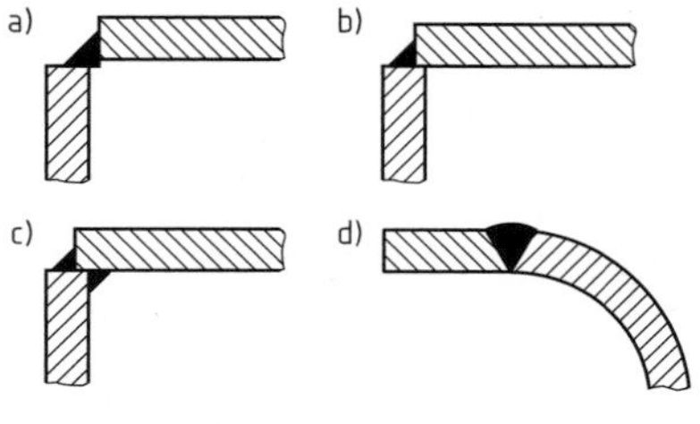	a) gut durchschweißbar, hohe Festigkeit, schlechtes Passen b) schlecht durchschweißbar, niedrige Festigkeit, gutes Passen c) gutes Passen, gut durchschweißbar, hohe Festigkeit, teuer d) technisch beste, aber auch teuerste Lösung
T-Stoß	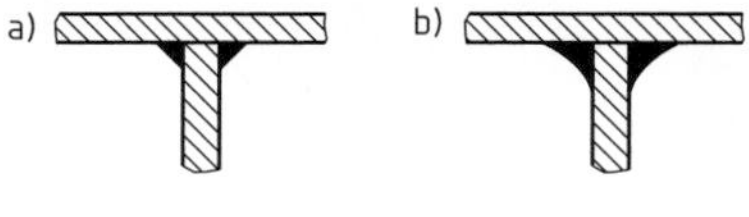 **Regel:** Zweiseitig zugängliche Nähte sollten möglichst von zwei Seiten geschweißt werden.	a) möglichst beidseitig schweißen b) durch Hohlnähte wird ein günstiger Kraftlinienfluss und eine geringere → Kerbwirkung in den Nahtübergängen erreicht.

Fügen (Fortsetzung)

Konstruktionsdetail (Beispiele)	Bemerkung
Biegebeanspruchte Naht 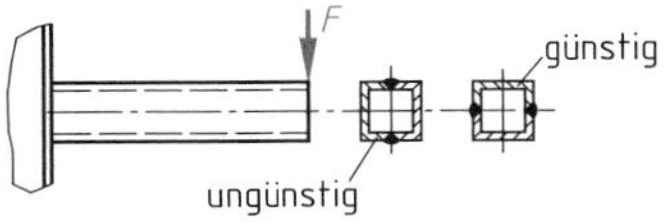	→ Biegespannung Schweißnähte möglichst in „spannungsarme" Bauteilbereiche legen, d. h. in die Nähe der Biegelinie (neutrale Faser). Der Abstand zwischen zwei tragenden Nähten sollte möglichst die vierfache Blechdicke nicht unterschreiten.
Versteifungsrippen 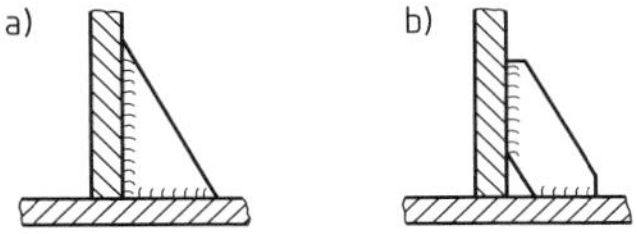	a) ungünstig, da beim Schweißen die Ausläufe (Spitzen) der Versteifungsrippen „wegbrennen". b) günstig. Es kann rundum (geschlossene Naht) geschweißt werden.
Flanschverbindungen 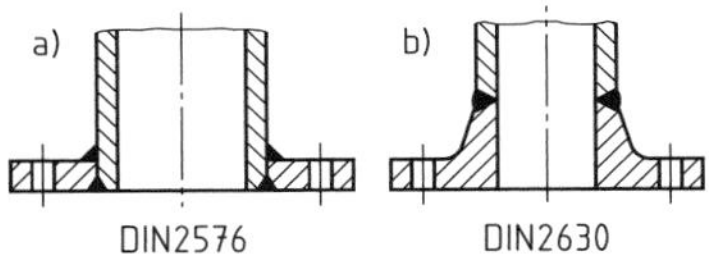	Flanschübersicht: **DIN 2500**, 08.66 a) bei niedriger mechanischer Beanspruchung, preisgünstig. b) hoher Preis, günstig durch guten Kraftflussverlauf, hohe Festigkeit.

Schweißgutfreier Abstand:
Hierunter versteht man den Mindestabstand zweier Schweißnähte. Spezielle Vorschriften wie **AD-Merkblätter** (Arbeitsgemeinschaft Druck) oder **AGI-Arbeitsblätter** beachten:

- AGI-Arbeitsblatt Q 153 → Halterungen für Tragkonstruktionen
- AGI-Arbeitsblatt Q 154 → Trag- und Stützkonstruktionen

} → Dämmarbeiten

Schweißnahtberechnung:
[→ **Festigkeitslehre** (Zug, Druck, Biegung, Abscherung, Torsion)]

$$\varrho_1 = \frac{F}{A_n}$$ **Zug-, Druck-, Scherspannung**

$$\varrho_2 = \frac{M_b}{W_n}$$ **Biegespannung** (→ Biegung)

F	Kraft	N
A_n	Nahtquerschnitt (s. unten)	mm²
M_b	Biegemoment	N mm
W_n	Widerstandsmoment der Naht	mm³

Spezielle Vorschriften im Stahl- und Behälterbau (AD-Merkblätter) sind unbedingt zu berücksichtigen.

geschlossene Nähte

l_n = Profilumfang **Nahtlänge**

nicht geschlossene (offene) Nähte

$l_n = l - 2 \cdot a$ **Nahtlänge**

Länge der Nahtkrater (Schweißnahtenden) wird abgezogen (bei einseitig offen nur einmal)

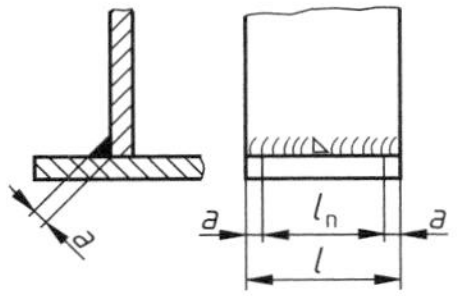

a	Schweißnahtdicke	mm

$A_n = l_n \cdot a$ **Nahtquerschnitt Kehlnaht**

$A_n = l_n \cdot s$ **Nahtquerschnitt Stumpfnaht**

l_n	Nahtlänge	mm
a	Schweißnahtdicke	mm
s	Blechdicke	mm

7

Fügen (Fortsetzung)

$$\varrho = \sqrt{\varrho_1^2 + \varrho_2^2}$$ **zusammengesetzte Spannung**

ϱ_1 entweder Zugspannung oder Druckspannung oder Schubspannung (Scherung) N/mm^2
ϱ_2 Biegespannung N/mm^2

Beispiel Biegung und Schub:

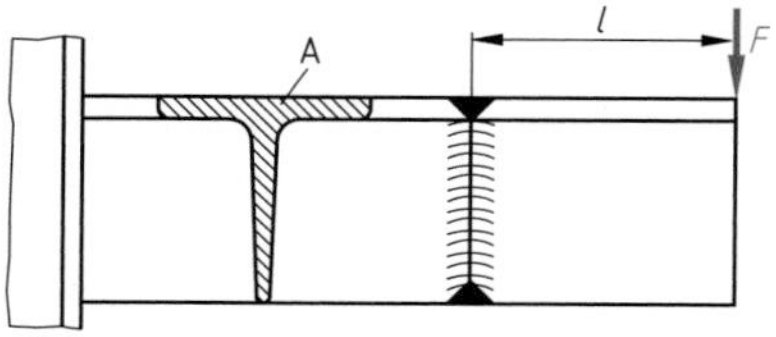

Achtung: Zulässige Spannungen aus DIN-Normen und sonstigen Vorschriften (z. B. AD-Merkblätter) beachten.

Die **Berechnung von Hartlotverbindungen** erfolgt in Analogie zur Schweißnahtberechnung.

Schweißgasflaschen		
Gasart	Kennfarbe	Anschlussgewinde
Sauerstoff	blau	R 3/4
Acetylen	gelb	Spannbügel
Wasserstoff	rot	W 21,80 × 1/14
Propan	rot	W 21,80 × 1/14

Schutzgase	
Argon	grau
Helium	grau
Stickstoff	grün
Kohlenstoffdioxid	grau

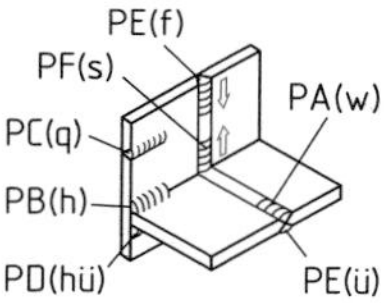

Schweißpositionen		
DIN 1912	ISO 6947	Benennung
w	PA	Wannenposition
h	PB	Horizontalposition
s	PF	Steigposition
f	PG	Fallposition
q	PC	Querposition
ü	PE	Überkopfposition
hü	PD	Horizontal-Überkopfposition
s. nebenstehendes Bild		

Schweißzusätze:
Gasschweißstäbe entsprechend **DIN 8554**, 05.86
Schutzgase zum Lichtbogenschweißen und Schneiden entsprechend **DIN EN 439**, 10.94
Drahtelektroden entsprechend **DIN EN 440**, 11.94

Gasverbrauch:
(→ Gasgesetze)

$$V_{amb} = \frac{p_e \cdot V}{p_{amb}}$$ **Verfügbare Gasmenge**

$$\Delta V = \frac{V \cdot (p_{e1} - p_{e2})}{p_{amb}} = V_1 - V_2$$ **Gasverbrauch von ungelösten Gasen**

$$\Delta V = \frac{V_{Fl} \cdot (p_{e1} - p_{e2})}{p_f}$$ **Gasverbrauch von gelösten Gasen**

V_{amb} Gasvolumen bei Atmosphärendruck l
p_{amb} Atmosphärendruck l
V Flaschenvolumen l
p_e Flaschenüberdruck (Manometeranzeige) bar
ΔV Gasverbrauch l
V_1 Flascheninhalt vor Entnahme l
V_2 Flascheninhalt nach Entnahme l
p_{e1} Manometerdruck vor Entnahme bar
p_{e2} Manometerdruck nach Entnahme bar
V_{Fl} Flascheninhalt vom im Lösungsmittel gelöstem Gas l
p_f Fülldruck der Flasche bar

Acetylen wird von Aceton unter Druck gelöst, nämlich 25 l bei 1 bar Überdruck.

B $p_e = 100$ bar; $V = 40$ l; $p_{amb} = 1{,}02$ bar.
Wie viel l Sauerstoff stehen bei Atmosphärendruck zur Verfügung?

$$\mathbf{V_{amb}} = \frac{p_e \cdot V}{p_{amb}} = \frac{100\ \text{bar} \cdot 40\ \text{l}}{1{,}02\ \text{bar}} = \mathbf{3921{,}6\ l}$$

B $p_{e1} = 18$ bar; $p_{e2} = 13{,}5$ bar; $V = 40$ l.
Wie viel Liter an ungelöstem Acetylen werden verbraucht? ($p_{amb} = 1{,}02$ bar)

$$\mathbf{\Delta V} = \frac{V \cdot (p_{e1} - p_{e2})}{p_{amb}} = \frac{40\ \text{l} \cdot 4{,}5\ \text{bar}}{1{,}02\ \text{bar}} = \mathbf{176{,}5\ l}$$

Schweißgashersteller stellen auch **Verbrauchsdiagramme** zur Verfügung.

7

Fügen (Fortsetzung)

Schweißen von Kupfer und Kupferlegierungen:

Kupfer mit **Schweißeignung**	
Cu-Sorte	Anwendungsbereich
SF-Cu[1])	desoxidiert, sauerstofffrei Rohrleitungen, Apparatebau
E-Cu	sauerstoffhaltig Halbzeug in der Elektrotechnik
SE-Cu[2])	Halbzeug in der Elektrotechnik

[1]) sehr gut schweißbar [→ **Kupfer und Kupferlegierungen** (Apparatewerkstoffe)]
[2]) besondere Anforderungen an die Schweißbarkeit
Andere Cu-Sorten: beschränkt schweißbar

Mögliche Schweißverfahren (Auswahl)

Kaltpressschweißen
Kaltfließpressschweißen, Reibschweißen, Diffusionsschweißen, Wolfram-Plasmaschweißen (WP), Mikroplasma-Schweißen, Impuls-Lichtbogenschweißen, WIG-Impuls-Lichtbogenschweißen (WIG_P), MIG-Impuls-Lichtbogenschweißen (MIG_P), Elektronenstrahlschweißen, EB-Schweißen (im Vakuum), LB-Schweißen (mit Schutzgas), Sprengschweißen, u. a.

Über Schweißeignung und anwendbare Schweißverfahren informiert Sie umfassend das DKI (Deutsches Kupferinstitut).

Verbindungsschweißen von Kupfer mit Kupferlegierungen (Anhaltsangaben DKI)

Werkstoffe	Schweißverfahren	Schweißzusatz	Bemerkungen
Kupfer mit Kupfer-Silizium-Mangan (CuSi2Mn, CuSi3Mn)	WIG vorzugsweise doppelseitig-gleichzeitig MIG	SG-CuSn6	bei Blechen mit $s > 10$ mm Kupferseite auf 300 bis 400 °C vorwärmen
Kupfer mit Kupfer-Zink-Legierungen	WIG vorzugsweise doppelseitig-gleichzeitig	SG-CuSn6 oder SG-CuSn	je nach Wanddicke Kupferseite auf 200 bis 500 °C vorwärmen
Kupfer mit Kupfer-Zinn-Legierungen	WIG MIG	SG-CuSn6	
Kupfer mit Kupfer-Nickel-Legierungen	WIG MIG	SG-CuNi30Fe	
Kupfer mit Kupfer-Aluminium-Legierungen	WIG MIG	SG-CuAl8 oder SG-CuSn6	

WIG: Kennzahl 141
MIG: Kennzahl 131

Schweißeignung von Kupferlegierungen (Anhaltsangaben DKI)

Kurzzeichen der Legierung	Gasschweißen	Schutzgasschweißen WIG-Impuls	Schutzgasschweißen MIG-Impuls	Metall-Lichtbogenschweißen	elektrisches Widerstandsschweißen Punkt-	elektrisches Widerstandsschweißen Naht-	elektrisches Widerstandsschweißen Stumpf-
CuAg0.1	2	2	2	1	1	1	1
CuFe2P	1	2	2	1	1	1	1
CuMn2	1	2	1	1	1	1	2
CuSi2Mn	0	2	2	0	2	2	2
CuSi3Mn	0	2	2	0	2	2	2
CuZn0.5	2	2*)	2*)	1	1	1	1
CuZn37	2	1*)	1**)	0	1	0	1
CuZn20Al2	0	2	1**)	1	1	0	1
CuNi12Zn24	1	1	0	0	1	1	1
CuAl10Ni5Fe4	0	2	2	1	1	1	1
G-CuCr	0	1	1	0	0	0	1
G-CuZn34Al2	0	1*)	1**)	0	1	0	1
G-CuZn15Si4	1	1*)	1**)	0	1	0	1
G-CuSn10	1	1	1	1	1	1	2
G-CuSn10Zn	0	1	1	0	1	1	2
G-CuNi10	0	1	1	1	1	1	2
G-CuNi30	0	2	2	1	2	2	2
G-CuAl10Fe	0	1	1	1	1	1	1
G-CuAl10Ni	0	1	1	1	1	1	1

In nebenstehender Tabelle bedeuten die Ziffern
0: nicht geeignet
1: geeignet
2: empfohlen

des Weiteren
*) zinkfreie Zusätze empfohlen
**) zinkfreie Zusätze erforderlich

Die Schweißzusätze (Schweißstäbe, Schweißdrähte, Drahtelektroden) sind auf die Grundwerkstoffe abzustimmen. DKI-, Norm- u. Herstellerangaben sind zu beachten!

7

Fügen (Fortsetzung)

Schweißen von Aluminium und Aluminiumlegierungen: (→ Kennzeichen Schweiß- und Lötverfahren)

Grundwerkstoffe der Fügeteile	Schweißzusatzstoffe	Eignung bei G (311)	WIG (141)	MIG (131)	L (1)
Al99,8; Al99,7; Al99,5; E-Al	S-Al99,8	3	2	2	4
Al99,5; Al99	S-Al99,5 Ti	2	2	2	4
AlMn	S-AlMn	2	2	3	4
AlMg1; AlMg3; AlMgMn	–	–	–	–	4
AlMg3; AlMgSi0,5; G-AlMg3Si	S-AlMg3	3	2	3	5
AlMg3; G-AlMg3Si; G-AlMg5	S-AlMg5	5	2	2	5
AlMg4,5Mn; G-AlMg3Si; G-AlMg5	S-Al Mg4,5Mn	5	2	2	5
AlSi5; AlMgSi0,5; AlMgSi1	S-AlSi5	2	2	2	4
AlSi-Gussleg. mit mehr als 7% Si	S-AlSi12	2	2	2	4

In der Tabelle bedeuten die Ziffern 2: gut geeignet, 3: geeignet, 4: möglich, 5: nicht geeignet

Unfallverhütungsvorschriften beim Schweißen:
UVV **VBG 15** „Schweißen, Schneiden und verwandte Verfahren" ist zu beachten.

Lüftung in Räumen

Verfahren	Zusatzwerkstoff: Unlegierter und niedriglegierter Stahl, Aluminium-Werkstoffe k	l	Hochlegierter Stahl, NE-Werkstoffe (außer Aluminium-Werkstoffe k	l	Schweißen an beschichtetem Stahl k	l
Gasschweißen ortsgebunden	F	T	T	A	T	A
nicht ortsgebunden	F	T	F	A	F	A
Lichtbogenhandschweißen ortsgebunden	T	A	A	A	A	A
nicht ortsgebunden	F	T	T	A	T	A
MIG-, MAG-Schweißen ortsgebunden	T	A	A	A	A	A
nicht ortsgebunden	F	T	T	A	T	A
WIG-Schweißen ortsgebunden	F	T	F	T	F	T
nicht ortsgebunden	F	F	F	T	F	T
Unterpulverschweißen ortsgebunden	F	T	T	T	T	T
nicht ortsgebunden	F	F	F	T	F	T
Thermisch. Spritzen	A	A	A	A	–	–

In nebenstehender Tabelle bedeuten die Buchstaben
k: kurzzeitig
l: länger andauernd
F: freie (natürl.) Lüftung
T: technische (masch.) Lüftung
A: Absaugung im Entstehungsbereich der gesundheitsgefährdenden Stoffe

Stehen die entsprechenden Lüftungseinrichtungen nicht zur Verfügung oder sind nicht ausreichend wirksam, müssen geeignete Atemschutzgeräte zur Verfügung gestellt werden.

Eine Verbesserung der Atemluft durch Zugabe von Sauerstoff ist verboten.

Sauerstoffarmaturen sind fettfrei zu halten.

Stoffeigenschaftändern

Stoffeigenschaftändern ist die Änderung der Stoffeigenschaften (z. B. → Härte, → Festigkeit, → Dehnverhalten u. a.) eines festen Körpers durch Umlagern, Aussondern oder Einbringen von Stoffteilchen.

7

Stoffeigenschaftändern (Fortsetzung)

Gruppen des Stoffeigenschaftänderns:

Umlagern von Stoffteilchen

- durch Veränderung des Gefüges oder des Kristallgitters oder beidem (z. B. Glühen, Härten, Anlassen, Vergüten)
- durch Verformung des Kristallgitters (z. B. Festbiegen, Festwalzen, Verfestigungsstrahlen)
- durch Verändern der Wirkenergien (z. B. Magnetisieren, elektrisch Aufladen)

Aussondern von Stoffteilchen

Entzug von Stoffteilchen (z. B. Entkohlen)

Einbringen von Stoffteilchen

z. B. Aufkohlen, Nitrieren

Eine wichtige Anwendung des Stoffeigenschaftänderns ist die **Wärmebehandlung**.

Wärmebehandlung von Eisenwerkstoffen

- **Diffusionsglühen** (→ Diffusion) ist ein Homogenisierungsglühen zum Ausgleich von Konzentrationsunterschieden und Gefügeheterogenitäten bei hohen Temperaturen (30 bis 40 h).
- **Normalglühen** ist ein Glühen zur Erzielung eines stabilen Gefügezustandes oberhalb der GSK-Linie.
- **Härten** ist ein Erwärmen und Halten auf einer Temperatur kurz über der GSK-Linie und mit anschließendem Abschrecken.
- **Weichglühen** ist ein Glühen dicht unterhalb bzw. oberhalb der PSK-Linie.
- **Spannungsarmglühen** ist ein Glühen zur Herabsetzung innerer Spannungen unterhalb der PSK-Linie und anschließender langsamer Abkühlung.

Fe-C-Diagramm [Eisen-Kohlenstoff-Diagramm (Ausschnitt)] als Grundlage für die **Wärmebehandlung unlegierter Stähle**

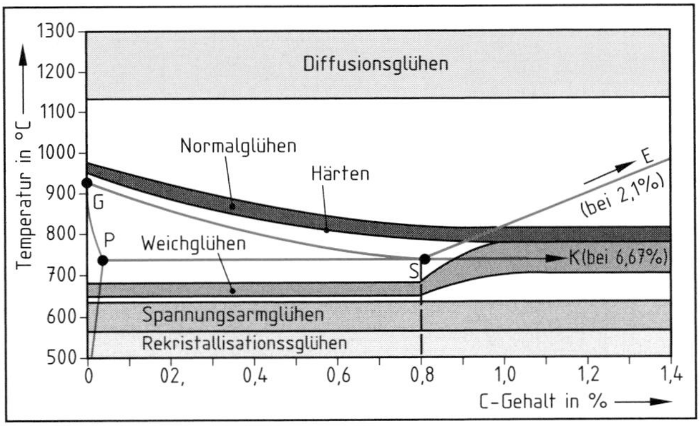

→ Diagramme und Nomogramme **(Zustandsdiagramme)**

- **Rekristallisationsglühen** ist ein Glühen im Rekristallisationsbereich bei niedrigen Temperaturen nach einer vorangegangenen Umformung (Rückformung der Kristalle).

Das **Fe-C-Diagramm** ist nur bei **unlegierten Stählen** anwendbar. Bei **legierten Stählen**: Wärmebehandlung nach einschlägigen Normen bzw. nach den **Angaben des Herstellers**.

Spezielle Verfahren des Stoffeigenschaftänderns: (→ Anlassen)

- **Einsatzhärten** ist ein Aufkohlen mit Einsatzmitteln (geben C ab) bei hohen Temperaturen und anschließendem Härten. Einsatzstähle nach DIN EN 10084.
- **Induktionshärten** ist wie das Einsatzhärten und das Nitrieren ein **Oberflächen-Härteverfahren** mittels elektroinduktiver Erwärmung (→ Induktion)
- **Nitrieren** ist eine thermochemische Behandlung zur Erzeugung harter nitridhaltiger Schichten durch Anreicherung dieser Schichten durch Stickstoff bei hoher Temperatur. Nitrierstähle nach DIN 17211 mit den Legierungsbestandteilen Al, Cr, Mo, V.
- **Vergüten** ist ein Härten mit anschließendem **Anlassen**. Durch das Anlassen wird dem Werkstoff die „Glashärte" genommen.

Temperguss:

Rohguss, der durch das **Tempern** in einen schlagzähen Zustand überführt wird.

Weißer Temperguss GTW ist entkohlend geglüht und hat ein wanddickenabhängiges Gefüge- und Festigkeitsverhalten.

Schwarzer Temperguss GTS ist nicht entkohlt aber geglüht und hat ein wanddickenunabhängiges Festigkeitsverhalten.

Stoffeigenschaftändern (Fortsetzung)

Stoffeigenschaftändern und Wärmebehandlung von Kupfer

Härte- und Festigkeitssteigerung wird bei Cu ausschließlich durch Verformung des Kristallgitters erreicht (nicht durch Erwärmen mit anschließendem Abschrecken!). → **Kaltverfestigung** durch Umformen, z. B. Festbiegen, Festwalzen, Festhämmern, Festziehen, Verfestigungsstrahlen u.a.

Umformgrad	Bezeichnung von SF-Cu	Zugfestigkeit R_m in N/mm²
↓	SF-Cu-F20	200
	SF-Cu-F22	220
	SF-Cu-F24	240
	SF-Cu-F25	250
	SF-Cu-F30	300

→ Die Kaltverfestigung steigt mit dem Umformgrad. Bei zu großer Kaltverfestigung wird das Gefüge zerstört.

Rekristallisation (Zurückverwandlung des Gefüges) durch Glühen. Abhängig von **Glühdauer** und **Glühzeit**.

Korngröße, Dehnverhalten und Festigkeit von SF-Cu beim Rekristallisationsglühen (**Glühdauer 30 min**) in Abhängigkeit von der Temperatur. Angaben von DKI (Deutsches Kupferinstitut) in folgenden Diagrammen:

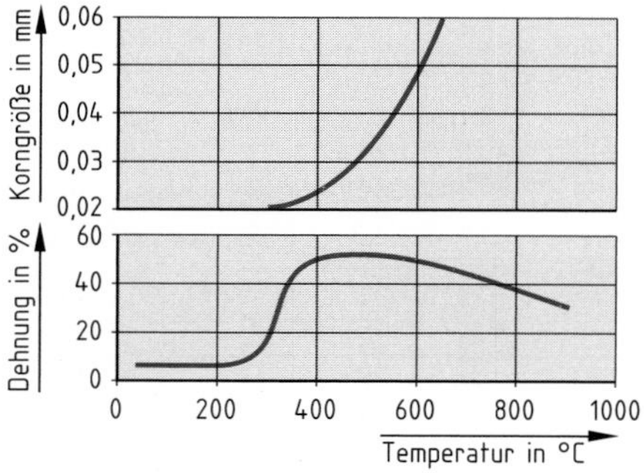

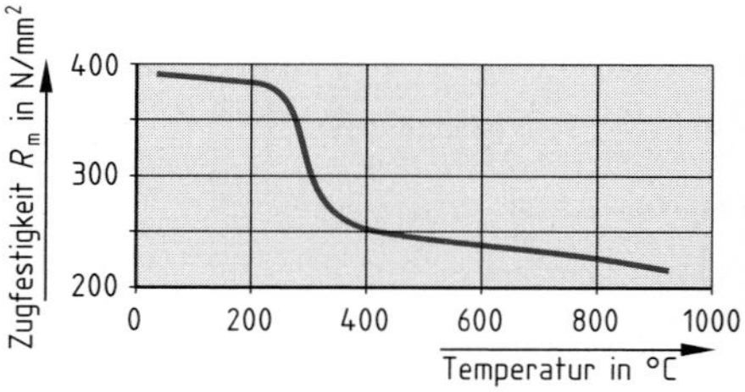

Der Grad der Rekristallisation ist eine Funktion von Glühdauer und Glühtemperatur.

Wärmebehandlung von Aluminiumlegierungen

Man unterscheidet **nicht aushärtbare Al-Legierungen** und **aushärtbare Al-Legierungen**.

Kurzname	**Lösungsglühen** Abschreckmedium	bei ϑ in °C	**Kaltauslagern** in Tagen	**Warmauslagern** t in h	ϑ in °C
AlMgSi0,5 E-AlMgSi0,5 AlMgSi1 AlMgSiPb	Luft/Wasser Luft/Wasser Wasser/Luft Wasser	525 … 540 525 … 540 525 … 540 520 … 530	5 … 8	4 … 16	155 … 190
AlCuMg1	Wasser	490 … 510	5 … 8	–	–
AlZnMg1	Wasser	450 … 470	100	18 … 24	130

Herstellerangaben (auch in Form von Aushärtungsdiagrammen) und einschlägige Normen über Al-Legierungen beachten!
Bei Erwärmung über die Lösungsglühtemperatur geht die Härte verloren. Achtung bei Reparaturschweißungen o. ä.

Aufbau von Dämmkonstruktionen

Ausführung von Wärme- und Kältedämmungen

(→ Dämm- und Sperrstoffe, Bauzeichnungen, Wärmetransport, Behälterböden)

Wichtige Technische Regeln (TR): AGI = Arbeitsgemeinschaft Industriebau

TR	Titel	TR	Titel
DIN 1055	Lastannahmen für Bauten	AGI-	
DIN 4102	Brandverhalten von Baustoffen und Bauteilen	–Q02 –Q03	Begriffe Ausführung von Dämmarbeiten
DIN 4140	Dämmarbeiten an betriebs- u. haustechnischen Anlagen	–Q101 –Q103 –Q104 –Q111 –Q112 –Q135 –Q136 –Q152 –Q153 –Q154	spezielle Themen über Wärme- und Kältedämmarbeiten
DIN 16920	→ Klebstoffe		
DIN 55928	→ Korrosionsschutz		
DIN EN ISO 8497	Wärmschutz-Bestimmung der Wärmetransporteigenschaften		
VDI 2055	Wärme- u. Kälteschutz für betriebs- u. haustechn. Anlagen		

Wärmeschutz: Objekttemperatur ist größer als die Umgebungstemperatur.
Kälteschutz: Objekttemperatur ist kleiner als die Umgebungstemperatur.

Allgemeine Anforderungen:
Um das Objekt fachgerecht dämmen zu können, sind folgende Voraussetzungen zu erfüllen:

- Korrosionsschutzarbeiten am Objekt sind, falls erforderlich, ausgeführt.
- Bei Kältedämmungen **muss** das Objekt korrosionsgeschützt sein.
- Die Mindestabstände sind eingehalten (s. unten).
- Die Oberfläche weist keine groben Verunreinigungen auf.
- Halterungen zur Aufnahme der Tragkonstruktion sind nach AGI Q153 am Objekt angebracht.
- Fundamente sind fertiggestellt.
- Dichtkragen und Dichtscheiben sind am Objekt angebracht.
- Stutzen am Objekt sind mindestens so lang, dass die Flansche außerhalb der Dämmung liegen und ohne Behinderung verschraubt werden können.
- Auflager sind so ausgeführt, dass Dämmstoffe, Dampfbremsen und Ummantelungen fachgerecht angeschlossen werden können.
- Die Dämmung kann ohne Behinderungen, z. B. durch Gerüste, aufgebracht werden.
- Schweiß- und Klebearbeiten am Objekt sind ausgeführt.

Mindestabstände (nach DIN 4110, 11.96):

Rohrleitungen

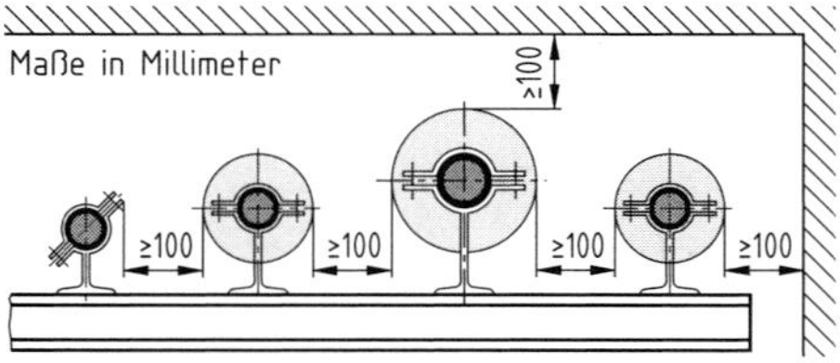

Behälter, Apparate, Kolonnen, Tanks

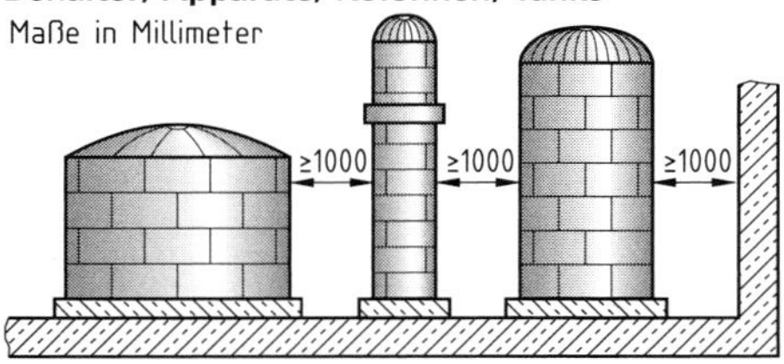

Abstände zwischen gedämmten Objekten

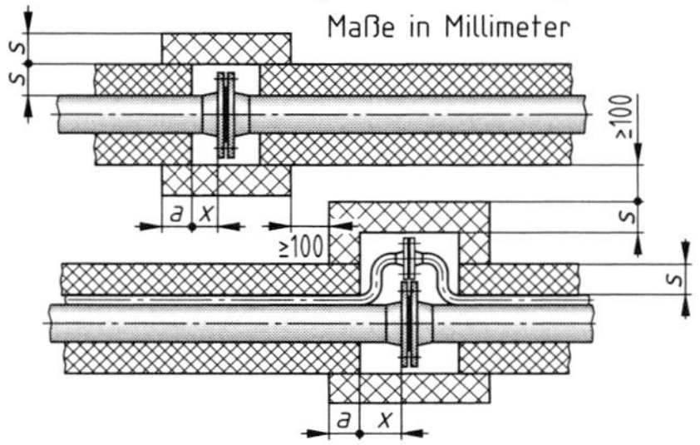

x	Schraubenlänge +20 mm	mm
a	Überdeckung $\geq s$	mm
s	Dämmschichtdicke	mm

Verlegung fugendicht mit Minimum an Wärmebrücken (Kältebrücken). Bei mehrlagiger Dämmung Fugen versetzen.

Aufbau von Dämmkonstruktionen (Fortsetzung)

Befestigungsmöglichkeiten für Dämmstoffe (nach DIN 4140, 11.96)

Dämmstoffe	Befestigung																	
	Spannband	Bindedraht	Drahthaken (Mattenhaken) vernähen mit Bindedraht	Stifte, Klipse	Klebstoff[1])	Klebeband/Klebefolie[1])	Haken oder Ösen mit Bindedraht	Klettband	Druckknöpfe	Gurt mit Schnallen	Gleitverschluss	Spiralschraubverbinder	Wickeln	Profilschienen	Drahtgeflecht	Stopfen hinter Drahtgeflecht/Ummantelung	Stopfen/Schütten hinter Doppelmantel	Einblasen/Schütten hinter Ummantelung
Mineralwolle Matten	x	x	x	x														
Bahnen, Filze	x	x		x														
Lamellenmatten	x	x		x	x	x												
Formstücke	x	x				x												
Platten	x			x	x							x		x				
Schnüre (Zöpfe)													x					
Lose Mineralwolle																x	o	
Granulierte Mineralwolle																	o	x
Gespritzte Faserstoffe				x											x			
Matratzen	x	x					x	x	x	x								
Schüttdämmstoffe																x	o	x
Hartschaumstoffe (PS, PUR) Schalen, Segmente	o				o	o												
Platten	o			x	o	o						x		o				
Kork Schalen, Segmente	o	o			o	o												
Platten	o				o	o						x		o				
Schaumglas Schalen, Segmente	o				o	o												
Platten	o			o	o													
Calciumsilicat Schalen, Segmente	x	x																
Platten	x											x						
Halbharte/weiche Schaumstoffe Schläuche					o	o					x							
Platten, Bahnen					o	o												
Mikroporöse Dämmstoffe Platten	x			x										x				
gerippt	x	x			x	x												
gesteppt			x				x											
Schnüre													x					
Schalen, Segmente	x				x	x												

x Wärmedämmung
o Wärme- und Kältedämmung

[1]) Bei Klebeverbindungen kann eine zusätzliche mechanische Befestigung erforderlich sein.

Aufbau von Dämmkonstruktionen (Fortsetzung)

Lage der Dampfbremse und Dehnungsmöglichkeit:

(→ Wasserdampfpartialdruck, Diffusion, Wärmedehnung von Schaumstoffen)

In der Regel vollflächig mit dem Dämmstoff verklebt. Sie müssen auch an Abschottungen, Endstellen, Einbauten, Durchdringungen, Übergängen, Abgängen und Auflagern voll wirksam sein. Die Dampfbremse (Sperrschicht) wird immer **auf der Seite des höheren Wasserdampfpartialdruckes** (i. d. R. auf der Seite der höheren Temperatur) angebracht.

Wegen der Wärmeausdehnung muss die Dämmkonstruktion eine Dehnungsmöglichkeit, meist in Form einer **Dehnfuge** erhalten.

Beispiele (nach DIN 4140, 11.96):

Auflager für Behälter mit ebenem Boden

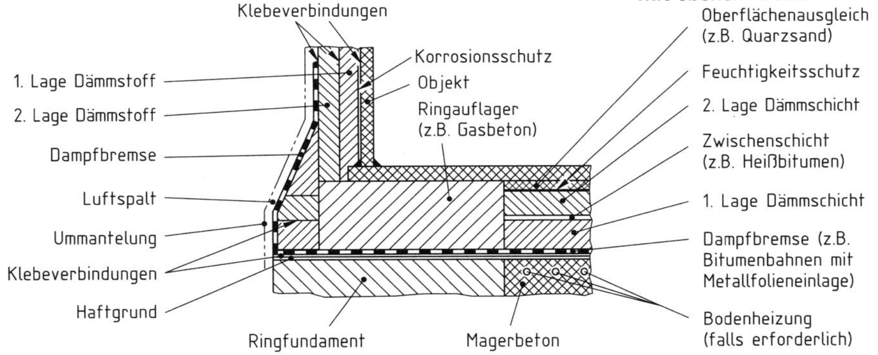

Dehnfugen bei waagerechter Anordnung von Objekten

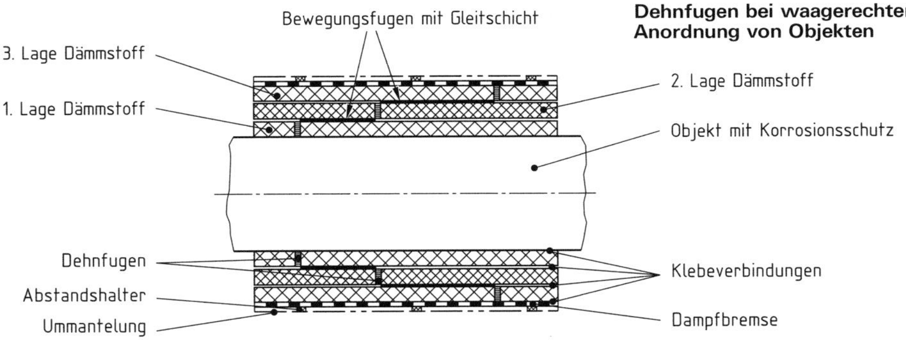

Dehnfugen bei senkrechter Anordnung von Objekten

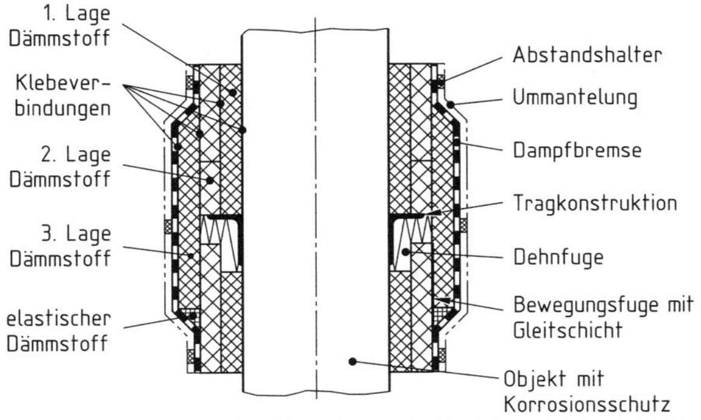

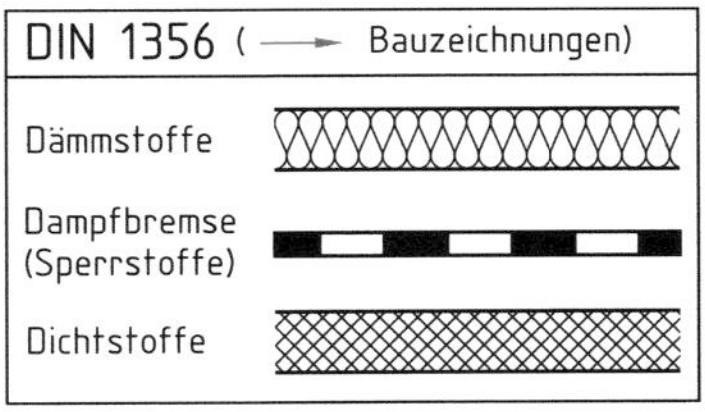

Aufbau von Dämmkonstruktionen (Fortsetzung)

Schallschutztechnische Anforderungen: (→ Akustik)

Jede Wärmedämmung besitzt **akustische Eigenschaften**, die durch folgende konstruktive Maßnahmen – einzeln oder in Kombination – beeinflusst werden können:

- Änderung des lichten Abstandes zwischen Objekt und Ummantelung;
- Änderung der Dämmschichtdicke und/oder der → Rohdichte des Dämmstoffes;
- Akustische Entkoppelung der Ummantelung vom Objekt mit elastischen Elementen in der Trag- und Stützkonstruktion (z. B. Omegafederbügel, Gummielemente, Stahlwollekissen);
- Innenseitige Beschichtung der Ummantelung mit körperschallabsorbierenden Werkstoffen wie z. B. selbstklebenden Bitumenpappen oder Spritzmassen;
- Änderung der → flächenbezogenen Masse der Ummantelung durch Werkstoffwahl oder Mehrfachaufbringung;
- Mehrschaliger Dämmaufbau mit mindestens zwei separaten Dämmschichten und Ummantelungen.

Ummantelungen:

Die Ummantelung ist ein **mechanischer Schutz** und/oder **Witterungsschutz**.

Ummantelungen sind erforderlich, wenn Umgebungseinflüsse die Eigenschaften des Dämmstoffes beeinträchtigen können.

Die Blechdicken liegen – je nach dem Ummantelungsumfang zwischen 0,5 und 1,2 mm bei vorgeschriebener **Überlappung** (DIN 4140).

Oberflächentemperatur für Stoffe der Ummantelung (nach DIN 4140, 11.96)

Lfd. Nr.	Stoffe	Oberflächentemperatur über 60 °C	bis 60 °C	bis 50 °C
1	Verzinktes Stahlblech und/oder aluminiertes Stahlblech	x	x	x
2	Nichtrostendes austenitisches Stahlblech	x	x	x
3	Aluminiumblech	x	x	x
4	Kunststoffbeschichtetes Stahlblech		x	x
5	Kunststoffbeschichtetes Aluminiumblech		x	x
6	Bitumen-Klebeband mit PE- oder Aluminiumfolie			x
7	Bandagierte Bitumenmäntel			x
8	Bitumenbahnen			x
9	Bänder aus Kunststoff			x
10	Kunststofffolien			x
11	Plastische Massen			x
12	Hydraulisch abbindende Massen			x
13	Aluminiumfolie			x

Aufhängung gedämmter Leitungen: (→ Rohrleitungen und Kanäle)

Auch bei **Aufhängungen** ist eine **maximale Stauchung der Dämmung von 10%** zugelassen (→ Dämm- und Sperrstoffe).

Berechnung von Dämmkonstruktionen

Wärmebedarf von Gebäuden (nach DIN 4701-1, 03.83)

(→ Sonnenstrahlung, Atmosphäre, Kühllastzonen, Behaglichkeit, Wärmetransport, Wärmeabgabe des Menschen).

Zu berücksichtigen sind u. a. folgende **Einflussparameter** (Tabellen in DIN 4701-2, 03.83)

- Tiefste **Außentemperaturen** für Städte mit mehr als 20 000 Einwohnern
- Norm-**Innentemperaturen** für beheizte Räume
- **Außenflächenkorrekturen** für → ***k*-Wert**
- **Sonnenkorrekturen** für → *k*-Wert
- Temperaturen in **Nachbarräumen**
- ***k*-Werte** für Außen- und Innentüren
- **Fugendurchlässigkeit**
- **Hauskenngrößen**
- → **Windverhältnisse**
- → **Wärmeübergangswiderstände**
- → **Wärmeleitwiderstände** u. a.

8

Berechnung von Dämmkonstruktionen (Fortsetzung)

DIN 4701 ist auch maßgebend für die Berechnung der Wärmeeinströmung von außen in **Kühlräume** (Innentemperatur $> -18\,^\circ C$) und **Tiefkühlräume** (Innentemperatur $\leq -18\,^\circ C$)

Vereinfachtes Rechenschema nach DIN 4701: (→ Wärmetransport)

Kühlraum- (KR), Tiefkühlraumberechnung (TKR): Wärmeeinströmung von außen nach DIN 4701-1 und 2 (Musterformular)

Raumbezeichnung:	Länge: . . . . m	Breite: . . . . m	Höhe: . . . . m
. . . .	Bodenfläche: . . . . m^2	Volumen: . . . . m^3	Raumtemperatur: . . . . . . °C

Kurz-bezeichnung	Himmelsrichtung	Anzahl n	Flächenberechnung: Breite b	Höhe h bzw. Länge l	Fläche A	Fläche abziehen (−) (für Tür, Fenster …)	in Rechnung gestellte Fläche A'	Wärmedurchgangszahl k	Temperaturdifferenz $\Delta\vartheta$ bzw. ΔT	**Wärmestrom** $\dot{Q} = k \cdot A' \cdot \Delta\vartheta$	**Bemerkung**
–	–	–	m	m	m^2	– m^2	m^2	$\frac{W}{m^2 \cdot K}$	K	W	
AW											
AW											
AF											
AT											
DE											
FB											
IW											
IW											
										$\Sigma =$ . . . . W	

Himmelsrichtungen

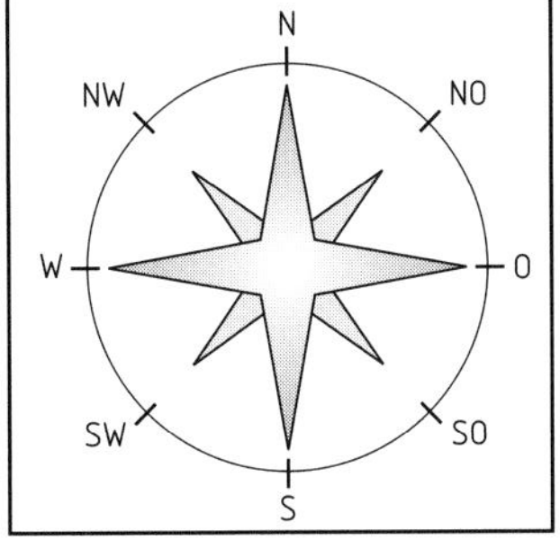

Abmessungen der Bauteile

Länge l und **Breite** b: lichte Rohbaumaße

Höhe h: Geschosshöhe (Mitte Decke/Mitte Decke)

Fenster und Türen Maueröffnungsmaße

Gesamtwärmestrom = Summe aller Einzelwärmeströme. Einzelwärmeströme können auch negativ sein (z. B. TKR neben KR)

Kennzeichnung der Bauteile	
KR	Kühlraum
TKR	Tiefkühlraum
AF	Außenfenster
AT	Außentür
AW	Außenwand
DA	Dach
DE	Decke
FB	Fußboden
IF	Innenfenster
IT	Innentür
IW	Innenwand

Berechnung von Dämmkonstruktionen (Fortsetzung)

Für **Türen, Fenster** und sonstige **Fertigteile** sind die → ***k*-Werte** in den Katalogunterlagen der Hersteller angegeben.

$$k = \frac{1}{\frac{1}{\alpha_1} + \sum \frac{\delta}{\lambda} + \frac{1}{\alpha_2}}$$

→ **Wärmedurchgangszahl** (k-Wert)

Sonderfälle nach DIN 4701:

- Selten beheizte Räume
- Räume mit sehr schwerer Bauart
- Hallen mit großer Raumhöhe
- Gewächshäuser

Erdreichberührte Bauteile:

$$\dot{Q} = \left(\frac{\vartheta_i - \vartheta_{AL}}{R_{AL}} + \frac{\vartheta_i - \vartheta_{GW}}{R_{GW}}\right) \cdot A$$

Wärmestrom (→ Wärmetransport)

$$R_{AL} = R_i + R_{\lambda B} + R_{\lambda A} + R_A$$

$$R_{GW} = R_i + R_{\lambda B} + R_{\lambda E}$$

$$R_{\lambda E} = \frac{T}{\lambda_E}$$

Unbedingt untenstehende Anmerkung beachten!

$\vartheta_{AL} = \vartheta_a + 15$ in °C
$\vartheta_{GW} = +10\,°C$
$\lambda_E = 1{,}2\ W/(m \cdot K)$

Index A: Wärmeaustausch des Erdreiches mit der Außenluft.
Index G: Wärmeaustausch des Erdreiches mit dem Grundwasser.

Bei der Berechnung des k-Wertes sind die einzelnen Summanden auf der 5. Stelle zu runden.

B

$$\frac{\delta_1}{\lambda_1} = \frac{0{,}13\ m}{0{,}45\ W/(m \cdot K)} = 0{,}288888\ \frac{m^2 \cdot K}{W}$$

$$\frac{\delta_1}{\lambda_1} = \mathbf{0{,}28889}\ \frac{m^2 \cdot K}{W}$$

$$\frac{1}{\alpha_a} = \frac{1}{11{,}4\ \frac{W}{m^2 \cdot K}} = 0{,}087719\ \frac{m^2 \cdot K}{W}$$

$$\frac{1}{\alpha_a} = \mathbf{0{,}08772}\ \frac{m^2 \cdot K}{W}$$

ϑ_{AL}	mittlere Außentemperatur über eine längere Kälteperiode	°C
ϑ_{GW}	mittlere Grundwassertemperatur	°C
R_{AL}	äquivalenter Wärmedurchgangswiderstand Raum/Außenluft	K · m²/W
R_{GW}	äquivalenter Wärmedurchgangswiderstand Raum/Grundwasser	K · m²/W
$R_{\lambda B}$	Wärmeleitwiderstand des Bauteils	K · m²/W
$R_{\lambda A}$	äquivalenter Wärmeleitwiderstand des Erdreichs zur Außenluft (nach DIN 4701, Teil 2)	K · m²/W
$R_{\lambda E}$	Wärmeleitwiderstand des Erdreichs zum Grundwasser	K · m²/W
R_i	innerer Wärmeübergangswiderstand (nach DIN 4701, Teil 2)	K · m²/W
R_a	äußerer Wärmeübergangswiderstand (nach DIN 4701, Teil 2)	K · m²/W
λ_E	Wärmeleitfähigkeit des Erdreichs	W/(m · K)
T	Tiefe bis zum Grundwasser (nach DIN 4701, Teil 2)	m
A	Bodenfläche (innen)	m²
ϑ_i	Innentemperatur	°C
ϑ_a	Außentemperatur	°C

Wärmeübergangswiderstände

	R_i m²· K/W	R_a m²· K/W
auf der Innenseite geschlossener Räume bei natürlicher Luftbewegung an Wandflächen und Fenster	0,130	–
Fußboden und Decken bei einem Wärmestrom von unten nach oben	0,130	–
bei einem Wärmestrom von oben nach unten	0,170	–
an der Außenseite von Gebäuden bei mittlerer Windgeschwindigkeit	–	0,040
In durchlüfteten Hohlräumen bei vorgehängten Fassaden oder in Flachdächern (der Wärmeleitwiderstand der vorgehängten Fassade oder der oberen Dachkonstruktion wird nicht zusätzlich berücksichtigt)	–	0,090

Äquivalenter Wärmeleitwiderstand $R_{\lambda A}$ des Erdreiches zur Außenluft

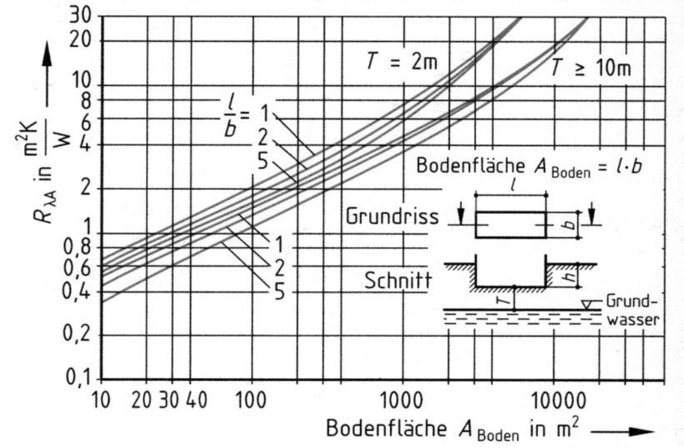

Wichtige Anmerkung! Hier wird unter dem → Wärmeübergangs-, → Wärmeleit-, → Wärmedurchgangswiderstand der entsprechende thermische Widerstand multipliziert mit der Fläche (K/W) · m² verstanden.

Berechnung von Dämmkonstruktionen (Fortsetzung)

Bei Heizung und Kühlung sind weitere **Wärmeströme** in der **Wärmestromsumme** zu berücksichtigen, so z. B.

Personenwärmestrom (→ Wärmeabgabe des Menschen, Wasserdampfabgabe des Menschen, Raumlufttemperatur)

Beleuchtungswärmestrom (→ Beleuchtungswärmestrom)

Bei **Heizanlagen** sind Personenwärmestrom und Beleuchtungswärmestrom in der Wärmestromsumme als negative Wärmeströme einzusetzen, d. h. abzuziehen.

Bei **Kühlanlagen** sind Personenwärmestrom und Beleuchtungswärmestrom in der Wärmestromsumme als positive Wärmeströme einzusetzen, d. h. zu addieren.

Dämmschichtdicke bei vorgegebenem → *k*-Wert (nach Wärmeschutzverordnung, 08.94)

Die Wärmeschutzverordnung geht grundsätzlich von **ebenen Wänden** aus. Sie unterscheidet

- **neue Gebäude**
- **bestehende Gebäude**

des Weiteren

- **Abschnitt 1:** Gebäude mit normalen Innentemperaturen
- **Abschnitt 2:** Gebäude mit niedrigen Innentemperaturen

Für Neubau-Außenwände ist **$k_{max} = 0{,}5$ W(m²·K)**

In der Planung werden diese Werte meist unterschritten.

Beispiele:

Außenwand	k_{max}
Tiefkühllagerraum	0,23 W/(m²·K)
Kühlraum	0,35 W/(m²·K)

Maximaler *k*-Wert bei erstmaligem Einbau, Ersatz und Erneuerung von Bauteilen (k_{max})

Bauteil	Gebäude nach Abschnitt 1	Gebäude nach Abschnitt 2
für bestehende Gebäude	max. Wärmedurchgangskoeffizient k_{max} in W/(m²·K)	
Außenwände	$k_W \le 0{,}50$	$\le 0{,}75$
Außenwände bei Erneuerungsmaßnahmen nach Ziffer 2 Buchstabe a und c mit Außendämmung	$k_W \le 0{,}40$	$\le 0{,}75$
Außenliegende Fenster und Fenstertüren sowie Dachfenster	$k_F \le 1{,}80$	–
Decken unter nicht ausgebauten Dachräumen und Decken (einschließlich Dachschrägen), die Räume nach oben und unten gegen die Außenluft abgrenzen	$k_D \le 0{,}30$	$\le 0{,}40$
Kellerdecken, Wände und Decken gegen unbeheizte Räume sowie Decken und Wände, die an das Erdreich grenzen	$k_G \le 0{,}50$	–

Gemäß Wärmeschutzverordnung ist bei Heizanlagen ein **maximaler Heizwärmebedarf** bezogen auf das Raumvolumen und bezogen auf die Nutzfläche und bezogen auf das Jahr vorgeschrieben in **kWh/(m³·a)** bzw. **kWh/(m²·a)**.

Dämmschichtdicke:

$$\delta_2 = \left(\frac{1}{k} - \frac{1}{\alpha_i} - \frac{\delta_1}{\lambda_1} - \frac{\delta_3}{\lambda_3} - \ldots - \frac{1}{\alpha_a}\right) \cdot \lambda_2$$

Anmerkung:

Oftmals werden die Wanddicken auch mit dem Formelbuchstaben *s* bezeichnet, so z. B. in VDI 2055.

→ Wärmetransport

δ_2	Dämmschichtdicke	m
λ_2	Wärmeleitzahl der Dämmung	W/(m·K)
k	Wärmedurchgangszahl	W/(m²·K)
α_i	Wärmeübergangszahl innen	W/(m²·K)
α_a	Wärmeübergangszahl außen	W/(m²·K)
$\delta_1, \delta_3, \ldots, \delta_n$	Dicken der übrigen Wandschichten	m
$\lambda_1, \lambda_3, \ldots, \lambda_n$	Wärmeleitzahlen der übrigen Wandschichten	W/(m·K)

Erforderlicher *k*-Wert bei vorgegebenem Wärmestrom durch ebene Wände

$$k = \frac{\dot{Q}}{A \cdot \Delta\vartheta}$$

erforderlicher → *k*-Wert

dann wie oben:

$$\delta_2 = \left(\frac{1}{k} - \frac{1}{\alpha_i} - \frac{\delta_1}{\lambda_1} - \frac{\delta_3}{\lambda_3} - \ldots - \frac{1}{\alpha_a}\right) \cdot \lambda_2$$

$\dot{Q}$	vorgegebener Wärmestrom	W
A	Wandinnenfläche gemäß DIN 4701 (A')	m²
$\Delta\vartheta$	Temperaturdifferenz zwischen innen und außen	K, °C

Berechnung von Dämmkonstruktionen (Fortsetzung)

Dämmschichtdicke nach wirtschaftlichen Gesichtspunkten (nach VDI 2055, 07.94)

Unter der **wirtschaftlichen Dämmschichtdicke** versteht man die Dicke bei der die Summe von **Investitionskosten** und **Betriebskosten** zu einem Minimum wird.

Investitionskosten pro Jahr: **Wärmschutzkosten**
Energiekosten pro Jahr: **Wärmeverlustkosten**

VDI 2055 unterscheidet die statische von der dynamischen Berechnungsmethode (letztere mit **Dynamisierungsfaktor** f).

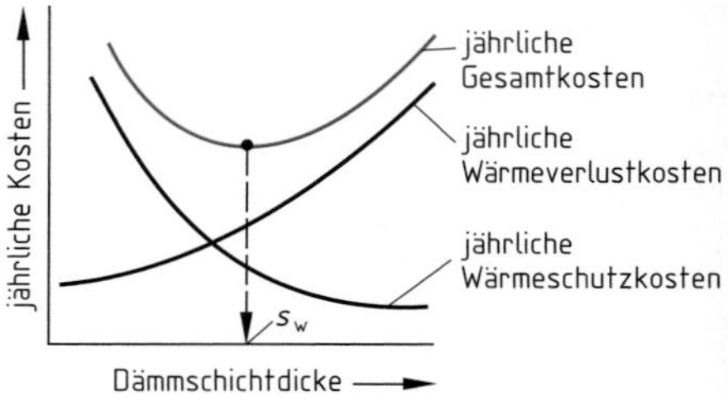

Rechnerische Methode: Wirtschaftliche Dämmschichtdicke s_W für ebene Wände

$$s_W = 0{,}19 \cdot \sqrt{f \cdot \lambda_B \cdot (\vartheta_M - \vartheta_L) \cdot \beta \cdot W} - \frac{\lambda_B}{a_a} \cdot 10^3 \text{ in mm}$$

Der Term $\frac{\lambda_B}{a_a} \cdot 10^3$ kann im Allgemeinen vernachlässigt werden.

$$f = \frac{S_1}{S_2}$$

$$S_1 = \frac{1 - \left(\frac{1 + p/100}{1 + z/100}\right)^n}{1 - \frac{1 + p/100}{1 + z/100}}$$

$$S_2 = \frac{1 - \left(\frac{1}{1 + z/100}\right)^n}{1 - \frac{1}{1 + z/100}}$$

Analytisch/grafische Methode: Wirtschaftliche Dämmschichtdicke s_W für Rohrleitungen (Diagramm) mit Hilfe von

Betriebskennzahl

$$B = \frac{\lambda_B (\vartheta_i - \vartheta_a) \cdot \beta \cdot W \cdot f}{b \cdot d_i \cdot \varkappa_0} \cdot 3{,}6 \cdot 10^{-6}$$

und

Kostenkennzahl

$$K_D = 50 \cdot \frac{d_i \cdot \varkappa'}{\varkappa_0}$$

$$s_W = \sigma \cdot d_i$$

Legende S. 363

Diagramm zur Ermittlung der wirtschaftlichen Dämmschichtdicke s_W in Abhängigkeit von Betriebskennzahl K und Kostenkennzahl K_D für Rohrleitungen

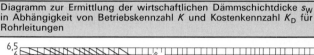

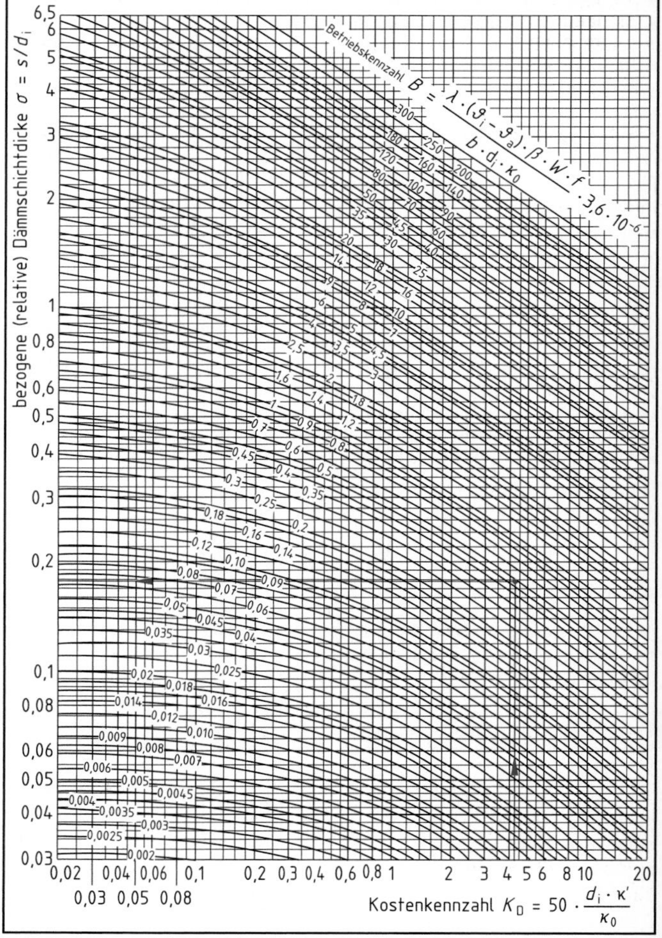

Anlagentechnik — AT

Berechnung von Dämmkonstruktionen (Fortsetzung)

f	Dynamisierungsfaktor	1
λ	Betriebswärmeleitfähigkeit	W/(m · K)
ϑ_M	Mediumtemperatur	°C
ϑ_L	Lufttemperatur	°C
β	Nutzungsdauer pro Jahr	h/a
W	Wärmepreis	DM/GJ
b	Kapitaldienstfaktor	1/a, %/a
α_a	Wärmeübergangszahl außen	W/(m² · K)
S_1, S_2	s. Gleichungen Seite 362	1
p	Energiepreissteigerung	%/a
z	Zinssatz	%/a
n	Nutzungsdauer	a

ϑ_i	Innentemperatur	°C
ϑ_a	Außentemperatur	°C
d_i	Innendurchmesser	m
$\varkappa_0$	spezifische Kosten der Wärmedämmung bei $s \to 0$	DM/m²
$\varkappa'$	Kostensteigerung einer Rohrdämmung von 1 m² bei Vergrößerung der Dämmschichtdicke s um 1 cm	DM/(m² · cm)
σ	bezogene bzw. relative Dämmschichtdicke	1
s_W	wirtschaftliche Dämmschichtdicke	m

Dämmschichtdicke nach betriebstechnischen Gesichtspunkten (nach VDI 2055, 07.94)

Betriebstechnische Gesichtspunkte können sein:

- Einhaltung einer vorgegebenen → **Wärmestromdichte** $\dot{q}$
- Einhaltung eines **Gesamtwärmeverlustes** Q
- Einhaltung einer vorgegebenen mittleren Oberflächentemperatur ϑ
- Einhaltung eines vorgegebenen Temperaturabfalles $\Delta\vartheta$ pro Meter Rohrlänge

} siehe **VDI 2055**

- Begrenzung einer Kondensatmenge, d.h. Vermeidung von **Schwitzwasser** an der Oberfläche der Dämmung

Vermeidung von Schwitzwasser an der Oberfläche einer Dämmung: (VDI 2055)

Gleichung von Cammerer
(für Rohrdämmung)

$$\ln \frac{d_a}{d_i} \cdot d_a = \frac{2 \cdot \lambda_B}{\alpha_a} \cdot \frac{\vartheta_M - \vartheta_a}{\vartheta_a - \vartheta_L}$$

(Legende: Seite 364)

Obige Gleichung ist in nebenstehendem Diagramm nachvollziehbar.
ϑ_a entspricht der → **Taupunkttemperatur** ϑ_s

$\boldsymbol{\Delta\vartheta_{Tau}} = \vartheta_a - \vartheta_L$ = Differenz in K bzw. °C zwischen Luft und Oberflächentemperatur bei Beginn der Tauwasserbildung (Tabelle auf Seite 364).

d_i = Innendurchmesser der Dämmung entspricht dem Außendurchmesser der Rohrleitung.

Zur Ermittlung der Dämmschichtdicke muss der Außendurchmesser solange variiert werden, bis die linke Seite ≥ der rechten Seite der obigen Gleichung ist.

Graphische Ermittlung der Dämmschichtdicke von Rohrleitungen und ebenen Wänden bei Verhinderung von Tauwasser (→ feuchte Luft) an der Oberfläche der Dämmung

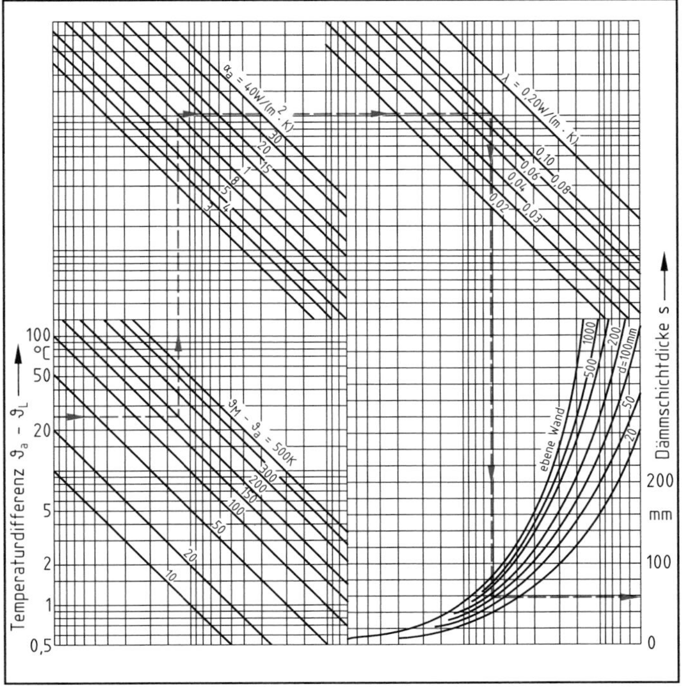

Berechnung von Dämmkonstruktionen (Fortsetzung)

Lufttemperatur °C	Maximaler Wasserdampfgehalt g/m³	Zulässige Abkühlung der Luft in °C bis zur Tauwasserbildung $\Delta\vartheta_{Tau}$ bei einer relativen Luftfeuchte von													
		30%	35%	40%	45%	50%	55%	60%	65%	70%	75%	80%	85%	90%	95%
−30	0,35	11,1	9,8	8,6	7,5	6,6	5,7	4,9	4,2	3,5	2,8	2,2	1,6	1,1	0,6
−25	0,55	11,5	10,1	8,9	7,8	6,8	5,9	5,1	4,3	3,6	2,9	2,3	1,7	1,1	0,6
−20	0,90	12,0	10,4	9,1	8,0	7,0	6,0	5,2	4,5	3,7	2,9	2,3	1,7	1,1	0,6
−15	1,40	12,3	10,8	9,6	8,3	7,3	6,4	5,4	4,6	3,8	3,1	2,5	1,8	1,2	0,6
−10	2,17	12,9	11,3	9,9	8,7	7,6	6,6	5,7	4,8	3,9	3,2	2,5	1,8	1,2	0,6
−5	3,27	13,4	11,7	10,3	9,0	7,9	6,8	5,8	5,0	4,1	3,3	2,6	1,9	1,2	0,6
0	4,8	13,9	12,2	10,7	9,3	8,1	7,1	6,0	5,1	4,2	3,5	2,7	1,9	1,3	0,7
2	5,6	14,3	12,6	11,0	9,7	8,5	7,4	6,4	5,4	4,6	3,8	3,0	2,2	1,5	0,7
4	6,4	14,7	13,0	11,4	10,1	8,9	7,7	6,7	5,8	4,9	4,0	3,1	2,3	1,5	0,7
6	7,3	15,1	13,4	11,8	10,4	9,2	8,1	7,0	6,1	5,1	4,1	3,2	2,3	1,5	0,7
8	8,3	15,6	13,8	12,2	10,8	9,6	8,4	7,3	6,2	5,1	4,2	3,2	2,3	1,5	0,8
10	9,4	16,0	14,2	12,6	11,2	10,0	8,6	7,4	6,3	5,2	4,2	3,3	2,4	1,6	0,8
12	10,7	16,5	14,6	13,0	11,6	10,1	8,8	7,5	6,3	5,3	4,3	3,3	2,4	1,6	0,8
14	12,1	16,9	15,1	13,4	11,7	10,3	8,9	7,6	6,5	5,4	4,3	3,4	2,5	1,6	0,8
16	13,6	17,4	15,5	13,6	11,9	10,4	9,0	7,8	6,6	5,5	4,4	3,5	2,5	1,7	0,8
18	15,4	17,8	15,7	13,8	12,1	10,6	9,2	7,9	6,7	5,6	4,5	3,5	2,6	1,7	0,8
20	17,3	18,1	15,9	14,0	12,3	10,7	9,3	8,0	6,8	5,6	4,6	3,6	2,6	1,7	0,8
22	19,4	18,4	16,1	14,2	12,5	10,9	9,5	8,1	6,9	5,7	4,7	3,6	2,6	1,7	0,8
24	21,8	18,6	16,4	14,4	12,6	11,1	9,6	8,2	7,0	5,8	4,7	3,7	2,7	1,8	0,8
26	24,4	18,9	16,6	14,7	12,8	11,2	9,7	8,4	7,1	5,9	4,8	3,7	2,7	1,8	0,9
28	27,2	19,2	16,9	14,9	13,0	11,4	9,9	8,5	7,2	6,0	4,9	3,8	2,8	1,8	0,9
30	30,3	19,5	17,1	15,1	13,2	11,6	10,1	8,6	7,3	6,1	5,0	3,8	2,8	1,8	0,9
35	39,4	20,2	17,7	15,7	13,7	12,0	10,4	9,0	7,6	6,3	5,1	4,0	2,9	1,9	0,9
40	50,7	20,9	18,4	16,1	14,2	12,4	10,8	9,3	7,9	6,5	5,3	4,1	3,0	2,0	0,9
45	64,5	21,6	19,0	16,7	14,7	12,8	11,2	9,6	8,1	6,8	5,5	4,3	3,1	2,1	0,9
50	82,3	22,3	19,7	17,3	15,2	13,3	11,6	9,9	8,4	7,0	5,7	4,4	3,2	2,1	0,9
55	104,4	23,0	20,2	17,8	15,6	13,7	11,8	10,2	8,6	7,1	5,8	4,5	3,2	2,1	0,9
60	130,2	23,7	20,9	18,4	16,1	14,1	12,2	10,5	8,9	7,3	5,9	4,6	3,3	2,1	0,9
65	161,3	24,5	21,6	19,0	16,6	14,5	12,6	10,8	9,1	7,6	6,1	4,7	3,4	2,1	0,9
70	198,2	25,2	22,2	19,5	17,1	15,0	13,0	11,1	9,4	7,8	6,2	4,8	3,4	2,1	0,9
75	242,0	26,0	22,9	20,1	17,7	15,4	13,3	11,4	9,6	8,0	6,4	4,9	3,5	2,2	0,9
80	293,4	26,8	23,6	20,7	18,2	15,8	13,7	11,7	9,9	8,2	6,6	5,0	3,6	2,2	0,9

$\Delta\vartheta_{Tau}$ lässt sich auch mit dem → *h,x*-Diagramm ermitteln.

B $\alpha_a = 4{,}65\ W/(m^2 \cdot K)$; $\vartheta_M = -40\,°C$; $\vartheta_L = 20\,°C$; $\lambda_B = 0{,}035\ W/(m \cdot K)$; $\varphi = 80\%$; $\rightarrow \vartheta_a = \vartheta_s = 16{,}4\,°C$ ($\Delta\vartheta_{Tau} = 3{,}6\,°C$); $d_i = 28\ mm$; $d_a = ?$, $s = ?$

Lösung durch mehrmalige Schätzung und Rechnung mit Gleichung von Cammerer:

$d_a = 0{,}144\ m = 144\ mm \rightarrow \boldsymbol{s = 58\ mm}$

Probe: $$ln \frac{d_a}{d_i} \cdot d_a = \frac{2 \cdot \lambda_B}{\alpha_a} \cdot \frac{\vartheta_M - \vartheta_a}{\vartheta_a - \vartheta_L}$$

$$\ln \frac{0{,}144\ m}{0{,}028\ m} \cdot 0{,}144\ m = \frac{2 \cdot 0{,}035\ W/(m \cdot K)}{4{,}65\ W/(m^2 \cdot K)} \cdot \frac{-40\,°C - 16{,}4\,°C}{16{,}4\,°C - 20\,°C}$$

$$\mathbf{0{,}2358\ m = 0{,}2358\ m}$$

d_a	Außendurchmesser der Dämmung	m
d_i	Innendurchmesser der Dämmung = Außendurchmesser der Rohrleitung	m
λ_B	Betriebswärmeleitfähigkeit	W/(m · K)
α_a	Wärmeübergangszahl außen an der Dämmung	W/(m² · K)
ϑ_M	Mediumtemperatur	°C
ϑ_L	Raumlufttemperatur	°C
ϑ_a	Oberflächentemperatur der Dämmung bei der gerade Tauwasser entsteht = Sättigungstemperatur der → feuchten Luft (ϑ_s)	°C

B Rechnen Sie nebenstehendes Beispiel mit den gleichen Daten, jedoch für a) $\varphi = 60\%$ und b) $\varphi = 30\%$ durch!

Durchfeuchtung der Dämmung infolge Wasserdampfdiffusion

(→ Diffusion, Diffusionsstromdichte, Wärmetransport, Feuchte Luft)

Eine **Tauwasserbildung in Bauteilen** ist unschädlich, wenn durch Erhöhung des Feuchtegehaltes der Bau- und Dämmstoffe der Wärme- bzw. Kälteschutz **und** die Standsicherheit der Bauteile nicht gefährdet werden.

Berechnung von Dämmkonstruktionen (Fortsetzung)

Tauwasserbildung im Innern der Bauteile ist von der Größe des → **Wasserdampfpartialdruckes** und dieser von der Größe der → **Diffusionsstromdichte** abhängig.

Wenn der Wasserdampfpartialdruck (Wasserdampfteildruck) p_D im Innern einer Bauteiles den → **Wasserdampfsättigungsdruck** p_s erreicht, kondensiert der Diffusionsstrom, d.h. Tauwasserbildung.

Die Feststellung einer Tauwasserbildung (oder nicht) erfolgt nach **DIN 4108** „Wärmeschutz im Hochbau" mit einem **Diffusionsdiagramm** (auch **Glaserdiagramm** genannt), bestehend aus der **Wasserdampfpartialdrucklinie** p_D und der **Wasserdampfsättigungslinie** p_s. Diese werden über der $\boldsymbol{\Sigma(\mu \cdot s)}$ (→ Diffusion) aufgetragen.

Ermittlung der Wasserdampfpartialdrucklinie:

$$i = \frac{D}{R_B \cdot T \cdot \mu} \cdot \frac{p_0 - p_1}{s}$$

Diffusionsstromdichte in einer Wand (→ Diffusion durch Wände)

$$\Delta p_D = p_0 - p_1$$

$$\Delta p_D = \frac{i \cdot s \cdot R_B \cdot T \cdot \mu}{D}$$

Differenz des Wasserdampfpartialdruckes in der Wandschicht

In der Praxis wird i.d.R. mit der **idealisierten Wasserdampfpartialdrucklinie** gearbeitet. Dies ist die geradlinige Verbindung der Wasserdampfteildrücke an den beiden Außenbegrenzungen der Dämmung.

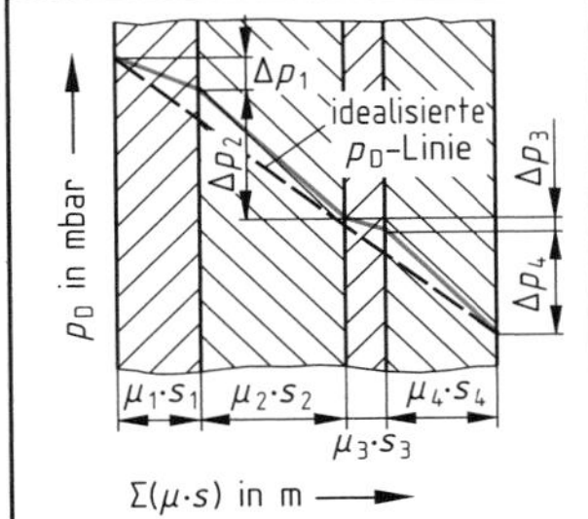

Konstruktion der Wasserdampfpartialdrucklinie

Ermittlung der Wasserdampfsättigungslinie: (→ **Verdampfen**)

Die zu den **Wandgrenztemperaturen** gehörigen Sättigungsdrücke p_s werden mit der → **Dampfdruckkurve** bzw. mit der → **Wasserdampftafel** ermittelt und in das Glaserdiagramm eingetragen.

$$p_s = f(\vartheta_s)$$

Siedefunktion (→ Verdampfen)

$$\Delta\vartheta = \vartheta_a - \vartheta_i$$

Temperaturdifferenzen

$$\Delta\vartheta_a = k \cdot \Delta\vartheta \cdot \frac{1}{\alpha_a}$$

$$\Delta\vartheta_1 = k \cdot \Delta\vartheta \cdot \frac{s_1}{\lambda_1}$$

$$\Delta\vartheta_2 = k \cdot \Delta\vartheta \cdot \frac{s_2}{\lambda_2}$$

....

....

$$\Delta\vartheta_i = k \cdot \Delta\vartheta \cdot \frac{1}{\alpha_i}$$

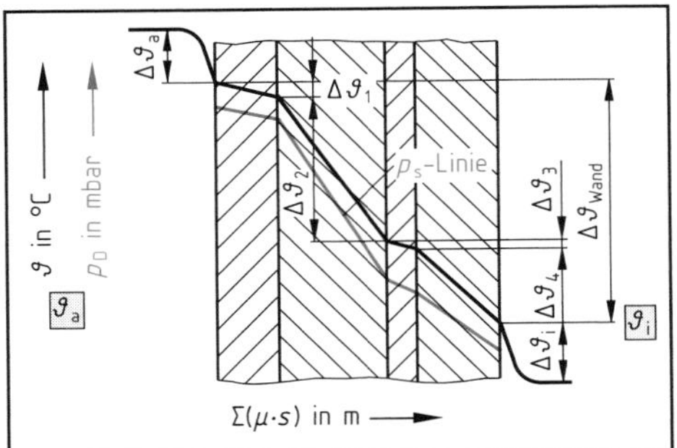

Konstruktion der Wasserdampfsättigungslinie

Glaser-Regel:

a) Berührt die Wasserdampfsättigungslinie die Wasserdampfpartialdrucklinie nicht, tritt kein Tauwasser auf.
b) Berühren oder durchdringen sich die p_s-Linie und die idealisierte p_D-Linie, tritt Tauwasser und damit Durchfeuchtung auf.

i	Diffusionsstromdichte	kg/(m² · h)
D	→ Diffusionskoeffizient	m²/h
R_B	→ Spezielle Gaskonstante	J/(kg · K)
T	absolute Temperatur	K
μ	→ Diffusionswiderstandsfaktor (für Wasserdampf)	1
p	→ Wasserdampfpartialdruck in den Diagrammen	N/m², bar mbar = hPa
s	Wanddicke (Schicht)	m
ϑ_a	Außentemperatur	°C
ϑ_i	Innentemperatur	°C
α_a	→ Wärmeübergangszahl außen	W/(m² · K)
α_i	→ Wärmeübergangszahl innen	W/m² · K)
$\Delta\vartheta$	Gesamttemperaturdifferenz	°C
k	→ Wärmedurchgangszahl	W/(m² · K)

8

Berechnung von Dämmkonstruktionen (Fortsetzung)

Keine Durchfeuchtung

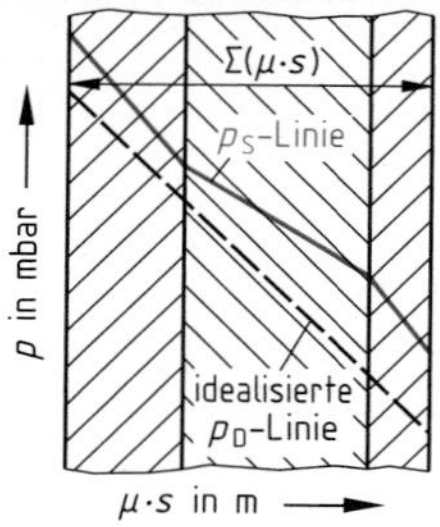

Durchfeuchtungspunkt

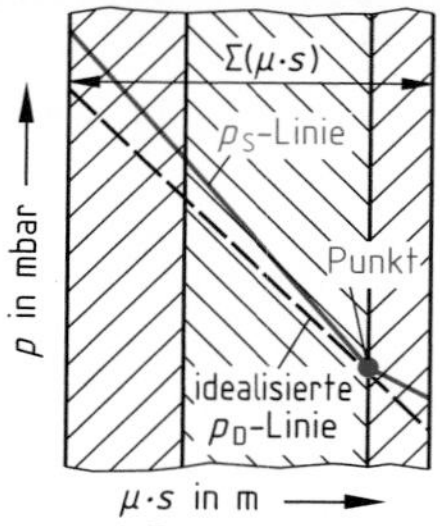

Durchfeuchtungszone

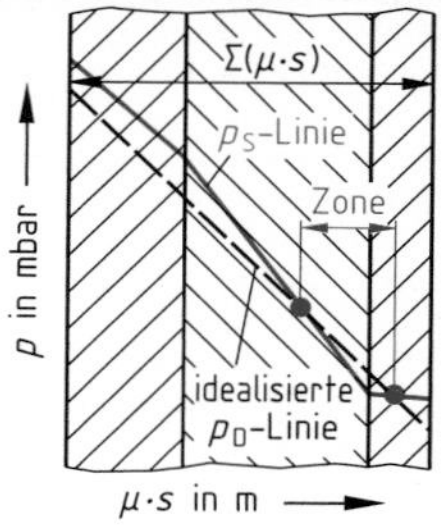

Bei einer Durchfeuchtung bleibt diese nicht auf den Punkt oder die Zone beschränkt, sondern breitet sich infolge der → **Kapillarwirkung** in der gesamten Konstruktion aus.

Bemessung der Dampfbremse:

Bei Durchfeuchtung ist der $(\mu \cdot s)$-Wert der Dampfbremse zu vergrößern. → Der **$(\mu \cdot s)$-Wert der Dampfbremse** kann rechnerisch oder grafisch ermittelt werden.

Das Produkt $(\mu \cdot s)$ heißt auch **diffusionsäquivalente Luftschichtdicke**. Formelzeichen: s_D

Rohrleitungen und Kanäle

Kennzeichnung von Rohrleitungen

Allgemeine Kennzeichnung:

Die Kennzeichnung von Rohrleitungen nach dem Durchflussstoff erfolgt nach **DIN 2403**, 03.84 durch
- **Schilder** mit Namen, Formel, Kennzahl oder Kurzzeichen des Durchflussstoffes oder mit der dem Durchflussstoff zugeordneten Gruppenfarbe nach **RAL-Farbregister** 840 HR,
- **Farbringe** in der Gruppenfarbe oder
- **Farbanstrich** der gesamten Rohrleitung in der Gruppenfarbe.

Kennzeichnung von Rohrleitungen in Kälteanlagen (nach DIN 2405, 07.67):

Rohrleitungen in Kälteanlagen mit neutralem Anstrich werden **nach dem Durchflussstoff durch farbige Schilder** mit **Spitze zur Angabe der Durchflussrichtung** gekennzeichnet. Die Schilder enthalten das **Kurzzeichen des Durchflussstoffes** sowie gegebenenfalls zusätzliche Kennzeichnungen, z. B. Stoffzustand (Dampf oder Flüssigkeit) und Stufenzahl.
Werden **Rohrleitungen insgesamt** mit der Farbe für den Durchflussstoff **gestrichen**, so ist die **Durchflussrichtung** deutlich **erkennbar** in ausreichenden Abständen **durch Pfeile** zu kennzeichnen. Die zusätzliche Kennzeichnung ist entsprechend anzuordnen.

Die Farbe des Schildes ist gelb RAL 1012. Bei brennbaren → Kältemitteln ist die Schildspitze rot RAL 3003. Maße der Schilder nach **DIN 825**. Ausführung der Schilder nach **DIN 2403**.

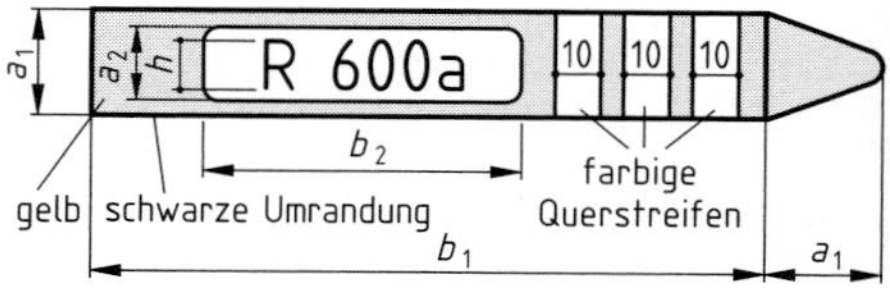

Der **Stoffzustand** wird durch 10 mm breite Querstreifen gekennzeichnet:

Stoffzustand	Farbe
Saugleitung – kalte Gase	blau RAL 5009
Druckleitung – heiße Gase	rot RAL 3003
Flüssigkeitsleitungen	grün RAL 6010

Schildabmessungen			
Schildgröße $a_1 \times b_1$	a_2	b_2	h
26 × 148	18	74	12,5
52 × 297	37	148	25

Rohrleitungen und Kanäle (Fortsetzung)

Sollen bei **mehrstufigen Kälteanlagen** die Rohrleitungen der einzelnen Stufen besonders gekennzeichnet werden, so kann dies durch Anbringen einer der jeweiligen Stufe entsprechenden Anzahl von Querstreifen, verwirklicht werden, ausgehend vom Niederdruckverdampfer der ersten Stufe.

Der **Durchflussstoff** wird hinter dem Querstreifen allgemein durch sein Kurzzeichen, (→ Kältemittel), mit schwarzen Buchstaben auf weißem Grund angegeben. Als Kurzbezeichnung kann auch die chemische Formel des Kältemittels verwendet werden.

Kennzeichnung von Rohrleitungen für flüssiges Kühlgut sowie → Kühlsolen und Wärmeträger:

Durchflussstoff	Farbe	Durchflussstoff	Farbe
Sole (Lauge)	violett RAL 4001	Vakuum	grau RAL 7002
Flüssiges Kühlgut (z. B. Milch, Bier, Wein, Fruchtsäfte, Öl)	braun RAL 8001	Wasser	grün RAL 6010
Luft	blau RAL 5009	Wasserdampf	rot RAL 3003

Nennweiten von Rohrleitungen

Die **Nennweiten** von Rohren, Rohrverbindungen, Armaturen und Formstücken entsprechen den ungefähren Innendurchmessern (lichten Weiten) in mm und sind ein kennzeichnendes Merkmal zueinander passender Teile. Die Nennweite selbst erhält keine Einheit. Sie wird durch die Kennbuchstaben **DN** und nachgestelltem Zahlenwert bezeichnet, der ungefähr dem Innendurchmesser in mm entspricht. Abweichungen vom tatsächlichen Innendurchmesser resultieren aus unterschiedlichen Wanddicken bei gleichem Außendurchmesser. Dies ergibt sich zwangsläufig aus dem Herstellungsprozess, da die Fertigung von gestuften Außendurchmessern ausgeht.

Rohr DN 400 mit
Vorschweißflansch DN 400

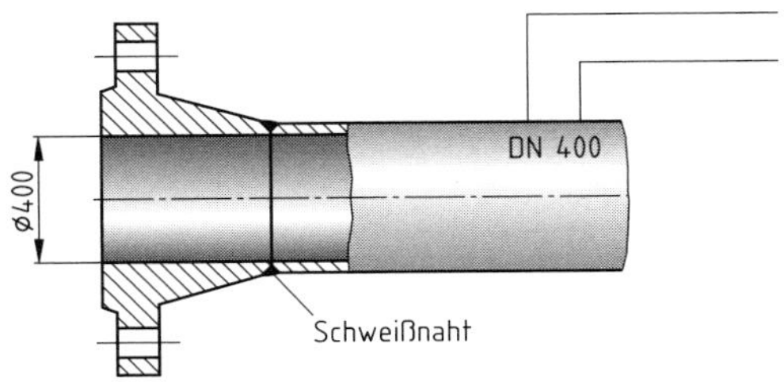

z. B. Rohr 406,4 × 3,2 ($d_i = 400$ mm) aber auch
Rohr 406,4 × 6,3 ($d_i = 393{,}8$ mm)

Stufung der Nennweiten in mm (nach DIN 2402, 02.76)

3	8	16	40	80	175[2)]	350	600	1 000	1 800	2 600	3 400
4	10	20	50	100	200	400	700	1 200	2 000	2 800	3 600
5	12	25	65	125	250	450	800	1 400	2 200	3 000	3 800
6	15	32	70[1)]	150	300	500	900	1 600	2 400	3 200	4 000

1) Nur für drucklose Abflussrohre
2) Nur für den Schiffbau

Berechnung der erforderlichen Nennweite:

$$d_{i,erf} = 2000 \cdot \sqrt{\frac{\dot{V}}{w \cdot \pi}}$$ **erforderlicher Innendurchmesser**

→ **Kontinuitätsgleichung** (Durchflussgleichung)

In der Regel wird die Nennweite gewählt, die $d_{i,erf}$ am nächsten liegt. Achtung: Die obige Gleichung ist eine Zahlenwertgleichung.

$d_{i,erf}$	erforderlicher Innendurchmesser	mm
$\dot{V}$	→ Volumenstrom	m³/s
w	→ Strömungsgeschwindigkeit	m/s

B $\dot{V} = 20$ l/min; $w = 5$ m/s; $d_{i,erf} = ?$

$$\dot{V} = 20\,\frac{\text{l}}{\text{min}} = \frac{20}{1000 \cdot 60}\,\frac{\text{m}^3}{\text{s}} = 0{,}000\bar{3}\,\frac{\text{m}^3}{\text{s}}$$

$$d_{i,erf} = 2000 \cdot \sqrt{\frac{0{,}000\bar{3}}{5 \cdot \pi}} = 9{,}21 \text{ mm} \rightarrow \textbf{DN10}$$

Rohrleitungen und Kanäle (Fortsetzung)

Druck- und Temperaturangaben (nach DIN 2401-1, 09.91 und DIN EN 764, 11.94)

Kurzzeichen	Formelzeichen	Begriff/Bedeutung
Bauteilbezogene Angaben (für Innen- und Außendruck), p in bar und ϑ in °C		
PB	$p_{e,zul}$ p_s	**Zulässiger Betriebsüberdruck** (zulässiger Druck). Der aus Sicherheitsgründen festgelegte Höchstwert des Betriebsüberdruckes bei der jeweils zulässigen Betriebstemperatur.
PN	–	**Nenndruck.** Gebräuchliche, gerundete, auf den Druck bezogene Kennzahl, nach Normzahlen gestuft. Bauteile gleichen Nenndruckes haben bei gleicher Nennweite jeweils die gleichen Anschlussmaße. Der Nenndruck entspricht in etwa dem zulässigen Betriebsüberdruck gleichen Zahlenwertes bei 20 °C (ausgenommen Nennweiten > DN 500. Formal richtig ist jedoch, dass mit Nenndruck und Nennweite nur noch die Anschlussmaße der Flansche genormt sind. Der zu einem Nenndruck gehörende zulässige Betriebsüberdruck (z. B. von Flanschen) soll künftig in Tabellen angegeben werden.
PP	p_{test} (p_t)	**Prüfdruck.** Der Prüfdruck ist an keine bestimmte Temperatur gebunden. Diese richtet sich vielmehr nach dem Prüfmedium (Wasser, Dampf usw.). Ferner muss der Bezug des Prüfdruckes beachtet werden (Festigkeit, Dichtheit usw.).
PR	p_{rat}	**Ratingdruck.** Höchster Druck, der aufgrund des Werkstoffes und der Berechnungsgrundlage bei der Ratingtemperatur vorliegen darf. Anwendung für genormte Bauteile und Anlagenteile, PR = f(TR).
		Berstdruck. Statischer Druck, bei dem ein Bauteil oder Anlagenteil zerstört wird (schlagartiges Austreten des Mediums).
TB	ϑ_{zul} (ϑ_s)	**Zulässige Betriebstemperatur** (zulässige Temperatur). Aus Sicherheitsgründen festgelegter Höchst- oder Tiefstwert der Wandtemperatur eines Bauteils oder Anlagenteils. Dabei kann die Wandtemperatur in erster Näherung gleich der Temperatur des Beschickungsgutes angenommen werden. Die zulässige Betriebstemperatur ist jeweils im Zusammenhang mit dem zulässigen Betriebsüberdruck zu sehen.
TR	ϑ_{rat}	**Ratingtemperatur.** Die für ein Bauteil oder Anlagenteil aufgrund des Werkstoffes und der Berechnungsgrundlagen beim Ratingdruck mögliche Temperatur.
TMAX	ϑ_{max}	**Höchste anwendbare Temperatur**. Die aufgrund des Werkstoffes (Anwendungsgrenzen) und der Berechnungsgrundlagen höchste anwendbare Temperatur.
TMIN	ϑ_{min}	**Tiefste anwendbare Temperatur.** Die aufgrund des Werkstoffes (Anwendungsgrenzen) und der Berechnungsgrundlagen tiefste anwendbare Temperatur.
Mediumbezogene Angaben, p in bar und ϑ in °C		
PA	p_A (p_a)	**Arbeitsdruck.** Der für den Ablauf des Prozesses in einem Anlagenteil vorgesehene Druck. Es ist zu unterscheiden: $p_{e,A}$, $p_{abs,A}$ und Δp_A.
PAMAX	$p_{A\,max}$	**Höchster Arbeitsdruck.**
PAMIN	$p_{A\,min}$	**Niedrigster Arbeitsdruck.**
PC	p_{calc} (p_c)	**Berechnungsdruck.** Der in eine Berechnung eingehende Druck. Es kann sich dabei um einen der oben genannten Drücke handeln. Es ist zu unterscheiden: $p_{e,calc}$, $p_{abs,calc}$ und Δp_{calc}. Für die Ermittlung wird der Konstruktionsdruck p_d gewählt.
TA	ϑ_A (ϑ_0)	**Arbeitstemperatur.** Die für den Ablauf des Prozesses in einem Anlageteil vorgesehene Temperatur.
TAMAX	$\vartheta_{A\,max}$	**Höchste Arbeitstemperatur.**
TAMIN	$\vartheta_{A\,min}$	**Niedrigste Arbeitstemperatur.**
TC	ϑ_{calc}	**Berechnungstemperatur.** Die in eine Berechnung eingehende Temperatur. Es kann eine der oben genannten Temperaturen sein. Basis: Konstruktionstemperatur ϑ_d.

PN-Stufen (nach DIN EN 1333, 10.96, sind die fett gedruckten vorzuziehen)

0,5	5	**25**	125	630	2500
1	**6**	32	160	700	4000
1,6	8	**40**	200	800	6300
2	**10**	50	250	1000	
2,5	12,5	**63**	315	1250	
3,2	**16**	80	400	1600	
4	20	**100**	500	2000	

Rohrleitungen und Kanäle (Fortsetzung)

Maßnormen für Stahlrohre

Stahlrohre im allgemeinen Rohrleitungsbau: (→ Gestreckte Längen)

Maße und längenbezogene Massen sind festgelegt in

DIN 2448 (02.81) für **nahtlose Rohre aus unlegierten Stählen** nach DIN 1629, DIN EN 10208-2 und DIN 17175

DIN 2458 (02.81) für **geschweißte Rohre aus unlegierten Stählen** nach DIN 1626, DIN EN 10208-2 und DIN 17177

DIN EN ISO 1127 (05.96) für **Rohre aus nichtrostenden Stählen**

Stahlrohre für Kälteanlagen (nach DIN 8905, 10.83):

Anwendungsbereich der DIN 8905

Diese Norm gilt für Kältemittel führende Rohre, wie sie in Kälteanlagen mit hermetischen und halbhermetischen Verdichtern als Leitungs-, Konstruktions- und Kapillar-Drosselrohre Anwendung finden. Sie enthält über die allgemeinen technischen Lieferbedingungen für Rohre aus Stahl nach **DIN 2391** Teil 2 und **DIN 2393** Teil 2 sowie doppelwandig gerollte und gelötete Stahlrohre, aus Kupfer nach **DIN 59753** und aus Aluminium nach **DIN EN 754** Teil 7 hinaus zusätzliche **Anforderungen** an **Beschaffenheit, Reinheit und Trockenheit**. Diese zusätzlichen technischen Lieferbedingungen werden durch ein **„R"** bei Stahl hinter dem Kurzzeichen für den Lieferzustand, bei Kupfer und Aluminium hinter dem Werkstoffkurzzeichen, zum Ausdruck gebracht. Für Kapillar-Drosselrohre gelten zusätzlich die Festlegungen in DIN 8905 Teil 3.

In DIN 8905 vorgeschlagene **Vorzugsmaße** von Stahlrohren nach DIN 2391 und 2393

Außendurchmesser d_a [1] Nennmaß mm	Wanddicke s [1] Nennmaß mm	Längenbezogene Masse m' kg/m
2	0,5	0,018
3	1	0,049
4	1	0,074
5	1	0,099
6	1	0,123
8	1	0,173
10	1	0,222
12	1	0,271
15	1	0,345
18	1,5	0,610
22	1,5	0,758
28	2	1,28
35	2	1,62
42	2,5	2,45

[1] Andere Maße sind zu vereinbaren.

Werkstoffe im Lieferzustand GBK, Gütegrad A nach **DIN 2391-2** bzw. **DIN 2393-2**.
Nahtlose Stahlrohre: St 35
Geschweißte Stahlrohre: RSt 34-2 bzw. RSt 37-2

B **Bezeichnung** eines Stahlrohres Gütegrad A, aus St 35 im Lieferzustand GBK mit den zusätzlichen Lieferbedingungen „R" mit Außendurchmesser $d_a = 15$ mm und Wanddicke $s = 1$ mm:

Rohr DIN 8905 – A – St 35 GBK – R – 15 × 1

G: weichgeglüht
B: wärmebehandelt auf beste Bearbeitbarkeit bei der Zerspanung
K: kaltverformt
R: zusätzliche Anforderungen an Beschaffenheit (Oberfläche), Reinheit und Trockenheit

Bei **Genaulänge** von z. B. 4000 mm:
... 15 × 1 × 4000

Stahlrohre sind für organische und anorganische → **Kältemittel** einsetzbar.

Maßnormen für Kupferrohre

Kupferrohre für Gas-, Wasserinstallation und Heizungsanlagen (früher DIN 1786):

Maße und längenbezogene Massen sind festgelegt in **DIN EN 1057**, 05.96

Lieferbar auch als **Wicu-Rohr** mit $\vartheta_{zul} = 100\,°C$ Betriebstemperatur
Wicu = Wärmeisolierte Cu-Rohre

Kupferrohre für Kälteanlagen (nach DIN 8905, 10.83):

Verwendung für **organische** → **Kältemittel**
Werkstoffe (Tabelle Seite 370) (→ **Kupfer und Kupferlegierungen**)

Für Rohre, die für Druckbehälter mit einer erstmaligen Prüfung durch den Sachverständigen entsprechend der **Druckbehälterverordnung** mit Lieferbedingungen nach VdTÜV-Merkblatt 410 eingesetzt werden, kann ein Abnahmeprüfzeugnis B (Bescheinigung DIN 50049 – 3.1 B)*) vereinbart werden. Für Rohre, die für Druckbehälter ohne erstmalige Prüfung durch den Sachverständigen entsprechend der Druckbehälterverordnung mit Lieferbedingungen nach DIN 1785 eingesetzt werden, kann ein Abnahmeprüfzeugnis B (Bescheinigung DIN 50049 – 3.1 B) vereinbart werden (*) ersetzt: DIN EN 10204).

Rohrleitungen und Kanäle (Fortsetzung)

In DIN 8905 vorgeschlagene **Vorzugsmaße** von Kupferrohren nach DIN 59753		
Außendurchmesser d_a 1) Nennmaß mm	Wanddicke s 1) Nennmaß mm	Längenbezogene Masse m' kg/m
2	0,5	0,021
3	1	0,056
4	1	0,084
5	1	0,112
6 4)	1	0,140
8 4)	1	0,196
10 4)	1	0,252
12 4)	1	0,308
15 4)	1	0,391
18 4)	1	0,475
22 4)	1	0,587
28 4)	1,5	1,11
35 4)	1,5	1,40
42 4)	1,5	1,71
54 4)	2	2,91

1) Andere Maße sind zu vereinbaren.
4) Für diese Außendurchmesser sind Fittings nach DIN 2856 genormt. Werden andere Maße vereinbart, dann entsprechen die Toleranzen dieser Maße dem nächstgrößeren Maß nach DIN 59753. Beachten Sie obige Anmerkung!

Anmerkung:
DIN 2856 „**Fittings**" ist durch **DIN EN 1254**, Teile 1 und 4, 03.98 ersetzt.

Kupfer-Rohrwerkstoffe und deren Verwendung in der Rohrleitungstechnik			
Kurzzeichen	Zusatz	Zugfestigkeit 6) in N/mm²	Verwendungshinweise
SF-Cu F22	R	220	Leitungsrohre, Kapillar-Drosselrohre
SF-Cu F24 5)	R	240	Konstruktionsrohre
SF-Cu F25	R	250	Konstruktionsrohre, Leitungsrohre
SF-Cu F36	R	360	Leitungsrohre, Kapillar-Drosselrohre
R: Zusätzliche Lieferbedingung für Beschaffenheit, Reinheit und Trockenheit			

5) In DIN 17671 Teil 1 nicht enthalten; Sonderfestigkeitszustand für Rohre, die zwecks Verwendung in Kreislaufteilen hydraulisch geweitet bzw. maschinell verformt werden (ersetzt durch DIN EN 12449)
6) Bei Einsatz im Bereich der Druckbehälterverordnung ist VdTÜV Werkstoffblatt 40 zu beachten.

B **Bezeichnung** eines Kupferrohres aus SF-Cu F 24 mit zusätzlichen technischen Lieferbedingungen (R) mit dem Außendurchmesser $d_a = 12$ mm und der Wanddicke $s = 1$ mm:

Rohr DIN 8905-SF-Cu F 24-R-12×1

Maßnormen für Aluminiumrohre (nach DIN 8905, 10.83)

Zur Anwendung kommen Aluminiumrohre nach **DIN EN 754**, 10.98

In DIN 8905 vorgeschlagene **Vorzugsmaße** von Aluminiumrohren nach DIN EN 754		
Außendurchmesser d_a 1) Nennmaß mm	Wanddicke s 1) Nennmaß mm	Längenbezogene Masse m' kg/m
6	0,75	0,034
8	1	0,060
10	1,5	0,107

1) Andere Maße sind zu vereinbaren.

Aluminium-Rohrwerkstoffe und deren Verwendung in der Rohrleitungstechnik			
Kurzzeichen	Zusatz	Zugfestigkeit in N/mm²	Verwendungshinweise
Al99,5 F7	R	65	Leitungsrohre, Konstruktionsrohre
Al99,5 W7	R	65	
Al99,5 F10	R	100	Leitungsrohre
R: Zusätzliche Lieferbedingung ≙ Cu			

Weitere wichtige Rohrnormen

DIN 2408, T1, T2: Rohrleitungen verfahrenstechnischer Anlagen; Planung und Ausführung

DIN 2429, T1, T2: Grafische Symbole für technische Zeichnungen; Rohrleitungen

Rohrleitungen und Kanäle (Fortsetzung)

Rohre für → Wärmeaustauscher

Maße für nahtlose und geschweißte Rohre für Rohrbündel-Wärmeaustauscher
(nach DIN 28 180 und DIN 28 181, 08.85)

Rohraußendurchmesser in mm	Wanddicken in mm				
	1,2	1,6	2,0	2,6	3,2
16	●	●	●		
20		●	●	●	
25		●	●	●	●
30		●	●	●	●
38			●	●	●

Genormte Rohrlängen (für gerade Rohre und für U-Rohre; die fettgedruckten Längen sind zu bevorzugen)

Länge l in mm	500	750	**1000**	1500	2000	**2500**	3000	4000	**5000**	**6000**	8000

U-Rohre für Wärmeaustauscher – kleinste Biegeradien

Außendurchmesser d_a	Kleinster Biegeradius $r_{m\,min}$ bei der Wanddicke s in mm				
	1,2	1,6	2,0	2,6	3,2
16	30	24	20		
20	47	34	26	23	
25		51	37	35	27
30		62	42	38	35
38			52	47	42

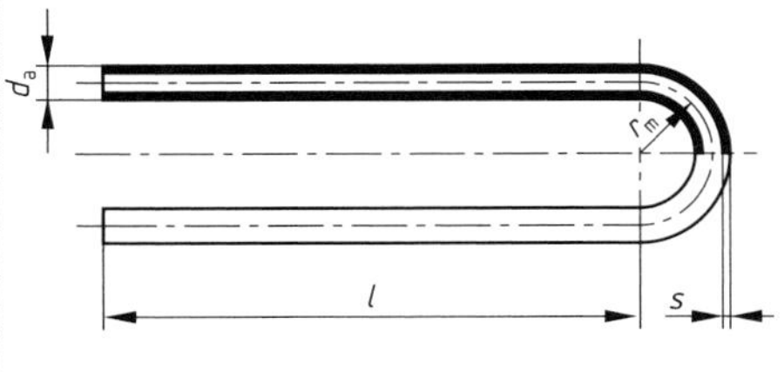

Biegeradien für Wärmeaustauscher-U-Rohre mit kastenförmigem Bogen (DIN 28 179, 11.89)

Außendurchmesser d_a in mm	Biegeradius r_m in mm
16	40
20	50
25	60
30	80
38	100

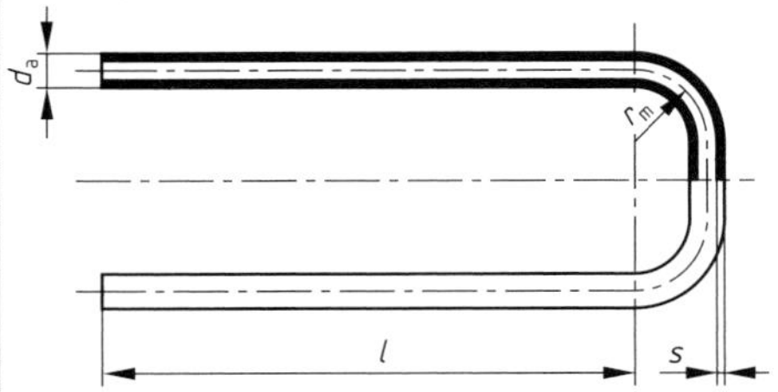

Bevorzugte Stahlsorten für Wärmeaustauscherrohre
(DIN 28 179, 11.89, DIN 28 180, 08.85 und DIN 28 181, 08.85)

Werkstoffnummer	Kurzname (in Klammer: alte Norm)	Nahtlose Rohre	Geschweißte Rohre
1.0254	P235T1 (St 37.0)	x	x
1.0315	P235G2TH (St 37.8)	x	x
(1.0356)	(TT St 35 N)	x	x
1.4301	X4CrNi18-10 (X 5 CrNi 18 10)	x	x
1.4401	X4CrNiMo17-12-2 (X 5 CrNiMo 17 12 2)	x	x
1.4541	X6CrNiTi18-10	x	x
1.4571	X6CrNiMoTi17-12-2	x	x

Rohrleitungen und Kanäle (Fortsetzung)

Verbindungstechniken

→ **Fügen** (insbesondere Schrauben-, Klebe-, Löt- und Schweißverbindungen)
→ **Kraftschlüssige Verbindung**, **Formschlüssige Verbindung**, **Stoffschlüssige Verbindung**

Lösbare Rohrverbindungen

	Kraftschluss	Formschluss
Flanschverbindungen		●
Schneidringverbindungen		●
Schraubfittings		●
Klemmringverschraubungen	●	

Flanschverbindungen: (→ Flanschdichtflächen)

Flanschverbindungen (Auswahl)

Flanschart	Abbildung	DN	PN
Blindflansche	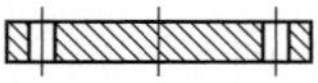	10 bis 500	6 bis 100
Stahlgussflansche	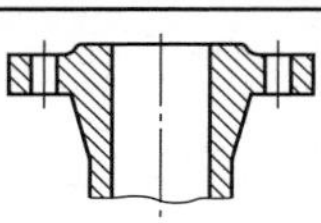	10 bis 2200	16 bis 400
Gusseisenflansche		10 bis 4000	1 bis 40
Gewindeflansche	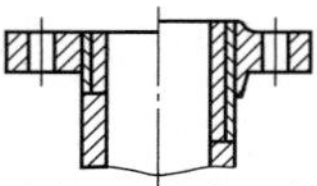	6 bis 100	6 bis 16
Lose Flansche	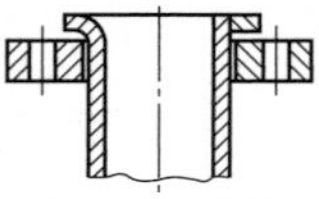	10 bis 1200	6 bis 320

Anschlussmaße bei Flanschverbindungen

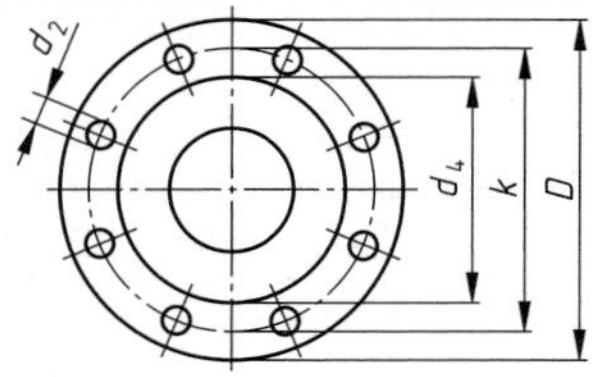

d_2 = Schraubenlochdurchmesser
d_4 = Dichtleistendurchmesser
k = Lochkreisdurchmesser
D = Außendurchmesser

Die Anzahl der Schraubenlöcher muss jeweils durch 4 teilbar sein. Die Löcher liegen symmetrisch zu den Hauptachsen, aber nie darin.

Nicht lösbare Rohrverbindungen

	Stoffschluss	Formschluss
Klebeverbindungen	x	
Lötverbindungen	●	
Schweißverbindungen	●	
Bördelverbindungen		x
Lokring®-Verbindung		●
x kaum verwendet		

Formen von Flansch-Dichtflächen

Form/Name	DIN	Kurzzeichen	Dichtung nach DIN	PN
 ohne Dichtleiste		A, B		
 mit Dichtleiste		C, D, E	EN 1514-1, 2697	1 … 40 64 … 400
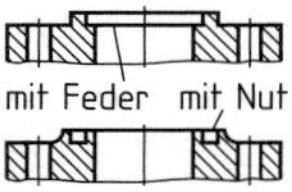 mit Feder mit Nut	2512	F N	En 1514-1	10 … 160
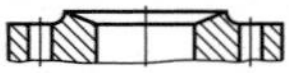 mit Eindrehung für Linsendichtung	2696	L	2696	64 … 400
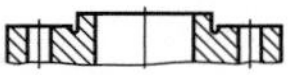 mit Vorsprung 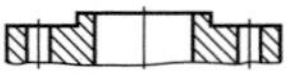 mit Rücksprung	2514	V14 R14	2693	10 … 40
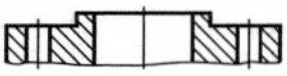 mit Vorsprung 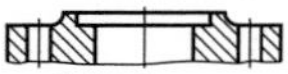 mit Rücksprung	2513	V13 R13	EN 1514-1	10 … 100
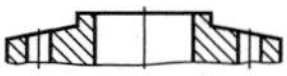 Abschrägung für Membran-Schweißdichtung	2695	M	2695	64 … 400

Bei der Vereinigung deutscher Flanschenfabriken e.V. ist der deutsche **Flanschenkatalog** zu erhalten.

Rohrleitungen und Kanäle (Fortsetzung)

Schneidringverbindungen:

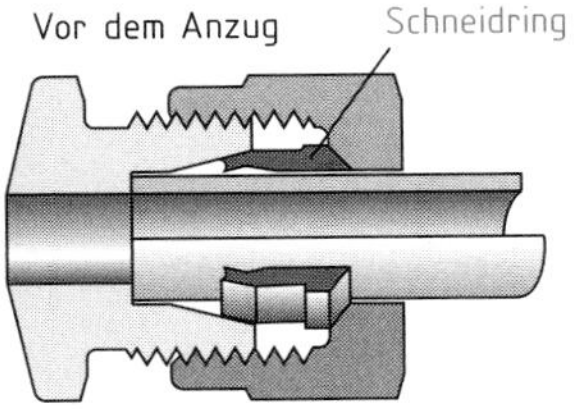

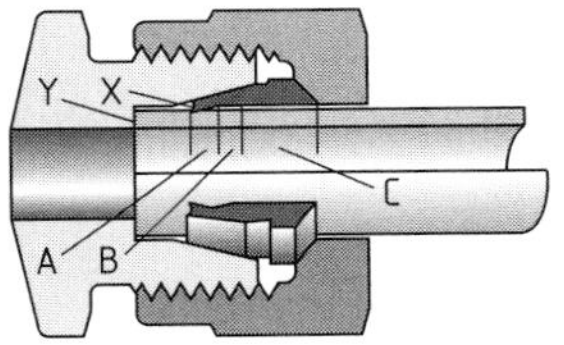

DIN 2353, 12.98 „Lötlose Rohrverschraubungen mit Schneidring"

A: Schneidender Teil
B: Verkeilender Teil
C: Schiebender Teil
X: Hohlschneide des Schneidrings ist in die Rohrwand eingedrungen
Y: Rohranschlag, Axialverschiebungen werden dadurch ausgeschlossen

Hauptanwendungsgebiete: Hydraulik- und Pneumatikleitungen
Wegen der → Kerbwirkung ist zu beachten:

Bei **Kältemittel führenden Leitungen** aus Stahl sollten keine zusätzlichen mechanischen Spannungen und Schwingungen auftreten. Für Kupferleitungen sind Schneidringverbindungen nach **DIN 8975** nicht zulässig.

Nach **DVGW-Arbeitsblatt GW 2** dürfen im Installationsbereich des Gas- und Wasserfaches Schneidringverbindungen nur gemäß Tabelle auf Seite 375 eingesetzt werden.

Verbindung mit Schraubfittings:

Größe der Fittings (Stahl nach DIN 2980, Temperguss nach DIN EN 10242)

Kurzzeichen	1/8	1/4	3/8	1/2	3/4	1	1 1/4	1 1/2	2	2 1/2	3	4	5	6
DN	6	8	10	15	20	25	32	40	50	65	80	100	125	150
Mittlere Einschraublänge in mm	7	10	10	13	15	17	19	19	24	27	30	36	–	–

Form und Benennung von Fittings

Benennung	T-Stück	Kreuz	Winkel	Muffen
Form	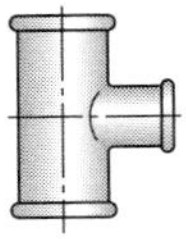	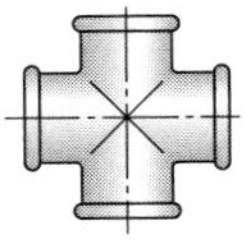	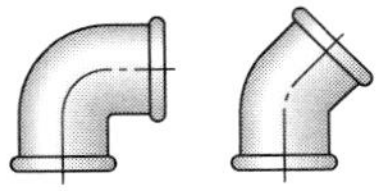	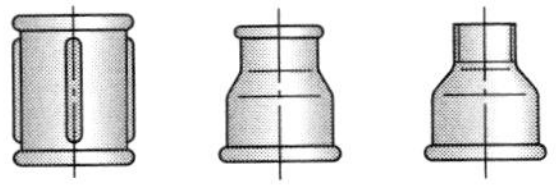

Benennung	Bogen	Winkel-Verteiler	T-Verteiler
Form	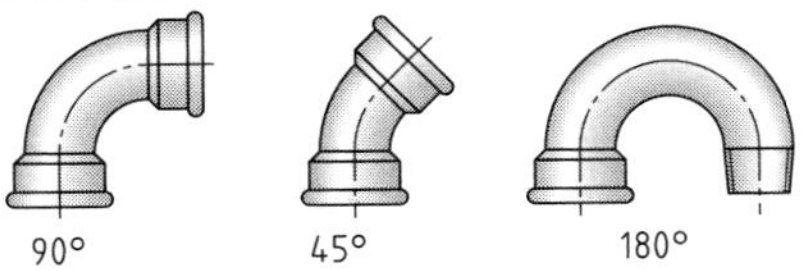	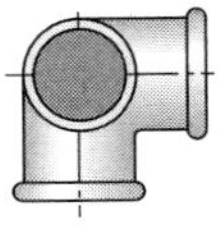	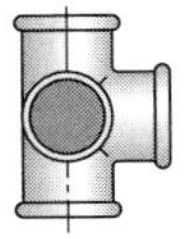

Benennung	Reduziernippel	Doppelnippel	Kappe	Stopfen	Bogen-T
Form	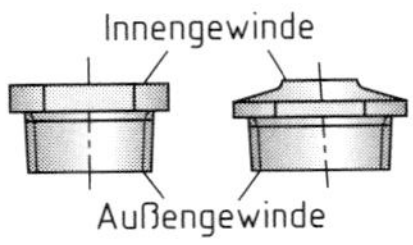	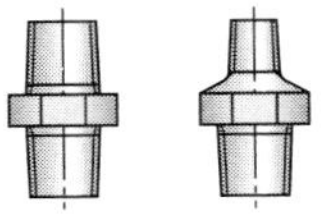	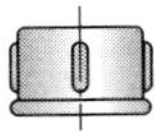	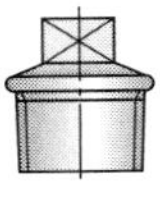	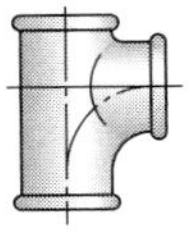

AT Anlagentechnik

Rohrleitungen und Kanäle (Fortsetzung)

Rohrverschraubungen:

Benennung	Verschraubung	Winkel-Verschraubung
Form	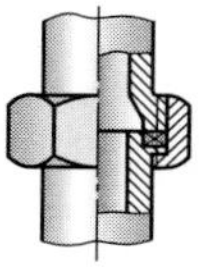	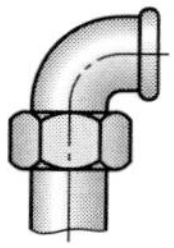

Für **Schraubfittings** und **Rohrverschraubungen** wird → **Whitworth-Rohrgewinde** nach **DIN 2999** verwendet.

Verwendung von **Stahlfittings** nach DIN 2980 vornehmlich in der chemischen Industrie; **Tempergussfittings** nach DIN EN 10242 im Gas- und Wasserbau sowie in der Heizungstechnik.

Klemmringverschraubungen:

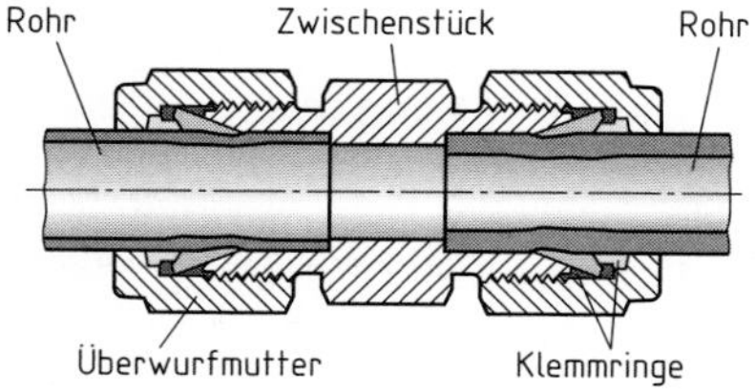

Die Klemmringe deformieren den Rohrwerkstoff, wodurch die Dichtwirkung erreicht wird.
Rohre – auch mit verschiedenen Wandstärken – können lösbar miteinander verbunden werden.

Nebenstehendes Bild zeigt das **Swagelok**®-System. Ein umfangreiches Programm an Schraubfittings steht auf dem Markt zur Verfügung.

Zugelassen für den **Kälte- und Klimaanlagenbau**. Montagevorschriften beachten!

Nenndurchmesser *D* in mm	**Mindest-Bohrungsdurchmesser** in mm
6	4,0
8	6,0
9	7,0
10	7,0
12	9,0
14	10,0
14,7	11,0
15	11,0
16	12,0
18	14,0
21	18,0
22	18,0
25	21,0
27,4	23,0
28	23,0
34	29,0
35	29,0
40	35,0
40,5	36,0
42	36,0
53,6	47,0
54	47,0
64	55,0
66,7	57,0
70	60,0
76,1	65,0
80	68,0
88,9	76,0
108	92,0

Für Klemmringverschraubungen bei Kupferrohren ist **DIN EN 1254-2 „Klemmverbindungen für Kupferrohre“** maßgebend.

Nebenstehende Tabelle führt die Durchmesser auf, die die Mindestquerschnittsfläche der Bohrung durch jeden Fitting bestimmen.

Maximale Temperaturen und Drücke nach DIN EN 1254-2

Maximale Temperatur in °C	Maximaler Druck in bar	
	von 6 mm bis 54 mm	über 54 mm bis 108 mm
30	16	10
65	10	6
110	6	4
120	5	3

Anmerkung 1:
Dazwischenliegende Druckstufen sind durch Interpolation zu ermitteln.

Anmerkung 2:
Bestimmte Konstruktionen sind auch für Temperaturen/Druck außerhalb der Tabelle zugelassen. Hersteller befragen!

Zugkräfte bei Prüfung der Ausreißbeständigkeit

Probengruppe	1	2	3	4
Nenndurchmesser mm	≤10	>10 ≤ 28	>28 ≤ 54	>54
Prüfkraft *F* N	1000	1500	2000	2500

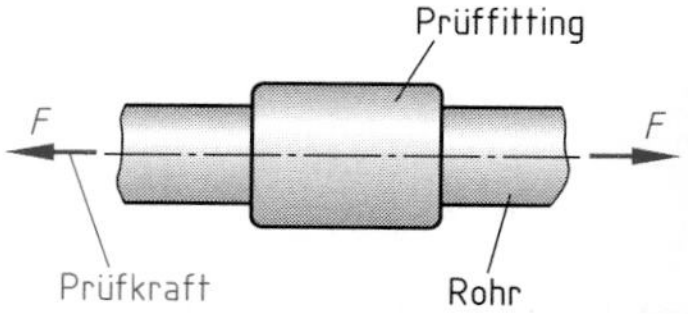

Rohrleitungen und Kanäle (Fortsetzung)

DVGW-Zulassung bis PN 20 und TÜV-Zulassung bis PN 200 für Swagelok®-System.

DKI-Zusammenstellung „Lösbare Rohrverbindungen", Arten, Einsatzgebiete, DIN- und DVGW-Zulassungen (Verbinden von Kupfer-Rohren)

Verbindungsart	Trinkwasser	Stadt- und Erdgas	Flüssiggas (TRF-Bereich)[6]	Heizung	Öl
konisch/konisch bzw. konisch/kugelig oder flachdichtende Verschraubung	ohne Einschränkung	ohne Einschränkung	nur für Armaturen- und Geräteanschlüsse, wenn DIN/DVGW – oder DVGW – registriert	ohne Einschränkung	nur bis DN 25
Klemmringverschraubung, metall. dichtend[1]	ohne Einschränkung	nur wenn DIN/DVGW- oder DVGW-registriert	nur für Armaturen- und Geräteanschlüsse, wenn DIN/DVGW– oder DVGW-registriert	ohne Einschränkung	nur bis DN 25
Schneidringverschraubung[1]	nicht zugelassen[4]	nicht zugelassen[4]	möglich[5]	möglich	möglich[7]
Klemmverschraubung, weichdichtend[2]	ohne Einschränkung	nur, wenn DIN/DVGW- oder DVGW-registriert	nur für Armaturen- und Geräteanschlüsse, wenn DIN/DVGW- oder DVGW-registriert	ohne Einschränkung	nur bis DN 25
Rohrkupplungen[3]	ohne Einschränkung	nur, wenn DIN/DVGW- oder DVGW-registriert	nur für Armaturen- und Geräteanschlüsse, DVGW-registriert	ohne Einschränkung	nicht zugelassen
Flanschverbindung	ohne Einschränkung	ohne Einschränkung	nicht zugelassen	ohne Einschränkung	ohne Einschränkung

[1]) bei Ringrohren nur mit Stützhülsen [2]) muss zugänglich verlegt sein [3]) nur für Stangenrohre
[4]) der Einbau, z. B. als Geräteanschluss ist zulässig, wenn die Verschraubung DVGW-registriert ist
[5]) können nur verwendet werden, wenn sie vom DVGW für Flüssiggas anerkannt sind
[6]) für Anwendungsbereiche nach TRR 100 sind gesonderte Bestimmungen zu beachten
[7]) nur bis DN 25 zulässig, an Rohrleitungen zur Versorgung von Ölfeuerungsanlagen bis DN 32

Rohr-Lötverbindungen in der Kupferrohrinstallation:
(→ Stoffschlüssige Verbindungen, Lötverbindungen)

Nicht zugelassen sind Weichlötverbindungen in Leitungen für Stadt-, Erd-, Fern- und Flüssiggas sowie in Leitungen für die Ölversorgung.

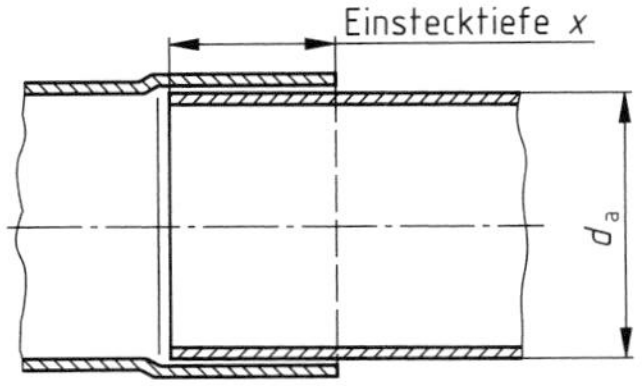

Mindesteinstecktiefe beim Weichlöten (nach DVGW-GW2)

d_a in mm	x in mm	d_a in mm	x in mm
6	5	35	15
8	6	42	18
10	7	54	22
12	7	64	25
15	8	76,1	30
18	9	88,9	34
22	11	108,0	41
28	13		

Hartlotverbindungen
sind zugelassen für
- Trinkwasserinstallation (heiß und kalt)
- Heizungsinstallation
- Gas- und Flüssiggasinstallation
- Heizölinstallation
- Kälte- und Klimaanlagenbau

Verbindungen mit Kupferrohr-Lötfitting:
(→ Steighöhe in einer Kapillare)

Maßgebend ist **DIN EN 1254-1**, 03.98 „Kapillarlötfittings für Kupferrohre (Weich- und Hartlöten)"

Innenlötende (s. Tabelle Seite 376)

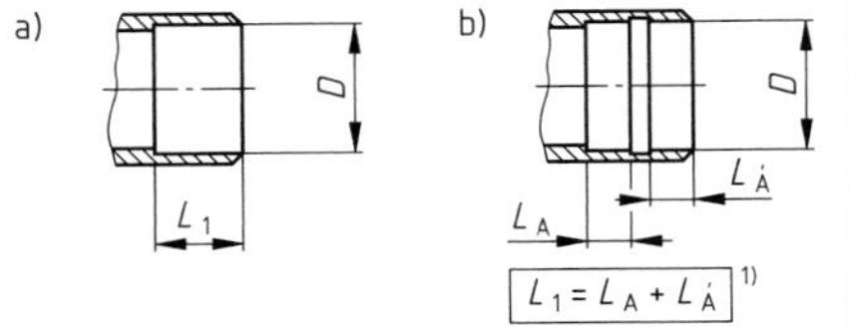

Außenlötende (s. Tabelle Seite 376)

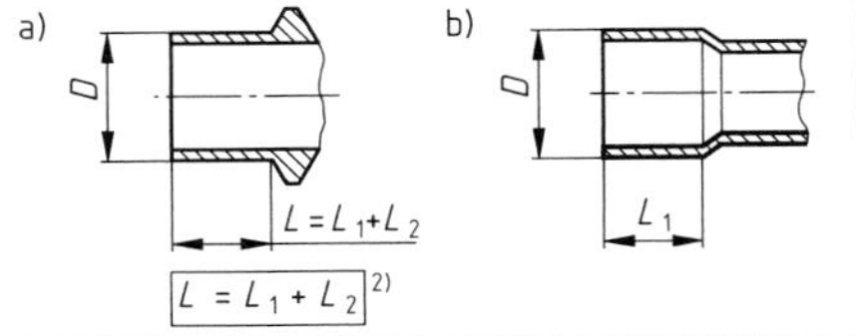

Rohrleitungen und Kanäle (Fortsetzung)

Die Mindestwerte der Innenlötlängen und Außenlötlängen müssen nebenstehender Tabelle entsprechen.

[1] Innenlötende b):
Die Länge L_1 für Fittings mit integriertem Weichlotring bzw. Hartlotring (→ **Löten mit eingelegtem Lot**) darf nicht die Breite b des Lötringes mit einschließen.

↓

$$L_1 = L_A + L_Ä$$

L_A, $L_Ä$: Teillängen der Lötnaht

[2] Außenlötende a):
Ist der Durchmesser des Außenlötendes kleiner als der Durchmesser des Fittings, dann sollte L_1 für das Außenlötende um L_2 vergrößert werden.

↓

$$L = L_1 + L_2$$

Für das **Verhältnis Nenndurchmesser *D* zu Mindest-Bohrungsdurchmesser** des Fittings gelten die Werte der Tabelle auf Seite 374.

Mindestlötlängen

Nenndurchmesser D in mm	Lotlängen in mm L_1	L_2
6	5,8	2
8	6,8	2
9	7,8	2
10	7,8	2
12	8,6	2
14	10,6	2
14,7	10,6	2
15	10,6	2
16	10,6	2
18	12,6	2
21	15,4	2
22	15,4	2
25	16,4	2
27,4	18,4	2
28	18,4	2
34	23	2
35	23	2
40	27	2
40,5	27	2
42	27	2
53,6	32	2
54	32	2
64	32,5	2
66,7	33,5	3
70	33,5	3
76,1	33,5	3
80	35,5	3
88,9	37,5	3
106	47,5	4
108	47,5	4

Form und Benennung von Kapillarlötfittings (Übersicht) (nach **DIN EN 1254**)

Benennung	Muffe mit Innenlötende	Reduziermuffe	Absatznippel	Übergangsnippel	Übergangsnippel u. Übergangsmuffe sind Verbindungselemente zwischen Zoll- und mm-Leitungen	Übergangsmuffe
Form	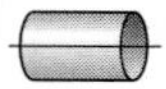	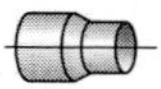	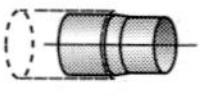	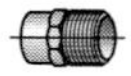		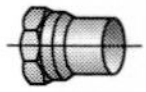

Benennung	Kappe mit Innenlötende	Ausdehnungsbogen mit Innenlötenden	Winkel 90° mit Innenlötenden	Reduzierwinkel 90° mit Innenlötenden
Form	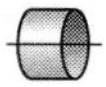	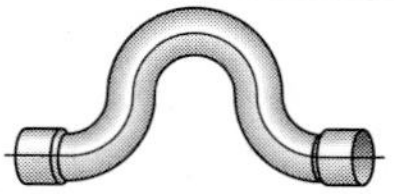	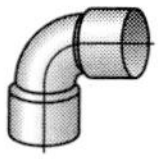	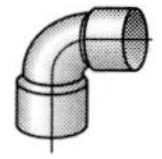 Reduzierung z. B. von 22 mm auf 15 mm

Benennung	Winkel 90° mit Innen- u. Außenlötende	Bogen 45° mit Innen- u. Außenlötende	Bogen 45° mit Innenlötende	Doppelbogen mit Innenlötende
Form	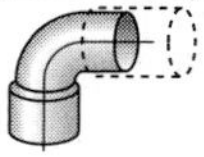		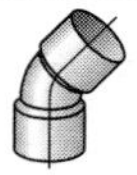	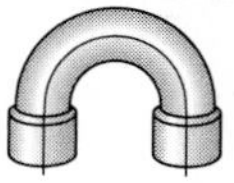

Benennung	Kurze Bogen 90° mit Innen- u. Außenlötende	Kurze Bogen 90° m. Innenlötende	Im **Kälte- und Klimaanlagenbau** werden i.d.R. Bogen verwendet. Solche gibt es auch als **lange Bogen**. Diese sind strömungsgünstiger als Winkel.	T-Stück mit Innenlötende
Form	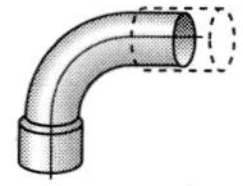	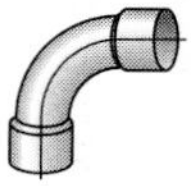		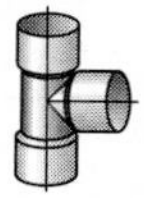

Rohrleitungen und Kanäle (Fortsetzung)

Benennung	Reduzier-T-Stück mit Innenlötende	Ölsyphon
Form	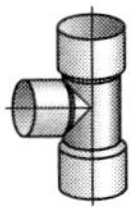 Beispiele 10-15-10 28-15-22 35-28-28	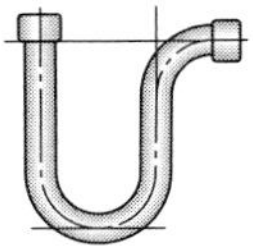

Weitere **Sonderformen** sind erhältlich, z. B. **Überspringstück**

Gültige Maße aus DIN-Normen bzw. Herstellerunterlagen. Fragen Sie Ihren Fachgroßhändler!

Bemaßung: siehe folgendes Beispiel.

B (Bemaßungsbeispiel)

Bogen 180° (Maße in mm)				
d	*a*	*c*	*r*	*s*
10	23	30	15	0,8
12	27	36	18	1
15	34	45	22,5	1
18	40	54	27	1
22	48	66	33	1
28	60	84	42	1,2
35	93	140	70	1,5
42	111	168	84	1,5
54	140	216	108	1,5

Bogen 90° (Form A und B) (Maße in mm)					
d	*a*	*b*	*r*	*s*	*z*≈
6	15	17	9	0,8	9
8	19	21	12	0,8	12
10	23	25	15	0,8	15
12	27	29	18	1	18
15	34	36	22,5	1	22,5
18	40	42	27	1	27
22	48	50	33	1	33
28	60	62	42	1,2	42
35	76	78	53	1,5	53
42	111	113	84	1,5	84
54	140	142	108	1,5	108

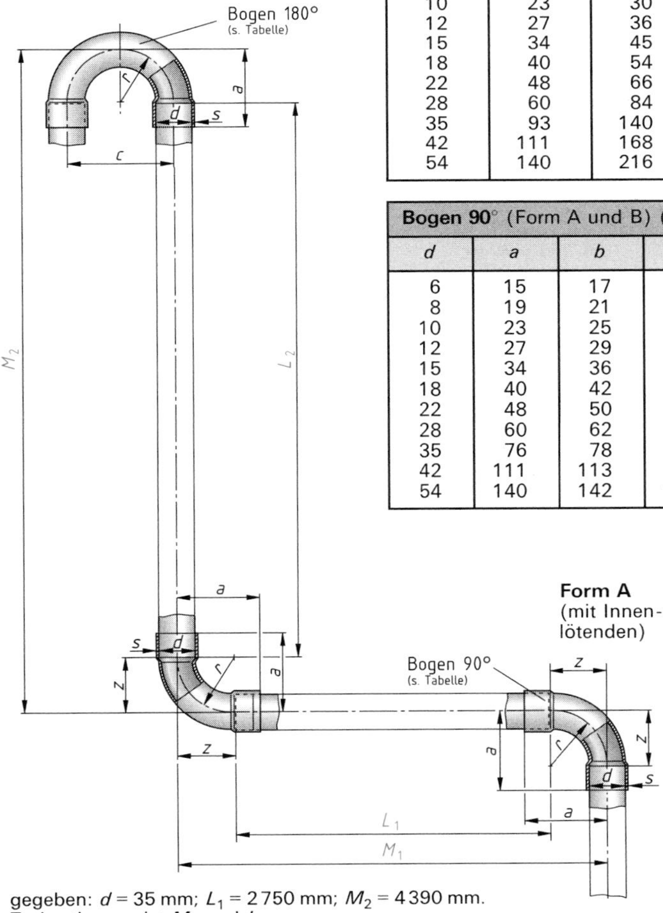

Form A (mit Innenlötenden)

Form B (mit Innen- und Außenlötende)

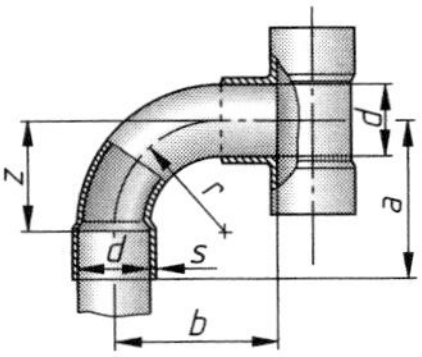

L: Rohrlänge
M: Achsabstand

gegeben: $d = 35$ mm; $L_1 = 2750$ mm; $M_2 = 4390$ mm.
Zu bestimmen ist M_1 und L_2.

$M_1 = L_1 + 2 \cdot z = 2750 \text{ mm} + 2 \cdot 53 \text{ mm} = 2750 \text{ mm} + 106 \text{ mm}$

$\mathbf{M_1 = 2856 \text{ mm}}$

$\mathbf{L_2} = M_2 - z - r = 4390 \text{ mm} - 53 \text{ mm} - 70 \text{ mm} = \mathbf{4267 \text{ mm}}$

Rohrleitungen und Kanäle (Fortsetzung)

[1]) Für Anwendungsfälle außerhalb des Bereiches dieser Tabelle sollte die Genehmigung des Herstellers (Bauartzulassung z.B. durch DVGW oder TÜV) eingeholt werden.

[2]) Dazwischen liegende Druckstufen sind durch → Interpolation zu ermitteln.

Anmerkung:
Weichlotlegierungen mit Blei und Hartlotlegierungen mit Kadmium sind in den Anlagen für Wasser, welches für den menschlichen Gebrauch vorgesehen ist, nicht zulässig (→ Weichlote, Hartlote)

Maximale Drücke und Temperaturen von eingebauten Kupfer-Lötfittings (nach DIN EN 1254-1, 03.98)

Art der Lötung	Typische Beispiele für Weichlot-/Hartlotlegierungen	Max. Temperatur[1]) °C	Max. Drücke für Nenndurchmesser[1]), [2]) in bar von 6 mm bis 34 mm	über 34 mm bis 54 mm	über 54 mm bis 108 mm
Weichlöten	I Blei/Zinn 50/50% oder 60/40%	30 65 110	16 10 6	16 10 6	10 6 4
	II Zinn/Silber 95/5%	30	25	25	16
	III Zinn/Kupfer Cu 3% max. 0,4% min. Rest Sn	65 110	25 16	16 10	16 10
Hartlöten	IV Silber/Kupfer ohne Kadmiumzusatz 55% bis 40% Ag	30	25	25	16
	V Silber mit Kadmiumzusatz 30% oder 40% Ag	65	25	16	16
	VI Kupfer/Phosphor 94/6% oder Kupfer/Phosphor mit 2% Silber 92/6/2%	110	16	10	10

Rohr-Schweißverbindungen:
(→ Stoffschlüssige Verbindungen, Schweißverbindungen)

Löt- und schweißgerechte Flansche

Flanschart	Abbildung	DN	PN
Flansche zum Löten oder Schweißen	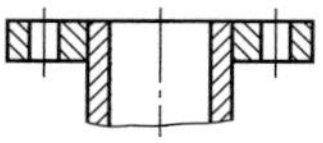	10 bis 500	6 bis 10
Lose Flansche mit Vorschweißbund	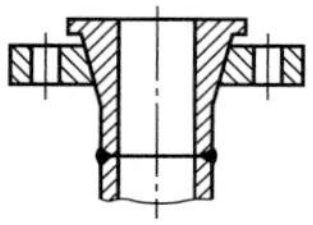	10 bis 1200	6 bis 320
Vorschweißflansche	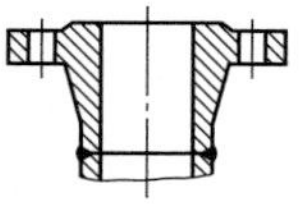	10 bis 4000	1 bis 400

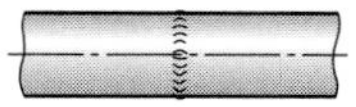

Rohr-Schweißverbindungen werden i.d.R. stumpf hergestellt.

Kennzeichen v. Rohr-Schweißverbindungen

Druck	sehr hoch (→ Festigkeit)
Temperatur	sehr hoch (→ Festigkeit)
Durchflussrichtung	beliebig
Lösbarkeit	nicht lösbar
Vorteile	Höchste Betriebssicherheit, keine Leckagegefahr, wirtschaftlich (keine Wartung), gute Übertragung von → Momenten und Längskräften in der Leitung
Nachteile	Nahtstelle muss gut zugänglich sein, Rohrleitungsteile müssen aus gleichem Material bestehen, nicht alle Materialien sind gut schweißbar
Anwendungsschwerpunkte	Chemieanlagen allgemein, bei giftigen und explosiven Stoffen, bei hohen Betriebsdrücken und hohen Betriebstemperaturen.

Schweißen von Kupferrohren

empfohlen: 1,5 mm Mindestwanddicke

zugelassen für
- Trinkwasser- und Heizungsinstallation
- Gas- und Heizölinstallation
- Kältemittel führende Leitungen (jedoch nicht für Ammoniak NH_3) (→ Kältemittel)

Rohrleitungen und Kanäle (Fortsetzung)

DKI-Empfehlung für Schweißzusätze und Schweißverfahren beim Schweißen von Kupferrohren					
Werkstoff-Kurzzeichen bzw. Werkstoffnummer	Schmelzbereich in °C	Beispiele für die Verwendung: Grundwerkstoffe	Schweißverfahren[1]) G	WIG	MIG
SG-CuAg 2.1211	1070 ... 1080	SF-Cu	2	2	1
SG-CuSn 2.1006	1020 ... 1050	SF-Cu	1	2	2
SG-CuSi3 2.1461	910 ... 1025	SF-Cu, CuZn-, CuSi-Legierungen	0	2	2
SG-CuZn40Si 2.0366	890 ... 910	CuZn-Legierungen	2	1	0

[1]) → **Kennzeichen für Schweiß- und Lötverfahren**

0 = nicht geeignet
1 = geeignet
2 = empfohlen

Brennergröße	
Rohrabmessung	Nr.
28×1,5 ... 42×1,5	2
54×2 ... 108×2,5	3
133×3 ... 267×3	4

Rohrverbindung durch Lokring®-Klemmverbindung:

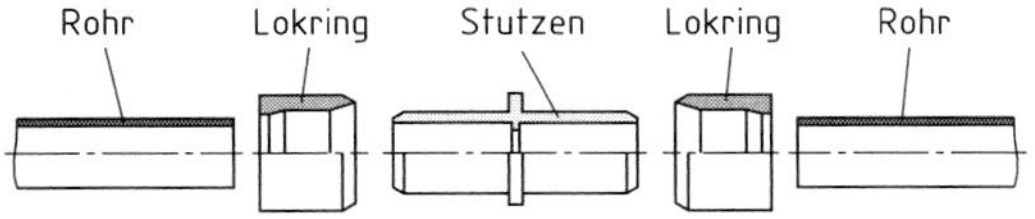

Lokring - Kupplung

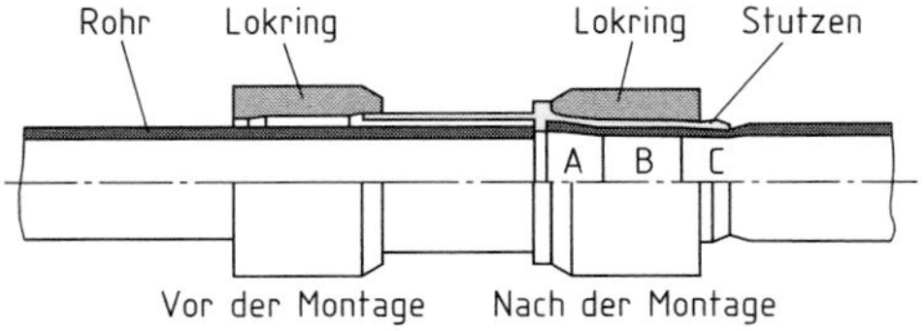

Die Lokring-Kupplung besteht aus zwei Lokringen und einem bearbeiteten rohrförmigen Stutzen, der die beiden zu verbindenen Rohre aufnimmt.

Vor der Montage, die mit einem speziellen zangenartigen Werkzeug erfolgt, werden die Rohre mit einem Gleit-Dichtmittel eingeschmiert.

A = Einführungsbereich
B = zylindrischer Bereich
C = Hauptabdichtungsbereich

Die **Lokring-Verbindung** ist eine unlösbare Verbindung (lötfrei). Sie ist **für den Kälte- und Klimaanlagenbau zugelassen**.

Rohrwerkstoffkombination	Lokring-Werkstoff	Rohrwerkstoffkombination	Lokring-Werkstoff
Al-Al	Al	Cu-Cu	Ms
Al-Cu	Al	Cu-St	Ms
Al-St	Al	St-St	Ms

Wichtige Regeln für die Rohrinstallation im Kälte- und Klimaanlagenbau

- Zum Weichlöten in der Regel immer Fittings verwenden, Ausnahme **Muffen/Kelchen**.
- Weichlotempfehlung des DKI bei Kupferrohren nur bis DN 28 und bis −10 °C.
- Einbinden von Armaturen in Rohrleitungen nur durch Hartlot- oder Schweißverbindungen.
- Rohrdurchmesser > DN 50 und Kältemitteldruckleitungen hartgelötet oder geschweißt.
- Fittinglose Verbindung in der Regel hartgelötet.
- Lösbare Verbindungen nur dort einsetzen, wo dies nicht zu vermeiden ist. Die größere Sicherheit gegen Kältemittelverluste bietet eine nicht lösbare Verbindung.
- Schneidringverschraubungen dürfen nicht eingesetzt werden.

Sicherheitstechnische Grundsätze bei Kältemittel-Rohrleitungen (nach DIN 8975, 02.89)

Anwendungsbereich und Unfallverhütung:

DIN 8975 ist anzuwenden auf Kältemittelrohrleitungen und Rohrleitungsteile (Einbauten, Schrauben, Flansche ...) von Kälteanlagen und Wärmepumpen. Die Unfallverhütungsvorschrift **VBG 20** ist anzuwenden.

Rohrleitungen und Kanäle (Fortsetzung)

Sicherheitstechnische Bereiche der DIN 8975-6

1. Anwendungsbereich

2. Allgemeines

3. Werkstoffe:
Rohre, Bogen, Formstücke, Fittings, Flansche, Rohrverschraubungen, Kupplungen, Schrauben und Muttern, Dichtungen

4. Festigkeitsauslegung:
→ Festigkeitslehre
→ Apparatewerkstoffe (Eigenschaften)

5. Leitungsführung:
Allgemeines, Saugleitungen, Druckleitungen, Kondensatleitungen, Ölablassleitungen, Ausblaseleitungen (Drucküberschreitung), Leitungen bei Anlagen mit Umwälzpumpen, Mess- und Steuerleitungen, Entleerungs- und Entlüftungsleitungen, Leitungen in Absorptionskälteanlagen.

6. Anordnung von Kältemittel-Absperreinrichtungen

7. Halterungen

Abstände der Rohraufhängungen für Einzelleitungen aus Stahl oder Kupfer in m

Nennweite DN	25	32	40	50	65	80	100	125	150	200
wärmegedämmt	1,8	2,2	2,5	3	3,5	4,5	5	5,5	6	7,5
nicht wärmegedämmt	2,5	3	3,5	4	4,5	5,5	6	6,5	7	8

8. Wärme- und Kältedämmung
(→ Dämmkonstruktionen)

9. Rohrleitungsverbindungen

10. Armaturen

11. Kennzeichnung

12. Montage

13. Prüfungen

14. Reparatur

Tiefste Anwendungstemperaturen nach DIN 8975-6

St-Leitungen	Tabelle 1
Cu-Leitungen	Tabelle 2
Schrauben	Tabelle 3

Blechkanäle und Blechrohre

Wickelfalzrohre (nach DIN 24145, 12.98):

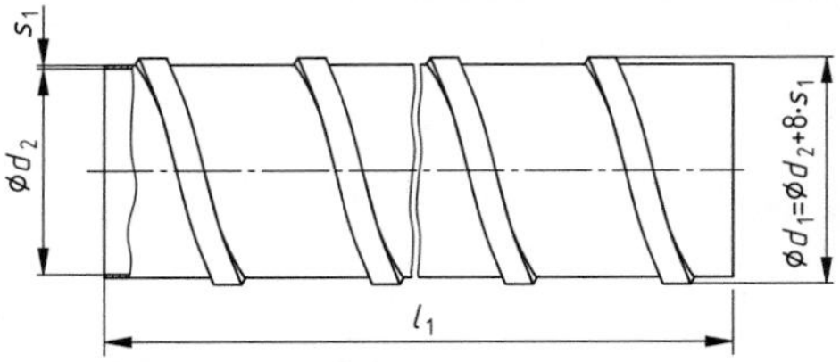

Abmessungen

Nennweite nach DIN EN 1506	d_2 [1])	s_1 [2])	Bandbreite max.	Gewicht Metermasse kg/m ≈
63 **80**	63 80	0,4	150	0,67 0,85
100 **125** 150	100 125 150	0,6	150	1,61 2,05 2,47
160 **200**	160 200	0,6	150	2,65 3,36
250	250	0,6	200	4,20
300 **315** 355	300 315 355	0,8	200	6,73 7,07 7,35
400 450	400 450	0,8	200	8,25 9,35
500 560	500 560	0,8	200	10,4 11,7
630	630	1,0	200	16,5
710	710	1,0	200	18,6
800	800	1,0	200	21,0
900	900	1,0	200	24,6
1000	1000	1,2	200	31,5
1120	1120	1,2	200	35,2
1250	1250	1,2	200	39,4

Zulässige Drücke [3])

Nennweite	Überdruck		Unterdruck [4])	
	mbar	Pa	mbar	Pa
63 bis 250	63	6300	25	2500
300 bis 560	50	5000	14	1400
630 bis 900	40	4000	8	800
1000 bis 1250	31,5	3150	4	400

Fettgedruckte Nennweiten bevorzugen.

[1]) Die Grenzabmaße sind in DIN EN 1506 angegeben.

[2]) Für aggressive Dämpfe oder zur Förderung von Feststoffen sind größere Blechdicken nach Angabe des Herstellers erforderlich.

[3]) Rohre für größeren Über- oder Unterdruck nach Vereinbarung.

[4]) Die Werte gelten für kreisrunde Rohre ohne Beulen.

Die → **Toleranz** der Länge l_1 einer geraden Luftleitung beträgt **0,005 · l_1**

Maße für **Verbinder: DIN 24145**.

Bezeichnung für ein Rohr DN 200 und l_1 = 6000 mm:

Wickelfalzrohr DIN 24145 – 200 × 6000

Formstücke für runde Luftleitungen (nach DIN 24147-1, 12.98):

In der Übersicht wird die Form jeweils mit drei großen Buchstaben, entsprechend nebenstehendem Tabellen-Beispiel bezeichnet.

Benennung	Form	Bild	Bemerkung
Bogen	BSF	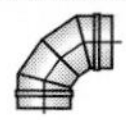	**B**ogen aus **S**egmenten mit **F**lansch

Rohrleitungen und Kanäle (Fortsetzung)

Dichtheitsklassen	(nach DIN 24147-1, 12.98)	
Dichtheits-klasse	Zulässiger Luftleckstrom bei Prüfdruck[1]) 1000 Pa · ($m^3/m^2 \cdot s$)	Möglich im Nennweitenbereich mm
A	$1{,}2 \times 10^{-3}$	von 800 bis 1250
B	$0{,}4 \times 10^{-3}$	von 63 bis 1250
C	$0{,}1 \times 10^{-3}$	von 63 bis 710

[1]) Statische Druckdifferenz zwischen Innendruck und Umgebungsdruck (Überdruck oder Unterdruck).

Blechdicken nach Tabelle 2 in der **DIN 24147-1**

Werkstoffe nach DIN 24147-1 oder gleiche Qualität nach Vereinbarung.

Blechrohre geschweißt (nach DIN 24151-1, 12.98):

Zulässige → Überdrücke	
Nennweite	Zulässiger Überdruck in Pa[1])[2])
100 bis 250	von −2500 bis +6300
300 bis 1000	von −2000 bis +6300
1120 bis 1250	von −1600 bis +6300

[1]) Positiver bzw. negativer Differenzdruck.
[2]) Die zulässigen Überdrücke gelten für Rohrlängen von 2000 mm.

Maße und Gewichte in Tabelle 2 der DIN 24151-1

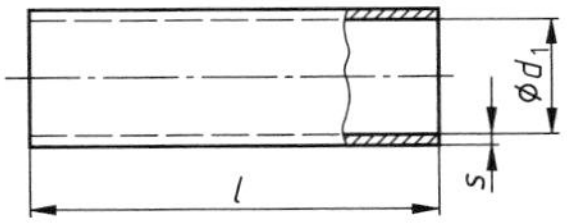

Bezeichnung eines geschweißten Blechrohres der Reihe 1 (R1) von $d_1 = 500$ mm und der Länge $l = 1000$ mm:

Rohr DIN 24151-R1-500 × 1000

Blechrohre längsgefalzt (nach DIN 24152, 12.98):

Zulässige → Überdrücke		
Nennweite	Zulässige Überdrücke in Pa[1])[2])	
	Rohre ohne Versteifung	Rohre mit beidseitigem Flansch
100 bis 300	von −2500 bis +6300	von −6300 bis +6300
315 bis 500	von −500 bis +2500	von −2500 bis +6300
560 bis 1250	von −100 bis +2500	von −2500 bis +6300

[1]) Zulässiger Überdruck = positiver bzw. negativer Differenzdruck.
[2]) Die zulässigen Überdrücke gelten für Rohrlängen von 2000 mm.

Maße und Gewichte nach Tabelle 2 der DIN 24152

Blechkanäle gefalzt und geschweißt (nach DIN 24190, 12.98):

Druckstufen						
Druckstufe	1	2	3	4	5	6
für zulässigen Überdruck in Pa	1000	2500	6300	−630	−1000	−2500

Maße nach Tabelle 2 der DIN 24190

Blechkanalformstücke (nach DIN 24191, 12.98):

Form wird mit zwei großen Buchstaben gekennzeichnet.
Beispiel:

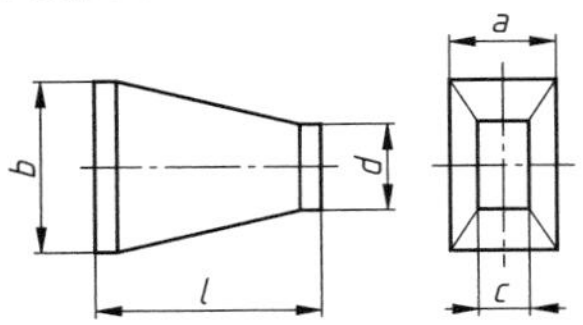

ÜS: Übergang, symmetrisch

Man unterscheidet folgende Formstücke: Kanalteil, Boden, Übergangsstutzen, Bogen, Bogenübergang, Winkel (Knie), Winkelübergang, Übergang (symmetrisch und asymmetrisch), Rohrübergang (symmetrisch und asymmetrisch), Etage, Etagenübergang, T-Stück, Hosenstück.

Hydraulischer Durchmesser:

$$d_h = 4 \cdot \frac{A}{U}$$

(→ **Druckverluste**)

A	Strömungs-Querschnitt	m^2
U	Umfang des Strömungsquerschnittes	m

B

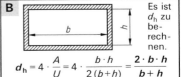

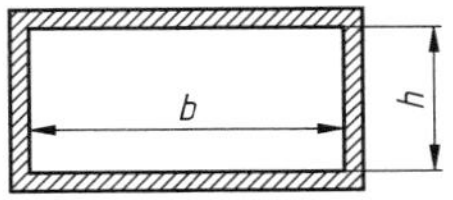

Es ist d_h zu berechnen.

$$d_h = 4 \cdot \frac{A}{U} = 4 \cdot \frac{b \cdot h}{2\,(b+h)} = \frac{2 \cdot b \cdot h}{b+h}$$

Rohrleitungen und Kanäle (Fortsetzung)

Kompensatoren im Vergleich

Aufgaben von Kompensatoren: (→ Wärmeausdehnung, Wärmespannung)

- Ausgleich der durch Temperaturänderungen bedingten Längenänderungen bzw. Spannungen in Rohrleitungen
- Ausgleich von Spannungen bei unvermeidlichen Relativbewegungen der durch eine Rohrleitung verbundenen Anschlüsse (z. B. bedingt durch Bodenbewegungen, Vibrationen oder Beseitigung von Montagefehlern)
- Aufnahme von Druckstößen (z. B. durch Wasserschläge, d. h. Spontanverdampfungen größerer Kondensatmengen bei der Inbetriebnahme von Dampfleitungen)
- Geräuschdämpfung

Bewegungsart	Prinzip	Vorteile	Nachteile	Anwendungsbeispiele
axial	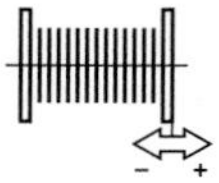	• Platzsparendste Variante • Keine Änderung der Strömungsrichtung	• Festpunkte müssen große Kräfte aufnehmen • Bei häufigen Richtungswechseln und großen Dehnungen relativ viele Kompensatoren erforderlich	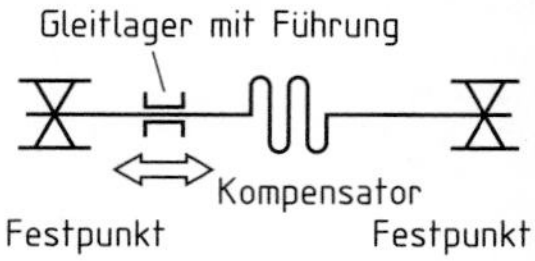
lateral	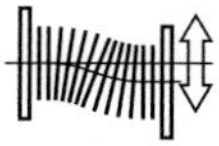	• Festpunkte müssen nur relativ schwache Kräfte aufnehmen • Größere Dehnungsaufnahme eines Kompensators • Evtl. Einsparung von Zwischenfestpunkten und Führungen	• Änderung der Strömungsrichtung nötig • Größerer Platzbedarf als bei axialem Ausgleich • Geringe Biegung der schiebenden Rohrleitung erforderlich • Kein Leitrohr möglich	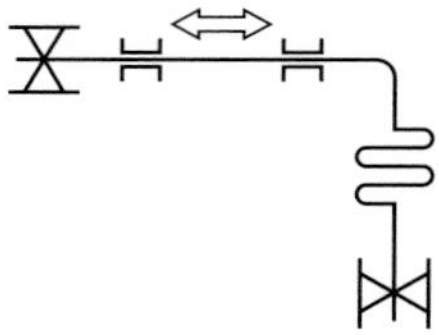
angular	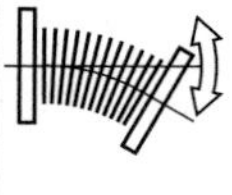	• Festpunkte müssen nur geringe Kräfte aufnehmen • Große Dehnungsaufnahme möglich • Dehnungsausgleich in drei Raumrichtungen möglich	• Änderung der Strömungsrichtung erforderlich • Größerer Platzbedarf • Relativ viele Kompensatoren nötig • Kein Leitrohr möglich	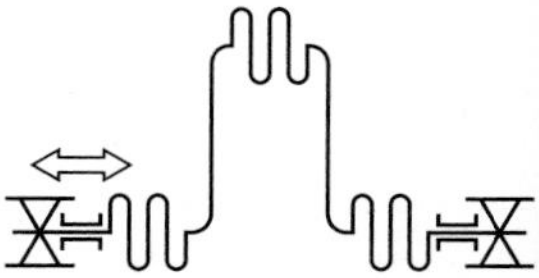

Längenänderung einer Rohrleitung infolge Temperaturänderung in m

$$\Delta l = l_0 \cdot \alpha \cdot \Delta\vartheta$$

l_0 Ausgangslänge bei ϑ_0 in m
α Längenausdehnungskoeffizient in 1/°C
$\Delta\vartheta$ Temperaturänderung in °C
(→ Wärmeausdehnung)

Einbaulänge des Kompensators (= Baulänge + Vorspannung) in mm:

$$l_E = l_B + \frac{\Delta l}{2} - \frac{\Delta l \cdot (\vartheta_e - \vartheta_{min})}{\vartheta_{max} - \vartheta_{min}}$$

l_B Baulänge (Lieferlänge) in mm
Δl Längenänderung der Rohrleitung (Gesamtdehnung) in mm
ϑ_e Einbautemperatur in °C
ϑ_{max} Maximaltemperatur in °C
ϑ_{min} Minimaltemperatur in °C

Längskräfte in einer Rohrleitung infolge Temperaturänderung in N

$$F_l = E \cdot \alpha \cdot \Delta\vartheta \cdot A_W$$

E Elastizitätsmodul des Rohrmaterials in N/mm²
α Längenausdehnungskoeffizient in 1/°C
$\Delta\vartheta$ Temperaturänderung in °C
A_W Querschnitt der Rohrwand in mm²
(→ Wärmespannung)

Kräfte auf die Festpunkte eines Axialkompensators in N

$$F_{FP} = A \cdot p + F_V$$

A Rohrquerschnitt in m²
p Betriebsdruck in N/m²
F_V Verstellkraft (Eigenwiderstand) des Kompensators (nach Herstellerangabe)

B Gegeben: gerades Rohrstück mit l_0 = 60 m, $\alpha = 1{,}1 \cdot 10^{-5}$ 1/°C, ϑ_e = 20 °C, ϑ_{max} = 120 °C, ϑ_{min} = 10 °C

Δl = 60 m · 1,1 · 10^{-5} 1/°C · 100 °C = 0,066 m = 66 mm ⇒ Auswahl eines Kompensators mit l_B = 473 mm und zulässigem Axialweg von Δl_{ZK} = ± 42 mm

l_E = 473 mm + 66 mm/2 – 66 mm · (20 °C – 10 °C)/(120 °C – 10 °C) = **500 mm**

d. h. der Kompensator wird beim Einbau um **27 mm** vorgespannt

Rohrleitungen und Kanäle (Fortsetzung)

Kompensatoren (Dehnungsausgleicher)

Kompensatortyp	**U-Bogen, Winkelbogen, Z-Bogen** u. ä.	**Wellrohrkompensator**	**Elastomer-** (bzw. **Gummi-**) und **Gewebekompensator**	**Stopfbuchsen** bzw. **Gleitrohrkompensator**
Bild	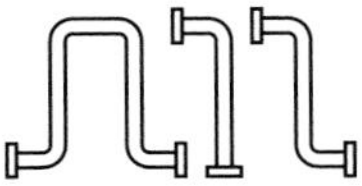	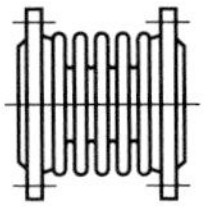	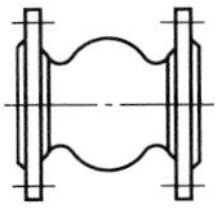	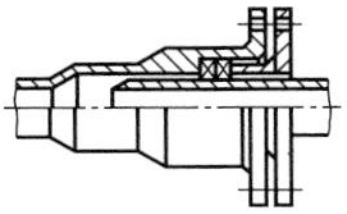
Nennweiten	Alle Nennweiten	DN 1 bis > DN 12 000	Gewebe-K.: alle Nennweiten. Gummi-K.: bis > DN 2800, mit Sonderwerkstoffen bis DN 4000	Bis ca. DN 800, in Behälterwänden bis > DN 1200
Nenndrücke	Alle Nenndrücke	Bis max. ca. PN 320, bei großen Nennweiten weniger	Gewebe-K.: bis ca. PN 2 Gummi-K.: bis ca. PN 25	Extrem hohe Drücke möglich
Betriebstemperaturen	Beliebig, je nach Rohrmaterial	Bis > 900 °C bei hochhitzebeständigem Stahl, sonst bis ca. 500 °C	Gewebe-K.: bis ca. 1200 °C Gummi-K.: bis ca. 200 °C	Bis ca. 350 °C, wegen Abdichtungsprobleme men meist weniger
Platzbedarf	Relativ groß	Axial-K.: sehr gering, Lateral- und Angular-Kompensatoren größer	Sehr gering	Gering
Druckverlust	Relativ groß (durch Bogenstücke und Schweißnähte)	Gering. Faustregel: etwa 4× so groß wie Rohrstück gleicher Länge. Mit Leitrohr: $\Delta p \approx 0$	Gering (meist vernachlässigbar). Im Zweifelsfall: 1 Kompensator = ca. 10 m Rohrleitung	Gering (meist vernachlässigbar)
Vorteile	• Für alle Betriebsbedingungen geeignet • Oft anlagebedingt ohnehin vorhanden • Strömungsrichtung nicht festgelegt • Große Betriebssicherheit	• Geringer Platzbedarf • Kaum Druckverlust • Axial-, Lateral- und Angularbewegungen möglich • Alle Nennweiten möglich • Strömungsrichtung (ohne Leitrohr) beliebig • Bei mehrlagigen Bälgen große Betriebssicherheit • Gute Schwingungs- und Geräuschdämpfung	• Geringer Platzbedarf • Sehr gute Vibrations- und Geräuschdämpfung • Gute Aufnahme von Lateralbewegungen • Kaum Druckverlust (auch ohne Leitrohr) • Strömungsrichtung beliebig • Geringe Rückstellkräfte auf die Festpunkte • Großer Dehnungsausgleich bei kleiner Länge • Große Lebensdauer bei Schwingungsbelastung	• Ausgleich relativ großer Dehnungen möglich • Geringer Platzbedarf • Geringer Druckverlust • Günstig bei hoher Abrasion, da Wanddicke und Material frei wählbar • Günstig bei großer chemischer Beanspruchung aufgrund relativ freier Materialauswahl • Sehr hohe Drücke möglich
Nachteile	• Großer Platzbedarf • Hoher Druckverlust • Hohe Rückstellkräfte auf die Festpunkte • Spannungen oft nicht genau erfassbar • In den Bögen evtl. erhöhte Abrasion und Korrosion • Höhere Fehlerquelle durch relativ viele Schweißnähte	• Balg empfindlich gegen Verschmutzung (Ablagerungen, Schweißspritzer usw.) und mechanische Beschädigung • Große Rückstellkräfte auf die Festpunkte bei Axialkompensatoren • Bei langen Kompensatoren Knickgefahr (Führungsrohr erforderlich, damit eingeschränkte Lateral- und Angularbewegung)	• Elastomerkompensatoren verschleißanfällig und für hohe Drücke und Temperaturen ungeeignet • Gewebekompensatoren i.a. nur für Gase • Alterung der Elastomere	• Wartung erforderlich • Keine Lateral- und Angularbewegung möglich • Strömungsrichtung festgelegt

Rohrleitungen und Kanäle (Fortsetzung)

Druckverluste in geraden Rohren und Kanälen

(→ Hydrostatischer Druck, Kontinuitätsgleichung, Energiegleichung, Viskosität)

$$\Delta p = \lambda \cdot \frac{l}{d} \cdot \frac{\varrho}{2} \cdot w^2$$ **Statischer Druckverlust**

Bei anderen Querschnitten als der Kreisquerschnitt (→ Blechkanäle) ist

$$d = d_h = 4 \cdot \frac{A}{U}$$ **hydraulischer Durchmesser**

A	Strömungsquerschnitt	m^2
U	Umfang des Strömungsquerschnittes (**benetzter Umfang**)	m

$$Re = \frac{w \cdot d}{\nu}$$ **Reynolds'sche Zahl**

$$Re_{krit} = 2320$$ **kritische Reynolds'sche Zahl**

$$Re \leq 2320$$ **laminare Strömung**

$$Re > 2320$$ **turbulente Strömung**

Die Druckverluste sind bei turbulenter Strömung größer als bei laminarer Strömung.

λ	Rohrreibungszahl bzw. Rohrwiderstandszahl	1
l	Leitungs-, Kanallänge	m
d	Rohrinnendurchmesser	m
ϱ	→ Dichte	kg/m^3
w	→ Strömungsgeschwindigkeit	m/s
a, b	Innenlänge bzw. Innenbreite des Kanals	m
ν	→ kinematische Viskosität	m^2/s

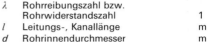

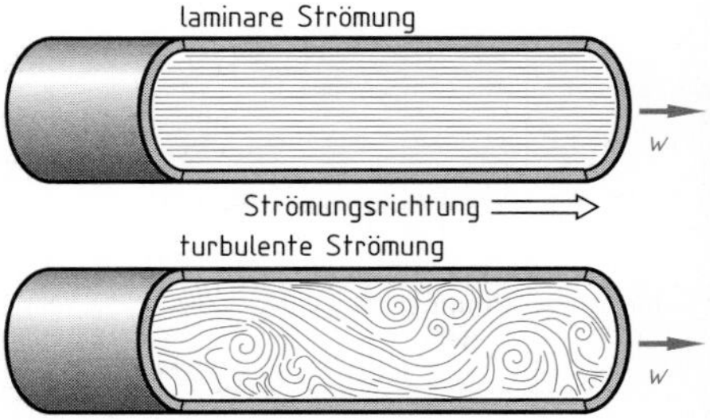

Rohrreibungszahl λ bei technisch glatten Rohren		
Bezeichnung der Formel	**Reynolds'sche Zahl im Bereich …**	**Gleichung für λ**
Formel von **Blasius**	$\ldots Re_{krit} \leq Re \leq 10^5$	$\lambda = \frac{0{,}3164}{\sqrt[4]{Re}}$
Formel von **Nikuradse**	$\ldots 10^5 \leq Re \leq 10^8$	$\lambda = 0{,}0032 + \frac{0{,}221}{Re^{0{,}237}}$
Formel von **Kirschmer, Prandtl, Kàrmàn**	$\ldots Re > Re_{krit}$ (gesamter Bereich oberhalb Re_{krit})	$\frac{1}{\lambda} = \left(2{,}0 \cdot \lg \frac{Re \cdot \sqrt{\lambda}}{2{,}51}\right)^2$

Als **technisch glatte Rohre** gelten blankgezogene

- Messingrohre
- Kupferrohre (**DIN 8905**)
- Aluminiumrohre
- Bleirohre

sowie

- Glasrohre
- Porzellanrohre

Die Gleichungen in der Tabelle gelten nur im turbulenten Bereich ($Re > 2320$)

$$\lambda = \frac{64}{Re}$$ **Rohrreibungszahl bei laminarer Strömung**

Rohrreibungszahl (Rohrwiderstandszahl) bei rauhen Rohren:

$$\lambda = f(Re, k_{rel})$$ **Rohrreibungszahl** (Diagramm Seite 385)

$$k_{rel} = \frac{k}{d}$$ **relative Rauheit**

Re	Reynolds'sche Zahl	1
k	mittlere Rauheitshöhe (untenstehende Tabelle)	mm
d	Rohrinnendurchmesser	mm

Rohrart	**mittl. Rauheitshöhe** in mm	**Rohrart**	**mittl. Rauheitshöhe** in mm
blankgezogene Metallrohre aus Cu, Ms, Al und anderen Leichtmetallen	0,01 bis 0,03	Gusseisen Rohre	0,1 bis 0,6
		gefalzte Blechkanäle	0,15
		flexible Schläuche	0,0016 bis 2,0
PVC- und PE-Rohre	0,007	gemauerte Kanäle	3,0 bis 5,0
Stahlrohre DIN 2448	0,045	rohe Betonkanäle	1,0 bis 3,0
angerostete Stahlrohre	0,15 bis 4,0		

Rohrleitungen und Kanäle (Fortsetzung)

Die **Ermittlung der Rohrreibungszahl λ bei rauen Rohren** erfolgt mit Hilfe eines Rohrreibungsdiagrammes (auch anwendbar bei glatten Rohren). Folgendes Bild zeigt:

gestrichelte Linien: **Rohrreibungsdiagramm von Nikuradse**
Volllinie: **Rohrreibungsdiagramm von Colebrook**

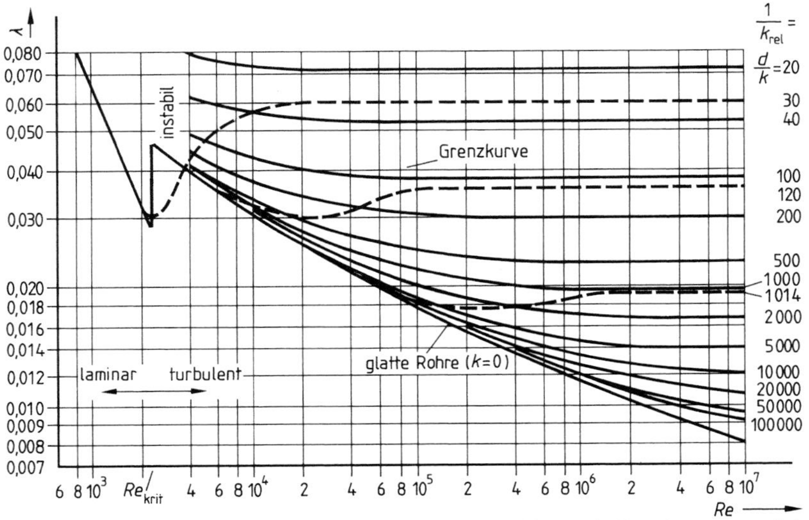

Hinsichtlich der Rauheit von Rohrinnenflächen hat man sich auf folgende Zuordnungen geeinigt:

Glattes Rohr: $Re \cdot \frac{k}{d} < 65$ **Übergangsgebiet:** $65 \leq Re \cdot \frac{k}{d} \leq 1300$ **Raues Rohr:** $Re \cdot \frac{k}{d} > 1300$

Druckverluste in Rohrleitungssystemen (mit Einbauten und Formstücken)

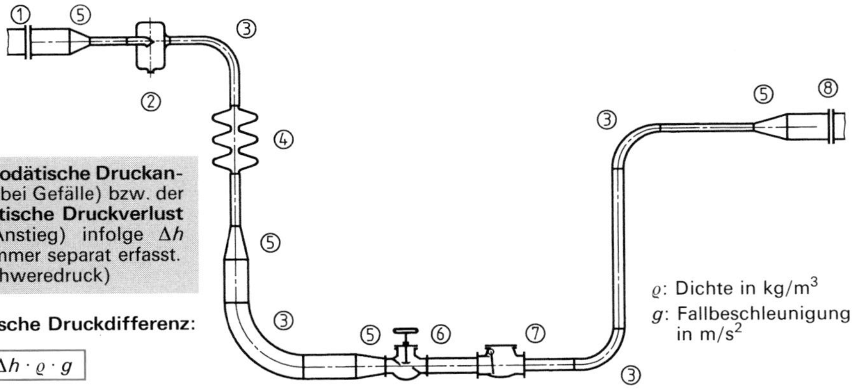

Der **geodätische Druckanstieg** (bei Gefälle) bzw. der **geodätische Druckverlust** (bei Anstieg) infolge Δh wird immer separat erfasst. (→ Schweredruck)

geodätische Druckdifferenz:

$$\Delta p_h = \Delta h \cdot \varrho \cdot g$$

ϱ: Dichte in kg/m³
g: Fallbeschleunigung in m/s²

Einbauten (Armaturen) z. B.:

① Eintrittsöffnung
② Flüssigkeitsabscheider
③ Bogen (Umlenkung)
④ Schwingungsdämpfer (Dehnungsausgleicher)
⑤ Erweiterung, Reduzierung
⑥ Absperrdurchgangsventil
⑦ Rückschlagklappe
⑧ Austrittsöffnung, usw.

Rohrleitungen und Kanäle (Fortsetzung)

Armaturenhersteller ordnen in der Regel den von ihnen angebotenen Armaturen **strömungstechnische Daten oder Kennzahlen** zu. Die wichtigsten Kennzahlen sind:

Druckverlustzahl ζ: (Widerstandsbeiwert) Kennzahl für den Widerstand, den ein strömendes Medium in einer Armatur erfährt (ohne Einheit). In der Praxis häufig auch als Widerstandsbeiwert bezeichnet. (Tabelle Seite 387)

Durchflussbeiwert k_V: Kennzahl, die angibt, welche Menge Wasser (5 °C bis 30 °C) bei einem Druckverlust von $\Delta p \approx 1$ bar (genau: $\Delta p = 0{,}98$ bar) und einem gegebenen Hub H (Ventil) bzw. Stellwinkel φ (Klappe) durch eine Armatur geht (Einheit: m³/s, m³/h oder l/min).

k_{VS} - Wert: Vorgesehener k_V-Wert bei voller Öffnung der Armatur (Nennhub H_{100} bei Ventilen, Nennstellwinkel φ_{100} bei Klappen)

k_{V100} - Wert: Tatsächlicher k_V-Wert beim Nennhub H_{100} (Ventile) oder Nennstellwinkel φ_{100} (Klappen). Maximal zulässige Abweichung vom k_{VS}-Wert: 10 %

C_V - Wert: Durchflussbeiwert, der in Ländern mit Zollsystem verwendet wird. Es gilt: $k_V = 0{,}856 \cdot C_V$.

An Stelle der Kennzahlen werden häufig auch Druckverlustdiagramme ausgewiesen, die den Druckverlust Δp einer Armatur (mit der Nennweite DN) in Abhängigkeit vom Durchsatz $\dot{V}$ (→ Volumenstrom) oder in Abhängigkeit von der Ventil- oder Klappenstellung wiedergeben. Aus den strömungstechnischen Daten können die ζ-Werte nach den folgenden Formeln berechnet werden:

$$\zeta = \frac{1{,}234 \cdot \Delta p \cdot d^4}{\varrho \cdot \dot{V}^2} \qquad \zeta = \frac{2 \cdot \Delta p}{\varrho \cdot w^2}$$

ζ Druckverlustzahl
Δp Druckverlust der Armatur in Pa bzw. N/m²
d Innendurchmesser der Armatur in m
ϱ Dichte des Fördermediums in kg/m³
$\dot{V}$ Volumenstrom in m³/s
w Strömungsgeschwindigkeit in m/s

$$\zeta = \frac{2 \cdot 10^5 \cdot \Delta p}{w^2 \cdot \varrho} \qquad \zeta = \frac{444 \cdot \Delta p \cdot d^4}{\dot{V}^2 \cdot \varrho}$$

ζ Druckverlustzahl
Δp Druckverlust der Armatur in bar
d Innendurchmesser der Armatur in mm
ϱ Dichte des Durchflussmediums in kg/m³
$\dot{V}$ Volumenstrom in l/min
w Strömungsgeschwindigkeit in m/s

Für das **Bezugsmedium Wasser** (in Bereich 5 °C bis 30 °C) gilt:

$$\zeta = \frac{0{,}444 \cdot \Delta p \cdot d^4}{\dot{V}^2}$$

Δp in bar, $\dot{V}$ in l/min, d in mm

$$\zeta = \frac{0{,}0016 \cdot \Delta p \cdot d^4}{\dot{V}^2}$$

Δp in bar, $\dot{V}$ in m³/h, d in mm

$$\zeta = \frac{200 \cdot \Delta p}{w^2}$$

Δp in bar, w in m/s

$$\zeta = \frac{0{,}442 \cdot d^4}{K_v^2}$$

d in mm, k_V in L/min

$$\zeta = \frac{d^4}{628{,}2 \cdot K_v^2}$$

d in mm, k_V in m³/h

Ist das **Fördermedium nicht Wasser** und der Druckverlust $\Delta p \neq 1$ bar, so gilt **bei etwa gleicher *Reynolds*-Zahl:**

$$K_V = \dot{V} \cdot \sqrt{\frac{\Delta p_0 \cdot \varrho}{\Delta p \cdot \varrho_0}}$$

$\dot{V}$ Volumenstrom in m³/h
Δp_0 1 bar (Bezugsdruckverlust)
Δp Tatsächlicher Druckverlust an der Armatur in bar
ϱ_0 1000 kg/m³ (Dichte des Bezugsmediums Wasser)
ϱ Dichte des Durchflussmediums in kg/m³

B Für die Baureihe eines Durchgangsventils gibt der Hersteller untenstehende Durchflusskennlinien für den voll geöffneten Zustand an.

a) Welche Nennweite ist zu wählen, wenn der Druckverlust bei $\dot{V}$ = 200 m³/h maximal Δp = 0,3 bar betragen soll?

b) Wie groß ist der k_{VS}-Wert für dieses Ventil?

c) Welche Druckverlustzahl ζ besitzt das Ventil?

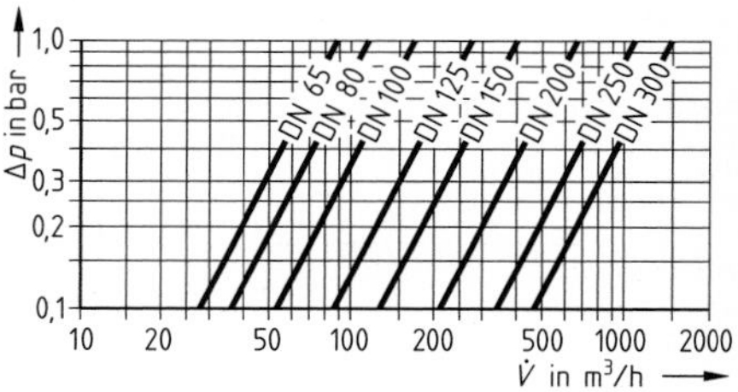

a) Nach Diagramm liegt der Punkt P (200; 0,3) zwischen den Kennlinien für die Ventile DN 125 und DN 150. Gewählt wird das nächst größere: **DN 150**

b) k_{VS}-Wert (bei Δp = 1 bar): **400 m³/h**

c) $\zeta = 0{,}0016 \cdot \dfrac{1 \cdot 150^4}{400^2} = \mathbf{5{,}06}$

Rohrleitungen und Kanäle (Fortsetzung)

Auswahl von Druckverlustzahlen (Widerstandsbeiwerte)

Einbauteil	Schemabild	ζ-**Wert** in Abhängigkeit von Größe, Form und Oberfläche des voll geöffneten Einbauteiles		Für den Druckverlust maßgebende Strömungsgeschwindigkeit w
Normalventil	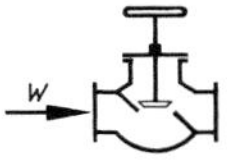	2,5 bis 6,5 fallend mit dem Durchmesser		w
Eckventil		2,0 bis 6,0 steigend mit dem Durchmesser		w
Schieber	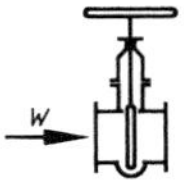	0,1 bis 0,3 fallend mit dem Durchmesser		w
Hahn	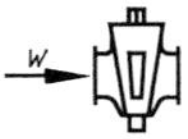	0,05 bis 2,0 fallend mit dem Durchmesser		w
Rückschlagventil		3,5 bis 8,0 fallend mit dem Durchmesser		w
Lyrabogen (Dehnungs-ausgleicher)	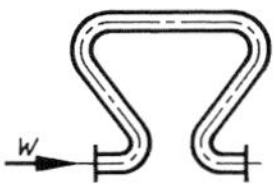	0,5 bis 1,5 ↓ ↓ glatt gefaltet		w
Wasserabscheider	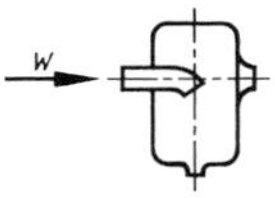	3,0 bis 8,0 steigend mit dem Durchmesser		w
Bogen 90°	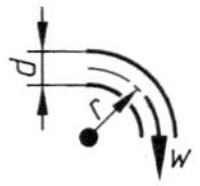	r/d	ζ	w
		0,5 1,0 2,0 3,0	1,0 0,35 0,20 0,15	
Erweiterung $\frac{A_1}{A_2} = 0{,}5$		β	ζ	w_1
		10° 20° 30° 40°	0,10 0,15 0,20 0,25	
Abzweigung (scharfkantig) $\beta = 90°$	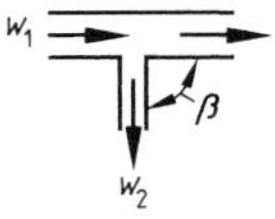	w_1/w_2	ζ	w_2
		0,5 1,0 2,0 3,0	4,5 1,5 0,75 0,65	

8

Rohrleitungen und Kanäle (Fortsetzung)

Anmerkung: Umfangreiche **Tabellen über ζ-Werte** findet man in Technischen Handbüchern wie „Dubbel: Taschenbuch für den Maschinenbau", „Recknagel/Sprenger: Taschenbuch für Heizung und Klimatechnik", „Pohlmann: Taschenbuch der Kältetechnik", in Firmenunterlagen oder in Fachliteratur wie z. B. „Eck: Technische Strömungslehre", „Kalide: Technische Strömungslehre" u. a.

Statischer Druckverlust im Einzelwiderstand:

$$\Delta p = \zeta \cdot \frac{\varrho}{2} \cdot w^2 \quad \text{in } \frac{\text{N}}{\text{m}^2}$$

Statischer Druckverlust in einem Rohrleitungs- bzw. Kanalsystem:

$$\Delta p = \Sigma\left(\lambda \cdot \frac{l}{d} \cdot \frac{\varrho}{2} \cdot w^2\right) + \Sigma\left(\zeta \cdot \frac{\varrho}{2} \cdot w^2\right) \quad \text{in } \frac{\text{N}}{\text{m}^2}$$

ξ	Druckverlustzahl bzw. Widerstandsbeiwert	1
λ	Rohrreibungszahl bzw. Rohrwiderstandszahl	1
ϱ	Fluiddichte	kg/m^3
l	Länge der geraden Rohrstücke	m
d	Durchmesser der geraden Rohrstücke (können in verschiedenen Abschnitten unterschiedlich sein)	m
w	Strömungsgeschwindigkeit	m/s

Wichtige Regel:

Wenn sich die Zustandsgrößen eines strömenden Fluids, d. h. hauptsächlich Druck und Temperatur und dadurch u. U. der Aggregatzustand (flüssig/dampfförmig) ändern, ist die Rohrleitungsberechnung in mehreren Teilabschnitten entsprechend der Realität in diesen Teilabschnitten durchzuführen.

Gleichwertige bzw. äquivalente Rohrlänge:

Unter der gleichwertigen (äquivalenten) Rohrlänge versteht man die Rohrlänge, die den gleichen Druckabfall erzeugt wie z. B. die Armatur bzw. der Fitting mit gleichem Innendurchmesser.

$$l_g = \xi \cdot \frac{d}{\lambda}$$ **gleichwertige (äquivalente) Rohrlänge eines Einbaues**

$$l_g = \Sigma\xi \cdot \frac{d}{\lambda}$$ **gleichwertige Rohrlänge aller Einbauten**

ξ	Druckverlustzahl bzw. Widerstandsbeiwert	1
λ	Rohrreibungszahl bzw. Rohrwiderstandszahl	1
d	Innendurchmesser des Rohres bzw. des Einbauteiles	m

B $\xi = 0{,}35$; $\lambda = 0{,}025$; $d = 35$ mm; $l_g = ?$

$l_g = \xi \cdot \frac{d}{\lambda} = 0{,}35 \cdot \frac{0{,}035\ \text{m}}{0{,}025} = 0{,}49$ m

$\mathbf{l_g = 490\ mm}$

Gleichwertige Rohrlängen erfährt man vom **Hersteller des Einbauteiles** (z. B. für Trockner, Kompensator, Expansionsventil u. a.) bzw. vom **Hersteller des Fittings** (z. B. für Bogen, T-Stück u. a.). Hier ist aus Platzgründen nur eine exemplarische Listung möglich:

Gleichwertige Rohrlängen für Reduziermuffen (auf den kleinen Durchmesser bezogen) nach **DIN EN 1254** (Auswahl)

D in mm	l_g in m	D in mm	l_g in m
Reduzierung		Erweiterung	
8 … 6	0,10	6 … 8	0,15
10 … 6	0,15	6 … 10	0,25
12 … 8	0,20	8 … 12	0,35
12 … 10	0,20	10 … 12	0,25
…………	…………	…………	…………
22 … 15	0,50	15 … 22	0,60
22 … 18	0,55	18 … 22	0,65
28 … 10	0,50	10 … 28	1,00
…………	…………	…………	…………

$l_{ges} = \Sigma l + \Sigma l_g$ in m **resultierende Länge**

Wird mit gleichwertigen Rohrlängen gerechnet, dann ergibt sich

$$\Delta p = \Sigma\left(\lambda \cdot \frac{l_{ges}}{d} \cdot \frac{\varrho}{2} \cdot w^2\right)$$ **stat. Druckverlust im System**

Gleichwertige Rohrlängen für T-Stücke nach **DIN EN 1254** (Auswahl)

D in mm	l_g in m			
	Abzweig trennend	Abzweig vereinigend	Durchgang trennend	Durchgang vereinigend
6	0,30	0,20	0,05	0,15
10	0,60	0,45	0,10	0,20
12	0,80	0,55	0,20	0,35
18	1,25	0,85	0,30	0,60
22	1,55	1,10	0,35	0,70
………	………	………	………	………

Bei T-Stücken sind auch noch die Fälle Gegenlauf trennend und Gegenlauf vereinigend möglich. Werte vom Hersteller.

Σl	Summe aller geraden Rohrlängen	m
Σl_g	Summe aller gleichwertigen Rohrlängen	m

Förderpumpen

Einsatzbereiche und Leistungsgrenzen der wichtigsten Pumpenbauarten:

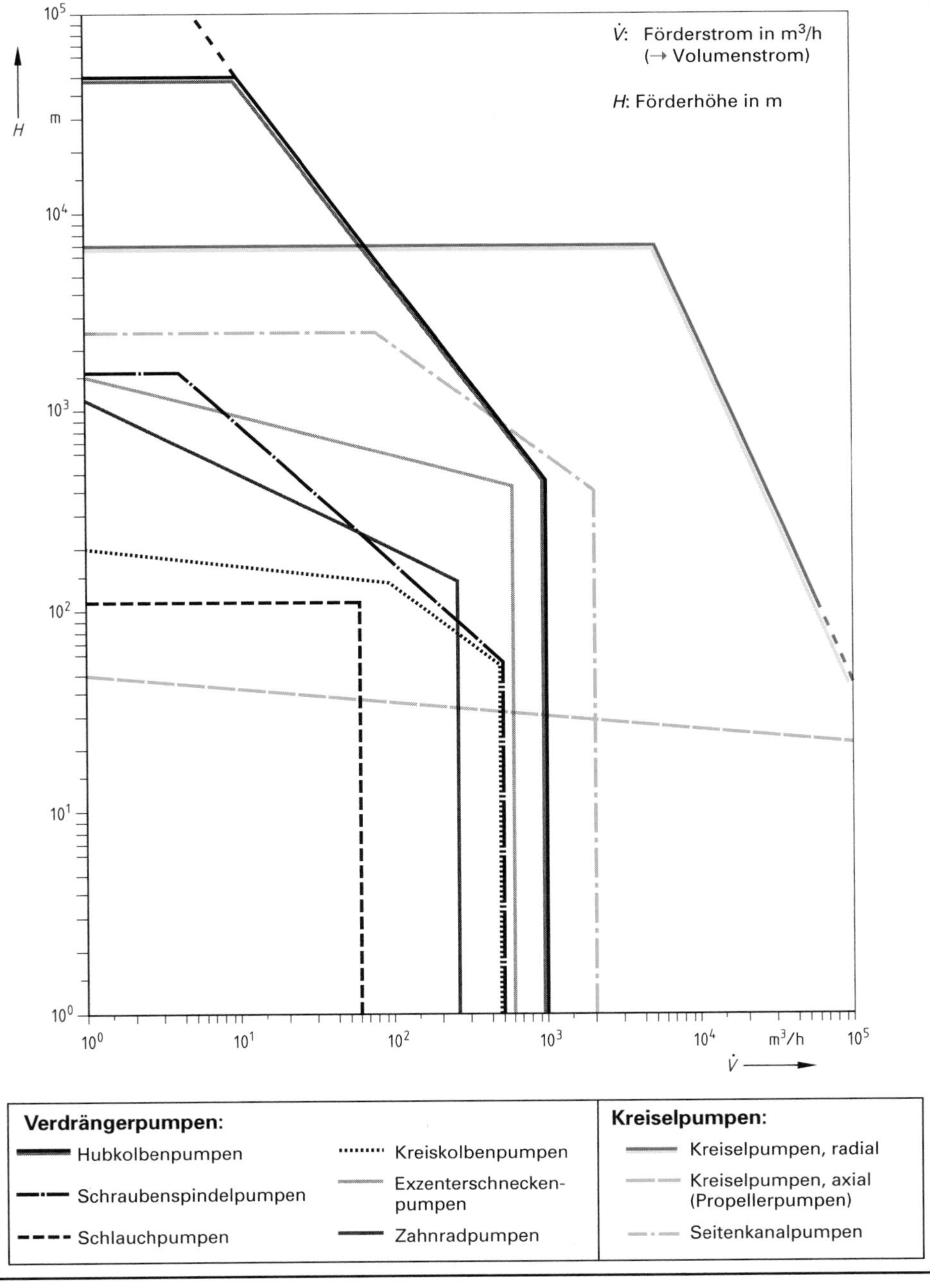

Förderpumpen (Fortsetzung)

Kreiselpumpen (nach DIN EN 22 858)

Viele Pumpenhersteller bieten ein um einige Pumpengrößen erweitertes Grundprogramm nach DIN EN 22 858 an.

Pumpengröße: Die Bezeichnung setzt sich aus Nennweite und Laufradnenndurchmesser zusammen. So gilt z. B. für die Pumpengröße 50 – 200: das Flanschanschlussmaß für den Austritt ist DN 50, der Laufraddurchmesser beträgt 200 mm.

Die in der folgenden Übersichtstabelle angegebenen Nennförderhöhen und Nennförderströme sind als Richtwerte zu verstehen, die genauen Werte müssen beim jeweiligen Pumpenhersteller erfragt werden.

Nennförderhöhen und Nennförderströme von Kreiselpumpen nach DIN (→ Förderhöhe)

Pumpengröße	Drehzahl n = 1450 min^{-1}		Drehzahl n = 2900 min^{-1}		Flanschanschlussmaß für den Eintritt
	Nennförderstrom $\dot{V}$ in m^3/h	Nennförderhöhe H in m	Nennförderstrom $\dot{V}$ in m^3/h	Nennförderhöhe H in m	DN
32 – 125 32 – 160 32 – 200 32 – 250	6,3	5 8 12,5 20	12,5	20 32 50 80	50
50 (40) – 125 50 (40) – 160 40 – 200 40 – 250 40 – 315	12,5	5 8 12,5 20 32	25	20 32 50 80 125	65
65 (50) – 125 65 (50) – 160 50 – 200 50 – 250 50 – 315	25	5 8 12,5 20 32	50	20 32 50 80 125	80
80 (65) – 125 80 (65) – 160 65 – 200 65 – 250 65 – 315	50	5 8 12,5 20 32	100	20 32 50 80 125	100
80 – 160 80 – 200 80 – 250 80 – 315 80 – 400	80	8 12,5 20 32 50	160 –	32 50 80 125 –	125
100 – 200 100 – 250 100 – 315 100 – 400	100 alternativ 125	12,5 20 32 50	200 alternativ 250 –	50 80 125 –	125
125 – 250 125 – 315 125 – 400	200	20 32 50	–	–	150
150 – 250 150 – 315 150 – 400	315 alternativ 400	20 32 50	–	–	200

Auswahl weiterer Normen zu Pumpen:

DIN 5437:	Flügelpumpen
DIN 24 250:	Kreiselpumpen; Benennung und Benummerung von Einzelteilen
DIN 24 260:	Flüssigkeitspumpen; Kreiselpumpen und Kreiselpumpenanlagen; Begriffe; Formelzeichen; Einheiten
DIN 24 251:	Wasserhaltungspumpen
DIN 24 252:	Kreiselpumpen mit Schleißwänden PN 10
DIN EN 734:	Seitenkanalpumpen PN 40; Nennleistung; Hauptmaße; Bezeichnungssystem
DIN EN 733:	Kreiselpumpen mit axialem Eintritt PN 10 mit Lagerträger
DIN EN 22 858:	Kreiselpumpen mit axialem Eintritt PN 16 – Bezeichnung; Nennleistung; Abmessungen
DIN 24 289:	Oszillierende Verdrängerpumpen und -aggregate; technische Festlegungen

Förderpumpen (Fortsetzung)

Berechnung der Pumpenleistung (Antriebsleistung)

Berechnungsgang:

① Ermittlung der Verlusthöhe H_{Jt} der Anlage (Rohrreibungs- und Druckverluste in Formstücken und Armaturen)

② Ermittlung der Förderhöhe H_A der Anlage (Summe aus geodätischer, Druck-, Verlust- und evtl. Geschwindigkeitshöhe)

③ Berechnung der Förderleistung P_u in Abhängigkeit vom Förderstrom $\dot{V}$, der Anlagenförderhöhe H_A und der Dichte ϱ des Fördermediums und
Berechnung der Pumpenleistung P aus der Förderleistung P_u mit Hilfe des Wirkungsgrades η

❶ Ermittlung der Verlusthöhe H_{Jt}

(→ Kontinuitätsgleichung, Energiegleichung, Druckverluste in Rohren und Rohrleitungssystemen)

$$H_{Jt} = \frac{w^2}{2 \cdot g} \cdot \left(\frac{\lambda \cdot L}{d_i} + \Sigma \zeta \right)$$

$$\lambda = \frac{64}{Re}$$

Für laminare Strömung (Re < 2320) und glatte (neue) Rohre:

$$\lambda = \frac{0{,}309}{\left(\lg \frac{Re}{7} \right)^2}$$

Näherungsweise (nach *Eck*) für turbulente Strömung (Re > 2320) und glatte (neue) Rohre.

$$Re = \frac{w \cdot d_i \cdot \varrho}{\eta}$$

- H_{Jt} Verlusthöhe in m
- w Strömungsgeschwindigkeit in m/s
- g Fallbeschleunigung in m/s² ($g = 9{,}81$ m/s²)
- λ Rohrwiderstandszahl (ohne Einheit)
- L Länge der geraden Rohrleitung in m
- d_i Innendurchmesser der Rohrleitung in m
- ζ → Druckverlustzahl für Formstücke und Armaturen
- Re → Reynolds'sche Zahl (ohne Einheit)
- ϱ Dichte des Fördermediums in kg/m³
- η → Dynamische Viskosität des Fördermediums in Pa · s

❷ Ermittlung der Förderhöhe H_A:

$$H_A = H_{geo} + \frac{p_{II} - p_I}{\varrho \cdot g} + \frac{w_{II}^2 - w_I^2}{2 \cdot g} + H_{Jt}$$

Ein- und Austrittsdruck p_I und p_{II} entsprechen z. B. den Drücken über vorhandenen Flüssigkeitsspiegeln auf der Ein- und Austrittsseite.

Die Differenz der mittleren Geschwindigkeiten kann in der Praxis meist vernachlässigt werden. Es ergibt sich dann vereinfacht:

$$H_A = H_{geo} + \frac{p_{II} - p_I}{\varrho \cdot g} + H_{Jt}$$

- H_A Förderhöhe der Anlage in m
- H_{geo} Geodätische Förderhöhe in m
- p_I Eintrittsdruck der Anlage (Überdruck) in Pa
- p_{II} Austrittsdruck der Anlage (Überdruck) in Pa
- w_I Mittlere Geschwindigkeit im Eintritt der Anlage in m/s
- w_{II} Mittlere Geschwindigkeit im Austritt der Anlage in m/s
- ϱ Dichte des Fördermediums in kg/m³
- g Fallbeschleunigung in m/s² ($g = 9{,}81$ m/s²)
- H_{Jt} Gesamtverlusthöhe der Anlage in m

Ermittlung der geodätischen Förderhöhe H_{geo} bei verschiedenen Ausführungsformen der Anlage:

a) ***Offene Behälter*** $H_A \approx H_{geo} + H_{Jt}$

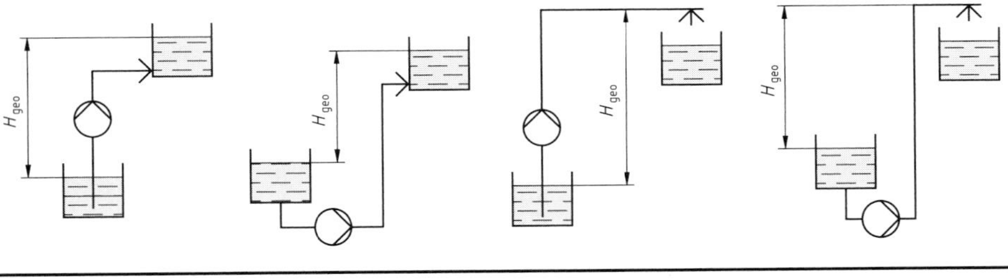

Förderpumpen (Fortsetzung)

b) ***Offener Behälter auf der Saugseite, geschlossener auf der Druckseite***

$$H_A = H_{geo} + \frac{p_{II}}{\varrho \cdot g} + H_{Jt}$$

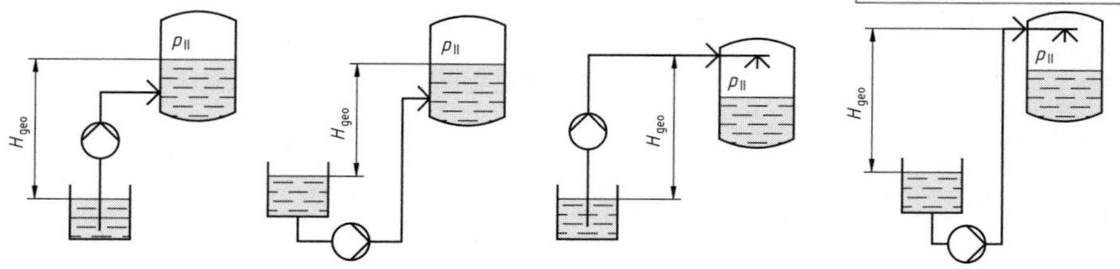

c) ***Geschlossener Behälter auf der Saugseite, offener auf der Druckseite***

$$H_A = H_{geo} - \frac{p_I}{\varrho \cdot g} + H_{Jt}$$

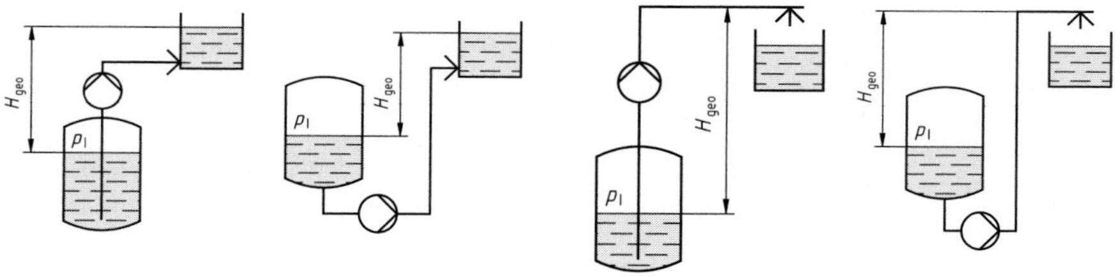

Weiter zu ②

d) ***Geschlossene Behälter auf Druck- und Saugseite***

$$H_A = H_{geo} + \frac{p_{II} - p_I}{\varrho \cdot g} + H_{Jt}$$

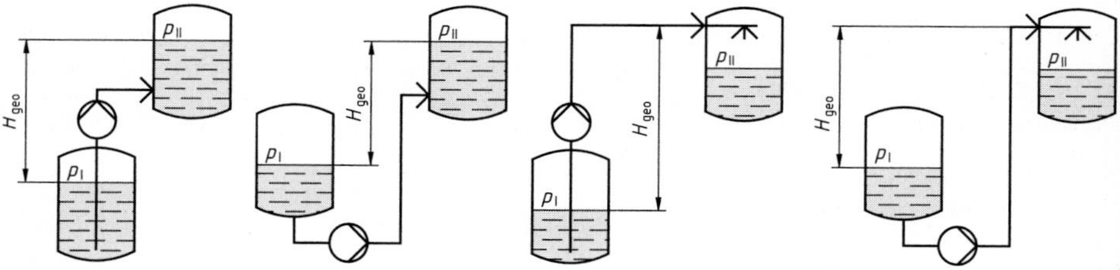

e) ***Kreislaufsysteme (Umwälzanlage),*** z. B. Heizkreislauf oder Kühlkreislauf

$$H_A = H_{Jt}$$

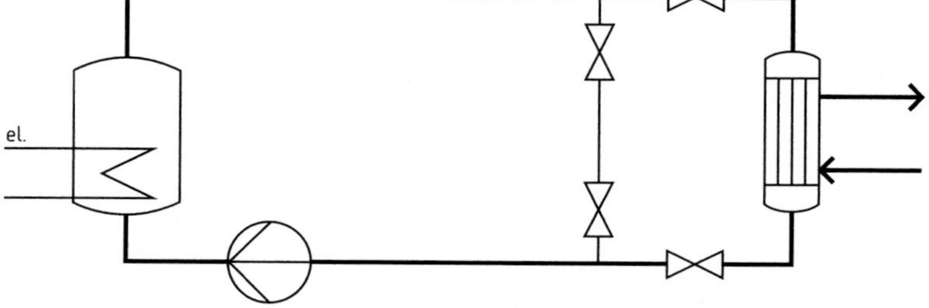

$H_{geo} = 0$
$p_I = p_{II}$
$w_I = w_{II}$

Förderpumpen (Fortsetzung)

❸ Berechnung der Förderleistung P_u:
(→ Leistung, Wirkungsgrad)

$$P_u = \dot{V} \cdot \varrho \cdot g \cdot H_A \quad \text{bzw.} \quad P_u = \dot{V} \cdot \varrho \cdot g \cdot H$$

Bei konstantem Förderzustand gilt $H_A = H$

Beim Anfahren der Pumpe (Beschleunigung der Flüssigkeit) ist $H > H_A$. Dann gilt:

$$H = z_1 - z_2 + \frac{p_2 - p_1}{\varrho \cdot g} + \frac{w_2^2 - w_1^2}{2 \cdot g}$$

$$P = \frac{P_u}{\eta}$$

- P Leistungsbedarf der Pumpe in W
- P_u Förderleistung der Pumpe in W
- $\dot{V}$ Förderstrom in m^3/s
- ϱ Dichte des Fördermediums in kg/m^3
- g Fallbeschleunigung in m/s^2 ($g = 9{,}81\ m/s^2$)
- H_A Förderhöhe der Anlage in m
- H Förderhöhe der Pumpe in m
- z_1 Höhenlage des Eintritts in die Pumpe in m
- z_2 Höhenlage des Austritts aus der Pumpe in m
- p_1 Eintrittsdruck (Überdruck) der Pumpe in Höhe von z_1 in Pa
- p_2 Austrittsdruck (Überdruck) der Pumpe in Höhe von z_2 in Pa
- w_1 Mittlere Geschwindigkeit im Eintritt der Pumpe in m/s
- w_2 Mittlere Geschwindigkeit im Austritt der Pumpe in m/s
- η Pumpenwirkungsgrad

Wirkungsgradbereiche:

Kreiselpumpen:	0,5 ... 0,9, meist 0,55 ... 0,85	Zahnradpumpen:	0,75 ... 0,92
		Exzenterschneckenpumpen:	< 0,7
Hubkolbenpumpen:	0,8 ... 0,95 (bei kleinen Pumpen bis 0,6)	Schraubenspindelpumpen:	0,65 ... 0,85
		Kreiskolbenpumpen:	0,5 ... 0,75
Seitenkanalpumpen:	0,3 ... 0,5	Schlauchpumpen:	0,15 ... 0,4

Kälte- und Wärmeträgerpumpen, Kältemittelpumpen:
Liegen die Orte des Kältebedarfs weit auseinander, dann erfolgt die Versorgung mit Kälte meist mit Hilfe von **Pumpenanlagen**. Dies kann sowohl mit umgepumpten → Kälteträgern (Kühlsolen), mit → Wärmeträgern als auch mit direkt umgepumptem → Kältemittel geschehen.

Die → Leistungszahl von **Kältemittelpumpenanlagen** ist größer als von Kälteträgerpumpenanlagen. In beiden Fällen spricht man von **Kälteversorgung durch Pumpenbetrieb.**

Bei der **Kältemittelpumpe** ist darauf zu achten, dass das Kältemittel nicht durch die Druckabsenkung am Saugrohr vorverdampft. Es muss völlig flüssig zu den einzelnen Verdampfern gelangen.

Zu den **Wärmeträgerpumpen** (→ Wärmeträger) gehören auch die **Umwälzpumpen** in Heizungsanlagen. Meist sind dies **Wasserpumpen.**

Pumpenkennlinien ($\dot{V}$-H-Kennlinien):

Oszillierende und rotierende Verdrängerpumpen

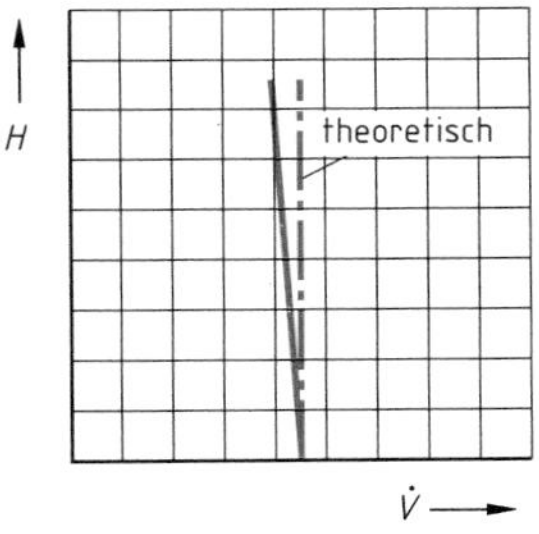

Seitenkanalpumpen

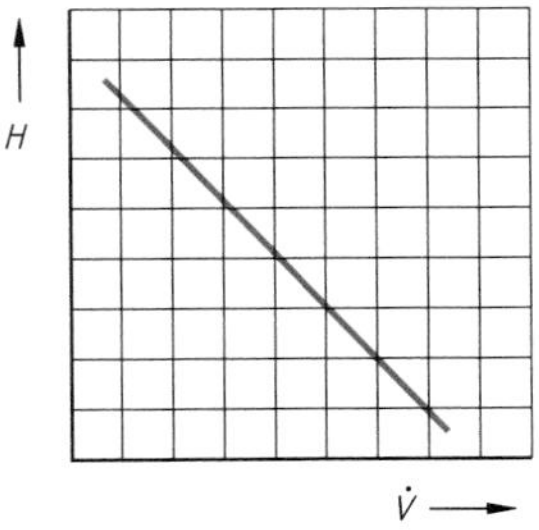

Axial- und Radialkreiselpumpen

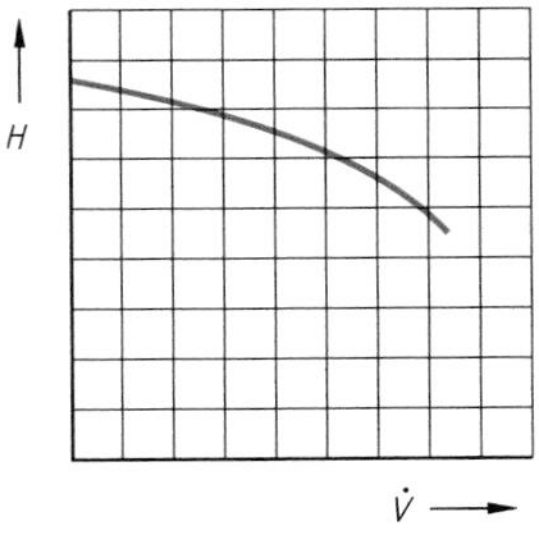

$\dot{V}$ Förderstrom in m^3/h

H Förderhöhe in m

Förderpumpen (Fortsetzung)

NPSHA-Werte:
Für das **kavitationsfreie Arbeiten einer Pumpe** (d. h. ohne störende und schädigende Dampfblasenbildung) gilt die Bedingung:

$$\text{NPSHA} \geq \text{NPSHR}$$

bzw. sicherer:

$$\text{NPSHA} \geq \text{NPSHR} + 0{,}5\,\text{m}$$

Dabei gilt:

$$\text{NPSHA} = \pm z_1 + \frac{p_1 + p_{amb} - p_v}{\varrho \cdot g} + \frac{w_1^2}{2 \cdot g}$$

oder

$$\text{NPSHA} = \pm z_l + \frac{p_l + p_{amb} - p_v}{\varrho \cdot g} + \frac{w_l^2}{2 \cdot g} - H_{Jl,1}$$

In beiden Formeln gilt $+z$ für Zulaufbetrieb und $-z$ für Saugbetrieb

Für Saugbetrieb und $w_l \approx 0$ im Saugbehälter:

$$\text{NPSHA} = -z_l + \frac{p_l + p_{amb} - p_v}{\varrho \cdot g} - H_{Jl,1}$$

Für Zulaufbetrieb und $w_l \approx 0$ im Zulaufbehälter.

$$\text{NPSHA} = +z_l + \frac{p_l + p_{amb} - p_v}{\varrho \cdot g} - H_{Jl,1}$$

Näherungsgleichungen zur Ermittlung von NPSHR bei Kreiselpumpen:

$$\text{NPSHR} = (0{,}3 \ldots 0{,}5) \cdot n \cdot \sqrt{\dot{V}}$$ nach VDMA

oder etwas genauer:

$$\text{NPSHR} = 0{,}0014 \cdot n_q^{1{,}33}$$ nach *Thoma*

$$n_q = n \cdot \frac{\sqrt{\dot{V}_{opt}}}{H_{opt}^{0{,}75}}$$ n in 1/min!

Genaue Werte erhält man vom Pumpenhersteller (Pumpenkennlinien nach Prüfstandslauf)

NPSH Net positive suction head (Netto-Energiehöhe, d. h. absolute Energie- bzw. Druckhöhe abzüglich der Verdampfungsdruckhöhe im Eintrittsquerschnitt der Pumpe) in m

NPSHA Vorhandene NPSH (von Seiten der Anlage) in m

NPSHR Erforderliche NPSH in m (kleinster NPSH-Wert, bei dem Kavitationswirkungen noch vermieden werden können)

z_1 Höhenlage des Eintritts der Pumpe, bezogen auf die Bezugsebene durch die Pumpe (z. B. Laufradmittelpunkt) in m

z_l Höhenlage des Eintritts der Anlage, bezogen auf die Bezugsebene durch die Pumpe (z. B. Laufradmittelpunkt) in m

p_1 Eintrittsdruck (Überdruck) der Pumpe (in Höhe von z_1) in Pa (→ Druck)

p_l Eintrittsdruck (Überdruck) der Anlage (in Höhe von z_l, also über dem Flüssigkeitsspiegel) in Pa

p_{amb} → Luftdruck in der Umgebung der Pumpe in Pa

p_v Verdampfungsdruck bzw. Sättigungsdruck der Förderflüssigkeit (absolut) bei gegebener Temperatur am Eintritt in Pa

ϱ → Dichte der Förderflüssigkeit in kg/m³

g → Fallbeschleunigung in m/s² (g = 9,81 m/s²)

w_1 Mittlere Geschwindigkeit im Eintritt der Pumpe in m/s

w_l Mittlere Geschwindigkeit im Eintritt der Anlage (z. B. im Ansaug- bzw. Zulaufbehälter) in m/s

$H_{Jl,1}$ Eintrittsseitige Verlusthöhe (vom Eintrittsquerschnitt der Anlage bis zum Eintrittsquerschnitt der Pumpe) in m

n Drehzahl in 1/s (für die Berechnung von n_q in 1/min)

$\dot{V}$ → Förderstrom in m³/s

n_q Spezifische Drehzahl in 1/min

H_{opt} Bestförderhöhe (Förderhöhe der Pumpe im Punkt des besten Wirkungsgrades) in m

$\dot{V}_{opt}$ Bestförderstrom (Förderstrom im Punkt des besten Wirkungsgrades) in m³/s

Saugbetrieb

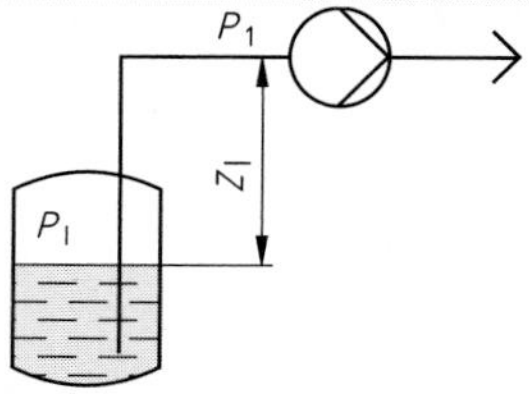

Zulaufbetrieb

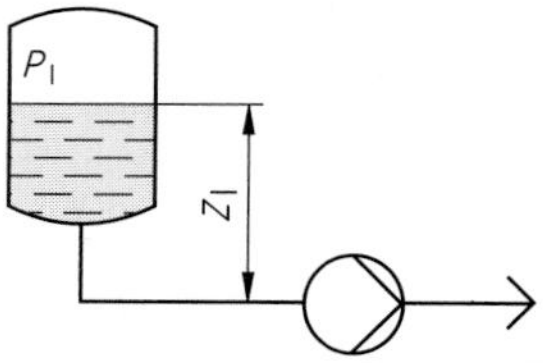

Förderpumpen (Fortsetzung)

Betriebspunkt einer Pumpe

Der Betriebspunkt einer Pumpe stellt sich jeweils dort ein, wo die Förderhöhe H_A der Anlage gleich der Förderhöhe H der Pumpe ist, wo sich also Pumpenkennlinie und Anlagenkennlinie im H-$\dot{V}$-Diagramm schneiden.

Die Pumpenkennlinien werden im allgemeinen exakt von den Pumpenherstellern vorgegeben. Die Anlagenkennlinie kann mit der folgenden Formel ermittelt werden:

$$H_A = H_{geo} + \frac{p_{II} - p_I}{\varrho \cdot g} + \frac{w_{II}^2 - w_I^2}{2 \cdot g} + H_{Jt}$$

Statischer Teil: $$H_{stat} = H_{geo} + \frac{p_{II} - p_I}{\varrho \cdot g}$$

Dynamischer Teil: $$H_{dyn} = \frac{w_{II}^2 - w_I^2}{2 \cdot g} + H_{Jt}$$

In der Regel geht man bei der Auswahl einer Pumpe vom gewünschten bzw. erforderlichen Förderstrom $\dot{V}$ aus und ermittelt daraus die erforderliche Förderhöhe H_A der Anlage oder H der Pumpe.

H Förderhöhe der Pumpe in m (siehe auch „Berechnung der erforderlichen Pumpenleistung") → Förderhöhe

H_A Förderhöhe der Anlage in m

H_{geo} Geodätische Förderhöhe in m (Höhenunterschied zwischen Eintritts- und Austrittsquerschnitt der Anlage, siehe „Berechnung der erforderlichen Pumpenleistung")

p_I Eintrittsdruck der Anlage (Überdruck im Eintrittsquerschnitt) in Pa

p_{II} Austrittsdruck der Anlage (Überdruck im Austrittsquerschnitt) in Pa

w_I Mittlere Geschwindigkeit im Eintritt der Anlage, z.B. im Behälter auf der Eintrittsseite) in m/s

w_{II} Mittlere Geschwindigkeit im Austritt der Anlage z.B. im Behälter auf der Austrittsseite) in m/s

ϱ Dichte der Förderflüssigkeit in kg/m^3

g Fallbeschleunigung in m/s^2 (g = 9,81 m/s^2)

H_{Jt} Gesamtverlusthöhe der Anlage in m (siehe „Berechnung der erforderlichen Pumpenleistung")

$\dot{V}$ Förderstrom in m^3/s (auch → Volumenstrom $\dot{V}$)

Pumpenkennlinie und Betriebspunkt können durch Veränderung der Pumpendrehzahl oder durch Veränderung des Laufraddurchmessers (z. B. durch Abdrehen) verschoben werden.

Betriebspunkt einer Kreiselpumpe bei konstanter Drehzahl n:

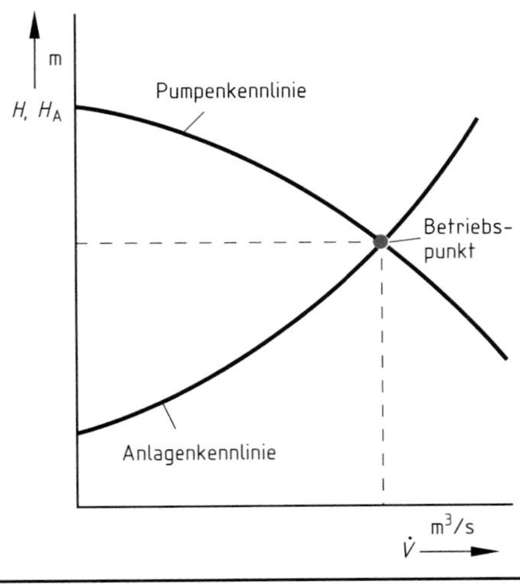

Statischer und dynamischer Teil der Förderhöhe einer Anlage

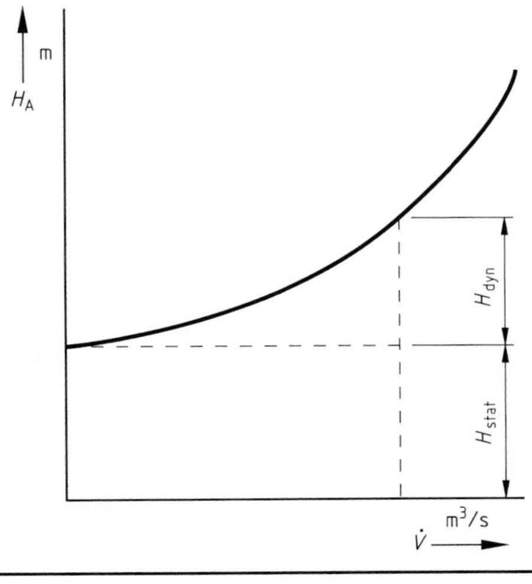

Verdichter

Thermodynamische Grundlagen: Isotherme Verdichtung

(konstante Temperatur durch Kühlung)

Theoretischer Leistungsbedarf eines Verdichters:

$$P_{th} = p_1 \cdot \dot{V}_1 \cdot \ln \frac{p_1}{p_2}$$

Gleichung für die Zustandsänderung:

$$p_1 \cdot V_1 = p_2 \cdot V_2$$

Adiabate (isentrope) Verdichtung

(Temperaturanstieg durch die bei der Verdichtung freiwerdende Wärme)

Theoretischer Leistungsbedarf eines Verdichters:

$$P_{th} = p_1 \cdot \dot{V}_1 \cdot \frac{\varkappa}{\varkappa - 1} \cdot \left[\left(\frac{p_1}{p_2}\right)^{\frac{\varkappa - 1}{\varkappa}} - 1\right]$$

$$\varkappa = \frac{c_p}{c_V}$$

Gleichung für die Zustandsänderung:

$$\frac{T_1}{T_2} = \frac{\dot{V}_1}{\dot{V}_2}$$

Werte für $\varkappa$ im Bereich von 20 °C bis 25 °C:						
Fördermedium	Zweiatomiges Gas, z. B. Luft	CO_2	CH_4	C_2H_4	He	Wasserdampf
$\varkappa$	1,4	1,3	1,3	1,2	1,7	1,3

Polytrope Verdichtung (reale Verdichtung)

Theoretischer Leistungsbedarf eines Verdichters:

$$P_{th} = p_1 \cdot \dot{V}_1 \cdot \frac{n}{n - 1} \cdot \left[\left(\frac{p_1}{p_2}\right)^{\frac{n - 1}{n}} - 1\right]$$

Für zweiatomige Gase und Luft gilt $1{,}25 < n < 1{,}35$

Bei Kreiselverdichtern kann infolge der inneren Reibung $n > \varkappa$ sein!

Spezifische Arbeit beim Verdichten:

$$Y = \frac{n}{n - 1} \cdot \frac{p_1}{\varrho_1}\left[\left(\frac{p_2}{p_1}\right)^{\frac{n - 1}{n}} - 1\right]$$

Druckverhältnis bei der spezifischen Arbeit:

$$\frac{p_2}{p_1} = \left[1 + \frac{(n - 1) \cdot \varrho_1 \cdot Y}{n \cdot p_1}\right]^{\frac{n - 1}{n}}$$

→ Wärmeausdehnung von Gasen und Dämpfen
→ Erster Hauptsatz
→ Spezifische Wärme von Gasen
→ Thermodynamische Zustandsänderungen
→ Kreisprozesse

- P_{th} Theoretischer Leistungsbedarf eines Verdichters in W
- p_1 Anfangsdruck des Fördermediums (Ansaugdruck) vor dem Verdichten in Pa
- p_2 Enddruck des Fördermediums nach dem Verdichten in Pa
- $\dot{V}_1$ Eintrittsvolumenstrom des Fördermediums in m³/s
- $\dot{V}_2$ Austrittsvolumenstrom des Fördermediums in m³/s
- $\varkappa$ Adiabatenexponent des Fördermediums (ohne Einheit)
- c_P Spezifische Wärmekapazität des Fördermediums bei konstantem Druck in J/(kg · K)
- c_V Spezifische Wärmekapazität des Fördermediums bei konstantem Volumen in J/(kg · K)
- n Polytropenexponent des Fördermediums (ohne Einheit)
- Y Spezifische Arbeit eines Verdichters in J/kg
- ϱ_1 Dichte des Fördermediums vor dem Verdichten in kg/m³ (Ansaugzustand)
- T_1 Temperatur des Fördermediums vor dem Verdichten in K
- T_2 Temperatur des Fördermediums nach dem Verdichten in K
- $\dot{V}_n$ Normvolumenstrom in m³/s (bei p_n = 101 325 Pa und T_n = 273,15 K)
- T_n Normtemperatur in K (T_n = 273,15 K)
- ϱ_n Normdichte in kg/m³ (bei T_n = 273,15 K und p_n = 101 325 Pa)

Umrechnung des Normvolumenstroms in den Volumenstrom im Ansaugzustand:

$$\dot{V}_1 = \frac{\dot{V}_n \cdot \varrho_n}{\varrho_1}$$

$$\dot{V}_1 = \frac{\dot{V}_n \cdot p_n \cdot T_1}{p_1 \cdot T_n}$$

Verdichter (Fortsetzung)

Verdichterbauarten und Einsatzbereiche:

Das Verhältnis der → absoluten Drücke am Anfang der Verdichtung p_1 und am Ende der Verdichtung p_2 wird als **Druckverhältnis** bezeichnet.

Die **Verdichterbezeichnung** erfolgt nach verschiedenen Kriterien bezogen auf deren **Bauart** und **Arbeitsprinzip**. (→ Schubkurbel, Kurbelschleife)

Einteilung nach dem Enddruck p_2	
Vakuumpumpen[1])	$p_1 < p_{amb}$
Ventilatoren	$p_2 >$ 1 bar ... 1,3 bar
Gebläse	$p_2 >$ 1,3 bar ... 3,0 bar
Niederdruckverdichter	$p_2 >$ 3,0 bar ... 10,0 bar
Mitteldruckverdichter	$p_2 >$ 10,0 bar ... 100 bar
Hochdruckverdichter	$p_2 >$ 100 bar ... 500 bar
Höchstdruckverdichter	$p_2 >$ 500 bar ... 2000 bar

[1]) p_1: Absolutdruck auf der Saugseite

Verdichter-Übersicht			
Arbeitsprinzip	**Strömungsverdichter**	**Verdrängungsverdichter**	
Verdichtungsbewegung	rotierend	rotierend	oszillierend
Verdichtungsorgan	Turbolaufrad ↓ axial radial	Drehkolben ↓ Sperrschieber Drehschieber Schraubenrotor Rootslaufrad Drehspirale (Scroll)	Schwingkolben, Membran, Hubkolben ↓ Reihenverdichter V-Verdichter W-Verdichter Boxer-Verdichter Sternverdichter

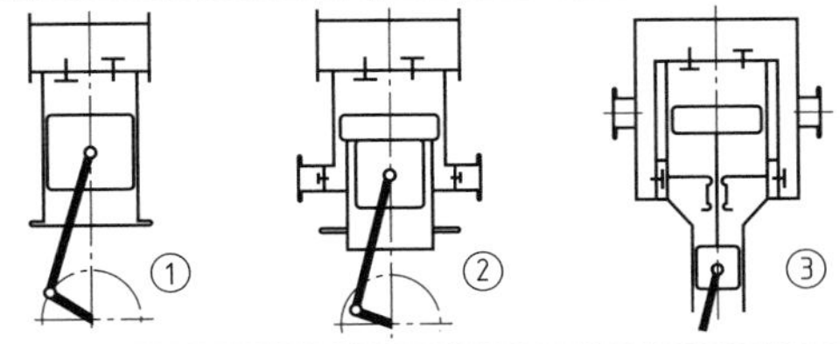

Hubkolbenverdichter

① einfachwirkend

② doppelwirkend (Stufenkolben)

③ doppelwirkend (Scheibenkolben und Kreuzkopf)

Schraubenverdichter

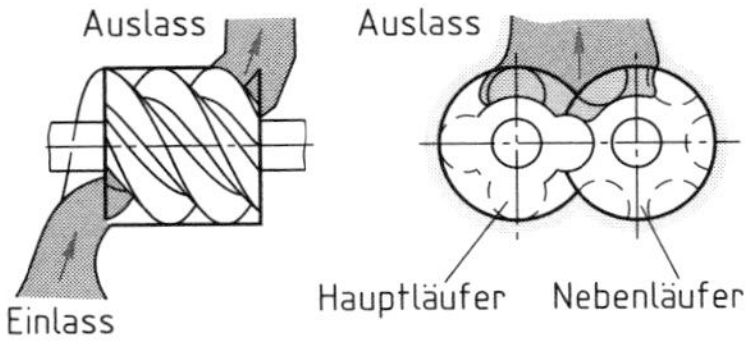

Roots-Verdichter

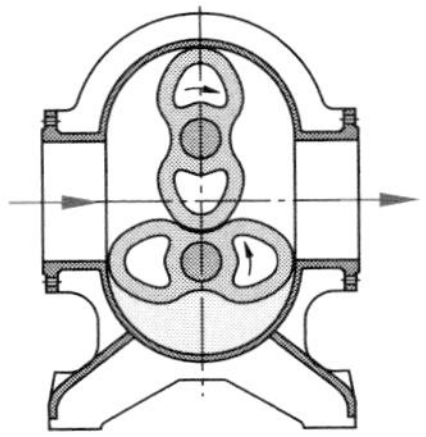

Membran-Verdichter

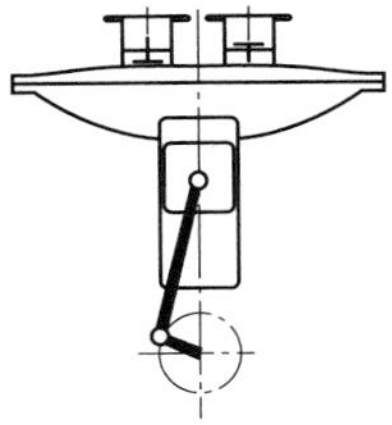

Drehschieberverdichter

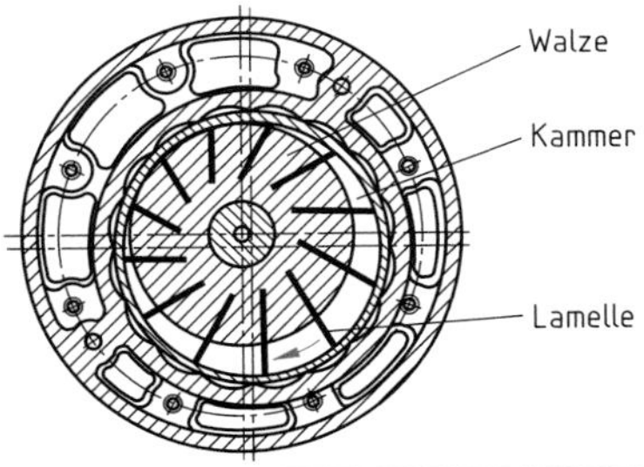

Scroll-Verdichter

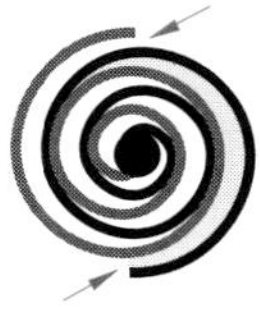

Verdichtung mit Hilfe einer **Drehspirale**

Einlass: radial
Auslass: axial

Turboverdichter (auch **Kreiselverdichter**)

Konstruktiver Aufbau wie Turbine. Der Welle wird von einer Kraftmaschine → mechanische Energie zugeführt und über eine Beschaufelung an das strömende Medium übertragen. So entsteht → Druckenergie.

Verdichter (Fortsetzung)

Bezeichnung bezüglich der Berührung mit dem Verdichtungsmedium

Offener Verdichter	Antriebsmittel wird nicht vom Verdichtungsmedium (z. B. → Kältemittel) berührt.
Halbhermetischer Verdichter	Kombination eines Verdichters mit einem Elektromotor, die sich beide in einem mediumsdichten (z. B. kältemitteldichten) Gehäuse befinden. Am Gehäuse befinden sich abnehmbare Montageöffnungen. Der Motor arbeitet im Verdichtungsmedium, z. B. Kältemittel-Öl-Gemisch.
Vollhermetischer Verdichter	Motor und Verdichter befinden sich in einem gemeinsamen Gehäuse, welches verschweißt (nicht lösbar) ist. Dies erfordert einen wartungsfreien Betrieb während der gesamten Lebensdauer, bei Kältemittelverdichtern bis über 80.000 Stunden.

Vergleichende Betrachtung wichtiger Verdichterbauarten

Kreisel- bzw. Turboverdichter, radial	Kreisel- bzw. Turboverdichter, axial	Hubkolben- und Hubkolbenmembranverdichter
• Kombination großer Volumenströme mit relativ hohen Enddrücken möglich (bei mehrstufiger Bauweise) • Gleichmäßiger Förderstrom • Hohe Betriebssicherheit • Große Laufruhe • Hohe Standzeiten (wenig Verschleißteile) • Gutes Regelverhalten und gute Anpassung an die jeweiligen Betriebsbedingungen • Große Volumenströme in einer Maschine möglich	• Größte Volumenströme bei niedrigen Enddrücken (< 10 bar) und relativ kleinen Abmessungen der Maschinen möglich) • Durch Verstellung der Leitschaufeln und durch Drehzahländerung gut regelbar • Hohe Betriebssicherheit • Gleichmäßiger Förderstrom • Wirkungsgrad bei gleichen Betriebsdaten bis zu 10 % höher als bei radialer Bauweise (wenn $\dot{V} > 60\,000\ m^3/h$) • Große Laufruhe • Hohe Standzeiten	• Kleinste Förderströme und höchste Enddrücke möglich • Hoher Wirkungsgrad • Geringe Leckrate • Ölfreie Förderung möglich • Breiter Anwendungsbereich für vielfältige Aufgaben • Fördermengen lassen sich oft gut und energiesparend den Betriebsbedingungen anpassen • Evakuieren bis < 0,1 bar möglich • Pulsierender Förderstrom • Ventile erforderlich • Oft geräuschdämmende Maßnahmen erforderlich

Schraubenverdichter	Drehschieberverdichter
• Charakteristik des Hubkolbenverdichters aber Laufruhe wie Turboverdichter (ersetzt unter 10 bar Enddruck in weiten Bereichen den Hubkolbenverdichter) • Gleichmäßiger Förderstrom • Lange Standzeiten (auch bei staubhaltigen Gasen) • Sehr gutes Teillastverhalten bei Drehzahlregulierung	• Unempfindlich gegen Verunreinigungen im Gas, hohe Temperaturen, Erschütterungen und häufiges Ein- und Ausschalten • Große Wartungsintervalle • Verschleißteile leicht ausbaubar • Gleichmäßiger Förderstrom bei relativ kleinen Drehzahlen

Verdichter (Fortsetzung)

Unfallverhütung bei Verdichtern	
UVV	Benennung
VBG 16	Verdichter
VBG 20	Kälteanlagen (Verdichter)
VBG 62	Sauerstoff (Verdichter)

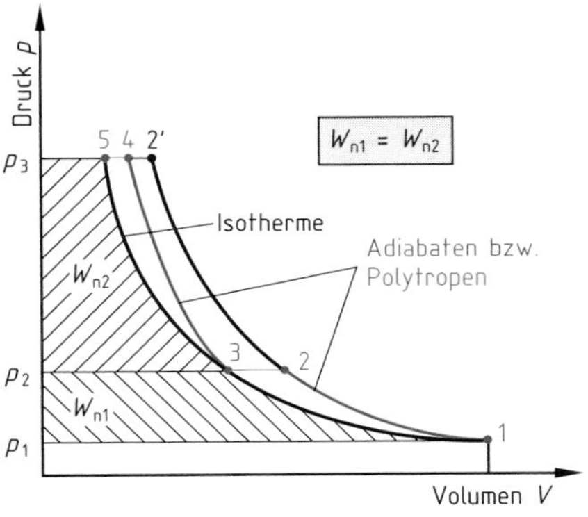

Kältemittelverdichter (Varianten)
Offene Kolbenverdichter Halbhermetische Kolbenverdichter Vollhermetische Kolbenverdichter Scroll-Verdichter Offene Schraubenverdichter Halbhermetische Schraubenverdichter Hermetische Schraubenverdichter Turboverdichter

Mehrstufige Verdichtung (→ Kreisprozesse):

Es wird mehrstufig verdichtet, wenn die Endtemperatur bei einstufiger Verdichtung zu groß werden würde.

Im nebengezeichneten → p, V-Diagramm ist z. B. $\vartheta_{2'} = 250\,°C$, $\vartheta_4 = 130\,°C$, $\vartheta_5 = 20\,°C$

Das Gas bzw. der Dampf wird in der ersten Stufe nur auf einen ganz bestimmten Zwischendruck verdichtet, dann in einem **Zwischenkühler** abgekühlt, dann weiter verdichtet, wieder abgekühlt usw. Man erreicht

- Verbesserung des → Wirkungsgrades
- Verbesserung der → Leistungszahl

Ventilatoren

Axialventilator

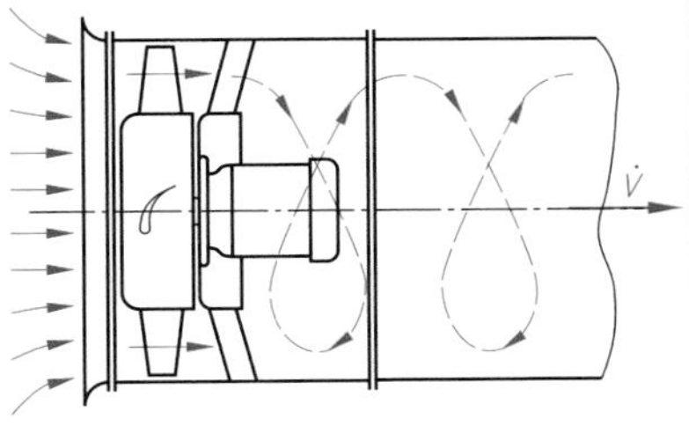

Axialventilator mit Vorleitrad

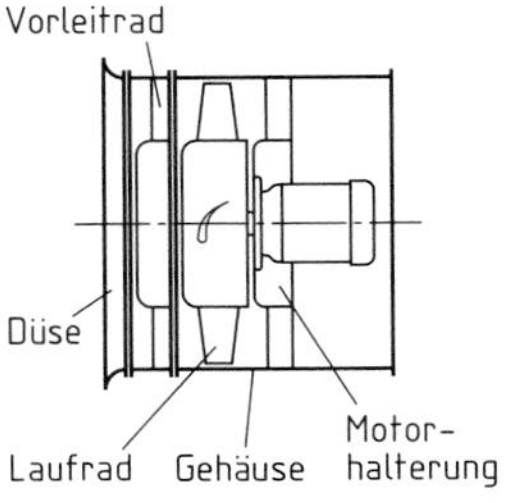

Axialventialtor mit Nachleitrad

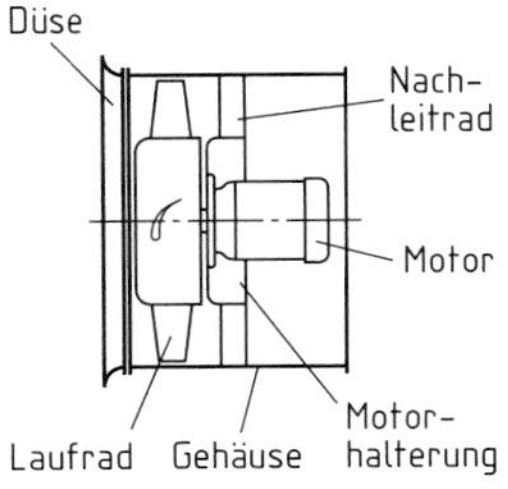

Radialventilator

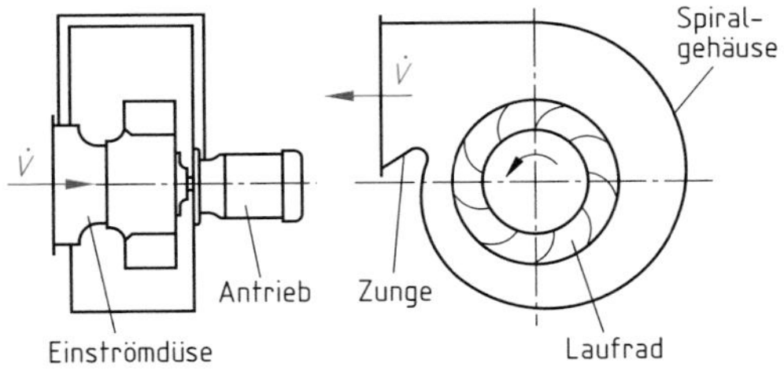

Beim Axialventilator ohne Leitrad stellt sich eine → Geschwindigkeit des Mediums ein, die spiralförmig gerichtet ist, d. h. auch eine Radialkomponente hat. Die durch diese Komponente bewirkte Geschwindigkeitsenergie wird durch Leiträder in zusätzliche → Druckenergie umgewandelt.

Mit Radialventilatoren werden höhere Drücke erreicht als mit Axialventilatoren.

Ebenso wie sich die Förderhöhe bei Pumpen aus einem statischen Teil und einem dynamischen Teil zusammensetzt, gilt auch für Ventilatoren:
Die **Gesamtdruckerhöhung** Δp_{ges} eines Ventilators setzt sich aus der statischen Druckerhöhung Δp_{stat} und der dynamischen Druckerhöhung Δp_{dyn} zusammen (→ Energiegleichung).

Verdichter (Fortsetzung)

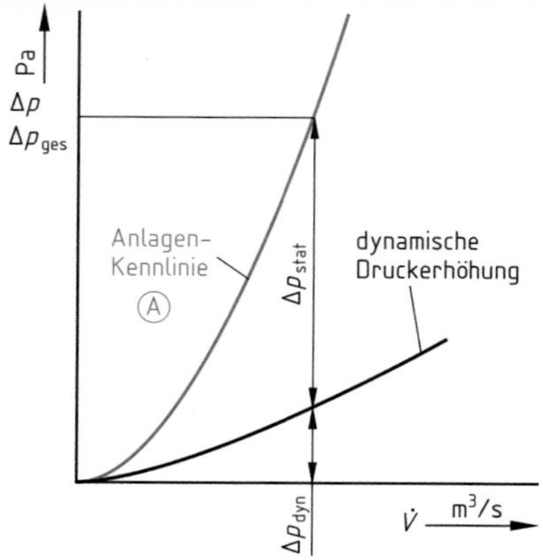

$$\Delta p_{ges} = \Delta p_{dyn} + \Delta p_{stat}$$ **Gesamtdruckerhöhung** in Pa

Δp_{dyn}	dynamische Druckerhöhung	Pa
Δp_{stat}	statische Druckerhöhung	Pa

Die Druckerhöhung bei Ventilatoren wird i.d.R. in Pa (Pascal)(angegeben.

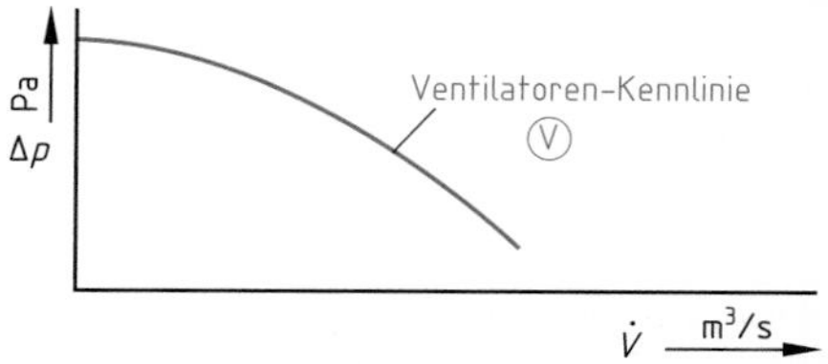

Das charakteristische Verhalten eines Ventilators wird durch seine Kennlinie, der **Ventilatoren-Kennlinie** beschrieben. Diese wird unter Normbedingungen auf dem Prüfstand ermittelt.

Proportionalitätsgesetze:

$$\frac{\dot V_1}{\dot V_2} = \frac{n_1}{n_2}$$

Der Volumenstrom $\dot V$ ändert sich proportional zur Drehzahl n.

$$\frac{\Delta p_{ges1}}{\Delta p_{ges2}} = \frac{n_1^2}{n_2^2}$$

Die Gesamtdruckerhöhung Δp_{ges} ist dem Quadrat der Drehzahl n^2 proportional.

$$\frac{P_1}{P_2} = \frac{n_1^3}{n_2^3}$$

Der → **Leistungsbedarf** P an der Antriebswelle ist der dritten Potenz der Drehzahl n^3 proportional.

$$\frac{\Delta p_{ges1}}{\Delta p_{ges2}} = \frac{\varrho_1}{\varrho_2}$$

Die Gesamtdruckerhöhung Δp_{ges} ist der Dichte ϱ proportional.

$$\frac{\Delta p_{ges1}}{\Delta p_{ges2}} = \frac{T_2}{T_1}$$

Die Gesamtdruckerhöhung Δp_{ges} ist der absoluten Temperatur des Mediums umgekehrt proportional.

$\dot V$	Volumenstorm	m³/s
n	→ Drehzahl	min^{-1}
Δp_{ges}	Gesamtdruckerhöhung	Pa
P	Antriebsleistung (→ Leistung)	kW

$$p_{dyn} = \frac{\varrho}{2} \cdot w^2$$ **dynamischer Druck**

ϱ	Dichte des strömenden Mediums	kg/m³
w	Strömungsgeschwindigkeit des Mediums	m/s

Die Dichte ϱ des strömenden Mediums ist der absoluten Temperatur T derselben proportional (→ Gasgesetze).

T	→ absolute Temperatur des strömenden Mediums	K

Der **Betriebspunkt** des Ventilators in der Anlage ergibt sich durch den Schnittpunkt von Anlagen- und Ventilatorkennlinie.

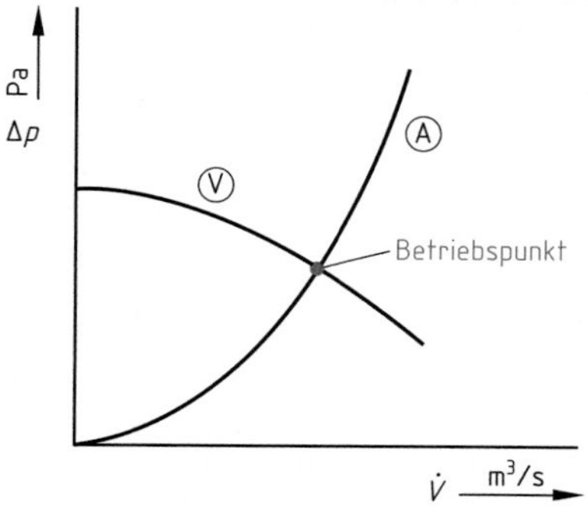

Die **Anlagen-Kennlinie** ergibt sich mit Hilfe der Gesetze zur Berechnung der → Druckverluste.

Ist der geforderte Volumenstrom sehr groß, dann kann dieser Forderung durch **Parallelbetrieb** mehrerer Ventilatoren nachgekommen werden.

Sind sehr große Anlagenwiderstände zu überwinden, können auch zwei oder mehr Ventilatoren durch **Hintereinanderschaltung** den Betrieb übernehmen. Man spricht hier auch von einer **Reihenschaltung**.

MSR: Temperaturmessung

Einsatzgrenzen von Temperaturmessgeräten: (→ Temperatur)

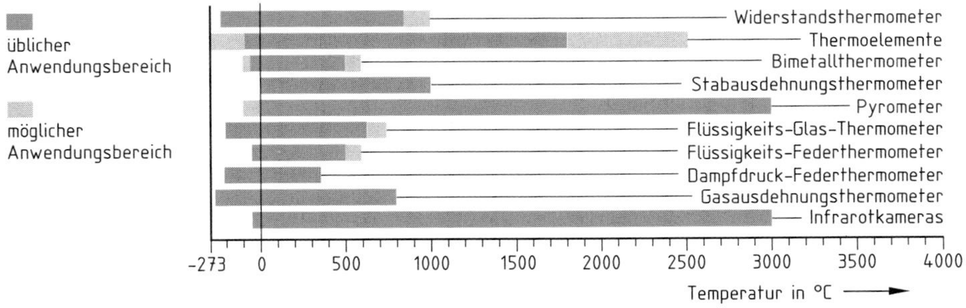

Temperaturmessgeräte im Vergleich

Widerstandsthermometer	Thermoelemente
Üblicher Anwendungsbereich: – 200 °C ... 600 °C Möglicher Anwendungsbereich: – 200 °C ... 1000 °C	Üblicher Anwendungsbereich: – 200 °C ... 1800 °C Möglicher Anwendungsbereich: – 270 °C ... 2500 °C

Widerstandsthermometer

- Genaueste Betriebsthermometer
- Erlaubte Abweichung für Pt 100 nach DIN EN 60751 vom Juni 1996:
  Klasse A: ± (0,15 °C + 0,002 °C · $|\vartheta|$)
  Klasse B: ± (0,3 °C + 0,005 °C · $|\vartheta|$)
  Produziert werden jedoch wesentlich genauere Geräte (bis zu 1/3 der erlaubten Abweichungen, in Spezialausführungen noch genauer)
- Hochtemperatur-Widerstandsthermometer bis 1000 °C einsetzbar
- Häufigstes Betriebsthermometer, wenn der Messwert fernübertragen oder für eine Regelung oder Steuerung verwendet werden soll
- Für gasförmige und flüssige Medien geeignet
- Für Temperaturdifferenzmessungen geeignet (günstig: Nickel-Widerstände)
- Auch für Messungen nahe der Raumtemperatur geeignet (besser als Thermoelemente)
- Einsatz ohne zusätzliches Messwerk möglich
- Hilfsstromquelle erforderlich
- Nullpunktunterdrückung nicht möglich
- Größere Reaktionszeit als Thermoelemente
- Bei langen Leitungen Kompensation des Leitungswiderstandes erforderlich
- Meist Verwendung von Platin-Widerständen (z. B. Pt 100: $R = 100\ \Omega$ bei 0 °C). NTC-Widerstände sind im Bereich von –30 °C bis 150 °C genauer

Thermoelemente

- Kurze Reaktionszeit (je nach Bauart wesentlich kürzer als bei Widerstandsthermometern)
- Punktförmige Messungen möglich
- Messung von Oberflächentemperaturen möglich
- Für Temperaturdifferenzmessungen geeignet
- Keine Hilfsstromquelle erforderlich
- Fernübertragung zu einer Messwarte ohne gesondertes Messwerk möglich
- Für flüssige und gasförmige Messmedien geeignet
- Für steuerungs- und regelungstechnische Anlagen geeignet
- Einsatz hauptsächlich im Bereich hoher Temperaturen (für Messungen nahe der Raumtemperatur weniger geeignet)
- Für genaue Messungen temperierte Vergleichsmessstelle erforderlich, im Allgemeinen mit 0 °C, 20 °C oder (meist) 50 °C
- Korrektur von Änderungen der Vergleichsstellentemperatur auf elektrischem Wege (Korrektions- bzw. Kompensationsdose)
- Im Allgemeinen lassen sich bei Bedarf mehrere Vergleichsmessstellen in einem Thermostaten unterbringen
- Fehlergrenzen meist ± 1 % ... ± 2,5 %, unter besonderen Bedingungen ± 0,2 % erreichbar
- Ohne Schutzrohr kurze Reaktionszeit aber Korrosions- und Verschleißgefahr
- Insbesondere bei Temperaturen bis 400 °C weniger genau als Widerstandsthermometer

MSR: Temperaturmessung (Fortsetzung)

Grundwerte und Grenzabweichungen von Widerstandsthermometern (DIN EN 60 751, 07.96)

Pt 100 Nennwert: $R_0 = 100\ \Omega$ bei $\vartheta = 0\ °C$ Werkstoff: Platin

Widerstand R_ϑ in Ω bei der Messtemperatur ϑ in °C:

Bereich: $-200\ °C \leq \vartheta \leq 0\ °C$:

$$R_\vartheta = 100\ \Omega \cdot [1 + 3{,}90802 \cdot 10^{-3} \cdot \vartheta + (-5{,}802 \cdot 10^{-7}) \cdot \vartheta^2 + (-4{,}27350 \cdot 10^{-12}) \cdot (\vartheta - 100) \cdot \vartheta^3]$$

Bereich: $0\ °C \leq \vartheta \leq 850\ °C$:

$$R_\vartheta = 100\ \Omega \cdot [1 + 3{,}90802 \cdot 10^{-3} \cdot \vartheta + (-5{,}802 \cdot 10^{-7} \cdot \vartheta^2)]$$

Grenzabweichungen $\Delta\vartheta$ in °C: **Klasse A:** $\Delta\vartheta = \pm (0{,}15 + 0{,}002 \cdot |\vartheta|)$

Klasse B: $\Delta\vartheta = \pm (0{,}3 + 0{,}005 \cdot |\vartheta|)$ $|\vartheta|$: Zahlenwert der Temperatur in °C

Temperatur ϑ in °C	Grundwert R_ϑ in Ω	**Grenzabweichung** Klasse A		**Grenzabweichung** Klasse B	
		$\Delta\vartheta$ in °C	ΔR in Ω	$\Delta\vartheta$ in °C	ΔR in Ω
– 200	18,49	± 0,55	± 0,24	± 1,3	± 0,56
– 100	60,25	± 0,35	± 0,14	± 0,8	± 0,32
– 50	80,31	± 0,25	± 0,1	± 0,55	± 0,22
0	100,00	± 0,15	± 0,06	± 0,3	± 0,12
50	119,40	± 0,25	± 0,09	± 0,55	± 0,21
100	138,50	± 0,35	± 0,13	± 0,8	± 0,30
150	157,31	± 0,45	± 0,17	± 1,05	± 0,40
200	175,84	± 0,55	± 0,2	± 1,3	± 0,48
300	212,02	± 0,95	± 0,33	± 2,3	± 0,79
500	280,90	± 1,35	± 0,43	± 3,3	± 1,06
700	345,13	Widerstandsthermometer Klasse A mit Nennwert 100 dürfen über 650 °C nicht verwendet werden.		± 3,8	± 1,17
800	375,51			± 4,3	± 1,28
850	390,26			± 4,6	± 1,34

Ni 100 Nennwert: $R_0 = 100\ \Omega$ bei $\vartheta = 0\ °C$ Werkstoff: Nickel

Widerstand R_ϑ in Ω bei der Messtemperatur ϑ in °C: (→ Elektrischer Widerstand)

$$R_\vartheta = 100\ \Omega \cdot (1 + 0{,}5485 \cdot 10^{-2} \cdot \vartheta + 0{,}665 \cdot 10^{-5} \cdot \vartheta^2 + 2{,}805 \cdot 10^{-11} \cdot \vartheta^4 - 2 \cdot 10^{-17} \cdot \vartheta^6)$$

Grenzabweichung $\Delta\vartheta$ in °C: Für $-60\ °C \leq \vartheta \leq 0\ °C$ gilt $\Delta\vartheta = \pm (0{,}4 + 0{,}028 \cdot |\vartheta|)$

Für $0\ °C \leq \vartheta \leq 250\ °C$ gilt $\Delta\vartheta = \pm (0{,}4 + 0{,}007 \cdot |\vartheta|)$

Temperatur ϑ in °C	Grundwert R_ϑ in Ω	**Grenzabweichung**		Temperatur ϑ in °C	Grundwert R_ϑ in Ω	**Grenzabweichung**	
		$\Delta\vartheta$ in °C	ΔR in Ω			$\Delta\vartheta$ in °C	ΔR in Ω
– 60	69,5	± 2,1	± 1,0	100	161,8	± 1,1	± 0,7
– 30	84,1	± 1,2	± 0,7	150	198,6	± 1,45	± 1,2
0	100,0	± 0,4	± 0,2	200	240,7	± 1,8	± 1,6
50	129,1	± 0,75	± 0,5	250	289,2	± 2,1	± 2,2

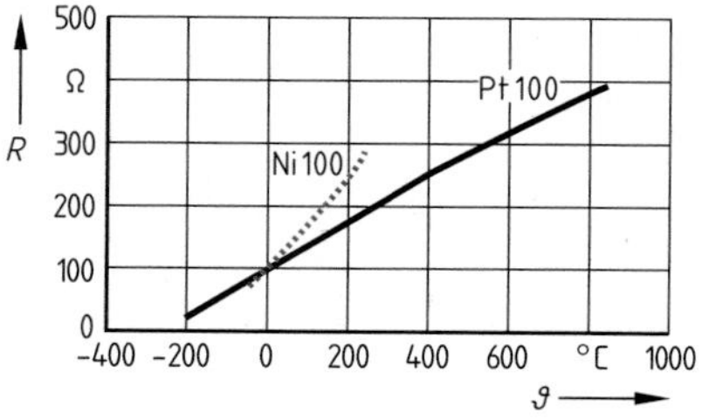

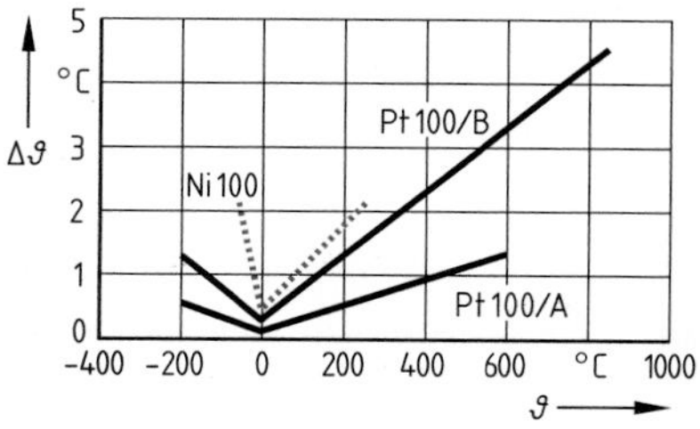

MSR: Temperaturmessung (Fortsetzung)

Thermopaar-Kennzeichnung durch (nach DIN EN 60 584-1, 10.96)

Kennbuchstabe	Thermopaar	Kennbuchstabe	Thermopaar
R	Platin-13 % Rhodium/Platin	T	Kupfer/Kupfer-Nickel
S	Platin-10 % Rhodium/Platin	E	Nickel-Chrom/Kupfer-Nickel
B	Platin-30 % Rhodium/ Platin-6 % Rhodium	K	Nickel-Chrom/Nickel
J	Eisen/Kupfer-Nickel	N	Nickel-Chrom-Silicium/Nickel-Silicium (→ Thermospannung)

Thermospannung der einzelnen Thermopaare in Abhängigkeit von der Temperatur

ϑ in °C	Thermospannung U in µV für Typ R	S	B	J	T	E	K	ϑ in °C	Thermospannung U in µV für Typ R	S	B	J	T	E	K
−270					−6258	−9835	−6458	500	4471	4234	1241	27 388		36 999	20 640
−200				−7890	−5603	−8824	−5891	600	5582	5237	1791	33 096		45 085	24 902
−150				−6499	−4648	−7279	−4912	700	6741	6274	2430	39 130		53 110	29 128
−100				−4632	−3378	−5237	−3553	800	7949	7345	3154	45 498		61 022	33 277
−50	−226	−236		−2431	−1819	−2787	−1889	900	9203	8448	3957	51 875		68 783	37 325
−20	−100	−103		−995	−757	−1151	−777	1000	10 503	9585	4833	57 942		76 358	41 269
0	0	0	0	0	0	0	0	1100	11 846	10 754	5777	63 777			45 108
50	296	299	2	2585	2035	3047	2022	1200	13 224	11 947	6783	69 536			48 828
100	647	645	33	5268	4277	6317	4095	1300	14 624	13 155	7845				52 398
150	1041	1029	92	8008	6702	9787	6137	1400	16 035	14 368	8952				
200	1468	1440	178	10 777	9286	13 419	8137	1500	17 445	15 576	10 094				
250	1923	1873	291	13 553	12 011	17 178	10 151	1600	18 842	16 771	11 257				
300	2400	2323	431	16 325	14 860	21 033	12 207	1700	20 215	17 942	12 426				
400	3407	3260	786	21 846	20 869	28 943	16 395	1800			13 585				

Grenzabweichungen der Thermopaare

Typ	Temperaturbereiche und Grenzabweichungen Δϑ in °C Klasse 1	Klasse 2	Klasse 3	Typ	Temperaturbereiche und Grenzabweichungen Δϑ in °C Klasse 1	Klasse 2	Klasse 3
T	−40 ... 125 ± 0,5 125 ... 350 ± 0,004 · |ϑ|	−40 ... 133 ± 1 133 ... 350 ± 0,0075 · |ϑ|	−200 ... −67 ± 0,015 · |ϑ| −67 ... 40 ± 1	K	−40 ... 375 ± 1,5 375 ... 1000 ± 0,004 · |ϑ|	−40 ... 333 ± 2,5 333 ... 1200 ± 0,0075 · |ϑ|	−200 ... −167 ± 0,015 · |ϑ| −167 ... 40 ± 2,5
E	−40 ... 375 ± 1,5 375 ... 800 ± 0,004 · |ϑ|	−40 ... 333 ± 2,5 333 ... 900 ± 0,0075 · |ϑ|	−200 ... −167 ± 0,015 · |ϑ| −167 ... 40 ± 2,5	R,S	0 ... 1 100 ± 1 1100 ... 1600 ± [1 + 0,003 · (ϑ − 1100)]	0 ... 600 ± 1,5 600 ... 1 600 ± 0,0025 · |ϑ|	
J	−40 ... 375 ± 1,5 375 ... 750 ± 0,004 · |ϑ|	−41 ... 333 ± 2,5 333 ... 750 ± 0,0075 · |ϑ|		B		600 ... 1 700 ± 0,025 · |ϑ|	600 ... 800 ± 4 800 ... 1 700 ± 0,005 · |ϑ|

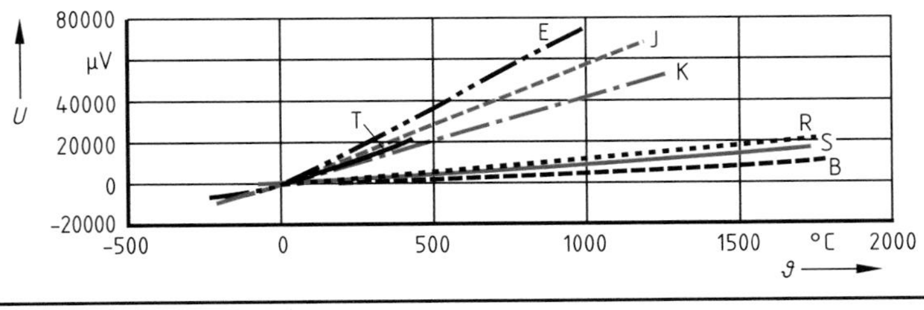

MSR: Temperaturmessung (Fortsetzung)

Temperaturmessgeräte im Vergleich (Fortsetzung)

Bimetallthermometer

Üblicher Anwendungsbereich: – 30 °C ... 500 °C
Möglicher Anwendungsbereich: –100 °C ... 600 °C

- Niedrigerer Preis als Federthermometer
- Betrieb mit induktiven Grenzsignalgebern möglich
- Keine Energieversorgung erforderlich
- Preisgünstige Alternative zu Flüssigkeitsausdehnungsthermometern
- Eichfähige Sonderausführungen verfügbar
- Fehlergrenzen zwischen 0,5 % und 3 % der Messspanne (Klasse 1)
- Ausführungen mit Messwerkdämpfung zur Verhinderung von Messwerkschwingungen unter normalen Bedingungen erhältlich
- Im allgemeinen nur örtlich ablesbar (Zeigerthermometer)
- Bei kleinen Messbereichen erschütterungsempfindlich

Gasdruck-Federthermometer

Anwendungsbereich: – 268 °C ... 800 °C

- Hohe Betriebssicherheit (z. T. pneumatische Übertragung)
- Ungiftige Füllung (Stickstoff oder Helium)
- Keine Explosionsgefahr (im Gegensatz z. T. zu elektrischen Thermometern)
- Nahezu lineare Teilung
- Kleine Temperaturfühler (kurze Reaktionszeit)
- Kapillarfernleitungen bis ca. 100 m möglich (darüber pneumatische Übertragung)
- Z. T. Verschiebung des Messbereichs möglich
- Gut geeignet für Temperaturregelungen
- Preiswerter als Flüssigkeits-Federthermometer
- Messgenauigkeit ± 0,5 % bis 1 % des Anzeigebereiches (Klasse 1)

Dampfdruck-Federthermometer

Anwendungsbereich: –180 °C ... 400 C

- Unempfindlich gegen Schwankungen der Außentemperatur
- Hohe Verstellkräfte (können z. B. direkt an einen Regler übertragen werden)
- Messbereiche 100 K bis 200 K
- Messfehler ca. 2 % des Anzeigenbereiches
- Nichtlineare Skalenteilung
- Kapillare relativ anfällig
- Bei großen Temperaturänderungen können hohe Drücke im System auftreten

Flüssigkeits-Federthermometer

Üblicher Anwendungsbereich: – 35 °C ... 500 °C
Möglicher Anwendungsbereich: – 35 °C ... 600 °C

- Einfacher und robuster Aufbau (hohe Betriebssicherheit)
- Lineare Skalenanzeige
- Kleinste Messbereiche (bis ca. 40 K) möglich
- Fehlergrenzen zwischen 1 % und 2 % des Anzeigebereiches
- Einbaulänge im allgemeinen mindestens 100 mm
- Der Einfluss durch Außentemperaturschwankungen ist zu beachten (im allgemeinen bei Kapillarleitungen > 7 m Länge erforderlich, evtl. Temperaturkompensation notwendig)
- Empfindlich gegen Knicken der Kapillarleitung

Anzeigebereiche, Messbereiche und Fehlergrenzen von Bimetall- und Federthermometern (Zeigerthermometern)

(nach DIN 16 203, 02.88.)

Anzeigebereich in °C	Messbereich in °C	Fehlergrenzen in °C Klasse 1	Fehlergrenzen in °C Klasse 2	Anzeigebereich in °C	Messbereich in °C	Fehlergrenzen in °C Klasse 1	Fehlergrenzen in °C Klasse 2
– 20 ... 40	– 10 ... 30	1,0	2,0	0 ... 160	20 ... 140	2,0	4,0
– 20 ... 60	– 10 ... 50	1,0	2,0	0 ... 200	20 ... 180	2,0	4,0
– 30 ... 50	– 20 ... 40	1,0	2,0	0 ... 250	30 ... 220	2,5	5,0
– 40 ... 40	– 30 ... 30	1,0	2,0	0 ... 300	30 ... 270	5,0	10,0
– 40 ... 60	– 30 ... 50	1,0	2,0	0 ... 350	50 ... 300	5,0	10,0
0 ... 60	10 ... 50	1,0	2,0	0 ... 400	50 ... 350	5,0	10,0
0 ... 80	10 ... 70	1,0	2,0	0 ... 500	50 ... 450	5,0	10,0
0 ... 100	10 ... 90	1,0	2,0	0 ... 600	100 ... 500	10,0	15,0
0 ... 120	20 ... 100	2,0	4,0				

8

MSR: Temperaturmessung (Fortsetzung)

Temperaturmessgeräte im Vergleich (Fortsetzung)

Flüssigkeitsausdehnungsthermometer

Anwendungsbereich: – 200 °C ... 625 °C

Füllung:	Anwendungsbereich:
Quecksilber	– 39 °C ... 625 °C
Toluol	– 90 °C ... 100 °C
Ethanol	– 110 °C ... 100 °C
Pentangemisch	– 200 °C ... 30 °C

- Geringste Messunsicherheit (0,02 K bei Quecksilberfüllung)
- Für Eich- und Abnahmezwecke gebräuchlich
- Zuverlässig
- Niedriger Preis
- Bei Quecksilberfüllung als Kontaktthermometer für einfache Zweipunktregelungen geeignet
- Nur örtliche Anzeige (zur zentralen Messwerterfassung nicht geeignet)
- Bruchempfindlich

Pyrometer/Infrarot-Thermometer

Anwendungsbereich: –100 °C ... 3500 °C

- Messung von Oberflächentemperaturen möglich
- Berührungsloses Messen
- Für sehr hohe Temperaturen geeignet
- Günstig für Messungen an plastischen Werkstoffen und bei sehr aggressiven Medien
- Genauigkeit ca. 0,5 % ... 1,0 % vom Skalenendwert, bei preiswerteren Geräten geringer
- Geräte z. T. mit Wasserkühlmantel für den Einsatz bei sehr hohen Umgebungstemperaturen (bis ca. 200 °C) lieferbar
- Relativ hoher Preis

Emissionsfaktoreinstellungen für Pyrometer bei verschiedenen Oberflächen (→ Strahlung)

Material der Oberfläche	Emissionsfaktoreinstellung bei einem Spektralbereich des Messgerätes von			
	1,0 µm	2,2 bzw. 3,9 µm	5,1 µm	8 ... 14 µm
Aluminium, oxidiert –, nicht oxidiert		0,20 ... 0,40 0,02 ... 0,2	0,20 ... 0,40 0,02 ... 0,2	0,20 ... 0,40 0,002 ... 0,1
Asbest	0,90	0,80	0,90	0,95
Blei, oxidiert –, poliert	 0,35	0,30 ... 0,70 0,05 ... 0,20	0,20 ... 0,70 0,05 ... 0,20	0,20 ... 0,60 0,05 ... 0,10
Chrom		0,05 ... 0,30	0,03 ... 0,30	0,02 ... 0,20
Glas		0,20	0,98	0,85
Graphit		0,80 ... 0,90	0,70 ... 0,90	0,70 ... 0,80
Gummi			0,90	0,95
Gusseisen, oxidiert –, nicht oxidiert	0,70 ... 0,90 0,35	0,70 ... 0,95 0,30	0,65 ... 0,95 0,25	0,60 ... 0,95 0,20
Inconel, oxidiert –, elektropoliert	0,40 ... 0,90 0,20 ... 0,50	0,60 ... 0,90 0,25	0,60 ... 0,90 0,15	0,70 ... 0,95 0,15
Keramik	0,40	0,80 ... 0,95	0,85 ... 0,95	0,95
Kupfer, oxidiert –, poliert		0,70 ... 0,90 0,03	0,50 ... 0,80 0,03	0,40 ... 0,80 0,03
Messing, oxidiert –, poliert		0,60 0,01 ... 0,05	0,50 0,01 ... 0,05	0,50 0,01 ... 0,05
Monel	0,30	0,20 ... 0,60	0,10 ... 0,50	0,10 ... 0,14
Nickel, oxidiert –, nicht oxidiert	 0,80 ... 0,90	0,40 ... 0,70	0,30 ... 0,60	0,20 ... 0,50
Stahl, oxidiert –, rostfrei	0,80 ... 0,90 0,35	0,80 ... 0,90 0,20 ... 0,90	0,70 ... 0,90 0,15 ... 0,80	0,70 ... 0,90 0,10 ... 0,80
Titan, oxidiert		0,60 ... 0,80	0,50 ... 0,70	0,50 ... 0,60
Zink, oxidiert –, poliert	0,60 0,50	0,15 0,05	0,10 0,03	0,10 0,20
Zinn, nicht oxidiert		0,10 ... 0,30	0,05	0,05

MSR: Druckmessung (→ Druck)

Größte und kleinste Messbereiche der wichtigsten industriellen Druckmessgeräte:

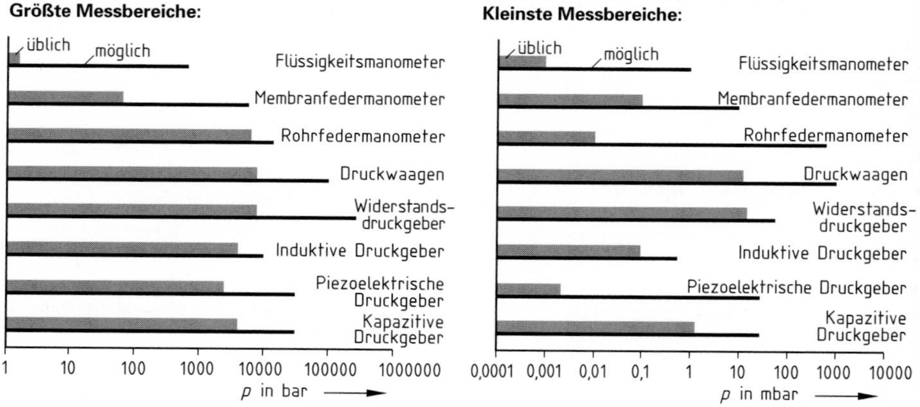

Die wichtigsten industriellen Druckmessgeräte im Vergleich

Rohr-(Kreis-, Spiral- oder Schrauben-)federmanometer	Plattenfedermanometer
Übliche Messbereiche: 600 mbar ... 7000 bar (Spezialausführungen bis 0,01 mbar) Minimaler Messfehler: 0,1 % des Messwertes, 0,06 % in Spezialausführungen Einsatztemperatur: – 25 °C ... > 100 °C	Übliche Messbereiche: 10 mbar ... 40 bar Minimaler Messfehler: 1,6 % des Skalenendwertes (0,6 % möglich) Einsatztemperatur: – 25 °C ... > 100 °C
• Für Flüssigkeiten und Gase geeignet • Lineare Skalen • Temperaturfehler kleiner als bei Plattenfedermanometer (aber größer als bei Kapselfedermanometer) • In besonderer Ausführung auch für Differenzdruckmessung geeignet • Leichter zu fertigen als Plattenfedermanometer • Einsatz in aggressiver Umgebung möglich • Größere Messwege als Plattenfedermanometer • Geräte mit elektrischem Ausgang erhältlich • Füllung mit Dämpfungsflüssigkeit (Glycerin oder Siliconöl) zur Dämpfung von Erschütterungen und schnellen Lastwechseln möglich • Für viskose und kristallisierende Messmedien weniger geeignet (evtl. Kombination mit Druckmittlern) • Empfindlich gegen Vibrationen, Erschütterungen und schnell wechselnde Drücke • Nur begrenzt gegen Überlast zu schützen (Überlastsicherheit meist bis ca. 1,3fach, möglich bis ca. 2fach) • Relativ geringe Stellkraft	• Für Flüssigkeiten und Gase geeignet • Unempfindlicher gegen Vibrationen, Erschütterungen und schnell wechselnde Drücke als Rohrfedermanometer • Durch Abfangen große Überlast (bis 10fach) möglich • Durch Beschichtung oder vorgelegte Folien besser gegen Korrosion zu schützen als Rohrfedermanometer • Je nach Konstruktion auch für hochviskose und kristallisierende Messmedien geeignet • Besonders für kleinere positive und negative Überdrücke geeignet • Relativ große Stellkraft • Kurze Einstellzeit • Zur Messung kleinerer Differenzdrücke bei relativ hohen statischen Drücken geeignet • Temperaturfehler z. T. doppelt so groß wie beim Rohrfedermanometer • Ausführungen mit Dämpfungsflüssigkeit (Glycerin oder Siliconöl) zur Dämpfung von Vibrationen, Erschütterungen und schnellen Lastwechseln

MSR: Druckmessung (Fortsetzung)

Die wichtigsten industriellen Druckmessgeräte im Vergleich (Fortsetzung)

Kapselfedermanometer	Flüssigkeitsmanometer
Übliche Messbereiche: 2,5 mbar ... 1000 mbar Minimaler Messfehler: 0,1 % vom Skalenendwert Einsatztemperatur: bis 100 °C Mediumtemperatur	Übliche Messbereiche: 1 mbar ... ca. 1,6 bar Minimaler Messfehler: i. a. 0,3 % vom Messwert (bis 0,001 % möglich)
• Für kleine und kleinste positive und negative Überdrücke • Sehr kleiner Temperaturfehler (kleiner als bei Rohrfedermanometer) • Auch für Differenzdruckmessung geeignet • Einsatz meist für gasförmige Messmedien (für Flüssigkeiten mit Einschränkung) • Bei hochviskosen und kristallisierenden Messmedien mit vorgeschaltetem Druckmittler einsetzbar • Bis ca. 1,3fache Überlastsicherheit • Flüssigkeiten einschließlich Kondensate sollten nicht ins Messwerk gelangen (Korrosionsgefahr und vergrößerter Messfehler)	• Sehr genaue Ausführungen möglich (neben der Druckwaage genauestes Druckmesssystem) • Genaue Differenzdruckmessung auch bei hohen Absolutdrücken möglich • Für Messung kleinster Drücke geeignet • Wenig geeignet für raue Betriebsbedingungen (erschütterungs- und – in Glasausführung – bruchempfindlich) • Bei Abweichung von der Raumtemperatur aufwendige Korrekturrechnungen erforderlich • Meist auf Labor- und Technikumsbereich beschränkt
Kolbendruckwaagen	**Induktive Druckaufnehmer**
Übliche Messbereiche: 14 mbar ... > 8000 bar Minimaler Messfehler: 0,0035 % vom Messwert	Übliche Messbereiche: 0,6 mbar ... 4000 bar Minimaler Messfehler: 0,2 % vom Messwert
• Sehr genau (Einsatz vorwiegend zur Kalibrierung bzw. Eichung anderer Druckmessgeräte) • Für den Einsatz in der Produktion i. a. nicht geeignet (starker Dichtungsverschleiß im Dauerbetrieb, teuer und aufwendig) • In speziellen Ausführungen Drücke bis 100 000 bar möglich, bei Genauigkeiten bis 0,1 % • Aufwendige Konstruktion (rotierender Kolben um Reibung an der Kolbendurchführung zu vermeiden)	• Für schnell wechselnde Drücke geeignet • Bevorzugt zur Messung kleiner Drücke als Alternative zu DMS-Druckaufnehmern • Kaum mechanische Verschleißteile • Unmittelbare Erzeugung eines zur Fernübertragung geeigneten Signals • Energieversorgung erforderlich • Ex-Ausführungen möglich
Kapazitive Druckaufnehmer	**Piezoelektrische Druckaufnehmer**
Übliche Messbereiche: 1,25 mbar ... 4000 bar Minimaler Messfehler: 0,1 % vom Messwert Einsatztemperatur: – 40 °C ... 85 °C	Übliche Messbereiche: 25 mbar ... 2500 bar Minimaler Messfehler: 0,1 % vom Messwert Einsatztemperatur: – 200 °C ... 400 °C
• Langzeitstabile hohe Messgenauigkeit • Für Gase, Dämpfe und Flüssigkeiten geeignet • Temperaturfehler praktisch vernachlässigbar • Überlastsicherheit z. T. bis ca. 100fach • Kaum mechanische Verschleißteile • Unmittelbare Erzeugung eines zur Fernübertragung geeigneten Signals • Z. T. auch bei explosiblen Medien einsetzbar • Energieversorgung erforderlich	• Besonders günstig bei schnell wechselnden Drücken (z. B. bei Kavitationsuntersuchungen) • Kaum temperaturabhängig • Keine elektrische Hilfsgröße zur Erzeugung der Messgröße erforderlich • Kaum Verschleißteile • Unmittelbare Erzeugung eines zur Fernübertragung geeigneten Signals • In speziellen Ausführungen Messbereiche von 0,002 mbar bis ca. 26 000 bar möglich

MSR: Druckmessung (Fortsetzung)

Die wichtigsten industriellen Druckmessgeräte im Vergleich (Fortsetzung)

Widerstandsdruckaufnehmer (DMS[1], Dünnfilmtechnik, piezoresistive Aufnehmer)

Übliche Messbereiche: 5 mbar ... 8000 bar (DMS: 20 mbar ... 8000 bar, ausgeführt bis 170 000 bar, piezoresistive Aufnehmer: meist 5 mbar ... 600 bar)

Minimaler Messfehler: < 0,2 % vom Skalenendwert (piezoresistive Aufnehmer bis 0,1 %)

Einsatztemperatur: – 150 °C ... 400 °C

Man unterscheidet bei den Widerstandsdruckaufnehmern **Dehnungsmessstreifen (DMS),** Aufnehmer mit **Dünnfilmtechnik** (mit Metallwiderständen) und **piezoresistive Druckaufnehmer** (mit Halbleiterwiderständen, meist aus Silicium).

- Für Flüssigkeiten und Gase geeignet
- Mit Edelstahlschutzmembrane für robuste Betriebsbedingungen (Druckstöße, Vibrationen) geeignet
- Einsatz in Nassräumen und untergetaucht möglich
- Mit frontbündiger Membrane auch für hochviskose und kristallisierende Medien geeignet
- Geringer Temperaturfehler
- Überlastsicherheit bis 2fach möglich (bei piezoresistiven Aufnehmern bis ca. 5fach)
- Hohe Langzeitstabilität
- Kaum mechanische Verschleißteile
- DMS auch für sehr hohe Drücke geeignet, weniger für sehr niedrige
- Unmittelbare Erzeugung eines zur Fernübertragung geeigneten Signals
- Bei hochviskosen, kristallisierenden oder aggressiven Messmedien häufig Druckmittler erforderlich (insbesondere bei piezoresistiven Aufnehmern)
- Energieversorgung erforderlich
- Einsatz der DMS meist im Bereich von 25 bar bis 4000 bar, piezoresistive Aufnehmer meist im Bereich von 100 mbar bis 16 bar

[1] Dehnungsmessstreifen

Fehlergrenzen für die Anzeige von Druckmessgeräten

Klasse	Eichfehlergrenze in % des SEW[1]	Verkehrsfehlergrenze in % des SEW[1]
0,1	± 0,08	± 0,1
0,2	± 0,16	± 0,2
0,3	± 0,25	± 0,3
0,6	± 0,5	± 0,6
1,0	± 0,8	± 1,0
1,6	± 1,3	± 1,6
2,5	± 2,0	± 2,5
4,0	± 3,0	± 4,0

[1] SEW: Skalenendwert

Eichfehlergrenze: Größter zulässiger Fehler im Neuzustand des Gerätes

Verkehrsfehlergrenze: Fehlergrenze bei bestimmten, in DIN EN 837-1 festgelegten dynamischen und Dauerbelastungen

Die Fehlergrenzen gelten für 20 °C Bezugstemperatur, wenn auf dem Zifferblatt nicht anders angegeben.

Verwendungsbereich von Druckmessgeräten

Untere Grenze: 1/10 des Skalenendwertes, wenn Skalenstrich Null ein Endstrich ist.

Obere Grenze: Bei ruhender Belastung 3/4 des Skalenendwertes, bei wechselnder Belastung 2/3 des Skalenendwertes.

Die obere Grenze für ruhende Belastung ist durch eine feste Marke auf dem Zifferblatt gekennzeichnet.

Zum Teil kann (nach Herstellerangabe) bei ruhender Belastung der gesamte Anzeigebereich genutzt werden.

Verwendete → Druckeinheiten

Pa, hPa, kPa, MPa, N/m^2, kN/m^2, MN/m^2, bar, kbar, mbar

Umrechnungen:

1 bar = 100 000 Pa   1 Pa = 1 N/m^2

Vorsätze:

M (Mega): 10^6 h (Hekto): 10^2

k (Kilo): 10^3 m (Milli): 10^{-3}

MSR: Füllstandmessung

Auswahl von Füllstandmessgeräten:

1 Schwimmermethode
2 Bodendruck- bzw. hydrostatische Methode
3 Einperlmethode
4 Schau- und Standgläser
5 Kapazitive Methode
6 Ultraschallmethode
7 Mikrowellen-(Radar-)methode
8 Laser- bzw. optische Methode
9 Radiometrische bzw. radioaktive Methode

Schema zur Grobauswahl

G: geeignet BG: bedingt geeignet WG: weniger geeignet N: nicht geeignet

Betriebsbedingungen	1	2	3	4	5	6	7	8	9
Füllmedium Feststoff	N	N	N	G[9]	BG[12]	G	G	G	G
Hochviskose und adhäsive Füllmedien	BG[1]	BG	WG[6]	WG	BG[13]	G	G	G	G
Starkes Rühren	BG[2]	WG	WG	WG[10]	N	N	G[17]	G	G
Schaumbildung	G	G	G	G	BG	G[15]	BG[18]	BG	BG[19]
Druckschwankungen in der Behälteratmosphäre	G	N[3]	N[3]	G	G	G	G	G	BG
Bodensatz, Kristallisation	G	BG	WG[7]	G	G	G	G	G	G
Temperatur- und Dichteänderungen beim Füllmedium	G	N[4]	N[8]	G	N	G[16]	G	G	BG[20]
Hoher Druck im Behälter	G	N	N	G[11]	G	N	G	G	G[21]
Hohe Temperatur im Behälter	G	N	G	G	G	WG	G	G	G
Trennschichtmessung	G	G[5]	G[5]	G[9]	BG[14]	WG	G	N	G[22]

Anmerkungen:

1) Alle newtonschen Flüssigkeiten und Suspensionen
2) Mit Führungsrohr bzw. Führungsstange
3) Kompensation durch Differenzdruckmessung möglich
4) Kompensation möglich
5) Als Differenzdruckmessung
6) Sofern das Messgas hindurchperlen kann
7) Systeme mit Selbstreinigung durch Druckstoß möglich
8) Korrektur möglich, wenn der Verlauf der Dichteänderung bekannt ist
9) Nur bei Schauglasmessung
10) Dämpfung möglich
11) Bei Verwendung von Borosilikatglas mit Glimmerpaketen
12) Wegen Feuchteschwankungen
13) Nichtleitende Anhaftungen vernachlässigbar
14) Nur wenn ein Medium leitend, das andere nicht
15) Evtl. Messung von unten durch die Flüssigkeit
16) Bei Kombination mit Temperaturfühler Kompensation möglich
17) Nur bei konstanten Rührbedingungen
18) Je nach Schaumdichte (evtl. Vorversuche erforderlich)
19) Kann bei bekannter Dichte kompensiert werden
20) Schichtdicke des Mediums muss gegenüber der Gefäßwanddicke groß genug sein
21) Behälter evtl. leer bei Betriebsdruck kalibrieren
22) Wird so eingestellt, dass die Strahlung durch das weniger dichte Medium hindurchgeht

Provisorische Installation einer Füllstandmessung nach der Bodendruckmethode (→ statische Druckhöhe)

Am unteren Behälterboden wird ein Manometer angebracht. Bei bekannter Dichte des Füllmediums kann die Füllstandhöhe nach der folgenden Formel berechnet werden:

$$h = \frac{p}{\varrho \cdot g}$$

(→ Druck)

h Füllstandhöhe in m
p Bodendruck in Pa
ϱ → Dichte des Füllmediums in kg/m^3
g → Fallbeschleunigung (9,81 m/s^2)

Voraussetzung:
Im Behälter darf kein Überdruck herrschen.

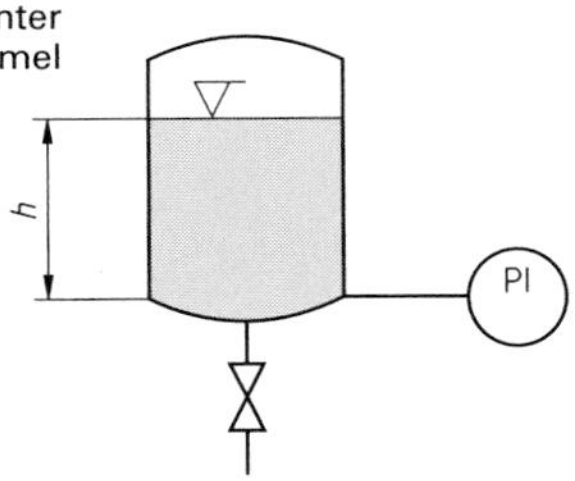

MSR: Durchflussmessung

Auswahl von Durchflussmessgeräten: (→ Kontinuitätsgleichung, Energiegleichung)

1 Schwebekörperdurchflussmesser
2 Drosselgeräte (Messblenden usw.)
3 Magn.-induktive Durchflussmesser
4 Ultraschalldurchflussmesser
5 Vortex-(Wirbel-)Durchflussmesser
6 Turbinendurchflussmesser
7 Thermische Durchflussmesser
8 Massendurchflussmesser (Coriolis-Prinzip)

Schema zur Grobauswahl

Betriebsbedingungen	1	2	3	4	5	6	7	8
Flüssiges Messmedium	G	G	G[1]	G	G	G	BG[2]	G
Gasförmiges Messmedium	G[3]	G[3]	N	G	G[3]	G	G	G
Hohe Viskosität	WG	WG	G	G	WG bis N	WG bis N	BG	G
Flussrichtung wechselnd	N	N[4]	G	G	N[4]	G[5]	BG[5]	G
Stark verschmutztes oder abrasives Messmedium	BG	WG	G	WG[6]	BG	N	WG	BG
Nichtleitendes Messmedium	G	G	N	G	G	G	G	G
Hohe Drücke	G	G	G	BG	BG	BG	G	G
Hohe Temperaturen	G	G	BG[5]	BG	BG[5]	BG[5]	G	BG
Niedrige Druckverluste gefordert	BG	WG	G	G	BG[5]	BG	G	G[5]
Sehr kleine Nennweiten	G	BG	G	BG	WG	BG	G	G
Große Nennweiten	N[7]	G	G	G	BG	BG	G	N
Nicht konstantes Strömungsprofil	BG	WG	G	WG	WG	WG	WG	G
Gasblasen im Messmedium	BG	WG	BG	WG	WG	N	—	BG

G: Geeignet BG: Bedingt geeignet WG: Weniger geeignet N: Nicht geeignet

Die Zahlenwerte der folgenden Tabelle entsprechen den Katalogangaben der wichtigsten Hersteller auf dem deutschen Markt, sie sind als Werte zu betrachten, die unter günstigen Bedingungen und evtl. von bestimmten Bauausführungen zu erreichen sind, entsprechen also meist nicht den Standardwerten (vgl. obige Tabelle).

Eigenschaften von Durchflussmessgeräten

Eigenschaften		1	2	3	4	5	6	7	8
Erreichbare Messgenauigkeit in % (M: Messwert, E: Skalenendwert)		0,3 M <1 E	0,5 M	0,2 M 0,1 E	0,5 M	0,25 M	0,25 M 0,15 E	1 M	0,15 M
Bereich $\dot{V}_{max}/\dot{V}_{min}$ (Dynamik), je nach Ausführung bis		100 : 1	30 : 1	1000 : 1	100 : 1	100 : 1	30 : 1	300 : 1	1000 : 1
Maximale Betriebsdrücke in bar		500[8]	> 100	> 350	> 250[9]	> 320	> 3000	> 400	>1000
Betriebstemperaturen in °C	min.	− 50	− 40	− 40	− 200	− 200	− 100	− 50	− 200
	max.	500	900	250	400	500	> 350	500	420
Nennweiten (DN)	min.	3	15	1	6	15	3	3	3
	max.	300	>12 000	>3000	> 4000	350	> 500	> 6000	200[10]
Strömungsgeschwindigkeit in m/s (Flüssigk.)	min.	0,5		< 0,1	0,1	0,4	0,2	0,01	< 0,1
	max.	8	8	12,5[9]	10	9	9	75[11]	10
Volumenströme (Flüssigkeiten)	min. (l/min)	< 0,0003	7	0,008	3	0,1	0,1	0,003	0,002
	max. (m³/h)	> 200[12]	> 26 000	113 000	100 000	2500	600	5000[11]	1500

1) Mindestleitfähigkeit erforderlich
2) In der Regel nur für Gase
3) Auch für Dämpfe
4) Geeignete Ausführungen erhältlich
5) Je nach Ausführung
6) Nur Dopplerprinzip
7) Als Nebenstrommesser geeignet
8) Mit Metallkonus bzw. -zylinder
9) Vom Prinzip her nicht begrenzt
10) In besonderer Bauart bis 600
11) Gase
12) Als Hauptstrommesser

MSR: Durchflussmessung (Fortsetzung)

Durchflussmessverfahren im Vergleich (Messprinzipien s. Seite 415)

Schwebekörperdurchflussmesser

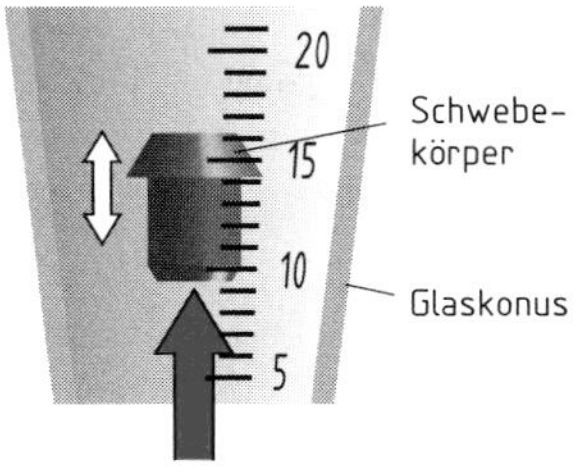

(→ statischer und dynamischer Auftrieb)

- Gut geeignet für sehr kleine Volumenströme (in Sonderausführungen bis ca. $\dot{V} = 1\ cm^3/h$)
- I. a. keine Einlaufstrecke erforderlich (Einbau unmittelbar nach Krümmern, Ventilen usw. möglich)
- Relativ geringer Druckverlust
- Als Nebenstromdurchflussmesser auch für große Nennweiten geeignet
- Gute Stabilität
- Überlastbar
- Bewährtes und häufig eingesetztes Verfahren
- Lineare Skalenteilung
- Messbereichsänderung z.T. durch Austausch des Messrohres möglich
- Bei Glasausführung Messmedium beobachtbar
- Ex-Schutz-Ausführungen möglich

- Messmethode abhängig von Dichte, Temperatur und Viskosität des Messmediums
- Strömungsrichtung festgelegt
- Für pulsierende Strömung nicht geeignet
- In Glasausführung Bruchgefahr
- Senkrechte Einbaulage gefordert (Ausnahme: Geräte, die gegen Federdruck arbeiten)

Drosselgeräte (Blenden, Düsen usw.)

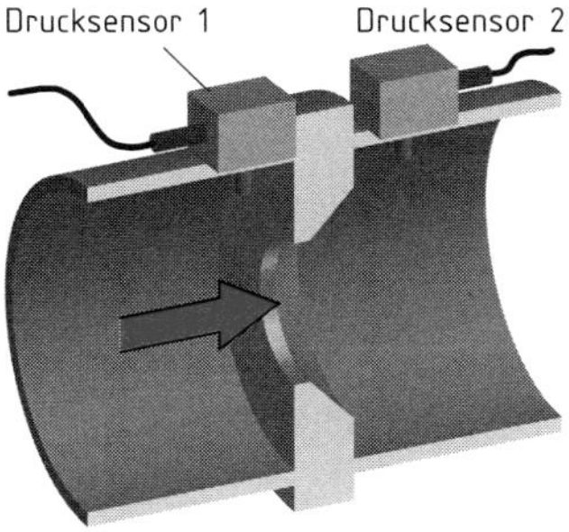

(→ Durchfluss- und Energiegleichung)

- Genormte Ausführungen von Blenden und Düsen nach DIN 1952
- Großer Nennweitenbereich
- Keine bewegten Teile
- Für die meisten Gase und Flüssigkeiten anwendbar
- Bei Blenden sehr kurze Einbaulänge und geringes Gewicht
- Blenden bevorzugt für Gase und Dämpfe
- Ex-Schutz möglich
- V-Konus-Geräte: relativ unempfindlich gegen Abnutzung, relativ geringer Druckverlust und relativ kurze Ein- und Auslaufstrecke
- Stabförmige Staudrucksonden: geringer Druckverlust, ohne Betriebsunterbrechung installierbar, z.T. ein- und ausfahrbar (um Rohrmolchen zu ermöglichen) und z.T. für Umkehrung der Strömungsrichtung geeignet
- Von den genormten Geräten besitzen die Blenden die höchste Genauigkeit. Normdüsen zeigen einen etwas geringeren Druckverlust und geringere Abriebempfindlichkeit, Normventuridüsen und -Rohre den geringsten bleibenden Druckverlust aber auch den höchsten Preis.

- Pulsationen können bei allen Geräten die Messung stören
- Z. T. hoher Druckverlust (besonders bei Blenden)
- Genauigkeit der Messergebnisse stark vom Abnutzungsgrad der Geräte abhängig
- Z. T. aufwendige Installation
- Für hohe Viskositäten weniger geeignet
- Nicht linearer Zusammenhang zwischen Durchfluss und der Messgröße Δp
- Messprinzip stark dichteabhängig
- Messprinzip sehr empfindlich gegen Störungen der Zu- und Ablaufströmung (Ein- und Auslaufstrecken erforderlich)

MSR: Durchflussmessung (Fortsetzung)

Durchflussmessverfahren im Vergleich (Fortsetzung)

Magnetisch-induktive Durchflussmesser (MID)

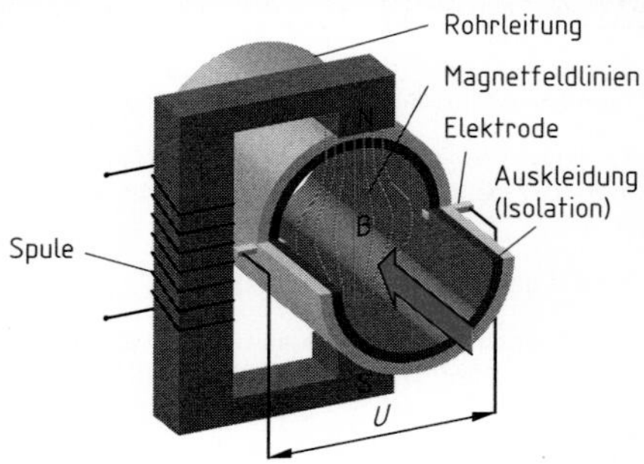

- Keine Querschnittsänderung der Rohrleitung, deshalb nahezu kein Druckverlust
- Beliebige Einbaulage
- Unabhängig von Temperatur, Druck, Dichte und Viskosität
- Minimaler Einfluss des Strömungsprofils (kurze Ein- und Auslaufstrecken)
- Großer Nennweitenbereich
- Wechsel der Strömungsrichtung möglich
- Auch für teilgefüllte Rohrleitungen einsetzbar
- Unempfindlich gegen Feststoffpartikel im Messmedium
- Anpassung an wechselnde Messmedien nicht erforderlich
- Auch für hohe Strömungsgeschwindigkeiten geeignet
- Keine bewegten Teile
- Für alle leitfähigen Medien geeignet (auch für Breie, Pasten, aggressive Medien, hochviskose Medien usw.)
- Eichamtliche Zulassung möglich
- Ex-Schutz möglich
- Auch bei pulsierenden Strömungen einsetzbar
- Hohe Genauigkeit, bei großen Nennweiten ungenauer
- Mindestleitfähigkeit von ca. 1 μS/cm beim Messmedium erforderlich
- Von Energieversorgung abhängig
- Messfehler durch Ablagerungen möglich

Ultraschalldurchflussmesser

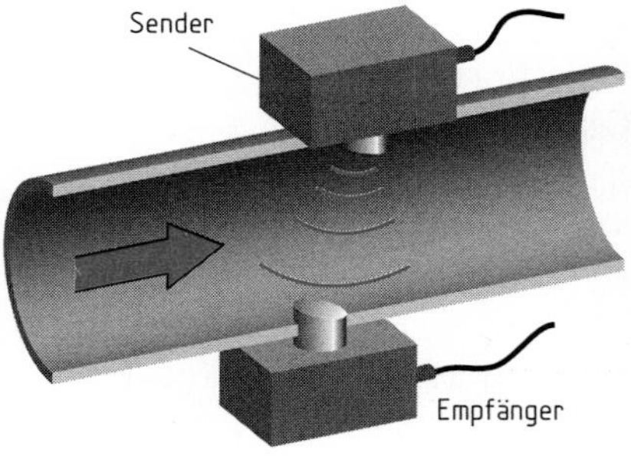

(→ Akustik)

- Nahezu kein Druckverlust (keine Querschnittsänderung der Rohrleitung, wenn auf Außenwand montiert)
- Für nachträgliche Installation (auch ohne Betriebsunterbrechung) gut geeignet
- Einsatz auch bei sehr großen Nennweiten möglich
- Hohe Lebensdauer
- Messmethode unabhängig von Dichte, Druck, Leitfähigkeit und in den meisten Fällen auch unabhängig von der Temperatur des Messmediums
- Für alle durchschallbaren homogenen Messmedien geeignet
- Auch für offene Gerinne und Wehre geeignet
- Beim Doppler-Prinzip Feststoffanteile bis $w = 15$ % möglich
- Transportable, netzunabhängige Geräte möglich
- Keine bewegten und abnutzbaren Teile
- Preisgünstig besonders bei großen Nennweiten
- Der Zustand der Rohrwand und Ablagerungen können den Messwert beeinflussen
- Ex-Schutz möglich
- Hauptsächlich für Flüssigkeiten
- Laufzeitverfahren nur für homogene Flüssigkeiten (bis max. 2 % Feststoffanteil, je nach Verfahren, Gasblasen können die Messung ebenfalls stören, je nach Aufwand der Auswertung)
- Methode ungünstig bei stark gestörtem Strömungsprofil (angewiesene Ein- und Auslaufstrecken unbedingt einhalten!)
- Bei hohen Genauigkeitsanforderungen nur bedingt geeignet

MSR: Durchflussmessung (Fortsetzung)

Durchflussmessverfahren im Vergleich (Fortsetzung)

Wirbeldurchflussmesser (Vortex-Durchflussmesser)

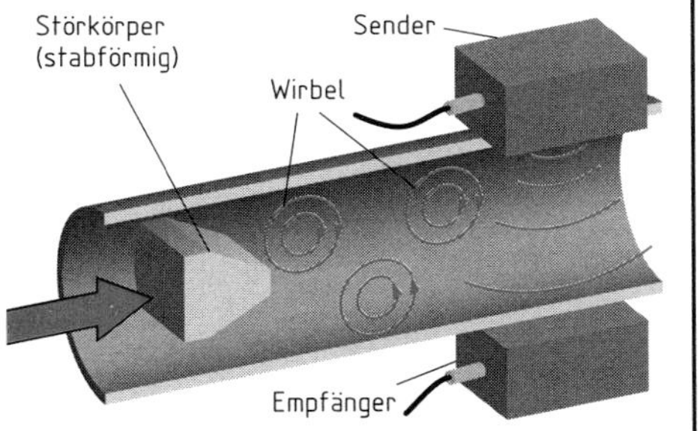

- Geeignet für Gase, Dämpfe und niedrigviskose Flüssigkeiten
- Unabhängig von Dichte, Druck, Leitfähigkeit und Temperatur
- Im üblichen Anwendungsbereich unabhängig von der Viskosität des Messmediums
- Hohe Langzeitstabilität (nur eine anfängliche Kalibrierung erforderlich) und Überlastsicherheit
- Einfacher Einbau
- Gut geeignet für Dampfleitungen mit Neigung zu Wasserschlägen
- Zunehmende Einsatzhäufigkeit bei nichtleitenden Messmedien (gute Alternative zu Messblenden)
- Keine beweglichen Teile
- Mit Zwillingssonden Strömungsrichtung umkehrbar
- Z. T. Einbaulage beliebig
- Praktisch trägheitsfreie Messwerterfassung
- Ex-Schutz möglich
- Geringer Verschleiß

- Bei stärkeren Vibrationen Systeme mit Kompensation erforderlich
- Nicht geeignet bei starken Pulsationen
- Nur für einphasige Messmedien geeignet
- Rohrleitung muss vollständig gefüllt sein
- Ungestörtes Strömungsprofil erforderlich (Ein- und Auslaufstrecke müssen beachtet werden)
- Ablagerungen am Staukörper können die Messgenauigkeit beeinflussen
- Messfehler durch zu kleine oder zu große → *Reynolds*-Zahlen

Turbinendurchflussmesser

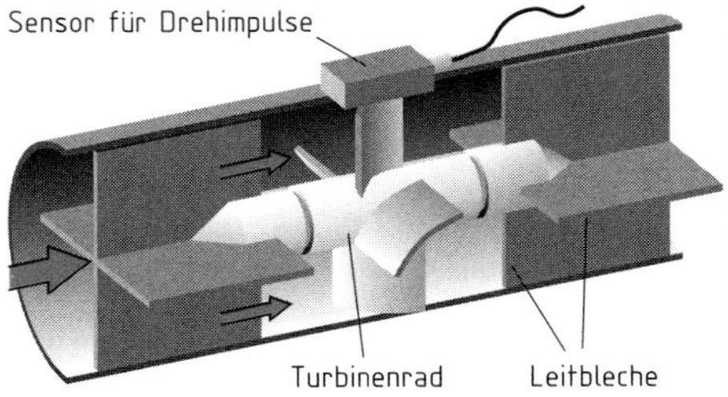

- Geringer Druckverlust
- Zum Teil keine Ein- und Auslaufstrecken erforderlich (je nach Ausführung)
- Einbaulage beliebig
- Richtungswechsel der Strömung möglich (je nach Ausführung)
- Für Messmedien mit geringen bis mittleren Viskositäten
- Hohe Genauigkeit bei konstanter Viskosität durch Präzisionsturbinen erreichbar
- Für sehr hohe Drücke geeignet
- Beheizte Ausführungen möglich
- Ex-Schutz möglich
- Bei sehr tiefen Temperaturen einsetzbar
- Die Viskosität des Messmediums muss im Allgemeinen bekannt sein

- Keine Drallströmung zulässig
- Vibrationen können den Messwert beeinflussen
- Keine Messbereichsüberschreitungen zulässig
- Das Messmedium soll möglichst keine Feststoffe, insbesondere keine Fasern enthalten (eventuell Filter vorschalten)
- Geräte, die für Flüssigkeiten vorgesehen sind, dürfen nicht für Gase verwendet werden (Gefahr des Überdrehens wegen höherer Geschwindigkeiten)

MSR: Durchflussmessung (Fortsetzung)

Durchflussmessverfahren im Vergleich (Fortsetzung)

Thermische (Massen-)Durchflussmesser

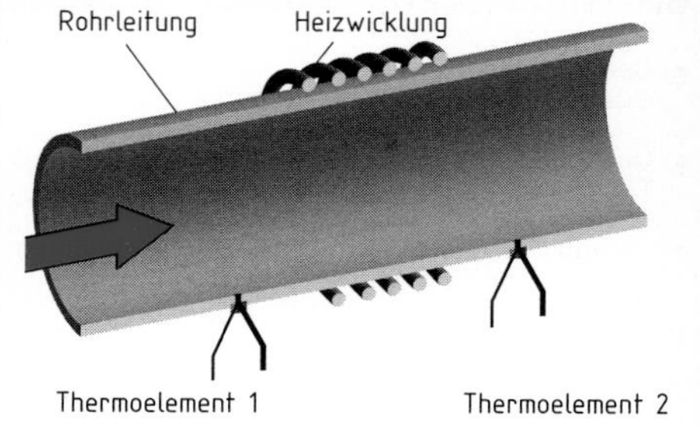

- Nahezu kein Druckverlust (keine Querschnittsänderung der Rohrleitung)
- Besonders zur Messung sehr kleiner Geschwindigkeiten geeignet
- Keine bewegten Teile
- Messung schnell wechselnder Strömungsgeschwindigkeiten möglich
- Zum Teil auch für Turbulenzuntersuchungen geeignet
- Als Inline-, Bypass- und Eintauchversion erhältlich
- Je nach Bedingung hohe Genauigkeit erreichbar
- Zum Teil (je nach Ausführung) weitgehend unabhängig von Druck- und Temperaturänderungen
- Messgröße ist der Massenstrom
- Großer Nennweitenbereich (auch für sehr kleine und für sehr große Nennweiten geeignet)

- Im allgemeinen nur für Gase geeignet, es existieren aber auch Bauformen für Flüssigkeiten
- Zum Teil Einlaufstrecken erforderlich
- Mit wachsender Strömungsgeschwindigkeit abnehmende Empfindlichkeit
- Kalibrierung infolge Alterung von Heizdrähten oft zeitlich begrenzt
- Für leitende Gase zum Teil nicht geeignet

Massendurchflussmesser (Coriolis-Prinzip)

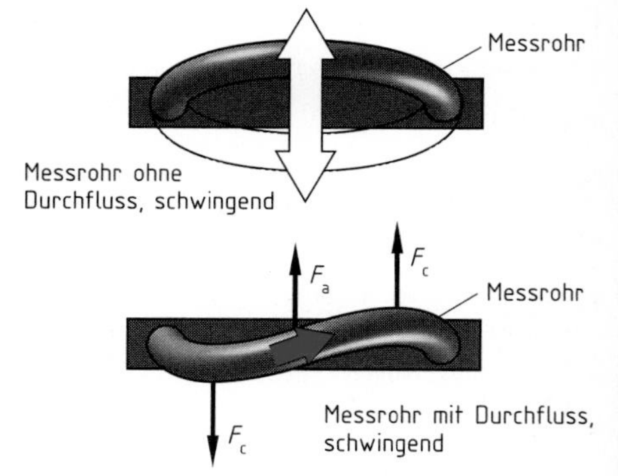

- Unmittelbare Massenstrommessung
- Gleichzeitige Messung von Massendurchfluss, Gesamtmasse, Volumendurchfluss, Gesamtvolumen, Dichte, Temperatur und Fraktionsdurchfluss (z. B. Massenanteil des Stoffes X) absolut und in % mit gleichem Sensor möglich
- Für alle pumpfähigen Messmedien geeignet (auch für hochviskose, pastöse und abrasive)
- Unabhängig von Dichte, Temperatur, Druck, Viskosität und Leitfähigkeit des Messmediums
- Zum Teil geringer Druckverlust (je nach Ausführung)
- Kein Einfluss des Strömungsprofils auf die Messung
- Hohe Genauigkeit auch bei niedrigen Fließgeschwindigkeiten erreichbar
- Inbetriebnahme und Betrieb z. T. ohne spezielle Vorkenntnisse und ohne Kalibrierung möglich
- Ex-Schutz möglich
- Meist empfindlich gegen Vibrationen des Rohrleitungssystems (je nach Bauart)
- Das Messrohr muss stets vollständig gefüllt sein

- Zum Teil empfindlich gegen Rohrkräfte (Spannungen im Rohrsystem)
- Zum Teil anfällig gegen Spannungsrisskorrosion
- Pulsierende Gasströme können das Messergebnis beeinflussen
- Zu große Feststoffpartikel können das Messverfahren stören
- Gaseinschlüsse und Gasblasen beeinflussen das Messergebnis
- Relativ teuer und zum Teil hohe Installationskosten

8

MSR: Durchflussmessung (Fortsetzung)

Messprinzipien:

Schwebekörperdurchflussmesser

In einem senkrechten, sich nach oben konisch erweiternden Messrohr wirken auf einen Schwebekörper folgende Kräfte: die Gewichtskraft (nach unten), die Auftriebskraft (nach oben) und die Kraft des strömenden Mediums (nach oben). Die Kraft des strömenden Mediums auf den Auftriebskörper wird durch den Widerstandsbeiwert (C_w-Wert) bestimmt, der wiederum von der Form des Schwebekörpers und von der *Reynolds*-Zahl (und damit vom freien Strömungsquerschnitt und von der Strömungsgeschwindigkeit, also von der Lage des Körpers im konischen Messrohr) abhängt. Der Durchfluss ist somit der Lagehöhe des Schwebekörpers direkt proportional. Bei bestimmten Bauformen ist das konische Rohr durch ein zylindrisches Doppelrohr (inneres Führungsrohr des Schwebekörpers mit in Strömungsrichtung erweiterten Schlitzen) ersetzt.

Drosselgeräte

Bernoulli-Prinzip: Bei einer Verengung des Rohrquerschnitts (z. B. durch eine eingebaute Blende oder Düse) ist die zu beobachtende Druckabsenkung zwischen der Stelle unmittelbar vor der Verengung und der Engstelle selbst (oder unmittelbar danach) proportional dem Quadrat des Volumenstroms. Die Druckabsenkung wird auch als Wirkdruck bezeichnet.

Magnetisch-induktive Durchflussmesser

Faradaysches Induktionsgesetz: Wird in einem Magnetfeld ein Leiter bewegt, so wird in diesem Leiter eine Spannung induziert. Der bewegte Leiter ist hier das strömende Medium, das somit eine Mindestleitfähigkeit besitzen muss. Das Magnetfeld wird durch Feldspulen erzeugt, die Spannung an zwei gegenüberliegenden, isolierten Elektroden (isolierende Rohrauskleidung) abgegriffen. Diese Spannung ist der Strömungsgeschwindigkeit des Messmediums und damit dem Volumenstrom proportional.

Ultraschalldurchflussmesser

Beim sogenannten **Laufzeitprinzip** wird zur Volumenstrommessung der Effekt genutzt, dass Schallwellen durch die Strömung des Messmediums mitgenommen werden. Die Laufzeitänderung der Ultraschallwellen auf der Messstrecke (zwischen Sender und Empfänger) infolge der Strömung gegenüber dem ruhenden Medium ist ein Maß für die Strömungsgeschwindigkeit und damit für den Volumenstrom. Beim **Dopplerprinzip** misst man die Frequenzverschiebung einer Schallwelle bei der Reflexion an bewegten, durch die Strömung mitgetragenen Feststoffpartikeln oder anderen Inhomogenitäten. Diese Frequenzverschiebung ist von der Strömungsgeschwindigkeit und damit wieder vom Volumenstrom abhängig. Dieses Verfahren erfordert somit ein inhomogenes Messmedium.

Wirbeldurchflussmesser

Prinzip der *Karmanschen* Wirbelstraße: Hinter einem angeströmten Staukörper entstehen wechselseitig periodisch Wirbel. Die Wirbelabrissfrequenz (Anzahl der pro Zeiteinheit abgelösten Wirbel) wird mit Hilfe von nachgeschalteten Sensoren (z. B. Ultraschallsensoren) festgestellt. Sie ist proportional der Strömungsgeschwindigkeit und damit dem Volumenstrom.

Turbinendurchflussmesser

Durch die Strömung im Messrohr wird ein drehbar gelagertes Flügelrad in Rotation versetzt. Die Drehzahl wird gemessen (meist berührungslos durch induktiven Abgriff), sie ist unter bestimmten Bedingungen proportional der Strömungsgeschwindigkeit und damit dem Volumenstrom.

Thermische Durchflussmesser

Es kommen im wesentlichen zwei Prinzipien zur Anwendung:

1. Abkühlung eines aufgeheizten Widerstandsthermometers durch das strömende Messmedium. Die dem Widerstandsthermometer entzogene Wärme ist proportional der vorbeigeströmten Masse.
2. Eine Heizung im Messmedium oder an der Rohrwand erwärmt bei konstanter Heizleistung das Messmedium. Die Temperaturerhöhung wird durch vor- und nachgeschaltete Aufnehmer (Widerstandsthermometer oder Thermoelemente) erfasst. Sie ist proportional dem Massenstrom.

Massendurchflussmesser nach dem *Coriolis*-Prinzip

Die *Coriolis*-Kraft tritt auf, wenn sich in einem rotierenden (oder schwingenden) Körper eine mitbewegte Masse durch überlagernde Bewegung der Drehachse (oder Schwingachse) annähert oder sich von ihr entfernt. Dieser Effekt wird in den Massendurchflussmessern genutzt.

Eine Rohrschlaufe, zwei parallele Rohrschlaufen oder zwei parallele gerade Rohre schwingen mit konstanter Frequenz. Diese Schwingungen werden von einer geradlinigen Bewegung (Rohrströmung) überlagert. Bei Rohrschlaufen tritt die *Coriolis*-Kraft in entgegengesetzter Richtung auf, je nachdem, ob sich die strömende Masse der Schwingungsachse nähert oder von ihr entfernt. Hierdurch verwindet sich die Rohrschlaufe, wobei die Stärke der Verwindung dem Massenstrom proportional ist. Bei parallelen geraden Rohren wird die Phasenlage der Schwingung zwischen Rohrein- und -austritt verändert. Die Phasendifferenz ist wiederum proportional dem Massenstrom.

MSR: Durchflussmessung (Fortsetzung)

Weitere Geräte zur Durchflussmessung:

Dralldurchflussmesser

Prinzip: Nach Drallerzeugung durch einen Leitkörper entsteht im Fluid ein Wirbelkern und es bildet sich eine schraubenförmige Sekundärrotation. Die Frequenz der Wirbel (von einem Drucksensor aufgenommen) ist ein Maß für den Volumendurchfluss.

Bemerkungen: Für Flüssigkeiten, Gase und Dämpfe geeignet, beliebige Einbaulage, im allgemeinen unempfindlich gegen Verschmutzungen und Luftblasen (in Flüssigkeiten), unabhängig von Störungen des Strömungsprofils (sehr kurze Einlaufstrecken), Nennweitenbereich ca. DN 20 bis DN 400, Betriebsdrücke bis ca. 100 bar, Temperaturbereich ca. –40 °C bis 280 °C, erreichbare Genauigkeit < 0,5 % vom Messwert, Dynamik bis 30 : 1, Volumenströme von 0,2 m³/h bis ca. 1800 m³/h bei Flüssigkeiten und 5 m³/h bis ca. 20 000 m³/h bei Gasen, Strömungsrichtung festgelegt, Messmedium darf nicht zu viskos sein, Ex-Schutz möglich.

Paddel-, Prallscheiben- (bzw. **Stauscheiben-**) und **Kolbendurchflussmesser**

Prinzip: Die Auslenkung eines Paddels, einer Scheibe oder eines Kolbens in einer Strömung durch die aus dem Widerstandsgesetz angeströmter Körper resultierende Kraft ist ein Maß für die Anströmgeschwindigkeit und damit ein Maß für den Volumenstrom.

Bemerkungen: Für Flüssigkeiten und Gase geeignet, unabhängig von einer Energieversorgung, zum Teil Strömungsrichtung umkehrbar, beliebige Einbaulage, auch für zähe und trübe Flüssigkeiten geeignet, Nennweitenbereich von ca. DN 10 bis ca. DN 500, Betriebsdrücke bis > 100 bar, Temperaturbereich von ca. – 30 °C bis ca. 500 °C, Genauigkeit bis ca. 2 % vom Skalenendwert, unempfindlich gegen Überlast, zum Teil sehr preiswert, gut geeignet und häufig verwendet als Strömungswächter. Das Messergebnis ist dichteabhängig, der Druckverlust entspricht im allgemeinen dem von Messblenden.

Volumenmesser

Volumetrische Durchflussmesser (Ovalradzähler, Ringkolbenzähler, Treibschieberzähler, Zahnradvolumenmesser u.a.) finden insbesondere Anwendung bei kleinsten Volumenströmen (Volumenströme bis 10 ml/h möglich), hochviskosen Messmedien und wenn sehr große Messgenauigkeit gefordert wird. Sie sind andererseits empfindlich gegen verunreinigte (feststoffbeladene) und aggressive Medien, hohe Temperaturen, pulsierende Strömungen, Vibrationen (Ovalradzähler) und Überlast. Ferner sind sie relativ teuer und verursachen einen relativ hohen Druckverlust.

Durchflussgleichungen: (→ Kontinuitätsgleichung, Energiegleichung)

Schwebekörperdurchflussmesser

$$\dot{V} = \frac{\alpha \cdot d_S}{\varrho} \cdot \sqrt{g \cdot m_S \cdot \varrho \cdot \left(1 - \frac{\varrho}{\varrho_S}\right)}$$

- $\dot{V}$ Volumenstrom in m³/h
- α Durchflusszahl (abhängig von der *Reynolds*-zahl und vom Durchmesserverhältnis d_R/d_S bei der entsprechenden Höhenlage des Schwebekörpers, nach Herstellerangaben), ohne Einheit
- d_S Größter Durchmesser des Schwebekörpers senkrecht zur Strömungsrichtung in m
- d_R Rohrdurchmesser in Höhe des größten Schwebekörperdurchmessers d_S in m
- m_S Masse des Schwebekörpers in kg
- ϱ Dichte des Messmediums in kg/m³
- ϱ_S Dichte des Schwebekörpers in kg/m³

Drosselgeräte (Blenden, Düsen usw.)

$$\dot{V} = \alpha \cdot \varepsilon \cdot A_d \cdot \sqrt{\frac{2 \cdot \Delta p}{\varrho}}$$

Bei Blende
$\alpha = 0{,}6 \ldots 0{,}8$
$\varepsilon = 0{,}9 \ldots 1{,}0$

- $\dot{V}$ Volumenstrom in m³/s
- α Durchflusszahl (abhängig vom Öffnungsverhältnis A_d/A_D, Geschwindigkeitsprofil der Strömung, Geometrie der Anordnung usw., im Experiment ermittelt), ohne Einheit
- ε Expansionszahl (abhängig vom Druck- und Öffnungsverhältnis und vom → Isentropenexponenten), entfällt für Flüssigkeiten, ohne Einheit
- A_d Engster Strömungsquerschnitt des Drosselgerätes in m²
- A_D Rohrquerschnitt vor dem Drosselgerät in m²
- ϱ Dichte des Messmediums in kg/m³
- Δp Wirkdruck (Druckerniedrigung = Differenz zwischen dem Druck vor dem Drosselgerät und dem Druck im Drosselgerät) in Pa

MSR: Volumenmessung

Auswahl von Volumenmessgeräten (→ Volumen)

1 Turbinen(rad)zähler
2 Ringkolbenzähler
3 Ovalradzähler
4 Treibschieberzähler
5 Drehkolben(gas)zähler
6 Wirbel(gas)zähler
7 Bi-Rotorzähler

Schema zur Grobauswahl

Betriebsbedingungen	1	2	3	4	5	6	7
Flüssiges Messmedium	G	G	G	G	G	G	G
Gasförmiges Messmedium	G	N	N	N	G	G	N
Hohe Viskosität	WG-N	G	G	G	G	N	G
Einbaulage beliebig	G[1]	G	G	G	G	G	G
Überlast möglich	BG	N	N	N	N	G	G
Erschütterungen, Vibrationen	BG	WG	WG	BG	WG	G	BG
Niedrige Druckverluste gefordert	G-BG[1]	BG	BG	BG	BG	G	BG
Nennweite kleiner DN 10	N	G	G	N	N	N	N
Nennweite größer DN 300	G	N	G	G	G	G	G
Dichteänderungen	BG-NG[1]	G	G	G	G	N	G
Zähler soll bei Defekt nicht blockieren	G	BG[2]	N	N	N	G	N
Pulsationen/starke Druckschwankungen	BG[1]	WG-N	WG-N	BG	WG	N	BG

G = Geeignet BG = Bedingt geeignet WG = Weniger geeignet N = Nicht geeignet

Die Zahlenwerte der folgenden Tabelle entsprechen den Katalogangaben der wichtigsten Hersteller auf dem deutschen Markt, sie sind als Werte zu betrachten, die unter günstigen Bedingungen und evtl. von bestimmten Bauausführungen zu erreichen sind, entsprechen also meist nicht den Standardwerten (vgl. obige Tabelle).

Eigenschaften von Volumenmessgeräten

Eigenschaften	1	2	3	4	5	6	7
Erreichbare Messgenauigkeit in %[3] M : Messwert, E: Skalenendwert)	0,1 M	0,1 M	0,1 M	0,1 M	< 0,2 M	< 0,5 M	0,15 M
Maximale Betriebsdrücke in bar	420 (2500)	100	100 (350)	100	100	100	100
Betriebstemperaturen in °C min.	−220	−30	−200	−40	−40	−270	−29
Betriebstemperaturen in °C max.	350 (600)	300	315	240	> 65	370	233
Nennweiten (DN) min.	10	8	6	50	40	15	40
Nennweiten (DN) max.	600 (800)	100	400	400	150 (1000)	300 (800)	400
Volumenströme (Flüssigkeiten)[3] min. (l/min)	< 0,3	0,1	0,02	0,4	22	6,7	22
Volumenströme (Flüssigkeiten)[3] max. (m^3/h)	16 000	120	1200	2000	400[4]	2500[5]	2000

[1] je nach Bauart
[2] blockiert meist nicht
[3] je nach Viskosität
[4] bei Gasen 65 000 m^3/h
[5] bei Gasen 80 000 m^3/h

MSR: Grundlagen der Steuerungs- und Regelungstechnik

Formelzeichen der Steuerungs- und Regelungstechnik (Auswahl nach DIN 19 221 und DIN 19 226)

Formelzeichen	Bedeutung	Formelzeichen	Bedeutung
e	Regeldifferenz	T_y	Stellzeit
E_0	Sprunghöhe der Eingangsgröße	U_t	Totzone
K_D	Kennwert des D-Reglers, Differenzierbeiwert	U_{sd}	Schaltdifferenz
K_I	Kennwert des I-Reglers, Integrierbeiwert	u	Eingangsgröße
K_P	Kennwert des P-Reglers, Proportionalbeiwert	v	Ausgangsgröße
K_{PM}	Proportionalbeiwert der Messeinrichtung	V_0	Kreisverstärkung
K_{PR}	Proportionalbeiwert des Reglers	v_y	Stellgeschwindigkeit
K_{PRE}	Proportionalbeiwert der Regeleinrichtung	v_g	Begrenzung
K_{PS}	Proportionalbeiwert der Strecke	v_m	Überschwingweite
K_{PST}	Übertragungsbeiwert des Stellers	w	Führungsgröße
K_R	Übertragungsbeiwert des Reglers im Beharrungszustand	W_h	Führungsbereich
Q	Ausgleichswert der Strecke	x	Regelgröße
r	Rückführgröße	X_h	Regelbereich
S	Strecke	X_P	Proportionalbereich
t	Zeit (laufend)	y	Stellgröße
t_k	Zeitpunkt ($k = 0, 1, 2, \ldots$)	Y_h	Stellbereich
T	Verzögerungszeit, Zeitkonstante	y_R	Reglerausgangsgröße
T_D	Differenzierzeit	z	Diskrete Bildvariable
T_g	Ausgleichszeit	z	Störgröße
T_h	Halbwertszeit	Z_h	Störbereich
T_I	Integrierzeit	λ	Eigenwert
T_n	Nachstellzeit	ω	Kreisfrequenz
T_t	Totzeit	ω_0	Kennkreisfrequenz
T_{tE}	Ersatztotzeit	ω_d	Eigenkreisfrequenz
T_u	Verzugszeit	ω_r	Resonanzkreisfrequenz
T_v	Vorhaltezeit	δ	Dämpfungsgrad

Definition der Begriffe *Steuern* und *Regeln* (nach DIN 19 226, T 1, 02.94):

(→ Symbole für Messen, Steuern und Regeln)

Steuern

Vorgang in einem System, bei dem eine oder mehrere Größen (Eingangsgrößen) andere Größen (Ausgangsgrößen) aufgrund der dem System eigentümlichen Gesetzmäßigkeiten beeinflussen. Kennzeichnend ist hierbei der offene Wirkungsweg, d. h. die beeinflussten Ausgangsgrößen wirken nicht über die Eingangsgrößen auf sich selbst zurück.

Regeln

Vorgang, bei dem fortlaufend eine Größe (Regelgröße) erfasst, mit einer anderen Größe (Führungsgröße) verglichen und im Sinne einer Angleichung an die Führungsgröße beeinflusst wird. Kennzeichnend ist hierbei der geschlossene Wirkungsablauf, d. h. die Regelgröße beeinflußt sich im Wirkungskreis des Regelkreises fortlaufend selbst. Dabei ist es auch als fortlaufend anzusehen, wenn sich der Vorgang aus hinreichend häufigen Wiederholungen gleichartiger Einzelvorgänge zusammensetzt (z. B. bei Abtastern und Zweipunktgliedern).

MSR: Grundtypen stetiger Regler im Vergleich

Reglertyp	Übergangsfunktion	Charakteristik/Bemerkungen
P-Regler	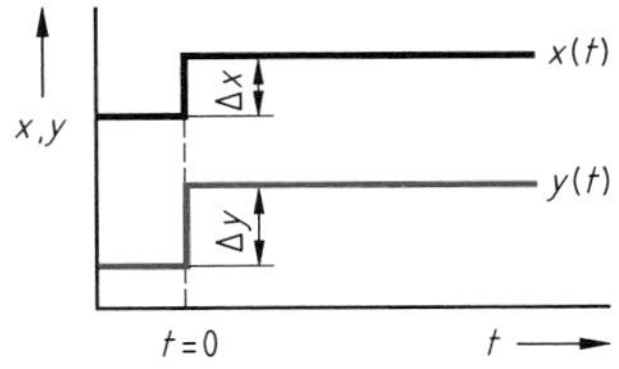 $\Delta y = K_P \cdot \Delta x$ $K_P = Y_h / X_p$ mit $Y_p = 100\%$	*Proportional-Regler* • Jeder Regelabweichung Δx ist eine bestimmte Stellgröße Δy zugeordnet • Schnelle Reaktion • Paralleles Arbeiten mehrerer geregelter Anlagen möglich • Im Allgemeinen gut geeignet für Füllstands- und Drehzahlregelungen • Bleibende Regelabweichung muss in Kauf genommen werden (Proportionalabweichung) • Weniger geeignet für Temperatur-, Druck- und Volumenstromregelungen
I-Regler	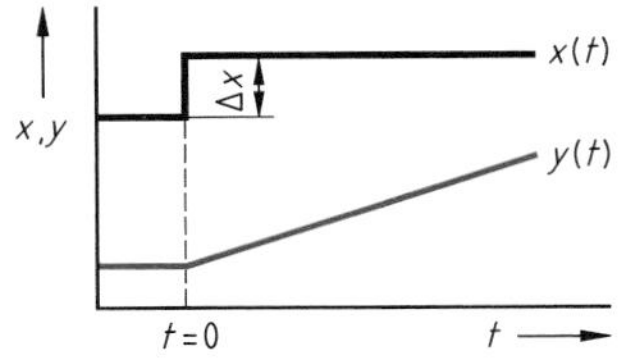 $v_y = K_I \cdot \Delta x$ oder $\Delta y = K_I \cdot \Delta x \cdot t$ mit $K_I = Y_h / (X_p \cdot T_n)$	*Integral-Regler* • Stellgeschwindigkeit v_y proportional zur Regelabweichung Δx • Vollständige Beseitigung der Regelabweichung • Auch für Strecken mit Totzeit geeignet • Lange Ausregelzeit • Während der Ausregelzeit z. T. erhebliche Abweichungen vom Sollwert • Neigung zur Instabilität (Aufschaukelung im Zusammenspiel mit Resonanzschwingungen) bei Regelstrecken ohne Ausgleich
PI-Regler	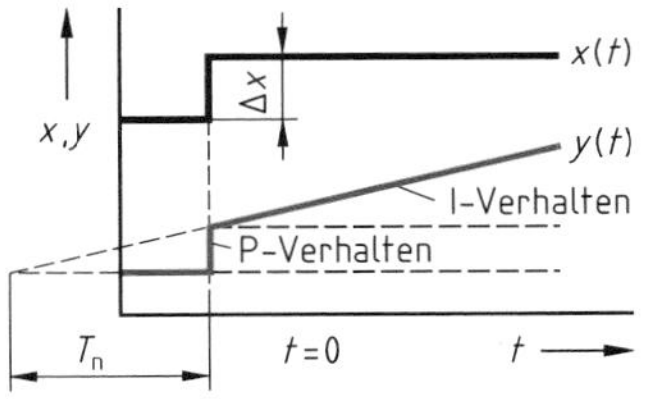 $\Delta y = K_P \cdot \Delta x + K_I \cdot \Delta x \cdot t = K_P \cdot \Delta x \cdot (1 + t/T_n)$ K_p und K_I siehe bei P- und I-Regler	*Proportional-Integral-Regler* • Kombination aus proportionalem und integralem Verhalten (schnelle Anfangsverstellung und anschließendes Beseitigen der Regelabweichung) • Häufigster Regler • Höhere Regelgüte als P- und I-Regler • Auch für komplexere Regelaufgaben geeignet (z. B. Strecken mit Verzugs- und Ausgleichszeit) • Für Industrieöfen und Reaktoren geeignet • Komplizierter aufgebaut als P- und I-Regler • 2 Einstellungsvariable: T_n und K_P
PID-Regler	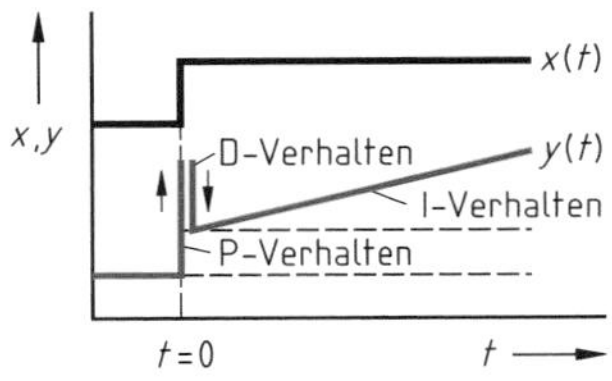 $\Delta y = K_P \cdot \Delta x \cdot (1 + t/T_n \cdot T_V/\Delta t)$ K_p siehe bei P-Regler	*Proportional-Integral-Differential-Regler* • Kombination aus Proportional-, Integral- und Differential-Verhalten • Starke Anfangswirkung durch schnelle Anfangsverstellung als Nadelimpuls über den Proportionalanteil hinaus (Vorhaltewirkung), dann Zurücknahme auf die Höhe des Proportionalanteils und Übergang zum I-Verhalten • Höchste Regelgüte • Keine bleibende Regelabweichung • Für komplexe Regelaufgaben (Strecken hoher Ordnung) geeignet • Für reine Totzeitstrecken unzweckmäßig • Höchster gerätetechnischer Aufwand • Schwierig einzustellen (3 Variable: T_V, T_n und K_P)

MSR: Verknüpfungsfunktionen

Verknüpfung	Symbol	Schalttabelle	Schaltfunktion
NICHT Inverter Negation (Negator)	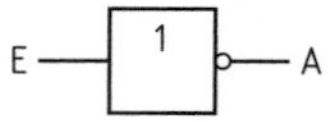	E A 0 1 1 0	$E = \overline{A}$
UND Konjunktion UND-Verknüpfung AND	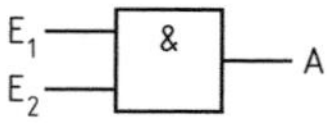	E_1 E_2 A 0 0 0 0 1 0 1 0 0 1 1 1	$A = E_1 \wedge E_2$
ODER Disjunktion Adjunktion OR	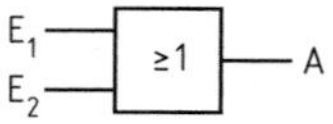	E_1 E_2 A 0 0 0 0 1 1 1 0 1 1 1 1	$A = E_1 \vee E_2$
NAND-Verknüpfung UND-NICHT	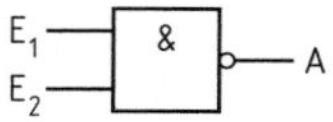	E_1 E_2 A 0 0 1 0 1 1 1 0 1 1 1 0	$A = \overline{E_1 \wedge E_2}$ oder $\overline{A} = E_1 \wedge E_2$
NOR-Verknüpfung ODER-NICHT	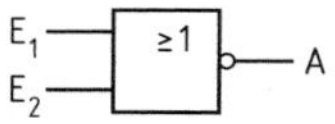	E_1 E_2 A 0 0 1 0 1 0 1 0 0 1 1 0	$A = \overline{E_1 \vee E_2}$ oder $\overline{A} = E_1 \vee E_2$
Antivalenz Exclusiv-ODER XOR-Verknüpfung	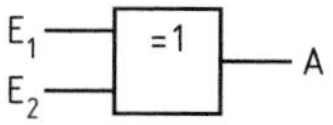	E_1 E_2 A 0 0 0 0 1 1 1 0 1 1 1 0	$A = (E_1 \wedge \overline{E}_2) \vee (\overline{E}_1 \wedge E_2)$
Äquivalenz Äquijunktion Bisubjunktion	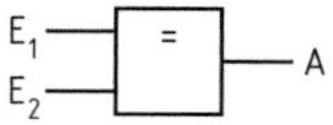	E_1 E_2 A 0 0 1 0 1 0 1 0 0 1 1 1	$A = (\overline{E}_1 \vee E_2) \wedge (E_1 \vee \overline{E}_2)$
Inhibition Sperrgatter	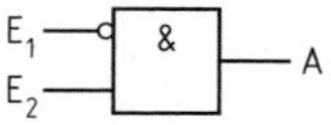	E_1 E_2 A 0 0 0 0 1 1 1 0 0 1 1 0	$A = \overline{E}_1 \wedge E_2$
Implikation Subjunktion	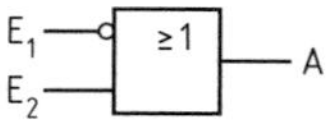	E_1 E_2 A 0 0 1 0 1 1 1 0 0 1 1 1	$A = (\overline{E}_1 \vee E_2)$

- E Eingang
- A Ausgang
- o— Negation des Signalwertes

- 0 0-Zustand, nein, z. B. es fließt kein Strom
- 1 1-Zustand, ja, z. B. es fließt ein Strom

- $\vee$ oder
- $\wedge$ und
- $\overline{E}$ Negation des Signalwertes von E
- $\overline{A}$ Negation des Signalwertes von A

MSR: Regler (Regelgeräte) und Regelanlagen

(→ Symbole für Messen, Steuern und Regeln)

Betriebsvorteile von Steuerungs- und Regelungsanlagen

- Verringerung des Energiebedarfs und damit der Energiekosten
- Erhöhter Komfort durch minimierten Aufwand bei der Bedienung
- Reduzierung der Umweltbelastungen
- Vergrößerung der Betriebssicherheit, etwa durch Ab- oder Einschalten im Störfall
- Simulationsmöglichkeit verschiedenster Betriebszustände
- Einhaltung der geforderten Zustandsgrößen wie Druck, Temperatur, Feuchte, Volumenstrom (→ Messgrößen)
- Einhaltung der → thermischen Behaglichkeit, d.h. des gewünschten Raumluftzustandes
- Erhöhung der Wirtschaftlichkeit u.a.

Steuerungskriterium nach ...	**Bemerkung**
... der Betriebsart	Automatik, Teilautomatik, Handsteuerung
... der Informationsdarstellung	analog, digital, binär
... dem Programm	speicherprogrammiert, verbindungsprogrammiert, austauschprogrammiert, freiprogrammiert
... der Signalverarbeitung	synchron, asynchron
... dem Ablauf	zeitabhängig, druckabhängig, prozessabhängig

Regelung von klimatechnischen und lufttechnischen Anlagen

Regler

Unmittelbare Regler	**Mechanisch-elektrische Regler**	**Elektrische Regler**	**Pneumatische Regler**
Keine **Hilfsenergie** erforderlich. Funktion beruht auf mechanischen Gesetzen. Beispiel: Luftausdehnung wirkt über eine → Kapillare auf einen Steuerkolben (thermostatisches Heizkörperventil). Auch als Druckregler. Häufiger Einsatz in **Sicherheitsregelkreisen**.	**Reaktionselemente** schließen oder öffnen einen elektrischen Umschaltkontakt. Häufig bei **Temperatur-, Druck-, Feuchtereglern**. Beispiele für Reaktionselemente: **Bimetall** bei Temperaturregelung, **hygroskopische Stoffe** bei Feuchteregelung, **Membran** bei Druckregelung.	Hilfsenergie ist → elektrischer Strom. Die zu regelnde Größe wird im **Messfühler** in ein analoges elektrisches Signal umgesetzt, welches im Regler verarbeitet wird. Reglerbauteile sind heute meist → elektronische Bauteile. Es handelt sich somit meist um **elektronische Regler**.	Hilfsenergie zur Kraftverstärkung ist Druckluft. Es muss saubere Druckluft zur Verfügung stehen. Bei großen Anlagen billiger als elektrische Regler. Man unterscheidet: direkt wirkend (d.w.) umgekehrt wirkend (u.w.) Für Temperatur-, Feuchte-, Druckregelung.
P-Regler	unstetige Regler	P-, I-, PI-, PID-Regler	P-Regler

Fühler

Fühler = **Sensor** erfasst die **Regelgröße** und formt die Messgröße in eine Größe um, die der Regler verarbeiten kann.

Temperaturfühler	**Druckfühler**	**Feuchtefühler**	**Enthalpiefühler**
(→ Temperatur) Temperaturempfindliches Element verändert Ausgang bei einer Temperaturänderung (Eingang), z.B. Bimetall, Thermoelement.	(→ Druck) Auf Druck oder Druckdifferenz (Eingang) reagierendes Element. Reaktion ist Änderung des Ausganges. Beispiele: → Potentiometer, Druckdose (z.B. Membran).	(→ Feuchte) Auf Feuchte oder Feuchtedifferenz reagierendes Element, z.B. Haare, Baumwolle etc. Auch Änderung des → elektrischen Widerstandes durch Feuchteänderung.	(→ Enthalpie) Enthalpieänderung, z.B. zwischen Ein- und Ausgangsluftstrom, ist die Eingangsgröße. Bestimmend ist die Temperatur und die Feuchte (→ *h*,*x*-Diagramm).

Thermostat → Schaltelement (Regler und Fühler) zur **Temperaturregelung**
Pressostat → Schaltelement (Regler und Fühler) zur **Druckregelung**
Hygrostat → Schaltelement (Regler und Fühler) zur **Feuchteregelung**

AT Anlagentechnik

MSR: Regler (Regelgeräte) und Regelanlagen (Fortsetzung)

Regelanlagen:
Meist Kombination von mehreren Reglern in unterschiedlichster Anordnung zur
- Regelung einer **Heizungsanlage**
- Regelung einer **Lüftungsanlage**
- Regelung einer **Klimaanlage**
- Regelung einer **Kälteanlage**

} auch in kombinierter Ausführung

Wartung von MSR-Einrichtungen und Gebäudeautomatisierungssystemen (nach VDMA 24186, 09.88)

Übersicht zum VDMA-Einheitsblatt 24186, Teil 4

1 Versorgungseinrichtungen
1.1 Unterbrechungsfreie Stromversorgung (USV-Anlagen)
1.2 Druckluftversorgung
2 Schaltschränke, Bedientableaus, Steuerungen
2.1 Schaltschränke und Bedientableaus
2.2 Steuerungen
3 Messwertgeber, Sicherheits- und Behälterüberwachungseinrichtungen
3.1 Messwertgeber (z.B. Temperatur, Druck, Feuchte)
3.2 Sicherheitseinrichtungen (z.B. Wächter, Begrenzer)
3.3 Behälterüberwachungseinrichtungen
4 Regler, Zusatzmodule, Optimierungsgeräte
4.1 Regler (analoge/digitale)
4.2 Zusatzmodule zu MSR-Einrichtungen
4.3 Optimierungsgeräte mit oder ohne Regelfunktion
5 Stellgeräte
5.1 Stellantriebe
5.2 Stellglieder (z.B. Ventile, Hähne, Klappen, Medium: Wasser)
5.3 Stellglieder (z.B. Jalousieklappen, Medium: Luft)
6 Datenübertragungseinrichtungen, Peripheriegeräte
6.1 Datenübertragungseinrichtungen (z.B. Modems, Gleichstromdatenübertragungseinrichtungen, Multiplexer, Bussysteme)
6.2 Externspeicher (z.B. Kassettenplattenspeicher, Diskettenlaufwerke, Bandgeräte)
6.3 Anzeiger, Plotter, Drucker, Bildschirme, Tastaturen
7 Gebäudeleitsysteme
7.1 Zentralen, Unterzentralen, Unterstationen
8 Software
8.1 Software für Zentralen, Unterzentralen, Unterstationen

Zweck dieses VDMA-Einheitsblattes ist es, die für die Wartung von MSR-Einrichtungen und Gebäudeautomatisationssystemen notwendigen Tätigkeiten bzw. Leistungen einheitlich festzulegen.

Beispiel: 7 Gebäudeleitsysteme

Einrichtungen-Nr	Geräte-Nr	Tätigkeiten-Nr.	Tätigkeiten an Einrichtungen und Geräten	Ausführung periodisch	Ausführung bei Bedarf
7	1		**Zentralen/Unterzentralen/Unterstationen**		
7	1	1	Auf fach- und funktionsgerechte Installation und Umgebungsbedingungen prüfen	x	
7	1	2	Datensicherung durchführen	x	
7	1	3	Auf Verschmutzung, Korrosion und Beschädigung prüfen	x	
7	1	4	Funktionserhaltendes Reinigen		x
7	1	5	Eigenspannungsversorgung prüfen (z.B. Pufferbatterie)	x	
7	1	6	Belüftung prüfen	x	
7	1	7	Luftfilter prüfen	x	
7	1	8	Luftfilter reinigen bzw. austauschen		x
7	1	9	Anschlussverbindungen auf elektrische/mechanische Funktion prüfen	x	
7	1	10	Funktionselemente (z.B. Bedien- und Anzeigeeinrichtungen) prüfen	x	
7	1	11	Funktionselemente (z.B. Bedien- und Anzeigeeinrichtungen) einstellen, justieren, festziehen		x
7	1	12	Funktionskontrolle mit Hilfe von Testprogrammen durchführen	x	
7	1	13	Stichprobenartiger on-line-Test	x	
7	1	14	Doppel- oder Mehrfachrechner-Betrieb prüfen	x	
7	1	15	Nachjustieren		x

Weitere wichtige VDMA-Einheitsblätter:

VDMA 24186
Teil 0: Allgemeine Hinweise
Teil 1: Lufttechnische Geräte und Anlagen
Teil 2: Heiztechnische Anlagen
Teil 3: Kältetechnische Anlagen (s. Seite 423)

Regelung von kältetechnischen Anlagen

Neben dem Erreichen einer guten **Wirtschaftlichkeit** und einer großen **Betriebssicherheit** ist als wichtigstes Ziel das **Gleichgewicht zwischen Verdampferkälteleistung und der → Kühllast**. Es werden **stetige Regler** und **unstetige Regler** verwendet.

MSR: Regler (Regelgeräte) und Regelanlagen (Fortsetzung)

Kühlstellenregelung:

Dies ist eine Temperaturregelung des → Kühlgutes. Dieses befindet sich an der Kühlstelle, d.h. am Ort des Verdampfers und seiner Umgebung. Die Kühlstellentemperatur wird dabei innerhalb eines festgelegten Temperaturbereiches gehalten, d.h. zwischen einer Minimal- und einer Maximaltemperatur.

Verdampferfüllungsregelung:

Bei dieser Art der Regelung wird sichergestellt, dass das auf → **Verdampfungsdruck** entspannte flüssige → **Kältemittel** im Verdampfer vollständig verdampft.
Die sich im Verdampfer durch → **Überhitzung** ergebende **Sauggastemperatur**, die einem bestimmten **Saugdruck** (→ log *p,h*-Diagramm) entspricht, darf maximal der Kühlguttemperatur entsprechen.

Schaltschema

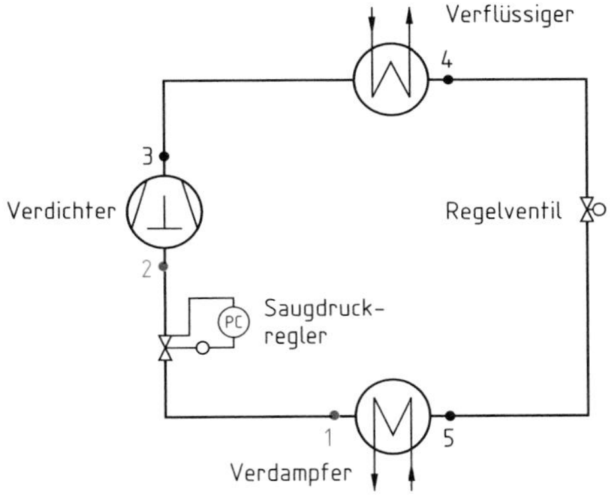

log *p,h*-Diagramm

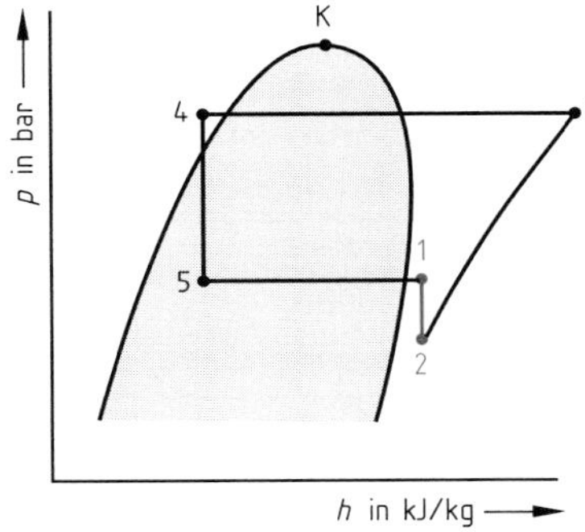

(→ linkslaufende Kreisprozesse)

Verdichterleistungsregelung:

Enthält eine Kälteanlage mehrere Kühlstellen, die unabhängig voneinander geregelt werden und die auch unabhängig voneinander in Betrieb sind, ändert sich der **Sauggasmassenstrom**. Dieser Änderung entsprechend muss die Verdichterleistung geregelt werden. Meist geschieht dies durch

- Abschaltung einzelner Zylinder in → Kolbenverdichtern,
- Verwendung mehrerer parallel arbeitender und einzeln abschaltbarer Verdichter im **Verbundbetrieb**.
- → Turboverdichter mit Saugdruckregelung,
- Verdichten gegen teilweise geschlossenen Schieber mit → Schraubenverdichter,
- Kolben- oder Schraubenverdichter mit **Drehzahlregelung** u.a.

Wartung von MSR-Einrichtungen bei kältetechnischen Anlagen (nach VDMA 24186, 09.88)

Teil 3 regelt diesen Komplex im Abschnitt 3: Anlagenteile (→ Kältekreislauf)

Baugruppen-Nr	Bauelemente-Nr	Tätigkeiten-Nr.	**Tätigkeiten an Baugruppen und -elementen**	Ausführung: periodisch	Ausführung: bei Bedarf	Baugruppen-Nr	Bauelemente-Nr	Tätigkeiten-Nr.	**Tätigkeiten an Baugruppen und -elementen**	Ausführung: periodisch	Ausführung: bei Bedarf	**Sicherheitstechnische Anforderungen** regelt die **DIN 8975** „Sicherheitstechnische Anforderungen für Gestaltung, Ausrüstung, Aufstellung und Betreiben von Kälteanlagen"
3	3		**MSR- und Sicherheitseinrichtungen**			3	4	2	Manometer auf Anzeigegenauigkeit prüfen	x		
3	3	1	Äußerlich auf Verschmutzung, Beschädigung und Korrosion prüfen	x		3	4	3	Thermometer auf Anzeigegenauigkeit prüfen	x		
3	3	2	Auf Funktion prüfen	x		3	4	4	Niveaumessgeräte auf Anzeigegenauigkeit prüfen	x		
3	3	3	Auf Auslegungsdaten einstellen	x		3	4	5	Durchflussmessgeräte auf Funktion prüfen	x		
3	3	4	Auf Dichtheit prüfen	x		3	4	6	Auf Dichtheit prüfen	x		
3	4		**Mess- und Anzeigegeräte**									
3	4	1	Äußerlich auf Verschmutzung, Beschädigung und Korrosion prüfen	x								

AT Anlagentechnik

Bezeichnungen in kältetechnischen Prozessen

(→ Formelzeichen, Einheiten, Verdampfen und Kondensieren, Linkslaufende Kreisprozesse, Fließbilder Kälteanlagen und Wärmepumpen, Kältemittel, Regler)

Formelzeichen und Einheiten für die Kältetechnik (nach DIN 8941, 01.82)

DIN 1304 „Formelzeichen" und **DIN 1301** „Einheiten" (s. Seiten 10 bis 22) sind als grundlegende Normen von Wichtigkeit und uneingeschränkt anwendbar. Darüber hinaus regelt die o.g. Fachnorm DIN 8941 das Folgende (Auswahl):

Formelzeichen	Bedeutung	SI-Einheit	Bemerkung
C	Wärmekapazität	J/K	$C = m \cdot c$
D	Diffusionskoeffizient	m^2/s	–
Δh_d	spezifische Verdampfungsenthalpie	J/kg	–
Δh_f	spezifische Schmelzenthalpie	J/kg	–
Δh_{sub}	spezifische Sublimationsenthalpie	J/kg	–
l_H	Kolbenhub	m	–
P_{Kl}	Leistungsaufnahme des elektrischen Antriebsmotors an den Klemmen gemessen	W	–
P_e	effektive Leistungsaufnahme des Verdichters (Wellenleistung)	W	–
P_g	Leistungsaufnahme der Gesamtanlage	W	–
P_i	indizierte oder innere Leistung des Verdichters	W	–
P_t	Leistungsaufnahme beim theoretischen Vergleichsprozess	W	–
p_c	Verflüssigungsdruck (absolut)	Pa, bar	–
p_o	Verdampfungsdruck (absolut)	Pa, bar	– (0: sprich Null)
p_{tr}	Druck am Tripelpunkt (absolut)	Pa, bar	–
$\dot{Q}_A$	Wärmeleistung des Absorbers	W	–
$\dot{Q}_H$	Heizleistung im Austreiber	W	–
$\dot{Q}_{WP}$	Wärmeleistung der Wärmepumpe	W	siehe DIN EN 255, Teil 1
$\dot{Q}_c$	Wärmeleistung (bei Verflüssigungsdruck), Verflüssigerleistung	W	–
$\dot{Q}_{cV}$	Verdichterwärmeleistung	W	–
$\dot{Q}_o$	Kälteleistung, Verdampferleistung	W	–
$\dot{Q}_{oe}$	Nutzkälteleistung	W	siehe DIN 8976
$\dot{Q}_{og}$	Gesamtkälteleistung	W	siehe DIN 8976
$\dot{Q}_{on}$	Nettokälteleistung	W	siehe DIN 8976
$\dot{Q}_{oV}$	Verdichterkälteleistung	W	siehe DIN 8977
q_c	massenstrombezogene Wärmeleistung	J/kg	–
q_{cvt}	volumenstrombezogene Wärmeleistung, bei Verflüssigungsdruck beim theoretischen Vergleichsprozess	J/m^3	–

Bezeichnungen in kältetechnischen Prozessen (Fortsetzung)

Formelzeichen	Bedeutung	SI-Einheit	Bemerkung
q_{cv}	volumenstrombezogene Wärmeleistung bei Verflüssigungsdruck	J/m^3	–
q_o	massenstrombezogene Kälteleistung	J/kg	–
t	Celsius-Temperatur	°C	$t = T - 273{,}15$ K (sonst ϑ)
$\Delta T = \Delta t$	Temperaturdifferenz	K	siehe DIN 1345
Δt_{Eu}	Unterkühlung des Kältemittels vor dem Expansionsventil	K	$\Delta t_{Eu} = t_c - t_{E1}$
t_a	Umgebungstemperatur	°C	–
t_c	Verflüssigungstemperatur	°C	Sättigungstemperatur bei p_c
t_{cu}	Temperatur des unterkühlten Kältemittels	°C	–
Δt_{cu}	Unterkühlung des Kältemittels im Verflüssiger	K	$\Delta t_{cu} = t_c - t_{c2u}$
t_{kr}	Kritische Temperatur	°C	–
t_i	Rauminnentemperatur	°C	–
t_o	Verdampfungstemperatur	°C	Sättigungstemperatur bei p_o
t_{oh}	Temperatur des überhitzten Saugdampfes	°C	–
Δt_{oh}	Überhitzung des Saugdampfes	°C	$\Delta t_{oh} = t_{oh} - t_o$
$\dot{V}_{V1}$	Ansaugvolumenstrom des Verdichters	m^3/s	$\dot{V}_{V1} = \dot{m}_R \cdot v_{V1}$
V_g	geometrisches Hubvolumen	m^3	–
$\dot{V}_g$	zeitbezogenes geometrisches Hubvolumen	m^3/s	–
z	Zylinderanzahl	1	–
ε	Leistungszahl	1	–
ε_C	Leistungszahl des Carnot-Prozesses	1	–
ε_K	Kälteleistungszahl der Kühlmaschine	1	–
ε_W	Wärmeleistungszahl (am Verflüssiger)	1	$\varepsilon_W = \frac{\dot{Q}_c}{P}$
ε_{WP}	Leistungszahl der Wärmepumpe	1	siehe DIN EN 255 Teil 1 $\varepsilon_{WP} = \frac{\dot{Q}_{WP}}{P}$
ε_e	Leistungszahl bezogen auf die effektive Leistungsaufnahme	1	–
ε_g	Leistungszahl der Gesamtanlage	1	–
ε_i	Leistungszahl bezogen auf die indizierte oder innere Leistung	1	–
ε_t	Leistungszahl des theoretischen Vergleichsprozesses	1	–
ζ	Wärmeverhältnis	1	–
η	Gütegrad, Wirkungsgrad	1	–

Bezeichnungen in kältetechnischen Prozessen (Fortsetzung)

Formelzeichen	Bedeutung	SI-Einheit	Bemerkung
η_C	Gütegrad bezogen auf den Carnot-Prozess	1	–
η_e	Gütegrad bezogen auf die effektive Antriebsleistung	1	–
η_{el}	Wirkungsgrad des Elektromotors	1	–
η_{ex}	exergetischer Wirkungsgrad (thermodynamischer Gütegrad)	1	–
η_i	Gütegrad bezogen auf die indizierte oder innere Leistung	1	–
λ	Liefergrad	m^3/m^3	bei Verdrängungsverdichtern: $\lambda = \dot{V}_{V1}/\dot{V}_g$
ξ_a	Massengehalt der an Kältemittel armen Lösung	kg/kg	–
$\xi_{Öl}$	Ölmassenstrom bezogen auf den geförderten Kältemittelmassenstrom	kg/kg	$\xi_{Öl} = \frac{\dot{m}_{Öl}}{\dot{m}_R}$
ξ_r	Massengehalt der an Kältemittel reichen Lösung	kg/kg	–
$\Delta\xi$	Entgasungsbreite	kg/kg	$\Delta\xi = \xi_r - \xi_a$
σ	schädliches Volumen bezogen auf Hubvolumen	1	–
τ	Zeit	s	sonst *t*
τ_l	Laufzeit	s	–
τ_s	Stillstandszeit	s	–
τ_r	relative Laufzeit	s	$\tau_r = \frac{\tau_l}{\tau_l + \tau_s}$

Indizes für die Kältetechnik (Auswahl) (nach DIN 8941, 01.82)

Nr.	Index	Bedeutung	Nr.	Index	Bedeutung
1	A	Absorber	23	WT	Flüssigkeits-Saugdampf-Wärmeaustauscher
2	B	Sammler	24	Z	Zwischenkühler
3	C	Carnot	25	c	Verflüssiger
4	D	Druckstufe	26	e	effektiv
5	E	Drosselorgan (z.B. Expansionsventil)	27	g	gesamt
6	H	Austreiber, Heizung	28	h	überhitzter Dampf
7	HD	Hochdruckstufe	29	i	indiziert bzw. innen
8	K	Kälteträger	30	o	Verdampfer (gesprochen: null)
9	Kl	bezogen auf die Klemmen	31	p	isobar
10	KR	Kühlraum	32	s	isentrop
11	L	Ventilator	33	t	theoretisch
12	M	Motor, Antriebsmaschine	34	u	unterkühlte Flüssigkeit
13	MR	Maschinenraum	35	v	isochor
14	ND	Niederdruckstufe	36	z	Zustand zwischen zwei Verdichtungsstufen
15	Öl	Kältemaschinenöl	37	1	Eintritt
16	P	Pumpe	38	2	Austritt
17	R	Kältemittel	39	I, II, III	1., 2., 3. Stufe
18	S	Saugstufe	40	′	gültig für siedende Flüssigkeit
19	T	isotherm	41	″	gültig für gesättigten Dampf
20	U	Unterkühler, Nachkühler	42	*	gültig für schmelzenden oder sublimierenden Feststoff
21	V	Verdichter			
22	W	Wärmeträger	43	**	gültig für gefrierende Flüssigkeit

Bezeichnungen in kältetechnischen Prozessen (Fortsetzung)

Bezeichnungen im log *p,h*-Diagramm und im Fließbild (nach DIN 8941, 01.82)

Beispiel 1: Einstufiger Verdichter-Kältekreisprozess (→ Linkslaufende Kreisprozesse)

log *p,h*-Diagramm

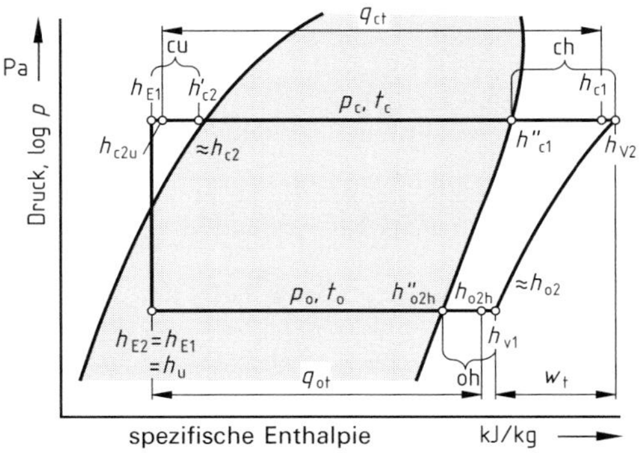

RI-Fließband

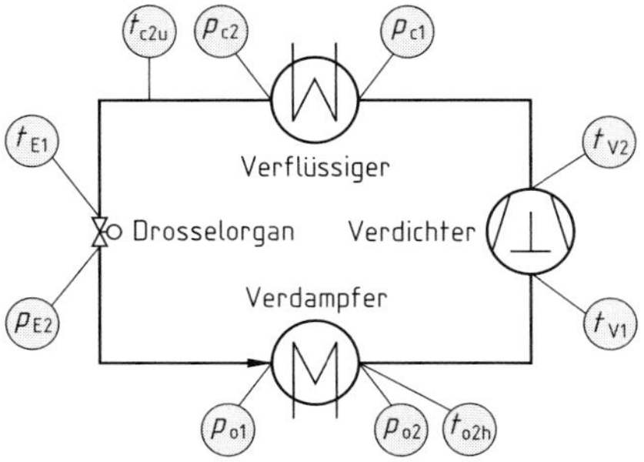

Beispiel 2: Zweistufiger Verdichter-Kältekreisprozess mit einstufiger Entspannung und Zwischenkühlung

log *p,h*-Diagramm

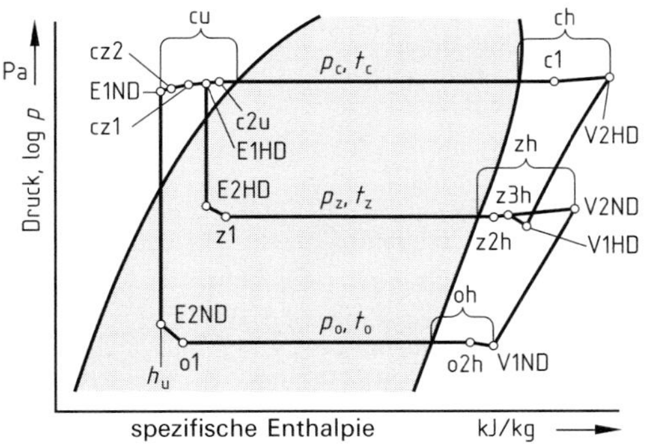

RI-Fließbild

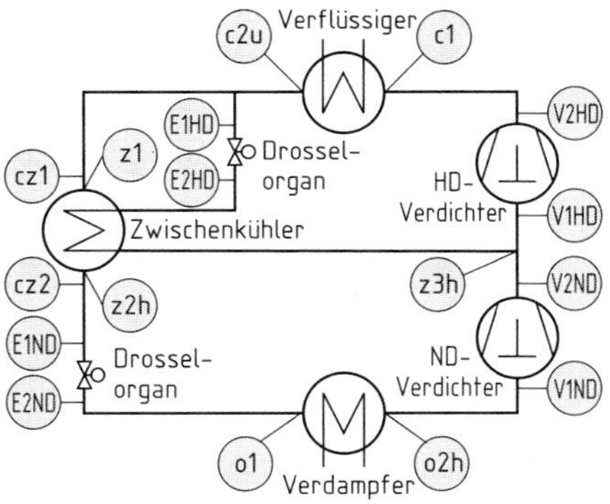

Anmerkung: In den Beispielen 1 und 2 sind Formelzeichen und Indizes (z.B. h_{v1}) eingetragen. Einige Bereiche sind auch nur durch Indizes gekennzeichnet (z.B. cu oder oh).

Formeln aus der Kälteanlagentechnik

[→ Verdampfen und Kondensieren, Linkslaufende Kreisprozesse, Kältemittel, Regelung (Kältetechnik)]

Den nun folgenden Formeln aus der Kälteanlagentechnik liegt das nebenstehend vereinfacht dargestellte **log *p,h*-Diagramm** zugrunde.

Zu beachten ist auch das → log *p,h*-Diagramm Seite 111 sowie das → *T,s*-Diagramm und das Schaltbild Seite 127.

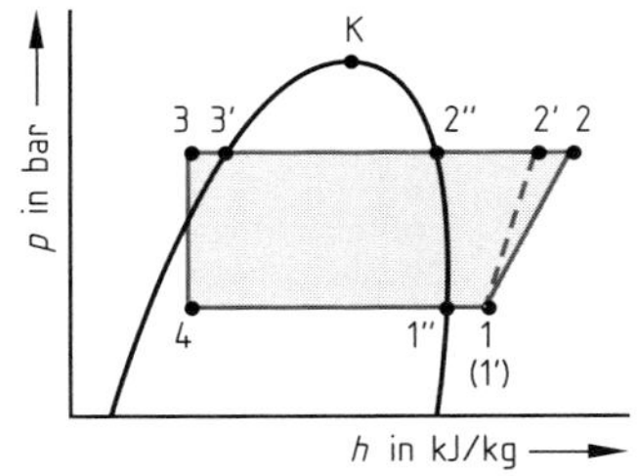

AT Anlagentechnik

Formeln aus der Kälteanlagentechnik (Fortsetzung)

Das vereinfacht dargestellte log p, h-Diagramm Seite 427 (unten) zeigt die folgenden → **Zustandsänderungen**:

1 → 2′ : isentrope bzw. adiabate (theoretische) Verdichtung
1 → 2 : polytrope (praktische) Verdichtung
2 → 2″: Enthitzung im Verflüssiger
2″→ 3′ : Verflüssigung im Verflüssiger
3′ → 3 : Unterkühlung im Verflüssiger
3 → 4 : Expansion, d. h. Druckabsenkung von p_c auf p_0
4 → 1″: Verdampfung im Verdampfer
1″→ 1′ : Überhitzung im Verdampfer
1′ → 1 : Überhitzung in der Saugleitung

Formelzeichen und Indizes der **DIN 8941** beachten!

Verdampfergleichungen (→ Verdampfen, Wärmeaustauscher)

$q_0 = h_1' - h_4$	**massenstrombezogene Kälteleistung** bzw. **spezifischer Kältegewinn**
$q_{0v} = \dfrac{q_0}{v_1}$	**volumenstrombezogene Kälteleistung** bzw. **volumetrischer Kältegewinn**
$\dot{Q}_0 = \dot{m}_R \cdot q_0$	**Verdampferleistung** bzw. **Kälteleistung**
$A = A_R + A_L$	**Oberfläche eines Lamellenverdampfers**
$A_R = \pi \cdot d \cdot l$	**Rohroberfläche**
$A_L = 2 \cdot n_L \cdot (b \cdot h - n_R \cdot \dfrac{\pi}{4} \cdot d^2)$	**Lamellenoberfläche**

q_0 in kJ/kg **$\dot{Q}_0$ in kW**
q_{0v} in kJ/m³ **A in m²**

Zeichen	Bedeutung	Einheit
h_1'	→ spezifische Enthalpie am Verdampferende	kJ/kg
h_4	spezifische Enthalpie am Verdampferanfang	kJ/kg
v_1	→ spezifisches Volumen im Ansaugzustand	m³/kg
$\dot{m}_R$	**Kältemittelmassenstrom**	kg/s
A_R	Rohroberfläche	m²
A_L	Lamellenoberfläche	m²
d	Rohraußendurchmesser	m
l	Rohrlänge	m
n_L	Lamellenanzahl	1
n_R	Kernrohranzahl	1
b	Lamellenbreite	m
h	Lamellenhöhe	m

Verflüssigergleichungen (→ Kondensieren, Wärmeaustauscher)

$q_c = h_2 - h_3$	**massenstrombezogene Wärmeleistung** bzw. **spez. Verflüssigungswärme**
$\dot{Q}_C = \dot{m}_R \cdot q_c$	**Verflüssigerleistung** bzw. **Wärmeleistung**
$\dot{Q}_C = k \cdot A \cdot \Delta T_m$	
$\dot{Q}_C = \dot{Q}_0 + P_i$	

q_c in kJ/kg **$\dot{Q}_C$ in kW**

Zeichen	Bedeutung	Einheit
h_2	spezifische Enthalpie am Verflüssigereingang	kJ/kg
h_3	spezifische Enthalpie am Verflüssigerausgang	kJ/kg
$\dot{m}_R$	Kältemittelmassenstrom	kg/s
k	→ Wärmedurchgangszahl	W/(m² · K)
A	Verflüssigeroberfläche	m²
ΔT_m	→ mittlere logarithmische Temperaturdifferenz	K
$\dot{Q}_0$	→ Verdampferleistung	kW
P_i	indizierte → Verdichterleistung	kW

Verdichtergleichungen (→ Arbeit, Leistung, Wirkungsgrad, Verdichter)

$w_{is} = h_2' - h_1$	**spezifische Verdichterarbeit bei isentroper Verdichtung** in kJ/kg
$w_i = \dfrac{w_{is}}{\eta_i}$	**induzierte spezifische Verdichterarbeit** in kJ/kg
$w_e = \dfrac{w_{is}}{\eta_e}$	**spezifische Verdichterarbeit bei praktischer (polytroper) Verdichtung** in kJ/kg

Zeichen	Bedeutung	Einheit
h_2'	spezifische Enthalpie am Ende der isentropen Verdichtung	kJ/kg
h_1	spezifische Enthalpie im Ausgangszustand	kJ/kg
η_i	indizierter (innerer) Wirkungsgrad	1
η_e	effektiver Wirkungsgrad	1

Der effektive Wirkungsgrad ist das Produkt aus indiziertem und mechanischem Wirkungsgrad.

Formeln aus der Kälteanlagentechnik (Fortsetzung)

$\eta_e = \eta_m \cdot \eta_i$ **effektiver Wirkungsgrad**

$w_M = \frac{w_e}{\eta_ü \cdot \eta_{el}}$ **spezifische Motorarbeit**

η_m	→ mechanischer Wirkungsgrad	1
η_i	indizierter Wirkungsgrad	1
w_e	spezifische Verdichterarbeit bei praktischer (polytroper) Verdichtung	kJ/kg
$\eta_ü$	Übertragungswirkungsgrad	1
η_{el}	→ elektrischer Wirkungsgrad	1

Mit dem **Übertragungswirkungsgrad** werden die Energieverluste von Elementen, die dem Motor und Verdichter zwischengeschaltet sind, z. B. → Getriebe oder → Riementrieb, berücksichtigt. Direktantrieb: $\eta_ü = 1$

Wird der Verdichter mit einer Verbrennungskraftmaschine angetrieben, dann ist auch der → thermische Wirkungsgrad zu berücksichtigen.

$P_{is} = \dot{m}_R \cdot w_{is}$

$P_i = \dot{m}_R \cdot w_i$

$P_e = \dot{m}_R \cdot w_e$

Verdichterleistung in kW

$P_M = \dot{m}_R \cdot \frac{w_e}{\eta_ü}$ **Motornennleistung** in kW

$P_K = \dot{m}_R \cdot \frac{w_e}{\eta_ü \cdot \eta_{el}}$ **Klemmenleistung** des E-Motors

is: isentrop i: indiziert e: effektiv

w	spezifische Verdichterarbeit	kJ/kg
$\dot{m}_R$	Kältemittelmassenstrom	kg/s
$\eta_ü$	Übertragungswirkungsgrad	1
η_{el}	elektrischer Wirkungsgrad	1

Zur Berechnung der → Verflüssigerleistung (Wärmeleistung) ist die indizierte Verdichterleistung maßgebend.

$V_g = \frac{\pi}{4} \cdot d^2 \cdot l_H \cdot z$ **geometrisches Hubvolumen** in m^3

$\dot{V}_g = V_g \cdot n$ **zeitbezogenes geometrisches Hubvolumen** in m^3

$\dot{V}_g$ wird auch als **geometrischer Hubvolumenstrom** bezeichnet.

$\dot{Q}_0 = \dot{V}_g \cdot q_{0v} \cdot \lambda$ **Kälteleistung**

$\tau_e = \frac{Q}{\dot{Q}_0}$ **Verdichterlaufzeit**

$\lambda = \frac{V}{V_g} = \frac{\dot{m}_R \cdot v_1}{\dot{V}_g}$ **Liefergrad**

d	Zylinderdurchmesser	m
l_H	Kolbenhub	m
z	Anzahl der Zylinder	1
n	→ Umdrehungsfrequenz	s^{-1}
q_{0v}	→ volumetrischer Kältegewinn	J/m^3
λ	**Liefergrad** des Verdichters	1
Q	→ **Kältebedarf**	kW
$\dot{Q}_0$	Kälteleistung, Verdampferleistung	kW
V	tatsächlich angesaugtes Volumen	m^3
V_g	geometrisches Hubvolumen	m^3
$\dot{V}_g$	zeitbezogenes geometrisches Hubvolumen	m^3/s

Zur **Ermittlung des λ-Wertes** können diverse empirische Gleichungen verwendet werden. Eine wichtige Arbeitsunterlage ist auch das **DKV-Arbeitsblatt 3-01** (nur für Ammoniak NH_3).

Druckabfall am Drosselorgan (→ Druckverluste)

$\Delta p_E = p_C - (p_0 + \Delta p_{Fl} + \Delta p_h + \Delta p_{Fv})$

p_C	Verflüssigungsdruck	Pa, bar
p_0	Verdampfungsdruck	Pa, bar
Δp_{Fl}	Druckabfall in der Flüssigkeitsleitung	Pa, bar
Δp_h	→ geodätischer Druckverlust	Pa, bar
Δp_{Fv}	Druckabfall im Flüssigkeitsverteiler	Pa, bar

Leistungszahl und Gütegrad (→ Kreisprozesse)

$\varepsilon_{is} = \frac{q_0}{w_{is}}$

$\varepsilon_e = \frac{q_0}{w_e}$

$\varepsilon_C = \frac{T_0}{T_C - T_0}$

Leistungszahl (→ linkslaufende Kreisprozesse)

$\eta_G = \frac{\varepsilon_e}{\varepsilon_C}$ **Gütegrad**

is: isentrop e: effektiv C: → Carnot

w	spezifische Verdichterarbeit	kJ/kg
q_0	massenstrombezogene Kälteleistung (spez. Kältegewinn)	kJ/kg
T_0	→ Verdampfungstemperatur	K, °C
T_C	→ Kondensationstemperatur	K, °C

AT Anlagentechnik

Abfuhr von Wärmeströmen

(→ Sonnenstrahlung, Atmosphäre, Wärmehaushalt des Menschen, Behaglichkeit, Feuchte Luft, Wärmetransport)

Kühllast (→ Klima)

Berechnungsgrundlagen sind **DIN 1946** „Raumlufttechnik"
VDI Richtlinie 2078 „Berechnung der Kühllast klimatisierter Räume" (**VDI-Kühllastregeln**)

Kühllast ist der → **Wärmestrom**, der aus einem Raum abgeführt werden muss, um einen angestrebten Luftzustand zu erreichen.

zu unterscheiden sind **sensible Kühllast** und **latente Kühllast**

Die **sensible Kühllast** ist der Wärmestrom, der bei konstanter → Luftfeuchte aus dem Raum abgeführt werden muss, um eine angestrebte Lufttemperatur aufrecht zu erhalten.

Die **latente Kühllast** ist der Wärmestrom, der erforderlich ist, um einen Dampfmassenstrom bei Lufttemperatur zu → kondensieren, so dass bei konstanter Temperatur eine angestrebte Luftfeuchte aufrecht erhalten wird.

Des Weiteren unterscheidet man die **innere Kühllast** $\dot{Q}_I$, erzeugt von Wärmequellen im Raum, d. h. **innere Wärmequellen** von der **äußeren Kühllast** $\dot{Q}_A$, d. h. äußere Wärmequellen.

$$\dot{Q}_K = \dot{Q}_I + \dot{Q}_A$$ **Kühllast** in W

$$\dot{Q}_I = \dot{Q}_P + \dot{Q}_E + \dot{Q}_R$$ **Innere Kühllast** in W

mit $$\dot{Q}_E = \dot{Q}_B + \dot{Q}_M + \dot{Q}_G + \dot{Q}_C$$

$$\dot{Q}_A = \dot{Q}_W + \dot{Q}_F + \dot{Q}_{Fl}$$ **Äußere Kühllast** in W

mit $$\dot{Q}_F = \dot{Q}_T + \dot{Q}_S$$

Berechnungsgleichungen für die einzelnen Wärmeströme (Kühllastkomponenten) befinden sich in der **VDI-Richtlinie 2078**.

Die Kühllastkomponenten sind in der Regel zeitveränderlich.

(→ Strahlungsanteile)

$\dot{Q}_P$	Personenwärmestrom	W
$\dot{Q}_E$	Wärmestrom der Einrichtungen	W
$\dot{Q}_R$	Wärmestrom aus Nachbarräumen (→ Wärmetransport)	W
$\dot{Q}_B$	Beleuchtungswärmestrom	W
$\dot{Q}_M$	Maschinen- und Gerätewärmestrom	W
$\dot{Q}_G$	Wärmestrom eines Stoffdurchsatzes (z. B. Kühlwasser)	W
$\dot{Q}_C$	sonstige Wärmeströme (z. B. durch chemische Reaktionen)	W
$\dot{Q}_W$	Wärmestrom durch Wände	W
$\dot{Q}_F$	Wärmestrom durch Fenster	W
$\dot{Q}_{Fl}$	Wärmestrom durch Fugenlüftung	W
$\dot{Q}_T$	Transmissionswärmestrom	W
$\dot{Q}_S$	Strahlungswärmestrom (→ Wärmestrahlung)	W

Kältebedarf

$$\dot{Q} = \dot{Q}_K + \dot{Q}_E + \dot{Q}_B + \dot{Q}_L + \dot{Q}_P + \dot{Q}_H + \dot{Q}_V$$ **Kältebedarf eines Kühlraumes in Watt**

(→ Wärmemenge, → Wärmestrom)

⇩

$$\dot{Q} = \frac{Q}{\tau}$$

τ gemäß DIN 8941, sonst t!

Der Wärmestrom errechnet sich aus dem Quotienten von Wärmemenge und Zeit.

zu unterscheiden sind → **latente Wärme**
→ **sensible Wärme**

$\dot{Q}_K$	Kühlgutwärmestrom (→ **Kühlguttabelle**)	W
$\dot{Q}_E$	Wärmestrom durch Einstrahlung (→ Wärmestrahlung, → Sonnenstrahlung)	W
$\dot{Q}_L$	Wärmestrom durch Luftwechsel	W
$\dot{Q}_B$	Beleuchtungswärmestrom	W
$\dot{Q}_P$	Personenwärmestrom (→ **Wärme- und Wasserdampfabgabe des Menschen**)	W
$\dot{Q}_H$	Abtauwärmestrom	W
$\dot{Q}_V$	Ventilatorwärmestrom	W

Gleichungen für $\dot{Q}_B$, $\dot{Q}_P$, $\dot{Q}_H$ und $\dot{Q}_V$ befinden sich auf Seite 431.

8

Abfuhr von Wärmeströmen (Fortsetzung)

$\dot{Q}_B = P_B \cdot \frac{\tau}{24\,h}$ **Beleuchtungswärmestrom**

$\dot{Q}_P = n \cdot \dot{q} \cdot \frac{\tau}{24\,h}$ **Personenwärmestrom**

Mittelwert für $\dot{q} \approx$ **220 Watt**

$\dot{Q}_H = P_H \cdot \frac{\tau}{24\,h}$ **Abtauwärmestrom**

$\dot{Q}_V = P_V \cdot \frac{\tau}{24\,h}$ **Ventilatorwärmestrom**

Alle Wärmeströme in W

τ	Tägliche Einschaltdauer	h
P_B	Elektrische → Nennleistung der Beleuchtung	W
P_H	Heizleistung der Abtauheizung	W
P_V	Motor-Nennleistung des Ventilators	W
n	Anzahl der Personen	1
$\dot{q}$	Wärmestrom pro Person (→ Wärme- und Wasserdampfabgabe des Menschen)	W

Kälteleistung einer Kälteanlage

$\dot{Q}_0 = \dot{Q} \cdot \frac{24\,h}{\tau}$ **Kälteleistung**

$\dot{Q}$	Kältebedarf	W
τ	Tägliche Einschaltdauer (Laufzeit)	h

Kühlguttabelle (kleine Auswahl von Nahrungsmitteln)

Nahrungsmittel	Lagertemperatur ϑ in °C	Lagerfeuchte φ in %	höchster Gefrierpunkt ϑ_{sch} in °C	spez. Wärme c vor dem Erstarren in kJ/(kg·K)	spez. Wärme c nach dem Erstarren in kJ/(kg·K)	spez. Schmelzwärme q in kJ/kg
Aale	+4	50–60	−2	2,93	1,63	213
Äpfel	−1/−3	90	−2	3,64	1,88	281
Bananen	+12	90	−1	3,35	1,76	250
Bier	+5	–	−2	3,85	–	–
Bohnen, grün	+4/+6	95	−1	3,81	1,97	298
Butter, frisch	0/+4	80–85	−6	2,38	1,25	153
Eier, frisch	0	85–90	−2	3,18	1,68	235
Eis (Speiseeis)	−18	–	−2	2,93	1,63	207
Erbsen, grün	0	90–95	−1	3,31	1,76	246
Fische, frisch	+1	90–95	−2	3,26	1,74	245
Fische, gefroren	−18	90–95	–	–	–	–
Fische, geräuchert	+4/+9	50–60	−2	2,93	1,63	213
Fleisch, frisch (Schwein)	0	85–95	−2	2,13	1,30	128
Fleisch, gefroren (Schwein)	−18	90–95	–	–	–	–
Fleisch, frisch (Rind)	0	85–90	−2	3,25	1,76	235
Fleisch, gefroren (Rind)	−18	90–95	–	–	–	–
Geflügel (frisch)	0	85–90	−3	3,30	1,76	246
Geflügel (gefroren)	−18	90–95	–	–	–	–
Honig	+8	–	–	1,47	1,10	60
Käse	−1	65–70	−2	2,10	1,30	126
Kartoffeln	+3/+9	90	−1	3,43	1,80	258
Kohl	0	90–95	−1	3,94	1,97	307
Margarine	+2	60–70	−5	2,34	1,25	151
Milch	+1	–	−3	3,77	2,51	290
Sahne, frisch	0	–	−3	3,25	1,76	242
Sahne, gefroren	−18	–	–	–	–	–
Speck, frisch	+1/−4	85	−2	1,53	1,20	68
Speck, gefroren	−18	90–95	–	–	–	–
Tomaten	+7/+9	85–90	−1	3,94	2,05	312
Weintrauben	−1/0	85–90	−2	3,60	1,84	270
Wurst, frisch	0	85–90	−2	3,72	2,34	216
Wurst, gefroren	−18	90–95	–	–	–	–
Zitronen	+14	85–90	−1	3,81	1,93	295
Zwiebeln	0	65–70	−1	3,77	1,93	288

In der einschlägigen Literatur findet man ausführliche Tabellen bezüglich der **Lagerung von Kühlgütern** ($\vartheta > -18\,°C$) **und Tiefkühlgütern** ($\vartheta \leq -18\,°C$) sowie dem **Transport von Kühlgütern und Tiefkühlgütern**.

Verwendete u. genannte Normen bzw. andere Regelwerke

Nr.	Monat/Jahr	Seite
DIN		
6	12/86	208
13	11/99	189, 334, 335
14	02/87	189
15	06/84	207
74	12/80	340
76	12/83	340
93	07/74	342
103	04/77	189
128	10/94	341
137	05/94	342
158	06/97	189
202	11/99	189
315	07/98	341
332	04/86	340
405	11/97	189
406	12/92	209
433	03/90	341
461	03/73	64
466	09/86	341
467	09/86	341
471	09/81	342
472	09/81	342, 343
476	02/91	207
478	02/85	337
479	02/85	337
480	02/85	337
513	04/85	189, 336
580	03/72	341
582	04/71	341
660	05/93	343
661	05/93	343
662	05/93	343
674	05/93	343
825	05/96	366
835	02/95	337
906	01/92	341
908	01/92	341
909	01/92	341
910	01/92	341
913	12/80	337
914	12/80	337
915	12/80	337
916	12/80	337
917	02/00	341
928	01/00	341
935	02/00	341
938	02/95	337
939	02/95	337
962	09/90	338
974	05/91	340
979	02/00	341
1013	11/76	196
1014	07/78	196
1015	11/72	196
1017	04/67	196
1022	10/63	196
1025	05/95	196, 198, 199
1026	10/63	196, 197
1027	10/63	196, 198
1055	07/78	355
1301	12/93	9, 10, 18, 424
1302	04/94	36 ··· 39
1304	03/89	79, 99, 134, 135, 190, 424
1310	02/84	68
1314	02/77	88
1333	02/92	49
1343	01/90	104
1345	12/93	425
1356	02/95	241 ··· 244, 357
1441	07/74	341
1479	02/98	341
1587	02/00	341
1626	10/84	369
1629	10/84	369
1700	07/54	276
1771	09/81	196
1816	03/71	341
1912	05/81	350
1946	01/94	30, 32, 33, 34, 430
2353	12/98	373
2391	09/94	196, 369
2392	09/94	196
2393	09/94	196, 369
2403	03/84	366
2405	07/67	366
2408	05/82	370
2428	12/68	223
2429	01/88	370
2440	06/78	196
2441	06/78	196
2448	02/81	196, 369
2458	02/81	196, 369
2500	08/66	349
2510	08/71	189
2512	08/99	372
2513	05/66	372
2514	03/75	372
2576	03/75	349
2630	03/75	349
2695	01/72	372
2696	08/99	372
2980	09/77	373
2999	07/83	189, 336
3858	01/88	189
3859	02/98	189
4102-1	05/98	293, 355
4108	08/81	365
4140	11/96	355, 357, 358
4701	03/83	358 ··· 361
5031	03/82	143
5437	06/87	390
5473	07/92	39
6601	10/91	266
6776	04/76	208
6796	10/87	342
6797	07/88	342
6799	09/81	341
6914	10/89	337
7338	08/93	343
7339	05/93	343
7500	08/95	337
7504	09/95	337
7984	05/85	337
7989	07/74	341
8525	11/77	270
8526	11/77	345
8554	05/86	350

Verwendete u. genannte Normen bzw. andere Regelwerke

Nr.	Monat/Jahr	Seite
DIN		
8580	07/85	327
8905	10/83	369, 370, 384
8941	01/82	99, 320, 424 ··· 428
8960	11/98	29, 301, 305 ··· 309
8975	02/89	373, 379, 380, 423
8976	02/72	424
8977	01/73	424
9713	09/81	196
9714	09/81	196
16920	06/81	355
17175	05/79	369
17177	05/79	369
17211	04/87	353
19221	05/93	418
19226	02/94	418
20400	01/90	189
24145	12/98	380
24147	12/98	380, 381
24151	12/98	381
24152	12/98	381
24190	12/98	381
24191	12/98	381
24250	01/84	390
24251	12/98	390
24252	10/66	390
24260-1	09/86	390
24289	12/87	390
28004	05/74	207, 212
28179	11/89	371
28180	05/85	371
28181	05/85	371
33403	07/88	30 ··· 35
40430	02/71	189
50100	02/78	270
50101	09/79	270
50102	09/79	270
50106	12/78	270
50113	03/82	270
50115	04/91	270
50118	01/82	270
50153	08/79	270
50905-1	01/87	266
50905-2	01/88	266
50905-3	01/87	266
50905-4	01/87	266
50918	06/78	266
50919	02/84	266
50920-1	10/85	266
50922	10/85	266
50927	08/85	266
50930-1	02/93	266
50930-3	02/93	266
50930-4	02/93	266
51503-1	08/97	314, 316, 317
51514	11/96	317
51519	08/98	315
51550	12/78	314 ··· 317
51558-3	10/83	314 ··· 317
51559-2	03/90	314 ··· 317
51562-1	01/99	314 ··· 317
51593	05/89	316
51777-1	03/83	315, 316
53505	06/87	268
53519	05/72	268
53804	09/81	50
54111-2	06/82	266, 270
54119	08/81	270
55928	07/94	355
59051	08/81	196
59753	05/80	369, 370
DIN ISO		
228	12/94	189, 336
286	11/90	325, 326
2592	09/81	314 ··· 317
3016	10/82	314 ··· 317
3733	10/80	317
3771	04/85	314, 315
5455	12/79	207
5456	04/98	208
7049	08/90	337
7050	08/90	337
DIN EN		
255-1	07/97	424, 425
439	10/94	350
440	10/94	350
733	08/95	390
734	08/95	390
754-7	10/98	369
764	11/94	368
837	02/97	408
1057	05/96	369
1254	03/98	370, 374 ··· 376, 378, 388
1333	10/96	368
1514-1	08/97	372
1560	08/97	273
1665	11/98	337
1861	07/98	213 ··· 225
2999	07/83	374
10002	04/91	267, 270
10025	03/94	192
10027	09/92	271, 272, 274
10055	12/95	196, 197
10056	10/98	196, 199, 200
10084	06/98	353
10204	08/95	369
10208	08/96	369
10210	11/97	196
10233	01/94	270
10234	01/94	270
10237	01/94	270
10242	03/95	373, 374
12345	05/99	237
12449	10/99	370
20898-1	11/99	337
22338	02/98	343
22340	10/92	343
22341	10/92	343
22553	03/97	237 ··· 240
22739	10/96	343
22858	07/93	390
24014	02/92	337
24015	12/91	337
24032	02/92	341

Verwendete u. genannte Normen bzw. andere Regelwerke

Nr.	Monat/Jahr	Seite
DIN EN		
24033	12/91	341
24035	02/92	341
24063	09/92	240
27434	10/92	337
27435	10/92	337
27436	10/92	337
27766	10/96	337
28065	10/96	337
28673	02/92	341
28674	02/92	341
28675	02/92	341
28734	03/98	343
28738	10/92	341
29453	02/94	345
60617	08/97	226 ··· 231
60651	05/94	156
61082	05/95	232 ··· 236
DIN EN ISO		
1043-1	01/00	277
1043-2	08/91	277
1127	03/97	369
1234	02/98	342
2009	10/94	337
3651	08/98	266
4762	02/98	337, 338
5172	02/97	375
6245	11/95	314, 316
6506	10/99	268, 270
6507	01/98	268, 270
6508	10/99	268, 270
7040	02/98	341
7730	09/95	35
8044	11/99	266
8497	09/96	355
8740	03/98	343
8741	03/98	343
8743	03/98	343
8744	03/98	343
8745	03/98	343
8746	03/98	343
8747	03/98	343
8752	03/98	343
10511	02/98	341
10642	02/98	337
DIN IEC		
584-1	01/84	403
751	12/90	402
DIN VDE		
0100	05/73	179
0101	01/00	179
0105	10/97	179
ISO		
2533	12/79	25, 26
3677	06/92	345 ··· 347
6947	05/97	350
9453	12/90	345

Nr.	Monat/Jahr	Seite
VDI-Richtlinie		
2055	07/94	355, 362, 363
2078	07/96	23 ··· 25, 27, 30, 430
2080	04/96	34
2229	06/79	344
2310	10/88	28
6022	07/98	30
Ö-Norm		
H6000-3	10/89	28
DKV-Arbeitsblatt		
1.00–1,1	07/97	104
1.00–1.2	10/97	104
1.00–1.3	10/97	104
1.02–2.1	02/96	111, 112
1.04–2	02/96	118, 119
1.05–3	02/97	98
2.06–1	09/96	102
2.09–4	10/98	98
3.01	02/50	429
AGI-Arbeitsblatt		
Q02	06/89	355
Q03	06/89	296, 297, 355
Q101	05/78	355
Q103	12/89	355
Q104	05/90	355
Q111	05/82	300, 344, 355
Q112	10/80	300, 355
Q132	05/95	294, 295
Q133-1	02/86	295, 298
Q133-2	05/96	294, 295
Q133-3	04/96	294, 295
Q134	06/87	294, 295
Q135	10/90	355
Q136	08/87	355
Q137	08/84	294, 295
Q139	07/84	294, 295
Q141	02/88	294, 295
Q142	12/89	294, 295
Q143	07/87	294, 295
Q152	03/87	355
Q153	05/82	349, 355
Q154	03/82	349, 355
AD-Merkblatt		
B7	06/86	339
W10	01/00	250 ··· 252, 340
UVV		
VBG15	05/90	347, 352
VBG16	05/96	399
VBG20	10/97	302 ··· 305, 310, 379, 399
VBG62	05/94	399
Ashrae		
97–89	–	316

Verwendete u. genannte Normen bzw. andere Regelwerke

Nr.	Monat/Jahr	Seite
DVGW		
GW 2	01/96	347, 373, 375
VDMA		
24186	09/88	422, 423
Technische Regeln für Gefahrstoffe		
TRGS 900	09/99	284

Nr.	Monat/Jahr	Seite
Gesetze/Verordnungen		
Arbeitsstättenverordnung	12/96	32, 33
Wärmeschutzverordnung	08/94	361
Wasserhaushaltsgesetz	11/96	29

Weitere wichtige Gesetze und Verordnungen

Die in diesem Tabellenbuch verwendeten und genannten Normen bzw. andere Regelwerke stellen nur einen Bruchteil der Gesetzes- und Regelwerke im Bereich Wärme · Kälte · Klima dar.
Der Fachmann ist deshalb stets gehalten, den gesamten Komplex über **Normen und technische Regelwerke** sowie **Gesetze und Verordnungen** zu beobachten und für seine Bedürfnisse zu aktualisieren.
Im Folgenden wird noch eine kleine Auswahl wichtiger Gesetze und Verordnungen sowie deren Erscheinungsmonat genannt:

Gesetz, Verordnung, Richtlinie (Kurzbezeichnungen, alphabetisch geordnet)	Monat/Jahr
● Altölverordnung	10/87
● Arbeitsmittelbenutzungsverordnung	03/97
● Bundesimmissionsschutzgesetz	05/90
● Druckbehälterverordnung	02/80
● Eichordnung, Eichgesetz	08/88, 03/92
● FCKW-Halon-Verbotsordnung	12/95
● Gefahrgutverordnung Straße	12/98
● Gefahrstoffverordnung	10/93
● Gerätesicherheitsgesetz	09/95
● Gesetz über die elektromagnetische Verträglichkeit	09/98
● Gesetz zum Schutz von gefährlichen Stoffen (Chemikaliengesetz)	07/94
● Getränkeschankanlagenverordnung	09/98
● Gewerbeordnung	06/98
● Kreislaufwirtschafts- und Abfallgesetz	09/94
● Produkthaftungsgesetz	12/89
● Produktsicherheitsgesetz	09/97
● Störfallverordnung	09/91
● Verordnung über elektrische Anlagen in explosionsgefährdeten Räumen	12/96
● Verordnung über genehmigungsbedürftige Anlagen	07/85
● Verordnung über Stoffe, die zu einem Abbau der Ozonschicht führen (EG-Verordnung Nr. 3093/94)	12/94

Bezugsquellen f. Gesetze, Verordnungen, Technische Regeln

AD-Merkblätter Carl Heymanns Verlag KG Luxemburger Straße 449 50939 Köln	**AGI-Arbeitsblätter** Vincentz Verlag Schiffgraben 41–43 30175 Hannover	**Bundesgesetzblätter** Bundesanzeiger Verlag Bonn Postfach 1320 53003 Bonn
DIN-Normen DIN Deutsches Institut für Normung e.V. Burggrafenstraße 6 10787 Berlin	**DKV-Arbeitsblätter** Verlag C. F. Müller GmbH Amalienstraße 29 76133 Karlsruhe	**DVGW-Richtlinien** Deutscher Verein des Gas- und Wasserfaches Bahnstraße 8 65205 Wiesbaden

Bezugsquellen f. Gesetze, Verordnungen, Technische Regeln

(Fortsetzung)

EG-Richtlinien Bundesanzeiger Verlagsgesellschaft Breite Straße 78–80 50667 Köln	**Gesetze / Verordnungen** Carl Heymanns Verlag KG Luxemburger Straße 449 50939 Köln	**Technische Regeln Druckbehälter (TRB)** Carl Heymanns Verlag KG Luxemburger Straße 449 50939 Köln
Technische Regeln Druckgase (TRG) Carl Heymanns Verlag KG Luxemburger Straße 449 50939 Köln	**Technische Reglen Rohrleitungen (TRR)** Carl Heymanns Verlag KG Luxemburger Straße 449 50939 Köln	**Unfallverhütungs-vorschriften** Carl Heymanns Verlag KG Luxemburger Straße 449 50939 Köln
VDE-Vorschriften VDE-Verlag Bismarckstraße 33 10625 Berlin	**VDI-Vorschriften** DIN Deutsches Institut für Normung e.V. Burggrafenstraße 6 10787 Berlin	**VDMA-Richtlinien** Verband Deutscher Maschinen- und Anlagenbau e.V. Fachgemeinschaft Allgemeine Lufttechnik Lyoner Straße 18 60528 Frankfurt/Main

Abkürzungen f. Verbände/Organisationen/Zeitschriften etc.

AD	Arbeitsgemeinschaft Druckbehälter im Deutschen Dampfkesselausschuss
ASR	Arbeitsstättenrichtlinien
ASHRAE	American Society of Heating, Refrigeration and Air-Conditioning Engeneers
BAM	Bundesanstalt für Materialprüfung
BGBl	Bundesgesetzblatt
BHKS	Bundesverband Heizung – Klima – Sanitär
BIV	Bundesinnungsverband
BSE	Bundesverband Solarenergie
BVOG	Bundesverband Öl- und Gasfeuerung
BWK	Zeitschrift Brennstoff – Wärme – Kraft
CCI	Zeitschrift Clima – Comerce – International
CEN	Europäisches Komitee für Normung
DDA	Deutscher Dampfkesselausschuss
DGS	Deutsche Gesellschaft für Sonnenenergie
DIN	Deutsches Institut für Normung e.V.
DKV	Deutscher Kälte- und Klimatechnischer Verein
DVGW	Deutscher Verein des Gas- und Wasserfaches
EG	Europäische Gemeinschaft
EN	Europäische Norm
FGK	Fachinstitut Gebäude – Klima
FLT	Forschungsvereinigung für Luft- und Trockungstechnik
FNHL	Fachnormenausschuss Heizung und Lüftung
FNKä	Fachnormenausschuss Kälte
FWI	Zeitschrift Fernwärme International
HLH	Zeitschrift Heizung – Lüftung – Haustechnik
KI	Zeitschrift Luft- und Kältetechnik
Ki	Zeitschrift Klima – Kälte – Heizung
KK	Zeitschrift Die Kälte- und Klimatechnik
KKA	Zeitschrift Kälte Klima Aktuell
LKT	Zeitschrift Luft- und Kältetechnik
NHRS	Normenausschuss Heizungs- und Raumlufttechnik
PTB	Physikalisch-Technische Bundesanstalt
SHT	Zeitschrift Sanitär- und Heizungstechnik
TAB	Zeitschrift Technik am Bau
UVV	Unfallverhütungsvorschriften
VDI	Verband Deutscher Ingenieure
VDKF	Verband Deutscher Kälte-Klima-Fachleute
VDMA	Verband Deutscher Maschinen- und Anlagenbau (verschiedene Fachgemeinschaften)
VOB	Verdingungsordnung für Bauleistungen
WSVO	Wärmeschutzverordnung
WT	Zeitschrift Wärmetechnik, Versorgungstechnik
ZVSHK	Zentralverband Sanitär – Heizung – Klima

Sachwortverzeichnis

A

Abbildungsgleichung 140, 141
Abfuhr von Wärmeströmen 430, 431
Abgeschiedene Masse 157
Abgestrahlte Wärme 33
Abgleichbedingung 162
Abheben 339
Abklingkoeffizient 135
Ablaufdiagramm 233
Ablauftabelle 233
Ablenkungswinkel 139
Abmaße 326
Abscheider 219
Absolute Größen 102
Absolute Luftfeuchtigkeit 114
Absolute Temperatur 99
Absoluter Druck 89
Absoluter Nullpunkt 99
Absorberdichte 156
Absorption von Schall 149
Absorptionskältemaschine 23, 324
Absorptionskoeffizient 132
Absorptions-Schalldämpfung 156
Absorptionsvorgänge 324
Absperrventile 216
Abstände (Rohraufhängungen) 380
Abstrahlwinkel 155
Abtauwärmestrom 430, 431
Achsbemaßung 242
Ackeret-Keller-Prozess 124
Addition 40
Addition von Schalldruckpegeln 151
Adhäsion 87
Adiabate 121, 125
Adiabate Verdichtung 396, 428
Adiabatenexponent κ (Werte) 103
Adiabatenexponent 118, 121
AD-Merkblätter 250 ... 252
Adsorbienten 320, 324
Adsorption 324
Adsorptionsstoffpaare 324
Adsorptionsvorgänge 324
Adsorptive Trockenmittel 320
Aerostatischer Druck 89
Akklimatisation 34
Aktivierung (Trockenmittel) 320
Aktivierungstemperatur 320
Aktivitätsgrad 30
Akustik 146 ... 156
Akustisch dicht 150
Akustisch dünn 150
Akustische Beschreibung eines Raumes 152
Akustische Eigenschaften (Dämmung) 358
Akustische Ereignisse 147
Akustisches Brechungsgesetz 150
Akustisches Medium 150
Allgemeine Gaskonstante 104
Allgemeine Zahlen 40, 41
Allgemeine Zustandsgleichung der Gase 103
Allgemeines Kräftesystem 184
Alternative Kältemittel 308
Aluminium und Aluminiumlegierungen 257, 269
Aluminium-Lötungen 347
Aluminiumprofile 196
Aluminiumrohre, Maßnormen 370
Aluminium-Rohrwerkstoffe 370
Ammoniak 305
Amplitude 137
Amplitudendifferenz 135
Amplitudenresonanz 136
Anemometer 26
Angriffspunkt 183
Angular (Dehnungsausgleicher) 382
Anlagenkennlinie (Pumpen) 395
Anlagenkennlinie (Ventilatoren) 400
Anlagentechnik 355 ... 431
Anlassen 353
Anlassfarben 143
Anorganische Kältemittel 305
Anschlussfunktionszeitplan 233
Anschlussmaße (Flansche) 372
Ansichten 208, 243
Anstrengungsverhältnis 205
Antiflussmittel 345
Antriebsmaschinen 221
Anzahl der Teilchen 104
Anzeigebereiche (Thermometer) 404
Anzeigegeräte 423
Anziehdrehmoment 339
Aperiodischer Grenzfall 136
Apertur 140
Apparatewerkstoffe 250 ... 258
Äquivalente Absorptionsfläche 152, 155
Äquivalente Rohrlänge 388
Äquivalenter Wärmeleitwiderstand 360
Äquivalentkonzentration 69
Ar 73
Arbeit 21, 78 ... 80, 117, 119, 120
Arbeit auf der schiefen Ebene 79
Arbeitsdruck 368
Arbeitseinheit 78
Arbeitsenergieumsatz 30, 31
Arbeitskomponente 78
Arbeitsstättenverordnung 33
Arbeitsstoffpaare 324
Arbeitstemperatur 368
Arbeit und Energie 78 ... 80
Archimedes, Prinzip von 91
Arithmetischer Mittelwert 51
Aschezahl 315
Asynchronmotor 178
Atmosphäre 24 ... 29
Atmosphärendruck 89, 114
Atmosphärische Druckdifferenz 89
Atomare Masseneinheit 73, 104
Atomgewicht 104
Atommasse 104
Aufhängung 358
Aufladung (Kondensator) 165
Auflager 297
Auflagereibung 339
Auftreffender Lichtstrom 139
Auftrieb 72, 91
Auftriebskraft 91, 93
Auftriebsmethode 72
Augenblicksleistung 171
Augenempfindlichkeit 144
Ausbreitungsgeschwindigkeit 137, 138, 142, 146, 181
Ausdehnungskoeffizient, linearer 100, 193
Ausfallwinkel 139
Ausfluss aus Gefäßen 94, 95
Ausflusszahl 95
Ausflusszeit 95
Ausführungszeichnung 241
Ausgangsspannung 161
Auslassreflexion 154
Auslenkung 135, 136
Auslenkungs-Zeit-Gesetz 134
Auslöschung 137, 143
Auspufftopf 153
Außenlötende 375, 376
Äußere Kühllast 430
Äußere Reibung 187
Aussparung 244
Austreiben 324
Avogadro-Konstante 104
Axial (Dehnungsausgleicher) 382
Axialventilator 399
Azeotrope Kältemittel 109, 301
Azeotropes Gemisch 301

B

Bach-Schüle-Potenzgesetz 191
Barometrische Höhenformel 25
Basiseinheiten 9
Basisgrößen 9
BAT-Wert 288
Baustoffklassen (Brandverhalten) 293
Bauvorlagezeichnung 241
Bauzeichnungen 241 ... 244
Beanspruchungsfälle 250
Bedientableaus 422
Befestigungsmöglichkeiten (Dämmung) 356
Behaglichkeit 30 ... 35
Behaglichkeitsbereich 32 ... 34
Behaglichkeitskennzahl 35
Behaglichkeitsmaßstäbe 35
Behaglichkeitstemperatur 32
Behaglichkeitszone 32, 33
Behälter 217
Behälterböden 63
Behälterdämmung 355
Behälterüberwachungseinrichtungen 422
Beizmittel 345
Bekleidung 34, 35
Belastungsfälle 205
Belastungsgrenzen 192
Beleuchtungsstärke 144, 145
Beleuchtungswärmestrom 361, 430, 431
Bemaßung 209 ... 211, 240 ... 243
Benetzende Flüssigkeit 87
Benetzung 345
Benutzungsplan 241
Berechnungsdruck 368
Berechnungsformeln zur Dichteermittlung 72
Berechnungstemperatur 340, 368
Bernoulli'sche Gleichung 92
Berstdruck 368
Berührungsspannung 179
Beschichten 327, 344
Beschleunigung 20, 75, 82
Beschleunigungsarbeit 79
Bestrahlungsstärke 144
Betriebskennzahl 362
Betriebskraft 338
Betriebspunkt (Pumpen) 395
Betriebspunkt (Ventilatoren) 400
Betriebstechnische Gesichtspunkte 363

Sachwortverzeichnis

Betriebstemperatur 368
Betriebsüberdruck 368
Bewegungsenergie 79
Bewegungsgröße 78
Bewehrungszeichnung 241
Bewertete Lautstärkepegel 148, 156
Bewertungskurven (Schall) 148, 156
Bezugsschallleistung 147
Bezugstemperatur 325
Biegehauptgleichung 194
Biegekräfte 136
Biegekritische Drehzahl 136
Biegekritische Winkelgeschwindigkeit 136
Biegemoment 194
Biegen 327
Biegeradius 327
Biegeschwingungen 136
Biegespannung 194
Biegesteifigkeit 201
Biegung 194 ... 201
Bildentstehung 140, 141
Bimetallregelung 421
Bimetallthermometer 404
Binäreis 323
Binnenlandklima 24
Bi-Rotorzähler 417
Blattgrößen 207
Blechkanäle 380
Blechkanal-Formstücke 381
Blechrohre 380, 381
Blenden 411, 416
Blindfaktor 173, 174
Bindleistung 173, 174, 177, 180
Blindleitwert 173, 174
Blindspannung 180
Blindwiderstand 180
Blockschaltplan 233
Boden 29
Bodendruckkraft 90
Bodendruckmethode 409
Bogenmaß 59
Bohren 329, 330
Bohreranschliff 329
Bohrertypen 329
Bolzenverbindungen 343
Boyle-Mariotte'sches Gesetz 102, 120
Brandverhalten 293
Brechender Winkel 140
Brechung des Lichts 139, 140
Brechungsgesetz 139, 150
Brechwert 141
Brechzahl 139, 140, 150
Brennergröße 375
Brennweite 141
Brennwert 108
Brinellhärte 268
Britische Einheiten 19 ... 22
Brüche 40, 41, 43
Bruchrechnung 43

C
Candela 9, 144
Carnot-Prozess 124, 126
C_A-Wert 93
Celsiustemperatur 99
Chemische Analyse 270
Chemische Beständigkeit 298
Chemische Elemente, Eigenschaften 245 ... 247
Chemische Elemente, Periodensystem 2. Umschlagseite
Chemische Verbindung 301
Clausius-Rankine-Prozess 127
clo-Einheit 34, 35
Copolymere 277
Coriolis-Prinzip 414, 415
Cosinus 59
Cosinussatz 60
Cotangens 59
Coulomb 157
Coulomb'sches Gesetz 164
C_V-Wert 386
C_W-Wert 93, 94

D
Dalton, Gesetz von 105, 114
Dämm- und Sperrstoffe 293 ... 300
Dämm- und Sperrstoffe, Anhaltswerte 296
Dämm- und Sperrstoffe, Anwendungsmöglichkeiten 297
Dämmarbeiten 355
Dämmkonstruktionen, Aufbau 355 ... 358
Dämmkonstruktionen, Berechnung 358 ... 366
Dämmschichtdicke 361, 362
Dämmschichtdicke, wirtschaftliche 362
Dämmstoffkennziffer 294, 295
Dämmung, Ausführung 355 ... 357
Dämmung, Mindestabstände 355
Dämmung, Oberflächentemperatur 358
Dämmung, Schallschutz 358
Dampfbremsen 299, 300, 357, 366
Dampfdichte 114
Dampfdruck 114, 318
Dampfdruck-Federthermometer 404
Dampfdruckkurve 110
Dampferzeuger 218
Dampfstrahlpumpe 93
Dampftafeln 110 ... 113
Dämpfung 135, 136, 138
Dämpfungsgrad 135
Dämpfungsverhältnis 135
Dämpfungsvermögen 156
Darstellungen (el. Schaltpläne) 233 ... 236
Datenübertragungseinrichtungen 422
Dauerfestigkeit 205
Dauerleistungsgrenze 31
Dehnfuge 357
Dehnschraube 337 ... 340
Dehnung 191
Dehnungsausgleicher 382, 383
Dehnungsmessstreifen 408
Dehnungsmöglichkeit (Dämmung) 357
Derivat 301
Desorption 324
Dezibel 147, 148
Diagramme 64 ... 67
Diamagnetische Werkstoffe 143, 166
Dichte 20, 72 ... 75, 91, 102, 105
Dichte von Wasser als f (ϑ) 101
Dichteänderung durch Wärme 101
Dichteermittlung 72
Dichtheitsklassen 381
Diesel-Prozess 122
Diffuse Strahlung 23
Diffusion 105, 106, 364 ... 366
Diffusion durch Wände 106
Diffusionsäquivalente Luftschichtdicke 299, 366
Diffusionsdiagramm 365, 366
Diffusionsglühen 353
Diffusionskoeffizient 105
Diffusionsrichtung 106
Diffusionsstromdichte 105, 106, 365
Diffusionswiderstandsfaktor 106
Dimetrische Projektion 208
Dioptrie 141
Dipol 181
Dipollänge 181
Direkte Strahlung 23
Dispersion 139
Dissipation von Schall 149
Division 41
DKV-Arbeitsblatt 3-01 429
DMS 408
Doppelleitern 65
Dopplerprinzip 415
Drall 86
Dralldurchflussmesser 416
Dreharbeit 86
Drehen 330, 331
Drehenergie 84
Drehimpuls 86
Drehkolbenzähler 417
Drehkondensator 164
Drehkritische Drehzahl 136, 137
Drehkritische Winkelgeschwindigkeit 137
Drehleistung 81, 82
Drehmoment 21, 81, 86, 185, 201, 339
Drehschieberverdichter 397, 398
Drehschwingungen 136
Drehsinn 185
Drehstoß 86
Drehstrom 175 ... 177
Drehstrommotor 178
Drehung von Körpern 185
Drehwinkel 82, 134, 170
Drehzahl 81
Drehzahldiagramm 330, 331
Drehzahlregelung 423
Drehzahlverhalten (E-Motor) 178
Dreieck 55 ... 60
Dreieckschaltung 176
Dreiecksdiagramme 64
Dreieckskoordinatensysteme 64
Dreiphasenwechselspannung 175 ... 177
Dreisatz 48
Drosselgeräte 411, 415, 416
Drosselorgan 127, 429
Druck 21, 88 ... 91
Druck, Enthalpie-Diagramm 111
Druck, Volumen-Diagramm 117, 119 ... 127
Druckabfall (Drosselorgan) 429
Druckangaben 368
Druckaufnehmer 406 ... 408
Druckbehälter 339
Druckbehälterstähle 250
Druckberechnung 88
Druckbereiche 305

Druckdifferenz, geodätische 385
Druckeinheiten 88, 408
Druckenergie 92, 399
Druckfühler 421
Druckgeber 406
Druckgefälle 106
Druckgleichung (Bernoulli) 92, 93
Druckhöhe 90
Druckhöhengleichung (Bernoulli) 92, 93
Druckkraft 89 ... 91
Druckmessung 406 ... 408
Druckmittelpunkt 90
Druckregelung 421
Druckspannung 188, 189
Druckverluste 384 ... 388
Druckverlustzahl 386 ... 388
Druckverteilungsdiagramm 90
Dünne Blättchen 143
Dünnfilmtechnik 408
Durchbiegung 136, 201
Durchfeuchtung 364 ... 366
Durchflussbeiwert 386
Durchflussgleichungen 92, 416
Durchflussmessung 410 ... 416
Durchflussstoff 367
Durchflutung 166
Durchgangslöcher 338
Durchsatz 92
Durchsteckschraube 333
Durchstrahlungsprüfung 270
Düsen 411, 416
Dynamische Auftriebskraft 93
Dynamische Beanspruchungen 205, 206
Dynamische Viskosität 22, 96 ... 98
Dynamisches Grundgesetz 77, 86

E
Effektiver Wirkungsgrad 429
Effektivwert (Wechselstrom) 170
Effektivwert 146, 147, 170
Eigenfrequenz 135, 136
Eigenkreisfrequenz 135
Einbaulänge (Kompensatoren) 382
Einbauten 385, 386
Einfallwinkel 139
Einheiten 10 ... 18, 73
Einheiten Kältetechnik 424 ... 427
Einheiten, britische 19 ... 22
Einheiten, US 19 ... 22
Einheitsbohrung 326
Einheitswelle 326
Einperlmethode 409
Einsatzhärten 253
Einschraubtiefe 190, 340
Einspannungsfälle 202
Einspritzverhältnis 122
Einstrahlungswinkel 23
Einstufiger Verdichter-Kältekreisprozess 427
Einzelwiderstände 388
Eisen-Kohlenstoff-Diagramm 353
Eispunkt 99
Elastische Knickung 203
Elastizitätsmodul 191, 193, 202
Elastomerkompensator 383
Elektrische Arbeit 159, 160
Elektrische Durchflutung 166, 167
Elektrische Feldkonstante 142
Elektrische Feldstärke 163, 164
Elektrische Ladung 157, 158
Elektrische Leistung 159, 160
Elektrische Leitfähigkeit 158
Elektrische Maschinen 177, 178
Elektrische Regler 421
Elektrische Schaltpläne 226 ... 236
Elektrische Spannung 157
Elektrische Stromstärke 157
Elektrischer Leitwert 158, 159
Elektrischer Widerstand 158
Elektrischer Wirkungsgrad 160
Elektrisches Feld 163 ... 166
Elektrizitätslehre 157 ... 182
Elektrochemische Spannungsreihe 262
Elektrolyt 157
Elektrolytkondensator 164
Elektromagnetische Induktion 168, 169
Elektromagnetische Schwingungen 180, 181
Elektromagnetische Störungen 179
Elektromagnetische Wellen 142, 181
Elektromotor 177, 178
Elektronische Regler 421
Elektrophysikalische Grundlagen 157, 158
Elektrotechnische Äquivalente 157
Elementarladung 157
Elongation 137, 138
Email 256
Emissionsfaktoreinstellungen 405
Emissionskoeffizient 132
Emittierte Energie 132
Energie (magnetisches Feld) 168
Energie 21, 78 ... 80, 84, 92
Energieäquivalenz 78
Energiedichte 168
Energieeinheit 78
Energieerhaltung 79
Energieerhaltung beim Stoß 80
Energieflussbild 81
Energiegleichung 92 ... 94
Energiestrom 132
Energieumsatz 31
Energieumwandlung 79
Entfernungsgesetz 145, 150
Enthalpie 111, 117, 421
Enthalpie, Wassergehalt-Diagramm 114 ... 116
Enthalpiefühler 421
Enthitzer 127
Entladestrom 166
Entropie 124, 125
Entropieänderung 125
Entropiezunahme 125
Entwurfszeichnung 241
Erdreichberührung 360
Erregerfrequenz 136
Ersatzschaltplan 233
Ersatzwiderstand 161
Erstarren 109, 110
Erstarrungspunkt 109
Erstarrungstemperatur 109
Erstarrungswärme 109
Erster Hauptsatz der Thermodynamik 116, 117
Erträglichkeitsbereich 34
Erweitern 43
Erweiterungssatz 183
Esteröle 317
Ethylenglykol 321
Euklid 58
Eulerknickung 203
Eutektikum 109
Eutektische Kältespeicher 109
Eutektische Legierungen 109
Eutektische Massen 110
Eutektische Mischungen 109
Eutektische Zusammensetzung 321
Eutektischer Punkt 109
Explosionsgrenzen 289 ... 292
Exponentialgleichungen 48
Exzentrizität 136

F
Fahrenheit-Temperatur 99
Fallbeschleunigung 77
Fallgeschwindigkeit 77
Fallgesetze 77
Fallhöhe 77
Fallzeit 77
Faraday-Konstante 158
Faraday'sches Gesetz, 1. 157
Faraday'sches Gesetz, 2. 158
Federkennlinie 80
Federkonstante 80, 193
Federrate 80
Federringe 341
Federscheiben 342
Federspannarbeit 80
Fehlergrenzen (Thermometer) 404
Feldstärke 166
Fenster 360
Ferromagnetische Werkstoffe 143, 166
Fertigbaumaß 242
Fertigteile 360
Fertigungstechnik 325 ... 354
Fertigungsverfahren, Gliederung 327
Feste Lösungen 109
Festigkeit 293, 354
Festigkeitsklassen 337
Festigkeitslehre 188 ... 206
Festlänge 370
Feuchte 421
Feuchte Luft 33, 114 ... 116
Feuchtefühler 421
Feuchteregelung 421
Filter 219
Filtertrockner 219
Fittings 216, 373, 375 ... 378
Fläche 19, 73
Flächenberechnung 52, 62, 63, 73
Flächenbezogene Masse (Dämmung) 358
Flächenbezogene Masse 62
Flächenmoment 2. Grades 194, 195, 201
Flächenpressung 190, 193
Flächenpressung bei Gewinden 190
Flächenschwerpunkt 185, 186
Flammpunkte 289 ... 292, 315
Flanschdichtflächen 372
Flanschenkatalog 372
Flanschverbindungen 337, 372
Fliehkraft 84
Fließbildarten und -gestaltung 213
Fließbilder 212 ... 225
Fließbilder Kälteanlagen, Wärmepumpen 213 ... 225
Fluidität 96

Fluidreibung 187
Flussänderung 168
Flüssigkeitsausdehnungsthermometer 405
Flüssigkeits-Federthermometer 404
Flüssigkeitsfilter 219
Flüssigkeitsleitung 127
Flüssigkeitsmanometer 406, 407
Flüssigkeitspumpen 219
Flüssigkeitssäule 90
Flüssigkeitsschall 146
Flussmittel 345
Fördereinrichtungen 220
Förderhöhe 93, 390, 391, 395
Förderleistung 393
Förderpumpen 389 ... 395
Formänderungsarbeit 193
Formate 207
Formeln Kälteanlagentechnik 427 431
Formelzeichen 10 ... 18, 418, 424 ... 426
Formelzeichen Kältetechnik 424 ... 426
Formschluss 333
Formstahlprofile 196
Formstücke (Luftleitungen) 380
Fräsen 332
Freie Diffusion 105
Freier Fall 77
Freifeld 150
Freistich 340
Freiträger 201
Freiwinkel 330
Fremdströme 178, 179
Frequenz 134, 137
Frequenzresonanz 136
F,s-Diagramm 117
Fügen 327, 333 ... 352
Fühler 421
Füllstandsmessung 409
Funktionsplan 233
Funktionsschaltplan 233

G
Gangunterschied 143
Gangzahl 335
Gasdichte 102
Gasdruck-Federthermometer 404
Gasfilter 219
Gasgemische 25
Gasgesetze 102 ... 104
Gaskonstante 103, 104, 118
Gasmischung (trocken) 105
Gasreinigung 248
Gasverbrauch 350
Gay-Lussac'sches Gesetz 102, 103, 119, 120
Gebäudeautomationssysteme 422
Gebäudeleitsysteme 422
Gebläse 397
Gedämpfte Schwingung 135
Gefährdeter Querschnitt 188, 191
Gefahrensymbole 283
Gefahrstoffe 279 ... 288
Gefahrstoffliste 284 ... 288
Gefrierpunkt 431
Gegenstromwärmeaustauscher 131
Gemeine Brüche 40, 41
Gemischte Widerstandschaltungen 161
Gemischte Zahlen 43
Genauer Eispunkt 99
Generator 177, 178
Geodätische Förderhöhe 391, 392
Geodätische Höhe 92
Geodätischer Druck 92
Geometrische Grundkenntnisse 55
Geometrische Optik 139 ... 141
Geometrische Sätze 58
Geometrisches Hubvolumen 429
Geruchsbeseitigung 28
Geruchsstoffe 28
Gesamtablenkung 140
Gesamtdruck 90
Gesamtdruckerhöhung (Ventilatoren) 399, 400
Gesamtenergieumsatz 31
Gesamtleitwert 160
Gesamtschalldruckpegel 150, 151
Gesamtspannung 160
Gesamtstrahlung 23
Gesamtstrom 160
Gesamtträgheitsmoment 86
Gesamtwärmeübergangszahl 133
Gesamtwiderstand 160
Gesamtwirkungsgrad 80
Geschlossener Prozess 122
Geschwindigkeit 20, 75, 81
Geschwindigkeitsdruck 92
Geschwindigkeitshöhe 92
Geschwindigkeitsproportionale Dämpfung 135
Geschwindigkeitsunabhängige Dämpfung 135
Gesetz von Dalton 105, 114
Gestaltänderungsarbeit 204
Gestaltfestigkeit 205, 206
Gestaltmodul 193
Gestreckte Längen 62
Getriebe 83
Gewebekompensator 383
Gewichtskraft 21, 77
Gewinde 189, 190, 334 ... 336
Gewindeauslauf 340
Gewindeflächenpressung 190
Gewindenormen 189, 334 ... 336
Gewindereibung 339
Gewindetabellen 334 ... 336
Gibbs'sches Phasengesetz 67
G-Klasse 306
Glaserdiagramm 365, 366
Glaser-Regel 365
Gleichdruckprozess 122
Gleichförmige Drehbewegung 81
Gleichförmige geradlinige Bewegung 75
Gleichgewichtsbedingung 187
Gleichmäßig beschleunigte Drehbewegung 82, 83
Gleichmäßig beschleunigte geradlinige Bewegung 76
Gleichmäßig verzögerte Drehbewegung 82, 83
Gleichmäßig verzögerte geradlinige Bewegung 76, 77
Gleichmäßiger Flächenabtrag 260, 261
Gleichraumprozess 123
Gleichrichterschaltungen 182
Gleichstrommotor 178
Gleichstromwärmeaustauscher 131
Gleichungen 46 ... 48
Gleichwertige Rohrlänge 388
Gleitmodul 193, 202
Gleitreibung 187, 188
Gleitung 193
Globalstrahlung 23, 24
Glühdauer 354
Goldene Regel der Mechanik 79
Grad 59, 73
Grenzflächenspannung 87
Grenzkurven 111
Grenzschlankheitsgrad 203
Grenzspannung 192
Grenzwinkel der Totalreflexion 140
Griechisches Alphabet 9
Größen 40, 41, 73
Größeneinflussparameter 206
Grundgesetz der Wärmelehre 106
Grundgleichung der Wellenlehre 137
Grundkonstruktionen 56, 57
Grundlegende mechanische Größen 73
Grundrechenarten 40, 41
Grundumsatz 30
Guldin'sche Regeln 54
Gusseisenwerkstoffe 273, 274
Gütegrad 429
GWP-Wert 29, 306

H
Haftreibung 187, 188
Halbhermetischer Verdichter 398
Halbleiter 182
Halbleiterdiode 182
Hallraum 152
Halogenierter Kohlenwasserstoff 301
Haltekraft von Magneten 167, 168
Harmonische Bewegung 134
Härte 268, 269, 354
Härten 353
Härteprüfung 268, 269
Hartlöten 344, 346, 347, 378
Hartmagnetische Werkstoffe 143
Hartmetall 331
Häufigkeitsummenverteilung 50
Hauptnenner 43
Hauptnutzungszeit 329, 331, 332
Hebeeinrichtungen 220
Heißdampfgebiet 111
Heißdampfleitung 127
Heizanlagen 361
Heizeinrichtungen 218
Heizelement 128
Heizflächen 35
Heizwärmebedarf 361
Heizwert 108
Hektar 73
Hellempfindlichkeitsgrad 143
Hermetischer Verdichter 398
Heron, Satz des 58
Hertz 135
Hertz'sche Gleichungen 190, 193
Hertz'scher Dipol 181
Hilfsenergie 421
Himmelsrichtungen 359
Himmelsstrahlung 23
Hintereinanderschaltung (Ventilatoren) 400
Hobeln 332
Hochfrequenzoszillator 181

Sachwortverzeichnis

Hochpass 181
Höhenmaß 242
Höhensatz 58
Homogenes Schallfeld 150
Homopolymere 277
Hooke'sches Gesetz 80, 191, 193
Hörbarer Schall 147
Hörfläche 147
Horizontalkomponente 184
Hörschwellendruck 147
Hubarbeit 79
Hubkolbenverdichter 397, 398
Hubvolumen 429
Huygens, Prinzip von 137
h,x-Diagramm 114 ... 116
Hydraulische Kraftübersetzung 89
Hydraulischer Durchmesser 381, 384
Hydrolyse 315
Hydrostatische Methode 409
Hydrostatischer Druck 88
Hydrostatisches Paradoxon 90
Hygiene 30 ... 35
Hygieneanforderungen 30
Hygroskopische Stoffe 421
Hygrostat 421
Hyperschall 147
Hypotenuse 55, 58, 60

I
Ideales Gas 104
Immissionen 149
Immissionsrichtwerte (Schall) 149
Impuls 78
Impulserhaltung 78
Impulssatz 78
Individuelle Gaskonstante 103 ... 105, 118
Indizes Kältetechnik 426
Induktion 168, 169
Induktionshärten 353
Induktionsspannung 168, 169
Induktive Blindleistung 172, 174
Induktive Druckaufnehmer 406, 407
Induktiver Blindleitwert 173
Induktiver Blindwiderstand 172
Induktivität 168
Induzierte Spannung 168, 178
Infraschall 147
Inhalt unregelmäßiger Flächen 63
Inhibitoren 265
Innenlötende 375, 376
Innenwiderstand 163
Innere Energie 117
Innere Kühllast 430
Innere Reibung 187
Interferenz bei Licht 143
Interpolieren 49
Ionosphäre 25
I-Regler 419, 421
Irreversible Zustandsänderung 125
Isentrope 121, 125
Isentrope Verdichtung 396, 428
Isentropenexponent κ (Werte) 103
Isentropenexponent κ 118, 121
Isobare 119, 121, 125
Isochore 120, 121, 125
Isolationsort 35
Isolationswert 34, 35
Isomere Verbindung 301
Isometrische Projektion 208
Isometrische Rohrdarstellung 223
Isotherme 120, 121, 125
Isotherme Verdichtung 396

J
Joule 78, 99
Joule-Prozess 123

K
Kalorimeter 106, 108
Kalorimetrie 106
Kaltdampfleitung 127
Kältebedarf 430, 431
Kältebereich 34
Kältedämmung 355
Kälteerzeugung 23
Kältegewinn 428
Kältekontraktion 293, 298
Kälteleistung 428, 429, 431
Kältemaschine 126, 127
Kältemaschinenöle 314 ... 319
Kältemaschinenöle, Anforderungen 314 ... 317
Kältemaschinenöle, Arten 317
Kältemaschinenöle, gebrauchte 317
Kältemaschinenöle, Gruppeneinteilung 314, 315
Kältemaschinenöle, Prüfung 314
Kältemaschinenprozess 126, 127, 311 ... 313, 421 ... 427
Kältemischungen 67, 321, 322
Kältemittel 100, 301 ... 313, 324
Kältemittel im log p,h-Diagramm 311 ... 313
Kältemittel, alternative 308
Kältemittel, Anforderungen 306
Kältemittel, Benennung 306 ... 309
Kältemittel, Definition 301, 302
Kältemittel, Einteilung 303 ... 305
Kältemittel, Kennzeichnung 305
Kältemittel, kritische Daten 310, 311
Kältemittel, Sättigungsdampfdruck 310, 311
Kältemittel, Verdampfungstemperatur 310
Kältemittelfüllgewicht 303
Kältemittelgemische 308, 309
Kältemittelgruppen 302
Kältemittel-Öl-Gemisch 317 ... 319
Kältemittelpumpen 393
Kältemittel-Rohrleitungen 379
Kältemittelverdichter 399
Kälteschutz 293 ... 298, 355
Kältetechnische Prozesse 424 ... 428
Kälteträger 321, 323
Kälteträgerpumpen 393
Kälteübertragungssysteme 304
Kälteversorgung 393
Kaltverfestigung 354
Kaltzähe Stähle 250 ... 252
Kanal 153, 154, 366 ... 388
Kanalsystem 385 ... 388
Kapazität 164, 175
Kapazitive Blindleistung 172, 174, 175
Kapazitive Druckaufnehmer 406, 407
Kapazitive Methode 409
Kapazitiver Blindleitwert 174
Kapazitiver Blindwiderstand 171, 172
Kapillar-Lötfittings 376 ... 378
Kapillarwirkung 87, 366
Kapselfedermanometer 407
Karat 73
Katalysatoren 248
Katheten 55, 58, 59
Keilwinkel 330
Keilwirkung 328
Kelvin 99
Kelvin-Temperatur 99
Kennbuchstaben für Betriebsmittel 232
Kennbuchstaben für Funktionen 232
Kennbuchstaben für Maschinen, Apparate, Geräte, Armaturen 212
Kennzeichen, Schweiß- und Lötverfahren 240
Keramik 269
Kerbempfindlichkeitszahl 206
Kerbformzahl 206
Kerbwirkungszahl 206
Kernquerschnitt 189, 335
Kettenisometrie 301
Kilogramm 9, 73
Kilomol 104
Kinematische Viskosität 22, 97, 98, 319
Kinetische Energie 79, 84, 92
Kippsicherheit 187
Kirchhoff, Gesetz von (Strahlung) 132
Kirchhoff'sches Gesetz 1. 160
Kirchhoff'sches Gesetz 2. 160
Klammerrechnung 42
Klassenbildung 50
Kleben 300, 343, 344
Klebstoffe 300, 344
Kleidung 34, 35
Klemmenleistung 429
Klemmenspannung 163
Klemmringverschraubungen 374
Klemmverbindungen 379
Klima 24, 34
Klimabereich 34
Klimazonen 24
Klimazonenkarte 27
Klöpperboden 63
Knicklänge 202
Knicksicherheit 203
Knickspannung 202, 203
Knickung 202 ... 204
Knotenpunkt 160
Knotenregel 160, 182
Kohärentes Licht 143
Kohäsion 87
Kohlenwasserstoffe 301
Kolbenbeschleunigung 134
Kolbenbolzen 343
Kolbendruckwaagen 406, 407
Kolbendurchflussmesser 416
Kolbengeschwindigkeit 134
Kolbenweg 134
Kollektor 182
Kolonnen 217
Kommunizierende Gefäße 90
Kompensation 174
Kompensatoren 382, 383
Komplementwinkel 59
Kompressibilität 88
Kompressionsmodul 88
Kondensationspunkt 110
Kondensationswärme 110

Sachwortverzeichnis

Kondensator (elektrisch) 164 ... 166, 171
Kondensator 127, 428
Kondensieren 110
Kontaktkorrosion 262
Kontamination 29
Kontinentalklima 24
Kontinuitätsgleichung 92, 416
Kontraktion 192
Konvektion 33 ... 35, 133
Konvektiver Wärmeübergang 34
Koordinatenbemaßung 242
Koordinatensystem 64
Koppelung 136, 138
Korbbogenboden 63
Korngröße 354
Körperberechnung 53, 54, 63
Körperoberfläche 30
Körperreaktionen 179
Körperschall 146
Körperschwerpunkte 186, 187
Körperströme 179
Körperstromstärke 178, 179
Körperwiderstand 179
Korrektur 325
Korrosion, Korrosionsschutz 260 ... 266
Korrosion, Normung 266
Korrosionsart 260 ... 263
Korrosionserscheinungen 260
Korrosionsrisse 260
Korrosionsschutz 263 ... 266
Kostenkennzahl 362
Kraft 21, 77, 168, 183
Kraft im elektrischen Leiter 167
Kraft, Weg-Diagramm 117
Krafteck 184
Kräftedreieck 183
Kräftegleichgewicht 183
Krafteinheit 77, 78
Kräftemaßstab 183
Kräfteparallelogramm 183
Kräfteplan 183
Kräftepolygon 184
Kräftesystem 183, 184
Kraftmaschinen 221
Kraftschluss 333
Kraftstoß 78
Kreiselpumpen 389, 390
Kreiselverdichter 397, 398
Kreisfrequenz 135, 170, 173
Kreisprozesse 122 ... 127
Kriechbewegung 270
Kriechfall 136
Kristallgitter 320
Kristallwasserbildung 319
Kritische Daten 310
Kritische Drehzahl 136, 137
Kritischer Punkt 111
Krümmungsradius 201
Kühlanlagen 361
Kühleinrichtungen 218
Kühlelement 128
Kühlflächen 35
Kühlgüter 431
Kühlguttabelle 431
Kühllast 23, 430
Kühllastzonen 27
Kühlraumberechnung 359
Kühlsolen 67, 321, 322
Kühlstellenregelung 423
Kunststoffe 258, 277, 278
Kupfer und Kupferlegierungen 256, 257, 269
Kupferlötungen 345 ... 347
Kupferrohre, Maßnormen 369, 370
Kupferrohre, Schweißen von 378, 379
Kupferrohr-Lötfittings 375
Kupfer-Rohrwerkstoffe 370
Kupferverlustleistung 177
Kurbelschleife 134
Kurven gleicher Lautstärke 148
Kürzen 43
Kurzschlussstrom 163
Kurzzeitig wirkende Kräfte 78
Küstenklima 24
k_v-Wert 386
k-Wert (erforderlich) 361
k-Wert (vorgegeben) 361
k-Wert 130, 131, 361

L

Ladestrom 165
Ladung 157, 165, 166
Lageplan 183, 241, 243
Lagerfeuchte 431
Lagertemperatur 431
Lamellenoberfläche 428
Lamellenverdampfer 428
Laminare Strömung 384 ... 388
Länge 19, 73
Längenbezogene Masse 62
Längenänderung (Kompensatoren) 382
Längenänderung 193
Längenausdehnung, thermische 100
Längenausdehnungskoeffizient 100
Längeneinheiten 10, 19, 52, 325
Längenprüftechnik 325
Längskräfte (Kompensatoren) 382
Längsverschiebungssatz 183
Längswelle 138
Lasermethode 409
Laststrom 163
Latente Kühllast 430
Latente Wärme 109
Lateral (Dehnungsausgleicher) 382
Laufzeit 429
Lautheit 149
Lautstärke 147, 148
Lautstärkepegel 148, 149
Leerlaufspannung 161
Lehren 325
Lehrsatz des Euklid 58
Lehrsatz des Pythagoras 58, 60
Leichtmetalle 275
Leistung 21, 80, 146
Leistungsdreieck 174
Leistungsfähigkeit 30
Leistungsfaktor 173, 174
Leistungszahl 126, 127, 429
Leiter und Verbinder 226, 227
Leiternomogramme 65
Leiterspannung 175, 176
Leiterstrom 175, 176
Leitungsführung 380
Leitwert 158, 159
Lenz'sche Regel 168
Leuchtdichte 144
Licht 139, 143
Lichtausbeute 144
Licht-Frequenzbereich 142
Lichtgeschwindigkeit 137, 142
Lichtleiter 140
Lichtstärke 144, 145
Lichtstrahlen 139
Lichtstrom 139, 144
Lichttechnische Größen 143
Lichtverteilungskurve 145
Licht-Wellenlängenbereich 142
Liefergrad 429
Lineare Gleichungen 46
Lineare Schwingung 137
Linearer Ausdehnungskoeffizient 100, 193
Linearer Wärmeausdehnungskoeffizient 100, 193
Linienarten 207, 241
Liniendiagramm 169 ... 172, 175
Linienschwerpunkt 185
Linienstärken 207, 241
Linke Grenzkurve 111
Linksdrehsinn 185
Linkslaufende Kreisprozesse 126, 127
Linsenformen 141
Liquiduslinie 66
Liter 73
L-Klasse 306
Lochfraß 260, 261
Lochkreis 61
Lochleibung 190
Lochleibungsdruck 190
Lochleibungsspannung 190
log p,h-Diagramm 111, 311 ... 313, 423, 427
Logarithmieren 45
Logik 39
Logik-Funktionsschaltplan 233
Lokring®-Klemmverbindung 379
Longitudinalwelle 138
Lösbare Rohrverbindungen 372 ... 375
Löslichkeitsgrenzen 317, 318
Lösungen 109
Lösungsdiagramm 109
Lote 345 ... 347
Löten (Unfallverhütung) 347
Löten 237 ... 240, 343 ... 347
Löten mit eingelegtem Lot 345
Lötfittings 375 ... 378
Lötfittings, maximaler Druck 378
Lötflansche 378
Lötlängen 376
Lötverbindungen 345 ... 347, 375 ... 378
Lötverfahren 240, 345
Luft 25, 114
Luftbewegung 26, 33, 34
Luftdruck 25
Lüfter 35
Luftfeuchte 28, 33, 114 ... 116
Luftgeschwindigkeit 26, 33, 34
Luftleitungen 380, 381
Luftqualität 28
Luftreinigung 248
Luftschall 146
Lufttemperatur 25
Lüftung in Räumen (Schweißen, Löten) 352
Lüftungsgitter 35
Luftverbesserung 28

Luftzusammensetzung 25
Lumen 144
Lux 144

M
Magnet (elektrisch) 167
Magnetische Feldkonstante 142, 166
Magnetische Feldlinien 167
Magnetische Feldstärke 166, 167
Magnetische Flussdichte 166, 167
Magnetische Induktion 166
Magnetische Spannung 166
Magnetischer Fluss 166 ... 168
Magnetischer Widerstand 167
Magnetisches Feld 166 ... 168
Magnetisch-induktive Durchflussmessung 412, 415
Magnetisierungskurve 166
MAK-Werte 28, 284 ... 288
Maschenregel 161, 182
Maßanordnung 242
Maße 147
Masse 9, 19, 62, 73, 85
Maßeinheiten (Bauzeichnungen) 243
Maßeintragungen 209 ... 211, 240 ... 243
Massenanteil 26, 28, 68, 72
Massendurchflussmesser 414, 415
Massenerhaltungssatz 92
Massenkonzentration 69
Massenstrom 20, 92
Massenstrombezogene Kälteleistung 428
Massenstrombezogene Wärmeleistung 428
Massenträgheitskraft 77
Massenträgheitsmoment 85, 86
Massenverhältnis 68
Maßhilfslinien 209, 242
Maßkette 242
Maßlinien 209, 210, 242
Maßlinienbegrenzung 209, 242
Maßnormen für Rohre 369, 370
Maßstäbe 207, 325
Maßtoleranzen 242
Maßzahlen 210
Mathematische Zeichen 36 ... 39
Maximale Konzentration 28
Maximale Schnelle 138
Maximaler Druck (Fittings) 378
Maximaler Wasserdampfgehalt 364
Mechanische Arbeit 78
Mechanische Leistung 80
Mechanische Prüfverfahren 270
Mechanische Wellen 138
Mechanisch-elektrische Regler 421
Mechanischer Wirkungsgrad 80, 81
Mechanisches Wärmeäquivalent 99, 116
Meereshöhe 24
Mehrstufige Kälteanlagen 367
Mehrstufige Verdichtung 398
Meldeeinrichtungen 231
Membran-Verdichter 397
Mengenlehre 39
Merkmale einer Kraft 183
Mess-, Melde-, Signaleinrichtungen 231
Mess-, Steuerungs- und Regelungstechnik 401 ... 423
Messabweichungen 325
Messbereiche (Manometer) 406
Messbereiche (Thermometer) 404
Messbereichserweiterung 162
Messen 73, 325
Messen, Steuern, Regeln 221 ... 223
Messfühler 421
Messgeräte 325, 423
Messgröße 73, 421
Messschieber 325
Messschrauben 325
Messwerkwiderstand 162
Messwert 73
Messwertgeber 422
Metabolic-Rate 31
Metallographische Prüfverfahren 270
Meteorologische Daten 24
Metrisches Gewinde 334
MID 412
Mikrowellenmethode 409
MIK-Wert 28
Mindestabstände 355
Mindesteinstecktiefe 375
Mindestlötlängen 376
Minimalablenkung 140
Minimale Luftbewegung 34
Minute 73
Mischphasen 68 ... 70
Mischungsgleichung für Lösungen 71
Mischungslücke 318
Mischungsregel 107
Mischungstemperatur 107
Mitschwinger 136
Mittelspannung 205
Mitteltemperatur 130, 294
Mittlere Hauttemperatur 30
Mittlere Jahrestemperatur 25
Mittlere Leistung 80
Mittlere logarithmische Temperaturdifferenz 131
Mittlere Monatstemperatur 25
Mittlere Strahlungstemperatur 33
Mittlere Tagestemperatur 25
Modul 84
Mol 9, 104
Molalität 69
Molare Gaskonstante 104
Molare Masse 28, 104
Molare Massen von Kältemitteln 104
Molare Zustände und Größen 104
Molares Normvolumen 104
Molekulargewicht 104
Molekularkräfte 87
Molekularsiebe 320
Molekülmasse 104
Mollier-Diagramm 104, 111, 115, 127, 311 ... 313
Molmasse 104
Moment 21, 81, 86, 185, 194, 201, 339
Momentanleistung 80
Momentenstoß 67
Monochromatisches Licht 144
Motorarbeit 429
Motoren 221
Motornennleistung 429
MSR-Einrichtungen 421 ... 423
Muffler 153
Muldenfraß 260, 261
Multiplikation 41
Mündungslage 154
Mutterhöhe 190, 340
Muttern 340, 341

N
Nachhallzeit 152
Nachtsehen 143
Nahrungsmittel 431
Nassdampfgebiet 111
Naturkonstanten 3. Umschlagseite
Natürliche Zahlen 40, 41
Nebellinie 116
Nenndruck 368
Nennförderhöhen (Pumpen) 390
Nennförderströme (Pumpen) 390
Nennleistung 160, 178, 429
Nennweite, erforderliche 367
Nennweiten, Stufung 367
Neper 147
Netztafeln 65
Netzwerkkarte 231
Neutrale Faser 204
Neutralisationszahl 315
Newton 77, 78
Newtonmeter 78
Nicht benetzende Flüssigkeit 87
Nichtazeotropes Gemisch 302
Nichteisenmetalle 275, 276
Nichtferromagnetische Werkstoffe 143
Nichtlösbare Rohrverbindungen 372, 375 ... 379
Nickel und Nickellegierungen 269
Nietverbindungen 343
Nitrieren 353
N-Leiter 182
Nomogramme 64 ... 67
Normalatmosphäre 26
Normalfallbeschleunigung 77
Normalglühen 353
Normalspannung 188
Normalton 148
Normbenennung, Werkstoffe 271 ... 278
Normdichte 103
Normschrift 208
Normzustand 103
NPSHA-Werte (Pumpen) 394
NTC-Widerstand 158
Nulldurchgang 171
Nullphasenwinkel 137, 171
Numerische Apertur 140
Nußelt-Zahl 130
Nutzarbeit 122

O
Obere (rechte) Grenzkurve 111
Oberflächen von Flüssigkeiten 87
Oberflächeneinflussparameter 206
Oberflächenspannung 87
Oberflächentemperatur 358
Oberflächenwellen 138
ODP-Wert 29, 306
Offener Verdichter 398
Ohm'scher elektrischer Widerstand 158
Ohm'scher Widerstand 158, 171
Ohm'sches Gesetz 158, 171
Ohm'sches Gesetz der Wärmeleitung 128

Ohm'sches Gesetz des magnetischen Kreises 167
Ohm'sches Gesetz des Wärmeüberganges 130
O-Klasse 306
Ölsäure 315
Operative Temperatur 33
Optik 139 ... 145
Optimierungsgeräte 422
Optisch dicht 140
Optisch dünn 140
Optische Methode 409
Optisches Medium 140
Organische Kältemittel 305
Otto-Prozess 123
Ovalradzähler 417
Oxidkeramik 331
Ozonabbaupotential 29

P
Paddeldurchflussmesser 416
Papier-Formate 207
Parallelbetrieb (Ventilatoren) 400
Parallelkompensation 174
Parallelschaltung 160, 165, 173
Parallelschwingkreis 180
Parallelversatz 140
Paramagnetische Werkstoffe 143, 166
Partialdruck 105, 114
Partialdruckgefälle 106
Pascal 88
Pascalsekunde 96
Passive Bauelemente (Schaltpläne) 227, 228
Passungen 326
Pegel 147
Pegelmessungen 150
Peltier-Effekt 127, 128
Peltier-Element 128
Peltier-Koeffizient 127, 128
Peltier-Wärme 127, 128
Periodendauer 135, 180
Periodensystem 2. Umschlagseite
Periodische Bewegungen 134, 135
Peripheriegeräte 422
Permeabilität 166
Permeabilitätszahl 142, 143, 166
Permittivität 164
Permittivitätszahl 142, 164
Personenwärme 31
Personenwärmestrom 361, 430, 431
Pferdestärke 80
Phasendiagramme 66
Phasendifferenz 143
Phasengleichgewicht 318
Phasentrennung 317, 318
Phasenverschiebung 134, 135, 170, 173
Phasenverschiebungswinkel 174
Phon 148
Phonskala 148
Photoelement 23
Photometrie 142 ... 145
Photometrisches Entfernungsgesetz 145
Photometrisches Strahlungsäquivalent 144
pH-Werte-Skala 29
PID-Regler 419, 421
Piezoelektrische Druckaufnehmer 406, 407
Piezometer 93
Piezoresistive Druckaufnehmer 408
PI-Regler 419, 421
Pitot-Rohr 93
Plattenfedermanometer 406
Plattenkondensator (elektrisch) 164
P-Leiter 182
Pneumatische Regler 421
PN-Stufen 368
Poisson'sche Zahl 191, 202
Polares Trägheitsmoment 202
Polares Widerstandsmoment 202
Polrad 175
Polyglykole 317
Polytrope 121, 125
Polytrope Verdichtung 396, 428
Polytropenexponent 121
Polytropenfunktion 121
Poröse Schicht 106
Positionsplan 241
Potentielle Energie 79, 92
Potenzrechnung 44
Pourpoint 315
Praktischer Grenzwert 29
Pralldurchflussmesser 416
P-Regler 419, 421
Pressdruck 88
Pressostat 421
Prinzip von Archimedes 91
Prisma 140
Profilstahl-Tabellen 197 ... 200
Programmplan 233
Programmtabelle 233
Proportionalitätsgesetze (Ventilatoren) 400
Prozentrechnung 43
Prüfarten 325
Prüfdruck 368
Prüfmittel 325
PS 80
Psychrometrische Differenz 114
PTC-Widerstand 158
Pulsationsdämpfer 153
Pumpen 219, 220, 389 ... 395
Pumpenanlagen (Kälte) 393
Pumpenauswahl 390
Pumpenbauarten 389
Pumpengröße 390
Pumpenkennlinien 393, 395
Pumpenleistung 391
Pumpenwirkungsgrade 393
p,*V*-Diagramm 117, 119 ... 127
Pyknometermethode 72
Pyranometer 23
Pyrometer 405
Pythagoras, Lehrsatz des 58, 60

Q
Quadratische Gleichungen 47
Quecksilbersäule 88
Quellenspannung 161
Querdehnung 192
Querkontraktion 192
Querkürzung 192
Querschneidenwinkel 329
Querstromverhältnis 161
Querwelle 138

R
Radarmethode 409
Radialventilator 399
Radiant 59, 73
Radioaktive Methode 409
Radiometrische Methode 409
Radizieren 45
Ratingdruck 368
Ratingtemperatur 368
Rauheitshöhe 384
Raumakustik 32
Raumanteil 26, 28
Raumklima 34
Raumluftqualität 32
Raumlufttemperatur 32
Raumwinkel 144
Rautiefe 330
Reaktionselemente 421
Reaktoren 217
Realer Stoß 80
Reales Gas 103
Réaumur-Temperatur 99
Rechte Grenzkurve 111
Rechtsdrehsinn 185
Rechtslaufender Kreisprozess 122
Rechtwinkliges Dreieck 55, 58, 59
Reduzierte Masse 86
Reflexion des Lichts 139
Reflexion von Schall 149
Reflexionsgesetz 139
Reflexionsgrad 139
Reflexionsschalldämpfung 153
Refrigerant 301
Regelanlagen 422
Regelkreis 418, 421
Regeln von Anlagen 221 ... 223, 418, 419
Regelung, Kältetechnik 422, 423
Regelung, Klimatechnik 421
Regelung, lufttechnische Anlagen 421
Regelventile 216
Regler 419, 421 ... 423
Reibung 187, 188, 339
Reibungsgesetz von Coulomb 187
Reibungskegel 188
Reibungskraft 135, 187, 188
Reibungszahlen 188
Reihenkompensation 174
Reihenschaltung (Ventilatoren) 400
Reihenschaltung 160, 165, 172
Reihenschwingkreis 180
Rekristallisationsglühen 353, 354
Relative Atommasse 104
Relative Luftfeuchtigkeit 114
Relative Molekülmasse 104
Relative Rauheit 384
Resonanz 136, 180
Resonanzdrehzahl 136
Resonanzfrequenz 136, 180
Resonanzstromstärke 180
Resultierende Kraft 183, 184
Resultierende Rohrlänge 388
Resultierende Schwingung 137
Resultierende Strahlungszahl 133
Resultierendes Drehmoment 185
Reversible Zustandsänderung 125
Reynolds'sche Zahl 384 ... 388
Richtung 183
Richtungsfaktor 155
Riementrieb 83
RI-Fließbilder 213 ... 223, 427
Ringe 341
Ringkolbenzähler 417
Rockwellhärte 268
Rohbaumaß 242

Sachwortverzeichnis

Rohdichte 293, 294, 298, 299
Rohlängen 61
Rohraufhängungen 380
Rohrdämmung 355
Rohre (Biegeradius) 327
Rohre 196, 369 ... 371, 384, 385
Rohre für Wärmeaustauscher 371
Rohre, glatt 384, 385
Rohre, Maßnormen 369, 370
Rohre, rau 384, 385
Rohrfedermanometer 406
Rohrgewinde 336
Rohrlänge, äquivalente 388
Rohrlänge, gleichwertige 388
Rohrlänge, resultierende 388
Rohrleitungen 153, 154, 214, 215, 366 ... 388
Rohrleitungen in Kälteanlagen 366
Rohrleitungen, Druckverluste 384 ... 388
Rohrleitungen, Kennzeichnung 366, 367
Rohrleitungseinbauten 385, 386
Rohrleitungssystem 385 ... 388
Rohrleitungstechnik 366 ... 388
Rohrleitungsteile 217
Rohr-Lötverbindungen 375 ... 378
Rohroberfläche 428
Rohrreibungs-Diagramm 385
Rohrreibungszahl (Rohrwiderstandszahl) 384, 385, 391
Rohrschemen (Isometrie) 223
Rohr-Schweißverbindungen 378, 379
Rohrverbindungen 372 ... 383
Rohrverschraubungen 374
Rohrwerkstoffe (Stahl) 252
Rohrwerkstoffe 252, 369 ... 371
Römische Ziffern 9
Roots-Verdichter 397
Rotorzähler 417
R-Sätze 279 ... 281
Rückflussverhinderer 216
Rührer 219
Runden von Zahlen 49

S

Sägengewinde 336
Sammellinsen 141
Sankey-Diagramm 81
Sättigungsdampfdruck 310, 311
Sättigungsdruck 114
Sättigungstemperatur 114
Satz des Heron 58
Sauerstoffgehalt 28
Saugdruck 423
Sauggasmassenstrom 423
Sauggastemperatur 423
Saughöhe 93
Saugpumpe 93
Saugwirkung 93
Schadstoffe 29
Schall 146 ... 156
Schallabsorptionsgrad 149, 152
Schallausbreitung 147 .. 152
Schallbewertung und Schallausbreitung 147 ... 152
Schallbrechung 150
Schalldämm-Maß 153, 156
Schalldämmung 153 ... 155
Schalldämpfer 153
Schalldämpfung 153 ... 155
Schalldämpfung in Rohren 153, 154
Schalldämpfung und Schalldämmung 153 ... 156
Schalldruck 146
Schalldruckpegel 147, 150 .. 156
Schallfeld 150
Schallfeldgröße 146, 147
Schallgeschwindigkeit 137, 146
Schallintensität 146
Schallleistung 146
Schallleistungspegel 147, 154
Schallreflexionsgrad 149, 152
Schallschnelle 147
Schallschutz 153, 358
Schallströmung 146
Schalltoter Raum 152
Schallverteilung 147
Schallwellen 138
Schalt- und Schutzeinrichtungen (Schaltpläne) 229 ... 231
Schaltpläne 226 ... 236, 241
Schaltschema 423
Schaltschränke 422
Schaugläser 409
Scheiben 341, 342
Scheinleistung 173, 174, 176, 177
Scheinleitwert 173, 174
Scheinwiderstand 173, 180
Scherquerschnitt 191
Scherspannung 191, 193
Scherung 191, 193
Schiefe Ebene 79, 188
Schiefwinkliges Dreieck 60
Schildabmessungen 366
Schlankheitsgrad 202, 203
Schleifen 333
Schlupf 178
Schlupfdrehzahl 178
Schlussrechnung 48
Schmelzdiagramme 66
Schmelzen 109, 110
Schmelzgebiet 111
Schmelzpunkt 109
Schmelztemperatur 109
Schmelzwärme 107, 109
Schmerzschwelle 147
Schmiedelängen 61
Schneidringverbindungen 372
Schnellarbeitsstahl 331
Schnelle 138, 147
Schnittdarstellung 208, 243, 244
Schnittgeschwindigkeit 81, 329 ... 333
Schnittkraft 328
Schnittleistung 329, 330
Schrägkräfte 185, 186
Schraubenberechnung 189, 190, 337
Schraubenbezeichnungen 337, 338
Schraubenfedermanometer 406
Schraubenformen 337
Schraubenkraft 333, 338
Schraubennormen 337
Schraubenverbindungen 337
Schraubenverdichter 397, 398
Schraubenwirkungsgrad 339
Schraubenzahl 340
Schraubfittings 373
Schraubverbindung 333
Schubkurbel 134
Schubmodul 193
Schubspannung 191
Schutzmaßnahmen, elektrische 178, 179
Schwarzer Körper 132
Schwebekörperdurchflussmesser 411, 415, 416
Schweißen (Gasverbrauch) 350
Schweißen (Unfallverhütung) 352
Schweißen 237 ... 240, 347 ... 352, 378, 379
Schweißen von Aluminium 352
Schweißen von Kupfer 351
Schweißen von Kupferrohren 378, 379
Schweißflansche 378
Schweißgasflaschen 350
Schweißpositionen 350
Schweißverbindungen 347 ... 352
Schweißverbindungen, Berechnung 349, 350
Schweißverbindungen, Gestaltung 348, 349
Schweißverfahren 240, 347, 348
Schweißzusätze 350
Schwellwert (Geruch) 28
Schweredruck 88, 90
Schwermetalle 275
Schwerpunkt 185 ... 187
Schwimmermethode 409
Schwinger 136
Schwingfall 136
Schwingkreis 180
Schwingungen und Wellen 134 ... 138
Schwingungsanregung 136
Schwingungsdämpfung 135, 136
Schwingungsdauer 135
Schwingungsenergie 156, 180
Schwingungsrisskorrosion 263
Schwingungsüberlagerung 137
Schwitzwasser, Vermeidung von 363, 364
Schwülebereich 33
Scroll-Verdichter 397
Sechskantschraube 337, 338
Seegerringe 341, 342
Seeklima 24
Sehnenkonstanten 61
Seileckverfahren 184
Seiliger-Prozess 123
Seitendruckkraft 90
Sekunde 73
Selbsthemmung 188
Selektive Korrosion 260, 261
Senkrechter Wurf nach oben 77
Senkungen 340
Sensible Kühllast 430
Shorehärte 268
Sicherheit 192, 205, 206, 339
Sicherheitsdaten 289 ... 292
Sicherheitsregelkreis 421
Sicherheitstechnische Anforderungen 423
Sicherheitsüberwachungseinrichtungen 422, 423
Sicherungsringe 342
Sicherungsscheiben 341
Sichtbare Strahlung 143
Sichtbares Licht 139
Siedediagramme 66
Siedefunktion 365
Siedepunkt 99, 110, 322
SI-Einheiten 9

Sachwortverzeichnis

Siemens 158
Signaleinrichtungen 231
Sinnbilder Schweißen, Löten 237 ... 240
Sinus 59
Sinussatz 60
Software 422
Solar 23
Solargenerator 23
Solarimeter 23
Solarkollektor 23
Solarkonstante 23
Solarkühlung 23
Solarzelle 23
Solen 321, 322
Soliduslinie 66
Sone 149
Sonnenbatterie 23
Sonnenenergie 23
Sonnenheizung 23
Sonnenscheindauer 23
Sonnenstrahlung 23, 24
Sonnenzelle 23
Spaltkorrosion 261
Spaltkraft 328
Spannscheiben 342
Spannung 160, 165, 171 ... 173
Spannungs, Dehnungs-Diagramm 192
Spannungsarmglühen 353
Spannungsausschlag 205
Spannungsfehlerschaltung 162
Spannungsgefälle 161
Spannungsmessgerät 162
Spannungsquerschnitt 189, 334, 335
Spannungsrisskorrosion 263
Spannungsteiler 161
Spanwinkel 330
Sperrschichten 106
Sperrstoffe 293 ... 300
Spezielle Gaskonstante 103 ... 105, 118
Spezifische Enthalpie 111
Spezifische Entropie 125
Spezifische Gaskonstante 103 ... 105, 118
Spezifische Motorarbeit 429
Spezifische Schmelzwärme 107, 109, 431
Spezifische Schnittkraft 328
Spezifische Verdampfungswärme 107, 110, 111
Spezifische Verdichterarbeit 428
Spezifische Verflüssigerwärme 428
Spezifische Wärme 103, 106
Spezifische Wärme von Gasen 103, 117 ... 119
Spezifische Wärmekapazität 21, 103, 106, 431
Spezifische Wärmekapazität bei konstantem Druck (Werte) 103, 117
Spezifische Wärmekapazität bei konstantem Volumen (Werte) 103, 118
Spezifischer Brennwert 108
Spezifischer elektrischer Widerstand 158, 159
Spezifischer Heizwert 108
Spezifischer Kältegewinn 428
Spezifisches Volumen 103, 105
Spiel 326
Spiralfedermanometer 406
Spitzenwinkel 329
Splinte 342
Sprung'sche Psychrometerformel 114
Spule 167, 168, 172, 175
S-Sätze 281 ... 283
Stahlbautabellen 194, 196 ... 200
Stähle 253 ... 255, 269, 271, 272, 274
Stahlrohre 196
Stahlrohre, Maßnormen 369
Stahlrohre, Werkstoffe 371
Standardabweichung 51
Standfestigkeit 187
Standgläser 409
Stangenverhältnis 134
Statik 183 ... 188
Stationen 422
Statische Beanspruchung 192
Statische Druckhöhe 90
Statische Höhe 92
Statischer Auftrieb 91
Statischer Druck 92
Statischer Druckverlust 384 ... 388
Statistische Auswertung 50, 51
Statistische Kennwerte 51
Statistisches Material 50, 51
Stauchverhalten 293, 299
Stauscheibendurchflussmesser 416
s,t-Diagramm 75, 76
Steighöhe (Kapillare) 87
Steigzeit 77
Steiner'scher Verschiebungssatz 86, 194, 201
Stellantriebe 216
Stellgeräte 422
Stellungsisometrie 301
Stern-Dreieck-Umwandlung 163
Sternschaltung 175
Stetige Regler 421, 422
Steuern von Anlagen 221 ... 223, 418, 421, 422
Steuerungskriterien 421
Steuerungstechnik, Grundlagen 418
Stiftschraube 337
Stiftverbindungen 343
Stirling-Prozess 124
Stoffaustauscher 35
Stoffeigenschaftändern 327, 352 ... 354
Stoffmenge 104
Stoffmengenanteil 68
Stoffmengenkonzentration 69
Stoffmengenverhältnis 68
Stoffmischungen 109
Stoffschlüssige Verbindungen 343 ... 352
Stoffwechsel 31
Störschall 147
Stoß 78, 80
Stoßarten 237
Stoßen 332
Strahlablenkung 140
Strahldichte 145
Strahlenoptik 139 ... 141
Strahlensatz 58
Strahlstärke 144
Strahlung 23, 132, 133
Strahlung und Konvektion 133
Strahlungsanteile 23
Strahlungsäquivalent 144
Strahlungsfluss 144
Strahlungsintensität 23, 24, 144
Strahlungsleistung 144
Strahlungsphysikalische Größen 143
Strahlungstemperatur 33
Strahlungszahl 132, 133
Strangspannung 175, 176
Strangstrom 176
Stratosphäre 25
Streckgrenze 192
Streckgrenzenverhältnis 338
Stromfehlerschaltung 162
Stromkreis 157
Stromlaufplan 233 ... 236
Strommessgerät 162
Strom-Spannungs-Kennlinie 182
Stromstärke 160, 165, 171 ... 174, 179, 180
Strömungsenergie 92
Strömungsgeschwindigkeit 92, 93
Strömungsverdichter 397
Strömungswiderstand 94
Stromwirkung 157, 179
Stunde 73
Stützträger 201
Sublimationsgebiet 111
Sublimationswärme 110, 323
Sublimieren 110
Subtraktion 40
Subtraktion von Schalldruckpegeln 150, 151
Summenformel 301
Summenrechnung 42
Superpositionsprinzip 137
Swagelok®-Verbindung 375
Symbole 214 ... 223
Symbolelemente (Schaltpläne) 226
Symmetrische Belastung 175, 176
Systemfließbild 213

T

Tabakrauch 28
Tag 73
Tagesgangdaten 27
Tagesgänge 25, 27
Tagsehen 143
Tangens 59
Tangentialbeschleunigung 82
Tangentialspannung 191
Taster 325
Tauchgewichtskraft 91
Taulinie 66, 116
Taupunkttemperatur 114
Tauwasser, Vermeidung von 363, 364
Technische Anleitung (TA) Lärm 149
Technische Mechanik 183 ... 206
Technologische Prüfverfahren 270
Teilchengeschwindigkeit 138
Teilchenzahl 104
Teilhalogenierter Kohlenwasserstoff 301
Teilkreisdurchmesser 84
Teilkreisumfang 84
Teilspannung 161
Teilung auf dem Lochkreis 61
Teilung von Längen 61
Tellerboden 63

Temperatur 22, 25, 99, 421
Temperaturangaben 368
Temperatur, Entropie-Diagramm 124 ... 127
Temperaturdifferenz 99, 131, 365
Temperaturfühler 421
Temperaturgefälle 122
Temperaturhaltepunkt 109, 111
Temperaturhäufigkeitskurve 25
Temperaturkoeffizient 158, 159
Temperaturmessung 99, 401 ... 405
Temperaturregelung 421
Temperaturverlauf 128 ... 131
Temperguss 353
Tetmajer-Knickung 203
Thermische Analyse 67
Thermische Behaglichkeit 30 ... 35
Thermische Durchflussmesser 414, 415
Thermischer Längenausdehnungskoeffizient 100
Thermischer Wirkungsgrad 122 ... 124
Thermodynamische Daten 103
Thermodynamische Temperatur 99
Thermodynamische Zustandsänderungen 119 ... 121
Thermoelemente 401, 403
Thermometer 401 ... 405
Thermostat 421
Tiefkühlgüter 431
Tiefkühlraumberechnung 359
Tiefpass 181
Titan 256, 269
Toleranzen 242, 325, 326
Tonne 73
Torsion 201, 202
Torsionshauptgleichung 202
Torsionskräfte 137
Torsionsmoment 201, 202
Torsionsspannung 202, 403
Torsionswellen 138
Totalreflexion 140
Trägheitsmoment 194, 195, 201, 202
Trägheitsradius 86, 202
Tragkraft von Magneten 167, 168
Tragrichtung 244
Transformatoren 177
Transistor 182
Transmission von Schall 149
Transporteinrichtungen 220
Transversalwelle 138
Trapezgewinde 335
Treibhauseffekt 28, 29
Treibhauspotential 29
Treibschieberzähler 417
Trendbestimmung 51
Trennen 327 ... 333
Trigonometrie 59, 60
Trigonometrischer Pythagoras 60
Tripelpunkt 99, 323
Tripelpunktdruck 99
Tripelpunkttemperatur 99
TRK-Wert 28, 284 ... 288
Trockene Luft 25, 26, 114
Trockeneis 323
Trockenmittel 319, 320, 324
Trockenmittelmengen 320
Trockner 219, 319, 320
Trocknergröße 320
Troposphäre 25
Trübungsfaktor 23, 24
T,s-Diagramm 124 ... 127
Turbinendurchflussmesser 413, 415
Turbinenradzähler 417
Turboverdichter 397, 398
Turbulente Strömung 384 ... 388
Turbulenzgrad 34
Türen 360

U
Überdruck 89
Überdrücke, zulässige 381
Überführungsarbeit 163
Überhitzung 423
Überlagerung 137
Übermaß 326
Überschallströmung 146
Übersetzungen 83, 84, 89
Übersetzungsverhältnis (Transformator) 177
Übersetzungsverhältnis 83, 84
Übersichtsschaltplan 233
Übertragungswirkungsgrad 429
Ultraschall 147
Ultraschalldurchflussmessung 412, 415
Ultraschallmethode 409
Ultraschallprüfung 270
Umdrehungskörper 54
Umdrehungsfrequenz 81
Umfangsgeschwindigkeit 81
Umfangskraft 81
Umformen 327
Umformtemperatur 327
Umschließungsflächen 33
Umströmter Körper 93
Unechte Brüche 43
Unelastische Knickung 203
Unerträglichkeitsbereich 34
Ungedämpfte Schwingung 134
Ungleichförmige geradlinige Bewegung 75
Universelle Gaskonstante 104
Unmittelbare Regler 421
Unregelmäßige Flächen 63
Unstetige Regler 422
Unsymmetrische Belastung 175, 176
Unterdruck 89
Untere Grenzkurve 111
Unterkühler 127
Unterschallströmung 146
Urformen 327
US-Einheiten 19 ... 22

V
Vakuumlichtgeschwindigkeit 142
Vakuumpumpe 93, 320, 397
van der Waals'sche Zustandsgleichung 104
Varianz 51
Variationskoeffizient 51
Vektorielle Addition 183, 184
Ventilatoren 220, 397, 399, 400
Ventilatorenkennlinie 400
Ventilatorwärmestrom 430, 431
Ventile 216
Venturi-Prinzip 93
Verbinder 226, 227
Verbundbetrieb 423
Verbundene Gefäße 91
Verdampfen 110
Verdampfer 127, 428
Verdampferfüllungsregelung 423
Verdampfergleichungen 428
Verdampferleistung 428
Verdampfungsdruck 110, 423
Verdampfungstemperatur 110, 310
Verdampfungswärme 107, 110
Verdichter 127, 220, 396 ... 400
Verdichter, Unfallverhütung 399
Verdichterarbeit 396, 428
Verdichterbauarten 396
Verdichtergleichungen 428, 429
Verdichterlaufzeit 429
Verdichterleistung 396, 429
Verdichterleistungsregelung 423
Verdichtungsverhältnis 122
Verdrängerpumpen 389
Verdrängerverdichter 397
Verdrehwinkel 202
Vereinigtes Gasgesetz 102
Verflüssiger 127, 428
Verflüssigergleichungen 428
Verflüssigerleistung 428
Verflüssigerwärme 428
Verformung 191 ... 193
Vergleichsprozess 126
Vergleichsspannung 204, 205
Vergüten 353
Verhältnis der spezifischen Wärmekapazitäten (Werte) 103
Verknüpfungsfunktion 420
Verlängerung 191
Verlustfaktor 174
Verlusthöhe 391
Verlustleistung 177
Verseifungszahl 315
Versorgungseinrichtungen 422
Verspannungsdiagramm 338
Verspannungsdreieck 338
Verstärkung 137, 143
Verteileinrichtungen 221
Vertikalkomponente 184
Verunreinigungen 28
Vickershärte 268
Viskose Dämpfung 135
Viskosität 22, 96 ... 98, 319
Viskositätswerte 96 ... 98
Vollhalogenierter Kohlenwasserstoff 301
Vollhermetischer Verdichter 398
Volumen 19, 73
Volumen, spezifisches 103
Volumenänderungsarbeit 117, 119, 120
Volumenanteil 26, 28, 68
Volumenausdehnung, thermische 100 ... 102
Volumendurchflussmesser 416
Volumeninhalt 63
Volumenkonzentration 69
Volumenmessung 417
Volumenstrom 20, 92, 416
Volumenstrombezogene Kälteleistung 428
Volumenverhältnis 68
Volumetrischer Kältegewinn 428
Vorentwurfszeichnung 241
Vorsätze vor Einheiten 10
Vorspannkraft 338
Vortex-Durchflussmesser 413
Vorwiderstand 162
v,t-Diagramm 75, 76

W
Waagen 220
Wandgrenztemperaturen 131
Wärme 106
Wärmeabgabe des Menschen 30, 361
Wärmeausdehnung fester und flüssiger Stoffe 99 ... 102
Wärmeausdehnung von Gasen und Dämpfen 102 ... 104
Wärmeaustauscher 35, 131, 218, 371
Wärmebedarf von Gebäuden 358
Wärmebehandlung 353, 354
Wärmedämmung 355
Wärmedehnung von Schaumstoffen 102
Wärmedehnzahl 100
Wärmediagramm 124 ... 127
Wärmedurchgang 130, 131
Wärmedurchgangswiderstand 130
Wärmedurchgangszahl 34, 130 ... 132, 360, 361
Wärmeeinströmung von außen 358
Wärmeenergie 99
Wärmeenergieabgabe 30
Wärmehaushalt des Menschen 30, 31
Wärmekapazität fester und flüssiger Stoffe 106 ... 108
Wärmekomfort-Messgeräte 35
Wärmekraftmaschinenprozesse 122 ... 124
Wärmeleistung 428
Wärmeleitfähigkeit 21, 129, 130, 293, 298, 299
Wärmeleitung 128 ... 130
Wärmeleitung durch ebene Wand 128
Wärmeleitung durch gekrümmte Wand 129
Wärmeleitwiderstand 128, 129, 360
Wärmeleitzahl 128, 129, 293
Wärmemenge 106
Wärmepumpe 126, 127
Wärmepumpenprozess 126, 127
Wärmerückhalteeigenschaften 28
Wärmeschutz 293 ... 298, 355
Wärmeschutzkosten 362, 363
Wärmeschutzverordnung 361
Wärmespannung 193
Wärmestrahlen 142
Wärmestrahlung 132, 133
Wärmestrom 21, 128 ... 131, 133, 359, 360
Wärmestrom, vorgegeben 361
Wärmestromdichte 128
Wärmeträger 97, 98, 100, 321, 322
Wärmeträgerpumpen 393
Wärmetransport 21, 128 ... 133
Wärmeübergang 34, 130
Wärmeübergangswiderstand 130, 360
Wärmeübergangszahl 21, 130, 133
Wärmeübertragung 128
Wärmeverlustkosten 362, 363
Wartung 422, 423
Wasser 29
Wasser, Dichte als f(ϑ) 101
Wasserdampf 25, 114
Wasserdampfabgabe des Menschen 30, 361
Wasserdampfdiffusion 106, 364 ... 366
Wasserdampfdiffusionswiderstandsfaktor 106, 293, 295
Wasserdampfgehalt, maximaler 364
Wasserdampfpartialdruck 114, 365, 366
Wasserdampfpartialdrucklinie 365
Wasserdampfsättigungsdruck 365, 366
Wasserdampfsättigungslinie 365
Wasserdampftafel 110, 113
Wassergefährdende Stoffe 29
Wassergefährdungsklasse 29
Wassergehalt feuchter Luft 114
Wasserhärtebereiche 29
Wasserhaushaltsgesetz 29
Wasserkreislauf 29
Wasserlöslichkeit 319
Wasserpumpen 393
Wassersäule 88
Wasserstrahlpumpe 93
Watt 80
Wattsekunde 78
Weber 166
Wechseldruck 146
Wechselstromkreis 169 ... 175
Weichglühen 353
Weichlöten 344, 345, 378
Weichmagnetische Werkstoffe 143
Wellen und Wellenausbreitung 137, 138
Wellengleichung 138
Wellenlänge 137, 138, 156
Wellenlängenbereich 139, 142
Wellenoptik und Photometrie 142 ... 145
Wellenspektrum 142
Wellrohrkompensator 382
Werkstoffauswahl 259
Werkstoffe 249 ... 259
Werkstoffe, Eigenschaften 253 ... 258
Werkstoffe, Einteilung 249
Werkstoffprüfung 267 ... 270
Werkzeugschneide 329
WGK-Werte 29
Whitworth-Gewinde 336
Wichtige Gewindenormen 189
Wickelfalzrohre 380
Widerstand eines Leiters 158
Widerstandsänderung: $R = f(\vartheta)$ 158
Widerstandsbeiwert 386 ... 388
Widerstandsdruckaufnehmer 408
Widerstandsmessbrücke 162
Widerstandsmoment 194, 195, 201, 202
Widerstandsschaltungen 160 ... 163
Widerstandsthermometer 401, 402
Wind 26
Windgeschwindigkeit 26
Windkessel 95
Windmessung 26
Windrichtung 26
Windstärkeskala 26
Winkel 55, 59, 73
Winkel an geschnittenen Parallelen 55
Winkel, Werkzeugschneide 329, 330, 332
Winkelarten 55
Winkelbeschleunigung 82
Winkelbogen 383
Winkelfunktionen 59, 60
Winkelgeschwindigkeit 81, 82, 134
Winkelmaße 59
Winkelmessgeräte 325
Winkelsummen 55
Wirbeldurchflussmesser 413, 415
Wirbelzähler 417
Wirkleistung 171, 177
Wirkung des elektrischen Stromes 157, 179
Wirkungsgrad 80, 81, 89, 160, 177, 393, 429
Wirkungsgrade (Pumpen) 393
Wirkungslinie 183
Wirkwiderstand 171
Wirtschaftliche Dämmschichtdicke 362
Wohlbefinden 30
Wöhler-Diagramm 205

X, Y, Z
Zähigkeit 96 ... 98, 319
Zahnscheiben 342
Zahntrieb 84
Zehnerpotenzen 44
Zeichen der Logik und Mengenlehre 39
Zeigerdiagramm 169 ... 172, 175
Zeit 9, 73
Zeitablaufdiagramm 233
Zeitfestigkeit 205
Zeitkonstante 165
Zeit-Strom-Gefährdungsdiagramm 178, 179
Zentralen 422
Zentrales Kräftesystem 183, 184
Zentrierbohrungen 340
Zentrifugalkraft 84
Zentripetalbeschleunigung 84
Zentripetalkraft 84
Zeolithe 320
Zeotrop 302
Zerspanungsgrößen 328
Zerstörungsfreie Prüfverfahren 270
Zerstreuungslinsen 140
Zugfestigkeit 192
Zugluft 33
Zugspannung 188, 189, 192
Zugversuch 267
Zulässige Spannung 192, 205
Zulässige Überdrücke (Luftleitungen) 381
Zündgrenze 289 ... 292
Zündtemperaturen 289 ... 292
Zusammengesetzte Beanspruchungen 204, 205
Zusammengesetzte Flächen 62
Zusammengesetzte Längen 62
Zusammensetzung von Mischphasen 68 ... 70
Zusatzmodule 422
Zustandsänderungen 119 ... 121, 125
Zustandsdiagramme 66, 109
Zweiphasengebiet 66, 67
Zweistoffgemisch 114
Zweistufiger Verdichter-Kältekreisprozess 427
Zweites Newton'sches Axiom 77
Zylinderschrauben 337